Nr. 52
S. 22573–22970

1963
25. Dezember

Chemisches Zentralblatt

Vollständiges Repertorium für alle Zweige der reinen und angewandten Chemie

1830 gegründet. 1897—1945 von der Deutschen Chemischen Gesellschaft fortgeführt. Im Auftrage der Deutschen Akademie der Wissenschaften zu Berlin, der Chemischen Gesellschaft in der DDR, der Akademie der Wissenschaften zu Göttingen und der Gesellschaft Deutscher Chemiker (in der BRD)

herausgegeben von Prof. Dr. Heinrich Bertsch und Prof. Dr. Dr. h. c. Wilhelm Klemm

134. Jahrgang

1963

Chefredakteure: Dr. Eugen Klever und Prof. Dr.-Ing. Eberhard Leibnitz

Akademie-Verlag GmbH., Berlin — Verlag Chemie, GmbH., Weinheim/Bergstr.

Inhalt

Sprachenbezeichnung in den Referaten des Chemischen Zentralblattes

(Abkürzungen laut DIN-Normblatt 1502, Beiblatt 1)

Albanisch	= alb.	Griechisch	= griech.	Rumänisch	= rum.
Bulgarisch	= bulg.	Irisch	= ir.	Russisch	= russ.
Chinesisch	= chin.	Italienisch	= ital.	Schwedisch	= schwed.
Dänisch	= dän.	Japanisch	= jap.	Serbokroatisch	= serbokroat.
Deutsch	= dt.	Lateinisch	= lat.	Slowakisch	= slowak.
Englisch	= engl.	Litauisch	= litau.	Slowenisch	= slowen.
Estnisch	= estn.	Niederländisch	= niederl.	Spanisch	= span.
Finnisch	= finn.	Norwegisch	= norw.	Tschechisch	= tschech.
Flämisch	= fläm.	Persisch	= pers.	Türkisch	= türk.
Französisch	= franz.	Polnisch	= pol.	Ukrainisch	= ukrain.
		Portugiesisch	= port.	Ungarisch	= ung.

CHEMISCHES ZENTRALBLATT

VOLLSTÄNDIGES REPERTORIUM
FÜR ALLE ZWEIGE DER REINEN UND ANGEWANDTEN CHEMIE

1830 gegründet
1897—1945 von der Deutschen Chemischen Gesellschaft fortgeführt

Im Auftrage der Deutschen Akademie der Wissenschaften zu Berlin,
der Chemischen Gesellschaft in der DDR,
der Akademie der Wissenschaften zu Göttingen
und der Gesellschaft Deutscher Chemiker (in der BRD)
herausgegeben von

Prof. Dr. **Heinrich Bertsch** und Prof. Dr. Dr. h. c. **Wilhelm Klemm**

134. JAHRGANG

1963

SEITE 21405—22970

Chefredakteure: Dr. Eugen Klever und Prof. Dr.-Ing. Eberhard Leibnitz

1963

AKADEMIE-VERLAG GMBH · BERLIN
VERLAG CHEMIE · GMBH · WEINHEIM/BERGSTR.

Heft-Nr.	Seitenzahl	Ausgabedatum
49	21405—21796	4. Dezember 1963
50	21797—22188	11. Dezember 1963
51	22189—22572	18. Dezember 1963
52	22573—22970	25. Dezember 1963

Herausgeber: Prof. Dr. Heinrich Bertsch, Berlin, u. Prof. Dr. Dr. h. c. Wilhelm Klemm, Münster. Chefredakteure und verantwortlich für den Inhalt: Dr. Eugen Klever, Berlin 30, Geisbergstr. 39, Fernsprecher: 249541, und Prof. Dr.-Ing. Eberhard Leibnitz, Berlin N 4, Schiffbauerdamm 19. Fernsprecher: 425571.

Verlag: Akademie-Verlag GmbH, Berlin W 8, Leipziger Str. 3—4 (Fernsprecher: 220441, Telex-Nr. 011773, Postscheckkonto Berlin 35021), und Verlag Chemie, GmbH, Weinheim/Bergstr. (Fernsprecher: Weinheim 3635 [Sammelnummer]; Fernschreiber: 0465516 chemieverl wnh; Postscheckkonten: Frankfurt/M. 145314 u. Berlin [West] 7430). Bestellnummer: 1007/134. Das Chemische Zentralblatt erscheint wöchentlich. Preis des Jahrganges einschl. Autoren-, Patent-, Sach- u. Formelregister: DM 1200,—; einseitig bedruckte Ausgabe: DM 1350,—. Abgabe der Zeitschrift nur mit sämtlichen Registern. Abbestellungen nur bis spätestens 6 Wochen vor Ablauf des Kalenderjahres.

Satz u. Druck: VEB Leipziger Druckhaus, Leipzig, III/18/203. 12/63.
Veröffentlicht unter der Lizenznummer 1273 des Presseamtes beim Vorsitzenden des Ministerrates.
Printed in Germany.

Abkürzungsverzeichnis

A	Ampère
A.	Äthylalkohol
Å	Ångström
a	Jahr (nur für Dimensionen)
Abb.	Abbildung(en)
abs.	absolut(e)
Ae.	Diäthyläther
akt.	aktiv(e)
allg.	allgemein(e)
App.	Apparat(e), Apparatur(en)
asymm.	asymmetrisch(e)
at	Atmosphäre, technisch
atm	Atmosphäre, physikalisch
Atomgew.	Atomgewicht
ausg.	ausgegeben
AZ.	Acetylzahl
bar	Bar
bes.	besonders, besondere, insbesondere
Best.	Bestimmung(en)
Bibl.	Bibliographie(n)
bin.	binär
Bldg.	Bildung(en)
bzgl.	bezüglich
Bzl.	Benzol
Bzn.	Benzin
bzw.	beziehungsweise
C.	Chem. Zentralblatt (nur bei Zitaten)
c	Curie
ca.	zirka
cal	Calorie (Grammcalorie)
Chlf.	Chloroform
const	constans
cP	Centipoise
cSt	Centistokes
D_4^{20}	Dichte (bei 20° gemessen u. bezogen auf Wasser von 4°)
D	Debye
d	Tag (nur für Dimensionen)
DAB.	Deutsches Arzneibuch
dad. gek.	dadurch gekennzeichnet
Darst.	Darstellung(en)
Deriv.	Derivat
Derivv.	Derivate
Dest.	Destillation(en)
dest.	destillieren, destilliert(e)
d.h.	das heißt
DK	Dielektrizitätskonstante
DL	Dosis letalis
DTA	Differentielle Thermoanalyse
$E^{1\%}_{1cm}$	Extinktion (1%ige Lsg.; 1 cm Schichtdicke)
Eig.	Eigenschaft
Eigg.	Eigenschaften
Einfl.	Einfluß, Einflüsse
Einw.	Einwirkung(en)
EMK	Elektromotorische Kraft
Entw.	Entwicklung(en)
Ep.	Erstarrungspunkt
Epp.	Erstarrungspunkte
eV	Elektronenvolt
evtl.	eventuell
EZ.	Esterzahl
°F	Grad Fahrenheit
F.	Schmelzpunkt
FF.	Schmelzpunkte
Fl.	Flüssigkeit
Fll.	Flüssigkeiten
fl.	flüssig(e)
g	Gramm
Geh.	Gehalt(e)
gek.	gekennzeichnet(e)
gesätt.	gesättigt(e)
Geschw.	Geschwindigkeit(en)
Gew.	Gewicht(e)
ggf.	gegebenenfalls
Ggw.	Gegenwart
h	Stunde (nur für Dimensionen)
Herst.	Herstellung(en)
Hz	Hertz
I.E.	Internationale Einheit
i.m.	intramuskulär(e)
inakt.	inaktiv(e)
I.P.	Isoelektrischer Punkt
IR	Infrarot (Ultrarot)
i.v.	intravenös(e)
J	Joule
JZ.	Jodzahl
°K	Grad Kelvin
kcal	Kilogrammcalorie
Koeff.	Koeffizient(en)
Koll.	Kolloid(e)
koll.	kolloid(e), kolloidal(e)
Kondens.	Kondensation(en)
Konst.	Konstante(n)
konst.	konstant(e)
Konstit.	Konstitution(en)
Konz.	Konzentration
Konzz.	Konzentrationen
konz.	konzentriert(e)
korr.	korrigiert(e)
Kp.	Siedepunkt
Kpp.	Siedepunkte
krist.	kristallisiert(e)
KW-Stoff	Kohlenwasserstoff
KW-Stoffe	Kohlenwasserstoffe
Labor.	Laboratorium, Laboratorien
l.c.	loco citato
Leg.	Legierung
Legg.	Legierungen
lösl.	löslich(e)
log	Logarithmus (allgemein)
Lsg.	Lösung
Lsgg.	Lösungen
Lsgm.	Lösungsmittel (Ein- u. Mehrzahl)
m	Meter
m	molar (Konzentrationsangabe)
Meth.	Methode(n)
Min.	Minute(n) (allgemein)
min	Minute (nur für Dimensionen)
Mitt.	Mitteilung(en)
mkr.	mikroskopisch(e)
ml	Milliliter
mμ	Millimikron
Mol	Grammolekül(e)
Mol.	Molekül
Moll.	Moleküle
mol.	molekular(e)
Molgew.	Molekulargewicht(e)
Mol.-Refr.	Molekularrefraktion(en)
n	normal (Konzentrationsangabe)
n-	normal (Isomerieangabe)
n_D^{20}	Brechungsindex (bei 20° u. D-Linie)
nachst.	nachstehend(e)
Nachw.	Nachweis(e)
Nd.	Niederschlag
Ndd.	Niederschläge
Oe	Oerstedt
opt.-akt.	optisch-aktiv(e)
p	Pond
PAe.	Petroläther
pH	Wasserstoffionenkonzentration (negativer dekad. Logarithmus)
pK	Dissoziationskonstante (negativer Logarithmus)
ppm	parts per million
Präp.	Präparat
Präpp.	Präparate
prim.	primär(e)
Prior.	Priorität(en), Unionspriorität(en)
Prod.	Produkt
Prodd.	Produkte
qual.	qualitativ(e)
quant.	quantitativ(e)

quart.	quartär(e) (Bindigkeit)
quatern.	quaternär(e)
°R	Grad Réaumur
r	Internationale Röntgeneinheit
rac.	racemisch(e)
rad	Einheit der absorbierten Strahlendosis
°Rank.	Grad Rankine
Red.	Reduktion
Redd.	Reduktionen
red.	reduziert(e)
Ref.	Referat
Reff.	Referate
rem	roentgen-equivalent-men
rep	roentgen-equivalent-physical
R_F	Retentionsfaktor (anteilmäßige Steighöhe)
RhZ.	Rhodanzahl
Rk.	Reaktion
Rkk.	Reaktionen
S	Sedimentationskonstante
s	Sekunde (nur für Dimensionen)
s.	siehe
schm.	schmelzend(e)
sd.	siedend(e)
Sek.	Sekunde(n), allgemein
sek.	sekundär(e)
sog.	sogenannt(e)
Spezif.Gew.	Spezifisches Gewicht
Std.	Stunde(n) (allgemein)
std.	stündig(e)
symm.	symmetrisch(e)
Synth.	Synthese(n)
Syst.	System(e)
SZ.	Säurezahl
t	Tonne, metrisch
Temp.	Temperatur(en)
tern.	ternär(e)
tert.	tertiär(e)
u.	und
u.a.	und andere, unter anderem
u.dgl.	und dergleichen
U/min	Umdrehungen pro Minute
ungesätt.	ungesättigt(e)
unlösl.	unlöslich(e)
unsymm.	unsymmetrisch(e)
Unters.	Untersuchung
Unterss.	Untersuchungen
USP.	United States Pharmacopeia
usw.	und so weiter
UV	Ultraviolett
V	Volt
Val	Grammäquivalent
Verb.	Verbindung
Verbb.	Verbindungen
verd.	verdünnt(e)
Verf.	Verfahren (Einzahl)
Verff.	Verfahren (Mehrzahl)
Verh.	Verhalten
Vers.	Versuch
Verss.	Versuche
Verw.	Verwendung(en)
Vf.	Verfasser(in) (Einzahl)
Vff.	Verfasser(innen) (Mehrzahl)
Vgl.	Vergleich(e)
vgl.	vergleiche
Vol.	Volumen, Volumina
Vork.	Vorkommen (Ein- u. Mehrzahl)
vorl. Mitt.	vorläufige Mitteilung(en)
Vorr.	Vorrichtung(en)
vorst.	vorstehend(e)
VZ.	Verseifungszahl
W	Watt
W.	Wasser
Wrkg.	Wirkung(en)
wss.	wässerig(e)
X	X-Einheit
z.B.	zum Beispiel
Zers.	Zersetzung(en)
z.T.	zum Teil
Zus.	Zusammensetzung(en)
♂	männlich (im biolog. Sinne)
♀	weiblich (im biolog. Sinne)
°	Grad Celsius
%ig.	prozentig
‰ig.	promillig
$\sim$	angenähert, etwa gleich mit, rund
$\geqq$	gleich oder größer als
$\leqq$	gleich oder kleiner als
$>$	größer als
$<$	kleiner als
$\triangleq$	entspricht
∞	unendlich
⌀	Durchmesser

Griech. Abkürzungen

$[\alpha]_D^{20}$	Opt. Drehung, spezifische (gemessen mit D-Linie bei 20°)
λ	Wellenlänge
λ_{max}	maximale Wellenlänge
λ_{min}	minimale Wellenlänge
μ	Mikrometer (auch Mikron genannt)
μg	Mikrogramm (auch Gamma genannt)
Ω	Ohm

Kurzzeichen der Vorsätze für Einheiten

T	Tera-	10^{12} Einheiten
G	Giga-	10^{9} Einheiten
M	Mega-	10^{6} Einheiten
k	Kilo-	10^{3} Einheiten
h	Hekto-	10^{2} Einheiten
da	Deka-	10^{1} Einheiten
d	Dezi-	10^{-1} Einheiten
c	Zenti-	10^{-2} Einheiten
m	Milli-	10^{-3} Einheiten
μ	Mikro-	10^{-6} Einheiten
n	Nano-	10^{-9} Einheiten
p	Pico-	10^{-12} Einheiten

Patent-Abkürzungen

D.A.S.	Deutsche Auslegeschrift
D.B.P.	Deutsches Bundes-Pat.
D.P. [DDR]	Deutsches [DDR] Patent
D.R.P.	Deutsches Reichs-Pat.
A.P.	Amerikanisches Patent
Aust.P.	Australisches Patent
Belg.P.	Belgisches Patent
Can. P.	Canadisches Patent
Dän.P.	Dänisches Patent
E. P.	Englisches Patent
Finn.P.	Finnisches Patent
F. P.	Französisches Patent
Holl. P.	Holländisches Patent
Ind. P.	Indisches Patent
It. P.	Italienisches Patent
Jap.A.S.	Japan. Auslegeschrift
Jug. P.	Jugoslawisches Patent
Norw.P.	Norwegisches Patent
Oe. P.	Österreichisch. Patent
Poln. P.	Polnisches Patent
Schwed. P.	Schwedisches Patent
Schwz. P.	Schweizer Patent
Tschech. P.	Tschechoslowakisches Patent
UdSSR. P.	Sowjetisches Patent
Ung. P.	Ungarisches Patent

Für die fachliche Rechtschreibung in den Referaten und Registern des Chemischen Zentralblattes ist die 2. Ausgabe (Verlag Chemie GmbH Weinheim/Bergstr. u. VDI-Verlag GmbH Düsseldorf; 1959) der „Rechtschreibung der technischen und chemischen Fremdwörter" von Jansen-Mackensen bestimmend.

Dr. Eugen Klever und Prof. Dr.-Ing. Eberhard Leibnitz, Chefredakteure

Namenregister

Patentregister

Chemisches Zentralblatt

1963 Nr. 52 25. Dezember

A. Allgemeine, physikalische und anorganische Chemie

Die Vereinheitlichung der Atomgewichte und die neue Atomgewichtstabelle. Heinrich Remy. (Naturwissenschaften **49,** 289—94, 1962; Hamburg, Univ., Inst. für Anorg. Chem.; dt.) — Erläuterung u. Begründung der auf $^{12}C = 12$ bezogenen Atomgewichte. — 28 Literaturangaben. A. Blaschette. 10◇

Atommassen von Nucliden. A. H. Wapstra. (Nederl. Tijdschr. Natuurkunde **28,** 149—64, 1962; Amsterdam, Inst. voor Kernfys. Onderz.; niederl.) — Die Ermittlung der Atommassen wird erläutert (Massenspektroskop, Kern-Rkk. u. -Zerfall). W. Wesly. 10◇

A_1. Kernphysik und Kernchemie

π-N-Streuung im Oktett-Modell. Yasuo Hara und Yoneji Miyamoto. (Progr. theoret. Physics [Kyoto] **29,** 466—68, 1963; Tokyo, Tokyo Univ. of Educat., Dep. of Phys.; engl.) — Das Auftreten u. Verschwinden von Resonanzen in P-Zuständen werden durch das Vorzeichen u. die Größe der Born-Terme bestimmt. Gerhard Schmidt. 90◇

Zustand mit I = 1/2, J = 1/2 bei πN-Streuung mit dem Nucleon als gebundener Zustand. Louis A. P. Balázs. (Physic. Rev. [2] **128,** 1935—39, 1962; Berkeley, Calif., Univ. of California, Lawrence Radiat. Labor.; engl.) — Ableitung einer Näherungsformel für die Phasenverschiebungen mit I = 1/2, J = 1/2. Herbert Weber. 90◇

Pion-Nucleon-Wechselwirkung bei etwa 2 GeV und das f^0-Meson. S. Minami. (Nuovo Cimento [10] **28,** 1103—06, 1963; Baton Rouge, La., Louisiana State Univ., Dep. of Phys. and Astronom.; engl.) — Die Maxima in $\sigma(\pi^- - p)$ u. $\sigma(\pi^+ - p)$ bei 2 bzw. 2,35 GeV werden nach den Wrkg. des f^0-Mesons (mit Masse ca. 1250 MeV) beschrieben. Gerhard Schmidt. 90◇

Über die Yang-Treiman-Asymmetrie und das Nucleonenisobar. Naoki Tokuda, Tetsuro Sakuma und Akira Kanazawa. (Progr. theoret. Physics [Kyoto] **29,** 464—66, 1963; Sapporo, Hokkaido Univ., Dep. of Phys.; engl.) — Ausgehend von der Rk. $\pi^- + p \rightarrow \pi^+ + \pi^- + n$ wird der Beitrag der π-N-Resonanz in der relativist. Störungstheorie geschätzt. Gerhard Schmidt. 90◇

Resonanzen bei Erzeugung seltsamer Teilchen. D. Colley, N. Gelfand, U. Nauenberg, J. Steinberger, S. Wolf, H. R. Brugger, P. R. Kramer und R. J. Plano. (Physic. Rev. [2] **128,** 1930—34, 1962; New York, N.Y., Columbia Univ.; New Brunswick, N.J., Rutgers State Univ.; engl.) — Bei der Exposition einer Propan-Kammer mit π^--Mesonen von 2,0 GeV/c wurden Beweise für Resonanzen im $\Lambda\pi$-Syst. (Y_1^*) mit $M_0 = 1392 \pm 7$ MeV, im Kπ-Syst. (K*) mit $M_0 = 897 \pm 10$ MeV gefunden. Ferner scheinen die 1404- u. 1525-MeV-$\Sigma\pi$-Resonanzen beobachtet zu werden. Herbert Weber. 90◇

G-Parität und die Wechselwirkungen von schweren Mesonen. D. B. Lichtenberg und G. C. Summerfield. (Physic. Rev. [2] **128,** 2926, 1962; engl.) — Druckfehlerberichtigung zur C. **1963,** 18704 referierten Arbeit. Herbert Weber. 90◇

Suche nach einem Teilchen der Masse 550. G. Monnig. (Nuovo Cimento [10] **22,** 895—903, 1961; St. Louis, Mo., Washington Univ., Phys. Dep.; engl.) — Die Masse von Teilchen aus kosm. Strahlung auf Seehöhe wird aus Reichweite, Impuls u. Čerenkov-Strahlung bestimmt. Unter 448 gebremsten μ-Mesonen ließ sich keine aufgelöste Messung mit einem Teilchen der Masse 550 m_e machen. H. Laue. 90□

$\Delta I = 1/2$-Regel beim Σ-Zerfall: Ein Vorzeichenproblem. S. P. Rosen. (Physic. Rev. Letters **6,** 504—05, 1961; Madison, Wis., Midwestern Univ., Res. Assoc.; engl.) G. Klotz. 90◇

Dynamische Näherung zur Auswahlregel $|\Delta I| = 1/2$. E. R. McCliment und K. Nishijima. (Physic. Rev. [2] **128,** 1970—82, 1962; Urbana, Ill., Univ. of Illinois,

Dep. of Phys.; engl.) — Unters. zu unsubstrahierten Dispersionsbeziehungen. Ziemliche Übereinstimmung mit dem Experiment ergab sich für den nichtlepton. Hyperonenzerfall für gerade $\Sigma\Lambda$-Parität. Herbert Weber. 90◇

ΔS/ΔQ = —1-Zerfall und „induzierter Übergang". Mitsuo Taketani und Takeo Tati. (Progr. theoret. Physics [Kyoto] **28,** 757—59, 1962; São Paulo, Univ., Dep. of Phys.; engl.) — Der Δ S/Δ Q = —1-Zerfall (z. B. lepton. K^0-Zerfall) kann durch die Einführung eines induzierten Überganges auf der Grundlage des vereinheitlichten Neutrinomodells verstanden werden. M. Wiedemann. 90◇

Massenbeziehungen für stark wechselwirkende Teilchen und Resonanzen. 1. Mitt. Takehiko Takabayasi. (Progr. theoret. Physics [Kyoto] **29,** 472—74, 1963; Nagoya, Nagoya Univ., Phys. Inst.; engl.) — Vorschlag einer Reihe einfacher Beziehungen, die zur Fixierung des Massenspektrums sämtlicher Baryonen u. Mesonen ausreichen. Gerhard Schmidt. 90◇

Massenbeziehungen für stark wechselwirkende Teilchen und Resonanzen. 2. Mitt. Takehiko Takabayasi. (Progr. theoret. Physics [Kyoto] **29,** 474—75, 1963; engl.) — 1. vgl. vorst. Referat. — Ableitung weiterer einfacher Beziehungen sowohl für Baryonenmassen als auch für Baryonenresonanzen auf empir. Grundlage. Gerhard Schmidt. 90◇

R-Invarianzen starker und schwacher Wechselwirkungen. S. Okubo und R. E. Marshak. (Nuovo Cimento [10] **28,** 56—65, 1963; Rochester, N.Y., Univ. of Rochester, Dep. of Phys. and Astronom.; engl.) — Die Folgerungen aus drei Alternativformulierungen der Invarianz bei Hyperladungskonjugation werden für schwache Wechselwrkg. (lepton. u. nichtlepton.) sowie für starke u. elektromagnet. Wechselwrkg. wiedergegeben. Gerhard Schmidt. 90◇

Eine Theorie schwacher Wechselwirkung auf der Grundlage eines Rotatormodells. Yasuhisa Katayama, Jean Pierre Vigier und Hideki Yukawa. (Progr. theoret. Physics [Kyoto] **29,** 470—72, 1963; Kyoto, Kyoto Univ., Res. Inst. for Fundament. Phys.; Paris, Inst. Henri Poincaré; engl.) — Die theoret. Behandlung entspricht der Existenz zweier charakterist. Gruppen von Elementarteilchen in der Natur, der Baryonen- u. Mesonengruppe einerseits u. der Leptonengruppe andererseits. Gerhard Schmidt. 90◇

Universelle Fermi-Wechselwirkung und Rotationssymmetrie. W. Królikowski. (Acta physica polon. **22,** 51—57, 1962; Warsaw, Univ., Inst. of Theor. Phys.; Pol. Acad. of Sci., Inst. for Nucl. Res.; engl.) — Es wird eine Form des neutralen schwachen Stroms eingeführt, so daß die gesamte universelle Fermi-Wechselwrkg. eine Rotations- u. Reflexionssymmetrie in einem formalen dreidimensionalen Raum zeigt u. die lepton. Hyperonenzerfälle gedämpft werden. Es gibt die beiden Arten des Myonenzerfalls $\mu^- \to e^- + \bar{\nu} + \nu'$ u. $\mu^- \to e^- + \bar{\nu}' + \nu$. M. Wiedemann. 90◇

Die Wirkungen der Kernladungspolarisation auf die elastische Streuung. Y. N. Kim. (Nuovo Cimento [10] **22,** 885—94, 1961; Seoul, Off. of Atom. Energy; engl.) — Es werden die Auswirkungen nuclearer Polarisierbarkeit auf die elast. Streuung niederenerget. geladener Teilchen diskutiert. Man berechnet die Abweichung von der Rutherford-Streuung infolge Dipolpolarisierbarkeit für verschiedene Fälle. H. Laue. 90□

Über die Existenz des Streuoperators. N. Limić. (Nuovo Cimento [10] **28,** 1066—90, 1963; Zagreb, Inst. „Rudjer Bošković"; engl.) — Wiedergabe der Wellenoperatoren u. des Streuoperators für die Streuung an hoch singulären sphär. symm. Potentialen, die im Ursprung abstoßend sind. Gerhard Schmidt. 90◇

Analytische Fortsetzung und asymptotisches Verhalten beim Drehimpuls der Streumatrix bei Potentialstreuung. F. Calogero. (Nuovo Cimento [10] **28,** 66—77, 1963; Princeton, N.J., Princeton Univ., Palmer Phys. Labor.; engl.) — Vgl. C. **1963,** 20270. Herbert Weber. 90◇

Analytizität im Drehimpuls der relativistischen Vielkanal-S-Matrix aus Dispersionsbeziehungen und Unitarität. A. O. Barut. (Physic. Rev. [2] **128,** 1959—63, 1962; Berkeley, Calif., Univ. of California, Dep. of Phys.; engl.) Herbert Weber. 90◇

Intrinsische Parität vom S-Matrix-Gesichtspunkt. Henry P. Stapp. (Physic. Rev. [2] **128,** 1963—69, 1962; Berkeley, Calif., Univ. of California, Radiat. Labor.; engl.) — Die intrins. Parität von Teilchen-Antiteilchen-Paaren ergibt sich nach der allg. S-Matrix-Postulation als negativ für Fermionen u. positiv für Bosonen. Herbert Weber. 90◇

Unechte Natur von Ultraviolett-Divergenzen. A. Peres. (Nuovo Cimento [10] **28,** 78—89, 1963; Syracuse, N.Y., Syracuse Univ., Dep. of Phys.; engl.) — Unters. einer Meth. zur Aufstellung der S-Matrix ohne Divergenzen. J. Blume. 90◇

Čerenkov-Strahlung: Ursprung, Eigenschaften und Anwendungen. J. V. Jelley. (Contemporary Physics **3**, 45–57, 1961; Harwell, Berks., A.E.R.E.; engl.) — Übersicht. Gerhard Schmidt. 90◇

Über eine Möglichkeit des Nachweises von geladenen Teilchen hoher Energie. A. I. Alichanjan, F. R. Arutjunjan, K. A. Isspirjan und M. L. Ter-Mikajeljan. (J. exp. theoret. Physik [UdSSR] **41**, 2002–10, 1961; Akad. der Wiss. der ArmenSSR, Inst. für Phys.; russ., Auszug: engl.) — Vgl. C. **1963**, 14906. — Für geladene Teilchen hoher Energie in dünnen Schichten werden Nachw.-Meth. vorgeschlagen, die auf charakterist. Strahlungs-Eigg. dieser Teilchen beruhen. I. Zoll. 90◇

Halbphänomenologische Auslegung des optischen Modells bei Kernreaktionen vom Gesichtspunkt des Fluktuation-Dissipation-Theorems. Mikio Namiki. (Progr. theoret. Physics [Kyoto] **22**, 843–56, 1959; Tokyo, Waseda Univ., Dep. of Appl. Phys. and Sci. and Engng. Res. Labor.; engl.) — Das Verh. des opt. Kernmodells für die elast. Streuung von Neutronen bei niedrigen Energien wurde untersucht. Die Theorie geht von der Schrödingerschen Gleichung mit dem opt. Potential u. der Funktion für fluktuierende Quellen aus (Bewegungen u. Energiedissipation des Compoundkerns). O. Jansen. 90◇

Neutronen-Stärkefunktion des optischen Modells. Ju. P. Jelagin, W. A. Ljulka und P. E. Nemirowski. (J. exp. theoret. Physik [UdSSR] **41**, 959–62, 1961; russ., Auszug: engl.) — Der Einfl. der Oberflächenabsorption auf die Neutronen-Stärkefunktion wird im Bereich $90 < A < 130$ untersucht. Im Vgl. zur Vol.-Absorption zeigen sich qual. keine neuen Ergebnisse. Bei der Berechnung deformierter Kerne wird die Spin-Bahn-Kopplung berücksichtigt. Es tritt dann ein zusätzliches Aufspalten der Stärkefunktionsmaxima auf u. die Übereinstimmung von Theorie u. Experiment kann im Bereich des Maximums A ca. 150 u. A ca. 50 verbessert werden. I. Zoll. 90◇

Stärkefunktion für P-Wellen-Neutronen. Harry Fiedeldey und Wilhelm E. Frahn. (Ann. Physics **19**, 428–47, 1962; Cape Province, South Africa, Univ. of Stellenbosch, Dep. of Phys.; engl.) — Unters. zu $\overline{\Gamma}_n^{(1)}/D$ nach einem komplexen Potential des opt. Modells. Herbert Weber. 90◇

Temperaturabhängige Green-Funktionen und Neutronenstreuung in flüssigem Helium II. W. E. Parry und R. E. Turner. (Ann. Physics **17**, 301–07, 1962; Oxford, Clarendon Labor.; engl.) — Der partielle Streuquerschnitt von fl. He II für langsame Neutronen wurde mit temperaturabhängigen Green-Funktionen berechnet. Ein Ausdruck für den Streuquerschnitt als Funktion des Impulsverlustes durch das Neutron u. die Temp. wird angegeben. H. Schroeder. 90◇

Berechnung der Winkelverteilung bei der Streuung langsamer Neutronen an Wasser. E. Kiefhaber. (Nukleonik [Berlin] **4**, 82–84, 1962; Karlsruhe, Kernforsch.-Zentrum, Inst. für Neutronenphys. u. Reaktortechn.; dt.) — Die durch Einfachstreuung monoenerget. Neutronen an leichtem W. erhaltene Winkelverteilung wird mit Hilfe des von Nelkin (C. **1961**, **1121**) hergeleiteten differentiellen Streuquerschnitts durch numer. Integration über die Endenergie berechnet u. mit entsprechenden experimentellen Ergebnissen verglichen. Bei kleinen Streuwinkeln läßt sich die Integration unter gewissen Annahmen analyt. durchführen. H. Jehne. 90◇

Berechnungen des Neutronenalters in Wasser und Schwerem Wasser für D-D-Quellen. John W. Cooper. (Nuclear Sci. Engng. **10**, 1–10, 1961; Washington, D.C., Nat. Bur. of Stand.; engl.) — Mit der Monte-Carlo-Meth. wurde das Alter von Neutronen aus der Rk. $D(d, n)^3He$ in W. u. Schwerem W. berechnet. Der Einfl. der Einspeisungsart des d-Bündels in das Medium wurde untersucht. Die Berechnungen stimmen mit den von Spiegel u. Mitarbeitern (C. **1960**, 7403 u. C. **1963**, 19890) durchgeführten Messungen überein. H. Schroeder. 90□

Streuung und Diffusionsbewegungen kalter Neutronen in Flüssigkeiten mit Wasserstoffbrücken. K. E. Larsson und K. S. Singwi. (Physics Letters [Amsterdam] **3**, 145–47, 1962; Stockholm, Royal Inst. of Technol.; Argonne, Ill., Argonne Nat. Labor.; engl.) — Die Streuung kalter Neutronen in *Glycerin* wurde untersucht; im Temp.-Bereich zwischen 266 u. 493°K wurde aus Messungen der Linienbreite ΔE der quasielast. Peaks die Selbstdiffusions-Konst. als Funktion der Temp. zu $D(T) = 62 \cdot 10^{-5} \exp(-1520/T)$ cm²/s berechnet. Die Frequenzspektren von Glycerin im festen u. fl. Zustand bei −7° u. einem Streuwinkel von 30° zeigen um 0,02 eV ein ausgeprägtes u. um 0,07 eV ein flaches Maximum (Vgl. mit früheren H_2O-Daten). H. Schroeder. 90◇

Untersuchungen der Moderationsparameter von „Dowtherm A“ bei verschiedenen Temperaturen. L. Pál, L. Bata und I. Kiss. (Acta physica Acad. Sci. hung. **10**, 173–84, 1959; Budapest, Central Res. Inst. of Phys.; engl.) — Vgl. C. **1960**, 8077. —

Die Moderationsparameter eines Mediums aus 26,81% *Diphenyl* u. 73,19% *Diphenyloxid* wurden bei verschiedenen Temp. bestimmt. Eine höhere Temp. erhöht die Bremslänge beträchtlich. *DowthermA* besteht aus 87,15% *C*, 5,97% *H*, 6,88% *O*.
O. Jansen. 90◇

Abbremsung von Neutronen. T. Teichmann. (Nuclear Sci. Engng. **7**, 292–94, 1960; Sunnyvale, Calif., Lockheed Aircraft Corp., Missiles and Space Div.; engl.) — Vf. zeigt, wie die systemat. Anwendung der Laplace-Transformations-Meth. die Berechnung der Neutronenstoßdichte in einem nichtabsorbierenden Medium auch für niedrige Lethargiewerte, die einer geringen Stoßzahl entsprechen, gestattet.
O. Jansen. 90◇

Geschwindigkeitsabhängige Neutronentransporttheorie. W. R. Conkie. (Nuclear Sci. Engng. **7**, 295–303, 1960; Chalk River, Ontario, Atom. Energy of Canada, Theoret. Phys. Branch; engl.) — Vf. beschreibt eine Meth. zur Erweiterung der Kugelfunktions-Meth. für die Berechnung der geschwindigkeitsabhängigen Neutronentransportprozesse mit Anwendung auf ein abgeändertes Milnesches Problem mit dem Modell eines idealen Gases einheitlicher Masse als Streumaterial. O. Jansen. 90◇

Über den Neutronentransport in der Mehrgruppentheorie. Pier Paolo Abbati Marescotti. (Atti Accad. Sci. Ist. Bologna, Cl. Sci. fisiche, Rend. [11] **9**, Nr. 1, 194–214, 1962; Bologna, Univ., Ist. Matemat.; ital.) — Unters. für ein verlangsamendes, streuendes u. vermehrendes Medium. Herbert Weber. 90◇

Nucleare Daten für Reaktoruntersuchungen. Robert N. MacDonald und H. Hayne Baucom jun. (Nucleonics [New York] **20**, Nr. 8, 158–61, 1962; Canoga Park, Calif., Atom. Internat.; engl.) — Vgl. C. **1962**, 2247. — Erweiterung u. Korrektur der l. c. mitgeteilten Neutronen- u. γ-Daten für Legg., Verbb. u. Elemente von $1 < Z < 88$. Gerhard Schmidt. 90◇

Neutronendaten für die Reaktorkinetik. G. Robert Keepin. (Nucleonics [New York] **20**, Nr. 8, 150–53, 1962; Los Alamos, N. Mex., Los Alamos Sci. Labor.; engl.) — Tabellar. Zusammenstellung der Ausbeuten, Halbwertszeiten u. Energien verzögerter Neutronen aus der Spaltung sowie der Daten für Photoneutronen bei D_2O- u. Be-moderierten Reaktoren. Gerhard Schmidt. 90◇

Die Messung der dynamischen Kernreaktorparameter durch Verwendung der Änderung der Anzahl der nachgewiesenen Neutronen. Robert W. Albrecht. (Nuclear Sci. Engng. **14**, 153–57, 1962; Seattle, Wash., Univ. of Washington; engl.) — Entw. eines mathemat. Modells für das Verhältnis der Änderung der mittleren Zahl der Neutronen, die an einem Punkt eines Nullenergiereaktors als Funktion der Zählzeit nachgewiesen werden. Gerhard Schmidt. 90◇

Die Berechnung von „Removal"-Querschnitten zwischen überlappenden thermischen Gruppen. D. C. Leslie. (Reactor Sci. Technol. **16**, 303–10, 1962; Winfrith, Dorchester, Dorset, Atom. Energy Establ.; engl.) — Ein im Moderator thermalisiertes Neutron (Moderatorgruppe) kann in den Spaltstoff diffundieren. Im Spaltstoff kann es durch einen Stoß in die Spaltstoffgruppe „gestoßen" werden; die Wahrscheinlichkeit dafür wird als „Removal"-Querschnitt bezeichnet. Numer. Werte für diesen Querschnitt werden unter Benutzung des Thermalisierungsmodells eines freien Gases untersucht. Herbert Weber. 90◇

Zu „Verminderung des thermischen Neutronenflusses durch absorbierende Folien" und zu „Flußstörungen durch Detektoren für thermische Neutronen". R. H. Ritchie und G. R. Dalton. (Nuclear Sci. Engng. **11**, 451–52, 1961; Oak Ridge, Tenn., Oak Ridge Nat. Labor., Health Phys.; Gainesville, Fla., Univ. of Florida, Dep. of Nucl. Engng.; engl.) — Berichtigungen u. Ergänzungen zu C. **1963**, **16415** u. C. **1962**, **11439**.
Gerhard Schmidt. 90◇

Monte-Carlo-Berechnungen über den kritischen Zustand. J. B. Parker und E. R. Woodcock. (Reactor Sci. Technol. **15**, 247–69, 1962; Aldermaston, Atomic Weapons Res. Establ.; Risley, Atom. Energy Authority Health and Safety Branch; engl.) K.-D. Asmus. 90◇

Kritische Temperatur der Kernmaterie. Masayuki Nagasaki. (Progr. theoret. Physics [Kyoto] **29**, 415–21, 1963; Tokyo, Rikkyo Univ., Dep. of Phys.; engl.) — Schätzung der krit. Temp. von Kernmaterie des α-Teilchen-Typs, die aus einer gleichen geraden Anzahl von Protonen u. Neutronen zusammengesetzt ist.
Gerhard Schmidt. 95◇

Paarungen im Schalenmodell. 3. Mitt. M. Umezawa. (Nuclear Physics [Amsterdam] **27**, 248–69, 1961; Strasbourg, Inst. de Rech. Nucl.; engl.) — 2. vgl. Nuclear Physics [Amsterdam] **25**, [1961], 669. — Theoret. Behandlung der Arten der Wechselwrkg. für die Paarung der Nucleonen im Kern. Gerhard Schmidt. 95□

Hard-Core-Korrelationen und Kernmomente. J. S. Bell und J. M. Soper. (Nuclear Physics [Amsterdam] **13**, 167—76, 1959; Harwell, Didcot, Berks., Atom. Energy Res. Establ.; engl.) — Der Einfl. von Hard-Core-Korrelationen (nach Jastrow) auf verschiedene Schalenmodell-Matrixelemente wird untersucht. Die Korrekturen waren sehr klein u. in einer Anzahl von Fällen gleich Null. O. Jansen. 95◇

Bestimmung der Kernquadrupolmomente der radioaktiven Isotope ^{135}Cs und ^{137}Cs. H. Bucka, H. Kopfermann und E. W. Otten. (Ann. Physik [7] **4**, 39—49, 1959; Heidelberg, Univ., I. Phys. Inst.; dt.) — Ausführliche Mitt. zu C. **1962**, 17998. G. M. Neumann. 95□

Eine Neufassung der Theorie des Sternheimer-Effekts. Amand Faessler. (Z. Physik **167**, 229—42, 1962; Freiburg/Br., Univ., Phys. Inst.; dt.) — Es wird eine Theorie für die Abschirmung des Kernquadrupolfeldes durch den Atomrumpf entwickelt (Sternheimer-Effekt). Die im Atomrumpf durch das Kernquadrupolmoment induzierte Ladungsverschiebung korr. das mit Hilfe der HFS-Aufspaltung gemessene Kernquadrupolmoment. In der vorliegenden Arbeit werden die Korrekturen für ^{10}B, ^{35}Cl, ^{69}Ga u. ^{71}Ga berechnet. Im Gegensatz zu der zuerst von Sternheimer durchgeführten Behandlung des Problems besteht die hier entwickelte Theorie in einer systemat. Näherungs-Meth., wobei auch Radialverschiebungen der Rumpfelektronen berücksichtigt werden. H. Jehne. 95◇

Der Mössbauer-Effekt und die Hubble-Konstante. N.P. Suworoff. (Naturwissenschaften **49**, 389, 1962; Moskau; dt.) A. Blaschette. 95◇

Resonanzabsorption von Gammas durch Verunreinigungskerne in Kristallen. William M. Visscher. (Physic. Rev. [2] **129**, 28—36, 1963; Los Alamos, N. Mex., Univ. of California, Los Alamos Sci. Labor.; engl.) — Theoret. Unters. zum Mössbauer-Effekt für ein einfaches Modell eines kub. Kristalls mit einer verd. Verunreinigung. Herbert Weber. 95◇

Beitrag zur Untersuchung der Resonanzstreuung von Bremsstrahlungsphotonen. André de Bussière de Nercy. (Ann. Physique [13] **6**, 1379—1436, 1961; franz.) — Die Elektronen des Betatrons erzeugten in 1,5 mm Pt Bremsstrahlung, die kanalisiert wurde, ihre Intensität wurde mit einer Ionisationskammer mit Graphitwänden bestimmt. Die Resonanzstreuung wurde untersucht, zum Nachw. der Photonen diente ein NaJ(Tl)-Kristall. An ^{12}C, Mg u. ^{28}Si wurden die diskreten Niveaus bei 15,115, 10,42 u. 11,20 MeV bzgl. Halbbreite, Absorptionsquerschnitt u. Spin untersucht. Bei ^{12}C, Mg, ^{27}Al, Si, ^{31}P, Ca, ^{181}Ta u. ^{209}Bi wurde die Riesenresonanz untersucht. Aus der Winkelverteilung der gestreuten Photonen ergab sich ihr Dipolcharakter; die Kernpolarisierbarkeit ist bei ^{27}Al tensoriell, bei Ca, ^{209}Bi u. ^{181}Ta skalar. Die unelast. Streuung spielt neben der elast. nur eine geringe Rolle. — 97 Literaturhinweise. M. Wiedemann. 95◇

Untersuchung der Resonanzstreuung der Bremsstrahlungsphotonen an Magnesium. M. Langevin und J. M. Loiseaux. (J. Physique Radium **23**, 585, 1962; Orsay, Labor. Joliot-Curie de Phys. Nucl.; franz.) — Vgl. C. **1963**, 19472. — Wiederholung früherer Verss. führen bei höherer Auflösung des Detektors zum Nachw. eines Niveaus bei 9,5 ± 0,5 MeV. Gerhard Schmidt. 95◇

Messungen der Fluorescenzausbeute der K-Schale mittels Proportionalzähler. H. L. Hagedoorn und A. H. Wapstra. (Nuclear Physics [Amsterdam] **15**, 146—51, 1960; Delft, Netherlands, Techn. Hogeschool, Labor. voor Techn. Fys.; engl.) — Unter Verw. eines Proportionalzählers in Koinzidenz mit einem Scintillationsspektrometer wurde die Fluorescenzausbeute in der K-Schale durch Messungen an Kernen, welche durch Elektroneneinfang zerfallen, bestimmt: $\omega_K(Ti) = 0{,}18 \pm 0{,}01$; $\omega_K(Cr) = 0{,}219 \pm 0{,}012$; $\omega_K(Co) = 0{,}31 \pm 0{,}01$; $\omega_K(Zn) = 0{,}43 \pm 0{,}02$; $\omega_K(Sr) = 0{,}64 \pm 0{,}03$. O. Jansen. 103◇

Neutronenverdampfung und Niveaudichten in angeregten Kernen. K. J. Le Couteur und D. W. Lang. (Nuclear Physics [Amsterdam] **13**, 32—52, 1959; Canberra, Australian Nat. Univ.; engl.) — Die Theorie des Kaskaden-Neutronenverdampfungsprozesses wird detailliert in einer Form abgeleitet, die zur Behandlung hochangeregter Kerne geeignet ist, die eine kontinuierliche Verteilung der — der prim. direkten Wechselwrkg. folgenden — Anregungsenergien haben. Die Resultate zeigen mit den Neutronenspektren von Kernen, welche dem Beschuß mit 190-MeV-Protonen folgen, eine gute Übereinstimmung. Daten von Neutronen-Rkk. mittlerer Energie, Resonanzen therm. Neutronen u. Rkk. schwerer Ionen werden verglichen. O. Jansen. 103◇

Über die Theorie der (γ, d)-Reaktionen. J. Kwieciński. (Acta physica polon. **23**, 415—30, 1963; Cracow, Inst. of Nucl. Phys.; engl.) — Ausgehend von dem unabhängigen Paarmodell für den Kern wird gezeigt, daß der Hauptbeitrag zur (γ, d)-Rk. durch bestimmte Zweistufenprozesse gegeben wird. Gerhard Schmidt. 103◇

Eine Untersuchung einiger (t, d)-Reaktionen an leichten Kernen bei 5,5 MeV. F. De S. Barros, P. D. Forsyth, A. A. Jaffe und I. J. Taylor. (Proc. physic. Soc. **77**, 853—65, 1961; Manchester, Univ., Phys. Labor.; engl.) — Ein Magnetspektrograph mit breitem Bereich wurde zur Analyse der von Targets aus natürlichem *B*, *C*, SiO_2 u. *Al* beim Beschuß mit 5,5-MeV-Tritonen emittierten Deuteronen benutzt. Die Winkelverteilungen der Mehrzahl der Deuteronengruppen dieser Rkk. wurden bei ^{10}B, ^{12}C, ^{13}C, ^{16}O, ^{27}Al u. ^{28}Si gemessen, u. es wurden ferner Aufschlüsse über die (t, d)-Rkk. an ^{24}Mg, ^{28}Si u. ^{40}Ca erhalten. O. Jansen. 103◇

(γ, p + α)-Reaktionen von ^{12}C, ^{14}N und ^{16}O. W. T. Morton und T. G. Walker. (Philos. Mag. [8] **7**, 741—44, 1962; Glasgow, Univ., Dep. of Natural Phil.; engl.) — Bei Bestrahlung von mit W. beladenen Kernemulsionen mit einem Bremsstrahlungsbündel mit maximaler Energie von 120 MeV wurden die Wrkg.-Querschnitte für die Rkk. ^{12}C(γ, p + α)^{7}Li, ^{14}N(γ, p + α)^{9}Be u. ^{16}O(γ, p + α)^{11}B mit 1,9 ± 0,4; 2,5 ± 0,5 bzw. 0,3 ± 0,2 MeVmbarn gefunden. O. Jansen. 103◇

Eine Untersuchung der Reaktion ^{23}Na(d,n)^{24}Mg mit Kernemulsionen. J. M. F. Jeronymo und E. Lerner. (An. Acad. brasil. Ci. **33**, 289—300, 1961; Rio de Janeiro, Centro Brasil. de Pesqu. Fís.; engl.) — Es wird über die Energie- u. die Q-Wertspektren von unter Winkeln zwischen 0 u. 85° zum Deuteronenstrahl ausgesandten Neutronen berichtet. Der Q-Wert für den Grundzustand wurde zu 9,56 ± 0,12 MeV bestimmt, angeregte Niveaus traten bei 1,40 ± 0,16, 4,24 ± 0,14, 5,27 ± 0,14, 6,09 ± 0,14, 7,68 ± 0.13 u. 8,63 ± 0,13 MeV auf. H. Laue. 103□

Der Zerfall von ^{94m}Nb. P. Kilian, H. Langhoff und A. Flammersfeld. (Z. Physik **169**, 23—31, 1962; Göttingen, Univ., II. Phys. Inst.; dt.) — Unter Verw. von Scintillationsspektrometern u. der Koinzidenztechnik wurde der Zerfall von ^{94m}Nb untersucht. Der K-Schalen-Konversions-Koeff. des isomeren 41,5-keV-Übergangs wurde mit 570 ± 100 gefunden u. zeigt einen M3-Übergang an. Die Maximalenergie des β-Zerfalls zum 0,87-MeV-Niveau des ^{94}Mo ist (1,15 ± 0,03) MeV, ein anderer β-Zerfall zum 1,57-MeV-Niveau wurde mit $(4,0 \pm 1,3) \cdot 10^{-5}$ gefunden. O. Jansen. 103◇

γ-Spektrum und Koinzidenzuntersuchungen von ^{100}Ru. B. Basu und A. P. Patro. (Nuclear Physics [Amsterdam] **29**, 672—79, 1962; Calcutta, Saha Inst. of Nucl. Phys.; engl.) — Neben der Bestätigung früher mitgeteilter γ-Strahlen (vgl. Marquez, C. **1955**, 2827) werden zusätzlich einige γ-Strahlen (2,78 u. 2,25 MeV) beobachtet. Ein gegenüber Marquez geändertes Niveauschema von ^{100}Ru wird vorgeschlagen. Gerhard Schmidt. 103◇

Weiche γ-Strahlen aus ^{152}Eu und ^{154}Eu als Folge von Resonanzneutroneneinfang. J. E. Draper und A. A. Fleischer. (Nuclear Physics [Amsterdam] **13**, 53—59, 1959; New Haven, Conn., Yale Univ.; engl.) — Es wurden die γ-Strahlenspektren von ungeradem ^{152}Eu u. ^{154}Eu, welche dem Resonanzneutroneneinfang bei den 0,33-, 0,46-, 1,06- u. 2,46-eV-Resonanzen folgen, mit einem NaJ(Tl)-Scintillator gemessen. Abs. Intensitäten werden für γ-Strahlen von 95 ± 4 keV aus ^{152}Eu u. 74 ± 4 u. 95 ± 4 keV aus ^{154}Eu mitgeteilt. Das therm. Einfangspektrum von Eu kann auf einen neuen verzögerten Übergang hinweisen. O. Jansen. 103◇

Koeffizienten der inneren Konversion der Übergänge in ^{169}Tm. Z. Grabowski, J. E. Thun und B. Lindström. (Z. Physik **169**, 303—14, 1962; Uppsala, Sweden, Univ., Inst. of Phys.; engl.) — Das Konversionselektronenspektrum von ^{169}Tm wurde mittels eines doppelfokussierenden Eisenjochspektrometers gemessen. Die γ-Strahlen-Energien u. -Intensitäten wurden mit einem Spektrometer mit gekrümmten Kristall gemessen. Die Konversions-Koeff. u. -Verhältnisse wurden aus den Elektronen- u. γ-Intensitäten bestimmt. O. Jansen. 103◇

Untersuchungen des Zerfallschemas von ^{169}Yb mittels einer Elektron–Elektron- und Elektron-γ-Koinzidenzmethode. M. S. El-Nesr und E. Bashandy. (Ark. Fysik **22**, 317—26, 1962; Uppsala, Sweden, Univ., Inst. of Phys.; engl.) — Die Verzweigungsverhältnisse der Übergänge im ^{169}Tm-Kern wurden bestimmt. Die K-Konversionswahrscheinlichkeiten der 240- u. 261-keV-Übergänge wurden nach den Elektron–Elektron-Messungen bestimmt: $\varkappa_K(240) = 0,026 \pm 0,003$, $\varkappa_K(261) = 0,015 \pm 0,002$. Ferner wurde $\alpha_K(308) = 0,044 \pm 0,005$ erhalten. O. Jansen. 103◇

Spaltneutronenspektren und Kerntemperaturen. James Terrell. (Physic. Rev. [2] **113**, 527—41, 1959; Los Alamos, N.Mex., Univ. of California, Los Alamos Sci. Labor.; engl.) — An Hand zahlreicher experimenteller Daten anderer Autoren wird gezeigt, daß die Voraussage einer Maxwell-Verteilung der Spaltneutronenenergien durch die Kernverdampfungstheorie von Weißkopf zutreffend ist. H. Schroeder. 103◇

Die Magnetfeldabhängigkeit der α-γ-Winkelbeziehungen von ^{243}Am. K. Siegbahn und F. Asaro. (Physics Letters [Amsterdam] **2**, 323—25, 1962; Berkeley, Calif.,

Univ., Lawrence Radiat. Labor.; engl.) — Die Anisotropie der α-γ-Winkelbeziehungen von ^{243}Am wurde in Abhängigkeit von einer variablen Magnetfeldstärke untersucht. Die Experimente zeigen eine aus der Hyperfeinstruktur theoret. zu erwartende Zunahme der Anisotropie der Strahlung mit steigender Magnetfeldstärke. Unter der Annahme der Gültigkeit der Chasman-Rasmussen-Korrektur wurde aus den Vers.-Ergebnissen eine Funktion für den Schwächungsfaktor abgeleitet. W. Wiechmann. 103◇

Natürliche Isotope. 2. Mitt. **Grundlegende Eigenschaften der Verteilungskaskade.** Anatol Selecki. (Przemysł chem. **40,** 560—64, 1961; pol.) — 1. vgl. C. **1961,** 11604; 3. vgl. C. **1963,** 12664. — Mathemat. Behandlung der Wrkg. der Verteilungskaskade mit u. ohne Vereinfachungen (stetige Änderung der Konz. u. Abnahme unendlich kleiner Mengen des angereicherten Isotops). F. Urban. 104◇

Untersuchungen über die Struktur des Atomkerns mit Hilfe des EWA-Reaktors. Zdzislaw Wilhelmi. (Nukleonika [Warszawa] **5,** 467—80, 1960; Warszawa, Pol. Acad. of Sci., Inst. of Nucl. Res.; engl.) — Übersicht über am vorst. Institut durchgeführte Unterss. an Hand von 18 Literaturangaben (Kern-Rkk., β- u. γ-Spektroskopie, n-Streuung, Spaltung.) W. Knoch. 110□

Bestrahlungstechniken für spaltbare Materialien. 4. Mitt. O. S. Plail. (Nuclear Power **6,** Nr. 60, 101—03, 1961; Harwell, A.E.R.E., Metallurg. Div.; engl.) — 2. vgl. C. **1962,** 2622; 6. vgl. C. **1963,** 18711. — Übersicht über Temp.-Messungen, Instrumentierung, Sicherheitsmaßnahmen u. Prüf-Meth. außerhalb des Reaktors. Gerhard Schmidt. 110◇

Projekte neuer Beschleunigungsanlagen. Edouard Regenstreif. (Ind. atom. **5,** Nr. 5/6, 55—69, 1961; Genève, CERN; franz.) — 1. vgl. Ind. atom. **5,** [1961], Nr. 3/4, 61. A. Blaschette. 112◇

Die Bedeutung der Pionenerzeuger für die Physik der Elementarteilchen. R. P. Haddock. (Nuclear Instruments Methods [Amsterdam] **18/19,** 387—96, 1962; Los Angeles, Calif., Univ. of California, Dep. of Phys.; engl.) — Überblick über die Erzeugung von intensiven Pionenstrahlen durch Protonenbeschleuniger für 400 MeV bis einige GeV u. die damit durchgeführten Untersuchungen. W. Reusse. 112◇

Flugzeitfaktor für lineare Protonenbeschleuniger. W. Ss. Kladnitzki. (J. techn. Physik [UdSSR] **30,** 178—85, 1960; Vereinigtes Inst. für Kernforsch.; Labor. für hohe Energien; russ.) — Mit Hilfe der elektrolyt. Wanne mit W. als Elektrolyt, Cu-Elektroden u. einer Arbeitsfrequenz von 500 Hz wurde die Verteilung des elektr. Felds zur Achse des beschleunigenden Syst. des Protonen-Linearbeschleunigers untersucht, u. zwar für einen symm. Spalt wie für einen mit Gitter vom Klystron-Typ. Der Flugzeitfaktor T wurde in Abhängigkeit von der Periode des beschleunigenden Syst. L_n ermittelt, wichtig ist dabei das die Gitterfläche durchdringende Feld. Das Verhältnis L_n/d' soll größer als 4 gewählt werden, d' = Apertur der Driftröhren. M. Wiedemann. 112◇

Ioneneinfang und Anfangsbahnen im Isochron-Cyclotron Karlsruhe. Martin Reiser. (Nuclear Instruments Methods [Amsterdam] **13,** 55—69, 1961; Frankfurt/M.-Niederrad, AEG Forschungsinst.; dt.) — In einer theoret. Abhandlung wird das Problem der optimalen Feldkonfiguration im Kern des geplanten Isochroncyclotrons Karlsruhe (100 μA Deuteronen von 50 MeV) behandelt. Das Beschleunigungs-Syst. besteht dabei aus drei sektorförmigen Elektroden, die gleichzeitig mit 40 kV Scheitelspannung u. der 3fachen Teilchenumlauffrequenz schwingen. Die Berechnungen u. die an einem Modell durchgeführten Verss. streben an, das startende Ionenpaket gut zu bündeln, elektr. u. magnet. auf zentrierte, sauber getrennte Bahnen zu fixieren u. gleichzeitig Teilchen mit ungünstigen Startbedingungen in der Nähe der Ionenquelle abzufangen. W. Reusse. 112□

Über den Teilchenverlust bei einem Synchrocyclotrongrenzradius. V. P. Dmitrievsky, V. V. Kolga und B. I. Zamolodchikov. (Nuclear Instruments Methods [Amsterdam] **9,** 115—17, 1960; engl.) — Theoret. Untersuchung. O. Jansen. 112◇

Verbessertes Tastverhältnis beim Synchrocyclotron der Harvard Universität. J. Lefrançois. (Rev. sci. Instruments **32,** 986—88, 1961; Cambridge, Mass., Harvard Univ., Cyclotron Labor.; engl.) — Um zufällige Koinzidenzen bei Unterss. am Synchrocyclotron auf ein Minimum zu reduzieren, ist es erwünscht, bei unverändertem Mittelwert der Strahlungsintensität den Spitzenwert zu verkleinern. Dies wird durch geänderte Zähnung des Kondensators erreicht, der die Frequenzmodulation bewirkt. Die eingeführte Zahnform wird beschrieben u. die erzielten Veränderungen der Energiebreite ($\pm$0,75—5 MeV), der Extraktionszeit (90—600 μs) u. des Tastverhältnisses (0,022—0,12) beim polarisierten Strahl sind dargestellt. Bei dem unpolarisierten Strahl treten ähnliche Veränderungen ein. W. Reusse. 112□

Der magnetische Deflektor des Bündels des 180-cm-Synchrocyclotrons in Buenos Aires. J. Rosenblatt und R. J. Slobodrian. (Rev. sci. Instruments **31,** 863—68, 1960; Buenos Aires, Argentina, Comisión Nac. de Energía Atóm., Synchrocyclotron Labor.; engl.) O. Jansen. 112◇

Methoden für den Strahlenaustritt aus einem Phasotron. Ju. Ja. Lembra. (Fortschr. physik. Wiss. [UdSSR] **79,** 345—67, 1963; russ.) — Übersicht. -- 95 Literaturangaben. E. Klever. 112◇

7-GeV-Protonensynchrotron. W. W. Wladimirski, Je. G. Komar, A. L. Minz, L. L. Goldin, N. A. Monosson, Ss. M. Rubtschinski, Je. K. Tarassow, A. A. Wassiljew, F. A. Wodopjanow, D. G. Koschkarew, W. Ss. Kuryschew, I. F. Malyschew, A. M. Stolow, N. Ss. Strelzow und B. M. Jakowlew. (Versuchsgeräte u. Versuchstechn. [UdSSR] **7,** Nr. 4, 5—255, 1962; Inst. für Theoret. u. Experimentalphys., Wiss. Inst. für Elktrophysikal. App. u. Radiotechn. Inst. der GKAE; russ.) — In 41 Einzelaufsätzen wird der Aufbau u. die Arbeitsweise des 7-GeV-Protonensynchrotrons beschrieben. Ch. Weiske. 112◇

Die Durchführbarkeit der Beschleunigung polarisierter Protonen im Argonne ZGS. David Cohen. (Rev. sci. Instruments **33,** 161—69, 1961; Argonne, Ill., Argonne Nat. Labor., Particle Accelerator Div.; engl.) — Für das der Vollendung entgegengehende Argonne Zero Gradient Synchrotron (ZGS), mit dem Verss. mit Protonen bis zu 12,5 GeV geplant sind, wurde mittels eines Computer-Programms die Depolarisierung eines mit vorgegebener Polarisation injizierten Protonenstrahls während der Umlaufperiode berechnet. W. Reusse. 112□

Ein Beschleuniger für 1 Million MeV. A. Mints. (Nuclear Power **7,** Nr. 80, 61—62, 1962; engl.) — Allg. Bemerkungen zu den von einem sowjetruss. Team entwickelten Grundsätzen für den Bau eines Kreisbeschleunigers für Protonen von 10^{12} eV Energie. Die Konstruktion ist bes. dadurch gekennzeichnet, daß entlang der Bahn der Protonen Detektoren angeordnet sind, die die Lage der Kreisbahnen orten u. aus deren Anzeige Korrekturwerte für die magnet. u. Hochfrequenz-Felder der Anlage abgeleitet werden. W. Reusse. 112◇

Das Deutsche Elektronen-Synchrotron. E. Lohrmann. (Kerntechn., Isotopentechn. u. -chem. **4,** 229—33, 1962; Hamburg, DESY; dt.) — Dieser Beschleuniger soll Elektronen mit einer Energie von 6 GeV liefern. Nach einer Diskussion der physikal. Grundlagen wird eine Beschreibung des techn. Aufbaus des Beschleunigers gegeben. O. Jansen. 112◇

Spektralcharakteristik der durch in einem Synchrotron beschleunigten Elektronen emittierten Strahlung. D. H. Tomboulian und D. E. Bedo. (J. appl. Physics **29,** 804—09, 1958; Ithaca, N.Y., Cornell Univ.; engl.) — Theoret. Unters. zur emittierten elektromagnet. Strahlung. O. Jansen. 112◇

Das Mikrotron, ein Elektronencyclotron. Roman Śledziewski. (Postępy Fizyki **13,** 335—52, 1962; Kraków, Uniw. Jagiell., Inst. Fiz.; pol.) — Übersicht: Wrkg.; theoret. Grundlagen; Magnetkonstruktion; Vakuum-Syst.; Resonanzspalt u. Hochfrequenz-Syst.; Bündelextraktion; Phasenstabilität; Vertikal-Konz.; Vers.-Ergebnisse. — 34 Literaturangaben. R. K. Müller. 112◇

Optimale Länge des Beschleunigungsspaltes beim Mikrotron. A. Paulin. (Nuclear Instruments Methods [Amsterdam] **9,** 113—14, 1960; Ljubljana, Jugoslavia, J. Stefan Inst.; dt.) — Berechnungen. O. Jansen. 112◇

Entwicklungsstand des Mikrotrons. A. Paulin. (Z. Instrumentenkunde **70,** 53—56, 1962; dt.) — Vgl. vorst. Referat. — Übersichtsbericht über die Wirkungsweise, bes. die Resonanzbedingungen, die Stabilität nach Phase sowie in radialer u. vertikaler Richtung. W. Reusse. 112◇

Erzeugung und Messung eines beschleunigten Strahls vollständig polarisierter Deuteronen. C. W. Drake, D. C. Bonar, R. D. Headrick und V. W. Hughes. (Rev. sci. Instruments **32,** 995—96, 1961; New Haven, Conn., Yale Univ., Gibbs Labor.; engl.) — Ein D-Atomstrahl wird durch ein Syst. von homogenen u. inhomogenen Magnetfeldern geführt, dann mittels Elektronenstoß ionisiert u. auf 150 kV nachbeschleunigt. Er trifft dann auf ein Zr–T-Target. Die aus der Rk. T(d, n)^{4}He resultierenden 14-MeV-Neutronen werden mit zwei unter 0^0 u. 90^0 gegen die Polarisationsachse der Deuteronen angebrachten Neutronenzählern gemessen. Aus der asymm. Winkelstreuung der Neutronen kann auf die Polarisation der Deuteronen geschlossen werden. Die Polarisation der Deuteronen erweist sich im vorliegenden Experiment als vollständig. W. Reusse. 112□

Photoneutronenquellen. H. A. Sandmeier. (Kerntechn., Isotopentechn. u. -chem. **3,** 167—68, 1961; Argonne Nat. Labor.; dt.) — 1. Teil einer Übersicht (z. B. über Sb–Be-Quellen). Herbert Weber. 112◇

Absolute Standardisierung radioaktiver Neutronenquellen. 2. Mitt. **Die Benutzung der $^{19}F(\alpha, n)^{22}Na$-Reaktion.** K. W. Geiger. (Canad. J. Physics **37**, 550—56, 1959; Ottawa, Nat. Res. Council, Div. of Appl. Phys.; engl.) — 1. vgl. C. **1960**, 4415. — F hat nur ein stabiles Isotop. Wenn durch $^{19}F(\alpha, n)^{22}Na$ Neutronen erzeugt werden, kann die Neutronenausbeute aus der Ausbeute des resultierenden ^{22}Na berechnet werden. Das Anwachsen des ^{22}Na (Halbwertszeit 2,58 a) wurde in einer Neutronenquelle gemessen, welche aus 1,6 c ^{210}Po besteht, welches mit CaF_2-Pulver gemischt ist. Da ^{22}Na ein Positronemitter ist, wird die Diskrimination gegen γ-Strahlen von ^{210}Po u. von Kern-Rkk. durch den Nachw. der Vernichtungsquanten in Koinzidenz erlangt. O. Jansen. 112◇

Die Konstruktion eines mit Cadmium ausgekleideten Behälters für Versuche mit Neutronen. J. B. C. Brown und R. S. Hall. (J. sci. Instruments **38**, 381, 1961; Birmingham, Univ., Phys. Dep., Reactor Phys. Group; engl.) — Zur Verw. als Wandmaterial für Behälter, in denen Neutronen emittierende Stoffe aufbewahrt werden sollen, wurde Al als Träger mit Cd als Auflage nach einem neuen Verf. zu einheitlichen Platten gewalzt. Die Dicke ist 1/8 in., davon 0,03 in. Cd. Für die Herst. der Behälter werden die Stoßstellen mit einem Lot aus 35% Cd u. 65% Sn mit einem F. von 180° gelötet. W. Reusse. 112□

Messung der Winkelverteilung eines Stromes von gestreuten Neutronen aus einem Reaktorkanal. Tadeusz Rzeszot. (Nukleonika [Warszawa] **5**, 191—94, 1960; Warszawa, Inst. Badań jadrowych; pol., Auszug: engl.) — Mit Hilfe eines BF_3-Proportionalzählers wird die Winkelverteilung gestreuter Neutronen aus dem ersten waagerechten Kanal des Reaktors „EWA" für 2 Leistungsniveaus (50 u. 200 kW) gemessen u. in einem Diagramm u. einer Tabelle wiedergegeben. R. K. Müller. 112◇

Untersuchungen über die mögliche Umleitung thermischer Neutronenströme. Helmut Völcker. (Atomkernenergie **3**, 295—98, 1958; Kiel, Inst. für Reine u. Angew. Kernphys., Univ.; dt.) — In Vers.-Reaktoranlagen liefern die therm. Säulen im allg. einen horizontalen Strom therm. Neutronen, wogegen ein vertikaler Strom techn. Vorteile bietet. Die Möglichkeit der Umlenkung horizontaler Ströme wird mit der Diffusionstheorie untersucht. Die Rechnung mit dem Albedo-Konzept für eine aus Graphitwänden von einer Diffusionslänge gebildete hohle Ecke in Prismengestalt, die zwei aufeinander senkrechte kub. Säulen verbindet, ergibt eine Lsg. des Problems. O. Jansen. 112◇

Kinematische Effekte bei Berechnungen von Targetdicken. Isam Naqib und David K. McDaniels. (Rev. sci. Instruments **31**, 1358—60, 1960; Seattle, Wash., Univ.; engl.) — Vgl. Cohen, C. **1963**, 19477. — Vff. stellen fest, daß die l. c. durchgeführten Berechnungen nur streng für den Fall sehr schwerer Elemente richtig sind, bei denen das Verhältnis der Masse des Rk.-Teilchens zu dem des Restkerns viel kleiner als eins ist. Bei leichten Kernen ist die Änderung in der Targetdickenkorrektur, die durch den Rückstoß des Restkerns verursacht ist, ziemlich groß, bes. bei Kern-Rkk., bei denen α-Teilchen beteiligt sind. C. Gottfried. 112

^{11}C-Verlust aus Plastikfolien und dessen Einfluß auf Messungen des Wirkungsquerschnitts. J. B. Cumming, A. M. Poskanzer und J. Hudis. (Physic. Rev. Letters **6**, 484—85; **6**, 646, 1961; Upton, N.Y., Brookhaven Nat. Labor., Chem. Dep.; engl.) — Bei der Messung des Verhältnisses der Wrkg.-Querschnitte der Rkk. $^{12}C(p, pn)^{11}C$ u. $^{27}Al(p, 3\,pn)^{24}Na$ unter Verw. von geschichteten Polyäthylen- u. Al-Folien können während der Bestrahlung bis zu 15% der ^{11}C-Aktivität verlorengehen. Vff. führen diesen Effekt auf „hot atom"-Rkk. des ^{11}C-Rückstoßatoms zurück, bei denen sich gasförmige Prodd. bilden, die aus dem Target hinausdiffundieren. Es wurden untersucht: 1. Erzeugungsraten bezogen auf 95 mg/cm² Polystyrol-Plastik-Scintillator (I). Packungen von Polyäthylen, „orientiertem" Polystyrol, Graphit u. I wurden dem 3-GeV Protonenstrahl des Cosmotrons ausgesetzt. Es ergab sich, daß die scheinbare Erzeugungsrate von ^{11}C pro (g/cm²) Kohlenstoff von der Dicke u. chem. Zus. der Schicht abhängt (graph. Darst.). 2. ^{11}C-Aktivität in der Gasphase. Folien wurden in Al-Behältern in einer He-Atmosphäre bestrahlt. In Abhängigkeit von der Art der Proben wurden Verluste bis zu 12% festgestellt. 3. Bestrahlung bei tiefen Temperaturen. Bei der Temp. des fl. N_2 wurden in Polyäthylen eingehüllte I-Folien bestrahlt. Bei Erwärmung auf Zimmer-Temp. zeigte sich 30 Min. nach der Bestrahlung ein Verlust von 9%. Wurde die Probe in einer abgeschlossenen Flasche erwärmt, so zeigte sich bis zum Öffnen der Flasche kein Verlust. 4. Zus. des radioakt. Gases. Das durch Bestrahlung von I freigesetzte Gas enthielt: 57 (%) Methan, 36 Acetylen, 6 Äthylen u. 1 Äthan. G. Klotz. 112◇

Neuartige kontinuierlich rotierende Streukammer. J. Verba und R. Hawrylak. (Rev. sci. Instruments **32**, 1037—39, 1961; Rochester, N.Y., Univ., Dep. of Phys. and Astron.; engl.) — Zur Unters. von Kern-Rk.-Prodd. wurde eine Streukammer entwickelt, in der ein Cyclotronstrahl bei kontinuierlich zwischen —5 u. + 165° veränderbarem Streuwinkel auf ein feststehendes Target trifft. Dieses befindet sich in einem Zylinder, um den sich konzentr. ein zweiter Zylinder ohne Beeinträchtigung des Vakuums dreht. In diesem drehbaren Zylinder befindet sich ein Strahlenaustrittsfenster für den gestreuten Strahl. W. Reusse. 112□

Automatische elektronische Kontrolle von technischen Fabrikaten unter Verwendung von radioaktiv markierten Teilen. G. G. Eichholz, C. M. Lapointe und G. E. Alexander. (Int. J. appl. Radiat. Isotopes **5,** 51—56, 1959; Ottawa, Canada, Dep. of Mines and Techn. Surveys; engl.) — Beschreibung des Gerätes, dessen krit. Teil aus einer mit radioakt. ^{110}Ag markierten Cu-Kugel besteht. E. Klever. 112◇

Simulierung der γ-Strahlung ausgedehnter Quellen. W. I. Popow. (Atomenergie [UdSSR] **14,** Nr. 2, 219—20, 1963; russ.) — Ein zylindr. Sektor aus Plexiglas, gefüllt mit ^{60}Co-Sulfat, befand sich in einem mit W. gefüllten zylindr. Gefäß, das gedreht wurde. Die γ-Dosis wurde mittels Ionisationskammer gemessen. Aus dem Verhältnis mit u. ohne Wasserfüllung wird auf Selbstabsorption u. Mehrfachstreuung geschlossen. Der Schwächungsfaktor in der Quelle wird ermittelt. M. Wiedemann. 112◇

Temperaturkontrolle bei Bestrahlungen im Innern einer zylindrischen ^{60}Co-Quelle. R. B. Ingalls, F. D. Goodspeed und J. R. Hardy. (Int. J. appl. Radiat. Isotopes **13,** 93—95, 1962; Washington, D.C., U.S.A.E.C., Office of Isotope Dev.; engl.) — Es werden die konstruktiven Details einer Anlage beschrieben, mit der in einfacher Weise die Temp. von Proben während einer γ-Bestrahlung eingestellt werden kann. Im Inneren einer zylinderförmigen ^{60}Co-Quelle befindet sich ein Dewar-Gefäß, in dem die Proben von genau thermostatisiertem N_2 umspült werden, das außerhalb der Anlage durch Verdampfen von fl. N_2 erzeugt wird. Die Temp. des Gases wird über eine Reihe von Thermoelementen sorgfältig kontrolliert u. geregelt. Temp. zwischen —140 u. +100° können mit Abweichungen von weniger als 1° eingestellt werden. T. Tamberg. 112◇

Herstellung von Targets und radioaktiven Quellen aus Kobalt, Kupfer und Silber. S. W. Passtuchowa. (Versuchsgeräte u. Versuchstechn. [UdSSR] **7,** 126—27, 1962; russ.) — Ausgehend von den Lsgg. $CoSO_4 \cdot 7\,H_2O$, $CuSO_4 \cdot 5\,H_2O$ u. $AgNO_3$ wurden elektrolyt. Ndd. von ^{60}Co, ^{64}Cu u. ^{109}Ag erhalten. Als Unterlage diente eine Al-Scheibe. Die optimalen Bedingungen bzgl. Stromstärke, Dauer u. Umdrehungszahl der Anode wurden bestimmt. Die Ausbeuten lagen bei über 90%. M. Wiedemann. 112◇

Elektro-Zerstäubung: Eine Methode zur Anfertigung von Proben für die Zählung von β-Teilchen mit der Möglichkeit zur Korrektur auf Selbststreuung und Selbstabsorption. E. Bruninx und G. Rudstam. (Nuclear Instruments Methods [Amsterdam] **13,** 131—40, 1961; Geneva, CERN; engl.) — Zur Herst. von dünnschichtigen β-Strahlquellen vorbestimmter Selbstabsorption u. -streuung wird das Verf. der Elektrozerstäubung empfohlen. Dabei wird das aufzubringende Material in Lsg. aus einer Düse auf den Träger zerstäubt, wobei die Düse positiv gegen den Träger vorgespannt ist. Eine entsprechende Anlage wird beschrieben u. es wird über Verss. mit verschiedenen organ. Lsgm. (Aceton, Ae., CS_2, Methanol, Äthylacetat-, n-Butylalkohol, n-Hexan, A., A.-Wasser-Gemische) sowie W., verschiedenen Spannungen zwischen Düse u. Träger, ferner — in Form einer Tabelle — über prakt. Vers.-Ergebnisse mit $AgNO_3$, As_2S_3, KBr, NH_4Br, $CaCl_2$, $Cd(NO_3)_2$, $Ce(NO_3)_3$, $CoCl_2$, CsJ, $CuCl_2$, Fe-Oxinat, $GaCl_3$, $Ga(OH)_3$, $HgCl_2$, KJ, $In(NO_3)_3$, $LaBr_3$, $La(NO_3)_2$, $MgCl_2$, $MnCl_2$, NaOH, $NbCl_5$, $NiCl_2$, $Pb(NO_3)_2$, $PdCl_2$, $RuCl_3$, $Sc(NO_3)_3$, H_2SeO_4, $SnCl_2$, $SrCl_2$, Ti-Oxinat, $UO_2(C_2H_3O_2)_2$, VCl_5, $Y(NO_3)_3$ u. $Zn(C_2H_3O_2)_2$ (alle aus alkohol. Lsg.) sowie mit $FeCl_3$, Mo-Chloriden, $SbCl_5$ aus Ae. u. $AuBr_3$ sowie $AgNO_3$ aus Ae. u. Aceton u. schließlich mit $BaBr_2$ aus Methanol u. die Mikrostruktur der erzeugten Schichten berichtet. W. Reusse. 112□

Selbstabsorption in für 4π-Betazählung hergestellten Quellen. Janet S. Merritt, J. G. V. Taylor und P. J. Campion. (Canad. J. Chem. **37,** 1109—14, 1959; Chalk River, Ontario, Atom. Energy of Canada Ltd., Phys. Div.; engl.) — Es wurde unter Benutzung der 4π-β-γ-Koinzidenz-Meth. die Selbstabsorption in β-Quellen, die nach einer Reihe von Präparations-Meth. hergestellt waren, für die Negatronstrahler ^{134}Cs (nur 86-keV-Zweig), ^{95}Nb, ^{203}Hg, ^{60}Co, ^{46}Sc, ^{86}Rb, ^{198}Au, ^{24}Na u. den Positronenzweig von ^{64}Cu untersucht. Die Selbstabsorption schwankte von einigen Zehntel % bis gegen 10% für Quellen mit einer mittleren Oberflächendichte von 2 $\mu g/cm^2$ für die meisten der untersuchten Nuclide. O. Jansen. 112◇

Meßverfahren für die Bestimmung der Energieverluste von 2,8-MeV-Betatron-Elektronen in Materie. Torbjörn Westermark. (Nuclear Instruments Methods [Amsterdam] **10,** 169—84, 1961; Stockholm, Royal Inst. of Techn., Div. of Phys. Chem.; engl.) — Es wird über 2 verschiedene Meßmeth. für die Energieverluste schneller Elektronen u. damit durchgeführte Eichungen u. Meßreihen berichtet. Bei der einen Meth. wird der Energieverlust durch Gegenfeldmessungen, bei der anderen durch Regelung des Magnetfeldes in einem Spektrometer bestimmt. W. Reusse. 112◇

Neue Art der Abhängigkeit zwischen der Schwächung des β-Teilchenstromes und der maximalen Energie des β-Spektrums. Ju. A. Prisselkow und W. B. Lukjanow. (Nachr. Moskauer Univ., Ser. II **16,** Nr. 2, 25—30, 1961; Lehrstuhl für Radiochem.; russ.) — Es wird eine neue Formel abgeleitet, um aus der Absorption der Energie von β-Teilchen die maximale Energie des β-Spektrums zu ermitteln: $E_{max} = E/(1 - \xi)$; $(1 - \xi)$ ist tabelliert. Bei Energien von 0,157 MeV bis 2,27 MeV waren die Ergebnisse befriedigend. M. Wiedemann. 112◇

Forderungen an Überwachungsgeräte zur Messung niedriger Aktivitäten. W. Schröck-Vietor. (Atomwirtschaft **7,** 474—80, 1962; Jülich, Kernforsch.-Anlage, Abt. Strahlenschutz; dt.) E. Klever. 112◇

Wirksamer Untergrundabschirmer für Messungen geringer Aktivitäten. Antti P. U. Vuorinen. (Rev. sci. Instruments **31,** 573—74, 1960; Helsinki, Finland, Inst. of Technol., Inst. of Radiat. Phys.; engl.) — Konstruktionsbeschreibung eines Fe-Cu-Doppelzylinders, der zur Abschirmung der Untergrundstrahlung dient, wobei das Meßinstrument eingebaut ist. H. Roschkowski. 112◇

Messung niedriger Aktivitäten in Wässern. 3. Mitt. **Konstruktion eines Küvettenzählers.** Jarmila Rálková und Jaroslav Slunečko. (Jaderná Energie **7,** 13—15, 1961; Praha, Ústav jad. výzk. ČSAV; tschech.) — 2. vgl. Jaderná Energie **6,** [1960], 235. — Beschreibung eines verbesserten Küvettenzählers u. des verwendeten Antikoinzidenzkreises: Untergrund 0,3 Impulse/Min., geometr. Wrkg.-Grad 94%, Meßbarkeitsgrenze $5 \cdot 10^{-11}$ c/Liter. R. K. Müller. 112◇

Empfindliche Meßmethoden für Radiokohlenstoff. G. Krakau und H. Schneider. (Atomkernenergie **3,** 515—22, 1958; Gießen, Univ., Physikal. Inst.; dt.) — Überblick über die verschiedenen Meth. zur Alters-Best. u. für Tracer-Unterss. mit ^{14}C. Als neues Verf. wird ein Scintillationszähler mit festem Leuchtstoff (Hohlphosphor aus Plastescintillator NE 102) zur empfindlichen Messung von gasförmigem $^{14}CO_2$ für Tracer-Unterss. beschrieben. E. Brink. 112◇

Ein Meßverfahren für Kurzzeitmessungen mit beliebig einstellbarem Zeitabstand und hoher Meßgenauigkeit. Werner Kroebel. (Atomkernenergie **3,** 289—94, 1958; Kiel, Univ., Inst. für angew. Phys.; dt.) — Beim beschriebenen Verf. wird von einer Mutterfrequenz ausgegangen, aus der über 2 oder mehr Kanäle nach Frequenzteilungen Impulsfolgen beliebig niedriger Frequenz erhalten werden. Das Verf. läßt sich bes. für die Oscillographie von Prozeßabläufen bis in den ns-Bereich verwenden. O. Jansen. 112◇

Messung von Isomeren-Halbwertszeiten im Bereich von 1 Mikrosekunde bis zu 10 Millisekunden. I. E. Lindstrom und Bernd Crasemann. (Rev. sci. Instruments **30,** 363—66, 1959; Eugene, Oreg., Univ. of Oregon, Dep. of Phys.; engl.) — Zur Messung kurzer Lebensdauern von Kernzuständen wird der Strahler zwischen 2 Scintillationskristallen angeordnet; die Signale werden mit Hilfe einer Verzögerungskoinzidenzmessung ausgewertet. Als Beispiele werden Meßergebnisse über die Halbwertszeiten von ^{181m}Ta (17,83 ± 0,10 μs) u. ^{88m}Y (300,5 ± 5,0 μs) mitgeteilt. W. Reusse. 112◇

100-MHz-Diskriminator und Impulsformerschaltung mit Tunneldioden. A. Adler, M. Palmai und V. Perez-Mendez. (Nuclear Instruments Methods [Amsterdam] **13,** 197—200, 1961; Jerusalem, Hebrew Univ., Dep. of Physics; engl.) — Für die Zählung von Impulsen bei Kern-Rkk., bei denen hohe Impulsarten auftreten, werden Diskriminatoren mit Rückstellzeiten im 10^{-9} s-Bereich benötigt. Vff. beschreiben eine solche Anlage mit Tunneldioden für Diskriminierung u. Impulsformung, diskutieren die Bemessung der Schaltelemente u. berichten über Prüfmessungen. W. Reusse. 112□

Transistor-Zähldekade für 20 MHz. T. K. Alexander und D. R. Heywood. (Nuclear Instruments Methods [Amsterdam] **13,** 83—91, 1961; Chalk River, Canada, Atomic Energy of Canada Ltd.; engl.) — Es wird ein aus transistorisierten Flip-Flop-Stufen aufgebauter elektron. Zähler beschrieben. Die 4 Binärstufen sind durch bes. Schaltglieder entkoppelt, die Anzeige erfolgt dekadisch. Der Zähler ist für Frequenzen bis zu 20 MHz ausgelegt. Die einzelnen Schaltgruppen werden beschrieben, u. es wird über Prüfungen der Wirksamkeit der Anlage berichtet. W. Reusse. 112□

Dekadische Zählanlage mit einer Zeitauflösung von 10^{-7} Sekunden mit Halbleitertrioden. I. F. Kolpakow. (Versuchsgeräte u. Versuchstechn. [UdSSR] **7,** 55—61, 1962; Verein. Inst. für Kernforsch.; russ.) — Die maximale Zählfrequenz betrug 5 MHz. Die Schaltschemata sind angegeben. M. Wiedemann. 112◇

Dekatronzähler mit Schaltschema und Halbleitertrioden. R. P. Tschubarow. (Versuchsgeräte u. Versuchstechn. [UdSSR] **7,** 62—63, 1962; russ.) — Es wird ein Zähler mit Gasentladungszähllampen u. Verstärkung durch Halbleitertrioden beschrieben. M. Wiedemann. 112◇

Versuch einer einheitlichen Klassifikation der Radioelemente nach ihrer Strahlentoxizität. G. Vacca, A. Garnier u. H. Jammet. (J. Radiol. Electrol. Med. nucléaire **43**, 303—04, 1962; Paris, Commissariat à l'Énergie Atom.; franz.) — Mit der Aktivität in μc oder μc/m³ als Ordinate u. dem Gew. in μg oder μg/m³ als Abszisse entsteht ein Koordinatenfeld, in das die auf Grund der Arbeiten der Internat. Strahlenschutzkommission festgelegten höchstzulässigen Werte für die verschiedenen Radioisotope eingetragen werden. Vff. teilen das ganze Feld in 3 Bezirke für Stoffe hoher, mittlerer u. geringer Toxizität ein. Zu den 3 Klassen gehören als Beispiele ^{90}Sr, ^{210}Po, ^{226}Ra, ^{239}Pu bzw. ^{32}P, ^{35}S, ^{60}Co, ^{131}J, ^{220}Rn bzw. ^{3}H, ^{14}C, ^{253}U sowie natürliches Th u. U.
W. Reusse. 112◇

Strahlenschutz beim Umgang mit offenen radioaktiven Stoffen. 2. Mitt. H. Götte. (Atompraxis **6**, 148—54, 1960; Kelkheim; dt.) — 1. vgl. Atompraxis **6**, [1960], 99. — Es werden organisator. Maßnahmen, die beim Umgang mit radioakt. Stoffen erforderlich sind, sowie Meth. der Kontaminationsüberwachung beschrieben. Daneben wird kurz auf die Dekontamination u. die Beseitigung radioakt. Abfälle hingewiesen. In einem Überblick über Labor.-Typen wird die zweckmäßige Einrichtung von Arbeitsstätten in Abhängigkeit von der Menge des zu handhabenden Materials aufgezeigt.
W. Betcke. 112◇

Strahlenschutz an Reaktoren und in kerntechnischen Betrieben. M. Oberhofer und P. Kienle. (Kerntechnik **1**, 42—49, 88—93, 127—29, 1959; München, TH, Labor. für techn. Phys., Reaktorstation Garching; dt.) — Vgl. C. **1963**, **4949**. — Niederschrift eines Strahlenschutzlehrganges für Reaktorpersonal an der TH München.
L. Roth. 112◇

Dekontaminationsverfahren. H. Stephan. (Kerntechn., Isotopentechn. u. -chem. **3**, 102—05, 1961; Berlin-Wannsee, Hahn-Meitner-Inst. für Kernforsch.; dt.) — Zusammenfassende Darst. der chem. u. physikal. Dekontaminations-Verff. (bes. für Oberflächen). — 48 Literaturangaben. H. Schroeder. 112□

Verfahren und Praktiken zur Dekontaminierung von Anlagen und Ausrüstung. A. B. Meservey. (Reactor Sci. Technol. **15**, 189—210, 1962; Oak Ridge, Nat. Labor.; engl.) — Überblick. — 136 Literaturangaben, bis Dezember 1960.
K.-D. Asmus. 112◇

A₂. Optisches Verhalten der Materie

Der Einfluß von suprathermischen Teilchen auf den interstellaren Staub. Hiroshi Kimura. (Publ. astronom. Soc. Japan **14**, 374—89, 1962; Univ. of Tokyo, Dep. of Astronomy; engl.) — Der Einfl. der Bestrahlung mit supratherm. Teilchen auf die Größenverteilung von interstellarem Staub wird berechnet. Hieraus werden die Kurven für interstellare Extinktion u. Polarisation in guter Übereinstimmung mit der Beobachtung erhalten. M. Wiedemann. 113◇

Das Mikrowellenspektrum von Sauerstoff in der Erdatmosphäre. M. L. Meeks und A. E. Lilley. (J. geophys. Res. **68**, 1683—1703, 1963; Cambridge, Mass., MIT, Lincoln Labor. and Harvard Coll. Observat.; engl.) — Das Spektrum des O_2 in der Erdatmosphäre im mm-Bereich wird berechnet u. Möglichkeiten der Unters. mittels Raumsonden aufgezeigt. M. Wiedemann. 113◇

Analytische Methoden zur Bestimmung der Eigenwerte und Eigenfunktionen in der statistischen Theorie der Atome. T. Tietz. (J. chem. Physics **37**, 453—54, 1962; Łodź, Univ., Dep. of Theoret. Phys.; engl.) A. Blaschette. 114◇

Lösung der Schrödinger-Gleichung für das Wasserstoffatom in rechtwinkligen Koordinaten. G. R. Fowles. (Amer. J. Physics **30**, 308—09, 1962; Salt Lake City, Utah, Univ. of Utah; engl.) A. Blaschette. 114◇

Eine neue Form des nichtklassischen Abstoßungspotentials zur Ersetzung des Paulischen Besetzungsverbotes im Falle zylindersymmetrischer Elektronenverteilung. T. Szondy. (Acta physica Acad. Sci. hung. **15**, 193—96, 1962; Budapest, Ung. Akad. der Wiss., Forsch.-Gruppe für theoret. Phys.; dt.) — Es wird das Abstoßungspotential für zylindersymmetr. Syst. abgeleitet. Um eine Abschätzung der Genauigkeit des Abstoßungspotentials zu erhalten, wurde es in das statist. Atommodell, in welchem die Elektronen nach der Hauptquantenzahl gruppiert sind, einbezogen u. die Energie bzw. die Elektronendichte von Ar berechnet. Die erhaltenen Werte für den Variationsparameter bzw. die Energie stimmen mit den von Gombás und Ladányi berechneten Werten bis auf $<1{,}2\%$ überein. R. Worbis. 114◇

Berechnung der mittleren Atomlagen bei schwingenden mehratomigen Molekülen. L. S. Bartell. (J. chem. Physics **38**, 1827—33, 1963; Ames, Iowa, Iowa State Univ., Dep. of Chem.; engl.) — Vf. beschreibt eine neue Meth. zur Berechnung anharmon.

Schwingungen aus den Bindungslängen u. -winkeln mehratomiger Moleküle. Es wird gezeigt, daß eine quantenmechan. Betrachtung der Schwingungsbewegung analog des 2. Newton-Gesetzes zu einfachen Gleichgewichtsbedingungen führt, aus denen es möglich ist, die mittlere Lage der Atome aus der minimalen potentiellen Energie der Atomstellungen zu berechnen. Die Meth. gleicht der üblichen Störfeld-Meth. 1. Ordnung insofern, als sie die mittleren Lageveränderungen auf mittlere quadrat. Lageänderungen bezieht, die nach dem harmon. Problem 0. Ordnung berechnet werden können. Anwendungen auf einige Probleme (Isotopieeffekte, Temp.-Effekte) werden kurz beschrieben. Zahlenresultate von Berechnungen werden für H_2O, D_2O, NH_3 u. ND_3 gegeben. Entgegen bisherigen Berichten scheint der Pyramidenwinkel von NH_3 kleiner zu sein als der von ND_3. D. Kunath. 114◇

Spektrophotometrische Analyse von Reaktionsgemischen. 2. Mitt. S. Ainsworth. (J. physic. Chem. **67**, 1613—15, 1963; Sheffield, Univ. of Sheffield, Dep. of Biochem.; engl.) — 1. vgl. C. **1962**, 7041. — Vf. beschreibt eine Meth., nach der die Absorption der k-ten Komponente in einem Rk.-Gemisch ohne Kenntnis der Spektren der anderen Komponenten bestimmt werden kann. Die Meth. erfordert, daß unter den n·m-Ablesungen der Extinktion, die sich auf n Zustände des Syst. u. m Wellenlängen beziehen, entweder k-1 Zustände vorhanden sind, in denen die k-te Komponente fehlt, oder aber k-1 Wellenlängen vorkommen, bei denen sie nicht absorbiert. Diese Werte werden zusammen mit denen der Extinktion, zu denen die k-te Komponente beiträgt, benutzt, um ihre Absorption als Funktion des Zustandes des Syst. oder der Wellenlänge zu berechnen. Gerhard Schulze. 114◇

Das K-Absorptionsspektrum von Gallium. W. M. Weber und H. Brinkman. (Physica [Utrecht] **25**, 633—39, 1959; Groningen, Rijksuniv., Natuurkund. Labor.; engl.) — Mit Hilfe einer 23 μ starken Ga-Folie wurde das Ga-K-Spektrum im Gebiet zwischen 1200 u. 1140 X bei 17 u. 185° photometr. aufgenommen. Die bei Raum-Temp. im Bereich von 400 eV von der Absorptionskante beobachtete Feinstruktur stimmt mit früheren Ergebnissen überein; es bestehen jedoch Widersprüche zu den Angaben von Mutch [1936]. Vorl. Unterss. an geschmolzenem Ga bei ca. 35° ergeben, daß sich das erste Maximum u. Minimum in der Nähe der Absorptionskante nicht wesentlich ändert, während die Feinstruktur in größerem Abstand verschwindet.
M. Walther. 116◇

Blitz-Spektren in den sichtbaren und ultravioletten Bereichen mit Gitter-Spektrograph. Ren-chao Hu. (Sci. Rec. [Peking] **4**, Nr. 6, 380—88, 1960; Acad. Sinica, Inst. of Geophys. and Meteorol.; engl.) — Mittels Gitterspektrographen mit einer Dispersion von 100 Å/mm wurden die Spektren von Blitzen im Bereich von 2750—7000 Å aufgenommen u. mit Funkenspektren verglichen. Über 200 Linien, darunter atomare u. molekulare, konnten identifiziert werden. M. Wiedemann. 118◇

Bestimmung der effektiven Querschnitte der Anregung der Bogenlinien des Kaliums. L. M. Wolkowa. (Optik u. Spektroskopie [UdSSR] **13**, 849—50, 1962; russ.) — Nach einer Gleichung werden die effektiven Querschnitte q_{ik} der Bogenlinien von K berechnet. Es ergibt sich für die Linien 5831,67 (Å) q = 2,2($\cdot 10^{-18}$ cm^2); 5812,27 1,2; 5359,78 1,6; 5342,18 1,0; 5112,30 0,87; 5097,25 0,4; 4965,07 0,5; 4950,87 0,26; 4869,83 0,3; 6938,89 16,0; 6911,21 8,0; 5801,86 2,4; 5782,48 1,7; 5339,90 1,6; 5323,49 0,83; 5099,39 0,4; 5084,37 0,19; 4956,20 0,26; 4863,66 0,16. Die Kurve der Anregungsfunktionen der Linien der 2. Nebenserie von K verengt sich, beginnend mit höheren Niveaus, was mit der Abnahme der Zahl der Kaskadenübergänge mit zunehmender Hauptquantenzahl zu erklären ist. R. K. Müller. 118◇

Molekulare Wechselwirkung und Linienbreite des asymmetrischen Moleküls SO_2. 1. Mitt. **SO_2—N_2-Zusammenstöße.** Krishnaji und Suresh Chandra. (J. chem. Physics **38**, 232—36, 1963; Allahabad, India, Univ. of Allahabad, Phys. Dep.; engl.) — Vgl. C. **1962**, 14761. — Die Linienbreite des $9_{1,9} \rightarrow 8_{2,6}$-Überganges von stark verd. SO_2 in Ggw. von N_2 wurde bei verschiedenen Temp. u. Drücken gemessen u. im Sinne der Andersonschen Theorie [1949] interpretiert. Aus ihrer Druckabhängigkeit ergibt sich die Linienbreite $\Delta\nu$ zu 4,19 MHz/Torr. Der effektive Stoßdurchmesser errechnet sich hieraus zu 5,68 Å. Die Linienbreite wird auf die Dipol-Quadrupol-Wechselwrkg. zwischen SO_2 u. N_2 zurückgeführt. Das Quadrupolmoment von N_2 wurde zu $2{,}79 \cdot 10^{-26}$ e.s.u. erhalten. Zwischen 195 u. 340° K hängt $\Delta\nu$ von $T^{-0{,}86}$, zwischen 340 u. 600° K von $T^{-0{,}78}$ ab. P. Sartori. 118◇

Molekulare Wechselwirkung und Linienbreite des asymmetrischen Moleküls SO_2. 2. Mitt. **SO_2—CO_2-Zusammenstöße.** Krishnaji und Suresh Chandra. (J. chem. Physics **38**, 1019—21, 1963; engl.) — 1. vgl. vorst. Referat. — In analoger Weise wurde die Linienverbreiterung des $9_{1,9} \rightarrow 8_{2,6}$-Überganges von SO_2 in Ggw. von CO_2 bei 300°

u. verschiedenen Drücken gemessen. Die Linienbreite für SO_2–CO_2-Zusammenstöße beträgt 7,22 MHz/Torr, der effektive Stoßdurchmesser 8,01 Å. Die Linienverbreiterung wird auf Dipol-Quadrupol-Wechselwrkg. zurückgeführt. Das mit der experimentellen Linienbreite korrespondierende Quadrupolmoment von CO_2 beträgt $5,37 \cdot 10^{-26}$ e.s.u.
P. Sartori. 118◇

Über Lösungs- bzw. Reflexionsspektren einiger Ni(II)-Komplexe. József Császár. (Magyar Kémiai Folyóirat [Ung. Chem. Z.] **68,** 243—48, 1962; Szeged, Univ., Inst. für allg. u. phys. Chem.; ung.) — Die Unters. erstreckte sich auf die Spektren organ. Ni(II)-Komplexe im Bereich von 340—1200 nm, um deren Struktur zu erklären. Untersucht wurden $K_2[Ni(C_2O_4)_2] \cdot 2\,H_2O$, $[Ni(phen)_3](ClO_4)_2$, $[Ni(dip)_3](ClO_4)_2$, $Ni[P \cdot (C_6H_5)_3]Cl_2$, Bis-[cyclohexandiondioximato]-nickel. Verdünnung mit MgO verändert den Charakter der Kurven. Als Vgl.-Substanz diente MgO. J. Kis. 118

Beiträge zur Chemie der Bis-[N-methylsalicylaldiminato]-Ni(II)-Komplexe. József Császár. (Magyar Kémiai Folyóirat [Ung. Chem. Z.] **68,** 424—25, 1962; ung.) — Vgl. vorst. Referat. — Bis-[N-methylsalicylaldiminato]-Ni(II) ist in fester Form dia-, in Lsg. paramagnetisch. Auf Grund von Unterss. der Lsg.- u. Reflexionsspektren der beiden Formen folgert Vf., daß die paramagnet. Form 6-koordiniertes Ni enthält. Das Gleichgewicht in Pyridin–Chlf. u. die Geschw. der Umwandlung der beiden Formen ineinander wurden untersucht. T. Wein. 118△

Über die dia- und paramagnetischen Bis-[N-alkylsalicylaldiminato]-Ni(II)-Komplexe. József Császár. (Magyar Kémiai Folyóirat [Ung. Chem. Z.] **68,** 440—43, 1962; ung.) — Vgl. vorst. Referat. — Die Lsg.- u. Reflexionsspektren von Bis-[N-alkylsalicylaldiminato]-Ni(II)-Komplexen (Alkyl = Methyl, Äthyl, n-Propyl, n-Butyl, n-Amyl) im Spektralbereich 320—1300 nm wurden untersucht u. die Konst. des in Chlf.–Pyridin zwischen den dia- u. paramagnet. Formen dieser Komplexe bei verschiedenen Temp. zustandekommenden Gleichgewichten berechnet. Die Gleichgewichts-Konst. nehmen allg., infolge der induktiven u. Hyperkonjugations-Wrkg. der Alkylgruppe, mit deren Kettenlänge ab. T. Wein. 118△

Über Spektren von Nickel(II)-Komplexen mit verschiedenen Liganden. József Császár. (Magyar Kémiai Folyóirat [Ung. Chem. Z.] **68,** 551—54, 1962; ung.) — Vgl. vorst. Referate. — Es wurden die Lsg.- bzw. Reflexionsspektren der diamagnet. planarquadrat. Komplexe Bis-[N-phenylsalicylaldiminato]–Ni(II), Bis-[salicylaldiminato]–Ni(II) u. Bis-[N-äthylsalicylaldiminato]–Ni(II) bzw. der paramagnet., 6fach koordinierten Komplexe Bis-[N-phenylsalicylaldiminato]-phenanthrolin–Ni(II), Salicylaldiminato-bis-[phenanthrolin]–Ni(II) u. Bis-[N-äthylsalicylaldiminato]-phenanthrolin-Ni(II) im Spektralbereich 210—1300 nm ausgemessen u. der Mechanismus der Lichtabsorption auf Grund der Ligandenfeldtheorie erklärt. J. Plank. 118△

Der Grundzustand von Kupferacetylacetonat. T. S. Piper und R. Linn Belford. (Molecular Physics **5,** 169—81, 1962; Urbana, Ill., Univ. of Illinois, William Albert Noyes Labor. of Chem.; engl.) — Vff. nehmen Bezug auf die von Ferguson (vgl. C. **1963,** 4594) untersuchten polarisierten Spektren von Cu-Acetylacetonat (**I**) u. analysierten die Spektren erneut, wobei jedoch eine bisher unveröffentlichte genaue Kristallstruktur-Best. von Dahl zugrunde gelegt wurde. **I** krist. monoklin mit a = 10,30 (Å); b = 4,71; c = 11,34; β = 92,2°. Die von Dahl bestimmten Cu- u. O-Parameter werden angegeben. Unter Zugrundelegung dieser Struktur-Best. berechneten Vff. erneut den Bruchteil von polarisiertem Licht parallel der Mol.-Achsen für jedes der 3 von Ferguson (vgl. l. c.) erhaltenen Kristallspektren. Diese erneute Berechnung steht nicht in Übereinstimmung mit den Werten von Ferguson (vgl. l. c.) C. Gottfried. 118△

Einige experimentelle Untersuchungen über die angeregte Emission einer Gasmischung. W. K. Ablekow. (J. exp. theoret. Physik [UdSSR] **42,** 736—39, 1962; Akad. der Wiss. der UdSSR, Phys. Lebedew-Inst.; russ., Auszug: engl.) — Es wird die Änderung der spektralen Zus. von Licht nach dem Durchgang durch ein Medium mit negativem Absorptions-Koeff. untersucht. Bei Zn wurde ein Schmalerwerden der Spektrallinie bei 6362 Å beobachtet. I. Zoll. 118◇

Temperaturabhängigkeit der optischen Absorptionskante von Wolfram(VI)-oxid-Einkristallen. Tsuruji Iwai. (J. physic. Soc. Japan **15,** 1596—1600, 1960; Osaka, Japan, Osaka Univ., Fac. of Sci.; engl.) — Die im sichtbaren Bereich liegende Absorptionskante von WO_3-Einkristallen wurde mit polarisiertem Licht im Temp.-Bereich —100 bis +900° gemessen. Von 0—700° wird die Absorptionskante mit wachsender Temp. nach Rot verschoben, u. zwar für Licht, das parallel zur a-Achse polarisiert ist, mit $-9{,}0 \cdot 10^{-4}$ eV/Grad u. mit $-6{,}5 \cdot 10^{-4}$ eV/Grad für parallel zur c-Achse polarisiertem Licht. Im Bereich der Phasenumwandlung bei ca. —50° tritt eine anomale Verschiebung

der Kante auf. Ferner wird beim Durchgang von 740° für a-parallelpolarisiertes Licht eine plötzliche Rotverschiebung von ca. – 0,35 eV beobachtet. Für c-parallelpolarisiertes Licht wird bei dieser Temp. keine Verschiebungsanomalie beobachtet.
K. Jaeger. 119◇

Über die Natur der Farbzentren in Bariumtitanat-Einkristallen mit Sauerstoff-Unterschuß. P. Coufová und H. Arend. (Czechoslov. J. Physics **11**, 416–23, 1961; Prag, ČSSR, Tschechoslowak. Akad. der Wiss., Phys. Inst.; engl.) — $BaTiO_3$-Einkristalle wurden in H_2, Luft, N_2 u. O_2 erhitzt, um verschiedene O-Überschüsse zu erzielen. Absorptionsspektren (0,43–0,7 μ) zeigten Maxima bei 0,48 u. 0,64 μ. Ein Modell für ein Farbzentrum, das dem Maximum bei 0,64 μ entspricht, wird vorgeschlagen.
K. Jaeger. 119◇

Brechung und Dispersion von synthetischem Sapphir. Irving H. Malitson. (J. opt. Soc. America **52**, 1377–79, 1962; Washington, D.C., Nat. Bur. of Standards; engl.) — Die Berechnungsindices von synthet. Sapphir werden bei ausgewählten Wellenlängen zwischen 1,834 u. 0,265 μ sowie zwischen 1,586 u. 5,58 μ gemessen. Die Meßwerte lassen sich durch eine Sellmeier-Dispersionsgleichung mit 3 Termen erfassen. Die Dispersionswerte werden berechnet. H. J. Altmann. 119◇

Der zweite Refraktionsvirialkoeffizient für Gasmischungen. S. Kielich. (Acta physica polon. **22**, 477–88, 1962; engl.) — Vf. bringt die Berechnung des zweiten Refraktionsvirial-Koeff. $B_R = \sum_i \sum_j x_i x_j B_R^{(ij)}$ für Gasmischungen aus Quadrupolen u. Dipolen. Zusätzlich zum Einfl. der Anisotropie auf die Polarisierbarkeit von $B_R^{(ij)}$ wurde der Einfl. der Hyperpolarisierbarkeit auf die Quadrupol- u. Dipol-Moll. von $B_R^{(ij)}$ in die Berechnung aufgenommen. Dabei wurde die intermol. Zentralkraft, die anisotrope Dispersionskraft, die Wechselwrkg. Quadrupol–Quadrupol u. Dipol–Dipol sowie Induktions-Wechselwrkg., welche zwischen den kugelförmigen Quadrupol- u. Dipol-Moll. der Gasmischungen besteht, in die Betrachtung aufgenommen. Es erfolgt die numer. Auswertung für die Gase CH_4, N_2, O_2, CO_2, $CHCl_3$ u. CH_3F u. deren Mischungen.
R. Worbis. 119◇

Untersuchung der Hertzschen magnetischen Doppelbrechung bei Mangansulfat und -carbonat bei 9400 MHz. R. Sardos. (J. Physique Radium **22**, 51 S–53 S, 1961; Bordeaux, Fac. de Sci., Labor. d'Opt. ultrahertzienne; franz.) — Mit einer früher beschriebenen Vers.-Anordnung (J. Physique Radium **21**, [1960], 96) wird bei den obengenannten Salzen nur ein sehr kleiner Effekt gefunden. In beiden Fällen wird eine seit 1950 bzw. 1953 bekannte Hertzsche magnet. Doppelbrechung erst dann experimentell nachweisbar, wenn die Richtungen des elektr. u. des magnet. Feldes einen Winkel von 45° miteinander bilden. H. Fahlenbrach. 119◇

Nachweis von Laserstrahlung. Vincent J. Corcoran und Xoh-Han Pao. (J. opt. Soc. America **52**, 1341–50, 1962; Chicago, Ill., Univ. of Chicago, Labor. for Appl. Sci.; engl.) — Vff. untersuchen die relative Größe u. die Frequenzen der Schwankungen in der Elektronenemission, die erwartet werden können, wenn ein einzelner photoelektr. Detektor zur Anzeige der Laserstrahlung verwendet wird. H. J. Altmann. 119◇

Infrarot-Spektrum von $Fe(CO)_5$ bei niedrigen Frequenzen. W. E. Edgell, C. C. Helm und R. E. Anacreon. (J. chem. Physics **38**, 2039–40, 1963; Lafayette, Ind., Purdue Univ., Chem. Dep.; Norwalk, Conn., Perkin-Elmer Corp.; engl.) — Fl. $Fe(CO)_5$ u. seine Cyclohexan-Lsg. haben, im Bereich 65–135 cm^{-1} (Perkin-Elmer-Modell 301) eine breite Bande bei 112 $\pm$ 1 cm^{-1}. D. Kunath. 120◇

Infrarotabsorptionsspektren von Alkali-, Silber-, Thallium(I)- und Ammoniumnitrat in einigen Silber- und Thallium(I)-halogenid-Preßlingen. W. K. Thompson. (J. chem. Soc. [London] **1963**, 998–1003; Levington, Ipswich, Suffolk, Fisons Fertilizers Ltd., Levington Res. Stat.; engl.) — Die IR-Spektren von $NaNO_3$, KNO_3, $RbNO_3$, $CsNO_3$, $TlNO_3$, $AgNO_3$ u. NH_4NO_3 in *AgBr*-, *AgJ*-, *TlCl*-, *TlBr*- u. *TlJ*-Preßlingen werden im NaCl-Bereich aufgenommen, tabellar. mitgeteilt u. diskutiert. Vgl. mit dem Spektrum des ungestörten Nitrations zeigt folgende Einfl. des Lsgm.: In mikrokristalliner Verteilung liegen vor: $CsNO_3$ in allen Lsgm., $RbNO_3$ in TlJ, $AgNO_3$ u. $TlNO_3$ in AgJ, $TlNO_3$ in AgBr, NH_4NO_3 in AgBr, AgJ u. TlJ sowie in TlCl u. TlBr bei geringer Vereibungsintensität. Als feste Lsg. im Wirtsgitter, teilweise mit Kationen- bzw. Anionenaustausch zwischen Wirtsgitter u. Fremdionen liegen vor: $NaNO_3$ u. KNO_3 in allen Lsgm., $RbNO_3$ in AgBr, AgJ, TlCl u. TlBr; $AgNO_3$ in AgBr, TlCl u. TlBr, $TlNO_3$ in TlCl u. TlBr; stark vermahlenes NH_4NO_3 in TlCl u. TlBr. Unlösl. ist $TlNO_3$ in TlJ. Offensichtlich besitzt das Nitration in Ag- u. Tl-Halogenid-Lsg. die Symmetriegruppe C_{3v} mit geringer Verzerrung aus der Ebene. P. Sartori. 120◇

Infrarotabsorptionsspektren von Kohlensuboxid und Malonsäuredinitril in festen Argon-Matrizen. L. L. Ames, David White und D. E. Mann. (J. chem. Physics **38**, 910—17, 1963; Columbus, Ohio, Ohio State Univ., Dep. of Chem., Cryogenic Labor.; Washington, D.C., Nat. Bur. of Stand., Mol. Spectrosc. Sect.; engl.) — Die IR-Spektren von C_3O_2 in Ar-Matrizen bei 4 u. 20°K u. $CH_2(CN)_2$ bei 20°K zwischen 440 u. 4400 cm^{-1} werden aufgenommen u. graph. u. tabellar. mitgeteilt. Gegenüber den Spektren der gasförmigen Verbb. sind die Matrixspektren schärfer u. von höherer Absorption. Dem Mol. C_3O_2 ist die Symmetrie $D_{\infty h}$ zuzuordnen. Die Spektren von C_3O_2 u. B_2O_3 korrespondieren miteinander, zwischen B_2O_3 u. $CH_2(CN)_2$ treten starke Differenzen auf.
P. Sartori. 120◇

Rotationsstörungen in den Spektren des $^{12}CO_2$. E. A. Triaille und C. P. Courtoy. (Ann. Soc. sci. Bruxelles, Sér. I **76**, 148—63, 1962; Héverlé-Louvain, Belgique, Centre de Phys. Nucl. et Mol.; Namur, Belgique, Fac. Univ. Notre-Dame de la Paix; franz.) — Für alle Niveaustufen des $^{12}CO_2$, bei denen Rotationsstörungen vermutet werden, sind systemat. die Korrekturfaktoren für die Rotations-Konst. berechnet worden (Tabellen).
K. Roß. 120◇

Die Schwingungsspektren der Sulfationen in Alkalihalogenidkristallen. J. C. Decius, E. H. Coker und G. L. Brenna. (Spectrochim. Acta [London] **19**, 1281—89, 1963; Corvallis, Oreg., Oregon State Univ., Dep. of Chem.; engl.) — Aus der Schmelze gezogene KCl- u. KBr-Einkristalle, die mit ca. 0,1 Mol-% $MgSO_4$, $CaSO_4$, $BaSO_4$ bzw. $PbSO_4$ dotiert worden waren, wurden hinsichtlich ihrer IR-Spektren im Bereich der Grundschwingungen des SO_4^{2-} bei 35 u. —190° untersucht. Bei einigen Proben enthielt das SO_4^{2-} ca. 45% ^{34}S. Außer im Falle des $MgSO_4$ lassen sich die IR-Spektren auf Grund einer C_{2v}-Symmetrie interpretieren, die sich aus der Störung der T_d-Symmetrie des SO_4^{2-} durch das benachbarte 2wertige Kation ergibt. Daraus folgt, daß Ca^{2+}, Ba^{2+} u. Pb^{2+} mit SO_4^{2-}-Ionenpaare innerhalb des Alkalihalogenidgitters bilden. Die 3fach entarteten $\nu(SO)$ u. $\delta(SO)$ spalten in drei ungleichmäßige Komponenten auf. Die im Bereich der Streckschwingungen beobachteten Frequenzen stehen mit den Werten in guter quant. Übereinstimmung, die auf Grund von Änderungen der Kraft-Konst. infolge der benachbarten überschüssigen positiven Ladung des Metallions berechnet wurden. Die berechneten Werte für diese Änderungen liegen in der Größenordnung 1 mdyn/Å, die beobachteten Werte liegen zwischen 0,6 u. 0,9 mdyn/Å. Gerhard Schulze. 120◇

Schwingungsspektren einiger MCl_5-Moleküle: $SbCl_5$, PCl_5, $TaCl_5$ und $NbCl_5$. Gerald L. Carlson. (Spectrochim. Acta [London] **19**, 1291—1307, 1963; Pittsburgh, Pa., Mellon Inst.; engl.) — Die IR- u. Raman-Spektren von $SbCl_5$, PCl_5, $NbCl_5$ u. $TaCl_5$ wurden untersucht. Für $SbCl_5$ stimmen die Ergebnisse gut mit denen früherer Arbeiten überein; die vorausgesagte niedrige Grundfrequenz a_2'' (D_{3h}-Symmetrie) wurde aufgefunden. Für die kovalente Form von PCl_5 führte die Ausdehnung des IR-Spektrums bis zu 75 cm^{-1} sowie die erneute Best. des Raman-Spektrums zu einer beträchtlichen Modifizierung der früher vorgenommenen Zuordnung der Schwingungen. Mit Hilfe des Spektrums des Adduktes $PCl_5 \cdot AlCl_3$ ($PCl_4^+ AlCl_4^-$) wurden für die Ionenform des PCl_5 ($PCl_4^+ PCl_6^-$) alle Grundschwingungen für beide Ionen zugeordnet. Außerdem führten die neuen Ergebnisse für $AlCl_4^-$ zu einer Änderung in der bisherigen Zuordnung. Die Spektren von $NbCl_5$ u. $TaCl_5$ sind schwer zu deuten; obwohl starke Beweise vorliegen, daß diese Verbb. im festen Zustand dimer sind (C_{2h}-Struktur), lassen sich ihre Spektren zumindest für Lsgg. in CS_2 u. CCl_4 am besten auf Grund eines monomeren Strukturmodells (D_{3h}) interpretieren. Gerhard Schulze. 120◇

Schwingungsspektrum und Konstitution des Hydrogenthiophosphat-Ions. E. Steger und K. Martin. (Z. anorg. allg. Chem. **323**, 108—13, 1963; Dresden, TU, Inst. für anorg. u. anorg.-techn. Chem.; dt.) — Raman-Spektren werden von wss. Na_2HPSO_3-Lsgg. u. IR-Spektren von festem $Na_2HPSO_3 \cdot aq.$ u. $(NH_4)_2HPSO_3$ (KBr-Preßtechnik) im Bereich bis 3400 cm^{-1} aufgenommen u. die Frequenzen den Grundschwingungen des $HPSO_3^{2-}$-Ions zugeordnet. Aus den Frequenzänderungen beim Übergang vom PSO_3^{3-} zum $HPSO_3^{2-}$ folgt, daß das H als OH vorliegt, während die PS-Bindung in beiden Ionen eine Einfachbindung ist. Mesomerer Bindungsausgleich findet im $HPSO_3^{2-}$-Ion nur noch innerhalb der PO_2-Gruppe (1,5fache Bindung) statt. — Zur Darst. von Na_2HPSO_3 u. $(NH_4)_2HPSO_3$ wird gesätt., wss. Lsg. von Na_3PSO_3 mit Wofatit KPS 200 in freies H_3PSO_3 übergeführt, bis zum Thymolphthaleinumschlag mit NaOH bzw. NH_4OH neutralisiert u. unter Eiskühlung mit Methanol versetzt. D. Kunath. 120◇

Berechnung der Normalschwingungen der Moleküle des Dimethyldibrom- und Trimethylbromsilans. I. F. Kowalew. (Optik u. Spektroskopie [UdSSR] **13**, 335—40, 1962; russ.) — Vf. berechnet die Kraft-Konst. der Moll. $(CH_3)_nSiBr_{4-n}$ (n = 1—4), die Frequenzen der Schwingungen u. die Form der Moll. $(CH_3)_2SiBr_2$ u. $(CH_3)_3$ SiBr. Die berechneten Frequenzen befinden sich in guter Übereinstimmung mit den experimentell gefundenen. Mit Zunahme der Anzahl der Br-Atome am Si-Atom steigt die Festigkeit der Si–Br-Bindung stärker an, als die der Si–C-Bindung. Die Festigkeit der vom Vf. früher berechneten Si–Cl-Bindungen der Verbb. $(CH_3)_nSiCl_{4-n}$ ist größer als die der entsprechenden Si–Br-Bindung. K. Licht. 120◇

Potentialkonstanten und thermodynamische Funktionen von Jodpentafluorid. G. Nagarajan. (Bull. Soc. chim. belges **72,** 5—15, 1963; Annamalainagar, South India, Annamalai Univ., Dep. of Phys.; engl.) — Mit den bekannten spektralen Daten von JF_5 wurden mit der gruppentheoret. Meth. nach Wilson unter Zugrundelegung des Modells eines starren Rotators u. harmon. Oscillators u. der Symmetrie C_{4v} die thermodynam. Funktionen für den idealen Gaszustand berechnet. Die Werte für Bindungskräfte, nichtbindende Kraft-Konst., Abstoßungs-Konst. u. Atomabstände sowie Wärmeinhalt, Freie Energie, Entropie u. Molwärme zwischen 100 u. 1300°K (idealer Gaszustand, 1 atm) werden tabellar. mitgeteilt. Bei 298,16°K gelten die Werte: $(H_0 - E_0{}^0/T) = 15{,}303$ $-(G^0 - E_0{}^0/T) = 58{,}114$, $S^0 = 68{,}417$ u. $C_p^0 = 23{,}696$ cal/Grad · Mol.
P. Sartori. 120◇

Mittlere Schwingungsamplituden und thermodynamische Funktionen von Sauerstoff- und Schwefeldichlorid. G. Nagarajan. (Bull. Soc. chim. belges **72,** 16—24, 1963; engl.) — Vgl. vorst. Referat. — Aus bekannten Spektraldaten wurden für Cl_2O u. SCl_2 die mittleren Schwingungsamplituden der Cl–O- u. Cl–Cl- bzw. Cl–S- u. Cl–Cl-Schwingungen bei 0° u. 298°K u. unter der Annahme des Modells eines starren Rotators u. harmon. Oscillators ihre Wärmeinhalte, Freien Energien, Entropien u. Molwärmen zwischen 50 u. 1600°K für den idealen Gaszustand u. 1 atm berechnet u. tabellar. mitgeteilt. Bei 298,16°K gelten für Cl_2O bzw. SCl_2 die nachst. Werte: $(H^0 - E_0{}^0/T) = 9,$ 114 bzw. 9,973, $-(G_0 - E_0{}^0/T) = 55,014$ bzw. 57,239, $S^0 = 64{,}128$ bzw. 67,212, $C_p^0 =$ 10,842 bzw. 12,168 cal/Grad·Mol. P. Sartori. 120◇

IR- und Raman-Untersuchungen zur Struktur des Dibenzolchroms, seines Kations sowie verwandter Verbindungen. H. P. Fritz, W. Lüttke, H. Stammreich und R. Forneris. (Spectrochim. Acta [London] **17,** 1068—91, 1961; München, Univ., Inst. für Anorg. Chem.; Freiburg/Br., Univ., Inst. für Phys. Chem.; São Paulo, Brazil, Univ., Dep. de Fís.; dt.) — Die IR-Spektren (LiF-, NaCl-, KBr- u. CsBr-Prisma; feste Substanzen als KBr-Preßlinge oder Nujol- bzw. Hostaflonöl-Aufschlemmungen; gasförmige Substanzen in 9-cm-Heizküvette) von $Cr(C_6H_6)_2$, $Cr(C_6D_6)_2$, $[Cr(C_6H_6)_2]J$, $Mo(C_6H_6)_2$, $[Mo(C_6H_6)_2]J$, $W(C_6H_6)_2$, $[W(C_6H_6)_2]J$ u. $V(C_6H_6)_2$ u. das Raman-Spektrum (Anregung mit He 5875,6 bzw. 6678,2 Å) von $Cr(C_6H_6)_2$ u. $[Cr(C_6H_6)_2]J$ wurden gemessen. Die Zuordnung der Schwingungsfrequenzen ergibt, daß dem $[Cr(C_6H_6)_2]^+$ die Symmetrie D_{6h} zuzuschreiben ist. D. Kunath. 120◇

Mikrowellenspektrum und Struktur des Difluoramins. David R. Lide jun. (J. chem. Physics **38,** 456—60, 1963; Washington, D.C., Nat. Bur. of Standards; engl.) — Aus dem bei Zimmer-Temp. zwischen 15 u. 36 kMHz aufgenommenen Mikrowellenspektrum von HNF_2 u. dem durch Austausch mit D_2O entstandenem DNF_2 ergeben sich nach vollständiger Zuordnung unter Annahme eines starren Rotors folgende Rotations-Konst. von HNF_2 bzw. DNF_2: a = 53017,12 bzw. 44884,92; b = 10895,43 bzw. 10749,38; c = 9307,22 bzw. 9126,26 MHz. Hieraus ergibt sich für HNF_2 eine Struktur mit $r_{NF} =$ 1,400 ± 0,022; $r_{NH} = 1{,}026 \pm 0{,}002$ Å; ∢ FNF = 102,9 ± 0,2°; ∢ HNF = 99,8 ± 0,2°. Aus den Quadrupolkopplungs-Konst. berechnet sich ein Dipolmoment von 1,93 ± 0,02 D mit einem Winkel von 19° zur NH-Bindung. Die Inversionsaufspaltung im Grundzustand liegt unter 0,2 MHz. P. Sartori. 121◇

Zur Methodik der Messung der Spektren der Kernquadrupolresonanz bei tiefen Temperaturen. W. P. Babenko und D. F. Baissa. (Versuchsgeräte u. Versuchstechn. [UdSSR] **7,** 138, 1962; russ.) — Die Messung der Kernquadrupolresonanzspektren bei den Temp. des fl. He u. H_2 erfolgte in einem Metallkryostaten, der beschrieben u. abgebildet wird. M. Wiedemann. 121◇

Reine Quadrupolresonanz von Chlor (^{35}Cl) in Kaliumtetrachloroplatinat(II). E. P. Marram, E. J. McNiff und J. L. Ragle. (J. physic. Chem. **67,** 1719, 1963; Cambridge, Mass., Arthur D. Little, Inc.; Hawthorne, Calif., Northrop Space Labor.; engl.) — Vff. beobachteten die ^{35}Cl-Resonanz in polykristallinem $K_2[PtCl_6]$ u. berechneten folgende Quadrupolkopplungs-Konst. unter Annahme eines Asymmetrieparameters Null: 36,26 MHz bei −196° (fl. N_2), 36,14 bei −79° (CO_2 + Toluol) u. 35,85 bei 0°. Der entsprechende kovalente Bindungscharakter wurde nach der Gleichung von Townes u. Dailey (J. chem. Physics **17,** [1949], 782) zu 0,39 berechnet. Die Nettoladung am Pt-Ion ergibt sich zu 0,44. Gerhard Schulze. 121◇

Thermostimulierte Exoemission und Luminescenz von MgO und CaO. A. Bohun. (Czechoslov. J. Physics **12,** 328—30, 2 Tafeln, 1962; Prag, Tschechoslow. Akad. der Wiss.,

Inst. für Festkörperphys.; dt.) — Vf. mißt die Thermoemission (TE) u. die Thermoluminescenz (TL) von mit Röntgenstrahlen verfärbten *MgO-*, *CaO-* u. *Periklas* (Fe-haltig)-Proben. Die TE von Periklas war schwächer, die TL verläuft abweichend von der bei MgO-Pulvern. Die Intensität der TE bei MgO ist wesentlich größer als bei CaO. Die Verläufe der TE u. TL zeigen eine ähnliche Parallelität wie die der Alkalimetallhalogenide.
I. Zoll. 125◇

Experimentelle Bestätigung der Feldionisation von Haftstellen in luminescierenden Stoffen. D. E. Brodie, H. E. Petch und R. R. Haering. (Canad. J. Physics **40,** 665 bis 669, 1962; Hamilton, Ontario, McMaster Univ., Dep. of Phys.; Dep. of Metallurg.; engl.) — Die Lichtemission von *Zn–CdS:Ag* (**I**) u. Zn_2SiO_4*:Mn* (**II**) sowie von $CaWO_4$, $Ca_3(PO_4)_2$, $CdSiO_3$, $CdBO_4$, Zn_2SiO_4, $MgWO_4$ u. $ZnBeSiO_4$ nach UV-Anregung bei Temp. $< 30^0$K in Abhängigkeit von der Stärke eines anliegenden elektr. Feldes wird untersucht. Die Verbb. außer **I** u. **II** zeigen keine feldabhängige Emission bei Feldstärken von 0 bis $2 \cdot 10^5$ V/cm. Es werden Kurven erhalten, die den Glow-Kurven sehr ähnlich sind. Aus den Maxima können die Haftstellenenergien bestimmt werden. Das für **I** beobachtete Maximum bei 0,19 eV tritt auch bei *ZnS* u. *ZnS:Ag* nach 1 std. Tempern in He auf. Da in diesem Energiebereich bei beiden letzteren keine Haftstellen festgestellt werden, wird geschlossen, daß die Haftstellen auf Fehlstellen in ZnS zurückzuführen sind. Das Verf. zeichnet sich durch die leichte Durchführbarkeit aus, da sich das elektr. Feld in einem weiten Bereich linear ändern läßt. Das Verf. eignet sich zur Best. von nicht zu tief liegenden Haftstellen. Harro Zimmer. 125◇

Disproportionierung in fester Phase als Ursache des Auftretens der Fähigkeit zur Luminescenz bei Chalkogeniden der Metalle der Zinkuntergruppe. A. A. Bundel. (Nachr. Akad. Wiss. UdSSR, physik. Ser. **26,** 527—31, 1962; Moskau, Chem.-technol. Mendelejew-Inst.; russ.) — Übersicht über neuere Arbeiten über (Zn, Cd)(S, Se)-Phosphore, bei denen die Aktivierung der Luminescenz auf der stöchiometr. Disproportionierung zu Zweiphasen-Syst. (Berthollidphasen) beruht. — 28 Literaturangaben.
R. K. Müller. 125◇

A₃. Elektrizität. Magnetismus. Elektrochemie

Erzeugung und Messung kurzer elektrischer Impulse. W. Eisenmenger. (Naturwissenschaften **49,** 248—52, 1962; Göttingen, Univ., III. Phys. Inst.; dt.) — Kurze Übersicht. A. Blaschette. 130◇

Das eindimensionale Plasma. Stephen Prager. (Advances chem. Physics **4,** 201—24, 1962; Minneapolis, Minn., Univ. of Minnesota, Dep. of Chem.; engl.) — Statist.-thermodynam. Theorie des eindimensionalen Plasmas als Modell-Syst. (Potential, Zustandssumme, Kombinatorik, thermodynam. Funktionen, Vgl. mit der Debye-Hückel-Theorie; Einfl. elektr. Felder; Mischungen). A. Blaschette. 131◇

Kinetische Gleichungen für vollständig ionisierte, inhomogene Plasmen. Richard K. Osborn. (Physic Rev. [2] **130,** 2142—55, 1963; Ann Arbor, Mich., Univ. of Michigan, Dep. of Nucl. Engng.; engl.) — Es wird gezeigt, daß die Boltzmann-Vlasov-Maxwell-Gleichungen eines vollständig ionisierten Plasmas eine 1. Näherung für die quantentheoret. Liouville-Gleichung sind. H. Liepack. 131◇

Coulomb-Wechselwirkung in einem Plasma in einem gleichförmigen Magnetfeld. Kazuo Kitao. (Progr. theoret. Physics [Kyoto] **28,** 820—28, 1962; Niigata, Univ., Fac. of Sci., Dep. of Phys.; engl.) — Vgl. C. **1963,** 18718. — Auf der Basis der kinet. Gleichung wird die Coulomb-Wechselwrkg. in einem Elektronenplasma mit verschiedenen Temp. entlang u. quer zu einem konst. gleichförmigen Magnetfeld untersucht. Das Polarisationspotential infolge einer Sonde (Prüfteilchen) wird abgeleitet u. daraus die Dielektrizitäts-Konstante. Im allg. wird das elektrostat. Potential durch das Magnetfeld beeinflußt. Die Dispersionsbeziehung für longitudinale Plasmawellen wird diskutiert.
M. Wiedemann. 131◇

Die Diffusionsgleichung mit einem quadratischen Verlustterm, angewandt auf Elektronen–Ionen-Volumenrekombination in einem Plasma. Ernest P. Gray und Donald E. Kerr. (Ann. Physics **17,** 276—300, 1962; Silver Spring and Baltimore, Md., Johns Hopkins Univ.; engl.) — Eine numer. Lösung der Gleichung für Plasmen in Behältern (unendliche Zylinder u. Kugeln) wird angegeben. H. Schroeder. 131◇

Spiralstrukturen und Widerstandsextrema in Hochfrequenzentladungen. H. Schlüter. (Z. Naturforsch. **18a,** 258—59, 1963; Austin, Tex., Univ. of Texas; dt.) — Vgl. C. **1962,** 9231. — Beobachtungen an stationären Hochfrequenzentladungen in einem stat. Magnetfeld. H. Liepack. 131◇

Die chemische Reaktion in stillen elektrischen Entladungen. 2. Mitt. **Der Frequenzeffekt bei der Ozonbildung.** Kihei Morinaga und Momotaro Suzuki. (Bull. chem.

Soc. Japan **35**, 204—07, 1962; Yokosuka, Def. Acad., Dep. of Chem.; engl.) — 1. vgl. C. **1963**, 3856. — Die Bldg. von O_3 durch die stille elektr. Entladung wird bei Frequenzen bis zu 2000 Hz untersucht. Die Ausbeute an O_3 ist abhängig von der Frequenz u. wird nur von der Stärke des Entladungsstroms bestimmt. Bei gegebener Stromstärke ist die Ausbeute linear proportional der Elektrodenfläche u. umgekehrt proportional dem Elektrodenabstand. Bei hohen Stromstärken strebt die Ausbeute einem Sättigungswert zu. K. Roß. 131◇

Änderung von Natriumchloridoberflächen in elektrischen Entladungen. Gianna L. Petriconi, T. W. Zawidzki, Alberto C. Montefinale und Henry M. Papée. (J. Physics Chem. Solids **24**, 573—77, 1963; Rome, Nat. Res. Council of Italy, Centre for Aerosol Nucleat.; engl.) — Bei 160° getrocknetes, zerriebenes NaCl wird durch ein Sieb mit 270 mesh/in. gesiebt, u. mit Hilfe einer Zentrifuge werden monodisperse Teilchenfraktionen mit mittleren Durchmessern zwischen $(5{,}3 \pm 0{,}4)\cdot 10^{-4}$ u. $(49{,}0 \pm 5{,}0)\cdot 10^{-4}$ cm abgetrennt. Die Fraktionen werden in einer evakuierten Glas-App. 1200—20000 Sek. lang mit einer Hochfrequenzgasentladung von 25 MHz behandelt. Anschließend werden die Proben in Wasser gelöst u. die pH-Änderung gegenüber der Lsg. von nicht behandeltem NaCl bestimmt. Die Zeitabhängigkeit der in der Entladung gebildeten OH^--Menge wird mit $d[OH^-]/dt = k \cdot S$ (S = Oberfläche des NaCl) beschrieben; die Geschw.-Konst. beträgt $k = (7{,}8 \pm 0{,}2)\cdot 10^{-16}$ Val/cm²·s. Herbert Müller. 131◇

Kathodenzerstäubung in Inertgas-Glimmentladungen. B. J. Stocker. (Brit. J. appl. Physics **12**, 465—68, 1961; Salfordo, Redhill, Surrey, Mullard Res. Labor.; engl.) — Gemessen wurde die Ablagerungs-Geschw. dünner Filme von kathod. zerstäubtem Mo in einer anomalen Glimmentladung über den Druckbereich von 3—21 mm Hg in Abhängigkeit vom Gasdruck p u. dem Strom i durch die Entladungsröhre. Die Zerstäubungs-Geschw. ist in Ne u. in der Penning-Mischung (99% Ne—1% Ar) proportional $(i/p)^{2,5}$. In reinem He war die Zerstäubung vernachlässigbar, jedoch verursachte schon der Zusatz einer Spur Ne beachtliche Zerstäubung. Die pro Einheitsladung zerstäubte Menge Q läßt sich durch $Q = M/i = A (V - V_0)$ darstellen (M = Zerstäubungs-Geschw.; V_0, A = Konst., V = Kathodenfall). K. Jaeger. 131◇

Experimentelle Bestimmung der Elektronenaffinität anorganischer Radikale. F. M. Page. (Advances Chem. Ser. **36**, 68—75, 1962; Birmingham, England, Coll. of Adv. Technol., Dep. of Chem.; engl.) — Übersicht über die bisherigen Ergebnisse bei der Best. von Elektronenaffinitäten u. Bindungsenergien mit Hilfe der Magnetronmethode. — 24 Literaturangaben. A. Blaschette. 131◇

Townsend-Ionisierungskoeffizient für Wasserstoff im starken transversalen Magnetfeld. Melvin J. Bernstein. (Physic. Rev. [2] **127**, 342—45, 1962; Berkeley, Calif., Univ. of California, Lawrence Radiat. Labor.; engl.) — Durch Veränderung des Elektrodenabstands bei zylindr. Geometrie wird der Townsend-Koeff. α/p für H_2 in einem starken Magnetfeld bei 20° gemessen (p = Gasdruck). Die erhaltenen Werte stimmen teilweise mit einem von Blevin u. Haydon angegebenen Ausdruck für α/p überein. Die Abweichungen hiervon werden diskutiert. R. Nink. 131□

Untersuchung der Dissoziation von H_2^+- und D_2^+-Ionen beim Durchtritt durch Gase. R. Caudano, J. M. Delfosse und J. Steyaert. (Ann. Soc. sci. Bruxelles, Sér. I, **76**, 127—35, 1962; Univ. de Louvain; franz.) — Es wird eine Meth. beschrieben, um die bei der Rk. $H_2^+ \rightarrow H^+ + H$ u. $D_2^+ \rightarrow D^+ + D$ freigesetzte Energie zu bestimmen. Die auf 14 keV beschleunigten Ionen H_2^+ u. D_2^+ treffen auf ein gasförmiges H_2- oder Xe-Target u. gelangen anschließend in ein Massenspektrometer. Die Energiespektren zeigen ein Maximum bei 0 eV, bedingt durch Dissoziation durch Schwingungsübergänge, u. ein weiteres Maximum bei ca. 2,6 eV, bedingt durch Elektronenübergänge. Die Höhe des 2. Maximums ist eine Funktion der getroffenen Atommasse zur auftreffenden Ionenmasse. K. Roß. 131◇

Massenspektrometrische Untersuchung von Elektronenstoßprozessen bei Drücken bis zu 1 Torr. R. K. Curran. (J. chem. Physics **38**, 2974—78, 1963; Pittsburgh, Pa., Westinghouse Res. Labor.; engl.) — Mit Hilfe eines Massenspektrometers, das zur Unters. von sek. Rkk. geeignet ist, an denen Ionen, angeregte Teilchen u. Moll. beteiligt sind, wird die Bldg. von He^{2+} in He (Hornbeck-Molnar-Prozeß), von O_3^+ u. O_4^+ in O_2 u. von N_2^+ u. N_4^+ in N_2 verfolgt. A. Blaschette. 131◇

Die Lebensdauer der angeregten Reaktanten in Neutralreaktionen. 1. Mitt. W. Kaul, P. Seyfried und R. Taubert. (Z. Naturforsch. **18a**, 432—34, 1963; Braunschweig, Phys.-Techn. Bundesanst.; dt.) — Eine direkte massenspektrometr. Best. der mittleren Lebensdauer τ von reaktionsfähigen Zuständen X' bei Neutral-Rkk. der Form $X + 3 \rightarrow X' + e$, $X' + Y \rightarrow XY^+ + e$ (X' angeregtes neutrales Atom oder Mol.; Y neutrales Atom oder Mol. im Grundzustand) wird beschrieben. Unterss. der Rkk. He + e → He' + e, He' + He → He_2^+ + e ergeben, daß offensichtlich mindestens zwei He-Zustände beteiligt sind, wobei τ des kürzesten Zustands, der mit ca. 85% zur Bldg. von He_2^+ beiträgt, ca. $0{,}2_8$ μs beträgt. Innerhalb der verschiedenen Termserien nimmt τ nahezu exponentiell mit der Hauptquantenzahl n zu. τ-Werte von Triplettzuständen werden tabellar. mitgeteilt. Unklar ist die Diskrepanz gegenüber einem vorausgesagten He-Triplettzustand mit n = 3 (3 ^{3}P-Term?) u. geringerem τ sowie das Auftreten eines He-Zustands mit τ ca. 3 μs. Der Wrkg.-Querschnitt σ_r der He_2^+-Bldg. ergibt sich zu $9 \cdot 10^{-16}$ cm². Bei der Bldg. von $NeAr^+$ nach Ne + e → Ne' + e, Ne' + Ar → $NeAr^+$ + e beträgt τ_{eff} ca. 8 μs. Es wird angenommen, daß ein wesentlicher Teil der angeregten Reaktanten $\tau > 10^{-4}$ s hat u. damit metastabil ist. Es handelt sich vermutlich um metastabile Ne-Atome.

P. Frenzel. 131◇

Massenspektrometrische Untersuchung der gasförmigen Komponenten über Wismut-Schwefel-Schmelzen. Daniel Cubicciotti. (J. physic. Chem. **67,** 1385, 1963; Menlo Park, Calif., Stanford Res. Inst.; engl.) — In Fortführung früherer Transpirations-Unterss. (TU) (C. **1963,** 11140) wurden die gasförmigen Komponenten über Bi-S-Schmelzen verschiedener Zus. massenspektrometr. untersucht; nachst. Ionen treten bei 700° auf (Appearancepotential): S_2^+ (11 V), Bi^+ (8), BiS^+ (8), Bi_2^+ (8), Bi_2S^+ (14), $Bi_2S_2^+$ (—). Aus den Ergebnissen wird in Übereinstimmung mit den TU geschlossen, daß in der Gasphase nur BiS vorliegt. G. Gattow. 131◇

Interferometer für das ferne Infrarot zur Messung hoher Elektronendichten. Sanborn C. Brown, G. Bekefi und R. E. Whitney. (J. opt. Soc. America **53,** 448 bis 453, 1963; Cambridge, Mass., Dep. of Phys. and Res. Labor. of Electron.; engl.) — Die inkohärente Strahlung einer Hg-Bogenlampe wird durch ein Beugungsgitter aufgespalten. In einen der Beugungsstrahlen wird das Plasma gebracht. Anschließend werden sämtliche Beugungsstrahlen wieder vereinigt u. die dadurch entstandenen Interferenzstreifen mit einem Golay-Detektor ausgewertet. — Es wird der Aufbau des Geräts beschrieben, das eine Dichte von $5 \cdot 10^{13}$ cm^{-3} zu registrieren vermag. J. Blume. 131◇

Funktion für das Dipolmoment zweiatomiger Moleküle. Jerry Goodisman. (J. chem. Physics **38,** 2597—99, 1963; Cambridge, Mass., Harvard Univ., Dep. of Chem.; engl.) — Die Form der Dipolmomentfunktion eines zweiatomigen Mol. wird für die Grenzfälle des vereinigten u. des getrennten Atoms untersucht. Eine einfache Kombination der beiden funktionellen Grenzformen genügt nicht zur Darst. der wirklichen Dipolmomentfunktion. A. Blaschette. 132◇

Zur Methode der Berechnung der Gradienten innerer elektrischer Felder in komplizierten Dipolstrukturen. W. N. Ljubimow, Ju. N. Wenewzew und G. Ss. Shdanow. (Kristallographie [UdSSR] **7,** 229—33, 1962; Karpow-Inst. für Phys. Chem.; russ.) — Angegeben wird eine Meth. zur Berechnung der inneren Felder, die durch Ladungen u. Dipole in Gittern mit beliebiger Symmetrie entstehen. Im allg. läuft das Problem darauf hinaus, daß das Feld anstatt für jedes einzelne Ion der Elementarzelle für 6-m-Mengen (m = Anzahl der Atome pro Elementarzelle) bestimmt wird. Diese Zahl kann auf 6n (n = Anzahl der Bauelemente; n < m) vermindert werden, wenn die Symmetrie der Elementarzelle dabei berücksichtigt wird. Die abgeleiteten Gleichungen werden dadurch vereinfacht. K. Jaeger. 132◇

Eine Methode zur Messung der statischen Dielektrizitätskonstanten, speziell für Materialien mit langen Relaxationszeiten. L. N. Clarke. (Austral. J. appl. Sci. **13,** 81—88, 1962; Melbourne, Australia, C.S.I.R.O., Div. of Forest Prod.; engl.) — Meßvorr. werden beschrieben, mit denen auch schlechte Dielektrika zu messen sind. Die normale Meßdauer liegt bei 10 Min., kann jedoch bis auf einige Stunden ausgedehnt werden.

K. Jaeger. 132◇

Dielektrische Verluste in calciumhaltigen Natriumchloridkristallen nach Röntgenbestrahlung. M. Kaderka. (Czechoslov. J. Physics **11,** 456—57, 1961; Prague, Tschechoslow. Akad. der Wiss., Inst. für Techn. Phys.; engl.) — Vgl. C. **1963,** 18721. — Gemessen wurden in Abhängigkeit von der Frequenz (Temp. als Parameter) die dielektr. Verluste in NaCl-Einkristallen, die 0,5 Mol-% $CaCl_2$ enthalten, vor u. nach der Röntgenbestrahlung (160 kV, 10 mA in 190 mm Entferung vom Brennpunkt). Die Maxima der dielekr. Verluste verschwinden an folgenden Punkten: 81°, 2500 Hz; 91°, 4000 Hz u. 96°, 5000 Hz. Die Resultate werden durch Z-Zentren erklärt. K. Jaeger. 132◇

Dielektrische Relaxation in gefärbten Kaliumbromidkristallen. W. W. Krassnopewzew. (Festkörperphysik [UdSSR] **4,** 1807, 1962; Moskau, Physik. Inst. der Akad. der Wiss. der UdSSR; russ.) — Vf. untersucht die dielektr. Eigg. an additiv gefärbten KBr-Kristallen. Die dielektr. Relaxation wird hinreichend durch die Debyesche

Gleichung mit einem Glied für die Relaxationszeit beschrieben. Die Art der durch die Relaxationsvorgänge hervorgerufenen Fehler wird diskutiert. A. Kumm. 132◇

Dielektrische Relaxationserscheinungen an hochgereinigtem Selen. F. Eckart und W. Ludwig. (Mber. dtsch. Akad. Wiss. Berlin **3**, 367—68, 1961; Berlin, Dt. Akad. der Wiss., Bereich elektron. Halbleiter, Physik.-Techn. Inst.; dt.) — Vgl. C. **1962**, 15849. H. Schibilla. 132◇

Umkehrungen der Polarisation in Bariumtitanatkristallen zwischen flüssigen Elektroden bei starken Feldern. G. W. Taylor. (Austral. J. Physics **15**, 549—67, 1962; Univ. of Sydney, School of Electr. Engng.; engl.) — Die Umkehrung der Polarisation bei Feldern im Bereich von $E = 1,5-6$ kV/cm² wird untersucht. Es wird angenommen, daß die Umkehrung durch die radiale Ausdehnung einer geringen Anzahl von Domänen, deren Seiten parallel orientiert sind, bewirkt wird. Die Ausdehnung scheint bei unmittelbarem Anlegen des Feldes zu beginnen, wobei der Querschnitt der Domänen bei $E > 3$ kV/cm kreisförmig, bei $E < 3$ kV/cm quadrat. ist. Anzahl u. Verteilung der Domänzentren werden durch die Oberflächen-Eigg. des Kristalls in der Nähe der fl. Elektroden (Tropfen von wss. LiCl-Lsg./Pt) u. nicht durch E bestimmt. Anzahl, Form u. seitliche Ausbreitungs-Geschw. der Domänen werden aus den Übergangsströmen I berechnet, weiterhin wird ein Programm zur maschinellen Berechnung von I aus bestimmten Anordnungen der Domänzentren in der Elektrodengrenzschicht entwickelt. P. Frenzel. 133◇

Phasenumwandlung und Anomalie der spezifischen Wärme in Mangan(IV)-oxid. V. G. Bhide und R. V. Damle. (J. sci. ind. Res. [New Delhi], Sect. B **20**, 405—07, 1961; Bombay, India, Inst. of Sci., Phys. Dep.; engl.) — Durch DTA wurde für β-MnO_2 (Pyrolusit) die ferroelektr. Phasenumwandlung bestimmt. Sie liegt bei 25°. Bei dieser Temp. weisen auch die spezif. Wärme u. die DK ein Maximum auf. Für die Raumgruppe der ferroelektr. Phase wird $P\,4_2 n m - C_{4v}^4$ vorgeschlagen (statt bisher $P\,4_2 m n m - D_{4h}^{14}$). K. Jaeger. 133◇

Thermodynamische Betrachtung des seignetteelektrischen Phasenüberganges in $(NH_4)_2BeF_4$-Kristallen. B. A. Strukow und W. A. Kopzik. (Kristallographie [UdSSR] **7**, 234—37, 1962; Moskau, Lomonossow-Univ.; russ.) — Die Ginzburg-Devonshire-Theorie wird auf die experimentellen Ergebnisse an $(NH_4)_2BeF_4$ angewendet. Berechnet wird die Änderung des Curie-Punktes, die durch ein elektr. Feld hervorgerufen wird. K. Jaeger. 133◇

Dielektrische Anomalie in Quarz bei schnellveränderlichem Druck und Feld. R. A. Graham. (J. appl. Physics **33**, 1755—58, 1962; Albuquerque, N.Mex., Sandia Corp.; engl.) — Vgl. C. **1962**, 10356. — Das piezoelektr. Verhalten von „negativ orientiertem" (Fortpflanzung der Druckwelle vom positiven zum negativen Pol der unter Druck stehenden Probe) Quarz im Druckbereich von 5—50 kbar wird beschrieben. Das erste Anzeichen eines anomalen Verh. tritt bei 8 kbar auf. Zwischen 8 u. 24 kbar zeigen die Wellenformen des negativen Stromes das Auftreten eines teilweisen elektr. Durchschlags im Quarz. Zwischen 25 u. 34 kbar tritt disruptiver Durchschlag auf. Oberhalb 34 kbar folgt auf den Durchschlag ein Leitungsbereich, wobei bei Drücken ca. >50 kbar positive Ströme beobachtet werden. Die mit dem piezoelektr. Verh. verbundenen elektr. Felder sind niedriger als das Feld für stationären elektr. Durchschlag bei Atmosphärendruck. Es wird angenommen, daß die Anomalie durch druckinduzierte Versetzungsbewegung ausgelöst wird, wobei freie Elektronen entstehen, die in dem gestauchten Bereich der Probe durch das hohe negative elektr. Feld beschleunigt werden. J. M. Spaeth. 133◇

Elektrische Effekte, hervorgerufen durch plastische Verformung von Natriumchlorid-Kristallen. J. E. Caffyn und T. L. Goodfellow. (Philos. Mag. [8] **7**, 1257 bis 1262, 1962; London, Northampton Coll. of Advanced Technol., E.C. 1, U. K. Dep. of Appl. Phys.; engl.) — Gemessen wurden die unter Druck auftretenden elektr. Oberflächenpotentiale von NaCl-Einkristallen mit bekannten Ca- (0,003—0,019 Mol-% $CaCl_2$) u. Sr-Geh. (0,002—0,020 Mol-% $SrCl_2$). Die Fließgrenze der Kristalle steht in direktem Zusammenhang mit dem Druck, der notwendig ist, um die Oberflächenpotentiale zuerst hervorzurufen. K. Jaeger. 133◇

Die experimentelle Bestimmung der thermoelektrischen Kraft in flüssigen Metallen und Legierungen. C. C. Bradley. (Philos. Mag. [8] **7**, 1337—47, 1962; Cambridge, U. K. Roy. Soc. Mond Labor.; engl.) — Die thermoelektr. Kraft in Abhängigkeit von der Temp. wurde zwischen 300 u. 750° für Metalle u. Legg. bestimmt, deren F. $<500°$ ist, u. zwar für *Na, K, Rb, Cd, Hg, In, Ga, Sn, Pb* u. *Bi* sowie für neun Na–K- u. Rb–K-Legierungen. Es wurde die neue abs. Thermokraftskala benutzt. Die Ergebnisse der Messungen werden kurz theoret. diskutiert. K. Jaeger. 133◇

Über die Natur der bei der Metallverformung auftretenden Thermo-EMK. Ss. D. Gerzriken, M. M. Nowikow und W. Ss. Kopan. (Ukrain. physik. J. **4**, 293—99, 1959; Kiew, Schewtschenko-Univ.; ukrain., Auszug: engl.) — Vgl. C. **1961**, 9299. — Das Auftreten einer Thermo-EMK bei deformierten–undeformierten Metallpaaren (Ni, Cu, Ag) wird auf Kristallgitterdefekte, die bei der Deformierung entstehen, zurückgeführt. Es wird die Deformation im Verhältnis zur Anzahl der Versetzungen u. Leerstellen bestimmt. Als Hauptursache für die bei Metalldeformation auftretende Thermo-EMK wird das Ansteigen des Widerstandes angesehen, der von den Kristallgitterdefekten bei der Deformation herrührt. Die Änderung der Thompsonschen EMK während der Metalldeformation wird bestimmt. I. Zoll. 133◇

Über eine Verbesserung für verschiedene halbempirische Theorien zur Berechnung der Sekundärelektronenemission durch Festkörper. Michel Cailler. (C. R. hebd. Séances Acad. Sci. **254**, 3502—04, 1962; Nantes, Fac. des Sci., E.N.S.M.; franz.) — Berechnung der Sekundärelektronenausbeute als Funktion der Anfangsenergie der einfallenden Primärelektronen u. Vgl. des Ergebnisses mit dem anderer Autoren. — 13 Literaturangaben. J. M. Spaeth. 134◇

Emission von Sekundärelektronen, die durch relativistische Primärelektronen erzeugt werden. Arvid A. Schultz und Martin A. Pomerantz. (Physic. Rev. [2] **130**, 2135—41, 1963; Swarthmore, Pa., Bartol Res. Foundat. of The Franklin Inst.; engl.) — In einer Sandwichanordnung, bei der der Primärstrahl beim Durchqueren des Targets im wesentlichen monoenerget. ist, wurden die Elektronenspektren beim Beschuß von *C*, *Ni* u. *Al* mit Primärelektronen von 0,3—1,6 MeV aufgenommen. Die Verteilungen sind im wesentlichen denen bei niedrigeren Energien identisch. Die Ausbeute wurde in Abhängigkeit von der Primärenergie bestimmt. Bei dicken Targets u. niedrigen Energien erfolgt eine Zunahme infolge elast. Streuung. Die Berücksichtigung letzterer ergibt von der Targetdicke unabhängige Ausbeuten. Es wird ferner die Abhängigkeit vom Einfallswinkel Θ der Primärelektronen untersucht. Die Zahl der emittierten Sekundärelektronen pro auftreffendes Primärelektron läßt sich darstellen durch $\delta = \varepsilon^{-1}(\mathrm{d}E/\mathrm{d}x)\Delta x \sec\theta$, ε mittlere Energie zur Erzeugung eines Sekundärelektrons, dE/dx Energieverlustrate der prim. Elektronen, Δx Dicke der Schicht, in der die austretenden Elektronen erzeugt werden. Es ist $\varepsilon/\Delta x = 150$ (keV cm^2/mg) für C, 90 für Al u. 100 für Ni. Für massive Al-Targets ist das Verhältnis der gemessenen Ausbeuten bei 1 keV zu denen bei 1 MeV ca. 55, gleich dem entsprechenden Verhältnis der theoret. Energieverlustraten. H. Liepack. 134◇

Anomale Glühemission aus UC und $(ZrC)_{0,8}(UC)_{0,2}$. G. C. Kuczynski. (J. appl. Physics **31**, 1500—01, 1960; Notre Dame, Ind., Univ. of Notre Dame, Dep. of Metallurgic. Engng.; engl.) — Vf. will nachweisen, daß die Ergebnisse von Pidd u. Mitarbeiter (vgl. J. appl. Physics **30**, [1959], 1575) für die Mengen-Konst. A aus der Richardson-Gleichung auch anders gedeutet werden können, so daß die festgestellte Anomalie von A verschwindet. Im Gegensatz zu Pidd trägt Vf. ln I/T^2 über 1/T graph. auf. Der Sprung in der Stromdichte im Temp.-Gebiet von 1590—1610° K ist auf Umlagerungen in dem Kathodenmaterial zurückzuführen. Dabei wird vermutet, daß die Umbldg. nur die Oberflächenatome umfaßt. H. Schibilla. 134□

Kontinuierlich oxydiertes Wolfram als Oberflächenionisationsquelle. C. A. Haque und E. E. Donaldson. (Rev. sci. Instruments **34**, 409—12, 1963; Pullman, Wash., Washington State Univ.; engl.) — Beschreibung einer Röhre, bei der durch eine O_2-Strömung die Austrittsarbeit φ eines polykristallinen W-Fadens gesteuert wird. Die Charakteristiken wurden bei $6 \cdot 10^{-7}$ Torr O_2 in Abhängigkeit von der Temp. des W-Kollektors aufgenommen u. aus ihren Verschiebungen die Temp.-Abhängigkeit von φ bestimmt. Nach dieser erfolgt die Sauerstoffadsorption in 2 Zuständen. Starke φ-Änderungen erfolgen bei ca. 1200 u. 1700° K, entsprechend Desorptionsenergien von 3,4 eV für die zweite u. 4,8 eV für die erste Schicht. Für nichtoxydiertes W wurde bei einer Temp.-Zunahme von 25 auf 1800° eine φ-Zunahme von 4,52 auf 4,70 eV gefunden. In O_2-Atmosphäre war bei 900° $\varphi = 6{,}6$ eV. Während Al-Verdampfung wurde bei 800° ein positiver Ionenstrom von $2 \cdot 10^{-7}$ Å gemessen. H. Liepack. 134◇

Boltzmann-Gleichung für Polaronen. Leo P. Kadanoff. (Physic. Rev. [2] **130**, 1364—69, 1963; Urbana, Ill., Univ. of Illinois, Dep. of Phys.; engl.) — Ausgehend von der Feynman-Beschreibung des Polarons wird die Boltzmann-Gleichung entwickelt u. mit dieser die Driftbeweglichkeit berechnet. In der Grenze tiefer Temp. wird elast. Resonanzstreuung berücksichtigt u. die Gleichung exakt gelöst. H. Liepack. 135◇

Verallgemeinerte Gleichung für den elektrischen Tunneleffekt zwischen ähnlichen Elektroden, die durch einen dünnen isolierenden Film getrennt sind. John G. Simmons. (J. appl. Physics **34,** 1793—1803, 1963; Paoli, Pa., Burroughs Labor.; engl.) — Ableitung einer Gleichung für eine Potentialschwelle beliebiger Form in einem dünnen, isolierenden Film mit Anwendung auf eine Rechteckschwelle mit u. ohne Bildkräfte. Der Einfl. der DK des Films wird diskutiert u. gezeigt, daß die DK die Temp.-Abhängigkeit der I–V-Charakteristik eines Tunnelübergangs beeinflußt. H. Liepack. 135◇

Eine neue Art von Oscillationen der magnetischen Widerstandsänderung in Halbleitern und Halbmetallen. W. L. Gurewitsch, Ju. A. Firssow und A. L. Efross. (Festkörperphysik [UdSSR] **4,** 1813—19, 1962; Leningrad, Inst. für Halbleiter der Akad. der Wiss. der UdSSR; russ.) — Vff. untersuchen theoret. die Bedingungen, unter denen Schwingungen der transversalen magnet. Widerstandsänderung bei hohen Feldstärken durch Streuung durch opt. Phonone experimentell zu beobachten sind. A. Kumm. 135◇

Untersuchung der Volumenrekombination in Germaniumkristallen mit Kupferverunreinigungen. R. A. Paramonowa und A. W. Rshanow. (Festkörperphysik [UdSSR] **4,** 1820—25, 1962; Moskau, Physik. Inst. der Akad. der Wiss. der UdSSR; russ.) — Vf. untersucht die Temp.-Abhängigkeit der Vol.-Lebensdauer in Ge-Kristallen, die bei der Darst. mit Cu dotiert wurden. Die Messungen wurden mit Proben mit kleinem spezif. Widerstand vom n- u. p-Typ u. mit teilweise kompensierten Kristallen mit hohem spezif. Widerstand ausgeführt. Die Abweichungen der Angaben bei den verschiedenen Autoren werden diskutiert. A. Kumm. 135◇

Infrarot-Cyclotronresonanz in n-leitendem InAs. E. D. Palik und James R. Stevenson. (Physic. Rev. [2] **130,** 1344—46, 1963; Washington, D. C., U. S. Naval Res. Labor.; engl.) — Die Cyclotronresonanzabsorption der Leitungselektronen in InAs wurde im Bereich 23—34 μ bei Magnetfeldern bis zu 150 kG gemessen. Die Absorption ließ sich in 3 Linien auflösen, die durch die Änderung des effektiven g-Faktors der Leitungselektronen gedeutet werden. H. Liepack. 135◇

Induzierbare Streuzentren in InSb. G. Richter. (Mber. dtsch. Akad. Wiss. Berlin **3,** 363—66, 1961; Berlin, Dt. Akad. der Wiss., Bereich elektron. Halbleiter, Physik.-Techn. Inst.; dt.) — Die Messungen an InSb-Einkristallen (hergestellt nach dem Czochralski-Verf.) zeigen, daß die Hall-Beweglichkeit (μ) von der Abkühlungs-Geschw. im Temp.-Intervall 480—300° abhängt. Dabei wird μ bei wiederholter Erwärmung mit anschließender Abkühlung von der zuletzt durchlaufenen Abkühlgeschw. bestimmt. Das Temp.-Verh. von μ bei rascher Abkühlung wird durch den Zusammenhang gegeben: $F/\mu = 1/\mu_0$ (Gitter) $+ 1/\mu_I$, F = Abweichung von der Matthiensschen Regel; μ_I = Beweglichkeit bei Streuung an geladenen Zentren bestimmter Konzentration. Die Best. der einzelnen Größen wird behandelt. H. Schibilla. 135◇

Über die Messung der Aktivierungsenergie von Haftstellenniveaus in Bleisulfid. Iw. Bajew und L. Ssyrnew. (C. R. Acad. bulg. Sci. **14,** 239—42, 1961; russ., Auszug: engl.) — An sensibilisiertem PbS wird die Temp.-Abhängigkeit eines kurzgeschlossenen Photostroms im Bereich von -90 bis $+80°$ gemessen. Die Abhängigkeit folgt einem Exponentialgesetz, das durch die Aktivierungsenergien der oberflächlichen Haftstellenniveaus bestimmt wird. Es werden folgende Werte erhalten: $E_{s1} = 0{,}100$ eV, $E_{s2} = 0{,}151$, $E_{s3} = 0{,}203$ u. $E_{s4} = 0{,}258$. I. Zoll. 135◇

Über Rekombinationsprozesse in künstlichen Bleisulfideinkristallen. W. G. Baru und Je. M. Chmelnitzkaja. (Festkörperphysik [UdSSR] **4,** 1897—1900, 1962; Leningrad, Opt. Inst.; russ.) — Vff. diskutieren die Rekombinationsstatistiken von therm. Gitterfehlern, die während des Kristallwachstums entstehen. Ausdrücke werden abgeleitet für die Rekombinations-Geschw. unter der Annahme, daß die Verteilung der freien Ladungsträger nicht „entartet" ist. Einfangs-Koeff. u. Lebendauer der Minoritätsladungsträger werden für Strahlungs- u. Auger-Rekombination abgeschätzt. Auger-Prozesse steuern solche Rekombinationen. A. Kumm. 135◇

Die Fermi-Fläche in weißem Zinn. A. V. Gold und M. G. Priestley. (Philos. Mag. [8] **5,** 1089—1104, 1960; Cambridge, Univ., Royal Soc. Mond Labor.; Ottawa, Canada, Nation. Res. Council, Div. of Pure Phys.; engl.) — Vff. untersuchten die Orientierungsabhängigkeit des de Haas–van Alphen-Effektes in Sn-Einkristallen u. fanden bei einigen Orientierungen bis zu 7 Perioden. Danach ist die Fermi-Fläche wesentlich komplizierter, als nach dem 3-Ellipsoidmodell von Fawcett (C. **1957,** 3183) zu erwarten, u. hinsichtlich der Komplexität mit den Ergebnissen nach dem Modell des Freien Elektrons vergleichbar, obwohl im einzelnen große Unstimmigkeiten mit der Theorie auftreten. Aus der Temp.-Abhängigkeit der Amplituden wird auf die effektiven Massen geschlossen, deren Werte mit Cyclotronresonanz-Verss. u. mit den Bahnmassen freier Elektronen verglichen werden. D. Jörchel. 136◇

Der elektrische Widerstand von Lithium-6. J. S. Dugdale, D. Gugan und K. Okumura. (Proc. Roy. Soc. [London], Ser. A **263**, 407—19, 1961; Ottawa, Canada, Nat. Res. Council of Canada, Div. of Pure Phys.; engl.) — Gemessen wurde zwischen 4° K u. Zimmer-Temp. der elektr. Widerstand von ^{6}Li u. natürlichem Li (92,5 Atom-% ^{7}Li, 7,5 Atom-% ^{6}Li). Die Ergebnisse zeigten, daß die verschiedenen Massen die Leitungselektronen-Eigg. nicht beeinflussen. Die charakterist. Gitterfrequenzen der beiden reinen Isotope verhalten sich umgekehrt proportional wie die Quadratwurzeln ihrer Ionenmassen. K. Jaeger. 136◇

Der Capillareffekt als Richtkraft auf den elektrischen Widerstand des Natriums und Kaliums. J. S. Dugdale und D. Gugan. (J. sci. Instruments **40**, 28—29, 1963; Ottawa, Nat. Res. Council, Div. of Pure Phys.; Royal Fort, Bristol, Univ., H. H. Wills Phys. Labor.; engl.) — Bei der Messung des elektr. Widerstandes von Na u. K sind bei größeren Mengen die Werte stets niedriger als bei Verw. von Capillarproben. Diese Differenzen beruhen auf den therm. Expansionsunterschieden zwischen dem Capillarrohr u. der Probe. Es kann ein „negativer" Druck von 2000 at auftreten. H. Schroth. 136◇

Über die Beryllium- und Eisenmodifikation in an kalten Unterlagen kondensierten Filmen. B. G. Lasarew, Je. Je. Ssemenenko und A. I. Ssudowzow. (J. exp. theoret. Physik [UdSSR] **40**, 105—08, 1961; Akad. der Wiss. der UdSSR, Phys.-techn. Inst.; russ., Auszug: engl.) — Vff. bestimmen die Temp.-Abhängigkeit des elektr. Widerstandes von Be-, Fe- u. Cu-Filmen, kondensiert auf Unterlagen, die durch fl. He, H_2 oder N_2 gekühlt werden. Von Be wurden 2 Tieftemp.-Modifikationen gefunden. Die eine wird bei ca. 8° K supraleitend u. ist bis zu 40° K beständig. Die andere wird bei ca. 6° K supraleitend u. ist bis 130° K beständig. Bei den Fe-Filmen wurde eine polymorphe Umwandlung bei 40° K beobachtet, während an Cu-Filmen keine Umwandlung zu bemerken war. I. Zoll. 136◇

Abhängigkeit des elektrischen Widerstands von WC–Co-Legierungen von der Struktur. W. F. Funke, W. I. Schulepow und Ss. I. Judkowski. (Metallphysik u. Metallkunde [UdSSR] **13**, 794—95, 1962; Allunions-Forsch.-Inst. für feste Legg.; russ.) — Die Kenntnis der Zus. allein ist keine ausreichende Grundlage für die Widerstands-Best. im Syst. WC–Co. In Abhängigkeit von der Konz. bilden sich verschiedene Strukturen aus, die die Größe des elektr. Widerstandes beeinflussen. Vff. setzen sich mit fehlerhaften Voraussetzungen in Arbeiten anderer Autoren auseinander. I. Berger. 136◇

Näherungsmethoden in einem Supraleitungsmodell. H. Mitter und K. Yamazaki. (Nuclear Physics [Amsterdam] **44**, 187—94, 1963; München, MPI für Phys. u. Astrophys.; engl.) — Vgl. C. **1963**, 8430. — Die Amplituden der Operatoren-Prodd. werden in der Grenze starker Kopplung der Bardeen-Cooper-Schrieffer-Theorie berechnet. H. Liepack. 136◇

Das asymptotische Verhalten der Störungs-Entwicklung im Vielkörper-Problem und der supraleitende Zustand. Kenji Fukushima und Nobuyuki Fukuda. (Progr. theoret. Physics [Kyoto] **28**, 809—19, 1962; engl.) — Das Konvergenzproblem wird an Hand einiger einfacher Modelle diskutiert. Im allg. kann für abstoßende Wechselwrkg. eine konvergente Lösung gefunden werden, nicht aber für anziehende Wechselwrkg., die zum supraleitenden Zustand führt. M. Wiedemann. 136◇

Dielektrizitätskonstante eines Supraleiters. Richard E. Prange. (Physic. Rev. [2] **129**, 2495—2503, 1963; College Park, Md., Univ. of Maryland; engl.) — Berechnung der longitudinalen DK für das erweiterte Bardeen-Cooper-Schrieffer-Modell eines Supraleiters. P. Frenzel. 136◇

Bemerkungen zu den bestehenden Theorien magnetischer Effekte auf supraleitende Filme. B. Y. Tong. (Physic. Rev. [2] **130**, 1322—23, 1963; Hong Kong, Univ., Mathemat. Dep.; engl.) — Es wird gezeigt, daß die Gupta-Mathur- u. die Douglass-Theorie ineinander übergehen, wenn die Gültigkeitsbedingungen genau beachtet werden. H. Liepack. 136◇

Supraleitende Solenoide auf der Basis von Nb_3Sn für starke Magnetfelder. N. Je. Alexejewski und N. N. Michailow. (J. exp. theoret. Physik [UdSSR] **41**, 1809—10, 1961; Akad. der Wiss. der UdSSR, Inst. für phys. Probleme; russ., Auszug: engl.) — Von Nb_3Sn wird bei 4,2° K die Abhängigkeit des krit. Stroms vom Magnetfeld (0—1000 kOe) bestimmt. I. Zoll. 136◇

Die Anwendung der Neutronenbeugung zur Untersuchung magnetischer Verbindungen. A. F. Andresen. (Svensk kem. Tidskr. **73**, 440—46, 1961; Kjeller, Inst. for Atomenergi; norw.) — Einführende Übersicht. A. Senning. 137◇

Elektronenspinresonanz in Kohlenstoff-Schwefel-Systemen. H. E. Blayden und J. W. Patrick. (J. Chim. physiques Physico-Chim. biol. **57**, 931–37, 1960; engl.) – Vff. untersuchten die elektronenmagnet. Resonanz von Cellulosekohle, die im Vakuum S-Dämpfen bei verschiedenen Temp. u. verschiedenen partiellen S-Drücken ausgesetzt war. An bei 500° erhaltenen Verkohlungs-Prodd. konnte in allen Stadien die Bldg. neuer Spinzentren beobachtet werden, nicht jedoch bei einem bei 700° hergestellten Verkohlungsprodukt. Der Endeffekt der Rk. mit den S-Dämpfen besteht darin, die Konz. der Spinzentren zu red. unter gleichzeitiger Bldg. von Oberflächenkomplexen des C u. S. Es wird angenommen, daß der Angriff der C-Oberfläche durch den S-Dampf unter Verdrängung des Wasserstoffs oder einfacher Gruppen für die Bldg. neuer Spinzentren verantwortlich zu machen ist. C. Gottfried. 137

Paramagnetische Elektronenresonanzspektren von Halogenatomen. N. Vanderkooi jun. und J. S. MacKenzie. (Advances Chem. Ser. **36**, 98–101, 1962; Morristown, N.J., Allied Chem. Corp., Gen. Chem. Res. Labor.; engl.) –Die EPR-Spektren von F-, Cl- u. Br-Atomen in der Gasphase wurden mit einem konventionellenX-Bandspektrometer aufgenommen. Die atomaren Gase wurden in einem Strömungs-Syst. durch Mikrowellenentladung oder Thermolyse aus den entsprechenden Moll. erzeugt; ihre Lebensdauer wurde durch Vorbehandlung der Gefäßwände (Quarz) mit konz. H_2SO_4 oder H_3PO_4 erheblich verlängert. Für sämtliche Teilchen (^{19}F, ^{35}Cl, ^{37}Cl, ^{79}Br, ^{81}Br) ergab sich entsprechend der Russell-Saunders-Kopplung ein g-Faktor von 4/3. Durch Berücksichtigung der bahn- u. kernmagnet. Effekte gelang es, die Hyperfeinstruktur der Spektren vorherzusagen. Die Konz. der Halogenatome wurde unter Verw. von NO_2 als Bezugssubstanz bestimmt. Danach bewirkt die Mikrowellenentladung nahezu 100%ig. Dissoziation in Cl_2 u. Br_2; die erreichbare F-Konz. ist infolge von Rkk. mit der Gefäßwand erheblich geringer. A. Blaschette. 137◇

ESR-Untersuchungen an anorganischen freien Radikalen in photolytischen Systemen. Frank J. Adrian, Edward L. Cochran und Vernon A. Bowers. (Advances Chem. Ser. **36**, 50–67, 1962; Silver Spring, Md., Johns Hopkins Univ., Appl. Phys. Labor.; engl.) – Die ESR-Spektren einfacher, in festem Ar bei 4,2° K eingefrorener Radikale werden beschrieben. Sie werden durch Photolyse geeigneter Substrate in situ erzeugt. Die Spektren von Atomen im S-Zustand (*H* aus HJ, NH_3, PH_3, SiH_4, CH_4, HCN, H_2O; *N* aus NO; *P* aus PH_3 bzw. PD_3) ähneln denen freier Atome bis auf geringe Störungen der g-Werte u. der Hyperfeinkopplungs-Konst. infolge von Einfl. der Matrix. Die Spektren mehratomiger Radikale sind von der Richtung des Magnetfeldes abhängig. Starr u. willkürlich orientierte Radikale liefern aus diesem Grund nur breite u. komplexe ESR-Signale. Sofern Rotationen möglich sind, werden diese Effekte der Feldrichtungsabhängigkeit aufgehoben. Die schwereren Radikale vermögen z. T. nur um eine Achse zu rotieren, manche auch nur bei höherer Temp. als 4,2° K. In einigen Fällen wurden die magnet. Wechselwrkg. an Hand polykristalliner Spektren gedeutet. Nachst. Radikale wurden untersucht: NO_2, CH_3 (aus CH_3J, CH_4), NH_2 (aus NH_3, N_2H_4), SiH_3 (aus SiH_4), *CN* (aus HCN), $H_2C{=}N$ (aus HJ + HCN), *HCO* (aus HJ + CO oder aus Formaldehyd), *DCO*, $H_2C{=}CH$ (aus HJ + C_2H_2), NF_2 (aus N_2F_4 durch Druckerniedrigung), CF_3 (aus CF_3J). – 19 Literaturangaben.
A. Blaschette. 137◇

Paramagnetische Resonanz von Chrom in $MgTiO_3$. Erhard J. Schimitschek. (Physic. Rev. [2] **130**, 2199–2200, 1963; San Diego, Calif., Gen. Dynam./Astronaut.; engl.) – In Einkristallen von rhomboedr. $MgTiO_3$ mit 0,5% Cr_2O_3 wurde das paramagnet. Resonanzspektrum von Cr^{3+} bei 24 u. 35 GHz gemessen. Aus den Ergebnissen geht hervor, daß sich das Cr^{3+} an Ionenplätzen trigonaler Symmetrie befindet. Das Spektrum kann durch einen Hamilton-Operator mit $S = 3/2$ beschrieben werden. Die Parameter sind bei Zimmer-Temp. $|D| = (15{,}05 \pm 0{,}03)$ GHz, $g_{\parallel} = 1{,}976 \pm 0{,}002$, $g_{\perp} = 1{,}981 \pm 0{,}002$. Die große Nullfeldaufspaltung, die chem. Stabilität u. die guten mechan. Eigg. lassen Cr-dotiertes $MgTiO_3$ als geeignetes Masermaterial erscheinen.
H. Liepack. 137◇

Untersuchung der Doppelresonanz in den Kohlen. M. Jacubowicz und J. Uebersfeld. (J. Chim. physique Physico-Chim. biol. **57**, 926–30, 1960; Paris, École Supér. de Phys. et Chim.; Besançon, Fac. des Sci.; franz.) – Vff. untersuchten die Eigg. der Doppelresonanz an den „eigenen" Protonen der Kohle sowie an den Protonen von an der Kohle adsorbiertem Benzol. In den Verss. wurde eine Zuckerkohle verwendet, die durch Verkohlung bei Temp. von 350–750° in N_2 erhalten worden war sowie einige natürliche Kohlen. Die Unters. der Doppelresonanz der Protonen des adsorbierten Bzl. wurde an Kohlen verschiedener Verkohlungs-Temp. sowie als Funktion der Vers.-Temp. durchgeführt, wobei das Bzl. zuerst fl. u. hierauf fest war. Es wurden zwei Vergrößerungseffekte der Kernpolarisation beobachtet, der „Doppeleffekt" einerseits u. der Overhauser-Effekt andererseits. Die Ergebnisse gestatteten die elektron. Struktur der paramagnet. Zentren u. ihre Lokalisierung zu präzisieren. C. Gottfried. 137

Protonenmagnetische Nullfeldresonanz in Bariumchlorathydrat. Kazuo Torizuka. (J. physic. Soc. Japan **17**, 239—40, 1962; Tokyo, Koganei, Tokyo Gakugei Univ.; engl.) — Die protonenmagnet. Resonanz in $Ba(ClO_3)_2 \cdot H_2O$ in Abwesenheit eines stat. magnet. Feldes wurde an der Änderung der Amplitude des Cl-Quadrupolresonanz-Echos (29,38 MHz) studiert. Ein Spinecho-App. u. ein Niederfrequenzfeld zur Anregung der Protonenresonanz wurden verwendet. Bei 42,1 kHz wurde bei Messung an Pulverproben das Echo erheblich, mit einer Halbweite von 4 kHz, verstärkt. Bei Verw. von Einkristallen war die Frequenz der Amplitudenverstärkung von der Orientierung des Kristalls zum Niederfrequenzfeld abhängig. Bei Anwendung eines schwachen stat. magnet. Feldes (10—20 Gauß) wurde das Echo stark abgeschwächt. Ersatz von H_2O durch D_2O ergab keine merkliche Verschiebung der Echofrequenz, verursachte aber eine Verdoppelung der Echolebensdauer ($0{,}9 \cdot 10^{-3}$ s bei der deuterierten Verb.). Die Ergebnisse werden an Hand des stochast. Modells von Herzog u. Mitarbeiter (C. **1958**, 2642) gedeutet. Der Isotopeneffekt zeigt eine schwache magnet. Cl-D- u. eine starke magnet. Cl-H-Kopplung an. G. Winkhaus. 137◇

Eine Bemerkung zur antiferromagnetischen Spinwellentheorie des kubischraumzentrierten Gitters. H. L. Davis. (Physics Chem. Solids **23**, 1348—49, 1962; Albuquerque, N.Mex., Sandia Corp.; engl.) — Vf. gibt eine numer. Korrektur an, die in der antiferromagnet. Spinwellentheorie des kub.-raumzentrierten Gitters benötigt wird, wenn das Integral von $J(\alpha)$ für $\alpha \to 1$ berechnet wird; $J(1)$ beträgt 0,926962 (vgl. Kubo, C. **1953**, 8782). Herbert Müller. 137◇

Magnetische Phasen vom Perowskit-Typ. Roland Ward und John Longo. (J. Amer. chem. Soc. **82**, 5958, 1960; Storrs, Conn., Univ. of Connecticut, Dep. of Chem.; engl.) — Dargestellt wurden die Perowskite $Ba_2(Me^{II}Re^{IV})O_6$ mit Me = Mn, Fe, Co. An die Stelle von Ba kann auch Sr treten. Bis auf $Ba_2(CoRe)O_6$, das wahrscheinlich antiferromagnet. ist, zeigten alle anderen Perowskite Ferrimagnetismus mit folgenden Curie-Temp.: $Ba_2(FeRe)O_6$ 40°, $Ba_2(MnRe)O_6$ —137°, $Sr_2(FeRe)O_6$ 128°. K. Jaeger. 137◇

Magnetische Eigenschaften der intermetallischen Verbindungen im Mangan-Zinn-System: $Mn_{3,67}Sn$, $Mn_{1,77}Sn$ u. $MnSn_2$. Kō Yasukōchi, Kazuo Kanematsu und Tetuo Ohoyama. (J. physic. Soc. Japan **16**, 1123—30, 1961; Tokyo, Japan, Nihon Univ., Coll. of Sci. and Engng., Dep. of Phys.; Tokyo Metropolitan Univ., Fac. of Sci., Dep. of Phys.; engl.) — Untersucht wurden die magnet. Eigg. von $Mn_{3,67}Sn$, $Mn_{1,77}Sn$ u. $MnSn_2$. Für das antiferromagnet. $Mn_{3,67}Sn$ betragen die Néel-Temp. $T_N = 3{,}65^0$ K, die effektiven Bohrschen Magnetone pro Mn $n_p = 3{,}58$ u. der asymptot. Curie-Punkt $\Theta_a = -275^0$ K. $Mn_{1,77}Sn$ ist ferrimagnetisch. Mit fallender Glüh-Temp. wuchs die Curie-Temp. T_c von 226 auf 263° K an, die für 0° K berechnete Sättigungsmagnetisierung pro Mn, n_f, wuchs von 0,92 auf 1,23 an, während n_p nahezu konst. bei 3,4 blieb. Dieses Verh. wird durch kristallograph. Anordnungsänderungen der Atome u. durch Wechselwrkg. der Untergitter erklärt. Auch $MnSn_2$ ist antiferromagnet. mit $T_N = 324^0$ K, $\Theta_a = 190^0$ K u. $n_p = 3{,}48$ Bohrsche Magnetone. K. Jaeger. 137◇

Nichtlineare Einflüsse der Kristallanisotropie auf ferrimagnetische Resonanz. Peter Gottlieb. (J. appl. Physics **31**, 2059—62, 1960; Culver City, Calif., Hughes Aircraft Co.; engl.) — Es wird gezeigt, daß die Resonanzfrequenz ferrimagnet. Festkörper quadrat. von der Präzessionsamplitude der niedrigsten Ordnung abhängt. Dieser quadrat. Term hängt von der Richtung des magnet. Feldes bzgl. der Kristallorientierung ebenso ab wie der gewöhnliche Resonanzterm nullter Ordnung von der Orientierung des magnet. Feldes. Es wird gezeigt, daß dieser quadrat. Term ein Überfalten (foldover) der Resonanzlinien sogar für kugelförmige Proben hervorrufen kann. Die notwendigen Bedingungen für den Beginn des foldover werden analysiert. K. Jaeger. 137◇

Kernmagnetische Resonanz bei Li und verdünnten Li-Mg-Legierungen. D. G. Hughes. (Philos. Mag. [8] **5**, 467—71, 1960; Ottawa, Nat. Res. Council, Div. of Pure Phys.; engl.) — Messungen des Resonanzsignals von ^7Li in *Li* u. in *Li-Mg-Legg.* mit $\leqq$ 10 Atom-% Mg in einem stat. magnet. Feld von 6750 Gauß ergaben bei 75° eine schnelle lineare Abnahme der Knight-Verschiebung k (gegen wss. LiCl-Lsg.) mit wachsender Mg-Konzentration. Die Linienbreiten in Li u. in den Legg. mit 2,1, 4,4 u. 10% Mg betrugen ca. 0,06 Gauß, in Legg. mit 0,2% Mg 0,15 u. mit 0,8% Mg 0,12 Gauß bei 75°. Die Ergebnisse werden nach der Theorie von Drain (C. **1962**, 14414) gedeutet. Die Resonanzlinie zeigt keine Quadrupolverbreiterung. Aus der Abnahme der Linienbreite mit steigender Temp., im Bereich von Raum-Temp. bis 200°, wird auf Zunahme der Aktivierungsenergie A der

Selbstdiffusion der Li-Atome mit zunehmendem Mg-Geh. geschlossen. Im exponentiellen Bereich der Linienbreite-Temp.-Kurve beträgt A in Li 13,1 ± 0,2 (Kcal/Mol) u. in der Leg. mit 10% Mg 14,5 ± 0,3. Diese Zunahme wird auf die dichtere Packung in der Leg. im Vgl. zu reinem Li zurückgeführt. G. Winkhaus. 137◇

Frequenzverschiebung der kernmagnetischen Resonanz von ^{59}Co in CoF_2. T. Moriya. (Physics Chem. Solids **11**, 175—76, 1959; Murray Hill, N.J., Bell Telephone Labor.; engl.) — Die große feldabhängige KMR-Verschiebung von ^{59}Co in antiferromagnet. CoF_2 beruht z. T. auf magnet. Wechselwrkg. zwischen Kernspin u. magnet. Orbitalmoment, das durch äußere Magnetfelder induziert wird. G. Winkhaus. 137◇

Kernmagnetische Resonanz von ferromagnetischen Mn-Verbindungen. Tadamiki Hihara, Yoshitaka Kôi und Akira Tsujimura. (J. physic. Soc. Japan **17,** 1320—21, 1962; Hiroshima, Univ., Dep. of Phys.; Takushima, Univ., Fac. of Engng.; engl.) — Im Anschluß an eine frühere Unters. (J. physic. Soc. Japan **17,** [1962], 1078) werden kernmagnet. Resonanzen bei ferromagnet. *MnAs*, $T_c = 40^0$; ferromagnet. *MnBi*, $T_c = 360^0$; ferromagnet. *MnP*, $T_c = 25^0$ u. ferrimagnet. Mn_2Sb, $T_c = 277^0$ beobachtet (T_c = Curie-Temp.). Die Resonanzsignale haben dabei infolge einer elektr. Kern-Quadrupol-Wechselwrkg. eine Multiplettstruktur. Bei MnAs ist es das Quintett vom ^{55}Mn u. das Triplett vom ^{75}As. Bei MnBi ist der Einfl. von ^{209}Bi noch ungeklärt, bei MnP rührt die beobachtete Resonanz vom ^{55}Mn her. Wegen der Untergitter beim Mn_2Sb sollten 4 Multipletts zu erwarten sein. Gefunden wird aber nur eine Resonanz, die dem ^{55}Mn I zugeschrieben wird. H. Fahlenbrach. 137◇

Über die Tensortheorie der ferromagnetischen Resonanz. W. L. Beschidse. (Festkörperphysik [UdSSR] **4,** 1748—51, 1962; Ssuchum, Pädagog. Inst.; russ.) — Die Tensortheorie der ferromagnet. Resonanz (vgl. Young u. Ühling, C. **1955, 4764**) wird durch Verw. eines genaueren Ausdruckes für das effektive Magnetfeld verbessert. Austauschkräfte werden angenommen, die aus der inhomogenen Verteilung der Magnetisierung herrühren. Dieser Effekt führt zur Verengung der Resonanzlinien u. die resultierenden Halbwertsbreiten entsprechen den zugänglichen experimentellen Werten. Das Austauschfeld hängt von der Verschiebungs-Geschw. der Domänengrenzen ab. A. Kumm. 137◇

Die Möglichkeiten der Kerr-Technik zur Beobachtung magnetischer Bereiche. Jakob Kranz und Alex Hubert. (Z. angew. Physik **15,** 220—32, 1963; München, Univ., 1. Phys. Inst.; dt.) — Zur Beobachtung von ferromagnet. Elementarbereichen mit Hilfe des magnetoopt. Kerr-Effektes sind die Kerr-Intensität u. der Untergrund, nicht aber die Phase der Kerr-Amplituden zu beachten. Zwischen Kontrast, Untergrund u. Helligkeit wird ein Zusammenhang hergeleitet. Die Öffnung des beleuchteten Lichtbündels u. die Unebenheit der Probenoberfläche sind die wichtigsten Ursachen für den Untergrund. Durch eine bes. Form der Aperturblende lassen sich so große Verbesserungen im Untergrund u. Kontrast erreichen, daß eine Beobachtung des longitudinalen Kerr-Effektes im Auflichtmikroskop bei sehr starker Vergrößerung ermöglicht wird. Weitere Fortschritte in der Kerr-Technik zur Beobachtung von ferromagnet. Elementarbereichen werden durch dielektr. Aufdampfschichten erreicht. Die Ergebnisse werden an grobkristallinen Fe-Si-Transformatorenbändern mit Goß-Textur bestätigt u. erläutert. H. Fahlenbrach. 137◇

Einfluß des Kristallwachstums auf das Elementarbereich-Verhalten von Yttrium-Eisen-Granat. R. A. Lefever, A. B. Chase und K. A. Wickersheim. (J. appl. Physics **33,** 2249—50, 1962; Palo Alto, Calif., Gen. Telephone and Electron. Labor., Inc.; engl.) — An Yttrium-Eisen-Granaten wird mit der Durchstrahltechnik von Dillon (C. **1959,** 14002) die ferrimagnet. Elementarbereichstruktur untersucht. Dabei konnte ein Zusammenhang dieser Struktur mit der Kristallgröße beobachtet werden. Unstetigkeiten in der Domänenstruktur waren dabei mit Schnittlinien von Kristallflächen verbunden. Die von diesen Unstetigkeiten begrenzten Elementarbereiche hatten verschiedene magnet. Eigenschaften. Die Ergebnisse werden durch Spannungen zu erklären versucht, die beim Kristallwachstum auftreten. H. Fahlenbrach. 137◇

Magnetische Eigenschaften und Struktur einiger Granatsysteme. K. P. Below, M. A. Saitzewa, A. M. Kadomzewa, Ss. Ss. Kwitka und T. L. Owtschinnikowa. (Kristallographie [UdSSR] **7,** 242—46, 1962; Moskau, Lomonossow-Univ.; russ.) — Hergestellt wurden Granate, die sich vom Y-Fe-Granat durch teilweisen Ersatz von Y u. Fe durch Mn, Ge u. Ti ableiten. Mitgeteilt werden die Struktur u. ferromagnet. Eigg. der Produkte. Der Granat $Mn_{0,5}Y_{2,5}Fe_{4,5}Ge_{0,5}O_{12}$ zeigt eine Kurve vom Néelschen M-Typ für die spontane Magnetisierung bei tiefen Temperaturen. $MnY_2Fe_4GeO_{12}$ besitzt einen Curie-Punkt $< 0^0$; die Kurve der spontanen Magnetisierung verläuft asymptotisch. K. Jaeger. 137◇

Abhängigkeit der magnetfeldinduzierten Anisotropie in Ni–Fe-Ferriten von der Anzahl der Kationenleerstellen. K. Motzke. (Physica Status solidi [Berlin] **2,** K 52 bis K 55, 1962; Jena, Dt. Akad. der Wiss. zu Berlin; Inst. für Magnet. Werkstoffe; dt.) — An Ferriten der ungefähren Zus.: $Ni_{0,4}Fe_{2,6}O_{4,02}$ wird die Abhängigkeit der induzierten Anisotropie von der Glüh-Temp. (0—350°), bei der das Magnetfeld jeweils 10 Min. angelegt wurde, untersucht (nach der Temperung-Messung der Anisotropie nach Abkühlung der Probe auf —75°). Es werden zwei Temp.-Gebiete (0—80° u. 150—300°) beobachtet, in denen ein Magnetfeldtemperungseffekt auftritt. Ferner wird bei verschiedenen Leerstellendichten an den Ferriten $Ni_{0,4}Fe_{2,6}O_{4+y}$ im Temp.-Bereich zwischen 0 u. 80° die Abhängigkeit der Magnetfeldtemperung von dem Oxydationsgrad y aufgenommen. In diesem Temp.-Bereich ist die zeitliche Änderung der durch das Magnetfeld induzierten Anisotropie von dem Leerstellen-Geh. unabhängig. Aus den Meßergebnissen wird geschlossen, daß sich die Leerstellen in dem betrachteten Temp.-Gebiet nur in einer engbegrenzten Umgebung bewegen u. nicht durch den ganzen Kristallit wandern können.
H. Schibilla. 137◇

Theoretischer Erklärungsversuch der Ergebnisse über die Resonanz von Ferroxcube 4B. M. Le Blanc. (J. Physique Radium **22,** 50 S—51 S, 1961; Bordeaux, Fac. des Sci., Labor. d'Opt. ultrahertzicum; franz.) — Zur Erklärung der Ergebnisse von Dachert u. Schmouchkowitsch (C. **1961,** 7491) über die Resonanzabsorption des handelsüblichen Ni–Zn-Ferrits Ferroxcube 4 B wird die Kittelsche Theorie [1948] auf die experimentellen Ergebnisse angewendet. Dabei wird die innere magnet. Feldstärke der Resonanz aus der von außen angelegten Feldstärke u. den Entmagnetisierungsfaktoren errechnet. Es ergeben sich dann befriedigende Permeabilitäts- u. g-Werte.
H. Fahlenbrach. 137◇

Symmetrie von Kristallen mit ferromagnetischen und ferroelektrischen Eigenschaften. L. A. Schuwalow und N. W. Below. (Kristallographie [UdSSR] **7,** 192 bis 194, 1962; Akad. der Wiss. der UdSSR, Inst. für Kristallograph.; russ.) — Aus den 1651 Schubnikow-Gruppen werden 10 kristallograph. Antisymmetriegruppen ausgeschieden, die die Voraussetzungen für das gleichzeitige Auftreten von Ferromagnetismus u. Ferroelektrizität in dem makroskop. Kristall enthalten. Diese Voraussetzungen sind das gleichartige, jedoch individuelle Einwirken der antisymmetr. Elementaroperation auf den axialen magnet. Vektor u. auf den polaren elektr. Vektor. Die 10 Schubnikow-Gruppen sind: 62′2′; 6; 32′; 3; 42′2′; 4; 22′2; 2; 2′ u. 1. K. Jaeger. 137◇

Abhängigkeit der reversiblen Susceptibilität von der Magnetisierung und von der Kristallorientierung bei Nickeleinkristallen. Horst Rieger. (Z. angew. Physik **15,** 232—34, 1963; Stuttgart, MPI für Metallforsch. u. Inst. für theoret. u. angew. Phys.; dt.) — In Abhängigkeit von der äußeren magnet. Feldstärke wird in verschiedenen Kristallrichtungen bei Ni-Einkristallen die reversible Susceptibilität in einer Wechselstrommeßbrücke bei 1020 Hz gemessen. Mit zunehmender Feldstärke werden dabei drei Bereiche unterschieden. Bereich A bei kleinen Feldern zeigt Wandverschiebungen u. ein inneres Feld $H_i = 0$. Die Bereiche B u. C bei mittleren u. höheren Feldstärken zeigen Drehprozesse u. bei mittelorientierten Kristallen noch Wandverschiebungen. Dabei ist $H_i \neq 0$. H. Fahlenbrach. 137◇

Zur Sättigungsmagnetisierung dünner ferromagnetischer Schichten. Eduard Batt. (Naturwissenschaften **49,** 512, 1962; Darmstadt, TH, Phys. Inst.; dt.) — Vf. untersucht die Sättigungsmagnetisierung (SM) von im Vakuum ($< 10^{-7}$ Torr) aufgedampften *Ni-* u. *Fe*-Schichten nach verschiedenen Methoden. Mit der Pendelmagnetometer-Meth. werden stark differierende SM-Werte erhalten, während die Torsionsmagnetometer-Meth. SM-Werte lieferte, die ca. 0,85% der SM von massivem Material betragen. Der Unterschied zwischen beiden Meth. wird auf die Nichtberücksichtigung der Kristallanisotropie bei der Pendel-Meth. zurückgeführt. Ferner wird die Widerstandsfähigkeit von heißkondensierten Ni-Schichten gegenüber Oxydation bestätigt.
D. Hoene. 137◇

Ferromagnetismus bei Salzen des Europium(II). T. R. McGuire, B. E. Argyle, M. W. Shafer und J. S. Smart. (Appl. Physics Letters **1,** 17—18, 1962; Yorktown Heights, N.Y., IBM Res. Center; engl.) — Im Anschluß an Ergebnisse über den Ferromagnetismus von EuO von Matthias u. Mitarbeitern (C. **1963, 4607**) werden *EuS*, *EuSe* u. *EuTe* kristallograph. u. magnet. untersucht. EuS u. EuSe sind bei 4,2° K ferromagnet., EuTe ist paramagnetisch. Bei EuS wird ein magnet. Moment von 6,8 μ_B für 0° K extrapoliert, das mit dem für Eu^{2+} theoret. erwarteten von 7 μ_B gut übereinstimmt. Bei EuSe u. EuTe zeigt sich röntgenograph. eine zweite Phase, die noch nicht geklärt werden konnte. EuTe besitzt einen Θ-Wert von $-5 \pm 4°$ K. Bei 4° K

waren EuF_2, $EuCl_2$, $EuTiO_3$, $EuCO_3$ u. $EuSO_4$ nicht ferromagnetisch. Ein Antiferromagnetismus ist bei einigen dieser Salze nicht auszuschließen.
H. Fahlenbrach. 137◇

Austauschintegral für zweitnächste Nachbarn in EuS. Joseph Callaway und D. C. McCollum. (Physic. Rev. [2] **130**, 1741—42, 1963; Riverside, Calif., Univ. of California, Dep. of Phys.; engl.) — Aus Messungen der spezif. Wärme im Bereich 1—4° K wurden die Austauschintegrale für erst- u. zweitnächste Nachbarn bestimmt zu $J_1 = (1{,}48 \pm 0{,}16)\cdot 10^{-5}$ eV u. $J_2 = (0{,}11 \pm 0{,}28)\cdot 10^{-5}$ eV. H. Liepack. 137◇

Magnetische Wechselwirkung bei EuS, EuSe und EuTe. S. van Houten. (Physics Letters [Amsterdam] **2**, 215—16, 1962; Eindhoven, Holland, N.V. Philips, Res. Labor.; engl.) — EuS u. EuSe sind isolierende ferromagnet. Verbindungen mit Curie-Punkten Θ bei 16 bzw. 6° K. EuFe ist schwach antiferromagnet. mit $\Theta = -5°$ K u. einem Néel-Punkt bei 6° K. EuS, EuSe u. EuFe werden durch eine direkte Rk. der Elemente in evakuierten Quarztiegeln bei 445° bzw. 690 bzw. 1230° gewonnen. Sie sind einphasig u. besitzen Steinsalzstruktur. Die Gitter-Konst. sind 5,968 ± 0,001 bzw. 6,197 ± 0,002 bzw. 6,603 ± 0,001 Å. Im paramagnet. Gebiet werden mit dem Curie-Weiß-Gesetz für EuS ein magnet. Moment von 8,0, für EuSe von 8,2 Bohrschen Magnetonen (μ_B) ermittelt, das mit dem theoret. Wert von 7,94 μ_B für Eu^{2+} gut übereinstimmt. Aus der Sättigungsmagnetisierung bei 0° K erhält man für EuS 6,5 u. für EuSe 7,0 μ_B. Hier fordert die Theorie einen Wert von 7,0 μ_B. Der spezif. elektr. Widerstand beträgt 10^7 $\Omega\cdot$cm. H. Fahlenbrach. 137◇

Magnetische Eigenschaften der Gallate von Seltenen Erden bei hohen Temperaturen. Roland Aléonard und René Pauthenet. (C. R. hebd. Séances Acad. Sci. **255**, 2727—29, 1962; Grenoble, Inst. Fourier, Labor. d'Eletrostat. et de Phys. du Métal; franz.) — Zwischen Raum-Temp. u. 1500° K wird die magnet. Susceptibilität χ von Seltenerdgallaten $5\,Ga_2O_3\cdot 3\,M_2O_3$ gemessen, wobei M = *Pr, Nd, Im, Eu, Gd, Tb, Dy, Ho, Er* oder *Yb* war. Die Darst. der Ergebnisse als $\chi\cdot T$ in Abhängigkeit von T läßt die Blockierung der magnet. Ionenmomente der Seltenen Erden bei Raum-Temp. erkennen. Bei höheren Temp. wird kT vergleichbar mit der Energie der Multiplettaufspaltungen, so daß die Meßwerte durch die alte van Vlecksche Theorie des Ionenparamagnetismus gut beschrieben werden. H. Fahlenbrach. 137◇

Die Ordnung eines kubisch-flächenzentrierten Gitters. A. Danielian. (Physica [Utrecht] **29**, 67—77, 1963; London, King's Coll., Wheatstone Phys. Labor.; engl.) — Die Annäherung mit konst. Kopplung von Kasteleijn u. Van Kranendonk (C. **1957**, 10121 u. 8997) wird auf das kub.-flächenzentrierte Ising-Gitter ausgedehnt u. dazu das Tetraeder als Basisgruppe benutzt. Für den ferromagnet. Fall wird ein krit. Punkt bei $kT_c/J = 5{,}384$ (J Austauschintegral) vorausgesagt. Andererseits erlaubt die Theorie keine antiferromagnet. Ordnung, in Übereinstimmung mit der exakten Analyse.
R. Uttech. 137◇

Statische magnetoelastische Kopplung in kubischen Kristallen. Earl R. Callen und Herbert B. Callen. (Physic. Rev. [2] **130**, 2600, 1963; engl.) — Erratum zur C. **1963**, 17581 referierten Arbeit mit Korrekturen zur Berechnung der Anisotropieenergie. H. Liepack. 137◇

Die magnetische Anisotropie und Susceptibilität von $Fe(NH_4SO_4)_2\cdot 6\,H_2O$. A. Bose, A. S. Chakravarty und R. Chatterjee. (Proc. Roy. Soc. [London], Ser. A **261**, 207—14, 1961; Calcutta, Indian Assoc. for the Cultiv. of Sci.; engl.) — Die magnet. Anisotropie u. Susceptibilität des Fe^{2+}-Ions in Tutton-Salzen werden nach dem Verf. von Abragam u. Pryce (Proc. Roy. Soc. [London], Ser. A **205**, [1951], 135) berechnet. Der Anisotropieanteil des Kristallfeldes ändert sich mit der Temp. wegen der therm. Ausdehnung des Kristallgitters. Der Spin–Bahn-Kopplungs-Koeff. wird um ca. 20% verkleinert (Wert für das freie Ion -103 cm^{-1}) wegen Überlappung zwischen 3d-Fe^{2+}-, s- u. p-O^{2-}-Ladungswolken. Zwischen den experimentellen u. theoret. Zahlenwerten besteht gute Übereinstimmung. K. Reichel. 137◇

Neuere Gesichtspunkte des Diamagnetismus. A. Pacault, J. Hoarau und A. Marchand. (Advances chem. Physics **3**, 171—238, 1961; Bordeaux, Univ., Labor. de Chim. Phys.; franz.) — Fortschrittsbericht: Meß-Meth.; Theorie der diamagnet. Susceptibilität; theoret. u. experimentelle Ansätze einer magnetochem. Systematik; Diamagnetismus quasifreier Elektronen in Metallen sowie in mono- u. polykristallinem Graphit; magnet. Best. effektiver Massen. — 120 Literaturangaben.
A. Blaschette. 137◇

Molekülbahn-Theorie der diamagnetischen Polarisation. 3. Mitt. **Anisotrope Eigenschaften der Carbonat- und Nitrationen.** J. A. Pople. (J. chem. Physics **38**, 1276—78, 1963; Pittsburgh, Pa., Carnegie Inst. of Technol., Dep. of Chem.; engl.) — 2. vgl. C. **1963**, 5724. — Mit der früher (C. **1963**, 5723) vom Vf. hergeleiteten angenäherten

Mol.-Bahn-Theorie wird die Anisotropie der diamagnet. Susceptibilität von Carbonat- u. Nitrationen berechnet. Dabei wird die Erfahrung bestätigt, die bei diesen Moll. die Achse höchster diamagnet. Susceptibilitäten senkrecht zur Mol.-Ebene fand. Eine Berechnung der chem. ^{13}C-Verschiebung im $(CO_3)^{2-}$-Ion liefert ein Verständnis für die von Lauterbaur (C. **1962**, 4818) gefundene Anisotropie der magnet. Kernresonanz. H. Fahlenbrach. 137◇

Effekte der s—d-Austauschwechselwirkung und des temperaturunabhängigen Paramagnetismus auf die Susceptibilitäten von Nickel, Palladium und Platin. Masao Shimizu. (J. physic. Soc. Japan **16**, 1114—22, 1961; Tokyo, Japan, Tokyo Metropolitan Univ., Fac. of Sci., Dep. of Phys.; engl.) — Die Diskrepanz der Bohrschen Magnetone, die man für Ni, Pd u. Pt aus Messungen der Sättigungsmagnetisierung bei 0° K u. aus den paramagnet. Susceptibilitäten erhält, wird durch s—d-Austausch-Wechselwrkg. erklärt, anstatt wie bisher aus s—d-Übergängen. Die paramagnet. Susceptibilitäten von Ni, Pd u. Pt werden für höhere Temp. (> 700° K) durch $C/(T - \Theta_p) + \chi_C$ wiedergegeben. $C_{Ni} = 0{,}00358$, $C_{Pd} = 0{,}00120$, $C_{Pt} = 0{,}000541\ g^{-1}$. χ_C stellt den temperaturunabhängigen paramagnet. Anteil dar, der sich aus der Summe der paramagnet. Susceptibilitäten der s-Elektronenspins u. der d-Bahnmomente zusammensetzt. $\chi c_{Ni} = 1{,}92 \cdot 10^{-6}\ g^{-1}$ u. $\chi c_{Pd} = 2{,}48 \cdot 10^{-7}\ g^{-1}$; für Pt beträgt der temperaturunabhängige Anteil der s-Elektronen $\chi s_{Pt} = 4{,}17 \cdot 10^{-8}\ g^{-1}$. Für Ni u. Pd konnte die Theorie an vorhandenen Meßwerten geprüft werden; recht gute Übereinstimmung. K. Jaeger. 137◇

Magnetische Susceptibilitätsmessungen kleiner Proben. 2. Mitt. **Lösungen.** R. G. Gordon. (Rev. sci. Instruments **33**, 1167—68, 1962; Cambridge, Mass., Harvard Univ., Jefferson Phys. Labor.; engl.) — 1. vgl. Rev. sci. Instruments **33**, [1962], 729. — Im Anschluß an die l. c. beschriebene Meth. wird eine Mikrotechnik zur Messung der Susceptibilität paramagnet. Verbb. in Lsg. beschrieben. Dabei konnten Lsgg. gemessen werden, die weniger als 10^{-8} Mol des gelösten paramagnet. Stoffes enthielten. Gegenüber der klass. Gouy-Meth. wurde eine Empfindlichkeitserhöhung um den Faktor 10^4 erreicht. Das Prinzip der beschriebenen Meß-Meth. besteht in einer Ausbalanzierung der magnet. Anziehungskräfte im inhomogenen Magnetfeld durch Dichtegradienten in den untersuchten Lösungen. H. Fahlenbrach. 137◇

Magnetische Untersuchungen von spinfreien Kobalt(II)-Komplexen. 3. Mitt. **Über die Existenz von planaren Komplexen.** F. Albert Cotton und Richard H. Holm. (J. Amer. chem. Soc. **82**, 2979—83, 1960; Cambridge, Mass., MIT, Dep. of Chem.; engl.) — 2. vgl. J. chem. Physics **32**, [1960], 1168; 1. vgl. C. **1960**, **6404**. — Auf Grund von spektralphotometr. u. magnet. Unterss. werden für die nachst. 4fach koordinierten Co(II)-Verbb. planare Strukturen angenommen: *Bis-[acetylacetonato]-kobalt(II)-2-Wasser* $[Co(C_5H_7O_2)_2 \cdot 2\ H_2O$, purpurfarbene Kristalle; magnet. Moment $\mu_{eff} = 5{,}02]$, *Bis-[benzoylacetonato]-kobalt(II)* ($\mu_{eff} = 4{,}92$), *Bis-[benzoyläthylacetato]-kobalt(II)* ($\mu_{eff} = 4{,}90$), *Bis-[benzoyläthylacetato]-kobalt(II)-2-Wasser* ($\mu_{eff} = 4{,}91$), *Bis-[trifluoracetylacetonato]-kobalt(II)* ($\mu_{eff} = 4{,}97$; in Bzl. 4,89), *Bis-[trifluoracetylacetonato]-kobalt(II)-$^5/_2$-Wasser* ($\mu_{eff} = 4{,}92$), *Bis-[hexafluoracetylacetonato]-kobalt(II)-$^5/_2$-Wasser* ($\mu_{eff} = 4{,}87$), *Bis-[salicylaldehydato]-kobalt(II)* $[Co(C_7H_5O_2)_2$, braune Kristalle; μ_{eff} 4,82], *Bis-[salicylaldehydato]-kobalt(II)-2-Wasser* (orangefarben; $\mu_{eff} = 4{,}74$), *Bis-[tropolonato]-kobalt(II)* ($\mu_{eff} = 4{,}84$), *Kobalt(II)-kojat-$^1/_2$-Wasser* ($\mu_{eff} = 4{,}83$), *Bis-[guajacolato]-kobalt(II)* ($\mu_{eff} = 5{,}04$); *Bis-[S-äthylthioglykolato]-kobalt(II)* ($\mu_{eff} = 4{,}91$).

Versuche: *Bis-[benzoylacetonato]-kobalt(II)*, $Co(C_{10}H_9O_2)_2$, durch Rk. einer wss. Co(II)-Acetat-Lsg. mit einer äthanol. Lsg. von Benzoylaceton; aus Methanol–W. gelbliche Kristalle. — *Bis-[äthylbenzoylacetato]-kobalt(II)-2-Wasser*, $Co(C_{11}H_{11}O_3)_2 \cdot 2\ H_2O$, aus Co(II)-Acetat-4-Wasser (**I**) in 50%ig. A. u. Äthylenbenzoylacetat u. Zugabe von 3n NH_3; gelblich; wasserfreie Verb., $Co(C_{11}H_{11}O_3)_2$, nach 4std. Erhitzen bei 80° im Vakuum. — *Bis-[guajacolato]-kobalt(II)*, $Co(C_7H_7O_2)_2$, aus **I** in 50%ig. A., Guajacol in A. u. 6n NH_3; purpurfarben. — *Bis-[hexafluoracetylacetonato]-kobalt(II)-$^5/_2$-Wasser*, $Co(C_5HF_6O_2)_2 \cdot {}^5/_2\ H_2O$, aus einer wss. Lsg. von **I** u. Hexafluoracetylaceton in A.; aus A.–W. orangefarbene Kristalle. — *Bis-[trifluoracetylacetonato]-kobalt(II)-$^5/_2$-Wasser*, $Co(C_5H_4F_3O_2)_2 \cdot {}^5/_2\ H_2O$, analog vorst. Verbindung. — *Bis-[tropolonato]-kobalt(II)-1-Wasser*, $Co(C_7H_5O_2)_2 \cdot H_2O$, aus **I** in W. u. Tropolon (F. 48—49°) in 50%ig. A.; blutroter Nd.; wasserfreie Verb., $Co(C_7H_5O_2)_2$, nach 3 Tagen bei 58° im Vakuum. — *Kobalt(II)-kojat-$^1/_2$-Wasser*, $Co(C_6H_5O_4)_2 \cdot {}^1/_2\ H_2O$, aus **I** in W. u. Kojisäure in 50%ig. A. nach 24std. Stehen; hellorangefarbenes Pulver. P. Scharner. 137◇

Magnetische Untersuchungen von spinfreien Kobalt(II)-Komplexen. 5. Mitt. **Tetraazido- und Tetracyanatocobaltat(II)-Ionen.** F. Albert Cotton und Margaret Goodgame. (J. Amer. chem. Soc. **83**, 1777—80, 1961; engl.) — 4. vgl. C. **1962**, 11096; 3. vgl. vorst. Referat. — Vff. bestimmten die elektron. Spektren zwischen 0,4 u. 2,0 μ

sowie die magnet. Susceptibilitäten zwischen 70 u. 300° K von $[As(C_6H_5)_4]_2 \cdot [Co(N_3)_4]$, $K_2[Co(NCO)_4]$ u. $[P(C_6H_5)_3(C_4H_9)]_2 \cdot [Co(NCO)_4]$. Aus den Spektren wurden folgende Parameter ermittelt: $[Co(N_3)_4]^{2-}$: ν_2 6750 (cm^{-1}); ν_3 14900 (cm^{-1}); Δ 3920 (cm^{-1}); B' 658 (cm^{-1}); β (= B'/B$^{\alpha}$) 0,680; λ' (= Spin–Bahn-Kupplungs-Konst.) 146 ± 20 (cm^{-1}); μ (magnet. Moment) 4,47 (B.M.); $[Co(NCO)_4]^{2-}$ (I): ν_2 7150; ν_3 16100; Δ 4150; B' 720; β 0,745; λ' 115 ± 20; μ 4,44. — Die Ergebnisse wurden mit Hilfe der Ligandenfeldtheorie gedeutet. Die Komplexionen besitzen tetraedr. Struktur, in I sind wahrscheinlich die N-Atome an Co(II) gebunden. Bzgl. N_3^- liegt $-NCO^-$ in der spektrochem. Reihe am stärkeren Ende, in der nephelauxet. Reihe am schwächeren Ende. Die Metall–Ligand-Bindungen besitzen kovalenten Charakter. Die Spin–Bahn-Kupplungs-Konst. des Co(II) in diesen Komplexen betragen ca. 80% des Wertes des freien Ions.

Versuche: *Kalium-tetracyanatocobaltat(II)*, $C_4CoK_2N_4O_4$, aus einer heißen Lsg. von 32,4 g KCNO in W. u. einer heißen Lsg. von 29,1 g $Co(NO_3)_2 \cdot 6\,H_2O$ (II) in A.; dunkelblaue Kristalle; 5,4 g (Ausbeute). — *Bis-[butyltriphenylphosphonium]-tetracyanatocobaltat(II)*, $C_{48}H_{48}CoN_4O_4P_2$, F. 120,5—121,5°, aus 3,8 g II u. 50 g KCNO in W. u. Zugabe von 8 g Butyltriphenylphosphoniumbromid in heißem W.; dunkelblaue Kristalle; 7,9 g. P. Scharner. 137◇

Magnetische Untersuchungen von spinfreien Kobalt(II)-Komplexen. 6. Mitt. **Komplexe, die Phosphine enthalten, und die Stellung der Phosphine in der spektrochemischen Reihe.** F. A. Cotton, O. D. Faut, D. M. L. Goodgame und R. H. Holm. (J. Amer. chem. Soc. **83**, 1780—85, 1961; Cambridge, Mass., MIT, Chem. Labor.; Harvard Univ., Mallinckrodt Chem. Labor.; engl.) — 5. vgl. vorst. Ref.; 7. vgl. C. **1963**, 5391. — Von $[CoX_2(R_3P)_2]$ (R = C_6H_5, X = Cl, Br, J; R = Cyclohexyl, X = Br, J), $[N(C_2H_5)_4][CoBr_3P(C_6H_5)_3]$ u. $[N(n\text{-}C_4H_9)_4][CoJ_3P(C_6H_5)_3]$ wurden die magnet. Momente u. die Spektren im sichtbaren Bereich bestimmt. Der Einfl. der niedrig-symmetr. Komponenten in den Ligandenfeldern auf die magnet. u. spektralen Eigg. wird untersucht. Durch Vgl. mit den Daten von anderen tetraedr. Co(II)-Verbb. lassen sich die beiden Phosphine in der spektrochem. Reihe wie folgt einordnen: $J^- < Br^- < Cl^- < PO \cdot (C_6H_5)_3 < NC_7H_9 \sim P(C_6H_5)_3 \sim P(C_6H_{11})_3 \sim N_3^- \sim - NCO^- \sim - NCS^-$.

Versuche: Die folgenden 3 *Dihalogeno-bis-[triphenylphosphin]-kobalt(II)*-Verbb. wurden durch Mischen der heißen wasserfreien äthanol. Lsgg. von wasserfreiem Co(II)-Halogenid u. Triphenylphosphin (I) dargestellt: *Dichloro-*, $C_{36}H_{30}Cl_2CoP_2$; μ 4,41 (B.M.); dunkelblaue Kristalle; *Dibromo-*, $C_{36}H_{30}Br_2CoP_2$; μ 4,52; blaugrüne Kristalle; *Dijodo-*, $C_{36}H_{30}CoJ_2P_2$; μ 4,62; braune Kristalle. — *Dibromo-bis-[tricyclohexylphosphin]-kobalt(II)*, $C_{36}H_{66}Br_2CoP_2$, F. 199°, aus Tricyclohexylphosphin u. $CoBr_2$ in heißem, wasserfreiem A.; μ 4,61; aus abs. A. blaue Kristalle; 40% (Ausbeute). — *Dijodo-bis-[tricyclohexylphosphin]-kobalt(II)*, $C_{36}H_{66}CoJ_2P_2$, F. 220,5°, analog vorst. Verb.; μ 4,63; dunkelgrüne Kristalle; 67%. — $[N(C_2H_5)_4][CoBr_3P(C_6H_5)_3]$, $C_{26}H_{35}Br_3CoNP$, F. 228°, durch mehrstd. Kochen von $Co(NO_3)_2 \cdot 6\,H_2O$ mit KBr in Butanol-(1) (II) u. Zugabe einer sd. Lsg. von Tetraäthylammoniumbromid u. I in II; μ 4,50; dunkelblaue Kristalle; 33,7%. — $[N\text{-}(n\text{-}C_4H_9)_4] \cdot [CoJ_3P(C_6H_5)_3]$, $C_{34}H_{51}CoJ_3NP$, F. 141°, analog vorst. Verb. in Essigsäureäthylester; μ 4,63; grüne Kristalle; 68%. P. Scharner. 137◇

Adsorption von Metallen an Eisenteilchen in Quecksilber. F. E. Luborsky und J. D. Opie. (J. appl. Physics **34**, 1317—18, 1963; Schenectady, N.Y., Gen. Electr. Res. Labor.; Edmore, Mich., Gen. Electr. Co., Metallurg. Prod. Dep.; engl.) — Durch elektrolyt. Fällung wurden Fe-Teilchen von 180 Å ∅ in Hg hineinpräpariert. Quant. Messungen bei Mn-, Zn-, Zn(Pb)-, Sb(Pb)- u. Sn-Adsorption zeigten ein Anwachsen der Koerzitivkraft ohne Änderung des magnet. Moments. Es entstanden keine intermetall. Verbindungen. Der Zuwachs der Koerzitivkraft war proportional dem Atomdurchmesser des adsorbierten Metalls in Übereinstimmung mit der Annahme, daß der Zuwachs auf Kosten der Abnahme der magnetostat. Wechselwrkg. zwischen den Fe-Teilchen entsteht, wenn Metallatome von der Oberfläche der Fe-Teilchen adsorbiert werden. J. Blume. 137◇

Zunahme der magnetischen Sättigungsinduktion von hochgesättigtem Eisen. N. Mitrofanov. (Physics Letters [Amsterdam] **2**, 216—17, 1962; Santiago, Chile, Univ., Inst. de Fís. y Mat.; engl.) — Eisenbleche, 1 mm stark, mit einem C-Geh. von 0,05% wurden elektrolyt. (20% H_2SO + geringe Menge As_2O_3 in wss. Lsg.) mit bis zu 2 Atom-% H beladen. Durch die H-Adsorption wird nach röntgenograph. Beleg das Fe-Gitter aufgeweitet. Die Folge davon soll eine erhebliche Erhöhung der Sättigungsinduktion des Fe sein. Aus beigegebenen Meßwerten der Induktion entnimmt man für eine Feldstärke von 60 Oe folgende Werte: Fe ohne H ~ 16000 G, Fe + 1 Atom-% H ~ 17500 G u. Fe + 2 Atom-% H ~ 18700 G. H. Fahlenbrach. 137◇

Die Temperaturabhängigkeit der Magnetostriktion. R. R. Birss und P. M. Wallis. (Proc. physic. Soc. **81**, 368—70, 1963; London, Imp. Coll., Dep. of Electr. Engng.; engl.) — Vff. untersuchen krit. eine Theorie von Kittel u. Mitarbeiter (C. **1961**, 8200) zur

Ermittlung der Veränderung der Anisotropie der magnetoelast. Konst. mit der Temp. u. schlagen einige Änderungen vor. Gleichungen für die Temp.-Abhängigkeit der magnetoelast. Kopplungs-Konst. für hexagonale Verbb. werden aus der Theorie von Kittel u. Mitarbeiter (l. c.) abgeleitet. H. Roschkowski. 137◇

Eine Bemerkung zur Magnetostriktion von Holmium. E. W. Lee. (Physics Letters [Amsterdam] **4,** 358—59, 1963; Sheffield, England, Univ., Dep. of Phys.; engl.) — Die von Nikitin (J. exp. theoret. Physik [UdSSR] **43,** [1962], 31) bei 77° K an Ho gemessene vergleichweise niedrige Magnetostriktion muß der antiferromagnet. Spin-Spiralstruktur zugeordnet werden. Für den ferromagnet. Zustand bei tiefen Temp. sind sehr hohe Magnetostriktionswerte etwa von $4 \cdot 10^{-6}$, wie sie auch für Tb u. Dy gemessen wurden, zu erwarten. Diese theoret. Vorhersage wird durch Verss. bei 20,3° K bestätigt, obwohl die verwendeten äußeren Magnetfelder bis zu 14 kOe zum Erreichen der Sättigungsmagnetostriktion noch nicht ausreichen. H. Fahlenbrach. 137◇

Sättigungseffekt von Ultraschall bei Kernmagnetisierung in Festkörpern. P. Averbuch und W. G. Proctor. (Physics Letters [Amsterdam] **4,** 221—22, 1963; Univ. of Grenoble, Varian AG, Zürich; engl.) — Es wird die Hauptgleichung für die Kernmagnetisierung für den Fall hergeleitet, daß das Spin-Syst. Ultraschallübergänge von $|\Delta m| = 2$ erfährt. J. Blume. 137◇

Wechselfeldhysterese-Integral von Dauermagneten. O. Henkel. (Physica Status solidi [Berlin] **2,** K268—K271, 1962; Dresden, Dt. Akad. der Wiss. zu Berlin, Forschungsinst. für metall. Spezialwerkstoffe; dt.) — An Alnico-, Cumife-, α- u. γ-Fe—Co—V-, Ba—Ferrit-, PtCo- u. Co—CoO-Pulver-Dauermagneten wurde das Wechselfeldhysterese-integral nach Shtrikman u. Wohlfarth (C. **1962,** 10362) ermittelt. Die Schar der inneren Hystereseschleifen wurde dabei punktweise gemessen, um eine möglichst große experimentelle Genauigkeit zu erreichen. Die Meßwerte liegen überwiegend näher bei theor. Kurve für kohärente Rotation (Stoner-Wohlfahrth-Modell) als bei der Kurve für „Curling"-Ummagnetisierungen, ohne daß daraus weitergehende Schlüsse gezogen werden können, da möglicherweise zur Entscheidung noch größere experimentelle Genauigkeiten erreicht werden müssen. H. Fahlenbrach. 137◇

Die Leitfähigkeit von Nichtelektrolyten als Reinheitskriterium. Friedrich Oehme. (J. electroanalyt. Chem. [Amsterdam] **4,** 129—49, 1962; Weilheim; dt.) — Nach einer theoret. Betrachtung der Mechanismen, die für die Leitfähigkeit verantwortlich gemacht werden, werden die Schwierigkeiten bei der Reinigung u.. Leitfähigkeitsmessung an fl. Nichtelektrolyten behandelt. An Einzelbeispielen wird die Verläßlichkeit u. Meßrichtigkeit krit. betrachtet. Um vergleichbare u. verläßliche Messungen zu gewährleisten, soll die Messung mit Gleichspannung von mindestens 100 V, bei Wechselspannung mit möglichst niedriger Frequenz durchgeführt werden. Direkt anzeigende Geräte sollen phasenempfindlich sein. Außerdem sollen metall. Schutzringmeßzellen verwendet werden. Bei der Angabe der spezif. Leitfähigkeit sollte die Reinigungs-Meth., eine Beschreibung des Gerätes u. der Meßzelle, Elektrodenabstand, Temp., Meßspannung u. Meßfrequenz genannt werden. — 65 Literaturangaben. K. Roß. 138◇

Graphische Interpolation der Leitfähigkeitswerte schwacher binärer Elektrolyte in Wasser und nichtwässerigen Lösungsmitteln. L. S. Levitt. (Chem. and Ind. **1961,** 1621—23; South Orange, N.J., Seton Hall Univ.; engl.) — Auf experimentellem Wege wurde die Gleichung $1/\Lambda = A + b\sqrt{c}$ (Λ = Äquivalentleitfähigkeit, c = Konz., A, b = Konst.) gefunden, die mit großer Genauigkeit für weite Konz.-Bereiche gilt. Aus einem Vgl. der obigen Gleichung mit dem Ostwald-Arrheniusschen Verdünnungsgesetz ergibt sich die Steigung der Geraden zu $b = 1/\Lambda_0\sqrt{K}$. Aus diesem Ausdruck lassen sich die Gleichgewichts-Konst. K für die Dissoziation schwacher Säuren u. Basen berechnen. Weiter folgt, daß $1/\Lambda = f(\sqrt{c})$ die $1/\Lambda$-Achse zwischen $1/2\Lambda_0$ u. $1/\Lambda_0$ schneiden muß; der gefundene Wert liegt bei $A = 1/1{,}5\,\Lambda_0$. Die Leitfähigkeitsgeraden gehen prakt. alle durch den Punkt 0,0018. Zieht man durch diesen u. einen experimentell ermittelten Punkt eine Gerade, so können zu allen übrigen $1/\Lambda$-Werten die Konzz. interpoliert oder extrapoliert werden. Die Gleichung gestattet auch die Leitfähigkeit schwacher Elektrolyte bei hohen Konzz. abzuschätzen. Ferner kann der Schnitt mit der $\sqrt{c}$-Achse extrapoliert werden, woraus sich die Möglichkeit zur Best. von $K \cong 2{,}2 \cdot c$ ergibt. K. W. Rowe. 138◇

Überführungszahl und osmotischer Koeffizient von Orthophosphorsäure in wässerigen Lösungen. J. N. Sahay. (Indian J. Chem. **1,** 103—05, 1963; Ranchi, Ranchi Univ., Dep. of Chem.; engl.) — Vf. hat die Kationenüberführungszahl von H_3PO_4 nach der Meth. von Hittorf bei 25° in 0,1—3,8 m Lsgg. bestimmt. Die Ergebnisse werden mit denen anderer Autoren verglichen. Die anomal hohen Werte der Kationenüberführungszahlen wird bestätigt u. die Existenz von Komplexionen gefolgert. Der osmot. Koeff. weist darauf hin, daß H_3PO_4 in 0,1—1,2m Lsgg. nicht vollständig dissoziiert ist. W. Pruß. 138◇

Über die Abhängigkeit der Oxydationspotentiale von Permanganat-, Chlorat-, Dichromat-, Chromat- und Wasserstoffperoxidlösungen vom pH. I. Je. Fliss und M. K. Bynjajewa. (J. physik. Chem. [UdSSR] **35,** 1003—09, 1961; Leningrad, Technol. Inst.; russ., Auszug: engl.) — Es werden die Oxydationspotentiale von Pt- u. Au-Elektroden untersucht. In Hypochlorit-, Chlorit- u. ClO_2-Lsgg. stimmt φ_{ox} nicht mit dem Gleichgewichtszustand überein. I. Zoll. 140◇

Ein thermodynamisches Kriterium für die Überprüfung von Pulvern für die Herstellung von Elektroden. W. Tomassi. (Electrochim. Acta [London] **8,** 399—407, 1963; Warszawa, Politechn.; franz.) — Vf. entwickelt ein thermodynam. Modell für poröse Gaselektroden, das nicht nur das Verh. des adsorbierten Gases beschreibt, sondern auch eine Differenzierung der einzelnen Elektrodenmaterialien hinsichtlich ihrer Verw. für Brennstoffelemente oder Elektrolysezellen erlaubt. Aus dem Unters.-Material werden Elektroden hergestellt u. an diesen mit sehr kleiner konst. Stromdichte Gas abgeschieden. Die Abhängigkeit des Potentials der Elektrode über der Elektrolysezeit aufgetragen ergibt die „Abscheidungskurve". Sie gestattet es, Aussagen über die Adsorptionskapazität zu machen u. erlaubt Rückschlüsse auf die energet. Verhältnisse beim Adsorptionsvorgang. Die vorgeschlagene Prüfmeth. wurde experimentell erprobt. Vf. führt an, daß es gelang, durch Adsorption des sich bei der Rk. bildenden Gases den Vorgang 2 Ag(s) + 2 HCl(aq) → H_2 + 2 AgCl(s) unter Normalbedingungen freiwillig ablaufen zu lassen. Es wird auf die prinzipielle Möglichkeit hingewiesen, durch Adsorption von Rk.-Gasen den Ablauf freiwilliger Prozesse umzukehren. E. Winkler. 140◇

Die Herstellung von Braunstein-Schichtelektroden und deren Anwendung bei Untersuchungen über die Depolarisationsreaktion des Braunsteins. R. Huber und J. Kändler. (Electrochim. Acta [London] **8,** 265—69, 1963; Ellwangen/Jagst, Varta Pertrix-Union GmbH; dt.) — Vff. beschreiben die Herst. von Braunsteinschichtelektroden mittels eines Schichtziehgerätes aus verschiedenen Braunsteinsorten u. -modifikationen. Der in W. unter Zusatz von etwas Netzmittel aufgeschlämmte Braunstein tritt dabei durch einen Spalt aus, dessen Breite nur wenig über dem maximalen Korndurchmesser liegt. Das Ziehgerät wird durch einen Elektromotor mit einer Geschw. von 2 cm/s über eine mit W. u. Netzmittel befeuchtete Glasplatte gezogen. Die verbleibende Schicht wird an der Luft getrocknet, dann eine mit Bzn. besprühte Leitfolie aufgelegt u. die Braunsteinkörner durch Walzen eingedrückt u. aufgeklebt. Zur Entladung werden 10 cm^2 große Quadrate dieser Folie benutzt. Um Fehler durch die Differenzen der Braunsteinmenge auf den einzelnen Elektroden auszuschalten, wird die Mn-Menge auf den Elektroden analyt. ermittelt. Es wurden Entlade-Unterss. mit γ- u. β-Braunstein unter Verw. einer Zn-Gegenelektrode in NH_4Cl-Lsgg. durchgeführt. Für die γ-Modifikation wurde bei etwas höherer Potentiallage u. flacherer Entladecharakteristik fast die doppelte Ausbeute im Vgl. zu β-Braunstein erzielt. Die Ausbeute ist in erheblichem Maße rührabhängig. Das Verhältnis der Ausbeute mit u. ohne Rührung ist bei beiden Modifikationen ungefähr gleich. E. Winkler. 140◇

Membranpotential mit Graphitoxidmembranen. Florica Bărbulescu und Jean Păun. (An. Univ. „C. I. Parhon" București, Ser. Ştiinţ. Naturii **10,** 35—42, 1961; Labor. de Chim. fiz.; rum.) — In Verss. mit KCl-Lsgg. verschiedener Konz. (10^{-4}—1n) werden mit Graphitoxidmembranen aus rumän. u. aus bayer. Graphit übereinstimmende Ergebnisse erhalten. Mit synthet. aus Anthrazit oder Petrolkoks erhaltenem Graphit wird keine Übereinstimmung erzielt. R. K. Müller. 140◇

Untersuchung des Prozesses der anodischen Bildung von Peroxodisulfat-Ionen. 3. Mitt. **Der Einfluß oberflächenaktiver Ionen.** Tien-yin Mi und Yung-chao Chu. (Sci. Rec. [Peking] [N.S.] **3,** Nr. 2, 83—91, 1959; Acad. Sinica, Inst. of Appl. Chem.; engl.) — 2. vgl. C. **1960,** 9801. — Der Einfl. von NH_4F bzw. NH_4SCN auf die anod. Bldg. von $S_2O_8^{2-}$ u. von O_2 an polarisierten Pt-Elektroden wird untersucht [Elektrolyt: 3,5n $(NH_4)_2SO_4$ + 3,5n H_2SO_4; Temp. 7°; Stromdichte 10^{-5}—1 A/cm^2], indem die jeweiligen Polarisationskurven in Teilkurven für die beiden Vorgänge aufgelöst werden. F^- erhöht die Sauerstoffüberspannung erheblich, SCN^- zeigt bei hohen Potentialen einen ähnlichen Effekt, doch sind die elektrochem. Vorgänge in diesem Fall komplexer, da zusätzlich eine Oxydation des SCN^- stattfindet. Die $S_2O_8^{2-}$-Bldg. wird durch die beiden Ionen nicht beeinflußt. A. Blaschette. 141◇

Elektrolytische Oxydation von Eisenoxidhydrat. Teruhiko Ojima und Takeshi Takei. (J. electrochem. Soc. Japan [Overseas Edit.] **29,** 197—99, 1961; Tokyo, Koganei, Keio Univ., Fujiwara Mem. Fac. of Engng.; engl.) — Vff. untersuchten die elektrolyt.

Oxydation von $Fe(OH)_2$-Suspensionen bei Temp. unter 20° u. Stromdichten von 0,1 bis 5,0 A/dm² an rotierenden Fe-, Fe_3O_4- u. Pb-Anoden. Die Suspensionen wurden durch Zugabe von NH_4OH bzw. NaOH zu $FeSO_4$-Lsgg. der Konz. 0,01—0,05 m gewonnen. Der pH-Wert der Lsg. wurde durch Zugabe von NaOH während der Elektrolyse konst. gehalten. Die Rk.-Prodd. wurden abgetrennt u. in Luft bei 60° getrocknet. Die aus Lsgg. vom pH 4,0—5,5 (I), 8,1—9,5 (II) u. 5,8—8,0 (III) gewonnenen Oxidhydrate hatten unterschiedliche Eigenschaften. I verlor fortschreitend bis 400° W. u. war dann nichtmagnet., II zeigte nahe 250° einen starken Gew.-Verlust u. war danach stark magnet., III zeigte bei der Dehydratation ein ähnliches Verh. wie II, war aber nur schwach magnetisch. Aus diesen Beobachtungen sowie Röntgen-Unterss. u. Messungen des Anodenpotentials schließen Vff., daß in schwach saurer Lsg. α-FeOOH u. amorphes Fe(III)-Oxidhydrat, in neutraler Lsg. ein Gemisch aus α-FeOOH, γ-FeOOH u. amorphem Fe(III)-Oxidhydrat, in schwach alkal. Lsg. aber vorwiegend γ-FeOOH u. wenig amorphes Fe(III)-Oxidhydrat gebildet werden. Die Intensität der Magnetisierung des Oxidhydrates sinkt mit steigender Stromdichte mit Ausnahme neutraler Lsg. u. sehr niedriger Stromdichte. E. Winkler. 141◇

Theorie der coulostatischen Impulsrelaxation. W. H. Reinmuth. (Analytic. Chem. **34,** 1272—76, 1962; New York, N.Y., Columbia Univ., Dep. of Chem.; engl.) — Die Potential-Zeit-Relaxation, die nach einem Ladungsimpuls an einer unter polarograph. Bedingungen im Gleichgewicht befindlichen Elektrode auftritt, wird theoret. untersucht mit Anwendung auf durch Durchtritts-Rkk. bestimmte Relaxationen, u. zwar in Abwesenheit u. Ggw. gekoppelter chem. Schritte sowie der Diffusion der elektroakt. Substanz. E. Beyerle. 142◇

Untersuchung der Kinetik mäßig schneller Elektrodenreaktionen mit Hilfe rotierender Scheibenelektroden. Z. Galus und Ralph N. Adams. (J. physic. Chem. **67,** 866—70, 1963; Lawrence, Kans., Univ. of Kansas, Dep. of Chem.; engl.) — Die Leistungsfähigkeit rotierender Scheibenelektroden wurde für den Fall der Messung heterogener Geschw.-Konst. k_s eingehend geprüft. An Scheibenelektroden aus Platin u. Graphitpaste wurden k_s-Werte für die Redox-Syst. Fe(III)/Fe(II), $[Fe(CN)_6]^{3-}/[Fe(CN)_6]^{4-}$, MnO_4^-/MnO_4^{2-} u. Ce(IV)/Ce(III) als Funktion des umgebenden Elektrolyten bestimmt. Die Geschw. für mäßig schnelle Ladungsübergänge stimmen gut mit den bestehenden Daten überein. Die Theorie von Marcus ermöglicht weitere Korrelationen von k_s mit der homogenen Austauschgeschwindigkeit. E. Beyerle. 142◇

Adsorption von Kohlenstoffmonoxid an Platinelektroden. Untersuchung der Transitionszeit bei konstantem Strom. Ronald A. Munson. (J. electroanalyt. Chem. Amsterdam] **5,** 292—94, 1963; Schenectady, N.Y., Gen. Electr. Res. Labor.; engl.) — Die Geschw. der elektrochem. Oxydation von CO an Platin wird ausschließlich durch die Diffusion des CO an die Elektrodenoberfläche bestimmt, wobei für die Diffusions-Konst. D bei 25° in wss. Lsg. $2{,}50 \pm 0{,}10 \cdot 10^{-5}$ cm²/s gefunden wurde. Die Oberflächen-Konz. von CO an Pt liegt um ca. 30% höher als der entsprechende Wert für H_2. Dies zeigt, daß die Dissoziation des Wasserstoffes ($H_2 \rightleftharpoons 2\,H$) die Oberfläche stärker beansprucht als die partielle Bldg. der CO-Brückenstruktur. Die Messung der Transitionszeiten bietet eine genaue Meth. zur Best. von CO in wss. Lösung. E. Beyerle. 142◇

Zur Kenntnis der Überspannung der Halogene. 2. Mitt. **Untersuchung der Konzentrationspolarisation.** J. Llopis, J. Fernández Biarge und M. Pérez Fernández. (An. Real Soc. españ. Física Quím., Ser. B **55,** 13—22, 1959; Inst. „A. de G. Roccasolano" de Quím. Fís.; span.) — 1, vgl. C. **1953,** 14. — Vff. untersuchten den Einfl. des Gleichgewichts $X_2 + X^- \rightleftharpoons X_3^-$ (X = Cl, Br oder J) auf die Diffusion der Reaktanten u. Prodd. während der Elektrolyse vox X_2 u. X^- enthaltenden Lsgg. u. für den Fall, daß die Vorgänge an der Elektrode nur von der Diffusion u. nicht von der Einstellung des Gleichgewichtes zwischen X_2, X^- u. X_3^- abhängen, theoret. u. überprüften die gefundene Gleichung mit einer stationären Pt-Elektrode experimentell. Die Formen der theoret. Polarisationskurven stimmen bei J_2/J^- u. Br_2/Br^- mit den experimentell gefundenen überein. Beim Syst. Cl_2/Cl^- führt die gleichzeitige Bldg. von O_2 dazu, daß die Polarisationserscheinungen nicht nur auf Konz.-Änderungen in der Nähe der Elektrode zurückzuführen sind. P. Kurzmann. 142◇

Untersuchung der Diffusionsvorgänge im Verlauf des anodischen Polierens von Kupfer. M. C. Petit. (J. Physique Radium **23,** 946—48, 1963; Bordeaux, Fac. des Sci., Labor. de Phys. S.P.C.N.; franz.) — Der Elektropolierprozeß von Cu in konz. H_3PO_4 wird bestimmt durch die gleichzeitige Diffusion des Phosphations in Richtung auf die Anode u. des H_2O in Richtung auf die Lösung. Obwohl sich auf der Anode eine Schicht ausbildet, die sehr reich an Cu^{2+} u. Phosphat ist, wird der Polierprozeß nicht durch die Diffusion der Cu^{2+} beeinflußt. K. Roß. 142◇

Allgemeine Theorie der Wechselstrompolarographie für Elektrodenreaktionen mit vorgelagerten langsamen chemischen Reaktionen. S. Satyanarayana, A. K. N. Reddy und K. S. G. Doss. (Austral. J. Chem. **13**, 177—79, 1960; Karaikudi, India, C.S.I.R., Central Electrochem. Res. Inst.; engl.) — Vff. leiten eine allg. Gleichung ab für die Stärke u. die Phase des polarograph. Wechselstromes bei Elektroden-Rkk., denen eine chem. Rk. 1. Ordnung in der Lsg. vorgelagert ist. E. Beyerle. 142◇

Einfluß der Viscosität des Mediums auf das polarographische Halbstufenpotential und den Diffusionsstrom. S. N. Mukherjee, A. M. Ghosh und Anima Chakravarty. (J. sci. ind. Res. [New Delhi], Sect. B **20**, 77—78, 1961; Calcutta, Jadavpur Univ., Phys.-Chem. Labor.; engl.) — Unter Verw. von Cd^{2+} u. Zn^{2+} als reduzierbaren Ionen u. veränderlichen Glycerinzusätzen wurde der Einfl. der Viscosität der Lsg. auf das Halbstufenpotential u. den Diffusionsstrom untersucht. Die Beziehung $i_d\eta^{1/2}$ = const (η = Viscositäts-Koeff.) gilt für Lsgg., die 12—90% Glycerin enthalten. Die Verss. wurden in $1 \cdot 10^{-3}$m $CdSO_4$ bzw. $ZnSO_4$, 0,1m KCl u. 0,02%ig. Gelatine-Lsg. durchgeführt. E. Beyerle. 142◇

Der Reststrom in Orthophosphatmedien. Gary D. Christian und William C. Purdy. (J. electroanalyt. Chem. [Amsterdam] **3**, 363—67, 1962; College Park, Md., Univ. of Maryland, Dep. of Chem.; engl.) — Es wurden die polarograph. Strom-Spannungs-Kurven in *Orthophosphat*-Lsgg. im pH-Bereich 3,0—10,6 aufgenommen. Zusätzlich zum anod. Endanstieg (Auflösung von Hg) wurden bis zu 3 weitere Stufen beobachtet. Von ihnen ist die erste diffusionsgesteuert u. entspricht in ihrer Potentiallage bei pH <4,2 der Rk. $2\,Hg + H_2PO_4^- \rightarrow Hg_2HPO_4 + H^+ + 2\,e^-$. Die 2 weiteren Stufen sind als Adsorptionsstufen aufzufassen. Die erste von ihnen fällt im wesentlichen mit dem Potentialwert des elektrocapillaren Maximums in der jeweiligen Lsg. zusammen. Zugabe von J^- führte zum Verschwinden der Adsorptionsstufen, ließ jedoch die erste, diffusionsgesteuerte Stufe unbeeinflußt. E. Moisar. 142◇

Untersuchungen des Einflusses einiger Leitelektrolyte auf den Diffusionsstrom und das Halbstufenpotential polarographisch reduzierbarer Ionen. 1. Mitt. **Reduktion von Cadmium-Ionen in $CdCl_2$- und $Cd(NO_3)_2$-Lösung bei verschiedenen Leitelektrolytkonzentrationen — KCl, KNO_3, K_2SO_4 und NaCl.** Amar Nath und Abani K. Bhattacharya. (J. prakt. Chem. [4] **21**, 103—08, 1963; Agra, India, Agra Coll., Chem. Labor.; engl.) — Bei verschiedenen Leitelektrolyt-Konzz. (0,2—0,01m KCl, KNO_3, NaCl u. K_2SO_4) wurde die Veränderung von Diffusionsstrom u. Halbstufenpotential für die Red. von Cd^{2+} polarograph. untersucht. Der Einfl. von Grenzflächenspannung u. Überführungspotential auf die Parameter der Ilkovic-Gleichung wurde diskutiert. E. Beyerle. 142◇

Der Einfluß von $LiClO_4$, LiCl und LiBr auf das polarographische Verhalten und Ultraviolettspektrum von Praseodym(III) in Äthanol. Sheldon H. Cohen, Reynold T. Iwamoto und Jacob Kleinberg. (J. physic. Chem. **67**, 1275—78, 1963; Lawrence, Kans., Univ. of Kansas, Dep. of Chem.; engl.) — Polarograph. u. spektrophotometr. Unterss. von äthanol., perchlorat-, bromid- u. chloridhaltigen Pr(III)-Lsgg. in Ggw. u. unter Ausschluß von W. zeigen, daß diese Anionen mit Pr^{3+} Ionenassoziate bilden, die leichter red. werden als das in Äthanol oder im Äthanol–W.-Gemisch solvatisierte Pr(III). E. Beyerle. 142◇

Polarographisches Verhalten von Wismut in Quercetin-Lösung. Yoshinosuke Nagata, Koichiro Kitao und Isamu Tachi. (J. electrochem. Soc. Japan [Overseas Edit.] **29**, 115—17, 1961; Kyoto, Kyoto Univ., Dep. of Agr. Chem. and Wood Res. Inst.; engl.) — Untersucht wurde die polarograph. Red. von $5 \cdot 10^{-4}$m Bi^{3+} in schwefelsaurer Quercetin-Lsg. (**I**), die 30% A. enthielt. Dabei nahm die Bi-Red.-Stufe mit steigender **I**-Konz. unter gleichzeitigem Ausfallen der Komplex-Verb. ab. Aus dem Mol-Verhältnis Bi : **I** = 1: 1 wird abgeleitet, daß das BiO^+-Ion mit **I** einen Chelatkomplex unter Betätigung funktioneller Hydroxy- u. Carbonylgruppen bildet. In Ggw. von A. in Konzz. über 30% wurde bei negativerem Potential eine zweite Stufe beobachtet, die der Red. des Komplexes entspricht. Die Geschw. der Komplex-Bldg. steigt mit fallender A.- u. H_2SO_4-Konz. an. In Ggw. äquimolarer **I**- u. Bi-Konzz. sind die Grenzströme diffusionsbedingt, während bei kleinerer **I**-Konz. Adsorptionsvorgänge den Grenzstrom beeinflussen. Zur amperometr. Titration ist eine Grund-Lsg. aus 10% A. u. 0,1n H_2SO_4 am besten geeignet. E. Beyerle. 142◇

Eine allgemeine thermodynamische Theorie des Potentials passiver Elektroden und seines Einflusses auf die Korrosion im passiven Zustand. K. J. Vetter. (J. electrochem. Soc. **110**, 597—605, 1963; Berlin-Dahlem, MPG, Fritz-Haber-Inst.; engl.) — Theorie des Elektrodenpotentials nichtstöchiometr., elektronenleitender Metalloxide MeO_n auf einem anderen Metall. Analyse experimenteller Werte für die pH-Abhängigkeit der Korrosionsstromdichte von passivem Fe, Ni u. Cr. P. Frenzel. 143◇

Untersuchung über die Natur anodischer Passiv- und Sperrschichten. K. Schwabe (unter Mitarbeit von Chr. Voigt, Q. Nguyen und M. Paul). (J. electrochem. Soc. **110**, 663—70, 1963; Dresden, TH; engl.) — Unterss. des Einfl. von Cl^- auf das anod. Verh. von *Fe* (Schmiedeeisen mit Spuren an Cr, Cu u. As) in alkal. Lsgg. in Ggw. von Halogenidionen lassen annehmen, daß die akt. anod. Auflösung von Fe u. *Ni*, möglicherweise auch von *Co*, erst eintritt, wenn Cl^- chemisorbierten Sauerstoff oder adsorbierte OH^--Ionen verdrängt hat. In sauren Lsgg., die Halogenidionen enthalten, wird möglicherweise auf Grund deren Adsorption nach Entfernung der Passivschicht eine weitere Auflösung verhindert. An Metallen wie *Ag*, *Zn*, *Cd* u. *Al* können vermutlich ionenleitende Sperrschichten ihrer Salze oder Oxide eine starke anod. Polarisation bewirken. An *Hg* in Cl^--Lsg. kann die starke Polarisation auf 3 Komponenten zurückgeführt werden: Ohmscher Spannungsabfall (Widerstandspolarisation), eine Art von Kondensatoraufladung sowie schwache chem. Polarisation auf Grund direkter Bldg. fester Salze. Ähnliche Vorgänge, jedoch mit teilweiser Überlappung, werden an Zn in gesätt. H_2SO_4/$ZnSO_4$-Lsg. beobachtet. Verss. mit T_2O sowie mit wasserfreiem H_2SO_4-(^{35}S) als Tracer ergeben für Zn u. Al, daß eine elektroosmot. Dehydratation der Sperrschicht erfolgt (Gleichrichtereffekt nach Müller [1929]). P. Frenzel. 143◇

Korrosionsverhinderung bei Aluminium-Zink-Legierungen in salzsauren Lösungen: Polarisationsuntersuchungen mit Strychnin. K. G. Sheth und T. L. Rama Char. (Chem. and Ind. **1961**, 1711; Bangalore, India, Dep. of Inorg. and Phys. Chem., Electrochem. Labor.; engl.) — Die Korrosion wird bei Legg., die 4,5—6,5% Zn u. mindestens 86% Al enthalten, verhindert. Bei Verss. ergab sich ein Wirksamkeitsbereich für die Korrosionsverhinderung von 64—94%. Bei optimaler Konz. des Strychnins von 1 g/Liter in 0,5n Säure beträgt der Wert 92—82%. Die Polarisations-Unterss. wurden mit Al als Kathode u. Anode gemacht, die zweite Elektrode war Pt. Es wurde der Gew.-Verlust u. das Elektrodenpotential mit u. ohne Strychnin bestimmt. Ohne Inhibitor ist die Kathodenpolarisation sehr hoch u. nimmt in Ggw. des Inhibitors noch zu. Der Unterschied ist bei kleinen Stromdichten beträchtlich. Die Anodenpolarisation ist nur klein u. liegt bei 15 bzw. 30 mV bei einer Stromdichte von 0,64 A/dm^2. Bei hohen Stromdichten ist ein Anodenschutz nicht möglich, wohl aber bei sehr geringem Kathodenstrom. K. W. Rowe. 143◇

Beitrag zum elektrochemischen Verhalten von Chrom- und Eisen-Chrom-Legierungen im transpassiven Bereich. Th. Heumann und H. S. Panesar. (J. electrochem. Soc. **110**, 628—33, 1963; Münster/Westf., Univ., Inst. für Metallforsch.; engl.) — Die Polarisationskurven von Cr in Elektrolyt-Lsgg., die verschiedene Anionen (CrO_3, HCl, HNO_3, CH_3COOH + entsprechendes K-Salz) enthalten, zeigen, daß der Mechanismus der Auflösung von Cr im transpassiven Bereich unabhängig von der Art des Anions ist u. lediglich OH^--Ionen beteiligt sind. Die Stromspannungskurven von *CrOOH* (**I**) u. Cr_2O_3 (**II**) weisen auf die Möglichkeit, daß **II** in der Passivschicht enthalten ist. Messungen des Rauhigkeitsfaktors (RF) von Cr nach Erbacher mit Hilfe von ^{212}Bi als Tracer nach der Polarisation im akt. oder passiven Bereich ergeben, daß die Oberflächenrauhigkeit konst. bleibt. Der mittlere Wert von RF beträgt 1,7. Nach Polarisation einer Fe-27% Cr-Lsg. nimmt die Oberflächenrauhigkeit nach der Polarisation im transpassiven Bereich zu: RF = 2,0 → 2,7. Pt (als Pt oder Pt-Schwarz/**I**- bzw. -**II**-Preßling oder Cr/Pt-Ringelektrode) bewirkt lediglich eine Erhöhung der Leitfähigkeit von **I** u. **II**, ohne ihre Auflösung zu beeinflussen. — ^{212}Bi wird aus radioakt. natürlichem Th abgetrennt: Sammlung von emittiertem ^{220}Ru auf einer Pt-Folie innerhalb von ca. 36 Std., elektrolyt. Auflösung von ^{212}Pb/^{212}Bi (Halbwertszeit 62,0 Min.) in H_2-gesätt. 0,1n HCl, Abscheidung von ^{212}Bi durch Eintauchen einer Pt-Folie in vorst. Lsg. innerhalb von 90 Min. unter H_2. Zur Vermeidung der Adsorption von ^{212}Pb wird festes $PbCl_2$ zugesetzt. P. Frenzel. 143◇

Anodische Passivierung von Nickel in Schwefelsäurelösungen. Norio Sato und Go Okamoto. (J. electrochem. Soc. **110**, 605—14, 1963; Sapporo, Japan, Hokkaido Univ., Fac. of Engng., Phys.-chem. and Electrochem. Labor.; engl.) — Die Abklingkurven des Potentials einer passiven Ni-Elektrode in Lsgg. mit pH = 0,4—1,4 werden aufgenommen. Als Elektrodenmaterial dienen vernickelte (Ni mit 0,88 Co; $<$0,04 Al; Mg $<$0,015; Spuren Ca, Ag, Cu, Fe) u. gewalzte Ni-Bleche (Ni mit 0,28 Co; $<$0,04 Al; $<$0,03 Mn; Spuren Ca, Zn, Cu, Fe). Die 3 Ruhepotentiale entsprechen den Gleichgewichtspotentialen der NiO/Ni-, Ni_3O_4/NiO- u. Ni_2O_3/Ni_3O_4-Elektrode; das zweite Potential ist das Flade-Potential. Als Mechanismus der Film-Bldg. wird angenommen: $Ni + OH^- \rightarrow NiOH^+ + 2e^-$; $3\,NiOH^+ + OH^- \rightarrow Ni_3O_4 + 4\,H^+ + 2\,e^-$. Das krit. Potential der Oxid-Bldg. wird bei Sättigung mit $NiOH^+$ in Oberflächennähe berechnet, es entspricht dem Flade-Potential. Der Mechanismus der Auflösung von Ni im passiven u. transpassiven Bereich wird auf Grund von Messungen der Tafel-Konst. u. der pH-Abhängigkeit der Auflösungs-Geschw. erörtert; nachst. Verlauf wird angenommen: Passivbereich: Ni^{2+} (Oxid) + OH^- (aq) → $NiOH^+$ (Oberfläche), $NiOH^+$ (Oberfläche) → $NiOH^+$ (aq); Transpassivbereich: Ni + H_2O (aq) → NiOH (adsorbiert) + H^+ + e^-, NiOH (adsorbiert) → $NiOH^+$ (aq) + e^-. P. Frenzel. 143◇

A_4. Thermodynamik. Thermochemie

Negative absolute Wärmen. Vratislav Vyšin. (Pokroky Mat., Fysiky Astronomie **7**, 223—31, 1962; Olomouc; tschech.) — Übersicht über die Behandlung der negativen abs. Wärme nach der klass. Thermodynamik u. nach der statist. Physik u. die Stabilität der Syst. mit negativer abs. Wärme. — 10 Literaturangaben. R. K. Müller. 146◇

Klassische statistische Mechanik eines Teilchensystems. D. Ruelle. (Helv. physica Acta **36**, 183—97, 1963; Zürich, ETH; engl.) — Die Freie Energie (kanon. Gesamtheit) wird für ein Syst. von Teilchen berechnet, deren Wechselwrkg. einem kugelsymm. Zweikörperpotential entspricht. Unter Variierung der speziellen Eigg. des Potentials wird gezeigt, daß die Freie Energie je Teilchen einem Grenzwert zustrebt, wenn das Syst. unendlich groß wird; die Stabilitätsbedingungen werden exakt abgeleitet. Auf ähnliche Weise wird die große kanon. Gesamtheit diskutiert u. eine Verallgemeinerung der Ergebnisse von Yang u. Lee erhalten. A. Blaschette. 146◇

Eine vereinfachte Cluster-Entwicklung für das klassische reale Gas. N. G. Van Kampen. (Physica [Utrecht] **27**, 783—92, 1961; Utrecht, Rijksuniv., Inst. voor theoret. Fys.; engl.) A. Blaschette. 146◇

Quantenstatistik der Isotopieeffekte für gehemmte Rotatoren. G. Vojta. (Z. physik. Chem. [Leipzig] **220**, 379—90, 1962; Leipzig, Arbeitsstelle für Statist. Phys. der DAW; Karl-Marx-Univ., Theoret.-phys. Inst.; dt.) — Durch Anwendung der Wignerschen Reihen-Entw. bis zu Gliedern mit $\hbar^4$ auf die Zustandssumme eines gehemmten Rotators mit symm. Hemmungspotential werden geschlossene Formeln für den Beitrag der Rotation zu den red. Zustandssummenverhältnissen u. red. Differenzen thermodynam. Funktionen einschließlich des Anteiles der Nullpunktsenergie erhalten. Daraus berechnen sich chem. Isotopenaustauschgleichgewichte zwischen Moll. mit innerer Rotation, Isotopentrennfaktoren bei Adsorption oder Isotopieeffekte in den spezif. Wärmen von Kristallen mit gehemmt rotierenden Molekülen. Die Formeln sind (außer bei sehr tiefen Temp.) für die Mehrzahl der prakt. vorkommenden Rotatoren von ausreichender Genauigkeit (Beispiel: CH_3CHO mit den Isotopen D u. ^{13}C). A. Blaschette. 146◇

Zur Gibbsschen Statistik von Isotopensystemen. G. Vojta. (Z. physik. Chem. [Leipzig] **220**, 420—28, 1962; dt.) — Vgl. vorst. Referat. — Mit dem Formalismus der großen kanon. Gesamtheit wird ein allg. Beweis dafür gegeben, daß für ideale wie für reale Gase im thermodynam. Gleichgewicht alle thermodynam. einschließlich der chem. Isotopieeffekte reine Quanteneffekte sind. Allg. gilt, daß für Gase aus beliebig vielen chem. verschiedenen Komponenten mit je beliebig vielen Mol.-Sorten verschiedener Isotopen-Zus. die klass. Statistik keine Isotopieeffekte, z. B. keine Isotopentrenneffekte, liefert. A. Blaschette. 146◇

Statistische Mechanik von Isotopieeffekten der thermodynamischen Eigenschaften kondensierter Systeme. Jacob Bigeleisen. (J. chem. Physics **34**, 1485—93, 1961; Upton, N.Y., Brookhaven Nat. Labor., Chem. Dep.; engl.) — Der Einfl. der Mol.-Struktur auf die thermodynam. Eigg. (Dampfdruck, Verdampfungswärme, Mol.-Vol., Umwandlungs-Temp.) isotoper Moll. im fl. u. festen Zustand wird untersucht. Dabei ergibt sich, daß die Mol.-Struktur selbst bei kleinen Quanteneffekten berücksichtigt werden muß. In der Näherung der ersten Quantenkorrektur hängt die Differenz der thermodynam. Eigg. isotoper Moll. im kondensierten Zustand von den Atommassen u. einem Energieparameter für jedes Atom des Mol. ab. Für ein harmon. Potential werden die Ergebnisse auf Quantenkorrekturen höherer Ordnung erweitert; für die Gitterschwingungen werden mehrere verschiedene Frequenzverteilungen behandelt. Für Gleichgewichte zwischen gasförmigen u. kondensierten Phasen wird der Einfl. der realen Eigg. des Gases u. der des Mol.-Vol. diskutiert. Die Differenz der Mol.-Vol. isotoper Moll., die sich als Effekt zweiter Ordnung erweist, wird durch Erweiterung der Grüneisenschen Zustandsgleichung auf Mol.-Gitter berechnet. A. Blaschette. 146◇

Untersuchung der Transporterscheinungen vom Standpunkt der Thermodynamik irreversibler Prozesse. Cesare Sinistri. (Ric. sci., Parte II, Sez. A [2] **2**, 492—505, 1962; Pavia, Univ., Ist. di Chim. Fis.; ital.) — Durch spezif. Wahl des Bezugs-Syst. für die Geschw. u. durch Einführung des formalen Begriffes der „Bestandteile des Syst." wird versucht, die Meth. der phänomenolog. Theorie irreversibler Prozesse auf Syst. mit beliebiger mkr. Struktur auszudehnen. Folgende Prozesse werden betrachtet: elektr. Transporterscheinungen (Leitfähigkeit, Überführungszahlen, Beweglichkeiten); Wärmeleitfähigkeit (stationärer Zustand); inneres Potential u. EMK der Thermoketten, Zentrifugalketten u. Konz.-Ketten mit Überführung. A. Blaschette. 146◇

Zur physikalischen Deutung des kritischen Parameters. Kurt Altenburg. (Chemie-Ing.-Techn. **34,** 13—15, 1962; Berlin, Forsch.-Gruppe für theoret. Chem. der Dt. Akad. der Wiss.; dt.) — Es werden die makro- u. mol.-physikal. Voraussetzungen für die Gültigkeit des Theorems der übereinstimmenden Zustände zusammengefaßt u. die Abhängigkeit des krit. Parameters von der Außenelektronenzahl sowie der Form der Moll. aufgezeigt. W. Pump. 146◇

Die Zustandsgleichung. Kartar Singh. (J. sci. ind. Res. [New Delhi], Sect. A **20,** 197—209, 1961; Kirkee, Poona, Inst. of Armament Stud.; engl.) — Kurze Darst. der verschiedenen Typen von Zustandsgleichungen. — 46 Literaturangaben. A. Blaschette. 148◇

Die Zustandsgleichung von NaCl. M. P. Verma und B. Dayal. (Physica Status solidi [Berlin] **3,** 901—09, 1963; Banaras, India, Hindu Univ., Dep. of Phys.; engl.) — Die Zustandsgleichung für NaCl wurde unter Verw. eines exponentiellen Kraftgesetzes für die nicht-Coulombsche Wechselwrkg. zwischen Nachbarionen untersucht. Es wurde eine modifizierte Form des Kellermann-Modells verwendet, das die Nullpunktsenergie des Gitters berücksichtigt. Die Berechnung der von Kellermann definierten Parameter A u. B erfordert die Kenntnis des Frequenzspektrums des Kristalls, das wiederum selbst durch A u. B bestimmt wird. Deshalb wurde für die Best. dieser Parameter ein iterativer Prozeß angewandt. Die Werte für die therm. Ausdehnung u. die isotherm. Kompressibilität sind bei verschiedenen Temp. bestimmt worden; bei Temp. bis 800° K stimmten Theorie u. Vers. recht gut überein. Die Isotherme für 1025° K hat ein Minimum auf der Achse für den Druck Null. W. Pump. 148◇

Die Dichten von flüssigem Eisen und Nickel und eine Bestimmung ihrer kritischen Temperatur. A. V. Grosse und A. D. Kirshenbaum. (J. inorg. nuclear Chem. **25,** 331—34, 1963; Philadelphia, Pa., Temple Univ., Res. Inst.; engl.) — Die Dichten des fl. Fe u. Ni wurden im Temp.-Bereich zwischen F. u. Kp. nach 2 verschiedenen Meth. ermittelt: Fe (F. 1805° K, Kp. 3160° K), $D._F$ 7,015 (g/cm³), $D._{Kp}$ 5,828; Ni (F. 1728° K, Kp. 3110° K), $D._F$ 7,905, $D._{Kp}$ 6,304. Für die Temp.-Abhängigkeit der Dichten der fl. Metalle wurden folgende Beziehungen erhalten: $D._{Fe}$ 8,618—8,83·10^{-4} T; $D._{Ni}$ 9,908 —11,598·10^{-4} T. Die krit. Temp. von Fe wurde zu $T_K = 6750$ (°K), die von Ni zu $T_K = 6000$ ermittelt. Die krit. Dichte von Fe beträgt $D._K = 1{,}33$. Aus dem Theorem der übereinstimmenden Zustände u. den Verdampfungsentropien ergeben sich jedoch wesentlich höhere Werte für die krit. Temperatur. Daß diese Werte nicht zutreffen, wird mit den schwächeren metall. Bedingungen in den Metallen der Eisengruppe gegenüber den sog. „einfachen" Metallen (Alkali- u. Erdalkalimetalle sowie Zn, Cd u. Hg) erklärt. Wolfgang Krüger. 148◇

Theorie der realen Gase. 26. Mitt. Jacques Duclaux. (J. Chim. physique Physico-Chim. biol. **59,** 560—67, 1962; Paris, École prat. des Hautes Études; franz.) — 25. vgl. C. **1962,** 1899. — Die Verteilungsfunktion für die MWG-Koeff., $\log K_n = A + B/\sqrt{n\,(n+1)}$, wird für O_2, Ar, Ne, He u. SF_6 bestätigt, nicht aber für H_2. Für die Zusammenstöße der Moll. ergibt sich ein neues Bild. A. Blaschette. 149◇

Eine relative Bestimmung der Viscosität verschiedener Gase mit Hilfe der Methode der schwingenden Scheibe. J. Kestin und J. H. Whitelaw. (Physica [Utrecht] **29,** 335—56, 1963; Providence, R.I., Brown Univ.; engl.) — Die Viscosität von Ar, CO_2, He, Ne u. N_2 wurde im Temp.-Bereich von 25—270° unter Drücken von 1—150 atm relativ zur Viscosität von N_2 bei 22° mit Hilfe der Meth. der schwingenden Scheibe bestimmt. Die Beziehungen zwischen dem Lennard-Jones- (12—6)- sowie dem Buchingham-(e^6)-Potential u. der Viscosität werden untersucht. Bei He ist die Anwendung des e^6-Potentials günstiger. Wolfgang Krüger. 149◇

Tieftemperaturforschung. E. F. Hammel, W. E. Keller und P. P. Craig. (Annu. Rev. physic. Chem. **13,** 281—304, 1962; Los Alamos, N.Mex., Univ. of California, Los Alamos Sci. Labor.; engl.) — Übersicht über das Verh. von fl. u. festem ^{3}He u. ^{4}He u. den Mössbauer-Effekt. — 160 Literaturangaben. P. Golinske. 149◇

Thermodynamische Eigenschaften von flüssigen Cadmium-Magnesium-Lösungen. J. Terpiłowski und I. Barycka. (Bull. Acad. polon. Sci., Sér. Sci. chim. **9,** 175—78, 1961; Wrocław, Pol. Acad. of Sci., Inst. of Phys. Chem., Dep. of Struct. Res.; TU, Dep. of Inorg. Chem. I.; engl.) — Die thermodynam. Eigg. des Syst. Cd–Mg zeigen, daß

eine beträchtliche Abweichung vom Raoultschen Gesetz auftritt. Die Werte von $\overline{\Delta S_{Mg}}$, $\overline{\Delta S_{Cd}}$ u. Δ S für fl. Cd–Mg-Lsgg. ähneln denen für feste Lsgg. u. sind niedriger als die Mischungsentropie idealer Lösungen. Es wird angenommen, daß die Nahordnungsstruktur zu einem gewissen Grade auch in fl. Legg. bei 923° K erhalten bleibt.
H. Harenz. 150◇

Thermodynamische Eigenschaften binärer Mischungen geschmolzener Salze. Das System $AgNO_3 + LiNO_3$ im geschmolzenen Zustand. I. G. Murgulescu und D. I. Marchidan. (Rev. Chim. [Bucarest] **5**, 17—21, 1960; Acad. de la Républ. Popul. Roumaine, Centre de rech. chim., Sect. de Chim. phys.; franz.) — Die EMK der Konz.-Kette $Ag/AgNO_3$ (fl.)/$AgNO_3$ (fl. n_2) + $LiNO_3$ (fl. n_2)/Ag (n = Molenbruch, $0{,}1 < n_1 < 0{,}8$) wird für 573° K bestimmt. Die daraus ermittelten Werte für die Aktivität a_1 u. $\gamma_1 = a_1/n_1$ werden mit den aus dem Schmelzdiagramm des Syst. $AgNO_3/LiNO_3$ erhaltenen Daten verglichen. Die Unterschiede werden mit der Bldg. von Mischkristallen u. einer Mischungslücke erklärt. M. Engel. 150◇

Temperatur–Druck-Projektion des Phasendiagramms von Bleitellurid. Richard F. Bis. (J. Physics Chem. Solids **24**, 579—81, 1963; Silver Springs, Md., US Naval Ordnance Labor.; engl.) — In einem auf 10^{-5} Torr evakuierten Quarzgefäß werden stöchiometr. PbTe u. überschüssiges Te nebeneinander auf 567—910° erhitzt u. der Einsatzpunkt des Schmelzens von PbTe beobachtet. Bei gegebener Temp. des PbTe wird der Te_2-Partialdruck erhöht oder erniedrigt, bis ein Gleichgewicht zwischen Schmelzen u. Erstarren eintritt. Außerdem wird nach der Knudsen-Meth. der Partialdruck von gasförmigem PbTe über festem PbTe bestimmt. Zwischen 910 u. 730° beträgt der Partialdruck p des Te_2 $1{,}4 \cdot 10^{-2}$ atm u. fällt als log p linear mit 1/T (T = Temp.) auf $1{,}6 \cdot 10^{-3}$ atm bei 567°. Da der Druck von PbTe stets größer als der Dampfdruck von reinem Pb u. demnach höher als der Partialdruck von Pb im Gleichgewicht mit krist. PbTe ist, kann die Pb-reiche Seite des Syst. Pb–Te nicht durch opt. Beobachtung des Schmelzvorganges erhalten werden. Das p–T-Diagramm ist zwischen 360 u. 950° graph. angegeben.
Herbert Müller. 150◇

Differentielle Thermoanalyse von U_3O_8 und Gemischen von U_3O_8 mit Mg-, Zr- und Be-Oxid. Pavel Imriš. (Jaderná Energie **8**, 126, 1962; tschech.) — In einer App. mit 2 Thermoelementen (Pt u. Pt + 10% Rh) u. Bezugsprobe (geglühtem Al_2O_3) kann die DTA von U_3O_8 mit einem Temp.-Anstieg von 10—12 Grad/Min. bis zu 1500° durchgeführt werden. Bis 1100° zeigt U_3O_8 an der Luft keine exo- oder endotherme Rkk., bei 1150° beginnt eine Abnahme der Wärmeleitfähigkeit (WL), die bis 1500° anhält. MgO zeigt bis 1100° 3 endotherme Effekte bei 120, 270 u. 400°, die nach Glühen auf 800° verschwinden, bei 490 u. 700° ändert sich die WL etwas. U_3O_8–MgO-Gemische 50 : 50 u. mit < 50% MgO zeigen einen endothermen Effekt mit Maximum bei ca. 1060°, bei > 50% MgO liegt ein exothermer u. ein neuer endothermer Effekt vor, bei MgO : U_3O_8 = 2—3 nimmt ersterer zu, letzterer ab (Maximum 1060°). Keine Effekte treten in den Syst. U_3O_8–ZrO_2 (1 : 1) u. U_3O_8–BeO (1 : 1) auf. R. K. Müller. 150◇

Quantitative Differentialthermoanalyse: Wärmen und Geschwindigkeiten von Fest–flüssig-Übergängen. D. M. Speros und R. L. Woodhouse. (Nature [London] **197**, 1261—63, 1963; Nela Park, Cleveland, Ohio, Gen. Electr. Co., Lamp Res. Labor.; engl.) — Zur Erarbeitung der Grundlagen für die quant. DTA werden die Bedingungen für den Temp.-Ausgleich zwischen Probe u. Thermoelementen u. für den Wärmeausgleich innerhalb der Probenhalterung, deren Konstruktion angegeben ist, abgeleitet. In die Probenhalterung ist eine Zusatzheizung eingebaut, die so geschaltet ist, daß sie endotherme u. exotherme peaks kompensiert. Die elektr. Energie ist der auftretenden Wärme äquivalent. Mit Hilfe dieser Meth. wurden von *Sn*, *Pb*, *Al* u. *$NaNO_3$* die Schmelzwärmen in guter Übereinstimmung mit den besten Literaturwerten gefunden.
Ernst Schulte. 150◇

Bestimmung der charakteristischen Temperatur aus der diffusen Streuung von Polykristallen. W. I. Iweronowa und A. A. Katznelsson. (Kristallographie [UdSSR] **7**, 616—18, 1962; Moskau, Lomonossow-Univ.; russ.) — Bestimmt wurde aus der diffusen Röntgenstreuung von polykristallinem Material die charakterist. Temp. von *Al* u. *Cu*. Diese Meth. liefert die wahren charakterist. Temp. der Elemente bei der Unters. Temp. (390° K für Al u. 315° K für Cu) u. bestätigt die Theorie von Borie über die Temp.-Abhängigkeit der charakterist. Temperatur. K. Jaeger. 151◇

Das Verhalten von Niobcarbid bei der Verdampfung. R. J. Fries. (J. chem. Physics **37**, 320—27, 1962; Los Alamos, N.Mex., Univ. of California, Los Alamos Sci. Labor.; engl.) — Mit Hilfe der Langmuir-Meth. wurde das Verh. von *NbC* zwischen 2260 u. 2940° K untersucht. *NbC* verliert C vorzugsweise bis zur Zus. $NbC_{0,75}$; bei dieser Zus. verdampft es kongruent bei 2940° K. Der Dampfdruck des C über nahezu stöchiometr. *NbC* gehorcht der Gleichung log p [atm] = 5,296−(3,276·10^4/T) mit einer C-Verdampfungswärme ΔH^0_{298} von 150 (2. Hauptsatz) bzw. 180—189 kcal/Mol (3. Hauptsatz; Berücksichtigung der Bldg.-Wärmen). Für diese Unstimmigkeit gibt es 3 mögliche Erklärungen, zwischen denen nicht entschieden werden kann. Die totale Verdampfungs-Geschw. von NbC_x wächst auf das doppelte, wenn x von 0,97 auf 0,80 fällt. In einer halbquant. Berechnung wurde der Diffusions-Koeff. des C in NbC zu D ≅ 8·10^{-7} cm²/s bei 2940°K bestimmt. G. Heller. 155◇

Thermodynamische Eigenschaften der atmosphärischen Gase in wässerigen Lösungen. Cornelius E. Klots und Bruce B. Benson. (J. physic. Chem. **67,** 933—34, 1963; Amherst, Mass., Amherst Coll., Dep. of Phys.; engl.) — An Hand von Präzisionslöslichkeitsmessungen von N_2, O_2 u. *Ar* in dest. W. (J. Marine Res. **21,** [1963], 48) wurden zwischen 2 u. 25° die partiellen molalen Enthalpien u. Entropien sowie die partiellen molalen spezif. Wärmen der Lsgg. berechnet. Die Ergebnisse werden in Hinblick auf die „Eisberg"-Strukturen von Frank u. Evans (J. chem. Physics **13,** [1945], 507) untersucht. D. Noack. 156◇

Das Dissoziationsgleichgewicht CdO(s) ⇄ Cd(g) + 0,5 O_2(g). O. Glemser und U. Stöcker. (Ber. Bunsenges. physik. Chem. **67,** 505—09, 1963; Göttingen, Univ., Anorg.-chem. Inst.; dt.) — Vff. bestimmten mit Hilfe der Mitführungs-Meth. [Trägergas: O_2 + Ar bzw. O_2 + H_2O (g)] die Dampfdrücke über krist. CdO zwischen 1242 u. 1379°K. Aus den Verss. folgt, daß unter den gegebenen Vers.-Bedingungen kein gasförmiges Hydroxid entsteht; in der Gasphase liegt lediglich Cd vor. Die Freie Enthalpie (in cal/Mol) der Rk. CdO (krist.) → Cd (g) + ½ O_2 (g) läßt sich durch die Gleichung ΔG = 87240 − 49,95 T beschreiben; die Rk.-Enthalpie u. -Entropie betragen ΔH = 87,2 kcal/Mol u. ΔS = 50,0 Cl/Mol. G. Gattow. 156◇

Thermochemie des Vanadintetrachlorids und des Vanadyl(IV)-Ions. R. G. Cavell und H. C. Clark. (J. chem. Soc. [London] **1963, 3890**—91; Vancouver, Canada, Univ. of British Columbia, Dep. of Chem.; engl.) — Die Enthalpie der Hydrolysen-Rk. VCl_4 (fl.) + H_2O (fl.) → VO^{2+} (aq) + 2 H^+ (aq) + 4 Cl^- (aq) wird calorimetr. zu − 68630 ± 1000 cal/Mol bestimmt. Durch Kombination mit bekannten thermochem. Daten ergibt sich die Bldg.-Enthalpie von VO^{2+} (aq) bei 298°K zu ΔH^0_f = −113 ± kcal/Mol, die entsprechende Entropieänderung zu ΔS^0_f = −13,4 Entropieeinheiten u. die Rk.-Enthalpie der Oxydation nach VO^{2+} (aq) + $^5/_2$ HO^- (aq) + $^1/_2$ HO_2^- (aq) → VO_3^- (aq) + $^3/_2$ H_2O (fl.) zu −92,4 kcal/Mol. A. Blaschette. 156◇

Hydratationseigenschaften von Vermiculit. J. Keay und A. Wild. (Clay Minerals Bull. **4,** 221—28, 1961; Reading, Univ.; engl.) — Vgl. C. **1963, 4262.** — Bestimmt wurden die Entwässerungskurven von Vermiculit mit Mg, Ca, Sr, Ba u. Na als austauschbarem Kation. Die Hydratationsenthalphie ist abhängig vom Kation, sie fällt mit abnehmender Hydratationsenthalpie des Kations. Walter Franke. 156◇

Eine thermodynamische Untersuchung der Verbindungen von Uran mit Silicium, Germanium, Zinn und Blei. C. B. Alcock und P. Grieveson. (J. Inst. Metals **90,** 304—10, 1962; London, Royal School of Mines; Pittsburgh, Pa., Carnegie Inst. of Technol.; engl.) — Bldg.-Wärmen, -Entropien u. die Freie Bldg.-Energie für die Bldg. der festen Verbb. von U mit (X =) Si, Ge, Sn u. Pb (*UPb*, UPb_3, U_3Sn_5, USn_3, U_3Sn_2, USn_3, U_5Ge_3, *UGe*, U_3Ge_5, UGe_2, UGe_3, U_3Si_2, *USi*, USi_2, USi_3) werden mit Hilfe von Dampfdruck (p) u. calorimetr. Messungen sowie von fest/fl.-Gleichgewichts-Unterss. ermittelt. p von *Au* über Au–U-Legg. (N_{Au} 0,17—0,90) wird bei 1450, 1500 u. 1550° bestimmt, Werte für die Aktivitäten von Au u. U in diesen Legg. werden mitgeteilt. Die relative Stabilität der Verbb. gehorcht der Reihenfolge (Verb. mit) Si > Ge > Sn > Pb. Alle UX_3 sind isostrukturell u. haben L 12-Struktur des Cu_3Au. Die FF. nehmen linear mit der Standard-Bldg.-Wärme zu. H. Hochstein. 156□

Angeregte Teilchen in Flammen. T. M. Sugden. (Annu. Rev. physic. Chem. **13,** 369—90, 1962; Cambridge, Univ.; engl.) — Übersicht über Anregung von metall. Zusätzen in Flammen, elektron. Anregung metall. Verbb. in Flammen u. Chemiluminescenz vom C-Typ u. Ionisierung in Flammen. — 113 Literaturangaben. P. Golinske. 157◇

Interferometrische Messungen an einer ebenen laminaren Flamme. F. Schultz-Grunow und G. Wortberg. (Int. J. Heat Mass Transfer **2,** 56—68, 1961; Aachen, TH, Inst. für Mechanik; dt.) — Es wird gezeigt, daß die Messungen in der Auswertung bes. einfach sind. Sie erweisen sich auch als bes. genau, da der Fehler, der durch die Ablenkungen der Lichtstrahlen im Temp.-Feld der Flamme entsteht, sich als von höherer Ordnung klein erweist, u. weil an den am meisten interessierenden Stellen, wo der Temp.-Gradient groß ist, die Meßpunkte am dichtesten liegen. Über eine Flammendicke von 4 mm konnten 60 Meßpunkte erhalten werden. Aus dem Temp.-Verlauf wurden die einzelnen Energieflüsse ermittelt. Während in theoret. Arbeiten meistens bei 80% des Temp.-Anstieges eine Zündtemp. angenommen wird, zeigte es sich hier, daß die entsprechende Temp. bereits mitten im Rk.-Bereich liegt. Die chem. Rk. ist dort bereits zu 40% abgeschlossen u. die Rk.-Geschw. hat ihr Maximum. Die Exzeßenthalpie wurde festgestellt. W. Pump. 157◇

Verbrennung eines flüssigen Brennstofftröpfchens. J. Pawlowski. (Int. J. Heat Mass Transfer **2,** 33—55, 1961; Leverkusen, Farbenfabr. Bayer A.G.; dt.) — Es werden krit. Zünd- u. Löschvorgänge bei der Verbrennung eines in turbulenter Atmosphäre schwebenden fl. Tröpfchens mathemat. diskutiert. Die analyt.-numer. Unters. wurde mit Hilfe einer programmgesteuerten Rechenanlage durchgeführt. Bei dem verwendeten Modell wird angenommen, daß die homogene Rk. in einer dünnen, relativ zum Tröpfchen ruhenden Zone stattfindet, u. daß die Reaktanten stark mit Inertgas verd. sind, so daß der konvektive Austausch (Stefan-Strom) zu vernachlässigen ist. Der Ablauf der Rk. wird quasistationär behandelt. Bei den krit. Zünd- u. Löschvorgängen handelt es sich um ein Stabilitätsproblem. Der Einfl. der 10 Grund-Konst. auf den Verlauf der Rk., bes. während der Induktionsperiode, u. auf den Zündvorgang, wird diskutiert. Zur Erfassung des konvektiven Austausches wird ein Iterations-Verf. kurz beschrieben. W. Pump. 157◇

Das Variationsprinzip von Biot in der Theorie der Wärmeleitung. Thomas J. Lardner. (AIAA Journal **1,** 196—206, 1963; Brooklyn, N. Y., Polytechn. Inst.; engl.) — Anwendung des Biotschen Prinzips auf eine Reihe von Problemen der eindimensionalen Wärmeleitung einschließlich solcher mit vorgegebenen Randbedingungen für den Wärmefluß. A. Blaschette. 158◇

Der Einfluß von Fehlstellen auf die Gitterwärmeleitfähigkeit bei tiefen Temperaturen. H. Bross. (Physica Status solidi [Berlin] **2,** 481—516, 1962; Stuttgart, TH, Inst. für theoret. u. angew. Phys.; MPI für Metallforsch.; dt.) — Übersicht. — 76 Literaturangaben. A. Blaschette. 158◇

Der Wärmetransport an der Kontaktfläche zwischen ungleichartigen Metallen. G. F. C. Rogers. (Int. J. Heat Mass Transfer **2,** 150—54, 1961; Bristol, Univ., Mechan. Engng. Dep.; engl.) — Eine Unters. über den Wärmeleitwiderstand an der Kontaktfläche zwischen 2 Metallen ergab, daß bei ungleichartigen Metallen der Widerstand von der Richtung des Wärmestromes abhing. Vf. teilt weitere Ergebnisse mit, die diese Erscheinung bestätigen u. sie mit dem Leitungsmechanismus an den metall. Kontaktstellen in Verbindung bringen. W. Pump. 158◇

Eine allgemeingültige Methode für die Berechnung des Temperaturverlaufes oder der Konzentration in geschichteten Systemen. E. W. Deeg. (Ann. Physik [7] **10,** 74—85, 1962; Mainz, Jenaer Glaswerke Schott & Gen.; engl.) — Aus der Darst. des Temp.- (bei Wärmeübergängen) oder des Konz.-Verlaufes (bei Materialdiffusion) durch n Schichten ergeben sich n Gleichungen, deren Lsg. durch eine allg. Fourier-Analyse der Temp./Zeit-Funktion ausführlich behandelt wird. Ebene, zylindr. u. kugelförmige Körper können auf diese Weise untersucht werden. Anwendung ergibt sich für die Konstruktion von Halbleiterelementen, Elektronenröhren u. Kabeln, bei der Unters. des Verh. von Gläsern beim Pressen oder automat. Blasen u. bei Schmelzguß-Verff. der Keramik. Wegen der Gleichheit der Formeln für Wärmefluß u. Materialdiffusion kann die Meth. auch für derartige Vorgänge angewendet werden. L. Kühnert. 158◇

Wärmeleitfähigkeit der Verbindungen $CdSnAs_2$, $CdGeAs_2$, $ZnSnAs_2$ und $ZnGeAs_2$. Patrick Leroux-Hugon. (C. R. hebd. Séances Acad. Sci. **256,** 3991—94, 1963; Bellevue, Seine-et-Oise, C.N.R.S., Labor. de Magnét. et de Phys. du Solide; franz.) — Von $CdSnAs_2$, $CdGeAs_2$, $ZnSnAs_2$ (I) u. $ZnGeAs_2$ wird zwischen 100 u. 700° K die Wärmeleitfähigkeit K bestimmt. Die Aufteilung von K in Beiträge der Gitter- u. Elektronenleitfähigkeit wird unter Berücksichtigung der Phononen- u. Elektronenstreuung diskutiert. In I wird bei ca. 700° eine Umwandlung Unordnung–Ordnung beobachtet, die eine beträchtliche Erhöhung von K verursacht. Herbert Müller. 158◇

Bestimmung von Ultraschallgeschwindigkeiten durch Messung des Winkels der Totalreflexion. Walter G. Mayer. (J. acoust. Soc. America **32,** 1213—15, 1960; East Lansing, Mich., Michigan State Univ., Phys. Dep.; engl.) — Vf. beschreibt eine einfache Meth., die auf der Totalreflexion eines Schallstrahls von einer Grenzfläche fl.–fest bei den krit. Winkeln beruht u. erörtert deren theoret. Grundlage. Mit Hilfe dieser Meth. ist es möglich, die Geschw. von longitudinalen u. Scherwellen in festen Körpern zu messen, wenn man die Winkel maximaler Reflexion in die Fl. legt. Messungen wurden durchgeführt für einen in W. tauchenden Block von *Plexiglas* bzw. von *opt. Glas.* Die Übereinstimmung zwischen Theorie u. Experiment war gut. C. Gottfried. 159△

Magnetohydrodynamische Dispersion und Absorption von Ultraschall. Walter Westphal. (Z. Physik **168,** 333—42, 1962; Kiel, Univ., Inst. für Exp. Phys.; dt.) — In einem Magnetfeld von 20 kGauß werden in verschiedenen, leitfähigen Fll. u. Festkörpern (20%ig. wss. HCl; Hg; K–Na-Leg. 5 : 1; Pb; Cu; Al) Schallabsorption u. Schalldispersion untersucht. Die Messungen zeigen in Übereinstimmung mit der Theorie, daß bei Schallgrenzen, die unterhalb einer für das Material charakterist. Übergangsfrequenz liegen, das Magnetfeld von der Schallbewegung mitgeführt wird. Im Bereich der Übergangsfrequenz ist die Schalldispersion am größten u. die Absorption pro Wellenlänge hat dort ihr Maximum. W. Pump. 159◇

Messung der Schallgeschwindigkeit in flüssigem Argon und flüssigem Stickstoff bei hohen Drücken. E. Roland Dobbs und Leonard Finegold. (J. acoust. Soc. America **32,** 1215–20, 1960; London, Univ., Queen Mary Coll., Dep. of Phys.; engl.) — Mit Hilfe eines $BaTiO_3$-Röhreninterferometers bestimmten Vff. die Schall-Geschw. in fl. Ar bei 87,2 u. 90,1° K u. in fl. N_2 bei 77,4; 87,3 u. 80,2° K als Funktion des Druckes bei Drücken bis 135 atm. Die erhaltenen Meßdaten stimmten mit früheren Messungen bei Atmosphärendruck überein, zeigten aber, daß die Schall-Geschw. in diesen Fll. nicht eine lineare Funktion des Druckes ist. Unter Verw. bekannter Dichtedaten wurden für fl. Ar u. N_2 bei 90° K die adiabat. Kompressibilitäten u. das Verhältnis der spezif. Wärmen γ berechnet. Fl. Ar ist sehr viel weniger kompressibel u. sehr viel weniger durch Druckzunahme beeinflußbar als fl. N_2. Dies steht in Übereinstimmung mit der dichten Packung der kugelförmigen Ar-Atome in fl. Ar u. der losen Packung der zweiatomigen N_2-Moll. in fl. N_2. Die γ-Werte für Ar nehmen von 1,97 auf 1,89 bei Zunahme des Druckes bis auf 135 atm ab, während sie für N_2 von 1,50 auf 1,79 mit steigendem Druck größer werden, was auf eine Behinderung der intramol. Bewegungen bei hohen Drücken zurückgeführt wird. C. Gottfried. 159△

Ultraschallabsorption und -dispersion in den dampfförmigen Chloriden der Elemente der vierten Hauptgruppe. H. Hinsch. (Acustica [Stuttgart] **11,** 230–38, 1961; Göttingen, Univ., III. Phys. Inst.; dt.) — Zur Best. der Relaxationszeiten beim Schalldurchgang durch CCl_4-, $SiCl_4$-, $GeCl_4$- u. $SnCl_4$-Dämpfe wurden Absorptions- u. Dispersionsmessungen in diesen Dämpfen vorgenommen. Die Vers.-Anordnung bestand aus einem elektron. Schallsender u. einem gleichartigen Empfänger in Verbindung mit „Sellschen Strahlern“ als Wandlern. Die Messungen wurden im Bereich 50–300 kHz bei Drücken zwischen 0,01 u. 20 Torr (10^6–10^{10} Hz/atm) bei 22° durchgeführt. In allen Fällen ließen sich die den niedrigsten angeregten Schwingungen zuzuordnenden Relaxationszeiten ermitteln. W. Betcke. 159◇

A₅. Kolloidchemie. Grenzschichtforschung

Optische Erscheinungen bei der Bildung einer kolloiden Phase. 1. Mitt. Ang. Papaioannou. (Praktika Akad. Athenon **35,** 132–36, 1960; griech., Auszug: franz.) — Mastix (I) u. Kollodium (II) werden in koll. Form durch Fällung mit W. aus alkohol. (bei I) bzw. aus aceton. Lsg. (bei II) erhalten. Ihre Ausgangs-Lsgg. mit der Konz. S_0 werden auf die Konz. D verd., wobei das Verhältnis $\varrho_v = V/t$ (V = Vol. des Koll., t = Vol. der mit W. verd. Lsg.) variabel ist, derart, daß $N = \varrho_v D$ = konst u. S_0/N konst. gehalten werden. Bei $N = \varrho_v D$ = const sind die koll. Eigg. nicht const., bei I mindestens innerhalb 20–25 Tagen. Die turbidimetr. Ergebnisse u. die für die Auslöschung eines Leuchtfleckes nötigen Höhen stehen in einer durch eine S-Kurve gek. Beziehung, bei I in verschiedenen Verdünnungen, bei II weniger deutlich.
R. K. Müller. 162◇

Stabilität von Mineralsuspensionen. 5. Mitt. **Stabilität von Calciumoxid.** Emm. Voyatzakis, D. Jannakoudakis und G. Vassilikiotis. (Praktika Akad. Athenon **35,** 366–72, 1960; griech.) — 4. vgl. C. **1962,** 16586. — Aus CaO aus der Zers. von $CaCO_3$ bei 900 u. 1100° werden wss. Suspensionen von $Ca(OH)_2$ hergestellt u. auf ihre Stabilität untersucht. Die Stabilität der Suspensionen hängt von der Dauer der $CaCO_3$-Zers. ab, sie ist bei 8 std. Zers.-Dauer stets am höchsten. Zusatz von oberflächenakt. Stoffen (bis zu 0,5% Levapon) erhöht die Stabilität. Bei gleichen Bedingungen der Herst. der Suspensionen wird die anomale Ausfällung in den Kalkbädern durch die Vorbehandlung des CaO nicht beeinflußt. R. K. Müller. 162◇

Theorie der polaren Abschirmung für die Ausflockung von Suspensionen. Arthur E. Lewis. (J. Amer. ceram. Soc. **44,** 233–39, 1961; Goleta, Calif., Curtiss-Wright Corp., Santa Barbara Div.; engl.) — Die Ausflockung von Suspensionen erfolgt durch Ausbildung von Oberflächenladungen auf den Teilchen. Die größten Oberflächenladungen werden durch Wasserstoffbrückenbindungen polarer Ionen oder Moll. auf den Teilchenoberflächen erhalten. Vf. untersucht die Ausflockung von Al_2O_3-Suspensionen in W. durch Zugabe von HCl, NaOH, Tetraäthylammoniumhydroxid u. Trichloressigsäure, von Al_2O_3-Suspensionen in Methylalkohol, Aceton u. Methyläthylketon mit Trichloressigsäure u. teilweise mit Trifluoressigsäure, Hydroxybenzoesäure u. Essigsäure. Säuren ohne Dipolmoment zeigen keine ausflockende Wirkung. Auch in Bzl. wird bei Verw. von Öl-, Benzoe-, Stearin-, Essig-, Trichloressig-, Hydroxybenzoe- u. Trifluoressigsäure Ausflockung von Al_2O_3-Suspensionen beobachtet, während Trihydroxybenzoe- u. Weinsäure keinen Einfl. besitzen. Die experimentellen Ergebnisse stehen mit der herkömmlichen Theorie der Bldg. einer Doppelschicht nicht in Einklang. Die vom Vf. neu entwickelte Theorie sagt voraus, daß sich durch Anlagerung polarer Ionen oder Moll. die Teilchen mit einem polaren „Schirm" umgeben, dessen Ladungsvorzeichen durch das Medium u. den pH der wss. oder evtl. auch organ. Lsg. bestimmt wird, wodurch Ausflockung eintritt. H. Roschkowski. 163◇

Der Einfluß des pH-Wertes auf die Ausflockung wässeriger Quarzsuspensionen. Tadashi Ohyama, Junzo Shimoiizaka und Shinnosuke Usui. (Bull. chem. Soc. Japan **34**, 790—94, 1961; Sakurakoji, Sendai, Tohoku Univ., Fac. of Engng.. Dep. of Mining; engl.) — Die an Hand elektrokinet. Messungen untersuchte heftige Ausflockung von Quarzsuspensionen mit Ba^{2+}-, Fe^{3+}- bzw. Cu^{2+}-Zusätzen in Abhängigkeit von der Acidität trat in einem jeweils für das Kation charakterist. engen pH-Bereich auf. Die Berechnung der potentiellen Energie zwischen benachbarten Quarzteilchen führt zu der Annahme, daß die Ausflockung nicht allein durch eine Abnahme der elektr. Abstoßungskräfte zu erklären ist, sondern auf eine zusätzliche, von der van der Waalsschen Anziehungskraft verschiedene Anziehungskraft zurückzuführen ist. D. Forst. 163◇

Über die monomolekulare Schicht von Kobalt(II)-oleat. Vorl. Mitt. Hideo Funakoshi, Nobutaka Sugi und Ryohei Matuura. (Mem. Fac. Sci., Kyushu Univ., Ser. C **4**, 165—74, 1961; Kyushu Univ., Fac. of Sci., Dep. of Chem.; engl.) — Mittels der Langmuirschen Filmwaage wurde der Oberflächendruck einer monomol. Schicht von Co(II)-Oleat in Bzl. auf W. bestimmt. Es wurde festgestellt, daß die Alterung der zu spreitenden Fl. in Bzl. vor der Spreitung die monomol. Schicht wesentlich beeinflußt u. daß die Zwischenzeit zwischen Spreitung u. Kompression der monomol. Schicht ebenfalls von beträchtlichem Einfl. auf deren Eigg. ist. Diese Effekte treten mit zunehmender Oleat-Konz. immer deutlicher hervor. Vff. schließen aus den Beobachtungen, daß Co(II)-Oleat auf einer H_2O-Oberfläche eine monomol. Schicht hochpolymerer Struktur bildet. D. Forst. 166◇

Thermodynamik und statistische Mechanik der Adsorption und der Wechselwirkung monomolekularer Schichten. Ryohei Matuura, Hideo Kimizuka, Kinsi Motomura, Iwao Satake und Akira Matsubara. (Mem. Fac. Sci., Kyushu Univ., Ser. C **4**, 197—204, 1961; engl.) — Vgl. vorst. Referat. — Unter Berücksichtigung der elektr. Ladung werden auf thermodynam. u. statist. Wege die Zustandsgleichung u. der Verlauf der Adsorptionsisotherme für nicht atherm. Mischungen berechnet. Die sich aus den abgeleiteten Gleichungen für die Oberflächenspannung einer eine oberflächenakt. Substanz enthaltenden Lsg., die selektive Adsorption, die Durchdringung einer monomol. Schicht bzw. für die Wechselwrkg. einer monomol. Schicht mit der Substratoberfläche ergebenden Beziehungen werden besprochen. D. Forst. 166◇

Kontaktwinkelbeziehungen auf Silica-Gel-Oberflächen. Alan S. Michaels und Sheldon W. Dean jun. (J. physic. Chem. **66**, 1790—98, 1962; Cambridge, Mass., MIT, Dep. of Chem. Engng.; engl.) — Vff. berichten über Kontaktwinkelmessungen von *Paraffinöl*-Tropfen u. *Methylenjodid*-Tropfen auf Silicagel in Luft. Das für die Verss. verwendete Silicagel wurde durch Ansäuerung einer gereinigten Natriumsilicat-Lsg., die 4% SiO_2 enthielt, erhalten. Bei Abwesenheit von capillarakt. Verunreinigungen wurde keine bedeutende Hysteresis des Kontaktwinkels beobachtet u. die Werte für die Kontaktwinkel stimmen gut mit den Werten der Young-Gleichung für Oberflächen- u. Grenzflächenspannungen des Öles gegen W. überein. Spuren von Verunreinigungen verursachen beträchtliche Hysteresis. Vff. bestimmten ferner die Kontaktwinkel von Lsgg. von *Hexadecanol* in gereinigtem Paraffinöl gegen reines Silicagel als Funktion der Konz. des gelösten Stoffes. Bei Hexadecanol-Konzz. $<$0,25 Gew.-%, bezogen auf das Öl, war die Kontaktwinkelhysteresis merklich u. konz.-abhängig. Oberhalb von 0,25% verschwand die Hysteresis u. erfüllt damit die Young-Gleichung. Bei *n-Decanol*-haltigem Öl konnte bei allen untersuchten Konzz. keine Hysteresis beobachtet werden. Zur Deutung des Kontaktwinkel-Verh. wird ein Mechanismus angenommen, der auf einer lokalen Kompression des Grenzflächenfilms basiert. Vff. nehmen an, daß dieses Phänomen auch auf festen Oberflächen beobachtet werden kann u. Hysteresis verursachen kann. D. Noack. 166◇

Mit Niederschlägen imprägnierte Membranen. 2. Mitt. **Über die Durchlässigkeit der $BaSO_4$-Membran.** P. Hirsch-Ayalon. (Recueil Trav. chim. Pays-Bas **80**, 365—75, 1961; Utrecht, Netherlands, Central Inst. for Nutrit. and Food Res. T.N.O.; engl.) — 1. vgl. Recueil Trav. chim. Pays-Bas **79**, [1960], 382. — Die „effektive" $BaSO_4$-Cellophan-Membran ist selektiv, verhindert den Durchgang von Ba^{2+} u. SO_4^{2-}, bleibt aber für andere Ionen (K^+, Cl^-) u. *W.* durchlässig; eine Verstopfung durch ausfallendes $BaSO_4$

tritt nicht auf. Die im Zusammenhang mit der Bldg. u. Justierung der Membran möglicherweise auftretenden Störungen werden infolge eines Selbstregenerationsprozesses beseitigt. Ein von Vf. unternommener Vers., die Eigg. der Membran durch ein rein mechan. Modell zu erklären, führt zu keinem befriedigenden Ergebnis.

D. Forst. 168◇

Mit Niederschlägen imprägnierte Membranen. 3. Mitt. Membranpotentiale und das Verhalten von Ionen an der $BaSO_4$-Cellophan-Membran. P. Hirsch-Ayalon. (Recueil Trav. chim. Pays-Bas **80,** 376—90, 1961; engl.) — 2. vgl. vorst. Referat. — Die Messungen des Membranpotentials an einer $BaSO_4$-Cellophan-Membran lassen ebenso wie die l. c. beschriebenen Unterss. auf eine Selektivität schließen. In Ggw. von anderen durchdringungsfähigen Ionen als H^+ u. OH^- ist das Membranpotential nicht ausschließlich vom pH-Wert der angrenzenden Lsgg. abhängig. Im Falle von Nichtgleichgewichtszuständen können z. B. K^+ u. Cl^- das Membranpotential bestimmen. Durch spontane Neuverteilung der Ionen geht hierbei das Syst. in ein Donnan-Gleichgewicht über, wobei die für diesen Schritt charakterist., häufig sehr kleine Geschw. in erster Linie von der Zus. der beiden angrenzenden Lsgg. abhängt. An Hand der Wechselbeziehung zwischen den Ionenaktivitäten von Ba^{2+} u. SO_4^{2-} zu beiden Seiten der Membran, der Ausfällung von $BaSO_4$ in den Membranporen entsprechend dem Löslichkeits-Prod. u. der Oberflächenladung von $BaSO_4$ in den Membranporen wird ein elektrochem. Mechanismus abgeleitet. Die Messungen werden an den Syst. $Ba(OH)_2$(+ $BaCl_2$)/H_2SO_4 (+ Na_2SO_4, $MgSO_4$, KCl bzw. KNO_3), $BaCl_2/K_2SO_4$, $Na_2SO_4/BaCl_2$ bzw. $Ba(NO_3)_2$, Ba-Acetat + CH_3COOH (+ KCl)/H_2SO_4 + H_3PO_4 (+ KCl) durchgeführt.

D. Forst. 168◇

Einfluß des elektrokinetischen ζ-Potentials auf die Sedimentationsgeschwindigkeit von U_3O_8-Suspensionen. Pavel Imriš. (Jaderná Energie **8,** 125—26, 1962; tschech.) — Die relativen Änderungen des elektrokinet. ζ-Potentials einer U_3O_8-Suspension mit der Konz. u. der Natur des stabilisierenden Elektrolyten ($Na_4P_2O_7$, NaOH, KOH, HCl, HNO_3) können bei Teilchengrößen von 1—10 μ besser elektrophoret. als elektroosmot. gemessen werden. Die Sedimentations-Geschw. (SG) einer U_3O_8-Suspension bei kleinen u. hohen Konzz. (bis 10 bzw. bis 140 g/Liter) wird zweckmäßig auf Grund der Messung der natürlichen Radioaktivität des U u. der Absorption der γ-Strahlung bestimmt. Die Beziehungen zwischen ζ-Potential u. SG werden erörtert. R. K. Müller. 174◇

Die Anwendung der zentralen Mehrfachstreuung von Röntgenstrahlen zur Bestimmung der spezifischen Oberfläche von heterogenen Substanzen. R. Baro. (J. Chim. physique Physico-Chim. biol. **57,** 1029—38, 1960; Strasbourg, Centre de Rech. sur les Macromol.; franz.) — Die Intensitätskurve eines Röntgenstrahls, der eine heterogene Probe passiert hat, wird nur von der Masse der Probe u. deren spezif. Oberfläche bestimmt. Vf. vergleicht die nach verschiedenen Meth. (Mehrfachstreuung, Meth. nach Porod, Gasadsorption) bestimmten spezif. Oberflächen von *Ruß* u. *Al*-Pulver miteinander. Danach gibt die Gasadsorption in allen Fällen richtige Werte, während die Meth. nach Porod zu große u. die Mehrfachstreuung zu kleine Werte liefert. K. Roß. 175◇

Untersuchung von aktivierten Al_2O_3-Hydraten mit der Dispersionsanalyse nach Figurowskii. Henryk Woźniczek. (Poznańskie Towarzystwo Przyjaciół Nauk, Wydział mat.-przyrodniczy, Prace Komisji mat.-przyrodniczej **10,** 139—47, 1962; Poznań, A. Mickiewicz Univ., Inst. of Chem. Technol.; pol.) — Die Bedingungen, unter denen die Al-Gele hergestellt werden, bestimmen weitgehend die innere Struktur u. im einzelnen Vol. u. Größenverteilung der Poren. W. Pump. 175◇

Messung der spezifischen Oberfläche von Aluminiumhydroxid-Gelen mittels der B.E.T.-Methode. Henryk Woźniczek. (Poznańskie Towarzystwo Przyjaciół Nauk, Wydział mat.-przyrodniczy, Prace Komisji mat.-przyrodniczej **10,** 135—38, 1962; pol.) — Vgl. vorst. Referat. — Die Unterschiede der nach der Meth. von Brunauer, Emmet u. Teller (B.E.T-Meth.) ermittelten Werte für die spezif. Oberflächen verschiedener Präpp. erwiesen sich als sehr gering. Es wurden lediglich Präpp. untersucht, die nicht aktiviert, sondern nur bei 105° getrocknet worden waren. D. Zobel. 176◇

Zur Anwendung der Gibbsschen Adsorptionsthermodynamik auf Adsorptionsreaktionen mit partiellem Ladungsübergang. W. Lorenz. (Z. physik. Chem. [Leipzig] **219,** 421—23, 1962; Leipzig, Univ., Phys.-chem. Inst.; dt.) A. Blaschette. 176◇

Untersuchung der Chemisorption mit Hilfe einer kinetischen Methode. Miklós Magyar. (Magyar Kémiai Folyóirat [Ung. Z. Chem.] **67,** 460—61, 1961; Vezprém, Univ. Chem. Ind., Lehrst. für phys. Chem.; ung.) — Vf. beschreibt eine Meth., mit deren Hilfe die Chemisorption im Falle einer Kontakt-Rk. fest–gasförmig manometr. gemessen werden kann. I. Náray-Szabó. 176

Adsorptions- und Desorptionserscheinungen im Hochvakuum. G. Comşa und B. Iosifescu. (Českoslov. Časopis Fysiku **12**, 634—40, 1962; Bucureşti, Acad. R.P.R., Inst. Fiz. nucl.; tschech.) — Die Adsorption u. Desorption von Moll. an der Wand spielt eine Rolle für die Druckänderungen beim Pumpen mit Ionenpumpen, bes. bei längeren Pumpzeiten. Dabei fördert die Adsorption die Druckabnahme beim Pumpen, die Desorption die „Erholung" nach dem Abstellen der Pumpe. Bei gut entgasten Syst. kommt den mit einer Adsorptionswärme von 20 kcal/Mol adsorbierten Moll. eine bes. Bedeutung zu. R. K. Müller. 176◇

Gasdesorption von Glas im Vakuum. E. Marks. (Českoslov. Časopis Fysiku **12**, 667—69, 1962; Warszawa, Przem. Inst. Elektroniki; tschech.) — An Na–Ca-, Pb-, B–Si- u. Silicatglas wird der Einfl. der Oberflächenbehandlung auf die bei 500 bzw. 800° in einem Vakuum von der Größenordnung 10^{-3} Torr erzielte Entgasung untersucht. Die beste Entgasung wird bei einem Na–Ca-Silicatglas nach 15 Min. Erhitzen auf 100° gefunden. Zwischen 400 u. 500° nimmt der Entgasungseffekt am stärksten zu. R. K. Müller. 176◇

Einfluß des Zustandes der Oberfläche auf die Ionenadsorption am Platin. N. A. Balaschova. (Electrochim. Acta [London] **7**, 559—65, 1962; Moskau, Inst. für Elektrochem. der Akad. der Wiss. der UdSSR; dt.) — Vgl. C. **1963**, 8443. — Mit Hilfe radioakt. Substanzen wurde der Einfl. der mechan. u. therm. Vorbehandlung einer Pt-Oberfläche bzw. deren Oxydation auf das Ausmaß u. die kinet. Verhältnisse bei der Adsorption von SO_4^{2-}, Br^- u. J^- untersucht. Als die wesentlichen Folgen dieser Vorbehandlung ergaben sich Änderungen der wahren Sorptionsoberfläche u. unterschiedliche Eindringtiefen für die Anionen. Eine vorangegangene Oxydation erschwert die Anionenadsorption, eine Anionenadsorption verlangsamt eine nachfolgende O_2-Adsorption. D. Forst. 176◇

Adsorption von Stickstoff an Aluminiumoxid bei hohem Druck. A. M. J. F. Michels, P. G. Menon und C. A. ten Seldam. (Recueil Trav. chim. Pays-Bas **80**, 483 bis 501, 1961; Amsterdam, Gemeente Univ., Van der Waals Labor.; engl.) — Am Beispiel der N_2-Adsorption an Al_2O_3 wird eine Meth. zur Best. der Adsorptionsisothermen von Gasen bei deren Adsorption an Festkörper im Bereich hoher Drücke (zwischen —7,6 u. 100° bis 3000 atm) beschrieben. Die als Maß für die adsorbierte Gasmenge definierte Größe $\Delta G = G - \varrho_g(v - v_0)$ (mit G = Gesamtgasmenge, ϱ_g = Gasdichte bei gegebener Temp. u. gegebenem Druck, v = Gesamt-Vol. u. v_0 = vom Testgas unbeeinflußter Teil des Adsorbenten-Vol.) nimmt als Funktion der Dichte zunächst bis $\varrho_g \cong 175$ Amagat zu, fällt dann annähernd linear mit ϱ_g bis zu $\varrho_g = 500$ Amagat u. steigt dann wieder steil an, wobei keine Hystereseerscheinungen zu beobachten sind. Während in den beiden ersten Bereichen $\partial \Delta G/\partial T < 0$ ist, gilt für den dritten Bereich $\partial \Delta G/\partial T > 0$. Das lineare Verh. des mittleren Bereiches wird an Hand eines einfachen Zweiphasenmodells zu deuten versucht. D. Forst. 176◇

Chemisorption an Metalloxiden. 1. Mitt. **Nickeloxid.** H. B. Charman, R. M. Dell und S. S. Teale. (Trans. Faraday Soc. **59**, 453—69, 1963; Didcot, Berks., A.E.R.E. Harwell, Chem. Div.; engl.) — Es wird über kinet. Messungen der O_2-Adsorption an NiO im Temp.-Bereich zwischen 20 u. 400° berichtet. Für verschiedene aus $Ni(NO_3)_2$ u. $NiCO_3$ hergestellte Proben gleicher Oberfläche wurden vergleichbare Ergebnisse erhalten. Das aus dem Carbonat hergestellte NiO besitzt ein größeres Adsorptionsvermögen; in beiden Fällen variiert die Oberflächenbedeckung jedoch nur zwischen 0,5% bei 20° u. 3—6% bei 400°. Die O_2-Chemisorption bei 20° läßt sich in drei Anteile zerlegen: 1. in eine schnelle irreversible Adsorption, 2. in eine schnelle druckabhängige Adsorption u. 3. in eine langsame Adsorption, die der Elovich-Gleichung folgt. Mit steigender Temp. wird die langsame Adsorption beschleunigt; oberhalb 250° wird ein 4. Adsorptionstyp beobachtet. Für die Wechselwrkg. der O_2-Moll. mit der Oberfläche wird ein Modell entwickelt, bei dem davon ausgegangen wird, daß die Adsorption an Fehlstellen erfolgt, bei denen Ni^{2+}-Ionen infolge bes. Konfigurationsverhältnisse freiliegen. Bei Zimmer-Temp. erfolgt die Adsorption an isolierten Gitterplätzen als O_2^--Ionen u. an Paaren von Gitterplätzen als O^--Ionen. Bei höheren Temp. werden diese Species in Oberflächenoxidionen umgewandelt u. teilweise in das Gitter eingebaut. Es wird ferner über Zerfalls-Verss. von N_2O an NiO sowie über die Adsorption von H_2 berichtet. D. Noack. 176◇

Chemisorption an Metalloxiden. 2. Mitt. **Neutronenbestrahltes Nickel- und Magnesiumoxid.** H. B. Charman und R. M. Dell. (Trans. Faraday Soc. **59**. 470—84, 1963; engl.) — 1. vgl. vorst. Referat. — Es wird über das Adsorptionsverhalten mit schnellen Neutronen bestrahlter NiO- u. MgO-Proben (maximal $6 \cdot 10^{19}$ Neutronen/cm^2) gegenüber O_2, H_2 u. N_2O berichtet. Die hohe Fehlstellen-Konz. in den bestrahlten Proben bewirkt eine erhöhte Chemisorption von O_2 u. H_2. Aus der ähnlichen Kinetik des Chemisorptionsprozesses beider Oxide bei Zimmer-Temp. u. bei 150° geht hervor, daß die chemisorptiven Eigg. neutronenbestrahlter Oxide hauptsächlich durch die Art der

Fehlstellen u. weniger durch die Elektronenstruktur der Kationen bestimmt werden. Die therm. Ausheilung der Adsorptionszentren wird gemessen. Für die Sauerstoff-Chemisorption sowie die Wasserstoff-Adsorption werden Mechanismen angenommen, denen Metallüberschuß- bzw. Sauerstoffüberschuß-Zentren zugrundeliegen. Der N_2O-Zerfall erweist sich als nicht geeignet, Oberflächendefekte zu untersuchen.

D. Noack. 176◇

Einflüsse von Reaktorbestrahlungen auf das Chemisorptionsgleichgewicht von Sauerstoff an Nickeloxid. I. Maxim und T. Braun. (J. Physics Chem. Solids **24**, 537—48, 1963; Bucharest, Inst. of Atom. Phys.; engl.) — $NiCO_3$ wird therm. bei 300 bis 1000⁰ zu NiO zersetzt u. die dabei auftretenden Gewichtsänderungen werden thermogravimetr., die Wärmeeffekte differentialthermoanalyt. untersucht. Die erhaltenen NiO-Proben werden in Quarzgefäßen unter 760 Torr O_2 bzw. 10^{-3} Torr Restgasdruck eingeschmolzen u. bei $< 60^0$ mit $7 \cdot 10^{12}$ schnellen Neutronen/$cm^2 \cdot s$ u. $1{,}5 \cdot 10^{13}$ therm. Neutronen/$cm^2 \cdot s$ bestrahlt. Von allen Proben wird vor u. nach der Bestrahlung jodometr. der Ni^{3+}-Geh. sowie der katalyt. Einfl. bei der H_2O_2-Zers. bestimmt. O_2 wird an NiO als neutrales Mol. N^0 bzw. in ionisierter Form N^- chemisorbiert; die adsorbierte Menge steigt mit fallender Herst.-Temp. an. N^0 erzeugt an der Kristalloberfläche einen oder mehrere leere Acceptorzustände. Da diese Acceptorzustände Haftstellen für Elektronen darstellen, geht N^0 in N^- über; Neutronenbestrahlung führt zu einem weiteren Ansteigen der Acceptorzustände. Innerhalb des untersuchten Druckbereiches ist der Übergang $N^0 \rightarrow N^-$ unabhängig vom O_2-Partialdruck. Die durch Bestrahlung erhöhte O_2-Chemisorption steigert den katalyt. Einfl. bei der Zers. von H_2O_2. Das nach Bestrahlung erreichte Adsorptionsgleichgewicht ist metastabil u. kann durch Wärmebehandlung zwischen 65 u. $87{,}5^0$ erniedrigt werden. Die Aktivierungsenergie des Ausheilprozesses beträgt 0,8 eV

Herbert Müller. 176◇

Einfluß der Art der Nickeloxiddarstellung auf seine chemischen und elektrischen Eigenschaften. J. Derén, J. Haber und J. Słoczyński. (Bull. Acad. polon. Sci., Sér. Sci. chim. **9**, 245—52, 1961; Cracow, School of Mining and Metallurg., Dep. of Anorg. Chem., Pol. Acad. of Sci., Inst. of Phys. Chem., Labor. of Physicochem. Surface Phenomena; engl.) — $NiCO_3$ wurde nach 3 Meth. dargestellt: a) Durch Fällung aus $Ni(NO_3)_2$-Lsg. mit festem NH_4HCO_3 u. Trocknung des Nd. bei 100⁰ im Vakuum; b) Fällung mit Na_2CO_3-Lsg. aus einer $NiCl_2$-Lsg. u. Trocknung an der Luft bei 20⁰; c) Fällung aus NiSO -Lsg. mit Na_2CO_3-Lsg. u. Trocknung wie bei b). Die Analysen ergeben für das Carbonat nach a) die Formel $5\,NiO \cdot 2\,CO_2 \cdot 6{,}8\,H_2O$, nach b) $3\,NiO \cdot CO_2 \cdot 7{,}7\,H_2O$, nach c) $3\,NiO \cdot CO_2 \cdot 7{,}2\,H_2O$. Die Carbonate wurden an der Luft 2 Std. lang zwischen 500 u. 1000⁰ gesintert, schnell abgekühlt u. gemahlen. Zur Charakterisierung des NiO wurden die Oberfläche, die Konz. des Sauerstoffüberschusses u. die elektr. Leitfähigkeit bestimmt. Die spezif. Oberfläche u. der O-Überschuß nehmen mit anwachsender Sinter-Temp. ab, letzterer von maximal 0,47 Atom-% bei 500⁰ bis unter 0,02 bei 1000⁰. Bei tieferen Temp. zeigen b) u. c) einen viel höheren O-Überschuß u. viel größere Oberflächen als a). Oberhalb 800⁰ werden die Werte für a), b) u. c) gleich. Die Veränderung der O-Überschuß-Konz. läuft der Änderung der Oberfläche parallel. Es wird angenommen, daß der O-Überschuß als chemisorbiertes O_2 an der Oberfläche oder in der Oberflächenschicht vorliegt u. erst durch nachträgliche Aufnahme des O_2 aus der Gasphase entstanden ist. Die Aktivierungsenergie der elektr. Leitfähigkeit ist unabhängig von der Sinter-Temp. u. der Darst.-Meth. des Oxids u. beträgt $0{,}71 \pm 0{,}02$ eV.

H. Harenz. 176◇

Der Temperatureffekt auf den Gleichgewichtsenergiezustand von Wasser, das in porösen Medien festgehalten wird. G. E. Wilkinson und A. Klute. (Proc. Soil Sci. Soc. America **26**, 326—29, 1962; Urbana, Ill., Univ. of Illinois, Dep. of Agronom.; engl.) — Die auf das W. einwirkenden Kräfte werden mit Hilfe der Potentialtheorie der klass. Physik u. mit der klass. Thermodynamik beschrieben. Die Desorptionskurven von 2 Sandproben mit einem Teilchendurchmesser von 104—149 u. 53—74 μ sowie einer Schlammprobe mit 13,0—18,5 μ wurden bei 4 u. 44⁰ bestimmt. Bei der Probe mit 104 bis 149 μ wirken auf das W. hauptsächlich Kräfte ein, die durch den Druckgradienten in Verbindung mit der Oberflächenspannung gegeben sind. Bei den beiden anderen Proben müssen außerdem noch andere Kräfte wirksam sein. K. Roß. 176◇

Kennzeichnung der Aluminium- und Eisen(III)-hydroxidphosphate als Austauschersubstanzen durch Einstellung sehr kleiner Gleichgewichtskonzentrationen. Werner Rathje. (Plant and Soil [The Hague] **13**, 89—90, 1960; München, MPI für Biochem.; dt.) — Vf. weist unter Verw. von ^{32}P nach, daß gemeinsame Fällungen von Al^{3+} oder Fe^{3+} mit OH^- u. PO_4^{3-} auch im Bereich sehr kleiner Mol-% u. Konzz. die vom

Vf. früher (C. **1962**, 8384) für einen weiten Bereich gezeigte Abhängigkeit der Mol-% an OH^- u. PO_4^{3-} in den Festkörpern von den OH^-- u. PO_4^{3-}-Konzz. in der Lsg. aufweisen. D. Forst. 177◇

Anionenaustauschverhalten und Komplexbildungskonstanten von EDTA-Komplexen der Seltenerdmetalle. Maksymilian Wald. (Nukleonika [Warszawa] **6**, 65—66, 1961; Warszawa, Inst. für Kernforsch. der Poln. Akad. der Wiss.; dt.) — Die Größe der Komplex-Bldg.-Konst. verschiedener Ionen stellt nicht den entscheidenden Faktor für die Tendenz zur Aufnahme ihrer EDTA-Komplexe in den Anionenaustauscher dar. Ein bes. günstiges Objekt für die genauere Unters. dieses Effekts sind die Seltenerdmetalle, u. zwar einmal wegen der Unveränderlichkeit ihrer äußeren Elektronenschale, zum anderen wegen des Anwachsens der Komplex-Bldg.-Konst. vom La zum Lu um ca. 5 Zehnerpotenzen. Vf. ermittelte die Vol.-Verteilungs-Koeff. trägerfreier Mengen von ^{140}La, ^{144}Ce, ^{147}Nd, $^{152-154}Eu$, ^{160}Tb, ^{169}Er, ^{170}Tm u. ^{175}Yb einerseits zwischen nitratbeladenem Austauscher u. Nitrat-Lsg. (bei $<$ 1% EDTA-Geh.), andererseits zwischen komplexbeladenem Austauscher u. reinen Komplexon-Lsgg. bei pH 4—5. Die Werte der Verteilungs-Koeff. steigen in jedem Fall von La zum Eu stetig an u. fallen vom Eu zum Yb stetig ab. D. Zobel. 177◇

Die Wirkung von Polymeren auf die Quellung des Montmorillonits. W. W. Emerson. (J. Soil Sci. **14**, 52—63, 1963; Adelaide, S.A., C.S.I.R.O., Div. of Soils; engl.) — Suspensionen von Na- (**I**) u. Ca-Montmorilloniten (**II**) wurden mit Lsgg. von *Polyvinylalkohol* (**III**), *Polyacrylsäure* (**IV**), *VAMA* (**V**; Ca-Salz eines hydrolysierten Copolymerisats von Vinylacetat u. teilweise veresterter Maleinsäure), *HPAN* (**VI**: Na-Salz eines hydrolysierten Copolymerisats von Acrylnitril u. Methacrylsäure), *Na-Alginat* (**VII**), *Dextran* (**VIII**; hauptsächlich α-D-Glucopyranose), *Gelatine* (**IX**) u. *Polyacrylamid* (**X**) gemischt u. getrocknet. Außerdem wurden Gemische von **I** u. **II** mit *Cetylammoniumbromid* (**XI**), *Argininiumchlorid* u. *Glycin* untersucht. Die Quellung von **I** mit 0,5% **IV**, **V** u. **VI** bzw. 4% **III** wurde quant. in NaCl-Lsg. bei verschiedenen pH-Werten bestimmt. Die Quellung von **I** mit **III** ist pH-unabhängig u. dem Wert nach gleich der von **I** mit 1,5% **XI**. Komplexe von **I** u. **II** mit den aliphat. Carboxylverbb. u. **X**, die nach dem Waschen mit 1n NaCl-Lsg. in W. stabil sind, dispergieren nach der Behandlung mit Na-Diphosphat-Lösung. Ein in W. stabiler Komplex von **I** mit **VII** konnte nur erhalten werden, wenn die ursprüngliche **I**-**VII**-Suspension bei pH 3,5 hergestellt wurde. Nach Zugabe von 1% Polymerem zu **II** wurde die Quellung von **II** in verd. $CaCl_2$-Lsg. stark reduziert. Die Bindungsmechanismen von **I** u. **II** mit den Polymeren werden diskutiert. K. Roß. 178◇

A_6. Strukturforschung

Immersions-Absorptionskontrastmikroskopie von Kristallflächen. W. G. Feklitschew. (Kristallographie [UdSSR] **7**, 627—30, 1962; UdSSR, Inst. für Mineralogie, Geochem. u. Kristallchem. der seltenen Elemente; russ.) — Beschrieben wird eine nach colorimetr. Prinzipien arbeitende Immersions-Absorptions-Meth. zur Herst. kontrastreicher mkr. Aufnahmen von Kristalloberflächen mit Reliefstruktur von ~ 1 *u* bis ~ 1 mm Höhendifferenz. K. Jaeger. 181◇

Über feldchromatische Aberrationen im Elektronenmikroskop. W. N. Werzner und Ju. W. Worobjew. (Optik u. Spektroskopie [UdSSR] **10**, 120—26, 1961; russ.) Ch. Weiske. 181◇

Doppelt kippbarer Präparathalter für das Siemens-Elmiskop I. G. V. Patser und P. R. Swann. (J. sci. Instruments **39**, 58—59, 1962; Monroeville, Pa., U.S. Steel Corp. Res. Center, Edgar C. Bain Labor. for Fundamental Res.; engl.) — Vff. beschreiben eine Vorr., die es gestattet, die Proben in jeder Richtung bis zu ± 10° von der der Achse des Elektronenstrahls weg zu kippen. C. Gottfried. 181△

Einfache Verschlußschließvorrichtung für Röntgenröhren. W. Hughes. (J. sci. Instruments **39**, 93—94, 1962; Manchester, Coll. of Sci. and Technol., Phys. Dep.; engl.) C. Gottfried. 181△

Probenschwenkvorrichtung für Röntgenbeugungsapparate. R. A. Coyle. (J. sci. Instruments **39**, 90—91, 1962; Fishermen's Bend, Melbourne, Aeronaut. Res. Labor., Dep. of Surrey; engl.) — Beschreibung der Vorr., speziell zur Unters. von grobkörnigem metallurg. Material, die es erlaubt, die zu untersuchende Probe um die Goniometerachse zu schwenken u. gleichzeitig um eine zu ihrer Fläche senkrechte Achse zu drehen. C. Gottfried. 181△

Neue Röntgenkamera zur Orientierung von Einkristallen vor der Bearbeitung. P. Gado. (Kristallographie [UdSSR] **7**, 641—42, 1962; Budapest, Ungarn, Forsch.-Labor. für Industrie der Fernmeldetechnik; russ.) — Beschrieben wird eine Röntgen-

kamera zur Orientierung von Einkristallen (die später in einer bestimmten Richtung gespalten werden sollen) beliebiger Symmetrie mit Hilfe von Orientierungsnetzen.
K. Jaeger. 181◇

Röntgentopographische Aufnahmen von Kristallen. W. M. Kardonski. (Kristallographie [UdSSR] **7,** 313—15, 1962; Zentrales Wiss. Bardin-Forsch.-Inst. der Eisenmetallurg., Inst. für Metallkunde u. Metallphys.; russ.) — Behandelt werden apparative Meth. zur röntgenograph. Versetzungsforschung. Aufnahmen von *LiF*-Kristallen mit einer Versetzungsdichte von 10^5—10^6 cm^{-2} sind beigefügt. K. Jaeger. 181◇

Anwendung schnell arbeitender elektronischer Maschinen zur Röntgenstrukturberechnung. M. A. Porai-Koschitz, A. A. Lewin und B. M. Schtschedrin. (Kristallographie [UdSSR] **7,** 648—56, 1962; Kurnakow-Inst. für allg. u. anorg. Chem.; russ.) — Übersicht über die Entw. in den letzten 5—6 Jahren u. über die Möglichkeiten u. Anwendungen elektron. Rechenmaschinen. — 40 Literaturangaben.
K. Jaeger. 181◇

Rechenmaschine zur Berechnung trigonometrischer Reihen in der Röntgenstrukturanalyse. Je. W. Stroganow, W. Je. Ssolowjew und G. G. Menschikow. (Nachr. Leningrader Univ. **16,** Nr. 13, Ser. Math., Mechan. Astronom. Nr. 3, 169—71, 1961; russ.) Ch. Weiske. 181◇

Zur Bestimmung der Betragsquadrate der Strukturfaktoren aus Texturaufnahmen. H. J. Bunge. (Mber. dtsch. Akad. Wiss. Berlin **3,** 285—95, 1961; Dt. Akad. der Wiss., Inst. für Struktur-Forsch., Forschungsgemeinschaft; dt.) C. Gottfried. 181△

Ermittlung der Funktionen der inkohärenten Streuung von Röntgenstrahlen. 1. Mitt. **O, O^{2+}, N, N^-, Na, Na^+.** A. N. Piljankewitsch. (Kristallographie [UdSSR] **7,** 537—42, 1962; Akad. der Wiss. der UkrainSSR, Inst. für Metallkeramik u. spezielle Legg.; russ.) — Mitgeteilt werden die numer. Ergebnisse der Berechnungen der Funktionen für inkohärente Streuung an O, O^{2+}, N, N^-, Na u. Na^+. Benutzt wurde dazu die Waller-Hartree-Meth. unter Einbeziehung der Austauscheffekte. K. Jaeger. 181◇

Die systematische Bestimmung der Kristallorientierungen aus drei oktaedrischen Spuren auf einer ebenen Oberfläche. M. P. Drazin und H. M. Otte. (Physica Status solidi [Berlin] **3,** 824—58, 1963; Baltimore, Md., RIAS; engl.) — Es wird eine vollständige Lösung angegeben für die Best. der Kristallorientierung aus den Richtungen von drei nicht parallelen Geraden, die beim Schnitt von drei oktaedr. Ebenen mit der Oberfläche einer geeignet präparierten Probe entstehen. Das Problem wird ausführlich analyt. behandelt u. es wird gezeigt, daß es entweder vier oder acht Orientierungen gibt. Für den prakt. Gebrauch werden drei Meth. zur Berechnung der Orientierung vorgeschlagen: eine graph., eine analyt. u. eine Meth. für elektron. Rechenmaschinen. Die Meth. werden ausführlich beschrieben, um eine direkte Anwendung auf spezif. Fälle zu gestatten. Das wesentliche Merkmal der analyt. Näherung ist die Einführung des geometr. Ortes eines Punktes C. Dieser geometr. Ort hat eine Anzahl von Doppelpunkten, deren Lage von den prim. Variablen abhängt. Die exakte Lage dieser Doppelpunkte wurde bestimmt u. kann zur schnellen Darst. des geometr. Ortes benutzt werden.
W. Pump. 181◇

Virialtheorem für mehratomige Moleküle. A. C. Hurley. (J. chem. Physics **37,** 449—50, 1962; Melbourne, C.S.I.R.O., Chem. Res. Labor., Div. of Chem. Phys.; engl.) — Das Virialtheorem für Näherungswellenfunktionen wird auf mehratomige Moll. ausgedehnt. Es läßt sich zeigen, daß jede stabile Wellenfunktion als fließende Funktion formliert werden kann. G. M. Neumann. 182◇

Urey-Bradley-Kraftfeld und thermodynamische Eigenschaften: ebene Moleküle vom Typ XYZ_2. K. Venkateswarlu und K. V. Rajalakshmi. (Acta physica polon. **22,** 417—21, 1962; Annamalainagar, South India, Annamalai Univ., Dep. of Phys.; engl.) — Für COH_2, COD_2, $CSCl_2$, NO_2F u. NO_2Cl wurde eine normale Koordinatenbehandlung unter Verw. des Urey-Bradley-Potential-Kraftfeldes durchgeführt. Die thermodynam. Eigg. [C_p^0, $(H^0-E_0^0)/T$, $-(F^0-E_0^0)/T$ u. S^0] von NO_2F u. NO_2Cl bei verschiedenen Temp. wurden auf der Grundlage einer harmon. Oscillatornäherung mit starrem Rotator berechnet. H. Schroeder. 182◇

Urey-Bradley-Kraftfeld und thermodynamische Eigenschaften von Molekülen des Typs XY_3Z. K. Venkateswarlu und R. Thanalakshmi. (Acta physica polon. **22,** 423—27, 1962; engl.) — Vgl. vorst. Referat. — Urey-Bradley-Kraft-Konst. für Moll. vom Typ XY_3Z (CBr_3H, CBr_3D, CBr_3F, CF_3H, CF_3D, CCl_3F, CH_3D, CD_3H, $PSCl_3$, $SiHCl_3$, $SiHBr_3$) wurden mit der normalen Koordinatenbehandlung erhalten. Die thermodynam. Eigg. (C_p^0, $(H^0-E_0^0)/T$, $-(F^0-E_0^0)/T$ u. S^0) von $SiHCl_3$ u. $SiHBr_3$ wurden für den idealen Gaszustand von 1 atm für 11 verschiedene Temp. von 100—1000° K mit einer harmon. Oscillatornäherung mit starrem Rotator berechnet.
H. Schroeder. 182◇

Urey-Bradley-Kraftfeld und thermodynamische Eigenschaften: Moleküle vom Typ AXYZ. K. Venkateswarlu und K. V. Rajalakshmi. (Indian J. pure appl. Physics **1**, 62—63, 1963; engl.) — Vgl. vorst. Referate. — Die Normalkoordinaten-Analyse für HN_3, DN_3, *HNCO* u. *HNCS* wird auf der Grundlage des Urey-Bradley-Kraftfeldes durchgeführt, u. die Kraft-Konst. werden berechnet. Zunächst wird die Abstoßungskraft-Konst. (van der Waalssche Wechselwrkg.) F_{AY} für diese Moll. abgeschätzt. Die Werte der Valenzkraft-Konst. für die untersuchten Moll. werden in guter Übereinstimmung mit früheren Bearbeitungen gefunden. Die thermodynam. Eigg. (Wärmeinhalt, Freie Enthalpie, Entropie, Molwärme) von DN_3, HNCO u. HNCS werden für den idealen Gaszustand bei 1 atm u. für einen starr rotierenden harmon. Oscillator bei 12 Temp. zwischen 100 u. 1000° K abgeschätzt. D. Kunath. 182◇

Über die Struktur der Kohlenstoff-Metall-Bindung einiger Klassen von metallorganischen Verbindungen. R. Daudel. (Bull. Soc. chim. France **1963**, 1345—52; Paris, Fac. des Sci.; Centre de Mécan. Ondul. Appl.; franz.) — Kurze Übersicht. A. Blaschette. 182◇

Über den Ionencharakter der koordinativen Bindung. V. E. Sahini. (Rev. Chim. [Bucarest] **7**, 495—99, 1962; Bucarest, Univ., Labor. de chim. phys.; franz.) — Für ebene Komplexe mit 3 u. 4 Liganden werden die Aufspaltungen der d- u. f-Orbitale des zentralen Metallatoms verglichen, die durch kovalente u. heteropolare Annäherung der koordinativen Bindung erhalten wurden. B. Krebs. 182◇

Exakte Wiederberechnung einiger in Übergangsmetallcyanokomplexen auftretender Überlappungsintegrale. M. I. Bán, Sz. Fényi und F. J. Gilde. (Z. physik. Chem. [Leipzig] **221**, 193—96, 1962; Szeged, Univ., Inst. für Allg. u. Phys. Chem.; dt.) — Vgl. C. **1960**, 6417. — LCAO-Mo-Berechnung, bes. für $[Ni(CN)_4]^{2-}$. A. Blaschette. 182◇

Theoretische Behandlung zweikerniger Komplexverbindungen. V. Maraz. (Acta Univ. Szegediensis [N.S.] Acta physica chem. **8**, 3—7, 1962; Szeged, Univ., Inst. of Theoret. Phys.; engl.) — Die Energieniveaus u. -übergänge von $[(NH_3)_4Co(OH)_2Co(NH_3)_4]^{4-}$ u. $[(NH_3)_3Co(OH)_3Co(NH_3)_3]^{3-}$ werden mit Hilfe der halbempir. LCAO-MO-Näherung nach Wolfsberg u. Helmholtz berechnet. A. Blaschette. 182◇

Sterische Effekte in einfachen oktaedrischen Komplexen. D. P. Graddon, R. Schulz, E. C. Watton und D. G. Weeden. (Nature [London] **198**, 1299—1300, 1963; Sydney, Univ. of New South Wales, Inorg. Chem. Dep.; engl.) — Diskussion der ster. Effekte in Komplexen vom Typ MeX_2B_2, MeX_2B_4 (Me = Co, Cu; X = Cl, Br, J, NCS; B = Pyridin, 2-Methylpyridin, 4-Methylpyridin) u. MeA_2B_2 (Me = Zn, Co, Cu, Ni, Cd; A = Acetylaceton, Benzoylaceton, Dibenzoylmethan). Die magnet. Momente u. Absorptionsspektren zeigen, daß die Substitution der CH_3-Gruppe an Pyridin in 2-Stellung eine große, bei den einzelnen Verbb. sehr verschiedene Wrkg. besitzt. Der Einfluß des α-H-Atoms im Pyridin wird diskutiert. M. Engel. 182◇

Relevante und irrelevante Symmetriekomponenten. Sind die Bloch-Energiebänder die besten Einelektron-Funktionen? C. K. Jørgensen. (Physica Status solidi [Berlin] **2**, 1146—49, 1962; Cologny, Geneva, Cyanamid European Res. Inst.; engl.) — Die Nichtdiagonalelemente der interelektron. Abstoßung lassen Konfigurationen von Einzelelektronenzuständen bes. ungeeignet erscheinen, wenn die Zustände im Hinblick auf irrelevante Symmetrieelemente ausgewählt werden. Es handelt sich hierbei z. B. um Symmetrieelemente, die durch Atome in großer Entfernung bestimmt werden, so daß diese wenig Einfl. auf die Einzelelektronenenergien haben. Es wird vermutet, daß die Translationssymmetrie, die zur Bandstruktur führt, häufig in diesem Sinne irrelevant ist. Es ist häufig günstiger, Elektronenzustände zu verwenden, die aus Mol.-Zuständen einer Gruppe benachbarter Atome aufgebaut sind. W. Pump. 182◇

Struktur von flüssigem Quecksilber. R. F. Kruh, Glen T. Clayton, Charles Head und Glen Sandlin. (Physic. Rev. [2] **129**, 1479—80, 1963; Fayetteville, Ark., Univ. of Arkansas, Dep. of Chem. and Phys.; engl.) — Die Temp.-Abhängigkeit der Röntgenstreuung von fl. *Hg* wird zwischen —36 u. +26° unter genau reproduzierbaren geometr. Bedingungen erneut untersucht. Die erhaltenen Intensitätskurven u. radialen Verteilungsfunktionen sind im untersuchten Bereich fast ident. u. entsprechen der geringen Abnahme des Mol-Vol. von 1%. Die mittlere Anzahl nächster Nachbarn beträgt 7,5 mit einem Abstand von 3,03 Å. W. Sobieski. 186◇

Diffusion von Neon durch Glas. H. L. Eschbach, R. Jaeckel und D. Müller. (Z. Naturforsch. **18a**, 434—35, 1963; Bonn, Univ., Phys. Inst.; dt.) — Die Diffusion von Ne durch Duranglas wird in Abhängigkeit von der Temp. (ca. 200—500°) gemessen. Für den Diffusions-Koeff. D gilt $D = D_0 \exp(-Q/RT)$ mit Q = 15,5 kcal/Mol. Die durch die Membran diffundierende Gasmenge ist proportional der treibenden Druckdifferenz u. umgekehrt proportional der Membrandicke. Für die Durchlässigkeit K gilt K = DS, wobei S die Löslichkeit des Gases in der Membran ist. S ergibt sich zu $2{,}9 \cdot 10^{-3}$, was den Werten für He u. H_2 entspricht. Eine Temp.-Abhängigkeit von S wird nicht festgestellt. P. Frenzel. 186◇

Röntgenographische Untersuchung der radialen Verteilung in amorphen festen Lösungen S—As_2S_3. G. Ss. Shdanow und A. I. Ssoklakow. (Kristallographie [UdSSR] **7**, 555—59, 1962; Moskau, Lomonossow-Univ., Ssamoilow-Forsch.-Inst. für Düngemittel u. Insektofungicide; russ.) — Vff. zeigten mit Hilfe radialer Verteilungskurven, daß sogar kleine As-Konzz. (3 Atom-%) einen beträchtlichen Einfl. auf die Mol.-Struktur von polymerem S haben. As stabilisiert die Kettenstruktur des S. K. Jaeger. 188◇

Gitterschwingungen als Teilchen-Loch-Anregungen. W. Brenig. (Z. Physik **171**, 60—65, 1963; München, MPI für Phys. u. Astrophys.; engl.) — Vf. behandelt Gitterschwingungen analog den Excitonen im Elektronensystem. In nullter Ordnung wird das Gitter durch ein Syst. ungekoppelter Oscillatoren beschrieben. H. Schroeder. 190◇

Die Rolle geometrischer Faktoren in der Struktur der Materie. J. D. Bernal. (Kristallographie [UdSSR] **7**, 507—19, 1962; London; russ.) — Histor. Abriß u. Übersicht. — 7 Literaturangaben. K. Jaeger. 190◇

Antisymmetrie und ihre konkreten Modifikationen. L. A. Schubalow. (Kristallographie [UdSSR] **7**, 520—25, 1962; Akad. der Wiss. der UdSSR, Inst. für Kristallograph.; russ.) — Es wird gezeigt, daß die elektr., magnetoelektr. u. kombiniert magnetoelektr. Symmetriegruppen im Kristall sowie die früher eingeführten schwarz-weißen u. magnet. Gruppen Varianten einfacher u. doppelter Antisymmetriegruppen sind. Sie unterscheiden sich durch ihre verschiedenen konkreten geometr.-physikal. Bedeutungen der antisymm. Elementaroperation sowie durch ihre verschiedenen Anwendungsbereiche. Allg. Symmetrieklassen für Kristalle mit speziellen magnet. u. elektr. Eigg. werden gefunden. K. Jaeger. 190◇

Über einige Besonderheiten des Kristallwachstums in kondensierten Systemen. A. L. Roitburd. (Kristallographie [UdSSR] **7**, 291—99, 1962; Zentrales wiss. Bardin-Forsch.-Inst. der Schwermetallurgie, Inst. für Metallkunde u. Metallphys.; russ.) — Diskutiert wird das Kristallwachstum in einer kondensierten Phase, wobei die Wechselbeziehung der Übergänge der Atome von einer in die andere Phase berücksichtigt wird. Es wird gezeigt, daß für ein Abweichen des Syst. vom Gleichgewicht um mehr als einen bestimmten krit. Betrag die Verschiebung der Phasengrenzen nicht mehr an die Überwindung einer Energieschwelle geknüpft ist. Die Verschiebung der Phasengrenzen ist damit nicht mehr an die Frequenz therm. Bewegungen gebunden. Die Ergebnisse können zur Analyse des Kristallwachstums in einer festen Phase u. der Kristallisation aus einer Lsg. dienen. K. Jaeger. 190◇

Bestimmung der Größe des Kristallkeims aus akustischen Messungen. N. F. Otpuschtschennikow. (Kristallographie [UdSSR] **7**, 305—08, 1962; Kursk, Päd. Inst.; russ.) — Aus der Anomalie der Ultraschall-Geschw. am Gefrierpunkt (im Temp.-Bereich Θ) wurde für *Naphthalin, Phenol, Azobenzol, Paraffin*, für eine Sn–Pb–Bi-Leg. u. für *Sn* die Größe des Kristallkeimes bestimmt, u. zwar nach $\mu = T_G^{kT}/\gamma\, \Theta \cdot (c_2^2 - c_1^2)/(c^2 - c_1^2)$ mit μ in g ($\sim 10^{-19}$), T_G = Gefrierpunkt, γ = Schmelzwärme u. c = Ultraschallgeschwindigkeit. K. Jaeger. 190◇

Kugelwachstum von Eiskristallen. N. W. Gliki, A. A. Jelissejew und N. M. Martschenko. (Kristallographie [UdSSR] **7**, 609—12, 1 Tafel, 1962; Akad. der Wiss. der UdSSR, Inst. für Kristallographie; russ.) — Berichtet werden die experimentellen Ergebnisse der Unterss. der Wachstumsformen u. der Kinetik der Flächen-Bldg. an Eiskugeln (⌀ 500—600 μ) in Wasserdampf-Luft-Atmosphäre. K. Jaeger. 190◇

Entstehung und Entwicklung der Kristallisationszentren in Lösungen von Kaliumaluminiumalaunen im Ultraschallfeld. A. P. Kapusstin und W. Je. Kowaljunaitje. (Kristallographie [UdSSR] **7**, 613—15, 1962; Akad. der Wiss. der UdSSR, Inst. für Kristallograph.; russ.) — Untersucht wurde der Ersatz der Übersättigung durch Ultraschall-Einw. bei der Kristallisation von $KAlSO_4 \cdot 12\, H_2O$ aus wss. Lösungen. Dieser Ersatz kann unabhängig von der Ggw. von Kristallisationskeimen auftreten. Im Falle der Ggw. eines Kristallisationskeimes spielt seine Lage in der stehenden Welle in der Lsg. eine wichtige Rolle. Wird ein Kristallisationskeim in einen Druckknoten eingebracht, so ist der Übersättigungsersatz nahezu 7mal so groß wie im Falle der Abwesenheit eines Kristallisationskeimes. Die Ersatzwerte sind für Ultraschall sehr viel größer als für einfache Einwirkungen. K. Jaeger. 190◇

Elektronenmikroskopische und nephelometrische Untersuchungen über das Kornwachstum von Silberhalogenidkristallen. E. Klein und E. Moisar. (Ber. Bunsenges. physik. Chem. **67,** 349—55, 1963; Leverkusen, Agfa AG, Wiss.-Photogr. Labor.; dt.) — Die durch Umlösung („Ostwald-Reifung") bedingte zeitliche Änderung der mittleren Teilchengröße ($\bar{r}$) von Silberhalogeniddispersionen wurde nephelometr. u. durch Elektronenmikroskopie untersucht. In abgeschlossenen, quasistationären Syst. ist der nach einer gegebenen Umlösezeit sich einstellende Wert von $\bar{r}$ eine Funktion der Löslichkeit (c_0). So werden in Dispersionen, in denen Äquivalenz von Halogenid- u. Ag^+-Ionen herrscht, Maxima von $\bar{r}$ beobachtet, denen sich bei höheren bzw. tieferen pAg-Werten (entsprechend der Abnahme von c_0) Minima von $\bar{r}$ anschließen. Bei weiterer Erhöhung bzw. Erniedrigung des pAg-Wertes steigt in den Gebieten beginnender Komplex-Bldg. c_0 u. damit $\bar{r}$ erneut an. In nichtabgeschlossenen Syst. mit fortlaufender Substanzzufuhr (gesteuerter Zufuhr von Ag- u. Halogenidionen) wird die Umlösung durch das infolge Substanzzufuhr bedingte allg. Teilchenwachstum überlagert. Wird die Kristallkeim-Bldg. zeitlich auf die erste Phase des Fällungsvorganges beschränkt, was bei kurzen Diffusionswegen, d. h. ausreichend geringem Teilchenabstand während der Fällung möglich ist, so werden Silberhalogenidfällungen mit außerordentlich enger Teilchengrößenverteilung erhalten. E. Moisar. 190◇

Darstellung von Nephelineinkristallen mit der hydrothermalen Methode. B. N. Litwin und L. N. Demjanetz. (Kristallographie [UdSSR] **7,** 643—44, 1962; Akad. der Wiss. der UdSSR, Inst. für Kristallograph.; russ.) — Berichtet wird über vorläufige Ergebnisse der Hydrothermal-Synth. von $Na(AlSiO_4)$-Einkristallen. Der optimale Temp.-Bereich wird mit 350—450° angegeben. Die Aufwachs-Geschw. beträgt 0,2 bis 0,5 mm/d senkrecht zu (0 0 0 1). Natrodewin, $Na_8[Al_6Si_6O_{24}](OH)_2$, bildet sich unter den gleichen Bedingungen, teilweise gleichzeitig mit $Na(AlSiO_4)$. K. Jaeger. 190◇

Der Einfluß des Richtungsverlaufes von Kristallstörungen auf die morphologische Entwicklung von Ätzgruben. H. Gülzow. (Physica Status solidi [Berlin] **3,** 1268—73, 1963; Jena, Carl-Zeiss-Straße 1; dt.) — Durch Einschlüsse markierte Störungen in Kaliumalaunkristallen gestatten, das morpholog. Verh. der sich an diesen Störungen entwickelnden Ätzgruben zu beobachten. Unter Benutzung des Begriffes der „vertikalen Ätzgeschw." werden die Vers.-Ergebnisse diskutiert u. die Beziehungen zwischen Störungsorientierung u. Ätzgrubenmorphologie erörtert. W. Pump. 190◇

Ätzuntersuchungen an hexagonalen Selen-Einkristallen. F. Eckart und W. Henrion. (Physica Status solidi [Berlin] **3,** 1247—51, 1963; Berlin, Dt. Akad. der Wiss., Phys.-Techn. Inst., Abt. Elektron. Halbleiter; dt.) — Durch Sublimation im Hochvakuum hergestellte hexagonale Se-Einkristalle werden in heißem konz. H_2SO_4 geätzt. Auf natürlichen $(1 0 \bar{1} 0)$-Flächen treten charakterist. Ätzhügel u. -punkte auf. Die Ätzhügel bilden eine Kleinwinkelkorngrenze. Kurzzeitiger Angriff von heißem, konz. H_2SO_4 liefert flache Ätzfiguren. Bei Ätzung einer durch Schleifen hergestellten $(1 0 \bar{1} 2)$-Fläche mit einer Mischung aus konz. H_2SO_4 u. konz. HNO_3 bilden sich 6flächige regelmäßige Pyramiden. W. Pump. 190◇

Selektive Ätzung von Kaliumhalogeniden. Ss. W. Lubenetz und N. F. Kosstin. (Kristallographie [UdSSR] **7,** 328—30, 1962; Krasnojarsk, Sibir. Abt. der Akad. der Wiss. der UdSSR, Phys. Inst.; russ.) — Berichtet wird über 5 Ätzagentien zur langsamen Ätzung von *KCl, KBr, KJ* u. festen Lsgg. KCl–KBr: 1. *Methyl-* u. *Butylalkohol* + 10% $BiCl_3$, 2. CH_3COOH + 2% $Bi(CH_3COO)_3$, 3. *A.*, Methyl- u. Butylalkohol (I) + $PbCl_2$, 4. I + $PbSO_4$ u. 5. I + $Pb(CH_3COO)_2$. K. Jaeger. 190◇

Über Defekte in Störstellen von Zwillingskanten. R. I. Garber und Je. I. Stepina. (Kristallographie [UdSSR] **7,** 325—26, 1962; Akad. der Wiss. der Ukrain. SSR, Phys. Techn. Inst.; russ.) — Ätzunterss. ermöglichten es, an *Calcit* den Bldg.-Mechanismus von Defekten zu verfolgen u. Eigentümlichkeiten der Zwillings-Bldg. zu erklären. Alle Defekte, die bei der Zwillings-Bldg. entstehen, treten an der Zwillingskante auf u. wandern auch mit dieser. K. Jaeger. 190◇

Verschiebung von Extinktionskonturen durch die Gegenwart von Versetzungen. R. Siems, P. Delavignette und S. Amelinckx. (Physica Status solidi [Berlin] **3,** 874—85, 1963; Mol, S.C.K.-C.E.N., Solid State Phys. Dep.; engl.) — Es wird die Verformung von Prismen u. Zylindern mit ellipt. Querschnitt behandelt, die durch eine willkürliche Versetzungslinie parallel zu einer der Hauptachsen des Querschnittes hervorgerufen wird. Dabei tritt im allg. eine Biegung u. Drillung der Probe ein. Die Verformung macht sich im Elektronenmikroskop durch eine Verschiebung der Extinktionskonturen an den Stellen bemerkbar, an denen die Konturen die Versetzung kreuzen. Das Vorzeichen u. die Größe der Verschiebung hängen von der Größe, dem Vorzeichen

u. der Orientierung des Burgers-Vektors relativ zur Versetzungslinie sowie von dem Beugungsvektor u. der Krümmung der Folie ab. Für eine bestimmte Versetzung im ZnS konnte die Theorie im einzelnen quant. bestätigt werden. W. Pump. 190◇

Beugung an kubisch-flächenzentrierten Kristallen mit extrinsischen Stapelfehlern. Charles A. Johnson. (Acta crystallogr. [Copenhagen] **16**, 490—97, 1963; Monroeville, Pa., U. S. Steel Corp. Res. Center, Edgar C. Bain Labor. for Fundament. Res.; engl.) — Die Beugungsdiagramme für Kristalle mit verschiedenen Dichten von extrins. Stapelfehlern (zusätzlich eingefügte dichtest gepackte Schichten nach Read) werden für unbegrenzt ausgedehnte Kristalle abgeleitet. Verschiebung u. Verbreiterung der Bragg-Reflexe unterscheiden sich von denen in Kristallen mit intrins. Stapelfehlern (Fehlen verschiedener dichtest gepackter Schichten nach Read). Die Verschiebung der Maxima erfolgt in entgegengesetzter Richtung bei niedriger Dichte der extrins. Stapelfehler u. führt bei höherer Dichte zu einer Aufspaltung der Maxima: ein neues Maximum entsteht näher an der hexagonalen Lage u. bewegt sich gegen die bei Verzwillingung eingenommene Stellung. Bei allen Fehlerdichten erfolgt die Verbreiterung der Reflexe asymmetrisch. R. Uttech. 190◇

Berechnung der Ladung von Versetzungen in NaCl. G. Remaut. (Physica Status solidi [Berlin] **2**, 576—79, 1962; Ghent, Labor. voor Kristallogr. en Studie van Vaste Stoffen; engl.) — Es wird eine Deutung für die negative Ladung von Versetzungen in NaCl-Kristallen vorgeschlagen, die 2wertige positive Fremdionen enthalten. Eine Berechnung der Ladung pro Längeneinheit ergibt je nach der Konz. der Fremdionen Werte zwischen $-21 \cdot 10^{-5}$ u. $-43 \cdot 10^{-5}$ e.s. E/cm. Mit Hilfe dieser Resultate wird die Spannung berechnet, die notwendig ist, um eine Versetzung von der sie umgebenden Debye-Hückel-Wolke von Leerstellen zu trennen. W. Pump. 190◇

Versetzungen in Manganferrit-Einkristallen. 1. Mitt. **Nachweis von Versetzungen auf niedrig indizierten Flächen und die Wirkung verschiedener Ätzmittel.** Ingrid Hanke und Heinrich Burger. (Z. angew. Physik **14**, 168—74, 1962; München, Siemens & Halske A.G., Wernerwerk für Bauelemente; dt.) — Der Realbau von Mn-Ferrit-Einkristallen, die im Flammenfusions-Verf. hergestellt wurden, konnte mit Hilfe der Ätzmeth. unter Verw. verschiedener Ätzmittel untersucht werden. Am Durchstoßpunkt von Versetzungslinien entstehen Gruben, deren Außenberandung der Symmetrie der jweiligen Kristallfläche gehorcht, während die Ätzgrubenspitzen häufig aus dem Symmetriezentrum verschoben sind. Der unterschiedliche Abbau deutet auf Stufen- u. Schraubenversetzungen hin, die entweder statist. über die Fläche verteilt sind oder sich in geraden Ketten entlang ausgezeichneter kristallograph. Richtungen erstrecken. Die Dichte schwankt zwischen 10^3 u. 10^6 cm^{-2} mit größter Häufigkeit bei 10^4 cm^{-2}. — Außer Ätzgruben konnten auf {1 0 0}-Flächen bei Wahl bestimmter Lsgm. auch steile u. flache Ätzhügel beobachtet werden, deren Zustandekommen bisher noch nicht geklärt werden konnte. G. Talsky. 190◇

Versetzungen in Manganferrit-Einkristallen. 2. Mitt. **Stufen- und Schraubenversetzungen; Verteilung der Versetzungen über den Kristallquerschnitt.** Ingrid Hanke und Heinrich Burger. (Z. angew. Physik **14**, 301—06, 1962; dt.) — 1. vgl. vorst. Referat. — Aus der Ätzgrubenform wird die Lage der Versetzungslinien interferometr. ermittelt u. damit werden Stufen- u. Schraubenversetzungen identifiziert. Die Unters. von Kristallquerschnitten senkrecht zur Wachstumsrichtung ergab, daß die Versetzungen nicht kontinuierlich über den Kristall verteilt sind, sondern sich in den zylindermantelförmigen Randzonen von 0,5—1,5 mm Breite häufen u. etwa um den Faktor 10—100 monoton, aber nicht linear zur Kristallachse hin abnehmen. G. Talsky. 190◇

Röntgenographische Daten über die Phasenumwandlung von α- in β-Quarz. A. N. Chlapowa. (Kristallographie [UdSSR] **7**, 568—75, 1962; Kurnakow-Inst. für allg. u. anorg. Chem.; russ.) — Mit Hilfe von Debye-Scherrer-Aufnahmen bei Zimmer Temp., 500, 550, 560, 575 u. 580° wurde die polymorphe Umwandlung von α- in β-Quarz untersucht. Die Ergebnisse werden in Tabellen u. Strichdiagrammen mitgeteilt. K. Jaeger. 190◇

Über die kubische Modifikation des Cadmiumselenids. A. Ss. Paschinkin und R. A. Ssaposhnikow. (Kristallographie [UdSSR] **7**, 623, 1962; Moskau, Lomonossow-Univ.; russ.) — Kub. CdSe (Sphalerit-Typ, a = 6,04 ± 0,03 Å) wurde durch Fällung aus $Cd(CH_3COO)_2$-Lsgg. (0,1—0,05%) mit H_2Se erhalten. Hexagonales CdSe war nach Temperung von 10 Std. bei 130° u. 6 Std. bei 200° z. T., nach 18std. Temperung bei 700° vollständig in die kub. Modifikation umgewandelt. K. Jaeger. 190◇

Keimbildungsprozesse in Bariumtitanat bei der Umwandlung von der kubischen in die tetragonale Phase. Arkadiusz Jaśkiewicz. (Acta physica polon. **22**, 489—98, 1962; engl.) — Es wurde die Umwandlung der paraelektr. Phase in die ferroelektr. als

Folge eines Keim-Bldg.-Prozesses untersucht. Dabei wird eine Berechnung für die Bldg. neuer Domänen beim Phasenübergang im elektr. Feld Null durchgeführt. Die Aktivierungsenergie für die Bldg. einer inneren Domäne in einem Einkristall aus Bariumtitanat wurde im elektr. Feld Null bei Temp. in der Nähe des Curie-Punktes in der Größenordnung von kT gefunden. R. Worbis. 190◇

Einfluß der Dehydratisierung auf die Morphologie von Halloysit. Ju. O. Russko. (Geol. J. [UdSSR] **21**, Nr. 3, 57—60, 1961; Inst. für Geol. der Akad. der Wiss. der UkrainSSR; ukrain.) — Elektronenmkr. wurde die Entwässerung von Halloysit in Abhängigkeit von der Temp. (bis 600°) untersucht. Ch. Weiske. 190◇

Das System Natriumchlorid–Silberchlorid. R. J. Stokes und C. H. Li. (Acta metallurg. [New York] **10**, 535—42, 1962; Hopkins, Minn., Honeywell Res. Center; engl.) — Unterss. des Phasendiagrammes ergaben, daß $>170°$ vollständige Mischkristall-Bldg. erfolgt u. $<170°$ eine Mischungslücke vorhanden ist. Bei Zimmer-Temp. erstreckt sich das Zweiphasengebiet von 10—80% NaCl. Bei der Ausscheidungs-Rk. innerhalb dieses Zweiphasengebietes werden die zuvor vollkommen durchsichtigen Kristalle undurchsichtig. Das gelbe Aussehen von AgCl war bei Annäherung an den F. auch noch bei 75% NaCl feststellbar. Alle Kristalle mit bis zu 20% NaCl sind photoempfindlich, ebenso die Syst. mit bis zu 80% NaCl im vollkommen ausgeschiedenen Zustand. Die Streckgrenze lag bei 20000—27000 lb/in.². Weiterhin wird eine merkliche Erhöhung der Geschw. der Bearbeitungsaushärtung festgestellt. Diese Aushärtung tritt unabhängig von der Wärmebehandlung der Kristalle auf. Der Übergang von den wellenförmigen Gleitlinien des AgCl zu den feinen geraden Gleitlinien des NaCl erfolgt allmählich. C. Gottfried. 190△

Charakter der chemischen Bindung in seignetteelektrischen Kristallen ABO_3 mit Perowskitstruktur. W. G. Granowski. (Kristallographie [UdSSR] **7**, 604—08, 1962; Rostow/Don, Univ.; russ.) — Berechnet wurden die effektiven Ionenladungen in ferroelektr. ABO_3-Kristallen mit Perowskitstruktur. Diese Werte können zur Berechnung der kovalenten Radien der Ionen dienen u. damit zur Unters. der qual. Abhängigkeit der Phasenumwandlungs-Temp. von der Zus. eniger festen Lösungen. Untersucht wurden $BaTiO_3$, $KNbO_3$, $PbTiO_3$, $SrTiO_3$, $PbZrO_3$, $BaSnO_3$, $BaZrO_3$, $CdTiO_3$ u. $KTiO_3$. K. Jaeger. 190◇

Kristallchemie der Verbindungen mit tetraedrischer Atomanordnung. L. Ss. Palatnik, Ju. F. Komnik und W. M. Koschkin. (Kristallographie [UdSSR] **7**, 563—67, 1962; Charkow, Gorki-Univ., Forsch.-Inst. für Grundchem.; russ.) — Untersucht wurden die Abweichungen der berechneten Gitter-Konst. kovalenter Kristalle aus den tetraedr. Radien von Pauling u. Huggins. Es wurde gezeigt, daß diese Abweichungen auf die ion. Anteile der kovalenten Bindung zurückzuführen sind. Eine Tabelle der wahren kovalenten tetraedr. Radien der Elemente wird mitgeteilt. Angegeben wird eine Formel zur Berechnung der Gitter-Konst. mehratomiger Verbb. aus den wahren kovalenten Radien unter Berücksichtigung der ion. Anteile. K. Jaeger. 190◇

Zur Struktur des KJO_3 bei Zimmertemperatur. R. P. Oserow, N. W. Rannew, W. I. Pachomow, I. Ss. Res und G. Ss. Shdanow. (Kristallographie [UdSSR] **7**, 620—22, 1962; Phys.-chem. Karpow-Inst.; russ.) — Mit Hilfe der Röntgen- u. Neutronenbeugung wird die Struktur von KJO_3 bei Zimmer-Temp. ermittelt. KJO_3 ist ein rhomboedr. verzerrter Perowskit mit der Raumgruppe C_{3v}^5—R 3 m. KJO_3 enthält deutlich ausgeprägte JO_3-Gruppen (J-O 1,8 u. 2,7 Å). $\alpha = 89° 30' \pm 3'$, $a = 2 \cdot 4{,}469 = 8{,}938 \pm 0{,}002$ Å u. Z = 8. Ferner existiert eine orthorhomb. KJO_3-Modifikation, für die die Parameter a = 7,47, b = 19,20, c = 8,55 Å u. Z = 16 bestätigt wurden. K. Jaeger. 195◇

Bildung und Struktur von δ-Al_2O_3. H. P. Rooksby und C. J. M. Rooymans. (Clay Minerals Bull. **4**, 234—38, 1961; Wembley, England, Gen. Electr. Co. Ltd., Hirst Res. Centre; Eindhoven, Netherlands, Philips Res. Labor.; engl.) — δ-Al_2O_3 tritt als Zwischenphase bei der Umwandlung von Böhmit in Korund auf. Vff. schließen aus Pulverdaten auf eine tetragonale Elementarzelle (a_0 = 7,96, c_0 = 11,70 Å) mit spinellähnlicher Struktur. Walther Franke 195◇

Die Struktur von Tetramethyl-O.O'-bis-[trimethylsilyl]-cyclodialumoxan. P. J. Wheatley. (J. chem. Soc. [London] **1963**, 2562—63, 1963; Zürich, Monsanto Res. S. A.; engl.) — *Tetramethyl-N.N'-bis-[trimethylsilyl]-cyclodisilazan* (**I**; vgl. Fink, C. **1962**, 7444; Wheatley, C. **1963**, 39) u. *Tetramethyl-O.O'-bis-[trimethylsilyl]-cyclodialumoxan* (**II**; vgl. Schmidbaur u. Schmidt, C. **1963**, 52) sind nicht nur isoster, sondern zweidimensionalen Röntgenbeugungs-Meth. nach auch isomorph, demnach sicher auch strukturell gleich mit ebener Einstellung der 3 Valenzwinkel um die N- bzw. O-Atome. Für **I** u. **II** gelten F. 38,5°/45,5°, Kp. 85° bei 7 Torr/81,5° bei 10 Torr, a $6{,}75_9/7{,}00_8$, b $13{,}18_1/13{,}22_0$, c $11{,}22_5/11{,}02_2$ Å, β 104° 23'/104° 49°, D_x 0,997/0,984, D_m 0,998/0,98, Z 2/2, Raumgruppe jeweils P 2_1/n. U. Wannagat. 195◇

Kristallographische Untersuchung von Lithiumgallat und seiner festen Lösung mit Lithiumaluminat. Jean-Claude Joubert, Michel Brunel, Alex Waintal und André Durif. (C. R. hebd. Séances Acad. Sci. **256**, 5324–26, 1963; Grenoble, Labor. d'Électrostat. et de Phys. du Métal; franz.) — $LiGa_5O_8$ (I) wurde durch Erhitzen der Nitrate auf 500° u. anschließendes 10–200std. Tempern bei 1050° dargestellt u. röntgenograph. untersucht. Wie die isomorphen Aluminate u. Ferrite krist. **I** spinellartig in der Raumgruppe P 4_3 3 2 oder P 4_1 3 2 mit Z = 4. Unterhalb 1140 ± 5° besteht eine geordnete Überstruktur mit Li : Ga = 1 : 3 auf den oktaedr. Plätzen. Für die geordnete Phase ist a = 8,203 Å, für die ungeordnete 8,211 Å. In festen Lsgg. $LiGa_{5x}Al_{5-5x}O_8$ besetzt Ga bevorzugt tetraedr. Lücken, während sich Li unabhängig von der Al-Konz. auf oktaedr. Positionen befindet. B. Krebs. 195◇

Strukturen der Nioboxide. Nobuzo Terao. (Jap. J. appl. Physics **2**, 156–74, 1 Tafel, 1963; Bruxelles, Union Carbide Europ. Res. Assoc.; engl.) — Die im Syst. Nb–O auftretenden Phasen wurden durch Röntgen- u. Elektronenbeugungsmessungen systemat. untersucht, wobei von dünnen Nb-Filmen u. von Nb-Pulver ausgegangen wurde. Beim Erhitzen in Luft von Atmosphären- oder vermindertem Druck ergeben sich folgende Umwandlungen Nb $\xrightarrow{300-350^0}$ feste Lsg. Nb–O (kub., **I**) $\xrightarrow{350-400^0}$ tetragonales NbO_x(**II**) $\xrightarrow{\sim 400^0}$ hexag. δ-Oxid (**III**) $\xrightarrow{400-700^0}$ monoklines γ-Nb_2O_5 (**IV**) $\xrightarrow{700-800^0}$ monoklines, α-Nb_2O_5 (**V**). Nur beim Erhitzen unter vermindertem Druck (10^{-2} bis 10^{-5} Torr) bilden sich tetragonales NbO_z (**VI**, bei 500–600° über **II**), kub. NbO (**VII**, bei 550–600° aus **VI**) u. tetragonales NbO_2 (**VIII**, bei 650–700° aus **VII**). Nachdem bei **I** O-Atome in das Nb-Gitter aufgenommen worden sind, erfordert die Umwandlung **III** → **IV** nur geringe Änderungen in den Atomlagen, während die Umwandlung **IV** → **V** mit einer völligen Umordnung beider Teilgitter verbunden ist. Die bisher als schlecht krist. Zustand von **IV** angesehene Phase **III** muß wahrscheinlich als NbO_n mit $n < 2$ formuliert werden. **VI** zeigt eine vom Rutil abgeleitete Überstruktur. Folgende Strukturdaten wurden ermittelt: **I**: a = 3,314 Å; **II**: a = 3,384, c = 3,276 Å; **III**: a = 3,621, c = 3,932 Å; **IV**: a = 7,317, b = 15,728, c = 10,749 Å, β = 120° 30'; **V**: a = 21,20, b = 3,824, c = 19,39 Å, β = 120° 10'; **VI**: a = 6,644, c = 4,806 Å; **VII**: a = 4,210 Å; **VIII**: a = 4,837, c = 2,988 Å ($a_s = 2\sqrt{2}$ a, c_s = 2 c). Das vollständige Umwandlungsschema ist angegeben. B. Krebs. 195◇

Anwendung der statistischen Methode zur Bestimmung der Raumgruppen von Kupferpyridoinat. Je. A. Schugam und L. M. Schkolnikowa. (Kristallographie [UdSSR] **7**, 534–36, 1962; Allunions Wiss. Forsch.-Inst. für chem. Reagentien; russ.) — Kupferpyridoinat (**I**) zeigt keine piezoelektr. Eigg., was C 2/m als wahrscheinliche unter den möglichen Raumgruppen C 2/m, C m u. C 2 erscheinen läßt (Z = 2). Durch die angewendete statist. Meth. konnte die wahrscheinliche Raumgruppe bestätigt werden. Kristalle von **I** besitzen ein Symmetriezentrum, das von Cu besetzt ist. K. Jaeger. 195◇

Ungefähre Bestimmung der Lage einiger Kationen in entwässertem Montmorillonit. L. Heller und Z. H. Kalman. (Clay Minerals Bull. **4**, 213–20, 1961; Israel, Jerusalem, Geol. Surv.; Hebrew Univ., Dep. of Phys.; engl.) — Die Entscheidung, ob Li, Mg, Ca in den Zwischenschichten oder in den oktaedr. Positionen des Montmorillonits sitzt, kann aus den relativen Intensitäten von (0 0 1)-, (0 0 2)-, (0 0 3)-Reflexen des entwässerten Präp. abgeleitet werden. Walter Franke. 195◇

Daten der Elektronographie zur Struktur Phlogopit–Biotit. B. B. Swjagin und K. Ss. Mischtschenko. (Kristallographie [UdSSR] **7**, 623–27, 1962; Allunions geol. Forsch.-Inst.; russ.) — Phlogopit u. Biotit liefern gleiche Elektronenbeugungsdiagramme, da sie sich bei gleichem Grundgitter nur durch ihre statist. verteilten isomorphen Kationen unterscheiden. Phlogopit u. Biotit treten in 2 Modifikationen auf, einer monoklinen mit Wiederholung nach jeweils einer Schicht u. einer triklinen mit Wiederholung nach 3 Schichten. Die Parameter der triklinen Modifikation lassen sich aus den Parametern der monoklinen bestimmen u. umgekehrt. Für die monokline Modifikation wurden aus Elektronenbeugungsdiagrammen folgende Parameter bestimmt: a = 5,28; b = 9,16; c = 10,3 Å u. β = 99° 50'. Angegeben werden ferner Atomlagen, Atomabstände, eine schemat. Projektion der Elementarzelle auf die x–y-Ebene u. Projektionen auf die x–z- u. y–z-Ebene. K. Jaeger. 195◇

Eine neue Methode zur Rekristallisation dünner CdS-Filme. A. Vecht und A. Apling. (Physica Status solidi [Berlin] **3**, 1238–46, 1963; Harlow, England, Assoc. Electr. Ind. (Woolwich) Ltd.; engl.) — Es wird eine neue Meth. zur Rekristallisation von CdS-Aufdampfschichten unter Verw. von organ. Metall-Verbb. in inerten, fl., organ. Medien beschrieben (bes. Ag- u. Cu-Diäthyldithiocarbamat + p-Dichlorbenzol in Siliconöl). Eine Reihe der auf diese Weise hergestellten Kristalle sind abgebildet, mögliche Bldg.-Mechanismen werden diskutiert. W. Pump. 196◇

Untersuchung der Struktur dünner Tellurschichten. Kandida Georgidse Oantscha, Jon Teodorescu und Paul Krisstja. (Kristallographie [UdSSR] **7**, 560—62, 1 Tafel, 1962; Bukarest, Rumänien, Polytechn. Inst.; russ.) — Untersucht wurde mit Elektronenbeugung die Struktur aufgedampfter Te-Filme (200 Å — 2 μ). Unter sonst gleichen Bedingungen sind die Filme bei geringer Ablagerungs-Geschw. kristallin, bei großer Ablagerungs-Geschw. nahezu amorph. K. Jaeger. 196◇

Chemische Einflüsse auf thermisch ausgelöste Umbauvorgänge in Dünnschicht-Einkristallen von Gold. P. A. Thiessen und E. Zabel. (Mber. dtsch. Akad. Wiss. Berlin **3**, 22—26, 1961; Dtsch. Akad. der Wiss., Inst. für phys. Chem., Forschungsgemeinschaft; dt.) — Vff. berichten über Beobachtungen an sehr dünnen Einkristallen von Au, die ähnlich wie Blattgold, bei der therm. ausgelösten Umformung ebenfalls Abhängigkeit von der Atmosphäre bei der Erhitzung zeigen. Die untersuchten Dünnschichteinkristalle entstanden an der Oberfläche verd. Goldsalz-Lsgg. bei der Red. mit *Formaldehyd*-Dampf oder *Isobutylen*. Systemat. wurden an diesen Kristallen die Einfl. von Temp., Zeit u. chem. Natur der Umgebung untersucht. Mkr. wurde eine Umschichtung des Materials an den Kanten u. innerhalb des Kristalls beobachtet. Hier entstehen Lücken, wahrscheinlich zunächst längs der Versetzungslinien. Die Grenzen der „Kanäle" u. „Fenster" entsprechen im ganzen kristallograph. definierten Richtungen. Die stehenbleibenden Bereiche des Kristalls nehmen an Dicke zu u. bilden schließlich sehr gedrungene Kristallformen, die den Gleichgewichtsformen näherkommen. Die mittleren Temp. der beginnenden Umbildung. liegen in N_2 bei ca. 0,4 T_s (T_s = abs. F.), in H_2 etwas niedriger u. in O_2 bei ca. 0,3 T_s. In O_3 tritt die Umbildung nach 80 bis 100 Std. bereits bei 300°K ein. C. Gottfried. 197△

Untersuchung des Zusammenhangs zwischen der Verteilung von Zusätzen und Versetzungen in Cadmiumkristallen. J. W. Borowski, A. A. Predwotiljew, N. A. Tjapunina und Je. W. Etina. (Kristallographie [UdSSR] **7**, 600—03, 1 Tafel, 1962; Moskau, Lomonossow-Univ.; russ.) — Untersucht wurden Cd-Kristalle (99,97% ig.) u. Cd-*Zn*-Legg. (1 u. 3% Zn). Farbveränderungen, opt. Polarisation u. Röntgenspektralanalyse zeigten in Cd-Zn-Legg. heterogene Bldg. von Zn-Phasen an den Versetzungen der Leg.-Kristalle. Die beobachtete Inhomogenität der Zn-Verteilung geht nicht auf den Kristallisationsprozeß zurück, sondern auf ein Wiederauflösen des ausgeschiedenen Zn. K. Jaeger. 197◇

Untersuchung des Umwandlungsverhaltens der allotropen Modifikationen von Plutonium. J. D. Hill. (J. less-common Metals [Amsterdam] **4**, 376—86, 1962; Harwell, Didcot, Berks., A.E.R.E., Metallurg. Div.; engl.) — Die Hysteresis zwischen Umwandlungs-Temp. beim Erhitzen u. Abkühlen in den 3 unteren allotropen Umwandlungen von Plutonium wird auf eine ungewöhnliche Trägheit des Umwandlungsmechanismus zurückgeführt. Für die Umwandlung $\alpha \rightleftarrows \beta$ wird eine Temp. von 112 ± 1°, für die Umwandlung $\beta \rightleftarrows \gamma$ 184 ± 2° gefunden. Die latente Wärme der $\gamma \rightarrow \gamma'$-Umwandlung beträgt ca. 100 cal/g-Atom. Der Mechanismus, bes. im Übergangsbereich $\delta \rightarrow \gamma$ um 285° („elbow"-Effekt), wird diskutiert. G. Talsky. 197◇

Korngrenzenbeweglichkeit in Wismut. M. J. Fraser, R. E. Gold und W. W. Mullins. (Acta metallurg. [New York] **9**, 960—61, 1961; Churchill Boro, Pittsburgh, Pa., Westinghouse Res. Labor.; engl.) — Einkristallstäbe von zonengereinigtem Bi, die lokal zur Erzeugung eines Bi-Kristalls nach Rekristallisation verformt worden waren, werden vertikal in ein magnet. Feld eingebracht u. bei 250 ± 1° (Siliconölbad) gehalten. Die hierbei auftretende Korngrenzenwanderung ist photograph. wiedergegeben. Als untere Grenze der Beweglichkeit der Korngrenze M = Geschw./Druck (d. h. der der treibenden Kraft des Magnetfeldes entsprechende Druck) ergab sich $1{,}03 \cdot 10^{-7}$ cm^4 erg^{-1}·s^{-1}. C. Gottfried. 197△

Untersuchung von Legierungen des Wismuts und Antimons mit Scandium. N. N. Shurawlew und Je. M. Smirnowa. (Kristallographie [UdSSR] **7**, 312—13, 1962; Moskau, Lomonossow-Univ.; russ.) — Aus Bi- u. Sb-Schmelzen wurden durch Sc-Zusatz *ScBi*- u. *ScSb*-Kristalle gezüchtet. ScBi ist ähnlich *GaBi*$_3$ sehr luftempfindlich (Beständigkeit 30—45 Min.). ScSb ist luftbeständig. Die Syst. Sc–Bi u. Sc–Sb wurden mkr. u. röntgenograph. untersucht. ScBi ist kub. (NaCl-Gitter) mit a = 5,954 ± 0,006 Å u. folgenden Atomabständen: Sc–Sc 4,21, Sc–Bi 2,97 u. Bi–Bi 4,21 Å. ScSb krist. ebenfalls im NaCl-Gitter u. ist mit ScBi isomorph; a = 5,838 + 0,006 Å. Die Atomabstände in ScSb betragen: Sc–Sc 4,13, Sc–Sb 2,92 u. Sb–Sb 4,13 Å. Sowohl ScBi als auch ScSb zeigen damit ion. Bindungscharakter an. K. Jaeger. 197◇

Durch Verformung induzierte Diffusion und Ausscheidung in einer Aluminium-Lithium-Legierung während des Kriechens. R. P. Marshall. (Acta metallurg. [New York] **9,** 958–60, 1961; Aiken, S.C., E. I. du Pont de Nemours & Co., Savannah River Labor.; engl.) — Die Kriecheigg. von Stäben einer Al–Li-Leg. mit 12 Atom-% Li u. 0,502 in. Ø wurden bei konst. Zugbelastungen, Temp. von 150–250° u. Spannungen von 3300–8600 lbs./in.^{2} untersucht. Während des Kriechens bildeten sich kontinuierliche Lagen der β-Phase, *LiAl*, in Korngrenzen, die gegenüber der Zugrichtung unter 45–90° orientiert waren; in Korngrenzen parallel zur Zugrichtung bildete sich keine β-Phase. Die Dicke der LiAl-Schichten stand in Zusammenhang mit dem Betrag der Kriechverformung. Die kontinuierlichen Schichten sind nicht zu verwechseln mit der Ausscheidung von LiAl aus einer übersätt. Matrix, die durch Bldg. diskreter Teilchen in allen Korngrenzen charakterisiert ist. Es handelt sich bei diesen kontinuierlichen Schichten bestimmt nicht um Risse, die sich während des letzten Kriechstadiums gebildet haben könnten u. anschließend mit fremder Substanz gefüllt worden sind. Die durch Verformung induzierte Diffusion u. Ausscheidung stand in einem engen Zusammenhang mit den strukturellen Veränderungen der Korngrenzen, die schließlich zum Bruch führen. C. Gottfried. 197△

Neutronenaktivierungsmethoden für die Untersuchung der Mehrkomponenten-Diffusion und für die Bestimmung thermodynamischer Aktivitäten von Legierungen. J. S. Kirkaldy, G. R. Mason und W. J. Slater. (Trans. Canad. Inst. Mining Metallurgy Mining Soc. Nova Scotia **64,** 53–61, 1961; Hamilton, Ontario, McMaster Univ.; engl.) — Al-Proben mit verschiedenem Geh. an Cu (0,003–4,0%) u. Mn (0,0–1,2%) wurden miteinander verschweißt u. ca. 14 Tage lang auf 556,5° unter Luftausschluß erhitzt. Danach schnitt man die Proben in schmale Streifen, aktivierte sie mit therm. Neutronen u. ermittelte die Aktivitätsverteilung durch Messung mit einem NaJ-Scintillationszähler. Die Ergebnisse zeigen, daß der Mn-Geh. die mengenmäßige Verteilung des Cu stark beeinflußt, dagegen die Eindringtiefe des Cu unabhängig davon ist. Die Verteilung des Mn erfolgt hingegen unbeeinflußt vom Cu-Gehalt. Die den einzelnen Komponenten entsprechenden Diffusions-Koeff. sind aus den Vers.-Daten berechnet worden. Beim Syst. Al–Zn wurde die Dampfdruckkurve des Zn bei konst. Temp. (550°) als Funktion der Zus. der Leg. (10–90% Zn) unter Verw. des durch Neutronenaktivierung gebildeten ^{65}Zn-Isotops bestimmt. Dazu ließ man den mit der Al–Zn-Schmelze im Gleichgewicht stehenden Zn-Dampf ein konst. Vol. füllen, trennte ab, kondensierte den Dampf u. berechnete aus der gemessenen Aktivitätsmenge den jeweiligen Dampfdruck. W. Wiechmann. 197◇

Der Einfluß katalytischer Promotoren auf das Eindringen von Wasserstoff aus der Gasphase in Eisen. Die Wirkung von Schwefelwasserstoff. W. Palczewska und I. Ratajczyk. (Bull. Acad. polon. Sci., Sér. Sci. chim. **9,** 267–75, 1961; Pol. Acad. of Sci., Inst. of Phys. Chem., Dep. of Phys. Chem. of Electrode Processes; engl.) — Zusätze von 0,15–0,40% H_2S zum H_2 erhöhen merklich die Eindring-Geschw. des H_2 in eine Eisenfolie von 0,045 cm Dicke nach Anregung u. Dissoziation durch elektr. Entladung. Die Eindring-Geschw. nimmt mit wachsender H_2S-Konz. zu u. ist der Stärke der Metallfolie umgekehrt proportional. Die Diffusions-Koeff. für die Diffusion von Wasserstoff durch Fe bei 30–40° werden für verschiedene Schichtdicken angegeben. H. Harenz. 197◇

Der Einfluß von geringen Magnesiumzusätzen auf die Selbstdiffusion von Eisen. A. P. Ljubtschenko, D. G. Scherman und W. I. Udowikow. (Metallphysik u. Metallkunde [UdSSR] **15,** 295–97, 1963; Charkow, Malyschewa-Werk für Transport-Maschinenbau; russ.) — Bei der Unters. des Einfl. geringer *Mg*-Zusätze von 0–0,05% auf die Selbstdiffusion von Fe in Eisen u. Gußeisen bei Temp. zwischen 960 u. 1200° für Fe bzw. bei 1030° für Gußeisen durch radiometr. u. radioautograph. Analyse wird festgestellt, daß in den Legg. von Fe mit Mg im Temp.-Bereich 900–1100° eine bevorzugte Fe-Grenzdiffusion stattfindet. Jedoch beeinflussen die geringen Mg-Zusätze prakt. nicht die Selbstdiffusion von Fe. Das dem Fe zugesetzte Mg beeinflußt dagegen die Korngröße u. verlangsamt das Kornwachstum im Temp.-Bereich 960–1100°. Mit einer Steigerung des Mg-Zusatzes bis auf 0,02% wird das Korn stark verfeinert. Die Abmessungen des γ-Phase-Kornes u. der sich bei der Abkühlung bildenden Körner der α-Phase stimmen überein. H. Hochstein. 197◇

Über eine besondere, in Reineisen beobachtete Art von Gleitung. Paul Morgand. (C. R. hebd. Séances Acad. Sci. **256,** 1106–08, 1963; Labor. de Vitry du C.N.R.S.; franz.) — Es wird nachgewiesen, daß es für Grobkristalle von Fe hoher Reinheit am

Anfang der Verformung eine spezielle Facies der Gleitlinien gibt. Diese Gleitart erzeugt im Fe wenig Versetzungen. Sie wird durch eine zu kleine Korngröße u. durch eine unzureichende Reinheit des Fe verhindert. H. Hochstein. 197◇

Verlauf der inneren Reibung eines abgeschreckten totweichen Stahls nach verschiedenen Wärmebehandlungen bei 720°. Jean-Pierre Villain, Jacques De Fouquet und Raymond Jacquesson. (C. R. hebd. Séances Acad. Sci. **256**, 942—45, 1963; Poitiers, Labor. für Metallphys.; franz.) — Die Änderungen der inneren Reibung zeigen, daß während des Haltens bei 720° zwischen dem Stahl u. der umgebenden Atmosphäre Oberflächen-Rkk. auftreten, die eine abgestufte Entkohlung der Proben hervorrufen. Die Alterung nach der Abschreckung hängt von der Menge des anfangs in Lsg. vorhandenen C ab; wenn dieser relativ groß ist, scheint die Alterung in drei Phasen abzulaufen. H. Hochstein. 200◇

Auftreten von longitudinaler Spaltbarkeit in gedehnten Siliciumeisenkristallen. R. Honda. (Acta metallurg. [New York] **9**, 969—70, 1961; Nakameguro, Megoru-ku, Tokyo, Nat. Res. Inst. for Metals; engl.) — Bei in fl. N_2 durchgeführten Zug-Verss. an Einkristallen von Siliciumeisen mit 2,9% Si u. 0,017 C beobachtete Vf. bei Proben, die in der [1 1 0]-Richtung gedehnt worden waren, longitudinale Spaltrisse auf der (0 0 1)-Ebene parallel zur Zugachse, die Längen bis zu 10 mm hatten. Diese Beobachtung ist eine Bestätigung der theoret. Voraussagen von Cottrell, wonach zwei sich schneidende {1 1 0}-Gleitsyst. in kub.-raumzentrierten Metallen eine longitudinale Spaltbarkeit auf der (0 0 1)-Ebene in der [0 0 1]-Richtung verursachen. Auch die bei einer [1 1 0]-Zugrichtung beobachtete transversale Spaltbarkeit auf (1 0 0)- oder (0 1 0)-Ebenen läßt sich durch den gleichen Mechanismus erklären. C. Gottfried. 200△

Oscillatorisches Verhalten von Ultraschall-Dämpfung in supraleitenden Nb-Zr-Legierungen. Lewis T. Claiborne und Norman G. Einspruch. (Physic. Rev. Letters **10**, 49—51, 1963; Dallas, Tex., Texas Instruments; engl.) — Bei Messungen der Ultraschalldämpfung in 99,9%ig. Nb u. 1 bzw. 2,6%ig. Zr–Nb-Legg. bei vier verschiedenen Frequenzen zwischen 5 u. 30 MHz fanden Vff. eine starke Temp.-Abhängigkeit der Dämpfung (oscillierende Kurven) in dem untersuchten Temp.-Bereich zwischen 1 u. 4° K. Die Messungen wurden nach dem von Chick, Anderson u. Truell angegebenen Verf. durchgeführt. Aus den Meßergebnissen werden einige Schlußfolgerungen für temperaturabhängige Absorptionsmechanismen von Ultraschallwellen in den supraleitenden Zuständen des Nb u. der Nb-Zr-Legg. gezogen. D. Noack. 200◇

Die Absorption von transversalen Ultraschallwellen in supraleitendem Aluminium. R. David, H. R. van der Laan und N. J. Poulis. (Physica [Utrecht] **29**, 357—69, 1963; Leiden, Nederland, Kammerlingh Onnes Labor.; engl.) — Transversale Ultraschallwellen von 2,5—25 MHz werden in sehr reinen Al-Einkristallen bei der Nullpunktsenergie ohne Anisotropie absorbiert, die Form der Absorptions-Temp.-Kurve ist von der Orientierung der Kristalle u. der Polarisation der Wellen abhängig. Mit zunehmender Frequenz nimmt die Absorption zu. Ein äußeres Magnetfeld verursacht Sprünge in der Kurve. Das Absorptions-Verh. folgt wie das von longitudinalen Wellen der Theorie von Bardeen, Cooper u. Schrieffer (BCS-Theorie). H. U. Borgstedt. 200◇

Änderung der Phononenentartung bei Deformation und Streuung eines niederfrequenten durch ein hochfrequentes Phonon. Je. M. Iolin. (Physica Status solidi [Berlin] **3**, 859—65, 1963; Riga, Phys. Inst.; russ.) — Es wird festgestellt, daß in das Matrixelement für die Streuung eines langwelligen Phonons an einem kurzwelligen transversalen Phonon dieselben Konst. eingehen, die die Änderung der Frequenz u. der Polarisation des Phonons in der Nähe der Entartungsrichtung bei Deformation bestimmen. Die Best. der Anharmonizitäts-Konst. nahe der Entartungsrichtung mit Hilfe der unelast. Streuung von Neutronen beim deformierten Kristall wird diskutiert. Eine Abschätzung für *Pb* zeigt, daß die Deformation zum Unterschied von den Ergebnissen von Maradudin für Pb in zulässigen Grenzen liegt. W. Pump. 200◇

Die durch Plastizitätsuntersuchungen bestimmte Stapelfehlerenergie von Silber im Temperaturbereich 172—873° K. S. E. Bühler, K. Lücke und F. W. Rosenbaum. (Physica Status solidi [Berlin] **3**, 886—900, 1963; Aachen, TH, Inst. für Allg. Metallk. u. Metallphys.; dt.) — Es wurden Verfestigungskurven von Silbereinkristallen mittlerer Orientierung im Temp.-Bereich von 170—870° K im Bereich der Dehngeschw. von $2 \cdot 10^{-6}$ bis $2 \cdot 10^{-2}$ aufgenommen u. daraus die Spannungen τ_{III} (Einsetzen der dynam. Erholung) ermittelt. Die Abhängigkeit von τ_{III} von der Temp. u. der Dehngeschw. läßt sich im ganzen Temp.-Bereich, in dem noch ein Bereich II beobachtbar ist, quant. auf der Basis der Theorie der therm. aktivierten Quergleitung deuten, sofern man eine von der Temp. unabhängige Stapelfehlerenergie annimmt. Es liegt daher nahe, in diesem Temp.-Bereich die therm. aktivierte Quergleitung für das Abknicken der Spannungs–Dehnungs-Kurve (dynam. Erholung) verantwortlich zu machen. Die unter dieser Annahme ermittelte Stapelfehlerenergie nimmt bei Raum-Temp. in größenordnungsmäßiger Übereinstimmung mit den Daten anderer Vff. einen Wert von 33 erg/cm² an. Die hier erstmals ermittelte Temp.-Abhängigkeit der Stapelfehlerenergie ergibt sich ca. 2,5mal stärker als die des Schubmoduls. Es konnte gezeigt werden, daß verschiedenartige Definitionen von τ_{III} oder auch das Auftreten eines weiteren Knickes im Bereich II keinen Einfl. auf diese Ergebnisse haben. W. Pump. 200◇

Die Versetzungsanordnung in plastisch verformten Kupfereinkristallen. U. Essmann. (Physica Status solidi [Berlin] **3**, 932–49, 1963; Stuttgart, MPI für Metallforsch; TH, Inst. für theoret. u. angew. Phys.; dt.) — Aus Kupfereinkristallen, die für Einfachgleitung orientiert u. im Zug-Vers. verformt worden waren, wurden dünne Folien verschiedener Orientierung präpariert u. im Elektronenmikroskop durchstrahlt. Die Kristalle waren nach der Verformung im Reaktor bestrahlt worden, um Veränderungen der Versetzungsanordnungen während des Präparierens zu erschweren. Im Verfestigungsbereich II wird gefunden, daß die Versetzungen des prim. Gleitsyst. auf wohldefinierten Gleitebenen liegen. Es bilden sich etwa in der Orientierung der Stufenversetzungen des Hauptgleitsyst. eindimensionale Versetzungsstränge aus, die eine große Anzahl von Versetzungsdipolen enthalten. Die neben den Strängen liegenden Einzelversetzungen haben überwiegend dasselbe Vorzeichen. Es werden Wechselwrkg. zwischen relativ langen Versetzungslinien sek. Gleitsyst. u. den Versetzungen des prim. Gleitsyst. beobachtet. Im Bereich III findet man scheibchenförmige flache Gebiete geringer Versetzungsdichte, die von Wänden hoher Versetzungsdichte sowohl des prim. wie der sek. Gleitsyst. umgeben sind. Die Scheibchen sind parallel zur Hauptgleitebene orientiert. Der Zusammenhang mit anderen Unterss. u. mit der Verfestigungstheorie wird kurz diskutiert. Es wird gezeigt, daß die Beobachtungen der vorliegenden Arbeit mit dem schon früher untersuchten Gleitlinienbild gut übereinstimmen. W. Pump. 200◇

Ein Mechanismus des duktilen Bruches der Metalle. Jean Plateau und Joseph Gurland. (C. R. hebd. Séances Acad. Sci. **256**, 1109–12, 1 Tafel, 1963; franz.) — Auf Grund einer mikrofraktograph. Prüfung der Oberflächen eines duktilen Bruches von Einschlüsse oder Ausscheidungen aufweisenden Metallen, die durch eine mkr. Beobachtung der sich am Anfang der plast. Verformung bildenden Risse ergänzt wird, wird ein Mechanismus dieser Bruchart erörtert. Die Risse erweitern sich im Verlauf der plast. Verformung, die sich an ihren Enden konzentriert, wobei Löcher gebildet werden. Es gibt dann eine innere Einschnürung der die Löcher trennenden Stege, die zum Bruch führt. Über diesen Mechanismus werden Berechnungen ausgeführt. H. Hochstein. 200◇

Elastische und thermoelastische Konstanten von Strontiumformiat und Strontiumformiatdihydrat. S. Haussühl. (Physica Status solidi [Berlin] **3**, 1201–06, 1963; Tübingen, Univ., Mineralog. Inst.; dt.) — Alle elast. u. thermoelast. Konst. der beiden Verbb. wurden mit Hilfe der Ultraschall-Meth. gemessen. Das elast. Verh. beider Kristalle stimmt innerhalb der Fehlergrenzen mit der Voigt-Theorie überein. Die elast. Anisotropie von Strontiumformiat wird qual. strukturell erklärt (Hauptbindungsketten). Die Kompressibilität von Strontiumformiat entspricht der des Strontiumfluorids. Die geringere Kompressibilität von Strontiumformiatdihydrat weist auf die starke Zunahme der Bindungskräfte hin, die durch die Wasserstoff–Sauerstoff-Wechselwrkg. hervorgerufen wird. W. Pump. 200◇

Abhängigkeit der elastischen Anisotropie von Kaliumchlorid- und Kaliumbromidkristallen von der Temperatur. L. A. Kalinetz. (Kristallographie [UdSSR] **7**, 639–41, 1962; Odessa, Technol. Inst. für die Nahrungs- u. Kälte-Ind.; russ.) — Gemessen wurden die Elastizitätsmoduln von KCl- u. KBr-Kristallen in Abhängigkeit von der Temp. (20–900° u. 20–700°) u. der kristallograph. Orientierung ([1 0 0] u. [2 3 0] bzw. [1 0 0] u. [1 3 0]). Die Moduln zeigen Anisotropie u. nehmen ab mit zunehmender Temperatur. Die extrapolierten Werte für die isotrope Elastizität betragen 720° für KCl u. 610° für KBr. Bei tieferen Temp. liegt die für Kristalle des NaCl-Typs charakterist. Anisotropie vor, bei höheren Temp. entspricht die Anisotropie derjenigen metall. Kristalle. K. Jaeger. 200◇

Die Born-Huangsche dynamische Theorie der Kristallgitter und Elastizitätskonstanten der Kristalle. N. Joel und W. A. Wooster. (Kristallographie [UdSSR] **7**, 526–33, 1962; Santiago, Chile, Univ. von Chile, Inst. für Phys. u. Math., Abt. für Kristallograph.; Cambridge, Brooklyn Crystallograph. Labor.; russ.) — Die neue Theorie von Laval u. Mitarbeitern über die Kristallelastizität findet für einen triklinen Kristall 45, statt klass. 21 unabhängige Elastizitätsmoduln. Es wird gezeigt, daß dieses Ergebnis mit der dynam. Theorie der Kristallgitter von Born u. Huang übereinstimmt. Nur unter der Annahme von Vereinfachungen läßt sich die Anzahl der unabhängigen

Elastizitätsmoduln von 45 auf 39 oder auch auf 21 reduzieren. Die für die entsprechenden Vereinfachungen eintretenden Änderungen in dem Ausdruck für die makroskop. Elastizitäts-Konst. werden mitgeteilt. K. Jaeger. 200◇

Über das Problem des Bezugszustandes in der nichtlinearen Elastizitätstheorie des Kontinuums mit Versetzungen. R. Stojanovitch. (Physica Status solidi [Berlin] **2**, 566—75, 1962; Stuttgart, TH, Inst. für theoret. u. angew. Phys.; engl.) — Das Problem der inneren Spannungen in einem Festkörper wird für eine gegebene Verteilung der Versetzungen (Tensor der Versetzungsdichte) diskutiert. Es wird ein Koordinaten-Syst. benutzt, das sich auf die Konfiguration des idealen (undeformierten) Kristalls bezieht. Unter einigen einschränkenden Annahmen über die Größe der Verzerrungen werden Grundgleichungen abgeleitet, die die nichtlinearen Spannungs-Dehnungs-Beziehungen in sich einschließen u. die Anwendung des Kröner-Seeger-Iterations-Verf. gestatten. W. Pump. 200◇

Grundprobleme der Physik der Festigkeit und Plastizität der Kristalle. M. W. Klassen-Nekljudowa und W. N. Roshanski. (Kristallographie [UdSSR] **7**, 499 bis 506, 1 Tafel, 1962; Akad. der Wiss. der UdSSR, Inst. für Kristallograph.; russ.) — Übersicht. — 19 Literaturangaben. K. Jaeger. 200◇

A_7. Gleichgewichte. Kinetik

Berechnung von Dissoziationskonstanten komplexer Säuren und Basen. V. Frei. (Z. Chem. **3**, 70, 1963; Prag, Karlsuniv., Inst. für anorg. Chem.; dt.) — Vf. teilt mathemat. Beziehungen zur Berechnung von Dissoziations-Konst. komplexer Säuren u. Basen aus den Instabilitäts-Konst. der betreffenden Komplexe mit. Gerhard Schulze. 223◇

Physiko-chemische Untersuchungen der Komplexbildung zwischen Natriumwolframat und Weinsäure. Sarju Prasad und K. S. R. Krishnaiah. (J. Proc. Instn. Chemists [India] **33**, 239—41, 1961; Banaras, Hindu Univ., Chem. Labor.; engl.) — Viscositätsmessungen u. Best. der Gefrierpunktserniedrigung an einer Reihe von Lsgg. aus Na-Wolframat u. Weinsäure zeigen die Bldg. eines Komplexes bei einem Komponentenverhältnis von 1:1 an. Der Komplex wird durch Mischen von Na-Wolframat mit Weinsäure sowie durch Auflösen von frischgefällter Wolframsäure in Na-Tartrat u. anschließendem Einengen durch Zugabe von Alkohol isoliert. M. Engel. 223◇

Azidokomplexe von Palladium(II) in Lösung. F. G. Sherif und K. F. Michail. (J. inorg. nuclear Chem. **25**, 999—1004, 1963; Univ. of Alexandria, Fac. of Sci., Dep. of Chem.; engl.) — Palladium(II)-Ionen geben mit Azidionen in Lsg. eine rotbraune Färbung. Die Färbung ist in W. mindestens 10 Std. lang stabil u. weist kein definiertes Absorptionsmaximum auf, sondern absorbiert im gesamten sichtbaren Bereich. Zugabe von mehr als 50 Vol.-% Aceton stabilisiert die Färbung u. führt zu einem Absorptionsmaximum bei 430—480 nm. Die genaue Lage richtet sich nach der Acetonmenge; je mehr Aceton vorhanden, desto stärker ist die Verschiebung zu größeren Wellenlängen. Spektrophotometr. Unterss. ergaben, daß in W. der 1 Pb^{2+}:2 N_3^--Komplex am stabilsten ist. Unter Annahme der Rk. $[PdCl_4]^{2-} + 2\,N_3^- \rightleftharpoons [PdCl_2(N_3)_2]^{2-}$ (I) + 2 Cl^- käme ihm Formel I zu; $K = (6{,}03 \pm 1{,}2) \cdot 10^{-10}$. Daneben treten wahrscheinlich auch noch 1:1- u. 1:4-Komplexe auf. In W.-Aceton-Gemischen ist $[Pd(N_3)_4]^{2-}$ am stabilsten. Konduktometr. Titrationen bestätigten die Existenz der Diazido- u. der Tetrazidoform. Die Anwesenheit der 1:4-Form wurde außerdem noch durch Überführungs-Verss. bewiesen. — Stabiles, krist. *$[Pd(N_3)py_2]Cl$* wurde in wss. Lsg. aus Pyridin, $PdCl_2$ u. NaN_3 dargestellt; Ausbeute nach Umkristallisieren aus heißem W. 76%; orangefarbene Kristalle; F. 262—264°. M. Olivier. 223◇

Metallkomplexe von N-[2-pyridylmethyl]-iminodiessigsäure. H. Irving und J. J. R. F. Da Silva. (J. chem. Soc. [London] **1963**, 945—52; Leeds, Univ., Dep. of Inorg. and Structural Chem.; engl.) — *N-[2-pyridylmethyl]-iminodiessigsäure* (I) läßt sich durch Kondens. von Chloressigsäure (**II**) mit *2-Aminomethylpyridin* in alkal. Medium darstellen. Die Dissoziations-Konst. von I sowie die Stabilitäts-Konst. der 1:1- u. 1:2-Metallkomplexe log K_{ML} u. log K_{ML_2} wurden potentiometr. bei 20° u. $\mu = 0{,}1$ m bestimmt; **I**: pK_1 2,85 ± 0,02; pK_2 8,25 ± 0,01; Metall-**I**-Komplexe: *Mg^{2+}* (log K_{ML} =) 3,90 ± 0,01; *Ca^{2+}* 4,92 ± 0,02; *Sr^{2+}* 3,65 ± 0,01; *Ba^{2+}* 3,40 ± 0,01; *Li^+* 1,71 ± 0,01; *Na^+* 0,85 ± 0,03; *Tl^+* 3,84 ± 0,01; *Ag^+* 6,09 ± 0,01; *Mn^{2+}* 6,97 ± 0,01; (log K_{ML_2} =) 3,63 ± 0,01; *Fe^{2+}* 8,94 ± 0,01; *Co^{2+}* 10,16 + 0,05; 3,18 ± 0,05; *Zn^{2+}* 10,87 ± 0,03; *Cd^{2+}* 9,45 ± 0,02; 5,29 ± 0,01; *Pb^{2+}* 10,31 ± 0,04. — 1:2-Komplexe werden mit Mn^{2+}, Co^{2+}, Cu^{2+} u. Cd^{2+} gebildet. Die Stabilitäts-Konst. sind nur wenig kleiner als die der entsprechenden Komplexe von Äthylendiamin-N.N-diessigsäure; die möglichen Gründe hierfür werden diskutiert.

Versuche: *2-Aminomethylpyridindihydrochlorid*, F. 223—225° (A.), durch 8std. Red. von Pyridin-2-aldoxim in A. mit Zn-Staub in Eisessig; 75% (Ausbeute). — *N-[2-pyridylmethyl]-iminodiessigsäure* (I), $C_{10}H_{12}N_2O_4$, F. 174—175° (wss. A.), aus vorst., mit 5 n NaOH neutralisierter Verb. u. II (mit 5 n NaOH neutralisiert) durch Zugabe von 5 n Alkali (pH 8—10) unter Erhitzen u. 10 Min. langes Kochen, Abkühlen u. Ansäuern mit HCl; Nadeln; 30%. P. Scharner. 223◇

Untersuchung des Einflusses des Kations auf die Beweglichkeit von Sauerstoffatomen im Anion in wässerigen Lösungen. 2. Mitt. O. K. Skarre und M. O. Tereschkewitsch. (J. physik. Chem. [UdSSR] **35**, 416—19, 1961; russ., Auszug: engl.) — 1. vgl. J. physik. Chem. [UdSSR] **34**, [1960], 1599. — Es wird die O-Beweglichkeit in Be-, Mg-, Ca-, Sr-, Ba-, Zn-, Cd- u. Hg(I)-Nitrat in Ggw. von Hydratwasser u. bei dessen Abwesenheit untersucht. Die Beweglichkeit nimmt mit zunehmendem Kationenradius ab. Es wird angenommen, daß die O-Beweglichkeit von der Hydratationszahl des Kations abhängt. I. Zoll. 224◇

Über angebliche Effekte von Spuren radioaktiver Isotope auf die Löslichkeit. R. W. Ramette und O. Anderson. (J. inorg. nuclear Chem. **25**, 763—70, 1963; Northfield, Minn., Carleton Coll., Dep. of Chem.; engl.) — Nach Spitzyn u. Mitarbeitern ändern Zusätze radioakt. Isotope das Verh. chem. Syst. bzgl. Isotopenaustausch, Katalyse, Adsorption, Sublimation, Korrosion u. Löslichkeit. Vff. untersuchten $BaSO_4$, $CaSO_4$ u. $AgJO_3$. Mit ^{35}S markiertes $BaSO_4$ hatte über einen Bereich der spezif. Aktivität von 5—50 mc/g die konst. Löslichkeit von $1{,}15 \cdot 10^{-5}$ Mol/Liter, entsprechend dem Wert von inakt. $BaSO_4$, in H_2O bei 25°. Ebenso zeigte $CaSO_4$ mit einer spezif. Aktivität zwischen 0,1 u. 1,0 mc/g ^{45}Ca eine dem inakt. $CaSO_4$ gleiche Löslichkeit von $1{,}51 \cdot 10^{-2}$ Mol/Liter. Lediglich beim ^{110}Ag-haltigen Silberjodat konnte für den Bereich der spezif. Aktivität zwischen 0,04 u. 6,0 mc/g eine Abweichung von dem für die inakt. Substanz bestimmten Wert der Löslichkeit festgestellt werden. Ursache dieser Abweichung ist wahrscheinlich die strahlungsbedingte Ablösung kleinster Oberflächenkristalle, die eine Aktivitätsänderunge der Lsg. bedingen. W. Wiechmann. 224◇

Die Löslichkeit von Korund in heißen basischen wässerigen Lösungen. R. L. Barns, R. A. Laudise und R. M. Shields. (J. physic. Chem. **67**, 835—39, 1963; Murray Hill, N.J., Bell Telephone Labor.; engl.) — Im Temp.-Bereich von 400—600° wurde bei Drücken bis zu 2800 bar die Löslichkeit (L) von α-Al_2O_3 in wss. *NaOH*- u. *Na_2CO_3*-Lsgg. untersucht. In NaOH ist L druckunabhängig u. in bis zu 10 m NaOH-Lsgg. linear von der Basen-Konz. abhängig. In Na_2CO_3-Lsgg. ist L bis zu 1370 bar linear vom Druck abhängig, darüber druckunabhängig. Bis zu 4,3 m Na_2CO_3-Lsgg. ist L linear von der Basen-Konz. abhängig, bei höheren Konzz. dagegen unabhängig von der Konz. der Base. In Na_2CO_3 ist der Temp.-Koeff. der L groß, in NaOH dagegen fast Null. Es wird ferner über L von α-Al_2O_3 in verschiedenen molaren wss. Lsgg. von *LiOH*, *KOH*, *CsOH*, *K_2CO_3*, *Cs_2CO_3*, *NaCl*, *KCl*, *HCl*, *HF*, *KF* u. *NH_4OH* bei verschiedenen Temp. berichtet. Aus den Meßergebnissen geht hervor, daß in OH^--haltigen Lsgg. hauptsächlich AlO_2^-- oder AlO_3^{3-}-Ionen vorliegen; in CO_3^{2-}-haltigen Lsgg. liegen außerdem noch andere Ionen vor. D. Noack. 224◇

Untersuchungen an Aluminium- und Eisenphosphat von bodenkundlichem Interesse. 1. Mitt. **Lösung und Hydrolyse von Variscit und Strengit.** B. W. Bache. (J. Soil Sci. **14**, 113—23, 1963; Cambridge, School of Agricult.; engl.) — Vf. untersuchte das Löslichkeits-Verh. von *Variscit*, *$AlPO_4 \cdot 2\,H_2O$* (**I**), u. *Strengit*, *$FePO_4 \cdot 2\,H_2O$* (**II**) [dargestellt durch Fällung aus $AlCl_3 \cdot 6\,H_2O$ bzw. $Fe_2(SO_4)_3$ u. NaH_2PO_4; Korngröße ca. 5 μ] bei verschiedenen pH-Werten (in Puffer-Lsgg.) in Abhängigkeit von der Zeit u. der Fl.-Menge. Durch Best. des lösl. Anteils an Al^{3+} bzw. Fe^{3+} u. PO_4^{3+} wurden die pK_s-Werte ($pK_s = -\log K_s$, K_s = thermodynam. Löslichkeits-Konst.) ermittelt. Es ergab sich für **I** $pK_s = p(Al^{3+}) + p(H_2PO_4^-) + 2\,p(OH^-) = 30{,}5$ bei pH $< 3{,}1$, für **II** $pK_s = p(Fe^{3+}) + p(H_2PO_4^-) + 2\,p(OH^-) = 34{,}3$ bei pH $< 1{,}4$. Bei höheren pH-Werten sind wegen der Oberflächenhydrolyse unter Bldg. unlösl. bas. Al- bzw. Fe-Phosphate u. überschüssiger Phosphationen in der Lsg. keine echten Löslichkeitsgleichgewichte vorhanden. W. Feldmann. 224◇

Hydrolyse von Uran(VI): Absorptionsspektren von Chlorid- und Perchloratlösungen. Richard M. Rush und James S. Johnson. (J. physic. Chem. **67**, 821—25, 1963; Oak Ridge, Tenn., ORNL, Chem. Div.; engl.) — Die Absorptionsspektren hydrolysierter U(VI)-Lsgg. in 1 m HCl werden für U(VI)-Konzz. im Bereich 0,001—0,1 m u. für n-Werte [n = mittlere Molzahl an Hydroxid pro Mol U(VI)] bis zu 1,3 gemessen. Einige Messungen wurden an 1 m $HClO_4$-Lsgg. mit n > 1,0 ausgeführt. Der molare Extinktions-Koeff. E wächst stark mit steigendem n an, die Ausbildung von Chlorokomplexen der nicht hydrolysierten Ionenarten u. mindestens einer hydrolysierten Ionenart wird durch Vgl. der E-Werte in Chlorid- u. Perchlorat-Lsgg. bei gleichem n nachgewiesen. Die Messungen in Chlorid-Lsgg. werden zu einem Hydrolyseschema in Beziehung gesetzt, das aus Ultrazentrifugenmessungen u. Aciditätsmessungen erhalten wurde (C. **1963,** 3900), u. in dem die Ionenarten $[(UO_2)_2(OH)_2]^{2+}$, $[(UO_2)_3(OH)_4]^{2+}$ u. $[(UO_2)_3(OH)_5]^+$ auftreten. Die Ergebnisse der kombinierten Messungen liefern Werte für die Bldg.-Konst. hydrolyt. Ionenarten in $HClO_4$-Medium. Die Befunde stimmen mit der Annahme überein, daß die Ionenart $[(UO_2)_3(OH)_4]^{2+}$, die in erheblichen Mengen in 1 m Chlorid-Lsg. vorliegt, in 1 m $HClO_4$ nur von untergeordneter Bedeutung ist. F. Weigel. 224◇

Solventextraktion von Antimon(III) mit Tri-n-butylphosphat (TBP). S. S. M. A. Khorasani. (Pakistan J. sci. Res. **14,** 80—83, 1962; Dacca, East-Pakistan, Univ. of Dacca, Dep. of Chem.; engl.) — Sb(III) läßt sich aus 3,7 m HCl durch einmaliges Ausschütteln mit einem gleichen Vol. TBP extrahieren u. auf diese Weise von Ni(II), Cr(III) u. geringen Mengen Pb(II) abtrennen. Die wiedergefundenen Sb-Mengen lagen innerhalb eines Fehlerbereichs von $\pm 0,5\%$. R. John-Bilal. 224◇

Monte-Carlo-Berechnung der Dissoziationsgeschwindigkeit dreiatomiger Moleküle. 1. Mitt. N_2O und O_3. Don L. Bunker. (J. chem. Physics **37,** 393—403, 1962; Los Alamos, N.Mex., Univ. of California, Los Alamos Sci. Labor.; engl.) — Die mit einem sehr schnellen Digitalrechner zur Simulierung der Bewegungen nichtrotierender dreiatomiger Moll. erhaltenen Dissoziations-Geschw.-Konst. für N_2O u. O_3 zeigen, daß die üblichen, im Rahmen eines harmon. Modells durchgeführten Berechnungen für Drücke unterhalb 100 atm unrealist. Werte liefern. Die hier erhaltenen Konst. werden am besten durch einen modifizierten Rice-Kassel-Formalismus beschrieben, dem ein Postulat über die begrenzte Anharmonizität der Moll. hinzugefügt wird. A. Blaschette. 225◇

Isotopentrennung bei der Austauschreaktion $OH^-—H_2O$. Michael Green und Henry Taube. (J. physic. Chem. **67,** 1565—66, 1963; Chicago, Ill., Univ. of Chicago, George Herbert Jones Labor.; engl.) — Die Gleichgew.-Konst. der Rk. $H_2{}^{16}O$(fl.) + ${}^{18}OH^-$(aq) $\rightleftharpoons$ $H_2{}^{18}O$(fl.) + ${}^{16}OH^-$(aq) wurde durch Äquilibrierung des Gleichgew.-Dampfes mit CO_2 zu 1,045 ± 0,003 bei 15° bestimmt. Der wahrscheinliche Wert bei 25° ist 1,040 ± 0,003. A. Blaschette. 225◇

Reaktionen von H-Atomen und HO-Radikalen in wässerigen Lösungen. Hermann Engelhard und Friedrich Wilhelm Froben. (Naturwissenschaften **48,** 668, 1961; Göttingen, Univ., Physiol.-Chem. Inst.; dt.) — Vgl. C. **1963,** 7286. — Die reduzierenden bzw. oxydierenden Eigg. von in elektr. Entladungen gebildeten H- bzw. HO-Radikalen wurden an wss. Syst. untersucht u. mit der Wrkg. von Röntgenstrahlung verglichen. H red. $AgNO_3$ zu Ag (neutrale Lsg.), $H[AuCl_4]$ zu Au (alkal.), $K_3[Fe(CN)_6]$ zu $K_4[Fe(CN)_6]$ (neutral) u. HCO_3^- zu HCO_2 (alkal.), HO oxydiert H_2O zu H_2O_2 (neutral), $FeSO_4$ zu $Fe_2(SO_4)_3$ (sauer), $K_4[Fe(CN)_6]$ zu $K_3[Fe(CN)_6]$ (neutral) u. red. $Ce(SO_4)_2$ zu $Ce_2(SO_4)_3$ (sauer). A. Blaschette. 225◇

Oxydation von Fe^{2+}-Ionen im Ultraschallfeld in Gegenwart von Edelgasen. Wiktor Wawrzyczek und Wiesław Wiśniewski. (Z. anorg. allg. Chem. **323,** 308—12, 1963; Olsztyn, Polen, Landw. Hochsch., Inst. für Allg. Chem.; dt.) — Im Ultraschallfeld wird in Abwesenheit von O_2 in Ar- oder Ne-Atmosphäre Fe^{2+} durch radikal. Bruchstücke des H_2O-Mol. (HO; HO_2) oxydiert. Die Rk. ist in Ar stärker als in Ne u. wird durch Glycerin u. Aceton gehemmt oder unterbunden. Die Oxydation kann mit der Erscheinung von Sonoluminescenz verbunden sein. H. U. Borgstedt. 225◇

Die Carosche Säure und ihre thermische Hydrolyse in saurer und alkalischer Natriumperchloratlösung. Jukka Kyrki. (Turun Yliopiston Julkaisuja [Ann. Univ. Turkuensis], Sarja A, I Nr. **61,** 3—84, 1963; Turku, Univ., Dep. of Chem.; engl.) — Die Darst. von H_2SO_5 (**I**) aus 95—100%ig. H_2O_2 u. HSO_3Cl [d'Ans u. Friederich (1910)] wird soweit verbessert, daß ziemlich reines **I**, F. 47°, in guter Ausbeute gefahrlos hergestellt werden kann. Die zweite Dissoziations-Konst. pK_2 von **I** beträgt nach potentiometr. Messungen bei 15° in $NaClO_4$-Lsgg. verschiedener Ionenstärke μ: $pK_2 = 9,88$ bis $1,5 \sqrt{\mu}/(1 + 0,50 \sqrt{\mu})$. Die erste Dissoziations-Konst. ließ sich nicht bestimmen. Verss., das Redoxpotential von **I** an einer Pt-Elektrode zu messen, ergaben lediglich stark streuende Werte, die auf die Komplexität des Syst. zurückgeführt werden (mögliche Species in der wss. Lsg. sind H_2SO_5, HSO_5^-, SO_5^{2-}, $H_2S_2O_8$, $HS_2O_8^-$, $S_2O_8^{2-}$, H_2O_2, HO_2^-, HO_2, SO_4^-, SO_4, HO). Die molaren Extinktions-Koeff. von **I** in wss. Lsg. werden für den UV-Bereich (220—350 nm) tabellar. angegeben. Als günstigste analyt. Meth. zur Verfolgung der kinet. Vorgänge wurde die selektive Titration von **I** mit Arsenit u. anschließend von H_2O_2 mit Ce(IV)-Lsg. gewählt. EDTA (als Komplexierungsmittel für evtl. vorhandene Schwermetallspuren) stört bei der Titration von H_2O_2 mit $KMnO_4$, nicht jedoch bei Titration mit Ce(IV). OsO_4 katalysiert die Zers. von **I** in saurer Lsg. nicht. Es empfiehlt sich nicht, OsO_4 + NaOH zur Entfernung von H_2O_2 aus **I**-Lsgg. zu verwenden, da **I** in alkal. Lsg. unter diesen Bedingungen ebenfalls rasch zersetzt wird. Die basenkatalysierte Hydrolyse von I in 0,5—4,0n wss. NaOH der Ionenstärke 0,5—4,0 ($NaClO_4$) ist eine bimol. Rk. zwischen SO_5^{2-}- u. HO^--Ionen, die dem Zeitgesetz $-dc/dt = k_{exp} \cdot c = k_b \cdot [OH^-] \cdot C$ gehorcht. Vorausgesetzt, daß $SO_5^{2-} + HO^- \rightarrow HO_2^- + SO_4^{2-}$ den prim. Rk.-Schritt darstellt, muß angenommen werden, daß die Weiter-Rk. nach $SO_5^{2-} + HO_2^- \rightarrow SO_4^{2-} + HO^- + O_2$ mit erheblich höherer Geschw. erfolgt. Aus den Werten von k_b bei 0, 25, 35 u. 45° werden die Arrhenius-Parameter u. die thermodynam. Aktivierungsfunktionen der Rk. für 25° u. verschiedene Werte von μ berechnet. Analoge Messungen u. Berechnungen für die säurekatalysierte Zers. von I in 0,5—4,0n $HClO_4$ der Ionenstärke 0,5—4,0 ($NaClO_4$) führen zu einem Zeitgesetz der Form $-dc/dt = k_{exp} \cdot c = k_s \cdot [H^+] \cdot c$ mit k_s [Liter·Mol⁻¹·s⁻¹] = 0,0190·10⁻⁵ bei 35° u. 45,5·10⁻⁵ bei 100°. Die Aktivierungsfunktionen sind angegeben. Nachst. geschwindigkeitsbestimmende Rkk. sind möglich, je nachdem K_1 von I als groß (Gleichungen 1 u. 3) oder klein (2 u. 4) angenommen wird: (1) $I + H_2O \rightarrow H_2O_2 + H_2SO_4$; (2) $I + H_3O^+ \rightarrow H_2O_2 + H_2SO_4 + H^+$; (3) $I + H_2O \rightleftharpoons$ Zwischenprod. $\rightarrow H_2O_2 + H_2SO_4$; (4) $I + H_3O^+ \rightleftharpoons$ Zwischenprod. $\rightarrow H_2O_2 + H_2SO_4 + H^+$. Die Ergebnisse sämtlicher kinet. Messungen der therm. Zers. von I im pH-Bereich −0,6 bis +14,6 lassen sich in einem einzigen Zeitgesetz zusammenfassen: $-dc/dt = k_s[H^+]c - k_1 [H_2O_2][H_2SO_4] + c^2 k K_2 [H^+]/(K_2 + [H^+])^2 + k_b [OH^-] \cdot c$; es gilt nur, wenn der Geh. des Syst. an H_2O_2 gering ist u. wenn kein $H_2S_2O_8$ u. keine Katalysatoren zugegen sind. — Ausführliche Diskussion früherer Arbeiten. — 201 Literaturangaben. A. Blaschette. 225◇

Die thermische Zersetzung von Peroxodisulfat-Ionen in wässrigen Lösungen. Erkki Hakoila. (Turun Yliopiston Julkaisuja [Ann. Univ. Turkuensis], Sarja A, I Nr. **66,** 3—51, 1963; Turku, Univ., Dep. of Chem.; engl.) — Vgl. vorst. Ref.; vorl. Mitt. vgl. C. **1963,** 10006.) — Die nach der Gesamtgleichung $K_2S_2O_8 + H_2O \rightarrow 2\,KHSO_4 + \frac{1}{2}\,O_2$ erfolgende Zers. von $K_2S_2O_8$ wurde bei 25, 35, 45 u. 60° an 0,02—0,2m Lsgg. in W., verd. $KHSO_4$-Lsg. (0,015—0,07 m) u. verd. H_2SO_4-Lsg. (0,0075—0,025 m) kinet. untersucht (Titration des gebildeten $KHSO_4$ mit NaOH). Der Geschw.-Koeff. der Zers. in W. nimmt mit fortschreitender Rk. zu, da die Lsg. zunehmend saurer wird. Das gesamte kinet. Material deutet darauf hin, daß sämtliche Protolyse-Prodd. des Syst. mit einer eigenen Geschw. u. nach einem eigenen Mechanismus zerfallen: $-dc/dt = k_1 [S_2O_8^{2-}] + k_2 [HS_2O_8^-] + k_3 [H_2S_2O_8]$; bei den vorliegenden Verss. (geringe Acidität der Lsgg.) ist das 3. Glied zu vernachlässigen. Der Geschw.-Koeff. der Gesamt-Rk. in neutraler u. schwach saurer Lsg. ergibt sich damit zu $k = (k_1K_1 + k_2[H_3O^+])/(K_2 + [H_3O^+])$ mit K_2 = Aciditäts-Konst. des $HS_2O_8^-$. Werte von k_2 u. einem engen pH-Bereich (0,02 bis 0,06 m $KHSO_4$) wurden berechnet, ebenso wie Arrhenius-Parameter u. thermodynam. Aktivierungsfunktionen der Gesamt-Rk. u. der $HS_2O_8^-$-Zers. in neutralem Medium. Nachst. Rk.-Mechanismen werden vorgeschlagen: 1. $S_2O_8^{2-} \rightarrow 2\,SO_4^-$ (k_1), $2\,SO_4^- + 2\,H_2O \rightarrow 2\,HSO_4^- + 2\,HO$, $2\,HO \rightarrow H_2O + O$; 2. $HS_2O_8^- \rightarrow HSO_4^- + SO_4$ (k_2), $SO_4 \rightarrow SO_3 + O$, $SO_3 + H_2O \rightarrow H_2SO_4$. A. Blaschette. 225◇

Über Wismutnitrate. 3. Mitt. Zur Hydrolyse von salpetersauren Bi^{3+}-Lösungen. G. Gattow und D. Schott. (Z. anorg. allg. Chem. **324,** 31—47, 1963; Göttingen, Univ., Anorg.-chem. Inst.; dt.) — 2. vgl. Naturwissenschaften **50,** [1963], 18. — Vff. untersuchten die Hydrolyse von verd. salpetersauren $Bi(NO_3)_3$-Lsgg. (10^{-2} bis 10^{-3} m) im pH-Bereich von 1,04—1,88 zwischen 21,0 u. 80,0° nach verschiedenen Methoden. Es entstehen Hydrolyse-Prodd. (HP) der Zus. $[Bi_6O_x(OH)_{12-2x}](OH)_3(NO_3)_3 \cdot n\,H_2O$, deren Menge mit steigendem pH-Wert u. mit der NO_3^--Konz. zunimmt u. deren Zerfall nach einem früher beschriebenen Verf. (C. **1963,** 3711, 10593) kinet. verfolgt wurde. Die HP zerfallen bei 25,0° u. bei pH 1,50 mit einer Halbwertszeit von ca. 70 Min.; der Zerfall ist formal 2. Ordnung. Die Zerfalls-Konst. k läßt sich zwischen 20 u. 80° durch die Temp.-Funktion (T in °K) $\log k = -304 \cdot T^{-1} + 0{,}490$ beschreiben. Bei 25,0° betragen k = 0,32 ± 0,02 Liter/Mol·min u. die Aktivierungsenergie des Zerfalls $\Delta H_A = 1{,}4 \pm 0{,}5$ kcal/Mol. Der Zerfall der HP wird bei pH ≥ 1,6 durch die Bldg. krist. Ndd. der Zus. $[Bi_6O_4(OH)_4] \cdot (OH)(NO_3)_5 \cdot 0{,}5\,H_2O$ (I; ± 0,5 H_2O) überlagert. I, dessen Löslichkeiten bei 25,0° als Funktion der Acidität der Lsg. bestimmt wurden, krist. monoklin mit Z = 8 in der Raumgruppe $P\,2_1/c-C_{2h}^5$; a = 17,58 ± 0,04, b = 9,15 ± 0,03, c = 27,20 ± 0,05 Å, β = 83,2 ± 0,3°; D_R^{25} = 5,27, D_4^{25} 5,376 ± 0,002 g/cm³. Über die Zusammenhänge zwischen den in Lsg. vorliegenden Polykationen $[Bi_6O_x(OH)_{12-2x}]^{6+}$, den HP u. dem thermodynam. stabilen I wird diskutiert. G. Gattow. 225◇

Die Reaktion zwischen Quecksilber(I) und Mangan(III) in wässriger Perchloratlösung. D. R. Rosseinsky. (J. chem. Soc. [London] **1963,** 1181—86; Exeter, Univ., Washington Singer Labor.; engl.) — 10^{-3}m Mn(III)-Perchlorat-Lsgg. wurden durch Ggw. eines 25fachen Überschusses von Mn(II) in 4m Säure stabilisiert. Ihre Umsetzung mit ca. 10^{-2}m $Hg_2(ClO_4)_2$ wurde bei 50° in Ggw. von $Ba(ClO_4)_2$, $NaClO_4$ u. $Hg(ClO_4)_2$ bei ca. 3m $[H^+]$ u. einer Gesamtionenstärke von 4,5 kinet. verfolgt. Folgender Rk.-Mechanismus wird vorgeschlagen: (1) $Hg_2^{2+} \overset{K'}{\rightleftharpoons} Hg^0 + Hg^{2+}$; (2) $2\,Mn^{3+} \overset{K''}{\rightleftharpoons} Mn^{4+} + Mn^{2+}$; (3) $Mn^{3+} + Hg^0 \overset{k'}{\longrightarrow} Mn^{2+} + Hg^+$; (4) $Mn^{3+} + Hg^+ \rightarrow Mn^{2+} + Hg^{2+}$ (schnell); (5) $Mn^{4+} + Hg_2^{2+} \overset{k''}{\longrightarrow} Mn^{2+} + 2\,Hg^{2+}$. Mit $k_1 = k'K'$ u. $k_2 = k''K''$ u. $k_1/k_2 = 1{,}10 \cdot 10^{-4}$m ergibt sich k_1 zu $(3{,}43 \pm 0{,}37) \cdot 10^{-4}$ min^{-1}. Gleichungen 1 u. 2 repräsentieren zwei rasche vorgelagerte Gleichgewichte. Geschwindigkeitsbestimmend sind die Rkk. 3 u. 5. Bei niedriger Hg^{2+}-Ausgangs-Konz. entfällt Rk. 5, bei einer Ionenstärke von $3{,}00 \pm 0{,}04$, $[H^+] = 2{,}87$ m, $[Mn^{2+}] = 0{,}0254$ m u. $[Hg^{2+}] = [Hg_2^{2+}]/370$ ergibt sich k_1 zu $(3{,}10 \pm 0{,}23) \cdot 10^{-4}$ min^{-1}. Unterschiede im Verh. von Co^{3+}, Mn^{3+} u. Tl^{3+} gegenüber Hg_2^{2+} lassen sich weniger durch die entsprechenden Oxydationspotentiale als durch die unterschiedlichen Orbitalüberlappungen im Übergangszustand erklären. P. Sartori. 225◇

Messung der Geschwindigkeit des Elektronenübergangs zwischen Tris-[4.7-dimethyl-1.10-phenanthrolin]-eisen(II) und Hexachloroiridat(IV) mit Hilfe der Temperatursprung-Methode. J. Halpern, R. J. Legare und R. Lumry. (J. Amer. chem. Soc. **85**, 680—82, 1963; Minneapolis, Minn., Univ. of Minnesota, School of Chem., Labor. for Biophys. Chem.; engl.) — Untersucht wurde die Kinetik des Elektronenüberganges für die Rk. $[Fe(DMP)_3]^{2+} + [IrCl_6]^{2-} \underset{k'}{\overset{k}{\rightleftharpoons}} [Fe(DMP)_3]^{3+} + [IrCl_6]^{3-}$ (DMP = 4.7-Dimethyl-1.10-phenanthrolin) mit Hilfe der Temp.-Sprung-Relaxations-Methode. Im Temp.-Bereich zwischen 10 u. 30° sind die Geschw.-Konst. für die Ionenstärke 0,1 m gegeben durch $k = 1{,}1 \cdot 10^9$ Mol^{-1}s^{-1} u. $k' = 4{,}0 \cdot 10^{13} \exp -(6000/RT)$ Mol^{-1}s^{-1}, d. h. $1{,}0 \cdot 10^9$ Mol^{-1}s^{-1} bei 10°. Diese Geschw.-Konst. gehören zu den größten, die bisher für den Elektronenübergang bei Metallkomplexen beobachtet worden sind u. liegen scheinbar nahe der durch Diffusion bestimmten Grenze. Die aus der „innersphär." Umlagerung von Solvens u. Liganden resultierende Sperr-Wrkg. gegen einen Elektronenübergang ist bei dieser Rk. sehr klein. E. Beyerle. 225◇

Brom-Austausch in Graphit-Brom-Einlagerungsverbindungen. S. Aronson. (J. inorg. nuclear Chem. **25**, 907—18, 1963; Upton, N.Y., Brookhaven Nat. Labor.; engl.) — Um Auskunft über die Beweglichkeit des Broms in Graphit-Brom-Verbb. zu erhalten, wurde die Austausch-Geschw. zwischen normalem u. radioakt. Brom bei Temp. von 30—50° in natürlichem u. künstlichem Graphit verschiedener Korngrößen untersucht. Die Zus. des Syst. lag im Bereich zwischen $C_{16}Br$ u. C_8Br. Die Selbstdiffusion des Broms im Graphit u. der Austausch zwischen adsorbiertem u. gasförmigem Brom auf der Graphitoberfläche wurden als mögliche geschwindigkeitsbestimmende Schritte beim Isotopenaustausch angesehen. Allg. kinet. Gleichungen zur Beschreibung dieser Vorgänge werden angegeben. Es zeigt sich, daß natürlicher Graphit, bedingt durch die vollkommenere Gitterstruktur, unter gleichen Bedingungen doppelt soviel Brom aufnimmt wie künstlicher. Ein Vgl. experimentell ermittelter Geschw.-Daten mit theoret. berechneten Werten zeigt größere Übereinstimmung bei der Annahme eines Diffusionsmechanismus als geschwindigkeitsbestimmendem Schritt. Die Geschw.-Konst. des Austausches wächst mit der Temp. u. dem Brom-Geh., eine Änderung des Brompartialdruckes hat wenig Einfl. auf die Zus. des Festkörpers. Das Verhältnis des reversibel absorbierten Broms zum nicht desorbierbaren wurde bestimmt, dabei ergab sich, daß der Isotopenaustausch im irreversibel absorbierten Brom kleiner war als im desorbierbaren. Durch Vgl. mit theoret. Diffusionskurven konnten die Diffusions-Koeff. für den natürlichen Graphit (10^{-9} bis 10^{-8} cm^2/s) bestimmt werden. Aus der Temp.-Abhängigkeit des Austausches ergaben sich Aktivierungsenergien zwischen 11 u. 14 kcal/Mol. Die Dichte des zwischen den Graphitschichten befindlichen Broms wird mit 3,42 g/cm^3 angegeben, zum Vgl. dazu beträgt die Dichte des fl. bzw. festen Broms 3,12 bzw. 3,4 g/cm^3.
W. Wiechmann. 225◇

Kinetik der Reduktion von Mangandioxid durch Wasserstoff. 1. Mitt. D. Cismaru und M. Vass. (Rev. Chim. [Bucarest] **7**, 101—09, 1962; Bucarest, Centre de rech. chim. de l'Acad. de la R.P.R., Labor. de cinét. chim. et de catalyse; franz.) — Vff. untersuchten die Red. von MnO_2 (Korngröße 0,064 mm) zu Mn_3O_4 bei Temp. zwischen 350 u. 490°. Die Kinetik der Rk. läßt sich durch den Ausdruck $kt = 1-(1-z)^{1/3}$ wiedergeben, wobei t die Zeit in Min. u. z der umgesetzte Bruchteil des MnO_2 ist. Die Geschw.-Konst. wächst von $5{,}27 \cdot 10^{-3}$ bei 350° auf $1{,}14 \cdot 10^{-1}$ bei 490°. Als Aktivierungsenergie der Rk. wurde 22627 cal/Mol berechnet. Es wird folgender Red.-Mechanismus vorgeschlagen: $3\,MnO_2 \rightleftharpoons 3\,Mn \cdot 4\,O + 2\,O\square'' + 4\,e$; $2\,H_2 + 3\,Mn \cdot 4\,O + 2\,O\square'' + 4\,e \rightleftharpoons 2\,H_2O + Mn_3O_4$. B. Krebs. 225◇

Kinetik der Reaktion von reinem Sauerstoff mit Uranmononitrid. Claude Moreau und Joseph Philippot. (C. R. hebd. Séances Acad. Sci. **256**, 5366—69, 1963; Grenoble, Centre d'Études nucl.; franz.) — Die Rk. zwischen *UN* u. O_2 führt bei 100 Torr u. 350—480° zu einem Oxid, dessen Zus. zwischen U_3O_8 u. UO_3 liegt. Die Rk. ist unter den vorgegebenen Bedingungen 1. Ordnung in bezug auf die eingesetzte UN-Menge; die Aktivierungsenergie beträgt 24,5 kcal/Mol. B. Krebs. 225◇

Kinetische und morphologische Untersuchung der Zersetzung von Nickelformiat. M. Prettre und R. Bachelard. (Rev. Chim. [Bucarest] **7,** 385—403, 1962; Lyon-Villeurbanne, Inst. de Rech. sur la Catalyse du C.N.R.S.; franz.) — Vff. untersuchten thermogravimetr. im Temp.-Bereich zwischen 55 u. 210° die Dehydratisierung u. die Kinetik der Dissoziation von Nickelformiat nach $Ni(HCO_2)_2 \cdot 2\,H_2O \rightarrow Ni(HCO_2)_2$ (I) + H_2O u. I $\rightarrow$ Ni + x H_2 + (1—x) H_2O + (1—x) CO + (1 + x) CO_2. Die katalyt. Aktivität (spezif. Oberfläche) des entstehenden feinverteilten Ni ist abhängig von der Menge der in der Probe enthaltenen Fremdionen (untersucht wurde der Einfl. von Ca u. Mg). B. Krebs. 225◇

Änderung der Oxydationsstufen des Chroms beim Tempern eines Chrom(III)-oxid-Gels. J. Derén, J. Haber und M. Marczak. (Bull. Acad. polon. Sci., Sér. Sci. chim. **10,** 253—58, 1962; Cracow, PAN, Inst. of Phys. Chem., Dep. of Surface Phenomena; Katowice, Normal School, Dep. of Phys. Chem.; engl.) — Cr_2O_3-Gel wird bei 100—500° 1—10 Std. lang in einer O_2-Atmosphäre bei 1 atm getempert. Die Entwässerungs-Geschw. nimmt mit steigender Temp. stark zu, bei 500° wird das Gel vollständig entwässert. Cr_2O_3 wird zu CrO_2 oxydiert bei gleichzeitiger Bldg. einer Oberflächenschicht von CrO_3. Bei weiterem Erhitzen zerfällt CrO_2 wieder zu Cr_2O_3, die Cr(IV)-Konz. ist während des Zerfalls sehr gering u. nimmt beim Erhitzen nur langsam zu. M. Engel. 225◇

Verbrennung von Metallen. George H. Markstein. (AIAA Journal **1,** 550—62, 1963; Buffalo, N.Y., Cornell Aeronaut. Labor.; engl.) — Übersicht: Oxydation bei niedriger Temp.; Entzündung von Metallen; Verbrennung; Rk.-Kinetik u. Mechanismus der Verbrennung; Strahlung u. Spektren von Metallflammen. — 77 Literaturangaben. A. Blaschette. 225◇

Die thermische Zersetzung von bestrahltem Rubidiumpermanganat. P. J. Herley und E. G. Prout. (J. inorg. nuclear Chem. **16,** 16—22, 1960; Grahamstown, South Africa, Rhodes Univ.; engl.) — Die Unters. der therm. Zers. von γ-bestrahltem $RbMnO_4$ zwischen 195—245° ergibt ähnliche Ergebnisse wie bei $AgMnO_4$ u. $KMnO_4$ (vgl. C. **1963,** 2760 u. 9237), was auf den gleichen Zerfallsmechanismus schließen läßt. Die mittlere Aktivierungsenergie der Wanderung von Zwischengitterplätzen während der Induktionsperiode beträgt 1,59 eV. Bei Bestrahlung in einem hohlen Uranstab ist neben der Wrkg. von γ-Strahlen die Einwrkg. schneller Neutronen zu berücksichtigen, die therm. u./oder Verschiebungs-Spikes bewirken, die aus Zentren von Zers.-Prodd. bestehen. Von ihnen geht letztlich das Zerbrechen des Kristalls aus. F. Huber. 226◇

Wirkungen äußerer Anionen auf die Rückstoßreaktionen in bestrahlten Nitropentamminkobalt(III)-Komplexen. Nobufusa Saito, Takeshi Tominaga und Hirotoshi Sano. (Bull. chem. Soc. Japan **36,** 232—33, 1963; Tokyo, Univ., Fac. of Sci., Dep. of Chem.; engl.) — Die Komplexsalze $[CoNO_2(NH_3)_5]X_2$ mit X = NO_3^-, NO_2^-, Cl^-, Br^-, J^-, ½ SO_4^{2-} u. ½ $C_2O_4^{2-}$) wurden in Ggw. von Luft bei Reaktor-Temp. mit therm. Neutronen bestrahlt. Die Aufarbeitung erfolgte mittels Ionenaustausch, Fällung u. Papierelektrophorese. Die prozentuale Verteilung der Rk.-Prodd. wurde durch Messung der ^{60}Co-Aktivität bestimmt. Die Vers.-Ergebnisse werden durch die Annahme erklärt, daß in den Rückstoß-Rkk. abgespaltene NH_3- oder NO_2-Gruppen mit äußeren Anionen bei der Bldg. neuer Komplexe miteinander konkurrieren. W. Wiechmann. 226◇

Chemisorption, Desorption und Mechanismus katalytischer Reaktionen an Metallkatalysatoren. Alfons Krause. (Österr. Chemiker-Ztg. **64,** 142—44, 1963; Poznań, Univ., Inst. für Anorg. Chem.; dt.) — Physikal. u. chem. Definition der akt. Zentren; Mechanismus des SO_3-Kontakt-Verf. an Pt u. der Knallgas-Rk. an Pt u. Pd. A. Blaschette. 227◇

A_8. Präparative anorganische Chemie. Komplexverbindungen. Metallorganische Verbindungen

Reaktionen des Stickstoff(II)-oxids. Russell S. Drago. (Advances Chem. Ser. **36,** 143—49, 1962; Urbana, Ill., Univ. of Illinois, Chem. Dep.; engl.) — Übersicht über Struktur, Eigg. u. wichtige Rkk. von NO unter bes. Berücksichtigung seines Verh. als Lewis-Säure gegenüber Sulfit, prim., sek. u. tert. Aminen, Alkoholen (Traube-Rk.) u. Oximen. Das allg. Rk.-Schema dieser Umsetzungen besteht in der Bldg. eines intermediären freien Radikals BNO (B = Lewis-Base), das sich mit einem zweiten NO-Mol. zu Verbb. mit N_2O_2-Gruppen umsetzt. Nicht in dieses Schema passen die Rkk. von NO mit organ. Nitriten u. mit P- u. S-Donatoren. — 29 Literaturangaben. A. Blaschette. 243◇

Die Bedeutung freier NO_2-Radikale bei den Reaktionen des Distickstofftetroxids und der Metallnitrate. C. C. Addison. (Advances Chem. Ser. Nr. **36,** 131—42, 1962; Nottingham, England, Univ., Dep. of Chem.; engl.) — Übersicht über neuere Ergebnisse: Bei Rkk. zwischen Metallcarbonylen, wie $Mn_2(CO)_{10}$, $Fe(CO)_5$, $Co_2(CO)_8$ u. $Ni(CO)_4$, mit N_2O_4-NO_2-Mischungen hängt die Art der Rk.-Prodd. vom Aggregatzustand des Syst. ab. In fl. Phase, wo das Gleichgewicht $N_2O_4 \rightleftharpoons NO^+ + NO_3^-$ vorherrscht, werden Metallnitrate oder -carbonylnitrate gebildet: *$Mn(CO)_5NO_3$*, *$Fe(NO_3)_3 \cdot N_2O_4$*, *$Co(NO_3)_2 \cdot 2\,N_2O_4$* u. $Co(NO_3)_2$, $Ni(NO_3)_2 \cdot 2\,N_2O_4$ u. *$Ni(NO_3)_2$*. In der Gasphase besteht hingegen das Gleichgewicht $N_2O_4 \rightleftharpoons 2\,NO_2$, u. es werden Metallnitrite oder deren Derivv. gebildet: *$Mn(CO)_5NO_2$*, *$FeO(NO_3)$* [aus instabilem *$Fe(NO_2)_3$*], *$Co(NO_2)_2$*, *$Ni(NO_2)_2$*. — Wasserfreie Metallnitrate mit kovalenter Bindung zwischen NO_3-Gruppe u. Metall besitzen erhöhte Rk.-Fähigkeit, die auf Dissoziation nach $Me{-}O{-}NO_2 \rightarrow Me{-}O\cdot + NO_2\cdot$ zurückgeführt wird. Hieraus erklärt sich die Bldg. von NO_2^- neben NO_3^- bei der Hydrolyse von *$Be(NO_3)_2$* sowie die explosionsartige Rk. von Ae. mit *$Cu(NO_3)_2$*. — 57 Literaturangaben.
A. Blaschette. 243◇

Das Difluoraminradikal. Frederic A. Johnson. (Advances Chem. Ser. Nr. **36,** 123—27, 1962; Huntsville, Ala., Rohm and Haas Co., Redstone Arsenal Res. Div.; engl.) — Übersicht über die vorliegenden Unterss. des Gleichgewichtes $N_2F_4 \rightleftharpoons 2\,NF_2$ ($\Delta H_{298} = 20{,}0 \pm 1{,}0$ kcal) u. der Eigg. des NF_2-Radikals (IR-Spektrum; Massenspektrum u. Ionisationspotential; EPR- u. UV-Spektrum). Die bisher untersuchten anorgan. Rkk. des NF_2 sind die Bldg. von *Nitrosodifluoramin* ($N_2F_4 + 2\,NO \rightleftharpoons 2\,ONNF_2$), *Chlordifluoramin* ($Cl_2 + N_2F_4 \rightleftharpoons 2\,NF_2Cl$; aus HNF_2 u. BCl_3) u. *Difluoramin* (aus AsH_3 u. N_2F_4 bzw. nach $N_2F_4 + 2\,C_6H_5SH \rightarrow 2\,HNF_2 + C_6H_5SSC_6H_5$ sowie durch Fluorierung von Harnstoff oder NH_3). — 19 Literaturangaben. A. Blaschette. 246◇

Radikalreaktionen von Tetrafluorhydrazin. Jeremiah P. Freeman. (Advances Chem. Ser. Nr. **36,** 128—30, 1962; Huntsville, Ala., Rohm and Haas Co., Redstone Arsenal Res. Div.; engl.) — Übersicht über die Rkk. der aus N_2F_4 gebildeten NF_2-Radikale mit organ. Substraten: $RC(O)H + NF_2 \rightarrow RCO\cdot + HNF_2$, $RCO\cdot + NF_2 \rightarrow RC(O)\cdot NF_2$ (*N.N-Difluoramide*); $RJ + NF_2 \rightarrow J + RNF_2$ (*Alkyldifluoramine*); Bldg. von *α-Difluoraminoisobutyronitril* u. *tert.-Butyldifluoramin* aus den entsprechenden Azo-Verbb. bzw. von *Trityldifluoramin* aus Hexaphenyläthan; Rk. von Trifluormethan mit N_2F_4 unter Licht-Einw. zu *N-Fluor-N'-trifluormethyldiazin-N'-oxid*; Bldg. von *Äthyl-* u. *n-Butyldifluoramin* aus NF_2Cl u. $Hg(C_2H_5)_2$ bzw. $Hg(C_4H_9)_2$. Die Verw. von KMR-Spektren zur Verfolgung dieser Rkk. wird erwähnt. — 14 Literaturangaben.
A. Blaschette. 246◇

Untersuchung über die basischen Eigenschaften von Chloraminen. E. Allenstein und J. Goubeau. (Z. anorg. allg. Chem. **322,** 145—54, 1963; Stuttgart, TH, Labor. für anorg. Chem.; dt.) — Die relative Basizität von *$N(CH_3)_3$*, *$N(CH_3)_2Cl$*, *$N(CH_3)\cdot Cl_2$*, *NCl_3*, *NH_2Cl* u. *$N(C_2H_5)_2Cl$* wurde durch Umsetzung mit H_2SO_4 u. BF_3 untersucht. BF_3 bewirkt schon in katalyt. Mengen zwischen —20 u. —120° explosionsartige Zers. von NH_2Cl. Äther. Lsgg. von $N(CH_3)_2Cl$ liefern mit BF_3-Äther (I) krist. weißes *$F_3B\cdot N(CH_3)_2Cl$* [F. 82—83° (Zers.), im Vakuum bei 30° sublimierbar]; mit äther. H_2SO_4 krist. weißes $[HN(CH_3)_2Cl]HSO_4$. Aus $N(C_2H_5)_2Cl$ u. BF_3 in Ae. entsteht eine zähfl. Masse, die sich unter Wärme-Entw. u. Cl_2-Abspaltung zersetzt, wahrscheinlich I-haltiges *$F_3B\cdot N(C_2H_5)_2Cl$*. Mit H_2SO_4 in Ae. bei —80° entsteht feinkrist., etwas ätherlösl. *$[HN(C_2H_5)_2\cdot Cl]HSO_4$*, das bei Raum-Temp. einige Std. lang beständig ist. $N(CH_3)Cl_2$ bildet mit BF_3 bei Abwesenheit von Ae. eiskristallähnliches *$F_3B\cdot N(CH_3)Cl_2$*. NCl_3 reagiert mit Bzl. in Anwesenheit von BF_3 nach $NCl_3 + 3\,C_6H_6 + BF_3 \rightarrow 3\,C_6H_5Cl + F_3B\cdot NH_3$ u. ist in H_2SO_4 nur sehr wenig löslich. Somit ergibt sich die folgende Reihe fallender Basenstärke: $N(CH_3)_3 > N(CH_3)_2Cl > N(CH_3)Cl_2 > NCl_3$. In der Reihe NH_2Cl-$N(CH_3)_2Cl$-$N(C_2H_5)_2Cl$ muß angenommen werden, daß NH_2Cl eine schwächere Base als $N(CH_3)_2Cl$ ist, während $N(C_2H_5)_2Cl$ wegen der Cl-Abspaltung nicht mit $N(CH_3)_2Cl$ verglichen werden kann. P. Sartori. 247◇

Deuteriumchlorid-(^{36}Cl). R. H. Herber. (Inorg. Syntheses **7,** 155—60, 1963; New Brunswick, N.J., State Univ.; engl.) — Meth. zur Darst. von $D^{36}Cl$ nach $H_2SO_4 \rightarrow H_2O + SO_3$, $SO_3 + D_2O \rightarrow D_2SO_4$, $D_2SO_4 + Na^{36}Cl \rightarrow NaDSO_4 + D^{36}Cl$.
A. Blaschette. 247◇

^{36}Cl-markiertes Thionylchlorid, Siliciumtetrachlorid, Borchlorid, Germanium(IV)-chlorid und Phosphor(III)-chlorid. R. H. Herber. (Inorg. Syntheses **7,** 160—62, 1963; engl.) — Vgl. vorst. Referat. — Meth. zur Darst. von ^{36}Cl-markiertem $SOCl_2$, $SiCl_4$, BCl_3, $GeCl_4$ u. PCl_3 durch Isotopenaustausch mit markiertem $[(CH_3)_4N]Cl$ (I). Letzteres wird aus normalem I u. einer alkal. wss. $^{36}Cl^-$-Lsg. erhalten. A. Blaschette. 247◇

Wasserfreier Jodwasserstoff. C. J. Hoffman. (Inorg. Syntheses **7,** 180—82, 1963; Sunnyvale, Calif., Lockheed Missiles and Space Div.; engl.) — Meth. zur Erzeugung eines gleichmäßigen HJ-Stromes durch Rk. von J_2 mit sd. Tetrahydronaphthalin ($C_{10}H_{12}$ + 2 J_2 → $C_{10}H_8$ + 4 HJ); Ausbeute 90%. A. Blaschette. 249◇

Komplexe positiv einwertiger Halogene. R. A. Zingaro, W. B. Witmer, George B. Kauffman und Kenneth L. Stevens. (Inorg. Syntheses **7,** 169—76, 1963; College Station, Tex., Texas A. and M. Coll.; Fresno, Calif., Fresno State Coll.; engl.) — *Benzoatochinolinjod(I)* (I), F. 140—150° (Zers.), aus Ag-Benzoat, Jod u. Chinolin in Chlf. nach $AgC_7H_5O_2$ + J_2 + C_9H_7N → I + AgJ; 70% (Ausbeute). — *Dipyridinbrom(I)-nitrat* (II), F. 79—80°, aus $AgNO_3$, Pyridin u. Brom in Chlf. nach $[AgPy_2]\cdot NO_3$ + Br_2 → II + AgBr; >90%. — *Dipyridinbrom(I)-perchlorat*, F. 120—123°, analog aus $[Agpy_2]ClO_4$; 61,5%. A. Blaschette. 249◇

Chloropyridinjod(I). George B. Kauffman und Kenneth L. Stevens. (Inorg. Syntheses **7,** 176—80, 1963; Fresno, Calif., Fresno State Coll.; engl.) — Vgl. vorst. Referat. — *[JClpy]* bzw. *[Jpy]Cl*, F. 134—135°, aus JCl u. Pyridin in trockenem CCl_4; 50—70%. A. Blaschette. 249◇

Schwefel-(^{35}S). C. Briske, N. H. Hartshorne und D. R. Stranks. (Inorg. Syntheses **7,** 116—19, 1963; Leeds, England, Univ., School of Chem.; Melbourne, Australia, Univ.; engl.) — Darst. nach $Na_2{}^{35}SO_4$ + 4 H_2 → $Na_2{}^{35}S$ + 4 H_2O, $Na_2{}^{35}S$ + J_2 → ^{35}S + 2 NaJ; chem. u. Isotopenausbeute 92%. A. Blaschette. 253◇

Schwefel(IV)-fluorid. F. S. Fawcett und C. W. Tullock. (Inorg. Syntheses **7,** 119—24, 1963; Wilmington, Del., E. I. du Pont de Nemours & Co.; engl.) — Ausführliche Beschreibung der Darst. nach 3 SCl_2 + 4 NaF → SF_4 + S_2Cl_2 + 4 NaCl. A. Blaschette. 253◇

Peroxodisulfuryldifluorid. Jean'ne M. Shreeve und George H. Cady. (Inorg. Syntheses **7,** 124—28, 1963; Seattle, Wash., Univ. of Washington; engl.) — Ausführliche Beschreibung der Darst. von $S_2O_6F_2$ durch katalyt. Fluorierung von SO_3-Dampf mit F_2 bei ca. 150° an einem Cu–AgF_2-Katalysator; Ausbeute >90%, bezogen auf SO_3. A. Blaschette. 253◇

Trifluormethansulfenylpseudohalogenide. H. J. Emeléus und A. Haas. (J. chem. Soc. [London] **1963,** 1272—75; Cambridge, Univ., Chem. Labor.; engl.) — Durch Rk. von CF_3SCl mit AgCN, AgSCN, AgSeCN u. AgOCN im Bombenrohr wurden *CF_3SCN* [F. —70°. Kp. extrapol. 36°, log p_{Torr} = 8,395—1704/T (—47 bis 21°), latente Verdampfungswärme (LV) 7660 (cal/Mol), Trouton-Konst. (TK) 24,8], *CF_3SSCN* (F. —35,5°), *$CF_3\cdot SSeCN$* [F. —67°, Kp. 119°, log p = 7,322—1741/T (—10 bis 40°), LV 8170, TK 20,8], *CF_3SNCO* [I; F. —97°, Kp. 27°, log p_{Torr} = 7,741—1458/T, LV 6350, TK 21,2] u. (als zweites Prod. der Umsetzung von CF_3SCl u. AgOCN) dimeres fl. *Trifluormethansulfenylisocyanat* (II) dargestellt. Die IR- u. KMR-Spektren der Verbb. werden numer. mitgeteilt. II hydrolysiert sehr leicht unter Bldg. von CO_2 u. *N.N-Bis-[trifluormethansulfenyl]-harnstoff*, F. 43°. I trimerisiert bei 100° in 4 Std., F. 111°. Aus I u. NH_3 entsteht *Trifluormethansulfenylharnstoff*, F. 102—104°, lösl. in Ae. u. Aceton, unlösl. in CS_2, Bzl. u. CCl_4. Mit CH_3NH_2 wird *N-Methyl-N'-trifluormethansulfenylharnstoff* erhalten; F. 140° (Sublimation), lösl. in Ae. u. Aceton, unlösl. in Wasser. Mit $(CH_3)_2NH$ entsteht *N.N-Dimethyl-N'-trifluormethansulfenylharnstoff*, F. 126°, wenig lösl. in Aceton, mit Anilin in CS_2-Lsg. *N-Phenyl-N'-trifluormethansulfenylharnstoff*, F. 179°, lösl. in Chlf., Ae. u. Aceton, unlösl. in Wasser. Mit Diphenylamin bildet sich in CS_2-Lsg. *N.N'-Diphenyl-N-trifluormethansulfenylharnstoff*, F. 157°, lösl. in Aceton, unlösl. in Wasser. P. Sartori. 254◇

Heptafluorpropylderivate des Selens. H. J. Emeléus und N. Welcman. (J. chem. Soc. [London] **1963,** 1268—71; engl.) — Vgl. vorst. Referat. — Durch Umsetzung von Se mit Silberheptafluorbutyrat bei 280° wurde *Bis-[heptafluorpropyl]-selenid* (I) u. *Bis-[heptafluorpropyl]-diselenid* (II) dargestellt. II reagiert mit Hg unter Bldg. von *$Hg(Se\cdot C_3F_7)_2$* (III) u. kann so von I getrennt werden. III kann durch Behandeln mit J_2 wieder in II [F. —51°, $Kp._{extrap.}$ 149°, log p_{Torr} = 7,536—1967/T (—13 bis 74,5°), molare Verdampfungswärme (MV) 9005 (cal/Mol), Trouton-Konst. (TK) 21,3, in 15%ig. NaOH hydrolysierbar] umgewandelt werden. I, F. —108°, $Kp._{extrap.}$ 100°, log p_{Torr} = 7,71—1803/T (—45 bis 70°), MV 8250, TK 22,1, ist gegen W. u. 15%ig. NaOH beständig. III bildet mit Cl_2 *Heptafluorpropylselenchlorid*, C_3F_7SeCl (IV), F. —89°, $Kp._{extrap.}$ 74°, log p_{Torr} = 7,88—1742/T (—50 bis 16°), MV 7970, TK 22,9. Aus I u. Cl_2 entsteht neben IV *$SeCl_4$*. IV bildet sich auch aus II u. Cl_2. *Heptafluorpropylselenbromid*, *C_3F_7SeBr*, $Kp._{exrap.}$ 95°, log p_{Torr} = 7,852—1829/T (—22—25°),

MV 8374, TK 22,7, wird glatt aus **III** u. Br_2 erhalten. Aus **IV** u. $(CH_3)_2NH$ entsteht *N.N-Dimethylheptafluorpropylselenamid*, $(CH_3)_2NSeC_3F_7$, farblos, F. -94^0, Kp.$_{extrap.}$ 103^0, $\log p_{Torr} = 7,16-1610/T$ (-45 bis 48^0), MV 7370, TK 19,6, das mit HCl wieder **IV** bildet. Analog entsteht aus CF_3SeCl u. $(CH_3)_2NH$ *$(CH_3)_2NSeCF_3$*, Kp.$_{extrap.}$ 71^0, $\log p_{Torr} = 7,15-1470/T$, MV 6740, TK 19,5. **III** reagiert mit CH_3J, CH_2J_2 u. C_2H_5J unter Bldg. von *Heptafluorpropylmethylselenid*, $C_3F_7SeCH_3$, Kp.$_{extrap.}$ 68^0, $\log p_{Torr} = 7,95-1608/T$ (-41 bis 51^0), MV 7358, TK 21,6, *Bis-[heptafluorpropylselenyl]-methan*, $(C_3F_7Se)_2CH_2$, p_{20^0} ca. 2 Torr u. *Äthylheptafluorpropylselenid*, $C_3F_7SeC_2H_5$, Kp.$_{extrap.}$ $23,5^0$, $\log p_{Torr} = 8,007-1880/T$, MV 8610, TK 23,5. Analog reagiert $Hg(CF_3Se)_2$ mit CH_3J, CH_2J_2 u. C_2H_5J unter Bldg. von *CF_3SeCH_3*, Kp.$_{extrap}$ $29,6^0$, $\log p_{Torr} = 7,66-1448/T$ (-64 bis 21^0), MV 6630, TK 21,9), *$(CF_3Se)_2CH_2$*, Kp.$_{extrap.}$ 108^0, $\log p_{Torr} = 7,746-1850/T$ ($0-86^0$), MV 8480, TK 22,3 u. *$CF_3SeC_2H_5$*, F. -125^0, Kp.$_{extrap.}$ $56,6^0$, $\log p_{Torr} = 7,89-1650/T$ (-50 bis 19^0), MV 7560, TK 22,9. Die IR-Spektren der dargestellten Verbb. werden numer. mitgeteilt. P. Sartori. 254◇

Die Darstellung von reinem Bor für Halbleiteruntersuchungen. T. Niemyski und Z. Olempska. (J. less-common Metals [Amsterdam] **4**, 235—43, 1962; Warsaw, Pol. Acad. of Sci., Inst. of Phys.; engl.) — Hochreines BCl_3, das als Verunreinigung nur 10^{-4}% Si u. 10^{-5}% Mg enthielt, wurde durch Chlorierung einer gepulverten Mischung aus B_2O_3 + C im Gew.-Verhältnis 2:1 bei 700—900° u. mehrfache fraktionierte Dest. bei Normaldruck im Kälteraum in 65%ig. Ausbeute dargestellt. Die Red. des BCl_3 mit Wasserstoff in einem Quarzrohr bei 1100—1200° führte zur Abscheidung von kristallinem Bor an der Wandung des Quarzrohres u. eines amorphen Borpulvers im Rk.-Zentrum. Die Prodd. enthielten als einzige Verunreinigungen 10^{-2}% Si u. 10^{-5}% Mg bzw. 10^{-4}% Si u. 10^{-5}% Mg. Die beste Ausbeute an Bor (60%) erhält man bei 1200° u. einem H_2:BCl_3-Verhältnis von 45:1. H. U. Kibbel. 258◇

Die Chemie der Borsubhalogenide. 1. Mitt. **Einige Eigenschaften des Tetrabortetrachlorids B_4Cl_4.** Grant Urry, Alfred G. Garrett und H. I. Schlesinger. (Inorg. Chem. [Washington] **2**, 396—400, 1963; Chicago, Ill., Univ. of Chicago, George Herbert Jones Labor.; Lafayette, Ind., Purdue Univ., Richard Benbridge Wetherill Labor.; engl.) — *B_4Cl_4*, klare blaßgelbe Kristalle, im Vakuum flüchtig, wurde durch Red. von BCl_3 im Hochspannungswechselstrom-Quecksilberbogen dargestellt u. seine Eigg. wurden mit denen des B_2Cl_4 verglichen. Es ist an trockener Luft selbstentzündlich, im Vakuum bis 70° stabil, reagiert bei 70° nur sehr langsam mit H_2, reagiert mit $(CH_3)_2Zn$ unter Bldg. von *$B_4Cl_3CH_3$* mit $\log p\,(\text{Torr}) = -4176/T + 13,8017$ (45—55°). Die Rk. von B_4Cl_4 mit CH_3OH verläuft nach $6\,CH_3OH + B_4Cl_4 \rightarrow 3\,H_2 + 4\,CH_3Cl + 1/n[B_4O_4(OCH_3)_2]_n$; mit W. entstehen pro Mol B_4Cl_4 drei Mol H_2. Mit $(CH_3)_2NH$ entsteht ohne H_2-Entw. eine Verb. der vermutlichen Zus. *$B_4[N(CH_3)_2]_4$*. Mit B_2H_6 entstehen BCl_3 u. höhere Borhalogenide. Äther. Lsgg. von B_4Cl_4 entwickeln langsam C_2H_5Cl. Mit C_2H_4 erfolgt keine Reaktion. Zwischen 23 u. 67,7° gehorcht B_4Cl_4 der Dampfdruckgleichung $\log p = -2179/T + 9,464$. Das IR-Spektrum von B_4Cl_4-Dampf wird graph. mitgeteilt. P. Sartori. 258◇

Die Chemie der Borsubhalogenide. 2. Mitt. **Umsetzungen von Dibortetrachlorid mit Stickstoff- und Phosphorverbindungen.** Alfred G. Garrett und Grant Urry. (Inorg. Chem. [Washington] **2**, 400—05, 1963; Lafayette, Ind., Purdue Univ., Richard Benbridge Wetherill Labor.; engl.) — 1. vgl. vorst. Referat. — B_2Cl_4 (**I**) reagiert mit N_2F_4 beim langsamen Erwärmen von -196^0 auf Raum-Temp. unvollständig etwa nach $3\,N_2F_4 + 6\,\mathbf{I} \rightarrow 8\,BCl_3 + 4\,BF_3 + 3\,N_2$. Mit PCl_3 reagiert **I** bei -79^0 sofort unter Bldg. eines weißen Festkörpers. Nach dem Phasendiagramm fest–fl. existiert eine Verb. *$B_2Cl_4 \cdot 2\,PCl_3$* (**II**), F. ca. -16^0. **II** ist im Vakuum bei 45° flüchtig, im Dampf völlig in die Komponenten dissoziiert, bleibt im Dunkeln bei Raum-Temp. 8 Wochen lang unverändert, am Licht tritt Disproportionierung des B_2Cl_4 unter Bldg. von BCl_3 u. eines orangefarbenen Festkörpers ein. **I** reagiert nicht direkt mit P_2Cl_4, nach längerem Stehen bilden sich **II** u. ein orangefarbener Festkörper als Folgeprod. der Disproportionierung von P_2Cl_4. Aus **I** u. $P_2(CH_3)_4$ entsteht bei -79^0 ein 1:1-Komplex. Dieser wird von A. bei erhöhter Temp. langsam unter Bldg. von H_2, HCl, $B(OC_2H_5)_3$, C_2H_5Cl u. $(CH_3)_2PCl$ zersetzt u. setzt sich mit überschüssigem $N(CH_3)_3$ zu *$B_2Cl_4 \cdot P_2(CH_3)_4 \cdot N(CH_3)_3$*, F. 180 ± 2° u. geringen Mengen *$[B_2Cl_4 \cdot 2\,N(CH_3)_3]_4$*, F. 230°, um. Die Thermolyse von *$B_2Cl_4 \cdot P_2(CH_3)_4$* (10 Std. bei 250°) führt zu einem bei 185° im Vakuum sublimierenden Prod., das nicht mit $N(CH_3)_3$ reagiert u. in heißem A. H_2, HCl, $B(OC_2H_5)_3$, C_2H_5Cl u. $(CH_3)_2PCl$ liefert.

P. Sartori. 258◇

Die Chemie der Borsubhalogenide. 3. Mitt. **Ein paramagnetisches Borsubchlorid, $B_{12}Cl_{11}$.** Eugene P. Schram und Grant Urry. (Inorg. Chem. [Washington] **2**, 405—10, 1963; engl.) — 2. vgl. vorst. Referat. — Bei der Zers. von *B_2Cl_4* (60°, 24 Std.) entsteht neben *BCl_3* etwas *B_4Cl_4*, eine gelbe, im Vakuum bei Raum-Temp. etwas flüchtige amorphe Substanz, wenig im Vakuum bei 45° sublimierbare purpurfarbene Kristalle, eine glasige rote Festsubstanz $(B_1Cl_{0,9})_x$ (I), die im Vakuum bei 110° sublimiert u. ein weißer Rückstand von $(BCl_{0,6})_x$. I ist paramagnet. u. besteht zu 95% aus $B_{12}Cl_{11}$ (II), F. 115°, lösl. in Alkanen, Cyclohexan, Bzl., BCl_3 u. CH_2Cl_2. Seine Hydrolyse in saurer Lsg. verläuft nicht vollständig unter H_3BO_3-Bldg. u. H_2-Entw. (maximal 80% H_2 innerhalb 27 Tagen). Der erste Schritt der bas. Hydrolyse verläuft rasch nach 2 II + 14 OH^- → 2 $[B_{10}Cl_8(OH)_2]^{2-}$ + 4 BO_2^- + 3 H_2 + 6 Cl^- + 2 H_2O. Das Ion $[B_{10}Cl_8(OH)_2]^{2-}$ kann als K^+- oder $[N(CH_3)_4]^+$-Salz abgefangen werden. Mit $N(CH_3)_3$ in Cyclopentan liefert II bei —79° in langsamer Rk. leicht bräunliches festes $[B_{12}Cl_{11} \cdot 2\,N(CH_3)_3]_n$, das sich bei 75° u. a. unter Bldg. von $BCl_3 \cdot N(CH_3)_3$ zersetzt. Mit A. ergibt II etwas $B(OC_2H_5)_3$, HCl, C_2H_5Cl u. $C_2H_5OC_2H_5$. Mit $Al(CH_3)_3$ entstehen u. a. CH_4, $B(CH_3)_3$ u. verschiedene Festkörper. Die Analyse von II erfolgt nach 4std. Aufschluß mit Na_2CO_3 bei 450°. Das IR-Spektrum u. das paramagnet. Resonanzspektrum von II werden mitgeteilt. Als Struktur wird der bekannte B_{10}-Käfig mit 8 Cl-Atomen an den nicht scheitelständigen B-Atomen u. einer BCl_2- bzw. einer doppeltgebundenen BCl-Gruppe an den scheitelständigen B-Atomen angenommen. P. Sartori. 258◇

Über die Natur des Stockschen Hypoborats. R. E. Davis und Judith A. Gottbrath. (Chem. and Ind. **1961,** 1961—62; Lafayette, Ind., Purdue Univ., Dep. of Chem.; engl.) — Die von Stock [1914] beim Einleiten von B_2H_6 in eine wss. Alkalihydroxid-Lsg. erhaltene u. als Na-Hypoborat angesehene Verb. konnte als $NaBH_4$ (I) identifiziert werden. B_2H_6 wurde auf — 77° gekühlt u. mit N_2 durch eine Fritte in eisgekühlte wss. NaOH-Lsg. getrieben. Die Ausbeute an reduzierendem Agens betrug 10—17%; das übrige B_2H_6 ergab H_2 u. Na-Borat. Das Red.-Mittel besteht zu 95% aus I. Seine Hydrolyse-Geschw.-Konst. stimmt mit der von I überein. Das IR-Spektrum zeigt bei 2250 u. 1085 cm^{-1} die BH_4^--Banden. Das KMR-Spektrum (56,4 MHz) besteht aus einem Quartett starker Linien, das zur Spinkopplung der Protonen mit ^{11}B u. einem schwachen Septett, das zur Spinkopplung mit ^{10}B gehört. Aus dem weißen Rückstand nach Entfernen des W. im Vakuum konnte mit n-Butylamin $NaBH_4$ extrahiert werden. Die Eigg. der Stockschen „Hypoborate" stimmen mit denen von I überein. K. W. Rowe. 258◇

Herstellung von alkylierten Boranen aus Aluminiumalkylen. L. H. Long und A. C. Sanhueza. (Chem. and Ind. **1961,** 588; Univ. of Exeter, Dep. of Chem.; engl.) — Zur Herst. von $B_2H_{6-n}R_n$ (R = Alkyl, n = 1, 2, 3, 4) ist es nicht notwendig, zunächst die Boralkyle herzustellen. Die substituierten Diborane werden aus den entsprechenden Al-Alkylen oder Al-Alkylhalogeniden durch Erhitzen mit einem Hydridoborat z. B. $LiBH_4$ u. HX oder BX_3 (X = Halogen) erhalten. Die Rk. verläuft bei Atmosphärendruck, außer bei R = Methyl. Wird das Halogen durch HX eingeführt, so liegen die notwendigen Temp. bei 150—175°, die Erhitzungsdauer beträgt 2—3 Std.; wenn das Halogen durch BX_3 eingeführt wird, setzt die Rk. bei 100° ein u. verläuft bei Ggw von etwas AlX_3 ruhiger. In beiden Fällen kann jedes gewünschte R/B-Verhältnis erreicht werden, indem man das Reaktantenverhältnis ändert. Bei 9 std. Erhitzen von $LiBH_4$, BCl_3 u. $Al(CH_3)_3$ mit $AlCl_3$ bis 170° erhält man u. a. eine hochsd. Fraktion, die 20% des gesamten B enthält; die physikal. u. chem. Daten weisen auf Derivv. des Pentaborans, $B_5H_6(CH_3)_3$ u. $B_5H_5(CH_3)_4$, hin. K. W. Rowe. 258◇

Fortschritte bei der Darstellung von Arylbordihalogeniden, cyclischen 2-Arylborolen und B-Triarylborazolen. W. Gerrard, M. Howarth, E. F. Mooney und D. E. Pratt. (J. chem. Soc. [London] **1963,** 1582—84; London, Northern Polytechn.; engl.) — Arylbordihalogenide lassen sich allg. leicht aus Arylquecksilberhalogeniden (I) u. Bortrihalogeniden (II) nach $RHgX + BX_3 \rightarrow RBX_2 + HgX_2$ (X = Cl, Br) darstellen; bei der Rk. von Phenylquecksilberchlorid (III) mit BBr_3 wird *C_6H_5BBrCl* erhalten. Phenylquecksilbernitrat (IV) u. BCl_3 in Bzl. ergeben $HgCl_2$, *Phenylbordichlorid* (V) u. Nitrobenzol. Aus Arylbordichloriden u. Brenzcatechin bzw. 2.3-Dihydroxynaphthalin lassen sich *2-Arylbenzo-* bzw. *2-Arylnaphtho-1.3.2-dioxaborole* darstellen. B-Tritolyl- u. B-Tritolyl-N-trimethylborazole werden analog den entsprechenden Phenyl-Verbb. aus Tolylbordichlorid u. NH_3 oder Methylamin dargestellt.

Versuche: *Arylbordihalogenide*, RBX_2, durch 4std. Kochen von I (durch Zugabe von $HgCl_2$ zum Grignard-Reagens oder zur Aryldiazoniumchlorid-Lsg.) mit II in Bzl.: *Phenylbordichlorid* (V), $C_6H_5BCl_2$, Kp.$_{10}$ 70—72°, a) aus III u. BCl_3; 76% (Ausbeute); b) durch 12std. Kochen von IV u. BCl_3; daneben $HgCl_2$ u. Nitrobenzol. Durch alkal. Hydrolyse von V u. Ae.-Extraktion Isolierung von Nitrobenzol, daneben Vorliegen von Phenylborsäure, Phenylborsäureanhydrid u. B_2O_3. — *$C_6H_5BBr_2$*, Kp.$_{15}$ 94—104°, aus C_6H_5HgBr u. BBr_3; 43%. — *p-$CH_3C_6H_4BCl_2$* (VI), Kp.$_{10}$ 92°, aus p-$CH_3C_6H_4HgCl$ u. BCl_3; $D._4^{35}$ 1,179; n_D^{45} 1,5390; 74%. — *p-$CH_3C_6H_4BBr_2$*, Kp.$_{10}$ 64°, analog aus BBr_3;

26%. — *o-$CH_3C_6H_4BCl_2$* (VII), Kp.$_{12}$ 88—92°, aus o-$CH_3C_6H_4HgCl$ u. BCl_3; D.$_4^{20}$ 1,204; n_D^{20} 1,5499; 67%. — *m-$CH_3C_6H_4BCl_2$* (VIII), Kp.$_{15}$ 86—88°, aus m-$CH_3C_6H_4HgCl$ u. BCl_3; D.$_4^{20}$ 1,188; n_D^{20} 1,5430; 57%. — *p-$ClC_6H_4BCl_2$* (IX), Kp.$_{0,4}$ 70°, aus p-ClC_6H_4HgCl u. BCl_3; D.$_4^{20}$ 1,357; n_D^{20} 1,5689; 67%. — *p-$BrC_6H_4BCl_2$* (X). Kp.$_{0,4}$ 54—60°, aus p-BrC_6·H_4HgCl u. BCl_3; 59%. — *2-Arylbenzo-1.3.2-dioxaborole*: (Aryl =) *p-$CH_3C_6H_4$-*, $C_{13}H_{11}$·BO_2, F. 140—141,5°, aus VI; 92,1%. — *o-$CH_3C_6H_4$-*, $C_{13}H_{11}BO_2$, F. 88—89°, aus VII; 82,8%. — *m-$CH_3C_6H_4$-*, $C_{13}H_{11}BO_2$, F. 94—95°, aus VIII; 78,2%. — *p-ClC_6H_4-*, $C_{12}H_8$·$BClO_2$, F. 148—149°, aus IX; 92,8%. — *p-BrC_6H_4-*, $C_{12}H_8BBrO_2$, F. 157—159°, aus X; 84,7%. — *1-$C_{10}H_7$-*, $C_{16}H_{11}BO_2$, F. 112—114°; aus 1-$C_{10}H_7BCl_2$ (XI); 44,3%. — *2-Aryl-naphtho-[2.3-d]-1.3.2-dioxaborole*: (Aryl =) *C_6H_5-*, $C_{16}H_{11}BO_2$, F. 234—236°, aus V; 90,2%. — *p-$CH_3C_6H_4$-*, $C_{17}H_{13}BO_2$, F. 285—287°; aus VI; 98,7%. — *o-$CH_3C_6H_4$*, $C_{17}H_{13}$·BO_2, F. 199—201°, aus VII; 81,2%. — *m-$CH_3C_6H_4$-*, $C_{17}H_{13}BO_2$, F. 214—216°, aus VIII; 93,9%. — *p-ClC_6H_4-*, $C_{16}H_{10}BClO_2$, F. 294—295°, aus IX; 91,5%. — *p-BrC_6H_4-*, $C_{16}H_{10}$·$BBrO_2$, F. 293—295°, aus X; 88,5%. — *1-$C_{10}H_7$-*, $C_{20}H_{13}BO_2$, F. 221—224°, aus XI; 87,4%. — *B-Tritolylborazole*, $(CH_3C_6H_4·BNY)_3$: Y = H: *p-Tolyl-*, $C_{21}H_{24}B_3N_3$, F. 186 bis 189°; 80%. — *m-Tolyl-*, $C_{21}H_{24}B_3N_3$, F. 140°; 97%. — *o-Tolyl-*, $C_{21}H_{24}B_3N_3$, F. 89 bis 92°; 85%. — Y = CH_3: *p-Tolyl-*, $C_{24}H_{30}B_3N_3$, F. 196—199°; 16%. — *m-Tolyl-*, $C_{24}H_{30}$·B_3N_3, F. 192°; 54%. — *o-Tolyl-*, $C_{24}H_{30}B_3N_3$, F. 217—227°; 100%. — *Phenylborbromid-chlorid*, C_6H_5BBrCl, Kp.$_{10}$ 68—70°, durch Kochen von III u. BBr_3 in Bzl.; 54,3%.
P. Scharner. 258◇

Kristallines Lithiumtrimethylsilylmethyl und einige seiner Eigenschaften. John W. Connolly und Grant Urry. (Inorg. Chem. [Washington] **2**, 645—46, 1963; West Lafayette, Ind., Purdue Univ., Wetherill Memorial Labor.; engl.) — Li reagiert in 2-Methylpentan mit $ClCH_2Si(CH_3)_3$ (I) in 12 Std. bei Raum-Temp. in 60%ig. Ausbeute zu monomerem *$LiCH_2Si(CH_3)_3$*, F. 112°, das sich durch Sublimation (100°/10^{-5} Torr) reinigen läßt. Oberhalb 130° zerfällt es zu $Si(CH_3)_4$ u. einer festen, weißen, nicht flüchtigen Substanz. An der Luft ist es pyrophor. Mit I reagiert es zu *$(CH_3)_3Si$–CH_2–CH_2–$Si(CH_3)_3$* (II) u. $Si(CH_3)_4$ sowie wenig *$(CH_3)_3SiCH_2Si(CH_3)_2C_2H_5$*; in Heptan-Lsg. mit $CoCl_2$ zu II u. $Si(CH_3)_4$.
H. Bürger. 261◇

Notiz zur Darstellung von Trimethylsilanol. 16. Mitt. **über siliciumorganische Verbindungen.** Leonhard Birkhofer, Alfred Ritter und Heinz Dickopp. (Chem. Ber. **96**, 1473—74, 1963; Köln, Univ., Inst. für Org. Chem.; dt.) — 11. vgl. C. **1963**, 6190; 17. vgl. C. **1963**, **21906**. — *N-Trimethylsilylacetamid*, $C_5H_{13}NOSi$, Kp.$_{13}$ 84°, mit 90% Ausbeute über CH_3CONH_2 + $(CH_3)_3SiCl$ + $(C_2H_5)_3N$ → $CH_3CONHSi(CH_3)_3$ + $[(C_2H_5)_3NH]Cl$ dargestellt, wird von W. bei 0° zu CH_3CONH_2 (wss. Phase) u. $(CH_3)_3SiOH$ (äther. Phase; 73,3%) hydrolysiert. Nach Trocknen durch Ausfrieren des W. bei —30°, da Trockenmittel die Kondens. beschleunigen, u. Dest. resultiert *Trimethylsilanol*, Kp.$_{26}$ 31 bis 34°, n_D^{20} 1,3892, das einer gaschromatogaph. Best. nach < 1% $[(CH_3)_3Si]_2O$ enthält.
U. Wannagat. 261◇

Monochloriertes Trimethylsilanol. Markus Wieber und Max Schmidt. (Chem. Ber. **96**, 1016—18, 1963; Marburg, Univ., Inst. für Anorg. Chem.; dt.) — 1.3-Bis-[chlormethyl]-tetramethyldisilazan hydrolysiert fast quant. in äther.-salzsaurer Lsg. bei 0° nach $[ClCH_2Si(CH_3)_2]_2NH$ + 2 H_2O + HCl → 2 $ClCH_2Si(CH_3)_2OH$ + NH_4Cl zu *Chlormethyldimethylsilanol* (I), F. —7 bis —6°, Kp.$_5$ 46—48°, n_D^{20} 1,4402, D.$_4^{20}$ 1,0708; 83% Ausbeute; farblose, typ. riechende, in festem Zustand wochenlang haltbare Fl., die aber bei 20° in einigen Tagen unter H_2O-Abspaltung in das Disiloxan $ClCH_2Si$·$(CH_3)_2]_2O$ (II) übergeht. Die Hydrolyse von $ClCH_2Si(CH_3)_2Cl$ in gepufferter Lsg. führt nur zu II. Durch Eintropfen von I in eine Na/NH_3-Lsg. bis zur Entfärbung bildet sich unter Cl/H-Austausch ohne H_2-Entw. nach I + 2 Na → NaCl + $(CH_3)_3SiONa$ Natriumtrimethylsilanolat, das im Ölpumpenvakuum bei 230° sublimiert.
U. Wannagat. 261◇

Umsetzung von Dithiolen mit monochloriertem Trimethylchlorsilan. Markus Wieber und Max Schmidt. (Chem. Ber. **96**, 1019—21, 1963; dt.) — Vgl. vorst. Referat. — $ClCH_2Si(CH_3)_2Cl$ (I) reagiert in Ggw. von $(C_2H_5)_3N$ als HCl-Fänger zu 2 bisher unbekannten Heterocyclen: mit Dithioglykol (II) zu *2.2-Dimethyl-2-sila-1.4-disulfacyclohexan* (III; 71%, äther. Lsg.), mit Propandithiol-(1.3) zu *2.2-Dimethyl-2-sila-1.4-disulfacycloheptan* (IV; ca. 30%). III, $C_5H_{12}S_2Si$, F. —17° bis —14°, Kp.$_{12}$ 88—91°, n_D^{20} 1,5471, D.$_4^{20}$ 1,098, eine farblose, viscose, in organ. Solventien gut lösl. Fl., bildet sich auch aus I u. mit Na behandeltem II (47%) in THF, wird von W. u. Alkoholen rasch solvolysiert u. von HCl zu *[Chlordimethylsilylmethyl]-[β-mercaptoäthyl]-sulfid*, $ClSi(CH_3)_2$·$CH_2SCH_2CH_2SH$, Kp.$_{12}$ 124—126°, D.$_4^{20}$ 1,116 (74%), gespalten, das mit W. in das entsprechende, nicht mehr destillierbare fl. Disiloxan *$O[Si(CH_3)_2CH_2SCH_2CH_2SH]_2$* übergeht. IV, $C_6H_{14}S_2Si$, Kp.$_1$ 61—63°, eine farblose viscose Fl., lagert sich bei längerem Stehen in polymere Prodd. um. — IR-Spektren.
U. Wannagat. 261◇

Über das Verhalten von Dimethyldichlorsilan gegenüber Salicylsäure, Thiosalicylsäure und Anthranilsäure. Markus Wieber und Max Schmidt. (Chem. Ber. **96**, 1561—63, 1963; dt.) — Vgl. vorst. Referate. — $(CH_3)_2SiCl_2$ reagiert in sd. Bzl. bei Ggw. stöchiometr. Mengen an $(C_2H_5)_3N$ mit Salicyl-, Thiosalicyl- u. Anthranilsäure unter Abscheidung von 2 $[(C_2H_5)_3NH]Cl$ mit hohen Ausbeuten zu *Benzo-2.2-dimethyl-2-sila-1.3-dioxanon-(4)* (**I**), *Benzo-2.2-dimethyl-2-sila-1.3-thioxanon-(4)* (**II**) bzw. *Benzo-2.2-dimethyl-2-sila-dihydro-3.1-oxazinon-(4)* (**III**), die sich in protoneninakt. Lsgm. gut lösen u. von W. kaum benetzt werden. KMR-Spektren nach zeigt sich in **I**—**III** eine d_π–p_π-Verstärkung der Bindungen SSi $<$ OSi $<$ NSi. — IR-Spektren.

Versuche: **I**, $C_9H_{10}O_3Si$, F. 62°, Kp.$_4$ 119°, 86%; **II**, $C_9H_{10}O_2SSi$, F. 100°, Kp.$_{10}$ 158°, 70%; **III**, $C_9H_{11}NO_2Si$, F. 120° (Nadeln aus CCl_4), 89%, unzersetzt, sublimierbar, in Bzl. kryoskop. Unters. nach trimer. U. Wannagat. 261◇

Vergleichende Untersuchung über die Basizität einiger Silylamine. A. W. Jarvie und D. Lewis. (J. chem. Soc. [London] **1963**, 1073—76; Birmingham, Coll. of Adv. Technol., Chem. Dep.; engl.) — Vff. erhielten über die Mischungswärmen der Silylamine mit Chlf. einen Maßstab für deren relative Basizität (Elektronendonator-Eigg.). Danach sind Alkylsilylamine schwächere Basen als aliphat. Amine, u. eine Vergrößerung der Substituenten am Si- oder N-Atom verringert die Basizität. — Rk. von CH_3J mit $(C_2H_5)_2 \cdot NSi(CH_3)_3$ führt zur Spaltung der Si—N-Bindung.

Versuche (physikal. Daten in der Reihenfolge Kp., n_D^{20} u. Mischungswärme mit Chlf. in cal/Mol Lsg. bei 17°): *N-Alkyltrimethylsilylamine*: *N-Methyl-*, $C_4H_{13}NSi$, 71°, 1,3899; 355; *N-Äthyl-*, $C_5H_{15}NSi$, 90—91°, 1,3930, 315; *N-Isopropyl-*, $C_6H_{17}NSi$, 102—103°, 1,3944, 174; *N-tert.-Butyl-*, $C_7H_{19}NSi$ 121—123°, 1,4055, 98; *N.N-Dimethyl-*, $C_5H_{15}NSi$, 85°, 1,3958, 359; *N.N-Diäthyl-*, $C_7H_{19}NSi$, 126°, 1,4101, 102. — *Triäthylsilylamin*, $C_6H_{17} \cdot NSi$, 137°, —, 272. — *N-Äthyltriäthylsilylamin*, $C_8H_{21}NSi$, 166—167°, 1,4290, 102. — *Bis-[trimethylsilyl]-amin*, $C_6H_{19}NSi_2$, 126°, 1,4070, 28. — *Hexamethylcyclotrisilazan*, $C_6H_{21}N_3Si_3$, 188°, 1,4439, 196. — *Dimethyl-bis-[äthylamino]-silan*, $C_6H_{18}N_2Si$, 138—139°, 1,4134, 364. U. Wannagat. 261◇

Darstellung und Eigenschaften von Bis-[pentamethyldisilanyl]-amin und Pentamethyldisilanylisocyanat. Joseph V. Urenovitch und Alan G. MacDiarmid. (J. chem. Soc. [London] **1963**, 1091—95; Philadelphia, Pa., Univ. of Pennsylvania, John Harrison Labor. of Chem.; engl.) — Rk. von Pentamethyldisilanylchlorid (**I**) mit NH_3 führt nur zu $(R_3SiSiR_2)_2NH$ (**II**; R = CH_3), nicht zu $R_3SiSiR_2NH_2$, mit AgNCO zu R_3SiSiR_2NCO (**III**). **II** wie $(R_3SiSiR_2)_2O$ (**IV**) werden von BF_3 in R_3SiSiR_2F (**V**; Kp. 100 bis 101,5°; Ausbeute 73,2 bzw. 84,4%) u. B_2O_3 bzw. $(FBNH)_x$ gespalten. — Diskussion der IR-Spektren von **II**, **III** u. **V**.

Versuche: *Bis-[pentamethyldisilanyl]-amin* (**II**), $C_{10}H_{31}NSi_4$, Kp.$_{40,5}$ 132,5—134°, Kp.$_{extrap.}$ 219,4°, n_D^{30} 1,4556, D_4^{30} 0,8053, Dampfdruckkurve (105,7—161,9°) $\log p_{Torr}$ = 9,01378 — 3021,16/T, molare Verdampfungswärme 13,83 kcal; Ausbeute roh 29,2 g (79,6%), rein 25,1 g (68,5%) neben 6,1 g **IV** aus 51,2 g **I** in 450 ml Ae. mit NH_3-Gas. — *Pentamethyldisilanylisocyanat* (**III**), $C_6H_{15}NOSi_2$, Kp. 159,4—160,0°, Kp.$_{extrap.}$ 157,9°, D_4^{30} 0,8537, n_D^{30} 1,4337, Dampfdruckkurve (47,4—103,9°) $\log p_{Torr}$ = 8,24711 — 2309,02/T, molare Verdampfungswärme 10,57 kcal, 17,2 g (48,5%) aus 34,1 g **I** in 200 ml Ae. mit 30,7 g AgNCO über 10 Std. in schwach exothermer Reaktion.
U. Wannagat. 261◇

Über N-methylsubstituierte Cyclosilazane. K. Lienhard und E. G. Rochow. (Angew. Chem. **75**, 638—39, 1963; Cambridge, Mass., Harvard Univ., Dep. of Chem.; dt.)

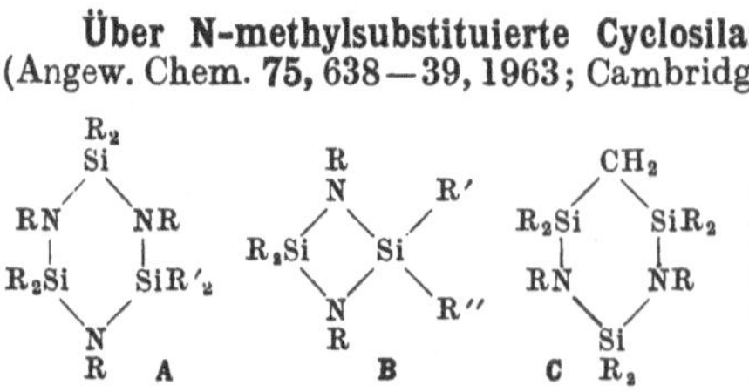

— LiC_6H_5 bzw. Li-n-C_4H_9 überführen RNH·SiR_2NHR (R = CH_3) in $RNLiSiR_2NLiR$ (**I**) u. $RNHSiR_2NRSiR_2NHR$ in $RNLiSiR_2 \cdot NRSiR_2NLiR$ (**II**). **II** setzt sich mit Dichlorsilanen R'_2SiCl_2 zu asymm. substituierten *Cyclotrisilazanen* (**A**) um; **I** reagiert mit $R'R''SiCl_2$ zu *Cyclodisilazanen* (**B**), mit $BrSiR_2CH_2SiR_2Br$ zu einem *2.4.6-Trisila-3.5-diazacyclohexan* (**C**), jeweils unter LiCl- bzw. LiBr-Abscheidung.

Versuche: *Cyclotrisilazane* (**A**): *Nonamethyl-* (**III**), $C_9H_{27}N_3Si_3$, F. 36°, Kp.$_{12}$ 91°; *Si.Si-Dichlorheptamethyl-* (**IV**), $C_7H_{21}Cl_2N_3Si_3$, F. 55—58°, Kp.$_3$ 71—72,5°; *Si.Si-Diphenylheptamethyl-*, $C_{19}H_{31}N_3Si_3$, F. 62—64°, Kp.$_3$ 151—152°. **III** reagiert nicht mit NH_4Br, **IV** nicht mit überschüssigem **II**. — *Cyclodisilazane* (**B**): *Hexamethyl-* (**V**), $C_6H_{18}N_2Si_2$, F. 16—17°, Kp.$_{51}$ 52—52,5°, n^{20} 1,4210, wird durch NH_4Br in **III** umgelagert, reagiert mit W. u. CH_3OH heftiger als **III**; *Si-Phenylpentamethyl-*, $C_{11}H_{20}N_2Si_2$, Kp.$_3$ 69,5—71°, n_D^{20} 1,4932; *Si.Si-Diphenyltetramethyl-*, $C_{16}H_{22}N_2Si_2$, Kp.$_4$ 143—144°, n^{20} 1,5460. — *Okta-*

methyl-2.4.6-trisila-3.5-diazacyclohexan, $C_9H_{26}N_2Si_3$, F. −18 bis −17°, Kp.$_3$ 46°, n^{20} 1,4573, reagiert nicht mit NH_4Br. — Diskussion der IR- u. KMR-Spektren.
U. Wannagat. 261◇

Das Verhalten von Kieselsäureestern im Ammonosystem. O. Schmitz-DuMont, Dietrich Merten und Dieter Eiding. (Z. anorg. allg. Chem. **319**, 362—74, 1963; Bonn, Univ., Anorg.-chem. Inst.; dt.) — Eine Lsg. von K in fl. NH_3 wird durch Tetramethoxysilan $Si(OR)_4$ (**I**; „Kieselsäuremethylester") rasch unter H_2-Entw. entfärbt. **I** löst sich unverändert in fl. NH_3, Zugabe von KNH_2 führt zur Rk. (a) 4 $Si(OR)_4$ + 3 KNH_2 → 2 *K[Si(OR)₅]* (**II**) + *KN[Si(OR)₃]₂* (**III**) + 2 NH_3. Analog setzt sich das in fl. NH_3 lösl. Hexamethoxydisiloxan (**IV**) um: (b) 2[$(RO)_3Si]_2O$ + 3 KNH_2 → *K₂[(RO)₄SiOSi(OR)₄]* (**V**) + ½ [*—OSi(OR)₂KNSi(OR)₂—*]₂ (**VI**) + 2 NH_3. Überschüssiges KNH_2 läßt bei (a) wie bei (b) KOR ausfallen. In fl. NH_3 bilden sich **II** u. **V** direkt aus **I** bzw. **IV** mit KOR, **III** u. **VI** aus $[(RO)_3Si]_2NH$ (**VII**) bzw. aus **VIII** mit KNH_2. **VIII** wurde erstmalig über 2[$Cl(RO)_2$·$Si]_2O$ (**IX**) + 6 NH_3 → 4 NH_4Cl + [*—OSi(OR)₂NHSi(OR)₂—*]₂ dargestellt. **III** u. **VIII** reagieren nicht mit $ClSi(OR)_3$ (in sd. Pyridin) zu $N[Si(OR)_3]_3$. — Vff. deuten die Rkk. (a) u. (b) über das Vorliegen der Alkoxysilane **I** u. **IV** als Ansolvosäuren im Ammonosyst.: **I** + NH_3 → $(RO)_4Si(NH_3)$ (**X**; nicht isolierbar); **X** + NH_3 → $NH_4[(RO)_4Si(NH_2)]$ (**XI**); **XI** + K → $K[(RO)_4Si(NH_2)]$ (**XII**) + NH_3 + ½ H_2; **XII** + **I** → $(RO)_3SiNH_2$ (**XIII**) + **II**; 2 **XIII** → **VII** + NH_3; **VII** + KNH_2 → **III** + NH_3; **III** + KNH_2 → KOR + $KN[Si(OR)_3]$·$[Si(OR)_2NH_2]$ (?). — Debye-Diagramme von **III** u. **V**.

Versuche: *Kaliumpentamethoxosilicat* (**II**), lange, strahlige Kristalle aus ROH, leicht lösl. in ROH, äußerst hygroskopisch. — *Hexamethoxydisilazan* (**VII**), Kp.$_{25}$ 120—125°, aus $(RO)_3SiCl$ u. NH_3 in Äther. — *Kalium-bis-[trimethoxysilyl]-amid* (**III**), F. 202—203°. — *Dikaliumoktamethoxodisilicat* (**V**), Nadeln aus fl. NH_3, ab 270° Zers. unter Aufschäumen, leicht lösl. in CH_3OH, in den meisten organ. Solventien unlöslich. — *Dichlortetramethoxydisiloxan* (**IX**), Kp. 189—191°, Kp.$_{25,5}$ 92—94°; 30 g aus 45 g **IV** u. 20 g $SiCl_4$ bei 200° im Einschlußrohr (2 Std.); lösl. in Bzl. u. Ae., sehr hygroskopisch. — *Oktamethoxycyclotetrasildioxdiazan* (**VIII**), Kp.$_{0,05}$ 173—175°, 4 ml aus 35 g **IX** in 200 ml Ae. mit NH_3-Gas; *Dikaliumsalz* (**VI**), glasartig, röntgenamorph, kein F. bis 450°, lösl. in $(CH_3)_2NCHO$.
U. Wannagat. 261◇

Oxydation von weißem Phosphor mit Permanganat. Hans Falius. (Naturwissenschaften **50**, 329—30, 1963; Braunschweig, TH, Inst. für Anorg. Chem.; dt.) — Die Oxydation von weißem P (in CS_2 gelöst) mit wss. $NaHCO_3$-haltiger $NaMnO_4$-Lsg. ergab, wie die Papierchromatographie zeigte, nachst. Prodd.: Phosphat, PO_4^{3-}; Hypodiphosphat, $P_2O_6^{4-}$; Triphosphat(V, IV, IV), $P_3O_9^{5-}$ (**I**); Tetraphosphat(IV), $P_4O_{11}^{6-}$ (**II**). **I** u. **II** wurden als NH_4-Salze isoliert. Das Rk.-Prod. wurde zunächst nach Entfernen des CS_2 u. des Mangandioxidhydrats mit A. als öliger Nd. gefällt, dessen Lsg. mit $HClO_4$ neutralisiert u. mit $NaHCO_3$ u. Br_2-Wasser versetzt wurde, um $P_2O_6^{4-}$ zu oxydieren. Nach Red. des überschüssigen Br_2 mit N_2H_4 wurde zur Vertreibung von CO_2 mit $HClO_4$ auf pH 5 gebracht u. dann bei pH 11 (NaOH) mit A. gefällt. Der erhaltene ölige Nd. wurde nach 3maligem Umfällen in W. gelöst u. bei pH 2,8 ($HClO_4$) mit $AgNO_3$ versetzt. Der Ag-Nd. wurde mit NH_4Br-Lsg. umgesetzt (50°) u. das Filtrat mit A. fraktioniert gefällt. Die 1. Fraktion ergab nach 2maligem Umfällen *(NH₄)₆P₄O₁₁·aq* (seidenglänzende Kristalle), die 2. Fraktion nach 2maligem Umfällen krist. *(NH₄)₅P₃O₉·aq*. Beide Salze waren chromatograph. rein, ihre Anionen waren auf Grund der Flecklage mit denen der nach Blaser (C. **1960**, 6776, **1962**, 8183) erhaltenen Verbb. identisch. W. Feldmann. 264◇

Über die Hydratationsprodukte des Phosphoroxidchlorids. 3. Mitt. **Darstellung von Diphosphorylchlorid aus partiell hydrolysiertem Phosphoroxidchlorid.** Herbert Grunze. (Z. anorg. allg. Chem. **324**, 1—14, 1963; Berlin-Adlershof, Dtsch. Akad. der Wiss., Inst. für anorg. Chem.; dt.) — 2. vgl. C. **1962**, 12585. — Dichlorophosphorsäure (**I**), die beim Erhitzen im HCl-Strom unter vermindertem Druck in maximal 45%ig. Ausbeute u. beim Erhitzen mit $POCl_3$, PCl_3, $SOCl_2$ u. SO_2Cl_2 in 35—40%ig. u. in Ggw. von P_4O_{10} in 55—58%ig. Ausbeute *Diphosphorylchlorid* (**II**) liefert, reagiert nach 2 $HOPOCl_2$ + PCl_5 → $P_2O_3Cl_4$ + $POCl_3$ + 2 HCl (Bruttogleichung) mit PCl_5 (**III**; ohne Lsgm. oder in CCl_4 gelöst) fast quant. bei Zimmer-Temp. in endothermer Rk.; **II** läßt sich danach durch Dest. rein erhalten. An Stelle von reinem **I** kann zur Darst. von **II** auch partiell hydrolysiertes Phosphoroxidchlorid (**IV**; vgl. C. **1962**, 12585, 1. Mitt.), das hauptsächlich **I** enthält, verwendet werden. Die beste Ausbeute (72,7%) an **II** ergab dabei ein Gemisch aus **IV**:H_2O = 1:0,8, dem nach 24 std. Stehen 0,44 Mol **III**/Mol ursprüngliches **II** zugesetzt wurde. W. Feldmann. 264◇

Eine neuartige Darstellung von Tetraäthyldiphosphit. David Samuel und Brain L. Silver. (J. org. Chemistry **28**, 1155—56, 1963; Rehovoth, Israel, Weizmann Inst. of Sci., Isotope Dep.; engl.) — *Tetraäthyldiphosphit*, $(C_2H_5O)_2P-O-P(OC_2H_5)_2$,

Kp.$_1$ 87—89°, läßt sich leicht durch Zugabe von Diäthoxyphosphor(III)-chlorid zu einer Suspension von Ag_2CO_3 in wasserfreiem Bzl. unter Rühren in ca. 60% ig. Ausbeute darstellen, daneben erhält man ca. 15% *Oxodiäthoxophosphor(V)-diäthoxophosphor(III)-oxid*, $(C_2H_5O)_2P-O-P(O)(OC_2H_5)_2$, Kp.$_1$ 110—114°. Tetra-n-propyldiphosphit läßt sich analog darstellen (ca. 60%). P. Scharner. 264◇

Metall-π-Komplex mit di- und oligoolefinischen Liganden. Ernst Otto Fischer und Helmut Werner. (Monogr. „Angew. Chem." u. „Chem.-Ing. Techn." **1963,** Nr. 80, 1—142; München, Univ., Anorg.-Chem. Inst.; dt.) — Umfassende Übersicht über präparative u. physikal.-chem. Ergebnisse sowie strukturelle Probleme. — 252 Literaturangaben. A. Blaschette. 270◇

Alkalimetallorganische Verbindungen — ein Kapitel der organischen Anionochemie. G. Wittig. (Bull. Soc. chim. France **1963,** 1352—56; Heidelberg, Univ., Org.-chem. Inst.; dt.) — Kurze Übersicht über neuere Ergebnisse. A. Blaschette. 272◇

Über ein angebliches Polymorphes von Li_2O_2. K. J. Notz jun. und R. O. Bach. (Chimia [Aarau, Schweiz] **17,** 158—59, 1963; Bessemer City, N.C., Lithium Corp. of America, Inc., Ellestad Res. Labor.; engl.) — Nach thermogravimetr., DTA- u. röntgenograph. Unterss. an reinem α-Li_2O_2 existiert die von Rode u. Mitarbeitern (1955) mitgeteilte Umwandlung in „β-Li_2O_2" bei 225° nicht. Die bei höheren Temp. erhaltenen endothermen Effekte (402—418°; 445—470°) werden Verunreinigungen von LiOH u. Li_2CO_3 zugeschrieben, die mit Li_2O Eutektika bilden. A. Blaschette. 273◇

Zur Reaktion von metallischem Natrium mit Stickstoffmonoxid-Gas. E. Nachbaur. (Mh. Chem. **93,** 129—34, 1962; Innsbruck, Univ., Inst. für Anorg. u. Analyt. Chem.; dt.) — Bei Temp. zwischen 190 u. 230° bilden Na u. NO kein „Nitrosylnatrium". Vf. erhielt eine kristalline, sehr hygroskop. Substanz, farblos mit gelben Anteilen. Analyse, IR-Aufnahme u. Debye-Scherrer-Diagramm weisen auf ein Gemisch von Na_2O, $NaNO_2$, Na-Hyponitrit $Na_2N_2O_2$ u. Na-Dioxonitrat(II) (Na-Hydronitrit) Na_2NO_2 hin. Letzteres entsteht nach $2\,Na + NO \rightarrow Na_2O + \frac{1}{2}\,N_2$ u. $Na_2O + NO \rightarrow Na_2NO_2$. Das Na-Dioxonitrat(II) zerfällt oberhalb 130° zum größten Teil nach $4\,Na_2NO_2 \rightarrow 2\,Na_2O + 2\,NaNO_2 + Na_2N_2O_2$. Bei den Verss. muß das NO mit der 5fachen Menge N_2 verdünnt werden, da die stark exotherme Rk. sonst unter Aufglühen orangerote bis rotbraune Massen unbekannter Zus. liefert. M. Olivier. 274◇

Synthese von Trichlormethylquecksilberderivaten. Ted J. Logan. (J. org. Chemistry **28,** 1129—31, 1963; Cincinnati, Ohio, Proctor & Gamble Co., Miami Valley Labor.; engl.) — *Trichlormethylquecksilberbromid* (**I**) entsteht in geringer Ausbeute nach der Meth. von Reutow (Ber. Akad. Wiss. UdSSR **139,** [1961], 622) aus $HgBr_2$, K-tert.-Butanolat (**II**) u. Chlf.; einfacher u. reiner läßt es sich durch Erhitzen von $HgBr_2$ u. Na-Trichloracetat (**III**) in 1.2-Dimethoxyäthan (**IV**, Pyrolyse-Verf.) darstellen. Die Rk. von **III** mit $HgCl_2$ im Molverhältnis 1:1 ergibt als einziges Rk.-Prod. *Trichlormethylquecksilberchlorid* (**V**), während bei der Rk. von **III** mit $HgCl_2$ oder Hg(II)-Acetat (**VI**) im Verhältnis 2:1 nur *Bis-[trichlormethyl]-quecksilber* (**VII**) entsteht. Bei Verw. von $HgBr_2$ erhält man unabhängig vom Mengenverhältnis nur **I**. Pyrolyse von **V** u. **VII** in Ggw. von Olefinen führt zu Dichlorcyclopropanen.

Versuche: *Trichlormethylquecksilberbromid* (**I**), $CBrCl_3Hg$, F. 160—161° (Chlf.), a) durch Zugabe von **II** zu $HgBr_2$ in Bzl. u. Chlf. innerhalb von 30 Min. unter Rühren u. Eiskühlung, 50 Min. langes Rühren u. Ausgießen in W.; 1,2% (Ausbeute); b) durch $1^1/_4$std. Kochen von 0,1 Mol $HgBr_2$, 0,1 Mol **III** u. **IV** unter CO_2-Entw. u. Ausgießen in W.; 44,5%; beim Verhältnis **III**:$HgBr_2$ = 2:1 69%. — *Trichlormethylquecksilberchlorid* (**V**), CCl_4Hg, F. 193—194°, analog vorst. Verb. (Verf. b) aus $HgCl_2$ u. **III** im Verhältnis 1:1; 76%. — *Bis-[trichlormethyl]-quecksilber* (**VII**), C_2Cl_6Hg, F. 140—141° (Chlf.), a) durch 1std. Kochen von 0,1 Mol $HgCl_2$ u. 0,2 Mol **III** in **IV**; 71,5%; b) analog mit 0,1 Mol **VI**; 54%; c) durch 1std. Kochen von **III**, **IV** u. **V**; 67,5%. — *$C_6H_5HgCCl_3$*, F. 111,5—112,5°, analog aus **III** u. C_6H_5HgCl (1:1); 77%. — *1.1-Dichlordecylcyclopropan*, durch $2^1/_2$std. Erhitzen von **VII** mit Dodecen-(1) auf 170—190° unter Rühren; 24%. — *7.7-Dichlornorcaran*, durch $^1/_4$std. Erhitzen von Cyclohexen mit a) **V** auf 250° im Autoklaven; 36%; b) **VII** auf 200°; 25%. P. Scharner. 290◇

Über ein neues Aluminiumhydroxid. A. Simon und H. Scheibe. (Mber. dtsch. Akad. Wiss. Berlin **3,** 110—11, 1961; Dresden, TH, Forschungsstelle Prof. Simon; Rossendorf, Zentralinst. für Kernphys.; dt.) — Zur Darst. des neuen Aluminiumhydroxids wurde unter starkem Rühren in eine 40% ig. NH_3-Lsg., die unter Eis–Kochsalz-Lsg. hergestellt worden war, $Al(NO_3)_3$-Lsg. eingetropft. Dabei fällt Aluminiumhydroxid aus, das in geringer Menge wieder gelöst wird. Anschließend filtriert man von Ungelösten ab u. leitet in das klare Filtrat CO_2 ein. Nach einiger Zeit beginnt sich die Lsg. zu trüben u. es fällt neben viel $(NH_4)_2CO_3$ ein geringer Anteil Aluminiumhydroxid aus. Der Nd. wird nach 48std. Stehen abfiltriert u. gründlich mit NH_3-haltigem W. u. mit reinem W. ausgewaschen. Nach Trocknen bis 105° erhält man ein weißes Pulver, dessen Pulverdiagramm ein von den bisher bekannten Hydroxiden des Al abweichendes Diagramm liefert. Bei 2std. Glühen auf 900° bildet sich γ-Al_2O_3. C. Gottfried. 294△

Synthese von Aluminiumdiäthyl-[2.2-d methylhydrazid]. Robert P. Nielsen und Harry H. Sisler. (J. chem. Soc. [London] **1962**, 3818—19; Gainesville, Fla., Univ. of Florida, Dep. of Chem.; engl.) — $Al(C_2H_5)_2[NHN(CH_3)_2]$, F. 43—44° (im geschlossenen Röhrchen), bei —78° aus 1.1-Dimethylhydrazin u. $Al(C_2H_5)_3$ (1:1) in 99,6%ig. Ausbeute darstellbar, bildet beim Erhitzen auf 150° unter C_2H_6-Abspaltung $[(CH_3)_2N-NAlC_2H_5]_x$ als dunkles teeriges Produkt. $(C_2H_5)_3Al \cdot N(CH_3)_2NH_2$ konnte nicht erhalten werden. H. U. Kibbel. 294◇

Untersuchungen über die komplexen Protonensäuren $HAlCl_4$ und $HAlCl_3OH$ mit anderen oxoniumbildenden Verbindungen außer Äther. J. A. Miliotis, J. M. Tsangaris und J. K. Kontoyiannakos. (Praktika Akad. Athenon **35**, 273—79, 1960; griech., Auszug: engl.) — Vff. untersuchen, ob die komplexe Säure $HAlCl_4$ in Aceton (**I**) existiert. Bei Anwendung der beim Komplex mit Ae. verwendeten Technik wird in **I** eine Komplex-Verb. von $HAlCl_3OH$ mit Mesityloxid (**II**) gefunden, der die Struktur $[H\cdots O-C(CH_3)-CH=C(CH_3)_2]^+ [AlCl_3OH]^-$ zugeschrieben wird. Derselbe Komplex entsteht auch aus trockenem $AlCl_3$ in **I**–PAe.-Gemisch (1:1) als gelbe, ölige Fl., die sich dann braun färbt u. in einigen Std. erstarrt. Er kann auch direkt erhalten werden, wenn je 0,25 Mol **II** u. W. in PAe. gelöst werden u. bei ca. 0° langsam eine Lsg. von 0,25 Mol $AlCl_3$ zugegeben wird. W. zerstört den Komplex zu Al_2O_3, HCl u. **II**, langsam bei Raum-Temp., rasch bei 30°. Als Polymerisationskatalysator ist der Komplex $HAlCl_4 \cdot 2\,(C_2H_5)_2O$ u. $HAlCl_3OH \cdot 2\,(C_2H_5)_2O$ unterlegen. R. K. Müller. 294◇

Einige gemischte Halogen-Pseudohalogen-Komplexsäuren. A. G. Galinos. (J. inorg. nuclear Chem. **24**, 1555—57, 1962; Athens, Greece, Polytechn. Univ., Dep. of Chem.; engl.) — Durch Zufügen der wasserfreien Metallhalogenide zu trocknen frischen Lsgg. von HSCN in Ae. (R_2O) bei —10° wurden nachst. ölige Verbb. erhalten: $H[ZnCl_2SCN] \cdot 2\,R_2O$, blaßgelb; $H[ZnBr_2SCN] \cdot 2\,R_2O$, tiefgelb; $H_2[CdBr_2(SCN)_2] \cdot 2\,R_2O$, orangefarben; $H_2[CdJ_2(SCN)_2] \cdot 3\,R_2O$, rot; $H[AlCl_3SCN] \cdot 2\,R_2O$, gelb; $H[AlBr_3SCN] \cdot 2\,R_2O$, orangegelb; $H[InBr_3SCN] \cdot 2\,R_2O$, bräunlich-gelb; $H[InCl_3SCN] \cdot 2\,R_2O$, blaßgelb. Sie sind lösl. in polaren Lsgm., unlösl. in unpolaren Lsgm., die Lsgg. leiten den elektr. Strom. Ae. kann durch organ. Basen wie Pyridin verdrängt werden. P. Sartori. 296◇

Herstellung dünner Schichten von Aluminium-, Gallium- sowie Indiumnitrid unter einer Gasentladung. J. Pastrňák und L. Součková. (Physica Status solidi [Berlin] **3**, K 71—K 74, 1963; Prag, Tschechoslow. Akad. der Wiss., Phys. Inst.; dt.) — Die durch elektr. Gasentladungen (1,5 kV; 10 mA; 3—5 Torr; Al-Elektroden; Gleichstrom) in Quarzrohren im strömenden Syst. bereits < 1000° verlaufende Rk. $2\,MeCl_3$ (Gas) + N_2 (Gas) $\rightleftharpoons 2\,MeN$ (**I**; fest) + $3\,Cl_2$ (Gas) mit Me = Al (950—980°), Ga (650—680°) u. In (560—590°) führt zu den Nitriden **I**, die sich an sorgfältig polierten Quarzplatten in Schichten von 0,1—10 μ Dicke (nach 1—8 Std.) absetzen. Auf gleichem Wege lassen sich auch mit Mn, Cu u. Si aktivierte Schichten von AlN, unter geringfügigen Abwandlungen pulverförmige Nitride darstellen. U. Wannagat. 296◇

Über die Löslichkeit des wasserfreien Scandiumchlorids in Alkoholen. E. M. Kirmse. (Z. Chem. **1**, 332—34, 1961; Moskau, Lomonossow-Univ.; dt.) — Bei 25° enthalten die gesätt. Lsgg. von $ScCl_3$ in abs. Methyl-, Äthyl-, n-Propyl-, n-Butyl-, n-Amyl-, n-Hexyl-, n-Heptyl-, n-Octyl- u. n-Nonylalkohol 45,5; 37,3; 26,1; 25,2; 23,7; 21,5; 19,3; 16,9; 13,5 Gew.-% $ScCl_3$. Diese Werte entsprechen etwa einer molaren Zus. der Lsg. von $ScCl_3$ zu Alkohol wie 1:6. Die Analysen der Bodenkörper ans Methyl-, Äthyl-, n-Butyl-, n-Hexyl- u. n-Nonylalkohol zeigten Werte, die einer 1:3-Verb. des $ScCl_3$ in Alkohol entsprechen. Bei der festen Phase von n-Propyl-, n-Amyl-, n-Heptyl- u. n-Octylalkohol bildeten sich während der Trocknung gallertartige Substanzen der Zus. $ScCl_3$ zu Alkohol wie 1:4, die aber weiter Alkohol abgaben u. in Verbb. der Zus. 1:3 übergingen. Durch weiteres Trocknen entstanden Prodd., die pro Mol $ScCl_3$ 2 Mol Alkohol enthielten. Die 1:2-Verbb. des $ScCl_3$ mit Äthyl- u. n-Hexylalkohol sind kristallin, wie durch Röntgenogramme nachgewiesen werden konnte. W. Wiechmann. 299◇

Verbindungen des Scandiumchlorids mit aliphatischen Aminen. E. M. Kirmse. (Z. Chem. **1**, 334—37, 1961; dt.) — Vgl. vorst. Referat. — Bei Zimmer-Temp. sind Verbb. beständig, die pro Mol $ScCl_3$ maximal ein Mol eines tert. Amins bzw. drei Mol eines sek. oder prim. Amins enthalten. Man erhält sie sowohl mit gasförmigem als auch mit fl. Amin. Die maximale Aufnahme von gasförmigem Amin geschieht um so schneller, je niedriger der Kp. bzw. je höher der Dampfdruck des Amins ist. Das Fortschreiten der Rk. läßt sich an der Gew.-Zunahme der festen Substanz verfolgen. Jedes ganzzahlige Mol-verhältnis macht sich durch eine Hemmung in der Gew.-Zunahme bemerkbar. Verbb. mit folgenden Aminen wurden hergestellt: *Monoäthylamin, Mono-n-propylamin, Mono-n-butylamin, Dimethylamin, Diäthylamin, Di-n-butylamin, Di-n-amylamin, Triäthylamin* u. *Tri-n-octylamin.* W. Wiechmann. 299◇

Über die Scandate der Alkalimetalle. V. I. Spizin, L. N. Komissarowa, W. M. Schatzky und N. P. Anoschina. (Z. Chem. **1**, 328—32, 1961; Moskau, Lomonossow-Univ., Inst. für anorg. Chem.; dt.) — Die Säurefunktion des Scandiumoxids wurde durch Ermittlung der Bldg.-Bedingungen von Alkalimetallscandaten bei höheren Temp. bestimmt. Ausgangsmaterial waren reines Scandiumoxid u. die Carbonate der Alkalimetalle. Die Ausgangsgemische hatten die molare Zus. $Sc_2O_3:Me_2CO_3 = 2:1$, 1:1, 1:2. Sie wurden 2 bis 3 Std. lang bei 700—900° bis zur Gew.-Konstanz geglüht; falls Verb.-Bldg. erfolgte, wurde der Sc- u. Alkalimetall-Geh. analysiert. Der Verlauf der Wechselwrkg. zwischen den Komponenten wurde thermograph. u. thermogravimetr. verfolgt. Die Bldg. der neuen Phase wurde mittels Röntgenphasenanalyse kontrolliert. Die Ergebnisse zeigen, daß die Umsetzung der Alkalicarbonate mit Sc_2O_3 bei höheren Temp. nur zur Bldg. des wasserfreien *$LiScO_2$* u. *$NaScO_2$* führen, dagegen gelang es nicht Scandate des K, Rb .u Cs herzustellen, was wahrscheinlich mit der Zunahme der Ionenradien zusammenhängt. $LiScO_2$ u. $NaScO_2$ schmelzen bei 2700—2750° bzw. 2500—2600° unter Zersetzung. Die Dichten wurden zu 3,766 ± 0,005 g/cm³ für $LiScO_2$ u. 3,645 ± 0,006 g/cm³ für $NaScO_2$ bestimmt. $LiScO_2$ ist eine beständige Verb., es absorbiert nur geringfügig Feuchtigkeit u. CO_2. $NaScO_2$ zerfällt an der Luft unter Na_2CO_3-Bldg.; Li- u. $NaScO_2$ sind in Säuren leicht löslich. Die Na-Verb. erleidet vollständige Hydrolyse. $LiScO_2$ wird dagegen nur wenig hydrolysiert. W. Wiechmann. 299◇

Trennung von Seltenerdmetallen unter Verwendung kleiner Austauschersäulen mit Kel-F als Trägerfüllung für Orthophosphorsäuredi-[2-äthylhexyl]-ester. E. Cerrai und C. Testa. (J. inorg. nuclear Chem. **25**, 1045—50, 1963; Milano, Labor. CISE; engl.) — Die optimal wirksame Säulenfüllung zur Trennung von Spurenmengen von Seltenerdmetallen besteht aus einem Gemisch von 0,8 g (170—230 mesh) Kel-F-Pulver (Polytrifluorchloräthylen) u. der organ. Lsg. von HDEHP, verd. mit Chlf. im Vol.-Verhältnis 1 : 7,5. Das Lsgm. wurde nach dem Vermischen bei 50° ausgetrieben u. der Rückstand in die Säulen (3 mm ∅, 140 mm Höhe) gefüllt. Die vorher mit therm. Neutronen aktivierten Gemische von Spurenmengen verschiedener Seltenerdmetalle wurden auf die bei 85° beschriebenen Säulen gegeben u. darauf mit Salzsäure steigender Normalität eluiert. Der Verlauf der Trennung konnte durch Aktivitätsmessung der γ-Strahlung der Eluate verfolgt werden. Folgende Trennungen sind durchgeführt worden: *Eu–Tb, Eu–Gd–Tb–Sm, La–Ce–Pr–Nd–Pm–Sm–Eu, La–Pr–Sm–Gd–Tb–Dy–Ho–Er–Tm–Yb–Lu, Tb–Yb.* W. Wiechmann. 303◇

Untersuchungen über Ammoniumtitanylsulfat. Sadao Taki. (J. Sci. Hiroshima Univ., Ser. A **23**, Nr. 2, 281—301, 1959; Kofu, Yamanashi Univ.; engl.) — Vgl. C. **1959**, 15611. — Die Darst. von $(NH_4)_2TiO(SO_4)_2$ aus $TiCl_4$ durch Zugabe von H_2O, konz. H_2SO_4 u. $(NH_4)_2SO_4$ wird mitgeteilt. Die Entwässerung der je nach den Kristallisationsbedingungen sich bildenden Hydrate *$(NH_4)_2TiO(SO_4)_2 \cdot H_2O$* (**I**) u. *$(NH_4)_2TiO(SO_4)_2 \cdot 2\,H_2O$* (**II**) sowie die therm. Zers. von **I** u. **II** werden untersucht. Die Dehydratisierung verläuft nach der Gleichung $dx/dt = k(a-x)^{2/3}$ (a = Gesamtmenge an H_2O, x = Menge des abgespaltenen H_2O, k = Geschw.-Konst.). Die Aktivierungsenergie beträgt 5,17 kcal/Mol für **I** u. 5,29 kcal/Mol bei **II** für das erste Mol H_2O, bzw. 19,87 kcal/Mol für das zweite Mol H_2O. Die therm. Zers. von Ammoniumtitanylsulfat liefert bei 700° Anatas, bei 900° Rutil u. bei 800° eine Mischung von beiden. Elektronenmkr. u. röntgenograph. Unterss. geben Aufschluß über das Kristallwachstum. Je nach Erhitzungs-Geschw. entstehen TiO_2-Proben verschiedener Dichte. Für die Darst. von Rutil-Einkristallen schlägt Vf. langsames Erhitzen von Ammoniumtitanylsulfat auf 800° u. anschließendes Tempern bei 800° vor. K. Dehnicke. 321□

Zirkonylperchlorat. P. Rama Murthy und C. C. Patel. (Naturwissenschaften **48**, 693, 1961; Bangalore, Indian Inst. of Sci., Dep. of Inorg. and Phys. Chem.; engl.) — Hygroskop., in W., Aceton u. A. lösl., opt. zweiachsiges (Auslöschwinkel 89° 40′), wahrscheinlich rhomb. oder triklines *$ZrO(ClO_4)_2 \cdot 8\,H_2O$* wird aus frisch gefälltem $Zr(OH)_4$ u. $HClO_4$ (1 : 2) dargestellt; im Vakuum oder über P_4O_{10} geht es in *$ZrO(ClO_4)_2 \cdot 2\,H_2O$* über. Konduktometr. Messungen an 10^{-4} bis 10^{-4}m Lsgg. deuten auf Dissoziation nach $ZrO(ClO_4)_2 \rightleftharpoons ZrO(ClO_4)^+ + ClO_4^-$ (K = $1{,}856 \cdot 10^{-3}$; $\lambda_\infty = 878{,}0$). Durch Ionenaustauscher wird Zr(IV) selbst in 2n $HClO_4$ als Kation fixiert. Im UV-Spektrum der wss. Lsg. erscheint ein Maximum bei 2050 Å (log ε $1{,}05 \cdot 10^2$). A. Blaschette. 322◇

Beitrag zur Kenntnis der Bindungsformen des Germaniums in metallurgischen Flugstäuben. Alfred Lange und Hans-Friedrich Hadamovsky. (Freiburger Forsch.-H., Reihe B **58**, 47—72, 1961; Freiberg, Bergakad., Inst. für Metallhüttenkde.;

dt.) — Im Zusammenhang mit Arbeiten über die Laugbarkeit von Ge aus metallurg. Flugstäuben wurde die Verbindungs-Bldg. in den Syst. *PbO–GeO₂*, *SiO₂*–GeO₂ u. PbO–SiO₂–GeO₂ thermoanalyt. u. röntgenograph. untersucht. Im Syst. PbO–GeO₂ wurden die beiden intermediären Verbb. mit Schmelzpunktmaximum *3 PbO·GeO₂* (**I**; F. 740°) u. *PbO·GeO₂* (**II**, F. 786°) sowie die inkongruent schm. Verbb. *3 PbO·2 GeO₂* (**III**; F. 715°; Zers.) u. *PbO·3 GeO₂* (**IV**; F. 920°; Zers.) nachgewiesen. Eutektika bestehen zwischen PbO u. **I** (10,5 Gew.-% GeO₂, F. 705°), **I** u. **III** (18% GeO₂, F. 688°) sowie **II** u. **IV** (41% GeO₂, F. 720°). Zur Unters. der Feststoff-Rk. wurden PbO–GeO₂-Gemische entsprechend den Zus. der Verbb. **I**, **II** u. **III** 6 Std. lang bei Temp. zwischen 500 u. 750° unter Ar geglüht. Die Auswertung der Pulverdiagramme ergab, daß bereits ab 550° mit Sicherheit Verb.-Bldg. einsetzt. Nach 6std. Rk. oberhalb 650° waren freies PbO u. GeO₂ nicht mehr nachweisbar. Schmelzverss. mit SiO₂–GeO₂-Gemischen bei 1220° deuten auf lückenlose Mischkristall-Bldg. hin. Im Syst. PbO–GeO₂–SiO₂ wurden bei 700° Festkörper-Rkk. durchgeführt, bei denen stets Germanate u. Silicate, daneben gemischte Germanatsilicate, niemals freies GeO₂ oder SiO₂ als Rk.-Prodd. auftreten. PbO u. ZnO setzen die Verflüchtigung von GeO₂ stark herab. Zn-Germanate sind prinzipiell gut, kristalline Pb-Germanate schlecht, glasig erstarrte dagegen besser laugbar. Geeignete Abkühlung von SiO₂-reichen Flugstäuben verbessert die Ge-Laugbarkeit. W. Betcke. 326◇

Fünf- und sechsgliedrige Germacycloalkane. Pierre Mazerolles. (Bull. Soc. chim. France **1962**, 1907—13; Toulouse, Fac. des Sci., Labor. des Organométalliques; franz.) — Die Rk. von $GeCl_4$ mit $BrMg(CH_2)_4MgBr$ (**I**) u. $BrMg(CH_2)_5MgBr$ (**II**) führt zu einem nicht trennbaren Gemisch verschiedener Substanzen, aus dem nach Red. mit $LiAlH_4$ folgende Verbb. isoliert wurden: *Germacyclopentan* (**III**), *Germacyclohexan* (**IV**), *Germaspiro-[4.4]-nonan* u. *6-Germaspiro-[5.5]-undecan*, letzteres mit *1-Pentyl-1-germacyclohexan* (?) verunreinigt. **III** u. **IV** werden von O_2 zu cycl. Germoxanen oxydiert u. von Alkylhalogeniden in die *Dihalogengermacycloalkane* übergeführt, die auch aus Germoxan u. Halogenwasserstoff zugänglich sind. J_2 reagiert zu den *Monohalogengermacycloalkanen*. Grignard-Verbb. alkylieren; *Diäthylgermacyclopentan* läßt sich auch aus **I** u. $(C_2H_5)_2\cdot GeBr_2$ darstellen. Br_2 spaltet nur die Ge–Phenyl-Bindung in *Diphenylgermacyclopentan*; in Ggw. von $AlBr_3$ wird jedoch auch der Ring gespalten. Konz. H_2SO_4 vermag, bes. bei erhöhter Temp., den Germacyclopentan-Ring aufzuspalten. Addition von Dialkylgermanen u. -silanen an Dialkyldivinylgerman führt hauptsächlich zu linear polymeren oder unvollständigen Additionsprodukten. Daneben ließ sich *1.1-Diäthyl-4.4-dibutyl-1.4-digermacyclohexan* isolieren.

Versuche: *Germacyclopentan* (**III**), $C_4H_{10}Ge$, Kp. 91—92°, n_D^{20} 1,4838, $D._4^{20}$ 1,2261, durch Zugabe von **I** zu $GeCl_4$ in Ae., 5 Std. Rückflußerhitzen, Abdest., Zutropfen zu $LiAlH_4$ in Ae., 8 Std. Rückflußerhitzen, Hydrolyse, Aufarbeiten der Ae.-Phase; 19,6% (Ausbeute). Daneben: *5-Germaspiro-[4.4]-nonan*, $C_8H_{16}Ge$, Kp. 188—189°, n_D^{20} 1,5118, $D._4^{20}$ 1,1837. — *Germacyclohexan* (**IV**), $C_5H_{12}Ge$, Kp. 119—120°, n_D^{20} 1,4835, $D._4^{20}$ 1,1846; 20,2%. — *6-Germaspiro-[5.5]-undecan*, $C_{10}H_{20}Ge$, $Kp._{17}$ 108—109°, n_D^{20} 1,5060; $D._4^{20}$ 1,1400. — *Tris-[tetramethylen]-cyclotrigermoxan*, $(C_4H_8GeO)_3$, F. 166°, Subl. 200° /0,001 Torr, a) durch Rühren von **III** mit O_2; b) durch Rk. von 1.1-Dibrom-1-germacyclopentan mit wss. NaOH. — *Tetrakis-[pentamethylen]-cyclotetragermoxan* (**V**), $(C_5H_{10}\cdot GeO)_4$, F. 144°, analog vorst. Verb., nach a) auch OH-haltiges Zwischenprodukt. — *1.1-Dijod-1-germacyclopentan*, $C_4H_8GeJ_2$, $Kp._5$ 107°, n_D^{20} 1,6770, $D._4^{20}$ 2,5000, aus **III** u. Butyljodid (Überschuß); 74%. — *1.1-Dijod-1-germacyclohexan*, $C_5H_{10}GeJ_2$, $Kp._2$ 108°, n_D^{20} 1,6610, $D._4^{20}$ 2,3698; analog vorst. Verb.; 61%; auch durch Rk. von **V** mit HJ (57%ig.); 82%. — *1.1-Dibrom-1-germacyclopentan* (**VI**), $C_4H_8Br_2Ge$, $Kp._{15}$ 79°, n_D^{20} 1,5720: $D._4^{20}$ 2,0806; 76%. — *1.1-Dibrom-1-germacyclohexan* (**VII**), $C_5H_{10}Br_2Ge$, $Kp._{17}$ 115°, n_D^{20} 1,5659, $D._4^{20}$ 1,9775; 91%. — *1.1-Dichlor-1-germacyclopentan*, $C_4H_8Cl_2Ge$, $Kp._{64}$ 94°, n_D^{20} 1,5101, $D._4^{20}$ 1,5239; aus der Jod-Verb. u. AgCl in Heptan; 67%. — *1.1-Dichlor-1-germacyclohexan*, $C_5H_{10}Cl_2Ge$, $Kp._{24}$ 99°, n_D^{20} 1,5107, $D._4^{20}$ 1,4675; analog vorst. Verb.; 91%; auch aus **V** u. konz. HCl; 87%. — *1-Jod-1-germacyclopentan*, $C_4H_9\cdot GeJ$, $Kp._{48}$ 107°, n_D^{20} 1,5956, $D._4^{20}$ 1,9926, aus **III** u. J_2; 80%. — Analog: *1-Jod-1-germacyclohexan*, $C_5H_{11}GeJ$, $Kp._{58}$ 132°, n_D^{20} 1,5835, $D._4^{20}$ 1,8681; 73%. — *1.1-Diäthyl-1-germacyclopentan*, $C_8H_{18}Ge$, $Kp._{750}$ 173—174°, n_D^{20} 1,4725, $D._4^{20}$ 1,0761, aus **VI** u. Äthyl-MgBr, 1 std. Erhitzen auf Wasserbad, Hydrolyse; 96%; auch aus $(C_2H_5)_2GeBr_2$ u. **I**; 41%. — Analog *1.1-Diäthyl-1-germacyclohexan*, $C_9H_{20}Ge$, $Kp._{72}$ 116—117°, n_D^{20} 1,4742, $D._4^{20}$ 1,0663; 87% bzw. 59%. — *5-Germaspiro-[4.5]-decan*, $C_9H_{18}Ge$, $Kp._{23}$ 101°, n_D^{20} 1,5058, $D._4^{20}$ 1,1474, durch Zugabe von **I** zu **VII**; 45%. — *1.1-Diphenyl-1-germacyclopentan*, $C_{16}H_{18}Ge$, $Kp._{0,2}$ 115°, F. 33°, n_D^{20} 1,5971, $D._4^{20}$ 1,2189, aus **VI** u. Phenyl-MgBr; 83%. Gibt mit Br_2 in Äthylbromid *1-Phenyl-1-brom-1-germacyclopentan*, $C_{10}H_{13}BrGe$, $Kp._{0,9}$ 116°, n_D^{20} 1,5878, $D._4^{20}$ 1,5438; 90%. — *1-Phenyl-1-germacyclopentan*, $C_{10}H_{14}Ge$, $Kp._{30}$ 127°, n_D^{20} 1,5601, $D._4^{20}$ 1,2215, aus vorst. Verb. u. $LiAlH_4$; 90%. — Analog *1.1-Diphenyl-1-*

germacyclohexan, $C_{17}H_{20}Ge$, Kp.$_1$ 150°, n_D^{20} 1,5932, $D._4^{20}$ 1,2061; 79%; *1-Phenyl-1-brom-1-germacyclohexan*, $C_{11}H_{15}BrGe$, Kp.$_{0,8}$ 125°, n_D^{20} 1,5828, $D._4^{20}$ 1,5045; 93%; *1-Phenyl-1-germacyclohexan*, $C_{11}H_{16}Ge$, Kp.$_{14}$ 128°, n_D^{20} 1,5550, $D._4^{20}$ 1,1989; 82%. — *1.1-Diäthyl-4.4-di-n-butyl-1.4-digermacyclohexan*, $C_{16}H_{36}Ge_2$, Kp.$_{0,6}$ 117°, n_D^{80} 1,4932, $D._4^{20}$ 1,1198, aus Di-n-butylgerman u. Diäthyldivinylgerman in Ggw. von Benzoylperoxid; 17%. H. Bürger. 326◇

Über Silylgermyl- und Silylstannylamine. Otto Scherer und Max Schmidt. (Angew. Chem. **75**, 642, 1963; Marburg, Univ., Inst. für Anorg. Chem.; dt.) — Natrium-bis-[trimethylsilyl]-amid (I) reagiert mit Alkylgermanium- bzw. -zinnhalogeniden in guter Ausbeute nach $MeClR_3 + NaN[Si(CH_3)_3]_2 \rightarrow NaCl + [(CH_3)_3Si]_2NMeR_3$ zu *Bis-[trimethylsilyl]-trimethylgermylamin* (II), $C_9H_{27}GeNSi_2$, F. 29—32°, Kp.$_1$ 54—56°, u. den analogen *Trialkylstannylaminen* $C_9H_{27}NSi_2Sn$ (III; R = CH_3), F. 20—22°, Kp.$_1$ 58—59°, sowie $C_{18}H_{45}NSi_2Sn$ (IV; R = n-C_4H_9), Kp.$_1$ 140—145°; ferner nach $GeCl_2(CH_3)_2$ + 2 I → 2 NaCl + $(CH_3)_2Ge\{N[Si(CH_3)_3]_2\}_2$ zum *Bis-{bis-[trimethylsilyl]-amido}-dimethylgerman*, Kp.$_1$ ca. 135° (30—40%). **II** ist wachsartig-krist. u. stabil gegen W., **III** u. **IV** werden von W. rasch an der SnN-Bindung angegriffen. — Diskussion der IR- u. KMR-Spektren. U. Wannagat. 327◇

Über die Konstitution reduzierter Isopolyvanadate in alkalischem Milieu. Simone Ostrowetsky und Pierre Souchay. (C. R. hebd. Séances Acad. Sci. **256**, 5355—58, 1963; franz.) — In alkal. Lsg. bildet sich bei gleichzeitiger Ggw. von V(IV) u. V(V) der Komplex $[HV_2^VV_4^{IV}O_{15}]^{3-}$ (I); andere, V(IV) u. V(V) enthaltende Komplexe entstehen unter diesen Bedingungen nicht. Es konnten krist. *NH_4-*, *Na-* u. *K-Salze* dargestellt werden. Das Na-Salz hat wahrscheinlich die Zus. $Na_3[HV_6O_{15}]\cdot 6\,H_2O$. Die Zers. in saurer Lsg. führt zu $[HV_{10}O_{28}]^{5-} + VO^{2+}$, in alkal. Lsg. besteht das Gleichgewicht $I + 3\,OH^- \rightleftharpoons 2\,HVO_4^{2-} + V_4O_9^{2-} + H_2O$. Die Gleichgewichts-Konst. wurde zu $K = 2{,}8\cdot 10^8$ bestimmt. B. Krebs. 330◇

Beitrag zur Untersuchung des schwarzen Vanadinoxidhydrats $V_6O_{14}\cdot 6\,H_2O$. Jean Bernard und François Théobald. (C. R. hebd. Séances Acad. Sci. **256**, 4916 bis 4919, 1963; Besançon, Fac. des Sci., Labor. de Chim. phys.; franz.) — Vff. schließen aus analyt., potentiometr. u. röntgenograph Unterss. sowie isothermem u. isobarem Abbau, daß das von Glemser u. Schwarzmann (C. **1956**, 1531) durch Einw. von Zn + NH_4Cl auf V_2O_5 dargestellte schwarze Prod. die Zus. $V_6O_{14}\cdot 6\,H_2O$ [wahrscheinlich $V_6O_{13}(OH)_2\cdot 5\,H_2O$] hat. Es krist. tetragonal mit a = 8,87 Å, c = 5,55 Å. Der isotherme Abbau zeigt, daß die Dehydratisierung über die Zwischenstufen $V_6O_{14}\cdot 4\,H_2O$, $V_6O_{14}\cdot 3\,H_2O$, $V_6O_{14}\cdot 2\,H_2O$ u. $V_6O_{14}\cdot H_2O$ [(= $V_6O_{13}(OH)_2$] verläuft (zwischen 200 u. 300°). Daneben erniedrigt sich der Oxydationsgrad des V zwischen 250 u. 420° von 4,66 auf 4,33; bis 580° bleibt er konst., darüber nähert er sich 4. B. Krebs. 330◇

Die Reaktion von Vanadin(IV)-chlorid mit einigen aliphatischen Aminen. M. W. Duckworth und G. W. A. Fowles. (J. less-common Metals [Amsterdam] **4**, 338—44, 1962; Univ. of Southampton, Dep. of Chem.; engl.) — VCl_4 reagiert bei Raum-Temp. im geschlossenen Vakuumgefäß in mehreren Wochen mit einem Überschuß an prim. Amin zu $VCl_2(NHR)_2\cdot x\,NH_2R$ (A; R = CH_3, C_2H_5, n-C_3H_7, n-C_4H_9), unlösl. in den üblichen organ. Lsgm., mit sek. Aminen zu $VCl_2(NR_2)_2\cdot y\,NHR_2$ (B; R = CH_3, C_2H_5, n-C_3H_7; y ca. 0,5). Die therm. Zers. der Rk.-Prodd. wird untersucht, ihre diffusen Reflexions- u. IR-Spektren werden erörtert. Magnet. Susceptibilitätsmessungen u. Titrationen mit Ce(IV) bestätigen, daß keine Red. eintritt. Auf Grund der IR-Daten wird angenommen, daß bei den A Polymerisation über V—Cl →V-Brücken erfolgt, u. daß die B ebenfalls polymer vorliegen. G. Talsky. 330◇

Einige Besonderheiten des Wachstums von Kaliumniobat- und -tantalateinkristallen. W. A. Timofejewa und A. Ss. Popowa. (Kristallographie [UdSSR] **7**, 300—04, 1962; Akad. der Wiss. der UdSSR, Inst. für Kristallograph.; russ.) — Mit Hilfe der DTA wurden die Syst. K_2O–Nb_2O_5 u. K_2O–Ta_2O_5 untersucht. Zwischen 950 u. 1280° wurden im Syst. K_2O–Nb_2O_5 folgende Phasen nachgewiesen: $3\,K_2O\cdot Nb_2O_5$ (F. 950°), $K_2O\cdot Nb_2O_5$ (F. 1050°), $2\,K_2O\cdot 3\,Nb_2O_5$ (F. 1160°), $K_2O\cdot 3\,Nb_2O_5$ (F. 1200°) u. $3\,K_2O\cdot 22\,Nb_2O_5$ (F. 1280°). $KNbO_3$- u. $KTaO_3$-Einkristalle von 1—2 mm Länge wurden aus *KF*-Schmelzen bei 1000—1250° gezüchtet. Untersucht wurden die dielektr. u. die piezoelektr. Eigg. von $KNbO_3$. Mitgeteilt werden die (von Probe zu Probe stark schwankenden) Werte für die DK, den piezoelektr. Modul d_{33} u. die elektr. Leitfähigkeit ϱ. Die Temp.-Abhängigkeit von d_{33} u. ϱ zwischen 20 u. 300° (350°) ist angegeben. K. Jaeger. 332◇

Hydrolyseeigenschaften von Uranmonocarbid und -dicarbid. C. P. Kempter. (J. less-common Metals [Amsterdam] **4**, 419—25, 1962; Los Alamos, N.Mex., Univ. of California, Los Alamos Sci. Labor.; engl.) — Vf. untersucht die Hydrolyse von im Lichtbogen geschmolzenem u. gepulvertem UC u. UC_2, sowie eines Gemisches von 20% UC +

80% UC_2. Die Hydrolyse-Verss. wurden nach dem Verf. von Kempter u. Krikorian (J. less-common Metals [Amsterdam] **4,** [1962], **244**) ausgeführt, die entstandenen Prodd. massenspektrometr. untersucht (in Klammern Menge in Mol-%): UC: H_2 (8,9); CH_4 (79,7); C_2H_4 (0,8); C_2H_6 (3,1); C_3H_8 (1,2); C_4H_8 (4,2); C_4H_{10} (0,5); C_6H_{14} (1,6); UC_2: H_2 (14,1); CH_4 (17,3); C_2H_4 (5,3); C_2H_6 (39,4); C_3H_4 (0,4); C_3H_8 (2,0); C_4H_6 (1,5); C_4H_8 (9,5); C_4H_{10} (9,5); C_5H_{10} (2,0) u. C_6H_{12} (2,6); 20% UC + 80% UC_2: H_2 (13,1); CH_4 (29,8); C_2H_4 (4,4); C_2H_6 (32,1); Alkine (1,5); höhere Alkane (6,9); höhere Alkene (12,1). Die Ergebnisse werden mit den Befunden von Lebeau u. Damiens [1913] u. Litz (Dissertation Ohio State Univ. 1948) verglichen. UC liefert bei der Hydrolyse ähnliche Prodd. wie ThC, UC_2 ähnliche Prodd. wie ThC_2. F. Weigel. 339◇

Darstellung und Eigenschaften einiger Uranselenide und -telluride. L. K. Matson, J. W. Moody und R. C. Himes. (J. inorg. nuclear Chem. **25,** 795—800, 1963; Columbus, Ohio, Battelle Memorial Inst.; engl.) — Uranselenide u. -telluride wurden durch Rk. von Chalkogendampf mit U-Metall u. anschließendes Schmelzen dargestellt. Die FF. wurden geschätzt u. einige Strukturen röntgenograph. ermittelt. Ferner wurden elektr. Widerstände, Hall-Konst. u. thermoelektr. Kräfte gemessen. Die elektr. Eigg. zeigen, daß diese Verbb. Halbmetalleiter sind. — *USe*, (F. 1850—2000°, NaCl(B—1)-Typ, a = 5,71 (Å) D. (gemessen) $10{,}9_1$ (g/cm³); U_2Se_3, F. 1560—1590°, orthorhomb. vom Sb_2S_3-Typ, D. $9{,}4_3$; USe_2, F. 1350—1380°, schwache Linien, aber verschieden von U_2Se_3, D. $9{,}0_9$; *UTe*, F. 1550—1650°, Hauptphase Th_3P_4-Typ, Nebenphase NaCl-Typ, D. $9{,}6_3$; U_3Te_4, F. 1430—1470°, Th_3P_4-Typ, a = 9,3980, D. $9{,}4_6$; U_2Te_3, F. 1325—1355°, Th_3P_4-Typ, a = 9,3960, D. $9{,}0_2$; UTe_2, 1 5—1235°, tetragonal, a = 4,006, c/a = 1,865, D. $8{,}9_1$. Ernst Schulte. 339◇

Reduktion von Urantetrafluorid mit einer Magnesium–Calcium-Mischung. K. Nishihara, Y. Kondo und Y. Matsumura. (Atompraxis **7,** 212—13, 1961; Kyoto, Japan, Univ., Dep. of Metallurg.; engl.) — Die Reduktion von UF_4 mit Mg-Pulver liefert nur dann Ausbeuten > 90% an metall. Uran, wenn man einen auf 1000° vorgeheizten Ofen verwendet. Zusatz von Ca senkt bei Ansätzen bis 250 g UF_4 die Vorheiz-Temperatur. Bei einem Verhältnis Ca : Mg = 1 : 9 genügen 900°, um Ausbeuten > 90% zu erreichen. M. Olivier. 339◇

Über die Existenz und einige Eigenschaften von Uran(IV)-tellurit, $U(TeO_3)_2$. Parviz Khodadad. (C. R. hebd. Séances Acad. Sci. **254,** 1079—81, 1962; Paris, Fac. de Pharm., Labor. de Chim. min.; franz.) — Röntgenamorphes $U(TeO_3)_2$ (I) entsteht nach $2\ TeO_2 + UCl_4 + 2\ H_2O \rightarrow I + 4\ HCl$ (salzsaure TeO_2-Lsg. mit konz. UCl_4-Lsg. im Verhältnis 1 : 2,4 mischen; zunächst keine Rk., nach Verdünnen mit W. unter Rühren grünblauer Nd.; mit W. waschen u. sofort trocknen). Neutrale I-Lsgg. (Raum-Temp., Luftabschluß) reagieren mit W. prakt. nicht, beim Sieden (1 Std.) erfolgt Farbwechsel; zur vollständigen Rk. nach (1) $2\ I \rightarrow 2\ (UO_2)TeO_3$ (II) + TeO_2 + Te sind mehrere Tage erforderlich. Ansäuern mit HCl bewirkt bei 100° Gleichgewichtsverschiebung nach rechts binnen einer Stunde. Die Rk., bei der u. a. die neue Verb. entsteht, wird als intramol. Redoxvorgang gedeutet, wie Vf. schon für das Uran(IV)-selenit nachweisen konnte (C. **1960,** 8802). I ist lösl. in konz. HCl, wasserfreies I disproportioniert sofort nach Gleichung (1). HNO_3 wirkt als Oxydationsmittel, keine Rk. erfolgt mit CH_3COOH. Feuchtes I oxydiert an der Luft zu II. Die Oxydations-Geschw. ist stark pH-abhängig (mit NH_4OH nach mehreren Std. Bldg. von II). Mit NaOH u. KOH bildet I Alkalitellurit u. $U(OH)_4$, unter Luftabschluß reagiert es nicht mit NH_4OH. — Die therm. Zers. im Vakuum beginnt bei 300° (langsam), wenn 700° (mehrere Tage) nicht überschritten werden, verläuft die Rk. nach Gleichung (1). G. Hédo. 339◇

Isotherme Dehydratisierung von Oxauran(IV)-oxalathexahydrat. Balaram Sahoo. (Indian J. Chem. **1,** 137, 1963; Baripada, M.P.C. Coll. Dep. of Chem.; engl.) — $UO(C_2O_4)\cdot 4\ H_2O$ bildet sich, wenn $UO(C_2O_4)\cdot 6\ H_2O$ (I) 48 Std. lang bei 30° im Vakuum getrocknet wird. Die Verb. ist bei Zimmer-Temp. stabil u. im Vakuum einige Tage haltbar. Wird I im Vakuum 3—4 Std. lang auf 150° erhitzt, so bildet sich $UO(C_2O_4)\cdot H_2O$. Die Herst. der wasserfreien Verb. ist nicht möglich, da bei weiterer Dehydratisierung Zers. erfolgt. K. W. Rowe. 339◇

Thermische Zersetzung von Uranperoxidhydrat. Taichi Sato. (Naturwissenschaften **48,** 693, 1961; Tokyo, Shibuya-ku, Honmachi, Gov. Chem. Ind. Res. Inst.; engl.) — Durch thermogravimetr., DTA-, Röntgenbeugungs- u. IR-Unterss. wird ermittelt, daß die therm. Zers. von $UO_4\cdot 4\ H_2O$ über nachst. Stufen verläuft: $UO_4\cdot 2\ H_2O$ (I, < 100°), $UO_x\cdot aq$ ($3 \leq x \leq 3{,}5$; bei ca. 200°); UO_x (amorph; 300—450°); α-UO_3 (500°); U_3O_8 (650°). Außer $UO_x \rightarrow UO_3$ sind alle Vorgänge endotherm. I kann nicht als $UO_3\cdot H_2O_2\cdot H_2O$ formuliert werden. A. Blaschette. 339◇

Über neue Nitrosylmangan-Verbindungen. W. Hieber, W. Beck und H. Tengler. (Z. Naturforsch. **16b**, 68, 1961; München, TH, Anorg.-Chem. Labor.; dt.) — Beim Einleiten von NO in eine benzol. Lsg. von $[Mn(CO)_4P(OC_6H_5)_3]J$, das aus äquimolaren Mengen $Mn(CO)_5J$ u. $P(OC_6H_5)_3$ analog dem $[Mn(CO)_4P(C_6H_5)]_3J$ (vgl. C. **1960**, 14308) erhalten wurde, entstehen *Dinitrosyl-bis-[triphenylphosphit]-manganjodid* (I), $\{Mn(NO)_2 \cdot [P(OC_6H_5)_3]_2\}J$, u. *Trinitrosyltriphenylphosphitmangan* (II), $Mn(NO)_3P(OC_6H_5)_3$. I, F. 129° (Zers.), bildet rotbraune, an der Luft längere Zeit stabile, diamagnet. Kristalle, die in Bzl. u. Chlf. gut, in PAe. u. A. nicht lösl. sind. Das Dipolmoment beträgt 3,19 ± 0,03 D; im IR-Spektrum liegen NO-Banden bei 1754 u. 1703 cm^{-1} (Lsg. in CCl_4). II ist eine tiefdunkelgrüne, in Bzl. u. Cyclohexan gut lösl. Substanz, deren Identifizierung bisher nur IR-spektroskop. gelang (NO-Banden bei 1803 u. 1711 cm^{-1}). Aus dem Auftreten von jeweils nur zwei NO-Valenzschwingungen wird auf eine tetraedr. Umgebung des zentralen Mn(C_{3v}) geschlossen. Gerhard Schulze. 350◇

Über ein weiteres Reduktionsprodukt des Benzolmangantricarbonyl-Kations. Günter Winkhaus. (Z. anorg. allg. Chem. **319**, 404—08, 1963; Mainz, Univ., Inst. für Anorg. Chem. u. Kernchem.; dt.) — Vgl. C. **1962**, 4846. — Bei der Red. des *Benzolmangantricarbonyl-Kations* $[C_6H_6Mn(CO)_3]^+$ (I) mit $NaBH_4$ oder $LiAlH_4$ wurde neben bekanntem *π-Cyclohexadienylmangantricarbonyl* $C_6H_7Mn(CO)_3$ in kleiner Ausbeute monomeres krist. $C_6H_8HMn(CO)_3$ (II) erhalten, das nach seinen Eigg. u. seinem IR-Spektrum als *Cyclohexadienmangantricarbonylhydrid* formuliert wird. II bildet mit wss. HCl rote unbeständige Lösungen. I wurde als intermediäres $[C_6H_6Mn(CO)_3]AlCl_4$ isoliert u. an Hand des IR-Spektrums identifiziert.

Versuche: *Cyclohexadienmangantricarbonylhydrid* (II), $C_6H_8MnH(CO)_3$, Zers. ca. 95°, durch Red. der wss. Lsg. von $[C_6H_6Mn(CO)_3]^+$, [erhalten aus $Mn(CO)_5Cl$ u. Bzl. in Ggw. von $AlCl_3$] mit $NaBH_4$, Extraktion des entstandenen Gemisches mit PAe., Einengen der PAe.-Lsg. u. Chromatographie an Al_2O_3 mit PAe.–Ae.-Gemisch; die 2. chromatograph. Bande ergab nach Abdampfen des Lsgm. Sublimation bei 50° (10^{-3} Torr) u. Rekristallisation aus PAe. bei —20° das Prod. [Ausbeute ca. 25 mg aus 4 g $Mn(CO)_5Cl$]. G. Winkhaus. 350◇

Substituierte Cyanokomplexe des zweiwertigen Rheniums. 3. Mitt. **Pentacyanonitrosylrhenium(II)-säure.** Bijon Kumar Sen und Nripendra Nath Ghosh. (Sci. and Cult. [Calcutta] **28**, 142, 1962; Calcutta, Univ. Coll. of Sci., Inorg. Chem. Labor.; engl.) — 2. vgl. Sci. and Cult. [Calcutta] **27**, [1961] 588; 4. vgl. C. **1963**, 14611. — Während $H_2[Re(CN)_5NO]$ (I), durch Umsetzung der Ag-Verb. mit HCl wegen der Unlöslichkeit der Ag-Verb. nicht zu erhalten ist, gelingt die Darst. von I aus dem Dinatriumsalz durch Ionenaustausch (Amberlite IR 120). I ist rotbraun, lösl. in A. u. W. u. in W. zweibasig mit $pk_1 = 1,35$ u. $pk_2 = 11,80$. In verd. wss. Lsg. scheint das Ion $[HRe(CN)_5NO]^-$ vorzuliegen. Beim Eindampfen der wss. Lsg. im Vakuum krist. I nicht. Eine verd. wss. Lsg. von I ist in Abwesenheit von Luft stabil, ergibt mit Fe^{3+}-Ionen keine Fällung u. erzeugt mit Na_2S eine tiefviolette Verfärbung, die schnell verschwindet. G. Heller. 352◇

Hydrothermale Synthese des Yttriumeisengranats. B. W. Mill. (Kristallographie [UdSSR] **7**, 644—45, 1962; Akad. der Wiss. der UdSSR, Sibir. Abt., Inst. für anorg. Chem.; russ.) — Vf. beschreibt die Hydrothermal-Synth. des Y-Fe-Granats aus 5—12% ig. Lsgg. von $FeCl_3$ u. $FeCl_2$ bei 550—600° mit Y_2O_3 u. Fe_2O_3 im Mol-Verhältnis 3 : 1 bis 1 : 6 u. die Hydrothermal-Synth. von *Y-Al-Granat* bei 550° aus Lsgg. von $FeCl_3$, $FeCl_2$ u. $AlCl_3$ mit einer stöchiometr. Mischung der Oxide. K. Jaeger. 354◇

Trikobaltenneacarbonylsulfid. L. Markó, G. Bor und E. Klumpp. (Chem. and Ind. **1961**, 1491—92; Richmond, Va., American Tobacco Comp., Dep. of Res. and Dev.; engl.) — Aus dem Rk.-Gemisch von $Co_2(CO)_8$ u. S wurde $Co_3S(CO)_9$ (I) isoliert. I ist in organ. Lsgm. lösl., in W. unlösl. u. luftempfindlich; IR-Spektrum: 4 Banden der ν(CO) bei 2103,4 (relative Intensität: 0,2), 2049,5 (10), 2037,5 (3,0) u. 2023,5 (0,4) cm^{-1}. Die Verb. ist monomer u. hat fast symm. Konfiguration. Aus der Struktur folgt, daß das S-Atom ein ungepaartes Elektron besitzt.

Versuche: *Trikobaltenneacarbonylsulfid* (I), Zers. bei 115°, a) aus $Co_2(CO)_8$ u. S in Hexan bei 35—40° in CO-Atmosphäre in 10 Std. (unter Zugabe von weiterem S nach 8 Std.) u. Abkühlen auf —15°; dunkelbraune, glänzende Kristalle; 12% (Ausbeute); b) aus $Co_2S(CO)_5$ bei 150° u. 100 atm CO-Druck; c) aus CoS u. $Co_2(CO)_8$ bei 150° u. 100 atm CO-Druck. K. W. Rowe. 355◇

Selenocyanatokomplexe von Kobalt(II). F. A. Cotton, D. M. L. Goodgame, M. Goodgame und T. E. Haas. (Inorg. Chem. [Washington] **1**, 565—72, 1962; Cambridge, Mass., MIT, Dep. of Chem.; engl.) — Die Komplexe $Co(C_5H_5N)_4(NCSe)_2$ (I), $[(CH_3)_4N]_2Co(NCSe)_4$ (II), $[(C_6H_5)_4As]_2[Co(NCSe)_4]$ (III), $HgCo(NCSe)_4$ (IV), $Co(C_9H_7N)_2 \cdot NCSe)_2$ (V, C_9H_7N = Chinolin), $Co[(C_6H_5)_3PO]_2(NCSe)_2$ (VI), $Co[(C_6H_5)_3P]_2(NCSe)_2$ (VII), u. $Co(C_9H_7N)_2(NCS)_2$ (VIII) wurden dargestellt u. magnetochem., röntgenograph. u.

spektroskop. untersucht. **IV** (a = 11,29, c = 4,67 Å, tetragonal) ist isomorph mit $HgCo\cdot(NCS)_4$, **I** (a = 12,75, b = 13,25, c = 16,70 Å, β = 120°) sowie **II, V** u. **VI** sind ebenfalls mit den Isothiocyanat-Analogen isomorph. **II** u. **III** sind Leitfähigkeitsmessungen zufolge 2 : 1-Elektrolyte. Im $[Co(NCSe)_4]^{2-}$ wird Co von 4 N-Atomen tetraedr. umgeben; für **I** wird eine trans-oktaedr. Anordnung des NCSe angenommen. In CH_3CN gibt **I** 2 C_5H_5N ab u. geht in einen tetraedr. Komplex über. Spektroskop. wird wahrscheinlich gemacht, daß in **IV** Brücken-NCSe-Einheiten vorliegen, in denen die CN-Valenzfrequenz erhöht ist. Die Elektronenabsorptionsspektren sprechen ebenfalls für N-gebundene Liganden. Die NCSe-Gruppe bewirkt ein höheres Ligandenfeld als die NCS-Gruppe. **VII** weist ein magnet. Moment von 3,40 B.M. auf; das Co scheint somit sowohl oktaedr. mit niedrigem Spin als auch tetraedr. mit hohem Spin vorzuliegen.

Versuche: *Tetrakis-[pyridin]-kobaltdiisoselenocyanat* (**I**), F. > 310°, durch Zusatz von Pyridin zu alkohol. Lsg. von $Co(NCSe)_2$ [aus KNCSe u. $Co(NO_3)_2\cdot 6\ H_2O$]; 82% (Ausbeute). — *Bis-[tetramethylammonium]-tetraisoselenocyanatocobaltat(II)* (**II**), grün, F. ca. 140° (Zers.), aus $Co(NCSe)_2$-Lsg. u. $[(CH_3)_4N]NCSe$ [aus KNCSe u. $(CH_3)_4NCl$ in A.]; 54%. — *Bis-[tetraphenylarsonium]-tetraisoselenocyanatocobaltat(II)* (**III**), F. 223—224°, grün, analog vorst. Verb.; 73%. — *Quecksilber(II)-tetraisoselenocyanatocobaltat(II)* (**IV**), blaugrün, F. ca. 150° (Zers.), aus $Hg(NO_3)_2\cdot 2\ H_2O$, $Co(NO_3)_2\cdot 6\ H_2O$ u. KNCSe in alkal. Lsg.; 56%. — *Bis-[chinolin]-kobaltdiisoselenocyanat* (**V**), grün, F. ca. 150° (Zers.), aus $Co(NCSe)_2$-Lsg. u. Chinolin; 87%. — *Bis-[triphenylphosphinoxid]-kobaltdiisoselenocyanat* (**VI**), blau, F. 184° (Zers.), analog vorst. Verb. bei Zusatz von Triphenylphosphinoxid; ca. 10%. — *Bis-[triphenylphosphin]-kobaltdiisoselenocyanat* (**VII**), grün, F. ca. 160° (Zers.), analog vorst. Verb.; 95%. — *Bis-[chinolin]-kobaltdiisothiocyanat* (**VIII**), $C_{20}H_{14}CoN_4S_2$, F. 216°, blaue Kristalle analog **V**; 76%. H. Bürger. 355◇

Metallchelate einiger neuer Dioxime. A. M. Talati und J. S. Dave. (Proc. Sympos. Chem. Co-ordinat. Compounds, Agra [India] **1959**, Nr. 1, 135—38, 1960; Baroda, M.S. Univ. of Baroda, Fac. of Technol. and Engng.; Fac. of Sci.; engl.) — Die gefärbten Chelate von Cu, Ni, Co u. Pd mit arylsubstituierten $\alpha.\beta$-Dioximinoacetoacetamiden, $CH_3C(=NOH)C(=NOH)C(O)NHR$ [LH_2; R = C_6H_5, o-$CH_3C_6H_4$, 2.4-$(CH_3)_2\cdot C_6H_3$] wurden dargestellt. $Ni(LH)_2$ u. $Pd(LH)_2$ sind diamagnet., haben planar-quadrat. Konfiguration mit dsp^2-Bindungen u. trans-Struktur; $Cu(LH)_2$ haben magnet. Momente μ = 1,8—1,9 (BM), planarquadrat. Konfiguration mit dsp^2-Bindungen u. trans-Struktur; $Co(LH)_2(H_2O)_2$, deren zwei Moll. W. bis 110—120° nicht abgegeben werden, sind paramagnet. mit μ = 1,8—1,9 u. haben oktaedr. Konfiguration mit d^2sp^3-Bindungen.

Versuche: *$Cu[CH_3C(=NO)C(=NOH)C(O)NHC_6H_5]_2$* (**I**), F. 235°, durch Ansäuern einer warmen wss. Lsg. von $CuCl_2$ mit verd. HCl, Zugabe der doppelten Mol-Menge des Dioxims in A. u. 1std. Digerieren auf dem Wasserbad; braun. — Analog: *$Cu[CH_3C\cdot(=NO)C(=NOH)C(O)NH(o\text{-}CH_3C_6H_4)]_2$*, F. 250°; braun; *$Cu[CH_3C(=NO)C(=NOH)\cdot C(O)NH(2.4\text{-}[CH_3]_2C_6H_3)]_2$*, F. 242°; braun. — *$Ni[CH_3C(=NO)C(=NOH)C(O)NH\cdot C_6H_5]_2$* (**II**), F. > 280°, analog **I** mit einer neutralen warmen wss. Lsg. von $NiCl_2$; orangegelb. — Analog: *$Ni[CH_3C(=NO)C(=NOH)C(O)NH(o\text{-}CH_3C_6H_4)]_2$*, F. > 280°; orangefarben; *$Ni[CH_3C(=NO)C(=NOH)C(O)NH(2.4\text{-}[CH_3]_2C_6H_3)]_2$*, F. > 280°; orangerot. — *$\{Co[CH_3C(=NO)C(=NOH)C(O)NHC_6H_5]_2(H_2O)_2\}$* (**III**), F. > 280°, analog **I** mit einer angesäuerten wss. Lsg. von $CoCl_2$, Zugabe von NH_4-Acetat zur klaren Lsg. u. 1std. Stehenlassen; schokoladenbraun. — Analog: *$\{Co[CH_3C(=NO)C(=NOH)C(O)NH\cdot(o\text{-}CH_3C_6H_4)]_2(H_2O)_2\}$*, schokoladenbraun; *$[Co\{CH_3C(=NO)C(=NOH)C(O)NH[2.4\text{-}(CH_3)_2\cdot C_6H_3]\}_2(H_2O)_2]$*, schokoladenbraun. — *$Pd[CH_3C(=NO)C(=NOH)C(O)NHC_6H_5]_2$*, F. > 280°, analog **I** mit $PdCl_2$, gelb. — Analog: *$Pd[CH_3C(=NO)C(=NOH)C(O)NH(o\text{-}CH_3\cdot C_6H_4)]_2$*, F. > 280°; gelb; *$Pd[CH_3C(=NO)C(=NOH)C(O)NH(2.4\text{-}[CH_3]_2C_6H_3)]_2$*, F. > 280°, orangerot. G. Heller. 365◇

A₉. Mineralogische und geologische Chemie

Struktur der Planetenatmosphären. S. I. Rasool. (AIAA Journal **1**, 6—19, 1963; New York, N.Y., NASA Goddard Inst. for Space Studies; engl.) — Übersicht über die vorliegenden Ergebnisse der Unters. von Zus., Temp. u. Struktur der Atmosphäre von Mars, Venus u. Jupiter. — 96 Literaturangaben. A. Blaschette. 378◇

Zur mineralogischen Bedeutung der Bildung von Adsorptionsmischkristallen. Will Kleber. (Bergakademie [Freiberg] **15**, 19—23, 1963; Berlin, Humboldt-Univ., Inst. für Mineral.; dt.) — Nach einigen theoret. Erwägungen über den Bldg.-Mechanismus der Adsorptionsmischkristalle werden experimentelle Ergebnisse ($NaCl + CuCl_2\cdot 2\ H_2O$; α-$Al_2O_3 + Mn_2O_3$) u. minerogenet. Beispiele (Korund + Rutil; Magnetit + Oli-

vin; Tarnowitzit; FeS + ZnS) diskutiert. Damit unmittelbar verknüpfte Entmischungserscheinungen sind auf 3 Grundphänomene zurückzuführen: 1. Das thermodynam. Gleichgewicht zwischen Mischkristall u. entmischtem Bereich. 2. In kinet. Hinsicht die Keim-Bldg.-Häufigkeit, wobei in diesen speziellen Fällen die Diffusion der atomaren Bausteine zu den Abscheidungsgebieten geschwindigkeitsbestimmend sein wird. 3. Die strukturellen Orientierungsbeziehungen zwischen Ausgangs- u. Endprodukt.
M. Hähnert. 378◇

Messung der spezifischen Oberflächenleitfähigkeit von Mineralkörnern. L. Gilbert und G. R. Hobbs. (Nature [London] **195,** 275—76, 1962; Stevenage, Herts., Dep. of Sci. and Ind. Res., Warren Spring Labor.; engl.) — Vff. maßen die Oberflächenleitfähigkeiten von verschiedenen Mineralien (*Albit, Zirkon, Monazit, Pyrochlor, Quarz*). Aus einer graph. Darst. des Widerstandes gegen die relative Feuchtigkeit der Mineralien folgt, daß nur in einigen Fällen Gerade vorliegen, im Gegensatz zu Ergebnissen von Kakovsky u. Mitarbeiter (C. **1962,** 8738). D. Hoene. 378□

Elektrokinetik. 3. Mitt. **Oberflächenleitfähigkeit und der Einfluß leitender Festkörper.** Norman Street. (State Illinois, Divis. State geol. Surv., Circ. **315,** 1—16, 1961; Urbana, Ill.; engl.) — 2. vgl. C. **1960,** 13284. — Leitende Festkörper in einer Formation beeinflussen die Ergebnisse von elektr. Bohrlochmessungen. Vf. erörtert Theorie u. Messung der Oberflächenleitfähigkeit, die im wesentlichen für diesen Einfl. verantwortlich zu machen ist. P. Frenzel. 378◇

Spurenelemente in den Manganerzen des Visakhapatnam-Distriktes. J. S. R. Krishna Rao. (J. sci. ind. Res. [New Delhi], Sect. B **19,** 268—69, 1960; Waltair, India, Andhra Univ., Geol. Dep.; engl.) — Spektrograph. untersucht wurden die Mn-Erze des Visakhapatnam-Distrikts in Andhra (Indien). Es zeigte sich, daß diese Mn-Erze Sedimente sind u. die Spurenelemente in Pegmatit- u. Paragneisdurchsetzungen erzfremd vorliegen. Folgende Elemente wurden in den untersuchten Mn-Erzproben nachgewiesen: Ca, Ba, Mg, Zn, Ni, Co, B, Al, Ti u. Cu. K. Jaeger. 378◇

Alter der Pegmatit- und Gangmineralisation von Rwanda und Burundi. G. Monteyne-Poulaert, R. Delwiche und L. Cahen. (Bull. Soc. belge Géol., Paléontol. Hydrol. **71,** 210—22, 1963; Bruxelles, Univ. Libre, Serv. de Géol. et de Geochim. nucl.; franz.) — Das Alter wurde nach der Sr–Rb-, Pb–U- u. der gewöhnlichen Pb-Meth; bestimmt. Es wurden 2 Gruppen unterschieden. Aus 11 Muskoviten, 1 Mikroklin, 1 Bleiglanz aus den Sn–Nb–Ta-Pegmatiten u. Gängen (8 Stellen in Rwanda u. 3 in Burundi) ergibt sich ein Alter der Pegmatite von 870—1000 Millionen Jahre. 3 ähnliche Pegmatite aus Nordkatanga haben ein Alter von 920 Millionen Jahren. Sie sind posttekton. Bldg. des Urundischen oder Karagwe-Ankolea-Zyklus. In den Quarzgängen der obigen Pegmatite treten Mineralien auf, die nur ein Alter von 555 bzw. 620 ± 50 Millionen Jahre haben. Die Quarzgänge sind demnach sehr viel jünger. F. Ensslin. 378◇

Alter der pegmatitischen und Gangmineralisation von Süd Kivu (Ostkongo). Über das Alter der aufeinanderfolgenden pegmatitischen Phasen. G. Monteyne-Poulaert, R. Delwiche, A. Safiannikoff und L. Cahen. (Bull. Soc. belge Géol., Paléontol. Hydrol. **71,** 272—95, 1963; Serv. de Géol. et de Geochim. nucl. de l'U.L.B.; Camituga Kongo, Co. Minière des Grands Lacs Africains; Terouren, Musée Royal de l'Afrique Centrale; franz.) — Auf Grund von Alters-Best. an Mineralien (Sr–Rb u. U–Pb) lassen sich 4 Altersgruppen unterscheiden. Der Pegmatit von Lugusha River mit ca. 1115 Millionen Jahren ist der gleiche Typ wie der von Nordkatanga. Pegmatite von Camituga u. in der Nähe des Luguhsa River mit 0,05 Millionen Jahren sind denen in Rwanda u. Burundi ähnlich. Die 3. Gruppe mit einem Alter von 845 Millionen Jahren ist auf Kivu beschränkt u. die letzte mit 550 Millionen Jahren kommt auch in Rwanda vor. Die 3 ersten Gesteine sind posttekton. zum Kibara-Urundi-Karagwe Ankolea-Zyklus, die letzte fällt in die Postkatangazeit. Die erste Phase bildet Schriftpegmatite. In der 2. wurden gutausgebildete Muskovite u. Mikrokline gebildet u. in der 3. Uranmineralien abgeschieden. K–Ar-Best. an einem 1115 Millionen Jahre alten Mikroklin u. einem Biotit ergaben nur ein Alter von 540 Millionen Jahren, was auf einen Verlust von Ar durch therm. Einw. schließen läßt. F. Ensslin. 378◇

Erste Mitteilung über das absolute Alter der alten Formationen des „Sockels" von Kasai (Süd-Kongo). D. Ledent, C. Lay und J. Delhal. (Bull. Soc. belge Géol., Paléontol. Hydrol. **71,** 223—35, 1963; Bruxelles, Univ. Libre, Serv. de Géol. et Géochim. nucl.; franz.) — Aus 10 Sr–Rb-Alters-Best. von Mineralien aus dem Sockel von Kasai lassen sich 3 Hauptgebiete von Nord nach Süd unterscheiden. Eine erste Metamorphose in den Grundgesteinen von Luiza fand vor 3300 Millionen Jahren statt, auf die eine Charnockitisierung u. Migmatisierung folgte. Letztere scheint ident. mit der

Granitisierung von Dibaya vor 2700 Millionen Jahren zu sein. Später erfolgte eine Kataklase mit Pegmatitintrusionen in Dibaya (2100 Millionen Jahre). In einigen Gebieten tritt eine jüngere Orogenese auf, deren Alter noch nicht bestimmt wurde.
F. Ensslin. 378◇

Änderung der Zusammensetzung von Biotit und Aktinolith in monomineralischen Kontaktbändern bei Westfield, Massachusetts. Arthur H. Brownlow. (Amer. J. Sci. **259,** 353—70, 1961; Rolla, Mo., Missouri School of Mines, Dep. of Geol.; engl.) — In Serpentinite, Amphibolite u. Marmor-Schiefer-Wechselfolgen intrudierte ein Quarzdiorit. Am Kontakt gegen Serpentinit u. Marmor bildeten sich schmale Bänder von Biotit (innen) u. Aktinolith (außen). Die Ergebnisse der chem. Analyse zeigen, daß sich in den Bändern kein chem. Gleichgewicht über Bereiche von mehreren Mineralkörnern hinaus eingestellt hat. Walter Franke. 380◇

Bildung von Hornblende während zunehmender Metamorphose von Amphiboliten, Nordwest-Adirondack-Mountains, New York. A. E. J. Engel und Celeste G. Engel. (Bull. geol. Soc. America **73,** 1499—1514, 1962; La Jolla, Calif., Univ. of California; U. S. Geol. Surv.; engl.) — Die Hornblende in Amphibolitzwischenlagen im Paragneis des obigen Gebietes zeigt systemat. Änderung von Farbe, Zus. u. Dichte mit zunehmender Metamorphose (Steigerung von Druck u. Temp.). Die Brechungsindices bleiben konstant. Bei steigender Metamorphose Zunahme von Ti, Na, K, Cr, V u. Sc, Abnahme von Mn, Zn, OH + F + Cl u. von Fe_2O_3/FeO u. Fe/Mg u. Zunahme der Dichte von 3,260—3,278. K.-U. Schirmer. 380◇

Über die Formen des Skelettwachstums am Beispiel des Quarzes aus Pegmatiten. I. T. Bakumenko. (Schr. mineralog. Allunions-Ges. [UdSSR] [2] **91,** 662—71, 1962; Inst. für Geol. u. Geophys. der Akad. der Wiss. der UdSSR; russ.) — Beschreibung der Ausbildungsformen u. Symmetrie-Eigg. von skelettartig u. dendrit. gewachsenem Quarz aus Pegmatiten des östlichen Baikalgebietes u. Zentral-Kasachstans.
H.-J. Bautsch. 380◇

Gedrit und Sepiolith, interessante Mineralien aus Kami. V. A. Baboshin. (Bul. Univ. Shtetëror Tiranës, Ser. Shkencat Natyrore [Bull. Inst. Sci. Tirana, Sér. Sci. natur.] **16,** Nr. 1, 46—50, 1962; alb.) — In einem Vork. von Serpentin (I), Harzburgit u. I-Dunit finden sich Sepiolith (**II**) u. Gedrit (**III**). **II** mit der Zus. 2 MgO·3 SiO_2·4 H_2O scheint durch Einw. von $Mg(HCO_3)_2$-Lsg. auf Quarzit entstanden zu sein, **III** mit der Zus. 7 (Mg, Fe)O·0,8 SiO_2·H_2O wird als Umwandlungs-Prod. von **I** in solchen Zonen aufgefaßt, in denen sich tekton. Bewegungen mehrmals wiederholt haben.
R. K. Müller. 380◇

Flözartiger Tonsteinsiderit aus den Orzescherschichten im Oberschlesischen Steinkohlenbecken. Jan Kuhl. (Zeszyty naukowe Politechn. Śląskiej, Górnictwo **37,** Nr. 3, 3—28, 1961; pol., Auszug: dt.) — Der untersuchte Tonsteinsiderit (I) enthält als Hauptverunreinigung Quarz mit 0,01—0,15 mm Korngröße. Fe kommt als Fe^{2+} u. Fe^{3+}, durchschnittlich im Verhältnis 2 : 1 vor. Ein Teil von $FeCO_3$ ist isomorph durch $MgCO_3$ ersetzt. Als chem. Zus. von I ist $(Fe, Mg)CO_3·HFeO_2$·aq anzunehmen. In einigen I-Proben ist vulkan. Glas enthalten. Als Spurenelemente werden spektrograph. Ag, As, Au, Bi, Cd, Co, Cr, Cu, Ga, Ge, Mn, Mo, Ni, Pb, Sn, Th, U, V u. Zn nachgewiesen. Eine Entstehung von I in 4 Phasen wird angenommen. Eine Verw. als Zusatz zu Fe-Schwamm erscheint möglich. R. K. Müller. 380◇

Anglesithaltige primäre Erze aus der Blei-Zink-Lagerstätte von Madsharowo (Nord-Ost-Rodope, Bulgarien). A. N. Atanassow und W. W. Bresskowska. (Geol. d. Erzlagerstätten [UdSSR] **1960,** Nr. 4, 110—13, 2 Tafeln; Sofia, Univ.; russ.) — Das Auftreten von hypogenem Anglesit neben hypogenem *Baryt, Haematit* u. *Quarz* deutet darauf hin, daß die Erz-Bldg. unter Oxydationsbedingungen erfolgt ist. Chem. u. röntgenograph. Unterss. lassen erkennen, daß körniger u. kristalliner Anglesit ident. sind. Die Verteilung in den einzelnen Zonen der ausgedehnten Adern wird erläutert. Tabellar. Angabe der d-Werte. I. Berger. 380◇

Über die skarnähnlichen Bildungen im Syrjanerzfeld im Altai. Ljan-gui Wan. (Geol. d. Erzlagerstätten [UdSSR] **1960,** Nr. **4,** 114—16; Moskau, Inst. für Geolog. u. Mineralog. der Akad. der Wiss. der UdSSR; russ.) — In unmittelbarer Nähe der polymetall. Lagerstätte von Syrjanowsk wurden Skarn-Bldg. gefunden, die genet. mit granit. Intrusionen zusammenhängen u. der Metallmineralisation vorangegangen sind. An Hand von Schliffen werden die Größe u. Verteilung der Minerale *Quarz, Magnetit, Granat, Muskovit, Epidot, Aktinolith,* Haematit u. von Carbonaten beschrieben, die teilweise in verhornten Tuffen vorliegen. I. Berger. 380◇

Die geologische Bedeutung der Cermineralvorkommen vom Bastnästyp in Mittelschweden. Per Geijer. (Ark. Mineralog. Geol. **3,** 99—105, 1963; engl.) — Die Lagerstätte Bastnäs u. benachbarte Lagerstätten bilden eine einheitliche Gruppe. Sie gehören zu den Prodd. der „Mg-Metasomatose", die die Leptitformation beeinflußten. Ihre Verteilung weist auf einen tiefliegenden Ursprung des Materials, das durch die Metasomatose in höher liegende Krustenteile intrudierte. J. Heinze. 380◇

Norwegens Molybdänvorkommen. Arne Bugge. (Norges geol. Unders. **1963,** Nr. 217, 1—134; norw.) — Übersicht mit 45 geolog. Karten u. Skizzen. A. Senning. 380◇

Ein neues Vorkommen von Kieserzen bei Příchovice im Isergebirge. Norbert Krutský und Karel Šalanský. (Časopis Minerlog. Geol. **8,** 158—66, 1963; tschech., Auszug: dt.) — Im kristallinen Schiefer im Kontakt mit dem Isergranit wurden durch magnet. Messungen 2 stark magnet. Lagen, eine direkt am Kontakt u. die andere 300 m entfernt, festgestellt. Der Kontakt besteht aus Hornfelsen u. die Erze vorwiegend aus Pyrrhotin neben Kupferkies, Haematit u. Pyrit. Die Erze sind älter als das Pluton. F. Ensslin. 380◇

Über die Struktur des Kupferkiesvorkommens von Gai. M. B. Borodajewskaja und N. A. Perishnjak. (Geol. d. Erzlagerstätten [UdSSR] **1961,** Nr. 2, 7—22; russ.) — Es wird die Beschaffenheit des nördlichen Teils des Erz-Vork. von Gai beschrieben. Im Gegensatz zu bisherigen Meinungen wird epigenet. Erz-Bldg.-Prozeß in bezug auf die Entstehung von Nebengestein angenommen, wobei die disjunktiven Störungen bei der Lokalisierung der Vererzung eine große Rolle spielen. W. Kundorf. 380◇

Erzmikroskopische Untersuchungen der Pyrit–Kupferkies-Lagerstätte Hermioni. Spiros Aranitis. (Praktika Akad. Athenon **35,** 183—90, 5 Tafeln, 1960; griech., Auszug: dt.) — Das untersuchte Vork. enthält Pyrit (I) als Hauptmineral, daneben wenig Kupferkies (II) u. Zinkblende (III), sehr selten Bleiglanz; als Gangart liegen meist Quarz u. Sericit vor. **I** tritt häufig in Zonen- oder Gelstruktur auf, **II** als Zement zwischen den **I**-Körnern, **III** in Kriställchen, in denen **II**-Körperchen liegen. R. K. Müller. 380◇

Die Eisenerze von Cerro Bolivar, Venezuela. John C. Ruckmick. (Econ. Geol. **58,** 218—36, 1963; Pasadena, Calif.; engl.) — Die Fe-Erze wurden u. werden durch Abtransport von in Nd.-Wasser teilweise gelöstem Quarz u. relativer Anreicherung der Fe-Minerale gebildet. Wasseranalysen zeigten bei pH 6,1 Geh. von 10,5 ppm SiO_2 u. 0,05 ppm Fe. Das Fe wird also gegenüber SiO_2 auf das 200fache angereichert. Der Beginn der Lagerstätten-Bldg. erfolgte im Oligozän (vor $24 \cdot 10^6$ a). An Erzen werden ein hartes „Krustenerz" u. ein weiches, bröckliges Erz abgebaut. Die erste Sorte besteht aus prim. Haematit, der in einer Matrix aus sek. Goethit sitzt. Die bröckligen Erze enthalten ebenfalls prim. Haematit, jedoch mit prim. Quarz u. wenig oder keinem Goethitzement. Der Geh. an sek. Goethit der Erze ist umgekehrt proportional der Teufe, da die Lsg. u. der Transport der Fe-Oxide vom organ. Material der Oberflächenvegetation abhängt. J. Heinze. 380◇

Über die Gegenwart nickelhaltiger metallischer Mineralien in Serpentinen. P. Picot. (Bull. Soc. franç. Minéralog. Cristallogr. **82,** 329—34, 1959; Chatenay-Malabry, F.O.M., Inspection Gén. des Mines de la Géol., Labor. du Serv. de la Carte géol.; franz.) — Unters. der in den serpentinisierten Peridotiten von Neu-Kaledonien (I), Korsika (II) u. den Philippinen (III) auftretenden Erzgänge u. ihrer Paragenese. In allen Proben wurde das sehr seltene Mineral *Heazlewoodit*, Ni_3S_2, gefunden. In den einzelnen Vork. wurden die folgenden Mineralien identifiziert: **I**: *Millerit, Bravoit, Pentlandit, Chromit* u. sporad. *Molybdänit*; **II**: Millerit, Bravoit, *Martit, Eisennickel, Cu, Au–Ag, Valleriit,* Pentlandit, *Pyrrhotin, Magnetit* u. Chromit; **III**: Magnetit, Valleriit, Pentlandit u. Chromit. C. Gottfried. 380△

Grüne Schiefer aus Pegmatiten des Korostensker Plutons. O. L. Litwin. (Geol. J. [UdSSR] **21,** Nr. 3, 52—56, 1961; Inst. für Geolog. der Akad. der Wiss. der UkrainSSR; ukrain.) — Analyse, Entwässerungskurven u. Röntgenlinien von grünem Schiefer, der die Zus. $[K_{0,41}Na_{0,26}Ca_{0,4}(H_3O)_{0,3}]_{1,01}[Fe(II)_{0,07}Mg_{0,17}]_{0,24}Li_{0,36}[Fe(III)_{0,15}Al_{1,5}]_{1,65} \cdot [F_{0,46} \cdot (OH)_{1,44}]_{1,9} \cdot [Si_{3,45}Ti_{0,06}Al_{0,49}O_{10,1}] \cdot 0{,}67\ H_2O$ hat. Ch. Weiske. 380◇

Häufigkeitsverteilung von Gesteinstypen in ozeanischen, orogenen und kratogenvulkanischen Assoziationen. Hisashi Kuno. (Nat. Acad. Sci. — Nat. Res. Council, Publ. Nr. **1035,** 135—39, 1962; Tokyo, Japan, Univ., Geolog. Inst.; engl.) — Der Verfestigungsindex (MgO 100/FeO + Fe_2O_3 + MgO + Na_2O + K_2O) ist ein Maß für den Differentiationszustand krist. Basaltmagmen u. liegt für prim. Basalt bei 40. Die Hawaii-Tholeiite zeigen Indices von 40—35. Das Magma erreichte die Erdoberfläche ohne Differentiation. Die pigeonit. u. hypersthenit. Gesteine des orogenen Rings, die Tholeiite u. Alkaligesteine der kontinentalen Lavahochflächen u. die Alkaligesteine der ozean. Inseln zeigen Indices zwischen 25 u. 15. Diese Laven zeigen eine mittlere Differentiation, dad. gek., daß die fl. Phase abnahm u. der Geh. an flüchtigen Bestandteilen sich vermehrte. Letzteres bedingte eine Zunahme der Eruptionsfähigkeit. F. Ensslin. 385◇

Petrochemische Merkmale des Vulkanismus in bezug auf die Typen der Erdkruste. George S. Gorshkov. (Nat. Acad. Sci. — Nat. Res. Council, Publ. Nr. **1035,** 110—15, 1962; Moskau, UdSSR, Akad. der Wiss., Vulkanolog. Labor.; engl.) — Durch die Auswertung von Analysen vulkan. Gesteine kommt Vf. zu dem Schluß, daß die petrochem. Merkmale unabhängig von den örtlichen geolog. u. strukturellen Bedingungen sind u. nur von der Entfernung vom Inselbogen abhängen. Die Vulkane werden aus dem oberen Mantel der Erde gespeist, wobei die Zus. der Magmen unter der Erdkruste bei den kontinentalen u. ozean. Typen etwas verschieden ist. Es schmelzen nur begrenzte Mengen der festen Kruste wieder ein, d. h. die Hauptmenge der Gesteine wird von prim. Magma gebildet. Das ozean. Magma ist ancestrisch. Der Übergang von ihm zum kontinentalen Magma erfolgt durch Zufuhr aus tieferen Zonen. F. Ensslin. 386◇

Beziehungen zwischen den petrographischen Abfolgen in Hawaii. Gordon A. Macdonald und Takashi Katsura. (Nat. Acad. Sci. — Nat. Res. Council, Publ. Nr. **1035,** 187—95, 1962; Honolulu, Univ. of Hawaii; University Park, Pa., Pennsylvania State Univ.; engl.) — Die Laven des Schildes von Hawaii gehören alle der tholeiit. Serie an. Es sind keine grundlegenden Unterschiede zwischen den tholeiit. Gesteinen der Vulkane u. ihren späteren Eruptionen festzustellen, die zu Hawaiiten einerseits u. Ungeariten andererseits führten. Auch chem. gehören alle der Gruppe der Alkaligesteine an. Die Ausbildung der Gesteine ist auf die verschiedenen Bedingungen bei der Differentiation u. Kristallisation sowie den Geh. an flüchtigen Bestandteilen sowie die Thermodiffusion zurückzuführen. F. Ensslin. 386◇

Beobachtungen über Lavaströme und die Landeruptivzentren, die einen Teil der vulkanischen Formation der Berge Ibléi (Südost-Sizilien) gebildet haben. J. Honnorez. (Bull. Soc. belge Géol., Paléontol. Hydrol. **71,** 297—324, 1963; franz.) — Die Lavaströme der an der Luft ergossenen Gesteine bestehen aus einer basalt. Zone. Dazu gehören auch die küstennahen Eruptionen u. die Eruptionen in geringer Wassertiefe. Die untermeer. Eruptionen führten zu klast. Gesteinen, die eine Aureole um die basalt. Zone bilden. Beide sind gleichzeitig während des ganzen Pliozäns gebildet worden. F. Ensslin. 386◇

Irdische und meteoritische Materie. W. Gentner. (Naturwissenschaften **50,** 191—99, 1963; Heidelberg, MPI für Kernphys.; dt.) — Es wird eine Übersicht über die genet. Beziehungen zwischen den Hauptgruppen der Meteorite gegeben. Im einzelnen sind in Diagrammen aufgeführt: Eine Gegenüberstellung von chem. Analysen für 5 verschiedene Chondritgruppen, ein Histogramm über alle veröffentlichten K/Ar-Alter von Steinmeteoriten, ein Histogramm der Bestrahlungsalter von Stein- u. Eisenmeteoriten, ein Vgl. der Isotopenhäufigkeit von atmosphär. u. meteorit. Xe, der Edelgas-Geh. einiger Meteorite u. die kosm. u. ird. Häufigkeiten der Edelgasisotope sowie ein Vgl. der relativen Häufigkeiten der kosm., der atmosphär. u. der meteorit. Uredelgasisotope. Die Ergebnisse werden diskutiert. — 30 Literaturangaben. Ernst Schulte. 388◇

Einige Mikrostrukturen mit komplexer Morphologie, die in unter sterilen Bedingungen hergestellten Präparaten von kohlenstoffhaltigen Chondriten beobachtet wurden. Gregg Mamikunian und Michael H. Briggs. (Nature [London] **197,** 1245—48, 1963; Pasadena, Calif., California Inst. of Technol., Jet Propulsion Labor.; engl.) — Photographien der Mikrostrukturen der Meteorite Orgueil (Falljahr 1864), Cold Bokkeveld (1838), Murray (1950), Haripura (1921), Mighei (1889), Mokoia (1908), Felix (1900) u. Dimmit (vor 1947) sind dargestellt. Alle untersuchten Präpp. enthalten seltene Mikrostrukturen im Bereich von ca. 20. Vff. sind der Ansicht, daß es sich bei diesen Objekten um ungewöhnliche Mineralkörner oder um ird. Verunreinigungen während der Aufbewahrung im Museum handelt. Die Objekte konnten nicht identifiziert werden. Ernst Schulte. 388◇

Neues geochemisches Verfahren zur Unterscheidung der Arten natürlicher Wässer. M. Buljan. (Croat. chem. Acta **34,** 13—23, 1962; Split, Jugoslavia, Inst. for Oceanography and Fisheries; kroat.) — Auf Grund der Cl^-- u. SO_4^{2-}-Geh. zahlreicher Wässer, bes. im jugoslaw. Küstengebiet, können natürliche Wässer mit Hilfe der Funktion $\log[Cl^-] = f(\log[SO_4^{2-}])$ klassifiziert werden. W. Wesly. 393◇

Verschiebung des radioaktiven Gleichgewichtes zwischen ^{90}Sr und ^{90}Y im Wasser von Seen. G. A. Ssereda und F. Ja. Rowinski. (Atomenergie [UdSSR] **14,** Nr. 3, 326—27, 1963; russ.) — Der Geh. an ^{90}Y war in Gewässern des eutrophen sowie des distrophen Typs kleiner als dem Gleichgewicht entspricht. Im Schlamm fehlte ^{90}Y prakt. vollkommen. M. Wiedemann. 393◇

Chemische und mikrobiologische Zusammensetzung des Sapropelschlammes des Sees Kanieru. Je. Linde, I. Veinberga und G. Rudzitis. (Nachr. Akad. Wiss. LettSSR **1959,** Nr. 7, 91—98; lett., Auszug: russ.) — Der *Sapropelschlamm* (*SS*) des Sees Kanieru enthält 15—40 mg H_2S/kg. Die Trockensubstanz des SS enthält 17—29%

organ. Stoffe (bes. Huminsubstanzen); der mineral. Anteil besteht wesentlich aus $CaCO_3$ u. amorphem SiO_2. Die mikrobiolog. Zus. von SS ist durch die Ggw. von sulfatreduzierenden Bakterien u. proteinzersetzenden Aerobiern u. Anaerobiern (Bldg. von H_2S) charakterisiert. Als Thionbakterien wurden *Thiobacillus thiooxidans* u. bes. *Th. thioparus* identifiziert. S. Baryschnikow. 393△

Die geochemische Entwicklung des Beckens des Toten Meeres. S. Loewengart. (Bull. Res. Council Israel, Sect. G **11,** 85—96, 1962; Haifa, Inst. of Technol., Dep. of Min. Engng.; engl.) — Die Menge der gegenwärtig auf dem Drainagegebiet des Rifttales abgelagerten Salze genügt, um die Ablagerung der Salze des Toten Meeres in 1½—2 Millionen Jahren zu erklären. Unter der Annahme, daß in der ursprünglichen Lsg. des Toten Meeres das Cl^-/Br^--Verhältnis in enger Beziehung zu dem des Meerwassers stand, werden die ursprünglichen Mengen aller anderen Verbb. errechnet, wobei Br^- die stabile Komponente ist. Die Unterschiede zwischen den so errechneten Zahlen u. den derzeitigen des Toten Meeres stellen jene Mengen dar, die durch Fällung, Absorption u. Ionenaustausch eliminiert wurden. Cl^- wurde mit Na^+ als Steinsalz ausgefällt, SO_4^{2-} als Calciumsulfat. Ca^{2+} wurde durch Austausch von Mg^{2+} u. Ca^{2+} bei hohem Salz-Geh. geliefert, parallel mit der Dolomitisierung von Calcit. Ungefähr die Hälfte des K^+ ging durch Absorption aus Nd.-Wässern verloren. Eine mit Br^- angereicherte Rest-Lsg. breitete sich über das Rifttal aus. Dieses Salzwasser wird vom Jordan ins Tote Meer zurückgebracht. K. Richter. 393◇

Uran im Grubenwasser der Ningyo-Tôgé- und Tôgô-Uran-Mine. 1. Mitt. Über die Menge des gelösten Urans. Kei Kajitani. (Rep. Government ind. Res. Inst., Nagoya **10,** 331—48, 1961; jap., Auszug: engl.) — Die Grubenwässer von 2 japan. U-Minen enthalten 5—15 mg U/Liter bei pH 3—3,5. In anderen Proben finden sich 0 bis 800 μg U/Liter ohne Beziehung zum pH-Wert. W. Wesly. 393◇

Geographische Veränderungen des Sauerstoff-18/Sauerstoff-16-Verhältnisses in Oberflächenschnee und Eis von Queen Maud Land, Antarktis. R. Gonfiantini, V. Togliatti, E. Tongiorgi, W. De Breuck und E. Picciotto. (Nature [London] **187,** 1096—98, 1963; Pisa, Univ. di Pisa, Labor. di Geol. Nucl.; Gent, Univ., Labor. voor Fys. Aardrijskunde; Bruxelles, Univ. Libre, Serv. de Geol. et Geochim. Nucl.; engl.) — Das Verhältnis $^{18}O/^{16}O$ von einigen Hundert Oberflächenschnee- u. Eisproben in der Region der King Baudouin Station (70° 26′ S, 24° 19′ O) sowie von einem 300 km südlich gelegenen Bezirk wurde gemessen u. das Verhältnis in δ (= % der relativen Veränderung, bezogen auf Ozeanwasser) angegeben. See-Eis (68—70° S) (δ) = —22; Kontinentalabdeckung (70—71° 30′) —22 bis —26; Gebirge (71—72°) —26 bis —37; Polarplateau (73—90°) —37 bis —50. Die Verhältnisse sind graph. dargestellt. Ernst Schulte. 396◇

Ozon in der Erdatmosphäre. R. Frith. (Contemporary Physics **3,** 375—81, 1962; Bracknell, Berks., Meteorol. Office; engl.) — Kurze Übersicht über den Bldg.-Mechanismus der O_3-Schicht in ca. 30 km Höhe sowie instrumentelle Möglichkeiten zu ihrer Erforschung. A. Blaschette. 396◇

Ergebnisse der Beobachtungen von atmosphärischem Ozon nach der Infrarot-Methode. E. Vigroux und A. Debaix. (Ann. Geophysique **19,** 31—42, 1963; Paris, Inst. d'Astrophys.; Liège, Univ.; franz.) — Die Daten über Absorption u. Emission des 9,6-μ-Bands (Arosa Januar 1957 bis November 1958) sowie die über den Gesamtgeh. an Ozon werden analysiert, um die vertikale Verteilung zu erhalten. Dabei wird eine kontinuierliche Verteilung mit einem Dichtemaximum angenommen. M. Wiedemann. 396◇

Radioaktive Wolken in großer Höhe. E. Keppler und G. Pfotzer. (Naturwissenschaften **50,** 220—21, 1963; Lindau/Harz, MPI für Aeronomie, Inst. für Stratosphärenphys.; dt.) — Bei Ballonaufstiegen über Lindau/Harz wurden in der Zeit vom 15.—29. Oktober 1962 in Höhen zwischen 16 u. 25 km stark überhöhte Zählraten gemessen. Die Meßergebnisse sind in Diagrammen dargestellt. Ernst Schulte. 396◇

B. Allgemeine und theoretische organische Chemie

Das Vakuum-Ultraviolettabsorptionsspektrum des Dimethyläthers. G. J. Hernandez. (J. chem. Physics **38,** 1644—46, 1963; Bedford, Mass., Air Force Cambridge Res. Labor., Geophys. Res. Directorate; engl.) — Das Spektrum bis 65000 [cm^{-1}] wird überprüft u. bis 90000 neu vermessen. Die Rydberg-Serien oberhalb 68000 konvergieren gegen das erste Ionisationspotential bei 80330 (9,96 eV). Die Analyse der Schwingungsstruktur ergibt nur eine kleine Veränderung der Schwingungsfrequenzen der angeregten Elektronenzustände gegenüber dem Grundzustand.

D. Groß/Berlin. B 118◇

Die Ultraviolettabsorption von reinem, kristallisiertem Hexamethylbenzol bei 20° K. Marcel Bénarroche und Hervé Martinetti. (C. R. hebd. Séances Acad. Sci. **256,** 1944—46, 1963; Marseille, Fac. des Sci., Labor. de Phys. P.C.B.I.; franz.) — An der Absorptionskante von *Hexamethylbenzol* wird ein wasserstoffähnliches Linienspektrum gefunden, das durch $\nu'_{cm^{-1}} = 35327 - (3057/n^2)$ beschrieben werden kann. Mehreren Niveaus sind Unterniveaus zugeordnet. Die Excitonenbanden, entsprechend den Niveaus n = 2, 3, 4, 5, 7, 9 u. ∞, bilden den Ursprung der Schwingungsstruktur. Hinzu treten 5 Schwingungsfrequenzen. Mit dieser Deutung konnten 59 von 61 Linien erklärt werden. Vff. weisen auf die Existenz einer 2. kristallinen Modifikation (Phasenübergang bei 110° K) hin.

H. Peter. B 118◇

Ultraviolettabsorptionsspektren von N-Arylglycinen und Derivaten. Suzanne Passeron und George A. Brieux. (Bull. Soc. chim. France **1963,** 35—40; Buenos Aires, Univ., Fac. des Sci., Labor. de Chim. Org.; franz.) — Es wurden einige N-Arylglycine (AG) dargestellt u. ihre UV-Spektren mit denen entsprechender Aniline verglichen. Unter Anwendung einer modifizierten Hammett-Gleichung wurden die Absorptionsbanden zu der polarisierenden Wrkg. der Kernsubstituenten in Beziehung gesetzt. Die Absorptionsspektren der AG u. der verwandten Aniline besitzen im sichtbaren u. UV-Bereich Banden analog den Banden E_1, E_2 u. B des Benzolspektrums. Trotz einer bathochromen Verschiebung bleibt die für disubstituierte Benzol-Derivv. gültige Beziehung $\lambda B/\lambda E_2 \simeq 1{,}25$ für monosubstituierte AG u. Aniline erhalten. Substituenten in p-Stellung zur NH_2-Gruppierung u. solche mit Mesomerieeffekt modifizieren die Spektren merkbar. Die AG wurden durch Kondens. von Bromessigsäure mit dem entsprechenden Anilin-Deriv. in Ggw. von Natriumacetat dargestellt. Die Äthylester der AG wurden dargestellt a) durch Einw. von A. u. HCl auf AG, b) durch Kondens. der entsprechenden Aniline mit Bromessigsäureäthylester. Alle Hydrazide wurden durch Umsetzung der Äthylester mit Hydrazin in A. dargestellt. — N-Arylglycine: *N-Phenyl-*, F. 125—127°, *Äthylester*, F. 56—58°, *Hydrazid*, F. 124—125°. — *N-4-Aminophenyl-*, F. 221—223°. — *N-4-Methylphenyl-*, F. 116—118°, *Äthylester*, F. 46 bis 48°. — *N-4-Methoxyphenyl-*, F. 155—157°. — *N-4-Chlorphenyl-*, F. 142—144°, *Äthylester*, F. 85—87°, *Hydrazid*, F. 146°. — *N-4-Carbäthoxyphenyl-*, F. 159—160°. — *N-4-Nitrophenyl-*, F. 224—225°, *Äthylester*, F. 132—133,5°. — *N-3-Nitrophenyl-*, F. 158 bis 159°, *Äthylester*, F. 82—84°. — *N-2-Nitrophenyl-*, F. 193°, *Äthylester*, F. 77—78°. — *N-2-Nitro-4-äthoxyphenyl-*, $C_{10}H_{12}N_2O_5$, F. 164—165°, *Äthylester*, $C_{12}H_{16}N_2O_5$, F. 82 bis 83°, *Hydrazid*, $C_{10}H_{14}N_2O_4$, F. 176—177°. — *N-2-Nitro-4-tert.-butylphenyl-*, $C_{12}H_{16}\cdot N_2O_4$, F. 193°. — *N-2-Nitro-4-methylphenyl-*, $C_9H_{10}N_2O_4$, F. 188°, *Äthylester*, $C_{11}H_{14}N_2O_4$, F. 59—60°, *Hydrazid*, $C_9H_{12}N_4O_3$, F. 170°. — *N-2-Nitro-4-chlorphenyl-*, F. 193—194°. — *N-2-Nitro-4-trifluormethylphenyl-*, $C_9H_7F_3N_2O_4$, F. 183—184°, *Äthylester*, $C_{11}H_{11}F_3N_2O_4$, F. 120°, *Hydrazid*, $C_9H_9F_3N_4O_3$, F. 215°. — *N-2.4-Dinitrophenyl-*, F. 202—204°, *Äthylester*, F. 142—144°, *Hydrazid*, $C_8H_9N_5O_5$, F. 195—197°. — *N-2.3-Dichlorphenyl-*, $C_8H_7Cl_2NO_2$, F. 166—168°, *Hydrazid*, $C_8H_9Cl_2N_3O$, F. 150—152°. — *N-2.4-Dichlorphenyl-*, F. 138—140°, *Hydrazid*, $C_8H_9Cl_2N_3O$, F. 116—118°. — *N-2.5-Dichlorphenyl-*, $C_8H_7\cdot Cl_2NO_2$, F. 164—165°, *Hydrazid*, $C_8H_9Cl_2N_3O$, F. 178—179°. — *N-2-Methyl-3-chlorphenyl-*, F. 168—169°. — *N-2-Methyl-4-chlorphenyl-*, $C_9H_{10}ClNO_2$, F. 138—140°. — *N-2-Methyl-5-chlorphenyl-*, $C_9H_{10}Cl_2NO_2$, F. 150°. — *N-2-Methyl-6-chlorphenyl-*, $C_9H_{10}\cdot ClNO_2$, F. 97°. — *N-2-Äthoxy-4-nitrophenyl-*, $C_{10}H_{12}N_2O_5$, F. 167—168°, *Äthylester*, $C_{12}H_{16}N_2O_5$, F. 79—80°. — *N-2-Methoxy-4-nitrophenyl-*, $C_9H_{10}N_2O_5$, F. 182—184°, *Äthylester*, $C_{11}H_{14}N_2O_5$, F. 83—84°. — *N-2-Chlor-5-nitrophenyl-*, $C_8H_7ClN_2O_4$, F. 204 bis 207°, *Äthylester*, $C_{10}H_{11}ClN_2O_4$, F. 76,5—78°, *Hydrazid*, $C_8H_9ClN_4O_3$, F. 214—215°. — *N-2-Methoxy-5-nitrophenyl-*, $C_9H_{10}N_2O_5$, F. 192—193,5°, *Äthylester*, $C_{11}H_{14}N_2O_5$, F. 80 bis 81°, *Hydrazid*, $C_9H_{12}N_4O_4$, F. 188—190°.

H. Peter. B 118◇

Über die Ultraviolettabsorption kondensierter, alkylierter Aromaten. Jean Court, Jeanne-Marie Bonnier und Philippe Traynard. (C. R. hebd. Séances Acad. Sci. **256,** 1710—11, 1963; Grenoble, Fac. des Sci., Labor. de Chim. gén.; franz.) — Vgl. C. R. hebd. Séances Acad. Sci. **255,** [1962], 2576. — Vff. untersuchen die durch Ersatz eines H-Atoms durch eine Äthylgruppe verursachte bathochrome Verschiebung der UV-Absorptionsbanden von einigen Phenanthren- u. Naphthalin-Derivv. u. vergleichen sie mit den analogen Methylderivaten. Die UV-Spektren der untersuchten Äthyl-Derivv. folgen der Clarschen Regel: für die β-Banden ist log ε = 5, für die p-Banden 4 u. für die α-Banden 2,30—3. Die bathochrome Verschiebung auf Grund von Hyperkonjugation ist bei den Methyl-Derivv. größer als bei den Äthylderivaten. —

Untersuchte Verbb.: *Bzl.*, *Äthylbenzol* (n_D^{20} 1,4959); Naphthaline: *Unsubstituiert* (F. 80°), *1-Äthyl-* (Kp.$_1$ 79°; n_D^{20} 1,6012), *2-Äthyl-* (Kp.$_1$ 77°; n_D^{20} 1,5998); Phenanthrene: *Unsubstituiert* (F. 99°), *2-Äthyl-* (F. 67—68°, Darst. nach Mossetig u. Van de Kamp [1933]), *3-Äthyl-* (Kp.$_{0,6}$ 143°, Darst. wie vorst.; n_D^{20} 1,6679), *9-Äthyl-* (F. 62—63°, Darst. nach Beckman u. Boatner [1936]). H. Peter. B 118◇

Experimentelle Untersuchung der Refraktionen. Valenzrefraktionen. Jean Grange und Henri Fousse. (Cahiers de Physique **15**, Nr. 128, 183—88, 1961; Nancy, Fac. des Sci., Labor. de Phys. expér.; franz.) — Mit den früher (vgl. C. **1963**, **4954**) vorgeschlagenen Valenzrefraktionen für die C—C-, C=C-, C≡C- u. C—H-Bindung berechneten Vff. die Mol-Refr. einer großen Anzahl von KW-Stoffen u. verglichen die berechneten mit den experimentell erhaltenen Werten. Die Übereinstimmung ist gut, der Unterschied oft weniger als 1%. Die folgenden KW-Stoffe wurden untersucht: CH_4, C_2H_6, *Propan*, *n-Butan*, *n-Pentan*, *2-Methylbutan*, *n-Hexan*, *2-* u. *3-Methylpentan*, *2.2-* u. *2.3-Dimethylbutan*, *n-Heptan*, *2.2-*, *2.3-* u. *2.4-Dimethylpentan*, *n-Octan*, *2.2.4-Trimethylpentan*, *n-Nonan*, *n-Decan*, *2.2.3.4-Tetramethylhexan*, *n-Hexadecan*, *7-n-Hexyltridecan*, *5-n-Butylhexadecan*, *9-n-Octylheptadecan*, *7-n-Hexyleikosan*, *6.11-Di-n-amylhexadecan*, *11-Neopentylheneikosan*, *5.14-Di-n-butyloctadecan*, *9-n-Octyleikosan*, *7-n-Hexyldokosan*, *9-n-Octyldokosan*, *11-n-Decylheneikosan*, *11-n-Decyldokosan*, *11-n-Decyltetrakosan*, *Cyclopentan*, *Methyl-*, *Äthyl-*, *Propylcyclopentan*, *Isopropyl-*, *n-Butylcyclopentan*, *2-Cyclopentylbutan* u. *-pentan*, *2-Cyclopentylheptan*, *11-Cyclopentylheneikosan*, *1-Cyclopentyl-4-[3-cyclopentylpropyl]-dodecan*, *1-Cyclopentyl-2-hexadecylcyclopentan*, *1.7-Dicyclopentyl-4-[3-cyclopentylpropyl]-heptan*, *Cyclohexan*, *9-Cyclohexylheptadecan*, *9-[2-Cyclohexyläthyl]-heptadecan*, *7-Cyclohexyleikosan*, *11-Cyclohexylheneikosan*, *13-Cyclohexylpentakosan*, *Dicyclohexyl*, *1.1-Dicyclohexylheptan*, *1-Cyclohexyl-3-[2-cyclohexyläthyl]-hendecan*, *1-Cyclohexyl-2-[cyclohexylmethyl]-pentadecan*, *1.5-Dicyclohexyl-3-[2-cyclohexyläthyl]-pentan*, *cis-* u. *trans-Dekalin*, *11-Dekalyl-(1)-heneikosan*, *α-n-Hexadecylhydrindan*, *Äthylen*, *Propen*, *Buten-(1)*, *Penten-(1)-* u. *-(2)*, *2-Methylbuten-(1)* u. *-(2)*, *Hexen-(1)*, *-(2)*, *-(3)*, *Hepten-(1)*, *-(2)*, *-(3)*, *Octen-(1)*, *-(2)*, *-(3)*, *-(4)*, *Diisobutylen*, *Nonen-(1)*, *-(2)*, *-(3)*, *-(4)*, *Decen-(1)*, *-(2)*, *-(4)*, *-(5)*, *3.4.5.5-Tetramethylhexen-(2)*, *3.5.5-Trimethylhepten-(2)*, *Undecen-(1)*, *-(2)*, *-(4)*, *-(5)*, *Dodecen-(1)*, *-(3)*, *-(4)*, *Tetradecen-(1)*, *7-n-Hexyltridecen-(6)*, *5-n-Butylhexadecen-(4)* u. *-(5)*, *9-n-Octylheptadecen-(8)*, *2-Methylbutadien-(1.3)*, *Pentadien-(1.3)*, *2-Methylpentadien-(1.3)*, *Cyclopenten*, *Cyclopentadien*, *Cyclohexen*, *4-Methylcyclohexen-(1)*, *1.7-Dicyclopentyl-4-[3-cyclopentylpropyl]-hepten-(3)*, *1.5-Dicyclohexyl-3-[2-cyclohexyläthyl]-penten-(2)*, *Limonen*, *Bzl.*, *Toluol*, *o-*, *m-*, *p-Xylol*, *Äthyl-*, *Propyl-*, *Isopropylbenzol*, *1.2.4-* u. *1.3.5-Trimethylbenzol*, *o-*, *m-*, *p-Äthyltoluol*, *n-Butyl-* u. *tert.-Butylbenzol*, *1-Methyl-4-isopropylbenzol*, *7-Phenyltridecan*, *9-Phenylheptadecan*, *Octadecylbenzol*, *9-[2-Phenyläthyl]-heptadecan*, *7-Phenyleikosan*, *11-Phenylheneikosan*, *13-Phenylpentakosan*, *Phenyläthylen*, *1.1-Diphenylheptan*, *1-Phenyl-3-[2-phenyläthyl]-hendecan*, *1.1-Diphenyltetradecan*, *-nonadecan*, *1.1-Diphenylhepten-(1)*, *1.5-Diphenyl-3-[2-phenyläthyl]-pentan*, *1.5-Diphenyl-3-[2-phenyläthyl]-penten-(2)*, *Octadecylnaphthalin*, *Inden*, *Hydrinden*, *α-n-Hexadecylhydrinden*, C_2H_2, *Pentin-(1)*, *Hexin-(1)*, *-(2)*, *-(3)*, *Heptin-(1)*, *-(2)*, *Octin-(1)*, *-(2)*, *-(3)*, *-(4)*, *Nonin-(1)*, *Decin-(1)* u. *-(4)*. C. Gottfried. B 119△

Die ν_5-Schwingung von adsorbiertem Äthylen. L. H. Little. (J. chem. Physics **34**, 342—43, 1961; Ottawa, Canada, Nat. Res. Council, Div. of Appl. Chem.; engl.) — Die IR-inakt. ν_5-C—H-Valenzschwingung des *Äthylens* (**I**) wurde in verschiedenen Arbeiten den Raman-Linien bei 3272 cm^{-1} u. 3075 cm^{-1} zugeordnet. IR-Unterss. an deuteriertem **I** ließen Crawford u. Mitarbeiter (C. **1954**, 9959) die Linie 3075 cm^{-1} als die richtige Zuordnung annehmen. Vf. konnte diese Annahme durch Unterss. stützen, bei denen **I** zur Verw. kam, das bei 79° K an porösem Glas adsorbiert war. Wie Sheppard u. Yates (C. **1960**, 17396) gezeigt haben, können Banden, die normalerweise nur im Raman-Spektrum auftreten, im IR-Spektrum adsorbierter Moll. erscheinen, was im Verlust ihrer Symmetrie durch die Adsorption begründet ist. An porösem Glas adsorbiertes **I** zeigt Banden bei 3093 u. 2977 cm^{-1}, die den erlaubten IR-Schwingungen ν_9 u. ν_{11} entsprechen. Ferner erscheint eine Bande bei 3007 cm^{-1}, die ν_1 entspricht u. die durch Symmetrieverlust IR-akt. wird. Bei stärkerer Auflösung tritt noch eine Bande bei 3070 cm^{-1} auf. Die relativen Intensitäten der Banden 3070 u. 3093 cm^{-1} scheinen von der Oberflächenbeladung unabhängig zu sein. M. Vogelmann. B 120□

Vergleichende Untersuchung der Infrarotspektren von Squalen aus Olivenöl und aus dem Öl der Leber des Hais. J. Barceló, J. Gracián und J. Martel. (Inform. Quím. analit. **15**, 65—68, 1961; Sevilla, Inst. de la Grasa y sus deriv.; Madrid, Inst. de Optica; span.) — *Squalen* (**I**) wurde aus kalt ausgepreßtem Leberöl von Centrophorus [Squalus granulosus; JZ. 401 (an Al_2O_3 gereinigt) u. 402 (mit Tierkohle), n_D^{20} 1,4950] u. aus Olivenöl (JZ. 370, n_D^{20} 1,4920) gewonnen. Die IR-Spektren (Abb. u. Bandentabelle) aller **3** Proben waren völlig gleich, was jedoch noch kein Beweis für die Gleichheit der Prodd. ist, da hochmol. Stoffe auch bei großen Änderungen des Molgew. nur geringe Änderungen des IR-Spektrums ergeben. Zur genaueren Prüfung wurden die Extinktions-Koeff. der Proben in CCl_4-Lsg. aufgenommen u. hier traten Differenzen zwischen tier. u. pflanzlichem **I**, bes. für die Banden bei 1147 [$(CH_3)_2$—C; 57% Abweichung], 1100 [τ (CH_2); 38%] u. 980 cm^{-1} [γ (CH_2); 48%] auf. Aus diesen Beobachtungen schließen Vff., daß pflanzliches **I** eine größere Anzahl von CH_2-Gruppen hat als tierisches. K. Huste. B 120□

Infrarotuntersuchungen der Wasserstoffbindung im Isopropanol und in Gemischen von Isopropanol mit Poly-[n-butylmethacrylat] und mit Polypropylenoxid. R. F. Blanks und J. M. Prausnitz. (J. chem. Physics **38**, 1500—04, 1963; Berkeley, Calif., Univ. of California, Dep. of Chem. Engng.; engl.) — Im 3-μ-Bereich werden die Spektren von *Isopropanol* (**I**) zwischen 0 u. 60° in Konzz. zwischen 0,005 u. 1,0 m in CCl_4 vermessen. Für die Bldg. des cycl. Dimeren werden die Gleichgewichts-Konst. K_c [1,77 (274° K; 0,37 (332° K)], ΔG, ΔH —5,7 $\pm$ 0,9 kcal/Mol, ΔS —19,5 $\pm$ 3,0 cal/Mol·°K aus dem Absorptions-Koeff. u. dem integrierten molaren Absorptions-Koeff. berechnet. Ebenso werden die thermodynam. Konstanten für die Syst. mit **I** als Donator u. als Acceptor Isopropyläther (ΔH —2,1 $\pm$ 0,4 kcal/Mol; ΔS —6,0 $\pm$ 2,34 cal/Mol·°K), Polypropylenoxid (—3,8 $\pm$ 0,8; —13,7 $\pm$ 3,0), Poly-[n-butylmethacrylat] (—2,4 $\pm$ 0,5; —10,0 $\pm$ 1,7, für alle ΔS-Werte K_c in Liter/Mol) bestimmt. D. Groß/Berlin. B 120

Infrarotspektren einiger Monoester von Dichlor- und Phosphoriger Säure. L. C. Thomas und K. P. Clark. (Nature [London] **198**, 855—56, 1963; Salisbury, Porton Down, Chem. Def. Exp. Establ., War Dep.; engl.) — Die IR-Spektren von *Methyl-*, *Äthyl-*, *n-Propyl-*, *n-Butyl-*, *n-Nonyl-*, *Phenyl-*, *Naphthyl-(2)-*, *o-* u. *p-Methylphenyl-dichlorphosphit* u. *-phosphit* werden dargestellt u. als capillare Filme unter N_2 im Bereich 5000—400 cm^{-1} gemessen. Den Valenzschwingungen werden Banden zugeordnet, wobei die P—O—(C)- u. C—O—(P)-Frequenzen des 5bindigen P höher liegen als die des 4bindigen. D. Groß/Berlin. B 120◇

Fernes Infrarotspektrum einiger symmetrischer Kreiselmoleküle. Dean W. Robinson und Donald A. Mc Quarrie. (J. chem. Physics **32**, 556—59, 1960; Baltimore, Md., Johns Hopkins Univ., Dep. of Chem.; engl.) — Im Bereich von 30—50 cm^{-1} wurden die Spektren von *Methylcyanid* (D_J 1,45·10^{-7} cm^{-1}), *Methylacetylen*, *Fluoroform* (eine nicht aufgelöste Nebenbande scheint ihr Zentrum bei K = 17 zu haben) u. *Trimethylamin* (D_{JK} ist positiv) in gasförmigem Zustand gemessen. Die gleichen Spektren wurden mit Daten berechnet, die aus der Mikrowellenanalyse bekannt waren. M. Walther. B 120◇

Carbonylvalenzfrequenz einiger, teilweise fluorierter Ester. Jack Radell und Larry A. Harrah. (J. chem. Physics **36**, 1571—73, 1962; Philadelphia, Pa., U.S. Army Ordnance; engl.) — Unterss. über die CO-Valenzfrequenzen von fluorierten Estern zeigen, daß die Werte für fluorierte Ester höher als die für entsprechende, nichtfluorierte Ester sind u. von der Anzahl u. Stellung der F-Atome abhängen, wofür nachstehende Gleichungen abgeleitet werden: $\nu_{C=O} = \nu_0 + 15n_\alpha + 4{,}07n_\beta + 1{,}88n_\gamma + 0{,}8n_\delta$, u. $\nu_{C=O} = \nu_0 + 7{,}97n_{\beta'} + 1{,}78n_{\gamma'} + 1{,}83n_{\delta'} + n_{\varepsilon'}$, wobei die 1. Gleichung für im Säureteil, die 2. für im Alkoholteil fluorierte Ester gilt (mit: ν_0 = (C=O)-Frequenz der unsubstituierten Verb., n_α, n_β usw. die Anzahl der F-Atome in α bzw. β-Stellung usw. im Säure bzw. Alkoholteil). Untersucht wurden: Trifluoracetate: *n-Propyl-*, *-Butyl-*, *-Pentyl-*, *-Hexyl-*, *-Octyl-*; Perfluorpropionate: *Äthyl-*, *n-Butyl-*, *-Pentyl-*, *-Octyl-*; Perfluor-n-butyrate: *n-Pentyl-*, *-Hexyl-*, *-Heptyl-*, *-Octyl-*, *-Decyl-*; Perfluor-n-valerate: *n-Hexyl-*, *-Heptyl-*, *-Octyl-*, *-Nonyl-*. *Buttersäure-2.2.2-trifluoräthyl-*. *-1H.1H.3H-perfluorpropyl-* *-1H.1H-perfluorbutyl-*, *-1H.1H.5H-perfluorpentylester*, *Valeriansäure-2.2.2-trifluoräthyl-*, *-1H.-1H.3H-perfluorpropyl-*, *-1H.1H-perfluorbutyl-*, *-1H.1H.5H-perfluorpentylester*, *n-Hexansäure-2.2.2-trifluoräthyl-*, *-1H.1H.3H-perfluorpropyl-*, *-1H.1H-perfluorbutyl-*, *-1H.1H.-5H-perfluorpentylester*, *n-Heptansäure-2.2.2-trifluoräthyl-*, *-1H.1H-perfluorbutyl-*, *-1H.-1H.5H-perfluorpentylester*, *n-Octansäure-1H.1H-perfluorbutyl-*, *-1H.1H.5H-perfluorpentylester.* W. Wesly. B 120◇

Die Infrarotspektren einiger Methacrylsäureester und deren Polymere. G. Salomon, C. J. Schooneveldt-van der Kloes und J. H. L. Zwiers. (Recueil Trav. chim. Pays-Bas **79**, 313—29, 1960; Delft, T.N.O., Central Labor. and Analyt. Inst.; engl.) — Vff. untersuchen die IR-Spektren von *Methyl-* (Kp. 100,7°, n_D^{20} 1,4142), *Äthyl-* (Kp. 117,5—118,5°, n_D^{20} 1,4139), *n-Butyl-* (Kp.$_{57}$ 83—87°, n_D^{20} 1,4232), *tert.-Butyl-* (Kp.$_{762}$ 135,8—136,3°, n_D^{20} 1,4150), *Cyclopentyl-* (Kp.$_{17}$ 80—82°, n_D^{20} 1,4524), *Cyclohexyl-* (Kp.$_6$ 75—77°, n_D^{20} 1,4580), *Benzyl-* (Kp.$_5$ 100°, n_D^{20} 1,5148), *Phenyl-* (Kp.$_4$ 83—84°, n_D^{20} 1,5156), *Chlormethyl-* (Kp.$_{25}$ 58,5—60,5°) u. *α-Chloräthylmethacrylat* (Kp.$_{17}$ 73—74°, n_D^{20} 1,4502) sowie von *Methyl-α-chloracrylat* (Kp.$_{100}$ 69,6—70,1°, n_D^{20} 1,4427) u. den entsprechenden Polymeren zwischen 450 u. ca. 6000 cm^{-1}. Im Bereich der ν(C=O) u. ν(C=C), die tabellar., bei den Monomeren unter Angabe der Extinktions-Koeff., mitgeteilt werden, sind nur geringe Einfl. der Alkoholkomponente zu beobachten im Gegensatz zum Gebiet zwischen 1500 u. 1350 cm^{-1} (Spektren mitgeteilt), wo die Absorptionen den Deformationen der verschiedenen C—H-Gruppen zugeordnet werden. Die Banden zwischen 1350 u. 700 cm^{-1} sind als Strichdiagramme angegeben. Unterschiede zwischen den Spektren der einzelnen Ester werden vor allem im Bereich von 800—450 cm^{-1} beobachtet, ausgeprägter bei den Monomeren u. mit den Absorptionen des betreffenden Polymeren durchaus nicht immer übereinstimmend. Die bei der Polymerisation gebildete Methylengruppe äußert sich in den Spektren nicht charakteristisch. Die Obertöne der $=CH_2$-Gruppe lassen sich als isolierte Absorptionen beobachten u. können zur quant. Best. von Monomeren in Polymeren herangezogen werden. H. Wagner. B 120◇

Untersuchungen über Bernsteinsäuren. 4. Mitt. Nachweis intramolekularer Wasserstoffbrücken in einigen höher alkylierten Bernsteinsäuren durch Infrarotspektren. Lennart Eberson. (Acta chem. scand. **13**, 224—35, 1959; engl.) — 3. vgl. C. **1963, 22668**; 5. vgl. C. **1963**, 13906. — Die IR-Spektren der *rac.-Formen* von *α.α'-Diisopropyl-*, *α.α'-Di-tert.-butyl-*, *α.α'-Dicyclohexyl-* u. *Tetraäthylbernsteinsäure* u. ihrer Monokaliumsalze zeigen eine intramol. Wasserstoffbrücke. Alle besitzen große K_1/K_2-Verhältnisse. Die Spektren der entsprechenden meso-Formen weisen auf Carbonyl- u. Carboxylatgruppen ohne gegenseitige Wechselwrkg. hin. Die Spektren (in KBr, Methanol u. D_2O) sind dargestellt. Die Carboxylat- u. Carbonylbanden sind nach Lage u. Extinktion tabellar. erfaßt. D. Groß/Berlin. B 120◇

Fluorhaltige β-Dicarbonylverbindungen. Die Wirkung benachbarter Fluoratome auf die spektralen Eigenschaften von β-Ketoestern, deren Enolacetate und Kupferchelate. R. Filler und S. M. Naqvi. (Tetrahedron [London] **19**, 879—89, 1963; Chicago, Ill., Inst. of Technol., Dep. of Chem.; engl.) — Die IR-Spektren von *4.4.4-Trifluor-* [**IV**; 2.4-Dinitrophenylhydrazon, $C_{12}H_{11}F_3N_4O_6$, F. 103,5—105° (A.); Cu-Chelat, F. 193—194° (A.)], *4.4-Difluor-* {nach Henne u. Mitarbeitern [1947], 55% (Ausbeute); 2.4-Dinitrophenylhydrazon, $C_{12}H_{12}F_2N_4O_6$, F. 90,7—91,7°; Cu-Chelat, F. 185—187° (A.) u. *4-Fluoracetessigsäureäthylester* [Kp.$_6$ 68—70°, nach Bergmann u. Mitarbeitern (C. **1960**, 16095), 45%; n_D^{25} 1,4180; 2.4-Dinitrophenylhydrazon, F. 91—91,5°, Cu-Chelat, F. 175,5 bis 176,5° (A.)], *3-Acetoxycrotonsäure-*, *-4.4.4-trifluorcrotonsäure-*, *-4-fluorcrotonsäure-*, *3-Trifluoracetoxycrotonsäure-* u. *-4.4.4-trifluorcrotonsäureäthylester* sowie die der Cu-Chelatkomplexe werden mit denen des *Acetessigsäureäthylesters* (**III**) bzw. dessen Derivv. verglichen. Die Banden im 3-μ- u. 6-μ-Bereich werden den charakterist. Frequenzen zugeordnet u. durch die bei Fluorsubstitutionen auftretenden Strukturveränderungen erklärt. Ebenso werden die IR-Spektren der *Enolacetate* von *Trifluoracetyl-* u. *Acetylaceton* gegenübergestellt. Die UV-Spektren (2.2.4-Trimethylpentan) der β-Ketoester zeigen in unpolaren Lsgm. einen geringen hypsochromen Effekt mit steigender Fluorsubstitution, im Gegensatz zu den an β-Diketonen von Calvin u. Mitarbeitern gefundenen Ergebnissen (vgl. Belford u. Mitarbeiter, J. inorg. nuclear Chem. **14**, [1960], 169).

Versuche: Crotonsäureäthylester: *3-Acetoxy-*, Kp.$_{15}$ 95—100°, aus **III**, Isopropenylacetat (**I**) in Ggw. von Toluolsulfonsäure (**II**) am Rückfluß, u. Entfernen des entstehenden Acetons; 61% (Ausbeute); n_D^{25} 1,4406. Red. mit PtO_2 → *3-Acetoxybuttersäureäthylester*, Kp. 119—121°; 56%, n_D^{25} 1,3890. Red. mit $LiAlH_4$ → *Butandiol-(1.3)*, Kp. 205°. *3-Acetoxy-4.4.4-trifluor-*, $C_8H_9F_3O_4$, Kp.$_{30}$ 84,5—85,5°, aus **IV** u. **I** analog vorst. Verb.; 58%; n_D^{25} 1,3870. Red. mit PtO_2 bzw. Pd/C → *3-Acetoxy-4.4.4-trifluorbuttersäureäthylester*, Kp. 124—126°; 36 bzw. 40%, n_D^{25} 1,3499. Rk. mit $NaBH_4$ → **IV**, Kp.$_{30}$ 44—46°; 50%, n_D^{25} 1,3738. Rk. mit $LiAlH_4$ → *4.4.4-Trifluorbutandiol-(1.3)*. — *3-Acetoxy-4-fluor-*, $C_8H_{11}FO_4$, Kp.$_{0,5}$ 55—57°, aus **II** u. **I**, analog vorst. Verb.; 70%; n_D^{25} 1,4310. — *3-Trifluoracetoxy-*, Kp.$_{5,5}$ 52—52,5°, aus Trifluoracetanhydrid u. einer Lsg. von Acetessigsäureäthylester-Cu-chelat in Dioxan in exothermer Rk.; 40%. Das Rk.-Prod. ist instabil; n_D^{25} 1,3748. — *3-Trifluoracetoxy-4.4.4-trifluor-*, Kp.$_{5,5}$ 57—58°, Darst. analog vorst. Verb.; 42%, n_D^{25} 1,3528. Enolacetate: *Acetylaceton-*, Kp.$_{6,5}$ 78 bis 80°, aus Acetylaceton, **I** u. **II** am Rückfluß; 45%, n_D^{25} 1,4490. *2.4-Dinitrophenylhydrazon*, $C_{13}H_{14}N_4O_6$, F. 181—182° (A.). — *Trifluoracetylaceton-*, Kp.$_{6,5}$ 48—50°, aus Trifluoracetylaceton, **I** u. **II**; 50%, instabil; n_D^{25} 1,3880; 50%. *2.4-Dinitrophenylhydrazon*, $C_{13}H_{11}F_3N_4O_6$, F. 153—155° (A.). — *Hexafluoracetylaceton-*, Kp. 108—110°, aus Hexafluoracetylaceton, **I** u. **II**; 30%, sehr instabil. D. Groß/Berlin. B 120◇

Gesteigerte Infrarot-Intensität der Benzol-Jod-Komplexverbindung. Fumio Watari und Susumu Kinumaki. (Sci. Rep. Res. Inst. Tôhoku Univ., Ser. A **13**, 257—61, 1961; Chem. Res. Inst. of Non-Aqueous Solut.; engl.) — Die Intensitätssteigerung der IR-Absorptionsbande der *Bzl.–Jod-Komplex*-Verb. beruht auf der Änderung der vertikalen Ionisationsenergie des Elektronendonators bei Mol.-Schwingungen. Für die 992 cm^{-1}-Bande des Bzl.–J-Komplexes wird nach einer halbempir. MO-Theorie u. nach der Ladungsübertragungstheorie von Mulliken (C. **1954**, 4102) unter Verw. von Dipolmomenten nach Fairbrother eine Intensitätserhöhung errechnet. Die berechnete Intensität stimmt gut mit dem experimentellen Wert von Ferguson u. Matsen (C. **1961**, 7881) überein. W. Wesly. B 120◇

Die C=O-Absorption von 2.4-Dihydroxybenzaldehyd im Infrarot. S. Pinchas. (J. chem. Soc. [London] **1962**, 2835—36; Rehovoth, Israel, Weizmann Inst. of Sci.; engl.) — Die 1632 cm^{-1}-Bande der aufgespaltenen Carbonylabsorption von *2.4-Dihydroxybenzaldehyd* in $CHCl_3$-Lsg. (0,1 g/Liter) wird der Fermi-Resonanz der ν(C=O) mit der Oberschwingung der aromat. CH-Deformationsschwingung zugeschrieben. Der berechnete niedrige Wert für die CO-Absorption (1641 cm^{-1}) im Vgl. zum Salicylaldehyd wird mit Donator-Eigg. der p-ständige Hydroxygruppe erklärt. Die relativ hohe Frequenz der CH-Valenzschwingungen (2747 cm^{-1}) wird einer polaren Chelatstruktur zugeschrieben u. steht im Einklang mit der des Salicylaldehyds (2744 cm^{-1}). D. Groß/Berlin. B 120◇

Schwingungsspektren von drei Molekülen C_6H_5COY: Acetophenon, Benzoylchlorid und Benzaldehyd. Chantal Garrigou-Lagrange, Nicole Claverie, Jeanne-Marie Lebas und Marie-Louise Josien. (J. Chim. physique Physico-Chim. biol. **58**, 559—69, 1961; Bordeaux, Fac. des Sci., Centre de Physico-Chim. Structurale; franz.) — Vff. untersuchten die IR-Absorptionsspektren von *Acetophenon*, *Benzoylchlorid* u. *Benzaldehyd* zwischen 400 u. 3600 [cm^{-1}], u. zwar die der reinen Fll. sowie der Lsgg., wobei zwischen 1300 u. 3600 CCl_4, zwischen 400 u. 1400 CS_2 das Lsgm. war. In einigen Fällen wurden auch Lsgg. in Cyclohexan, Chlf. u. Bromoform untersucht. Es wurden zum ersten Mal für jede Verb. die scheinbaren mol. Extinktions-Koeff. (EK) zwischen 400 u. 3600 gemessen. Tabellar. sind die gemessenen Frequenzen, ihre Zuordnung u. die EK zusammengestellt u. mit den der Literatur entnommenen Raman-Frequenzen verglichen. Speziell wurden die Schwingungen der drei Substituenten diskutiert. C. Gottfried. B 120

Das Infrarotspektrum zonengeschmolzenen Naphthalins. R. Mecke, W. Bruhn und A. Chafik. (Ber. Bunsenges. physik. Chem. **67**, 85—87, 1963; Freiburg, Univ., Phys.-Chem. Inst.; dt.) — Die im 10mal zonengeschmolzenen *Naphthalin* [F. 80,5° (korr.)] im Vgl. zur durch Sublimation oder Umkristallisation gereinigten Verb. fehlenden Banden sind in einer Tabelle erfaßt. Die Spektren des gereinigten Naphthalins werden in C_2Cl_2- bzw. CS_2-Lsg. u. als krist. Film zwischen 1 u. 25 μ abgebildet u. verglichen. D. Groß/Berlin. B 120◇

Raman-Spektren adsorbierter Moleküle: Fluorescenzlöschung durch Adsorption. G. Karagounis und R. Issa. (Nature [London] **195**, 1196—97, 1962; Freiburg i. Br., Univ., Abt. für Chem.; engl.) — Unter Verw. von Adsorptionsmitteln hoher, spezif. Oberfläche (Aerosil, poröses Glas, KBr) werden Raman-Spektren (Erregerfrequenz 4356 Å) von *Biphenyl*, *Naphthalin*, *Anthracen*, *Phenanthren*, *Terphenyl* (I), *trans-Stilben*, *p-Nitrophenol* u. *p-Nitrotoluol*, in mono- u. polymol. Schichten an obigen Adsorptionsmitteln adsorbiert, aufgenommen. Ein Vgl. der Spektren adsorbierter Moll. u. krist. Proben zeigt, daß die Intensitäten der Linien durch die Adsorption sehr stark aneinander angeglichen werden u. neue Linien bei Moll. mit einem Symmetriezentrum auftreten, die in ihrer Lage mit den bekannten IR-Linien zusammenfallen. Durch die Absorption in monomol. Schicht wird die Fluorescenz von Moll., z. B. von I, ausgelöscht. W. Wesly. B 120◇

Über Acridone. 28. Mitt. **Acridin-N-oxide.** Maria Ionescu, Horst Mantsch und Ileana Goia. (Chem. Ber. **96**, 1726—32, 1963; Cluj, Rumänien, Akad. der Rumän. Volksrep., Chem. Inst.; dt.) — 16. vgl. C. **1959**, 12227. — Es werden die IR-Spektren im NaCl-Bereich von *Acridin*, *Acridin-N-oxid*, *9-Chlor-*, *9-Methoxy-*, 9-Hydroxyacridin-N-oxid (I) dargestellt, u. charakterist. Absorptionen bei 1370 u. 1320 [cm^{-1}] bzw. 1110 u. 1050 aufgefunden. Rk.-Prodd. von I mit Dimethylsulfat bzw. Benzoylchlorid haben Acridon (II)-Struktur. Das Na-Salz von I hat N-Oxidstruktur. Durch Ansäuern entsteht I, wobei keine Tautomerie zwischen I u. II festgestellt werden konnte. D. Groß/Berlin. B 120◇

Der σ-Stark-Effek tvon Rotationsübergängen. 2. Mitt. **Das Mikrowellenspektrum des Methylalkohols.** H. A. Dijkerman und A. Dymanus. (Physica [Utrecht] **28**, 977—92, 1962; Utrecht, Rijksuniv., Fys. Labor.; engl.) — 1. vgl. Physica [Utrecht] **27**, [1961], 593. — Die automat. Registrierung der Stark-Aufspaltung wird auf 7 Absorptionslinien des *Methylalkohols* zwischen 18 u. 82 GHz angewandt. Das $\Delta M = \pm 1$

Stark-Diagramm wird untersucht. Aus den Konst. des Stark-Effekts für $\Delta M = \pm 1$ u. $\Delta M = 0$ wird die untere Konst. der Rotation beim Übergang J ermittelt. M. Wiedemann. B 121◇

Untersuchungen über Bernsteinsäuren. 2. Mitt. Gleichgewichtskonstanten für die wechselseitige Umwandlung von meso- und rac.-α.α'-Dialkylbernsteinsäuren. Lennart Eberson. (Acta chem. scand. **13,** 203–10, 1959; Lund, Sweden, Univ., Chem. Inst., Dep. of Org. Chem.; engl.) — 1. vgl. C. **1961,** 16072; 4. vgl. C. **1963,** 22660. — Es werden die Gleichgewichts-Konst. der Umwandlung bei 170° der *meso-* u. *rac.-Form* von *α.α'-Dimethyl-* (Dioxan: 1,9 ± 0,1, W: 1,1 ± 0,1, 5n HCl: 1,2 ± 0,1), *α.α'-Diäthyl-* (5,7; 1,4; 1,9), *α.α'-Diisopropylbernsteinsäure* **I** 3; 1,3; 3,5) durch therm. Analyse bestimmt. Die Konz. von **I** wird zusätzlich potentiometr. bestimmt. Die rac. Form ist in allen Fällen relativ stabiler. Vf. führt dies auf die Begünstigung einer rac. Konformation durch intramol. Wasserstoffbrücken zurück. D. Groß/Berlin. B 123◇

Winkelverteilung der Intensität und Polarisierung bei der Triplett–Singulett-Emission von Benzol. H. F. Hameka. (J. chem. Physics **37,** 1085–87, 1962; Baltimore, Md., Johns Hopkins Univ., Dep. of Chem.; engl.) — Die Winkelverteilung der Intensität u. die Polarisierung der Triplett–Singulett-Emission von *Bzl.* wird für folgende Vorgänge berechnet: 1. für einen magnet. Quadrupolübergang auf Grund der Wechselwrkg. zwischen Elektronenspin u. Strahlungsfeld; 2. für einen elektr. Dipolübergang, bei dem die Wellenfunktion zuerst für die Spin–Bahn-Kopplung u. dann für die Schwingungs-Wechselwrkg. korr. worden ist; 3. für einen elektr. Dipolübergang, bei dem die Triplettfunktion zuerst für die Schwingungs-Wechselwrkg. u. dann für die Spin–Bahn-Kopplung korr. worden ist. H. Schibilla. B 125◇

Fluorescenz einiger substituierter Benzole. J. W. Bridges und R. T. Williams. (Nature [London] **196,** 59–61, 1962; London, Univ. of London, St. Mary's Hosp., Med. School, Dep. of Biochem.; engl.) — Die Fluorescenz (Flz) 1. einiger *monosubstituierter Benzole* [C_6H_5R: *R* = *OH*, OCH_3, NH_2, $NHCH_3$, $N(CH_3)_2$, *F*, *Cl*, *Br*, *J*, $NHCOCH_3$] u. einiger *p-disubstituierter Benzole* ($H_2NC_6H_4R'$: *R'* = *F*, SO_3^-, NH_2SO_2, OCH_3, CH_3, *Cl*, $NHCOCH_3$, *Br*, NO_2; HOC_6H_4R'': R'' = CH_3, *J*, *F*, *Cl*, *Br*, NO_2) in wss. Lsgg. sowie die Quantenausbeute (QA) der Flz wird mit Hilfe eines Aminco-Bowman-Spektrophotofluorimeters untersucht. Die Flz der 1. Gruppe wird darauf zurückgeführt, daß der Substituent ein ungepaartes Elektronenpaar am mit dem Ring verbundenen Atom besitzt. Dabei ist der induktive Effekt negativ u. der mesomere Effekt positiv. Für die Substituenten R = Cl, Br, J u. $NHCOCH_3$ wird jedoch keine Flz beobachtet; ebenfalls zeigen die Verbb. mit R = *COOH*, NO_2, SO_2NH_2, *CHO*, AsO_3H_2, COO^-, N^+H_3, $N^+(CH_3)_2$, CH_3 u. auch O^- erwartungsgemäß keine Fluorescenz. In der 2. Gruppe tritt bei R' u. R'' = Br u. NO_2 keine Flz auf. Die größte QA der 1. Gruppe wird bei R = $N(CH_3)_2$ gefunden u. in der Gruppe der Aniline bei R' = F. p-Methyl- u. die p-Methoxysubstitution vergrößert die Flz der Aniline u. Phenole. Der Einfl. beider Substituenten bei disubstituierten Benzol-Derivv. auf eine Verschiebung der π-Elektronen des Benzolringes wird diskutiert. H. Schibilla. B 125◇

Sekundärprozesse in chemiluminescierenden Lösungen. R. F. Vassil'ev. (Nature [London] **196,** 668–69, 1962; Moscow, Acad. of Sci. of USSR, Inst. of Chem. Phys.; engl.) — Unter Bezug auf experimentelle Arbeiten von Wassiljew u. Witschutinski (J. physik. Chem. [UdSSR] **36,** [1962], 1799) diskutiert Vf. die Bedeutung des Energietransportes u. der Löschung angeregter Zustände in chemiluminescierenden Lösungen. Eine Aktivierung der Chemiluminescenz kann durch Hinzufügen von Aktivatoren zur Rk.-Lsg. erfolgen; Daten sind angegeben für die Aktivierung der Chemiluminescenz durch 9.10-Dibrom- (**I**), 9-Brom-10-phenyl-, 9.10-Dichlor- u. 9.10-Diphenylanthracen bei der Oxydation von *Cyclohexan* bei 50°. Als weiteres Beispiel wird die Oxydation von *Tetralin* bei 60° angeführt, bei der eine Chemiluminescenz erst in Ggw. von ca. 10^{-4} Mol/Liter **I** zu beobachten ist. H. Schibilla. B 125◇

Strahlungsfreie Umwandlung aus dem Triplettzustand. M. Z. Hoffman und G. Porter. (Proc. Roy. Soc. [London], Ser. A **268,** 46–56, 1962; Sheffield, Univ., Dep. of Chem.; engl.) — Unterss. über den Zerfall 1. Ordnung des Triplettzustandes von *Naphthalin, Anthracen* (**I**), *Phenanthren, 1-, 2-Chlor-, 1.4-Dichlor-, 1-, 2-Brom-, 1.4-Dibromnaphthalin* (**IV**), *1-Chlor-, 1.5-, 9.10-Di-, 2.9.10-Tri-, 1.5.9.10-Tetrachlor-, 9-Brom-, 9.10-Dibromanthracen* u. *9-Bromphenanthren* (**III**); [gelöst in Cyclohexan (**II**) u. Paraffinöl] zeigen, daß der Zerfall teils von einem bimol. Löschungsprozeß, teils von einer strahlungsfreien Umwandlung (SU) 1. Ordnung in den Grundzustand herrührt. Die Geschw. der Löschung ist eine Funktion des Lsgm. u. bei **I**-Derivv. des Ausmaßes in dem die Lsgg. bestrahlt worden sind. Die Geschw. des SU kann nur gemessen werden, wenn sie die Geschw. der Löschung übertrifft, wie bei **I**-Derivv. in Paraffinöl, **I**–Br-Verbb. in **II** u. wahrscheinlich bei **III** in Paraffinöl. Die Bromierung von **I** steigert die

SU 10mal stärker als Chlorierung in gleicher Stellung, während die Halogenierung in 9.10-Stellung 4mal wirksamer ist als in anderer Stellung. Bei Dibrom-IV bleibt die Geschw. der SU bei 170facher Steigerung der Lsgm.-Viscosität unverändert.
W. Wesly. B 125◇

Der Konzentrationsumschlag der Fluorescenz des Pyrens. E. Döller und Th. Förster. (Z. physik. Chem. [Frankfurt/M.] [N. F.] **34**, 132—50, 1962; Stuttgart, TH, Labor. für Phys. Chem.; dt.) — Die Deutung des Konz.-Umschlages der Fluorescenz durch die Bldg. angeregter Dimerer in einer diffusionsbestimmten Rk. zwischen angeregten u. unangeregten Einzel-Moll. wird durch die Unters. von „*Pyren weiß*" (I) in inerten, aliphat. Lsgm. [Pentan, Heptan, Isooctan, CH_3OH, Cyclohexan, Isopropanol, n-Butanol, n-Octylalkohol (II), II + n-Dodecylalkohol, II + Paraffinöl (III), III, Polyäthylenglykol] bestätigt. Die Abhängigkeit des Konz.-Umschlages von der Viscosität der verschiedenen Lsgm. wird bestimmt. Bei verschiedenen Konzz. von I in III wird die Temp.-Abhängigkeit der Fluorescenz zwischen 20 u. 300° untersucht u. die Geschw.-Konst. des Dissoziations- u. Assoziationsprozesses sowie der strahlungslosen Desaktivierungsprozesse von Monomeren u. Dimeren in ihrer Temp.-Abhängigkeit berechnet. Aus dem Verlauf des Konz.-Umschlages bei höheren Temp. wird auf eine therm. Dissoziation der angeregten Dimeren geschlossen, bei der ein angeregtes Monomeres zurückgebildet wird. Die Bldg.-Enthalpie des angeregten Dimeren ergibt sich zu —11 kcal/mol, seine Normal-Bldg.-Entropie zu —20 cal/Grad mol. H. Schibilla. B 125◇

Der Konzentrationsumschlag der Fluorescenz bei Pyrenderivaten. E. Döller. (Z. physik. Chem. [Frankfurt/M.] [N. F.] **34**, 151—62, 1962; dt.) — Vgl. vorst. Referat. — Die Fluorescenz von *4-Methyl-*, *3-Cyan-*, *3-Chlor-*, *3-Brompyren* in Bzl. u. *Pyren-3-sulfonsäuresalz*, *Pyren-3.5.8.10-tetrasulfonsäuresalz* (W.) zeigen einen Konz.-Umschlag, der durch die Bldg. fluorescenzfähiger Dimerer gedeutet wird, die nur im angeregten Zustand existieren können. Die im gleichen Konz.-Bereich untersuchten Absorptionsspektren weisen keine entsprechenden Veränderungen auf. Die Halbwerts-Konz. der monomeren (c_h) u. der dimeren (c_h') Fluorescenz, die Lebensdauer der angeregten Monomeren im Grenzfall sehr verd. Lsgg. (τ_0) u. die Geschw.-Konst. der Dimerisierung (n_a) werden für vorst. Verbb. in Bzl. bestimmt. Aus n_a ergibt sich ein Wrkg.-Abstand der Moll. in Bzl. von 7 ± 1 Å. H. Schibilla. B 125◇

Resonanz-Wechselwirkung von fluorescierenden organischen Molekülen in Lösung. J. B. Birks und L. G. Christophorou. (Nature [London] **196**, 33—35, 1962; Manchester, Univ., Dep. of Phys.; engl.) — Die Fluorescenzspektren (Flz-Sp) von Lsgg. zweier Substanzen A u. B, bei denen bei beiden oder bei jeweils einer excimere Emission (vgl. Stevens, C. **1963**, 1216) auftritt, werden untersucht; dabei wurden A u. B so gewählt, daß für die Energie der 1. Singulett-π-Anregung (S_1) gilt, daß $S_1(A) - S_1(B) \leq 120\ cm^{-1}$ ist. Damit wird die spektrale Überlappung red., der Energieübergang von A nach B wird nahezu verhindert u. eine Resonanz zwischen A u. B ist möglich. Die Flz-Sp von *Pyren* (I)/*1-Methylpyren-* u. I/*3.4-Benzphenanthren*-Gemischen sowie der reinen Verbb. (jeweils $5 \cdot 10^{-3}$m Lsgg. in Cyclohexan) u. von einem I/*Perylen* (II)-Gemisch (verschiedene Konzz. in Bzl.) sind wiedergegeben. Im ersten Fall wird die beobachtete verstärkte Emission der Mischung auf die Bldg. von gemischten Excimeren zurückgeführt, die durch Zusammenstoß u. Resonanz-Wechselwrkg. entstanden sind. Im zweiten Fall wird die Intensitätsabnahme der Emission gegenüber der Summe der Emission der Einzelkomponenten auf die Bldg. nicht fluorescierender gemischter Dimerer zurückgeführt u. im dritten Fall wird die starke Emission bei 480 nm auf die monomere Emission von II, das durch den Energieübergang von I angeregt worden ist, erklärt. Das Verh. angeregter gemischter Dimerer wird durch die Einteilung der betreffenden Verbb. in verschiedene Typen erfaßt, die sich in bezug auf dimere Emission, dimere Absorption u. Konz.-Löschung unterscheiden. H. Schibilla. B 125◇

Lage des niedrigsten Triplett-Niveaus in Azulen. William R. Ware. (J. chem. Physics **37**, 923—24, 1962; Minneapolis, Minn., Univ. of Minnesota, School of Chem.; engl.) — Mit *Anthracen* (I) als Donator u. der üblichen Blitzlichtphotolysentechnik (vgl. Livingston u. Tanner, Trans. Faraday Soc. **54**, [1958], 765) wird in Hexan die Geschw.-Konst. 1. Ordnung für das Verschwinden des Triplettzustandes von I in Abhängigkeit von der *Azulen* (II)-Konz. ($2{,}5 \cdot 10^{-7}$ bis $1{,}3 \cdot 10^{-6}$ Mol) gemessen. Die Geschw.-Konst. verhält sich proportional der II-Konz.; beträgt die Geschw.-Konst. der Energieübertragung $1{,}3 \cdot 10^{-10}\ Mol^{-1}\ s^{-1}$; sie ist diffusionsabhängig. Aus den Ergebnissen wird geschlossen, daß das Triplettniveau von II erheblich tiefer liegt als das von I u. ebenfalls tiefer als der erste angeregte Singulettzustand von II (14650 cm^{-1}).
H. Schibilla. B 125◇

Fluorescenzlöschung einer Scintillationslösung durch Sauerstoff. I. B. Berlman und T. A. Walter. (J. chem. Physics **37,** 1888—89, 1962; Argonne, Ill., Argonne Nat. Labor.; engl.) — Die Schwächung der Fluorescenzstrahlung durch O_2 wird von folgenden in Cyclohexan (**I**) gelösten Verbb. mit einer neuen Meth. vergleichend untersucht: *PBD* (*2-Phenyl-5-[p-biphenylyl]-1.3.4-oxadiazol*), *PPO* (*2.5-Diphenyloxazol*), *p-Terphenyl*, *α-NPO* (*2-[p-Biphenylyl]-5-phenyloxazol*), *Anthracen*, *m-Terphenyl* (**II**), *Fluoren*, *Diphenyl*, *Xylol* u. *Naphthalin* (**III**). Bei direkter Anregung des gelösten Stoffes durch UV-Strahlung wird das Verhältnis der Fluorescenzausbeute der entgasten Lsg. (L_0) zu dem der belüfteten Lsg. (L) gegeben durch: $L_0/L = 1 + \tau k_q(Q)$; τ = mittlere Abnahmezeit der Fluorescenz des in L_0 gelösten Stoffes, k_q = Geschw.-Konst. der Löschung durch O_2, (Q) = Konz. des im Lsgm. gelösten O_2. Die Werte für L_0/L werden in Abhängigkeit von τ graph. dargestellt. Bei der Unters. wird Q konst. gehalten. Außer für **II** u. **III** liegen alle Punkte vorst. Gleichung auf einer Geraden. Daraus ergibt sich in 1. Näherung, daß k_q für die in **I** gelösten Stoffe (bis auf **II** u. **III**) eine Konst. ist ($k_q = 2{,}3 \cdot 10^{10}$ Liter/Mol·s). Die Diffusionsabhängigkeit der Löschung durch O_2 wird mit dem Vgl. von k_q mit k_q' (= Diffusions-Konst. des O_2 in **I**) geprüft u. diskutiert.
H. Schibilla. B 125◇

Vorschlag für den Einfluß hohen Druckes auf strahlungslose Prozesse. M. A. El-Sayed. (J. chem. Physics **37,** 1568—69, 1962; Los Angeles, Calif., Univ. of California, Dep. of Chem.; engl.) — Vgl. Gregg u. Mitarbeiter, C. **1962,** 11502. — Zur Erklärung des Einfl. von hohem Druck auf Fluorescenz u. bes. Phosphorescenz von *Fluorescein* u. *Dichlorfluorescein* (vgl. l. c.) nimmt Vf. an, daß mit steigendem Druck die Geschw. der strahlungslosen $S_1 \rightarrow S_0$- oder $S_1 \rightarrow T_1$-Übergänge zunimmt. Die theoret. Voraussetzungen dafür werden diskutiert. H. Schibilla. B 125◇

Elektrisches Abreißpotential von an derselben Abreißoberfläche gebildeten fallenden Flüssigkeitstropfen. Constantin Sălceanu und Octavian Biräu. (C. R. hebd. Séances Acad. Sci. **253,** 1657—58, 1961; Timisoare, Roumanie, Fac. de Math. et de Phys.; franz.) — Vff. gehen von der Überlegung aus, daß ein Fl.-Tropfen, der plötzlich von der gleichen Fl. abgerissen wird, eine elektr. Ladung erzeugt, die von der Natur der betreffenden Fl. abhängig ist. Diese Ladung läßt sich mit Hilfe der von einem Elektrometer angezeigten Potentialdifferenz, dem elektr. Abreißpotential (AP), messen. Mit Hilfe der näher beschriebenen Vers.-Anordnung maßen Vff. das AP von *W.*, *Methyl-*, *Äthyl-*, *n-Butylalkohol*, *Aceton*, *Nitrobenzol*, *Cyclohexan*, *Bzl.*, *Nonan* u. *CCl_4*. Die Meßergebnisse zeigen, daß für Fll. mit permanentem Dipolmoment das AP wesentlich höher liegt als für unpolare Flüssigkeiten. C. Gottfried. B 132△

Hysteresis- und thermische Untersuchungen der ferroelektrischen Übergänge in Thioharnstoff. Hideo Futama. (J. physic. Soc. Japan **17,** 434—41, 1962; Sapporo, Hokkaido Univ., Fac. of Sci., Dep. of Phys.; engl.) — An *$CS(NH_2)_2$*-Kristallen werden der genaue Verlauf der Hysteresisschleife im Temp.-Gebiet von —150 bis —71°, die spezif. Wärme u. die therm. Ausdehnung im Zusammenhang mit den ferroelektr. Übergängen untersucht. Zwischen —104,2° u. —103,5° geht die Hysteresisschleife in eine Doppelschleife über. Bei —102° wird eine weitere Hysteresisschleife mit einer spontanen Polarisation von $2 \cdot 10^{-4}$ μCoul/cm² erhalten. Zwischen —98 u. —94° findet ein Übergang von einer doppelten Doppelschleife in eine einfache Doppelschleife (—96°) u. anschließend wieder in eine doppelte Doppelschleife (über —94°) statt. Die Feldabhängigkeit der Übergangs-Temp. wird behandelt. Bei —106° tritt eine Anomalie der spezif. Wärme auf (latente Wärme = 6,6 + 0,1 cal/Mol). In (1 0 0) u. (0 0 1)-Richtung werden Ausdehnungsanomalien beobachtet. Die Ergebnisse werden mit Hilfe der phänomenolog. Theorie diskutiert. Das Dipolmoment im Kristall wird erörtert; ein Mol.-Modell des Überganges wird zur Diskussion herangezogen. H. Schibilla. B 133◇

Untersuchung des Aufbaues von Kohlenwasserstoffmolekülen mit Hilfe von H–H- und ^{13}C–H-Kopplungskonstanten. J. Ranft. (Arch. Sci. [Genève] **14(166),** 244—66, 1961; Leipzig, Karl-Marx-Univ., Phys. Inst.; dt.) — Überblick über die experimentellen u. theoret. Kenntnisse über H–H- u. ^{13}C–H-Kopplungs-Konst. in aliphat. u. olefin. KW-Stoffen. — 102 Literaturangaben. G. Winkhaus. B 137◇

Relative Vorzeichen von NMR-Spinkopplungskonstanten aus Doppelbestrahlungsversuchen. R. Freeman. (Molecular Physics **4,** 385—93, 1961; Teddington, Middlesex, Basic. Phys. Div., Nat. Phys. Labor.; engl.) — Durch KMR-Unterss. unter Anwendung der Doppelbestrahlungs-Meth. wurde bestätigt, daß die Spinkopplungs-Konst. J zwischen den Protonen der Methylgruppe u. dem Proton in cis-Stellung in *trans-Crotonaldehyd* u. *trans-Crotonsäure* sich von den anderen J im Vorzeichen unterscheiden. Die Meth. ist wahrscheinlich zur Best. der relativen Vorzeichen von J für viele Moll. mit 3 gekoppelten Protonen verwendbar, vorausgesetzt, daß die chem. Verschiebungen groß im Vgl. zu J sind. G. Winkhaus. B 137◇

Eine Untersuchung der kernmagnetischen Resonanz von Molekülkomplexen polarer Moleküle in aromatischen Lösungsmitteln. J. V. Hatton und W. G. Schneider. (Canad. J. Chem. **40**, 1285—90, 1962; Ottawa, Canada, Nat. Res. Council, Div. of Pure Chem.; engl.) — Die Temp.-Abhängigkeit der Protonenresonanzverschiebung von *Acetonitril, p-Benzochinon* u. *N.N-Dimethylformamid* (**I**) in Toluol (5%ig.) wird bestimmt. Die hohen Temp.-Koeff. deuten auf Mol.-Komplexbildung. Die Temp.-Koeff. für die gleichen Verbb. in Methylcyclohexan sind sehr klein. Die Temp., bei der freie Rotation der $N(CH_3)_2$-Gruppe von **I** eintritt, ist abhängig vom Lsgm. u. von der Konzentration. Die geometr. Struktur der Komplexe sind angegeben. W. Wesly. B 137◇

Kernmagnetische Resonanz-Untersuchungen an Harnstoff- und Thioharnstoff-addukten. D. F. R. Gilson und C. A. McDowell. (Molecular Physics **4**, 125—34, 1961; Vancouver, Canada, Univ. of Brit. Columbia, Dep. of Chem.; engl.) — Durch Breitband-KMR-Unterss. an *n-Tridecan* u. *n-Hexadecan* u. deren *Harnstoff* (**I**)- bzw. D_4-I-*Addukten* sowie an *Thioharnstoff* (**II**)- bzw. D_4-II-*Addukten* von *Cyclohexan, Methylcyclohexan, Cyclopentan, Methylcyclopentan* u. *Cyclohexen* bei 40 MHz im Temp.-Bereich 77—298°K wurde gezeigt, daß die in den Clathrat-Verbb. eingeschlossene Komponente beweglich ist u. nur eine geringe Wechselwrkg. zwischen der eingeschlossenen Komponente u. dem I-Käfig besteht. G. Winkhaus. B 137◇

Das Elektronenspin-Resonanz-Spektrum von $CH_3\dot{C}HCOOH$ in l-α-Alanin bei 77°K. A. Horsfield, J. R. Morton und D. H. Whiffen. (Molecular Physics **4**, 425—31, 1961; Teddington, Middlesex, Nat. Phys. Labor., Basic Phys. Div.; engl.) — Vgl. C. **1962**, 5979. — Die Änderung des ESR-Spektrums (9000 MHz) eines γ-bestrahlten (1 MeV, 5 Mrad) *l-α-Alanin*-Einkristalls bei Kühlung der Probe von 300 auf 77°K wird mit dem Einfrieren der Rotation der CH_3-Gruppe des Radikals $CH_3\dot{C}HCOOH$ erklärt. Für die isotrope Hyperfeinkopplung der 3 H-Atome der CH_3-Gruppe werden bei 77°K die Werte 120, 76 bzw. 14 [MHz] im Vgl. zum gemeinsamen Wert von 70 bei 300°K gefunden. In dem freien Radikal bildet bei 77°K eine der C—H-Bindungen, bei Projektion auf eine Ebene senkrecht zur $\dot{C}$—CH_3-Bindung, mit der Ebene des Radikalzentrums einen Winkel von ca. 12°. Das H-Atom dieser Bindung ist wahrscheinlich der Carboxylgruppe benachbart. G. Winkhaus. B 137◇

Elektronenspinresonanz von röntgenbestrahlten Einkristallen von dl-Alaninhydrochlorid. W. C. Lin und C. A. McDowell. (Canad. J. Chem. **40**, 1060—63, 1962; Vancouver, B. C., Univ. of British Columbia, Dep. of Chem.; engl.) — Die Elektronenspinresonanz von röntgenbestrahlten Einkristallen von *dl-Alaninhydrochlorid* (**I**) zeigt, daß das gebildete Radikal wahrscheinlich das gleiche ist, das durch Behandlung von Alanin mit Röntgen- u. γ-Strahlen entsteht. Die Komponenten des Hyperfeinwechselwrkg.-Tensors werden berechnet. Kristallograph. Daten für **I** (Trotter, Privat-Mitt.): Raumgruppe $P\,2_1/c$, $a = 9{,}20$ (Å $\pm 0{,}02$), $b = 9{,}04$, $c = 7{,}31$; $\beta = 95^0\,21' \pm 5'$. W. Wesly. B 137◇

Elektronenspin-Resonanz-Spektren von Toluol-, p-Xylol- und m-Xylol-Anionen. J. R. Bolton und A. Carrington. (Molecular Physics **4**, 497—503, 1961; Univ. of Cambridge, Dep. of Theoret. Chem.; engl.) — Vgl. C. **1962**, 12974. — Die ESR-Spektren der obigen, durch Red. der KW-Stoffe mit Na oder K in Dimethoxyäthan im Vakuum bei —70° erhaltenen Anionen sind wiedergegeben. Die Werte der Protonenspin-Hyperfeinkopplungs-Konst. stimmen mit den Voraussagen der MO-Theorie überein. G. Winkhaus. B 137◇

Einfluß der Wasserstoffbrückenbindung auf das Kernresonanzspektrum von Phenolen. Iris Gränacher. (Helv. physica Acta **34**, 272—302, 1961; Basel, Univ., Phys. Inst.; dt.) — Durch KMR-Messungen bei 56,4 MHz wurde die Lsgm.-Abhängigkeit der chem. Verschiebung δ der OH-Protonen von *Phenol* u. der Ringprotonen von p- u. o-substituierten Phenolen (*p-Kresol, p-Chlor-, p-Brom-* u. *o-Nitrophenol*) untersucht. Als Lsgm. wurden verwendet: (Inerte Lsgm.:) CCl_4, Cyclohexan, n-Hexan, CS_2, Äthylenchlorid); (Acceptoren:) Nitrobenzol, Äthylacetat, Aceton, Dioxan, Ae., Tetrahydrofuran, Acetophenon, Acetonitril, Dimethylsulfoxid, Methylrhodanid, Cyclohexanon, Benzaldehyd, Pyridin, Triäthylamin, Bzl., Cyclohexen. Zwischen δ des OH-Protons von Phenol in Acceptor-Lsgm. u. der Verschiebung der IR-OH-Valenzschwingungsfrequenz besteht im allg. außer in Bzl. eine lineare Beziehung, aus der mit Hilfe der Potentialfunktion von Lippincott u. Schroeder (C. **1957**, 12677) die H-Bindungsenergien berechnet werden können. Die Berechnung der δ-Werte des OH-Protons an Hand des Modells von Paoloni (C. **1961**, 8214) ergab befriedigende Übereinstimmung mit den beobachteten Werten. Die Resonanzen der Ringprotonen der substituierten Phenole sind in Acceptor-Lsgm. ebenfalls verschoben, was offenbar auf eine Ausbreitung der an der OH-Gruppe induzierten Störung über das ganze Phenol-Mol. zurückzuführen ist. — 52 Literaturangaben. G. Winkhaus. B 137◇

Untersuchungen über die Elektronenspinresonanz von DPPH-Lösungen. Hisashi Ueda, Zenichiro Kuri und Shoji Shida. (J. chem. Physics **36**, 1676–80, 1962; Tokyo, Japan Assoc. for Radiat. Res. on Polymers; engl.) — Unterss. über den Einfl. von Verunreinigungen auf die Elektronenspinresonanz (ESR) von *DPPH* in verschiedenen Lsgg. (Bzl., Toluol, Xylol, Cyclohexan, Chlf., Phenylcyclohexan, Cumol) zeigen, daß das breite Quintett-Spektrum, das man gewöhnlich mit DPPH-Lsgg. erhält, nach Beseitigung gelöster Gase aufgelöst wird. Zusätze von tert. Hydroperoxiden zu DPPH-Lsgg. geben ein Triplettspektrum, das sich bei tert.-Butylhydroperoxid nach Entgasung in 17 Linien aufspaltet. Eine Berechnung der Spin–Dichte-Verteilung ungepaarter Elektronen wird vorgenommen. Eine CO_2-haltige Xylol–DPPH-Lsg. verliert ihre paramagnet. Natur mit der Zeit; man beobachtet eine Regeneration des Quintett–ESR-Spektrums von DPPH, wenn man die Lsg. mit Lophin–x-Verb.-Lsg. im Dunkeln mischt u. dann dem Sonnenlicht aussetzt. Dies ist ein Beweis für den Radikalcharakter der Lophin–x-Verb., wenn diese photochem. angeregt wird. W. Wesly. B 137◇

Elektronenspinresonanz von bestrahltem, durch Polystyrol geschütztem DPPH. Kohzoh Masuda und Tokuo Suita. (J. physic. Soc. Japan **16**, 837–38, 1961; Osaka, Osaka Univ., Coll. of Engng., Dep. of Electron. Engng. and Dep. of Nucl. Engng.; engl.) — Die Zahl N der ungepaarten Elektronen bei γ-Bestrahlung von *Diphenylpikrylhydrazyl* geht mit wachsender Dosis (im Bereich 10^4–10^6 r) durch ein Maximum. Das Maximum verschiebt sich bei Polystyrolzusatz zu höheren Dosiswerten. Dabei ist nicht nur ein Abschirmeffekt des Polystyrols sondern auch eine Wechselwrkg. der Elektronen mit Polystyrol wirksam. G. Winkhaus. B 137◇

Protonenmagnetische Resonanz-Untersuchung einiger schwacher Wechselwirkungen in Lösung. R. J. Abraham. (Molecular Physics **4**, 369–83, 1961; Teddington, Middlesex, Basic Phys. Div., Nat. Phys. Labor.; engl.) — Die chem. Verschiebungen (δ, bei 60 MHz) von *Cyclohexan* (I), *Methyljodid* (II) u. *Jodoform* (III) (3–5 Gew.-%ig.) in verschiedenen Lsgm. (n-Hexan, CCl_4, CS_2, Chlf., CH_2Cl_2, Aceton, Acetonitril, Bzl., Toluol, Chlorbenzol, o-Dichlorbenzol, Benzaldehyd, Benzonitril u. Nitrobenzol) wurden bestimmt. Für die zylindersymm. Lsgm.-Moll. wurde der Beitrag der magnet. Anisotropie des Lsgm. zu δ der Lsg. berechnet. Dabei wurden die beobachtete Richtung, aber zu kleine Werte für δ der nichtpolaren Lsgg. erhalten. Die Gründe dafür werden diskutiert. Die δ-Änderung der polaren Lsgg. von **II** u. **III** in aliphat. Lsgm. stimmen mit vorhandenen Theorien überein. Für die aromat. Lsgm. ergeben sich dagegen Differenzen zwischen Theorie u. Beobachtung infolge von Komplex-Bldg. zwischen Lsgm. u. Gelöstem. Aus der Temp.-Abhängigkeit von δ für **II** u. **III** in Toluol wurden folgende Werte für die Energie (E) bzw. Entropie (En) der Komplex-Bldg. abgeleitet: **II** 1,3 $\pm$ 0,5 [kcal/Mol] bzw. 4,9 $\pm$ 0,4 [cal/Grad·Mol], **III** 1,6 $\pm$ 0,2 bzw. 6,4 $\pm$ 0,2. G. Winkhaus. B 137◇

Kernmagnetische Resonanz-Spektroskopie: Anomale Aufspaltung der Äthylgruppen infolge der Molekül-Asymmetrie. Paul R. Shafer, Donald R. Davis, Martin Vogel, K. Nagarajan und John D. Roberts. (Proc. nat. Acad. Sci. USA **47**, 49–51, 1961; California Inst. of Technol., Gates and Crellin Labor. of Chem.; engl.) — NMR-Messungen an *Cyclopropylmethylcarbinyläthyläther*, *Acetaldehyddiäthylacetal*, *Acetophenondiäthylketal* u. *2.4-Diäthyl-3-phenylcyclopenten-(2)-on-(1)* (**I**) zeigten, daß die Spektren der Äthyl–CH_2-Gruppen nicht als einfaches Quartett sondern als komplexer AB-Teil eines ABX_3-Syst. erscheinen. Demnach sind die Methylenprotonen, ähnlich wie in $R-CH_2-CR_1R_2R_3$-Verbb., magnet. nicht äquivalent (vgl. Nair u. Roberts, C. **1958**, 7412). In **I** wird der Aufspaltungseffekt an der Äthyl–CH_2-Gruppe in der asymm. 4-Position beobachtet. G. Winkhaus. B 137◇

Relative Vorzeichen von geminalen und vicinalen Proton–Proton-Kopplungskonstanten in α.β-Diphenylpropionsäure und ihrem Methylester. Robert R. Fraser. (Canad. J. Chem. **40**, 1483–89, 1962; Ottawa, Canada, Univ. of Ottawa, Dep. of Chem.; engl.) — Vf. zeigt, daß die Kopplungs-Konst. gem. u. vic. Protonen in *α.β-Diphenylpropionsäure* [2 Formen, F. 79–84° u. F. 88–89° (Heptan) aus Benzylchlorid u. Phenylacetonitril über α.β-Diphenylpropionitril (F. 56–57,5°)] u. deren *Methylester* (F. 31,5 bis 32,5°, mit CH_2N_2) entgegengesetzte Vorzeichen besitzen. W. Wesly. B 137◇

ESR von aromatischen Ionen in Jod. J. Kommandeur. (Molecular Physics **4**, 509–11, 1961; Parma, Ohio, Parma Res. Labor., Union Carbide Corp.; engl.) — Durch ESR-Messungen bei 9500 MHz im Temp.-Bereich 25–120° an verd. Lsgg. (0,001 m) von Aromaten in geschmolzenem *Jod* wurde die Existenz von aromat. Radikalionen bewiesen. Die Lsgg. folgender Aromaten wurden untersucht: *Perylen* (auch in konz. H_2SO_4 bei –23°), *p-Phenylendiamin*, *α-Naphthylamin*, *Diaminodurol* u. *Diphenyl-p-phenylendiamin*. Die Spektren weisen Feinstruktur der Linien auf. Strukturlose ESR-Absorption wurde beobachtet bei: *Naphthalin*, *Anthracen*, *Tetracen*, *Phenanthren* u. *Pyren*. G. Winkhaus. B 137◇

Das Elektronenspinresonanzabsorptionsspektrum von Pummerers Sauerstoff-Radikal. J. B. Farmer, Y. Matsunaga und C. A. McDowell. (Canad. J. Chem. **37,** 634—37, 1959; Vancouver, B. C., Univ., Dep. of Chem.; engl.) — Vff. untersuchen das ESR-Spektrum von *Bis-[8.2'-oxidobinaphthyl-(1.1')-yl-(2)]-peroxid* (I) u. *2.2'-Bis-[8.2'-oxidobinaphthyl-(1.1')-yl-(2)-peroxy]-binaphthyl-(1.1')* (II) in Lsg. (Bzl. bzw. Pyridin) bei Zimmer-Temp. u. 9 MHz. I u. II geben das gleiche aus 3 Linien (Abstand 2,5 Oe) bestehende Spektrum, dessen Zentrum bei einer um 0,50 Oe niedrigeren Feldstärke liegt als das von Diphenylpikrylhydrazyl. Der g-Wert beträgt 2,0039. Das Spektrum wird dem Pummererschen Radikal (*8.2'-Oxidobinaphthyl-(1.1')-yl-(2)-oxy-Radikal,* III) zugeschrieben. Ein O-Biradikal aus II konnte nicht nachgewiesen werden. Die beiden die Feinstruktur bedingenden, mit dem freien Elektron in Wechselwrkg. stehenden Protonen sind an dem das radikal. O-Atom tragenden Naphthalinring lokalisiert. Das Ergebnis wird an Hand von LCAO-MO-Berechnungen von Fukui u. Mitarbeitern (C. **1955,** 549) diskutiert. W. Haberditzl. B 137◇

Protonenmagnetische Resonanz in Sesamin und Asarinin. G. Govil, C. R. Kanekar und C. L. Khetrapal. (Current Sci. [Bangalore] **30,** 252—55, 1961; Trombay, Bombay, Tata Inst. of Fundament. Res. and Atom. Establ.; engl.) — Vgl. Ramaswamy u. Sirsi, C. **1958,** 11860. — Vff. untersuchen die NMR-Spektren von *d-Sesamin* (*d*-I) u. *d-Asarin* (*d*-II) in CCl_4-Lsg. bei 60 MHz u. teilen die chem. Verschiebungen mit. Dabei werden die untenstehenden Strukturen für *d*-II (in Übereinstimmung mit den Ergebnissen aus Synthese-Verss.) u. *d*-I gefunden. Die NMR-Spektren von *d*- u. *l*-II sind innerhalb der Fehlergrenzen ident., so daß sich die beiden opt. Isomeren dadurch nicht unterscheiden lassen. G. Winkhaus. B 137△

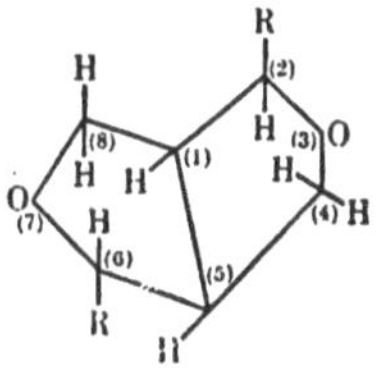
d-II

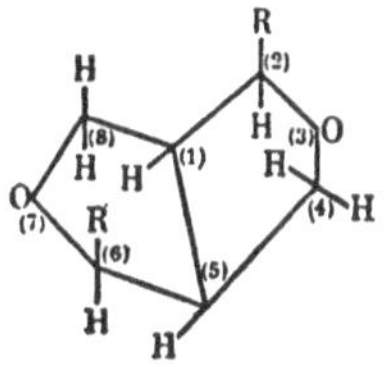
d-I

Terpenoide. 1. Mitt. **Stereochemie trisubstituierter Doppelbindungen bei Terpenoiden.** R. B. Bates und D. M. Gale. (J. Amer. chem. Soc. **82,** 5749—51, 1960; Urbana, Ill., Univ. of Illinois, Dep. of Chem. and Chem. Engng.; engl.) — 2. vgl. C. **1963,** 15811. — Entgegen anderen Veröffentlichungen wird gezeigt, daß sich die magnet. Kernresonanzspektren (60 MHz) der geometr. Isomeren von Terpenoiden der Formel $A{-}CH_2{-}C(CH_3){=}CH{-}CH_2{-}B$ unterscheiden (ca. 0,07 τ-Einheiten für die CH_3-Protonen) u. zur Identifizierung benutzt werden können. Die τ-Werte der Methylprotonen werden angeführt für *Nerylaceton, Geranylaceton, Nerol, Geraniol, 6-Methylhepten-(5)-on(-2), 3-Methylbuten-(2)-ol-(1).* Übereinstimmend damit sind die Werte für Hevea- u. Balata-Gummi. Weitere Unterss. werden mit *all-trans-Squalen, trans.trans-* u. *cis-trans-Farnesol* durchgeführt. Beim Coenzym Q_{10} werden 8 der Seitenkettendoppelbindungen der trans-Form zuerkannt. Die Zuordnung zu den genannten Doppelbindungstypen gelingt teilweise auch bei cycl. Verbb., z. B. Caryophyllen, Isocaryophyllen, bei anderen Syst. (Germacron, Costunolid) werden höhere Werte gefunden, die durch Abschirmung durch π-Elektronen anderer Ringdoppelbindungen hervorgerufen werden. W. Winter. B 137□

Wechselwirkung von Pyridin mit Chlorwasserstoff und Bromwasserstoff in Nitrobenzol. I. R. Beattie und G. J. Leigh. (J. chem. Soc. [London] **1962,** 4726—27; London, King's Coll., Dep. of Chem.; Manchester, Univ., Fac. of Technol., Dep. of Chem.; engl.) — Die spezif. Leitfähigkeit einer 0,01n HCl-Lsg. in Nitrobenzol (I) erreicht beim Zusatz von *Pyridin* (**Py**) ein Maximum bei HCl : **Py** = 2 : 1, fällt dann bis zu einem Verhältnis 1 : 1 u. bleibt anschließend konstant. Analoge Aussagen ergeben die Syst. 0,05n HCl–2.6-Lutidin–I u. n/25, n/60, n/300 bzw. n/1500 HBr–**Py**–I. Vff. deuten die Ergebnisse mit einem Wechsel in der Elektrolytstärke. Analoge Leitfähigkeitskurven erhält man bei der Titration von $SiCl_4$ in I mit **Py** in offenen, nicht jedoch in Vakuum-Syst., so daß im ersteren Falle Feuchtigkeits-Einfl. eine Rolle spielen müssen. U. Wannagat. B 138◇

Bestimmung der Basizität sauerstoffhaltiger Verbindungen durch physikalisch-chemische Methoden. Gérard Mavel. (J. Chim. physique Physico-Chim. biol. **58,** 545—57, 1961; Paris, Sorbonne, Labor. de Spectroscop. Hertzienne; franz.) — Überblick über chem., thermodynam., elektr. u. spektroskop. Eigg. O-haltiger organ. Verbindungen. — 82 Literaturangaben. C. Gottfried. B 139

Dissoziationskonstanten einiger organischer Säuren in einem gemischten Lösungsmittel (Wasser–Alkohol und Wasser–Dioxan). Marie-Louise Dondon und Marie-Thérèse Paris. (J. Chim. physique Physico-Chim. biol. **58,** 222—27, 1961; Clermont,

Fac. des Sci., Labor. de Chim.-phys. II; franz.) — Vff. bestimmten bei 23 ± 1° in Gemischen von *W.* u. *Methylalkohol*, W. u. *A.* sowie W. u. *Dioxan*, die pK-Werte der folgenden Säuren: *Buttersäure, cis-* u. *trans-Crotonsäure, cis-* u. *trans-α-* u. *β-Chlorcrotonsäure, trans-γ-Chlorcrotonsäure, Vinylessigsäure, α-Chlorvinylessigsäure* sowie *cis-* u. *trans-γ-Chlorvinylessigsäure*. Es wurde gefunden, daß die Ionisation aller Säuren beträchtlich abnimmt, wenn der Anteil des Alkohols oder des Dioxans in dem Lsgm. erhöht wird; die Δ pK-Werte zwischen 2 gegebenen Säuren aber variieren nur wenig von einem Lsgm. zum anderen. Mit Hilfe einer von Eucken [1932] gebrachten Formel werden die Abstände der Protonen vom Zentrum der Dipole bestimmt. Es zeigte sich, daß man in Übereinstimmung mit Kirkwood u. Westheimer [1938] in der Formel von Eucken den tatsächlichen Wert der DK des Lsgm. durch einen effektiven, viel kleineren ersetzen muß, der sich aus der inneren DK u. den Dimensionen des Säure-Mol. u. der DK des Lsgm. errechnen läßt. C. Gottfried. B 139

Untersuchungen über Bernsteinsäuren. 3. Mitt. Anwendung der Kirkwood-Westheimer-Theorie auf die anomale Größe des Verhältnisses K_1/K_2 verschiedener alkylierter Bernsteinsäuren. Lennart Eberson. (Acta chem. scand. **13,** 211—23, 1959; engl.) — 2. vgl. C. **1963, 22662.** — Es werden die pK_1- u. pK_2-Werte bei 20° von nachst. 1.2-Dicarbonsäuren in 50%ig. A. gemessen. rac.-α.α'-Dialkylbernsteinsäuren mit großer Raumerfüllung, tetraalkylierte u. bes. rac.-α.α'-Di-tert.-butylbernsteinsäuren bzw. die Monomethylester zeigen große Werte für pK_1/pK_2 bzw. pK_E/pK_1 (pK_E = pK des Esters). Durch Anwendung der Kirkwood-Westheimer-Theorie konnte nachgewiesen werden, daß zu den elektrostat. Effekten noch die Existenz einer intramol. Wasserstoffbrücke angenommen werden muß, die durch gauche-Stellung der Carboxylgruppen begünstigt wird. *Bernsteinsäure* (pK_1 5,44; pK_2 7,35), Bernsteinsäuren: *rac.-* (5,04; 8,17), *meso-α.α'-Dimethyl-* (4,97; 7,58), *rac.-* (4,76; 9,22), *meso-α.α'-Diäthyl-* (5,37; 7,43), *rac.-* (3,66; 11,44), *meso-α.α'-Diisopropyl-* (5,98; 8,10), *rac.-* (3,58; 13,12), *meso-Di-tert.-butyl-* (6,43; 8,29), *rac.-α.α'-Dineopentyl-* (5,22; 9,56), *rac.-α.α'-Bis-[trimethylsilylmethyl]-* (4,96; 9,96), *rac.-* (3,83; 11,59), *meso-α.α'-Dicyclohexyl-* (6,06; 8,35), *Tetramethyl-* (4,84; 10,13), *α.α'-Dimethyl-α.α'-diäthyl-* (4,86; 10,16), *Tetraäthyl-* (4,78; 11,42), *α.α'-Diäthyl-α.α'-diisopropyl-* (4,55; 12,61), *α.α.α'.α'-Bis-[äthylen]-* (5,80; 8,78), *α.α.α'.α'-Bis-[trimethylen]-* (5,68; 9,55), *α.α.α'.α'-Bis-[tetramethylen]-* (5,87; 9,83). *α.α'-Di-[tert.-butyl]-glutarsäure* hoch schm. (6,64; 8,34) u. niedrig schm. (6,68; 8,35), *cis-* (3,33; 10,68) u. *trans-Caron-* (5,45; 7,24), *Malein-* (2,22; 8,82) u. *Fumarsäure* (4,37; 6,19). Bernsteinsäuremonomethylester: *rac.-* (F. 35—37°; pK_E 5,98, pK_1 5,04), *meso-α.α'-Dimethyl-* (F. 45—47°; 5,92, 4,97), *rac.-* ($Kp._1$ 115—119°; 6,01, 4,76), *meso-α.α'-Diäthyl-* (F. 60—63°; 6,04, 5,37), *rac.-* (F. 63—66°; 6,63, 3,66), *meso-α.α'-Diisopropyl-* (F. 120—121°; 6,40, 5,98), *rac.-* (F. 106—108°; 7,44, 3,58), *meso-α.α'-Di-[tert.-butyl]-* (F. 135—137°, 6,83, 6,43), *Tetramethyl-* (F. 66—67°; 6,80, 4,84), *Tetraäthyl-* (F. 52—55°; 7,35, 4,78). D. Groß/Berlin. B 139◇

Die elektrolytische Dissoziation in nichtwässerigen Systemen. 9. Mitt. System p-Anisidin–Allylsenföl. Ss. P. Misskidshjan. (J. physik. Chem. [UdSSR] **33,** 1610 bis 1613, 1959; Lwow, Med. Inst.; russ., Auszug: engl.) — 8. vgl. J. physik. Chem. [UdSSR] **34,** [1960], 157. — Durch Messungen der elektr. Leitfähigkeit (bei 60°) u. Viscosität (bei 68°) im Syst. *p-Anisidin* (F. 57,5°, A.)–*Allylsenföl* ($Kp._{735}$ 149—150,5° n_D^{20} 1,5265; $D.^{20}$ 1,0115) im gesamten Konz.-Bereich wird bewiesen, daß in diesem Syst. 2 Rkk. ablaufen: 1. Bldg. von N-Allyl-N'-p-methoxyphenylthioharnstoff (F. 170 ± 1°, A.) u. 2. Bldg. von N-Allyl-p-anisidiniumrhodanid (I), das als Elektrolyt für die elektr. Leitfähigkeit des Syst. verantwortlich ist. Die Elektrolyse von I erfolgt nach dem Schema: $4\,SCN^- + 2\,H_2O \rightarrow 4\,HSCN + O_2 + 4e$ (Anode); 2. I-Kation + $2\,H_2O$ + $2e \rightarrow 2$ I-Hydroxid + H_2O (Kathode). G. Pötzscher. B 139◇

Die elektrolytische Dissoziation in nichtwässerigen Systemen. 10. Mitt. System Allylsenföl–Piperidin. Ss. P. Misskidshjan, F. N. Koslenko und I. A. Wolina. (J. physik. Chem. [UdSSR] **33,** 2002—06, 1959; russ., Auszug: engl.) — 9. vgl. vorst. Ref.; 11. vgl. C. **1962, 4478.** — Wie l. c. wurde durch Best. der Viscosität, der EMK u. der elektr. Leitfähigkeit beim Erwärmen das Syst. *Piperidin–Allylsenföl* untersucht. Neben N-Pentamethylen-N'-allylthioharnstoff bildet sich N-Allylpiperidiniumrhodanid (I), das sich als Elektrolyt verhält u. dessen Konz. mit dem Erwärmen steigt. Bei der Elektrolyse verhält sich I wie die l. c. untersuchte Verbindung. G. Pötzscher. B 139◇

Elektrolytische Dissoziation einiger Allylaminrhodanide in verschiedenen Lösungsmitteln. Ss. Ss. Kiriljuk und Ss. P. Misskidshjan. (J. physik. Chem. [UdSSR] **33,** 2786—90, 1959; Lwow, Med. Inst.; russ., Auszug: engl.) — Mittels Leitfähigkeitsmessungen werden die Dissoziations-Konst. K von *Allylpyridiniumrhodanid* in Pyridin ($K \cdot 10^4$ 1,55), W. (0,338), W.–A. (50 Mol-% : 2,75; 80 Mol-% : 6,31), A. (79,4), CH_3OH (159,0), W.–Dioxan (33 Mol-% : 2,42; 47 Mol-% : 3,02) u. von *Nicotinoylallyldiäthyl-*

ammoniumrhodanid in W. u. Dioxan–W. bei 20° bestimmt. Zwischen der DK des Lsgm. u. K besteht keine direkte Proportionalität. Beide Verbb. verhalten sich wie mittelstarke, in A. u. CH_3OH nahezu wie starke Elektrolyte. G. Pötzscher. B 139◇

Mechanismen organischer Elektrodenreaktionen. Philip J. Elving und Bernard Pullman. (Advances chem. Physics **3**, 1—31, 1961; Paris, Fac. des Sci., Labor. de Chim. Théor.; engl.) — Übersicht. — 27 Literaturangaben. A. Blaschette. B 142◇

Bestimmung der Molekül-Parameter von C/H-Bruchstücken. M. Cowperthwaite und S. H. Bauer. (J. chem. Physics **36**, 1743—53, 1962; Ithaca, N.Y., Cornell Univ., Dep. of Chem.; engl.) — Zusammenstellung der zur Berechnung der thermodynam. Funktion u. Bldg.-Wärmen zahlreicher C_mH_n-Bruchstücke (die sich bei sehr hohen Temp. im Gleichgewicht befinden) erforderlichen Molekülkonstanten. W. Wesly. B 146◇

Gleichgewichts-Zusammensetzung des C/H-Systems bei erhöhten Temperaturen. Russell E. Duff und S. H. Bauer. (J. chem. Physics **36**, 1754—67, 1962; Los Alamos, N. Mex., Univ. of California, Los Alamos Sci. Labor.; engl.) — Vgl. vorst. Referat. — Die thermodynam. Funktionen einer großen Zahl von C—H-Moll. (Paraffine u. Olefine) werden aus den Mol.-Parametern berechnet (l. c.). Die Gleichgewichts-Zus. des C/H-Gasphasen-Syst. wird für den Bereich C/H = 0,1 bis 3 bei 500—5000°K u. 0,1, 1,0 u. 10 at errechnet. Es zeigt sich, daß >2000°K die stabilen KW-Stoffe für die Charakterisierung des Gleichgewichtes ohne Bedeutung sind. Acetylen-Verbb. u. ihre Radikale bestimmen dann die Zusammensetzung. W. Wesly. B 146◇

Das intermolekulare Potential von Tetrachlorkohlenstoff. Peter Läuger. (Helv. chim. Acta **45**, 1109—18, 1962; Basel, Univ., Physikal.-Chem. Inst.; dt.) — Vf. untersucht, wie weit mit der Lennard-Jonesschen Potentialfunktion (LJ–PF) die Wechselwrkg. zwischen 2 CCl_4-Moll. beschrieben werden kann. Die Temp.-Abhängigkeit des Selbstdiffusions-Koeff. u. der Viscosität von CCl_4-Dampf kann mit demselben Satz von Parametern (PM) recht genau wiedergegeben werden. Dagegen liegen die mit diesen PM berechneten Werte des 2. Virial-Koeff. B (T) um mehr als 50% zu niedrig. Auf Grund des LJ-Potentiales (P) mit physikal. sinnvollen PM-Werten ist eine Angleichung an den experimentell bestimmten Verlauf nicht möglich. Während man bei der dem LJ-P zugrunde liegenden Modellvorstellung das Mol. als punktförmiges Zentrum von Anziehungs- u. Abstoßungskräften ansieht, wird vom Vf. eine abgeänderte PF hergeleitet, bei der das CCl_4-Mol. als ein räumlich ausgedehntes Syst. von Kraftzentren behandelt wird. Das auf Grund dieses Modelles berechnete P verläuft bei kleinen Mol.-Abständen wesentlich steiler als das LJ-P. Mit der abgeänderten PF läßt sich der gemessene Verlauf von B (T) befriedigend wiedergeben. Walter Werner. B 146

Grenzdrücke der Zersetzung von Gemischen aus Acetylen und Kohlenoxid bei hohem Druck. I. Pasquon, G. Albanesi und P. Deganutti. (Chim. e Ind. [Milano] **43**, 396—99, 1961; Milano, Politecn., Ist. di Chim. ind.; ital.) — Es wurde eine App. konstruiert, die im wesentlichen aus einem äußeren u. inneren Autoklaven, einem Kopfstück u. den für alle Sicherheitsbedingungen erforderlichen Zusatzgeräten besteht. Die Rk. wird durch elektr. Schmelzen eines Pt-Drahtes eingeleitet. Die „Grenzdrücke" der Zers. von Gemischen aus mit Wasserdampf gesätt. $C_2H_2 + CO$ bei Raum-Temp. (19°) wurden für einen Gesamtdruck der Mischung von 30—300 atm gemessen; bei geeigneten Verhältnissen von C_2H_2 : CO (ca. 1 : 4) ist ein Partialdruck von 42 atm für C_2H_2 ohne Zers. erreichbar, auch wenn das Schmelzen des Pt-Drahtes im Gas erfolgt. Dieser Partialdruck entspricht der Dampfspannung von C_2H_2 bei 19°. Unter den Vers.-Bedingungen scheint die Zers. von C_2H_2 nicht von der Zers. von CO zu CO_2 u. C begleitet zu sein. Der Bereich der Nichtexplosionsfähigkeit dieser Gemische ist ziemlich weit u es besteht die Möglichkeit, diese bis zu einem Gesamtdruck von einigen 100 atm mit relativ hohem %-Geh. an C_2H_2 ohne Explosionsgefahr zu komprimieren (Abb. u. Diagramme). G. Platzer. B 148□

Der Selbstdiffusionskoeffizient in dampfförmigem Tetrachlorkohlenstoff. P. Läuger, W. Kuhn und M. Thürkauf. (Helv. chim. Acta **45**, 1103—08, 1962; Basel, Univ., Physikal.- Chem.Inst.; dt.) — Die Diffusion von $^{13}CCl_4$-Dampf gegen $^{12}CCl_4$-Dampf wurde mit Hilfe eines auf dem Prinzip der Loschmidtschen Zelle beruhenden Verf. gemessen. Die Temp. lagen zwischen 35 u. 75°, die Drücke teilweise nahe am Sättigungsdruck. Der auf 0° u. 760 Torr red. Selbstdiffusions-Koeff. D_0 beträgt 0,01680 $cm^2/s \pm$ 2%. 2 Abb., Tabelle. Walter Werner. B 149

Trifluormethan: Entropie, Tieftemperaturwärmekapazität, Schmelzwärme, Verdampfungswärme und Dampfdruck. R. H. Valentine, G. E. Brodale und W. F. Giauque. (J. physic. Chem. **66**, 392—95, 1962; Berkeley, Calif., Univ. of California, Dep. of Chem. and Chem. Engng., Low Temp. Labor.; engl.) — Von 15° K bis zum

Kp., der zu 190,97° K bestimmt wurde, zeigt die C_p-Kurve des *CHF_3* einen völlig regelmäßigen Verlauf. F. 117,97° K; Schmelzwärme 970 cal/Mol; Verdampfungswärme am Kp. 3994 cal/Mol. Zwischen 145 u. 191° K wurde der Dampfdruck der Fl. gemessen. Zur Auswertung dieser Werte verwendeten Vff. das von Sherman u. Giauque (C. **1955**, 10687) eingeführte Verf., bei dem die Abweichungen vom idealen Verh. berücksichtigt werden. Der berechnete Tripelpunktsdruck beträgt 0,046 cm; die Sublimationswärme am abs. Nullpunkt 6013,5 cal/Mol. Für die Entropie des idealen Gases bei 190,97° K u. 1 at ergibt sich aus den experimentellen Daten ein Wert von 57,18 [cal/Mol·Grad], aus den Molekulardaten 57,23. Für die Standardentropie bei 298,15° K folgt aus den experimentellen Ergebnissen 62,00 gegenüber 62,05 aus den theoret. Daten. Alle Ergebnisse werden in Form von Tabellen der C_p^0-, S^0-, $(F^0 - H_0)/T$- u. $(H^0-H_0^0)/T$-Werte für Festkörper, Fl. u. Gas zusammengefaßt. Das CHF_3 kann in einer Fraktionierkolonne so leicht gereinigt werden u. der F. ist während des Schmelzvorgangs so konst., daß es sich als Temp.-Standard zum Vgl. mit einem Gasthermometer eignet.
Wolfgang Wagner. B 151□

Verbrennungs- und Bildungswärme von sieben organischen Verbindungen, die Sauerstoff enthalten. Georges S. Parks und Helene P. Mosher. (J. chem. Physics **37**, 919—20, 1962; Stanford, Calif., Stanford Univ., Dep. of Chem.; engl.) — Jeweils 1 g Substanz folgender Verbb. wird bei 30 atm O_2-Anfangsdruck im Bombenkalorimeter bei 25° verbrannt u. die Verbrennungswärmen (Δu in kcal/Mol) in definierten Kalorien (1 cal = 4,184 Joule abs.) mit einem Fehler von ca. 0,02% bestimmt: *p-Xylol-α.α'-diol* ($C_8H_{10}O_2$; $\Delta u = 7233{,}5$); *trans-Zimtsäure* ($C_9H_8O_2$; $\Delta u = 7014{,}3$); *Decanediol-(1.10)* ($C_{10}H_{22}O_2$; $\Delta u = 8744{,}1$); *Benzil* ($C_{14}H_{10}O_2$; $\Delta u = 7713{,}5$); *Desoxybenzoin* ($C_{14}H_{12}O$; $\Delta u = 8708{,}7$); *Benzoin* ($C_{14}H_{12}O_2$; $\Delta u = 7854{,}7$); *1.3-Diphenylpropandion-(1.3)* ($C_{15}H_{12}O_2$; $\Delta u = 7881{,}0$). Die Energie in kcal für den hypothet. Verbrennungsvorgang bei konst. Vol. u. 1 atm Druck, die Werte von Δu bei isobarer Verbrennung (bei 1 atm) u. die aus den einzelnen Elementen berechneten Werte für die Bldg.-Wärme der entsprechenden Verbb. werden zusammengestellt.
H. Schibilla. B 156◇

Die Bildung von micellgleichen Strukturen in wässerigen Glykollösungen. Yuriko Kato. (Chem. pharmac. Bull. [Tokyo] **10**, 771—88, 1962; Tokyo, Univ. Hosp. Pharmacy; engl.) — Vff. untersucht die krit. Micell-Konz. (CMC) mit verschiedenen Meth. (Polarographie, Viscositäts-, DK-, Brechungsindex-, Oberflächenspannungs- u. Solubilisierungsmessungen). Folgende CMC-Werte werden angegeben. *Propandiol-(1.2)* (1,08—1,10), *Propandiol-(1.3)* (1,11—1,14), *Butandiol-(1.2)* (0,54—0,56), *Butandiol-(1.3)* (0,51 bis 0,56), *Butandiol-(1.4)* (0,57—0,59), *Butandiol-(2.3)* (—), *Pentandiol-(1.4)* (0,28—0,30), *Pentandiol-(1.5)* (0,27—0,30), *Pentandiol-(2.4)* (—), *Hexandiol-(1.6)* (0,15—0,16), *Hexandiol-(2.5)* (—), *Octandiol-(1.2)* ($2{,}5—2{,}52 \cdot 10^{-2}$), *Decandiol-(1.10)* ($7{,}70$ bis $8{,}00 \cdot 10^{-4}$), *Dodecandiol-(1.2)* ($3{,}00—3{,}25 \cdot 10^{-5}$). Stoffe ohne Zahlenangabe zeigten keine Micellbildung. Trägt man die CMC in Abhängigkeit von der Anzahl n der C-Atome auf, so ergeben sich folgende empir. Gleichungen: für $C_3—C_6$ gilt $\log CMC = 0{,}899 - 0{,}287$ n bzw. für $C_8—C_{12}$ $\log CMC = 4{,}245 - 0{,}731$ n.

Versuche: *α-Brombuttersäure*, $Kp._{25}$ 125°, aus Buttersäure durch Bromierung mit Br_2 in Ggw. von wenig PCl_3 bei 88—100°; 81,5% (Ausbeute). — *α-Hydroxybuttersäure*, aus vorst. Verb. durch Kochen mit wss. Soda-Lsg.; 85,3%. — *Butandiol-(1.2)*, $C_4H_{10}O_2$, Kp. 193°, aus vorst. Verb. durch Red. mit $LiAlH_4$ in Tetrahydrofuran; 69,4%. — *Pentandiol-(1.4)*, Kp. 221°, aus Lävulinsäuremethylester durch Red. mit $LiAlH_4$. — *Pentandiol-(2.4)*, $Kp._{23}$ 111°, aus Acetylaceton. — *Hexandiol-(2.5)*, $Kp._{20}$ 125,5°, aus Acetonylaceton. — *α-Bromcaprylsäure*, $Kp._{21}$ 156—164°, aus Caprylsäure durch Bromierung; 81,5%. — *α-Hydroxycaprylsäure*, F. 70°, aus vorst. Verb. durch Hydrolyse; 63,9%. — *Octandiol-(1.2)*, $C_8H_{18}O_2$, $Kp._{25}$ 152°, aus vorst. Verb. durch Red. mit $LiAlH_4$; 89%. — *α-Bromlaurinsäure*, $Kp._3$ 165—177°, aus Laurinsäure durch Bromierung; 83,2%. — *α-Hydroxylaurinsäure*, F. 77—78°, aus vorst. Verb. durch Hydrolyse; 46,2%. — *Dodecandiol-(1.2)*, $C_{12}H_{26}O_2$, F. 62—63°, aus vorst. Verb. durch Red. mit $LiAlH_4$; 90,9%.
S. v. Schieszl. B 162◇

Einfluß von Nonylalkohol auf die kritischen Erscheinungen im System Triäthylamin–Wasser. W. K. Ssementschenko und Je. L. Sorina. (J. physik. Chem. [UdSSR] **33**, 1176—83, 1959; Moskau, Akad. der Wiss. der UdSSR, Inst. für allg. u. anorgan. Chem.; russ., Auszug: engl.) — Der Einfl. geringer Zusätze von n-Nonylalkohol (I) auf die Temp.-Abhängigkeit der Viscosität von *Triäthylamin–W.*-Mischungen wird untersucht. Der größte Einfl. von **I** tritt in Mischungen auf, deren Konzz. nahe den krit. sind. Für Mischungen, die nicht nahe den krit. sind, ist der Einfl. von **I** entgegengesetzt denen von Isoamylalkohol (vgl. J. physik. Chem. [UdSSR] **33**, [1959], 523): bei $N(C_2H_5)_3$-Konzz. oberhalb der krit. erleichtern, unterhalb der krit. erschweren **I**-Zusätze das Auftreten der krit. Erscheinungen.
G. Pötzscher. B 172◇

Untersuchungen über die Fließgeschwindigkeit von Flüssigkeiten durch Adsorbentiensäulen. 6. Mitt. Dimensionen der Konstanten in der Gleichung (Vh/t)·η/d = K und in der Darcyschen Gleichung V = K·(D^2/η)dp/dx und der Einfluß der spezifischen Oberflächeneigenschaften der Säule auf die Fließeigenschaften von Flüssigkeiten. D. R. Gupta und Abani K. Bhattacharya. (Indian J. appl. Chem. **24,** 14—15, 1961; Agra, Governm. Coll., Nainital and Agra Coll.; engl.) — 5. vgl. C. **1963,** 20360. — Es wird gezeigt, daß die Fließgeschw. von Fll. von den dynam. Variabeln u. den Oberflächenkräften der Absorptionssäulen abhängt, so daß die Fl. unter konst. Werten von Druckgradient, Temp. u. Teilchenkorngröße fließt. W. Wesly. B 176◇

Untersuchungen über die Fließgeschwindigkeit von Flüssigkeiten durch Adsorbentiensäulen. 7. Mitt. Einfluß der Substituenten im aromatischen Kern auf die Fließgeschwindigkeit der Isomeren. D. R. Gupta und Abani K. Bhattacharya. (Indian J. appl. Chem. **24,** 16—17, 1961; engl.) — 6. vgl. vorst. Referat. — Die Fließgeschw. von *o-* u. *m-Nitro-*, *o-*, *m-* u. *p-Chlortoluol*, *o-*, *m-*, *p-Xylol*, *o-* u. *m-Chloranilin*, *o-* u. *m-Toluidin*, *o-* u. *m-Anisidin*, *o-* u. *p-Phenetidin* durch Säulen mit SiO_2, Al_2O_3, $CaCO_3$, Kieselgur, Fuller-Erde, Tierkohle u. MgO werden bestimmt. Die Fließgeschw. der Isomeren ändert sich mit deren Polarität. W. Wesly. B 176◇

Struktur und Reaktionsweise des C_3H_3-Radikals. G. Giacometti. (Canad. J. Chem. **37,** 999—1000, 1959; Ottawa, Canada, Nat. Res. Council, Div. of Pure Chem.; engl.) — Vf. gibt eine vereinfachte LCAO-MO-Rechnung an für das von Collin u. Lossing (C. **1962,** 12986) massenspektroskop. nachgewiesene bei der photochem. Behandlung von Allen auftretende Radikal C_3H_3. Mit Hilfe einiger qual. Betrachtungen über die Größe der Austauschintegrale der C—C-Bindungen der möglichen Strukturen $\dot{C}H_2$—C≡CH (I) u. CH_2=C=$\dot{C}$H (II) wird gezeigt, daß **I** stabiler als **II** ist. Auch die aus den Indices der freien Valenzen sich ergebenden Rk.-Weisen sprechen mehr für das Vorliegen von **I**. W. Haberditzl. B 182◇

Quasihydrogenoide Niveaus in Molekülkristallen. Paul Pesteil. (J. Chim. physique Physico-Chim. biol. **58,** 661—67, 1961; Marseille, Fac. des Sci., Labor. de Phys. P. C. B.; franz.) — Vf. untersuchte bei 20° K die Absorptionsspektren von C_6H_6, C_6D_6, *Naphthalin* (I) u. $C_{10}D_8$ sowie *Phenanthren* (II) u. $C_{14}D_{10}$. Für die Spektren von **I** u. **II** sowie ihren D-Derivv. wurde mit Sicherheit nachgewiesen, daß sie quasihydrogenoiden Charakter haben; bei den beiden Benzolen ist das jedoch nicht ganz sicher. Diese quasihydrogenoiden Niveaus werden entweder einem Exciton oder Gitterfehlern zugeschrieben. C. Gottfried. B 182

Über die Derivate von 1-Nitronaphthalin mit 4-ständigem Halogen: Isomerie und Polymorphie. Claude Brassy, Françoise Pinçon und Félix-Jean Taboury. (C. R. hebd. Séances Acad. Sci. **253,** 878—80, 1961; Poitiers, Fac. des Sci., Labor. de Chim.; franz.) — Von *4-Chlor-1-nitronaphthalin* gibt es 2 Formen, eine mit F. 85° (**I**) u. eine mit F. 64° (**II**). Es sind jedoch keine polymorphen Formen, da die **I**-Schmelze nicht **II** liefert u. umgekehrt. Es handelt sich demnach um Isomerie. Neben dem bekannten *4-Brom-1-nitronaphthalin* mit F. 86° (**III**) fanden Vff. eine zweite Form mit F. 71° (**IV**), die aus der Schmelze von **III** erhalten wurde. Vff. konnten zeigen, daß es sich bei **III** u. **IV** auch um Isomerie handelt. So stimmen z. B. die Pulverdiagramme von **I** u. **III** bzw. **II** u. **IV** fast überein. Vff. konnten ferner 2 Reihen von Isotypie nachweisen, u. zwar die Reihen *4-Fluor-1-nitronaphthalin*–**I**-**III** u. **II**-**IV**. *4-Jod-1-nitronaphthalin* (F. 123°). Die beiden Reihen konnten auch durch Pulverdiagramme bestätigt werden. Es wird eine Deutung der Beobachtungen gegeben. C. Gottfried. B 190△

Kristallstruktur von Äthylstearat. Stig Aleby. (Acta crystallogr. [Copenhagen] **15,** 1248—52, 1962; Göteborg, Univ., Crystallogr. Group of Med. Biochem.; engl.) — Mit $Cu_{K\alpha}$-Strahlung wird die Struktur von *Äthylstearat* untersucht. Die Substanz ist monoklin; Raumgruppe C_s^4; a = 5,59 ± 0,02; b = 7,40 ± 0,02; c = 57,1 ± 0,4 Å; β = 118° ± 30′; Z = 4; berechnete Dichte = 0,995 g·cm^{-3}. Die Bindungslängen u. die Winkel zwischen den Atomen werden tabelliert u. diskutiert. Die Ketten-Moll. sind flächenhaft ausgebildet. Die langen Ketten bilden gegen die Endgruppenebene einen Neigungswinkel von 64°. Sie sind orthorhomb. aneinandergelagert [Abmessungen der Unterzelle (subcell): a_s = 5,02; b_s = 7,40; c_s = 2,51 Å; Winkel zwischen a_s u. c_s 89,3°]. Die Abweichungen der einzelnen Gruppen des Mol. von der Ebene werden behandelt. Das Mol. wird durch die Carboxylgruppen gebunden. Die OC_2H_5-Gruppen sind nahezu hexagonal angeordnet. H. Schibilla. B 195◇

Untersuchung der Kristallstruktur von N-p-Bromphenylbernsteinsäureimid. Jacqueline Barassin, Georges Tsoucaris und Henri Lumbroso. (C. R. hebd. Séances Acad. Sci. **253,** 2546—48, 1961; Paris, Sorbonne, Labor. de Chim. gén.; Bellevue, Labor. de Cristallogr. Appl.; franz.) — *N-p-Bromphenylbernsteinsäureimid* kristallisiert rhomb. u. hat nach Weißenberg-Aufnahmen die Zelldimensionen a = 19,74 ± 0,04

(Å); b = 7,83 ± 0,03; c = 6,44 ± 0,03; Raumgruppe ist $P\,2_1\,2_1\,2_1$; Z = 4. Die Struktur wurde mit Hilfe von Patterson-Projektionen u. weiterer Verfeinerung der Parameter mit Hilfe der Meth. der kleinsten Quadrate bestimmt. Die Parameter sind angegeben. Eine vorläufige Auswertung der Struktur ergab für den Winkel zwischen der $N-C_{(4)}$-Bindung u. seiner Projektion auf die Ebene der Succinimidgruppe den Wert von ca. 15° u. für den Winkel zwischen den Phenyl- u. Succinimidgruppen einen Wert um 60°. C. Gottfried. B 195△

Anwendung der Methode der kleinsten Quadrate auf die Bestimmung der Atomkoordinaten Z_n in der Struktur von p-Bromphenylbernsteinsäureimid. G. Tsoucaris. (Bull. Soc. franç. Minéralog. Cristallogr. **84,** 376—81, 1961; Bellevue, C.N.R.S., Labor. de Cristallogr. Appl.; franz.) — Vgl. vorst. Referat. — Vf. wendete die Meth. der kleinsten Quadrate zur Schnellbest. der l. c. angegebenen Struktur von *N-p-Bromphenylbernsteinsäureimid* an. Hierbei wird die Meth. sukzessive auf verschiedene Gebiete des reziproken Abstandes angewendet. C. Gottfried. B 195△

Über die Änderungen des gleichen Abstandes der Grandjeanschen Ebenen in Gemischen von aktivem und inaktivem p-Cyanbenzalaminozimtsäureamylester verschiedener Konzentration. René Cano und Pierre Chatelain. (C. R. hebd. Séances Acad. Sci. **253,** 1815—17, 1961; Montpellier, Fac. des Sci., Labor. de Minéral.-Cristallographie; franz.) — An Gemischen von *akt.* (I) u. *inakt.* (II) *p-Cyanbenzalaminozimtsäureamylester* mit Geh. τ von 0,123—0,549 an I in dem Gemisch maßen Vff. den Abstand der Grandjeanschen Ebenen [1921] u. die Ganghöhen p_N der cholesterin. Schraubenstruktur. Der mittlere Wert von $K = \tau \cdot p_N$ betrug 0,65, p_N ändert sich umgekehrt mit dem Geh. an I. Wie bereits früher (vgl. C. **1962, 14446**) festgestellt, änderte sich auch das Drehungsvermögen linear mit dem reziproken Geh. an akt. Substanz, so daß die Beobachtungen in Übereinstimmung mit einer Voraussage von De Vries (vgl. C. **1952,** 4725), wonach Proportionalität zwischen dem Drehungsvermögen u. der Ganghöhe bestehen sollte. C. Gottfried. B 195△

Relative Stabilität einiger isomerer α-Ketole mit oder ohne zur Carbonylgruppe konjugiertem Phenylrest. Stabilisierende Faktoren für nicht konjugierte Ketole. Pascal Colard, Irène Elphimoff-Felkin und Michèle Verrier. (Bull. Soc. chim. France **1961,** 516—20; Paris, C.N.R.S., Fac. de Méd.; franz.) — In Ggw. von 0,1 Mol Al-tert.-Butylat (I) in Toluol werden *Dimethylbenzoylcarbinol* (II; $Kp._{14}$ 124—125°, $Kp._{0,6}$ 80—81°; *Semicarbazon,* F. 188,5—190°) bzw. *Phenylmethylacetylcarbinol* (III; $Kp._{14}$ 123,5—124,5°, $Kp._{1,8}$ 93—95°, aus Diacetyl u. C_6H_5MgBr; 55% Ausbeute; *Semicarbazon,* F. 189—191°) in 24 Std. (3,5; 0,6) bei 80° (120°; 150°) in ein Gemisch von 14% (15; 16) II u. 86% III verwandelt. Dagegen wird bei der Isomerisierung von *Phenylmethylbenzoylcarbinol* (IV; F. 66—67,5°; *Oxim,* F. 125°) bzw. *Diphenylacetylcarbinol* (V; F. 65 bis 66,5°; *Oxim,* 159—160°) in Ggw. von I der konjugierte Partner **IV** mit 85% gegenüber **V** mit 15% erhalten. Hiernach existieren verschiedene Faktoren (ster. Hinderung, H-Brücken, Ggw. eines asymm. C-Atoms, Hyperkonjugation u. Wechselwrkg. zwischen C_6H_5 u. CO), die beim 1. Isomerenpaar **III** begünstigen. Der Energiegewinn zufolge jedes einzelnen dieser Faktoren ist geringer als die Konjugationsenergie, der Gesamtgewinn aber ausreichend, um **III** zu stabilisieren. Beim 2. Isomerenpaar liegen die Verhältnisse umgekehrt, obgleich die Energiedifferenz zwischen beiden nur 1,3 kcal beträgt. Die UV-Frequenzen sowie die IR-Frequenzen der freien u. chelatisierten OH-Gruppe sind angegeben von **II, III, IV, V,** *Benzoylcyclopentanol* (**VI**) u. *2-Phenyl-2-hydroxycyclohexanon.* — *2-Methyl-2-phenylcyclohexanon* (*Semicarbazon,* F. 211—213°; *Oxim,* F. 157—159°) wird aus **VI** u. CH_3MgBr u. anschließende Dehydratisierung gewonnen. Helmut Weber. B 221□

Wasserstoffbindungen zwischen Modell-Peptidgruppen in Lösung. Irving M. Klotz und James D. Franzen. (J. Amer. chem. Soc. **84,** 3461—66, 1962; Evanston, Ill., Northwestern Univ., Chem. Labor.; engl.) — Die Aggregation von *N-Methylacetamid* (Kp. 205—206°) durch Bldg. von intermol. Amid—H-Bindungen wird in W., Dioxan (I) u. CCl_4 IR-spektroskop. im Bereich von 1,4—1,6 μ untersucht. Die Stabilitäts-Konst., Enthalpien u. Entropien der Bldg. der H-Bindung (Dimerisierung) werden ermittelt (ΔF^0: in W. 3,1 [kcal/Mol], I 0,39, CCl_4 —0,92; ΔH^0 0,0 [kcal/Mol], —0,8, —4,2; ΔS^0 —10 [Gibbs/Mol], —4, —11). In wss. Lsg. hat die H-Bindung des Peptidmodells im wesentlichen keine innere Festigkeit. Die Bindungsfestigkeit ist in I gering, in CCl_4 mäßig stark. Es erscheint unwahrscheinlich, daß Interpeptid—H-Bindungen wesentlich zur Stabilisierung der makromol. Konfiguration in wss. Lsg. beitragen. W. Wesly. B 223◇

Untersuchung der Wasserstoffbindung in den Komplexen Amin-Alkohol durch kernmagnetische Resonanz. 2. Mitt. Komplexe zwischen Diäthylamin und Triäthylamin und den normalen und sekundären Butanolen. Th. Zeegers-Huyskens, P. Huyskens und P. Van Tiggelen. (Bull. Soc. chim. belges **70,** 386—402, 1961; Louvain, Univ.,

Labor. de Chim. Phys.; franz.) — 1. vgl. C. **1962,** 6726. — Vff. untersuchten die kernmagnet. Resonanz von Lsgg. von *n-Butylalkohol* (**I**)-*Diäthylamin* (**II**), **I**-*Triäthylamin* u. *Butanol-(2)*-Triäthylamin u. ihren Lsgg. in Benzol bei 25° u. 56,4 MHz. Aus den Messungen ergab sich, daß die Eigenverschiebung des Protons der Brücke in dem Komplex $R_3N\cdots HOR$ ca. 0,5 ppm von dem H_2O-Maximum entfernt liegt. Die beobachtete Abhängigkeit der OH-Verschiebung von den Amin- u. Alkohol-Konzz. weist darauf hin, daß auch eine Assoziation des Amins mit den Polymoll. des Alkohols auftritt.

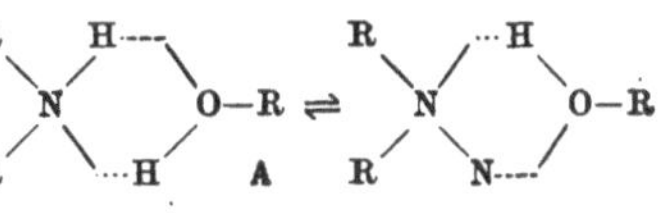

Die Protonen der Aminogruppe von **II** u. der OH-Gruppe des Alkohols zeigen ein gemeinsames Maximum, was einem sehr raschen Austausch der 2 Protonen zuzuschreiben ist. Aus den bekannten Leitfähigkeitsdaten kann man herleiten, daß der Übergang zu der Ionenform $R_2NH_2^+$ zu langsam ist, um die Schnelligkeit des Austauschs zu erklären. Vff. schließen daher, daß der Austausch zu einem beträchtlichen Teil in dem Komplex direkt stattfindet u. zwar über eine doppelte, nicht lineare H-Bindung des Typs **A.** Die bei ca. 1,75 ppm liegende Eigenverschiebung dieser Protonen liegt in der Mitte zwischen der des Komplexes des prim. u. der des tert. Amins, so daß die Hypothese von Doppel-H-Bindungen gerechtfertigt zu sein scheint. C. Gottfried. B 223

Die Rolle der Komplexe mit „homöotopen" Wasserstoffbindungen bei schnellem Protonenaustausch. P. Huyskens und Th. Zeegers-Huyskens. (Bull. Soc. chim. belges **70,** 511—18, 1961; franz.) — Vgl. vorst. Referat. — Überblick an Hand der Literatur. C. Gottfried. B 223

Spektroskopische Untersuchungen von Ladungsübergangs-Komplexen. 4. Mitt. **Benzonitril und Jod, Brom, Jodmonochlorid und Jodmonobromid.** Peter Klaboe. (J. Amer. chem. Soc. **84,** 3458—60, 1962; Oslo, Univ. of Oslo, Dep. of Chem.; engl.) — 3. vgl. Yada u. Mitarbeiter, Bull. chem. Soc. Japan **33,** [1960], 1660. — Spektroskop. Unterss. über die Wechselwrkg. zwischen *Benzonitril* (**I,** Kp. 191°), J_2, Br_2, *JCl* u. *JBr* in CCl_4 zeigen, daß sich 1:1-Komplex-Verbb. mit den Bldg.-Konst. (bei 20°) 0,8 ± 0,1, 0,2 ± 0,05, 8,1 ± 0,2 u. 2,0 ± 0,15 bilden. Im Vgl. mit den entsprechenden Acetonitrilkomplexen ist **I** ein etwas stärkerer Donator. Im UV-Bereich > 250 mμ werden keine Ladungsübergangsbanden festgestellt. W. Wesly. B 223◇

Thermodynamik der Pyrrol-Pyridin-H-Bindung. Harold J. Wimette und Robert H. Linnell. (J. physic. Chem. **66,** 546—48, 1962; Burlington, Vt., Univ. of Vermont, Dep. of Chem.; engl.) — Zur Unters. der Assoziationsgleichgewichte führten Vff. zwischen 11 u. 47° IR-Absorptionsmessungen mit Lsgg. jeweils verschiedener Zus. von *Pyrrol* (**I**)-*Pyridin*, **I**-*2-Methylpyridin* u. **I**-*2.6-Dimethylpyridin* in CCl_4 durch. Aus den Gleichgewichts-Konst. der Assoziation wurden für obige Syst. in gleicher Folge berechnet: ΔH^0_{298}: —3,2, —3,8, —3,4 kcal/Mol; ΔF^0_{298}: —0,54, —0,58, —0,68 kcal/Mol; ΔS^0_{298}: —8,9, —10,8, —9,2 cal/Mol·Grad. Aus diesen Ergebnissen wird geschlossen, daß die Methylgruppe eine Erhöhung der Basizität des Pyridins bewirkt. Die Abweichungen von diesem Verh. beim 2.6-Dimethylpyridin werden auf einen ster. Effekt im CCl_4 zurückgeführt, der die Wrkg. der Methylgruppe überkompensiert.
Wolfgang Wagner. B 223□

Molekülumlagerung und Spaltung von Äthern durch alkalische Reagentien. J. Cast und T. S. Stevens (unter Mitarbeit von J. Holmes). (J. chem. Soc. [London] **1960,** 3521 bis 35 27; Glasgow u. Sheffield, Univ.; engl.) — Unter dem Einfl. eines alkal. Reagenzes kann eiin Äther mit beweglchem α-ständigem Proton sich umlagern oder gespalten werden: $CR_2R'OH \xleftarrow{a} CHR_2OR' \xrightarrow{b} COR_2 + R'H$. Benzylphenacyläther wird in n-butanol. Na-n-Butylat (**I**), wahrscheinlich durch Dehydrierung u. Benzilsäureumlagerung des Primärprod., in *Benzylphenylglykolsäure* umgelagert, 4-Nitrobenzylphenacyläther (**III**) gibt *p-Nitrotoluol* (**XXIX**). Aus Allylphenacyläther entsteht analog *2-Hydroxy-2-phenylpenten-(4)* [u./oder -*(3)*]-*säure*, die mit HJ u. rotem P zu *α-Phenylvaleriansäure* red. wird. Phenylphenacyläther (**XXX**) zersetzt sich unter Bldg. von *Phenol*, als Haupt-Prod. entsteht *1-Phenyl-2-phenoxyäthanol*. Acetonylbenzyläther liefert mit **I** keine homogenen Produkte. Fluorenyl-(9)-methyl- u. -phenyläther reagieren nicht mit **I,** dagegen wird Benzylfluorenyl-(9)-äther (**IX**) in *9-Benzylfluorenol-(9)* umgelagert. Analog entstehen aus 4-Brom- (**X**) u. 4-Jodbenzylfluorenyl-(9)-äther (**XIII**) *9-[4-Brom-* u. *-Jodbenzyl]-fluorenol-(9)*, während 4-Nitrobenzylfluorenyl-(9)-äther (**XIV**) in *Fluorenon* (**XXXI**) u. **XXIX** gespalten wird. Diphenylmethyl-4-nitrobenzyläther (**XXIV**) liefert entsprechend *Benzophenon* u. **XXIX.** (±)-[Fluorenyl-(9)]-α-methylbenzyläther (**XVII**) wird ebenso wie opt. akt. **XVII** zu (±)-*9-[α-Methylbenzyl]-fluorenol-(9)* umgelagert. Buten-(2)-yl-fluorenyl-(9)-äther (**XXI**) u. [Fluorenyl-(9)]-1-methylallyläther (**XXII**) liefern hohe Ausbeuten an *9-[Buten-(2)-yl]-fluorenol-(9)*. Cinnamylfluorenyl-(9)-äther (**XXIII**) lagert sich analog **XXI** um u. bildet *9-Cinnamylfluorenol-(9)*. Benzyl-α-cyanbenzyläther (**XXVII**) reagiert unter Bldg. von HCN zu *Desoxybenzoin*. α-Cyanbenzylmethyl- u. -phenyläther reagieren nicht so. Allyl-α-cyanbenzyläther (**XXVIII**) liefert HCN u. wenig *Acetophenon*.

Versuche: Phenacyläther: *Benzyl-* (**II**), $C_{15}H_{14}O_2$, F. 62—64° [Methanol (Me)–W.], Kp.$_{16}$ 206°, aus Benzyloxyacetonitril mit Phenyl-MgBr neben *Biphenyl*. *2.4-Dinitrophenylhydrazon*, $C_{21}H_{18}N_4O_5$, F. 182—184° (Chlf.–Me), orangefarbene Nadeln. — *4-Nitrobenzyl-* (**III**), $C_{15}H_{13}NO_4$, F. 98—99° (Me oder A.), aus Diazoacetophenon u. 4-Nitrobenzylalkohol in Bzl. durch Zugeben von äther. BF_3. — *Allyl-*, Kp.$_{14}$ 130—143°, aus einem Gemisch von 8,2 g NaCN mit 38%ig. methanol. HCHO-Lsg. u. 20,2 g Allylbromid (**VI**) in Me über *Allyloxyacetonitril* (C_5H_7NO, Kp. 149—157°) u. Umsetzen mit Phenyl-MgBr; ca. 67% (Ausbeute); daneben **V**. *2.4-Dinitrophenylhydrazon*, $C_{17}H_{16}$·N_4O_5, F. 137° (A.), orangerote Nadeln. — *Phenacyl-*, $C_{16}H_{14}O_3$, F. 117—118° (Me oder PAe.), aus Phenacylbromid (**VII**) u. Ag_2O in Toluol durch 12std. Kochen. — *Phenacylnitrat*, $C_8H_7NO_4$, F. 53,5—54° (Me, gekühlt mit Aceton/CO_2), aus **VII** in Bzl. mit $AgNO_3$ in abs. Acetonitril (**XI**) durch Erwärmen. *2.4-Dinitrophenylhydrazon*, $C_{14}H_{11}N_5O_7$, F. 176—177°. — Fluorenyl-(9)-äther: *Phenyl-*, $C_{19}H_{14}O$, F. 79—80° (Me), Kp.$_{0,5}$ 78 bis 80°, aus K-Phenolat u. 9-Bromfluoren (**XII**) durch 5std. Kochen in Xylol. — *Benzyl-* (**IX**), $C_{20}H_{16}O$, F. 68—69°, aus **XII** in Bzl. durch Zugeben von $AgNO_3$ in Benzylalkohol (**VIII**). — *4-Brombenzyl-* (**X**), $C_{20}H_{15}BrO$, F. 100—101° (Me), aus p-Bromtoluol durch Bromieren in CCl_4 in Ggw. von Dibenzoylperoxid u. Rk. des entstandenen *4-Brombenzylalkohols* mit $AgNO_3$ in **XI** u. mit **XII** in Benzol. — *4-Jodbenzyl-* (**XIII**), $C_{20}H_{15}JO$, F. 116° (Me), analog **X** — *4-Nitrobenzyl-*, $C_{20}H_{15}NO_3$, F. 125—126° (Aceton–Me), aus 83 g 4-Nitrobenzylchlorid u. 54 g Na-Formiat in wss. HCOOH durch 24std. Kochen über *4-Nitrobenzylalkohol* [F. 92—93° (W.)] u. Rk. mit $AgNO_3$ u. **XII**. — (+)-*α-Methylbenzyl-*, $C_{21}H_{18}O$, F. 94—95° (A.), aus (+)-α-Methylbenzylalkohol [(+)-**XVI**] ($[\alpha]_D^{23}$ +10,6) mit **XII** u. Ag_2SO_4; $[\alpha]_D^{22}$ +169,6 (A.). (—)-*Verb.* (**XVII**), F. 94—95° (A.), analog aus (—)-**XVI** ($[\alpha]_D^{23}$ —11,09); $[\alpha]_D^{22}$ —164,6 (A.). (±)-*Verb.* (**XVII**), F. 68—69° (Me). — *p-Nitrophenäthyl-* (**XIX**), $C_{21}H_{17}NO_3$, F. 97—98,5° (Me), aus **XII** u. p-Nitrophenäthylalkohol in **XI** mit Ag_2SO_4. — *Allyl-* (**XX**), analog aus Allylalkohol neben einer *Verb.* $C_{16}H_{11}Cl_3$, F. 98° (Me). — *Buten-(2)-yl-* (**XXI**), $C_{17}H_{16}O$, F. 39—40° (Me), Kp.$_{0,5}$ 120—130°, aus überschüssigem Buten-(2)-ol, **XII** u. Ag_2SO_4; gibt beim Hydrieren über Pd/C *Fluorenol*. *Dibromid*, $C_{17}H_{16}Br_2O$, F. 83—84° (A.), aus **XXI** in CCl_4. — [*1-Methylallyl*]-(**XXII**), Kp.$_{0,2}$ 160°, analog aus 1-Methylallylalkohol; *Dibrom-Deriv.*, F. 146—148°. — *Cinnamyl-* (**XXIII**), $C_{22}H_{18}O$, F. 103° (Me), analog **XIX** oder mit $AgNO_3$. — *sek.-Butyl-*, $C_{17}H_{18}O$, F. 27—28°, analog aus sek.-Butanol u. Chromatographie an Al_2O_3 in PAe.; aus PAe. oder Methanol Nadeln. — *Diphenylmethyl-4-nitrobenzyläther* (**XXIV**), $C_{20}H_{17}$·NO_3, F. 64—65° (Me), analog **X** mit Ag_2SO_4. — α-Cyanbenzyläther: *Methyl-*, Kp.$_{27}$ 128°, aus $POCl_3$ u. α-Methoxy-α-phenylacetamid in Pyridin durch 1/4 std. Erwärmen auf <100° (Meth. **A**). — *Phenyl-*, $C_{14}H_{11}NO$, F. 63° (Ligroin), durch 1std. Rk. von Phenol, Na-Staub u. Phenylchloressigsäuremethylester (**XXXII**) in Toluol zu *α-Phenyl-α-phenoxyessigsäuremethylester* (Kp.$_{23}$ 208—210°), 18std. Erwärmen mit methanol. NH_3 auf 68 bis 70° u. Behandeln des entstandenen *α-Phenyl-α-phenoxyacetamids* [$C_{14}H_{13}NO_2$, F. 154° (Bzl.-Ligroin)] nach **A**. — *Benzyl-* (**XXVII**), $C_{15}H_{13}NO$, Kp.$_{13}$ 192—194°, durch 1½ std. Erhitzen von **XXXII** mit Na in **VIII** auf einem Dampfbad, 22std. Erhitzen des Rk.-Prod. mit gesätt. methanol. NH_3 u. Behandeln des entstandenen *α-Benzyloxy-α-phenylacetamids* ($C_{15}H_{15}NO_2$, F. 134—135°; aus Me Nadeln, nach **A**. — *Allyl-* (**XXVIII**), $C_{11}H_{11}NO$, Kp.$_{16}$ 132—134°, durch 4std. Rk. von Mandelsäuremethylester mit Ag_2O in **VI** auf dem Dampfbad u. 16std. Behandeln mit methanol. NH_3 zu *α-Allyloxy-α-phenylacetamid* ($C_{11}H_{13}NO_2$, F. 74°; aus W. Nadeln) u. Umsetzen nach **A**. — *α-Allyloxypropionsäureäthylester*, $C_8H_{14}O_3$, Kp.$_{15}$ 50°, aus 34 g Ag_2O, 10 g Äthylactat u. 17 ml **VI** durch 4std. Rk. auf dem Dampfbad; 2 g. — *α-Allyloxypropionsäureamid*, $C_6H_{11}NO_2$, F. 41° (Ligroin), Kp.$_{20}$ 107°, aus vorst. Verb. mit methanol. NH_3. — *2-Phenoxy-2-phenyläthanol*, $C_{14}H_{14}O_2$, F. 78—79° (Ligroin), aus Styrolchlorhydrin durch 5std. Kochen mit Na in Äthanol. — *9-Buten-(2)-ylfluorenol-(9)*, $C_{17}H_{16}O$, F. 109—110°, a) aus **XXI** mit 1 n **I** durch 2std. Erhitzen auf 120° (Meth. **B**); 80% Ausbeute; b) aus **XXII** nach **B**. — *9-n-Butylfluorenol-(9)*, F. 125—126°, durch 2½std. Hydrieren von vorst. Verb. über Raney-Ni in A. bei Raum-Temp.; 65%. — *α-Phenylvaleriansäure*, F. 44—47° (Ligroin), aus α-Hydroxy-α-phenylpenten-(4)-säure mit HJ u. rotem P durch 20std. Kochen. *Amid*, F. 82 bis 84°. — *1-Phenyl-2-phenoxyäthanol*, $C_{14}H_{14}O_2$, F. 61° (PAe.), aus **XXX** nach **B** in 20 Minuten. — Fluorenole-(9): *9-Benzyl-*, a) aus **IX** nach **B**; 70%; b) aus **IX** mit KNH_2/NH_3/Ae. durch 1std. Rk. bei —30 bis +10° neben **XXXI**. — *9-[4-Brombenzyl]-*, $C_{20}H_{15}BrO$, F. 144—145° (Bzl.-PAe.), aus **X** nach **B** neben **XXXI**; 61%. — *9-[4-Jodbenzyl]-*, $C_{20}H_{15}JO$, F. 153—154° (PAe.), aus **XIII** nach **B** neben **XXXI**; 45%. — (±)-*9-[α-Methylbenzyl]-*, $C_{21}H_{18}O$, F. 78—80° (PAe.), a) aus **XVII** mit 1,4 n **I** durch 2std. Rk. bei 110°; 80%; b) aus **XVII** mit Phenyl-Li in Ae. durch 4 Min. lange Rk. bei 15°;

60%; c) aus (±)-**XVII** nach **B**; aus PAe. Nadeln — *Verb. mit F. 220°*, aus **XIX** mit 0,7 n **I** durch 10 Min. lange Rk. bei 70°, neben **XVII**. — *9-Allyl-*, aus **XX** nach **B**. — *9-Cinnamyl-*, $C_{22}H_{18}O$, F. 85—86,5° (PAe.), a) aus **XXIII** nach **B** in 20 Min.; 70%; b) aus **XXIII** mit Phenyl-Li in Ae. bei 15°; 90%. — *9-Cinnamylidenfluoren*, aus 0,15 g vorst. Verb. in CH_3COOH/H_2SO_4; 0,11 g. — *Acetophenon*, aus **XXVIII** mit 0,5 n **I** durch 3 Min. lange Rk. bei 120° neben 40% *HCN*. — *Desoxybenzoin*, a) analog aus **XXVII** in 10 Min.; 30%; daneben 43% *HCN*; b) aus **XXVII** mit Na-Acetat in sd. Äthylenglykol; c) durch $Na_2Cr_2O_7$-Oxydation von **XXVI**. — *Benzylmethylglykolsäure, Cd-Salz*, $C_{20}H_{22}CdO_4$, aus der Säure durch Kochen mit $CdCO_3$ in Me; hygroskop. Nadeln aus Me/CH_3COOH. G. Marquard. B 225

Rolle der heterogenen Faktoren bei der Oxydation von Formaldehyd. A. M. Markewitsch und L. F. Filippowa. (J. physik. Chem. [UdSSR] **33**, 2214—21, 1959; Moskau, Akad. der Wiss. der UdSSR, Inst. für phys. Chem.; russ., Auszug: engl.) — Die Oxydation von *CH_2O* bei 377—550° wird unter stat. Bedingungen u. im Strömungs-Syst. manometr. u. calorimetr. untersucht. In mit $K_2B_4O_7$ behandelten Gefäßen verläuft die Rk. ohne Selbstbeschleunigung. Haupt-Prodd. sind CO, H_2O u. CO_2, die Aktivierungsenergie E beträgt 50 (kcal/Mol). In reinen Glas- oder Quarzgefäßen wird eine längere Induktionsperiode beobachtet. Prodd. sind H_2O_2, $(HOCH_2)_2O_2$, HCO_2H u. H_2, E beträgt 26. G. Pötzscher. B 225◇

Oxydativer Abbau der aliphatischen Ketten von cyclischen Systemen. Tiberio Bruzzese, Giuseppe Casnati, Franco Piozzi und Paola Vita-Finzi. (Atti Accad. naz. Lincei, Rend., Cl. Sci. fisiche, mat. natur. [8] **30**, 55—61, 1961; Milano, Politecn., Ist. di Chim. Gen.; ital.) — Untersucht wird der oxydative Abbau von *Butter-* (**I**), *Valerian-* (**II**), *Capron-* (**III**), *Önanth-* (**IV**), *Isobutter-* (**V**), *Isovalerian-* (**VI**), *Isocapron-* (**VII**) u. *Isoönanthsäure* (**VIII**) mit $KMnO_4$ in wss.-alkal. bei 70—80° (pH 7—8; a), in aceton. Medium (b) u. mit konz. HNO_3 unter Rückfluß (c). Die erhaltenen flüchtigen Prodd. werden direkt gaschromatograph. unter Verw. einer mit 25% Isooctylsebacat u. 3,75% Sebacinsäure gefüllten Celitesäulen bei 140—160° ermittelt. Zur Oxydation nach a u. b wurden 2,2 Mol $KMnO_4$/Mol Säure eingesetzt. Es wurde gefunden, daß die nach a erhaltenen Äquivalente der flüchtigen Fraktionen für **I**—**IV** wenig niedriger als die der dem Abbau unterworfenen Säuren sind, daß für **V**—**VIII** nur die Hälfte der Moll. zu flüchtigen Fettsäuren (FS) abgebaut werden, daß nach b ausschließlich flüchtige FS erhalten werden, in welchen alle niedrigeren Homologen der eingesetzten Säure anwesend sind u. daß der Abbauverlauf nicht wie nach a u. c mit der Kettenlänge variiert u. das der Oxydation unterzogene Prod. zu 70% im flüchtigen Anteil vorliegt. Die nach c erhaltenen Daten liefern ein Maß für den zunehmenden Abbau bei wachsender Kettenlänge. Aus **I**—**IV** werden nach c auch Dicarbon-, aus **V**—**VIII** Hydroxysäuren erhalten, die durch Verteilungschromatographie an einer Kieselgelsäule aus den nichtflüchtigen Fraktionen isoliert werden konnten; daneben werden wenig Prozente von nicht identifizierten Nitrosäuren gefunden. Auf Grund dieser ersten Teil-Verss. wird der oxydative Abbau von einigen alkylaromat. Syst. u. von Natursubstanzen, z. B. *2-Isoamyl-5-heptylphenol* (**IX**), *2-Amino-3.5-diisoamylbenzoesäure*, *Hydroechinin*, *Hydroechinulin* u. der dazugehörigen Indolbase, *Isoamylbenzol* u. *Heptylhydrochinondimethyläther* nach a, b u. c untersucht. Im Falle von **IX** konnte deutlich die Anwesenheit von mehreren Seitenketten gezeigt werden. G. Platzer. B 225□

Abbauende katalytische Hydrierung von heterocyclischen Stickstoffverbindungen. K. E. Cox und L. Berg. (Chem. Engng. Progr. **58**, Nr. 12, 54—55, 1962; Pittsburgh, Calif., Dow Chem. Co.; Boseman, Mont., Montana State Coll.; engl.) — In einem kontinuierlich arbeitenden Strömungsreaktor wurde die Geschw. der abbauenden katalyt. Hydrierung bei 700° F nachst. Verbb. untersucht, gemessen u. durch Modell-Rkk. gedeutet. Rk. 2. Ordnung bei: *Pyrrol, N-Methylpyrrol, Pyrrolidin, N-Methyl-* u. *-Butylpyrrolidin, Indol.* Rk. 1. Ordnung bei: *Pyrazin, Pyridin, 2-, 3-, 4-Picolin, 2-* u. *4-Äthyl-, 4-Isopropyl-, 2-* u. *4-Benzylpyridin, 2.4-, 2.6-, 3.4-* u. *3.5-Lutidin, 3-Äthyl-4-methylpyridin, 2.4.6-Kollidin, Piperazin, Piperidin, 2-Methyl-* u. *2.6-Dimethylpiperidin, Chinolin, Acridin.* I. Vieweg. B 225◇

Über das Bildungsverhältnis von Chlormethanen in Abhängigkeit von der Reaktionskinetik. Andrea Scipioni und Ezio Rapisardi. (Chim. e Ind. [Milano] **43**, 1286—93, 1961; Padova, Univ., Ist. di Chim. ind.; ital.) — Der Einfl. der Rk.-Kinetik auf das Bldg.-Verhältnis von Chlormethanen (CM) bei der Chlorierungs-Rk. von *CH_4* wird untersucht u. gezeigt, daß die Prod.-Zus. beim Variieren der Rk.-Temp. von den Verhältnissen der spezif. u. relativen Geschw.-Konst. (K) der aufeinanderfolgenden Rkk. abhängig ist. Die Unters. der Chlorierung von *CH_3Cl* erfolgt nach den für CH_4 benutzten Richtlinien dahingehend, unter welchen Bedingungen bei den in diesem Fall zwischen den spezif. u. relativen K der aufeinanderfolgenden Rkk. bestehenden Verhältnissen größere Ausbeuten an CH_2Cl_2 erzielt werden. In beiden Fällen sind die Effekte je nach Vers.-Temp. u. Beschickung mehr oder weniger deutlich. Nach theoret. Voraussage ist zur Erzielung hoher Ausbeuten an CH_2Cl_2 zuerst die Chlorierung von CH_4 u. anschließend die von CH_3Cl auszuführen. G. Platzer. B 225□

Reaktivität cyclischer Peptide. 1. Mitt. **Transanulare Histidin–O-Acetyltyrosin-Wechselwirkung.** Kenneth D. Kopple und Danute E. Nitecki. (J. Amer. chem. Soc. **83,** 4103—04, 1961; Chicago, Ill., Univ. of Chicago, Dep. of Chem.; engl.) — Cyclo-glycyl-L-histidylglycyl-L-tyrosylglycylglycyl (I; $C_{23}H_{28}N_8O_7$) wird dargestellt [58% (Ausbeute), pK_a 6,65 u. 10,05(±0,1)]. Es reagiert mit p-Nitrophenylacetat (**II**) oder 2.4-Dinitrophenylacetat (**III**) unter Acylierung der phenol. OH-Gruppe u. verliert infolge einer transanularen Wechselwrkg. unter Imidazolacetoxyphenolkoordination prakt. vollständig seine Katalysator-Eig. für die Esterhydrolyse. Die auf freies Imidazol (**IV**) bezogene Rk.-Geschw.-Konst. für die Freisetzung von Phenol während der Rk. (25°) von **I** mit **II** beträgt 6,0 [Mol^{-1} min^{-1}] u. mit **III** 75. Im UV-Spektrum der Acetyl-Verb. von I (pH 6,7) ist λ_{max} von 275 (ε = 1330) nach 267 (430) verschoben. Der pK_a-Wert des Imidazolrestes ist infolge Imidazol-Acetoxyphenyl-Koordination auf 6,3 erniedrigt. Aus der quant. Acylübertragung auf das Tyrosin u. nicht auf das W., der erhöhten Imidazolacidität u. der verminderten Esterspaltungsaktivität schließt Vf. auf das Vorliegen nebenst. Struktur: 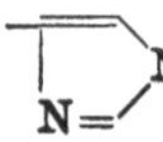 N—$C(CH_3)(OH)$—O—C_6H_4—.

W. Walter. B 225◇

Das ortho-para-Verhältnis bei der aromatischen Substitution. 6. Mitt. **Die Nitrierung von Benzolboronsäure.** D. R. Harvey und R. O. C. Norman. (J. chem. Soc. [London] **1962,** 3822—23; Oxford, Dyson Perrins Labor.; engl.) — 5. vgl. C. **1963,** 2027. — Vff. untersuchen die prozentuale Zus. der o-, m- u. p-Verb., die bei der Nitrierung von aus W. frisch umkrist. *Benzolboronsäure* bei —15° mit Nitriersäure (o- 22; m- 73; p-Deriv. 5) u. mit rauchender HNO_3 in Acetanhydrid (63; 23; 14) entstehen. Zur gaschromatograph. Best. werden die entstandenen Säuren in die entsprechenden Chlornitrobenzole übergeführt. Es wird der Rk.-Mechanismus diskutiert. J. Weiner. B 225◇

Über die Rolle der Oberflächen bei der thermischen Zersetzung von Propan. W. A. Poltorak, L. Ja. Leitiss und W. W. Wojewodski. (J. physik. Chem. [UdSSR] **33,** 2259—63, 1959; Moskau, Lomonossow-Univ.; russ., Auszug: engl.) — Die Geschw. der therm. Zers. von C_3H_8 bei 610° u. 25 mm Hg Druck hängt von der Art der Oberfläche u. vom Verhältnis Oberfläche (S)/Vol. (V) ab, u. zwar sinkt sie bei 12facher Erhöhung von S/V auf den 4. Teil ab. Nach Behandlung des Gefäßes mit einer NO—H_2S-Mischung bei 610° entspricht die Geschw. anfangs der in Ggw. des Inhibitors, steigt dann an u. durchläuft ein Maximum. Nach Behandlung des Gefäßes mit wss. $Mg(ClO_4)_2$-Lsg. steigt die Geschwindigkeit. Zur Beschreibung der Kinetik wird ein Mechanismus mit heterogenen Prozessen der Kettenstart- u. -abbruchs-Rkk. entwickelt. G. Pötzscher. B 225◇

Kinetik und Mechanismus des thermischen Zerfalls der Alkansulfohalogenide. 4. Mitt. **Der thermische Zerfall des Äthansulfofluorides.** G. Geiseler, P. Herrmann, J. Neumann und D. Kühn. (Z. physik. Chem. [Frankfurt/M.] [N. F.] **36,** 347—55, 1963; Leipzig, Univ., Phys.-Chem. Inst.; dt.) — 3. vgl. C. **1963, 3937.** — Der therm. Zerfall von $C_2H_5SO_2F$ (I; $Kp._{11}$ 32°; aus $C_2H_5SO_2Cl$ durch Rk. mit einer wss. KF-Lsg. bei 70°; $D._4^{20}$ 1,2948; n_D^{20} 1,3722) in der Gasphase wurde mit einer stat. Meßanordnung zwischen 450 u. 530° kinet. untersucht. Er ist oberhalb 200 Torr druckunabhängig u. verläuft bei Temp. über 475° nach einem Zeitgesetz 1. Ordnung; die Geschw.-Konst. ist im Bereich 475—530° gegeben durch $k = 8{,}0 \cdot 10^{12} \exp(-56000/RT)\ s^{-1}$. Der Zerfall erfolgt im wesentlichen nach $I \rightarrow C_2H_4 + SO_2 + HF$ (letzteres → SiF_4). als Nebenprodd. (maximal einige %) wurden C_2H_5F, H_2S, CO, COS u. CS_2 IR-spektroskop. identifiziert. Bei allen Verss. trat eine geringe Ruß-Bldg. auf. Zur Deutung der Ergebnisse wird ein Radikalkettenmechanismus vorgeschlagen: $I \rightarrow C_2H_5 + SO_2F$, $SO_2F \rightarrow SO_2 + F$, $I + F \rightarrow C_2H_4SO_2F$ (II) + HF, $II \rightarrow C_2H_4 + SO_2F$, $I + C_2H_5 \rightarrow C_2H_5SO_2 + C_2H_5F$, $C_2H_5SO_2 \rightarrow C_2H_5 + SO_2$, $SO_2F + F \rightarrow$ Kettenabbruch, $C_2H_5SO_2 + C_2H_5 \rightarrow$ Kettenabbruch. Außer diesen Haupt-Rkk. sind noch einige Neben-Rkk. wahrscheinlich: $C_2H_5 \rightarrow C_2H_4 + H$, $I + C_2H_5 \rightarrow C_2H_6 + II$, $I + C_2H_5 \rightarrow C_4H_{10} + SO_2F$. A. Blaschette. B 225◇

Untersuchung von mit γ-, Röntgen- und Ultraviolett-Strahlen bestrahltem Formaldehyd in festem Zustand durch elektronenparamagnetische Resonanz. Rose Marx und Claude Chachaty. (J. Chim. physique Physico-Chim. biol. **58,** 527—31, 1961; Paris, Fac. des Sci., Labor. de Chim. Phys.; franz.) — Vff. bestrahlten reinen, festen, monomeren Formaldehyd bei —196° mit γ-Strahlen einer ^{60}Co-Quelle, mit Röntgenstrahlen (700 kV) u. mit UV-Licht einer Hg-Dampflampe u. untersuchten die elektronenparamagnet. Resonanzspektren bei Temp. zwischen —187 u. —32°. An Hand der Spektren konnte das Auftreten des Radikals CHO· u. des polymeren Radikals ...O—CH_2· nachgewiesen werden. In einigen Verss. konnte ein Spektrum mit kurzer Lebensdauer beobachtet werden, das prim. Zentren zugeschrieben wird, die sich bei der Radiolyse von CH_2O bilden. C. Gottfried. B 226

Phasenunabhängigkeit des Hauptreaktionsmechanismus bei Kohlenstoffrückstoßatomen. Colin MacKay und Richard Wolfgang. (Radiochim. Acta [Frankfurt/M.] **1**, 42—47, 1962; Yale Univ. u. Haverford Coll.; engl.) — *Äthylen, Äthylenoxid* u. *Isobutan* wurden im gasförmigen, fl. u. festen Zustand mit energiereichen ^{11}C-Atomen beschossen. Die dabei gebildeten Rk.-Prodd. wurden gaschromatograph. analysiert. Ein Vgl. der prozentualen Ausbeuten der einzelnen Verbb. zeigt keine Phasenabhängigkeit. Daraus wird u. a. auf die Bedeutungslosigkeit der Rk. zwischen den C-Atomen u. den gebildeten Mol.-Radikalen geschlossen. Dagegen zeigen die hochenerget. C-Atome ähnliches Verh. wie akt. CH_2-Gruppen, die mit konventionellen Meth. erzeugt werden. Als Erklärung für den Mechanismus wird sowohl für die Rk. in der Gasphase als auch im fl. u. festen Zustand der Einschub des ^{11}C-Atoms zwischen die beiden Atome der C—H- bzw. C=C-Bindung angenommen. Eine geringfügige Änderung der Zus. der Rk.-Prodd. innerhalb verschiedener Phasen wird mit dem Vorhandensein eines Lsgm.-Käfigs in den kondensierten Phasen erklärt. Dieser führt zu Energieverlusten u. einer zunehmenden Wahrscheinlichkeit für Sek.-Rkk. instabiler Zwischenprodukte. W. Wiechmann. B 226◇

Zur Strahlenchemie wässeriger Lösungen. 1. Mitt. Über die Entfärbung sauerstoffhaltiger Methylenblaulösungen durch 50-kV-Röntgenstrahlen in Gegenwart von Phenolen. Dietrich Schulte-Frohlinde und Nikolaus Rakintzis. (Z. physik. Chem. [Frankfurt/M.] [N. F.] **32**, 229—37, 1962; Karlsruhe, Kernforschungszentrum, Inst. für Radiochem., Strahlenchem. Abt.; dt.) — Die Geschw. der Entfärbung wss., O_2-haltiger *Methylenblau* (I)-Lsgg. durch 50-kV-Röntgenstrahlen wurde in Abhängigkeit von Konz. u. Konstit. zugesetzter Phenole gemessen. In phenolfreien I-Lsgg. findet die Entfärbung der 50-kV-Röntgenstrahlen nach 1. Ordnung statt, die Halbwertsdosis der Entfärbung hängt linear von der I-Konz. ab. Mit zunehmender Phenol-(Schutzstoff-) Konz. wächst die Halbwertsdosis der Entfärbung zunächst linear mit der Phenol-Konz., bei höheren Phenol-Konzz. tritt ein Sättigungseffekt der Schutz-Wrkg. ein, der auf der Entfärbung von I durch $O_2^{(-)}$- bzw. H_2O_2·-Radikale beruht, gegen deren Angriff Stoffe mit geringem Red.-Potential nicht mehr schützen. In schutzstofffreien Lsgg. trägt das $O_2^{(-)}$-Radikal nur wenig zur Zerstörung von I bei. Von den untersuchten Schutzstoffen *Thioharnstoff* (II), *Hydrochinon, 2.5-Dimethyl-, 2.5-Dichlorhydrochinon, Pyrogallol, Brenzcatechin, Resorcin, Phenol* (III), *Phloroglucin* (IV) zeigt II die stärkste, III u. IV die geringste Schutz-Wrkg., d. h. die Schutz-Wrkg. der Phenole hängt von der Stellung der OH-Gruppen im Mol. ab. M. Schenk. B 226□

Verwendung von Metallchloriden in statu nascendi als Sulfurierungskatalysatoren. Über Polysulfide des Naphthalins, Anthracens und Phenanthrens. Zlatko Binenfeld und Alexandre Damanski. (Bull. Soc. chim. France **1961**, 679—83; Belgrade, Fac. de Pharm., Labor. de Chim. Org.; franz.) — In Ggw. von metall. Bi, Sb oder Sn kann sich S_2Cl_2 mit aromat. KW-Stoffen zu S-Derivv. umsetzen. Bei der Rk. werden die entsprechenden Metallchloride gebildet, die in statu nascendi bessere u. spezif. Katalysator-Eigg. besitzen als $BiCl_3$, $SnCl_4$ oder $SbCl_5$ bei der Friedel-Crafts-Rk. aufweisen. Bei Verw. von *Naphthalin* (I), *Anthracen* (II) u. *Phenanthren* (III) konnten Isomere erhalten werden, deren Bldg.-Mechanismus diskutiert wird.

Versuche: *Verbb.* $C_{70}H_{44}S_{12}$, F. 109—111° bzw. F. 95—97°, durch Umsetzung von I mit S_2Cl_2 in Chlf. in Ggw. von Sb, Sn oder Bi (4 Std. bei 60°), dann ca. 20 Std. bei Raum-Temp. nach nochmaliger Zugabe von S_2Cl_2 in Chlf. 1 Std. bei 60° u. Trennung beider Isomeren durch verschiedene Löslichkeit in Chlf./PAe.; als Strukturunterschied wird Verknüpfung der 7 I-Kerne durch die S—S-Brücken in 2.2'- bzw. im Wechsel mit der 2.6'-Stellung angenommen. — *Verbb.* $C_{42}H_{26}S_8$, F. 110 bzw. 98°, durch Umsetzung von II mit S_2Cl_2 analog vorst. Verbb. zunächst bei 30°, dann bei 60°. Es wird Verknüpfung wie vorst. durch S_4-Brücken angenommen. — *Verb.* $C_{42}H_{26}S_8$, F. 104—105°, wie vorst. aus III, in der 1. Phase bei 35°, in der 2. bei 60° u. zuletzt bei 80°. Verknüpfung von drei Kernen durch S_4-Brücken wird angenommen. IR-Spektren der höher schm. Isomeren sind angegeben. W. Winter. B 227□

C. Präparative organische Chemie. Naturstoffe

Über katalytische Oxydationen. 14. Mitt. Katalytische Oxydation von primären und sekundären Hydroxylverbindungen mit Sauerstoff am Platinkontakt in flüssiger Phase. K. Heyns und L. Blazejewicz. (Tetrahedron [London] **9**, 67—75, 1960;

Hamburg, Univ., Inst. für org. Chem.; dt.) — 13. vgl. C. **1959**, 2809; 16. vgl. C. **1963**, 13552. — Systemat. Unterss. über die Oxydierbarkeit verschiedener Typen von prim. u. sek. Alkoholen unter verschiedenen Rk.-Bedingungen wurden durchgeführt. An Hand der Testsubstanz Isopropanol wurden optimale Bedingungen für die Rkk. der einzelnen Alkohole gefunden. Die Einw. verschiedener Lsgm., die Art der Vorbehandlung des Katalysators, die Gift-Wrkg. von Zusätzen, die pH-Abhängigkeit u. die Konz.-Abhängigkeit werden von Vff. diskutiert. Ein 10%ig. Pt-Kohlekontakt für W. als Lsgm. ist giftempfindlich, während für in W. unlösl. Alkohole ein unempfindlicher PtO_2-Kontakt in organ. Lsgm. Verw. findet. Doppelbindungen werden nicht angegriffen, bei cis-trans-Isomerie bleibt die Konfiguration erhalten. Cycl. u. aromat. sek. Alkohole lassen sich sehr leicht fast quant. in Ketone überführen, während alle Halogenalkohole völlig abgebaut werden.

Versuche: *Essigsäure*, durch ½std. Oxydation von A. bei 20° mit O_2 in W. u. wenig n-NaOH unter Schütteln in Ggw. von Pt/Kohle (Meth. **A**); 100% (Ausbeute). — *Propionsäure*, nach **A** durch 11std. Rk. von n-Propanol bei 66°; 98%. — *Butyraldehyd*, a) durch 5std. Oxydation von n-Butanol in n-Heptan bei 41° in einer Theilackerschen Hydrier-App. (ThH) in Ggw. von PtO_2 (Meth. **B**); 57%; b) durch 46std. Oxydation bei 15° in Ggw. von PtO_2 in Eisessig; 33%. *2.4-Dinitrophenylhydrazon*, F. 103—107° (PAe.). — *Buttersäure*, nach **A** durch 17std. Rk. von n-Butanol bei 80° in Ggw. von wenig Dioxan; 100%. *Phenylphenacylester*, F. 82°. — *Valeraldehyd*, a) nach **B** aus n-Pentanol bei 60° u. 5std. Rk. in Ggw. von Pt-Kohle; 51%; b) aus n-Pentanol bei 17° u. 12std. Rk. in Ggw. von PtO_2 in Dioxan; 29%; c) analog b) bei 19° u. 13std. Rk. in Eisessig; 39%; d) analog b) bei 61° u. 68std. Rk. in Pivalinsäure; 33%. — *Capronsäure*, durch 25std. Oxydation von n-Hexanol bei 93° im ThH in Ggw. von Pt-Kohle in W. u. wenig n-NaOH u. Dioxan; 99%. — *Önanthaldehyd*, durch 1std. Rk. von n-Heptanol bei 60° nach **B**; 26%. — *Laurinaldehyd*, a) nach **B** aus Dodecylalkohol (I) bei 60° u. 15 Min.; 77%; b) durch 42std. Oxydation von I unter Schütteln in Methyläthylketon in Ggw. von PtO_2; 78%. *2.4-Dinitrophenylhydrazon*, F. 105°. — *Laurinsäure*, F. 40 bis 47°, nach **B** aus I bei 60° u. 2std. Rk.; 87%. — *Myristinaldehyd*, nach **B** aus Myristinalkohol bei 60° u. 45 Min.; 91%. — *Palmitinaldehyd*, nach **B** aus Cetylalkohol bei 59° u. 7std. Rk.; 95%. *2.4-Dinitrophenylhydrazon*, F. 95°. — *Stearinaldehyd*, nach **B** aus Stearylalkohol bei 60° u. ½std. Rk.; 77%. *2.4-Dinitrophenylhydrazon*, F. 107—108°. — *Oxalsäure* (II), durch 11std. Oxydation von Glykol mit Luftsauerstoff in Ggw. von Pt-Kohle in W. u. wenig NaOH bei Siede-Temp.; 51%. — *Glykolsäure*, wie vorst. Verb. in 6std. Rk.; 100%. — *Bernsteinsäure*, analog **II** aus Butandiol-(1.4) in 32std. Rk.; 55%. — *Sebacindialdehyd*, nach **B** aus Decandiol-(1.10) bei 60° in 1½std. Rk.; 54%. *2.4-Dinitrophenylhydrazon*, F. 147°. — *Tiglinaldehyd*, durch 2std. Oxydation von Tiglylalkohol mit Sauerstoff bei 60° in Ggw. von PtO_2 in n-Heptan unter Schütteln; 77%. *2.4-Dinitrophenylhydrazon*, $C_{11}H_{12}N_4O_4$, F. 215—216° (Chlf.). — *Citral*, wie vorst. aus Geraniol in 1½std. Rk. bei 60°; 63%. — *Oleinaldehyd*, wie vorst. aus Oleylalkohol in 3std. Rk. bei 60°; 14%. *2.4-Dinitrophenylhydrazon*, $C_{24}H_{38}N_4O_4$, F. 68—69° (Methanol). — *Elaidinaldehyd*, wie vorst. aus Elaidinalkohol; 22%. *2.4-Dinitrophenylhydrazon*, $C_{24}H_{38}N_4O_4$, F. 104—105° (PAe. u. Methanol). — *Benzaldehyd*, nach **B** aus Benzylalkohol bei 60° in 1std. Rk.; 78%. — *Benzoesäure*, aus Benzylalkohol u. 10std. Rk. unter Rückfluß u. Lufteinleiten in Ggw. von Pt-Kohle in W. u. n-NaOH u. 0,1n Na-Toluolsulfonat (Meth. **C**); 97%. — *Phenylacetaldehyd*, nach **B** aus Phenyläthylalkohol (**III**) bei 60° in 1½std. Rk.; 34%. — *Phenylessigsäure*, nach **C** aus **III** in 12std. Rk.; 90%. — *Aceton*, a) aus Isopropanol bei 60° unter Schütteln durch ½std. Oxydation mit Luft in Ggw. von Pt-Kohle in W.; 85%; b) nach **B** aus Isopropanol bei 17° in 1std. Rk.; 91%; c) analog b) in 23std. Rk. bei 17° in Dioxan; 63%; d) analog b) in 342std. Rk. bei 18° in Essigester; 76%. — *Pentanon-(2)*, a) nach **B** aus n-Pentanol-(2) bei 17° in 1std. Rk.; 77%; b) analog a) in 8½std. Rk. bei 20° in Bzn.; 62%; c) analog a) in 24std. Rk. bei 18° in Dioxan; 54%. — *Pentanon-(3)*, a) nach **B** aus Pentanol-(3) bei 32°; 71%; b) analog a) in 120std. Rk. bei 32° in Eisessig; 70%. — *Hexanon-(2)*, a) nach **B** aus n-Hexanol-(2) bei 17° in 6std. Rk.; 56%; b) analog a) in 24std. Rk. bei 20° in Dioxan; 75%. — *Methylisobutylketon*, aus Methylisobutylcarbinol bei 20° im ThH in 26std. Rk. in Ggw. von PtO_2 in Dioxan; 56%. — *Octanon-(2)*, nach **B** aus Octanol-(2) bei 20° in 96std. Rk.; 80%. *2.4-Dinitrophenylhydrazon*, F. 69° (PAe.). — *Cyclopentanon*, nach **B** aus Cyclopentanol bei 20° in ¾std. Rk.; 82%. *2.4-Dinitrophenylhydrazon*, F. 144—145° (A.-Essigester). — *Cyclohexanon*, a) nach **B** aus Cyclohexanol bei 20° in 1½std. Rk.; 92%; b) analog a) in 4std. Rk. bei 18° in Normalbenzin; 90%; c) analog a) in 24std. Rk. bei 48° in Ggw. von Pt-Kohle in Normalbenzin; 60%; d) analog a) in 8std. Rk. bei 20° in Essigester; 59%. — *Acetaldehyd*, aus α-Chlorcyclohexanol durch oxydativen Abbau bei 18° in ThH in Ggw. von PtO_2 in Dioxan. — *Cycloheptanon*, nach **B** aus Cycloheptanol bei 17° in 1std. Rk.; 99%. — *Benzophenon*, nach **B** aus Benzhydrol bei 37° in 23std. Rk.; 98%. *Oxim*, F. 144,5°.

— *2-Methylcyclohexanon*, aus 2-Methylcyclohexanol in 18std. Rk. bei 20° in Ggw. von PtO_2 in Essigester; 50%. H. Rochow. 460◇

Eine neue Methode zur Alkylierung von Ketonen und Aldehyden: Die C-Alkylierung der Magnesiumsalze von N-substituierten Iminen. Gilbert Stork und Susan R. Dowd. (J. Amer. chem. Soc. **85**, 2178—80, 1963; New York, N.Y., Columbia Univ., Chandler Labor.; engl.) — Schiffsche Basen aus Aldehyden oder Ketonen u. aliphat. prim. Aminen werden durch ca. 1std. Kochen unter Na mit 1 Val C_2H_5MgBr in Tetrahydrofuran enolisiert, wobei Mg-Salze (**A**) des Typs —C=C—N—MgBr entstehen. Zugabe von prim. oder sek. Alkylhaliden zu den Lsgg. der **A** unter Rühren u. 15—20std. Kochen, bis ein pH-Wert von 9—10 erreicht war, führte zu Iminen —CR—C=N, aus denen durch Hydrolyse mit wss. Säure (1—3std. Kochen mit einem 2- bis 3fachen Überschuß an 10%ig. HCl) die α-Alkyl-Derivv. der Ausgangsaldehyde bzw. -ketone erhalten wurden. — Isobutyraldehyd (**I**) → *tert.-Butylimin* → *2.2-Dimethyl-3-phenylpropanal* [mit $C_6H_5CH_2Cl$; 80% (Ausbeute); *2.4-Dinitrophenylhydrazon*, F. 150 bis 152°] u. *2.2-Dimethylhexanal* (**II**; mit C_4H_9J; 65%). — Cyclohexanon (**III**) → *Cyclohexylimin* (**IV**) → *2-Butylcyclohexanon* (**V**; mit C_4H_9J: 78%; mit $C_4H_9SO_3C_6H_4$—p-CH_3: 80%), *2-Allylcyclohexanon* (mit C_3H_5Br; 73%), *2-Benzylcyclohexanon* (mit $C_6H_5CH_2Cl$; 60%), *2-Isopropylcyclohexanon* (mit Isopropyljodid; 61%) u. *2-[β-Phenäthyl]-cyclohexanon* (mit $C_6H_5CH_2CH_2Br$; 65%); die letzten beiden Halide wurden durch das Imin-Mg-Salz nicht dehydrohalogeniert. — Cyclopentanon → *Cyclohexylimin* → *2-Butylcyclopentanon* (72%). — Cycloheptanon → *2-Butylcycloheptanon* (75%) u. *2-Methylcycloheptanon* (70%). — **I** → *Cyclohexylimin* → **II** (70%). — *Heptaldehyd* → *tert.-Butylimin* → *2-Butylheptanal* (mit C_4H_9J; 50%). — Gewisse funktionelle Gruppen dürfen im Halid vorhanden sein: **III** → **IV** → *2-[3-Chlorbuten-(2)-yl]-cyclohexanon* (mit $ClCH_2CH$=CCl—CH_3; 77%) u. *$\Delta^{1,9}$-Oktalon-(2)* (mit 2-[2-Bromäthyl]-2-methyldioxolan; gleichzeitig mit der Hydrolyse erfolgt Cyclisierung; 66%). — Die Bldg. der **A** kann auch in Ggw. von Alkylbromiden, da diese nur langsam mit Grignard-Reagentien reagieren, erfolgen; das ist vorteilhaft bei solchen Iminen, die leicht mit ihren Grignard-Salzen reagieren wie den Iminen aus niederen Aldehyden. Z. B. lieferte Zugabe von Propionaldehyd-tert.-butylimin zu einer Lsg. von C_2H_5MgBr in Tetrahydrofuran, die 1 Val C_4H_9Br enthielt, nach der sauren Hydrolyse 60% *2-Methylhexanal* (*Semicarbazon*, F. 90 bis 91°). — Alkylierung mit Allylhaliden erfolgte ohne Umlagerung: Mg-Salz von Isobutyraldehydcyclohexylimin + Crotylbromid → 71% *2.2-Dimethylhexen-(4)-al*. — Arbeitet man mit einem unsymm. Keton, so wird die neue Alkylgruppe normalerweise auf der weniger alkylierten Seite eingeführt: 2-Methylcyclohexanon → *Cyclohexylimin* → *2.6-Dimethylcyclohexanon* (mit CH_3J; 83%). — Methylisopropylketon → *2-Methyloctanon-(3)* (mit C_4H_9J; 70%). — Heptanon-(2) → *Undecanon-(6)* als Hauptprodukt. — 3-Methylcyclohexanon → *Cyclohexylimin* → Gleichgewichtsgemisch aus *dl-Menthon* u. *Isomenthon* (mit Isopropyljodid; 61%). — Schiffsche Basen aus Anilin können im Gegensatz zu solchen aus aliphat. Aminen auch mit NaH an Stelle von C_2H_5MgBr enolisiert werden: Cyclohexanonanil gab mit NaH (10% Überschuß) durch 8std. Kochen in Toluol 1 Val H_2; Zugabe von C_4H_9J, Kochen über Nacht u. Hydrolyse lieferten 62% **V**. J. Rothe. 460◇

Über die chemische Synthese der markierten Aldosen $^{14}C_{(1)}$-Glucose und $^{14}C_{(1)}$-Mannose. Ursula Drehmann und Klaus Uhlig. (J. prakt. Chem. [4] **8** (**280**), 33—38, 1959; Berlin-Buch, DAdW Berlin, Inst. für Med. u. Biol., Bereich angew. Isotopenforsch.; Dresden, TU, Inst. für Anwendung radioaktiver Isotope; dt.) — Vff. arbeiteten die Darst.-Verff. für *$^{14}C_{(1)}$-Mannose* bzw. *-Glucose* aus d-Arabinose (**I**) unter Verw. von Wofatit KPS 200 (**II**) u. SBS 400 als Ionenaustauscher an Stelle von Amberlite IR-100 u. Duolite A-4 nach, wobei die Literaturausbeuten stets erreicht, bei der Nitromethan (**III**)-Meth. durch Zugabe von inakt. **III** nach Rk. der akt. Verb. übertroffen wurden.

Versuche: *$^{14}C_{(1)}$-Gluconsäure, Ba-Salz*, durch 4tägige Rk. von **I** mit $Na^{14}CN$ in W. in Ggw. von $CaCl_2 \cdot 2\,H_2O$ bei Raum-Temp. unter häufigem Schütteln, 4—5 Std. Erwärmen auf 60° im Vakuum, 2½ Std. auf 100° unter Konstanthalten des Vol., Kationenaustausch an **II**, Einengen, Lösen in W., 2std. Erhitzen auf 100° mit wss. $Ba(OH)_2$-Lsg., Einleiten von CO_2, Filtrieren, Abdampfen des Lsgm. im Vakuum, Aufnehmen in heißem W., Versetzen mit CH_3OH bis zur Trübung u. Animpfen mit Ba-Gluconat; 67,3% (Ausbeute)/65,3% (Isotopenausbeute). *δ-Lacton*, durch Ionenaustausch der wss. Lsg. des Ba-Salzes an **II**, Einengen des Eluats im Vakuum, Lösen des Rückstandes in Glykolmonomethyläther u. langsames Abdampfen des Lsgm. im Luftstrom in Ggw. von Gluconsäure-δ-lacton-Impfkristallen; 83%/89%. — *$^{14}C_{(1)}$-d-Glucose, β-Naphthylhydrazon* (**IV**), a) durch Red. vorst. Verb. mit 5%ig. Na-Amalgam in Oxalatpuffer (4,7% Oxal-

säure u. 5,3% Na-Oxalat) bei 0°, Versetzen mit CH_3OH, Filtrieren, Neutralisieren mit 0,1n NaOH, Einengen im Vakuum, Extraktion mit CH_3OH, Verdünnen des Extraktes mit W., Ionenaustausch an **II** u. Wofatit SBS 400, Abdampfen des Lsgm. im Vakuum, Aufnehmen in W. u. 5std. Rk. mit β-Naphthylhydrazin in A.; 80,6%/70,3%; b) durch Zugabe der Lsg. von neben nachst. Verb. anfallendem $^{14}C_{(1)}$-1-Nitro-1-desoxy-sorbit (**V**) in 2n NaOH bei 10—15° zu W./H_2SO_4 (4 : 3), $^1/_2$std. Rühren, Verdünnen mit W., Neutralisieren mit $Ba(OH)_2$ (Kongorot), Versetzen mit Ba-Acetat-Lsg., Filtrieren u. Aufarbeitung analog a); 71%/66%. *Freie Aldose*, a) durch Spaltung von **IV** mit Benzaldehyd nach Sowden u. Fischer (J. Amer. chem. Soc. **69**, [1947], 1963); b) durch Zugabe von **V** in 2n NaOH zu verd. H_2SO_4, Neutralisieren mit $Ba(OH)_2$ (Kongorot), Ionenaustausch an **II** oder SBS 400, Eindampfen im Vakuum, Lösen in CH_3OH, Zugabe von Isopropanol, Versetzen mit Glucosekristallen u. mehrtägiges Stehen bei —5 bis 10°. *Benzoylhydrazon*, F. 180—181°, nach Wolff [1895); 45,5%. — *$^{14}C_{(1)}$-1-Nitro-1-desoxymannit*, F. 133—134° (A.), durch Versetzen der Suspension von 30 g **I** in abs. A. mit ^{14}C-**III** sowie mit Na in CH_3OH, 3std. Schütteln, Zugabe der gleichen Menge an unmarkiertem **III**, 5—6std. Schütteln, Lösen des Nd. in Eiswasser, Ionenaustausch an **II**, Eindampfen des Eluats im Vakuum, Versetzen mit A., Filtrieren, Trocknen des Nd., Anreiben mit A. u. Extraktion des Rückstandes mit Aceton; 29,5 g; daneben durch Einengen des Filtrats *$^{14}C_{(1)}$-1-Nitro-1-desoxysorbit* (**V**). — *$^{14}C_{(1)}$-d-Mannose, Phenylhydrazon*, durch Zutropfen der Lsg. vorst. Verb. in 2n NaOH zu W./H_2SO_4 (6 : 5) unter Rühren bei 10—15°, Rühren (30 Min.), Verdünnen mit W., Neutralisieren mit Na_2CO_3 (Lackmus), Versetzen mit Phenylhydrazin in Eisessig u. mehrstd. Stehen bei 0°; 81%/78%.
H. J. Jahns. 480△

Chloraktivierung durch Redox-Transfer. Addition von Tetrachlorkohlenstoff und Chloroform an Olefine. M. Asscher und D. Vofsi. (Chem. and Ind. **1962**, 209—10; Rehovoth, Israel, Weizmann Inst. of Sci., Polymer Dep., Plastics Res. Labor.; engl.) — Vgl. J. chem. Soc. [London] **1961**, 2261. — Durch Rk. von Styrol, Acrylonitril (**I**), Acrylsäureäthylester bzw. Butadien in verschiedenen Lsgm. (Methanol, Isopropanol, überschüssiges **I**) mit CCl_4 bei 70—140° in Ggw. von CuCl, $CuCl_2$, $FeCl_2$ oder $FeCl_3$ werden *1.1.1.3-Tetrachlor-3-phenyl-* ($C_9H_8Cl_4$, Kp.$_{0,4}$ 83) n_D^{25} 1,5498), *-3-cyan-* ($C_4H_3Cl_4N$, Kp.$_{25}$ 111°, n_D^{25} 1,4920), *-3-carbäthoxypropan* ($C_6H_8Cl_4O_2$, Kp.$_{25}$ 122°, n_D^{25} 1,4713) bzw. *1.5.5.5-Tetrachlorpenten-(2)* ($C_5H_6Cl_4$, Kp.$_{25}$ 110°, n_D^{25} 1,5042) erhalten. cis- u. trans-Buten-(2) (**II**) liefern in Ggw. von $CuCl_2$ das gleiche 73 : 27-Gemisch diastereomerer *2-Trichlormethyl-3-chlorbutane* ($C_5H_8Cl_4$, n_D^{25} 1,4860). In Ggw. von $FeCl_3$ besitzt das Gemisch die Zus. 75 : 25 (gaschromatograph. bestimmt). Der Rk.-Mechanismus wird durch eine Redox-Transfer-Rk. gedeutet. Analog werden aus Octen-(1) oder **II** u. Chlf. in Ggw. von $FeCl_3$ oder $FeCl_2$-Hydrat in Methanol *1.1.3-Trichlornonan* (**III**; $C_9H_{17}Cl_3$, Kp.$_{0,5}$ 90°, n_D^{25} 1,4653) bzw. ein 58 : 42-Gemisch diastereomerer *1.1.3-Trichlor-2-methylbutane* ($C_5H_9Cl_3$, Kp.$_{25}$ 76°, n_D^{25} 1,4683) erhalten, während in Ggw. von Di-tert.-butylperoxid bei 140° *1.1.1-Trichlornonan* ($C_9H_{17}Cl_3$, Kp.$_{0,5}$ 85°, n_D^{25} 1,4580) bzw. *2-Trichlormethylbutan* ($C_5H_9Cl_3$, Kp.$_{25}$ 59°, n_D^{25} 1,4590) entstehen. Die Konstit. von **III** wird durch Überführung in *Nonen-(2)-al-(1)* (*2.4-Dinitrophenylhydrazon*, F. 124—125°) gesichert.
L. Lamza. 510△

Selektive katalytische Dehydratisierung von 2-Alkoholen; eine neue Synthese von 1-Olefinen. Allan J. Lundeen und Robert Van Hoozer. (J. Amer. chem. Soc. **85**, 2180—81, 1963; Continental Oil Co., Res. and Dev. Dep.; engl.) — Sek. Alkohole mit CH_3CHOH-Gruppierung werden an ThO_2 bei 350—450° (Kontaktzeit 0,1—0,5 Sek.) überwiegend zu *1-Olefinen* dehydratisiert. Ausbeuten von 20—90% wurden erhalten; das Verhältnis von 1-Olefin zu 2-Olefin betrug bei den Prodd. aus Butanol-(2) 93 : 7; Octanol-(2) 95—97 : 5—3; 4-Methylpentanol-(2) 96—98 : 4—2; 1-Cyclohexyläthanol-(1) 96—98 : 4—2. Neben den Olefinen entstanden 1—6% der entsprechenden Ketone durch Dehydrierung. Das ThO_2 wurde erhalten durch therm. Zers. des Oxalats, Acetats oder Carbonats (einige Std. bei 350—450°). Die Oxide von W, Mo, Ti, Zr u. Al waren keine derartigen selektiven Dehydratisierungskatalysatoren. ThO_2 katalysiert im Gegensatz zu Al_2O_3 die Dehydratisierung von Octanol-(2) viel schneller als diejenige von Octanol-(3) oder -(4). Ein „concerted" Eliminierungsmechanismus wird für die Rk. vorgeschlagen.
J. Rothe. 520◇

Über eine Methode zum stufenweisen Aufbau von Isoprenketten. Marc Julia, Sylvestre Julia und Rémy Guégan. (C. R. hebd. Séances Acad. Sci. **248**, 820—22, 1959; franz.) — Die Rk. von Alkyl-MgBr u. Methylcyclopropylketon (**I**) führt zu einem *Alkylmethylcyclopropylcarbinol*, das mit HBr ein *β,γ-ungesättigtes Alkylbromid* gibt, welches in Form der Alkyl-Mg-Verb. wiederum an **I** addiert werden kann. Die so gewonnenen Verbb. haben die Struktur natürlich vorkommender Isoprenketten.

Versuche: *Dimethylcyclopropylcarbinol* (II), Kp. 121—122°, aus Methyl-MgBr u. I; n_D^{20} 1,4345; 75% (Ausbeute). — *4-Methylpenten-(3)-ylbromid* (III), Kp.$_{84}$ 84—85°, aus II u. 48%ig. HBr in der Kälte (Meth. **A**); n_D^{19} 1,4775; 75%. — *4-Methylpenten-(3)-ol, Acetat*, Kp.$_{60}$ 88—91°, durch Kochen von III mit K-Acetat in Eisessig (Meth. **B**); n_D^{27} 1,4370; 68%. *Dinitrobenzoat*, $C_{13}H_{14}N_2O_6$, F. 66°. — *Methylcyclopropyl-[4-methylpenten-(3)-yl]-carbinol*, $C_{11}H_{20}O$, Kp.$_{20}$ 115—118°, aus III, Mg u. I; n_D^{20} 1,4660; 70%. — *4.8-Dimethylnonadien-(3.7)-ylbromid* (IV), Kp.$_1$ 88—92°, aus vorst. Verb. nach **A**; n_D^{22} 1,4918; 83%. — *4.8-Dimethylnonadien-(3.7)-ol*, $C_{11}H_{20}O$, Kp.$_{0.25}$ 74—75°, aus **V** durch Rk. mit methanol. KOH (Meth. **C**); $n_D^{24,5}$ 1,4726; 75%. *Acetat* (V), Kp.$_{0.3}$ 88—92°, aus IV nach **B**; n_D^{23} 1,4600; 84%. *p-Phenylbenzoat*, $C_{24}H_{28}N_2O_2$, F. 39°. — *Methylcyclopropyl-4.8-dimethylnonadien-(3.7)-ylcarbinol*, $C_{16}H_{28}O$, Kp.$_{0.02}$ 96—98°, aus IV, Mg u. I; n_D^{21} 1,4822; 53%. — *4.8.12-Trimethyltridecatrien-(3.7.11)-ylbromid*, Kp.$_{0.25}$ 120 bis 124°, aus vorst. Verb. nach **A**; n_D^{22} 1,4990; 76%. — *4.8.12-Trimethyltridecatrien-(3.7.11)-ol*, $C_{16}H_{28}O$, Kp.$_{0.4}$ 115°, aus VI nach **C**; $n_D^{22.5}$ 1,4862; 85%. *Acetat* (VI), Kp.$_{0.15}$ 105 bis 108°; n_D^{28} 1,4742; 83%. A. Kumm. 520□

Synthese von 1.2-Di-n-butoxyäthan (Dibutylcellosolve). B. O. Field und C. J. Hardy. (Chem. and Ind. **1962,** 212—13; Harwell, Atomic Energy Establishment, Chem. Div.; engl.) — *1.2-Di-n-butoxyäthan*, $C_{10}H_{22}O_2$, Kp. 200—202°, durch Lösen von 0,5 Mol KOH in 1 Mol 2-n-Butoxyäthanol (I) unter Erwärmen, Zutropfen von n-Butylbromid, so daß das Gemisch im Sieden bleibt, $^1/_2$std. Kochen, fraktionierte Dest. u. Abtrennung von I aus den Fraktionen vom Kp. 170—195° durch 5 Min. langes Schütteln mit dem 5fachen Vol. 3n HNO_3 u. W.; $D._4^{20}$ 0,8311; n_D^{22} 1,4122; 50% (Ausbeute). L. Lamza. 570△

Eine Untersuchung an Alkylnitratocarbonaten. Eine verbesserte Synthese von Salpetersäureestern. George A. Mortimer. (J. org. Chemistry **27,** 1876—78, Mai 1962; Texas City, Tex., Monsanto Chem. Co., Plastics Div., Res. Dep.; engl.) — Die Rk. von Chlorameisensäure-n-propylester (I) mit $AgNO_3$ in CH_3CN (vgl. Boschan, C. **1961,** 14600) zu n-Propylnitrat läßt sich in Ggw. von Pyridin bei niedrigen Temp. durchführen. Bei —17° konnte das als Zwischenstufe angenommene n-Propylnitratocarbonat durch die nach 2 Std. gaschromatograph. bestimmte Abnahme an I in der Lsg., die noch keine CO_2-Entw. zeigte, nachgewiesen werden. Die Weiter-Rk. verläuft ab 15° unter CO_2-Entw.; $>25°$ wird die Rk. heftig u. unkontrollierbar. In Ggw. von W. entsteht n-Propanol (II) als Nebenprodukt. Die Verw. von Triäthylamin statt Pyridin brachte eine geringe Erhöhung der Rk.-Geschw., doch verlief die Rk. nicht einheitlich. Rk. mit NH_4NO_3 statt mit $AgNO_3$ in Dimethylformamid, ebenso Rk. mit Pyridiniumnitrat in CH_3CN in Ggw. überschüssigen Pyridins lieferten nur geringe Mengen II.

Versuche: *n-Propylnitrat*, Kp. 108—109°, aus I u. 1 Val $AgNO_3$ in CH_3CN a) bei 40° in 28 Std.; daneben II, ein nicht identifiziertes Nebenprod. (N), 84% CO_2 u. 89% AgCl; b) bei —10° in 48$^1/_2$ Std.; daneben II, N, 5,3% CO_2, 10,9% AgCl; c) bei 25° unter Zugabe von Pyridin in 1 Std.; $>90\%$ daneben $<10\%$ II; d) durch 2std. Rk. bei —17° in Ggw. von Pyridin u. Stehen über Nacht bei Raum-Temp.; 100%. M. Wolff. 590◇

Über Sulfoniumsalze der Mercaptane, Thioäther und Disulfide. 13. Mitt. **über Oniumsalze.** Friedrich Klages, Adolf Gleissner und Rüdiger Ruhnau. (Chem. Ber. **92,** 1834—41, 1959; München, Univ., Inst. für Organ. Chem.; dt.) — 12. vgl. C. **1963,** 22684. — Thioäther, Mercaptane u. Disulfide bilden mit HCl in Ggw. von Komplexbildnern, wie z. B. $SbCl_5$ u. $SnCl_4$, *Mono-* u. *Dialkylsulfoniumsalze*, die eine hohe HCl-Tension zeigen u. nur bei tiefer Temp. beständig sind.

Versuche: *Dimethylsulfid-$SbCl_5$-Addukt*, $C_2H_6Cl_5SSb$, F. 56° (sintert ab —4°); durch Zutropfen von $SbCl_5$ in CH_2Cl_2 (I) zu Dimethylsulfid (II) in I bei —75° (Meth. **A**); 90% (Ausbeute). — *Dimethylsulfoniumhexachloroantimonat*, $C_2H_7Cl_6SSb$, F. 14° (Zers.); durch Zutropfen von $SbCl_5$ in I zur HCl-gesätt. Lsg. von II in I bei —75° (Meth. **B**); 75%; liefert bei Zutropfen einer Lsg. der 2—3fachen CH_2N_2-Menge in I zur Lsg. in fl. SO_2 bei —30° *Trimethylsulfoniumhexachloroantimonat* [F. 241° (Aceton); 30%]. — *Diäthylsulfid-$SbCl_5$-Addukt*, $C_4H_{10}Cl_5SSb$, F. 5° (sintert ab —8°); 94%. — *Diäthylsulfoniumhexachloroantimonat*, $C_4H_{11}Cl_6SSb$, F. 0°; 80%. — *Diisopropylsulfid-$SbCl_5$-Addukt*, $C_6H_{14}Cl_5SSb$, F. 121° (sintert ab 110°); 85%. — *Diisopropylsulfoniumhexachloroantimonat*, $C_6H_{15}Cl_6SSb$, F. 96—98°; 80%. — *Tetramethylensulfid-$SbCl_5$-Addukt*, $C_4H_8Cl_5SSb$, F. 63—64°; 83%. — *Tetramethylensulfoniumhexachloroantimonat*, $C_4H_9Cl_6SSb$, F. 57 bis 60°; 60%. — *Diphenylsulfoniumhexachloroantimonat*, $C_{12}H_{11}Cl_6SSb$, F. 1—5°; 54%. — *Bis-[äthylmercaptan]-$SnCl_4$-Addukt*, $C_4H_{12}Cl_4S_2Sn$, F. 65° (Zers.), nach **A** unter Verw. von $SnCl_4$; 78%. — *Bis-[äthylsulfonium]-hexachlorostannat*, $C_4H_{14}Cl_6S_2Sn$, F. 66°, nach **B** unter Verw. von $SnCl_4$; ca. 100%. — *Bis-[n-propylmercaptan]-$SnCl_4$-Addukt*, C_6H_{16}·Cl_4S_2Sn, F. 66° (Zers., sintert ab 50°); 85%. — *Bis-[n-propylsulfonium]-hexachloro-*

stannat, $C_8H_{18}Cl_6S_2Sn$, F. 67° (sintert ab 53°); ca. 100%. — *Bis-[tert.-butylmercaptan]-SnCl$_4$-Addukt*, $C_8H_{20}Cl_4S_2Sn$, F. 20—25° (Zers.); 75%. — *Bis-[tert.-butylsulfonium]-hexachlorostannat*, $C_8H_{22}Cl_6S_2Sn$, aus vorst. Verb. durch Rk. mit HCl bei —110° (Meth. **C**); schmilzt bei Zimmer-Temp. unter starker Rauchentwicklung. — *Bis-[n-butylmercaptan]-SnCl$_4$-Addukt*, $C_8H_{20}Cl_4S_2Sn$, F. 43° (Zers., sintert ab 20°); 85%. — *Bis-[n-butylsulfonium]-hexachlorostannat*, aus vorst. Verb. nach **C**. — *Bis-[thiophenol]-SnCl$_4$-Addukt*, $C_{12}H_{12}Cl_4S_2Sn$, F. 26° (sintert ab 18°); grün; 75%; liefert bei 14std. Erwärmen im Hochvakuum auf 50° *Zinndichlorid-bis-phenylmercaptid* [$C_{12}H_{10}Cl_2S_2Sn$, F. >185° (sintert ab 85°; gelb]. — *Bis-[phenylsulfonium]-hexachlorostannat*, aus vorst. Verb. nach **C**. — *Bis-[benzylmercaptan]-SnCl$_4$-Addukt*, $C_{14}H_{16}Cl_4S_2Sn$, F. 56° (sintert ab 50°); 75%. — *Bis-[benzylsulfonium]-hexachlorostannat*, aus vorst. Verb. nach **C**. — *Diäthyldisulfidiumhexachloroantimonat*, $C_4H_{11}Cl_6S_2Sb$, F. 36° (sintert ab 27°), a) durch Zutropfen von Äthylmercaptan zu $SbCl_5$ in Äthylchlorid bei —70°; b) durch Zutropfen von Diäthyldisulfid zu $SbCl_5$ in Äthylchlorid u. 20 Min. langes Einleiten von HCl.

K. Zieloff. 600

Synthese von Fettsäurediestern der Schwefelanaloga von Batyl- und Chimylalkohol. D. David Lawson, Karen B. Haack, Horace R. Getz und S. M. Lee. (J. org. Chemistry **27,** 1878—79, 1962; Altadena, Calif., Hastings Foundat.; engl.) — Die Darst. von *dl-2.3-Distearoyloxypropyloctadecylsulfid* u. von *dl-2.3-Dipalmitoyloxypropylhexadecylsulfid* u. der entsprechenden *Sulfone* wird beschrieben.

Versuche: *dl-2.3-Distearoyloxypropyloctadecylsulfid*, $C_{57}H_{112}O_4S$, F. 62—63° (Aceton), durch $^1/_4$std. Erhitzen von Thiobatylalkohol [2.3-Dihydroxypropyloctadecylsulfid (**I**), aus 3-Mercaptopropandiol-(1.2) (**II**) u. Octadecylhalogenid in alkal. Lsg.] u. Stearinsäurechlorid (**III**) auf 100°, Einleiten von N_2, Zugabe von Aceton zur heißen Lsg., Filtrieren u. Stehen; 82% (Ausbeute). — Analog: *dl-2.3-Distearoyloxypropyloctadecylsulfon*, $C_{57}H_{112}O_6S$, F. 82—83° (Aceton), aus 2.3-Dihydroxypropyloctadecylsulfon (durch Oxydation von **I** mit 30%ig. H_2O_2 in CH_3COOH) statt **I**; 85%. — *dl-2.3-Dipalmitoyloxypropylhexadecylsulfid*, $C_{51}H_{100}O_4S$, F. 53—54° (Aceton), aus Thiochimylalkohol [2.3-Dihydroxypropylhexadecylsulfid (**IV**), analog **I** aus **II** u. Hexadecylhalogenid] u. Palmitinsäurechlorid (**V**) statt **I** bzw. **III**; 72%. — *dl-2.3-Dipalmitoyloxypropylhexadecylsulfon*, $C_{51}H_{100}O_6S$, F. 75—76° (Aceton), aus 2.3-Dihydroxypropylhexadecylsulfon (durch Oxydation von **IV** mit 30%ig. H_2O_2 in CH_3COOH) u. **V** statt **I** bzw. **III**; 75%.

M. Wolff. 600◇

Funktionelle Derivate des Malondialdehyds und ihre Reaktionen. 9. Mitt. **1.3-Dichlor-1.3-dialkoxypropane. Eine neue Methode zur Darstellung von Chlor- und Brommalondialdehyd.** T. W. Protopopowa und A. P. Skoldinow. (J. allg. Chem. [UdSSR] **29 (91),** 3982—87, 1959; Akad. der med. Wiss. der UdSSR, Inst. für Pharmakol. u. Chemotherapie; russ.) — Vgl. C. **1958,** 979 u. 13237. — Durch Einw. von PCl_5 auf einige 1.1.3.3-Tetraalkoxypropane werden *1.3-Dichlor-1.3-dialkoxypropane* (**I**) u. daraus mit K-Acetat *1.3-Diacetoxy-1.3-dialkoxypropane* dargestellt. Opt. Isomere von **I** konnten nicht isoliert werden. 1.3-Dichlor-1.3-diäthoxypropan (**III**) wird durch Rk. mit A. in *1.1.3.3-Tetraäthoxypropan* (**II**) übergeführt. Die Chlorierung von **II** mit PCl_5 (1 : 3 Mol) u. von **III** mit SO_2Cl_2 in Ggw. von Dibenzoylperoxid liefert *1.2.3-Trichlor-1.3-diäthoxypropan* (**IV**). Durch Hydrolyse von **IV** mit W. wird *2-Chlormalondialdehyd* (**VI**) u. durch Rk. mit A. *2-Chlor-1.1.3.3-tetraäthoxypropan* erhalten. Die Bromierung von **III** verläuft analog. Die dargestellten Halogen-Verbb. sind unbeständige, leicht hydrolysierbare Flüssigkeiten.

Versuche: 1.3-Dichlor-propane: *1.3-Dimethoxy-* (**V**), $C_5H_{10}Cl_2O_2$, Kp.$_{4,5}$ 44—48°, durch Zugeben von 16,5 g 1.1.3.3-Tetramethoxypropan zu 41,7 g PCl_5 in 15 ml $POCl_3$ unter Eiskühlung u. 1std. Stehen bei Zimmer-Temp.; n_D^{20} 1,4460; $D._4^{20}$ 1,2181; 75% (Ausbeute). — *1.3-Diäthoxy-* (**III**), Kp.$_{1-1,5}$ 58—62,5°, a) aus 43,7 g PCl_5 u. 22 g **II** analog vorst. Verb., aber ohne $POCl_3$; n_D^{20} 1,4435; $D._4^{20}$ 1,1242; 84%; b) durch 7—8std. Erhitzen von 22 g **II**, 30 ml CCl_4, 2 Tropfen Pyridin u. 26,4 g $SOCl_2$ auf 65 bis 70° unter Ausschluß von Feuchtigkeit; n_D^{20} 1,4438; 77%. — 1.3-Diacetoxy-propane: *1.3-Dimethoxy-*, $C_9H_{16}O_6$, Kp.$_1$ 81—84°, durch langsames Zugeben von 13 g **V** zu 15 g K-Acetat in 45 ml Eisessig unter Kühlung u. Schütteln; n_D^{20} 1,4198; $D._4^{20}$ 1,1072; 58%. — *1.3-Diäthoxy-*, $C_{11}H_{20}O_6$, Kp.$_{2,5}$ 99—102°, aus 4,0 g **III** u. 4,0 g K-Acetat in 10 ml Eisessig; n_D^{20} 1,4200; $D._4^{20}$ 1,0488; 43%. — *1.3-Di-n-butoxy-*, $C_{15}H_{28}O_6$, aus 16,0 g 1.1.3.3-Tetra-n-butoxypropan u. 20,8 g PCl_5 ohne Isolierung des sehr zersetzlichen *1.3-Dichlor-1.3-di-n-butoxypropan* (11,2 g) u. Rk. des letzteren mit 12 g K-Acetat in 35 ml Eisessig; n_D^{20} 1,4290; $D._4^{20}$ 1,0003; 4.8 g. — *1.1.3.3-Tetraäthoxypropan* (**II**), Kp.$_6$ 83,5—87°, aus 5 g **III** u. 25 ml A. (24 Std. bei Zimmer-Temp.); n_D^{20} 1,4112; 4,27 g. — *1.2.3-Trichlor-1.3-diäthoxypropan* (**IV**), $C_7H_{13}Cl_3O_2$, Kp.$_1$ 83—85°, durch Zugeben von 11 g **II** zu der sd. Suspension von 33,4 g PCl_5 in 25 ml CCl_4 u. 5std. Kochen; n_D^{20} 1,4695;

$D._4^{20}$ 1,2432; 32%. — *2-Chlormalondialdehyd* (VI), F. 142,5—144°, a) aus 1 g IV u. 20 ml W.; b) durch Erhitzen von III (aus 87,5 g PCl_5 u. 44 g II) mit 28,4 g SO_2Cl_2 u. Zugeben von 320 ml 5%ig. Soda-Lsg.; 47% (bezogen auf II). — *2-Chlor-1.1.3.3-tetraäthoxypropan*, $Kp._{12}$ 116—123°, durch Rk. von IV mit A.; n_D^{20} 1,4340; $D._4^{20}$ 1,0433; 46%. — *2-Brommalondialdehyd*, F. 140—141°. analog VI aus III u. 9 ml Br_2 u. Hydrolyse; 57%. — *2-Brom-1.1.3.3-tetraäthoxypropan*, $Kp._{18,5}$ 140—143°; n_D^{20} 1,4463; $D._4^{20}$ 1,1902; 71%. I. Schade. 680△

Funktionelle Derivate des Malondialdehyds und ihre Reaktionen. 10. Mitt. **Acetale der Homologen des Malondialdehyds.** W. T. Klimko und A. P. Skoldinow. (J. allg. Chem. [UdSSR] **29** (**91**), 4027—29, 1959; russ.) — 9. vgl. vorst. Referat. — Durch Rk. von Orthoameisensäureester (I) mit Alkylvinyläthern in Ggw. von Friedel-Crafts-Katalysatoren werden *Acetale* von *Malondialdehyd* (II)-Homologen erhalten: $RCH = CHOR' + HC(OR')_3 \rightarrow RCH[CH(OR')_2]_2$. Die Acetale sind beständige u. ohne Zers. destillierbare Verbb., die durch wss. Säuren zu den Dialdehyden hydrolysiert werden.

Versuche: *1.1.3.3-Tetraäthoxy-2-methylpropan* (III), $C_{12}H_{26}O_4$, $Kp._5$ 87—87,5°, aus I u. Propenyläthyläther in Ggw. von BF_3-Ätherat bei 45°; $D._4^{20}$ 0,9158; n_D^{20} 1,4151; 53,4% (Ausbeute). — *Methylmalondialdehyd* (IV), F. 88—89°, durch Verseifen von III mit HCl. *Dianilhydrochlorid*, $C_{16}H_{16}N_2 \cdot HCl$, F. 223—224°, aus III mit Anilin in HCl (1/2 Std. kochen); 73,3%. *Dianil*, $C_{16}H_{16}N_2$, F. 240—250° (Zers.), aus dem Hydrochlorid mit Na_2CO_3. — *1.1.3.3-Tetramethoxy-2-methylpropan*, $C_8H_{18}O_4$, $Kp._5$ 62—63°, analog III; $D._4^{20}$ 0,9652; n_D^{20} 1,4090; 39,8%. — *1.1.3.3-Tetraäthoxy-2-äthylpropan*, $C_{13}H_{28}O_4$, $Kp._3$ 82—83°, $D._4^{20}$ 0,9097; n_D^{20} 1,4179; 64%. — *Äthylmalonaldehyd*, F. 72—73°; 50%. *Dianilhydrochlorid*, $C_{17}H_{18}N_2 \cdot HCl$, F. 212—213°; 71,4%. — *1.1.3.3-Tetraäthoxy-2-isopropylpropan*, $C_{14}H_{30}O_4$, $Kp._2$ 80—81,5°; $D._4^{20}$ 0,9107; n_D^{20} 1,4220; 68%. — *Isopropylmalondialdehyd*, F. 62—63° (korr.), aus vorst. Verb. durch Verseifen mit HCl; 46,5%. *Dianilhydrochlorid*, $C_{18}H_{20}N_2 \cdot HCl$, F. 167—171°; 73,3%. — *1.1.3.3-Tetraäthoxy-2-phenylpropan*, $C_{17}H_{28}O_4$, $Kp._{1,5-2}$ 125—127°; $D._4^{20}$ 0,9826; n_D^{20} 1,4715; 43,9%. — *Phenylmalondialdehyd*, F. 93,5—94,5°; 28%. *Cu-Salz*, F. 214—215°. *Dianilhydrochlorid*, $C_{21}H_{18} \cdot N_2 \cdot HCl$, F. 143—144°; 71,8%. K. Wettig. 680□

Reaktionen von Ketenen. 4. Mitt. **Über den Mechanismus der Reaktion zwischen einigen Ketenacetalderivaten und Phenylisocyanat.** Rachele Scarpati, Giuseppe del Re und Teresa Maone. (Rend. Accad. Sci. fisiche mat., Napoli [4] **26** (**98**), 405—22, 1959; Napoli, Univ., Ist. di Chim. Organ.; ital.) — 3. vgl. C. **1962**, **14491**. — Es wird untersucht, ob in den Prodd., die bei der Rk. α-substituierter Ketenacetale mit Phenylisocyanat (I) entstehen, eine Bindung zwischen dem N- u. dem Acetal-C-Atom besteht. Weiter wird ein Mechanismus für das außergewöhnliche Verh. von unsubstituiertem Ketenacetal gegenüber I vorgeschlagen. Folgende Schlüsse werden gezogen: α-monosubstituierte Ketenacetale bilden bei der Rk. mit I eine offene Anilidostruktur, während α.α-disubstituierte Ketenacetale nur ein Azetidindionstruktur bilden können. Die Bldg. einer Pyrimidinstruktur ist bei der Rk. zwischen Ketenacetal u. I durch Umlagerung eines intermediären Zwischenprod. vom Dianilidtyp möglich. Um diese Annahmen zu beweisen, werden mehrere neue Rkk. vom angezeigten Typ ausgeführt u. ihre Mechanismen diskutiert. IR-Spektren vgl. Original.

Versuche: *1-Phenyl-3.3-dimethylazetidindiondimethylacetal* (II), $C_{13}H_{17}NO_3$, F. 42 bis 45°, $Kp._{0,5}$ 135—136°, durch 3std. Erhitzen von I u. Dimethylketendimethylacetal auf 100—110°, 12std. Stehen bei Raum-Temp. u. Dest.; 68% (Ausbeute). — *Dimethylmalonsäuremethylesteranilid*, a) durch 5std. Kochen von II in wss. Dioxan; 85%; b) durch Behandeln von II mit konz. HCl, 4tägiges Stehen, Verdünnen mit W., Alkalisieren mit Na_2CO_3 u. Ausäthern; 30%; daneben 60% *Dimethylmalonsäuremonoanilid*. — *β.β.β-Trimethoxy-α.α-dimethylpropionsäureanilid*, $C_{14}H_{21}NO_4$, F. 50,5—52,5°, durch 3std. Erhitzen von II in abs. Methanol unter Rückfluß oder Stehen unter 30 at Druck bei Raum-Temp.; aus PAe. Schuppen; 100%; gibt durch 3std. Kochen in wss. Dioxan quant. vorst. Verbindung. — β.β-Dimethoxyacrylsäureanilide: *α-Methyl-*, durch 3std. Erhitzen von 0,022 Mol I u. 0,02 Mol des entsprechenden Ketenacetals auf 100—110°, 12std. Stehen bei Raum-Temp.; 75%. — *α-Propyl-*, analog vorst. Verb.; 73%. — *α-Cyanmethyl-*, analog vorst. Verb.; 68%. — Malonsäuremonoanilide: *Methyl-*, F. 164—166° (Zers.), durch 4tägiges Stehen des entsprechenden β.β-Dialkoxyacrylsäureanilids in konz. HCl; 80%. *Äthylester*, F. 59—62°, durch 5std. Kochen des entsprechenden β.β-Dialkoxyacrylsäureanilids in Dioxan/W. (4 : 1); aus PAe. Nadeln; 65%. — *Propyl-*, F. 148—150° (Zers.), analog vorst. Verb.; aus Chlf. Nadeln; 78%. *Äthylester*, F. 58—61°, analog vorst. Ester; aus PAe. Nadeln; 66%. — *Cyanmethyl-*, F. 133—138° (Zers.), analog vorst. Verb.; aus W. Nadeln; 15%. *Methylester*, F. 100—103°, durch Methylieren mit CH_2N_2; aus CCl_4 Nadeln; 33%. — β.β-Dialkoxy-α-alkylpropionsäureanilide: *α-Methyl-β.β-diäthoxy-*, Kp.$_{0,3}$ 159—160°, durch Hydrieren des entsprechenden β.β-Dialkoxy-α-alkylacrylsäureanilide in abs. A. bei Raum-Temp./ 4 at an Raney-Ni, Filtrieren u. Eindampfen im Vakuum; 90%. — *α-Propyl-β.β-diäthoxy-*, F. 87,5—89,5°, analog vorst. Verb.; aus PAe. Nadeln; 80%. — *3-Methyl-2-hydroxychinolin*, F. 234—235°, aus den entsprechenden α-Alkyl-β.β-dialkoxypropionsäureaniliden durch 4tägiges Stehen in konz. HCl u. Extrahieren mit Essigester; 71%. — *3-Propyl-2-hydroxychinolin*, F. 142—144°, analog vorst. Verb.; aus Dioxan Schuppen; 90%. — *1-Phenyl-4-methylpyrazolon-(5)*, F. 147—148°, durch 5std. Kochen von 0,1 Mol des entsprechenden α-Alkyl-β.β-dialkoxypropionsäureanilids in 90%ig. A., Eindampfen im Vakuum, Verdünnen mit W. u. Extrahieren mit Ae.; 72%; daneben durch Alkalisieren der wss. Phase *Phenylhydrazin* u. *Anilin*. — *1-Phenyl-4-propylpyrazolon-(5)*, F. 139—142°, analog vorst. Verb.; aus Dioxan Prismen; 63%. P. Golinske. 800△

Die Synthese von Orthoamiden und ihre Überführung in Formamidiniumsalze. David H. Clemens und William D. Emmons. (J. Amer. chem. Soc. **83**, 2588—89, 1961; Philadelphia, Pa., Rohm and Haas Co.; engl.) — Die Darst. einiger *Orthoameisensäuretri-[N-arylamide]* (**A**) (Tris-[arylamino]-methane) wird beschrieben: *Tris-[N-methylanilino]-methan* (I), $C_{22}H_{25}N_3$, F. 263—265° (Zers.), a) durch Rk. von N-Methylanilin (II) mit $CHClF_2$-Gas in 1.2-Dimethoxyäthan; 58% (Ausbeute); b) durch Kochen von Orthoameisensäuretriäthylester u. **II**; 21%; c) durch Rk. von **IV** mit dem Na-Salz von **II**. — *Tris-[N-äthylanilino]-methan*, $C_{25}H_{31}N_3$, F. 183—186°, analog **I** nach a); 21%.— *Tris-[N-methyl-p-nitroanilino]-methan*, $C_{22}H_{22}N_6O_6$, F. 260—265° (Zers.), analog **I** nach a); 23%. — Die **A** geben mit starken Säuren, Alkylhalogeniden u. Säurehalogeniden leicht *Formamidiniumsalze*. — Beispiele: *N.N'-Dimethyl-N.N'-diphenylformamidiniumhydroxid, Fluoroborat* (**III**), $C_{15}H_{17}BF_4N_2$, F. 117—119°, durch Erhitzen von **I** mit W. u. 48%ig. HBF_4; 75%; **III** geht mit CH_3ONa, Na-Isopropylat bzw. Na-tert.-butylat in *Bis-[N.N-dimethylanilino]-methylmethyl-*, *-isopropyl-* bzw. *-tert.-butyläther* über; Red. von **III** mit NaH in 1.2-Dimethoxyäthan gibt *Bis-[N.N-dimethylanilino]-methan*, F. 33 bis 34°. *Jodid* (**IV**), F. 162—164°, analog **III**; **IV** reagiert mit C_6H_5Li zu *N.N'-Benzyliden-bis-[N-methylanilin]*, F. 127—130°, das durch Analyse u. seine Hydrolyse zu C_6H_5CHO identifiziert wird. — *N.N'-Dimethyl-N.N'-di-p-nitrophenylformamidiniumfluoroborat*, F. 159—161°, a) analog **III**; b) durch Nitrieren von **IV**. H. Pagel. 810◇

Über Oxoniumsalze in der Reihe der Carbonsäuren und der Kohlensäure. 12. Mitt. **über Oniumsalze.** Friedrich Klages und Egon Zange. (Chem. Ber. **92**, 1828—34, 1959; München, Univ., Inst. für Organ. Chem.; dt.) — 10. vgl. C. **1962**, 18079. — Ameisensäure, Essigsäure, Buttersäure, Benzoesäure, ihre Ester sowie Kohlensäureester lassen sich durch Rk. mit $SbCl_5$ u. HCl in *Acidiumsalze* mit H am Oxonium-O-Atom überführen. Diese Salze zeigen eine gewisse HCl-Tension u. bilden mit einem zweiten Mol. (bzw. bei Carbonsäuren auch mehrere Moll.) der zugehörigen Base H-Brückenaddukte. Dimethylcarbonatacidiumhexachloroantimonat (**III**) liefert mit CH_2N_2 *Trimethylcarbonatacidiumhexachloroantimonat.*

Versuche: *Ameisensäure-$SbCl_5$-Addukt*, $CH_2Cl_5O_2Sb$, F. 110—112° (sintert ab 104°), durch Zutropfen eines 20% ig. Überschusses einer 30% ig. Lsg. von $SbCl_5$ in Methylen- (**I**) oder Äthylchlorid (**II**) zu Ameisensäure in **I** oder **II** bei —20 bis —30° u. Kühlen auf —75° unter Durchleiten von HCl; 75% (Ausbeute). — *Ameisensäuremethylester-$SbCl_5$-Addukt*, $C_2H_4Cl_5O_2Sb$, F. 123—124° (sintert ab 76°); zersetzt 5 Mol CH_2N_2; 75%. — *O-Methylformiatacidiumhexachloroantimonat*, $C_2H_5Cl_6O_2Sb$, F. 100—102° (sintert ab 69°), durch Sättigen von Ameisensäuremethylester in 30—40 ml **I** oder **II** bei —30 bis —40° mit HCl u. Zutropfen eines 20% ig. Überschusses einer 30% ig. Lsg. von $SbCl_5$ in **I** oder **II**; 70%. — *Ameisensäuremethylester-Addukt*, $C_4H_9Cl_6O_4Sb$, F. 50—51° (sintert ab 45°); 53%. — *Essigsäure-$SbCl_5$-Addukt*, $C_2H_4Cl_5O_2Sb$, F. 90—92° (sintert ab 53°); 82%. — *Essigsäuremethylester-$SbCl_5$-Addukt*, $C_3H_6Cl_5O_2Sb$, F. 87—88° (sintert ab 60°); 80%. — *Acetatacidiumhexachloroantimonat*, $C_2H_5Cl_6O_2Sb$, F. 113—116° (sintert ab 57°); 80%. — *Essigsäure-Addukt*, $C_4H_9Cl_6O_4Sb$, F. 80—82° (sintert ab 60°); 67%.— *Addukt mit 3,5 Mol. Essigsäure*, $C_7H_{15}Cl_6O_7Sb$, F. 30—35° (Äthylenchlorid). — *O-Methylacetatacidiumhexachloroantimonat*, $C_3H_7Cl_6O_2Sb$, F. 81—82° (sintert ab 40°); 75%. — *O-Methylbutyratacidiumhexachloroantimonat*, $C_5H_{11}Cl_6O_2Sb$, F. 87—88° (sintert ab 70°); 93%. — *Buttersäuremethylester-Addukt*, $C_{10}H_{21}Cl_6O_4Sb$, F. 63—64° (sintert ab 55°); 32%. — *Benzoesäure-$SbCl_5$-Addukt*, $C_7H_6Cl_5O_2Sb$, F. 105° (sintert ab 70°); 70%; liefert nach 13std. Abpumpen des bei 80° im Hochvakuum abgespaltenen HCl *Tetrachloroantimonylbenzoat* ($C_7H_5Cl_4O_2Sb$, F. 104—106°). — *Benzoesäuremethylester-$SbCl_5$-Addukt*, $C_8H_8Cl_5O_2Sb$, F. 119—121° (sintert ab 78°); zersetzt bei —15° 5 Mol CH_2N_2; 90%. — *Benzoatacidiumhexachloroantimonat*, $C_7H_7Cl_6O_2Sb$, F. 109—110° (sintert ab 100°); fast 100%. — *O-Methylbenzoatacidiumhexachloroantimonat*, $C_8H_9Cl_6O_2Sb$, F. 112—114° (sintert ab 70°); 72%. *Benzoesäuremethylester-Addukt*, $C_{16}H_{17}Cl_6O_4Sb$, F. 119° (sintert ab 105°); 72%. —

Kohlensäuredimethylester-$SbCl_5$-Addukt, $C_3H_6Cl_5O_3Sb$, F. 125—126° (sintert ab 100°); 72%. — *Kohlensäurediäthylester-$SbCl_5$-Addukt*, $C_5H_{10}Cl_5O_3Sb$, F. 65° (sintert ab 58°); 60%. — *Dimethylcarbonatacidiumhexachloroantimonat* (**III**), $C_3H_7Cl_6O_3Sb$, F. 89—90° (sintert ab 58°); 80%. — *Diäthylcarbonatacidiumhexachloroantimonat*, $C_5H_{11}Cl_6O_3Sb$, F. 81—82° (sintert ab 60°); 70%. — *Trimethylcarbonatacidiumhexachloroantimonat*, $C_4H_9Cl_6O_3Sb$, F. 130—131°, a) durch portionsweisen Zusatz von CH_2N_2 in **I** zur Suspension von **III** in **I** bei —30°; 11%; b) durch Zutropfen von $SbCl_5$ zur Lsg. von Orthokohlensäuretrimethylester in **I** bei —25°; 84%. K. Zieloff. 810

Synthese langkettiger Säuren. 3. Mitt. Synthese von Acetylensäuren. D. E. Ames und A. N. Covell. (J. chem. Soc. [London] **1963**, 775—78; London, Chelsea Coll. of Sci. and Technol., Chem. Dep.; engl.) — 2. vgl. C. **1962**, 12261. — Kondens. von ω-Bromcarbonsäuren (**A**) mit entsprechenden Li-Acetyleniden in einem Gemisch von fl. NH_3 u. Tetrahydrofuran (THF) führt zu langkettigen *Alkincarbonsäuren* (**B**). Bei vollständiger katalyt. Hydrierung gehen die **B** in *Fettsäuren* über, während bei partieller katalyt. Hydrierung nach Cram u. Allinger (vgl. C. **1959**, 4770) *cis-Alkencarbonsäuren* (**C**) entstehen, die bei der nachfolgenden Hydroxylierung mit Perameisensäure (**I**) *threo-Dihydroxysäuren* liefern. Wird die Kondens. der **A** mit Na-Acetyliniden vorgenommen, so ist die Ausbeute an **B** geringer. Die Meth., die **B** durch Hydrolyse ihrer N.N-Dimethylamide, die man ihrerseits durch Kondens. von ω-Alkincarbonsäuredimethylamiden mit Alkylhalogeniden gewinnt, darzustellen, ist nur in einzelnen Fällen anwendbar. So liefern *Hexadecin-(9)-säuredimethylamid* (**II**) u. *1-[Hexadecin-(9)-oyl]-pyrrolidin* (**III**) bei der Hydrolyse *Hexadecin-(9)-säure*, die zu *Palmitinsäure* (**IX**) hydriert wird.

Versuche: *1-[8-Bromoctanoyl]-pyrrolidin*, $C_{12}H_{22}BrNO$, $Kp._{0,25}$ 140—142°, durch 1std. Erwärmen von 45 g 8-Bromoctansäure (**VI**) mit $SOCl_2$ auf 30°, 2std. Erwärmen auf 100°, Einengen im Vakuum, Lösen des *Säurechlorids* in Ae., Einrühren von Pyrrolidin unter Kühlung, Zusetzen von W. u. Ae.-Extraktion; n_D^{20} 1,5111; 48 g (Ausbeute). — *1-[Decin-(9)-oyl]-pyrrolidin*, $C_{14}H_{23}NO$, $Kp._{0,3}$ 134—140°, durch 2std. Einleiten von C_2H_2 in die Suspension von $NaNH_2$ in THF, Zugabe von 47 g vorst., in THF gelöster Verb., 5std. Kochen, Eindampfen, Zugabe von W. u. Ae.-Extraktion; 23 g. — *1-[Hexadecin-(9)-oyl]-pyrrolidin* (**III**), $C_{20}H_{35}NO$, $Kp._{0,2}$ 181—185°, durch Einrühren der Lsg. von 23 g vorst. Verb. in THF in die Suspension von $NaNH_2$ in fl. NH_3, Zugabe von Hexylbromid (**IV**) in THF nach 1 Std., 5std. Kochen, Eindampfen u. Ae.-Extraktion; n_D^{22} 1,4841; 10 g. — *Hexadecin-(9)-säuredimethylamid* (**II**), $C_{18}H_{33}NO$, $Kp._{0,2}$ 160—164°, durch Umwandlung von 19,5 g Decin-(9)-säuredimethylamid in das *Na-Deriv.* u. Kondens. mit **IV**; 12 g. — *Hexadecin-(9)-säure*, $C_{16}H_{28}O_2$, F. 39—39,5°, $Kp._{0,25}$ 138—142°, a) durch 10std. Kochen von 5 g **II** mit wss. KOH u. 2-Methoxyäthanol unter N_2, Eingießen in verd. H_2SO_4, Extraktion mit Essigester u. fraktionierte Dest.; 2,5 g; b) analog a) aus 5 g **III**; 1,0 g; daneben 1,5 g **III**; liefert bei vollständiger Hydrierung **IX**. — Alkincarbonsäuren (**B**): *Tetradecin-(9)-säure* (**V**), $C_{14}H_{24}O_2$, F. 31,5—32°, $Kp._{0,15}$ 135—138°, durch 1std. Kochen u. Rühren von 3 Mol Hexin-(1) (**VII**) mit 1 Mol $NaNH_2$ in fl. NH_3. Zugabe von 1 Mol **VI** in THF, 8std. Kochen, Eindunsten, Zugabe von verd. HCl u. Ae.-Extraktion; 28%; daneben **VI**; 53%. — *Pentadecin-(9)-säure*, $C_{15}H_{26}O_2$, F. 32—33°, $Kp._{0,25}$ 145—149°, a) analog **V** aus 3 Mol Heptin-(1) (**VIII**), 1 Mol **VI** u. 1 Mol $NaNH_2$; 19% (daneben 55% **VI**); b) analog **V** aus 5 Mol **VIII**, 1 Mol **VI** u. 1 Mol $LiNH_2$; 86%. — *Hexadecin-(7)-säure*, $C_{16}H_{28}O_2$, F. 38—39°, $Kp._{0,6}$ 160—163°, analog vorst. Verb. nach b) aus 10 Mol Decin-(1) (**X**), 1 Mol 6-Bromhexansäure u. 1 Mol $LiNH_2$; 92%. — *Heptadecin-(12)-säure*, $C_{17}H_{30}O_2$, F. 35—36°, $Kp._{0,15}$ 158—163°, analog **V** aus 3 Mol **VII**, 1 Mol 11-Bromundecansäure (**XI**) u. 1 Mol $NaNH_2$; 18%; daneben 50% **XI**. — *Octadecin-(9)-säure*, $C_{18}H_{32}O_2$, F. 46—47°, $Kp._{0,2}$ 168—172°, a) analog **V** aus 10 Mol **X**, 1 Mol **VI** u. 1 Mol $NaNH_2$; 24%; b) analog **V** aus 3 Mol **X**, 1 Mol **VI** u. 1 Mol $LiNH_2$; 25%; c) analog **V** aus 10 Mol **X**, 1 Mol **VI** u. 1 Mol $LiNH_2$; 68%; daneben **X**; 54% u. **VI**; 20%. — *Octadecin-(12)-säure*, F. 46—47°, $Kp._{0,18}$ 166—171°, a) analog **V** aus 3 Mol **VIII**, 1 Mol **XI** u. 1 Mol $NaNH_2$; 18% (daneben **XI**; 37%); b) analog **V** aus 5 Mol **VIII**, 1 Mol **XI** u. 1 Mol $NaNH_2$ durch 40std. Kochen; 41% (daneben **XI**; 26%; c) analog **V** aus 10 Mol **VIII**, 1 Mol **XI** u. 1 Mol $NaNH_2$ durch 20std. Kochen; 70%; d) analog **V** aus 3 Mol **VIII**, 1 Mol **XI** u. 1 Mol $LiNH_2$; 42% (daneben **XI**; 43%); e) analog **V** aus 5 Mol **VIII**, 1 Mol **XI** u. 1 Mol $LiNH_2$; 71% (daneben **XI**; 20%); f) analog **V** aus 10 Mol **VIII**, 1 Mol **XI** u. 1 Mol $LiNH_2$; 83%; daneben **VIII**; 42%. — *Nonadecin-(12)-säure*, $C_{19}H_{34}O_2$, F. 45—45,5°, $Kp._{0,7}$ 180—186°, analog **V** aus 10 Mol Octin-(1), 1 Mol **XI** u. 1 Mol $NaNH_2$ durch 20std. Kochen; 53%. — Fettsäuren, durch Hydrierung der entsprechenden **B** in A. an Pd/Kohle u. Umkristallisieren aus CH_3OH oder PAe.; Ausbeute ca. 100%: *Myristinsäure*, F. 51—52°. — *Pentadecansäure*, F. 51—51,5°. — *Palmitinsäure* (**IX**), F. 61—62°. — *Heptadecansäure*, F. 60,5—61,5°. — *Stearinsäure*, F. 69—70°. — *Nonadecansäure*, $C_{19}H_{38}O_2$, F. 68—68,5°. — cis-Alkencarbonsäuren (**C**), durch Hydrierung der entsprechenden **B** in CH_3OH an $Pd/BaSO_4$ in Ggw. von Chinolin bis zur Aufnahme von 1 Mol H_2, Filtration u. Dest.: *cis-Tetradecen-(9)-säure*, $C_{14}H_{26}O_2$, $Kp._{0,25}$ 126—130°; n_D^{20} 1,4562. — *cis-Pentadecen-(9)-säure*, $C_{15}H_{28}O_2$, $Kp._{0,25}$ 142—144°; n_D^{20} 1,4557. — *cis-Hexadecen-(7)-säure*, $C_{16}H_{30}O_2$, $Kp._{0,9}$ 165—167°; n_D^{20} 1,4608. — threo-Dihydroxysäuren, durch 2std. Erwärmen der entsprechenden **C** mit **I** (HCOOH-30%ig. H_2O_2-Gemisch), auf 40°, 1std. Kochen mit 3n NaOH im Überschuß, Eingießen in verd. HCl bei 0° u. Absaugen: *threo-9.10-Dihydroxytetradecansäure*, $C_{14}H_{28}O_4$, F. 78,5—80° (CH_3OH). — *threo-9.10-Dihydroxypentadecansäure*, $C_{15}H_{30}O_4$, F. 82—82,5° (wss. A.). — *threo-7.8-Dihydroxyhexadecansäure*, $C_{16}H_{32}O_4$, F. 86—87° (wss. A.). — *threo-12.13-Dihydroxyheptadecansäure*, $C_{17}H_{34}O_4$, F. 89—90° (wss. A.). — *threo-9.10-Dihydroxyoctadecansäure*, F. 92,5—93,5°. — *threo-12.13-Dihydroxyoctadecansäure*, $C_{18}H_{36}O_4$, F. 95,5—96° (A.). — *threo-12.13-Dihydroxynonadecansäure*, $C_{19}H_{38}O_4$, F. 95,5—96° (Platten; CH_3OH).

H. Gleinig. 810◇

Die absolute Konfiguration von β-Hydroxy-β-phenylpropionsäure. K. Balenović, B. Urbas und A. Deljac. (Croat. chem. Acta **31**, 153—55, 1959; Zagreb, Univ., Fak. of Sci., Chem. Labor.; engl.) — Aus (+)-Mandelsäure (**II**) u. aus (+)-β-Hydroxy-β-phenylpropionsäure (**I**) wird (+)-*β-Methoxy-β-phenylpropionsäuremethylester* dargestellt. Die Konfiguration von **I** wird durch die folgenden Verss. bewiesen.

Versuche: (+)-*α-Methoxyphenylessigsäure*, F. 62—64°, durch 8std. Erhitzen von **II** u. CH_3J mit Ag_2O in Bzl. unter Rühren auf 50—55°; $[\alpha]_D^{23}$ +122° (c = 2,36; A.); 71% (Ausbeute). — (—)-*3-Diazo-1-methoxy-1-phenylpropanon-(2)*, durch 2std. Erhitzen vorst. Verb. mit $SOCl_2$ auf 50—60° u. Rk. des Chlorids mit einer äther. Lsg. von Diazomethan in Bzl.; gelbes Öl; $[\alpha]_D^{22}$ —83° (c = 3,5; Essigester); 97%. — (+)-*β-Methoxy-β-phenylpropionsäuremethylester*, $C_{11}H_{14}O_3$, $Kp._{0,01}$ 50—60°, $Kp._{0,007}$ 50—55°, a) durch mehrere Min. langes Erwärmen vorst. Verb. u. CuJ in Acetonitril u. abs. CH_3OH (1 : 1) auf 35° bis zum Beginn der N_2-Entw., 3std. Stehen, 1std. Erhitzen auf 50° (Ende der N_2-Entw.), Filtrieren, Extrahieren der wss. Lsg. mit Bzl. u. Chromatographieren; Öl; 68%; b) durch 8std. Kochen von **I** u. CH_3J in Ggw. von Ag_2O in Bzl.; $[\alpha]_D^{24}$ 61,0° (c = 2,935; Bzl.).

L. Holzhey. 850◇

Darstellung der symmetrischen C_{11}- und C_{19}-Ketodisäuren-(α.ω) und der entsprechenden Disäuren. René Clément. (Bull. Soc. chim. France **1963**, 150—52; Bellevue, Seine-et-Oise, C.N.R.S., Labor. de Chim. Macromol.; franz.) — Durch Claisen-Kondens. der Kaliumsalze von α.ω-Dicarbonsäuremonoäthylestern werden Dikaliumsalze von *β-Ketocarbonsäuremonoäthylestern* erhalten, die sich durch Verseifung u. Decarboxylierung in die *Dikaliumsalze* entsprechender symm. *Ketodicarbonsäuren-(α.ω)* (**A**) überführen lassen, die beim Ansäuern die **A** selbst liefern. Durch Red. der **A** gewinnt man die *Dicarbonsäuren*. Die IR-Spektren der synthetisierten Verbb. werden diskutiert.

Versuche: *10-Oxononadecandisäure-(1.19)*, $C_{19}H_{34}O_5$, F. 123,5° (A.), durch Neutralisation von aus Sebacinsäure, A. u. H_2SO_4 in Bzl. dargestelltem *Sebacinsäuremonoäthylester* [F. 36° (Chlf.), $Kp._{26}$ 222°] mit äthanol. KOH in Xylol, Kochen nach Zusatz von NaOH in Xylol, Einrühren von A. in Xylol, 1½std. Kochen u. Rühren, Zers. von überschüssigem NaH mit A., 2std. Kochen mit äthanol. KOH, Einrühren von verd. HCl u. Einengen der wss.-äthanol. Phase; 73% (Ausbeute). — *Nonadecandisäure-(1.19)*, $C_{19}H_{36}O_4$, F. 118—119° (Bzl.), durch Einleiten von HCl in die Lsg. von 3,2 g vorst. Verb. u. amalgamiertem Zn in verd. HCl unter Rühren, Zers. des Zn nach 2 Std., Lösen des abgetrennten Rk.-Prod. in sd. Bzl. u. Abkühlen; 2,72 g. — *6-Oxoundecandisäure-(1.11)*, $C_{11}H_{18}O_5$, F. 106—107°, durch Neutralisation von 21,1 g Adipinsäuremonoäthylester (F. 28°, $Kp._{13}$ 159—161°) mit KOH in A.-Xylol, Abdestillieren von W. u. A., Zugabe von NaH in A., 3std. Kochen u. Rühren, Zers. von überschüssigem NaH mit A., Verseifung mit äthanol. KOH, Ansäuern durch Einrühren von verd. HCl, Einengen der wss.-äthanol. Phase, Absaugen nach 24std. Aufbewahren, Extraktion des getrockneten Nd. (11,44 g) mit sd. Bzl., Lösen von 2 g der erhaltenen 7,45 g (57%; F. 100—102°) in 96%ig. A., Neutralisation mit äthanol. NaOH, 24std. Aufbewahren, Einengen der filtrierten Lsg., Behandeln des abfiltrierten Nd. (2—2,3 g) mit HCl, Eindampfen u. Extraktion des Rückstandes mit Aceton. — *Undecandisäure-(1.11)*, $C_{11}H_{20}O_4$, durch 1std. Kochen vorst. Verb. mit 85%ig. $N_2H_4 \cdot H_2O$ u. KOH in Diäthylenglykol, Dest. bis zum Erreichen einer Temp. von 205—210°, 3std. Kochen, Eingießen in W., Ansäuern mit HCl bis zur kongosauren Rk., Absaugen, Lösen in sd. W. u. Abkühlen unter Rühren; Plättchen.

H. Gleinig. 870◇

Die Darstellung einiger Thiosemicarbazone und ihrer Kupferkomplexe. 2. Mitt. B. A. Gingras, R. L. Somorjai und C. H. Bayley. (Canad. J. Chem. **39**, 973—85, 1961; Ottawa, Canada, Nat. Res. Council, Div. of Appl. Chem.; engl.) — 1. vgl. C. **1962**, 13369; 3. vgl. C. **1963**, 16112. — Rkk. von N- u. S-substituierten Thiosemicarbazonen

(TSC) mit Cu(I) wurden untersucht. Wenn das S-Atom einen Substituenten enthält u./oder das N^2-H-Atom durch CH_3 ersetzt ist, tritt keine Komplex-Bldg. ein. 4.4-Dimethyl-Derivv. ergeben nicht nur die üblichen 1:1-Komplexe, sondern auch 2:1-Komplexe (2 TSC: 1 Cu), in welchen Cu(II) vorliegt. Rkk. von TSC mit Cu(II) ergeben 1:1- u. 2:1-Komplexe u. wahrscheinlich ein Gemisch, dessen Zus. einem 2:3-Komplex entspricht. Die möglichen Strukturen der 1:1-Komplexe werden diskutiert; sie sind am besten als Polymere darzustellen, wobei das Metall am S- u. am $N_{(1)}$-Atom gebunden ist. Die IR-Spektren dieser Verbb. werden mitgeteilt.

Versuche: *S.4-Dimethylthiosemicarbazidhydrojodid* (I), F. 164° (A.), durch 1½std. Kochen von 4-Methylthiosemicarbazid u. CH_3J in Isopropanol u. Aceton; 59% (Ausbeute). — *Benzaldehyd-S.4-dimethyl-TSC*, $C_{10}H_{13}N_3S$, F. 66° (n-Hexan), durch Neutralisieren von **I** in W. mit NaOH, Zusatz von Benzaldehyd in A. in Ggw. von Essigsäure u. ¼std. Kochen; 55%. — *Benzaldehyd-2-methyl-TSC*, $C_9H_{11}N_3S$, F. 175° (A.); 78%. — *Benzaldehyd-2.4-dimethyl-TSC*, $C_{10}H_{13}N_3S$, F. 117,5° (A.–n-Hexan); 100%. — *Benzaldehyd-4.4-dimethyl-TSC* (**II**), F. 148° (Methanol); 77%. *2:1-Cu(II)-Komplex* (**IIa**), $C_{20}H_{24}CuN_6S_2$, F. 185—187°, a) durch Zutropfen von CuCl in NH_4OH zur sd. methanol. **II**-Lsg., ¼std. Kochen, Abfiltrieren des Nd. u. Extraktion mit Aceton (Meth. **A**); 40%; b) analog a) mit Cu-Acetat in A. (Meth. **B**); 40%. *1:1-Cu(I)-Komplex* (**IIb**), $C_{10}H_{12}CuN_3S$, F. 225°, neben **IIa** als unlösl. Rückstand; a) nach a); 25%; b) nach b); 40%. — *Benzaldehyd-4-methyl-TSC*, F. 163° (A.–n-Hexan); 93%. *1:1-Cu(I)-Komplex*, $C_9H_{10}CuN_3S$, F. 207—208,5°, nach **A**; 85%. — *p-Chlorbenzaldehyd-2.4-dimethyl-TSC*, $C_{10}H_{12}ClN_3S$, F. 146° (Methanol–Aceton); 100%. — *p-Chlorbenzaldehyd-4.4-dimethyl-TSC*, F. 132° (n-Hexan); 96%. *2:1-Cu(II)-Komplex*, $C_{20}H_{22}Cl_2CuN_6S_2$, F. 232° (Zers.), nach **A**; 60%. — *Heptanal-2-methyl-TSC*, $C_9H_{19}N_3S$, F. 52° (n-Hexan); 40%. — *Octanal-2-methyl-TSC*, $C_{10}H_{21}N_3S$, F. 45° (n-Hexan); 35%. — *Octanal-4-methyl-TSC*, F. 51° (n-Hexan); 47%. — *Nonanal-2-methyl-TSC*, $C_{11}H_{23}N_3S$, F. 62,5° (n-Hexan); 73%. — *Decanal-2-methyl-TSC*, $C_{12}H_{25}N_3S$, F. 45° (n-Hexan); 64%. — *Undecanal-2-methyl-TSC*, $C_{13}H_{27}N_3S$, F. 73,5° (A.); 75%. — *Undecen-(9)-al-2-methyl-TSC*, $C_{13}H_{25}N_3S$, F. 33° (n-Hexan); 20%. — *Aceton-S-benzyl-TSC*, $C_{11}H_{15}N_3S$, F. 50° (n-Hexan); 50%. — TSC-Cu-Komplexe (nach **B**): *Benzaldehyd-*, $C_8H_8CuN_3S$, F. 184—185° (Zers.); 49%. — *o-Chlorbenzaldehyd-*, $C_8H_7Cl\cdot CuN_3S$, F. 198° (Zers.); 52%. — *m-Fluorbenzaldehyd-*, $C_8H_7CuFN_3S$, F. 162° (Zers.); 58%. — *n-Octanal-*, $C_{18}H_{36}CuN_6S_2$, F. 122° (Zers.); Spuren. — *n-Nonanal-*, $C_{20}H_{40}CuN_6S_2$, F. 135—138° (Zers.); 42%. — *Undecen-(9)-al-* (2:3), F. 134—137° (Zers.); 58%. — *Laurylaldehyd-TSC*, *2:1-Cu-Komplex*, $C_{26}H_{52}CuN_6S_2$, F. 125° (Zers.); 18%. *2:3-Cu-Komplex*, $C_{26}H_{52}Cu_3N_6S_2$, F. 137—140° (Zers.); 52,5%. Claus Fischer. 880◇

Selenosemicarbazid und seine Derivate. R. Huls und M. Renson. (Bull. Soc. chim. belges **65**, 209—10, 1956; franz.) — Vorl. Mitt. zu der C. **1960**, 5798 referierten Arbeit. J. Richter. 880◇

Über Hydrazinium-(2+)-Salze. 14. Mitt. **über Oniumsalze.** Friedrich Klages und Hans Wolf. (Chem. Ber. **92**, 1842—49, 1959; München, Univ., Inst. für Organ. Chem.; dt.) — 13. vgl. C. **1963**, 22681. — 1.1.1-Trimethyl- (**I**), -Triäthyl- (**II**) u. Pentamethylhydraziniumchlorid (**VI**) geben mit HCl lediglich *Addukte*, die nicht als Dionium-Verbb. aufgefaßt werden. Sie spalten leicht HCl ab u. zeigen für die Anlagerungs-Rk. eine Wärmetönung von 10—12 kcal/Mol, was etwa dem Wert einer H-Brückenbindung entspricht. Durch Einw. von $SbCl_5$ auf Hydraziniumhexachloroantimonate, die aus den Hydraziniumchloriden u. $SbCl_5$ zugänglich sind, entstehen dagegen *Hydrazinium-(2+)-Salze* (**A**), die unter Abspaltung von HCl u. $SbCl_5$ wieder die Ausgangs-Verbb. liefern u. einen relativ niedrigen HCl-Druck besitzen. Vom 1.1.1-Trimethylhydraziniumhexachloroantimonat ausgehend gelang nur die Herst. eines *Mischkristallisats aus Hydrazinium-(2+)-* u. *-(1+)-Salz*. Die Herst. der **A** durch Alkylieren von **I** u. **II** mit Dimethylsulfat bei höheren Temp. gelang nicht. Das Rk.-Prod. enthielt *Mono-*, *Di-* u. *Triäthylamin*, *SO_2*, *N_2* u. *Dimethyläther*. Der zweite bas. pK-Wert des Hydrazins für wss. Lsgg. wurde auf Grund von Messungen in wasserfreiem Eisessig zu $-1,3 \pm 0,03$ bestimmt.

Versuche: 1.1.1-Trimethylhydrazinium-(1+)-Salze: *-chloridhydrochlorid* (**I**), $C_3H_{11}ClN_2 \cdot 0,424$ HCl, F. 252—267°, durch 4—5std. Zutropfen von $(CH_3)_2SO_4$ u. 40%ig. NaOH zur 25%ig. wss. Lsg. von $N_2H_4 \cdot H_2O$, Neutralisation mit H_2SO_4, Extraktion des Eindampfrückstandes mit abs. A. u. Einleiten von trockenem HCl (Meth. **A**); 60% (Ausbeute); liefert bei langsamem Erhitzen mit Dimethylsulfat auf 180° *CH_3Cl*, *N_2*, *Dimethyläther*, *SO_2*, *Methylamin*, *Dimethylamin* u. *Trimethylamin*. — *-chlorid*, F. 256° (Zers.), durch Erhitzen von **I** über feuchtem NaOH im Vakuum. — *-bromid*, F. 242° (Zers.; Methanol/Aceton), durch Eindampfen von **I** mit 40%ig. HBr. — *-jodid*, F. 237° (Zers.; Methanol), durch Zutropfen von konz. HJ zur alkohol. Lsg. von **I**. — *-hexachloroantimonat* (**II**), $C_3H_{11}Cl_6N_2Sb$, F. 270° (Zers.; Äthylenchlorid), durch Zutropfen von $SbCl_5$ zur Suspension von **I** in CH_2Cl_2 unter Schütteln u. Wasserkühlung; 80%. — 1.1.1-Triäthylhydrazinium-(1+)-Salze: *-chloridhydrochlorid* (**III**), $C_6H_{17}ClN_2 \cdot 0,438$ HCl, F. 80—140°, nach **A** mit $(C_2H_5)_2SO_4$; 55%. — *-chlorid*, F. 150° (sintert ab 138°). — *-bromid*, F. 164°. — *-jodid*, CH_2Cl_2, durch Zusatz von konz. wss. KJ-Lsg. zu **III** in W. u. Aussalzen mit 40%ig. NaOH; liefert bei 2—3std. Erhitzen seiner Suspension in einer 10%ig. Lsg. von CH_3J in CH_2Cl_2 im Rohr auf 110—120° neben J_2 6% *Triäthylamin* u. NH_3-Spuren. — *-hexachloroantimonat* (**IV**), $C_6H_{17}Cl_6N_2Sb$, F. 269° (Zers.); 70%. — Pentamethylhydraziniumsalze: *-jodid* (**V**), $C_5H_{15}JN_2$, F. 230° (A.-Essigester), durch Zutropfen von CH_3J zu Tetramethylhydrazin in Ae.; ca. 100%. — *-chlorid* (**VI**), $C_5H_{15}ClN_2$, F. 210°, durch Zusatz einer bei 40° gesätt. wss. Lsg. von $HgCl_2$ zur wss. Lsg. von **V**. — *-chloridhydrochlorid*, $C_5H_{15}ClN_2 \cdot HCl$, durch Einleiten von HCl in die Suspension von **VI** in Aceton u. Kühlen auf —70°. — *-hexachloroantimonat* (**VII**), $C_5H_{15}Cl_6N_2Sb$, F. 240° (Zers.; Methanol); 60%. — Hydrazinium-(2+)-bis-hexachloroantimonate: *1.1.1-Triäthyl-*, $C_6H_{18}Cl_{12}N_2Sb_2$, F. 189° (Zers.; im geschlossenen Rohr), durch Zutropfen von $SbCl_5$ zu **IV** in CH_2Cl_2 u. Einleiten von HCl bei 0° (Meth. **B**); Blättchen; 77%; liefert bei Erhitzen im Hochvakuum auf 60° je 1 Mol HCl, $SbCl_5$ u. **IV**. — *Pentamethyl-*, $C_5H_{16}Cl_{12}N_2Sb_2$, F. 258° (Zers.; im geschlossenen Rohr), durch Aufkondensieren von Sb_2 auf ein Gemisch aus **VII** u. $SbCl_5$ u. Einleiten von HCl. — *Mischkristalle aus 1.1.1-Trimethylhydrazinium-(2+)- u. -(1+)-hexachloroantimonat u. HCl*, $C_6H_{23}Cl_{18}N_4Sb_3 \cdot$ HCl, aus **II** nach **B**. K. Zieloff. 910

Selektive Reduktion von Phosphatiden mit Lithiumaluminiumhydrid. 1. Mitt. Ovolecithin. Chieko Urakami, Hirochika Okura und Mitsuko Okada. (Bull. chem. Soc. Japan **33**, 144—49, 1960; Nishi-ku, Osaka, Osaka City Univ., Fac. of Sci. of Living; engl.) — Bei 20 Min. langer Einw. von 2 Mol $LiAlH_4$ auf 1 Mol Ovolecithin (**I**) in Ae. bei 10—14° findet optimale Abspaltung der Fettsäurereste unter Bldg. von *L-α-Glycerylphosphorylcholin* statt.

Versuche: *L-α-Glycerylphosphorylcholin*, durch portionsweise Zugabe einer 0,1 bis 0,2%ig. äther. $LiAlH_4$-Lsg. zu 400 mg **I** in Ae. bei 14°, 10 Min. langes Rühren, Zers. mit W., Zentrifugieren, Passieren einer IRC-50-Säule, Einengen unter N_2, Rk. mit $CdCl_2$ nach Baer u. Kates (vgl. J. Amer. chem. Soc. **70**, [1948], 1394) u. Passieren der Lsg. des $CdCl_2$-Komplexes durch ein Gemisch aus Dowex-3 u. IRC-50; $[\alpha]_D^{24}$ —2,96 ± 0,2 (c = 2,2; W.). L. Lamza. 920△

Reaktion von Isobutylennitrosochlorid mit Aminen. Synthese von α-Aminoaldehyden. K. A. Ogloblin und M. A. Ssamarzew. (J. allg. Chem. [UdSSR] **30 (92)**, 805—20, März 1960; Leningrad, Univ.; russ.) — Durch Kondens. von Isobutylennitrosochlorid (**I**) mit den entsprechenden Aminen in A. wurden die *Oxime* von *2-Methylamino-* (**II**), *2-Äthylamino-* (**III**), *2-n-Propylamino-* (**IV**), *2-n-Butylamino-* (**V**), *2-sek.-Butylamino-* (**VI**), *2-[Hexyl-(2)-amino]-* (**VII**), *2-Benzylamino-* (**VIII**), *2-Dimethylamino-* (**IX**) u. *2-Diäthylamino-2-methylpropanal* (**X**) erhalten. Bei der Darst. von **VI**-Oxim wurde als Nebenprod. ein Gemisch aus *Methacrolein-* u. *2-Methyl-2-äthoxypropanaloxim* isoliert. Die Hydrierung von **IX**-Oxim an Ni lieferte *1-Amino-2-dimethylamino-2-methylpropan*. Die Hydrolyse von **II**-, **VII**-, **IX**- u. **X**-Oxim in HCl lieferte **II**, **VII**, **IX** u. **X**, wobei **II** bei der Isolierung vollständig, **III**, **IV** u. **V** zum größten Teil zu den entsprechend substituierten *3.6-Dihydroxy-* bzw. *3.6-Oxidopiperazinen* dimerisierten. **VIII**-Oxim lieferte nach Hydrolyse durch Erhitzen mit H_2SO_4 in geringer Ausbeute *3.4-Dimethyl-1.2-dihydroisochinolin*. Bei Vermeidung alkal. Rk. beim Aufarbeiten konnte aus **VIII**-Oxim auch *2.2.5.5-Tetramethyl-1.4-dibenzyl-3.6-dihydroxypiperazin* erhalten werden. **I** reagiert mit NaHS in A. zu *Bis-[1-hydroximino-2-methylpropyl-(2)]-disulfid* u. *-trisulfid*.

Versuche: *Isobutylennitrosochlorid* (**I**), F. 98°, aus NOCl u. überschüssigem Isobutylen in Ae.; 45—55% (Ausbeute). — *2-Aminobutan*, Kp. 62—63°, durch Hydrierung von Methyläthylketonoxim an Raney-Ni bei 180°/150—200 at in A.; $D._4^{20}$ 0,7228; n_D^{20} 1,3933; 71%. — *2-Aminohexan*, Kp. 117—118°, aus Hexanon-(2)-oxim; $D._4^{20}$ 0,7637; n_D^{20} 1,4136; 26%. — *2-Methyl-2-methylaminopropanal* (**II**), *Oxim*, $C_5H_{12}N_2O$, F. 98—99° (Bzl.), man gibt zu 185 g Methylamin in 600 ml A. 78 g **I**; 81%. *Oximhydrochlorid*, F. 209—210° (Zers.; A.). *Oxim-N-nitroso-Deriv.*, $C_5H_{11}N_3O_2$, F. 122,5—123°, aus **I**-Oximhydrochlorid u. $NaNO_2$; lange Platten. — *1.2.2.4.5.5-Hexamethyl-3.6-dihydroxypiperazin*, $C_{10}H_{22}N_2O_2$, Kp.$_{43}$ 72°, F. 39,5—41°, man gibt zu 45 g **II**-Oxim u. konz. HCl (1:3 Mol) tropfenweise die konz. wss. Lsg. von $NaNO_2$, neutralisiert u. nimmt in Ae. auf; 5,7 g. Daneben *1.2.2.4.5.5-Hexamethyl-3.6-oxidopiperazin*, $C_{10}H_{20}N_2O$, Kp.$_{13}$ 77,5—79,5°; $D._4^{20}$ 0,9682; n_D^{20} 1,4571; 2 g [*Trihydrat*, $C_{10}H_{20}N_2 \cdot 3\,H_2O$, F. 69—70° (W.); große Prismen]. — *2-Methyl-2-äthylaminopropanal* (**III**), Kp.$_{29}$ 40°, aus **III**-Oxim; $D._4^{20}$ 0,9398; n_D^{20} 1,4532; 8%. *Oxim*, $C_6H_{14}N_2O$, F. 108—108,5° (Bzl.), aus Äthylamin u. **I** in A.; 68%. *Oximhydrochlorid*, F. 170—171° (Zers.). — *2.2.5.5-Tetramethyl-1.4-diäthyl-3.6-oxidopiperazin*, $C_{12}H_{24}N_2O$, Kp.$_{10}$ 68—70°, F. 42—43° (nach Sublimation), durch Hydrolyse von **III**-Oxim neben **III**; 18%. — *2-Methyl-2-n-propylaminopropanal* (**IV**), $Kp._{23}$ 62—62,5°, aus **IV**-Oxim; n_D^{20} 1,4561; 2%. *Oxim*, F. 78,5—79,5° (Bzl.–Bzn.), aus n-Propylamin u. **I** in A.; 82%. *Oximhydrochlorid*, F. 178—179° (Zers.). — *2.2.5.5-Tetramethyl-1.4-di-n-propyl-3.6-oxidopiperazin*, $C_{14}H_{28}N_2O$, $Kp._3$ 95—95,5°, durch Hydrolyse von **IV**-Oxim neben **IV**; $D._4^{20}$ 0,9266; n_D^{20} 1,4577; 57%. — *2-Methyl-2-n-butylaminopropanal* (**V**), $Kp._5$ 58—62°, aus **V**-Oxim; $D._4^{20}$ 0,9282; n_D^{20} 1,4583; 15%. *Oxim*, F. 70 bis 71° (Bzn.), aus n-Butylamin u. **I** in A.; Nadeln; 67%. *Oximhydrochlorid*, F. 160—162° (A.). — *2.2.5.5-Tetramethyl-1.4-di-n-butyl-3.6-oxidopiperazin*, $Kp._5$ 112—122°, durch Hydrolyse von **V**-Oxim neben **V**; n_D^{20} 1,4612; 32%. — *2-Methyl-2-sek.-butylaminopropanal* (**VI**), $Kp._{18}$ 65°, aus **VI**-Oxim; $D._4^{20}$ 0,8659; n_D^{20} 1,4309; 68%. *Oxim*, $Kp._3$ 94,5 bis 95,5°, F. 48—49°, aus 130 g 2-Aminobutan u. 81 g **I** in 180 ml A.; 59% (aus Bzn., F. 59—60,6° mit 8—10% Kristallbenzin). Daneben Gemisch aus *Methacroleinoxim* u. *2-Methyl-2-äthoxypropanaloxim*, $Kp._7$ 54—69°; 15 g. — *2-Methyl-2-[hexyl-(2)-amino]-propanal* (**VII**), $C_{10}H_{21}NO$, $Kp._6$ 70°, aus **VII**-Oxim; $D._4^{20}$ 0,8601; n_D^{20} 1,4364; 33%. *Oxim*, $Kp._4$ 114—117°, F. 51—52° (Bzn. —10°), aus 2-Aminohexan u. **I** in A.; $D._4^{20}$ 0,9187; n_D^{20} 1,4679; 58%. *Oximhydrochlorid*, F. 166—167° (Zers.; Aceton). — *2-Methyl-2-benzylaminopropanal* (**VIII**), *Oxim*, $C_{11}H_{16}N_2O$, F. 126—127° (Bzl., A.), aus Benzylamin u. **I** in A.; 53%. *Oximhydrochlorid*, F. 187—189° (Zers.; A.–Ae.). — *2.2.5.5-Tetramethyl-1.4-dibenzyl-3.6-dihydroxypiperazin*, $C_{22}H_{30}N_2O_2$, F. 114,5—115,5°, man hydrolysiert **VIII**-Oxim mit HCl, arbeitet mit einem Unterschuß an Alkali auf u. äthert schnell aus; große Kristalle; 4,3 g. — *3.4-Dimethyl-1.2-dihydroisochinolin*, Kp. >250°, man hydrolysiert 23,8 g **VIII**-Oxim mit HCl, alkalisiert u. erhitzt das ausgefallene Harz 40 Min. lang mit konz. H_2SO_4 auf 180—200°; ca. 0,5 ml. *Pikrat*, $C_{17}H_{16}N_4O_7$, F. 212—213° (Eisessig); grüngelbe Nadeln. *Jodmethylat*, $C_{13}H_{18}JN$, Zers. >160° (A.); gelbes Pulver. — *2-Methyl-2-dimethylaminopropanal* (**IX**), $C_6H_{13}NO$, $Kp._{54}$ 57—58°, aus **IX**-Oxim; $D._4^{20}$ 0,8817; n_D^{20} 1,4230; 51%. *Oxim*, F. 95—95,5°, aus Dimethylamin u. **I** in A.; 58%. *Oximhydrochlorid*, F. 185—186° (Zers.; A.–Aceton). *Oximpikrat*, F. 169—170° (A.); gelbe Nadeln. — *2-Methyl-2-diäthylaminopropanal* (**X**), $C_8H_{17}NO$, $Kp._{18}$ 59,5°, aus **X**-Oxim; $D._4^{20}$ 0,8653; n_D^{20} 1,4311; 67%. *Oxim*, F. 68—69° (A.–W., Bzn.), aus Diäthylamin u. **I** in A.; 70%. *Oximhydrochlorid*, F. 165—167° (Zers.; A.–Ae.). — *Bis-[1-hydroximino-2-methylpropyl-(2)]-disulfid*, $C_8H_{16}N_2O_2S_2$, F. 131,5—132° (A.), man gibt zu alkal. NaHS (46 g Na, 650 ml A., H_2S) bei 37° 78,5 g **I** u. erhitzt ½ Std. auf 60°; Prismen; 10%. Daneben *Bis-[1-hydroximino-2-methylpropyl-(2)]-trisulfid, Hydrat*, $C_8H_{16}N_2O_2S_3 \cdot H_2O$, F. 149,5—150,5° (W.–A., W.–Aceton); 16%. — *1-Amino-2-dimethylamino-2-methylpropan, Dihydrochlorid*, $C_6H_{18}Cl_2N_2$, F. 235—236° (A.), durch Hydrierung von **IX**-Oxim in A. an Raney-Ni; lange Nadeln; 21%. *Pikrat*, F. 200—201° (A.); gelbe Nadeln. Helmut Schäfer. 930△

Über die Synthese von Dimethylcyclosiloxanen mit funktionellen Gruppen am Siliciumatom. K. A. Andrianow und Lora M. Wolkowa. (Nachr. Akad. Wiss. UdSSR, Abt. chem. Wiss. **1962**, 264—69; Moskau, Lomonossow-Inst. für chem. Feintechnol.; russ.) — Durch Kondens. von Methyltrichlorsilan (**I**) mit 1.5-Dihydroxyhexamethyltrisiloxan-Di-Na-Salz (**II**) wurde *Heptamethylchlorcyclotetrasiloxan* (**III**) dargestellt u. durch Rk. mit Na-Methylat, Phenol, NH_3 u. Anilin in *Methoxy-*, *Phenoxy-*, *Amino-* bzw. *Anilinoheptamethylcyclotetrasiloxan* übergeführt. Als Nebenprodd. wurden *Polymere* erhalten. Die Kondens. von **I** mit Phenol u. von Dimethyldichlorsilan (**IV**) mit Äthoxy- (**V**) bzw. n-Butoxymethyldichlorsilan (**VI**) lieferte *Methylphenoxydichlorsilan*, *1.5-Diäthoxy-* bzw. *1.5-Di-n-butoxyhexamethylcyclotetrasiloxan*. Die IR-Spektren bei 800—1300 cm^{-1} wurden aufgenommen.

Versuche: *Methylphenoxydichlorsilan*, $C_7H_8Cl_2OSi$, $Kp._{740}$ 198,5°, durch tropfenweise Zugabe von 47 g Phenol in 70 g Bzl. zu 75 g **I** u. 6std. Kochen; $D._4^{20}$ 1,2063; n_D^{20} 1,4922; 22,1 %(Ausbeute). — Heptamethylcyclotetrasiloxane: *Chlor-* (**III**), $C_7H_{21}ClO_4Si_4$, $Kp._{14}$ 79—81°, durch allmähliche Zugabe von 14,9 g **I** zu 28,4 g **II** in 45 g Bzl. u. 1std. Erhitzen auf 70—80°; ca. 30%. — *Methoxy-*, $C_8H_{24}O_5Si_4$, $Kp._1$ 75—77°, durch Zugabe von 1,62 g **III** zu 1,15 g Na-Methylat in 11 g abs. Ae. u. 3std. Rühren; $D._4^{20}$ 0,9916; n_D^{20} 1,3992; 26,1%. — *Phenoxy-*, $C_{13}H_{26}O_5Si_4$, $Kp._{1,5}$ 119—123°, durch 8std. Erhitzen von 17,6 g **III** mit 5,7 g Phenol unter N_2 auf 120°; $D._4^{20}$ 1,0378; n_D^{20} 1,4442; 41,4%. — *Amino-*, $C_7H_{23}NO_4Si_4$, $Kp._1$ 40,5°, durch tropfenweise Zugabe von 15,8 g **III** zu 20 g fl. NH_3 u. 1std. Rühren; $D._4^{20}$ 1,0208; n_D^{20} 1,4065; 60,4%. — *Anilino-*, $C_{13}H_{27}NO_4Si_4$, $Kp._5$ 136—139°, durch tropfenweise Zugabe von 1,98 g **III** zu 4,65 g Anilin u. 5,5 g Pyridin u. 6std. Erhitzen auf 60°; $D._4^{20}$ 0,9711; n_D^{20} 1,4482; 39,2%. — Hexamethylcyclotetrasiloxane: *1.5-Diäthoxy-*, $C_{10}H_{28}O_6Si_4$, $Kp._4$ 172—186°, durch tropfenweise Zugabe von 63,6 g **IV** u. **V** zu 142 g Pyridin, 156 g Bzl. u. 14,9 g W. u. 1std. Rühren; $D._4^{20}$ 1,0100; n_D^{20} 1,4029; 7,3%. — *1.5-Di-n-butoxy-*, $C_{14}H_{36}O_6Si_4$, $Kp._1$ 96 bis 114°, analog aus **IV** u. **VI**; $D._4^{20}$ 0,9804; n_D^{20} 1,4103; 6,7%. Helmut Schäfer. 980△

Triisopropylgermaniumester. Herbert H. Anderson. (J. org. Chemistry **20**, 536—41, 1955; Philadelphia, Pa., Drexel Inst. of Technol., Chem. Dep.; engl.) — Vgl. C. **1954**, 1934. — Triisopropylgermaniumhydroxid (I) reagiert mit starken Säuren wie Trifluoressigsäure (II) oder H_2SO_4 unter Bldg. von *Trifluoressigsäuretriisopropylgermanylester* (III) bzw. *Schwefelsäure-bis-[triisopropylgermanyl]-ester*. Die durch Rk. von I mit schwachen Säuren, wie HCOOH oder Essigsäure, erhaltenen Ester sind dagegen stark verunreinigt. Bei der Rk. mittelstarker Säuren (z. B. Chloressigsäure) werden nur in Ggw. von wasserfreiem Na_2SO_4 reine Ester erhalten. Reiner *Essigsäuretriisopropylgermanylester* (V) wird durch Umsetzung von Ag-Acetat mit Triisopropylgermaniumchlorid (IV) dargestellt. Von den halogenierten Estern läßt sich nur III bei 760 Torr destillieren; β-Chlorpropionsäuretriisopropylgermanylester (VI) z. B. zerfällt dagegen unter Bldg. von IV u. *Acrylsäure*.

Versuche: Triisopropylgermanylester: *Trifluoressigsäure-* (III), Kp. 220°, durch kurze Rk. von I mit II u. Dest. ohne vorherige Trocknung; $D._4^{20}$ 1,178; n_D^{20} $1,420_0$; 96% (Ausbeute). — *Schwefelsäure-bis-*, Kp. 380°, $Kp._1$ 182—184°, durch $^1/_4$std. Kochen von 3,75 g V mit 0,53 g 100%ig. H_2SO_4; $D._4^{20}$ 1,217; n_D^{20} 1,482; 2 g. — *Dichloressigsäure-*, Kp. 275°, $Kp._1$ 92—93°, durch 10 Min. langes Erhitzen von I mit Dichloressigsäure auf 95°. Zentrifugieren, Abpipettieren des W., Trocknen mit Na_2SO_4 u. Dest.; $D._4^{20}$ 1,236; n_D^{20} $1,477_2$; ca. 100%. — *Trichloressigsäure-*, $Kp._1$ 107—109°, analog aus Trichloressigsäure u. Dest. ohne Trocknung; $D._4^{20}$ 1,291; n_D^{20} $1,485_0$; ca. 100%. — *Jodessigsäure-*, Kp. 281°, $Kp._1$ 107—108°, wie vorst.; $D._4^{20}$ 1,465; n_D^{20} $1,509_0$; ca. 100%. — *Bromessigsäure-*, Kp. 271° (Zers.), $Kp._1$ 98—99°, aus I u. Bromessigsäure; $D._4^{20}$ 1,331; n_D^{20} $1,487_2$; ca. 100%. — *Essigsäure-* (V), Kp. 229°, $Kp._{83}$ 152—153°, durch $^1/_2$std. Kochen von Ag-Acetat mit IV u. Dest. (Meth. A); $D._4^{20}$ 1,070; n_D^{20} $1,453_2$; 90%. — *Propionsäure-*, Kp. 242°, $Kp._{90}$ 164—166°, aus Ag-Propionat nach A; $D._4^{20}$ 1,059; n_D^{20} $1,453_8$; ca. 100%. — *n-Buttersäure-*, Kp. 256°, $Kp._{98}$ 180—182°, nach A; $D._4^{20}$ 1,045; n_D^{20} $1,548_0$; ca. 100%. — *n-Valeriansäure-*, Kp. 266°, $Kp._1$ 82—83°, nach A; $D._4^{20}$ 1,034; n_D^{20} $1,456_0$; 93%. — *Chloressigsäure-*, Kp. 269°, $Kp._1$ 101—103°, nach A; $D._4^{20}$ 1,182; n_D^{20} $1,472_2$. — *β-Chlorpropionsäure-* (VI), $Kp._1$ 97—99°, nach A durch $^1/_2$std. Kochen in CCl_4 (Meth. B); $D._4^{20}$ 1,154; n_D^{20} $1,471_7$; 89%. — *α-Chlorpropionsäure-*, Kp. 269°, $Kp._1$ 95—97°, nach B; $D._4^{20}$ 1,144; n_D^{20} $1,467_2$; 81%. — *Benzoesäure-*, Kp. 317°, $Kp._1$ 130 bis 132°, nach A; $D._4^{20}$ 1,132; n_D^{20} $1,513_8$. — *Isocyansäure-*, Kp. 238°, $Kp._1$ 65—66°, nach A; $D._4^{20}$ 1,097; n_D^{20} $1,460_2$; 96%. — *Acrylsäure*, Kp. 143°, durch 7 Min. langes Kochen von VI u. fraktionierte Dest.; $D._4^{20}$ 1,08; n_D^{20} 1,443; daneben rohes *Triisopropylgermaniumchlorid* (IV; Kp. 222°; $D._4^{20}$ 1,119; n_D^{20} 1,471) u. etwas *Polymerisat*.

L. Lamza. 980△

Über das chemische Verhalten der Systeminsekticide vom Typ Systox. G. Hilgetag, A. Martini und I. Eichhorn. (Ber. dtsch. Akad. Wiss. Berlin **1**, 571—73, 1959; Berlin-Adlershof, DAW, Inst. für Organ. Chem.; dt.) — Syst.-Insekticide vom Typ Systox u. Metasystox (I) lagern sich bei Temp. > 90° mit meßbarer Geschw. in die isomeren *Thiolphosphate* um. Der Mechanismus dieser Umlagerung wird diskutiert. Die Umsetzung von I mit Trimethylamin (III) bei 20° ergibt quant. *Tetramethylammonium-O-methyl-O-äthylmercaptoäthylthiophosphat* (II). Durch Methylierung von II mit CH_3J erhält man ein Isomeres von I, *O.S-Dimethyl-O-äthylmercaptoäthylthiophosphat*, das mit III nochmals unter Bldg. von *Tetramethylammonium-S-methyl-O-äthylmercaptoäthylthiophosphat* reagiert.

W. Hampel. 980□

Die Reaktionen von Natriumdialkylphosphiten mit Carbonylsulfid und mit Schwefelkohlenstoff. Daniel W. Grisley jun. (J. org. Chemistry **26**, 2544—46, Juli 1961; Dayton, Ohio, Monsanto Chem. Co., Res. and Engng. Div., Chem. Res. Dep.; engl.) — Na-Di-O-alkylphosphite reagieren mit COS bzw. CS_2 unter Bldg. von *Na-Di-O-alkylphosphonothiolformiaten* bzw. *-dithioformiaten*, die jedoch nicht isoliert, sondern mit Methyljodid zu den entsprechenden *Methylestern* umgesetzt werden. Di-O-äthylphosphonothioameisensäure-S-methylester (I) wird durch Einw. von NaJ unter Bldg. des *Na-O-Äthylphosphonothioameisensäure-S-methylesters* desalkyliert, womit die geringe Ausbeute bei der Darst. von I erklärt wird.

Versuche: *Di-O-äthylphosphonothioameisensäure-S-methylester* (I), $C_6H_{13}O_4PS$, $Kp._{0,1}$ 80—81°, durch Zutropfen von 0,2 Mol Phosphorsäurediäthylester zu 0,2 Mol NaH in Tetrahydrofuran (THF) bei 25—30°, Kochen bis zur Beendigung der H_2-Entw., Durchleiten von COS bei 2—5° bis zur Absorption von 0,22 Mol, 10 Min. lange Zugabe von 0,2 Mol CH_3J bei 3—5°, Gießen in Eiswasser, Extraktion mit Ae. u. Dest. (Meth. A); 48% (Ausbeute). — *Di-O-isopropylphosphonothioameisensäure-S-methylester*, $C_8H_{17}O_4PS$, $Kp._{0,5}$ 100—101°, aus 0,2 Mol Phosphorsäurediisopropylester (II) u. 0,43 Mol COS nach A; n_D^{25} 1,4634; 70%. — *Di-O-äthylphosphonoformamid*, $C_5H_{12}NO_4P$, F. 138—139° (Essigester), durch 3std. Einleiten von NH_3 in die Lsg. von 20 mMol I in THF bei

Raum-Temp.; 75%. — *Di-O-isopropylphosphonoformamid*, $C_7H_{16}NO_4P$, F. 95—97°, analog aus vorvorst. Verb.; aus Essigester Nadeln; 76%. — *Na-O-Äthylphosphonothioameisensäure-S-methylester*, $C_4H_8NaO_4PS$, F. 205—207° (Aceton), durch 9$^1/_2$std. Rühren äquimol. Mengen I u. NaJ in THF bei 25°, Filtrieren, Waschen mit Ae. u. 1std. Trocknen bei 60°/20 Torr; hygroskop.; 92%. — *Di-O-isopropylphosphonodithioameisensäure-S-methylester*, $C_8H_{17}O_3PS_2$, Kp.$_{0,4}$ 116—117°, aus 0,2 Mol II u. 1 Mol CS_2 nach A; n_D^{25} 1,5168; 60%. — *Di-O-isopropylphosphonodithioameisensäure-p-chlorbenzylester*, $C_{14}H_{20}ClO_3PS_2$, analog aus 0,1 Mol II u. 0,5 Mol CS_2, Zugabe von 0,09 Mol p-Chlorbenzylchlorid in THF bei 1—3°, 19std. Rühren unter N_2, 1std. Kochen, Zugabe von Ae., Ausschütteln mit W., Eindampfen der organ. Phase bei 80° im Vakuum, 1std. Erhitzen auf 80°/0,1 Torr u. 20std. Evakuieren bei Raum-Temp./0,1 Torr; 83%.

L. Lamza. 980△

Reaktionen der Pentafluorhalogenbenzole. Walter J. Pummer und Leo A. Wall. (J. Res. nat. Bur. Standards, A **63**, 167—69, 1959; Washington, D.C.; engl.) — *Pentafluorbrombenzol* (I) wird bei der Synth. von Hexafluorbenzol durch Pyrolyse von Tribromfluormethan als Nebenprod. erhalten. I u. *Pentafluorjodbenzol* (III) sind auch durch Halogenierung von Pentafluorbenzol (IV) in 65%ig. Oleum zugänglich. Aus I wird über die Grignard-Verbb. (II) oder durch Ullmann-Rk. *Perfluordiphenyl* dargestellt. Die Synth. von *Pentafluorbenzonitril* gelingt aus III mit CuCN u. Pyridin. Durch Addition von Acetaldehyd an *Pentafluorphenyl-MgBr* (II) entsteht *α-Pentafluorphenyläthanol*, das durch Wasserabspaltung *Pentafluorstyrol* bildet.

Versuche: *Pentafluorbenzol* (IV), Kp. 85—86°, durch Ansäuern von II mit 10%ig. HCl; $n_D^{18,9}$ 1,3925; 51% (Ausbeute). — *Pentafluorjodbenzol* (III), C_6F_5J, Kp.$_{35}$ 73—75°, a) aus 255 g eines Gemisches aus 40% IV, 10% Tetra- u. 45% Hexafluorbenzol u. J_2 in 65%ig. Oleum durch 4std. Rk. bei 55—60° u. mehrstd. Stehen bei Raum-Temp.; n_D^{20} 1,4990; 36 g; daneben 48 g *höherjodierte Fluorbenzole*; b) durch 3std. Kochen von II mit 1.1.2-Trifluor-1-chlor-2-jodäthan in abs. Ae., mehrstd. Stehen u. Zersetzen mit 6n HCl; 50%; c) durch 1std. Rk. von 0,04 Mol II mit 0,06 Mol Trifluorjodäthylen in Ae. bei 0° u. 2std. Kochen; 1 g; daneben 2 g IV. — *Perfluordiphenyl*, $C_{12}F_{10}$, F. 67,5 bis 68° (Sublimation bei 50°/1 mm), a) aus I u. Cu-Pulver durch 48std. Rk. im Bombenrohr bei 180—190° u. 6std. Rk. bei 290°; Blättchen aus CH_3OH; 87%; b) durch Zugeben von äther. II zu einem sd. Gemisch aus $CoCl_2$ u. Äthylbromid in abs. Ae. u. 2std. Kochen; 15%; daneben 38% IV; c) aus Trifluorbromäthylen, I u. aktiviertem Cu-Pulver im Bombenrohr durch 5std. Rk. bei 200° u. 15std. Rk. bei 260—270°; 2%. — *α-Pentafluorphenyläthanol*, $C_8H_5F_5O$, Kp.$_{37}$ 80—82°, aus II durch Zugeben von Acetaldehyd, 1std. Rühren bei 0° u. Ansäuern mit 6n HCl; n_D^{20} 1,4426; 81%. — *Pentafluorstyrol*, Kp. 140—141°, durch Wasserabspaltung aus vorst. Verb. über Al_2O_3 bei 345—350° unter N_2; n_D^{20} 1,4414; 33%. — *Pentafluorbenzonitril*, Kp. 185—190°, aus 5 g III, CuCN u. Pyridin durch allmähliches Erhitzen u. 5 Min. lange Rk. bei 150°; $n_D^{23,8}$ 1,4764; 3,07 g. — *Pentafluorbenzoesäure*, F. 103°, aus vorst. Verb. durch Erhitzen mit 75%ig. H_2SO_4 auf 180°; 16%.

U. Friese. 1000□

Aromatische Kohlenwasserstoffe. 22. Mitt. **Dimethylalkylbenzole. Fumarsäuren in der Diensynthese.** W. R. Skwartschenko, R. Ja. Lewina und R. P. Schibajewa. (J. allg. Chem. [UdSSR] **32** (**94**), 111—13, 1962; Moskau, Univ.; russ.) — 21. vgl. C. **1963**, 22703; 23. vgl. C. **1963**, 22301. — Die Dien-Synth. von 2.3-Dimethylbutadien-(1.3) (I) mit Äthyl- (II) u. n-Butylfumarsäure (III) liefert *1-Äthyl-* (IV) bzw. *1-n-Butyl-4.5-dimethyl-1.2.3.6-tetrahydrophthalsäure* (V)*-anhydrid*. IV- u. V-Anhydrid gehen beim Erhitzen mit P_2O_5 in *4-Äthyl-* bzw. *4-n-Butyl-1.2-dimethylbenzol* über.

Versuche: *Äthylfumarsäure* (II), F. 194,5—195° (W.), durch tropfenweise Zugabe von 0,5 Mol Br_2 zu 0,5 Mol Äthylacetessigsäureäthylester in 150 ml Ae., 5std. Kochen u. 1$^1/_2$std. Erhitzen des erhaltenen Äthyldibromacetessigsäureäthylesters mit 135 g NaOH in 150 ml abs. A.; 36% (Ausbeute). — *n-Butylfumarsäure* (III), F. 169—170°; 42%. — 4.5-Dimethyl-1.2.3.6-tetrahydrophthalsäuren: *1-Äthyl-* (IV), *Anhydrid*, $C_{12}H_{16}O_3$, Kp.$_7$ 129—130°, durch 16std. Kochen von 50 g I u. 47 g II in 60 ml Acetanhydrid; D.$_4^{20}$ 1,0962; n_D^{20} 1,4886; 62%. — *1-n-Butyl-* (V), F. 187—188° (W.). *Anhydrid*, $C_{14}H_{20}O_3$, Kp.$_5$ 133,5—134°, aus I u. III; D.$_4^{20}$ 1,0582; n_D^{20} 1,4825. — *1.2-Dimethyl-4-äthylbenzol*, $C_{10}H_{14}$, Kp.$_4$ 78—78,5°, durch Erhitzen von 80 g IV-*Anhydrid* mit 57 g P_2O_5 bis auf 300°; D.$_4^{20}$ 0,8726; n_D^{20} 1,5018; 57% (→ *Sulfamid*, F. 127—128°, aus W.-A.). — Analog: *1.2-Dimethyl-4-n-butylbenzol*, $C_{12}H_{18}$, Kp.$_6$ 82,3°, aus V-Anhydrid; D.$_4^{20}$ 0,8680; n_D^{20} 1,4975; 89% (→ *Sulfamid*, $C_{12}H_{19}NO_2S$, F. 128° aus W.-A.).

Helmut Schäfer. 1010△

Notiz über einen neuen Weg zum 2-Chlorresorcin. Hans-Werner Wanzlick und Steffi Mohrmann. (Chem. Ber. **96**, 2257—58, 1963; Berlin, TU, Organ.-Chem. Inst.; dt.) — Chlorierung von Cyclohexandion-(1.3) (I) mit 1 Mol Cl_2 in Chlf. (Eiskühlung;

8 Min. Einleiten, dann 2std. Stehen) gab 25% (Ausbeute) *2-Chlorcyclohexandion-(1.3)*, $C_6H_7ClO_2$, F. 207°, Nadeln (Bzl.); mit $FeCl_3$ violett. — *2.2-Dichlorcyclohexandion-(1.3)*, $C_6H_6Cl_2O_2$, F. 68° (Ae.), $Kp._{12}$ 150°, wurde erhalten aus vorst. Verb. bzw. I u. 1 bzw. 2 Mol Cl_2 in Chlf.; 90 bzw. 92%; hautreizende Wirkung. — *2-Chlorresorcin*, $C_6H_5ClO_2$, F. 97—98° (CCl_4), durch Erhitzen vorst. Verb. bis zur Zers. (10—15 Min. bei 120°), dann Dest. durch ein auf 300° erhitztes Rohr bei 12 mm; 41%. J. Rothe. 1060◇

Chlorderivate von Diphenoxyäthan. M. I. Schenbor, Ss. I. Burmistrow und N. M. Lepskaja. (Hochschulnachr. [Iwanowo], Chem. u. chem. Technol. **2**, 215—18, 1959; Dnepropetrowsk, Chem.-Technol. Inst.; russ.) — Zur Unters. ihrer pesticiden Eigg. wurden chlorsubstituierte *1.2-Diphenoxyäthane* dargestellt.

Versuche: 1.2-Diphenoxyäthane, a) durch Kochen von 3-Chlor-, 2.4-, 2.6-Dichlor- bzw. 2.4.6-Trichlorphenol, NaOH u. 1.2-Dichloräthan (1 : 1 : 0,5 Mol) in 400 ml A. (bis 40 Std.) u. Kristallisation aus A.; b) durch Erhitzen von 2.5-Dichlor-, 2.4.5-Trichlor-, 2.3.4.6-Tetrachlor- bzw. Pentachlorphenol mit 1.2-Dibromäthan u. NaOH in Äthylenglykol auf 130°; c) durch Erhitzen entsprechend chlorierter Phenyl-β-chloräthyläther mit Na-Chlorphenolaten in A. oder Äthylenglykol: *3.3'-Dichlor-*, $C_{14}H_{12}Cl_2O_2$, F. 84—85°; 60% (Ausbeute). — *2.4.2'.4'-Tetrachlor-*, $C_{14}H_{10}Cl_4O_2$, F. 132—133°; 50% (56% bei Chlorierung von 1.2-Diphenoxyäthan). — *2.5.2'.5'-Tetrachlor-*, $C_{14}H_{10}Cl_4O_2$, F. 165—166°; 43%. — *2.6.2'.6'-Tetrachlor-*, $C_{14}H_{10}Cl_4O_2$, F. 107—108°; 10,5%. — *2.4.5.2'.4'.5'-Hexachlor-*, $C_{14}H_8Cl_6O_2$, F. 158—159°; 12%. — *2.4.6.2'.4'.6'-Hexachlor-*, $C_{14}H_8Cl_6O_2$, F. 164 bis 165°; 12%. — *2.3.4.6.2'.3'.4'.6'-Oktachlor-*, $C_{14}H_6Cl_8O_2$, F. 142,5°; 47,5%. — *Dekachlor-*, $C_{14}H_4Cl_{10}O_2$, F. 217°; 40%. — *2.4-Dichlor-*, $C_{14}H_{12}Cl_2O_2$, F. 79°; 92,5%. — *2.4.6-Trichlor-*, $C_{14}H_{11}Cl_3O_2$, F. 159°; 51,0%. — *2.4.2'-Trichlor-*, $C_{14}H_{11}Cl_3O_2$, F. 111°; 60,8%. — *2.4.3'-Trichlor-*, $C_{14}H_{11}Cl_3O_2$, F. 87°; 79,7%. — *2.4.4'-Trichlor-*, $C_{14}H_{11}Cl_3O_2$, F. 77,5°; 64,4%. — *2.4.2'.5'-Tetrachlor-*, $C_{14}H_{10}Cl_4O_2$, F. 97°; 67,4%. — *2.4.2'.6'-Tetrachlor-*, $C_{14}H_{10}Cl_4O_2$, F. 76°; 21,5%. — *2.4.6.2'-Tetrachlor-*, $C_{14}H_{10}Cl_4O_2$, F. 100,5°; 32,0%. — *2.4.6.3'-Tetrachlor-*, $C_{14}H_{10}Cl_4O_2$, F. 70°; 49,9%. — *2.4.6.4'-Tetrachlor-*, $C_{14}H_{10}Cl_4O_2$, F. 52°; 42,6%. — *2.4.5.2'.4'-Pentachlor-*, $C_{14}H_9Cl_5O_2$, F. 103°; 46,8%. — *2.4.6.2'.4'-Pentachlor-*, $C_{14}H_9Cl_5O_2$, F. 92°; 56,3%. — *2.4.6.2'.5'-Pentachlor-*, $C_{14}H_9Cl_5O_2$, F. 107,5°; 32,8%.

Helmut Schäfer. 1060△

Darstellung von p-Toluolsulfonsäurebenzhydrylester und p-Toluolsulfonsäure-tert.-butylester in Lösung. H. M. Hoffmann. (Chem. and Ind. **1963**, 336; London, Univ. Coll., William Ramsay and Ralph Forster Labor.; engl.) — Durch Rk. von Benzhydrylbromid mit Ag-Tosylat (I) in Acetonitril (AN) entsteht *p-Toluolsulfonsäurebenzhydrylester*. Analog wird durch Rk. von tert.-Butyljodid (II) mit I in AN bei 0° *p-Toluolsulfonsäure-tert.-butylester* dargestellt, der sich in AN zu *Isobuten* u. *p-Toluolsulfonsäure* mit einer Halbwertszeit von ca. 30 Min. zersetzt. Die Zers. wurde konduktometr. u. titrimetr. verfolgt. Verss. mit $AgBF_4$ u. II unter diesen Bedingungen beweisen die Existenz des *Nitriliumsalzes* $[CH_3CN\text{-tert.-Butyl}]^+BF_4^-$. K. Zieloff. 1090△

Über die Reaktionen der Diacylperoxide. 2. Mitt. **Die Reaktion von Benzoylperoxid mit einigen Thiosemicarbazonen.** F. Hodosan. (Bull. Soc. chim. France **1958**, 289—90, März; Cluj, Acad. de la Rép. Pop. Roumaine, Inst. de Chim.; franz.) — 1. vgl. C. **1959**, 1419; 3. vgl. C. **1961**, 8260. — Dibenzoylperoxid (**III**) oxydiert Thiosemicarbazone (SH-Form) (T) aromat. Ketone u. Aldehyde zu den entsprechenden *Disulfiden* (D). Saure KJ-Lsg. red. D; während bei der Rk. der D mit Essigsäure S eleminiert wird. Durch Red. mit Na_2S, H_2S oder Thiophenol geht D in T über.

Versuche: Bis-[1-amino-2.3-diazabutadien-(1.3)-yl-(1)]-disulfide (D): *-4-phenyl-* (I), $C_{16}H_{16}N_6S_2$, F. 146—147° (Zers.), durch Zugabe von **III** zu Benzaldehydthiosemicarbazon in A. u. 5—10 Min. langes Rühren; gelbliche Kristalle; 80% (Ausbeute). — *-4-α-furyl-*, $C_{12}H_{12}N_6O_2S_2$, F. 134—135° (Zers.), aus Furfuraldehydthiosemicarbazon; gelbliche Kristalle; 80%. — *-4-(o-hydroxyphenyl)-*, $C_{16}H_{16}N_6O_2S_2$, F. ca. 195° (sintert bei 160—162°), aus Salicylaldehydthiosemicarbazon; 94%. — *-4-(p-nitrophenyl)-* (**II**), $C_{16}H_{14}N_8O_4S_2$, F. 206—208° (Zers.; Rotfärbung bei 170—175°), durch Mischen von p-Nitrobenzaldehydthiosemicarbazon in Pyridin mit **III** in A.; gelbe Kristalle; 82%. — *-4-(p-acetylaminophenyl)-*, $C_{20}H_{22}N_8O_2S_2$, F. 142—144° (Zers.), a) analog **I** aus p-Acetylaminobenzaldehydthiosemicarbazon; gelbliche Kristalle; 80%; b) analog **II**; 65%. — *-4.4-diphenyl-*, $C_{28}H_{24}N_6S_2$, F. 175—176° (Zers.), a) analog **I** aus Benzophenonthiosemicarbazon; 93%; b) analog **II**; 94%. — *-4-methyl-4-phenyl-*, $C_{18}H_{20}N_6S_2$, F. 128—129° (Zers.), analog **I** aus Acetophenonthiosemicarbazon bei 0° in 20 Min.; 75%.

P.-G. Dietrich. 1090△

Nitrilbildung durch Reaktion von Triphosphonitrilchlorid mit Salzen von Carbonsäuren. I. I. Bezman und W. R. Reed. (J. Amer. chem. Soc. **82**, 2167—68, 5/5. 1960; Pittsburgh, Pa., Mellon Inst.; engl.) — An Stelle einer zu erwartenden Kernsubstitution reagiert $(NPCl_2)_3$ beim Erhitzen mit wasserfreiem Na-Benzoat auf 110 bis 120° in rascher, exothermer Rk. unter Bldg. von *Benzonitril*, *Benzoesäureanhydrid*, NaCl u. einer P-haltigen Verb., wahrscheinlich Trinatriummetaphosphat. Mit Benzoesäure findet keine Nitril-Bldg. statt, erst in Ggw. eines H-Acceptors wie Pyridine erhalten Vff. das gleiche Resultat wie oben. Nitrile wurden auch aus den Salzen folgender Säuren erhalten: *Essigsäure*, *p-Methoxybenzoesäure*, *Laurinsäure* u. *p-Chlorbenzoesäure*. Ein Rk.-Mechanismus wird angegeben, der auf der Substitution von N im Phosphornitrilring durch O beruht. Wolfgang Werner. 1210□

Substitutionsprodukte von Terephthalsäure. Marc Cachia und Henri Wahl. (Bull. Soc. chim. France **1958**, 1418—25; Nancy, Fac. des Sci. et E.N.S.I.C., Labor. de Chim. Organ. Ind.; franz.) — Durch Oxydation von 2- u. 2.5-halogensubstituiertem p-Xylol mit HNO_3 werden *Mono-* u. *Dihalogenterephthalsäuren* dargestellt. *2-Methyl-*, *2.3-* u. *2.5-Dimethylterephthalsäure* werden aus den entsprechenden Nitrilen, die über die Halogen-Verbb. mit CuCN in Pyridin erhältlich sind, synthetisiert.

Versuche: Terephthalsäuren: *2-Chlor-*, F. >300°, a) durch 1std. Kochen u. anschließendes 1std. Stehen von 2-Chlor-1.4-dimethylbenzol (**I**) mit wss. $K_2Cr_2O_7$ u. H_2SO_4; 15% (Ausbeute); b) durch 24std. Kochen von **I** mit wss. alkal. $KMnO_4$; 50%; c) durch 12std. Behandlung von **I** mit HNO_3/W. (6:15); 84% (Meth. **A**); d) durch Rk. von 2-Chlor- oder 3-Chlor-4-methylbenzoesäure in wss. alkal. $KMnO_4$ bei 60—70°; 90%. *Dimethylester*, F. 63°; durch Verestern mit Methanol/H_2SO_4; daneben 92% *Monomethylester* (F. 153°; 3%). — *2-Brom-*, F. 310°, analog **A**; 85%. *Dimethylester*, F. 57°; 89%; daneben *Monomethylester* (F. 160°; 6%). — *2.5-Dichlor-*, F. 306°, analog **A** (24 Std.); 59%. *Dimethylester*, F. 137°; 50%; daneben *Monomethylester* (F. 173°; 43%). — *2.5-Dibrom-*, F. 310°, analog **A** (24 Std.); 57%. *Dimethylester*, F. 145°; 46%; daneben *Monomethylester* (F. 178°; 38%). — *2-Chlor-4-methylbenzoesäure*, F. 155—156°, durch Rühren einer emulgierten Mischung von **I** in verd. wss. HNO_3; aus W. feine Nadeln; 80%; daneben *3-Chlor-4-methylbenzoesäure* (F. 196—198°; aus W. Nadeln; 6%), *2-Chlor-5-nitro-p-xylol* [F. 77—78° (A.); 2%] u. *2-Chlor-5-nitro-4-methylbenzoesäure* [F. 182° (W.); 2%]. — *2.5-Dibromtoluol* (**IV**), $Kp._{10}$ 109—110°, durch Diazotierung von 2.5-Diaminotoluol bei 5°, anschließendes Eintragen in eine eisgekühlte Mischung aus Cu_2Br_2 u. 40%ig. HBr u. mehrstd. Stehen; n_D^{18} 1,5982; 45—53%. — *2.5-Dibrom-4-nitrotoluol*, $C_7H_5Br_2NO_2$, F. 88°, durch Nitrierung vorst. Verb. mit HNO_3; aus A. gelbe Nadeln. — *2.5-Dicyantoluol*, $C_9H_6N_2$, F. 152—153°, durch 1std. Erhitzen von **IV** mit CuCN in Pyridin von 160 auf 230°; aus A. Nadeln; 98%. — *2-Methylterephthalsäure*, $C_9H_8O_4$, durch 12std. Kochen vorst. Verb. mit alkohol. 20%ig. KOC_2H_5; sublimiert bei 300° in Nadeln; 80%. *Dimethylester*, $C_{11}H_{12}O_4$, F. 73°, $Kp._3$ 140—142°; aus Methanol/W. Nadeln; 85%. — *2.5-Dicyan-p-xylol*, F. 210°, durch Erhitzen von 800 g 2.5-Dibrom-p-xylol mit CuCN in Pyridin auf 150—200°; aus A. u. Sublimation Nadeln; 450 g. — *2.5-Dimethylterephthalsäure*, durch 24 Std. langes Kochen vorst. Verb. mit wss. 40%ig. NaOH; sublimiert bei 300°; 95%. *Dimethylester*, $C_{12}H_{14}O_2$, F. 114°, $Kp._5$ 150—152°; aus Methanol Nadeln; 74%. — *1-Amino-4-brom-2.3-dimethylbenzol* (**V**), $C_8H_{10}BrN$, F. 33°, $Kp._3$ 123—125°, a) durch Zutropfen von Br_2 zu einer gerührten Mischung von 484 g o-Xylidin in 46%ig. HBr bei 0° u. 1std. Erhitzen auf 100°, Kühlen, Abtrennen des *Hydrobromids* (640 g) vom braunen Öl (**B**) u. Behandeln mit wss. Alkali; aus Heptan Würfel; b) durch Bromieren von 1-Acetylamino-2.3-dimethylbenzol (F. 133—134°) in Eisessig u. 2std. Erhitzen des erhaltenen *Brom-Deriv.* mit konz. H_2SO_4 auf 100°; 70%. *N-Acetyl-Deriv.* (**II**), $C_{10}H_{12}BrNO$, F. 162°, durch 1/4std. Kochen von **V** mit Essigsäure/Acetanhydrid (**III**); aus wss. A. Nadeln; 75%. *N.N-Diacetyl-Deriv.*, $C_{12}H_{14}BrNO_2$, F. 100° (wss. A.), a) durch 1std. Erhitzen von **V** mit **III**; 70%; b) analog aus **II** u. **III**; 70%. *N-Benzoyl-Deriv.*, $C_{15}H_{14}BrNO$, F. 244°; aus A. Nadeln; 65%. *Pikrat*, $C_{14}H_{13}\cdot BrN_4O_7$, F. 204°; aus A. gelbe Nadeln; 80%. — *1-Brom-2.3-dimethylbenzol*, $Kp._7$ 70 bis 71°, $Kp._{760}$ 212°, a) durch Diazotierung von **V**-Hydrobromid in HBr u. anschließende Red. mit wss. NaH_2PO_2; 76%; b) durch Diazotierung von 1-Amino-2.3-dimethylbenzol in HBr u. Eintragen in eine Lsg. von Cu_2Br_2 in HBr bei 70—80°; n_D^{18} 1,5605, $D._4^{15}$ 1,3660; 70%. — *1-Brom-5.6-dinitro-2.3-dimethylbenzol*, $C_8H_7BrN_2O_4$, F. 116°, aus vorst. Verb. mit rauchender HNO_3 (D. 1,49); aus A. blaßgelbe Nadeln. — *1-Amino-4.6-dibrom-2.3-dimethylbenzol* (**VI**), $C_8H_9Br_2N$, F. 56°, $Kp._7$ 154°, a) durch Waschen von **B** mit verd. NH_3; aus A./Heptan lange Nadeln; b) durch Bromierung von **V** in HBr u. Behandeln des erhaltenen Hydrobromids mit verd. NH_4OH; 62%. *N.N-Diacetyl-Deriv.*, $C_{12}H_{13}BrNO_2$, F. 97°; aus wss. A. Nadeln; 65%. *N-Benzoyl-Deriv.*, $C_{15}H_{13}Br_2NO$, F. 233°, aus 5 g **VI**; aus A. Nadeln; 4,5 g. — *4.6-Dibrom-1.2-dimethylbenzol*, $C_8H_8Br_2$, $Kp._{15}$ 120—122°, F. —15°, durch Diazotieren von **VI** u. anschließende Red. mit wss. NaH_2PO_2; n_D^{18} 1,6002; 65%. — *4.6-Dibrom-3.5-dinitro-1.2-dimethylbenzol*, $C_8H_6Br_2N_2O_4$, F. 202°, durch Behandlung vorst. Verb. mit rauchender HNO_3; aus A. Nadeln. — *1.4-Di-*

brom-2.3-dimethylbenzol (**VII**), $C_8H_8Br_2$, F. 44°, Kp.$_4$ 106°, Kp.$_{15}$ 118–121°, durch Diazotierung von **V**-Hydrobromid, Eintragen in ein Gemisch aus CuBr u. 40%ig. HBr bei 70–80° u. 1std. Stehen; aus Heptan Nadeln; 75%. — *1.4-Dibrom-5.6-dinitro-2.3-dimethylbenzol*, $C_8H_6Br_2N_2O_4$, F. 219°; aus A. Nadeln. — *1.4-Dicyan-2.3-dimethylbenzol* (**VIII**), $C_{10}H_8N_2$, F. 135°, aus **VII** mit CuCN in Pyridin; aus Heptan Nadeln; 90%. — *2.3-Dimethylterephthalsäurediamid*, $C_{10}H_{12}N_2O_2$, F. 305–306°, durch Kochen von **VIII** mit alkohol. KOH. — *2.3-Dimethylterephthalsäure*, $C_{10}H_{10}O_4$, F. 274°, durch 48std. Kochen von **VIII** mit 40%ig. KOC_2H_5; aus W. Blättchen; 80%. *Dimethylester*, $C_{12}H_{14}O_4$, F. 65°, Kp.$_3$ 151–152°; aus wss. Methanol Nadeln; 77%; daneben *Monomethylester* ($C_{11}H_{12}O_4$, F. 164°; aus wss. Methanol Nadeln; 2%).
P.-G. Dietrich. 1220△

Über die Verwendung der Alkylidentriphenylphosphoranbetaine als charakteristische und selektive Reagentien für die Aldehydgruppe. Michel Siemiatycki. (C. R. hebd. Séances Acad. Sci. **248**, 817–20, 1959; franz.) — Einige Phosphoylene (**A**) reagieren nach Wittig selektiv mit Aldehyden, während Ketone keine Rk. geben. Es werden Triphenylphosphoniumbromide dargestellt, die in wss. alkohol. Lsg. bei 65° in Ggw. des zu testenden Aldehyds **A** liefern.

Versuche: *Phenyl-p-[α-bromtolyl]-sulfon*, F. 132° (Zers.; A.), aus Phenyl-p-tolylsulfon durch Bromieren bei 160° (Meth. **A**). — *p-Bromphenyl-p-[α-bromtolyl]-sulfon*, F. 138° (A.), aus p-Bromphenyl-p-tolylsulfon nach **A**. — Triphenylphosphoniumbromide: *p-Benzolsulfonylbenzyl-*, F. 253–258° (Chlf.). — *p-[p-Brombenzolsulfonyl]-benzyl-*, F. 308° (A.).
A. Kumm. 1380□

Nucleophile aromatische Substitutionen an Bis-[trichlorphosphazo]-sulfon und den Dialkylamiden der Trichlorphosphazoschwefelsäure. A. F. Vandi und T. Moeller. (Chem. and Ind. **1962**, 221–22; Urbana, Ill., Univ. of Illinois, Noyes Chem. Labor.; engl.) — In Bis-[trichlorphosphazo]-sulfon (**I**) sowie Trichlorphosphazosulfonsäuredialkylamiden können die Cl-Atome bei Einw. von Phenyl-MgBr vollständig durch Phenylreste ersetzt werden. — *Bis-[triphenylphosphazo]-sulfon*, $C_{36}H_{30}N_2O_2P_2S$, F. 245 bis 246° (A.), durch langsame Zugabe von **I** zu überschüssigem Phenyl-MgBr in Ae. bei Raum-Temp., Zers. mit verd. HCl oder gesätt. NH_4Cl-Lsg., Extraktion mit Bzl. u. Eindampfen im Vakuum; 45,5% (Ausbeute). — *N.N-Diäthyltriphenylphosphazosulfonamid*, $C_{22}H_{25}N_2O_2PS$, F. 127°, analog vorst. Verb. aus Trichlorphosphazosulfonsäurediäthylamid; 66%.
L. Lamza. 1380△

Über die Synthese und die Eigenschaften von wismutorganischen Verbindungen. Władysław Lisowski. (Wiadomości chem. **13**, 641–53, 1959; Warszawa, Uniw.; pol.) — Bi-organ. Verbb. zeigen nicht die Vielfalt, wie sie bei den homologen Elementen As u. Sb zu beobachten sind. Ihre Darst. erfolgt mit Hilfe anderer Metallorganyle, z. B. durch Zers. von Diazoniumsalzen mit $[BiX_4]^-$ u. von Jodoniumsalzen. — 56 Literaturangaben.
F. Urban. 1380◇

Fluorierte Styrole. 4. Mitt. **2.5-Difluorstyrol und 2.5-Difluor-β-fluorstyrol.** T. W. Talalajewa, G. W. Kasennikowa und K. A. Kotscheschkow. (J. allg. Chem. [UdSSR] **29** (**91**), 1593–95, 1959; Karpow-Inst. für Physikal. Chemie; russ.) — 3. vgl. C. **1961**, 825. — Es werden *2.5-Difluorstyrol* u. *2.5-Difluor-β-fluorstyrol* dargestellt.

Versuche: *p-Phenylen-bis-diazoniumborfluorid*, durch Zugabe von 120 g $NaNO_2$ in 240 ml W. zu 400 ml konz. HCl u. 640 g Eis bei –24 bis –15°, Zugabe von 72 g p-Phenylendiamindihydrochlorid in 100 ml HCl u. danach von 400 ml HBF_4; 80 g (Ausbeute). — *1.4-Difluorbenzol*, Kp. 88,3°, durch therm. Zers. vorst. Verb.; n_D^{18} 1,4420; 60%. — *2.5-Difluorbrombenzol* (**I**), Kp.$_{22}$ 54°, durch Bromieren von 50 g vorst. Verb. bei 30–35° in Ggw. von Fe; n_D^{20} 1,5092; 50%. Daneben *2.5-Difluor-1.4-dibrombenzol*, F. 65°; 24–25 g. — *2.5-Difluorphenylmethylcarbinol*, $C_8H_8F_2O$, Kp.$_{15}$ 92,5–93°, durch Zugabe einer äther. Lsg. von **I** zu einer 0,8n Lsg. von n-Butyl-Li in Ae. bei $<-60°$, Abkühlen auf –75°, Zugabe von überschüssigem Acetaldehyd bei $<-60°$, 10 Min. langes Rühren, Abkühlen auf –74° u. Gießen auf Eis mit 5%ig. HCl; n_D^{20} 1,4839; 57,3%. — *2.5-Difluorstyrol*, $C_8H_6F_2$, Kp.$_{30}$ 56°, durch Dest. vorst. Verb. über $K_2S_2O_7$ u. Cu-Pulver bei 110 mm/140–220° (Bad-Temp.) u. Extrahieren mit Ae.; n_D^{20} 1,4982; 53,6%. — *2.5-Difluor-ω.ω-difluoracetophenon*, $C_8H_4F_4O$, Kp.$_{25}$ 93–94°, durch Zugabe einer Lsg. von Difluoressigsäure in Ae. zu der aus **I** u. Li-Äthyl in Ae. bei –70° unter N_2 erhaltenen Lsg. von *2.5-Difluorphenyl-Li*, ½std. Rühren bei –70° u. Zers. mit Eis/verd. HCl; n_D^{20} 1,4665; 40%. — *2.5-Difluorphenyldifluormethylcarbinol*, $C_8H_6F_4O$, Kp.$_{25}$ 109°, durch Zugabe von 26,7 g vorst. Verb. in Methanol zu 2,28 g $NaBH_4$ in 15 ml W. u. 2 ml 2n NaOH, 1std. Rühren, Abkühlen u. Gießen in 200 ml 10%ig. NaOH; n_D^{20} 1,4595; 89,5%. — *2.5-Difluor-α-chlor-β.β-difluoräthylbenzol*, $C_8H_5ClF_4$, Kp.$_{25}$ 85°, aus vorst. Verb. mit $SOCl_2$ in Pyridin; n_D^{20} 1,4613; 80,8%. — *2.5-Difluor-*

β-fluorstyrol, $C_8H_5F_3$, $Kp._{60}$ 81—82°, durch 1std. Erhitzen eines Gemisches aus 16,8 g vorst. Verb., 35 g Acetamid, 8,2 g Zn-Pulver u. 0,3 g Cu-Pulver auf 125°, Abkühlen auf 40° u. Gießen in Eiswasser/HNO_3; n_D^{20} 1,4841; 50%. B. Celms. 1410△

Von Aryloxyessigsäuren abgeleitete α,β-ungesättigte Ketone, eine neue Klasse von Diuretica. Everett M. Schultz, Edward J. Cragoe jun., John B. Bicking, William A. Bolhofer und James Sprague. (J. med. pharmac. Chem. **5**, 660—62, Mai 1962; West Point, Pa., Div. of Merck & Co., Inc., Merck Sharp & Dohme Res. Labor.; engl.) — Zur Prüfung auf pharmakolog. Wrkg. wird eine Anzahl von in 4-Stellung durch einen α,β-ungesätt. Acylrest substituierte *Aryloxyessigsäuren* dargestellt. So erhält man aus 3-Chlorphenyloxyessigsäure durch Umsetzung mit Buttersäurechlorid nach Friedel-Crafts *4-[1-Oxobutyl]-3-chlorphenyloxyessigsäure*, F. 89—90°, die in einer Mannich-Rk. in *4-[1-Oxo-2-dimethylaminomethylbutyl]-3-chlorphenyloxyessigsäure* (*Hydrochlorid*, F. 127—129°) übergeführt wird. Vorst. Verb. liefert bei der Abspaltung von $(CH_3)_2NH$ *4-[1-Oxo-2-äthylpropen-(2)-yl]-3-chlorphenyloxyessigsäure* (**I**), F. 109 bis 111°. Analog **I** werden erhalten: aus 2.3-Dichlorphenyloxyessigsäure über *4-[1-Oxobutyl]-2.3-dichlorphenyloxyessigsäure*, F. 110,5—111,5°, u. *4-[1-Oxo-2-dimethylaminomethylbutyl]-2.3-dichlorphenyloxyessigsäure* (*Hydrochlorid*, F. 164—167°) *4-[1-Oxo-2-äthylpropen-(2)-yl]-2.3-dichlorphenyloxyessigsäure*, F. 121—122°; aus 2.3-Dimethylphenyloxyessigsäure über *4-[1-Oxobutyl]-2.3-dimethylphenyloxyessigsäure*, F. 87,5—89,5°, u. *4-[1-Oxo-2-dimethylaminomethylbutyl]-2.3-dimethylphenyloxyessigsäure* (*Hydrochlorid*, F. 182,5—183,5°) *4-[1-Oxo-2-äthylpropen-(2)-yl]-2.3-dimethylphenyloxyessigsäure*, F. 83,5 bis 84,5°, u. aus Naphthyl-(1)-oxyessigsäure über *4-[1-Oxobutyl]-naphthyl-(1)-oxyessigsäure*, F. 137—139°, u. *4-[1-Oxo-2-dimethylaminomethylbutyl]-naphthyl-(1)-oxyessigsäure* (*Hydrochlorid*, F. 176—178°) *4-[1-Oxo-2-äthylpropen-(2)-yl]-naphthyl-(1)-oxyessigsäure*, F. 106—109°. Zur Darst. von *4-[1-Oxo-2-äthylbuten-(2)-yl]-2.3-dichlorphenyloxyessigsäure* (**II**, F. 124,5—125,5°) wird 2-Äthylbuttersäurechlorid nach Friedel-Crafts mit 2.3-Dichloranisol umgesetzt u. das nach der Entmethylierung des Rk.-Prod. erhaltene *4-[2-Äthylbutyro]-2.3-dichlorphenol*, F. 85—86°, in *4-[2-Äthylbutyro-]-2.3-dichlorphenyloxyessigsäure*, F. 144,5—145,5°, übergeführt. Bromierung vorst. Verb. gibt *4-[2-Äthyl-2-brombutyro]-2.3-dichlorphenyloxyessigsäure*, F. 152—153°, aus dem durch Abspaltung von HBr **II** gebildet wird. E. Koßmehl. 1610◇

Cyclopropane und Cyclobutane. R. Ja. Lewina und Ju. Ss. Schabarow. (Nachr. Moskauer Univ., Ser. Math., Mechan., Astronom., Physik, Chem. **14**, Nr. 3, 201—02, 1959; Lehrstuhl für organ. Chem.; russ.) — Es werden nachst. Cyclopropane dargestellt: *p-Nitrophenyl-* ($Kp._{13}$ 129°; n_D^{20} 1,5613; $D._4^{20}$ 1,1672). — *p-Aminophenyl-* ($Kp._9$ 103—104°; n_D^{20} 1,5811; $D._4^{20}$ 1,0291). — Cyclobutane: *m-Tolyl-* ($Kp._{9,5}$ 75,8 bis 76,3°; n_D^{20} 1,5246; $D._4^{20}$ 0,9316). — *o-Tolyl-* ($Kp._{2,5}$ 76,5—77°; n_D^{20} 1,5309; $D._4^{20}$ 0,9398). — *o-Methoxyphenyl-* ($Kp._4$ 90,5—91°; n_D^{20} 1,5320; $D._4^{20}$ 1,0040). — *p-Methoxyphenyl-* ($Kp._4$ 84,7—84,9°; n_D^{20} 1,5360; $D._4^{20}$ 1,0098). — Die Raman- u. UV-Spektren der Verbb. werden aufgenommen. I. Schade. 1810△

Cyclopropen. 5. Mitt. **Einige Reaktionen von Cyclopropen.** Kenneth B. Wiberg und William J. Bartley. (J. Amer. chem. Soc. **82**, 6375—80, 1960; Seattle, Wash., Univ. of Washington, Dep. of Chem.; engl.) — 4. vgl. C. **1962**, 15900. — Die Rkk. von Cyclopropen (**I**) mit Cyclopentadien (**II**), Butadien (**III**), Br_2, J_2, Diphenyldiazomethan (**IV**), Diazoessigsäureäthylester (**V**) sowie mit $AgNO_3$ werden beschrieben. Außerdem wird die therm. Umlagerung u. Polymerisation von **I** untersucht.

Versuche: *Cyclopropylaminhydrochlorid*, durch 1std. portionsweise Zugabe von 0,5 Mol Cyclopropancarbonsäure u. 36 g NaN_3 zum Gemisch aus Chlf. u. konz. H_2SO_4, 5—8std. Rühren bei 50—55° bis zur Beendigung der CO_2-Entw., Gießen auf Eis, Alkalisieren der wss. Lsg. mit KOH u. Dest. in eine Vorlage mit 6n HCl; 60—76% (Ausbeute). — *Cyclopropen* (**I**), aus vorst. Verb. nach Schlatter [1941]. *$AgNO_3$-Komplex*, durch Einleiten von **I** in 30%ig. wss. $AgNO_3$-Lsg.; schwarz. — *Methylacetylen*, durch Pyrolyse von **I** unter He bei 425°; 80%. — *Tricyclo-[3.2.1.0^{2,4}]-octen-(6)*, C_8H_{10}, F. 30—32°, durch Einleiten von **I** in eine Lsg. von frisch dest. **II** in CH_2Cl_2 bei 0° u. Gaschromatographie bei 110°; 96%. — *Bicyclo-[4.1.0]-hepten-(3)*, C_7H_{10}, Kp. 106—109°, analog aus **I** u. **III** bei Raum-Temp. u. 5std. Stehen; n_D^{25} 1,4749; 37%; gibt durch Hydrieren in Ggw. von Pt *Norcaran*. — *trans-1.2-Dibromcyclopropan* (*trans*-**VI**), $Kp._{27}$ 40—50°, durch Einleiten von **I** in eine Lsg. von Br_2 in CCl_4 bei 0°; n_D^{25} 1,5301; 57%. — *1.2-Dijodcyclopropan*, $C_3H_4J_2$, $Kp._1$ 45—47°, analog vorst. Verb. bei Raum-Temp.; n_D^{25} 1,6738; 64%. — *cis-1.2-Dideuterocyclopropan* (**VII**), durch Rk. von D_2O mit der Grignard-Verb. aus **VI** u. Gaschromatographie; 10% mit 86% **VII**, 8% *Monodeuterocyclopropan* u. 6% *Cyclopropan*. — *cis-Cyclopropan-1.2-dicarbonsäurediäthylester*, durch Zugabe von

Trockeneis zur Grignard-Lsg. aus **VI**, Hydrolyse mit 25%ig. H_2SO_4, Extraktion mit Ae., Eindampfen u. 3std. Kochen mit alkohol. HCl; 10%. — *3.3-Diphenyl-3.4-dihydropyridazin*, $C_{16}H_{14}N_2$, F. 119—121°, durch Eindest. von ca. 1 g **I** in die Lsg. von **IV** (aus 2,5 g Benzophenonhydrazon) in CH_2Cl_2 in Ggw. von Cu-Pulver unter Kühlen mit fl. N_2, 1½ std. Rk. unter Kühlung mit Trockeneis–Aceton, Dekantieren u. Einengen; aus A. gelbliche Nadeln; 1 g; liefert durch Oxydation mit $KMnO_4$ *Benzophenon* (*2.4-Dinitrophenylhydrazon*, F. 235—237°). — *3-Carbäthoxy-3.4-dihydropyridazin*, $C_7H_{10}N_2O_2$, Kp.$_{0.4}$ 90—100°, analog aus **I** u. 3 ml **V**; 1,5 g. — Durch Zugabe von 8,5 g N-Cyclopropyldimethylamin zu 30%ig. H_2O_2/W. (1 : 2) bei 0—10°, mehrstd. Rühren bei Raum-Temp., Zers. des überschüssigen H_2O_2 an Pt-Asbest, Einengen auf 15 ml u. Pyrolyse des gebildeten *Oxids* bei 320° werden nur 2 g *N-Cyclopropyldimethylamin*, Kp. 58°, erhalten. L. Lamza. 1810△

Darstellung von Diferrocenyl nach der Ullmann-Reaktion. E. G. Perewalowa und O. A. Nessmejanowa. (Ber. Akad. Wiss. UdSSR **132**, 1093—94, 11/6. 1960; Moskau, Lomonossow-Univ.; russ.) — Durch Schmelzen von *Jodferrocen* in Ggw. von Cu-Pulver wird in 80% ig. Ausbeute *Diferrocenyl* neben wenig *Ferrocen* erhalten. Letzteres wird bei Verw. eines zur Abgabe von H_2 fähigen Lsgm. (Methanol) zum Hauptprodukt.

Versuche: *Jodferrocen* (**I**), F. 44—45°, durch Zugabe einer sd. Lsg. von 30 g J_2 in 100 ml Xylol zu einer bis fast zum Sieden erhitzten Suspension von 10 g Chlormercuriferrocen in 100 ml Xylol, Rühren bis zur Abkühlung auf Zimmer-Temp., Filtrieren, Vermischen mit 20—25 ml gesätt. $Na_2S_2O_3$-Lsg., 1½ std. Stehenlassen, Filtrieren u. Extrahieren mit Ae.; 64% (Ausbeute). — *Diferrocenyl*, F. 228—230° (Zers.), durch Zugabe von 0,4 g Cu zu 0,58 g **I** bei 100°, 15 Min. langes Erhitzen auf 150° u. Extrahieren mit PAe.; 79%. — *Ferrocen*, F. 172—173° (A.), durch 12std. Erhitzen von 0,2 g **I**, 0,1 g Cu u. 4 ml Methanol im Rohr auf 120°. I. Schade. 1810△

Untersuchungen über Cycloketone. Kondensationen mit Veratrumaldehyd. Luciana Sancio und Anita Sancio. (Rend. Seminario Fac. Sci. Univ. Cagliari **27**, 97—105, 1957; Cagliari, Univ., Ist. di Chim. Farmac. e Tossicol.; ital.) — Die Kondens. von Veratrumaldehyd (**I**) mit Cyclohexanon u. seinen 3 Methylhomologen in wss. Alkalien wird beschrieben. Dabei entstehen *2-Veratryliden-* u. *2.6-Diveratryliden-Derivv.*; von den ersteren werden die entsprechenden *Semicarbazone*, *Phenylhydrazone* u. *2.4-Dinitrophenylhydrazone* dargestellt, die gleichen Derivv. aus den letzteren zu synthetisieren, gelingt aus Gründen der ster. Hinderung nicht.

Versuche: Cyclohexanone: *2-Veratryliden-*, $C_{15}H_{18}O_3$, F. 83—87°, durch 1½ std. Kochen von 2 Mol Cyclohexanon u. 1 Mol Veratrumaldehyd in 4%ig. wss. KOH unter Rühren; aus A. gelbe Schuppen. *Semicarbazon*, $C_{16}H_{21}N_3O_3$, F. 172—172,5°; aus A. Schuppen. *Phenylhydrazon*, $C_{21}H_{24}N_2O_2$, F. 93—95°; gelbe Nadelbüschel. *2.4-Dinitrophenylhydrazon*, $C_{21}H_{22}N_4O_6$, F. 184°; dunkelrote Körner. — *2.6-Diveratryliden-*, $C_{24}H_{26}O_5$, F. 141—142°, neben vorst. Verb.; perlmuttergelbe Blättchen. — *2-Veratryliden-4-methyl-*, $C_{16}H_{20}O_3$, F. 55°, analog vorvorst. Verb.; aus A. oder Ae. gelbe Schuppen u. Nadeln. *Semicarbazon*, $C_{17}H_{23}N_3O_3$, F. 154—156°; aus A. Schuppen. *Phenylhydrazon*, $C_{22}H_{26}N_2O_2$, F. 90—109°; gelbliche Schuppen mit silbrigen Reflexen. *2.4-Dinitrophenylhydrazon*, $C_{22}H_{24}N_4O_6$, F. 190°; rote Kristalle. — *2.6-Diveratryliden-4-methyl-*, $C_{25}H_{28}O_5$, F. 152°, neben vorst. Verb.; schwachgelbe Nadeln. — *2-Veratryliden-5-methyl-*, $C_{16}H_{20}O_3$, F. 52°, analog vorvorst. Verb.; aus Ae. gelbe Schuppen. *Semicarbazon*, $C_{17}H_{23}N_3O_3$, F. 166,5—169°; aus A. Blättchen. *2.4-Dinitrophenylhydrazon*, $C_{22}H_{24}N_4O_6$, F. 216—220°; rote, mkr. Kristalle. — *2.6-Diveratryliden-3-methyl-*, $C_{25}H_{28}O_5$, F. 99°, neben vorst. Verb.; gelbe Schuppen. — *2-Veratryliden-6-methyl-*, analog vorvorst. Verb.; nur in unreiner Form erhalten. *Semicarbazon*, $C_{17}H_{23}N_3O_3$, F. 218—220°; aus A. Schuppen. *2.4-Dinitrophenylhydrazon*, $C_{22}H_{24}N_4O_6$, F. 226°; orangerote Nadeln. P. Golinske. 1960△

Über die Autokondensation von cyclischen Ketonen und die Kondensation mit Ammoniak. Ss. W. Swetosarski, G. A. Rasuwajew, Je. N. Silberman und G. Ss. Wolkow. (J. allg. Chem. [UdSSR] **30** (**92**), 2042—47, Juni 1960; russ.) — Unter dem Einfl. von NaOH trimerisieren 4- (**I**) u. 3-Methylcyclohexanon-(1) (**II**) zu *2-{2'-[1''-Hydroxy-4''-methylcyclohexyl-(1'')]-1'-hydroxy-4'-methylcyclohexyl-(1')}-4-methylcyclohexanon-(1)* (**III**) bzw. *2-{2'-[1''-Hydroxy-5''-methylcyclohexyl-(1'')]-1'-hydroxy-5'-methylcyclohexyl-(1')}-5-methylcyclohexanon-(1)* (**IV**). Bei Einw. methanol. H_2SO_4 spalten **III** u. **IV** je 2 Mol W. ab u. gehen in *2-{2'-[4''-Methylcyclohexen-(1'')-yl-(1'')]-4'-methylcyclohexyliden-(1')}-4-methylcyclohexanon-(1)* (**V**) bzw. *2-{2'-[3''-Methylcyclohexen-(1'')-yl-(1'')]-5'-methylcyclohexyliden-(1')}-5-methylcyclohexanon-(1)* (**VI**) über. **V** u. **VI** kondensieren bei 350° zu *2.6.10-Trimethyl-1.2.3.4.5.6.7.8.9.10.11.12-dodekahydrotriphenylen*. Die Kondens. von **I** bzw. **II** mit NH_3 in Ggw. von $CaCl_2$ oder NH_4Cl liefert *2.2;4.4-Bis-[γ-methylpentamethylen] 2.3.4.5-tetrahydro-5'-methyl-* (**VII**) bzw. *2.2;4.4-Bis-[β-methyl-*

pentamethylen]-2.3.4.5 tetrahydro-4'-methylcyclohexano-[1'.2':5.6]-pyrimidin (**VIII**). Die Hydrolyse von **VII** bzw. **VIII** führt zu *2-[4'-Methyl-1'-aminocyclohexyl-(1')]-4-methyl-* bzw. *2-[3'-Methyl-1'-aminocyclohexyl-(1')]-5-methylcyclohexanon-(1)*. Die Autokondens. von Cyclopentanon (**IX**) unter dem Einfl. von NaOH liefert *2-Cyclopentyliden-* u. *2.5-Dicyclopentylidencyclopentanon.*

Versuche: *2.5-Dicyclopentylidencyclopentanon-(1)*, F. 81—82° (Methanol), durch 40 Tage langes Stehen von 188 g **IX** mit 20 g NaOH; 26% (Ausbeute). Daneben *2-Cyclopentylidencyclopentanon*, $Kp._{12}$ 118—120°; n_D^{20} 1,5180; 38%. — *2-{2'-[1''-Hydroxy-4''-methylcyclohexyl-(1'')]-1'-hydroxy-4'-methylcyclohexyl-(1')}-4-methylcyclohexanon-(1)* (**III**), $C_{21}H_{36}O_3$, F. 160° (Bzl.), aus 18 g **I** u. 2 g NaOH (4 Tage stehen); 36%. — *2-{2'-[1''-Hydroxy-5''-methylcyclohexyl-(1'')]-1'-hydroxy-5'-methylcyclohexyl-(1')}-5-methylcyclohexanon-(1)* (**IV**), $C_{21}H_{36}O_3$, F. 170° (Bzl.), aus **II** u. NaOH (12 Tage stehen); ca. 8%. — *2-{2'-[4''-Methylcyclohexen-(1'')-yl-(1'')]-4'-methylcyclohexyliden-(1')}-4-methylcyclohexanon-(1)* (**V**), $C_{21}H_{32}O$, man läßt 2 g **III**, 1 ml konz. H_2SO_4 u. 10 ml Methanol 1 Std. stehen; 78%. — *2-{2'-[3''-Methylcyclohexen-(1'')-yl-(1'')]-5'-methylcyclohexyliden-(1')}-5-methylcyclohexanon-(1)* (**VI**), $C_{21}H_{32}O$, aus **IV** in H_2SO_4-Methanol; 67%. — *2.6.10-Trimethyl-1.2.3.4.5.6.7.8.9.10.11.12-dodekahydrotriphenylen*, F. 195° (Bzl.), durch 1std. Erhitzen von **V** bzw. **VI** auf 350°; 64 bzw. 53%. — *2.2;4.4-Bis-[γ-methylpentamethylen]-2.3.4.5-tetrahydro-5'-methylcyclohexano-[1'.2':5.6]-pyrimidin* (**VII**), $C_{21}H_{36}N_2$, durch Einleiten von NH_3 in 23 g **I**, 25 ml Methanol, 2 g $CaCl_2$ u. 1 g NH_4Cl bei 0°; zähe Fl.; 87%. — *2.2;4.4-Bis-[β-methylpentamethylen]-2.3.4.5-tetrahydro-4'-methylcyclohexano-[1'.2':5.6]-pyrimidin* (**VIII**), $C_{21}H_{36}N_2$, aus **II** mit NH_3; 55%. — *2-[4'-Methyl-1'-aminocyclohexyl-(1')]-4-methylcyclohexanon-(1)*, $C_{14}H_{25}NO$, aus 10 g **VII** u. 120 ml 0,5n HCl (24 Std. stehen); $D._4^{20}$ 0,988; n_D^{20} 1,4950; zähe Fl.; 76%. *Acetyl-Deriv.*, F. 140° (W.-Methanol). — *2-[3'-Methyl-1'-aminocyclohexyl-(1')]-5-methylcyclohexanon-(1)*, $C_{14}H_{25}NO$, analog aus **VIII** in 0,5n HCl; $D._4^{20}$ 0,982; n_D^{20} 1,4930; 68%. *Acetyl-Deriv.*, F. 144° (W.-Methanol).

Helmut Schäfer. 1960△

Eine stereospezifische Synthese von dl-Chinasäure. Edward E. Smissman und Michael A. Oxman. (J. Amer. chem. Soc. **85**, 2184—85, 1963; Lawrence, Kans., Univ., Dep. of Pharmaceut. Chem.; engl.) — Eine stereospezif., zum Einbau von ^{14}C in spezif. Stellungen des Mol. geeignete Synth. von *dl-Chinasäure* wird beschrieben. — *Brenztraubensäurebenzylester*, $C_{10}H_{10}O_3$, $Kp._2$ 103—105°, aus $CH_3COCOOH$ u. $C_6H_5 \cdot CH_2OH$ in sd. Bzl. (Wasserabscheider); $n_D^{21,5}$ 1,5100; 92% (Ausbeute). — *α-Acetoxyacrylsäurebenzylester*, $C_{12}H_{12}O_4$, $Kp._{0,5}$ 99—101°, aus vorst. Verb. u. sd. Acetanhydrid in Ggw. von p-Toluolsulfonsäure; n_D^{22} 1,5075; 32%. — *1α-Acetoxy-2α.5α-dichlorcyclohexen-(3)-carbonsäure-(1β)-benzylester*, aus vorst. Verb. u. trans.trans-1.4-Dichlorbutadien-(1.3). — *1α-Acetoxy-2α-chlorcyclohexen-(3)-ol-(5β)-carbonsäure-(1β)-lacton*, $Kp._{0,5}$ 150—152°, durch 22std. Erhitzen vorst. Verb. auf 150°. — *1-Acetyl-6α-chlorchinid*, $C_9H_{11}ClO_6$, F. 183—185°, aus vorst. Verb. u. OsO_4; 46%. — *dl-1-Acetylchinid*, $C_9H_{12}O_6$, F. 215—216° (Zers.), aus vorst. Verb. u. H_2 an Raney-Ni W-6; 87%. — *Triacetylchinid*, aus vorst. Verb. u. sd. Acetanhydrid oder aus (—)-Chinasäure nach Erwig u. Koenigs [1899]. — *dl-Chinasäure*, durch Erhitzen vorst. Verb. mit wss. KOH.

J. Rothe. 2050◇

Über die Cyclodehydratisierung von γ,δ-ungesättigten δ-Arylketonen zu Biphenylderivaten. Jean Colonge und Jean-Claude Brunie. (Bull. Soc. chim. France **1963**, 42—46; Lyon, Ecole Super. de Chim. Ind. et Fac. des Sci.; franz.) — Vinylmagnesiumchlorid reagiert mit aliphat.-aromat. Ketonen unter Bldg. von *Vinylcarbinolen*, die sich mit Acetessigsäureäthylester (**I**) zu *γ.δ-ungesätt. δ-Arylketonen* der allg. Formel: $R—C_6H_4—C(CH_2R')=CH—CH_2—CH_2—CO—CH_3$ (**A**) umsetzen. Dehydratisierung der **A** mit HBr in Essigsäure oder mit Polyphosphorsäure (PS) führt zu entsprechend substituierten *Dihydrobiphenylen* (**B**), deren Dehydrierung entsprechende Derivv. des *Biphenyls* ergibt. Voraussetzung für die Bldg. der **B** ist das Vorhandensein einer CH_2-Gruppe am zum aromat. Kern α-ständigen C-Atom der **A**. Die **B**, für deren Bldg. aus den **A** ein Rk.-Mechanismus vorgeschlagen wird, entstehen in den meisten Fällen als Gemisch aus der *2.5-* u. der *4.5-Dihydroverbindung*. Beide Isomeren lassen sich zwar durch fraktionierte Dest. anreichern, jedoch nicht vollständig trennen. Ihre quant. Best. erfolgt durch Gaschromatographie.

Versuche: Vinylcarbinole, durch 1std. Kochen u. Rühren von $CH_2=CHMgCl$ mit der berechneten Menge des entsprechenden Ketons oder Aldehyds in Tetrahydrofuran (THF), Hydrolyse mit verd. Essigsäure bei 0°, Sättigen der wss. Phase mit NaCl, Ae.-Extraktion, Einengen der mit $NaHCO_3$ gewaschenen Ae.-Lsg. u. Dest. des Ae.-Rückstandes im Vakuum: *1-Vinylcyclohexanol-(1)*, $C_8H_{14}O$, $Kp._{19}$ 74°, aus Cyclohexanon; n_D^{25} 1,468; 50% (Ausbeute); daneben *Cyclohexylidencyclohexanon. 4-Methyl-*

Deriv., $C_9H_{16}O$, Kp.$_{25}$ 86°, aus p-Methylcyclohexanon; D.$_4^{25}$ 0,918; n_D^{25} 1,4668; 50%. *2-Methyl-Deriv.*, $C_9H_{16}O$, Kp.$_{30}$ 84—85°, aus o-Methylcyclohexanon; D.$_4^{25}$ 0,927; n_D^{25} 1,4695; 64%. *3-Methyl-Deriv.*, $C_9H_{16}O$, Kp.$_9$ 69—71°, aus m-Methylcyclohexanon; 62%. *3.3.5-Trimethyl-Deriv.*, $C_{11}H_{20}O$, F. 66° (PAe.), aus 3.3.5-Trimethylcyclohexanon; 74%. — *3-Phenylpropen-(1)-ol-(3)*, $C_9H_{10}O$, Kp.$_{15}$ 103—106°, aus Benzaldehyd; 95%. — *3-Phenylbuten-(1)-ol-(3)*, $C_{10}H_{12}O$, Kp.$_{10}$ 95°, aus Acetophenon; D.$_4^{25}$ 0,998; n_D^{25} 1,530; 70%. — *3-[p-Tolyl]-buten-(1)-ol-(3)*, $C_{11}H_{14}O$, Kp.$_{15}$ 117—118°, aus 4-Methylacetophenon; D.$_4^{25}$ 0,980; n_D^{25} 1,5260; 70%. *Dinitrobenzoesäureester*, $C_{18}H_{16}N_2O_6$, F. 114°. — *3-Phenylpenten-(1)-ol-(3)*, $C_{11}H_{14}O$, Kp.$_{18}$ 113—114°, aus Propiophenon; D.$_4^{25}$ 0,995; n_D^{25} 1,5263; 75%. — *3-Phenyl-4-methylpenten-(1)-ol-(3)*, $C_{12}H_{16}O$, Kp.$_{18}$ 119—120°, aus Isobutyrophenon; D.$_4^{25}$ 0,978; n_D^{25} 1,5212; 84%. — *3.4-Diphenylbuten-(1)-ol-(3)*, $C_{16}H_{16}O$, Kp.$_{0,4}$ 127°, aus Desoxybenzoin; D.$_4^{25}$ 1,065; n_D^{25} 1,5800; 87%. — *2.3-Diphenylpropen-(1)-ol-(3)*, $C_{15}H_{14}O$, Kp.$_{1,2}$ 142—144°, aus Benzophenon; D.$_4^{25}$ 1,093; n_D^{25} 1,5953; 71%. — γ,δ-ungesätt. Ketone (**A**), durch Erwärmen des entsprechenden Vinylcarbinols mit der berechneten Menge **I** u. 1—6 g Al-Isopropylat unter Abdest. von A., 12—15std. Erhitzen auf 170—180° u. Dest. im Vakuum: *5-Cyclohexylidenpentanon-(2)*, $C_{11}H_{18}O$, Kp.$_{27}$ 129°; D.$_4^{25}$ 0,924; n_D^{25} 1,4755; 70% [*Semicarbazon* (**SC**), $C_{12}H_{21}N_3O$, F. 170° (A.)]. *p-Methyl-Deriv.*, $C_{12}H_{20}O$, Kp.$_4$ 106°; D.$_4^{25}$ 0,909; n_D^{25} 1,4715; 61% [**SC**, $C_{13}H_{23}N_3O$, F. 149° (A.)]. *o-Methyl-Deriv.*, $C_{12}H_{20}O$, Kp.$_4$ 101—102°; D.$_4^{25}$ 0,917; n_D^{25} 1,4755; 60% [**SC**, $C_{13}H_{23}N_3O$, F. 153° (A.)]. *m-Methyl-Deriv.*, $C_{12}H_{20}O$, Kp.$_9$ 112°; D.$_4^{25}$ 0,904; n_D^{25} 1,4723; 70%; **SC**, $C_{13}H_{23}N_3O$, F. 148° (A.). — *5-[3.3.5-Trimethylcyclohexyliden]-pentanon-(2)*, $C_{14}H_{24}O$, Kp.$_2$ 103—104°; D.$_4^{25}$ 0,8905; n_D^{25} 1,4670; 72%. **SC**, $C_{15}H_{27}N_3O$, F. 136° (A.). — *6-Phenylhexen-(5)-on-(2)*, $C_{12}H_{14}O$, Kp.$_{20}$ 163°; 78%. **SC**, F. 132° (A.). — *6-Phenylhepten-(5)-on-(2)* (**II**), $C_{13}H_{16}O$, Kp.$_{11}$ 154—155°; D.$_4^{25}$ 0,985; n_D^{25} 1,5360; 66%. **PS**, $C_{14}H_{19}N_3O$, F. 159° (A.). — *6-[p-Tolyl]-hepten-(5)-on-(2)* (**III**), $C_{14}H_{18}O$, Kp.$_{15}$ 165—171°; D.$_4^{25}$ 0,974; n_D^{25} 1,5365; 50%. **SC**, $C_{15}H_{21}N_3O$, F. 167° (A.). — *6-Phenylocten-(5)-on-(2)* (**IV**), $C_{14}H_{18}O$, Kp.$_{0,2}$ 100—101°; D.$_4^{25}$ 0,865; n_D^{25} 1,5231; 61%. **SC**, $C_{15}H_{21}N_3O$, F. 108° (A.). — *7-Methyl-6-phenylocten-(5)-on-(2)* (**V**), $C_{15}H_{20}O$, Kp.$_{0,7}$ 104—105°; D.$_4^{25}$ 0,947; n_D^{25} 1,5100; 79%. **SC**, $C_{16}H_{23}N_3O$, F. 139° (A.). — *6.7-Diphenylhepten-(5)-on-(2)* (**VI**), $C_{19}H_{20}O$, Kp.$_{0,7}$ 172—175°; D.$_4^{25}$ 1,041; n_D^{25} 1,5735; 72%. **SC**, $C_{20}H_{23}N_3O$, F. 117° (A.). — 2.5(4.5)-Dihydrobiphenyle (**B**), durch 2std. Erhitzen der **A II—VI** mit **SC** auf dem Wasserbad, Zusetzen von Eis, Einstellen mit Na_2CO_3 auf pH 7, Ae.-Extraktion u. fraktionierte Dest. des Ae.-Rückstandes: *3-Methyl-* (**VII**), $C_{13}H_{14}$, Kp.$_{13}$ 125—131°, aus **II**; 69%; erneute Dest. liefert eine zu 68% aus dem *2.5-Dihydroisomeren* (**VIIa**) u. zu 32% aus dem *4.5-Dihydroisomeren* (**VIIb**) bestehende Fraktion (Kp.$_{14}$ 126—127°; D.$_4^{25}$ 0,987; n_D^{25} 0,572) u. eine zu 3% aus **VIIa** u. zu 97% aus **VIIb** bestehende Fraktion (Kp.$_{14}$ 129—130°; D.$_4^{25}$ 0,995; n_D^{25} 1,584). — *3.4'-Dimethyl-* (**VIII**), $C_{14}H_{16}$, Kp.$_4$ 118 bis 125°, aus **III**; 63%; erneute Dest. liefert eine zu 72% aus dem *2.5-Dihydroisomeren* (**VIIIa**) u. zu 28% aus dem *4.5-Dihydroisomeren* (**VIIIb**) bestehende Fraktion (Kp.$_4$ 119 bis 120°; D.$_4^{25}$ 0,963; n_D^{25} 1,5568) u. eine zu 12% aus **VIIIa** u. zu 88% aus **VIIIb** bestehende Fraktion (Kp.$_4$ 124—125°; D.$_4^{25}$ 0,981; n_D^{25} 1,5740). — *2.3-Dimethyl-* (**IX**), $C_{14}H_{16}$, Kp.$_{20}$ 135—146°, aus **IV**; 56%; erneute Dest. liefert eine zu 84% aus dem *2.5-Dihydroisomeren* (**IXa**) u. zu 16% aus dem *4.5-Dihydroisomeren* (**IXb**) bestehende Fraktion (Kp.$_{20}$ 135—136°; D.$_4^{25}$ 0,959; n_D^{25} 1,5450) u. eine zu 31% aus **IXa** u. zu 69% aus **IXb** bestehende Fraktion (Kp.$_{20}$ 142°; D.$_4^{25}$ 0,994; n_D^{25} 1,5747). — *2.2.3-Trimethyl-2.5-dihydrobiphenyl* (**X**), $C_{15}H_{18}$, Kp.$_{18}$ 153—154°, aus **V** bei 135°, chromatograph. Reinigung an Al_2O_3 u. Elution mit PAe.; D.$_4^{25}$ 0,993; n_D^{25} 1,5600; 69%. — *2-Phenyl-3-methyl-2.5(4.5)-dihydrobiphenyl* (**XI**), $C_{19}H_{18}$, Kp. 160—163°, aus 35 g **VI**, Chromatographie an Al_2O_3 u. Elution mit PAe.; D.$_4^{25}$ 1,054; n_D^{25} 1,6022; 20 g. — *3-Methylbiphenyl* (**XII**), $C_{13}H_{12}$, Kp.$_{13}$ 126—130°, durch allmähliches Erhitzen von **VII** mit S auf 220°, Dest. des entstandenen Öls (Kp.$_{13}$ 125—130°), $^3/_4$std. Kochen mit verd. NaOH, Ae.-Extraktion, Lösen des Ae.-Rückstandes in A. u. Desulfurierung an Raney-Ni; D.$_4^{22}$ 1,003; n_D^{22} 1,5918; 70%. — *β-Phenylbenzoesäure*, $C_{13}H_{10}O_2$, F. 161° (wss. A.; Plättchen), durch Oxydation von **XII** mit $KMnO_4$; 14%. — *3-Methylhexahydrobiphenyl*, $C_{13}H_{18}$, Kp.$_{18}$ 120—122°, durch Hydrierung von **VII** in A. an Raney-Ni; D.$_4^{25}$ 0,930; n_D^{25} 1,520; 75%. — *3.4'-Dimethylbiphenyl*, $C_{14}H_{14}$, Kp.$_5$ 123—124°, analog **XII** aus **VIII**; D.$_4^{20}$ 0,995; n_D^{20} 1,5900; 79%. — *Biphenyldicarbonsäure-(3.4')*, $C_{14}H_{10}O_4$, F. 330° (Amylalkohol), durch Oxydation vorst. Verb. mit $KMnO_4$; 50%. — *2.3-Dimethylbiphenyl*, $C_{14}H_{14}$, F. 41° (PAe.), Kp.$_{17}$ 142—148°, analog **XII** aus **IX**; 65%. — *2-Phenyl-3-methylbiphenyl*, $C_{19}H_{16}$, F. 62° (A.), Kp.$_{0,7}$ 156—159°, analog **XII** aus **XI**. — *o-Terphenylcarbonsäure-(6')*, $C_{19}H_{14}O_2$, F. 163° (PAe.), durch Oxydation vorst. Verb. mit $KMnO_4$; daneben *Benzoesäure*. H. Gleinig. 2210◇

Ungesättigte Kohlenwasserstoffe. 11. Mitt. Synthese von p-Terphenyl. I. L. Kotljarewski, M. Ss. Schwarzberg und S. P. Trotzenko. (J. allg. Chem. [UdSSR]

30 (92), 440—43, Febr. 1960; Chem. Inst. der Akad. der Wiss. der UdSSR, Ostsibir. Filiale, Sibir. Abt.; russ.) — 10. vgl. C. **1961**, 15361. — Die Darst. von *p-Terphenyl* wird beschrieben.

Versuche: *2.5-Diphenylhexin-(3)-diol-(2.5)* (**I**), 2 Stereoisomere: **A**, F. 162—163°, u. **B**, F. 121,5—123° (Ligroin), zur Lsg. von Äthyl-MgBr (33,7 g Mg, 157,5 g Äthylbromid) in 600 ml Ae. gibt man in 1½ Std. 97,7 g Methylphenyläthinylcarbinol in 150 ml Ae. u. rührt 2½—3 Std. bei Zimmer-Temp., gibt dann in 1—2 Std. 63,3 g Acetophenon in 150 ml Ae. zu, läßt über Nacht stehen u. zersetzt mit 2—5%ig. H_2SO_4; **A** ist in Ae. unlösl. u. scheidet sich krist. ab; 34—36 g (Ausbeute). **B**, aus der Ae.-Schicht; 63—66 g. — *2.5-Diphenylhexandiol-(2.5)* (**II**), 2 Stereoisomere: **A**, F. 141—142°, durch Hydrierung von **I-A** in Methanol in Ggw. von Skelett-Ni bei 50—75 at; 92,2%. **B**, F. 156,5—157°, analog aus **I-B**. Die Hydrierung des Isomerengemisches von **I** führt zu Isomerengemisch von **II**. — *2.5-Diphenyl-2.5-dimethyltetrahydrofuran* (**III**), $C_{18}H_{20}O$, Kp.$_3$ 155—160°, a) man erhitzt **II-A** mit 20%ig. H_2SO_4 2 Std. auf dem sd. Wasserbad, äthert aus u. dest.; das Destillat erstarrt teilweise: festes Isomeres, F. 74—74,5° (PAe.); fl. Isomeres, Kp.$_2$ 143—144°; $D._4^{20}$ 1,0442; n_D^{20} 1,5574; 80%; b) man leitet bei Zimmer-Temp. in die Lsg. von **II-B** in Bzl. HCl ein, neutralisiert mit Soda, wäscht mit W. u. dest.; 59,1%; 23,2%. — *2.5-Diphenylhexadien-(2.4)* (**IV**), $C_{18}H_{18}$, F. 136—137° (PAe.), a) durch Dehydratisierung von 5 g **II-A** mit HCl in Bzl.; 3,3—3,7 g; daneben **III**; b) durch 1std. Erhitzen von **II-B** mit 85%ig. Ameisensäure unter N_2 (Bad-Temp. 105 bis 120°); 60%. — *p-Terphenyl*, F. 208,5—209° (A.), durch Aromatisierung von **III** oder **IV** am $MgO-Cr_2O_3-Al_2O_3$ (2 : 18 : 80)-Katalysator bei 530°; 44—49%.

Renate Richter. 2210□

Die Claisenumlagerung. 3. Mitt. **2-Propenyl-4.6-dimethylphenylbenzyläther.** Elliot N. Marvell, Ronald Jene Dupzyk, John L. Stephenson und Richard Anderson. (J. org. Chemistry **25**, 608—11, 1960; Corvallis, Oreg., State Coll., Dep. of Chem.; engl.) — Vgl. C. **1962**, **14822**. — 2-Propenyl-4.6-dimethylphenylbenzyläther (**I**) beginnt sich bei 135—150° zu polymerisieren, bei 180—210° entstehen Phenol-Derivv., aus denen eine fl. Verb. isoliert u. als *2-[2'-Benzylpropyl]-4.6-dimethylphenol* (**II**) identifiziert werden konnte. Zum Konstit.-Beweis wurde **II** auf einem anderen Wege synthetisiert.

Versuche: *2-Propenyl-4.6-dimethylphenylbenzyläther* (**I**), $C_{18}H_{20}O$, durch Rk. von *2-Propenyl-4.6-dimethylphenol* [F. 72—73°, aus 2.4-Dimethylphenol nach Claisen u. Tietze (1926); 49% (Ausbeute)] mit Benzylchlorid in Ggw. von CH_3ONa, Reinigung durch Molekulardest. u. Chromatographie an Al_2O_3; n_D^{25} 1,5710; 78% (Rohprod.). — *2-Propyl-4.6-dimethylphenol*, Kp.$_{1,5}$ 90—95°, aus **I** durch Hydrierung in Eisessig in Ggw. von Pd-Kohle; n_D^{25} 1,5193. — *2-[2-Benzylpropyl]-4.6-dimethylphenol* (**II**), $C_{18}H_{22}O$, Kp.$_{0,15}$ 132—134°, a) neben 63% **I**-*Polymerisations-Prodd.* durch Erhitzen von **I** unter O_2-freiem N_2 auf 200—210°; 19%; b) aus **III** durch Hydrierung in Eisessig in Ggw. von Pd-Kohle; n_D^{22} 1,5570. — *α-Methyldihydrozimtsäure*, Kp.$_8$ 150—152°, durch Benzylierung von Methylmalonsäurediäthylester, alkal. Hydrolyse in 80%ig. A. u. Decarboxylierung bei 180—200°; n_D^{21} 1,5142; $D._4^{22}$ 1,0644; 62%. *Säurechlorid*, Kp.$_{10}$ 116—117°; n_D^{22} 1,5162; 96%. *2.4-Dimethylphenylester* (**IV**), $C_{18}H_{20}O_2$, Kp.$_{0,5}$ 146—147°; n_D^{23} 1,5372; $D._{23}^{26}$ 1,0437; 86%. — *2-[1-Oxo-2-benzylpropyl]-4.6-dimethylphenol* (**V**), $C_{18}H_{20}O_2$, F. 67 bis 67,5° (90%ig. A.), durch Rk. von **IV** mit $AlCl_3$, Zugabe von konz. HCl; 40%. — *2-[1-Hydroxy-2-benzylpropyl]-4.6-dimethylphenol* (**VI**), *Diastereomerengemisch*, $C_{18}H_{22}O_2$, F. 105—154°, durch Zugabe von **V** zu einer äther. $LiAlH_4$-Lsg.; 98%. *Hochschm. Isomeres*, F. 157—158°, durch Chromatographie an SiO_2 (Eluieren mit Chlf.); 43%; daneben *niedrigschm. Isomeres*, F. 104—106°; 28%. — *2-[2-Benzylpropenyl]-4.6-dimethylphenol* (**III**), $C_{18}H_{20}O$, Kp.$_{0,15}$ 124—125°, a) durch Dehydratisierung von **VI** (F. 157 bis 158°) mit $KHSO_4$ bei 160—170°; n_D^{21} 1,5795; $D._{23}^{25}$ 1,0267; 86%; b) aus **VI** (F. 104 bis 106°), analog; 96%.

W. Krombholz. 2260◇

Umwandlung eines Semicarbazons in ein Carbonat. Eine neue Umlagerung. Don C. Iffland und Thomas M. Davies. (J. Amer. chem. Soc. **85**, 2182—83, 1963; Kalamazoo, Mich., Western Michigan Univ., Dep. of Chem.; engl.) — Zugabe von Benzophenon-[4.4-diäthylsemicarbazon] (**I**, $C_{18}H_{21}N_3O$, F. 100—101°) zu $Pb(CH_3COO)_4$ in CH_2Cl_2 bei 0—5° u. 20std. Stehen bei 0—5° gab unter N_2-Abspaltung 63% (Ausbeute) *Diäthylcarbaminsäure-[2-oxo-1.1-diphenylpropylester]* (**II**), $C_{20}H_{23}NO_3$, F. 70—71°. — Hydrolyse von **II** mit sd. 20%ig. H_3PO_4 lieferte CO_2 u. *1.1-Diphenylpropanol-(1)-on-(2)*, $C_{15}H_{14}O_2$, F. 70—71°; daneben *Benzilsäure*, F. 150°. — Vff. vermuten, daß die Rk. **I** → **II** über das Zwitterion $(C_6H_5)_2C^{\ominus}-O^{\oplus}(COCH_3)-CON(C_2H_5)_2$ verläuft. Durch Carbanionangriff auf das Amidcarbonyl-C-Atom sollte daraus *O-Acetylbenzilsäure-diäthylamid* entstehen. Diese Verb. wurde nicht isoliert; ihre Entstehung neben **II** im

Verhältnis 1 : 20 wurde jedoch IR-spektrograph. u. chem. (Säurehydrolyse des durch Eindampfen der Mutterlauge von **II** erhaltenen Öls gab *Benzilsäure*) wahrscheinlich gemacht. — Benzophenon-[morpholinocarbonylhydrazon] ($C_{18}H_{19}N_3O_2$, F. 104—105°) lieferte mit $Pb(CH_3COO)_4$ bei 0—5° *Morpholin-N-carbonsäure-[2-oxo-1.1-diphenylpropylester]*, $C_{20}H_{21}NO_4$, F. 160—161°; 52%. J. Rothe. 2480◇

Quaternäre Bis-ammoniumderivate von p.p'-Diphenacyl und ω.ω'-Bis-[p-phenacyl]-alkanen. Eustache Gryszkiewicz-Trochimowski, Oleg Gryszkiewicz-Trochimowski und Robert S. Levy. (Bull. Soc. chim. France **1958**, 1156—59, Aug./Sept.; franz.) — Zur Unters. ihrer pharmakolog. Wirksamkeit werden eine Reihe von *p.p'-Bis-[trialkylammonioacetyl]-biphenyldibromiden* durch Rk. von tert. Aminen mit p.p'-Bis-[brom- (**I**) oder -chloracetyl]-biphenyl dargestellt sowie die Synth. von *N.N'-Bis-[o-dimethylcarbamoyloxy)-benzyl]-ω.ω'-bis-[p-dimethylammonioacetylphenyl]-alkandichloriden* durch Kondens. von ω.ω'-Bis-[p-chloracetylphenyl]-alkanen mit o-[Dimethylcarbamoyloxy]-dimethylaminomethylbenzol (**II**) beschrieben.

Versuche: *p.p'-Bis-[bromacetyl]-biphenyl* (**I**), F. 227°, aus 0,5 Mol Diphenyl in CS_2 u. 1,5 Mol Bromacetylbromid in Ggw. von $AlCl_3$ unter Kühlung; gelbes Kristallpulver aus Dimethylformamid; 50—60% (Ausbeute). — *p.p'-Bis-[chloracetyl]-biphenyl*, F. 224°; schwachgelbes Pulver. — N.N.N'.N'-Tetramethyl-4.4'-bis-[alkylammonioacetyl]-biphenyldibromide: -*[2-methyl-1.3-dioxolanyl-(4)-methylammonioacetyl]*-, $C_{30}H_{42}Br_2N_2O_6$, F. 233—234° (Zers.), durch Zugabe von 2-Methyl-4-dimethylaminomethyldioxolan zu **I** in Dimethylformamid bei 100° (Meth. **A**). — -*[o-(di-O-äthylphosphoryloxy)-benzylammonioacetyl]*-, $C_{42}H_{56}Br_2N_2O_{10}P_2$, F. 175—177° (Zers.), aus [2-Dimethylaminomethylphenyl]-diäthylphosphat nach **A**. — -*[o-(dimethylcarbamoyloxy)-benzylammonioacetyl]*-, $C_{40}H_{48}Br_2N_4O_6$, F. 188—189° (Zers.), aus **II** nach **A**. — -*[2-hydroxy-3-dimethylaminomethylbenzylammonioacetyl]*-, $C_{40}H_{52}Br_2N_4O_4$, F. 185° (Zers.), aus 2.6-Bis-[dimethylaminomethyl]-phenol nach **A**. — *N.N'-[2-Hydroxytrimethylen]-p.p-bis-[dimethylammonioacetyl]-diphenyldibromid*, $C_{23}H_{30}Br_2N_2O_3$, F. ca. 200° (Zers.), aus 1.3-Bis-[dimethylamino]-propanol-(2) nach **A**. — *p.p'-Bis-[2-carbäthoxypyridinioacetyl]-diphenyldibromid*, $C_{32}H_{30}Br_2N_2O_6$, F. >200° (Zers.), aus Picolinsäureäthylester nach **A**; 100%. — *p.p'-Bis-[2-methyl-5-äthylpyridinioacetyl]-diphenyldibromid*, $C_{32}H_{34}Br_2N_2O_2$, F. >250° (Zers.), aus 2-Methyl-5-äthylpyridin nach **A**. — *Dibenzylketon*, $Kp._{20}$ 195°, aus Ca-Phenylacetat; 30%. — *1.3-Diphenylpropan* (**III**), durch 18std. Rk. von vorst. Verb. mit Na-Äthylat u. Hydrazinhydrat im Autoklaven bei 175—180° (Meth. **B**). — *1.4-Diphenylbutanon-(2)*, $Kp._7$ 177—184°, durch trockne Dest. eines äquimol. Gemisches von Ca-Salzen der Phenylessig- u. Hydrozimtsäure neben *Diphenylketon* u. *1.5-Diphenylpentanon-(3)*; 28%. — *1.4-Diphenylbutan* (**IV**), F. 52° (A.), analog **III** aus 29 g vorst. Verb.; 8 g. — *1.5-Diphenylpentanon-(3)*, $Kp._{11}$ 204—208°, durch Dest. von Ca-Hydrocinnamat; 32%. — *1.5-Diphenylpentan* (**V**), $Kp._{16}$ 186—187°, aus vorst. Verb. nach **B**; 65%. — ω.ω'-Bis-[p-chloracetylphenyl]-alkane: *-methan* (**VI**), $C_{17}H_{14}Cl_2O_2$, aus Diphenylmethan in CS_2 u. Chloracetylchlorid nach Friedel-Crafts; schwachgelbe Kristalle aus A.; 40%. — *-äthan* (**VII**), $C_{18}H_{16}Cl_2O_2$, F. 141—142°, analog aus Dibenzyl; feine, braune Nadeln aus Dioxan; 54%. — *-butan*, $C_{20}H_{20}Cl_2O_2$, F. 160—161°, analog aus **IV**; schwachgelbe Kristalle aus A./Dioxan; 60%. — *-propan* (**VIII**), $C_{19}H_{18}Cl_2O_2$, F. 83—84°, analog aus **III**; mkr. Nadeln aus A.; 70%. — *-pentan*, $C_{21}H_{22}Cl_2O_2$, F. 63 bis 64°, analog aus **V**; mkr. Kristalle aus A.; 90%. — *-decan*, $C_{26}H_{32}Cl_2O_2$, analog aus 1.10-Diphenyldecan ($Kp._{10}$ 218—220°); gelbe, viscose Masse; 80%. — ω.ω'-Bis-[p-jodacetylphenyl]-alkane: *-methan*, $C_{17}H_{14}J_2O_2$, F. 141°, durch Kochen von **VI** in Aceton mit KJ. — *-äthan*, $C_{18}H_{16}J_2O_2$, F. 195—196° (Zers.), analog aus **VII**; gelbes Pulver; 100%. — *-propan*, $C_{19}H_{18}J_2O_2$, F. 106°, analog aus **VIII**; blaßgelbe Nadeln aus W.; 100%. — N.N'-Bis-[o-(N.N-dimethylcarbamoyloxy)-benzyl]-ω.ω'-bis-[p-dimethylammonioacetylphenyl]-alkandichloride: *-methan-*, $C_{41}H_{50}Cl_2N_4O_6$, F. 170° (Zers.), durch Erhitzen von ω.ω'-Bis-[p-chloracetylphenyl]-methan in Cyclohexanon. mit **II** auf ca. 100°. — *-äthan-*, $C_{42}H_{52}Cl_2N_4O_6$, F. 155° (Zers.). — *-propan-*, $C_{43}H_{54}Cl_2N_4O_6$, F. 160° (Zers.). — *-butan-*, $C_{44}H_{56}Cl_2N_4O_6$, F. 160° (Zers.). — *-pentan-*, $C_{45}H_{58}Cl_2N_4O_6$, F. 170° (Zers). — *-decan-*, $C_{50}H_{68}Cl_2N_4O_6$. H. Henze. 2510□

Die Stereochemie von Bicyclo-[3.3.0]-octan. 1. Mitt. **cis-Bicyclo-[3.3.0]-octanyl-(2)-carbonsäuren und -amine.** Robert Granger, Pierre F. G. Nau und Josette Nau. (Bull. Soc. chim. France **1958**, 1441—46, Montpellier, Fac. de Pharm., Labor. de Chim. Organ.; franz.) — Durch HCN-Anlagerung an cis-Bicyclo-[3.3.0]-octanon-(2) (**III**) u. anschließende Wasserabspaltung wird ein *ungesätt. Nitril* erhalten, das durch Verseifung u. Hydrierung in *cis-Bicyclo-[3.3.0]-octancarbonsäure-(2)* (cis-**I**) übergeht. Es gelang nicht, cis-**I** durch Verseifung des entsprechenden *Nitrils* bzw. durch Carbonisieren der Grignard-Verb. zu erhalten. cis-**I** ging beim Behandeln mit $NaOC_2H_5$ oder

$SOCl_2$ in *trans*-I über. Dnrch Hydrierung von Bicyclooctanonoxim entstanden *cis*- u. *trans-2-Amino-bicyclo-[3.3.0]-octan*, die auch durch Schmidtschen Abbau von cis-I u. trans-I erhalten wurden.

Versuche: *cis-2-[β-Carboxyäthyl]-cyclopentancarbonsäure-(1)* (cis-II), F. 98—99°, durch Oxydation von cis-Hydrindanol-(5) mit HNO_3 (D. 1,42) bei 40° unter Rühren. Verdünnen mit W., Einengen im Vakuum u. mehrstd. Stehen, aus W. Nadeln; 56—60% (Ausbeute). *trans-Isomeres* (trans-II), $C_9H_{14}O_4$, F. 100° (W.), a) durch Erhitzen von cis-II auf 280—300° u. Lösen in konz. HCl, b) durch 6std. Erhitzen von cis-II mit konz. HCl im Bombenrohr auf 180°. — *cis-Bicyclo-[3.3.0]-octanon-(2)* (III), $Kp._{13}$ 85°, durch 2std. Erhitzen von cis-II mit $Ba(OH)_2$ auf 280—300° u. ½ Std. auf 340—350°; n_D^{25} 1,476; 82%, *Semicarbazon*, $C_9H_{15}N_3O$, F. 197—98° (Zers.), aus verd. A. dünne Blättchen. *2.4-Dinitrophenylhydrazon* vom *F. 139°*, $C_{14}H_{14}N_4O_4$, durch Chromatographie des Rk.-Prod. an Al_2O_3; aus PAe. dunkelrote Täfelchen: daneben *Isomeres vom F. 134°* (aus PAe. gelborangefarbene dünne Blättchen). — *cis-Bicyclo-[3.3.0]-octanol-(2)*, $Kp._{13}$ 95°, durch 2std. Hydrierung von III in Ggw. von Raney-Ni bei 100°/85 at; n_D^{25} 1,4868, $D._{25}^{25}$ 1,026; 91%. — cis-Bicyclo-[3.3.0]-octane: *2-Brom-*, $Kp._{13}$ 86°, durch Zugabe von PBr_3 zu vorst. Verb. bei 0° unter Rühren u. mehrstd. Stehen; n_D^{21} 1,5079, $D._{25}^{25}$ 1,252; 86%. — *2-Cyan-*, $Kp._{16}$ 90—96°, durch 1½ Tage langes Kochen 3,8 g vorst. Verb. mit 3 g NaCN u. 0,3 g NaJ in wss. A.; 2 g. — *cis-2-Cyanbicyclo-[3.3.0]-octanol-(2)*, $Kp._{1,5}$ 110—112°, nach Granger u. Mitarbeitern (C. **1960**, 7462); 69%. — *2-Cyanbicyclo-[3.3.0]-$\Delta^{1(2)}$-octen*, $Kp._{15}$ 108—110°, durch langsame Zugabe von $SOCl_2$ zu vorst. Verb. in Pyridin u. Ae. bei 0° u. 6std. Kochen; n_D^{22} 1,4994, $D._{25}^{25}$ 0,9980; 89%. — *Bicyclo-[3.3.0]-$\Delta^{1(2)}$-octencarbonsäure-(2)* (IV), $C_9H_{12}O_2$, $Kp._1$ 120°, durch 48std. Kochen vorst. Verb. mit wss. 10%ig. KOH; 83%. *Amid*, $C_9H_{13}NO$, F. 142°, aus Bzl./PAe. Nadeln. — Bicyclo-[3.3.0]-octan-2-carbonsäuren (I): *cis*-I, $C_9H_{14}O_2$, F. ca. 30°; $Kp._2$ 120°, durch Hydrieren von IV in Ggw. von Adams Katalysator. *Amid*, $C_9H_{15}NO$, F. 160°, durch Behandlung des Säurechlorids (aus cis-I u. $SOCl_2$ in Bzl./Pyridin) mit konz. NH_3 bei 0°; aus Bzl./PAe. Blättchen. *Methylester* (V), $Kp._{13}$ 104—105°, aus cis-I mit CH_2N_2; $n_D^{17,5}$ 1,4688; $D._{21}^{21}$ 1,027; 95—100%. — *trans*-I-$C_9H_{14}O_2$, $Kp._{0,3}$ 110°, a) durch 8std. Kochen von V in methanol. 10%ig. $NaOCH_3$; 88%; b) durch 2std. Kochen von *cis*-I in Bzl./$SOCl_2$; 34%. *Amid*, $C_9H_{15}NO$, F. 180° (Bzl./PAe.). *Anilid*, $C_{15}H_{19}NO$, F. 113° (Bzl./PAe.). — *cis-Bicyclo-[3.3.0]-octanonoxim-(2)* (VI), F. 59—60° (roh), $Kp._3$ 112°, aus III mit wss. $NH_2OH \cdot HCl$ unter Neutralisieren mit 5n NaOH gegen Bromphenolblau; 93%. — 2-Aminobicyclo-[3.3.0]-octane: *cis-Isomeres*, $Kp._{17}$ 79—80°, a) durch 3std. Hydrieren von VI in Ggw. von Raney-Ni bei 70—80°/100—110 at; 60%; daneben das *trans-Isomere*; b) durch Behandlung von *cis*-I in H_2SO_4 u. Chlf. mit NaN_3 bei 40°; 85%. *Benzoyl-Deriv.*, $C_{15}H_{19}NO$, F. 125°, aus Bzl./PAe. feine Nadeln. — *trans-Isomeres*, analog aus trans-I. *Benzoyl-Deriv.*, F. 128°. P.-G. Dietrich. 2950△

Ionenreaktionen in bicyclischen Systemen. 1. Mitt. Darstellung und Bestimmung der Konfiguration der isomeren Bicyclo-[3.2.1]-octen-(3)-ole-(2) und Bicyclo. [3.2.1]-octanole-(2). Harlan L. Goering, Richard W. Greiner und Martin F. Sloan. (J. Amer. chem. Soc. **83**, 1391—97, 1961; Madison, Wis., Univ., Dep. of Chem.; engl.) — Durch Desaminierung von endo-5-Aminobicyclo-[2.2.2]-octen-(2) (V) mit wss. HNO_2 oder durch HNO_2 in Essigsäure u. nachfolgende Verseifung entsteht die *exo- (axial-)Form* von *Bicyclo-[3.2.1]-octen-(3)-ol-(2)* (I), das mit Strukturisomeren verunreinigt war. *exo*-I wird auch in reiner Form aus dem p-Toluolsulfonat von endo-Bicyclo-[2.2.2]-octen-(5-)-ol-(2) durch Acetolyse u. anschließende Verseifung erhalten. Die MnO_2-Oxydation von exo-I ergab *Bicyclo-[3.2.1]-octen-(3)-on-(2)* (II), aus dem durch Einw. von $LiAlH_4$ *endo- (äquatorial)*-I neben 10—15% *exo*-I entstand. Die Reoxydation von endo-I lieferte reines II zurück. Bei der Red. von II mit $NaBH_4$ entstand ein Gemisch von gesätt. *Bicyclo-[3.2.1]-alkoholen*. Die Hydrierung von exo-I an Pd-Kohle lieferte die *exo-Form* von *Biyclo-[3.2.1]-octanol-(2)* (III) neben *Bicyclo-[3.2.1]-octanon-(2)* (IV). Analog sowie bei Verw. von Pd-$BaSO_4$ entstanden aus endo-I ein nicht trennbares Gemisch (**B**) von *endo-* u. *exo*-III neben **IV**. Demgegenüber führte die Hydrierung von exo-I an Pd-$BaSO_4$ zu reinem *exo*-III, das ebenso wie **B** bei der Oxydation **IV** lieferte. *endo*-III wurde in seiner Form durch Red. von reinem exo-I, anschließende CrO_3-Oxydation des erhaltenen reinen *exo*-II zu **IV** u. dessen Red. mit Li in fl. NH_3 gewonnen. Die Konfiguration der Isomeren von **I** u. **III** werden sichergestellt.

Versuche: Bicyclo-[2.2.2]-octene-(2): *5-Carboxy-*, *Hydrazid*, $C_9H_{14}N_2O$, F. 111—111,5° (wss. A.), durch 48std. Kochen des Äthylesters mit N_2H_4 in A.; 100% (Ausbeute). — *endo-5-Amino-* (V), *Hydrochlorid*, F. 306—307° (Zers.; wss. Methanol), durch Zugabe von wss. $NaNO_2$ zur Lsg. vorst. Verb. in HCl/W. bei 0°, nachfolgendes 2½std.

Kochen des entstandenen *Säureazids* mit A. u. Hydrolyse des erhaltenen *Urethans* mit methanol. KOH; 44%. *Phenylthioharnstoff-Deriv.*, F. 171,5—172°. — *endo-5-Hydroxy-*, $C_8H_{12}O$, F. 167,5—169° durch Erhitzen von Cyclohexadien-(1.3) u. Vinylacetat in Ggw. von Hydrochinon im Rohr auf 180—190° in 4 Tagen, anschließende Dest. u. Red. mit $LiAlH_4$, Reinigung des Rohprod. (23%) über das *p-Nitrobenzoat* [$C_{15}H_{15}NO_4$, F. 109,8 bis 110,8° (A.); 63%] u. dessen 3std. Kochen in methanol. KOH. *Saures Phthalat*, $C_{16}H_{16}O_4$, F. 167,6—168° (Äthylacetat). *p-Toluolsulfonat*, $C_{15}H_{18}O_3S$, F. 66,3—66,6° (Ae.-Pentan), durch Einw. von p-Toluolsulfochlorid in Pyridin; 85%. — *Bicyclo-[3.2.1]-octen-(3)-ol-(2)* (I), *exo-* (*axial-*) *Form*, $C_8H_{12}O$, F. 87,2—88,2° (Pentan), a) durch Behandeln des V-Hydrochlorids mit wss. $NaNO_2$; 60—65%; b) durch Desaminierung von V in Eisessig als Gemisch mit dem *Acetat*; n_D^{25} 1,4871; 56%; c) durch 72std. Erwärmen des p-Tosylats von V mit Na-Acetat in Eisessig auf 30,1°, Zugabe von W., Pentanextraktion u. nachfolgendes 1std. Kochen des erhaltenen Prod. mit 1,5m methanol. KOH, Reinigung des Rohprod. (85%) über das *p-Nitrobenzoat*, $C_{15}H_{15}NO_4$, F. 86,2—86,6° (Methanol). — *endo-* (*äquatorial*)-*Form*, $C_8H_{12}O$, F. 77,5—80,5°, a) aus II mit $LiAlH_4$ u. Reinigung über das *p-Nitrobenzoat*, [$C_{15}H_{15}NO_4$, F. 78,1—78,8° (Methanol); 98%. b) Aus 5 g II in Methanol durch 2½std. Rühren mit $NaBH_4$ bei Raum-Temp. als Gemisch mit *exo*-I; 5,062 g. — *Bicyclo-[3.2.1]-octen-(3)-on-(2)* (II), $C_8H_{10}O$, Kp.$_7$76°, a) aus exo-I [nach c) hergestellt] mit MnO_2; n_D^{25} 1,5123; 60%, b) aus endo-I analog; n_D^{25} 1,5122; 50%. *2.4-Dinitrophenylhydrazon*, $C_{14}H_{14}N_4O_4$, F. 140,1—141,5°; aus Äthylacetat/A. dunkelorangerote Nadeln. — *Bicyclo-[3.2.1]-octanol-(2)* (III), *exo-(axial)-Form*, $C_8H_{14}O$, F. 199,9—200,2°, a) durch 2½std. Hydrieren von exo-I an 30%ig. Pd-Kohle in Methanol bei 25°/760 mm neben IV u. Isolierung über das p-Nitrobenzoat; 73%; b) analog a) durch Hydrierung an 5%ig. Pd/$BaSO_4$; 98%. *p-Nitrobenzoat*, F. 94—94,6° (Pentan). — *endo-Form*, $C_8H_{14}O$, F. 175,7 bis 176,7°, a) aus endo-I analog exo-III nach b) als Gemisch mit der exo-Form; 10%; b) analog exo-III nach a) als ein zu 30% die exo-Form enthaltendes Prod.; 19%, c) durch Red. von IV mit Li in NH_3; 97%. *p-Nitrobenzoat*, $C_{15}H_{17}NO_4$, F. 80—80,4° (Pentan). — *Bicyclo-[3.2.1]-octanon-(2)* (IV), F. 123—124°, aus exo-III nach Youssef u. Mitarbeiter (C. **1960**, 11244); 86%. *Semicarbazon*, F. 171,4—171,9° (Methanol-W.).

P.-G. Dietrich. 2950△

Ionenreaktionen in bicyclischen Systemen. 2. Mitt. **Carboniumion-Reaktionen in Bicyclo-[2.2.2]-octan- und Bicyclo-[3.2.1]-octanderivaten.** Harlan L. Goering und Martin F. Sloan. (J. Amer. chem. Soc. **83**, 1397—1401, 1961; engl.) — 1. vgl. vorst. Referat. — Die Desaminierung von 2-Aminobicyclo-[2.2.2]-octan (VI) sowie die Hydrolyse des p-Toluolsulfonats (I) von Bicyclo-[2.2.2]-octanol-(2) (II) geben eine Mischung von II u. der *exo-Form* von *Bicyclo-[3.2.1]-octanol-(2)* (III). Dabei tritt das isomere *endo*-III nicht auf. Die Acetolyse des p-Toluolsulfonats (V) von endo-III verläuft unter vollständiger Retention zum entsprechenden *endo-Acetat*. Die säurekatalysierte Addition von Essigsäure an Bicyclo-[2.2.2]-octen-(2) (IV) in Ggw. von p-Toluolsulfonsäure u. anschließende Verseifung gibt ein *Gemisch* von ca. gleichen Teilen II, *exo*-III u. *endo*-III, das unter analogen Bedingungen auch aus dem II-Acetat erhalten wurde. Die Unterss. zeigen, daß bei irreversiblen Rkk. alle II- u. exo-III-Derivv. das Brückenion **a** u. die endo-III-Derivv. das Brückenion **b** bilden, während unter reversiblen Bedingungen **a** u. **b** sich ineinander umlagern.

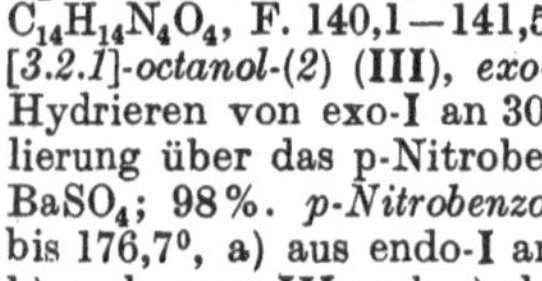

a b

Versuche: *2-Aminobicyclo-[2.2.2]-octan* (VI), F. 143—144°, durch Hydrierung von 5-Aminobicyclo-[2.2.2]-octen-(5) 90% (Ausbeute). *Hydrochlorid*, F. >320°. — *Bicyclo-[2.2.2]-octanol-(2)* (II), F. 220,9—222,2°, a) durch Hydrieren von Bicyclo-[2.2.2]-octen-(5)-yl-(2)-acetat an Pd/Kohle u. anschließender Red. mit $LiAlH_4$; 25%; b) durch Desaminierung von VI; 67%; c) durch Zugabe von wss. $NaNO_2$ zum Hydrochlorid von VI in Eisessig in 30 Min. u. 24std. Stehen bei Raum-Temp., dann weitere Zugabe von $NaNO_2$ u. anschließendes 1std. Erhitzen auf dem Wasserbad, Pentanextraktion u. 1std. Kochen des erhaltenen *Acetats* mit 1m methanol. KOH als Gemisch neben *exo-* (*axial-*) III (36 ± 2%); 64 ± 2%; d) durch 40std. Hydrolyse von I in wss. Aceton in Ggw. von Pyridin bei 50°, neben axial-III (45 ± 2%); 55 ± 2%; e) durch 6std. Kochen von IV in Eisessig in Ggw. von p-Toluolsulfonsäure u. anschließende 1std. Hydrolyse des erhaltenen *Acetats* mit 1m methanol. KOH neben gleichen Teilen *axial-* u. *äquatorial*-III. *p-Nitrobenzoat*, $C_{15}H_{17}NO_4$, F. 107,6—108°, (PAe.). *Acetat*, n_D^{25} 1,4725; 81%. *p-Toluolsulfonat* (I), $C_{15}H_{20}O_3S$ F. 54,2—55° (PAe.); 70%. — *Bicyclo-[3.2.1]-octanol-(2)* (III), *endo-* (*äquatorial-*) *Form*, F. 176—178,7°, durch Acetolyse von V in Eisessig mit Na-Acetat bei 60° in 9 Tagen u. anschließende 1std. Hydrolyse des erhaltenen Acetats mit 1m methanol. KOH; 96%. *p-Toluolsulfonat* (V), $C_{15}H_{20}O_3S$, F. 80,1—80,8° (Ae.-Penten), aus endo-III; 85%. — *Bicyclo-[2.2.2]-octen-(2)* (IV), F. 116,4—117,5°, durch Wolff-Kishner-Red. von Bicyclo-[2.2.2]-octen-(5)-on-(2) {F. 75—83,5°, aus endo-Bicyclo-[2.2.2]-octen-(5)-ol-(2) mit CrO_3}. P.-G. Dietrich. 2950△

Aromatische Kohlenwasserstoffe. 21. Mitt. **Mehrkernige Kohlenwasserstoffe, die 2-Phenylfluoren- und p-Terphenylsysteme enthalten.** W. R. Skwartschenko, D. Z. Zybikowa und R. Ja. Lewina. (J. allg. Chem. [UdSSR] **32** (**94**), 108—11, 1962; Moskau, Univ.; russ.) — 20. vgl. J. allg. Chem. [UdSSR] **31** (**93**), [1961], 2828. — Die Diensynth. von p-Phenylzimtsäure (**I**) mit Bis-[cyclohexen-(1)-yl-(1)] (**II**) bzw. Bis-[cyclopenten-(1)-yl-(1)] (**III**) liefert *3.4;5.6-Bis-[tetramethylen]* (**IV**) bzw. *3.4;5.6-Bis-[trimethylen]-1.2.3.6-tetrahydro-p-terphenyl-2-carbonsäure* (**V**). **IV** u. **V** gehen bei der Einw. von P_2O_5 in *5.6;7.8-Dicylohexeno-* bzw. *5.6;7.8-Dicyclopenteno-2-phenylfluoren*, beim Erhitzen auf 300° in *2.3;4.5-Dicyclohexeno-* bzw. *2.3;4.5-Dicyclopenteno-p-terphenyl* über. Versuche: *1.2.3.6-Tetrahydro-p-terphenyl-2-carbonsäure, 3.4;5.6-Bis-[tetramethylen]-* (**IV**), $C_{27}H_{30}O_2$, F. 204—205° (nach Sublimation, PAe.), durch 8std. Erhitzen von 13,5 g **I**, 10,5 g **II**, 0,2 g Hydrochinon u. 0,2 g Pikrinsäure auf 180—200°; 70% (Ausbeute). — *3.4;5.6-Bis-[trimethylen]-* (**V**), F. 219° (nach Sublimation, Bzl.-PAe.), aus **I** u. **III** (7—8 Std., 210—215°); 82%. — *5.6;7.8-Dicyclohexeno-2-phenylfluoren*, $C_{27}H_{26}$, F. 48 bis 50° (A.), durch 1std. Erhitzen von 14 g **IV** mit 5,7 g P_2O_5 auf 320—340°; 62%. — *5.6;7.8-Dibenzo-2-phenylfluoren*, $C_{27}H_{18}$, F. 215—217°, durch 12std. Erhitzen vorst. Verb. mit Se; 77%. — *5.6;7.8-Dicyclopenteno-2-phenylfluoren*, $C_{25}H_{22}$, F. 136—137° (Butanol), durch 1std. Erhitzen von 7 g **V** mit 3 g P_2O_5 auf 330—345°; 75%. — *2.3;4.5-Dicyclohexeno-p-terphenyl*, $C_{26}H_{26}$, F. 142° (nach Sublimation, A.), a) durch 18std. Erhitzen von **I** u. **II** in Ggw. von Hydrochinon u. Pikrinsäure im Autoklaven auf 300°; 46%; b) aus **IV** (18 Std., 300°); 48%. — *2.3;4.5-Dibenzo-p-terphenyl*, $C_{26}H_{18}$, F. 227° (Butanol), durch Erhitzen vorst. Verb. mit Se auf 340—350°. — *2.3;4.5-Dicyclopenteno-p-terphenyl*, $C_{24}H_{22}$, F. 148—149° (PAe.), aus **I** u. **III**; 31%. Helmut Schäfer. 2950△

Cyclopropanchemie. 9. Mitt. **Entaminierung von 1-Amino- und 1-Aminomethylnortricyclen durch salpetrige Säure.** Harold Hart und Robert A. Martin. (J. Amer. chem. Soc. **82**, 6362—66, 1960; East Lansing, Mich., State Univ., Kedzie Chem. Labors.; engl.) — 8. vgl. C. **1961**, 5773. — Es wird *1-Aminonortricyclen* aus Nortricyclencarbonsäure-(1)-amid (**II**) durch Hofmann-Abbau dargestellt u. als Hydrochlorid mit $NaNO_2$ in Eisessig zu *1-Acetoxynortricyclen* (**III**) desaminiert. Die Konstit. von **III** wird durch seine Darst. aus 1-Acetyltricyclen mit Peroxytrifluoressigsäure sowie durch die Bldg. von *Norcampher* beim Kochen mit 10%ig. HCl bestätigt. Analog **III** wurde aus 1-Aminomethylnortricyclen (**IV**), das durch $LiAlH_4$-Red. von **II** entsteht, ein Gemisch erhalten, das gemäß den Ergebnissen der $KMnO_4$-Oxydation, Br_2-Titration u. IR-Analyse zu 91—92% aus *Nortricyclyl-(1)-carbinylacetat* (**V**), 5% *6-Acetoxynorcamphen* (**I**) u. 3—4% aus nicht identifizierten Prodd. bestand. **V** wird bei der Gaschromatographie bei 132° zu **I** umgelagert, das auch aus Nortricyclyl-(1)-carbinyltrifluoracetat (**VI**) durch Hydrolyse u. anschließende Acetylierung erhalten wurde. Die Gründe für die nur in relativ geringem Ausmaß stattfindende Umlagerung von **IV** bei dessen Desaminiernng werden diskutiert.

Versuche: Nortricyclene: *1-Amino-, Hydrochlorid*, $C_7H_{12}NCl$, F. >250° (Zers.; abs. Ae.; Nadeln), a) aus **II** durch langsames Erwärmen mit NaOCl-Lsg. u. Dioxan auf 50° u. 1std. Rühren ohne weiteres Erhitzen, nach Wiederholung der Operation Wasserdampf-Dest. in verd. HCl; 75% (Ausbeute); b) aus dem Methylurethan durch 8 Min. langes Erhitzen mit KOH-Pulver auf 160° im Ölbad u. nachfolgende Wasserdampf-Dest. in verd. HCl; 19%. *Benzoyl-Deriv.*, $C_{14}H_{15}NO$, F. 223,5—224° (A.-W.; Nadeln.) *Methylurethan*, $C_9H_{13}NO_2$, F. 86,5—87,5° (Pentan), aus **II** in Methanol durch Zugabe von Na-Methylat unter Eiskühlung innerhalb 15 Min. u. nach Zusatz von Br_2, 1 std. Kochen; 75%. — *1-Acetoxy-* (**III**), $C_9H_{12}O_2$, Kp.$_2$ 41—42°, a) aus vorst. Hydrochlorid in Eisessig in Ggw. von Acetanhydrid durch Zugabe von $NaNO_2$ in 4 Std.; 55%; b) durch Zugabe eines Gemisches von Trifluoressigsäure u. 90%ig. H_2O_2 in Methylenchlorid zu 1 g 1-Acetylnortricyclen u. Na_2HPO_4 in Methylenchlorid unter Eiskühlung, ½std. Rühren im Eisbad u. 1½ Std. bei Raum-Temp., dann 1½std. Kochen; 300 mg; liefert durch 12std. Kochen mit 10%ig. HCl in CCl_4 *Norcampher* (*2.4-Dinitrophenylhydrazon*, F. 129—130°). — *1-Acetoxymethyl-* (**V**), $C_{10}H_{14}O_2$, Kp.$_2$ 58—60°, a) aus **IV** analog **III** nach a) u. anschließende Gaschromatographie neben einem *Prod. vom Kp.* $_{0,7}$*110—130°*; 55% (Gesamtausbeute); b) aus dem freien Alkohol in Ae. durch 24std. Rühren mit NaOH, nach Zugabe vom Acetylchlorid weiteres 24std. Rühren; 77%. — *6-Acetoxynorcamphen* (**I**), $C_{10}H_{14}O_2$, Kp.$_{1,8}$ 51—52,5°, a) aus **V** durch Gaschromatographie bei 132°; b) aus **VI** durch 24std. Rühren mit 10%ig. NaOH bei Raum-Temp. u. nachfolgende Acetylierung des *freien Alkohols* (Kp.$_{0,8}$ 53—55°) analog a). R. Mayer-Mader. 2950□

Synthese einiger Epoxyvinylmonomerer durch Epoxydierung mit Peressigsäure. Frederick C. Frostick jun., Benjamin Phillips und Paul S. Starcher. (J. Amer.

chem. Soc. **81**, 3350—56, 5/7. 1959; S. Charleston, W.Va., Union Carbide Chemicals Co., Res. Dep.; engl.) — Verbb. mit zwei Doppelbindungen werden in inerten Lsgm. mit Peressigsäure (I) in guter Ausbeute partiell epoxydiert, wobei polymerisationsfähige Monomere entstehen, die nach der Polymerisation über den Epoxidring vernetzt werden können. Es werden die Rk.-Gesch.-Konst. (Rk. 2. Ordnung) der Epoxidierung für verschiedene Olefine mit I in Essigester bestimmt. Aus den Rk.-Konst. kann die selektive Epoxidierung für Derivv. aus zwei ungesätt. Verbb. vorausgesagt werden. Außerdem werden Rk.-Geschw.-Konst. in Abhängigkeit von Lsgm. u. der Temp. gemessen. Verbb. mit Doppelbindungen etwa gleicher Rk.-Fähigkeit werden bei großem Olefinüberschuß partiell epoxidiert u. vom Ausgangs-Prod. abgetrennt.

Versuche: Vinylester: *Penten-(4)-säure-*, $C_7H_{10}O_2$, $Kp._{16}$ 42°, aus Essigsäurevinylester u. der entsprechenden Carbonsäure durch Umestern; n_D^{30} 1,4280; 50% (Ausbeute). — *Undecensäure-*, $Kp._{0,08}$ 75—83°; n_D^{30} 1,4450; 60%. — *Ölsäure-*, $Kp._1$ 148 bis 160°, n_D^{30} 1,4540; 45%. — *Cyclohexen-(3)-carbonsäure-*, $Kp._{10}$ 74°; n_D^{30} 1,4678; 63%. — *6-Methyl-*Deriv., $Kp._{2,5}$ 54°; 1,4627; 69%. — Allylester: *Crotonsäure-*, $Kp._5$ 83°, durch Verestern der Säure mit Allylalkohol (II) in Ggw. von 0,5% H_2SO_4 oder p-Toluolsulfonsäure; n_D^{30} 1,4416; 88%. — *Penten-(4)-säure-*, $Kp._{11}$ 41—44°; n_D^{30} 1,4278; 61%. — *Hexen-(5)-säure-*, $C_9H_{14}O_2$, $Kp._3$ 47°; n_D^{30} 1,4346; 56%. — *Undecensäure-*, $C_{14}H_{24}O_2$, $Kp._2$ 108—112°; n_D^{30} 1,4449; 91%. — *Ölsäure-*, $Kp._1$ 170°; n_D^{30} 1,4540; 77%. — *Linolsäure-*, $Kp._{0,5}$ 160—162°; n_D^{30} 1,4622; 88%. — *2-Äthylhexen-(2)-säure-*, $Kp._5$ 86—87°; n_D^{30} 1,4523; 89%. — *2-Hydroxybuten-(3)-säure-*, $Kp._2$ 47—49°, aus Acrolein, HCN, HCl u. Allylalkohol; n_D^{30} 1,4490; 80%. — *2-Hydroxypenten-(3)-säure-*, $Kp._4$ 77°; n_D^{30} 1,4562; 55%. — *Cyclohexen-(3)-carbonsäure-*, $Kp._{10}$ 91°; n_D^{30} 1,4670; 83%. *6-Methyl-Deriv.*, $Kp._6$ 85°; n_D^{30} 1,4632; 81%. — Acrylsäureester: *-crotyl-*, $Kp._{15}$ 55° aus Acrylsäure u. Crotylalkohol mit Säure: n_D^{30} 1,4363; 74%. — *-2-methylpropen-(2)-yl-*, $Kp._{50}$ 68°, aus Acrylsäureäthylester (III) u. überschüssigem Methallylalkohol (IV) in Ggw. von Ti-Tetrabutylat; n_D^{30} 1,4310; 82%. — *-2-äthylhexen-(2)-yl-*, $Kp._{0,8}$ 57°, aus 2-Äthylhexen-(2)-ol u. überschüssigem III in Ggw. von Mg-Methylat u. von Phenothiazin als Polymerisationsinhibitor; n_D^{30} 1,4475; 37%. — *-cyclopenten-(2)-yl*, $C_8H_{10}O_2$, $Kp._{3,5}$ 35—37°, analog aus Cyclopenten-(2)-ol u. überschüssigem III; n_D^{30} 1,4651; 63%. — *-cyclohexen-(3)-ylmethyl-*, $Kp._2$ 63°, aus Cyclohexen-(3)-ylmethanol (V) u. überschüssigem III mit p-Toluolsulfosäure als Katalysator u. Pyrogallol; n_D^{30} 1,4718; 81%. — *-6-methylcyclohexen-(3)-ylmethyl-*, $C_{11}H_{16}O_2$, $Kp._2$ 72°; n_D^{30} 1,4705; 87%. — Crotonsäureester: *-2-methylpropen-(2)-yl-*, $Kp._{40}$ 89—90°, aus Crotonsäureanhydrid u. IV; n_D^{30} 1,4451; 65%. — *-cyclopenten-(2)-yl-*, $Kp._7$ 43°; n_D^{30} 1,4739; 31%. — *-crotyl-*, $C_8H_{12}O_2$, $Kp._{25}$ 85—87°; n_D^{30} 1,4495; 47%. — *-6-methylcyclohexen-(3)-ylmethyl-*, $Kp._4$ 112°; n_D^{30} 1,4777; 90%. — Allyläther: *-β-Methallyl-*, $Kp._{255}$ 77—78°, aus Methallylchlorid, Allylalkohol (II) u. KOH durch 5std. Rk. bei 50 bis 60° u. 60std. Stehen; n_D^{30} 1,4181; 58%. — *Crotyl-*, $Kp._{300}$ 92—95°, analog aus überschüssigem Crotylchlorid, II u. KOH bei 30—40°; n_D^{30} 1,4248; 79%. — *Cyclohexen-(3)-ylmethyl-*, $Kp._4$ 61°, aus V u. überschüssigem II: in Ggw. von BF_3/HgO; n_D^{30} 1,4621. — *Cyclopenten-(2)-yl-*, $Kp._{53}$ 74°; n_D^{30} 1,4550; 74%. — *4-Vinylcyclohexen-(1)*, $Kp._{305}$ 96°; n_D^{30} 1,4606—1,4610. — Vinylester: *4.5-Epoxypentansäure-*, $C_7H_{10}O_3$, $Kp._7$ 72—73°, durch Zutropfen einer 23—28% ig. I-Lsg. in Aceton oder Essigester in ungesätt. Verb. im Molverhältnis [(MV) 0,64/0,42] bei 40—45° in 6 Std.; n_D^{30} 1,4424; 47%. — *10.11-Epoxyundecansäure-*, $C_{13}H_{22}O_3$, $Kp._{0,2}$ 101°, analog (MV 3,74/2,99) durch 8std. Rk. bei 40 bis 60°; n_D^{30} 1,4509; 38%. — *9.10-Epoxystearinsäure-*, $C_{20}H_{36}O_3$, $Kp._{0,07}$ 163—167° (MV 0,78/0,71) bei 35° in 6¹/₄ Std.; n_D^{30} 1,4539; 57%. — *3.4-Epoxycyclohexancarbonsäure*, $C_9H_{12}O_3$, $Kp._1$ 75—76° (MV 2,2/2,57) bei 30—35° in 13 Std.; n_D^{30} 1,4741; 84%. — *3.4-Epoxy-6-methylcyclohexancarbonsäure-*, $C_{10}H_{14}O_3$, $Kp._5$ 99—102° (MV 2,75/2,20) bei 25—30° in 8½ Std.; n_D^{30} 1,4691; 71%. — Allylester: *4.5-Epoxypentansäure-*, $C_8H_{12}O_3$, $Kp._{1,5}$ 68—69° (MV 0,64/0,42) bei 40—45° in 6 Std.; n_D^{30} 1,4430; 65%. — *5.6-Epoxyhexansäure-*, $C_9H_{14}O_3$, $Kp._{0,3}$ 66—68° (MV 1,96/1,57) bei 40—55° in 9 Std.; n_D^{30} 1,4450; 56%. — *10.11-Epoxyundecansäure-*, $C_{14}H_{24}O_3$, $Kp._{0,5-1}$ 125—130° (MV 3,18/2,54) bei 40—55° in 7½ Std.; n_D^{30} 1,4492—1,4507; 72%. — *9.10-Epoxystearinsäure*; $C_{21}H_{38}O_3$, $Kp._{0,5-1}$ 180—195° (MV 1,10/1,00) bei 35—40° in 7,67 Std.; n_D^{30} 1,4547; 91%. — *9.10.12.13-Diepoxystearinsäure-*, $C_{21}H_{36}O_4$, $Kp._1$ 210° (MV 3,43/1,37) bei 35—40° in 8¹/₄ Std.; n_D^{30} 1,4614; 87%. — *2.3-Epoxy-2-äthylhexansäure-*, $C_{11}H_{18}O_3$, $Kp._3$ 91° (MV 1,74/5,23) bei 40—50° in 9 Std.; n_D^{30} 1,4415; 33%. — *3.4-Epoxy-2-hydroxybuttersäure-*, $C_7H_{10}O_4$, $Kp._1$ 82—90° (MV 1,76/1,55) bei 40° in 17¹/₄ Std.; n_D^{30} 1,4590—1,4601; 27%. — *3.4-Epoxy-2-hydroxypentansäure-*, $C_8H_{12}O_4$, $Kp._5$ 108—110° (MV 5,05/4,05) bei 45—50° in 7 Std.; n_D^{30} 1,4526; 59%. — *3.4-Epoxycyclohexancarbonsäure-*, $C_{10}H_{14}O_3$, $Kp._2$ 91—95° (MV 6,11/4,89) bei 40—45° in 5 Std.; n_D^{30} 1,4709; 78%. — *3.4-Epoxy-6-methylcyclohexancarbonsäure-*, $C_{11}H_{16}O_3$, $Kp._6$ 122°, (MV 0,799/0,639) bei 40° in 2½ Std.; n_D^{30} 1,4671; 86%. — Acrylsäureester: *-2.3-epoxybutyl-*, $C_7H_{10}O_3$, $Kp._2$ 46,5° (MV 2,93/2,38) bei 30 bis

55° in 21½ Std.; n_D^{30} 1,4381; 33%. — *-2.3-epoxy-2-methylpropyl-*, $C_7H_{10}O_3$, Kp.$_{1,5}$ 45° (MV 2,44/2,32) bei 40—50° in 9 Std.; n_D^{30} 1,4380; 62%. — *-2.3-epoxy-2-äthylhexyl-*, $C_{11}H_{18}O_3$, Kp.$_{1,5}$ 80° (MV 1,61/1,46) bei 40° in 5 Std.; n_D^{30} 1,4431; 38%. — *-2.3-epoxycyclopentyl-, cis-trans-Gemisch*, $C_8H_{10}O_3$, Kp.$_{2,5}$ 75—77° (MV 2,90/2,30) bei 30—50° in 9½ Std.; n_D^{30} 1,4659—1,4674; 44%. — *-3.4-epoxycyclohexylmethyl-*, $C_{10}H_{14}O_3$, Kp.$_{2,4}$ 105° (MV 1,15/1,00) bei 0—3° in 14 Std.; n_D^{30} 1,4770; 40%. — *-3.4-epoxy-6-methylcyclohexylmethyl-*, $C_{11}H_{16}O_3$, Kp.$_1$ 106—108°, (MV 2,78/2,22) bei 30—35° in 8 Std.; n_D^{30} 1,4760; 76%. — Crotonsäureester: *-2.3-epoxypropyl-*, $C_7H_{10}O_3$, Kp.$_3$ 71° (MV 4,0/20,0) bei 70—75° in 6¾ Std.; n_D^{30} 1,4550; 81%. — *-2.3-epoxy-2-methylpropyl-*, $C_8H_{12}O_3$, Kp.$_2$ 66—68° (MV 1,80/1,20) bei 40—45° in 11 Std.; n_D^{30} 1,4490; 72%. — *-2.3-epoxycyclopentyl-*, $C_9H_{12}O_3$, Kp.$_{1,5}$ 69° (MV 0,55/0,46) bei 40° in 14 Std.; n_D^{30} 1,4738; 30%. — *-3.4-epoxy-6-methylcyclohexylmethyl-*, $C_{12}H_{18}O_3$, Kp.$_1$ 116° (MV 6,25/5,00) bei 30—35° in 10 Std.; n_D^{30} 1,4804; 84%. — *3.4-Epoxy-1-vinylcyclohexan, cis-trans-Gemisch*, $C_8H_{12}O$, Kp.$_{15}$ 61—63° (MV 5,0/20) bei 70° in < 1 Min.; n_D^{30} 1,4660—1,4670; 82%. — Allyläther: *-2.3-epoxy-2-methylpropyl-*, $C_7H_{12}O_2$, Kp.$_9$ 45—47° (MV 2,00/8,03) bei 40—45° in 7 Std.; n_D^{30} 1,4252; 75%. — *-3.4-epoxycyclohexylmethyl-*, $C_{10}H_{16}O_2$, Kp.$_3$ 90—92° (MV 0,615/0,585) bei 35° in 4 Std.; n_D^{30} 1,4670; 66%. — *-2.3-epoxybutyl-*, $C_7H_{12}O_2$, Kp.$_{150}$ 112° (MV 2,0/4,0) bei 25—30° in 6 Std.; n_D^{30} 1,4273°; 66%. — *-2.3-epoxycyclopentyl-*, $C_8H_{12}O_2$, Kp.$_{10}$ 78°, MV 0,83/2,38, bei 25—28° in 24 Std.; n_D^{30} 1,4624; 73%. — *-glycidyl-*, Kp.$_{50}$ 74—76° (MV 2,42/7,26) bei 50—55° in 6 Std.; n_D^{30} 1,4310; 66%. — *Maleinsäureallylglycidylester*, Kp. $_{2,5}$ 138 bis 141° (MV 1,0/4,0) bei 50° in 11½ Std.; n_D^{30} 1,4736; 71%. — *3.4-Epoxybuten-(1)*, Kp. 68° (MV 1,0/1,4) bei 30° in 4½ Std.; n_D^{30} 1,4124; 56%. — *5.6-Epoxy-2.5-dimethylhexen-(1)*, $C_8H_{14}O$, Kp.$_{30}$ 62—63° (MV 1,0/3,0) bei 30—35° in 2⅓ Std.; n_D^{30} 1,4302; 61%. — *Dicyclopentadienmonoxid, Isomerengemisch*, F. 71—76°, Kp.$_5$ 92—94° (MV 1,0/3,0) bei 40° in 3 Std.; 75%. — *Glykolcrotonat-2.3-epoxybutyrat*, $C_{10}H_{14}O_5$, Kp.$_2$ 133—137° (MV 1,1/1,0) bei 75° in 13 Std.; n_D^{30} 1,4595; 47%. — *Essigsäureglycidylester*, Kp.$_{10}$ 60—60,5°, aus I u. Allylacetat in Essigester durch 5,3std. Rk. bei 65—70°; n_D^{30} 1,4192; 61%. — *Cyclohexenoxid*, Kp.$_{50}$ 54—55° (MV 3,0/24,0) bei 25—30° in 3½ Std.; n_D^{30} 1,4462; 75%. — *2.3-Epoxy buttersäureäthylester*, aus Crotonsäureäthylester; 75%. — *2.3-Epoxy-2-äthylhexansäure*, aus 2-Äthylhexen-(2)-säureäthylester; 79%. — *7-Oxabicyclo-[4.1.0]-heptan-3-carbonsäureäthylester*, Kp.$_{3,0}$ 85°, aus I u. Cyclohexen-4-carbonsäureäthylester (MV 1,25/1) bei 40° in 6 Std.; n_D^{30} 1,4568° 84%. — *Styroloxid*, Kp. 194°, aus I u. überschüssigem Styrol in Essigester; n_D^{30} 1,5300; 60—75%. E. Koßmehl. 3030□

Tetracyanäthylenoxid. W. J. Linn, O. W. Webster und R. E. Benson. (J. Amer. chem. Soc. **85**, 2032—33, 1963; Wilmington, Del., E. I. du Pont de Nemours and Co. Exp. Station, Central Res. Dep.; engl.) — *Tetracyanäthylenoxid* [I; C_6N_4O, F. 177 bis 178°, sublimierbar, aus Tetracyanäthylen u. wss. H_2O_2 in CH_3CN; 65% (Ausbeute)] wird glatt an olefin., acetylen. u. aromat. Syst. addiert, wobei die C–C-Bindung des Epoxids gespalten wird.

Versuche: I + $J^{\ominus}$ → CNJ + $(NC)_2C{=}C(CN)O^{\ominus}$. — I + Pyridin bei 0° → *Pyridiniumdicyanmethylid*, $C_8H_5N_3$, F. 245—246°, stabil; 80%. — *2.2.5.5-Tetracyantetrahydrofuran* (II), $C_8H_4N_4O$, F. 107—108°, aus I u. $CH_2{=}CH_2$ bei 130°; 87%. Gab bei der Hydrolyse unter partieller Decarboxylierung *cis-Tetrahydrofurandicarbonsäure-(2.5)*. — *2.2.5.5-Tetracyandihydrofuran*, $C_8H_2N_4O$, F. 160—161°, aus I u. C_2H_2; 71%. — *2.5-Dihydrofurantetracarbonsäure-(2.2.5.5)-tetramethylester*, F. 96,5—97°, aus vorst. Verb. u. HCl/CH_3OH. — *Tetrahydrofurantetracarbonsäure-(2.2.5.5)-tetramethylester*, F. 103—104°, aus vorst. Verb. u. H_2 an Pd oder aus II u. HCl/CH_3OH. — *1.1.3.3-Tetracyan-1.3.3a.7a-tetrahydroisobenzofuran*, $C_{12}H_6N_4O$, F. 167—168°, aus I u. überschüssigem Bzl. bei 130 bis 150°; 35%. — *1.3.3a.7a-Tetrahydroisobenzofurantetracarbonsäure-(1.1.3.3)-tetramethylester*, F. 93,5—94,5°, aus vorst. Verb. u. HCl/CH_3OH. — *Oktahydroisobenzofurantetracarbonsäure-(1.1.3.3)-tetramethylester*, F. 114—115°, aus vorst. Verb. u. H_2 oder aus I u. Cyclohexen u. nachfolgendes Behandeln des erhaltenen *1.1.3.3-Tetracyanooktahydroisobenzofurans* mit HCl/CH_3OH. — Folgende Äthylenoxide aus den Olefinen u. wss. H_2O_2 in CH_3CN: *Phenyltricyan-*, $C_{11}H_5N_3O$, F. 78—80°; 72%. — *Tricyan-*, C_5HN_3O, F. 76 bis 77°; 31%. — *tert.-Butyltricyan-*, $C_9H_9N_3O$, F. 44—45°; 76%. — *1.2-Bis-[äthoxycarbonyl]-1.2-dicyan-*, $C_{10}H_{10}N_2O_5$, F. 61—70°; 93%. — Die Geschw. der Epoxydierung wird durch Zugabe einer katalyt. Menge einer Base, wie Pyridin, beschleunigt. Nach kinet. Unterss. der Rkk. von I mit Styrol u. substituierten Stilbenen wird angenommen, daß I vor der eigentlichen Addition in einen aktivierten Zustand übergeführt wird. J. Rothe. 3061◇

Einige Umwandlungen von Äthyl-[thenyl-(2)]-sulfid. Ja. L. Goldfarb, G. I. Goruschkina und B. P. Fedorow. (Nachr. Akad. Wiss. UdSSR, Abt. chem. Wiss. **1959**, 2021—26, Nov.; Zelinsky-Inst. für org. Chem. der Akad. der Wiss. der UdSSR; russ.) — 2-Äthylmercaptomethylthiophen (I) wird durch Rk. mit n-Butyl-Li (II) u. CO_2

in *2-Äthylmercaptomethylthiophen-5-carbonsäure* (**III**) übergeführt, deren Struktur durch $KMnO_4$-Oxydation zu *Thiophen-2.5-dicarbonsäure* bestätigt wird. Bei Oxydation mit H_2O_2 liefert **I** *2-Äthylsulfonylmethylthiophen* (**IV**) u. **III** *2-Äthylsulfonylmethylthiophen-5-carbonsäure* (**V**). Verss., **V** durch Rk. von 5-Brom-2-äthylsulfonylmethylthiophen mit **II** oder CuCN darzustellen, mißlangen. Durch Acetylierung von **IV** wird *2-Äthylsulfonylmethyl-5-acetylthiophen* erhalten, dessen Oxydation zu *2-Carboxy-5-acetylthiophen* (**VI**) führt. Bei Red. von **VI** entsteht *5-Äthylthiophen-2-carbonsäure*, die auch durch Oxydation von 5-Äthyl-2-acetylthiophen (**VII**) zugängig ist.

Versuche: Thiophene: *2-Äthylmercaptomethyl-* (**I**), Kp.$_9$ 93—94°, durch 3std. Erhitzen von 22 g Äthylmercaptan, 8,2 g Na in 80 ml A. mit 44 g 2-Chlormethylthiophen (**VIII**), Zugabe von 250 ml W. u. Extrahieren mit Ae.; n_D^{20} 1,5662; 67,3% (Ausbeute). — *2-Isoamylmercaptomethyl-*, $C_{10}H_{16}S_2$, Kp.$_4$ 90—91°, analog vorst. Verb. aus 7,8 g Isoamylmercaptan, 1,72 g Na in 30 ml A. u. 6,13 g **VIII**; n_D^{20} 1,5339; 85,2%. — *2-Äthylsulfinylmethyl-*, $C_7H_{10}OS_2$, Kp.$_{12}$ 174—178°, durch 6std. Erhitzen von 15,8 g **I**, 30 ml Eisessig u. 30 ml 30%ig. H_2O_2 auf 60—70°, Abdestillieren des Eisessigs u. nach Abkühlen Zugabe von A.; n_D^{20} 1,5805; 2,2 g. — *2-Äthylsulfonylmethyl-* (**IV**), $C_7H_{10}O_2S_2$, F. 55—56° (A.), durch 15std. Erhitzen von 30 g **I**, 90 ml Eisessig u. 60 ml 34%ig. H_2O_2 auf 70—75°; 64%. — *2-Äthylmercaptomethyl-5-brom-*, $C_7H_9BrS_2$, Kp.$_3$ 97—98°, durch Zugabe von 33,6 g 5-Brom-2-chlormethylthiophen zu einer Lsg. von 3,4 g Na u. 8,8 g Äthylmercaptan in 100 ml A., 1std. Kochen, Stehenlassen über Nacht, Eintragen in 600 ml W. u. Extrahieren mit Bzl.; n_D^{20} 1,5970. — *2-Äthylsulfonylmethyl-5-brom-*, $C_7H_9 \cdot BrO_2S_2$, F. 62—63° (verd. A.), durch 4std. Erhitzen von 10 ml 34%ig. H_2O_2, 6,4 g vorst. Verb. u. 25 ml Eisessig; 77,4%. — *2-Äthylmercaptomethyl-5-carboxy-* (**III**), $C_8H_{10}O_2S_2$, F. 79—80° (PAe.), durch Zugabe von 21,6 g **I** in 100 ml Ae. zu 8,75 g **II** in 100 ml Ae. in 15 Min. bei —5 bis 0° unter N_2, 2std. Rühren, Eintragen von 100 g Trockeneis, zersetzen mit W. u. Extrahieren mit Ae.; 53%. — *2-Äthylsulfonylmethyl-5-carboxy-* (**V**), $C_8H_{10}O_4S_2$, F. 168—169°, durch 6std. Erhitzen von 1 g **III**, 8 ml Eisessig u. 3 ml 34%ig. H_2O_2 auf 60—75°; 27%. — *2.5-Bis-carbomethoxy-*, $C_8H_8O_4S$, F. 145—146° (A.), durch 6std. Erhitzen des Ag-Salzes der Thiophen-2.5-dicarbonsäure mit Methyljodid. — *5-Äthyl-2-carboxy-*, $C_7H_8O_2S$, F. 67—68,5° (W.), a) durch 45 Min. langes Erhitzen von 0,35 g **VI**, 25 ml Äthylenglykol u. 3 g Hydrazinhydrat auf 145°; b) aus 7,7 g **VII** u. NaOCl-Lsg.; 58%. — *2-Äthylsulfonylmethyl-5-acetyl-*, $C_9H_{12}O_3S_2$, F. 111—112° (A.), durch Zugabe von 4,8 g $SnCl_2$ in 20 ml Chlorbenzol zu 8 g **IV** u. 3,4 g Acetylchlorid in 100 ml Chlorbenzol bei —3 bis 0°, 3std. Rühren bei 18—20° (Auftreten violetter Färbung) u. Zugabe von 70 ml W.; 53%. *Oxim*, $C_9H_{13}NO_3S_2$, F. 161,5—162,5° (A.). — *2-Carboxy-5-acetyl-* (**VI**), $C_7H_6O_3S$, F. 203,5—204,5° (W.), durch 1½std. Erhitzen von 3 g vorst. Verb. mit 4,4 g $KMnO_4$ in 120 ml W. auf 53—55°; 35%. *Oxim*, $C_7H_7NO_3S$, F. 236° (verd. A.). K. Wettig. 3071□

3-[α-Hydroxyäthyl]-4-methylpyrrol-2.5-dicarbonsäure durch Oxydation von Hämatoporphyrin IX. Rodolfo Alessandro Nicolaus, Mario Dubini und Rosario Nicoletto. (Rend. Accad. Sci. fisiche mat., Napoli [4] **26** (**98**), 262—66, 1959; Napoli, Univ., Ist. di Chim. Organ.; ital.) — Unter den Oxydations-Prodd. von Hämatoporphyrin IX befindet sich neben anderen Verbb. *3-[α-Hydroxyäthyl]-4-methylpyrrol-2.5-dicarbonsäure* [**I**; $C_9H_{11}NO_5$, F. 202° (Zers.)]. **I** entsteht auch durch Red. von 3-Acetyl-4-methylpyrrol-2.5-dicarbonsäure (**II**) mit Al-Isopropylat u. mit Ni/Al-Leg. in alkal. Lsg. in sehr geringer Ausbeute sowie durch 4std. Kochen in 0,1n NaOH mit $NaBH_4$, Ansäuern mit Essigsäure, Fällen mit Pb-Acetat u. Ansäuern mit der äquivalenten Menge verd. H_2SO_4. Die Papierchromatogramme der Oxydations-Prodd. von Hämatoporphyrin IX sowie von Gemischen aus **I**, **II**, 3-Methylpyrrol-2.4.5-tricarbonsäure u. 3-Methyl-4-β-carboxyäthylpyrrol-2.5-dicarbonsäure in verschiedenen Lsgm.-Syst. sind angegeben. IR-Spektrum von **I** vgl. Original. P. Golinske. 3081△

Über Pyrrolcarbonsäuren. 13. Mitt. **Über die Darstellung von Pyrrol-2.3.4.5-tetracarbonsäure.** Achille Vitale, Mario Piatelli und Rodolfo Alessandro Nicolaus. (Rend. Accad. Sci. fisiche mat., Napoli [4] **26** (**98**), 267—71, 1959; Napoli, Univ., Ist. di Chim. Organ.; ital.) — 12. vgl. C. **1961**, 18309. — Zwei neue Meth. zur Darst. von Pyrrol-2.3.4.5-tetracarbonsäure werden beschrieben. Die eine geht von α.α'-Dioxalylbernsteinsäuretetraäthylester aus, sie liefert gute Ausbeuten, die andere geht von Oxalessigsäurediäthylester (**I**) aus.

Versuche: *Pyrrol-2.3.4.5-tetracarbonsäure*, a) durch Zugabe von 43 g Bernsteinsäurediäthylester zu Na-Äthylat in abs. Ae., 3 Wochen langes Stehen mit 80 g Oxalsäurediäthylester, Eindampfen im Vakuum, Versetzen mit Eis/W., Ausäthern, Kühlen u. Ansäuern der wss. Schicht mit 2n H_2SO_4, Extrahieren mit Ae., Eindampfen, 2tägiges Stehen der gelben Fl., Versetzen mit 4%ig. alkohol. NH_3, ¼std. Stehen, Eindampfen im Vakuum, ¼std. Kochen des Rückstandes mit einer Lsg. aus $(NH_4)_2CO_3$ in Eisessig,

Gießen in Eis, Alkalisieren mit 33% ig. NH_4OH, Ausäthern, Eindampfen, 10std. Kochen mit 10%ig. alkohol. KOH u. Ansäuern des erhaltenen *K-Salzes* mit 20%ig. H_2SO_4; 16,6 g (Ausbeute an K-Salz); b) durch Zugabe von $NaNO_2$ in W. zu 18,4 g **I** in Eisessig bei 0—5°, ¼std. Schütteln, Versetzen mit Zn-Pulver in kleinen Portionen bei 40—50°, 1std. Stehen bei Raum-Temp., ½std. Kochen, Kühlen, Verdünnen mit W., Extrahieren mit Ae., Eindampfen u. Verseifen analog a); aus Essigester/PAe. Nadeln u. Prismen; 15 mg. *Mono-K-Salz*, $C_8H_4KNO_8$, durch Ansäuern der nach Kochen mit 10%ig. KOH erhaltenen Lsg. mit 2n H_2SO_4 gegen Kongorot. P. Golinske. 3081△

Das 6-Nitrotryptophan. Remo de Fazi, Giancarlo Berti und Antonio da Settimo. (Gazz. chim. ital. **89**, 2238—57, 1959; Pisa, Univ., Ist. di Chim. farmaceut. e tossicol., Ist. di Chim. organ.; ital.) — Vgl. C. **1960**, 14010. — Die direkte Nitrierung von *L-Tryptophan* (**I**) gelingt durch Nitrierung des **I**-Nitrates in Eisessig. Die NO_2-Gruppe tritt in 6-Stellung ein, wie durch Vgl. von UV- u. IR-Spektren (s. Original) u. aus einer Synth. folgt, die, ausgehend von *6-Nitroindol*, über *6-Nitrogramin* (**III**) durch Rk. von **III** mit *Acetamidomalonester*, alkal. Verseifung u. Decarboxylierung zum *6-Nitro-N-acetyltryptophan* führt. Vom *6-Nitrotryptophan* (**IV**) wurden eine Reihe von Derivv. dargestellt.

Versuche: *L-Tryptophannitrat*, $C_{11}H_{13}N_3O_5$, F. 248—250° (Zers.; W.), aus **I** u. verd. HNO_3; $[\alpha]_D^{21,5}$ —5,5° (c = 1,127; W.); 90% (Ausbeute). — *6-Nitro-L-tryptophannitrat*, $C_{11}H_{12}N_4O_7$, F. ca. 195° [Zers.; in zugeschmolzener Kapillare (z.K.)], aus 10 g vorst. Verb. u. HNO_3 (D. 1,40) in Eisessig bei 18°; aus W. goldgelbe Kristalle; 3,2—3,4 g (Ausbeute). — *6-Nitro-L-tryptophan* (**IV**), $C_{11}H_{11}N_3O_4$, F. ca. 265° (Zers.), aus 3 g vorst. Verb. u. wss. Na-Acetat; gelbe Kristalle; 2,4 g. *Hydrochlorid*, $C_{11}H_{12}ClN_3O_4$, F. ca. 245° (Zers.); aus A. gelbe Kristalle. *Äthylesterhydrochlorid* (**V**), $C_{13}H_{16}ClN_3O_4$, F. 210—212° (Zers.), durch Rk. von 1 g **IV** mit abs. A./HCl; aus A. gelbe Kristalle; $[\alpha]_D^{26}$ +17,8° (c = 2,018; W.); 0,8 g. *Methylesterhydrochlorid*, $C_{12}H_{14}ClN_3O_4$, F. 214—216° (Zers.), analog aus 0,36 g **IV**; aus Methanol gelbe Kristalle; 0,3 g. *Äthylesteracetat* (**VI**), $C_{15}H_{19}N_3O_6$, F. 126—128°, 157 bis 158° (z.K.), aus **V** durch Rk. mit überschüssigem Na-Acetat in wenig W.; aus A. blaßgelbe Kristalle. *Äthylester*, $C_{13}H_{15}N_3O_4$, FF. 131—132° u. 141—142°, aus **VI** u. wss. Na·HCO_3; gelbe Nadeln aus A.; $[\alpha]_D^{21,5}$ +41,4° (c = 0,99; A.). *N^α-Acetyl-Deriv.*, $C_{13}H_{13}N_3O_5$, F. 203—205° (z.K.), aus 1 g **IV** u. Acetanhydrid; aus W. gelbe Kristalle; 0,65 g. *Äthylester-N^α-acetyl-Deriv.*, $C_{15}H_{17}N_3O_5$, F. 157—158°, aus **VI** u. Acetanhydrid; aus wss. A. gelbe Nadeln; $[\alpha]_D^{24}$ +11,77 (c = 0,681; A.). *Äthylester-N^α-dichloracetyl-Deriv.*, $C_{15}H_{15}$·$Cl_2N_3O_5$, F. 181,5—183°, aus 3 g **V** durch Rk. mit Dichloracetylchlorid in Pyridin/Na-Acetat; aus A. gelbe Nadeln; 1,3 g. *β-Phenyläthylesterhydrochlorid*, $C_{19}H_{20}ClN_3O_4$, F. 248° (z.K., Zers.), aus **IV** durch Rk. mit β-Phenyläthanol/HCl; aus A. gelbe Kristalle. *Hydrazid*, $C_{11}H_{13}N_5O_3$, F. 199—200° (Zers.), durch 24std. Rk. von 0,15 g **VI** mit Hydrazinhydrat in A.; 0,11 g. — *α-[6-Nitroskatyl]-α-acetamidomalonsäurediäthylester* (**II**), $C_{18}H_{21}$·N_3O_7, F. 218—219° (Zers.; z.K.), aus 1,2 g **III**, Acetamidomalonsäurediäthylester u. NaOH in abs. Toluol durch 5std. Kochen unter N_2; aus A. gelbe Kristalle; 1,54 g. — *α-[6-Nitroskatyl]-α-acetamidomalonsäure*, F. 128—130° (Zers.), 195° (z.K.), aus 1 g vorst. Verb. durch ¾std. Kochen mit alkohol. NaOH; 0,84 g. — *6-Nitro-N^α-acetyl-DL-tryptophan* (**VII**), F. 208 bis 210° (z.K.; wss. A.), a) aus vorst. Verb. durch 1std. Kochen mit 2n H_2SO_4; gelbe Kristalle; b) durch Erhitzen vorst. Verb. im Vakuum auf 150—160°. *Äthylester*, F. 184 bis 186° (z.K.), a) durch Rk. von **VII** mit A./HCl; b) aus **II** durch Kochen mit wss. alkohol. NaOH u. Erhitzen des entstandenen *α-[6-Nitroskatyl]-α-acetamidomalonsäuremonoäthylesters* [F. 118—120° (Zers.), 135° (z.K.)] im Vakuum auf 130°. A. W. Schäfer. 3081□

Untersuchungen in der Reihe der Pyrazolone. 14. Mitt. **Darstellung und Beständigkeit des 4-Formylantipyrins.** Jules Ledrut, François Winternitz und Georges Combes. (Bull. Soc. chim. France **1961**, 704—06; Mons, Centre de la Fac. Polytechn., Inst. Interuniv. des Sci. Nucléaires; Montpellier, École Nat. Supér. de Chim.; franz.) — 13. vgl. C. **1959**, 5469. — Mit Ausnahme des *4-Formylantipyrins* (**I**) sind alle 4-Formylpyrazolone farblos. Als Ursache der Färbung von **I** werden 4% Verunreinigungen festgestellt. Durch Umkristallisieren aus Tetrahydrofuran (THF) wird farbloses **I** erhalten u. aus den Mutterlaugen ein Öl isoliert, das chromatograph. zerlegt wird. Es werden so neben nicht definierten Bestandteilen eine *Verb. $C_{34}H_{34}N_6O_4$ vom F. 168—170°*, vermutlich *Triantipyrylcarbinol*, u. eine rosarote *Verb. vom F. 80°* (Zers.) isoliert. Die Verunreinigungen entstehen vermutlich durch Kondens.- u. Oxydationsreaktionen. Unter Einhaltung bestimmter Bedingungen läßt sich farbloses **I** darstellen.

Versuche: *4-Formylantipyrin* (**I**), $C_{12}H_{12}N_2O_2$, F. 162—163° (THF), durch 2std. Zutropfen von Antipyrin in Chlf.-Toluol zu Dimethylformamid u. $POCl_3$ in Chlf.-Toluol bei 0—5°, 3½std. Erwärmen auf 60—65°, Stehen über Nacht u. Zugabe von Eiswasser; 80% (Ausbeute). *Bisulfit-Verb.*; 93%. — *Verb. $C_{34}H_{34}N_6O_4$* (*Triantipyrylcarbinol?*), F. 168—170° (Essigester-CH_3OH; 1:1), aus den THF-Mutterlaugen durch Chromatographie; daneben eine *rosarote Verb. vom F. 80° (Zers.)*. F. Rosendahl. 3122△

Untersuchungen in der Reihe der Pyrazolone. 15. Mitt. Über die Darstellung einiger Derivate des 1.2-Diphenylpyrazolidindions-(3.5). Jules Ledrut, Jean Laune und Georges Combes. (Bull. Soc. chim. France **1962**, 1817—19; franz.) — 14. vgl. vorst. Referat. — Kondens. von 1.2-Diphenylpyrazolidindion-(3.5) (**II**) mit Diphenylformamidin (**III**) liefert das *Phenylaldimin* (**IV**) des *1.2-Diphenyl-4-formylpyrazolidindions-(3.5)* (**V**). **V** erhält man über das Na-Salz aus **IV**. Durch Pyrolyse von **V**-*Hydrat* oder aus äquimol. Mengen **V** u. **II** erhält man *4-[1.2-Diphenyl-3.5-dioxopyrazolidinyl-(4)-methylen]-1.2-diphenyl-3.5-dioxopyrazolidin*. Kondens. von **II** mit Chloralhydrat (**VII**) ergibt *α.α-Bis-[1.2-diphenyl-3.5-dioxopyrazolidinyl-(4)]-β.β.β-trichloräthan*. Verss., **V** aus **II** nach Vilsmeier zu synthetisieren, gelangen nicht, statt dessen wurde dabei *[1.2-Diphenyl-3.5-dioxopyrazolidinyl-(4)]-[1.2-diphenyl-4.5-dioxopyrazolidinyl-(3)]-dimethylaminomethan* erhalten. Aus 4-Formylantipyrin (**VIII**) u. **II** wurde *4-[1-Phenyl-2.3-dimethyl-5-oxopyrazolinyl-(4)-methylen]-1.2-diphenyl-3.5-dioxopyrazolidin* gewonnen. Aus Acetylsalicylsäurechlorid (**IX**) u. 1.2-Diphenyl-4-butyl-4-hydroxymethylpyrazolidindion-(3.5) (**VI**) wurde *Acetylsalicylsäure-1.2-diphenyl-3.5-dioxo-4-butylpyrazolidinyl-(4)-methylester* dargestellt.

Versuche: *Hydrazobenzol* (**I**), aus Nitrobenzol u. 90%ig. Hydrazinhydrat in A. mit Raney-Ni; 75% (Ausbeute). — *1.2-Diphenylpyrazolidindion-(3.5)* (**II**), F. 178—179° (A.), aus 36,1 g **I** u. Diäthylmalonat durch 10std. Kochen in Butanol in Ggw. von Na-Butylat; 20 g. — *1.2-Diphenyl-4-formylpyrazolidindion-(3.5)* (**V**), $C_{16}H_{12}N_2O_3$, F. 134°, aus dem Hydrat. *Hydrat*, $C_{16}H_{12}N_2O_3 \cdot H_2O$, F. 70°, a) aus nachst. Na-Salz durch Zutropfen von HCl; aus Bzl. Prismen; 40%; daneben *Verb.* $C_{31}H_{22}N_2O_4$, F. 302—304°, aus den Mutterlaugen nach längerem Stehen; aus A.-Chlf. goldgelbe Nadeln; 60%; b) aus **IV** durch $^1/_4$std. Erhitzen auf 90° in wss. KOH u. Ansäuern bis pH 1. *Phenylaldimin* (**IV**), $C_{22}H_{17}N_3O_2$, F. 174—175° (A.), durch 40 Min. langes Erhitzen von 20 g **II** u. **III** auf 130—135°; 20 g. *Na-Salz des Enols*, $C_{16}H_{11}N_2NaO_3$, F. 275° (Zers.), aus 58 g **IV** durch Erhitzen in wss. NaOH; 33,9 g. — *4-[1.2-Diphenyl-3.5-dioxopyrazolidinyl-(4)-methylen]-1.2-diphenyl-3.5-dioxopyrazolidin*, F. 304°, a) aus vorst. Na-Salz durch Ansäuern in der Wärme; 75%; b) durch Pyrolyse von **V**-Hydrat bei 180—200° (10 Min.); c) durch ½std. Kochen von **V** u. **II** in Bzl.; aus Methyläthylketon u. Chlf. Nadeln. — *α.α-Bis-[1.2-diphenyl-3.5-dioxopyrazolidinyl-(4)]-β.β.β-trichloräthan*, $C_{32}H_{23}Cl_3N_4O_4$, F. 220° (Zers.; Chlf.), aus **II** u. **VII** durch 3std. Erhitzen auf 120—130°. — *[1.2-Diphenyl-3.5-dioxopyrazolidinyl-(4)]-[1.2-diphenyl-4.5-dioxopyrazolidinyl-(3)]-dimethylaminomethan*, $C_{33}H_{29}N_5O_4$, F. 236—237°, aus 15 g **II** u. Dimethylformamid in Chlf. durch Zutropfen von $POCl_3$ u. 4std. Erwärmen auf 60°; aus A./Chlf. Nadeln; 11,8 g. — *4-[1-Phenyl-2.3-dimethyl-5-oxopyrazolinyl-(4)-methylen]-1.2-diphenyl-3.5-dioxopyrazolidin*, $C_{27}H_{22}N_4O_3$, F. 305°, aus **VIII** u. **II** durch 1std. Kochen in Eisessig; aus Eisessig orangefarbene Kristalle. — *Acetylsalicylsäure-1.2-diphenyl-3.5-dioxo-4-butylpyrazolidinyl-(4)-methylester*, $C_{29}H_{28}N_2O_6$, F. 134—135° (A.), aus **IX** u. 4 g **VI** in Pyridin; 1,7 g. W. A. Schäfer. 3122◇

Versuche zur Darstellung von Imidazolaldehyden durch Oxydation methylsubstituierter Imidazole mit Selendioxid und ihre Verwendung für Diimidazolsynthesen. Hermann Schubert und Gottfried Böhme. (Wiss. Z. Martin-Luther-Univ. Halle-Wittenberg, math.-naturwiss. R. **8**, 1037—39, Okt. 1959; Halle, Univ., Inst. für Org. Chem.; dt.) — Die Oxydation von 4(5)- (**I**) u. 2-Methylimidazol (**IV**) mit SeO_2 zu den entsprechenden Aldehyden bzw. Carbonsäuren gelingt nicht. Es werden nur *Imidazol–SeO₂-Addukte* erhalten. Die Rk. gelingt bei Imidazolen, die in 4.5-Stellung anellierte Ringe tragen. Die Imidazolaldehyde lassen sich als Ringschlußkomponente verwenden u. liefern in 80—90%ig. Ausbeute einheitliche Rk.-Prodd., die noch ein O-Atom im Mol. enthalten u. deren Konstit. noch aufgeklärt wird.

Versuche (FF. korr.): *4(5)-Methylimidazol–SeO₂-Addukt* (**II**), $C_4H_6N_2 \cdot SeO_2$, F. 230 bis 234° [Zers.; Dimethylformamid (DMF)], a) durch 40 Min. langes Kochen von **I** u. SeO_2 in Xylol; gelbe Kristalle; 92,5% (Ausbeute); b) analog in Dioxan in 5 Std.; orangefarbenes Öl. *Pikrat*, F. 159—160°; 80%. — *2-Methylimidazol–SeO₂-Addukt*, $C_4H_6N_2 \cdot SeO_2$, F. 58 bis 59° (A.), analog **II** aus **IV** nach b); 88%. *Pikrat*, F. 210°; 80%. — *Verb.* $C_4H_6N_2 \cdot SeO_2$, F. 255—257° (Zers.; DMF), analog **II** aus **IV** nach a); gelbes Pulver; 92,5%. — *Benzimidazol-2-aldehyd*, F. 224—226° (Zers.; DMF), durch Erhitzen von 2-Methylbenzimidazol u. SeO_2 in Essigsäureanhydrid bis 70° u. 1std. Kochen; gelbliche Kristalle; 60%. *2.4-Dinitrophenylhydrazon*, F. 310° (A.). — *2-Naphtho-[1'.2':4.5]-imidazol-2-aldehyd*, $C_{12}H_8N_2O$, F. 225—228° (Zers.; W.), aus Naphtho-[1'.2':4.5]-2-methylimidazol (**III**) analog vorst. Verb.; gelbliches Pulver; 53,8%. *2.4-Dinitrophenylhydrazon*, $C_{18}H_{12}N_6O_4$, F. 300—310° (Zers.), aus DMF rote Nadeln. — *Naphtho-[1'.2':4.5]-2-methylimidazol–SeO₂-Addukt*, $C_{12}H_{10}N_2 \cdot SeO_2$, F. 106—109° (Bzl.), analog **II** nach b) aus **III** in $^1/_4$ Std.; 89%. K. Lehmstedt. 3122◇

Synthesen und Eigenschaften alicyclisch substituierter Imidazole. Hermann Schubert und Günter Schwartze. (Wiss. Z. Martin-Luther-Univ. Halle-Wittenberg, math.-naturwiss. R. **8**, 1033—36, Okt. 1959; Halle, Univ., Inst. für org. Chem.; dt.) — Aus Cycloheptandion-(1.2) (I) wird durch Rk. mit NH_3 u. Formalin (FL) *4.5-Cyclopentamethylenimidazol* dargestellt, das mit S nicht zu 1.3-Diazaazulen, sondern zu einem *Diimidazol* von unbekannter Konst., das sich bei 310° zu zersetzen beginnt, dehydriert wird. Außerdem werden *4(5)-Cyclobutyl-* (**VI**), *4(5)-Cyclopentyl-*, *4.5-Dicyclobutyl-* (**X**) u. *4.5-Dicyclopentylimidazol* dargestellt. Die FF. 4.5-disubstituierter Imidazole alternieren.

Versuche (FF. korr.): *4.5-Cyclopentamethylenimidazol*, $C_8H_{12}N_2$, F. 204° (verd. A.), a) durch 1std. Einleiten von NH_3 in I in A. u. 40%ig. FL, 1std. Kochen u. 24std. Stehen; 36,6% (Ausbeute); b) durch Sättigen einer Lsg. von **I**, FL u. NH_3 mit A. u. 1std. Kochen; 32,3%; *Cu-Salz*, $C_8H_{11}N_2 \cdot Cu$, analog b) durch Zugabe von Cu(II)-Acetat u. Erhitzen auf dem Wasserbad; sandfarben; 47%. *Pikrat*, $C_8H_{12}N_2 \cdot C_6H_3N_3O_7$, F. 172—174°, aus A. goldgelbe Prismen. *Cyclobutancarbonsäurechlorid* (**II**), Kp.$_{14}$ 68—70°, nach Perkin u. Sinclair [1892]; 70%. — *Cyclobutyldiazomethylketon* (**III**), aus **II** u. Diazomethan. — *Cyclobutylacetoxymethylketon* (**IV**), Kp.$_5$ 80—85°, durch Rk. von **III** mit Eisessig; n^{22} 1,4486; 80%. — *4(5)-Cyclobutylimidazol, Cu-Salz* (**V**), aus **IV**, Cu(II)-Acetat, NH_3 u. FL in A. nach Weidenhagen [1937]; gelbgrün; 68,5%. *Freie Base* (**VI**), $C_7H_{10}N_2$, F. 68—69°, durch Zerlegen von **V** in sd. A. mit H_2S; schuppige Kristalle. *Pikrat*, $C_7H_{10}N_2 \cdot C_6H_3N_3O_7$, F. 125—127°, aus A. goldglänzende Plättchen. — *Cyclopentancarbonsäurechlorid*, Kp.$_{14}$ 80—81°, analog **II**; 82%. — *Cyclopentyldiazomethylketon*; analog **III**. — *Cyclopentylacetoxymethylketon*, Kp.$_{12}$ 110—120°, analog **IV**; 75—80%. — *4(5)-Cyclopentylimidazol, Cu-Salz*, analog **V**; 35%. *Freie Base*, $C_8H_{12}N_2$, F. 96—97°, analog **VI**; Tafeln. — *1-Oxo-2-hydroxy-1.2-dicyclobutyläthan* (**VII**), Kp.$_1$ 79—80°, durch 10std. Rühren von Cyclobutancarbonsäuremethylester in Ae. mit Na u. Reinigen durch ½std. Kochen mit 20%ig. H_2SO_4 u. Zn-Staub; n^{19} 1,4834; 79,5%. — *1.2-Dicyclobutylglyoxal* (**VIII**), Kp.$_{13}$ 104 bis 107°, durch ½std. Kochen von **VII** in 70%ig. Eisessig/Methanol mit Cu(II)-Acetat; n^{20} 1,4729; gelbes Öl. *Mono-2.4-dinitrophenylhydrazon*, $C_{16}H_{18}N_4O_5$, F. 142—144°, aus A. gelbe Säulen. — *2.3-Dicyclobutylchinoxalin*, $C_{16}H_{18}N_2$, F. 77—78°, durch 1std. Kochen von **VIII** mit o-Phenylendiamin in A.; aus A. lange Nadeln. — *4.5-Dicyclobutylimidazol* (**X**), $C_{11}H_{16}N_2$, F. 192—193°, durch 3std. Kochen von **VII** mit Formamid u. Einrühren in konz. NH_4OH; aus A. lange Nadeln; 83%. *Pikrat*, $C_{11}H_{16}N_2 \cdot C_6H_3N_3O_7$, aus A. zitronengelbe Kristalle. — *1-Oxo-2-hydroxy-1.2-dicyclopentyläthan* (**IX**), Kp.$_1$ 98—100°, aus Cyclopentancarbonester analog **VII**; n^{18} 1,4883; 41,8%. — *1.2-Dicyclopentylglyoxal*, aus **IX** analog **VIII**; n^{20} 1,4781; gelb. *Mono-2.4-dinitrophenylhydrazon*, $C_{18}H_{22}N_4O_5$, F. 98—100°, aus A. orangegelbe Säulen. — *2.3-Dicyclopentylchinoxalin*, $C_{18}N_{22}N_2$, F. 50—51°, aus vorst. Verb. u. o-Phenylendiamin; aus verd. A. glimmerartig glänzende Blättchen. — *4.5-Dicyclopentylimidazol*, $C_{13}H_{20}N_2$, F. 174—175°, aus **IX** analog **X**; 98%. *Pikrat*, $C_{13}H_{20}N_2 \cdot C_6H_3N_3O_7$, F. 181—183°, aus A. gelbe Tafeln. K. Lehmstedt. 3122◇

Einwirkung von Thionylchlorid auf N-[n-Octyl]-N′-[2-hydroxypropyl]- und N′-[n-Octyl]-N′-[1-methyl-2-hydroxyäthyl]-harnstoff. Henry Najer, René Giudicelli und Jacques Menin. (Bull. Soc. chim. France **1960**, 1544—48; Paris, Labor. Dausse, Serv. de Rech.; franz.) — Durch Einw. von $SOCl_2$ auf N-[n-Octyl]-N′-[1-methyl-2-hydroxyäthyl]-harnstoff entsteht ein Gemisch von *N-[n-Octyl]-N′-[1-methyl-2-chloräthyl]-harnstoff* u. *2-[n-Octylamino]-4-methyloxazolin*, analog wird aus N-[n-Octyl]-N′-[2-hydroxypropyl]-harnstoff ein Gemisch von *N-[n-Octyl]-N′-[2-chlorpropyl]-harnstoff* u. *2-[n-Octylamino]-5-methyloxazolin* erhalten. Die chlorierten *Harnstoffe* sind auch aus n-Octylamin (**I**) u. 1-Methyl-2-chloräthylisocyanat (**II**) bzw. 2-Chlorpropylisocyanat erhältlich; die *Oxazoline* lassen sich durch Erhitzen der wss. Lsgg. der entsprechenden Harnstoffe darstellen. IR-Spektren s. Original.

Versuche: *n-Octylisocyanat*, $C_9H_{17}NO$, Kp.$_{18-19}$ 94—95°, aus Pelargonylchlorid u. Natriumazid; n_D^{22} 1,4290; 54,5% (Ausbeute). — *N-[n-Octyl]-N′-[1-methyl-2-hydroxyäthyl]-harnstoff*, $C_{12}H_{26}N_2O_2$, F. 78° (Essigsäureäthylester), durch 1std. Rk. vorst. Verb. mit 2-Aminopropanol-(1) in abs. Ae. bei 10—12° u. mehrstd. Stehen bei Raum-Temp.; 90%. — *N-[n-Octyl]-N′-[1-methyl-2-chloräthyl]-harnstoff*, $C_{12}H_{25}ClN_2O$, F. 54—55° (Essigsäureäthylester/Hexan; 1:15), a) durch 65std. Rk. von $SOCl_2$ mit vorst. Verb. bei Raum-Temp., Gießen in W. u. Ausäthern (Meth. **A**); 13,6%; b) durch 65std. Rk. von **I** mit **II** in abs. Ae. bei Raum-Temp. (Meth. **B**); 47%. — *2-[n-Octylamino]-4-methyloxazolinpikrat*, $C_{18}H_{27}N_5O_8$, F. 55—56°, a) neben vorst. nach **A** erhaltenen Verb. durch Alkalisieren der sauren Lsg. mit wss. NH_4OH, Ausäthern, Eindampfen u. Rk. mit salzsaurer Pikrinsäure-Lsg. (Meth. **C**); aus A./W. (4:1) gelbe Kristalle; 74,5%; b) durch ½std. Kochen vorst. Verb. in W. u. Fällen mit Pikrinsäure-Lsg. (Meth. **D**); 73%. — *N-[n-Octyl]-N′-[2-chlorpropyl] harnstoff*, F. 48—49° (Essigsäureäthylester, Fällen mit PAe.), a) nach **A**; b) nach **B**.

44%. — *2-[n-Octylamino]-5-methyloxazolinpikrat*, F. 87—88° (A.), a) nach **C**; b) nach **D**; 63,5%. G. Ziebarth. 3132△

Über die Anlagerung von Nitronen an Eninkohlenwasserstoffe. W. N. Tschisstokletow und A. A. Petrow. (J. allg. Chem. [UdSSR] **32** (**94**), 2385—86, 1962; Leningrad, Technol. Lensowjet-Inst.; russ.) — Benzalanilin-N-oxid (α.N-Diphenylnitron) wird an die Doppelbindung von Vinylacetylen, Methyl- u. Äthylvinylacetylen unter Bldg. folgender 2.3-Diphenylisoxazolidine angelagert: *5-Äthinyl-*, $C_{17}H_{15}NO$, F. 103—104° (A.); 12,5% (Ausbeute). — *5-Propin-(1)-yl-* (**I**), $C_{18}H_{17}NO$, F. 109—110° (A.); ca. 50%. — *5-Butin-(1)-yl-*, $C_{19}H_{19}NO$, F. 91—92° (A.); ca. 50%. — Die Hydrierung von **I** an $Pd/CaCO_3$ liefert *1-Anilino-1-phenylhexanol-(3)*, $C_{18}H_{23}NO$, F. 136—137° (A.). Helmut Schäfer. 3132△

Über 1.2.4-Thiodiazole. 12. Mitt. **Darstellung und Umsetzungen, insbesondere Diazotierung, der 3-Alkylsulfonyl-5-amino-1.2.4-thiodiazole.** Joachim Goerdeler und Heinz Rachwalsky. (Chem. Ber. **93**, 2190—97, 1960; Bonn, Univ., Chem. Inst.; dt.) — 11. vgl. C. **1963**, 12797; 13. vgl. C. **1963**, 16938. — *3-Alkylsulfonyl-5-amino-1.2.4-thiodiazole* werden aus den entsprechenden 3-Alkylmercapto-Verbb. durch Oxydation mit H_2O_2 oder mit Chlor dargestellt. Die Rk. läßt sich auf der Sulfoxid-Stufe festhalten. Mit HNO_2 bilden die Amine relativ stabile *Nitrosamine*, die erst mit konz. Mineral- oder Lewis-Säuren in sehr reaktive *Diazoniumsalze* übergehen.

Versuche: 5-Amino-1.2.4-thiodiazole: *3-n-Butylmercapto-* (**V**), $C_6H_{11}N_3S_2$, F. 84° (Bzl.) (vgl. C. **1957**, 8794); Blättchen. — *3-Methylsulfonyl-* (**VII**), F. 200° (W.), durch 150 Min. lange Oxydation von 3-Methylmercapto-5-amino-1.2.4-thiodiazol in Eisessig bei 60° mit Perhydrol unter Rühren; Stäbchen; 52% (Ausbeute). — *3-Äthylsulfonyl-* (**II**), F. 143° (W.), a) wie vorst. aus 3-Äthylmercapto-5-amino-1.2.4-thiodiazol (**I**) in 120 Min.; Stäbchen; 78%; b) durch Oxydation von **I** in W. mit Chlor bei Raum-Temp. unter Rühren; 74%; c) durch Entnitrosierung von 3-Äthylsulfonyl-5-nitrosamino-1.2.4-thiodiazol (**III**) in gesätt. methanol. HCl; 83%. — *3-n-Butylsulfonyl-*, $C_6H_{11}N_3O_2S_2$, F. 118° (W.), durch ½ std. Oxydation von **V** in Eisessig mit Perhydrol bei 80° unter Rühren; Schuppen; 71%. — *3-tert.-Butylsulfonyl-* (**VIII**), $C_6H_{11}N_3O_2S_2$, F. > 300° (Zers.; Eisessig), wie vorst. aus 3-tert.-Butylmercapto-5-amino-1.2.4-thiodiazol in 40 Min. bei 70°; Stäbchen; 60%. — *3-Benzylsulfonyl-*, $C_9H_9N_3O_2S_2$, F. 201° (Eisessig), aus 11,15 g 3-Benzylmercapto-5-amino-1.2.4-thiodiazol (**VI**) u. 15 cm³ Perhydrol in 30 Min. bei 80° unter Rühren; Nadeln; 81%. — *3-Benzylsulfinyl-*, $C_9H_9N_3OS_2$, F. 197° (Zers.; Eisessig), aus **VI** in 20 Min. mit der halben Menge Perhydrol; Nadeln; 95%. — 3-Äthylsulfonyl-1.2.4-thiodiazole: *5-Acetamido-*, $C_6H_9N_3O_3S_2$, F. 156° (Acetanhydrid), durch ¼std. Rk. von **II** u. Acetanhydrid in Ggw. von Na-Acetat bei 100° u. 2tägiges Stehen bei Raum-Temp.; Säulen; 25%. — *5-Benzoylamino-*, $C_{11}H_{11}N_3O_3S_2$, F. 183° (A.), aus **II** u. Benzoylchlorid in 2n NaOH unter Rühren u. Wasserkühlung; Kristalle; 65%. — *5-Phenylsulfonylamino-*, $C_{10}H_{11}N_3O_4S_3$, F. 181° (A.), wie vorst. aus **II** u. Benzolsulfochlorid; Kristalle; 51%. — 5-Nitrosamino-1.2.4-thiodiazole: *3-Methylsulfonyl-*, $C_3H_4N_4O_3S_2$, F. 133° (Zers.), durch Nitrosierung von **VII** mit wss. $NaNO_2$-Lsg. in 85%ig. Ameisensäure unter Rühren u. Eiskühlung; Kristalle; 48%. — *3-Äthylsulfonyl-* (**III**), $C_4H_6N_4O_3S_2$, F. 135° (Zers.), wie vorst. aus **II**; Nadeln; 80%. — *3-tert.-Butylsulfonyl-* (**IX**), $C_6H_{10}N_4O_3S_2$, F. 149° (Zers.), aus **VIII** u. $NaNO_2$ in konz. HCl unter Kühlung; Kristalle; 96%. — *Bis-[3-äthylsulfonyl-1.2.4-thiodiazolyl-(5)]-triazen*, $C_8H_{11}N_7O_4S_4$, F. ca. 190° (Zers.; Eisessig), a) durch 6tägiges Stehen von **III** in Methanol in Ggw. von konz. H_2SO_4 bei Raum-Temp.; 50%; b) aus **II** u. **IV** in Acetonitril unter Rühren bei Raum-Temp.; 96%. — *[3-Äthylsulfonyl-1.2.4-thiodiazol]-5-diazoniumtetrafluoroborat* (**IV**), $C_4H_5N_4O_2S_2 \cdot BF_4$, Zers. bei 110°, aus **III** u. BF_3 in trockenem Ae. bei —30°; 70—80%. — *[3-tert.-Butylsulfonyl-1.2.4-thiodiazol]-5-diazoniumtetrafluoroborat*, $C_6H_9N_4O_2S_2 \cdot BF_4$, Zers. bei 90°, wie vorst. aus **IX**; 50—60%. — 3-Äthylsulfonyl-1.2.4-thiodiazole: *5-[2'.4'.6'-Trimethylbenzolazo]-*, $C_{13}H_{16}N_4O_2S_2$, F. 147° (Ligroin), a) durch Diazotieren von **II** mit $NaNO_2$ in konz. H_2SO_4 u. 85%ig. H_3PO_4 u. Kuppeln mit 2.4.6-Trimethylbenzol (**X**) bei 0° unter Rühren; rote Nadeln; 80%; b) aus **III** u. **X** bei 0° unter Rühren in konz. H_2SO_4; 79%. — *5-[2'.4'-Dimethylbenzolazo]-*, $C_{12}H_{14}N_4O_2S_2$, F. 140° (A.), wie vorst. nach a) aus **II** u. m-Xylol; rote Nadeln; 71%. — *5-[Carboxymethoxybenzolazo]-*, $C_{12}H_{12}N_4O_5S_2$, F. 203° (Acetonitril), durch Kuppeln von **IV** mit Phenoxyessigsäure in trockenem Acetonitril bei —20°; rote Nadelbüschel; 31%. — 3-Äthylsulfonyl-1.2.4-thiadiazole: *-5-diazomethyläther*, $C_5H_8N_4O_3S_2$, F. 62° (Zers.), aus **IV** u. Methanol bei —30° in trockenem Ae. unter Rühren; Kristalle; 65%. — *-5-diazo-tert.-butyläther*, $C_8H_{14}N_4O_3S_2$, F. 77° (Zers.), wie vorst. aus **IV** u. tert.-Butylalkohol; Kristalle; 54%. — *3-Chlor-5-amino-1.2.4-thiodiazol*, $C_2H_2ClN_3S$, F. ca. 240° (Zers.; W.), durch Chlorierung von **VI** in Eisessig/W. unter Rühren u. Kühlung; Nadeln; 66%. —

Benzylsulfochlorid, durch Chlorolyse einer Aufschlämmung von 3-Benzylsulfonyl-5-amino-1.2.4-thiodiazol in Eisessig. H. Rochow. 3173◇

Friessche Umlagerung und Friedel-Crafts-Reaktion. 3. Mitt. Friedel-Crafts-Acylierung einiger Hydroxychromone. S. M. Parikh und V. M. Thakor. (J. Indian chem. Soc. **36**, 841—44, Dez. 1959; Bombay, Inst. of Sci., Organ. Chem. Labor.; engl.) — 2. vgl. C. **1950/54**, 9019 S. — Die Friedel-Crafts-Acylierung von 7-Hydroxychromonen gibt glatt in 60—70%ig. Ausbeute *7-Hydroxy-8-acylchromone*, die nach Dakin durch alkal. H_2O_2 in 55—70%ig. Ausbeute in *7.8-Dihydroxychromone* übergeführt werden. Diese Meth. ist gut geeignet zur Darst. von o-Dihydroxychromonen. 5-Hydroxyflavon u. 5.7-Dihydroxy-2.3-dimethylchromon geben bei der analogen Acetylierung entsprechende *6-Acetyl-* bzw. *6-* oder *8-Acetyl-Derivv.*, die sich jedoch nicht nach Dakin weiterverarbeiten lassen.

Versuche: 7-Hydroxy-2.3-dimethylchromone, durch Zugabe von 1 Mol des entsprechenden Säureanhydrids zum Gemisch aus 1 Mol des entsprechenden Hydroxychromons u. 4,4 Mol wasserfreiem $AlCl_3$, Erhitzen in der angegebenen Zeit auf die gegebene Temp., Abkühlen u. Versetzen mit Eis u. konz. HCl: *8-Acetyl-* (I), F. 215° (A.) 1½ Std. bei 140—145°; 65% (Ausbeute). — *8-Propionyl-* (II), F. 163° (A.), 1½ Std. bei 155 bis 160°; 55%. — *8-Benzoyl-*, F. 208° (A.), 2 Std. mit Benzoylchlorid u. 3,3 Mol $AlCl_3$ bei 170—175°; 60%. — Chromone: *7-Hydroxy-2-methyl-8-acetyl-* (III), F. 187° (75%ig. A.), 1½ Std. bei 135—140°; 70%. — *7-Hydroxy-2-phenyl-8-acetyl-* (IV), $C_{17}H_{12}O_4$, F. 212° (A.), 2 Std. bei 155—160°; 60%. — *5-Hydroxy-2-phenyl-6-acetyl-*, F. 200° (A.), 1½ Std. bei 145—150°; 55%. — *5.7-Dihydroxy-2.3-dimethyl-6(8)-acetyl-*, $C_{13}H_{12}O_5$, F. 165° (A)., 2 Std. bei 155—160°; 50%. — 7.8-Dihydroxychromone, durch Behandeln einer Lsg. von 0,25 g vorst. Acylchromone in 2%ig. NaOH u. W. mit 3%ig. H_2O_2 bei 0°, Stehen bei dieser Temp. in der angegebenen Zeit u. Ansäuern: *2.3-Dimethyl-*, F. 234° (75%ig. A.), a) aus **I** in 3 Std.; b) aus **II** in 6 Std. unter Zusatz von 4 ml Pyridin. — *2-Methyl-*, F. 242° (95%ig. A.), aus **III** in 3 Stunden. — *2-Phenyl-*, F. 246° (95%ig. A.), aus **IV** in 3 Stunden. — *7-Hydroxy-8-acetylflavon*, F. 212°, durch 2std. Erwärmen von 2,8 g 7-Acetoxyflavon mit 4,4 g wasserfreiem $AlCl_3$ auf 55—60° u. Zers. der Mischung mit Eis u. HCl; glänzende Nadeln; 1,7 g. D. Freytag. 3211◇

Untersuchungen über synthetische Isoflavanone. 1. Mitt. Synthese von Isoflavanonen durch katalytische Hydrierung von Isoflavonen. Naoto Inoue. (Sci. Rep. Tôhoku Univ., Ser. I **45**, 63—67, 1961; Sendai, Japan, Tôhoku Univ., Fac. of Sci.; engl.) — Eine Reihe *Isoflavanone* wurde durch katalyt. Hydrierung der entsprechenden Isoflavone in Essigsäure hergestellt, wobei sich in diesen Fällen PtO_2 als Katalysator geeigneter erwies als Pd/Kohle. *Isoflavanon* (I) wurde aus dem Rk.-Gemisch als *Semicarbazon* isoliert, da die Trennung von Isoflavon (**II**) durch fraktionierte Kristallisation nicht gelang. Die UV-Spektren von **I**, *6-Hydroxy-* u. *7-Hydroxyisoflavanon* sind angegeben.

Versuche: *Isoflavanon* (I), $C_{15}H_{12}O_2$, F. 77°, durch ³/₄std. Hydrieren von **II** an PtO_2 in Essigsäure bei Normaldruck u. Zimmer-Temp. u. Aufarbeiten; 50% (Ausbeute). *Semicarbazon*, $C_{16}H_{15}N_3O_2$, F. 222° (A.). *Oxim*, $C_{15}H_{13}NO_2$, F. 138° (A.). *2.4-Dinitrophenylhydrazon* (DNP), $C_{21}H_{16}N_4O_5$, F. 209°. — Analog Isoflavanone: *7-Hydroxy-*, $C_{15}H_{12}O_3$, F. 175°; 60%. *DNP*, $C_{21}H_{16}N_4O_6$, F. 245°. *7-O-Acetyl-Deriv.*, $C_{17}H_{14}O_4$, F. 108,5°. — *7-Methoxy-*, $C_{16}H_{14}O_3$, F. 92°; 20%. *DNP*, $C_{22}H_{18}N_4O_6$, F. 213°. — *6-Hydroxy-*, $C_{15}H_{12}O_3$, F. 115°; 60%. *DNP*, $C_{21}H_{16}N_4O_6$, F. 236°. *6-O-Acetyl-Deriv.*, $C_{17}H_{14}O_4$, F. 95,5°. — *6-Methoxy-*, $C_{16}H_{14}O_3$, F. 108°; 30%. *DNP*, $C_{22}H_{18}N_4O_6$, F. 219°. — *7-Hydroxy-4'-methoxy-*, $C_{16}H_{14}O_4$, F. 197°; 40%. *DNP*, $C_{22}H_{18}N_4O_7$, F. 254°. — *7-O-Acetyl-Deriv.*, $C_{18}H_{16}O_5$, F. 150°. — *7-Hydroxy-3'.4'-methylendioxy-*, $C_{16}H_{12}O_5$, F. 197°. *DNP*, $C_{22}H_{16}N_4O_8$, F. 245°. — *7-Methoxy-3'.4'-methylendioxy-*, $C_{17}H_{14}O_5$, F. 120°; 20%. *DNP*, $C_{23}H_{18}N_4O_8$, F. 240°. — *7-Acetoxy-3'.4'-methylendioxy-*, $C_{18}H_{14}O_6$, F. 159,5°; 60%. — *5.7-Dimethoxy-*, $C_{17}H_{16}O_4$, F. 151°; 75%. *DNP*, $C_{23}H_{20}N_4O_7$, F. 254°. — *7-Hydroxy-3'.4'-methylendioxy-isoflavon*, $C_{16}H_{10}O_5$, F. 292—293° (Essigsäure), durch 8std. Rühren von 1 g 2.4-Dihydroxyphenyl-3.4-methylendioxybenzylketon mit gepulvertem Na in Äthylformiat, 1std. Rühren bei Zimmer-Temp., Gießen in W., Ansäuern u. Abtrennen des erstarrenden Öls; 0,7 g. Wolfgang Werner/Berlin. 3211◇

Untersuchungen über synthetische Isoflavanone. 2. Mitt. Synthesen von Isoflavonen aus 3-Hydroxyisoflavanonen. Naoto Inoue. (Sci. Rep. Tôhoku Univ., Ser. I, **45**, 68—72, 1961; engl.) — 1. vgl. vorst. Referat. — *7-Methoxyisoflavanon* wurde durch Red. von 7-Methoxy-3-hydroxy- (I) oder 7-Methoxy-3-acetoxyisoflavanon (**II**) mit Zn-Staub in Essigsäure hergestellt; **II** liefert etwa doppelt so hohe Ausbeuten. Ebenso wurde *7-Hydroxyisoflavanon* gewonnen.

Versuche: *3-Hydroxy-7-methoxyisoflavanon* (I), F. 133°, aus ω-m-Methoxyphenoxyacetophenon durch 5std. Rk. mit KCN u. H_2SO_4 in Ae./W. u. 8tägiges Stehen des *Cyanohydrins* mit wasserfreiem $ZnCl_2$ u. HCl in Ae.; Prismen; 63% (Ausbeute). — *3-Acetoxy-7-methoxyisoflavanon* (**II**), $C_{18}H_{16}O_5$, F. 105°, a) aus **I** mit Acetanhydrid (AA) in Pyridin; 94%; b) aus 0,3 g **I** mit Na-Acetat in AA; 0,2 g. — *7-Methoxyisoflavanon* (**III**), $C_{16}H_{14}O_3$, F. 91—92° (A.), a) durch 3std. Kochen von **I** mit Zn in 70%ig. Essigsäure, Filtrieren u. Wasserzusatz; 42%; b) aus **II** analog a) in 1 Std.; 94%. *Phenylhydrazon*, $C_{22}H_{20}N_2O_2$, F. 187°, aus A. Tafeln. *Oxim*, $C_{16}H_{15}NO_3$, F. 149,5°, aus 50%ig. A. gelbe Tafeln. 4std. Erhitzen von 1 g **III** mit Pb-Tetraacetat in Essigsäure → 0,074 g *7-Methoxyisoflavon* (F. 159°) u. 0,21 g **II**. — *ω-m-Hydroxyphenoxyacetophenon* (**IV**), $C_{14}H_{12}O_3$, F. 121,5° (W.), durch $^1/_4$std. Zutropfen von 2 g Phenacylbromid in Aceton zur Lsg. von 4,4 g Resorcin in Aceton/wss. NaOH bei 71—95°, 20 Min. langes Erwärmen, Einengen, Lösen in Ae., Extrahieren mit wss. NaOH, Ansäuern der alkal. Lsg. u. Abfiltrieren des Nd.; 0,6 g. — *3.7-Dihydroxyisoflavanon* (**V**), $C_{15}H_{12}O_4$, F. 203° (W.), durch 8std. Schütteln der äther. Lsg. von **IV** mit der wss. Lsg. von KCN u. H_2SO_4, Isolieren des *Cyanhydrins*, Lösen in Ae. u. 6tägiges Stehen nach $ZnCl_2$-Zusatz u. Sättigen mit HCl bei 0°; 46%. Rk. mit konz. H_2SO_4 → *7-Hydroxyisoflavon*, F. 212°. *3.7-Di-O-Acetyl-Deriv.* (**Va**), $C_{19}H_{16}O_6$, F. 120°, aus A. Nadeln. — *7-Acetoxyisoflavanon*, F. 109° (A.), aus **Va** analog **III** in $^1/_4$ Std.; 60%. — *7-Hydroxyisoflavanon*, F. 175°, a) aus **V** analog **III** in 2½ Std.; 32%; b) durch 3std. Kochen von **III** mit HJ in AA; 53%; aus A. Nadeln.

Wolfgang Werner/Berlin. 3211◇

Pyrone-(4). 2. Mitt. **Einwirkung von Alkylaminen auf 2-Methyl- und 2-Styryl-naphtho-[1.2:b]-pyrone-(4) und auf 2.6-Distyrylpyrone-(4) und ihre Thioanalogen.** Mohamed A.-F. Elkaschef, Michael H. Nosseir und Awatef Abdel Kader. (J. chem. Soc. [London] **1963**, 440—44, Cairo, Dakki, Nat. Res. Centre; engl.) — 1. vgl. C. **1961**, 10933. — Vff. setzen 2-Methylnaphtho-[1.2:b]-pyron-(4) (**I**) u. 2-Methylnaphtho-[1.2:b]-pyranthion-(4) (**II**) mit aromat. Aldehyden (**D**) zu *2-Styrylnaphtho-[1.2:b]-pyronen-(4)* (**A**) bzw. *2-Styrylnaphtho-[1.2:b]-pyranthionen-(4)* (**B**) um u. untersuchen die Rk. von **I, II, A** u. **B** mit Alkylaminen (**C**). **I** bildet mit CH_3NH_2 *1-Hydroxy-2-[1-oxo-3-methylaminobuten-(2)-yl]-naphthalin.* **II** liefert dagegen mit entsprechenden **C** *1-Hydroxy-2-[1-alkyliminoäthyl]-naphthaline* (**E**), für deren Bldg. aus **II** ein Rk.-Mechanismus vorgeschlagen wird. Die **E** werden durch HCl zu *1-Hydroxy-2-acetylnaphthalin* (**VIII**) hydrolysiert. **VIII** entsteht auch aus **I** u. **II** durch alkal. Hydrolyse. **VIII** läßt sich durch Umsetzung mit **C** in die entsprechenden **E** zurückverwandeln. Mit Benzylamin (**XI**) liefert **II** *2-Methylnaphtho-[1.2:b]-pyron-(4)-benzylimin* u. nicht *1-Hydroxy-2-[1-benzyliminoäthyl]-naphthalin*, das aus **VIII** u. **XI** erhalten wird. **II** u. **B** bilden mit $NH_2OH \cdot HCl$ die *Oxime* von **I** u. **A**. Bei der Rk. der **A** oder **B** mit **C** entstehen, indem sich 2 Mol **C** kondensieren, *1-Hydroxy-2-[1-alkylimino-3-alkylamino-5-arylpentadien-(2.4)-yl]-naphthaline.* Die aus 2.6-Dimethylpyron-(4) (**III**) bzw. 2.6-Dimethylpyranthion-(4) (**IV**) durch Rk. mit entsprechenden **D** zugänglichen *2.6-Distyrylpyrone-(4)* bzw. *2.6-Distyrylpyranthione-(4)* reagieren mit **C** nicht.

Versuche: *2-[4-Chlorstyryl]-naphtho-[1.2:b]-pyron-(4)* (**XIII**), $C_{21}H_{13}ClO_2$, F. 198° (Bzl./A.; gelbe Kristalle, durch 2tägiges Aufbewahren von 3,0 g **I** mit 2,4 g 4-Chlorbenzaldehyd (**VII**) u. $NaOC_2H_5$ in A. bei Raum-Temp. u. Absaugen; 5,5 g (Ausbeute). — *2-[4-Chlorstyryl]-naphtho-[1.2:b]-pyranthion-(4)*, $C_{21}H_{13}ClOS$, F. 258° (Zers.; Bzl.; violette Kristalle), durch 6std. Kochen von 1,0 g **II** mit 1,0 g **VII** in wenig Piperidin enthaltendem A.; 0,8 g. — *2-[4-Methylstyryl]-naphtho-[1.2:b]-pyranthion-(4)*, $C_{22}H_{16}OS$, F. 235° (Bzl.), analog vorst. Verb. aus **II** u. p-Tolylaldehyd. — *1-Hydroxy-2-[1-oxo-3-methylaminobuten-(2)-yl]-naphthalin*, $C_{15}H_{15}NO_2$, F. 163° (A.; gelbe Kristalle), durch 8std. Kochen von 1,0 g **I** mit CH_3NH_2 in A.; 0,5 g. — *2-Methylnaphtho-[1.2:b]-pyron-(4)-oxim* (**IX**), $C_{14}H_{11}NO_2$, F. 182° (A.), durch 5std. Kochen von 0,5 g **II** mit je 0,7 g $NH_2OH \cdot HCl$ u. Na-Acetat in wss. A. u. Verdünnen mit W.; 0,3 g. — Analog **IX** werden aus 0,5 g entsprechender **B** folgende Naphtho-[1.2: b]-pyron-(4)-oxime erhalten: *2-Styryl-*, $C_{21}H_{15}NO_2$, F. 210° (A.); 0,4 g. — *2-[4-Methylstyryl]-*, $C_{22}H_{17}NO_2$, F. 256° (A.); 0,3 g. — *2-[4-Chlorstyryl]-*, $C_{21}H_{14}ClNO_3$, F. 244° (A.); 0,35 g. — *2-[4-Methoxystyryl]-*, $C_{22}H_{17}NO_3$, F. 230° (A.); 0,25 g. — *1-Hydroxy-2-acetylnapthalin* (**VIII**), F. 103° (A.), a) durch 4std. Kochen von **I** oder **II** mit 20%ig. NaOH in wss. A. u. Ansäuern der filtrierten, abgekühlten Lsg.; b) durch ½std. Kochen von 0,5 g **E** mit 17%ig. HCl; 0,3 g. — 1-Hydroxynaphthaline (**E**): *2-[1-Methyliminoäthyl]-* (**X**), $C_{13}H_{13}NO$, F. 142° (PAe.), a) durch 8std. Kochen von 0,5 g **II** mit CH_3NH_2 in A. u. Eindampfen: 0,3 g; b) durch 6std. Kochen von **VIII** mit CH_3NH_2 in A. u. Eindampfen; ca. 100%. — *2-[1-Äthyliminoäthyl]-*, $C_{14}H_{15}NO$, F. 126° (PAe.), a) analog **X** nach a) aus 0,5 g **II** u. $C_2H_5NH_2$; 0,4 g; b) analog **X** nach b) aus **VIII** u. $C_2H_5NH_2$. — *2-[1-Butyliminoäthyl]-*, $C_{16}H_{19}NO$, F. 106° (PAe.), a) aus 0,5 g **II** u. Butylamin (**XII**); 0,3 g; b) aus **VIII** u. **XII**. — *2-[1-Benzyliminoäthyl]-*, $C_{19}H_{17}NO$, F. 147° (A.), analog **X** nach b) aus **VIII** u. Benzylamin (**XI**). — *2-Methylnaphtho-[1.2:b]-pyron-(4)-benzylimin*, $C_{21}H_{17}NO$, F. 217° (PAe.), analog **X** nach a) aus

0,5 g **II** u. **XI**; 0,24 g; wird durch sd. HCl nicht verändert. — *1-Hydroxy-2-[1-butylimino-3-butylamino-5-phenylpentadien-(2.4)-yl]-naphthalin* (**XIV**), $C_{29}H_{34}N_2O$, F. 188° (Bzl./A.). durch 8std. Kochen von 1,0 g 2-Styrylnaphtho-[1.2 : b]-pyron-(4) mit **XII** in A., Eindampfen u. Verreiben des Rückstands mit Bzl.; 0,58 g. — *1-Hydroxy-2-[1-butylimino-3-butylamino-5-(4-chlorphenyl)-pentadien-(2.4)-yl]-naphthalin*, $C_{29}H_{33}ClN_2O$, F 216° (Bzl./A.), analog **XIV** aus 1,0 g **XIII** u. **XII**; 0,9 g. — Analog **XIV** werden aus 1,0 g des entsprechenden **A** oder **B** u. dem entsprechenden **C** in A. die folgenden 1-Hydroxynaphthaline dargestellt: *2-[1-Methylimino-3-methylamino-5-phenylpentadien-(2.4)-yl]-*, $C_{23}H_{22}N_2O$, F. 210° (Zers.) a) aus **A**; 0,6 g; b) aus **B**; 0,9 g. — *2-[1-Methylimino-3-methylamino-5-(4-chlorphenyl)-pentadien-(2.4)-yl]-*, $C_{23}H_{21}ClN_2O$, F. 215° (Zers.), aus **A** oder **B**; 0,9 g. — *2-[1-Methylimino-3-methylamino-5-[4-methoxyphenyl)-pentadien-(2.4)-yl]-*, $C_{24}H_{24}N_2O_2$, F. 205° (Zers.), aus **B**; 1,0 g. — *2-[1-Äthylimino-3-äthylamino-5-phenylpentadien-(2.4)-yl]-*, $C_{25}H_{26}N_2O$, F. 187°, a) aus **A**; 0,6 g; b) aus **B**; 1,0 g. — *2-[1-Äthylimino-3-äthylamino-5-(4-chlorphenyl)-pentadien-(2.4)-yl]-*, $C_{25}H_{25}ClN_2O$, F. 234°, a) aus **A**; 1,0 g; b) aus **B**; 0,6 g. — *2-[1-Äthylimino-3-äthylamino-5-(4-methoxyphenyl)-pentadien-(2.4)-yl]-*, $C_{26}H_{28}N_2O_2$, F. 236°, aus **B**; 1,0 g. — *2-[1-Benzylimino-3-benzylamino-5-phenylpentadien-(2.4)-yl]-*, $C_{35}H_{30}N_2O$, F. 224° (Zers.), a) aus **A**; 0,6 g; b) aus **B**; 1,0 g. — *2-[1-Benzylimino-3-benzylamino-5-(4-chlorphenyl)-pentadien-(2.4)-yl]-*, $C_{35}H_{29}ClN_2O$, F. 212° (Zers.), a) aus **A**; 0,8 g; b) aus **B**; 1,0 g. — *2-[1-Benzylimino-3-benzylamino-5-(4-methoxyphenyl)-pentadien-(2.4)-yl]-*, $C_{36}H_{32}N_2O_2$, F. 216°, aus **B**; 1,0 g. — *2.6-Distyrylpyron-(4)* (**V**), $C_{21}H_{16}O_2$, F. 168° (wss. A.), durch Lösen von 1,0 g **III** in A., 48std. Einw. der berechneten Menge Benzaldehyd (**VI**) u. $NaOC_2H_5$ bei Raum-Temp., Lösen des Rk.-Prod. in A. u. Fällen mit verd. HCl; 1,0 g. — Analog **V** werden aus 1,0 g **III** u. dem entsprechenden **D** folgende Pyrone-(4) erhalten: *2.6-Bis-[4-methoxystyryl]-*, $C_{23}H_{20}O_4$, F. 199° (A.); 1,0 g. — *2.6-Bis-[4-methylstyryl]-*, $C_{23}H_{20}O_2$, F. 192° (A.); 1,0 g. — *2.6-Bis-[4-chlorstyryl]-*, $C_{21}H_{14}Cl_2O_2$, F. 238° (Bzl./A.); 1,0 g. — Pyranthione-(4): *2.6-Distyryl-*, $C_{21}H_{16}OS$, F. 244° (Bzl.–A.), analog **V** aus 1,0 g **IV**, **VI** u. $NaOC_2H_5$; 1,0 g. — *2.6-Bis-[4-methoxystyryl]-*, $C_{23}H_{20}O_3S$, F. 191° (Bzl.–A.), analog vorst. Verb. aus 1,0 g **IV**; 1,0 g. — *2.6-Bis-[4-methylstyryl]-*, $C_{23}H_{20}OS$, F. 217° (Bzl.); 1,2 g. H. Gleinig. 3211◇

Inermin, ein Extraktstoff aus Andira inermis. W. Cocker, T. Dahl, Carmel Dempsey und T. B. H. McMurry. (Chem. and Ind. **1962**, 216—17; Dublin, Eire, Trinity Coll., Univ. Chem. Labor.; engl.) — *Inermin* (I), das Aglykon des Trifolirhizins (II), wird aus dem Holz von *Andira inermis* (Wright) H.B.K. isoliert. **I** besitzt die Konstit. des *3-Hydroxy-8.9-methylendioxycumarano-[3.2:c]-chromans* (vgl. dagegen Bredenberg u. Hiétala, C. **1962**, 2001). IR-Maxima s. Original.

Versuche: *Inerminhemihydrat*, $C_{16}H_{12}O_5 \cdot \frac{1}{2} H_2O$, F. 100—105°, aus verd. A. Plättchen; $[\alpha]_D^{20}$ —221°. *Wasserfreie Form* (I), F. 179—180°, durch Kristallisation aus Bzl.; Nadeln. *Acetat*, F. 178°, aus Essigester Nadeln; $[\alpha]_D^{19}$ —179°. — *O-Methyl-Deriv.* (*Pterocarpin*), F. 159—160°, durch Rk. von **I** mit CH_2N_2 oder Dimethylsulfat/Alkali; aus Essigester/PAe. Rhomben; $[\alpha]_D^{18}$ —221°. — *Verb. vom F. 186°*, durch Rk. von **I** mit Säuren. — Neben **II** wurde noch *Biochanin A* (*5.7-Dihydroxy-4'-methoxyisoflavon*) isoliert. L. Lamza. 3211△

Bergapten-8-carbonsäure (5-Methoxyfuro-[3'.2':6.7]-cumarin-8-carbonsäure) und ihre photodynamischen Eigenschaften. G. Caporale. (Farmaco [Pavia], Ediz. sci. **13**, 784—89, 1958; Padova, Univ., Ist. di Chim. Farmac.; ital.) — Ausgehend von 4-Methoxy-6-hydroxy-7-carbomethoxycumaranon wird durch Red. *4-Methoxy-6-hydroxy-7-carbomethoxycumaran* dargestellt, das bei der Pechmann-Synth. mit Malonsäure u. H_2SO_4 *5-Methoxy-4'.5'-dihydrofuro-[3'.2':6.7]-cumarin-8-carbonsäuremethylester* (**I**) gibt. **I** liefert bei der Dehydrierung an Pd/Kohle *5-Methoxyfuro-[3'.2':6.7]-cumarin-8-carbonsäuremethylester*, der durch Verseifen in *Bergapten-8-carbonsäure* übergeführt wird. Bei der Unters. der photodynam. Aktivität im UV-Licht (bei 3655 Å) zeigte sich, daß die Einführung der 8-Carboxygruppe in Bergapten jegliche Aktivität unterdrückt. Veresterung der Säuregruppe ergibt wieder eine schwache Aktivität.

Versuche: *4-Methoxy-6-hydroxy-7-carbomethoxycumaranon*, nach Caporale (C. **1961**, 7218); 67% (Ausbeute). — *4-Methoxy-6-hydroxy-7-carbomethoxycumaran*, $C_{11}H_{12}O_5$, F. 173° (A.), durch Hydrieren vorst. Verb. in Eisessig an 30%ig. Pd/Kohle bei 60—65°; 92%. — *5-Methoxy-4'.5'-dihydrofuro-[3'.2':6.7]-cumarin-8-carbonsäuremethylester* (**I**), $C_{14}H_{12}O_6$, F 207°, durch ½std. Erhitzen vorst. Verb. mit Malonsäure u. konz. H_2SO_4 auf 60—63°, Versetzen mit W. u. mehrstd. Stehen; aus Methanol Nadeln; 54%. *Freie Säure* (**II**), $C_{13}H_{10}O_6$, F. 251° (Zers.), a) durch Verseifen von **I** mit 5%ig. wss.-methanol. KOH (1 : 1) unter 1std. Kochen; 86%; b) neben **I** durch Ansäuern des Filtrats mit verd. HCl u. Umkristallisieren aus Methanol. — *5-Methoxy-4'.5'-dihydrofuro-[3'.2':6.7]-cumarin*, $C_{12}H_{10}O_4$, F. 164° (Methanol), durch ½std. Erhitzen von **II** mit $CaCO_3$ im

Wasserstrahlvakuum; 56%. — *5-Methoxyfuro-[3'.2':6.7]-cumarin-8-carbonsäuremethylester*, $C_{14}H_{10}O_6$, F. 213°, durch ½std. Erhitzen von I mit 30%ig. Pd/Kohle auf 170 bis 175°, Versetzen mit sd. Aceton u. Sublimieren bei 0,005 Torr/155—185° (Bad); aus Methanol Nadeln; 35%. — *5-Methoxyfuro-[3'.2':6.7]-cumarin-8-carbonsäure* (*Bergapten-8-carbonsäure*), $C_{13}H_8O_6$, F. 267° (Zers.), durch 1std. Kochen vorst. Verb. mit 5%ig. wss.-methanol. KOH (1 : 1), Kühlen u. Ansäuern; aus Methanol schwachgelbe Nadeln; 70%. — *Bergapten*, F. 188° (PAe.), durch ½std. Erhitzen vorst. Verb. mit $CaCO_3$ im Vakuum auf 280° u. Sublimieren bei 0,005 Torr/130—150° (Bad). — Maxima u. Minima der UV-Spektren vgl. Original. P. Golinske. 3211△

Oxydation von 5-Acetyl-2-methylpyridin. F. Binns und G. A. Swan. (J. chem. Soc. [London] **1962,** 2831—32; Newcastle-upon-Tyne, Univ. of Durham, King's Coll., Dep. of Chem.; engl.) — 5-Acetyl-2-methylpyridin (I) wird durch wss. $KMnO_4$-Lsg. in geringer Ausbeute zu *Pyridin-2.5-dicarbonsäure* oxydiert, die sich zu *Nicotinsäure* decarboxylieren läßt. Mit Benzaldehyd reagiert I in Acetanhydrid zu *5-Acetyl-2-styrylpyridin* (II) u. wenig *5-Cinnamoyl-2-styrylpyridin.* In alkal. Lsg. kondensiert sich 3-Acetylpyridin mit Benzaldehyd zu *3-Cinnamoylpyridin* u. I zu *5-Cinnamoyl-2-methylpyridin.* Bei der Oxydation von II mit HNO_3 oder $KMnO_4$ in Aceton entsteht ebenfalls *Pyridin-2.5-dicarbonsäure,* aber auch nur mit geringer Ausbeute.

Versuche: *Pyridin-2.5-dicarbonsäure,* F. 225° (W.), durch 24std. Behandeln von 1 g I mit $KMnO_4$ in wss. Lsg. bei 50°, Filtrieren, SO_2-Einleiten, Einengen, Ansäuern mit Essigsäure, Versetzen mit $AgNO_3$-Lsg., Abtrennen des Ag-Salzes, Suspendieren in W. u. Zers. mit H_2S; 0,27 g (Ausbeute). — *Nicotinsäure,* F. 233°, durch Erhitzen vorst. Verb. mit Glaspulver auf 250—260°; 80 mg. — *5-Cinnamoyl-2-styrylpyridin,* $C_{22}H_{17}NO \cdot 5\, C_3H_6O$, F. 152—153° (Aceton), durch 48std. Kochen von 5 g I mit Benzaldehyd in Acetanhydrid, Gießen in W., Ansäuern, Vertreiben des Benzaldehyds mit Wasserdampf u. Freisetzen der Base aus dem *Hydrochlorid* [$C_{22}H_{18}ClNO$, F. 219—220°; 0,17 g]. Daneben *5-Acetyl-2-styrylpyridin* (II), $C_{15}H_{13}NO$, F. 118—119°, durch Alkalisieren des Filtrats; 3 g. — *5-Cinnamoyl-2-methylpyridin,* $C_{15}H_{13}NO$, F. 72—74° (wss. Methanol; Platten), durch 1std. Schütteln von 0,14 g I mit Benzaldehyd u. NaOH u. Vertreiben des Benzaldehyds durch Wasserdampf; 0,13 g. — *3-Cinnamoylpyridin,* $C_{14}H_{11}NO$, F. 80° (wss. A.), analog vorst. Verb. aus 2 g 3-Acetylpyridin; 2,3 g. E. Kossmehl. 3231◇

Neue Derivate des 2.2.6.6-Tetramethylpiperidins. Wilson B. Lutz, Sam Lazarus und Robert I. Meltzer. (J. org. Chemistry **27,** 1695—1704, 1962; Morris Plains, N.J., Warner-Lambert Res. Inst.; engl.) — *Polymethylpiperidin-Derivv.* werden zur Unters. ihrer neuromuskulären u. ganglienblockierenden Wrkg. aus Triacetonamin (I) dargestellt.

Versuche: *Triacetonamin* (I), $C_9H_{17}NO$, Kp.$_{15}$ 88—92°, durch 2tägiges Einleiten von NH_3 in eine Mischung von Aceton u. $CaCl_2$ unter Rühren, 2std. Kochen u. Aufarbeitung; gelbe Nadeln; 8% (Ausbeute). *Oximhydrochlorid* (II), $C_9H_{19}ClN_2O$, F. 284 bis 285°. *Hydrazon,* $C_9H_{19}N_3$, F. 61—64° (Ligroin u. Sublimation), durch 2tägiges Stehen von I mit Hydrazinhydrat in Methanol bei Raum-Temp.; 99%. *Azin,* $C_{18}H_{34}N_4$, F. 135 bis 136° (PAe. u. Sublimation), durch 3std. Erhitzen von I mit Hydrazinhydrat auf dem Wasserbad; 84%. — *2.2.6.6-Tetramethylpiperidinol-(4)* (III), $C_9H_{19}NO$, F. 128—131°, durch 4std. Rühren von wasserfreiem I mit $NaBH_4$ in 95%ig. A. unter zeitweiligem Kühlen mit W., Einengen, Versetzen mit W., 2tägiges Stehen, Einengen u. 2std. Extrahieren mit Ligroin im Soxhlet-App.; hellgelbe Kristalle; 96,5%. — *1.2.2.6.6-Pentamethylpiperidinol-(4)* (IV), $C_{10}H_{21}NO$, F. 73—74°, durch 7std. Erhitzen von III mit 37%ig. Formalin u. Ameisensäure auf dem Wasserbad, Alkalisieren mit 10m KOH, Extrahieren mit Ae., Trocknen über K_2CO_3, Einengen u. Sublimieren bei 88°/0,05 Torr; 97%. *Hydrat,* F. 57—59°, durch Stehen von IV an feuchter Luft. *Methojodid,* F. 226 bis 228° (Zers.; Methanol), durch 23std. Erhitzen von IV mit Methyljodid auf 70—75° im Rohr; 95%. — *N-Methyltriacetonaminazin* (V), $C_{20}H_{38}N_4$, F. 98—99° (PAe. u. Sublimation), durch 4std. Erhitzen von N-Methyltriacetonamin mit Hydrazinhydrat u. A. auf 85—88°; 53%. V-*Bis-p-toluolsulfonat,* $C_{34}H_{54}N_4O_6S_2$, F. 149—150° (Propanol-(2)/Äthylacetat/Ae.). — *1.2.2.6.6-Pentamethylpiperidon-(4)* (VI), $C_{10}N_{19}NO$, Kp.$_{15}$ 100—102°, durch Zugabe von wss. Alkali zu einer wss. Lsg. des Hydrojodids u. Extrahieren mit Ae.; 65%. *Hydrojodid,* F. 198—199° (Methanol), durch 2tägiges Stehen von wasserfreiem I mit Methyljodid u. Propanol-(2) im geschlossenen Gefäß unter zeitweiligem Kühlen mit W. u. Zugabe von Propanol-(2) in 1—2stündlichen Abständen; lohfarbene Kristalle; 62%. *Oxim,* $C_{10}H_{20}N_2O$, F. 142—144° (Acetonitril), a) durch 2std. Erhitzen von II mit Na-Formiat, 37%ig. Formalin u. Ameisensäure auf dem Wasserbad unter zeitweiliger Zugabe von Ameisensäure bis zur Neutralisation, Abkühlen u. Zugabe von konz. NH_4OH; 81%; b) durch Mischen von VI mit Hydroxylaminhydrochlorid in W., kurzes Erwärmen auf dem Wasserbad, Abkühlen, Alkalisieren mit festem NaOH unter Schütteln, Stehen über Nacht u. Aufarbeitung; 75%. *Hydrochlorid*, F. 227—228°, durch Lösen vorst. Verb. in Propanol-(2) u. Zugabe von HCl-haltigem Propanol-(2). — *Bis-[1.2.2.6.6-pentamethyl-piperidyl-(4)]-succinat* (**VII**), durch 1std. Kochen von **IV** mit Succinanhydrid in Bzl., Abkühlen, Zugabe von p-Toluolsulfonsäure in Bzl. u. Aufarbeitung; gelbes Öl. *Dihydrogensulfat*, $C_{24}H_{48}N_2O_{12}S_2$, F. 252—256° [Methanol/Propanol-(2)], durch Zugabe von konz. H_2SO_4 in Propanol-(2) zu **VII** in Ae. u. Aufarbeitung; 76,5%. *Dihydrogenoxalat*, $C_{28}H_{48}N_2O_{12}$, F. 231—232° [Propanol-(1)], durch Versetzen von **VII** mit Oxalsäure in Alkohol. — *3-[1.2.2.6.6-Pentamethylpiperidinyl-(4)-oxy]-propionitril* (**VIII**), durch Alkalisieren von **VIII**-Hydrochlorid in W. u. Extrahieren mit Äther. *Hydrobromid*, $C_{13}H_{25}BrN_2O$, F. 176—178° [Propanol-(2) u. Sublimation], durch Zugabe von Na in tert.-Butylalkohol zu geschmolzenem **IV**, Durchschütteln, Zugabe von Acrylnitril, 2tägiges Stehen bei Raum-Temp., 2std. Erhitzen auf dem Wasserbad, Verdünnen mit Ae., Filtrieren u. Behandeln mit HBr; 90%. — *4-[3-Aminopropoxy]-1.2.2.6.6-pentamethylpiperidindihydrochlorid*, $C_{13}H_{30}Cl_2N_2O$, F. 258—259° (Methanol/Äthylacetat), durch Zugabe von **VIII** in Ae. zu $LiAlH_4$ in Ae. unter Rühren, 2std. Kochen, Abkühlen, Versetzen mit 10m KOH, Extrahieren mit Ae. u. Behandeln mit HCl. — *4-[3-Dimethylaminopropoxy]-1.2.2.6.6-pentamethylpiperidindihydrochlorid*, $C_{15}H_{34}Cl_2N_2O$, F. 252—253° [Propanol-(2)], durch 1std. Erhitzen vorst. Verb. mit Na-Formiat, 37% ig. wss. Formaldehyd u. Ameisensäure auf dem Wasserbad, Abkühlen, Verdünnen mit W., Extrahieren mit Ae., Alkalisieren mit KOH, Extrahieren mit Ae., Trocknen über K_2CO_3, Filtrieren u. Einleiten von HCl; 77%. — *4.4'-Bis-[4-hydroxy-2.2.6.6-tetramethylpiperidyl]* (**IX**), $C_{18}H_{36}N_2O_2$, F. 176 bis 178° (PAe.), durch Zugabe von $HgCl_2$ u. frisch zerkleinerter Al-Folie zu wasserfreiem **I** in Bzl. unter Rühren, 4std. Kochen, Versetzen mit 10m KOH u. Aufarbeitung; 22,7%. — *4.4'-Bis-[1.2.2.6.6-pentamethyl-4-hydroxypiperidyl]*, $C_{20}H_{40}N_2O_2$, F. 149—150° (Sublimation bei 110—150°/0,05 Torr), durch 9std. Erhitzen von vorst. Verb. mit 37% ig. Formalin u. einigen Tropfen Ameisensäure auf dem Wasserbad unter zeitweiliger Zugabe von Ameisensäure bis zur Neutralisation u. Alkalisieren mit 10m KOH; 64,5%. — *4-Äthinyl-2.2.6.6-tetramethylpiperidinol-(4)* (**X**), $C_{11}H_{19}NO$, F. 214—216° (Sublimation bei 0,15 Torr), durch Einleiten von Acetylen in Na-haltiges NH_3 bis zur Entfärbung u. eine weitere Std., Zugabe von wasserfreiem **I**, 5½ std. Einleiten von Acetylen u. Aufarbeitung; 54%. — *1.4-Bis-[2.2.6.6-tetramethyl-4-hydroxypiperidyl-(4)]-butadiin*, $C_{22}H_{36}N_2O_2$, F. 246 bis 248°, durch 1½ std. Einleiten von O_2 in eine Suspension aus **X**, NH_4Cl, CuCl, 6n HCl u. W. nach Zugabe von NH_4OH bis zum pH 5,5 unter Rühren u. Alkalisieren mit NH_4OH; 92%. — *1.4-Bis-[2.2.6.6-tetramethyl-4-hydroxypiperidyl-(4)]-butan*, $C_{22}H_{44}N_2O_2$, F. 128 bis 129° (PAe. u. Sublimation), durch Schütteln vorst. Verb. in Essigsäure/W. (4:1) mit H_2 in Ggw. einer Mischung aus 10% ig. Pd-Tierkohle u. 5% ig. Pt-Tierkohle bei 40 lbs./sq.in. bis zur Aufnahme von ca. 4 Mol H_2, Abfiltrieren, Alkalisieren u. Extrahieren mit Essigester; Nadeln; 97%. — *1.4-Bis-[1.2.2.6.6-pentamethyl-4-hydroxypiperidyl-(4)]-butan*, $C_{24}H_{48}N_2O_2$, F. 122—123° (Ligroin u. Sublimation), durch 2tägiges Erhitzen vorst. Verb. mit 37% ig. Formalin u. Ameisensäure auf dem Wasserbad, Versetzen mit 10m KOH u. Verreiben mit sd. PAe.; 95%. — *1.4-Bis-[1.2.2.6.6-pentamethylpiperidyl-(4)]-butan* (**XI**), F. 120—121° (Methanol), durch 6½ std. Kochen vorst. Verb. mit 20% ig. H_2SO_4, 2tägiges Hydrieren in Ggw. von Pd- u. Pt-Tierkohle bei 40 lbs./sq.in., Alkalisieren, Aufarbeitung, Hydrieren bei 1800—1900 lbs./sq.in. in 25% ig. Essigsäure in Ggw. von Pd- u. Pt-Tierkohle u. Alkalisieren. *Dihydrochlorid*, $C_{24}H_{50}Cl_2N_2$, F. 289—290° [Zers.; Propanol-(2)], durch Einleiten von HCl in eine äther. Lsg. von **XI**; 25%. — *2.2.6.6-Tetramethylpiperidin* (**XII**), $C_9H_{19}N$, Kp. 151—154°, nach Leonhard u. Nommensen (J. Amer. chem. Soc. **71**, [1949], 2810) durch Wolff-Kishner-Red. von **I**; n_D^{20} 1,4442. — *1-Propargyl-2.2.6.6-tetramethylpiperidin* (**XIII**), F. 30—34°, Kp.$_{15}$ 93 bis 95°, durch 94std. Erhitzen einer Mischung aus **XII**, frisch dest. Propargylbromid, MgO, A. u. W. auf dem Wasserbad unter Rühren u. Durchleiten von N_2, Ansäuern mit HCl, Wasserdampf-Dest. u. Aufarbeitung; 54%. *Hydrochlorid*, $C_{12}H_{22}ClN$, F. 212—213° [Zers.; Propanol-(2)/Aceton u. Sublimation bei 85—100°/0,02 Torr], durch Zugabe von $AgNO_3$ zu einer Mischung aus 3 g **XIII**, W., Essigsäure u. 6n HNO_3 unter Rühren, Zugabe von konz. NH_4OH, Abfiltrieren, Versetzen mit wss. KCN, Extrahieren mit Ae., Trocknen über K_2CO_3, Abfiltrieren u. Einleiten von HCl; 1,9 g. — *1.6-Bis-[2.2.6.6-tetramethylpiperidino]-hexadiin-(2.4)* (**XIV**), $C_{24}H_{40}N_2$, F. 120—121° (A.), durch 3tägiges Stehen von **XIII** in einer Lsg. aus Cu(II)-Acetatmonohydrat, trockenem Pyridin u. Methanol bei Raum-Temp. u. Zugabe von konz. NH_4OH u. W.; 89%. *Dihydrochlorid*, F. 228—229° [Propanol-(1)/Essigester], durch Einleiten von HCl in eine äther. Lsg. von **XIV**. — *1.6-Bis-[2.2.6.6-tetramethylpiperidino]-hexan* (**XV**), $C_{24}H_{48}N_2$, F. 117—118°, durch 18std. Schütteln von **XIV** mit H_2 u. 5% ig. Rh-Tierkohle in PAe. bei 40 lbs./sq.in., Abfiltrieren u. Aufarbeitung; 60%. *Dihydrochlorid*, F. 264—265° [Propanol-(1)/Essigester u. Propanol-(2)/Acetonitril], durch Einleiten von HCl in eine äther. Lsg. von **XV**. — *1.2.2.6.6-Pentamethyl-4-aminopiperidin* (**XVI**), $C_{10}H_{22}N_2$, Kp.$_{15}$ 95—99°, durch tropfenweise Zugabe von **VI**-Oxim in trockenem Tetrahydrofuran zu $LiAlH_4$ in Tetrahydrofuran unter Rühren, 1std. Kochen, 2tägiges Stehen bei Raum-Temp., Einengen, Aufnehmen mit Ae., Zugabe von 10n KOH u. 24std. kontinuierliche Ae.-Extraktion; n_D^{20} 1,4813; 75%. — *4-Guanidino-1.2.2.6.6-pentamethylpiperidindinitrat*, $C_{11}H_{26}N_6O_6$, F. 225—226° (A.), durch 3std. Zusammenschmelzen von **XVI** mit 1-Guanidyl-3.5-dimethylpyrazolnitrat bei 110° Bad-Temp., Abkühlen u. Versetzen mit sd. Propanol-(2); 32%. — *1-[o-Brombenzyl]-2.2.6.6-tetramethylpiperidin*, $C_{16}H_{24}BrN$, F. 72—77°, durch Versetzen des Hydrochlorids mit wss. KOH. *Hydrochlorid*, F. 207—209° (Aceton/Ae.), durch 42std. Erhitzen von **XII** mit o-Brombenzylchlorid im Rohr auf 145°, 12 Std. bei 100°, 10 Std. bei 160°, 10 Std. bei 185—200°, 3 Tage bei 230°, Aufarbeitung u. Einleiten von HCl in die äther. Lsg.; 23%. — *N-[1.2.2.6.6-Pentamethylpiperidinyl-(4)]-1-tosylpyrrolidon-(5)-carbonsäure-(2)-amid*, $C_{22}H_{33}N_3O_4S$, F. 207,8—208,4° (Bzl.), durch tropfenweise Zugabe von **XVI** zu N-Tosyl-5-oxo-L-pyrrolidyl-(2)-carbonylchlorid unter Kühlen im Eisbad, 40 Min. langes Stehen bei Raum-Temp., Zugabe von Essigester, Gießen in Ae. u. Aufarbeitung; $[\alpha]_D^{26,5}$ —75,7°; 73%. — *1.2.2.6.6-Pentamethyl-4-[N-tosyl-L-α-glutamylamino]-piperidin*, $C_{22}H_{35}N_3O_5S$, F. 200—215° (Zers.; Methanol/Aceton), durch schnelle Zugabe von $Ba(OH)_2$ in wenig W. zu vorst. Verb. in Methanol unter Rühren, 10 Min. langes Stehen bei Raum-Temp., Lösen in W., 15 Min. langes Stehen, Einleiten von CO_2 bis zur vollständigen Fällung des $BaCO_3$, Zugabe von NH_4OH bis zum pH 8, Abfiltrieren, Einengen bei 15 Torr, Lösen in Aceton u. Stehenlassen über Nacht; $[\alpha]_D^{26,5}$ +20,6°; 90,5%. J. Pfirschke. 3231◇

Cyanäthylierung. 1. Mitt. **Schwach basische Katalysatoren bei der Reaktion von Acrylnitril mit aktiven Methylenverbindungen.** Joe A. Adamcik und Edward J. Miklasiewciz. (J. org. Chemistry **28**, 336—39, 1963; Lubbock, Tex., Technol. Coll., Dep. of Chem.; engl.) — Die Umsetzung von akt. Methylen-Verbb. mit Acrylnitril (**VI**) in Ggw. von $(C_2H_5)_3N$ (**VII**) ist von der Art u. der Konz. des verwendeten Lsgm. abhängig. So liefert die Cyanäthylierung von Acetylaceton (**I**) je nach Vers.-Bedingungen mit unterschiedlicher Ausbeute *γ.γ-Diacetylpimelinsäuredinitril*. Zur Erklärung der Vers.-Ergebnisse wird ein Rk.-Mechanismus vorgeschlagen. Umsetzung von **VI** mit α-Cyanacetamid (**VIII**) führt bei 20° zu *γ-Cyan-γ-aminoformylpimelinsäuredinitril* (**II**) u. bei 65° zu *3-Cyan-3-[2-cyanäthyl]-6-iminopiperidon-(2)* (**III**). **II** läßt sich mit **VII** bei 60—70° zu **III** cyclisieren. Saure Hydrolyse von **III** ergibt *2.6-Dioxo-3-cyan-3-[2-cyanäthyl]-piperidin* (**IV**). Werden **II**, **III** oder **IV** der energ. Hydrolyse mit konz. HCl unterworfen, so isoliert man *2.8-Diazaspiro-[5.5]-undecantetron-(1.3.7.9)* (**V**), bei dessen Red. mit $LiAlH_4$ *2.8-Diazaspiro-[5.5]-undecan* (**IX**) entsteht. Für **II**, **III**, **IV**, **V** u. **IX** sind die IR-Maxima angegeben. **IV** u. **V** zeigen schwach sauren Charakter.

Versuche: Pimelinsäuredinitrile: *γ.γ-Diacetyl-*, F. 185—186°, a) durch 2tägiges Aufbewahren von 1 Mol **I** mit 2 Mol **VI** in 75%ig. wss. tert.-Butanol in Ggw. von **VII** bei Raum-Temp., Absaugen u. Waschen mit A.; 77% (Ausbeute); b) analog a) in 50%ig. A.; 50%; c) analog a) in 95%ig. A.; 57%; d) analog a) in Isopropanol; 67%. — *γ-Acetyl-γ-methoxycarbonyl-*, F. 152—154°, durch 1tägiges Aufbewahren von 2 Mol **VI** mit 1 Mol Acetessigsäuremethylester u. **VII** in wss. 50%ig. Isopropanol; 88%. — *γ-Acetyl-γ-äthoxycarbonyl-*, F. 81—83°, analog vorst. Verb. aus **VI** u. Acetessigsäureäthylester in wss. Isopropanol in Ggw. von **VII**; 92%. — *γ.γ-Dicyan-*, F. 89—90°, durch 2std. Aufbewahren von 1 Mol Malonsäuredinitril mit 2 Mol **VI** u. **VII** in A.; 87%. — *γ-Cyan-γ-aminoformyl-* (**II**), F. 117—118,5°, a) durch 8std. Aufbewahren von 1 Mol **VIII** mit 2 Mol **VI** in Ggw. von **VII** in wss. 50%ig. A. bei 20°; 63%; b) analog a) durch 2½std. Aufbewahren bei 40—50°, Behandeln des abgesaugten Rk.-Prod. mit Tetrahydrofuran (THF) u. Einengen der THF-Lsg.; 13%; daneben **III** als in THF unlösl. Anteil; 50%. — *3-Cyan-3-[2-cyanäthyl]-6-iminopiperidon-(2)* (**III**), $C_9H_{10}N_4O$, F. 223—224° (wss. A.), a) durch 3std. Erwärmen von 1 Mol **VIII** u. 2 Mol **VI** in Ggw. von **VII** in 50%ig. wss. A. auf 65—70°; 77%; b) durch 5 Min. langes Erwärmen von **II** in wss. A. auf 60—70°, Zusetzen von **VII** u. weiteres 1½std. Erwärmen; 77%. — *2.6-Dioxo-3-cyan-3-[2-cyanäthyl]-piperidin* (**IV**), $C_9H_9N_3O_2$, F. 134—135° (wss. A.), durch ¾std. Erwärmen von **III** mit 6n HCl auf 50—60° u. 24std. Aufbewahren in der Kälte; 56%. — *2.8-Diazaspiro-[5.5]-undecantetron-(1.3.7.9)* (**V**), $C_9H_{10}N_2O_4$, F. 283—284° (W.), a) durch Kochen von **II** mit konz. HCl u. Abkühlen; 38%; b) analog a) aus **III**; 42%; c) analog a) aus **IV**; 43%. — *2.8-Diazaspiro-[5.5]-undecan* (**IX**), $C_9H_{18}N_2$, Kp.$_{0,8}$ 72,5—74,5°, durch 26std. Kochen u. Rühren von **V** mit $LiAlH_4$ in THF, Kühlen, 20 Min. langes Rühren mit W., Ansäuern der filtrierten Lsg. mit konz. HCl, Einengen der wss. Phase im Vakuum, Lösen des Rückstandes in W., Alkalisieren mit KOH, Extraktion mit $CHCl_3$ u. Einengen der $CHCl_3$-Lsg. im Vakuum; 30%. H. Gleinig. 3231◇

Über die Darstellung und Reaktionsfähigkeit von 4-Hydroxy-7-chlorchinaldin. Gerhard Buchmann und Wolfgang Grimm. (J. prakt. Chem. [4] **17** (**289**), 135—46, 1962; Merseburg, TH für Chem.; Leuna-Merseburg, Inst. für Organ. Chem.; dt.) — Durch Hydrolyse von 4.7-Dichlorchinaldin mit starker HCl entsteht über das Hydrochlorid *4-Hydroxy-7-chlorchinaldin* (**I**), das mit 30%ig. H_2O_2 zum *2-Hydroxy-7-chlorchinaldin-N-oxid* umgesetzt wird. Mit diazotierter Sulfanilsäure u. diazotierter p-Aminobenzoesäure koppelt **I** in alkal. Lsg. zu *3-[4-Sulfophenylazo]*- bzw. *3-[4-Carboxyphenylazo]-4-hydroxy-7-chlorchinaldin.* Mit Na-Methanolat, -Äthanolat u. -Isopropanolat bildet **I** die entsprechenden Alkoxy-Derivv. *4-Hydroxy-7-methoxy-*, *4-Hydroxy-7-äthoxy-* u. *4-Hydroxy-7-isopropoxychinaldin.* Mit p-Toluidin, α-Naphthylamin, p-Aminobenzoesäure u. p-Chloranilin tritt Aminierung zu *4-Hydroxy-7-[p-toluidino]-chinaldinhydrochlorid*, *4-Hydroxy-7-[α-naphthylamino]-*, *4-Hydroxy-7-[4-carboxyphenylamino]-* u. *4-Hydroxy-7-[4-chlorphenylamino]-chinaldin* ein. Bei der Nitrierung von **I** entsteht *4-Hydroxy-7-chlor-8-nitrochinaldin* (**II**). Verss., wie aus **I** die Alkoxy-Derivv. von **II** herzustellen, scheiterten. Mit p-Toluidin bildet **II** *4-Hydroxy-7-[p-toluidino]-8-nitrochinaldindihydrochlorid.*

Versuche: *4-Hydroxy-7-chlorchinaldin* (**I**), $C_{10}H_8ClNO$, F. 181—182° (Zers.; A., Eisessig; gelb), durch 24std. Kochen von 4.7-Dichlorchinaldin mit 6n HCl in Dioxan, Einengen im Vakuum, Abtrennen des braunen Nd., Extrahieren mit Ae. (zur Entfernung von 4.7-Dichlorchinaldin), Lösen des *Hydrochlorids* [$C_{10}H_8ClNO \cdot HCl$, F. 237° (Eisessig; braun); 54,3% (Ausbeute)] in heißem W. u. Versetzen mit $NaHCO_3$; 90%. *N-Oxid, Acetat*, $C_{12}H_{12}ClNO_4$, F. 278—280° (Zers.; Eisessig), durch 2std. Erwärmen von **I** mit 30%ig. H_2O_2 in Eisessig auf 80°; 74,6%. — *3-[4-Sulfophenylazo]-4-hydroxy-7-chlorchinaldin, Hydrochlorid*, $C_{16}H_{12}ClN_3O_4S \cdot HCl$, F. 255—256° (Zers.; dunkelrot), durch Versetzen von diazotierter Sulfanilsäure mit **I** in alkal. Lsg. u. Ansäuern bis pH 3; 62,5%. — *3-[4-Carboxyphenylazo]-4-hydroxy-7-chlorchinaldin, Hydrochlorid*, $C_{17}H_{12}ClN_3O_3 \cdot HCl$, F. 153° (Zers.; rotbraun), wie vorst. Verb. mit diazotierter p-Aminobenzoesäure; 63,1%. — *4-Hydroxy-7-methoxychinaldin, Hydrochlorid*, $C_{11}H_{11}NO_2 \cdot HCl$, F. 174—175° (Fällen mit Bzl. aus Eisessig), durch Zugabe von **I** zu in abs. Methanol gelöstem Na, 8std. Kochen, Abfiltrieren des NaCl, Versetzen mit W., Einengen im Vakuum, Aufnehmen des Rückstandes mit alkohol. HCl u. Eindampfen bis zur Trockne; 53,1%. — *4-Hydroxy-7-äthoxychinaldin, Hydrochlorid*, $C_{12}H_{13}NO_2 \cdot HCl$, F. 178—179°, analog vorst. Verb. in abs. A.; 58,4%. — *4-Hydroxy-7-isopropoxychinaldin, Hydrochlorid*, $C_{13}H_{15}NO_2 \cdot HCl$, F. 171—172°, analog vorst. Verb. in abs. Isopropanol; 47,2%. — *4-Hydroxy-7-[p-toluidino]-chinaldin, Hydrochlorid*, $C_{17}H_{16}N_2O \cdot HCl$, F. 272—273° (Zers.; Dimethylformamid; gelb), durch 10std. Kochen von **I**-Hydrochlorid mit p-Toluidin in wss. Dioxan bei pH 4; 46,7%. — *4-Hydroxy-7-[α-naphthylamino]-chinaldin*, $C_{20}H_{16}N_2O$, F. 218—219° (Zers.; grau) analog vorst. Verb. mit α-Naphthylamin, Aufnehmen in Dimethylformamid, Fällen mit W. u. Erhitzen mit verd. NH_4OH; 49,9%. — *4-Hydroxy-7-[4-carboxyphenylamino]-chinaldin*, $C_{17}H_{14}N_2O_3$, F. 274—276° (Zers.; gelb), analog vorst. Verb., Erhitzen des erhaltenen Rk.-Prod. mit verd. NH_4OH u. Ansäuern mit verd. Essigsäure; 57,8%. — *4-Hydroxy-7-[4-chlorphenylamino]-chinaldin*, $C_{16}H_{13}ClN_2O$, F. 207 bis 209° (Zers.; grau), analog vorst. Verb. u. Erhitzen des Rk.-Prod. mit verd. NH_4OH; 59,7%. — *4-Hydroxy-7-chlor-8-nitrochinaldin* (**II**), $C_{10}H_7ClN_2O_3$, F. 284—286° (Zers.; gelb), durch sehr langsame Zugabe von KNO_3 zu **I** in konz. H_2SO_4 unter Eiskühlung, 3std. Rühren bei 5°, Gießen auf Eis, Lösen in Dimethylformamid u. Fällen mit W.; 83,7%. — *4-Hydroxy-7-[p-toluidino]-8-nitrochinaldindihydrochlorid*, $C_{17}H_{15}N_3O_3 \cdot 2\,HCl$, F. 304—306° (Zers.), durch 10std. Kochen von **II** mit p-Toluidin in wss. Dioxan bei pH 4, Lösen des ausgeschiedenen Prod. in Dimethylformamid u. Fällen mit W.; 52,5%. E. Koßmehl. 3231◇

Einige substituierte Lilolidene. A. N. Kosst, L. G. Judin, B. A. Dmitrijew und A. P. Terentjew. (J. allg. Chem. [UdSSR] **29** (**91**), 3977—82, 1959; Moskau, Univ.; russ.) — Durch Einw. von 20%ig. H_2SO_4 auf die Schiffschen Basen aus 1-Amino-6-methyl-1.2.3.4-tetrahydrochinolin (**I**) mit Methyläthylketon (**II**), Methylbutylketon (**III**), Phenylaceton (**IV**), Cyclohexanon (**V**) oder Propiophenon (**VI**) werden *1.2-Dialkyl(Diaryl)-8-methyl-5.6 dihydroliline* [Zählung vgl. nebenst. Formel I; im Original „*9.10-Dialkyl(Diaryl)-2-methyl-Δ²-lilolidene*"] dargestellt. Analog werden durch Cyclisierung von 1-Amino-1.2.3.4-tetrahydrochinolin (**VII**) mit γ-Acetopropanol (**VIII**) *1-[β-Hydroxyäthyl]-2-methyl-5.6-dihydrolilin*, von **I** mit Brenztraubensäure (**IX**) *2-Carboxy-8-methyl-5.6-dihydrolilin* u. von **I** mit Acetessigester (**X**) *1-Carbäthoxy-2.8-dimethyl-5.6-dihydrolilin* erhalten. Bei Verw. von Aldehyden lassen sich keine analogen Rk.-Prodd. isolieren. Der Einfl. der Substituenten in 1.2-Stellung auf das UV-Absorptionsmaximum wird beschrieben.

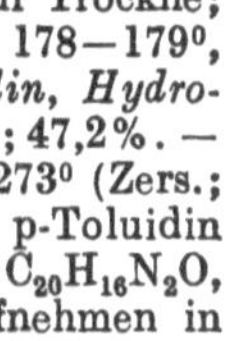

Versuche: 1.2.3.4-Tetrahydrochinoline: *1-Nitroso-*, $C_9H_{10}N_2O$, F. 22° (Ae.), aus 1.2.3.4-Tetrahydrochinolin mit $NaNO_2$ in 15%ig. H_2SO_4 bei 0°; 92% (Ausbeute). — *1-Nitroso-6-methyl-*, analog aus 6-Methyl-1.2.3.4-tetrahydrochinolin; 65%. — *1-Amino-6-methyl-* (I), $C_{10}H_{14}N_2$, Kp.$_{3}$ 110—120°, F. 38° (PAe.), durch Red. vorst. Verb.; 60%. — 8-Methyl-5.6-dihydroliline: *1.2-Dimethyl-*, $C_{14}H_{17}N$, F. 73° (Methanol), durch 1std. Erhitzen von 3,25 g **I** u. 2,9 g **II** auf dem Wasserbad, Abdestillieren von nicht umgesetztem **II**, Zugeben von 10 ml 20%ig. H_2SO_4 u. $^1/_2$std. Erhitzen; 75%. *Pikrat*, $C_{20}H_{20}N_4O_7$, F. 155—156° (A.). — *2-Methyl-1-propyl-*, $C_{16}H_{21}N$, F. 67° (Methanol), analog vorst. Verb. aus 3,25 g **I** u. 4 g **III**; 57%. *Pikrat*, $C_{22}H_{24}N_4O_7$, F. 120° (Zers.; A.). — *2-Methyl-1-phenyl-*, $C_{19}H_{19}N$, F. 116° (Methanol), aus 3,25 g **I** u. 2,7 g **IV**; 77%. — *1-Methyl-2-phenyl-*, $C_{19}H_{19}N$, F. 108° (Methanol), aus 3,25 g **I** u. 2,7 g **VI**; 10%. *Pikrat*, $C_{25}H_{22}N_4O_7$, F. 129,5° (A.). — *2-Methyl-1-carbäthoxy-*, $C_{16}H_{19}NO_2$, F. 118° (Methanol), aus 3,25 g **I** u. 2,6 g **X**; 68%. *Pikrat*, $C_{22}H_{22}N_4O_9$, F. 149° (A.). — *2-Carboxy-*, $C_{13}H_{13}NO_2$, F. 227—228° (Bzl.), durch 1std. Erhitzen von 4,6 g nachst. Verb. mit 50 ml 10%ig. HCl; 92%. — *1-[α-Carboxyäthylidenamino]-6-methyl-1.2.3.4-tetrahydrochinolin*, $C_{13}H_{16}N_2O_2$, F. 107° (Bzl.-PAe. 2 : 1), durch Zugeben von 2,64 g **IX** zu 3,25 g **I** in 30 ml Essigsäure; 99%. — *2-Carboxy-5.6-dihydrolilin*, F. 212° (Bzl.), aus 3,0 g **VII** u. 2,64 g **IX** in 30 ml Essigsäure über die Schiffsche Base (3,9 g, F. 99°); 53%. — *1-[β-Hydroxyäthyl]-2-methyl-5.6-dihydrolilin*, $C_{14}H_{17}NO$, F. 89° (50%ig. wss. A.) aus 1,2 g **VII** u. 1 g **VIII** in Ggw. von 5 ml 20%ig. H_2SO_4; 89%. — *1.2-Tetramethylen-8-methyl-5.6-dihydrolilin*, $C_{16}H_{19}N$. F. 88° (Methanol), durch 45 Min. langes Erhitzen von 0,88 g **I** mit 0,8 g **V** auf dem Wasserbad u. Behandeln des Rk.-Prod. mit 5 ml 20%ig. H_2SO_4; 90%. *Pikrat*, $C_{22}H_{22}N_4O_7$, F. 158—158,5° (A.). I. Schade. 3231△

Oxathiansynthese durch Ringschluß mit Quecksilber(II)-Salz. R. K. Summerbell und Erwin S. Poklacki. (J. org. Chemistry **27**, 2074—77, 1962; Evanston, Ill., Northwestern Univ., Chem. Labor.; engl.) — Bei der Rk. von Diallylsulfid mit wss. Hg(II)-Acetat-Lsg. entsteht *2.6-Bis-[acetoxymercurimethyl]-p-oxathian* (als Nd. in 50%ig. Ausbeute) neben *2.6-Bis-[jodmercurimethyl]-p-oxathian* (aus dem Filtrat nach KJ-Zugabe; 32%). Beide Prodd. werden durch J_2 in *cis-2.6-Bis-[jodmethyl]-p-oxathian* (I) u. wenig *trans-Isomeres* übergeführt. **I** läßt sich mit HNO_3 nicht zur Dicarbonsäure u. durch H_2O_2 nicht zum Sulfon oxydieren; mit alkohol. Na_2S-Lsg. entsteht *9-Oxa-3.7-dithiabicyclo-[3.3.1]-nonan*. Peressigsäure oxydiert **I** zu *cis-2.6-Bis-[jodmethyl]-p-oxathian-4.4-dioxid* (II), das auch aus Diallylsulfon mit wss. Hg(II)-Acetat-Lsg. u. Behandlung mit J_2 erhalten wird. **II** läßt sich durch konz. HNO_3 zu *cis-p-Oxathian-4.4-dioxid-2.6-dicarbonsäure* (III) oxydieren, die bei der Dehydratisierung das entsprechende *cis-Anhydrid* bildet, aus dem **III** wieder erhalten werden kann. Bei der Red. mit $LiAlH_4$ liefert *cis*-III-*Dimethylester* nicht eindeutig das erwartete Diol. Rk. von Dimethallylsulfid mit wss. Hg(II)-Acetat-Lsg. u. anschließende Umsetzung mit J_2 gibt 2 isomere *2.6-Dimethyl-2.6-bis-[jodmethyl]-p-oxathiane* vom F. 70° u. 80°. Nur das höher schm. Isomere läßt sich mit Peressigsäure zu *2.6-Dimethyl-2.6-bis-[jodmethyl]-p-oxathian-4.4-dioxid* oxydieren, das auch aus Dimethallylsulfon mit wss. Hg(II)-Acetat-Lsg. u. Rk. mit J_2 entsteht. Weitere Umsetzungen zur Klärung der ster. Verhältnisse mißlangen.

Versuche: *2.6-Bis-[acetoxymercurimethyl]-p-oxathian*, F. 197—199° (Zers.; Aceton), durch Zugabe von 0,251 Mol Diallylsulfid zu einer gemischten wss. Hg(II)-Acetat-Lsg. u. Abfiltrieren des Nd. nach 29 Std.; 81,6 g (Ausbeute). — *2.6-Bis-[jodmercurimethyl]-p-oxathian*, durch Ausfällen mit KJ aus dem alkal. Filtrat vorst. Verb.; 62,6 g. — *cis-2.6-Bis-[jodmethyl]-p-oxathian* (I), $C_6H_{10}J_2OS$, F. 72,5—73° (A.-Aceton), durch 14std. Kochen der beiden vorst. Verbb. mit J_2, Chlf. u. W.; 7,3 g. — *trans-2.6-Bis-[jodmethyl]-p-oxathian*, F. 64—68° (A.), durch Waschen des neben **I** erhaltenen Öls mit $Na_2S_2O_3$-Lsg., Extrahieren mit Chlf., Chromatographie an Silicagel, Waschen der Säule mit PAe., Eluieren mit 20% Ae.-PAe.; ca. 0,5 g. — *cis-2.6-Bis-[jodmethyl]-p-oxathian-4.4-dioxid* (II), $C_6H_{10}J_2O_3S$, F. 200,5—201° (Aceton), a) durch Zugabe von Diallylsulfon (Kp.$_{1.75}$ 101—103°; n^{20} 1,4890) zu einer wss. Hg(II)-Acetat-Lsg., Alkalisieren nach 2 Std., Filtrieren, Versetzen mit KJ, Abfiltrieren des Nd. u. 25std. Kochen des Nd. in Chlf. u. W. mit J_2; 54%; b) durch Stehen von 0,13 g **I** mit Peressigsäure über Nacht u. Ausfällen mit W.; ca. 0,07 g. — *cis-p-Oxathian-4.4-dioxid-2.6-dicarbonsäure* (III), $C_6H_8O_7S$, F. 246° (Zers.; Aceton), durch Versetzen von **II** mit konz. HNO_3, Erhitzen auf dem Wasserbad bis zur Trockne, Versetzen mit W. u. Erhitzen bis zur Trockne; 74%. *Anhydrid*, $C_6H_6O_6S$, F. 268—270°, durch 1std. Kochen von 0,81 g **III** mit Acetanhydrid, Abziehen des Acetanhydrids, Umkristallisation aus Aceton u. Sublimieren bei 200°/2 Torr; 0,5 g. *Dimethylester*, $C_8H_{12}O_7S$, F. 107—108° (Methanol), durch 5std. Kochen von 2,20 g **III** mit abs. Methanol u. wenig H_2SO_4; 2,14 g. — *9-Oxa-3.7-dithiabicyclo-[3.3.1]-nonan*, $C_6H_{10}OS_2$, F. 92,5—93°, Kp.$_1$ 112,5°, durch langsames Einlösen von Na_2S-

(Soxhlet-Extraktor) in eine sd. abs. alkohol. Lsg. von 0,0185 Mol I, Abziehen des A. nach 18 Std. u. Extrahieren des Rückstandes mit CS_2; 2,97 g (roh). — *2.6-Dimethyl-2.6-bis-[jodmethyl]-p-oxathian*, $C_8H_{14}J_2OS$, F. 79,5—80,2° (Prismen) u. F. 69,5—70,5° (Blättchen), Misch-F. 48—58°, durch Zugabe von 0,26 Mol Dimethallylsulfid (Kp.$_{20}$ 70,5—72°) zu einer wss. Hg(II)-Acetat-Lsg., Alkalisieren nach 3 Std., Filtrieren, Versetzen mit KJ-Lsg., 24std. Kochen des abgetrennten Nd. (257,2 g) mit Chlf., W. u. J_2, Chromatographie von 5,03 g des erhaltenen öligen Prod. (56%) mit Pentan–Ae. an Al_2O_3, Eintragen der erhaltenen Kristalle (3,11 g) in das restliche ölige Prod. u. fraktionierte Kristallisation der ausgeschiedenen Kristalle aus viel Methanol–Aceton. — *2.6-Dimethyl-2.6-bis-[jodmethyl]-p-oxathian-4.4-dioxid*, $C_8H_{14}J_2O_3S$, F. 127—127,5° (A., Aceton), a) durch Zugabe von 0,0326 Mol Dimethallylsulfon (Kp.$_{1,5}$ 105—107°) zu wss. Hg(II)-Acetat-Lsg., Alkalisieren nach 45 Min., Filtrieren, Versetzen mit KJ u. 22std. Kochen des Nd. (28,7 g) in Chlf. u. W. mit J_2; 8,2 g; b) durch Versetzen von vorst. Verb. vom F. 80° mit Peressigsäure u. Versetzen mit W. nach 12 Stunden.

E. Koßmehl. 3262◇

Derivate des p-Hydrazinobenzolsulfonamids. Albert Lespagnol, Denise Bar und Charlotte Mizon-Capron. (Bull. Soc. chim. France **1963**, 46—50; Lille, Labor. de Chim. organ. et Pharm. Chim.; franz.) — Die NH_2NH-Gruppe des 4-Hydrazinobenzolsulfonamids (I) kondensiert sich mit Aldehyden u. Ketonen in der üblichen Weise. Mit α,β-ungesätt. Aldehyden u. Ketonen wie Acrolein (**II**) u. Benzalacetophenon (**III**) sowie mit Oxalessigsäurediäthylester (**IV**), Acetondicarbonsäuredimethyl- (**V**) u. -diäthylester (**VI**), mit Benzoylessigsäureäthylester (**VII**), mit Acetylbernsteinsäurediäthylester (**VIII**), mit Bernsteinsäureanhydrid (**IX**) u. mit Phthalsäureanhydrid (**X**) liefert I Derivv. des *Pyrazols*, des *Pyridazins* u. des *Phthalazins*.

Versuche: Benzolsulfonamide: *4-[2-Hydroxybenzylidenhydrazino]-*, $C_{13}H_{13}N_3O_3S$, F. 277° (A.), durch $^1/_2$—1std. Kochen von I mit Salicylaldehyd in A. in Ggw. von Essigsäure. — *4-[Isopropylidenhydrazino]-*, $C_9H_{13}N_3O_2S$, F. 202° (A.), analog vorst. Verb. aus I u. Aceton. — *4-[Diphenylmethylenhydrazino]-*, $C_{19}H_{17}N_3O_2S$, F. 179—180° (A.), analog vorst. Verb. aus I u. Benzophenon. — *[4-Sulfamoylphenyl]-galaktosazon*, $C_{18}H_{24}N_6O_8S_2$, F. 210° (W.; hellgelbe Kristalle), durch 2std. Erwärmen einer wss. Lsg. von I, Galaktose u. Na-Acetat in Ggw. von H_2SO_4 auf dem Wasserbad. — 4.5-Dihydropyrazole: *1-[4-Sulfamoylphenyl]-*, $C_9H_{11}N_3O_2S$, F. 267—269° (A.–Aceton; gelbgrünes Pulver), durch $^1/_2$std. Kochen von 9,4 g I mit II in äthanol. Essigsäure u. Abkühlen; 5,5 g (Ausbeute). — *1-[4-Sulfamoylphenyl]-3.5-diphenyl-*, $C_{21}H_{19}N_3O_2S$, F. 175° (A.; grünes Pulver), analog vorst. Verb. aus I u. III. — 1-[4-Sulfamoylphenyl]-pyrazolone-(5): *3-Äthoxycarbonyl-* (**XI**), $C_{12}H_{13}N_3O_5S$, F. 260—263° (wss. A.), durch Rk. von I mit **IV** in äthanol. Essigsäure bei Raum-Temp. unter Rühren, Erhitzen des intermediären, aus I u. **IV** entstandenen *Oxalessigsäurediäthylester-[4-sulfamoylphenylhydrazons]* (F. 168°; 96%) auf 200° u. Aufnehmen des nach dem Abkühlen erhaltenen Prod. in heißem A.; 73%. — *3-Carboxy-*, $C_{10}H_9N_3O_5S$, F. 251—252° (A.), durch Verseifung von **XI** mit äthanol. NaOH, Lösen des erhaltenen *Na-Salzes* in W. u. Ansäuern mit HCl. — *3-Methylaminoformyl-*, $C_{11}H_{12}N_4O_4S$, F. 201—203° (A.), durch $^1/_2$—1std. Kochen von **XI** mit wss. oder äthanol. CH_3NH_2 auf dem Wasserbad. — *3-Äthylaminoformyl-*, $C_{12}H_{14}N_4O_4S$, F. 191—193° (A.), analog vorst. Verb. aus **XI** u. $C_2H_5NH_2$. — *3-Diäthylaminoformyl-* (**XII**), $C_{14}H_{18}N_4O_4S$, F. 171—173° (A.), analog vorst. Verb. aus **XI** u. $(C_2H_5)_2NH$, Behandeln des Rk.-Prod. mit verd. HCl u. mehrtägiges Aufbewahren in der Kälte. — *3-Äthoxycarbonyl-4-nitroso-*, F. 230—232° (A.; gelbes Pulver), durch $^1/_4$std. Aufbewahren von **XI** mit $NaNO_2$ in verd. Essigsäure bei 0° u. Absaugen. — *3-Äthoxycarbonyl-4-amino-*, $C_{12}H_{14}N_4O_5S$, F. 261° (wss. A.), durch $^1/_4$std. Kochen vorst. Verb. in wss.-äthanol. Essigsäure u. portionsweise Zugabe von Zn. — *3-Äthoxycarbonyl-4-benzylidenamino-*, F. 195—197° (wss. A.), durch $^1/_2$std. Kochen vorst. Verb. mit Benzaldehyd. — *3-Methoxycarbonylmethyl-*, $C_{12}H_{13}N_3O_5S$, durch 1std. Kochen von I u. V in verd. Essigsäure, Aufkochen der in der Kälte ausgeschiedenen Nd. in W. u. Abkühlen; 95%. — *3-Äthoxycarbonylmethyl-*, $C_{13}H_{15}N_3O_5S$, F. 172—174° (wss. A.), analog vorst. Verb. aus I u. VI; 90%. — *3-Carboxymethyl-*, $C_{11}H_{11}N_3O_5S$, F. 215—227° (A.), durch Verseifen vorvorst. Verb. mit äthanol. NaOH, Lösen des *Na-Salzes* in W. u. Ansäuern. — *3-Phenyl-*, $C_{15}H_{13}N_3O_3S$, F. 244—245° (A.), durch $^1/_4$std. Kochen von I u. **VII** in wss.-äthanol. Essigsäure, Erhitzen des intermediären *Benzoylessigsäureäthylester-[4-sulfamoylphenylhydrazons]* [$C_{17}H_{19}N_3O_4S$, F. 238° (A.); 82%] auf 250°, Lösen des in der Kälte erstarrten Rk.-Prod. in sd. A. u. Abkühlen; 80%. — *2-Methyl-3-äthoxycarbonyl-*, $C_{13}H_{15}N_3O_5S$, F. 178—180° (wss. A.), durch 12std. Erhitzen von **XI** mit CH_3J in CH_3OH im geschlossenen Rohr auf 100°, Aufnehmen in A. u. Einengen. — *2-Methyl-3-diäthylaminoformyl-*, $C_{15}H_{20}N_4O_4S$, F. 218—220° (A.), analog vorst. Verb. aus **XII** u. CH_3J. — *6-Oxo-1-[4-sulfamoylphenyl]-3-methyl-4-äthoxycarbonyl-1.4.5.6-tetrahydropyridazin*, C_{14}·

$H_{17}N_3O_5S$, F. 202—204° (wss. A.), durch Erwärmen von I mit VIII in äthanol. Essigsäure bis zur Lsg. u. 24std. Aufbewahren bei Raumtemperatur. — *3.6-Dioxo-1-[4-sulfamoylphenyl]-hexahydropyridazin*, $C_{10}H_{11}N_3O_4S$, F. 279—281° (wss. A.), durch 4std. Kochen von I u. IX in Essigsäure; 86%. — *1.4-Dioxo-2-[4-sulfamoylphenyl]-1.2.3.4-tetrahydrophthalazin*, $C_{14}H_{11}N_3O_4S$, F. 272—274° (wss. A.), durch 2std. Kochen von I u. X in Essigsäure; 75%. H. Gleinig. 3272◇

Die Synthese von 1.3-disubstituierten Oktahydropyrido-[1.2:c]-pyrimidinen. Richard F. Shuman, H. Victor Hansen und E. D. Amstutz. (J. org. Chemistry **27**, 1970—72, 1962; Bethlehem, Pa., Lehigh Univ., William H. Chandler Chem. Labor.; engl.) — 2-Phenacylpyridin wird über sein *Oxim* (I) durch Hydrierung an PtO_2 in Eisessig zu *1-Phenyl-2-[piperidyl-(2)]-äthylamin* (II) umgesetzt, das beim Kochen mit CS_2 in A. *3-Phenyloktahydropyrido-[1.2:c]-1-thionopyrimidin* gibt. Dieses kann leicht zu *1-Methylmercapto-3-phenyl-Δ^1-hexahydropyrido-[1.2:c]-pyrimidinhydrojodid* methyliert werden. Mit Diäthylcarbonat kondensiert sich II im Rohr bei 200° zu *3-Phenyloktahydropyrido-[1.2:c]-pyrimidon-(1)* u. mit Benzaldehyd beim Kochen zu *1.3-Diphenyloktahydropyrido-[1.2:c]-pyrimidin*. Red. von I mit Zn-Staub liefert *1-Phenyl-2-[pyridyl-(2)]-äthylamin*, das zu *N-Acetyl-1-phenyl-2-[pyridyl-(2)]-äthylamin* (III) acetyliert u. zu *N-Benzoyl-1-phenyl-2-[pyridyl-(2)]-äthylamin* (IV) benzoyliert wird. Verss., 3H-1-Methyl-3-phenylpyrido-[1.2:c]-pyrimidin u. 3H-1.3-Diphenylpyrido-[1.2:c]-pyrimidin aus III u. IV mit $POCl_3$ u. P_2O_5 zu erhalten, scheiterten. Aus III u. P_2O_5 bzw. $POCl_3$ entsteht *2-Stilbazol*.

Versuche: *2-Phenacylpyridin*, Kp.$_{0,6}$ 148—158°, F. 56—57,5°, nach Goldberg u. Levine (C. **1950/54**, 5329 S); 72% (Aubeute). *Oxim* (I), F. 116,5—118° (A.; hellrosa), durch 1std. Kochen mit Hydroxylaminhydrochlorid in A. u. Gießen in Eiswasser + Essigsäure; 98% (roh). — *1-Phenyl-2-[piperidyl-(2)]-äthylamin* (II), Kp.$_{0,3}$ 125—135° (Öl), durch Hydrierung von I in Ggw. von PtO_2 in Eisessig bei einem H_2-Anfangsdruck von 3,9 atm, Einengen im Vakuum, Versetzen mit 25%ig. NaOH u. Ausäthern; 75%. *Pikrat*, $C_{19}H_{23}N_5O_7$, F. 166—167°. — *3-Phenyloktahydropyrido-[1.2:c]-1-thionopyrimidin*, $C_{14}H_{18}N_2S$, F. 148,5—149,5°, durch Versetzen von II in A. mit CS_2 bis zum Verschwinden der alkal. Rk., Abtrennen des Nd. u. Kochen über Nacht in A.; 77%. — *1-Methylmercapto-3-phenyl-Δ^1-hexahydropyrido-[1.2:c]-pyrimidin, Hydrojodid*, $C_{15}H_{21}JN_2S$, F. 167 bis 168° (A.), durch Kochen vorst. Verb. mit CH_3J u. Einengen im Vakuum; 85%. — *3-Phenyloktahydropyrido-[1.2:c]-pyrimidon-(1)*, $C_{14}H_{18}N_2O$, F. 157—158° (Bzl.-PAe.), durch 50std. Erhitzen von II mit Diäthylcarbonat im Rohr auf 200°; 66%. — *1.3-Diphenyloktahydropyrido-[1.2:c]-pyrimidin*, $C_{20}H_{24}N_2$, F. 116—117° (PAe.), durch ½std. Kochen von II mit Benzaldehyd in Bzl. unter Wasserauskreisung, Einengen im Vakuum, Dest. des Rückstandes u. Digerieren mit wenig PAe.; 27%. — *1-Phenyl-2-[pyridyl-(2)]-äthylamin*, Kp.$_{0,4}$ 131—132°, durch 8std. Kochen von I in A. unter ständiger Zugabe von Zn-Staub u. wenig Eisessig, Abfiltrieren, Einengen des Filtrates, Rühren des Rückstandes mit 20%ig. NaOH u. Ausäthern; 64%. *Dipikrat*, $C_{25}H_{20}N_8O_{14}$, F. 210—211°. *N-Acetyl-Deriv.* (III), $C_{15}H_{16}N_2O$, F. 123,5—124,5° (Bzl.-PAe.), durch ½std. Erhitzen mit Acetanhydrid u. Eisessig auf 100° u. Einengen im Vakuum; 65%. *N-Benzoyl-Deriv.* (IV), $C_{20}H_{18}N_2O$, F. 148—149° (80%ig. Methanol), durch Kochen mit Benzoylchlorid u. Pyridin in Bzl. über Nacht u. Rühren mit 20%ig. NaOH; 67%. — *2-Stilbazol*, $C_{13}H_{11}N$, F. 91—92° (Bzl.-PAe.), a) durch 4std. Kochen von III mit $POCl_3$ in Bzl., Extrahieren mit Chlf., Einengen des Extraktes im Vakuum, Chromatographie mit Bzl. an Al_2O_3, Lösen in Dioxan, Abtrennen einer geringen Substanzmenge (F. 140—143°) u. Einengen; 60%; b) durch Kochen von III mit P_2O_5 in Bzl. u. Versetzen mit 15%ig. NH_4OH; 21%. E. Koßmehl. 3272◇

Über die cyclische Alkylierung von Hydrazincarbonsäureestern und die Synthese des 1.2-Diazacycloheptans. G. Zinner und W. Deucker. (Arch. Pharmaz. **295/67**, 526—32, 1962; Marburg/Lahn, Univ., Inst. für Pharmazeut. Chem. u. Lebensmittelchem.; dt.) — Bei der Rk. von N.N'-Bis-[äthoxycarbonyl]-hydrazin (I) mit 1.3-Dibrompropan, 1.4-Dibrombutan u. 1.5-Dibrompentan entstehen *1.2-Bis-[äthoxycarbonyl]-pyrazolidin, 1.2-Bis-[äthoxycarbonyl]-piperidazin* bzw. *1.2-Bis-[äthoxycarbonyl]-hexahydro-1.2-diazepin*. Aus letzterem wird bei der Hydrolyse *N.N'-Pentamethylenhydrazin* erhalten, das zu *1.2-Dibenzoyl-1.2-diazacycloheptan* benzoyliert werden kann u. mit Phenylisocyanat *1.2-Bis-[anilinoformyl]-1.2-diazacycloheptan* gibt. Hydrazinmonocarbonsäureäthylester (II) wird mit 1.4-Dibrombutan, 1.5-Dibrompentan bzw. 1.6-Dibromhexan zu *1-Äthoxycarbonylaminopyrrolidin* (III), *1-Äthoxycarbonylaminopiperidin* (IV) bzw. *1-Äthoxycarbonylaminohexahydroazepin* (V) kondensiert. III wird auch aus 1-Aminopyrrolidin mit Chlorameisensäureäthylester erhalten. Für IV u. V wird der Strukturbeweis so geführt, daß die entsprechenden Hydrazin-Derivv. nach Abspaltung der

Äthoxycarbonylgruppe durch saure Hydrolyse mit m-Nitrobenzaldehyd (**VI**) *Hydrazone* bilden. Außerdem wird aus ε-Caprolactam über *1-Nitroso-* u. *1-Aminohexahydroazepin* mit **VI** das gleiche m-Nitrobenzyliden-Deriv. erhalten wie ausgehend von **V**. Mit Äthylenbromid gibt **II** in Ggw. von Soda *1.4-Bis-[äthoxycarbonylamino]-piperazin*, das nach saurer Hydrolyse mit **VI** zu *1.4-Bis-[m-nitrobenzylidenamino]-piperazin* umgesetzt wird. Letzteres ist auch aus 1.4-Diaminopiperazin zugänglich.

Versuche: *1.2-Bis-[äthoxycarbonyl]-pyrazolidin*, $C_9H_{16}N_2O_4$, Kp.$_{0,005}$ 101—103°, durch 45 Min. langes Kochen von **I** u. K in abs. A., Abziehen des A. < 60°, 30 Min. langes Erwärmen des Rückstandes in Dimethylformamid (DMF), Eintropfen von 1.3-Dibrompropan in DMF, 30 Min. langes Kochen, Abtrennen des Nd. am nächsten Tag u. Einengen des Filtrats, 18% (Ausbeute). — *1.2-Bis-[äthoxycarbonyl]-piperidazin*, $C_{10}H_{18}$·N_2O_4, Kp.$_{2,5-3}$ 120°, analog vorst. Verb. mit 1.4-Dibrombutan; 16%. — *1.2-Bis-[äthoxycarbonyl]-1.2-diazacycloheptan* (*1.2-Bis-[äthoxycarbonyl]-hexahydro-1.2-diazepin*), $C_{11}H_{20}$·N_2O_4, Kp.$_{0,005}$ 108—115°, analog vorst. Verb. mit 1.5-Dibrompentan; n_D^{20} 1,4638; 15%. — *N.N'-Pentamethylenhydrazin* (*Hexahydro-1.2-diazepin*), Kp.$_{17}$ 59°, durch 12std. Erhitzen vorst. Verb. mit konz. HCl auf 100°, 1½std. Kochen des Rückstandes (nach HCl-Entfernung) mit A. u. Abziehen des A. (zuletzt im Vakuum); 68%. *1.2-Dibenzoyl-Deriv.*, $C_{19}H_{20}N_2O_2$, F. 157,5° (A.; feine Nadeln), mit Benzoylchlorid u. 2 n KOH in A.; 78%. *1.2-Bis-[anilinoformyl]-Deriv.*, $C_{19}H_{22}N_4O_2$, F. 254—255° (Eisessig; Nadeln), durch Rk. mit Phenylisocyanat in Bzl. u. 30 Min. langes Stehen; 71%. — *1-Äthoxycarbonylaminopyrrolidin* (**III**), $C_7H_{14}N_2O_2$, Kp.$_{15}$ 126°, F. 65°, a) durch 8std. Kochen von **II**, 1.4-Dibrombutan u. $NaHCO_3$ in abs. A., Abziehen des A. im Vakuum, Digerieren mit sd. W. u. Aufarbeiten der organ. Phase; 10%; b) durch Zutropfen von Chlorameisensäureäthylester in A. zu 1-Aminopyrrolidin in A. unter Eiskühlung, Zugabe von wss. Na_2CO_3-Lsg. sowie Chlorameisensäureäthylester in A., Abziehen des Lsgm.-Gemischs im Vakuum u. Aufarbeiten des zurückbleibenden Öls; 23%. — *1-Aminopyrrolidin*, Kp. 125—126°, durch Red. von 1-Nitrosopyrrolidin mit $LiAlH_4$ in abs. Ae. wie üblich u. Zers. mit W.; 55%. — *1-m-Nitrobenzylidenaminopyrrolidin*, $C_{11}H_{13}N_3O_2$, F. 65—65,5° (A.; leuchtend rote Stäbchen), durch Versetzen einer auf pH 5 gebrachten essigsauren Lsg. vorst. Verb. mit einer gesätt. alkohol. Lsg. von **VI** u. Absaugen des Nd. nach einigen Std.; 81%. — *1-Äthoxycarbonylaminopiperidin* (**IV**), $C_8H_{16}N_2O_2$, Kp.$_{20}$ 140°, F. 84—86°, durch 10std. Kochen von **II**, 1.5-Dibrompentan u. $NaHCO_3$ in A., Einengen im Vakuum, Digerieren des Rückstandes mit sd. W. u. Aufarbeiten der organ. Phase; 30%. — *1-m-Nitrobenzylidenaminopiperidin*, $C_{12}H_{15}N_3O_2$, F. 68° (A.; gelb), durch 6std. Erwärmen von **IV** mit konz. HCl auf 100°, Alkalisieren unter Eiskühlung, Abtrennen des NaCl, Ansäuern mit Eisessig, Versetzen mit gesätt. alkohol. **VI**-Lsg. u. mehrtägiges Stehen; 60%. — *1-Äthoxycarbonylaminohexahydroazepin* (**V**), $C_9H_{18}N_2O_2$, Kp.$_{14}$ 151—152°, F. 56—58°, durch 24std. Kochen von **II**, 1.6-Dibromhexan u. $NaHCO_3$ in A., Filtrieren, Einengen, Digerieren mit W. u. Aufarbeiten der organ. Phase. — *1-m-Nitrobenzylidenaminohexahydroazepin*, $C_{13}H_{17}N_3O_2$, F. 64° (A.; dunkelrotgelb), a) durch 5std. Kochen von **V** mit konz. HCl, Abziehen des HCl im Vakuum, Alkalisieren, Ansäuern mit verd. Essigsäure, Versetzen mit einer kalt gesätt. alkohol. **VI**-Lsg., Abtrennen des roten Öls u. Umlösen aus Ae.; 25%; b) durch Rk. von 1-Aminohexahydroazepin in schwach essigsaurer Lsg. (pH 5) mit alkohol. **VI**-Lösung. — *1-Nitrosohexahydroazepin*, C_6H_{12}·N_2O, Kp.$_{12}$ 114—116°, durch Nitrosierung von Hexahydroazepin in saurer Lsg. mit $NaNO_2$ u. Abtrennen der Ölschicht; n_D^{20} 1,4961; 64%. — *1-Aminohexahydroazepin*, Kp.$_{14}$ 66°, durch Red. vorst. Verb. in abs. Ae. mit $LiAlH_4$ u. Zers. mit W. wie üblich; 58%. — *1.4-Bis-[äthoxycarbonylamino]-piperazin*, $C_{10}H_{20}N_4O_4$, F. 258° (Zers.; A.), durch 3std. Kochen von **II**, Äthylenbromid in Na_2CO_3 unter Rühren u. Feuchtigkeitsausschluß, Extrahieren mit Chlf. u. Aufnehmen in A.; 36%. — *1.4-Bis-[m-nitrobenzylidenamino]-piperazin*, $C_{18}H_{18}N_6O_4$, F. 245° (Zers.; Dioxan), a) durch 5std. Verseifen vorst. Verb. mit konz. HCl bei 100°, Alkalisieren, Ansäuern mit Essigsäure u. Versetzen mit kalt gesätt. alkohol. **VI**-Lsg.; 79%; b) aus 1.4-Diaminopiperazin u. **VI** in essigsaurer Lsg. (pH 5). E. Koßmehl. 3370◇

Cyclisierungen mit Hydrazin. 3. Mitt. **Synthese von Pentaphen und Dinaphtho-[2.1:d;1'.2':f]-[1.2]-diazocin.** R. G. R. Bacon und Robert Bankhead. (J. chem. Soc. [London] **1963**, 839—45; Belfast, Queen's Univ., Dep. of Chem.; engl.) — 2. vgl. C. **1958**, 10372. — Durch Umsetzung von *1.1'-Binaphthyldialdehyd-(2.2')* (**I**) mit N_2H_4·H_2O wird *Dinaphtho-[2.1:d;1'.2':f]-[1.2]-diazocin* (**III**) dargestellt. Die gleiche Rk. führt mit *2.2'-Binaphthyldialdehyd-(3.3')* (**II**) durch reduktive Cyclisierung zu *Pentaphen*. Die Darst. von **I**, die aus *1-Bromnaphthaldehyd-(2)* (**IV**) nicht möglich ist, gelingt ausgehend von *1-Bromnaphthalincarbonsäure-(2)-methylester* (**V**), der nach Ullmann in *1.1'-Binaphthyldicarbonsäure-(2.2')-dimethylester* (**XII**) umgewandelt wird. Red. von

XII mit $LiAlH_4$ liefert *2.2'-Bis-[hydroxymethyl]-1.1'-binaphthyl* (**XIV**), das mit HBr/Eisessig das *2.2'-Bis-[brommethyl]-Deriv.* ergibt, dessen Rk. mit N-Bromsuccinimid (**VI**) zum *2.2'-Bis-[dibrommethyl]-Deriv.* führt. Durch Kochen vorst. Tetrabrom-Verb. mit $AgNO_3$ entsteht **I**. Während der analog **I** erhaltene *Biphenyldialdehyd-(2.2')* (**XV**) mit N_2H_4 *Phenanthren* (**XVI**) liefert, entsteht aus **I** u. N_2H_4 an Stelle des entsprechenden KW-Stoffes ausschließlich **III**. Die Darst. von **II** erfolgt ausgehend von 2-Aminonaphthalincarbonsäure-(3) (**VII**), die man durch Diazotierung u. Kupplung des Rk.-Prod. mit Cu_2O in *2.2'-Binaphthyldicarbonsäure-(3.3')* (**VIII**) umwandelt. Es wird eine Anzahl von **VIII**-*Derivv.* beschrieben. **VIII** geht bei der Einw. von konz. H_2SO_4 in *13-Oxodibenzo-[a;h]-fluorencarbonsäure-(6)* über. **VIII**-*Dimethylester* wird über *3.3'-Bis-[hydroxymethyl]-2.2'-binaphthyl, 3.3'-Bis-[brommethyl]-* u. *3.3'-Bis-[dibrommethyl]-2.2'-binaphthyl* in **II** umgewandelt. UV-Maxima sind für **III** u. **IV**-*Azin* u. IR-Banden für **III** angegeben.

Versuche: *1-Brom-2-brommethylnaphthalin* (**IX**), F. 107°, durch Umsetzung des aus 2-Methylnaphthalin erhaltenen 1-Brom-2-methylnaphthalins (**XI**) mit **VI**. *Thiuroniumpikrat*, $C_{18}H_{14}BrN_5O_7S$, F. 235°. — *1-Bromnaphthaldehyd-(2)* (**IV**), F. 118°, durch Rk. von **IX** mit Hexamin. *Azin*, $C_{22}H_{14}Br_2N_2$, F. 320° (Nitrobenzol; gelbe Nadeln), durch Kochen von **IV** mit $N_2H_4 \cdot H_2O$ in A. u. Einengen; 95% (Ausbeute). — *1-Bromnaphthalincarbonsäure-(2)*, F. 188—190°, durch Oxydation von **IV**. *Methylester* (**V**), F. 59°, aus der Säure über das Säurechlorid. — *2-Methylnaphthalin*, a) durch mehrstd. Kochen der aus **XI** bereiteten Grignard-Lsg. mit $CuCl_2$ in Ae.-Bzl., Hydrolyse u. Isolierung durch Dest. oder Chromatographie an Al_2O_3; 40—50%; b) analog a) mit AgBr; 70%; c) analog a) mit $CoCl_2$ in C_2H_5Br enthaltendem Ae.; 45%. — *1-Jod-2-methylnaphthalin*, Kp.$_{0,4}$ 118°, durch Nitrierung, Red. u. Diazotierung vorst. Verb.; liefert bei 15std. Erhitzen mit Cu-Bronze auf 200° u. Dest. vorst. Verb.; 10%. —*Naphthaldehyd-(2)*, a) durch 5std. Kochen von **IV** mit der gleichen Gew.-Menge Cu-Bronze in Dimethylformamid (DMF); 30—50%; b) analog a) in Nitrobenzol; 50%. — *1.1'-Binaphthyldicarbonsäure-(2.2')*, *Dimethylester* (**XII**), F. 159°, Kp.$_{0,4}$ 215—218°, durch 5—7std. Erhitzen von dest. **V** mit Cu-Bronze auf 180—190°; 87%. — *Naphthalincarbonsäure-(2)* (**XIII**), *Methylester*, F. 72°, Kp.$_{0,25}$ 112—120°, durch Kochen von rohem **V** mit Cu-Bronze in DMF; 75%. — *2-Cyannaphthalin*, $C_{11}H_7N$, F. 58—61°, durch 5std. Erhitzen von **IV**-Azin mit der gleichen Gew.-Menge Cu-Bronze auf 300° u. Erhitzen des Rk.-Prod. im Vakuum; 5—15%; liefert bei der Hydrolyse mit Essigsäure/H_2SO_4 **XIII**, F. 184°. — *2.2'-Bis-[hydroxymethyl]-1.1'-binaphthyl* (**XIV**), F. 192°, durch Red. von **XII** mit $LiAlH_4$. — *2.2'-Bis-[brommethyl]-1.1'-binaphthyl*, F. ca. 150°, durch Rk. von **XIV** mit HBr/Eisessig. — *2.2'-Bis-[dibrommethyl]-1.1'-binaphthyl*, $C_{22}H_{14}Br_4$, F. 222° (Bzl.-PAe.; Nadeln), durch 15std. Kochen vorst. Verb. mit **VI** u. Benzoylperoxid (**X**) in CCl_4 u. Einengen; 92%. — *1.1'-Binaphthyldialdehyd-(2.2')* (**I**), $C_{22}H_{14}O_2$, F. 131,5° (Ae.; Nadeln), a) durch ½std. Kochen vorst. Verb. mit $AgNO_3$ in wss. A. u. Einengen der filtrierten Lsg.; 80%; b) durch 2tägiges Kochen vorst. Verb. mit Na-Acetat im Überschuß in Eisessig, Einengen, Verdünnen mit W. u. Ae.-Extraktion; 72%. *Tetraacetat*, $C_{30}H_{26}O_8$, F. 135° (Bzl.; Prismen), durch 1std. Erhitzen von **I** in Acetanhydrid in Ggw. von H_2SO_4 auf 100° u. Gießen in Wasser. — *Dinaphtho-[2.1:d;1'.2':f]-[1.2]-diazocin* (**III**), $C_{22}H_{14}N_2$, F. >360° ($CHCl_3$; gelbe Nadeln), a) durch Eintropfen von 60%ig. $N_2H_4 \cdot H_2O$ in Eisessig in die Lsg. von **I** in sd. Eisessig u. 2std. Kochen; 88%; b) analog a) durch 1std. Kochen in A.; 15%; c) durch 24std. Aufbewahren einer 10%ig. Lsg. von **XIV** in $CHCl_3$ mit N_2O_4 bei Raum-Temp., Einengen u. Behandeln des Rückstandes mit $N_2H_4 \cdot H_2O$ in Essigsäure oder A.; ca. 20%; d) durch 6std. Kochen einer 1%ig Lsg. von **I**-Tetraacetat in Essigsäure mit 60%ig. $N_2H_4 \cdot H_2O$ u. weiteres 10std. Kochen nach Zugabe von $N_2H_4 \cdot H_2O$; 11%; daneben *N.N'-Diacetylhydrazin*, F. 137°, durch Einengen des Filtrats. — *2.2'-Binaphthyldicarbonsäure-(3.3')* (**VIII**), $C_{22}H_{14}O_4$, F. 295—297° (A.; Nadeln), durch Lösen von **VII** in wss. $NaHCO_3$, Zugabe von $NaNO_2$, Einrühren der Lsg. in HCl bei 0°, Behandeln der filtrierten Diaoniumsalz-Lsg. mit einer Suspension von Cu_2O in W., Kochen u. Ausfällen mit HCl in der Hitze; 77%. *Anhydrid*, $C_{22}H_{12}O_3$, F. 330—334° (Sublimation bei 200°/0,1 mm; Nadeln), durch 3std. Kochen von **VIII** mit Acetanhydrid; 76%. *Dichlorid*, $C_{22}H_{12}Cl_2O_2$, F. 207° (Bzl.-PAe.), durch 24std. Kochen von **VIII** mit $SOCl_2$ in Bzl.; 77%. *Monomethylester*, $C_{23}H_{16}O_4$, F. 249° (CH_3OH; Nadeln), durch 2std. Kochen von **VIII**-Anhydrid in CH_3OH. *Monoäthylester*, $C_{24}H_{18}O_4$, F. 254° ($CHCl_3$; Platten), aus **VIII**-Anhydrid u. C_2H_5OH. *Dimethylester*, $C_{24}H_{18}O_4$, F. 171° (Nadeln), a) durch 8std. Kochen von **VIII**-Dichlorid mit CH_3OH u. Einengen; b) durch Umsetzen von **VIII**-Diamid mit CH_3OH. *Diäthylester*, $C_{26}H_{22}O_4$, F. 113° (Nadeln), aus **VIII**-Dichlorid u. C_2H_5OH. *Monoamid*, $C_{22}H_{15}NO_3$, F. 219° (CH_3OH; Stäbchen), durch 3std. Kochen von **VIII**-Anhydrid mit konz. wss. NH_4OH im Überschuß u. An-

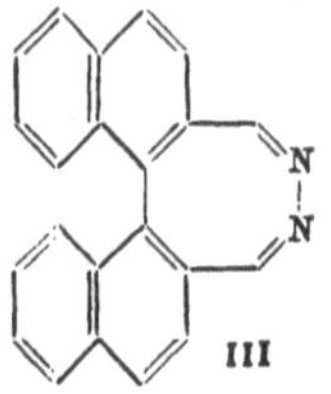
III

säuern. *Imid*, $C_{22}H_{13}NO_2$, F. 224° (Dioxan; Nadeln), durch 7std. Kochen des Monoamids mit Acetanhydrid/Essigsäure; 75%. *Diamid*, durch Behandeln von **VIII**-Dichlorid mit NH_3. — *13-Oxodibenzo-[a;h]-fluorencarbonsäure-(6)*, $C_{22}H_{12}O_3$, F. 316° (A.; orangefarbene Nadeln), durch 1std. Aufbewahren von **VIII** in konz. H_2SO_4 bei Raum-Temp. u. Gießen in W.; 93%. *Chlorid*, aus der Säure u. $SOCl_2$ in Benzol. *Methylester*, $C_{23}H_{14}O_3$, F. 253°, durch Kochen des Chlorids mit CH_3OH. — *3.3'-Bis-[hydroxymethyl]-2.2'-binaphthyl*, $C_{22}H_{18}O_2$, F. 242° (Bzl.; Nadeln), a) durch Red. von **VIII**-Dimethylester mit $LiAlH_4$; 92%; b) analog a) aus **VIII**; 80%; c) analog a) aus **VIII**-Dichlorid; 50%; d) analog a) aus **VIII**-Anhydrid; 80%. — *3.3'-Bis-[brommethyl]-2.2'-binaphthyl*, $C_{22}H_{16}Br_2$, F. 167° (Bzl.; Nadeln), durch Rk. vorst. Verb. mit HBr/Eisessig; 91%. — *3.3'-Bis-[dibrommethyl]-2.2'-binaphthyl*, $C_{22}H_{14}Br_4$, F. 24° (Bzl.; Platten), durch 8std. Kochen vorst. Verb. mit **VI** u. **X** in CCl_4 u. Einengen der filtrierten Lsg.; 87%. — *2.2'-Binaphthyldialdehyd-(3.3')* (**II**), $C_{22}H_{14}O_2$, F. 195° (Ae.; Nadeln), a) durch 15std. Kochen vorst. Verb. mit Na-Acetat–Essigsäure, Einengen im Vakuum, Behandeln des Rückstandes mit W. u. Ae. u. Einengen der äther. Lsg.; ca. 100%; b) durch 1std. Kochen vorst. Verb. mit $AgNO_3$ in wss. A. u. Einengen der filtrierten Lsg.; 94%. *Tetraacetat*, $C_{30}H_{26}O_8$, F. 171° (A.; Nadeln), durch Aufbewahren von **II** mit Acetanhydrid in Ggw. von N_2SO_4 bei Raum-Temp. u. Eingießen in W.; 84%. — *Pentaphen*, $C_{22}H_{14}$, F. 257° (gelbe Blättchen), a) durch 1std. Kochen von **II** mit 60% ig. $N_2H_4 \cdot H_2O$ in Essigsäure u. Abkühlen; 87%; b) analog a) durch 3std. Kochen in A.; 88%; c) durch 10std. Kochen von **II**-Tetraacetat mit $N_2H_4 \cdot H_2O$ in Essigsäure; 77%. *Dipikrat*, $C_{34}H_{20}N_6O_{14}$, F. 186°. — *2.2'-Bis-[dibrommethyl]-biphenyl*, F. 138°, durch 7std. Kochen des aus 2.2'-Dimethylbiphenyl zugänglichen 2.2'-Bis-[brommethyl]-biphenyls mit **VI** u. **X** in CCl_4; 77%. — *Biphenyldialdehyd-(2.2')* (**XV**), F. 62°, durch 4std. Kochen vorst. Verb. mit Na-Acetat in Eisessig, Einengen, Ae.-Extraktion, Abdestillieren des Ae. u. chromatograph. Reinigung an Al_2O_3. — *Phenanthren* (**XVI**), durch 4std. Kochen von rohem **XV** mit $N_2H_4 \cdot H_2O$ in Essigsäure u. Isolierung durch Chromatographie; 80%. — *2'-Hydroxymethylbiphenylcarbonsäure-(2)-lacton* (?), $C_{14}H_{10}O_2$, F. 134° (Bzl.; Nadeln), durch 1—2tägige Oxydation von 2.2'-Bis-[hydroxymethyl]-biphenyl mit N_2O_4 in $CHCl_3$ bei Raum-Temp., Chromatographie an Al_2O_3, Elution von **XV** (15%) mit Bzl. u. weitere Elution mit Bzl.; 20—65%; liefert beim Lösen in heißer 30% ig. KOH u. Ansäuern eine *Verb. F. 142°*, in der möglicherweise die dem Lacton entsprechende *Hydroxysäure* vorliegt. — *Biphenyldicarbonsäure-(2.2')-bis-dimethylamid*, $C_{18}H_{20}N_2O_2$, F. 178° (W.; Prismen), aus dem entsprechenden Säuredichlorid; 77%; liefert bei der Red. mit $LiAlH_4$ ein *Harz*, das ein *2.4-Dinitrophenylhydrazon* bildet u. das bei der Rk. mit $N_2H_4 \cdot H_2O$ **XVI** ergibt; 5%.
H. Gleinig. 3380◇

Die Struktur von Hellers Dihydrochinolin-Dimeren. Harmon Dunathan, I. W. Elliott jun. und Peter Yates. (Tetrahedron Letters [London] **1961**, Nr. 21, 781—84, Dez.; Haverford, Pa., Haverford Coll., Dep. of Chem.; Nashville, Tenn., Fisk-Univ., Dep. of Chem.; Toronto, Ontario, Univ. of Toronto, Dep. of Chem.; engl.) — Aus KMR-spektroskop. Messungen an dem *Dihydrochinaldin* -(**I**) u. *2.4-Dimethyldihydrochinolindimeren* (**II**) ergibt sich, daß im Gegensatz zur Auffassung von Meisenheimer [1925] in **I** u. **II** die beiden 1.2.3.4-Tetrahydrochinolineinheiten in 2- u. 2'- sowie in 4- u. 4'-Stellung miteinander verknüpft sind. Der Cyclohexanring liegt wahrscheinlich in der Sesselform vor. — *Dihydrochinaldindimeres* (**I**; *2.3-Dimethyl-2.8;3.7-diendomethylen-5.6;9.10-dibenzohexahydro-1.4-diazecin*), $C_{20}H_{22}N_2$, F. 183,5—184,0°. *Monoacetyl-Deriv.*, $C_{22}H_{24}N_2O$, F. 178,5—182,0°. — *2.4-Dimethyldihydrochinolindimeres* (**II**), $C_{22}H_{26}N_2$, F. 215—216°, durch Red. von 2.4-Dimethylchinolin mit Zn u. HCl.
R. Becker. 3390

Der $KMnO_4$-Abbau von Scillaren A. 44. Mitt. **über Herzglykoside.** A. von Wartburg. (Helv. chim. Acta **43**, 686—93, 2/5. 1960; Basel, Sandoz, Pharm.-chem. Labor.; dt.) — 43. vgl. Helv. chim. Acta **42**, [1959], 1643; 50. vgl. C. **1963**, 18080. — Zur Konstit.-Aufklärung des *Scillirodins* führte Vf. Verss. über das Verh. des einfacher gebauten *Scillarens A* (**I**) gegenüber neutralem $KMnO_4$ durch. Dazu wurde *Hexa-O-acetylscillaren A* (**II**) mit $KMnO_4$ in Aceton oxydiert. In der *Säurefraktion* konnte Vf. ein ungesätt. krist. *Ätiansäure-Deriv.* (**III**) gewinnen, das sich durch weitere Umwandlungen in *3β-Hydroxy-5α-ätiansäuremethylester* (**IX**) u. *5α-Ätiansäuremethylester* überführen ließ. Wichtig war dabei, daß durch diesen oxydativen Abbau die für Scillaglykoside charakterist. C-4-Doppelbindung unangefochten blieb.

Versuche: *Hexa-O-acetylscillaren A* (**II**), $C_{48}H_{64}O_{19}$, FF. 205—210/225—234°, aus **I** mit Essigsäureanhydrid in Pyridin bei Zimmer-Temp.; aus A. Nädelchen, $[\alpha]_D^{20}$ —72° (c = 0,507; Methanol), —64,4° (c = 0,505; Chlf.). — *Δ^4-Ätiensäureester* **III**,

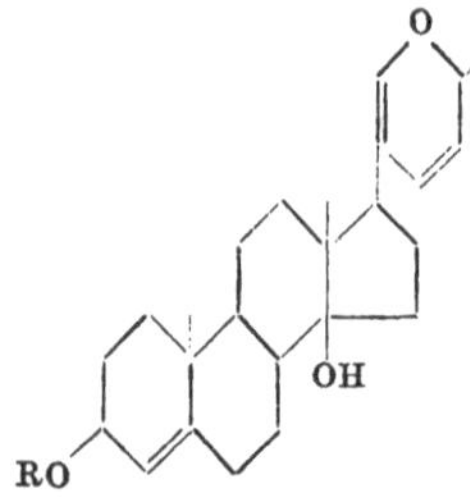

I [R = Scillabiose (SC)]
II [R = Hexa-O-acetylscillabiose (ASC)]

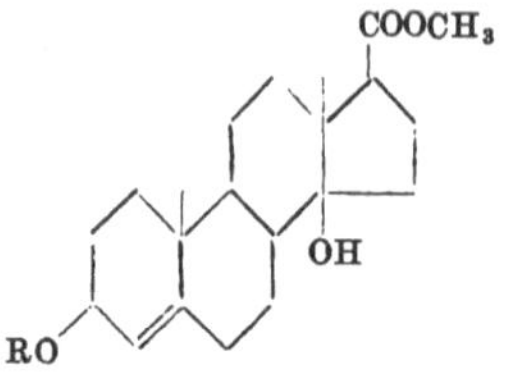

V (R = SC)
III (R = ASC)

$C_{45}H_{64}O_{19}$, F. 213—220°, durch mehrstd. Stehen von 10 g II mit $KMnO_4$ in Aceton bei 0—5°, Aufarbeiten, Abtrennen der 3,56 g *Neutralteil* (N) von 4,94 g *Säure* u. deren Rk. mit Diazomethan; aus Ae. Nädelchen, $[\alpha]_D^{20}$ —49,5° (c = 0,505; Chlf.); 2,60 g (Ausbeute). — *Ketolacton* IV, $C_{45}H_{60}O_{19}$, F. 196 bis 208° oder F. 246—253° aus N durch weitere Rk. mit

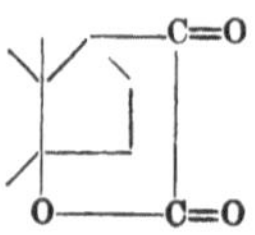

IV (R = ASC)

$KMnO_4$ in Aceton; $[\alpha]_D^{20}$ —94,4° (c = 0,514; Chlf.); 390 mg. — *Ester* V, $C_{33}H_{52}O_{13}$, F. 234—238°, durch 10tägiges Stehen von 1 g III mit $KHCO_3$ in wss. Methanol bei Zimmer-Temp.; aus Methanol büschelförmige Nadeln, $[\alpha]_D^{20}$ —47,8° (c = 0,513; Methanol); 0,9 g. — *Dihydro*-III (VI), $C_{45}H_{66}O_{19}$, F. 231—236°, durch 40 Min. Hydrieren von 1 g III in Eisessig an PtO_2; $[\alpha]_D^{20}$ —45,7° (c = 0,493; Chlf.); 868 mg. — *3β-Hydroxy-5α-Δ^14-ätiensäuremethylester* (VII), $C_{21}H_{32}O_3$, F. 145—146°, aus 500 mg VI durch ½std. Kochen in abs. methanol. HCl; $[\alpha]_D^{20}$ +40,3° (c = 0,545; Chlf.); 140 mg. *3β-O-Acetyl-Deriv.*, $C_{23}H_{34}O_4$, F. 113—116°, aus VII durch Acetylierung; aus Methanol prismat. Nadeln, $[\alpha]_D^{20}$ +22,6° (c = 0,508; Chlf.). — *3β-Hydroxy-5α-ätiansäuremethylester* (IX), $C_{21}H_{34}O_3$, F. 170—173°, aus VII durch 50 Min. Hydrieren in Eisessig an vorhydriertem PtO_2; aus Methanol prismat. Nadeln, $[\alpha]_D^{20}$ +52° (c = 0,490; Chlf.). — *3β-Acetoxy-5α-ätiansäuremethylester*, $C_{23}H_{36}O_4$, F. 144—147°, durch 18std. Stehen von 170 mg krist. Mutterlaugen von IX mit Essigsäureanhydrid u. abs. Pyridin u. Chromatographie; Blättchen, $[\alpha]_D^{20}$ +38,4° (c = 0,535; Chlf.); 130 mg. — *$\Delta^{3.5.14}$-Ätiatriensäuremethylester* (VIII), $C_{21}H_{28}O_2$, F. 140—143°, durch ½std. Kochen von 2 g III in abs. methanol. HCl; aus abs. A. prismat. Nadeln, $[\alpha]_D^{20}$ —93,6° (c = 0,524; Chlf.); 660 mg. — *5α-Ätiansäuremethylester*, $C_{21}H_{34}O_2$, F. 142—144°, durch 80 Min. Hydrieren von VIII in Eisessig an vorhydriertem PtO_2; aus Methanol sechseckige Blättchen, $[\alpha]_D^{20}$ +50,6° (c = 0,641; Chlf.). S. Bornkessel. 3450□

Herzaktive Glykoside aus Urginea altissima Baker. 45. Mitt. **über Herzglykoside.** H. Lichti und A. von Wartburg. (Helv. chim. Acta **43**, 1666—81, 1960; dt.) — 44. vgl. vorst. Ref.; 47. vgl. C. **1963, 13939**. — Aus der afrikan. Liliacee Urginea altissima Baker (LU) konnte ein krist. herzakt. Scillaglykosid, das *Altosid* (I), durch Extraktion mit Methanol u. anschließende Säulenchromatographie an Silicagel isoliert werden. I liefert bei der Spaltung mit einem Pilzferment *D-Glucose* u. *Scilliglaucosidin* (II), die auch bei der Spaltung von *Scilliglaucosid* (III), einem Nebenglykosid aus der weißen u. der roten Meerzwiebel, erhalten werden. I u. III sind Isomere, die sich in der Konfiguration der glykosid. Bindung unterscheiden: I ist das β-D-, III das α-D-Glucosid von II. Nach Hydrolyse der *Tetra-O-methyl-Derivv.* von I bzw. III wird *2.3.4.6-Tetra-O-methyl-D-glucose* erhalten, wodurch die Pyranosidstruktur der Zuckerkomponenten in beiden Glucosiden bewiesen werden konnte. I u. III bilden das erste natürlich vorkommende Anomerenpaar; III ist das erste in der Natur gefundene Glykosid, das der Klyneschen Regel nicht entspricht. Die Maxima der UV- u. IR-Spektren werden angegeben u. diskutiert.

Versuche: *Altosid* (I), $C_{30}H_{40}O_{10}$, F. 222—228°, durch Extraktion von 43 kg LU mit Methanol u. Chromatographie an hochakt. Silicagel mit Chlf./Butanol (7:3) als Lsgm.; aus Methanol Stäbchen, $[\alpha]_D^{20}$ +26,3° (Methanol), —45,3° [Pyridin (Py)]; 2,17 g (Ausbeute). *Oxim*, $C_{30}H_{41}NO_{10}$, F. 170—173°, durch 2std. Kochen von 80 mg I mit 54 mg $NH_2OH \cdot HCl$ in Ggw. von Na-Acetat; 65 mg. — *Tetra-O-acetylaltosid*, $C_{38}H_{48}O_{14}$, durch 18std. Stehen von 100 mg I mit Acetanhydrid u. Py u. Chromatographie an Al_2O_3; 105 mg. — *Tetra-O-acetylaltosidoxim*, $C_{38}H_{49}NO_{14}$, F. 124—127°, aus vorst. Verb. mit $NH_4OH \cdot HCl$ u. Chromatographie an Silicagel. — *Tetra-O-methylaltosid* (Ia), $C_{34}H_{48}O_{10}$, durch 16std. Rk. von 164 mg I mit CH_3J u. HgO_2 in Dimethylformamid bei 22—30° im Dunkeln; $[\alpha]_D^{20}$ +12,4° (c = 1,04; Chlf.); 140,7 mg. — *Aglykon* (*Monoanhydroscilliglaucosidin?*) (IV), F. 218—226°, durch 1std. Erwärmen von 0,1 g I mit 2 n H_2SO_4, Extraktion der wss. Lsg. (W) mit Chlf., Eindampfen des Extraktes u. Chromatographie an Al_2O_3 mit Bzl./Chlf. (1:1); 7 mg; daneben *D-Glucose*, durch Einengen von W, Neutralisieren mit $BaCO_3$, Filtrieren, Eindampfen u. Papierchromatographie einer Probe des Zuckersirups (Z). — *α-Methyl-D-glucopyranosid*, F. 169—170°, durch 16std. Kochen von Z mit 1 n methanol. HCl; aus Methanol Prismen, $[\alpha]_D^{20}$ + 164° (c = 0,36;

Methanol). — *Scilliglaucosidin* (II), $C_{24}H_{30}O_5$, F. 237—245° (Methanol/Ae./Pentan), durch 24std. Rühren von 1 g I mit 1 g Pilzferment C 1290 in A. in Ggw. von Toluol bei 37° u. Extraktion mit Chlf.; $[\alpha]_D^{20}$ +72,5° [c = 0,493; Chlf./Methanol (49:1)], +49,1° (c = 0,480; Methanol), +11,2° (0,945; Py); 114 mg. *3-O-Acetyl-Verb.* F. 216 bis 220°, durch 20std. Stehen von 21,6 mg II in Acetanhydrid/Py; $[\alpha]_D^{20}$ +27,5° (c = 0,815; Chlf.); 23,4 mg. *3-O-Benzoyl-Verb.*, $C_{31}H_{34}O_6$, F 193—195° (Aceton/Ae./Pentan), durch 3tägiges Stehen von 60,9 mg II mit Benzoylchlorid in Py bei 0° u. Chromatographie an Silicagel u. Al_2O_3; $[\alpha]_D^{20}$ +5,8° (c = 0,750; Aceton); 16,6 mg. *19-Semicarbazon*, $C_{25}H_{33}N_3O_5 \cdot H_2O$, F. 194—196°, durch 2tägiges Stehen von 48,5 mg II mit methanol. Semicarbazid-Lsg. bei 22°; $[\alpha]_D^{20}$ +53,5° (c = 0,615; Methanol); 52,3 mg. — *Tetra-O-methylscilliglaucosid* (V), $C_{34}H_{48}O_{10}$, aus 201 mg III analog Ia; $[\alpha]_D^{20}$ +106° (c = 0,315; Chlf.); 48,5 mg. — *2.3.4.6-Tetra-O-methyl-D-glucose* (VI), a) F. 90—93°, nach Org. Synth., Coll. Vol. III [1955], 800; $[\alpha]_D^{20}$ +81,5° (c = 1,03; W.); b) F. 63—98°, Kp.$_{0,8}$ 80—100° (Bad-Temp.), durch 8½std. Kochen von 174,3 mg V mit 0,1 n H_2SO_4, Einengen im Vakuum, Extraktion mit Chlf./CCl_4, Eindampfen der wss. Phase u. Dest.; $[\alpha]_D^{20}$ +77,3° (c = 0,850; W.); 40,6 mg; daneben 86,5 g IV; c) F. 66—83°, analog b) durch Hydrolyse von 132,6 mg Ia; $[\alpha]_D^{20}$ +76° (c = 0,470; W.); 14,6 mg; daneben 91,8 mg IV. *p-Nitrobenzolsulfonylhydrazon* (VIa), $C_{16}H_{25}N_3O_9S$, F. 140—141° (Ae./Pentan), durch 2std. Erwärmen von 250 mg VI u. 250 mg p-Nitrobenzylhydrazid in Acetonitril auf 73—75°, Einengen im Vakuum u. Chromatographie an Silicagel; 285,1 mg. — *α.β-Methyl-2.3.5.6-tetra-O-methyl-D-glucosid*, durch Methylierung von α.β-Methyl-D-glucofuranosid in Dimethylformamid nach E. Fischer (1914). — *2.3.5.6-Tetra-O-methyl-D-glucose*, $C_{10}H_{20}O_6$, durch 1std. Kochen vorst. Verb. mit 0,01 n HCl, Neutralisieren mit Ag_2CO_3, Einleiten von H_2S, Eindampfen im Vakuum, Chromatographie an Silicagel u. Dest. im Hochvakuum; $[\alpha]_D^{20}$ —15,7° (c = 3,00; W.), —32,9° (c = 2,20; Chlf.). *p-Nitrobenzolsulfonylhydrazon*, $C_{16}H_{25}N_3O_9S$, F. 110—111° (Ae./Pentan), analog VIa aus 244,3 g vorst. Verb.; 181,6 mg. Kurt Müller/Berlin. 3450□

Untersuchungen über die Bestandteile von Digitalis purpurea L. 10. Mitt. **Isolierung verschiedener neuer Glykoside aus der wasserlöslichen Fraktion von Digitalissamen.** Atsuji Okano, Kazuhiko Hoji, Tosaku Miki und Akio Sakashita. (Chem. pharmac. Bull. [Tokyo] **7**, 212—21, 1959; Daiichi Seiyaku Co., Res. Labor.; engl.) — 9. vgl. C. **1962**, 4929. — Aus 100 kg Digitalissamen werden durch verschiedenartige Isolierungs-Meth. wie Verteilungschromatographie aus verschiedenen Lsgm.-Syst., Al_2O_3-Absorptionschromatographie, milde Säurehydrolyse usw. (Einzelheiten vgl. Original) die folgenden neuen cardioton. *Glykoside* erhalten: *A-VI-Acetat*, F. 237—239° (Nadeln); 0,0022% (Ausbeute). — *C-I'*, F. 251—253° (Nadeln); 0,0005%. — *B-III*, F. 250—254° (amorph); 0,0056%. — *C-II*, F. 238—242° (amorph); 0,0044%. — *A-VII*, F. 242—245° (Nadeln); 0,00005%. — *A-VII'*, F. 221—224° (amorph); 0,00007. — *B-II*, F. 214—218° (Prismen); 0,005%. — *B-III'*, F. 240—244° (amorph); 0,0015%. Ferner das nicht cardioakt. *Glucosid X*, F. 118—120° (Nadeln); 0,025%. Schließlich die bekannten Verbb.: *Glucodigifucosid*, F. 194—197° (Nadeln); 0,038%. — *Digitalinum verum*, F. 231—234° (Nadeln); 0,15%. — *Gitostin*, F. 252—254° (Nadeln); 0,05%. — Auf Grund der Farb-Rkk. u. UV-Spektren werden A-VII, A-VII', B-III u. B-III' der Gitoxigeninreihe, C-I' u. C-II der Digitosigeninreihe u. B-II der Digitanolreihe zugeordnet. Für alle Verbb. werden Angaben über ihre Farb-Rkk. mit $SbCl_3$ sowie im Raymond-, Gregg-Gisvold- u. Keller-Kiliani-Test angeführt. H. Lehwald. 3450◇

Untersuchungen über die Bestandteile von Digitalis purpurea L. 11. Mitt. **Digifucocellobiosid, ein neues cardiotonisches Glykosid aus Digitalissamen.** Atsuji Okano, Kazuhiko Hoji, Tosaku Miki und Akio Sakashita. (Chem. pharmac. Bull. [Tokyo] **7**, 222—25, 1959; engl.) — 10. vgl. vorst. Referat. — Das in vorst. Mitt. isolierte Glykosid C-II (I) gibt positive Legal- u. Raymond-Rkk.; bei der Keller-Kiliani-Rk. ist der Eisessigteil farblos, der H_2SO_4-Teil braun. Bei der drast. Hydrolyse nach Kiliani werden als Zucker *Glucose* u. *Fucose* isoliert. Der enzymat. Abbau von **I**, mit einem aus *Euhadra quaesita Deshayes* gewonnenen Enzym (vgl. C. **1963**, 18135), liefert zunächst *Glucodigifucosid* (II; *Digitoxigenin-β-D-glucosido-β-D-fucosid*), dann *Digiprosid* (III) u. schließlich nach 4 Tagen *Digitoxigenin* (IV). Die Acetolyse des Acetates von **I** gibt *α-Okta-O-acetylcellobiose*. Demnach ist **I** *Digitoxigenin-β-cellobiosido-β-D-fucosid* (Kurzname: *Digifucocellobiosid*).

Versuche: *Digifucocellobiosid* (I), $C_{41}H_{64}O_{18}$, F. 238—242° (C_4H_9OH); $[\alpha]_D^{20}$ —1,4 ±3° (c = 1,23; CH_3OH). — *Glucodigifucosid* (II), F. 191—193° (verd. A.), durch 4std. Stehen von 100 mg I mit 20 mg Enzym in W./Toluol bei 32°, Vakuumeinengen bei 50° (Bad-Temp.), Verdünnen mit A., Filtrieren, Ausziehen mit Chlf./Butanol (1:2) u. Chromatographie an Al_2O_3; 40 mg (Ausbeute). *Acetyl-Deriv.*, F. 227—230°: aus Aceton/Ae./PAe. Nadeln. — *Digitoxigenin* (IV), F. 244—248°, durch enzymat. Abbau von 17 mg

II wie vorst. in 4 Tagen bei 32°; aus Aceton/PAe. Platten. — *α-Okta-O-acetylcellobiose*, F. 224—227°, durch Acetylieren von 80 mg I in Pyridin/Acetanhydrid, 30 Min. langes Erhitzen mit Acetanhydrid/$ZnCl_2$ auf 100°, Gießen in Eiswasser, 16std. Stehen, Abfiltrieren, Aufnehmen in Chlf. u. Chromatographie an Florisil/Celite (5:1); $[\alpha]_D^{20}$ +37,8 ±3° (c = 1,39; Chlf.); Nadeln; 25 mg. H. Lehwald. 3450◇

Untersuchungen über die Bestandteile von Digitalis purpurea L. 12. Mitt. **Die neuen cardiotonischen Glykoside Gitorocellobiosid, Glucogitorosid und Gitoxincellobiosid.** Atsuji Okano, Kazuhiko Hoji, Tosaku Miki und Akio Sakashita. (Chem. pharmac. Bull. [Tokyo] **7**, 226—32, 1959; engl.) — 11. vgl. vorst. Referat. — Die Nachw.-Rkk. des in der 10. Mitt. (vgl. vorvorst. Ref.) isolierten neuen Glykosids *B-III* (I; positive Legal- u. Raymond-Rkk., UV-Maximum bei 218 mμ, carmesinrote H_2SO_4- u. braune Eisessigschicht bei der Keller-Kiliani-Rk., blaugrauer Fleck auf dem Papierstreifen bei der Gregg-Gisvold-Rk.) weisen auf einen 2.6-Desoxyzucker hin. Bei der milden Säurehydrolyse von I wird als Aglykon *Gitoxigenin* (II), als Zucker ein Trisaccharid *Digilanidotriose* (III; bestehend aus 2 Mol Hexosen u. ein Mol 2.6-Desoxyzucker) isoliert. Bei der enzymat. Hydrolyse von III wird zunächst *Glucose* (IV) abgespalten u. *Digilanidobiose* (V) gebildet, nach mehrtägiger Hydrolyse erfolgt Aufspaltung in *Digitoxose* u. IV. Wie die Acetolyse des Acetates zu *α-Oktaacetylcellobiose* zeigt, ist III aus *Cellobiose* u. *Digitoxose* zusammengesetzt. Die mehrtägige enzymat. Hydrolyse von I liefert *Gitorosid* (VII) u. IV. Demnach ist I ein *Gitoxigenincellobiosidodigitoxosid* (Kurzname: *Gitorocellobiosid*). Bei der enzymat. Abspaltung von 1 Mol IV aus III entsteht ein neues Diglucosid *Glucogitorosid*, welches bei der milden Säurehydrolyse II u. V liefert. Das ebenfalls in der 10. Mitt. isolierte neue *B-III'* (VI) gibt bei der Säurehydrolyse III u. *Digitoxose*, bei der 4std. enzymat. Hydrolyse IV u. bei der 5tägigen Hydrolyse II. VI ist daher ein *Gitoxigenindigilanidotriosido-bis-digitoxosid* (Kurzname: *Gitoxincellobiosid*).

Versuche: *Gitorocellobiosid* (I), $C_{41}H_{64}O_{18}$, F. 250—254° (CH_3OH/Aceton); $[\alpha]_D^{22}$ +13,5° (c = 0,266; CH_3OH), —19,8° (c = 0,826; Pyridin). — *Gitoxigenin* (II), $C_{23}H_{34}O_5$, F. 218—222°, durch 1std. Kochen von 0,2 g I in 0,1 n H_2SO_4/CH_3OH, Vakuumabdampfen u. Ausziehen mit Chlf.; 75 mg (Ausbeute). — *Digilanidotriose* (III), $C_{18}H_{32}O_{14}$, F. 215 bis 219°, durch Chromatographie vorst. wss. Fraktion an Edocol/Celite 535 u. Elution mit W./Butanol; $[\alpha]_D^{22}$ +17,6° (c = 1,206; W.); aus CH_3OH/Ae. Nadeln; 15 mg. — *Glucogitorosid*, $C_{35}H_{54}O_{13}$, F. 212—216° (CH_3OH/Aceton), durch 4std. Stehen von 0,33 g I u. Schneckenenzym in wss. Lsg. unter Toluol bei 32°, Vakuumabdampfen, Behandeln mit CH_3OH/Chlf., Filtrieren, Eindampfen, Chromatographie an Al_2O_3 u. Elution mit W./Butanol: $[\alpha]_D^{22}$ +19,9° (c = 0,691; A.), $[\alpha]_D^{20}$ +8,3° (c = 0,987; CH_3OH). — *Gitorosid* (VII), $C_{29}H_{44}O_8$, F. 212—215°, aus 0,2 g I wie vorst. aber in 3 Tagen bei 32°; $[\alpha]_D^{22}$ +9,9° (c = 0,978; CH_3OH), +18,3° (c = 0,718; A.); 150 mg. — *Digilanidobiose* (V), $C_{12}H_{22}O_9$, F. 224—227°, neben II bei der Hydrolyse von 0,1 g vorvorst. Verb. in 0,05 n H_2SO_4 u. Chromatographie des wss. Rückstandes aus Edocol/Celite 535; aus A. Nadeln. — *α-Okta-O-acetylcellobiose*, F. 223—225°, durch 2tägiges Stehen von III in Acetanhydrid, Zufügen von $ZnCl_2$, ½std. Erhitzen auf 100°, Gießen auf Eis, 3std. Stehen, Ausziehen mit Chlf., Abdampfen u. Chromatographie an Florisil/Celite 535; aus Chlf./CH_3OH Nadeln. — *Gitoxincellobiosid* (VI), *Dihydrat*, $C_{53}H_{84}O_{24} \cdot 2\,H_2O$, F. 240—244° (Pyridin/$CH_3OH$); liefert bei der 3std. H_2SO_4-Hydrolyse wie oben II u. III. — *Purpurea-glykosid-B-acetat*, F. 145—151°, durch 4std. enzymat. Hydrolyse von 0,1 g I wie oben, Eindampfen, Behandeln mit Chlf./CH_3OH, Filtrieren, Eindampfen u. Acetylieren. — *Gitoxin*, F. 266—269° (Pyridin/CH_3OH), durch 5tägige enzymat. Hydrolyse von VI wie oben. *Acetyl-Deriv.*, F. 152—156°. H. Lehwald. 3450◇

Ein Weg zur Darstellung von L-Hygrinsäure. R. Marušić. (Croat. chem. Acta **31**, 157—58, 1959; Zagreb, Univ., Fac. of Sci., Chem. Labor.; engl.) — Durch Methylierung von L-Prolin wurde nach Sommelet u. Ferrand [1924] *L-Hygrinsäure* (I) dargestellt.

Versuche: *L-Hygrinsäure* (I), $C_6H_{11}NO_2$, durch 2std. Erhitzen von L-Prolinhydrochlorid mit 40%ig. wss. Formaldehyd, 12std. Erhitzen mit 83%ig. HCOOH, Chromatographieren u. Sublimieren bei 90—100°/0,05 mm; $[\alpha]_D^{19}$ —83,7° (c = 0,855; W.); 41,5% (Ausbeute). *Monohydrat*, $C_6H_{11}NO_2 \cdot H_2O$, F. 115—116°, durch Umkristallisieren von I aus abs. A. oder durch Stehen von I an der Luft bei Raum-Temp.; $[\alpha]_D^{19}$ —77,2° (c = 1,02; W.). L. Holzhey. 3500◇

Untersuchungen über Uncaria-Alkaloide. 18. Mitt. **Struktur von Uncarin.** 13. Mitt. **Struktur von Uncarin A und Uncarin B.** Toshikazu Nozoye. (Chem. pharmac. Bull. [Tokyo] **6**, 300—06, 1958; Tokyo, ITSVV Labor.; engl.) — 17. vgl. Annu. Rep. ITSUU Lab. **1957**, 46; 12. vgl. Annu. Rep. ITSUU Lab. **1956**, **44**; 14. bzw. 11. vgl. C. **1960**, **499**. — Auf Grund der nachst. angeführten Unterss. u. Überlegungen ordnen Vff. *Uncarin A* (I-A) u. *B* (I-B) die untenst. Strukturen zu: Die Red. von I mit $LiAlH_4$ gibt ein *Deriv.* II-A mit Indolinstruktur (UV), welches nur entstehen kann (vgl. Julian u. Mitarbeiter, J. Amer. chem. Soc. **71**, [1949], 3206), wenn in 3-Stellung des Oxindolringes bei I-A kein H-Atom steht [zugleich also Beweis für eine Spiroring-Bldg.

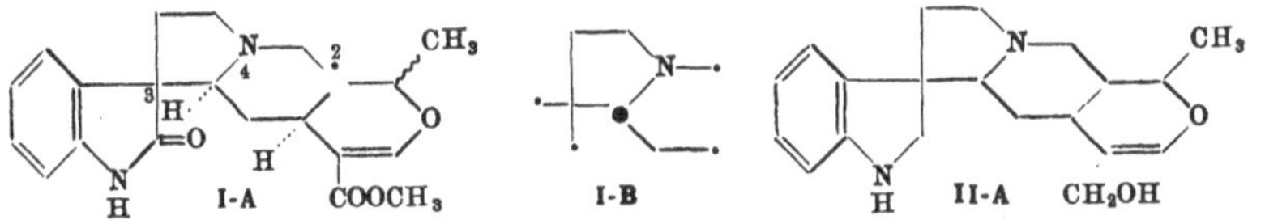

bei $C_{(3)}$], was auch aus der Tatsache folgt, daß I-A u. -B mit CH_3J nur ein *N-Monomethyl-Deriv.* liefern u. nicht Dimethylderivate. Für das Spiroring-Syst. werden 6 verschiedene Modelle aufgestellt u. diskutiert (vgl. Original), von denen 4 auf Grund der Spektren u. ihrer Löslichkeiten verworfen werden. Zwischen den restlichen beiden Strukturen ließ sich eine auf Grund der pKa-Werte von I-A (4,2) u. I-B (5,5) ausschließen. Der niedrige Wert von I-A wird darauf zurückgeführt, daß die CO-Gruppe in der Nähe des $N_{(B)}$-Atoms liegt u. dessen Basizität beeinflußt, wohingegen der pKa-Wert von II-A (6,2) u. von II-B (6,5) einander ähnlich sind, da hier ein Einfl. einer CO-Gruppe fehlt. Kalottenmodelle unterstreichen die Richtigkeit dieser Beweisführung. I-A u. I-B unterscheiden sich demnach in der 4-Stellung als Epimere.

Versuche: *2-Desoxo-16-desmethoxycarbonyl-16-hydroxymethyluncarin A* („Oktahydrouncarin A"; II-A), $C_{20}H_{26}N_2O_2$, sublimiert im Vakuum bei 190—200° (Bad), durch 5std. Kochen von 1 g I-A u. 0,5 g $LiAlH_4$ in Ae., 12std. Stehen, Zers. mit Äthylacetat, Abdampfen, Aufnehmen in verd. H_2SO_4, Alkalisieren u. Ausäthern; 0,7 g (Ausbeute). *N-Methylmethoxydihydro-Deriv.*, $C_{21}H_{29}N_2O_2(OCH_3)$, F. 109° (Zers.; CH_3OH). — *N-Methyluncarin A*, $C_{21}H_{23}N_2O_3(OCH_3)$, F. 160° (Ae.), durch ½ std. Erwärmen eines Gemisches aus 1 g I-A u. $NaOCH_3$ in CH_3OH, 12std. Stehen, Abdampfen u. Ausäthern; 0,1 g. — *N-Methyluncarin-B-methojodid*, $C_{21}H_{23}N_2O_3 \cdot CH_3J(OCH_3)$, F. 228° (Zers.; CH_3OH), analog vorst. Verb. aus 1 g I-B, jedoch nur 1std. Erwärmen auf dem Wasserbad; 1,2 g. H. Lehwald. 3500□

Untersuchungen über Uncaria-Alkaloide. 19. Mitt. **Über Mitraphyllin.** Toshikazu Nozoye. (Chem. pharmac. Bull. [Tokyo] 6, 306—08, 1958; engl.) — 18. vgl. vorst. Referat. — Bei der Isolierung von Uncarin aus *Uncaria Kawakamii Hayata* wird als in Aceton wenig lösl. Bestandteil in geringer Menge *Mitraphyllin* (I; $C_{20}H_{21}N_2O_3 \cdot OCH_3$, F. 226°; $[\alpha]_D^{23,5}$ + 3,8; aus CH_3OH Nadeln) gewonnen, dessen Spektren-Vgl. mit Uncarin B (II-B) weitgehende Übereinstimmung erkennen ließ. I ist demnach ein Epimeres von II-B u. unterscheidet sich von diesem wahrscheinlich durch seine Konfiguration bei $C_{(20)}$. Da auch die pKa-Werte von I u. II-B gleich sind, besitzen beide die gleiche Konfiguration bei $C_{(4)}$. Somit ergibt sich für I die obenst. Struktur. H. Lehwald. 3500□

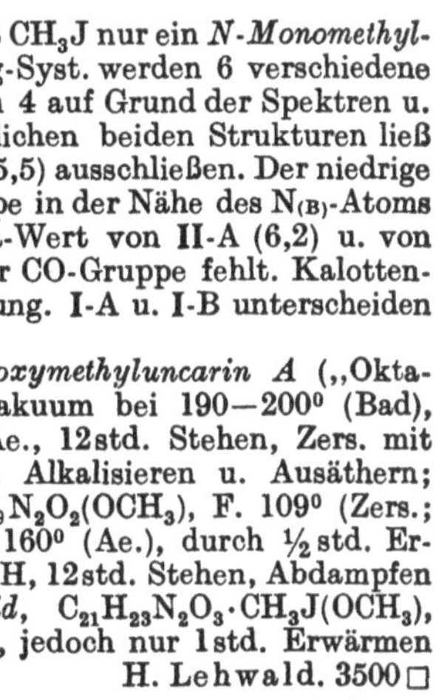

Untersuchungen über Uncaria-Alkaloide. 20. Mitt. **Die Struktur von Rhynchophyllin.** 5. Mitt. **Die Struktur von Rhynchophyllin und Isorhynchophyllin.** Toshikazu Nozoye. (Chem. pharmac. Bull. [Tokyo] 6, 309—12, 1958; engl.) — 19. vgl. vorst. Ref.; 4. vgl. Annu. Rep. ITSUU Lab. **1957,** 46. — Bei der $LiAlH_4$-Red. von *Rhynchophyllin* (I) entsteht ein Indolinsystem. Demnach hat auch I ein Spiro-Syst. in 3-Stellung des Oxindolkernes. *Isorhynchophyllin* (II) läßt sich durch Essigsäure in der Wärme in I umlagern. Die pKa-Werte von I (6,32) u. II (5,20) lassen aus den in der 18. Mitt. (vgl. vorvorst. Ref.) angegebenen Gründen I u. II als Epimere an der 4-Stellung erscheinen. Es werden daher I u. II die obenst. Strukturen zugeordnet. UV- u. IR-Spektren s. Original. H. Lehwald. 3500□

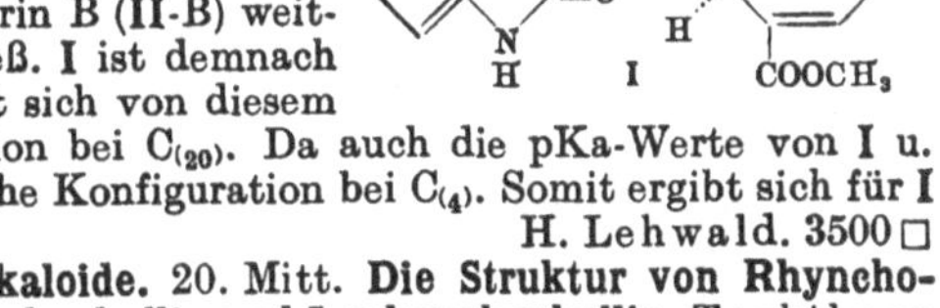

Alkaloide des Tabakrauches. 1. Mitt. **Fraktionierung einiger Tabakalkaloide und des Alkaloidextraktes aus dem Rauch der Zigarettensorte „Burley" durch Gaschromatographie.** Louis D. Quin. (J. org. Chemistry **24**, 911—14, 1959; Durham, N.C., Duke Univ., Dep. of Chem.; engl.) — Ein Alkaloidextrakt aus Zigarettentabakrauch wird gaschromatograph. an einer Polyglykolsäule aufgetrennt, wobei ca. 16 Alkaloide oder bas. Verbb. gefunden wurden, die zwischen 150 u. 170° sieden. K. Gröbe. 3500◇

Alkaloide des Tabakrauches. 2. Mitt. Identifizierung einiger Alkaloide aus dem Rauch der Zigarettensorte „Burley". Louis D. Quin. (J. org. Chemistry **24**, 914–16, 1959; engl.) – 1. vgl. vorst. Referat. – Durch UV-Spektroskopie, Gas- u. Papierchromatographie wurden im Zigarettentabakrauch identifiziert: *Myosmin* u. *Nornicotin* (zusammen 88 µg/Zigarette), *Anabasin* (11), *Anatabin* (14), *2.3'-Dipyridyl* (7) u. *Cotinin* (57). Möglicherweise sind noch Pyridylalkylketone anwesend. K. Gröbe. 3500◇

Zur Chemie des Gossypols. A. Issmailow und A. Ss. Ssadykow. (Usbek. chem. J. **1959**, Nr. 3, 34–41; Akad. der Wiss. der UsbekSSR, Chem. Inst.; russ.) – *Gossypol* (**I**; *Bis-[1.6.7-trihydroxy-3-methyl-5-isopropyl-8-formylnaphthyl-(2)]*, F. 184°(Zers.); gelbes Pulver ist in allen vegetativen Organen der Baumwollstaude enthalten, am reichsten mit 2,3% in der Wurzelrinde zu Beginn der Frostperiode. **I** wird quant. bestimmt, indem es mit Ae. extrahiert, aus dem Ae. in Borax-Lsg. übergeführt, nach Ansäuern mit Chlf. extrahiert u. nach Versetzen mit $SbCl_3$ in Chlf. photocolorimetriert wird. Die Genauigkeit dieser Best. beträgt ±5–7%. Beim Erhitzen von **I** mit Thiosemicarbazid (**II**), Isonicotinoylhydrazin (**III**), Sulfanilsäure, p-Aminobenzoesäure u. -Äthylester, Sulfanilacetamid, -guanidin, -cyanamid, Sulfathiazol u. β-Diäthylaminoäthylamin (1:2 Mol in A.) werden die entsprechenden *Dihydrazon-* bzw. *Diimin-Derivv.* von **I** erhalten. Bei der Rk. von **I**-Hexamethyläther mit **II** u. **III** (1:2 Mol) entstehen unter Abspaltung einer Methylgruppe das *Bis-thiosemicarbazon* bzw. *Bis-isonicotinoylhydrazon* von *Bis-[1-hydroxy-3-methyl-5-isopropyl-6.7-dimethoxy-8-formylnaphthyl-(2)]*. Die Grignard-Rk. von **I** mit Phenyl- oder x-Tolyl-MgBr liefert *Bis-[7-methyl-5-isopropyl-3.4-dihydroxy-2-phenyl-(x-tolyl)-1-oxaacenaphthenyl-(8)]*. **I** ist an Stelle von Pyrogallol zur Absorption von O_2 geeignet. Nach Oxydation der alkal. Lsg. von **I** mit Luft erfolgt beim Ansäuern Decarboxylierung, u. nach Methylierung mit CH_2N_2 wird *Bis-[1-hydroxy-3-methyl-5-isobutyliden-6-carbomethoxymethylencyclohexadien-(1.3)-yl-(2)]* ($C_{28}H_{34}O_6$, F. 204–205°) erhalten. Helmut Schäfer. 3550△

Konstitution von Intermedeol. 3. Mitt. L. H. Zalkow, V. B. Zalkow und D. R. Brannon. (Chem. and Ind. **1963**, 38; Stillwater, Okla., Oklahoma State Univ., Dep. of Chem.; engl.) – Das aus dem mit Wasserdampf flüchtigen Öl des Grases Bothriochloa intermedia isolierte *Intermedeol* [*1-Hydroxy-1α.4aα-dimethyl-7α-isopropenyl-trans-dekalin* (**I**), $C_{15}H_{26}O$, F. 47–48°; $[\alpha]_D^{25}$ + 10,7° (c = 0,957; A.); Nadeln], ein mit Eudesmol isomerer Sequiterpenalkohol liefert mit 1 Mol H_2 in Ggw. von Pt-Kohle in Essigsäure das *Dihydro-Deriv.* [**II**; $C_{15}H_{28}O$, F. 70°; $[\alpha]_D^{26}$ + 29° (c = 1,66; A.)], durch Ozonisierung in CH_2Cl_2 bei –70° in 45%ig. Ausbeute *Formaldehyd* u. ein *Hydroxyketon*, das mit alkal. NaOJ-Lsg. *Jodoform* liefert. Durch Dehydrierung von **I** mit 10%ig. Pd-Kohle entsteht *Eudalen*. **I** wird nur unter drast. Bedingungen (Acetanhydrid, 140°) verestert. Durch Dehydratisierung von **II** mit $POCl_3$ in Pyridin entsteht ein *Gemisch aus fl. Olefinen* ($C_{15}H_{26}$), das mindestens 70% *1-Methylen-7α-isopropyl-4aα-methyl-trans-dekalin* (**III**) enthält. Durch Einw. von OsO_4 auf **III** u. anschließende Rk. mit Pb-Tetraacetat entsteht ein gesätt. fl. *Keton* [**IV**; $C_{14}H_{24}O$, $[\alpha]_D^{25}$ –75,7° (c = 1,08; A.). *Semicarbazon*, F. 197 bis 198°]. **III** liefert durch Ozonisierung **IV** u. *Formaldehyd* u. wird durch Hydrierung in Ggw. von 5% Pt-Kohle in Essigsäure in ein *Selinan* ($[\alpha]_D^{32}$ –10,5°) übergeführt, das mit dem aus β-Eudesmol durch Hydrierung, Dehydratisierung u. erneute Hydrierung dargestellten *Selinan* ($[\alpha]_D^{32}$ + 12,5°) hinsichtlich des Brechungsindex, IR- u. KMR-Spektrums ident. ist. Die Hydroxygruppe von **I** ist äquatorial gebunden.
K. Zieloff. 3600△

Eine abgeänderte Struktur für Andrographolid. M. P. Cava, B. Weinstein, W. R. Chan, L. J. Haynes und L. F. Johnson. (Chem. and Ind. **1963**, 167; Columbus, Ohio, Ohio State Univ., Evans Chem. Labor.; Kingston, Univ. of West Indies, Chem. Dep.; Palo Alto, Calif., Varian Assoc.; engl.) – Durch Schmelzen oder Einw. von Säure unter milden Bedingungen entsteht aus Andrographolsäure das diterpenoide Lacton *Andrographolid* (**I**), das in neutraler Lsg. bei 0° 1 Mol Perjodat verbraucht u. fast 1 Mol CH_2O liefert. Auf Grund dieser Rkk. u. der neuen Interpretierung des KMR-Spektrums wird **I** die Struktur des *1α-{β-[2-Oxo-5-hydroxytetrahydrofuryliden-(3)]-äthyl}-2-methylen-5-hydroxymethyl-5.8aα-dimethyl-6-hydroxy-trans-dekalins* zugeschrieben (vgl. dagegen C. **1962**, 17416). K. Zieloff. 3600△

Eine stereospezifische Synthese von (±)-Ferruginol. P. Narasimha Rao und K. Raman. (Tetrahedron [London] **4**, 294–301, 1958; Poona, Nat. Chem. Labor., Div. of Org. Chem.; Bangalore, Indian Inst. of Sci., Dep. of Org. Chem.; engl.) – Eine stereospezif. Synth. von (±)-*Ferruginol* durch Ringerweiterung nach Robinson [1937] wird beschrieben. Die IR-Spektren des natürlichen u. des synthet. Ferruginolbenzoats sind identisch.

Versuche: *1-Methyl-7-methoxytetralon-(2)* (**I**), $C_{12}H_{14}O_2$, Kp.$_{0,8}$ 125–126°, durch Oxydation von 1-Methyl-7-methoxy-3.4-dihydronaphthalin in Eisessig/Essigsäureanhydrid mit Na-Acetat u. rotem Pb-Oxid bei 57—59°, u. 2std. Erhitzen des entstandenen *Diacetats* mit verd. alkohol. H_2SO_4; n_D^{25} 1,5538; 70% (Ausbeute). *Semicarbazon*, $C_{13}H_{17}N_3O_2$, F. 191—192°; farblose Prismen aus A. — *2-Oxo-6-methoxy-4a-methyl-2.3.4.4a.9.10-hexahydrophenanthren*, $C_{16}H_{18}O_2$, F. 73° (PAe.), a) durch Umsetzung von Diäthylaminobutanon-(2) mit Methyljodid, Zufügen von I in thiophenfreiem Bzl. unter N_2 u. Behandlung mit K-Äthylat bei 0°, ½ std. Kochen u. Ansäuern mit 2n H_2SO_4; 60%; b) aus I u. Methylvinylketon in A. in Ggw. von Benzyltrimethylammoniumhydroxid in A. durch 1½ std. Rk. bei 0° u. ½ std. Kochen; lichtgelbe Prismen; 45%. *2.4-Dinitrophenylhydrazon*, $C_{22}H_{22}N_4O_5$, F. 241—242° (Essigsäure; tiefrote rechteckige Platten), F. 200° (aus Essigsäureäthylester; rote Prismen). — *1.1.4a-Trimethyl-2-oxo-6-methoxy-1.2.3.4.4a.9-hexahydrophenanthren*, $C_{18}H_{22}O_2$, $Kp._{0,004}$ 120—125°, durch 2std. Umsetzen vorst. Verb. u. K-tert.-Butylat mit Methyljodid bei 0°, ½ std. Kochen u. Reinigen über das *2.4-Dinitrophenylhydrazon* [$C_{24}H_{26}N_4O_5$, F. 213° (Essigester). *Essigsäuresolvat*, $C_{24}H_{26}N_4O_5 \cdot CH_3COOH$, F. 238—240° (Zers.; Eisessig)]. — trans-1.1.4a-Trimethyl-$\Delta^{5.7.8a,4b}$-oktahydrophenanthrene: *2-Oxo-6-methoxy-*, $C_{18}H_{24}O_2$, $Kp._{0,8}$ 180—184°, aus 7,4 g vorst. Verb. durch Hydrierung in Eisessig in Ggw. von Pd-Kohle; 7,2 g (Ausbeute). *2.4-Dinitrophenylhydrazon*, $C_{24}H_{28}N_4O_5$, F. 198—199° (Essigester). — *6-Methoxy-*, $C_{18}H_{26}O$, $Kp._{0,8}$ 145—147°, durch 40std. Erhitzen vorst. Verb. in verd. HCl mit amalgamiertem Zn auf 135°; n_D^{20} 1,5478; 75%. — *6-Methoxy-7-acetyl-*, $C_{20}H_{28}O_2$, $Kp._{0,2}$ 185—190°, durch 75std. Rk. von 5 g vorst. Verb. mit Acetylchlorid in Nitrobenzol in Ggw. von $AlCl_3$ bei 10°; 5 g. *Semicarbazon*, $C_{21}H_{31}N_3O_2$, F. 222—223° (Methanol). — *6-Methoxy-7-isopropenyl-*, $C_{21}H_{30}O$, $Kp._{0,5}$ 152—155°, durch 4std. Umsetzung vorst. Verb. in Ae. mit Methyl-MgJ bei Raum-Temp., ½ std. Kochen, Zers. mit wss. NH_4Cl, Ae.-Extraktion u. 2std. Kochen in Acetanhydrid, lichtgelbes viscoses Öl; 86%. — *6-Methoxy-7-isopropyl-*, $C_{21}H_{32}O$, $Kp._{0,8}$ 150—155°, aus 2,7 g vorst. Verb. durch Hydrierung in A. in Ggw. von PtO_2; 2,6 g. — (±)-*Ferruginol*, $C_{20}H_{30}O$, durch 5std. Erhitzen vorst. Verb. u. Pyridinhydrochlorid unter N_2 auf 158—160°; schwachgelbes Harz. *Benzoat*, $C_{27}H_{34}O_2$, F. 132° (A.). W. Mucke. 3600△

Feststellung der Beziehung zwischen Obakunon und Limonin. T. Kubota, T. Matsuura, T. Tokoroyama, T. Kamikawa und T. Matsumoto. (Tetrahedron Letters [London] **1961**, Nr. 10, 325—32; Miniamiogimachi, Kitaku, Osaka, Japan, Osaka, City Univ., Fac. of Sci.; engl.) — Bei der Behandlung von Obakunoesäure (I) mit $Ba(OH)_2$ entsteht *Isoobakunoesäure* (II), während als Zwischenprod. *Epiisoobakunoesäure* (III; *1α-Epimere* von II) isoliert werden kann. Meerwein-Ponndorf-Red. des II-Methylesters gibt *Isoobakunolsäureisopropylester*, aus dem mit NaOH *Meroobakunolsäure* (IV) erhalten wird. Durch Dehydratisierung mit $POCl_3$ läßt sich der IV-Methylester in *Anhydromeroobakunolsäuremethylester* u. weiter durch katalyt. Hydrierung in *Tetrahydroanhydromeroobakunolsäuremethylester* überführen. Analog entsteht aus dem III-Methylester *Epiisoobakunolsäureisopropylester*, *Epimeroobakunolsäure* (V), *Anhydroepimeroobakunolsäuremethylester* bzw. *Tetrahydroanhydroepimeroobakunolsäure* (VI)-*Methylester* (VIa). Obakunon (VII) liefert mit $NaBH_4$ *Obakunol* (VIII; *7α-Hydroxy-Verb.*) u. *Isoobakunol*. Ersteres gibt bei Behandlung mit NaOH IV u. *Furan-3-aldehyd*. Die UV-Spektren der Methylester von IV u. V stimmen mit dem des Merolimonols (IX) überein, ebenso die der entsprechenden Anhydro-Deriv. mit denen des Anhydromerolimonols. Durch Behandlung des aus Limonol (X) über IX u. *Anhydromerolimonol* erhältlichen *Tetrahydroanhydromerolimonols* (XI) mit $Ba(OH)_2$ unter drast. Bedingungen entsteht unter Öffnung des Lactonrings die *Hydroxysäure* XIII, deren Struktur analog der aus IX entstehenden *Hydroxysäure* XII formuliert wurde. Das *Mesyl-Deriv.* des XIII-*Methylesters* gibt durch Rk. mit NaJ VIa. VII erhält auf Grund dieser Rkk. im Vgl. mit den entsprechenden Rkk. der Limoninreihe nebenst. Struktur.

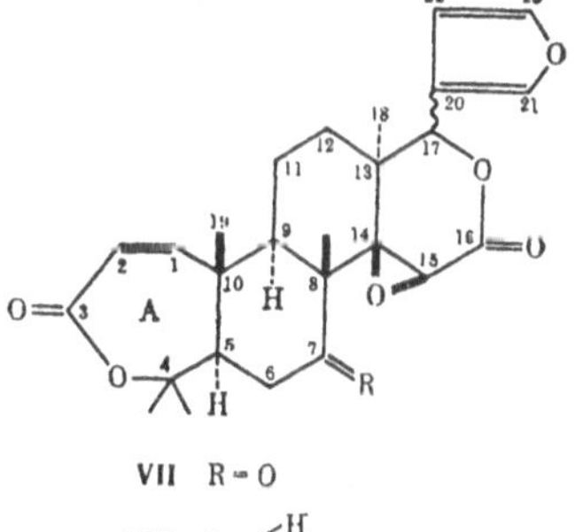

VII R = O

VIII R = <H / OH

Versuche: *Isoobakunoesäure* (II), durch längere Einw. von $Ba(OH)_2$ auf III. *Methylester, Essigsäuresolvat*, $C_{27}H_{34}O_8 \cdot CH_3CO_2H$, F. 116—119°. — *Epiisoobakunoesäure* (III), $C_{26}H_{32}O_8$, F. 270—271° (Zers.), durch kürzere Rk. von I mit $Ba(OH)_2$. — *Isoobakunolsäureisopropylester*, $C_{29}H_{40}O_8$, F. 236—237°, aus dem II-Methylester durch Meerwein-Ponndorf-Reduktion. — *Meroobakunolsäure* (IV), *Methanolsolvat*, $C_{21}H_{30}O_6 \cdot CH_3OH$, F. 195—196°, aus vorst. Ester u. NaOH. *Methylester*, $C_{22}H_{32}O_6$, F. 194—195°. *Acetyl-Verb., Methanolsolvat*, $C_{23}H_{32}O_7 \cdot CH_3OH$, F. 140 bis 142° (Zers.). — *Anhydromeroobakunolsäuremethylester*, $C_{22}H_{30}O_5$, F. 174—175°, aus dem IV-Methylester

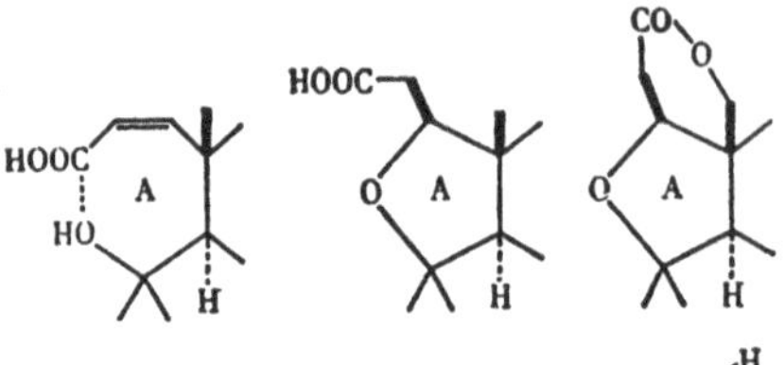

I R=O II R=O X R=<H, OH

mit $POCl_3$ in Pyridin. — *Tetrahydroanhydromeroobakunolsäuremethylester*, $C_{22}H_{34}O_5$, F. 104—105°, durch katalyt. Hydrierung vorst. Esters. — *Epiisoobakunolsäureisopropylester*, $C_{29}H_{40}O_8$, F. 187—188°, aus dem **III**-Methylester durch Meerwein-Ponndorf-Reduktion. — *Epimeroobakunolsäure* (**V**), *Monohydrat*, $C_{21}H_{30}O_6 \cdot H_2O$, F. 243—244°, aus vorst. Ester u. NaOH. *Methylester*, $C_{22}H_{32}O_6$, F. 145—147°. *Acetyl-Verb.*, *Monohydrat*, $C_{23}H_{32}O_7 \cdot H_2O$, F. 224—226°. — *Anhydroepimeroobakunolsäuremethylester*, F. 192—194°, aus dem **V**-Methylester mit $POCl_3$ in Pyridin. — *Tetrahydroanhydroepimeroobakunolsäuremethylester* (**VIa**), $C_{22}H_{34}O_5$, F. 194—195°, a) aus vorst. Ester durch katalyt. Hydrierung; b) durch Rk. des Mesylats des **XIII**-Methylesters mit NaJ bei 180°, Umsetzung mit CH_2N_2 u. Behandlung mit Zn u. Essigsäure; $[\alpha]_D + 33°$ (c = 1,09; A.). —

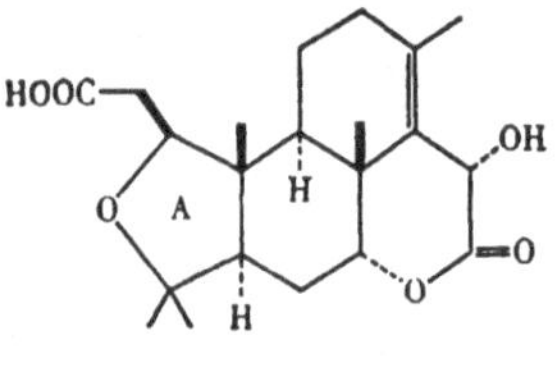

IV

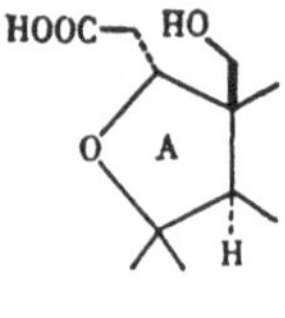

XII

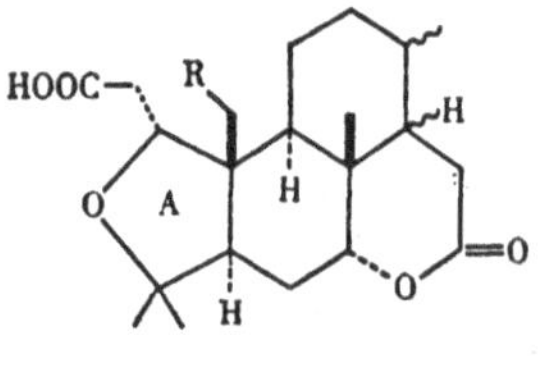

VI R=H
XIII R=OH

Obakunol (**VIII**), *Äthanolsolvat*, $C_{26}H_{32}O_7 \cdot C_2H_5OH$, F. 248—250°, durch Red. von **VII** mit $NaBH_4$ neben *Isoobakunol* [*Dimethanolsolvat*, $C_{26}H_{32}O_7 \cdot 2\,CH_3OH$, F. 134—137° (Zers.). *Acetyl-Deriv.*, $C_{28}H_{34}O_8$, F. 212—214°]; gibt mit CrO_3 **VII** u. mit NaOH **IV** u. *Furan-3-aldehyd* (*2.4-Dinitrophenylhydrazon*, $C_{11}H_8O_5N_4$, F. 231—233°). *Acetyl-Deriv.*, *Hemimethanolsolvat*, $C_{28}H_{34}O_8$, ½ CH_3OH, F. 151—153° (Zers.). — *Hydroxysäure* **XII**, *Hydrat*, $C_{21}H_{30}O_7 \cdot 1\frac{1}{2}\,H_2O$, F. 243—244° (Zers.), aus **IX**. *Methylester*, $C_{22}H_{32}O_7$, F. 228—230°. — *Hydroxysäure* **XIII**, $C_{21}H_{32}O_6$, F. 265° (Zers.), aus **XI** durch energ. Hydrolyse mit $Ba(OH)_2$. *Methylester*, $C_{22}H_{34}O_6$, F. 205°. *Mesylat des Methylesters*, $C_{23}H_{36}O_8S$, F. 209—210°.

R. Becker. 3600△

Eine neue Umlagerung cyclischer α-Nitroketone. Alfred Hassner und John Larkin. (J. Amer. chem. Soc. **85**, 2181—82, 1963; Boulder, Colo., Univ., Dep. of Chem.; engl.) — α-Nitroketone der Steroidreihe werden unter sauren Bedingungen analog zu α-Nitrocampher (vgl. Larson u. Wat, C. **1963**, 17316) zu *N-Hydroxyimiden* umgelagert. — *16-Nitro-Δ⁵-androsten-3β-ol-17-on* (**I**; 1:1-Gemisch aus 16α- u. 16β-Epimeren), F. 105—107°, aus Δ^5-Androsten-3β-ol-17-on u. $C_4H_9NO_3$ in Ggw. von Base. — *3β.N-Dihydroxy-16.17-seco-Δ⁵-androsten-16.17-disäureimid* (**II**), F. 260—263°, durch Behandeln von **I** mit Säure; 75% (Ausbeute); ist gegen Säurehydrolyse sogar in Ggw. von Lävulinsäure stabil. *Diacetat* (**III**), F. 231—232°, aus **I** u. Acetanhydrid bei Raum-Temp.; 80%. *3β-Monoacetat* (**IV**), F. 241—245°, aus **I** oder dessen K-Salz u. HCl in CH_3COOH **VII** (75%) oder aus 3β-Acetoxy-16.17-seco-Δ^5-androsten-16.17-disäureanhydrid u. NH_2OH (75%); wurde quant. zu **III** acetyliert. — Hydrolyse von **III** mit KOH bei Raum-Temp. gab **II**. — *3β-Hydroxy-16.17-seco-Δ⁵-androsten-16.17-disäure*, aus **III** u. K-tert.-Butylat. — *3β-Hydroxy-N-methoxy-16.17-seco-Δ⁵-androsten-16.17-disäureimid* (**V**), F. 214—215°, aus **II**; 95%. *Acetat*, F. 186—188°, aus **IV** (85%) oder aus **V**; gab durch Hydrolyse **V** zurück. — Analog: *16-Nitroandrostan-3β-ol-17-on*, F. 180 bis 182°; 95%. — *3β.N-Diacetoxy-16.17-secoandrostan-16.17-disäureimid*, F. 180—182°; 82%. — *3β-Acetoxy-N-hydroxy-16.17-secoandrostan-16.17-disäureimid*, F. 224—226°; 80%. — *N-Acetoxy-2.3-secocholestan-2.3-disäureimid*, F. 205—207° (Zers.), aus 2-Nitrocholestan-3-on (F. 135—136°) oder dessen K-Salz mit Acetanhydrid oder mit HCl u. nachfolgend Acetylierung des entstandenen *N-Hydroxy-2.3-secocholestan-2.3-disäureimids* (F. 184—188°). — Die IR-Spektren (KBr) der N-Hydroxyimide zeigen Banden bei 3250—3300, 1720—1730 u. 1675—1690, die N-Acetoxyimide solche bei 1800, 1720 u. 1700 cm^{-1}. — *3β-Acetoxy-N-acetyl-D-homo-17-aza-Δ⁵-androsten*, F. 210—212°, aus **III** u. $LiAlH_4/AlCl_3$. — Vff. halten den von Larson u. Wat (l. c.) vorgeschlagenen Mechanismus für unwahrscheinlich u. nehmen eher an, daß die Rk. über die Zwischenstufe einer Hydroxamsäure verläuft.

J. Rothe. 3700◇

Chemische und mikrobiologische Umwandlungen einiger D-Norsteroide. H. Reimann, H. Schneider, O. Zagneetko Sarre, C. Federbush, C. Towne, W. Charney und E. P. Oliveto. (Chem. and Ind. **1963,** 334—35; Bloomfield, N.J., Schering Corporation, Chem. Res. and Dev. Div.; engl.) — Durch Rk. von 16-Diazo-Δ^5-androsten-3β-ol-17-on (I) mit Acetanhydrid/Pyridin entsteht das *3-Acetat* [F. 170—171° (Zers.); $[\alpha]_D$ —205°], das durch Bestrahlung mit einer Hanovia-450-W-Lampe durch ein Corax-Filter bei Raum-Temp. in 80%ig. wss. Dioxan ein Gemisch aus *16β-Carboxy-D-nor-Δ^5-androsten-3β-olacetat* (**II**; F. 214—219°) u. dem entsprechenden *Anhydrid* [**III**; F. 269 bis 275°; $[\alpha]_D$ —26° (Chlf.)] liefert. **III** wird durch Erhitzen mit Essigsäure in **II** übergeführt. Durch Rk. von **II** mit Oxalyldichlorid in Bzl. u. Umsetzung des entstandenen *Säurechlorids* mit CH_2N_2 entsteht *21-Diazo-D-nor-Δ^5-pregnen-3β-ol-20-onacetat* [F. 147 bis 151° (Zers.); $[\alpha]_D$ + 5°], das durch Einw. von HBr sowie von NaJ u. Essigsäure *D-Nor-Δ^5-pregnen-3β-ol-20-onacetat* (F. 160—164°; $[\alpha]_D$ + 24°) liefert. Diese Verb. wird zu *D-Nor-Δ^5-pregnen-3β-ol-20-on* (F. 186—188°; $[\alpha]_D$ + 35°) hydrolysiert, aus dem durch mikrobiolog. Oxydation mit *Flavobacterium dehydrogenans D-Nor-Δ^4-pregnen-3.20-dion* [**IV**; F. 153—155°; $[\alpha]_D$ + 209° (Chlf.)] u. durch Oxydation mit $CrO_3H_2SO_4$ *D-Nor-Δ^4-pregnen-3.6.20-trion* (F. 130—135°; $[\alpha]_D$ + 18°) entstehen. **IV** wird durch Fermentation mit einer *Bacillus sphaericus*-Kultur oder durch Dehydrierung mit Dichlordicyanbenzochinon in *D-Nor-$\Delta^{1.4}$-pregnadien-3.20-dion* (F. 193—194°; $[\alpha]_D$ + 110°) übergeführt, das durch Inkubation mit einer *Glomerella cingulata*-Kultur zu *D-Nor-$\Delta^{1.4}$-pregnadien-11α-ol-3.20-dion* (F. 227—230°; $[\alpha]_D$ + 77°. *Acetat*, F. 232—236°) hydroxyliert werden kann. Durch Fermentation von I mit *Flavobacterium dehydrogenans* entsteht *16-Diazo-Δ^4-androsten-3.17-dion* [F. 217—218° (Zers.); $[\alpha]_D$ —112°], dessen Photolyse *16β-Carboxy-D-nor-Δ^4-androsten-3-on* (F. 253—258°; $[\alpha]_D$ + 132°) liefert. Dieses kann über das *Säurechlorid* in *21-Diazo-D-nor-Δ^4-pregnen-3.20-dion* (**V**; F. 109 bis 111°; $[\alpha]_D$ + 157°) übergeführt werden. **V** gibt über das entsprechende *21-Bromid* das mit **IV** ident. *D-Norprogesteron*. Kochen von **V** mit Essigsäure gibt *D-Nor-Δ^4-pregnen-21-ol-3.20-dionacetat* (F. 149—151°; $[\alpha]_D$ + 166°). IR- u. UV-Maxima s. Original.

K. Zieloff. 3700△

Synthese eines stickstoffreien Jervin-Derivates. Hiroshi Mitsuhashi und Yuzuru Shimizu. (Tetrahedron Letters [London] **1961,** Nr. 21, 777—80; Sapporo, Japan, Hokkaido Univ., Fac. of Pharm. Sci.; engl.) — Im Verlauf von Unterss. über C-Nor-D-homopregnane aus Hecogenin wurde das Fried-Klingsbergsche Abbau-Prod. (vgl. C. **1955,** 10274) von Jervin, *18.C-Bisnor-D-homo-3β-hydroxy-11-oxo-17a-methyl-5α.13α-pregnan* (**I**), synthetisiert. Durch Huang-Minlon-Red. des früher aus Hecogenin dargestellten 3β-Hydroxy-12.12-äthylendioxy-20-oxo-5α-pregnan (**II**) entsteht *3β-Hydroxy-12.12-äthylendioxy-5α-pregnan*, das mit Essigsäure in *3β-Hydroxy-12-oxo-5α-pregnan* übergeführt werden kann. Das Acetat (**III**) dieser Verb. gibt mit Br_2 *3β-Acetoxy-12-oxo-11α-brom-5α-pregnan*, bei dessen Hydrolyse *3β.11β-Dihydroxy-12-oxo-5α-pregnan* entsteht. Aus dem p-Toluolsulfonylhydrazon (**IV**) dieser Verb. erhält man durch Erhitzen mit Na-Äthylenglykolat *18.C-Bisnor-D-homo-3β.11β-dihydroxy-17a-methyl-$\Delta^{13,17a}$-5α-pregnen*. Die entsprechende 3β-Acetoxy-Verb. läßt sich durch CrO_3-Oxydation in *18.C-Bisnor-D-homo-3β-acetoxy-11-oxo-17a-methyl-5α-$\Delta^{13,17a}$-pregnen* überführen, aus dem durch katalyt. Hydrierung **I** erhalten wird.

Versuche: *3β-Hydroxy-12.12-äthylendioxy-5α-pregnan*, F. 165°, aus **II** durch Huang-Minlon-Red.; 87% (Ausbeute). — *3β-Hydroxy-12-oxo-5α-pregnan*, F. 186°, durch Erhitzen vorst. Verb. in 90%ig. Essigsäure; 85%. *Acetat* (**III**), F. 140°; 90%. — *3β-Acetoxy-11α-brom-12-oxo-5α-pregnan*, F. 148°, durch Bromieren von **III** in Bzl.; 50%. — *3β.11β-Dihydroxy-12-oxo-5α-pregnan*, F. 192—193°, durch vorsichtige Hydrolyse vorst. Verb.; 50%. *p-Toluolsulfonylhydrazon* (**IV**), F. 235° (Zers.). — *18.C-Bisnor-D-homo-3β.11β-dihydroxy-17a-methyl-$\Delta^{13,17a}$-5α-pregnen*, F. 190°, durch Erhitzen von **IV** mit Na-Äthylenglykolat auf 170°; $[\alpha]_D$ + 34,0° (c = 0,94; Chlf.). *3-Acetat*, F. 152°; $[\alpha]_D$ + 31,2° (c = 1,09; Chlf.); 65%. — *18.C-Bisnor-D-homo-3β-acetoxy-11-oxo-17a-methyl-$\Delta^{13,17a}$-5α-pregnen*, F. 143,5°, durch Oxydation vorst. Acetats mit CrO_3 in Pyridin; $[\alpha]_D$ —34,2° (c = 1,35; Chlf.); 70%. — *18.C-Bisnor-D-homo-3β-hydroxy-11-oxo-17a-methyl-5α.13α-pregnan* (**I**), F. 118,2—118,9°, durch katalyt. Hydrierung vorst. Verb. an PtO_2; $[\alpha]_D$ —15,5° (c = 1,55; Chlf.).

R. Becker. 3700

Stereochemie der Derivate des B-Norkoprostans. Toshio Goto. (J. Amer. chem. Soc. **82,** 2005—11, 20/4. 1960; Cambridge, Mass., Harvard Univ., Chem. Labor.; engl.) — *3.6-Dioxo-B-norkoprostan* (**I**) wird mit $NaBH_4$ u. mit $LiAlH_4$ zu einem über die *Diacetyl-Derivv.* trennbaren Gemisch von *3α.6α-Dihydroxy-B-norkoprostan* (**II**) u. *3α.6β-Dihydroxy-B-norkoprostan* (**III**) red., während bei der katalyt. Red. von **I** an PtO_2 *3β.6β-Dihydroxy-B-norkoprostan* entsteht. **II** u. **III** liefern beim Erhitzen mit Benzolsulfochlorid (**V**) *B-Norkoprostan-3α.6α-oxid* (**VII**), dessen Konstit. u. a. durch Auswertung des IR- u.

des NMR-Spektrums, die beide graph. aufgeführt sind, gesichert wird. **VII** läßt sich in *6α-Hydroxy-B-norkoprostan* (**XVI**) umwandeln, das auch aus *3α-Tosyloxy-6α-hydroxy-B-norkoprostan* (**IV**) u. aus *6-Oxo-B-norkoprostan* (**VI**) zugänglich ist. Die genannten chem. Umwandlungen sichern für **II** am $C_{(6)}$ α-Konfiguration. **VI** wird zum Vgl. auch aus *3-Oxo-6.6-äthylendioxy-B-norkoprostan* (**VIII**) dargestellt. Die α-Konfiguration am $C_{(3)}$ folgt aus der Überführung von **I** über mehrere Stufen in *3α-Hydroxy-6-oxo-B-norkoprostan* (**XII**), das durch Hydrid-Red. **II** liefert u. bei der Wolff-Kishner-Red. das bereits bekannte *3α-Hydroxy-B-norkoprostan* (**XV**) ergibt, woraus sich gleichzeitig für **I** am $C_{(5)}$ β-Konfiguration ergibt. Chem. Umwandlungen, die von **III** zu *3-Oxo-B-norkoprostan* (**XIV**) führen u. die unter Vermeidung einer Inversion am $C_{(8)}$ durchgeführt werden, bestätigen am $C_{(8)}$ β-Konfiguration. **XIV** geht bei der Red. mit $LiAlH_4$ in **XV** über, das auch durch Red. nach Huang-Minlon u. Säurespaltung aus *6-Oxo-3.3-äthylendioxy-B-norkoprostan* (**X**) erhalten wird. Bei dem Übergang von **X** in **XV** werden geringe Mengen *3β-Hydroxy-B-norcholestanol* als Nebenprod. isoliert. Für **I, VI, VIII, X, XII, XIII** u. **XIV** sind die IR-Banden aufgeführt.

Versuche ($[\alpha]_D$ in Chlf.): *3.6-Dioxo-B-norkoprostan* (**I**), F. 116—118° (CH_3OH; Nadeln), a) aus 40 g Cholesterin in Anlehnung an das von Fieser (vgl. C. **1954**, 9297) beschriebene Verf.; 5,0 g (Ausbeute); b) durch 24std. Aufbewahren von 200 mg **II** mit $Na_2Cr_2O_7$ in Bzl.–Essigsäure bei 0°; 170 mg. — *3α.6α-Dihydroxy-B-norkoprostan* (**II**), $C_{26}H_{46}O_2$, F. 140—141,5° (CH_3OH; Platten), durch Zugabe von 1,5 g $NaBH_4$ zu 5 g **I** in Ae.–Bzl. (1 : 1) bei 12—16° unter Rühren, 24std. Aufbewahren bei Raum-Temp., Ae.-Extraktion, Verreiben des Rückstandes mit PAe., Umkristallisieren des aus **II–III**-Gemisch (1 : 1) bestehenden Nd. aus wss. CH_3OH [$(C_{26}H_{46}O_2)_2$, F. 145—145,5° (Nadeln); $[\alpha]_D$ + 14°; 2,1 g], Acetylierung von 1,16 g **II–III**-Gemisch mit Acetanhydrid in Pyridin, Chromatographie des Gemisches der Diacetate an Al_2O_3, Elution von **III**-*Diacetat* mit PAe.–Bzl. [(2 : 1); 460 mg] u. Behandlung der durch PAe.–Bzl. (1 : 1) eluierten 620 mg **II**-*Diacetat* mit $LiAlH_4$ in Ae.; $[\alpha]_D$ — 1,6°; 420 mg. — *3α.6β-Dihydroxy-B-norkoprostan* (**III**), $C_{26}H_{46}O_2$, F. 170—172° (Aceton; Plättchen), a) durch Spaltung des vorst. neben **II**-Diacetat erhaltenen **III**-*Diacetats* [$C_{30}H_{50}O_4$, F. 93—94° (CH_3OH; Blättchen); $[\alpha]_D$ + 37,8°] mit $LiAlH_4$; b) durch Red. von 1 g **I** mit $LiAlH_4$ in sd. Ae., Aufarbeitung in der üblichen Weise, Verreiben des Rk.-Prod. (500 mg) mit PAe., Umkristallisieren aus Aceton u. Abtrennen des neben **III** entstehenden **II–III**-Gemisches (Nadeln aus Aceton) durch mechan. Auslese. — *3β.6β-Dihydroxy-B-norkoprostan*, $C_{26}H_{46}O_2$, F. 126—127,5° (Ae.–PAe.; glänzende Nadeln), durch Hydrierung von 1,5 g **I** in Essigsäure an PtO_2, Einengen der filtrierten Lsg., 12std. Kochen des Rückstandes mit Girard-Lsg. in A.–Essigsäure, Verdünnen mit W. u. Ae.-Extraktion; $[\alpha]$ + 40,1°; 500 mg. — *3α-Tosyloxy-6α-hydroxy-B-norkoprostan* (**IV**), $C_{33}H_{52}O_4S$, F. 118,5—119,5° (Ae.–PAe.; Nadeln), durch 18std. Aufbewahren von 150 mg **II** mit p-Toluolsulfochlorid in Pyridin bei 0—5°, Verdünnen mit W. u. Ae.-Extraktion; $[\alpha]_D$ + 1,7°; 110 mg. — *3α-Tosyloxy-6α-hydroxy-B-norkoprostan-3α.6β-bis-[tosyloxy]-B-norkoprostan-Gemisch*, $C_{33}H_{52}O_4S \cdot C_{40}H_{58}O_6S_2$, F. 114—115,5° (Nadeln), analog **IV** aus **II–III**-Gemisch. — *B-Norkoprostan-3α.6α-oxid* (**VII**), $C_{26}H_{44}O$, F. 85,5—86,5° (CH_3OH; Nadeln), a) durch 1std. Erhitzen von 70 mg **II** u. 270 mg **V** in Pyridin auf 90—100°, 1/4std. Erhitzen auf dem Wasserbad nach Zugabe von wenig W., Ae.-Extraktion, chromatograph. Adsorption an Al_2O_3 u. Elution mit PAe.–Bzl. (8 : 2 bis 2 : 1); $[\alpha]_D$ + 35,5°; 33 mg; b) analog a) aus 70 mg **III**; 14 mg; c) durch 40 Min. langes Erhitzen von 150 mg **IV** in Pyridin auf dem Wasserbad u. Aufarbeitung analog a); 10 mg; **VII** bleibt bei 5std. Kochen in mit wenig HCl versetztem CH_3OH–Dioxan unverändert. — *6α-Hydroxy-B-norkoprostan* (**XVI**), $C_{26}H_{46}O$, F. 102,5 bis 103,5° (CH_3OH; Nadeln), a) durch 1/2std. Erhitzen von 600 mg **VII** mit 300 mg p-Toluolsulfonsäure (**IX**) in Acetanhydrid auf dem Wasserbad, Gießen in Eis–W., Ae.-Extraktion nach 24 Std., Chromatographie des Ae.-Rückstandes an Al_2O_3, Hydrierung des mit PAe.–Bzl. (3 : 1) eluierten Öles (370 mg) an PtO_2 in Essigsäure u. Hydrolyse des Rk.-Prod. durch Kochen mit äthanol. KOH; $[\alpha]_D$ — 19,8°; 140 mg; b) durch 6std. Kochen von 46 mg **IV** mit $LiAlH_4$ in Ae. u. Aufarbeitung in der üblichen Weise; 20 mg; c) durch Red. von **VI** mit $NaBH_4$ in Ae.–CH_3OH. — *6-Oxo-B-norkoprostan* (**VI**), $C_{26}H_{44}O$, F. 98—98,5° (CH_3OH; Nadeln), a) durch 24std. Aufbewahren von 130 mg **XVI** mit $Na_2Cr_2O_7$ in Bzl.–Essigsäure u. Ae.-Extraktion; $[\alpha]_D$ + 33,6°; 110 mg; b) durch 1std. Erhitzen von **VIII** mit Triäthylenglykol, KOH u. N_2H_4 in A. auf 200—210° unter N_2, Ae.-Extraktion der mit W. verd. Lsg., 17std. Aufbewahren des Ae.-Rückstandes mit 25%ig. $HClO_4$ in Tetrahydrofuran (THF) bei 24° u. Ae.-Extraktion. — *3-Oxo-6.6-äthylendioxy-B-norkoprostan* (**VIII**), $C_{28}H_{46}O_3$, F. 120 bis 121° (CH_3OH; Nadeln), durch 2std. Aufbewahren von 4,0 g **I** mit Na-Trimethoxyborhydrid in mit 10%ig. NaOH versetztem Ae.–CH_3OH bei 5—8°, Verdünnen mit W., Ansäuern mit Essigsäure, Ae.-Extraktion, 12std. Kochen des Rk.-Prod. mit **IX** u.

Äthylenglykol in Bzl. unter Entfernung des W., Lösen des Rk.-Prod. (4,8 g) in Pyridin, Zugabe der Lsg. zu CrO_3 in Pyridin bei 0°, Verdünnen mit W. nach 18std. Aufbewahren bei 24°, Ae.-Extraktion, Chromatographie des Ae.-Rückstandes an Al_2O_3, Elution von *3.3;6.6-Bis-[äthylendioxy]-B-norkoprostan* (**XI**) mit Ae.–Bzl. [(14 : 11 bis 13 : 12); 310 mg], Elution von wenig **X** mit PAe.–Bzl. [(1 : 1); 250 mg] u. Elution mit PAe.–Bzl. (8 : 17) u. Bzl.; 1,4 g. — *6-Oxo-3.3-äthylendioxy-B-norkoprostan* (**X**), $C_{28}H_{46}O_3$, F. 112,5—113,5° (CH_3OH; Nadeln), durch 3std. Kochen von 4 g **I** mit Äthylenglykol u. **IX** in Bzl. unter Abdestillieren des W. u. Aufarbietung analog **VIII**; 1,84 g; daneben **XI**; 70 mg. — *3α-Hydroxy-6.6-äthylendioxy-B-norkoprostan*, $C_{28}H_{48}O_3$, F. 124—125° (wss. CH_3OH; Prismen), durch 1std. Aufbewahren von 1,06 g **VIII** in Ae.–CH_3OH mit $NaBH_4$ bei 25°, Zugabe von wenig Aceton, Einengen u. Verdünnen mit W.; $[\alpha]_D$ —11,0°; 910 mg. — *6-Oxo-3α-hydroxy-B-norkoprostan* (**XII**), $C_{26}H_{44}O_2$, F. 116—117,5° [PAe.; Nadeln; *Polymorphe Form*, F. 88,5—90° (PAe.; Nadeln); $[\alpha]_D$ +49,3°], durch 12std. Aufbewahren von vorst. Verb. mit $HClO_4$ in THF bei 25° u. Ae.-Extraktion; $[\alpha]_D$ +47,6°; liefert bei der Oxydation mit $Na_2Cr_2O_7$ in Essigsäure **I** u. bei der Red. mit $NaBH_4$, Acetylierung u. Spaltung des Diacetats mit $LiAlH_4$ **II**. — *3-Oxo-6β-hydroxy-B-norkoprostan* (**XIII**)-**I**-*Gemisch*, $C_{26}H_{42}O_2 \cdot C_{26}H_{44}O_2$, F. 144—144,5° ($CH_3OH$; Blättchen), a) durch 10std. Aufbewahren von 50 mg **III** mit $Na_2Cr_2O_7$ in Essigsäure–Bzl. bei 2—3°, Verdünnen mit W. u. Ae.-Extraktion; 15 mg; b) durch Red. von 19,5 g **I** mit $NaBH_4$, 6std. Behandeln des erhaltenen **II**–**III**-Gemisches mit $Na_2Cr_2O_7$ in Essigsäure–Bzl. bei 2—3°, Verdünnen mit W., Ae.-Extraktion u. Kristallisation des Ae.-Rückstandes aus PAe.; 4,83 g; daneben durch Oxydation des Rückstandes der PAe.-Mutterlauge **I**; 12,92 g; c) durch 1std. Einw. von Na-Trimethoxyborhydrid auf 0,5 g **I** in NaOH-enthaltendem CH_3OH bei 0°, Zugabe von Essigsäure u. W. u. Ae.-Extraktion. — *3-Oxo-6β-hydroxy-B-norkoprostan* (**XIII**), $C_{26}H_{44}O_2$, F. 151,5—152° (Ae.–PAe.; Nadeln), durch Lösen von 320 mg vorst. **XIII**–**I**-Gemisches in Bzl., Chromatographie an Al_2O_3, Elution von 160 mg **I** mit Bzl.–Ae. (9 : 1 bis 1 : 1) u. Elution mit Ae.; $[\alpha]_D$ +57,5°; 130 mg. *Tosylat*, $C_{33}H_{50}O_4S$, F. 148—149° (Ae.–PAe.; Nadeln). — *3-Oxo-B-norkoprostan* (**XIV**), $C_{26}H_{44}O$, F. 70—71° (CH_3OH; Nadeln), a) durch Eintropfen von 200 mg vorst. Tosylats in Ae. zu $LiAlH_4$ in sd. Ae., 12std. Kochen, Behandeln mit wenig Aceton, Aufarbeitung in der üblichen Weise, Oxydation des Rk.-Prod. mit $Na_2Cr_2O_7$ in Bzl.–Essigsäure, Chromatographie an Al_2O_3, Elution von **VII** (70 mg) mit PAe. u. Elution mit PAe.–Bzl. (1 : 1); 30 mg (daneben durch Elution mit Ae. **I**; 30 mg); b) durch Oxydation von **XV** mit $Na_2Cr_2O_7$ in Bzl.–Essigsäure bei 25°; $[\alpha]_D$ +20,5°. — *3α-Hydroxy-B-norkoprostan* (**XV**), $C_{26}H_{46}O$, F. 93—94,5° (wss. CH_3OH; Nadeln), a) durch $^1/_2$std. Kochen von 700 mg **X** mit KOH, N_2H_4, Triäthylenglykol u. A., 1std. Erhitzen auf 200—208° unter H_2, Lösen der 680 mg Rk.-Prod. in THF, 24std. Aufbewahren bei 25° mit $HClO_4$, Behandeln des Rk.-Prod. (390 mg) mit $LiAlH_4$ in Ae., Chromatographie des Rk.-Prod. an Al_2O_3 u. Elution mit PAe.–Bzl. (1 : 4); 130 mg; b) durch Red. von **XIV** mit $LiAlH_4$; c) durch Red. von **XII** nach Huang-Minlon. — *3β-Hydroxy-B-norcholestan*, $C_{26}H_{46}O$, F. 129—131° (CH_3OH; Nadeln), neben **XV** nach a) durch Elution mit Bzl.; 60 mg. — *3-Oxo-B-norcholestan*, F. 90—93° (CH_3OH; Nadeln), durch Oxydation vorst. Verb. mit $Na_2Cr_2O_7$; $[\alpha]_D$ +44°.

J. Engmann. 3700□

Darstellung von Chenodesoxycholsäure. Yoshio Sato und Nobuo Ikekawa. (J. org. Chemistry **24**, 1367—68, 1959; Bethesda, Md., Nat. Inst. of Health; Nat. Inst. of Arthritis and Metabolic Diseases; engl.) — Durch Oxydation von 3α.7α-Diacetoxy-12α-hydroxycholansäuremethylester (**I**) mit CrO_3 entsteht die *12-Ketoverb.*, Umsetzung mit Äthandithiol-(1.2) (**II**) liefert das *12-Äthylenmercaptal*, das mit Raney-Ni zu *3α.7α-Diacetoxycholansäuremethylester* desulfiert u. durch Hydrolyse in Chenodesoxycholsäure übergeführt wird.

Versuche ($[\alpha]_D$ in Dioxan): *3α.7α-Diacetoxy-12-oxocholansäuremethylester*, $C_{29}H_{44}O_7$, F. 178—179° (Methanol), aus **I** durch CrO_3-Oxydation in Aceton; $[\alpha]_D$ +73,5°; 99% (Ausbeute). — *12-Äthylendimercapto-3α.7α-diacetoxycholansäuremethylester*, $C_{31}H_{48}O_6S_2$, F. 175—176°, aus vorst. Verb. durch Rk. mit **II** u. BF_3–Ätherat; aus Methanol Blättchen; $[\alpha]_D^{20}$ +65,8°; 95%. — *3α.7α-Diacetoxycholansäuremethylester*, $C_{29}H_{46}O_6$, F. 129 bis 130,5°, durch 8std. Kochen vorst. Verb. mit Raney-Ni in abs. A.; aus Methanol Nadeln; $[\alpha]_D^{20}$ +12,5°; 100%. — *Chenodesoxycholsäure*, $C_{24}H_{40}O_4$, F. 145—146°, aus vorst. Verb. durch 4std. Kochen mit alkohol. KOH; aus Essigester Prismen; $[\alpha]_D^{20}$ +10,7°; 100%. O.-A. Neumüller. 3700□

Steroide. 231. Mitt. **$C_{(19)}$-substituierte Hormonanaloga.** O. Halpern, R. Villotti und A. Bowers. (Chem. and Ind. **1963**, 39—40; Mexico, D. F., Syntex, S. A., Res. Labor.; engl.) — 222. vgl. C. **1963**, 20046. — 5αB-rom-6β.19-oxidoandrostan-3β-ol-17-onacetat (**I**) liefert durch Kochen mit Zn-Staub in A. in guter Ausbeute *Δ^5-Androsten-3β.19-diol-17-on-3-acetat* [F. 167—168°; $[\alpha]_D$ +7° (Chlf.)], dessen *Tosylat* [F. 155

bis 157°; $[\alpha]_D$ −81° (Chlf.)] durch 5std. Kochen mit LiCl in Isopropanol *19-Chlor-Δ^5-androsten-3β-ol-17-onacetat* [F. 151—152°; $[\alpha]_D$ −10° (Chlf.)] liefert. Diese Verb. wird durch Alkali zum entsprechenden *Alkohol* [F. 194—196°; $[\alpha]_D$ −19° (Chlf.)] hydrolysiert, der durch Oppenauer-Oxydation in *19-Chlor-Δ^4-androsten-3.17-dion* [F. 182 bis 184°; $[\alpha]_D$ +159° (Chlf.)] übergeführt wird. Vorst. Verb. geht durch $LiAlH_4$-Red. u. Oxydation mit Dichlordicyanbenzochinon (**DDB**) in Dioxan bei Zimmer-Temp. in *19-Chlortestosteron* [F. 170—172°; $[\alpha]_D$ +93° (Chlf.)] über. Analog liefert 5α-Brom-6β.19-oxidopregnan-3β-ol-20-onacetat (**II**) mit Zn in Isopropanol *19-Hydroxypregnenolonacetat* [F. 165—176°; $[\alpha]_D$ +19° (Chlf.)], dessen *Tosylat* [F. 155—157°; $[\alpha]_D$ −18° (Chlf.)] leicht in *19-Chlorpregnenolonacetat* [F. 112—114°; $[\alpha]_D$ +11° (Chlf.)] übergeführt werden kann. Dieses wird zu *19-Chlorpregnenolon* [F. 153—155°; $[\alpha]_D$ +12° (Chlf.)] hydrolysiert, das durch Oxydation mit einer 8n CrO_3-Lsg. in Aceton u. Einw. von 0,3%ig. NaOH in Dioxan–Methanol *19-Chlorprogesteron* [F. 136—138°; $[\alpha]_D$ +164° (Chlf.)] liefert. **I** kann in das *17-Äthylenketal* [F. 164—165°; $[\alpha]_D$ −10° (Chlf.)] übergeführt werden, das durch Kochen mit Zn in A. den entsprechenden *Δ^5-19-Alkohol* [F. 143,5 bis 144,5°; $[\alpha]_D$ −84° (Chlf.)] liefert. Dieser wird durch CrO_3 in Pyridin zum *19-Aldehyd* [F. 159—169° (Zers.); $[\alpha]_D$ −261° (Chlf.)] oxydiert, der durch Wittig-Rk. mit Triphenylphosphinmethylen, Einw. von HCl in Aceton u. Rückacetylierung *19-Methylen-Δ^5-androsten-3β-ol-17-onacetat* [F. 174,5—175,5°; $[\alpha]_D$ −74° (Chlf.)] liefert. Milde alkal. Hydrolyse vorst. Verb. gibt den entsprechenden *Alkohol* [**III**; F. 145—146°; $[\alpha]_D$ −67° (Chlf.)], dessen Oppenauer-Oxydation zu *19-Methylen-Δ^4-androsten-3.17-dion* [F. 160 bis 161°: $[\alpha]_D$ +220° (Chlf.)] führt. Daraus entsteht durch $LiAlH_4$-Red. u. Oxydation mit **DDB** in Dioxan bei Zimmer-Temp. *19-Methylentestosteron* [F. 191—193°; $[\alpha]_D$ +134° (Chlf.)]. **III** wird durch selektive Hydrierung in Ggw. von 5%ig. Pd/Kohle in A. in *19-Methyl-Δ^5-androsten-3β-ol-17-on* [F. 142—145°; $[\alpha]_D$ +28° (Chlf.)] übergeführt, das durch Oppenauer-Oxydation *19-Methyl-Δ^4-androsten-3.17-dion* [F. 109—111°; $[\alpha]_D$ +131° (Chlf.)] ergibt. Diese Verb. wird durch $LiAlH_4$-Red. u. Oxydation mit **DDB** in Dioxan bei Zimmer-Temp. in *19-Methyltestosteron* [F. 136—139°; $[\alpha]_D$ +53° (Chlf.)] übergeführt. Ketalisierung von **II** u. Rk. mit Zn in Isopropanol–Dimethylformamid (1 : 1) gibt *19-Hydroxypregnenolonacetatäthylenketal* [F. 136—138°; $[\alpha]_D$ −22° (Chlf.)], dessen CrO_3-Oxydation in Pyridin den entsprechenden *19-Aldehyd* [F. 121—123°; $[\alpha]_D$ −63° (Chlf.)] liefert. Dieser wird durch Wittig-Rk., milde saure Hydrolyse der Ketalgruppe u. Acetylierung in *19-Methylenpregnenolonacetat* [F. 130—132°; $[\alpha]_D$ +50° (Chlf.)] übergeführt u. anschließend alkal. zu *19-Methylenpregnenolon* (**IV**; F. 141—143°; $[\alpha]_D$ −58° (Chlf.)] hydrolysiert. Aus **IV** entsteht durch Oppenauer-Oxydation *19-Methylenprogesteron* [F. 135—136°; $[\alpha]_D$ +222° (Chlf.)], während selektive Hydrierung *19-Methylpregnenolon* [F. 152—153°; $[\alpha]_D$ +34° (Chlf.)] u. nachfolgende Oppenauer-Oxydation *19-Methylprogesteron* (F. 125—127°; $[\alpha]_D$ +133°) ergibt. UV-Maxima s. Original. K. Zieloff. 3750△

Azasteroide. 3. Mitt. **3-Aza-A-homoandrogene.** Robert H. Mazur. (J. org. Chemistry **28**, 248—50, 1963; Skokie, Ill., G. D. Searle & Co.; engl.) — 2. vgl. C. **1961**, 16113. — Ausgehend von *Testosteron* bzw. *17α-Methyltestosteron* (**II**) stellt Vf. durch Beckmann-Umlagerung der Oxime (**O**) *3-Aza-17β-hydroxy-A-homo-Δ^{4a}-androsten-4-on* u. *3-Aza-17β-hydroxy-17α-methyl-A-homo-Δ^{4a}-androsten-4-on* her. Diese *3-Aza-Δ^{4a}-ketone* sind erwartete Umlagerungs-Prodd. von *syn*-**O** u. wurden ausschließlich erhalten, obwohl die verwendeten **O** Gemische von *syn*- u. *anti*-Form oder reine *anti*-Verbb. waren. Vf. folgert daraus, daß die **O** entweder unter den Rk.-Bedingungen isomerisiert werden oder daß die Rk. über Zwischenstufen mit geringer oder ohne Konfigurationsstabilität verläuft. Zur Unterscheidung u. mengenmäßigen Abschätzung von *syn*- u. *anti*-**O** werden NMR-Spektren herangezogen.

Versuche: *Testosteronpropionatoxim* (**I**), $C_{22}H_{33}NO_3$, F. 177—183°, aus Testosteronpropionat u. $NH_2OH \cdot HCl$ in Pyridin durch 1std. Erhitzen mit wenig W. auf 100°, Gießen in W., Abfiltrieren u. Waschen mit W.; lange Nadeln aus Methanol; 98% (Ausbeute, *syn*- : *anti*-Form = 1 : 9). — *17α-Methyltestosteron* (**II**). *Oxim*, $C_{20}H_{31}NO_2$, F. 224 bis 228°, analog **I** aus **II**; dicke Prismen aus Methanol; 100% (*syn* : *anti* = 1 : 1). *Acetat* (**IIa**), $C_{22}H_{32}O_3$, F. 174,5—176°, durch Lösen von 50 g **II** u. 4 g p-Toluolsulfonsäuremonohydrat in Isopropenylacetat, 5std. allmähliches Einengen, Waschen der gekühlten Lsg. mit 2n $KHCO_3$, Trocknen, Eindampfen, Lösen des Rückstandes in Methanol, Zugabe von wss. K_2CO_3 bis zur homogenen Lsg., 5 Min Kochen, Einengen, Wasserzusatz, Abfiltrieren u. Umkristallisation; aus A. Nadeln, $[\alpha]_D^{23,5}$ +85° (c = 1; Chlf.); 87%. *Acetatoxim* (**IIb**), $C_{22}H_{33}NO_3$, F. 157—159°, aus **IIa** analog **I** u. Reinigung durch Chromatographie an Silicagel; gefiederte Nadeln aus Äthylacetat/Cyclohexan, $[\alpha]_D^{24}$ +100° (c = 1; Methanol); 56% (reine *anti*-Form). — *3-Aza-17β-propionoxy-A-homo-Δ^{4a}-androsten-4-on*, $C_{22}H_{33}NO_3$, F. 238—239°, aus **I** durch Rühren mit $SOCl_2$ in Dioxan bei

10—15°, 1std. Stehen bei Zimmer-Temp., Zugabe von 2n $KHCO_3$, Extraktion mit Äthylacetat, Waschen mit 5%ig. Na_2SO_4, Trocknen, Eindampfen u. Chromatographie an Silicagel; Plättchen aus wss. Methanol, $[\alpha]_D^{27}$ +14° (c = 1; Methanol); 50%. — *3-Aza-17β-hydroxy-A-homo-Δ⁴ᵃ-androsten-4-on*, $C_{19}H_{29}NO_2$, F. 288—291°, durch 4std. Stehen vorst. Verb. in methanol. LiOH bei Zimmer-Temp.; Nadeln aus A., $[\alpha]_D^{24}$ +23° (c = 0,5; Chlf.); 100%. — *3-Aza-17β-acetoxy-17α-methyl-A-homo-Δ⁴ᵃ-androsten-4-on*, $C_{22}H_{33}NO_3$, F. 253—254°, aus **IIb** durch 1std. Rühren mit $SOCl_2$ in Dioxan bei Zimmer-Temp.; Nadeln aus 50%ig. A., $[\alpha]_D^{25}$ +2° (c =1; Methanol); 59%. — *3-Aza-17β-hydroxy-17α-methyl-A-homo-Δ⁴ᵃ-androsten-4-on*, $C_{20}H_{31}NO_2$, F. 291—293°, aus vorst. Verb. durch 48std. Stehen in methanol. KOH bei Zimmer-Temp.; Nadeln aus 50%ig. Methanol, $[\alpha]_D^{25}$ +3° (c = 1; Methanol); 97%. I. Graefe. 3750◇

Über ein neues Vitamin-B_{12}-Analogon. Vorläufige Mitt. I. Molnár und W. Taterka. (Chimia [Aarau, Schweiz] **13**, 292—93, 11/9. 1959; Zofingen, Siegfried Akt.-Ges.; dt.) — Aus 5-Methyl-6-methoxybenzimidazol (**I**; F. 118°) wurde biosynthet. durch Fermentation mit *Propiobacterium Freudenreichii* ein *Vitamin B_{12}, Faktor S*, synthetisiert. **I** wurde aus 3-Methoxy-4-methylanilin (**II**) über *2-[p-Nitrophenylazo]-4-methyl-5-methoxyanilin* (F. 195°) u. *4-Methyl-5-methoxy-1.2-diaminobenzol* (F. 110—112°) dargestellt. Letzteres konnte auch aus der N-Acetyl-Verb. von **II** über *2-Nitro-4-methyl-5-methoxy-N-acetylanilin* (F. 153°) u. *2-Nitro-4-methyl-5-methoxyanilin* (F. 157°) erhalten werden. Die Wirksamkeit als Wuchsstoff ist geringer als die des natürlichen Vitamins B_{12}. U. Schüßler. 3800□

Ein neues Oxydationsprodukt von γ-Tocopherol. G. Shone. (Chem. and Ind. **1963**, 335—36; London, Tropical Products Inst.; engl.) — Aus Tungöl wurde durch zweidimensionale Chromatographie an mit $ZnCO_3$ imprägniertem Papier, Chromatographie an vaselineimprägniertem Papier u. Dünnschichtchromatographie an Kieselgel G (Merck) ein neues *Oxydations-Prod.* (**I**; schwachgelbe, viscose Fl.) von γ-Tocopherol (**II**) isoliert. Durch Oxydation von **I** mit konz. HNO_3 entsteht ein *Chinon*, dessen IR- u. UV-Spektrum dem des o-Chinons von **II** ähnlich ist. **I** läßt sich nicht durch Ascorbinsäure zu **II** reduzieren. Evtl. entsteht **I** während der Extraktion oder während des Stehens des Öls durch Einw. oxydierter Glyceride auf **II**, da **I** auch durch 3tägige Einw. von oxydiertem Linolensäuremethylester auf **II** bei Raum-Temp. oder ½std. Rk. bei 85° entsteht. Wahrscheinlich ist **I** ein Chroman-Deriv. mit Alkyl-, Hydroxy- u. Carbonylsubstituenten. IR-Spektren s. Original. K. Zieloff. 3800△

Untersuchungen über die Synthese von Nornepetalacton. R. Trave, L. Merlini und L. Garanti. (Chim. e Ind. [Milano] **40**, 887—95, 1958; Milano, Univ., Ist. di Chim. Ind., Labor. di Chim. Ind. organ.; ital.) — vgl. C. **1962**, 489. — Im Zusammenhang mit einer evtl. Synth. von Nepetalacton u. mit ihm verwandter Verbb., Iridomyrcenin u. Iridodial, wird die Synth. von *Nornepetalacton*, ausgehend von Dieckmann-Estern, untersucht. Von trans-Nornepetonsäure gelangt man durch Darzens-Kondens. zu *trans-Nornepetalsäure*. Pyrolyse der letzteren liefert ein *Nornepetalacton*, in dem die Stellung der beiden Ketten cis-ständig ist. Durch eine Ringöffnung mit Alkalien wird eine *Nornepetalsäure* erhalten, deren Derivv. mit denen der Ausgangssäure eine F.-Depression ergeben. Untersuchungen im IR-Gebiet zeigen, daß nur in dem durch Ringöffnung des Lactons erhaltenen Deriv. cis-Konfiguration vorliegt, vermutlich im Gleichgewicht mit einer Hydroxylactonform. Diese Resultate schließen aus, daß im natürlichen Prod. ein trans-verknüpftes Lacton vorliegt.

Versuche: *2-Cyancyclopenten-(1)-carbonsäure*, $C_7H_7NO_2$, F. 109—110° (Bzl.), durch Verseifen von 90 g des entsprechenden *Äthylesters* (erhalten nach Chandra u. Gupa aus dem entsprechenden Dieckmann-Ester über das *Cyanhydrin* u. Dehydratisierung mit $SOCl_2$) mit 8%ig. NaOH bei 0°, 2std. Schütteln mit 10%ig. wss. NaOH bei 30—35° u. Aufarbeiten; 50 g (Ausbeute). *Chlorid* (**III**), $Kp._1$ 105—107°, durch 3std. Erhitzen der Säure mit $SOCl_2$ auf 60°; 80%. — *Δ¹-Cyclopenten-1.2-dicarbonsäuremonamid*, $C_7H_9NO_3$, F. 223° (W.), durch Sättigen einer Lsg. von 5g vorst. Verb. in konz. HCl mit gasförmigem HCl bei —15°, 12std. Stehen bei 0° u. Verdünnen mit W.; 3,5 g. — *2-Cyan-1-diazoacetylcyclopenten-(1)*, F. 137° (Zers.), durch Rk. von **III** mit äther. CH_2N_2 unter Eiskühlung; 75%. — *2-Cyan-1-chloracetylcyclopenten-(1)*, C_8H_8ClNO, F. 54—55° (PAe.), durch Einleiten von trockenem HCl in die äther. Lsg. vorst. Verb. unter Kühlung; 80%. — *2-Cyan-1-acetylcyclopenten-(1)*, C_8H_9NO, $Kp._1$ 83—85°, durch Hydrieren vorst. Verb. in Eisessig/Pyridin an 10%ig. Pd/Kohle bei Raum-Temp./1 at; n_D^{21} 1,5032; 76%. *Semicarbazon*, $C_9H_{12}N_4O$, F. 221—223°. — *1-Acetyl-2-cyancyclopentan* (*trans-Nornepetonsäurenitril*), $C_8H_{11}NO$, $Kp._1$ 90—95°, a) durch Rk. vorst. Verb. in Eisessig mit Zn bei 35—40°; n_D^{20} 1,4654; 43%; b) durch Rk. analog a) aus vorvorst. Verb.; 35%; c) durch 8std. Erhitzen von **I** (s. unten) im Rohr mit HCN u. etwas KCN auf 110°. *Semicarbazon*, $C_9H_{14}N_4O$, F. 154—155° (W.). — *trans-Nornepetonsäure*, $C_8H_{12}O_3$, $Kp._1$ 128 bis 129°, a) durch 3std. Erhitzen vorst. Verb. mit konz. HCl auf dem sd. Wasserbad; n_D^{20} 1,4715; 77%; b) durch 12std. Erhitzen von **I** in A./W. (3 : 1) mit KCN im verschlossenen Rohr u. Versetzen mit halbverd. HCl; 50%. *Semicarbazon*, $C_9H_{15}N_3O_3$, F. 179°. — *trans-Cyclopentan-1.2-dicarbonsäure*, $C_7H_{10}O_4$, F. 160—161°, durch Oxydation vorst. Verb. in 10%ig. NaOH mit KJ·J_2; 75%. — *Cyclopenten-(1)-carbonsäure*, F. 120°, durch Red. des Dieckmann-Esters mit Na-Amalgam oder durch katalyt. Hydrierung, Verseifung u. Dehydratisierung; 33%. — *1-Acetylcyclopenten-(1)* (**I**), $Kp._{18}$ 75—76°, durch Stehen von CH_3MgJ in Ae. mit wasserfreiem $ZnCl_2$, Zugabe des Chlorids vorst. Verb. (aus der Säure mit $SOCl_2$) u. 24std. Stehen; 84%. *Semicarbazon*, F. 200—202°. — *trans-Nornepetonsäuremethylester*, $C_9H_{14}O_3$, $Kp._1$ 69—71°, durch Rk. von trans-Nornepetonsäure mit Diazomethan in Ae.; n_D^{20} 1,4552; 90%. — *1α-Carbomethoxy-2β-[1-carbäthoxy-1.2-oxidopropyl-(2)]-cyclopentan*, $C_{13}H_{20}O_5$, $Kp._{0,6}$ 128—130°, durch Zugabe vorst. Verb. mit Chloressigsäureäthylester zu Na-Äthylat in abs. Ae. unter Eis/Kochsalz-Kühlung, 24std. Schütteln bei Raum-Temp. u. 6std. Kochen; n_D^{20} 1,4638; 75%. — *trans-Nornepetalsäure* (**II**), $C_9H_{14}O_3$, $Kp._{0,05}$ 100—105°, durch Zugabe vorst. Verb. zu Na-Äthylat in abs. A., Versetzen mit etwas W., 48std. Stehen bei Raum-Temp., Ansäuern des erhaltenen *Na-Salzes* von *1α-Carboxy-2β-[1-carboxy-1.2-oxidopropyl-(2)]-cyclopentan* mit 20%ig. H_2SO_4 (Kongorot), Erhitzen auf dem Wasserbad bis zum Ende der CO_2-Entw. u. Extrahieren mit $NaHCO_3$; n_D^{20} 1,4750; 35%. *2.4-Dinitrophenylhydrazon*, $C_{15}H_{18}N_4O_6$, F. 174 bis 175° (verd. Essigsäure). *Semicarbazon*, $C_{10}H_{17}N_3O_3$, F. 163—164°. *Methylester*, $C_{10}H_{16}O_3$, $Kp._{0,07}$ 75—78°, neben der Säure als neutraler Teil (*2.4-Dinitrophenylhydrazon*, F. 78 bis 79°). — *cis-Nornepetalacton*, $C_9H_{12}O_2$, $Kp._{0,05}$ 55—56°, durch Erhitzen von 3 g vorst. Verb. über kleiner Flamme bis zum Ende der Wasser-Bldg.; n_D^{20} 1,4900; 1,22 g. — *Nornepetalsäure* (*Isomeres von* **II**), $C_9H_{14}O_3$, $Kp._{0,05}$ 110—115°, durch Verseifen vorst. Verb. mit 10%ig. NaOH (6 Std.); n_D^{20} 1,4864. *2.4-Dinitrophenylhydrazon*, $C_{15}H_{18}N_4O_6$, F. 179—180°; gibt eine F.-Depression mit dem entsprechenden Deriv. von **II**. *Semicarbazon*, $C_{10}H_{17}N_3O_3$, F. 176—177°; gibt eine Depression mit dem Semicarbazon von **II**. — *trans-Nornepetalinsäure*, $C_9H_{14}O_4$, F. 122° (W.), a) durch mehrtägiges Stehen von **II** in dünner Schicht an der Luft; b) durch Oxydation von **II** in wss. $NaHCO_3$-Lsg. mit 1%ig. $KMnO_4$-Lösung. Peter Golinske. 3950△

Die Synthese von Abietinsäure aus Dehydroabietinsäure. Albert W. Burgstahler und Leonard R. Worden. (J. Amer. chem. Soc. **83**, 2587—88, 1961; Lawrence, Kans., Univ., Dep. of Chem.; engl.) — Die Überführung von Dehydroabietinsäure (**I**) in *Abietinsäure* (**II**) gelingt durch Zugabe von Li zu **I** in redestilliertem abs. Äthylamin u. tert.-Amylalkohol (vgl. Benkeser u. Mitarbeiter, C. **1956**, 3535), Entfärben mit tert.-Amylalkohol, Abdestillieren des Äthylamins, Aufarbeiten, Isolieren der $\Delta^{8.12}$-*Abietadiensäure* [**III**; F. 160—162°, $[\alpha]_D$ +55°, aus A./W. Tafeln; 80% (Ausbeute)] als *Di-n-butylaminsalz* ($C_{28}H_{49}NO_2$, F. 141—144°, aus Aceton Nadeln; $[\alpha]_D$ +31°; 94%), Lösen in verd. A., Freisetzen von **III** mit CH_3COOH, 2std. Kochen in A. mit konz. HCl u. Isolieren von **II** (F. 167—172°, $[\alpha]_D$ −106°) als *Diisoamylaminsalz* [F. 133—136° (Aceton); $[\alpha]_D$ −61°] oder als *Di-n-butylaminsalz* ($C_{28}H_{49}NO_2$, F. 152—155°, $[\alpha]_D$ −33°). In Abwesenheit eines Alkohols führt die Red. von **I** mit Li/Äthylamin zu einem Gemisch nichtaromat. Aldehyde (ca. 80%), aus dem Δ^8-*Abietenal* als *2.4-Dinitrophenylhydrazon* ($C_{26}H_{36}N_4O_4$, F. 158—159°; 20%) durch Chromatographie an Al_2O_3 isoliert wird; die Stellung der Δ^8-Doppelbindung wird durch das NMR-Spektrum u. nach Castells u. Meakins (C. **1960**, 9568) bewiesen. Die Struktur von **III** folgt aus dem UV- u. dem NMR-Spektrum. **III** wird durch Erhitzen mit KOH in Äthylenglykol auf 210° teilweise zu *Palustrinsäure* ($\Delta^{8.13}$-*Abietadiensäure*) isomerisiert. — Durch Rk. von **I**-Methylester mit CrO_3 nach A. P. 2 750 368 (C. **1957**, 12015) zum *7-Keto-15-acetoxy-Deriv.* (F. 126 bis 130°, $[\alpha]_D$ +5°) von **I**-Methylester, Red. nach Wolff-Kishner, Hydrolyse zum *15-Hydroxy-Deriv.* von **I** (F. 186—187°, $[\alpha]_D$ +49°; 84%), Verestern mit CH_2N_2, Abbau über ein entsprechendes Hydroperoxid zu *2-Hydroxy-4b.8β-dimethyl-4b.5.6.7.8.8a.9.10-oktahydro-4bβ-phenanthren-8α-carbonsäuremethylester* (F. 149,5—150°), Methylieren zum *Methyläther*, Verseifen zur Säure, Red. nach Benkeser (l. c.), Verestern mit CH_2N_2, Rk. des entstandenen Ketoesters (F. 127—128°) mit Isopropyl-MgBr in Bzl./Ae., Dehydratisieren u. Hydrolyse wird ebenfalls **II** dargestellt. H. Pagel. 3950◇

Untersuchungen über die spezifische Synthese der $C_{(3')}$–$C_{(5')}$-Interribonucleotidbindung: Quantitative Acetylierung der 2'-Hydroxylgruppe in Uridin-3'-phosphat. Y. Lapidot und H. G. Khorana. (Chem. and Ind. **1963**, 166—67; Madison, Wis., Univ. of Wisconsin, Inst. for Enzyme Res.; engl.) — Durch Zugabe eines Gemisches aus Acetanhydrid u. Pyridin zur wss. Lsg. von Di-Na-Uridin-3'-phosphat in der Kälte oder durch 1std. Rk. von Pyridiniumuridin-3'-phosphat (**I**) mit Acetanhydrid in abs. Pyridin in Ggw. von Tetraäthylammoniumacetat (TA) bei Raum-Temp. entsteht unter Reduzierung der Bldg. des unerwünschten 5'-O-Acetyluridin-2'.3'-phosphats in 85—90%ig. bzw. 92%ig. Ausbeute *2'.5'-Di-O-acetyluridin-3'-phosphat* (II). Die 2std. Rk. von wasserfreiem I mit Acetanhydrid in Ggw. von TA mit oder ohne Dioxan bei Raum-Temp. liefert II in quant. Ausbeute. II wird durch Rk. mit Dicyclohexylcarbodiimid in Methanol u. Einw. von NH_3 quant. in *Methyluridin-3'-phosphat* übergeführt, das durch Ribonuclease des Pankreas vollständig zu *Uridin-3'-phosphat* abgebaut wird.

K. Zieloff. 3950△

Pyrimidinnucleoside. 9. Mitt. Bequeme Synthese von 1-β-D-Lyxofuranosyl-uracil über 2.3'-Anhydrolyxosylzwischenprodukte. Ronald Fecher, John F. Codington und Jack J. Fox. (J. Amer. chem. Soc. **83**, 1889—95, 20/4. 1961; New York, N.Y., Cornell Univ., Med. Coll. Sloan-Kettering Div.; Sloan-Kettering Inst. for Cancer Res., Div. of Nucleoprotein Chem.; engl.) — 8. vgl. C. **1963**, 15817. — Durch Kochen von 2.2'-Anhydro-1-[3'-O-mesyl-β-D-arabinofuranosyl]-uracil-Derivv. in W. entstehen in guten Ausbeuten die entsprechenden *1-[β-D-Lyxofuranosyl]-uracil-Derivate.* Die Rkk. verlaufen über die entsprechenden *1-[3'-O-Mesylarabinofuranosyl]-* u. *2.3'-Anhydro-1-[lyxofuranosyl]-uracil-Derivate.* Außerdem wird die Synth. von krist. *2.3'-Anhydro-1-[5'-O-mesyl-β-D-lyxofuranosyl]-uracil* beschrieben.

Versuche: Uracile: *1-[5'-O-Mesyl-β-D-lyxofuranosyl]-*, $C_{10}H_{14}N_2O_8S$, F. 169—170° (Zers.; nach Sintern ab 159°), a) durch 1std. Kochen von 2.2'-Anhydro-1-[3'.5'-di-O-mesyl-β-D-arabinosyl]-uracil (I) in W., Neutralisieren mit NaOH gegen Methylrot u. Einengen im Vakuum auf 25—50 ml; aus W. Prismen; $[\alpha]_D^{22}$ $+87 \pm 2°$ (c = 0,4; W.); 55% (roh); b) analog aus 1-[3'.5'-Di-O-mesyl-β-D-arabinosyl]-uracil; 30—40%; c) durch 1std. Kochen von 2.3'-Anhydro-1-[5'-O-mesyl-β-D-lyxofuranosyl]-uracil mit Methansulfonsäure. — *1-[2'.3'-O-Isopropyliden-5'-O-mesyl-β-D-lyxosyl]-*, $C_{13}H_{18}N_2O_8S$, F. 232—233° (Zers.), durch 24std. Rühren von 0,0042 Mol vorst. Verb. u. 0,037 Mol p-Toluolsulfonsäure in Aceton bei Raum-Temp., Gießen in 5%ig. $NaHCO_3$-Lsg., Neutralisieren mit verd. Essigsäure u. Abdampfen des Acetons im Vakuum; aus wss. Aceton (1:1) Prismen; $[\alpha]_D^{23}$ $+135 \pm 3°$ (c = 0,6; Aceton); 90%. — *1-[5'-O-Benzoyl-2'.3'-O-isopropyliden-β-D-lyxosyl]-*, $C_{19}H_{20}N_2O_7$, F. 248,5—250°, durch Zugabe von 0,0038 Mol vorst. Verb. zu 0,019 Mol Na-Benzoat in Dimethylformamid bei 100°, 3½std. Erhitzen, Einengen im Vakuum u. Zugeben von W.; aus A. Nadeln; $[\alpha]_D^{27}$ $+169 \pm 2°$ (c = 0,5; Aceton); 79%. — *1-[5'-O-Benzoyl-β-D-lyxofuranosyl]-*, $C_{16}H_{16}N_2O_7$, F. 238—240°, a) durch 2std. Kochen von 0,00052 Mol vorst. Verb. in 5 ml 40%ig. Essigsäure, Eindampfen im Vakuum u. mehrfaches Abdampfen mit A.; $[\alpha]_D^{28}$ $+57 \pm 1°$ (c = 0,4; Dimethylformamid); 67%; b) durch 4—5std. Kochen von 2.2'-Anhydro-1-[3'-O-mesyl-5'-O-benzoyl-β-D-arabinosyl]-uracil in W.; 83%. — *1-[β-D-Lyxofuranosyl]-*, $C_9H_{12}N_2O_6$, F. 203—204°, durch 1½std. Kochen von 0,00086 Mol vorst. Verb. mit 0,00017 Mol Na-Methylat in Methanol, Eindampfen im Vakuum, Zugabe von W., Extraktion mit Ae., Behandeln der wss. Phase mit Dowex 50 (H^+-Form), Einengen im Vakuum u. mehrfaches Eindampfen mit A.; aus A. Nadeln; $[\alpha]_D^{22}$ $+95 \pm 2°$ (c = 0,4; W.); 0,22 g. — *1-[3'.5'-Di-O-mesyl-β-D-arabinosyl]-*, *Hemiacetonsolvat* (II), $C_{11}H_{16}N_2O_{10}S_2 \cdot ^1/_2\,(CH_3)_2CO$, durch 6tägiges Rühren von 0,0026 Mol I in Aceton/W. (1 : 1) mit 3—4 g Dowex 50 (H^+-Form), Filtrieren, Rühren der Lsg. mit Aktivkohle, Filtrieren, Einengen im Vakuum < 40°, Dekantieren, Waschen des gummiartigen Rückstandes mit W., azeotrope Trocknung mit Bzl., Lösen in Aceton u. Eindampfen im Vakuum. — *1-[2'.3'.5'-Tri-O-mesyl-β-D-arabinosyl]-*, $C_{12}H_{18}N_2O_{12}S_3$, F. 181—181,5°, a) durch 15std. Rk. von 0,0012 Mol **II** in abs. Pyridin mit 0,007 Mol Mesylchlorid, Zugabe von 1 ml W. unter Rühren, 1std. Stehen, Einengen im Vakuum u. Zugabe von Eiswasser; aus A./W. (1 : 1) bräunliche Nadeln; $[\alpha]_D^{26}$ $+71 \pm 2°$ (c = 0,5; Dioxan); 81%; b) analog aus 1-[β-D-Arabinofuranosyl]-uracil; 68%. — *1-[2'-O-Acetyl-3'.5'-di-O-mesyl-β-D-arabinosyl]-*, $C_{13}H_{18}N_2O_{11}S_2$, F. 126—127,5° (abs. A.), durch 2std. Erhitzen von **II** mit Acetanhydrid in Ggw. von Pyridin auf 100°, Einengen im Vakuum, Zugabe von Eiswasser, Neutralisieren mit $NaHCO_3$ u. mehrstd. Kühlen; $[\alpha]_D^{25}$ $+60 \pm 1°$ [c = 0,5; Aceton/W. (1 : 1)]; 77%. — *2.3'-Anhydro-1-[5'-O-mesyl-β-D-lyxofuranosyl]-*, $C_{10}H_{12}N_2O_7S$, F. 204—205° (Zers.), durch 10 Min. langes Kochen von **II** mit dest. W., Einstellen auf pH 5, 3std. Kochen unter period. Neutralisieren der entstehenden Methansulfonsäure u. Einengen im Vakuum; aus A./W. (1 : 1) Nadeln; $[\alpha]_D^{25}$ $-13 \pm 1°$ [c = 0,4; Aceton/W. (1 : 1)]; 33%. — *1-[5'-Desoxy-β-D-lyxofuranosyl]-*, $C_9H_{12}N_2O_5$, F. 190—191°, durch 2std. Kochen von 2.2'-Anhydro-1-[5'-desoxy-3'-O-mesyl-β-D-lyxosyl]-uracil in W., Neutralisieren mit NaOH gegen Methylrot, mehrfaches Eindampfen mit A. im Vakuum u. Extraktion mit Aceton; aus A. Nadeln; $[\alpha]_D^{25}$ $+66 \pm 2°$ (c = 0,8; W.); 98%. L. Lamza. 3950△

Nucleoside. 10. Mitt. Anhydronucleoside und vom 2'.5'-Di-O-trityluridin abgeleitete verwandte Verbindungen. Naishun C. Yung und Jack J. Fox. (J. Amer. chem. Soc. **83**, 3060—66, 1961; engl.) — 9. vgl. vorst. Referat. — Für das von Levene

u. Tipson [1934] beschriebene Di-O-trityluridin wird die Konstit. des *2'.5'-Di-O-trityluridins* bewiesen. 2.3'-Anhydro-1-[2'.5'-di-O-benzoyl-β-D-xylosyl]-uracil (**VII**) lagert sich beim Schmelzen unter Erstarren in *2.2'-Anhydro-1-[3'.5'-di-O-benzoyl-β-D-arabinosyl]-uracil* (**VIII**) um. Ein Rk.-Mechanismus, der über einen intermediären *Orthoester* verläuft, wird diskutiert. IR-Spektren von **VII** u. **VIII** s. Original.

Versuche: *2'.5'-Di-O-trityluridin*, F. 224—225° (nach Sintern ab 210°), durch mehrstd. Rk. von 15 g Uridin (**V**) in abs. Pyridin (Pyr) mit 3 Val Tritylchlorid bei Raum-Temp., 4std. Erhitzen auf 110°, Gießen in W., Rühren, Dekantieren, mehrfaches Behandeln des gummiartigen Rückstandes mit W., Lösen in Aceton (Ac.), Eindampfen, Rühren mit heißem W., Dekantieren, Lösen in CH_2Cl_2, Trocknen über Na_2SO_4, Eindampfen, Zugabe von wenig heißem Bzl. u. Zugabe von Ae. bis zur Trübung; Nadeln; $[\alpha]_D$ +91° (c = 0,5; Aceton); 14 g (Ausbeute). — *1-[3'-O-Mesyl-2'.5'-di-O-trityl-β-D-ribosyl]-uracil* (**I**), $C_{48}H_{42}N_2O_8S$, F. 225—226° (A.), durch Zutropfen von 0,9 ml Mesylchlorid (**VI**) zu 7,1 g vorst. Verb. in abs. Pyr, 16std. Stehen bei 5°, 2std. Einw. von A. u. Eindampfen im Vakuum; 7,2 g. — Uridine: *3'-O-Mesyl-* (**II**), $C_{10}H_{14}N_2O_8S$, F. 181 bis 182°, durch Sättigen der alkohol. Suspension von 0,6 g **I** mit HCl-Gas, $^1/_2$std. Kochen, Eindampfen im Vakuum, azeotrope Trocknung mit Bzl., Behandeln mit sd. Ae., Lösen des glasartigen Prod. in abs. A. u. Einengen; aus A. Nadelbüschel; 160 mg. — *2'.3'-O-Isopropyliden-*, F. 162—163° (CH_3OH), durch Rk. von 1 g **V** mit HCl-gesätt. Ac.; 1,3 g. — Uracile: *1-[3'-O-Mesyl-2'.5'-di-O-(p-tosyl)-β-D-ribosyl]-*, durch 16std. Rk. von 0,9 g **II** mit p-Tosylchlorid in abs. Pyr bei Raum-Temp., Zugabe von 0,5 ml W., 1std. Stehen, Gießen in Eiswasser, Lösen in A. u. Eindampfen; Glas; 1,6 g. — *2.2'-Anhydro-1-[5'-O-benzoyl-3'-O-mesyl-β-D-arabinosyl]-*, F. 233—235° (Zers.), durch $^1/_2$std. Erhitzen vorst. Verb. mit Na-Benzoat u. Acetamid auf 110—115° u. Gießen in W.; aus 75%ig. vorgewärmtem A. Nadeln; 56%. — *2.3'-Anhydro-1-[2'.5'-di-O-trityl-β-D-xylosyl]-*, $C_{47}H_{38}N_2O_5$, F. 237° (A.), durch Zugabe von **I** zu Na-Benzoat in Dimethylformamid (DMF), 18std. Erhitzen auf 130—140° (Innentemp.), Gießen in W., 2std. Rühren u. 2std. Rühren des Nd. mit A.; 62%. — *1-[2'.5'-Di-O-trityl-β-D-xylosyl]-*, *Äthanolsolvat* (**III**), $C_{47}H_{40}N_2O_6 \cdot {}^1/_2\, C_2H_5OH$, F. 151,5—153,5° (A.), a) durch $^3/_4$std. Kochen vorst. Verb. mit wss.-alkohol. NaOH u. Neutralisation mit Essigsäure (pH 5—6); ca. 100%; b) durch Zugabe von NaOH zu 710 mg **I** in A. u. 100std. Kochen; 0,6 g. — *2.3'-Anhydro-1-[β-D-xylofuranosyl]-* (**IV**), $C_9H_{10}N_2O_5$, F. 225—227° (A.), durch Sättigen von 1,1 g vorvorst. Verb. in A. mit HCl-Gas bei 0°, 10 Min. langes Erhitzen auf 70°, Eindampfen im Vakuum, mehrfaches Eindampfen mit Bzl., Zugabe von A. u. Einstellen auf pH 5 mit NH_4OH; 0,32 g (roh). — *1-[β-D-Xylofuranosyl]-*, F. 148—149° (A.), durch $^1/_2$std. Kochen von **III** mit alkohol. HCl; $[\alpha]_D^{25}$ +29° (c = 0,4; W.); 95%. — *1-[3'.5'-O-Isopropyliden-β-D-xylofuranosyl]-*, $C_{12}H_{16}N_2O_6$, F. 264 bis 266°, a) durch Rk. vorst. roher Verb. (aus 2,1 g **III**) mit Ac. in Ggw. von HCl; aus 90%ig. A. Prismen; 0,8 g; b) durch $^1/_2$std. Erhitzen von 22 mg **IV** mit 0,1n NaOH auf 100°, Behandeln mit Dowex 50 (H^+-Form), Eindampfen des Filtrats im Vakuum u. Rk. mit Ac./konz. HCl; 24 mg; c) durch $3^1/_2$std. Kochen von 0,2 g **IV** in W. mit wenig konz. HCl, Eindampfen im Vakuum u. Rk. mit Ac.; 50%. — *1-[3'.5'-O-Isopropyliden-2'-O-mesyl-β-D-xylosyl]-*, $C_{13}H_{18}N_2O_8S$, F. 204—205° (A.), durch Zutropfen von 0,12 ml **VI** zur Suspension von 0,0011 Mol vorst. Verb. in abs. Pyr, 14std. Rühren bei 22°, $^1/_2$std. Einw. von A., Eindampfen u. Umfällen aus A./Bzl.; 370 mg (roh). — *1-[2'-O-Mesyl-β-D-xylofuranosyl]-*, durch $^1/_4$std. Kochen vorst. Verb. mit alkohol. HCl; 100%. — *2.2'-Anhydro-1-[β-D-lyxofuranosyl]-*, $C_9H_{10}N_2O_5$, F. 252—253° (Zers.), durch Zutropfen von verd. NaOH zu vorst. Verb. in W.; aus A. Prismen; 35%. — *1-[β-D-Lyxofuranosyl]-*, F. 200—202° (A.), a) durch 3std. Kochen von 0,000 14 Mol vorvorst. Verb. in W., Neutralisieren mit NaOH, Eindampfen im Vakuum, Zugabe von A. u. Eindampfen des Filtrats; 26 mg (roh); b) durch 10 Min. lange Rk. vorst. Verb. mit warmer verd. NaOH; 100%. — *2.3'-Anhydro-1-[2'.5'-di-O-benzoyl-β-D-xylosyl]-* (**VII**), $C_{23}H_{18}N_2O_7$, F. 251 bis 252° (A.), durch 20std. Rk. von **II** mit Benzoylchlorid/Pyr bei 50—55° (Meth. **A**), Gießen in Eiswasser, Extraktion mit Chlf., Eindampfen, 1std. Erhitzen mit Na-Benzoat in DMF auf 110° (Innentemp.), Gießen in W., Lösen des Nd. in Chlf. u. Eindampfen; 10%; b) aus **IV** nach **A**. — *2.2'-Anhydro-1-[3'.5'-di-O-benzoyl-β-D-arabinosyl]-* (**VIII**), F. 270—272° (A.), durch kurzes Erhitzen von **VII** über den F.; Nadeln. L. Lamza. 3950△

D. Makromolekulare Chemie

Gerät zur Messung der dielektrischen Verluste und der Dielektrizitätskonstante fester polymerer Dielektrika. G. P. Michailow, W. A. Schewelew und D. A. Dmitrotschenko. (Betriebs-Lab. [UdSSR] **28**, 234—36, 1962; Inst. für makromol. Verbb., Akad. der Wiss. der UdSSR; russ.) — Es wird eine App. zur Messung der dielektr.

Verluste tg δ u. der dielektr. Durchlässigkeit ε' fester polymerer Dielektrika für den Bereich von 60—120° u. die Frequenzen 40—120 MHz beschrieben. Für die Berechnung werden Formeln angegeben, nach denen tg δ für den Bereich $5 \cdot 10^{-4}$ bis 10^{-1} u. ε' für den Bereich 2—4 bestimmt wird. Die Fehlergenauigkeit beträgt 10—15 (tg δ) bzw. 2% (ε'). Die Abhängigkeit von tg δ u. ε' von der Temp. wird für *Polyvinylacetat*, *-äthylterephthalat* u. *-methylmethacrylat* bestimmt. C. Kozák. 4000◇

Der Zusammenhang zwischen Glastemperatur, Molkohäsion und Polymerenstruktur. Robert A. Hayes. (J. appl. Polymer Sci. **5**, 318—21, 1961; Akron, Ohio, Firestone Tire and Rubber Co., Chem. and Phys. Res. Labor.; engl.) — Unter der Annahme, daß bei der Glas-Temp. T_g die Rotationsenergie gerade ausreicht, um die rotationshindernden Zusammenhaltskräfte der Makromoll. zu überwinden, wird empir. eine Formel gewonnen: $H_c = 0{,}5n\,RT_g + C$. Dabei sind: T_g die Glas-Temp., R die Gas-Konst., H_c die Kohäsionsenergie pro Mol, C eine Konst. u. n eine ganze Zahl, die nach bestimmten Regeln jedem Atom zugeordnet wird u. Werte zwischen 1 u. 6 annimmt. Literaturwerte für T_g u. H_c von 11 bekannten Hochpolymeren bestätigen die Beziehung; für C wird ein Wert von —25 n ermittelt ($H_c = 0{,}5\,n\,RT_g - 25\,n$). Vf. benutzt T_g von CH_2-Gruppen-haltigen Polymeren zur Berechnung der Gruppen-Molkohäsion u. des Wertes n vieler Einzelgruppen; für die Gruppen-Molkohäsion der CH_2-Gruppe wird ein Literaturwert eingesetzt. Der Vers., unbekannte T_g-Werte aus Gruppeninkrementen der Molkohäsion zu berechnen, führt bei einigen *Polyestern* bzw. *Polyestercokondensaten* u. einem *Copolymeren* aus *Styrol* u. *Methylmethacrylat* zu brauchbaren Werten, ergibt jedoch z. B. bei *Fluorkohlenwasserstoffpolymeren* Widersprüche. L. Bohn. 4000◇

Über die Struktur von orientierten polymeren Materialien. W. A. Beresstnew, K. Ch. Rasikow, Je. Ss. Alexejewa und W. A. Kargin. (Ber. Akad. Wiss. UdSSR **139,** 1093—94, 1 Tafel, 1961; Physik.-chem. Karpow-Inst.; russ.) — Vgl. C. **1963,** 1699. — Längs- u. Querschnitte von *Capron-*, *Anid-*, *Önanth-*, *Terylen-* u. *Viscose*-Fasern werden elektronenmkr. untersucht. Beim Schneiden zerfallen die Fasern in Fibrillen von 1—10 μ Durchmesser, die nichtorientierte grobe sphärolith. oder feine globuläre Gebilde enthalten u. anisodiametr. Elemente darstellen. Die Anisotropie der verschiedenen Eigg. einer Faser beruht auf der Form der Fibrillen u. den innerhalb einer Fibrille oder zwischen den Fibrillen bestehenden Spannungen. In Lsgm.-Dampf vorbehandelte Proben werden bei 400—600facher Vergrößerung im Polarisationsmikroskop untersucht. Dabei zeigt sich, daß innerhalb einiger Fibrillen eine Orientierung der Mol.-Struktur völlig fehlen oder auf die Oberfläche beschränkt sein kann. R. K. Müller. 4000◇

Emulsionspolymerisation von Butadien und Styrol in Gegenwart von Ruß. 2. Mitt. **Start mit Hydroperoxiden.** S. H. Maron, W. von Fischer, W. M. Ellslager und G. Sarvadi. (J. appl. Polymer Sci. **5**, 308—17, 1961; Cleveland, Ohio, Case Inst. of Technol.; engl.) — 1. vgl. C. **1957,** 699. — Die Emulsionspolymerisation von *Butadien* u. *Butadien–Styrol* kann in Ggw. von Ruß (**I**) mit Hydroperoxiden durchgeführt werden. Mit 15 Teilen **I** auf 100 Teile Monomeres kann in 5,6 Std. 100% Umsatz erzielt werden. Das Syst. ist gegen mol. O_2 u. Ferroeisen ziemlich unempfindlich, jedoch von der zur Verteilung des Rußes vor der Polymerisation verwendeten Meth. abhängig. Die erhaltenen Latices sind dünnfl. u. stabil u. besitzen keine Neigung zum Aufrahmen oder Absetzen. Sie koagulieren mit Salz u. Säure leicht u. vollständig. Die Polymeren enthalten alles **I.** Ihre Mooney-Viscosität liegt im Bereich von 120—170. Sie lassen sich leicht walzen u. nehmen auf dem Walzwerk noch mehr **I** auf. Ein *Styrol–Butadien-Copolymeres*, das bei 50° mit 70%ig. Umsatz in Ggw. von 15 Teilen **I** hergestellt u. zu Mischungen von 40 Teilen **I** auf 100 Teile Polymeres verarbeitet wurde, ergab eine Reißfestigkeit von 4100 lbs./sq.in. bei 660% Dehnung. U. Hutten. 4010◇

Neues Katalysatorsystem für die Polymerisation von Acetylenverbindungen. L. B. Luttinger. (Chem. and Ind. **1960,** 1135; Stamford, Conn., Amer. Cyanamid Co., Stamford Labor., Central Res. Div.; engl.) — Es werden die Mischung eines reduzierenden Hydrids mit einem Salz oder Komplex aus der VIII. Gruppe, z. B. $NaBH_4$ mit einem Ni-Halogenid oder einem Komplex, wie $[(C_4H_9)_3P]_2NiCl_2$, verwendet. Damit werden aus Acetylen schwarze *Polyacetylene* sowie gelbe bis orangefarbene niedermol. Öle erhalten. Monosubstituierte Acetylene geben neben höhermol. Stoffen lineare u. cycl. Di- u. Trimere. K. Gröbe. 4010◇

Neues Katalysatorsystem für die stereospezifische Polymerisation von Acetylen. M. L. H. Green, M. Nehmé und G. Wilkinson. (Chem. and Ind. **1960,** 1136; London, Imperial Coll., Inorgan. Chem. Res. Labor.; engl.) — Dunkelbraune bis schwarze *Polyacetylene* werden mit einem Syst. aus $NaBH_4$ u. $[(n\text{-}C_4H_9)_3P]_2NiCl_2$, $[(n\text{-}C_3H_7)_3P]_2NiBr_2$, $[(C_6H_5)_3P]_2NiCl_2$, $[(C_6H_5)_3P]_2Ni(SCN)_2$ oder $[(C_6H_5)_3P]_2CoCl_2$, gelöst in Tetrahydrofuran, erhalten. Die erhaltenen IR-Spektren werden mit den aus Literaturangaben erhaltenen Werten verglichen. K. Gröbe. 4010◇

Die Kennzeichnung der Gelbildung bei PVC-Pasten durch Viskositätsmessung. K. Dismer und F. Patat. (Rheol. Acta, Ergänzungsh. z. Kolloid-Z. **1**, Nr. 4/6, 565—70, 1961; Rheinberg, Rhld.; München, TH; dt.) — Vff. beschreiben zunächst ein Capillarviscosimeter für hochviscose Pasten u. raschen Temp.-Wechsel, das bei Treibdrücken bis 60 atü einen Bereich der Schubspannung von 100—10000 $dyn \cdot cm^{-2}$ u. der Scher-Geschw. von 2—100 s^{-1} aufweist. Mit diesem Viscosimeter wurden 12%ig. u. 6%ig. Lsgg. von *Polyvinylchlorid* in Dioctylphthalat untersucht, die zunächst in Form ihrer Dispersionen in den App. eingefüllt u. dann bei 160° gelöst werden. Hierauf wurde die Temp. auf einen niedrigeren konst. Wert gesenkt u. die Fließkurven als Funktion der Zeit gemessen. Die hierbei erhaltenen geradlinigen Fließkurven lassen sich durch die bekannte Ostwald-de Waelésche Beziehung beschreiben. C. Gottfried. 4010△

Kettenübertragungsreaktionen bei der Polymerisation von Vinylchlorid. D. Lím und M. Kolínský. (J. Polymer Sci. **53**, 173—79, 1961; Prague, Czechoslovakia, Czech. Acad. of Sci., Inst. of Macromol. Chem.; engl.) — In den Lsgm. Isopropylchlorid, 2.4-Dichlorpentan u. 2.4.6-Trichlorheptan wurde die Teilnahme von Kettenübertragungs-Rkk. bei der Polymerisation von *Vinylchlorid* mit α.α'-Azodiisobuttersäuredicetylester als Initiator bestimmt. Die Übertragungs-Konst. C_s für diese Lsgm. wurden für das Dimere u. Trimere bei 50° zu $5 \cdot 10^{-4}$ ermittelt. Dieser Wert ist gleichzeitig ein Maß für die Verzweigung der Makromoleküle. E. Weber. 4010◇

Elektronenspinresonanz von einigen bestrahlten Polymeren. Kenzi Hukuda. (Mem. Fac. Sci., Kyushu Univ., Ser. B **3**, 41—51, 1960; engl.) — Vgl. Hukuda u. Mitarbeiter, C. **1962**, 3830. — Die EPR-Spektren von γ-bestrahltem *Polyvinylchlorid* (**I**), einem *Copolymerisat* aus *Vinylidenchlorid* u. *Vinylchlorid* (*Saron*; **II**), *Polytetrafluoräthylen* (**III**) u. *Polymethylmethacrylat* (**IV**) wurden bei 3,20 cm bzw. z. T. bei 8,63 cm aufgenommen. Folgende g-Werte u. Halbwertsbreiten der Linien wurden gefunden: **I** 2,003 ± 0,001, 32—15 (Gauß); **II** 2,005 ± 0,001, 28; **III** 2,0170 ± 0,006, 19 u. **IV** 2,0045 ± 0,002, 5. Die Geschw. der Radikal-Bldg. wurde bestimmt. Nur das Spektrum von **IV** war aufgelöst; es besteht aus 9 Linien u. seine Struktur stimmt nicht mit dem Biradikalmodell für die magnet. Zentren überein. G. Winkhaus. 4010◇

Quasistationäre Messung der Wärmeleitfähigkeit von Kunststoffen im Temperaturbereich von —180 bis +90°. K. Eiermann, K.-H. Hellwege und W. Knappe. (Kolloid-Z. **174**, 134—42, 1961; Darmstadt, Dt. Kunststoff-Inst.; dt.) — Eine Messung der Wärmeleitfähigkeit λ von Kunststoffen [*Polytrifluorchloräthylen* (**I**), *Hart-PVC* (**II**), *Polytetrafluoräthylen* (**III**), *Polyäthylenterephthalat* (**IV**), *Hochdruck-* (**Va**) u. *Niederdruckpolyäthylen* (**Vb**)] bei —180 bis +90° nach dem quasi-stationären Verf. nach Gast u. Mitarbeitern (C. **1959**, 1149) wurde durchgeführt. Bei **I**, **II**, **III** u. **IV** wurde mit steigender Temp. eine geringe λ-Zunahme, bei **Va** u. oberhalb —50° auch bei **Vb** eine stärkere λ-Abnahme mit der Temp. beobachtet. Die bei **III** gefundene Stufe von λ bei 20° wird der Umwandlung monoklin-hexagonal im kristallinen Anteil von **III** zugeordnet. Wie **IV**- u. **V**-Proben zeigen, steigt λ mit der Dichte. R. Schäff. 4010◇

Druckeinfluß auf die Raumtemperaturumwandlung von Polytetrafluoräthylen und seine Umwandlungswärme. Toshio Yasuda und Yoshio Araki. (J. appl. Polymer Sci. **5**, 331—36, 1961; Atsugi City, Japan, Nippon Valqua Ind. Ltd.; engl.) — Vol.-Temp.-Kurven von 11 *Polytetrafluoräthylen*-Proben (unterschiedliche Vorbehandlung) wurden unter äußeren Drücken zwischen 7 u. 317 kg/cm^2 gemessen. Für die stärkste der beiden Umwandlungen bei 20° wird der Einfl. des stat. Druckes P auf die Umwandlungs-Temp. Θ nach der Formel $P = A(\Theta - B)$ ermittelt. Mit den $dP/d\Theta$-Werten (49,1—67,2 kg/cm^2 Grad) u. den im Dilatometer bestimmten Vol.-Änderungen V_{20} u. V_{gesamt} (beide Umwandlungen bei 20° u. 30°) werden nach der Clapeyron-Gleichung Umwandlungswärmen H_{20} von 1,03—1,68 cal/g u. H_{gesamt} von 1,17—2,02 cal/g berechnet; H_{20}/H_{gesamt} 0,84—0,88. Vgl.-Messungen in einem adiabat. Calorimeter ergaben: H_{20} von 0,96—1,85 cal/g; H_{gesamt} von 1,18—2,25 cal/g; H_{20}/H_{gesamt} 0,77—0,89. Aus der recht guten Übereinstimmung folgert Vf. die Anwendbarkeit der Clapeyron-Gleichung. L. Bohn. 4010◇

Stereoreguläre Polymere. 8. Mitt. **Wirkung von verschiedenen organischen Verbindungen auf die Polymerisation von Styrol mit einem Ziegler-Katalysator.** 1. Mitt. Shunsuke Murahashi, Shun'ichi Nozakura und Kōichi Hatada. (Bull. chem. Soc. Japan **34**, 939—44, 1961; Nakahoshima, Osaka, Osaka Univ., Fac. of Sci., Dep. of Polymer Sci.; engl.) — 6. vgl. C. **1963**, 19628; 7. vgl. Bull. chem. Soc. Japan **34**, [1961], 631. — Die Polymerisation von *Styrol* mit dem Katalysator-Syst. Triäthyl-$Al/TiCl_4$ unter Zusatz von Halogeniden, Äthern, Acetalen, Ketonen, Aldehyden, Estern, Essigsäureanhydrid, Aminen, Acetamid, Nitro-Verbb., Nitrilen, Schwefel-Verbb., Furan u. Phosphor-Verbindungen wird untersucht. Alle Substanzen, mit Ausnahme von Halogenbenzolen, Di-n-hexyläther, Triphenylphosphin, Thiophen u. Furan, wirken sich negativ auf die Stereospezifität des Katalysators aus. Bei Verw. von Alkylhalogeniden u. CCl_4 verläuft die Polymerisation kation. u. ergibt *atakt. Polystyrol.* E. Anton. 4010◇

Die Copolymerisation von Butadien-(1.3) mit Styrol unter Aktivierung mit Butyllithium. Irving Kuntz. (J. Polymer Sci. **54**, 569—86, 1961; Linden, N.J., Esso Res. and Engng. Co.; engl.) — Vgl. C. **1961**, 7594. — Die Homopolymerisation (HP) von *Styrol* (1m) mit n-Butyl-Li (0,006m) in n-Heptan bei 30° verläuft ungefähr 6mal rascher als die HP von *Butadien* unter den gleichen Bedingungen. Bei der *Copolymerisation* (CP) mit 1 Mol Monomeren ist Butadien das reaktionsfähigere Comonomere. Bei einem Umsatz von 90% Butadien bleiben mehr als 80% des zu Beginn der Rk. vorhandenen Styrols unverändert zurück. Zu Rk.-Beginn ist die CP-Geschw. die gleiche wie bei der HP von Butadien; es werden ungefähr 10 Mol-% Styrol in das anfänglich entstehende Prod. eingebaut. Sobald das gesamte Butadien reagiert hat, steigt die Polymerisations (P)-Geschw. merklich an. Das Rk.-Verhältnis für die CP ist zu Rk.-Beginn 7 für Butadien u. ca. Null für Styrol. Wird die Rk. in Ggw. von Tetrahydrofuran (THF), dessen Konz. der des n-Butyl-Li entspricht, durchgeführt, so steigt die Rk.-Geschw. an. Kinet. Verss. zeigen, daß die Rk. erster Ordnung in bezug auf THF ist. Das Ausmaß der 1.2-Addition in den *Polybutadien*-Segmenten des Copolymerisats beträgt in Abwesenheit von THF 7% u. steigt auf 15% bzw. 43% an, wenn man das Verhältnis THF/n-Butyl-Li von 0,4 auf 20 ändert. Das anfänglich entstehende Prod. enthält über den gesamten angewandten Konz.-Bereich THF 30 Mol-% Styrol. Die nach der Gleichung $\ln B = (k_B K_B a_B/k_S K_S a_S) \ln S$ berechneten Konz.-Korrekturfaktoren stimmen gut mit den experimentellen Ergebnissen überein (B = Butadien-Konz., S = Styrol-Konz., k = Geschw.-Konst. der P bei der Konz. x des Katalysatorkomplexes, K = Geschw.-Konst. der Bldg. des Li-Komplexes, a = Konz.-Korrekturfaktor). Der Rk.-Mechanismus wird abgeleitet. K. Pfleghar. 4010

Über den Mechanismus der Polymerisation von Epichlorhydrin an dem katalytischen System $FeCl_3$–Propylenoxid. L. A. Bakalo, B. A. Krenzel, L. M. Pyrkow, A. W. Toptschijew und Ss. Ja. Frenkel. (Ber. Akad. Wiss. UdSSR **141**, 613 bis 615, 1961; Akad. der Wiss. der UdSSR, Inst. für petrochem. Synth.; russ.). — Es wurden Polydispersität u. Viscosität von *Polyepichlorhydrin* untersucht, das durch Polymerisation von Epichlorhydrin bei 80°/24 Std. in Ggw. von 2, 5 u. 10% eines durch Sublimation von $FeCl_3$ u. Propylenoxid erhaltenen Katalysators dargestellt wurde. Höchste Viscosität u. Polydispersität hat das in Ggw. von 2% Katalysator dargestellte Polymere. Für die in Ggw. von 2 bzw. 5 u. 10% des Katalysators erhaltenen Polymeren wurden Molgew. von $1 \cdot 10^5$ bzw. $2{,}5 \cdot 10^4$ berechnet. Die statist. Analyse der Sedimentationsdiagramme zeigt, daß die Polymerisation nach einem 2-Stufenmechanismus erfolgt. Helmut Schäfer. 4010△

Die Chemie neuer latenter Härtungssysteme für Epoxyharze. S. H. Langer, I. N. Elbling, A. B. Finestone und W. R. Thomas. (J. appl. Polymer Sci. **5**, 370—74, 1961; Pittsburgh, Pa., Westinghouse Electric Material Labor.; engl.) — Triäthanolaminmonoborat ist als latenter Härtungskatalysator für *Epoxyharze* sehr gut geeignet, da es bei höheren Temp. aus der Grundform in ein für den nucleophilen Angriff befähigte Form übergeht. Sein hoher F. u. die geringe Lsg.-Tendenz bei Raum-Temp. machen es wünschenswert, es in Lsg. entstehen zu lassen. Dies gelingt mit Tributylborat u. Diisopropoxy-bis-[diäthanolaminoäthoxy]-Ti. Verwendet man statt der Ti-Chelate Phosphor- u. Phosphorigsäureester des Triäthanolamins zusammen mit Borsäureestern, so erhält man feuerbeständige Produkte. Die Vorteile dieser Zusätze als Katalysatoren sind leichte Mischbarkeit mit dem Harz, relativ lange Lagerfähigkeit (1—2 Monate), gute elektr. Eigg. bei erhöhten Temp. u. geringe Viscosität. Sowohl die P- als auch die Ti-Katalysator-Syst. können durch BF_3-Piperidin oder Piperidin aktiviert werden. Die Katalysatorkombinationen der beschriebenen Art können entsprechend den gewünschten Eigg. der Harz-Katalysatormischung u. des gehärteten Harzes als Endprod. über einen großen Zus.-Bereich variiert werden. K. Pfleghar. 4010◇

Über einige Gesetzmäßigkeiten der Polykoordinationsreaktion. W. W. Korschak und Ss. W. Winogradowa. (Ber. Akad. Wiss. UdSSR **138**, 1353—56, 21/6. 1961; Akad. der Wiss. der UdSSR, Inst. für elementorg. Verbb.; russ.) — Zur Klärung der Frage, ob die Polykoordinations-Rk. wie die Polykondens. eine reversible Rk. ist, wird ein Koordinierungspolymeres aus *4.4'-Bis-[acetoacetyl]-diphenyläther* (I) mit *Be* im N_2-Strom 5 Std. lang mit Acetylaceton (10 Mol je Mol Polymerenglieder) auf 100° erhitzt; dabei werden 87% I zurückgebildet. Bei Rk. des Polymeren mit Cu-Acetylacetonat wird ein Koordinationspolymeres von I mit Cu gebildet. In Dimethylformamid wird die Polykoordination von I mit Be- u. Zn-Acetylacetonat u. mit Zn-

Acetat bei 120 u. 140° untersucht, wobei in ½ Std. 84—87% Polymeres erhalten werden. Die Abnahme der Viscosität (in Kresol) bleibt nach ½ Std. konst. (11 Std. lang verfolgt). Verss., die Rk. bei 220° in 5 Std. durchzuführen, führten zu einem schwerlösl. Prod.; nur beim Be-Salz werden Polymere mit höheren Viscositäten erhalten. Das höchste Molgew. wird bei stöchiometr. Verhältnissen der Komponenten erzielt ([η] = 0,37 in Chlf.). Bei Durchführung der Rk. in der Schmelze (ohne Lsgm.) bei 200° im N_2-Strom wird ein niedrigmol. Polymeres ([η] in Chlf. 0,06) erhalten; beim Weitererhitzen im Vakuum auf 260° nimmt [η] auf das Doppelte zu (0,44—0,48). Bei der Fraktionierung dieses Prod. aus Chlf.-Lsg. mit n-Hexan werden 3 Fraktionen erhalten: 27,3% mit [η] = 1,2 (in Chlf., Molgew. 126000), 28,2% mit 0,5, 44,5% mit 0,32. Die Zunahme des Molgew. der Polykoordinations-Prodd. bei höherer Temp. u. im Vakuum wird mit dem Gleichgewichtscharakter der Rk. erklärt (Verschiebung des Gleichgewichtes durch Entfernung niedrigmol. Prodd. aus der Rk.-Zone). R. K. Müller. 4010◇

Polysäuren aus Polyacrylonitril. Viscosimetrie in reiner wässeriger Lösung. Sven Sönnerskog. (Acta chem. scand. **9**, 1649—55, 1955; Borås, Sweden, A-B Svenskt Konstsilke; schwed.) — Das viscosimetr. Verh. von Polyelektrolyten, die bei der alkal. Verseifung von *Polyacrylonitril* erhalten werden, wird mit dem von *Polyacrylsäure*, die direkt aus dem Monomeren durch Redoxpolymerisation in wss. Lsg. hergestellt wird, verglichen. Auftretende Unterschiede können qual. teilweise mit der Flory-Theorie über allg. Reibungs-Eigg. von Makromoll. erklärt werden.
Gottfried Schreiber. 4010

Polymerisation von Acrylonitril unter Anwendung von Kaliumalkoholaten. Albert Zilkha und Ben-Ami Feit. (J. appl. Polymer Sci. **5**, 251—60, 1961; Jerusalem, Israel, Hebrew Univ.; engl.) — Die heterogene, anion. Polymerisation von *Acrylonitril* wurde in PAe. mit alkohol. K-Alkoholat-Lsgg. bei niedriger Temp. untersucht. Alkoholate des stärker elektropositiven Metalls bildeten die wirksameren Katalysatoren, ROK u. RONa. Eine steigende Menge von Alkohol in der Polymerisationsmischung hatte bis zu einem Grenzwert einen aktivierenden Einfluß. Die Ausbeute an Polymerem nahm mit der Katalysator-Konz. zu. Für den Polymerisationsmechanismus charakterist. ist eine Start-Rk., bei der das Alkoholatanion ohne Cokatalysator direkt mit dem Monomeren reagiert; dieser Mechanismus wird durch die Ggw. von Alkoxylgruppen im Polymeren u. durch das Auftreten ster. Effekte bei sperrigen Alkoholatresten belegt. Kettenabbruch erfolgt durch Protonenentzug vom Alkohol. In Übereinstimmung damit erwies sich der Polymerisationsgrad (PG) als unabhängig von der Katalysator-Konz., direkt proportional der Monomer- u. umgekehrt proportional der Alkohol-Konz., entsprechend der Gleichung $PG = k_p[M]/k_t[ROH]$. Das Diagramm PG gegen die Monomer-Konz. u. gegen den Reziprokwert der Alkohol-Konz. lieferte für k_p/k_t Werte um 35. Alle Polymerisationen zeigten eine Induktionsperiode mit folgenden Gesetzmäßigkeiten: Mit steigender Alkohol-Konz. u. mit Herabsetzung der Temp. nahm die Induktionsperiode zu u. mit zunehmender Katalysator- u. Monomer-Konz. ab u. sie war bei den aktiveren K-Katalysatoren kürzer. Die Induktionsperioden scheinen durch Cyanäthylierung als kompetitive Neben-Rk. bedingt zu sein; die Start-Rk. der Polymerisation ist mit dem ersten Schritt (RO^--Addition) bei der Cyanäthylierungs-Rk. identisch. Die Rk.-Prodd. der Cyanäthylierung konnten aus der Polymerisationsmischung isoliert werden.
K. Pfleghar. 4010◇

Thermorheologisch einfaches Prinzip bei Extrusionsfließkurven von Hochpolymeren. Katsuhiko Ito. (J. appl. Physics **32**, 1743—45, 1961; Bunkyo-ku, Tokyo, Inst. Phys. and Chem. Res.; engl.) — Es wird gezeigt, daß ein ähnliches Verf. wie die Spannungsrelaxations-Meth. auf Konsistenzkurven, die aus Extrusionsfließkurven thermorheolog. einfacher Materialien erhalten werden, anwendbar ist. Die ermittelten wahren Konsistenzkurven von *Lucite* (ein *Acrylpolymerisat*) bei verschiedenen Extrusions-Temp. werden durch Verschiebung längs $\log D'_w$ (D_w = scheinbare maximale Schergeschw. an der Düsenwand) zur Deckung gebracht. Konsistenzkurven zur Bewertung des viscoelast. Verh. amorpher linearer Polymerisate können so leicht in einem genügend breiten Schergeschw.-Bereich durch Änderung der Extrusions-Temp. bestimmt werden.
R. Schäff. 4010◇

Über die Veränderungen der Aktivität von Carboxylkationenaustauschern in wässerig-organischen Medien. Tschshi-Sjan Lou, Je. M. Ssawitzkaja und B. P. Brunss. (Hochmolekulare Verbind. [UdSSR] **3**, 237—43, 1961; Allunions-Forsch.-Inst. für Antibiotica; russ., Auszug: engl.) — Ein durch Verseifung eines Copolymeren aus *Methylmethacrylat* u. 4% *Divinylbenzol* erhaltener, COOH-Gruppen enthaltender Kationenaustauscher (**I**) wird in wss. Methanol potentiometr. titriert. Mit steigender Methanol-Konz. der Lsg. nimmt die Dissoziations-Konst. (**D**) der H^+-Form von **I** ab. Der Wert von — log **D** nimmt linear zu, wenn $1/\varepsilon$ (ε = DK) ansteigt. Bei zunehmender Ionenstärke der Lsg. nimmt p$\overline{K}$ von **I** ab, was sich mit einer Abschirmung des negativen Feldes durch die Zunahme der Menge des neutralen Elektrolyten (Donnan-Effekt) erklären läßt. R. K. Müller. 4010◇

Die Darstellung cyclischer Peroxide und ihre Zersetzung in Lösung. K. E. Russell. (Canad. J. Chem. **38**, 1600—05, 1960; Kingston, Ontario, Queen's Univ., Dep. of Chem.; engl.) — Bei der Darst. von *cycl. Sebacindioyl-*, *Dodecandioyl-* u. *Tetradecandioylperoxid* fallen in hohen Ausbeuten hochmol. Peroxide (Molgew. >3000) an, die beim Vers., andere cycl. Peroxide herzustellen, fast ausschließlich auftreten. Die Zers. in Styrol (**I**) u. Bzl. wurde untersucht. Falls Diradikale bei der Zers. auftreten, verschwinden sie durch innermol. Rk. sehr schnell, bevor sie mit einer merklichen Menge an **I**-Moll. reagiert haben. In Ggw. einer geringen Menge *1.1-Diphenyl-2-pikrylhydrazyl* (**II**) in Bzl. ist die intramol. Rk. gegenüber der Rk. mit **I** bevorzugt.

Versuche: cycl. Peroxide, durch Rühren der Chlf.-Lsg. der Säurechloride mit Na_2O_2 u. Na_2HPO_4 bei 0°, anschließendes portionsweises Zugeben von Na_2O_2 u. Umkristallisieren aus Petroläther: *Sebacindioyl-*, $C_{10}H_{16}O_4$, F. 19—21°; 4—6% (Ausbeute). — *Dodecandioyl-*, $C_{12}H_{20}O_4$, F. 32—35°; 5—6%. — *Tetradecandioyl-*, $C_{14}H_{24}O_4$, F. 43—46°; 7—9%. — *Dihexanoylperoxid*, $C_{12}H_{22}O_4$; 13,4%. — Polymere Peroxide: *Polyadipindioyl-*, F. 118—119° (Zers.); 50%. — *Polysuberindioyl-*, $C_8H_{12}O_4$, F. 116 bis 118° (Zers.; 75%. — *Polyazelaindioyl-*, $C_9H_{14}O_4$, F. 104—105° (Zers.); 70%. — *Polysebacindioyl-*, $C_{10}H_{16}O_4$, F. 112—113° (Zers.); 85%. — *Polydodecandioyl-*, $C_{12}H_{20}O_4$, F. 108—109°; 80%. — *Polytetradecandioyl-*, $C_{14}H_{24}O_4$, F. 108—110°; 80%. K. Gröbe. 4010◇

Über die Struktur von ungesättigten Polyestern und den Reaktionsmechanismus bei ihrer Darstellung. Z. Ordelt. (Hochmolekulare Verbind. [UdSSR] **4**, 1110—17, 1962; ČSSR, Pardubice, Forschungsinst. für synthet. Harze u. Lacke; russ., Auszug: engl.) — Bei der Darst. von *Polyäthylenmaleat* durch Verschmelzen der Komponenten bei 140—250° erfolgt auch eine kation. Anlagerung von Äthylenglykol (**I**) an Maleinsäure (**II**) unter Bldg. von [*β-Hydroxyäthoxy*]*-bernsteinsäure* [**III**; *Lacton*, $C_6H_8O_5$, F. 93° (Bzl., A.)]. Die Geschw. der Anlagerung steigt mit zunehmendem **I**-Überschuß u. wachsender Temp. u. vermindert sich mit dem Grad der Isomerisierung von **II** zu Fumarsäure bzw. der Maleate zu Fumaraten. Die Bldg. von **III** ist der Grund für die Gel-Bldg. bei der Darst. von Polyestern u. die Unterschiede in den ebullioskop. u. aus den Endgruppen bestimmten Molgewichten. Die aus den Geh. an benachbarten OH-Gruppen berechneten hohen Werte der Molgew. machen es wahrscheinlich, daß die Polyester auch Lactonringe enthalten. Helmut Schäfer. 4010△

Über einige Formen der morphologischen Struktur bei linearen Polyestern. Je. M. Belawzewa und Ju. W. Mnjuch. (Hochmolekulare Verbind. [UdSSR] **3**, 213—14, 1961; Akad. der Wiss. der UdSSR, Inst. für elementorg. Verbb.; russ., Auszug: engl.) — Die elektronenmkr. Aufnahmen des *Polyesters* aus *Dekamethylenglykol* u. *Azelainsäure* zeigen neben kompakten Teilchen von (Molgew. 2000—3000) komplizierter Struktur in Linsenform weniger ausgebildete Formen u. Schichtstrukturen ohne reguläre Begrenzung, aber mit spiraligen Versetzungen. Eine Monoschicht von 30—40 Å Dicke entsteht beim Erhitzen auf 130°. Bei *Polyäthylensebacinat* (Molgew. 117000) geht ein dicker strukturloser Film bei der Verformung in Fibrillen über. R. K. Müller. 4010◇

Über die Besonderheiten der thermischen Ausdehnung von Polyäthylenterephthalat. A. W. Ssidorowitsch und Je. W. Kuwschinski. (Hochmolekulare Verbind. [UdSSR] **3**, 161—63, 1961; Akad. der Wiss. der UdSSR, Inst. für hochmol. Verbb.; russ., Auszug: engl.) — Der Einfl. eines einachsigen Vorreckens auf die lineare Wärmeausdehnung (Koeff. α) von krist. *Polyäthylenterephthalat* (**I**) wird untersucht. Amorphes **I** wird bei 75° mit 7,5%/Min. gereckt u. dann durch 3std. Erhitzen auf 180° in den krist. Zustand übergeführt. Die Messung von α erfolgt nur in der Reckrichtung. Eine Zunahme des Reckgrades bewirkt zunächst eine langsame Abnahme von α, beim weiteren Recken nimmt α stark ab. Als Ursache dieses Verh. werden Unterschiede in den Kristallisationsbedingungen angenommen. R. K. Müller. 4010◇

Polyurethane. 2. Mitt. **Einfluß der cis–trans-Isomerie auf die Eigenschaften von Polyurethanen.** D. J. Lyman. (J. Polymer Sci. **55**, 507—14, 1961; Wilmington, Del., E. I. du Pont de Nemours & Co., Textile Fibers Dep., Pioneering Res. Div.; engl.) — 1. vgl. C. **1961**, 7599. — Die cis–trans-Isomeren von *Cyclohexandiol-(1.4)* (**I**) u. *Cyclohexandimethanol-(1.4)* (**II**) wurden mit *4.4'-Methylen-bis-*[*phenylisocyanat*] in Lsg. nach bekannten Meth. zu den entsprechenden *cis-* u. *trans-Polyurethanen* (A) umgesetzt, welche als Festkörper, Film u. Faser untersucht wurden. Eine cis–trans-Isomerisierung tritt während der Rk. nicht ein. Gegenüber A aus *cis*-**I** weisen diejenigen aus *trans*-**II** folgende Unterschiede auf: Höhere Schmelztemp., geringere Löslichkeit, niedrigeres

Molgew., Inhärentviscositätsverhältnisse, höhere Wasserabsorption u. höhere Dichten. Im Gegensatz dazu sind A aus *cis-* u. *trans*-II sehr ähnlich in ihren Eigenschaften. Diese Unterschiede sind bedingt durch die verschiedene Konfiguration der einzelnen Produkte.

J. W. Zimmermann. 4010◇

Diffusion in einem vernetzten Polyacrylamidgel. Malcolm L. White und George H. Dorion. (J. Polymer Sci. **55,** 731—40, 1961; Stamford, Conn., Amer. Cyanamid Co., Central Res. Div.; engl.) — Vff. bestimmten die Diffusions-Koeff. von Rohrzucker, Harnstoff, KCl u. schwerem W. in einem Gel des *Acrylamid–Methylen-bis-acrylamid-Copolymeren* als Funktion der Gesamtkonz. an Polymeren u. des Vernetzungsgrades. Es wurde gefunden, daß sie mit steigender Polymer-Konz. abnehmen, aber vom Vernetzungsgrad relativ unabhängig sind. Die Extrapolation der Werte auf die Polymer-Konz. C ergab Diffusions-Koeff., die mit den bekannten Werten für Lsgg. in reinem W. gut übereinstimmten, was darauf hinweist, daß keine spezif. Wechselwrkg. zwischen Gel u. Elektrolyt oder Nichtelektrolyt auftreten. Gleichgewichtswerte für die Diffusion nach unendlicher Zeit zeigten, daß das gesamte W. im Gel für die Diffusion verfügbar ist, was die Abwesenheit von „gebundenem" W. beweist. Die Berechnung der mittleren Porengröße aus den Diffusionsdaten ergab Werte, die mit früher veröffentlichten, aus Wasserpermeabilitätsmessungen erhaltenen Ergebnissen übereinstimmten. Diese Daten sprechen für die Hypothese, daß das Gel eine „Reisighaufen"-Struktur besitzt.

J. W. Zimmermann. 4010◇

Kristalline N.N-disubstituierte Polyacrylamide. D. J. Attfield, K. Butler, A. T. Radcliffe, P. R. Thomas, R. A. Thompson und G. J. Tyler. (Chem. and Ind. **1960,** 263—64; Pontypool, Mon., British Nylon Spinners Ltd., Res. Dep.; engl.) — Vorl. Mitt. über die Darst. kristalliner takt. Polymerer mit einem ca. 200° höheren F. als die atakt. Isomeren; sie gelingt mit anion. Katalysatoren, Metallalkylen der I. Gruppe, z. B. Butyl-Li. Radikal. Katalysatoren ergeben atakt. Polymere. *Polymere N.N-disubstituierte Acrylamide* mit kurzkettigen Alkylen sind wasserlösl. (z. B. *N.N-Dimethyl-*), mit längerkettigen PAe.-lösl. (z. B. *N.N-Di-n-Butyl-*). K. Gröbe. 4010◇

Die Polymerisation von Acrylamid mit Persulfat-Metabisulfit-Initiator. F. Rodriguez und R. D. Givey. (J. Polymer Sci. **55,** 713—19, 1961; Ithaca, N.Y., Cornell Univ., W. C. Geer Labor. for Rubber and Plastics; engl.) — Zur Auslösung der Polymerisation von Acrylamid wurde das Redox-Syst. $(NH_4)_2S_2O_8$ (I_1)–$Na_2S_2O_5$ (I_2) in W. verwendet. Bei 50—70% Umsatz gilt folgende Beziehung für die Polymerisations-Geschw. R_p: $R_p = -(d[M])/dt = K([I_1][I_2])^{1/2}[M]^{5/2}[M_0]^{-3/2}$, worin M_0 die Monomeren-Konz. zur Zeit t = 0 ist. Im untersuchten Bereich ist K (30°) = 1,20 Liter·Mol^{-1}·s^{-1}. Die Aktivierungsenergie beträgt 26 Kcal·Mol^{-1}. K hängt von der Eisenionen-Konz. $[Fe^{2+}]$ (Mol·Liter^{-1}) ab: K (30°) = $1{,}20 + 3500[Fe^{2+}]^{1/2}$. Das Zahlenmittel des Polymerisationsgrades x_n ist von $[Fe^{2+}]$, der Temp. u. $[I_1]$ unabhängig. Es besteht aber folgende Abhängigkeit: $\bar{x}_n = 0{,}8[M_0]/[I_2]$. Der Konz.-Bereich (Mol·Liter^{-1}), für den die Verallgemeinerungen bei 30—50° u. pH 7 gelten, ist: $[M_0]$ 0,4—2,0; $[I_1]$ 0,2—3,2·10^{-3}; $[I_2]$ 0,13—2,8·10^{-3}; $[Fe^{2+}]$ 0—10·10^{-6}; $[I_1][I_2]$ 0,16—3,2·10^{-6}; $[M_0]/[M]$ 1—3,5.

J. W. Zimmermann. 4010◇

Die strahlungsinduzierte Pfropfcopolymerisation von 4-Vinylpyridin und Acrylamid auf Nylon 66. J. A. W. Sykes und J. K. Thomas. (J. Polymer Sci. **55,** 721—29, 1961; Wantage, Berkshire, England, Atomic Energy Res. Establish., Isotope Res. Div.; engl.) — Gewaschenes *Nylon 66* wurde als Faser u. Gewebe in Luft mit γ-Strahlen aus einer 120 c ^{43}Co-Quelle bestrahlt u. dann mit 2%ig. wss. Lsgg. von *4-Vinylpyridin* (I) oder *Acrylamid* (II) wiederholt geschüttelt u. die Mischung im Vakuum erwärmt. Dann wurde das gepfropfte Material mit heißem W. bzw. Essigsäure gewaschen, getrocknet u. die Gew.-Zunahme bestimmt. Neben der Entstehung von Homopolymeren werden beträchtliche Mengen II gepfropft. Bei Erhöhung der Strahlendosis steigt sowohl der Anteil an Homopolymerem als auch an Pfropfcopolymerem. Mit I entsteht kaum Homopolymeres. Die Pfropfung wird ausgelöst durch Zers. der nach Bestrahlung an der Luft gebildeten Peroxide bzw. Hydroperoxide in der Nylonkette. Vor allem die mit I gepfropften Fasermaterialien besitzen erhöhte Anfärbbarkeit. Ferner wird nach Quaternierung mit Dimethylsulfat der Oberflächenwiderstand der Pfropfcopolymeren erniedrigt. J. W. Zimmermann. 4010◇

Über die Wirkung von Dischwefeldichlorid auf Amine. André Guillemonat und Jean-Louis Chevalier. (C. R. hebd. Séances Acad. Sci. **252,** 4007—08, 1961; Marseille, Fac. des Sci.; franz.) — Vff. isolieren nach 4std. Rk. von Cyclohexylamin u. S_2Cl_2 in Hexan bei Raum-Temp. unter Rühren, Filtrieren u. Chromatographieren an Al_2O_3 neben der bereits von Becke-Goehring u. Jenne (vgl. C. **1958,** 14054) erhaltenen *Verb.* $S_4N_2(C_6H_{11})_2$, F. 131° (aus Bzl.), ein rotes Öl, dem sie die Formel $(S_2NC_6H_{11})_x$ u.

die Struktur $-S-N(C_6H_{11})-S-S-N(C_6H_{11})-S-S-N(C_6H_{11})-\ldots$ zuordnen. Einw. von S_2Cl_2 auf Anilin unter gleichen Bedingungen ergibt nur ein rotes Öl der Zus. $(S_5NC_6H_5)_x$.
Gottfried Schreiber. 4010□

Polymerisation von 2.4-Dimethyl-6-vinyl-symm.-triazin. Anthony T. Coscia, Robert L. Kugel und Joseph Pellon. (J. Polymer Sci. **55**, 303–09, 1961; Stamford, Conn., Amer. Cyanamid Co., Central Res. Div., Chem. Res. Dep.; engl.) — *2.4-Dimethyl-6-vinyl-symm.-triazin* (**I**; Kp.$_{19}$ 73°, n_D^{29} 1,5014), hergestellt durch Pyrolyse von 2-Acetoxyäthyl-4.6-dimethyl-symm.-triazin, polymerisiert leicht mit Hilfe von Radikalstartern, z. B. mit Azo-bis-[isobutyronitril] bei 60° in Benzollösung. Das Homopolymerisat (**II**) wird mit PAe. ausgefällt u. getrocknet. **II** ist lösl. in organ. Lsgm. mit Ausnahme von aliphat. KW-Stoffen. Wss. Lsgg. von **II** sind neutral u. entmischen sich reversibel beim Erwärmen. Dagegen ist *Polyisopropenyl-symm.-triazin* (**III**) nur in Dimethylformamid u. Chlf. löslich. In ähnlicher Weise wurden Copolymerisate von **I** mit den Bezugsmonomeren (M_1) *Styrol* ($r_1 = 0{,}12$; $r_2 = 0{,}92$; $Q_2 = 2{,}1$; $e_2 = +0{,}92$) u. *Methylmethacrylat* ($r_1 = 0{,}37$; $r_2 = 1{,}75$; $Q_2 = 2{,}6$; $e_2 = +1{,}09$) hergestellt. Der Erweichungspunkt von **III** liegt höher als der von **II**, was durch das Vorvandensein von Wasserstoffbindungen zwischen den Ketten von **III** gedeutet wird. J. W. Zimmermann. 4010◇

Untersuchung der magnetischen Susceptibilität von Polyalkanpolyferrocenen und Polyferrocenylenen. A. N. Nessmejanow, A. M. Rubinstein, G. L. Slonimski, A. A. Slinkin, N. Ss. Kotschetkowa und R. B. Materikowa. (Ber. Akad. Wiss. UdSSR **138**, 125–26, 1/5. 1961; Akad. der Wiss. der UdSSR, Inst. für metallorg. Verbb.; russ.) — Im Gegensatz zu den diamagnet. *Ferrocenmonomeren* sind aus ihnen erhaltene *Polymere* paramagnetisch. Folgende spezif. magnet. Susceptibilitäten (ohne Korrektur für den Diamagnetismus) wurden ermittelt: *Ferrocen*, $-0{,}65\cdot10^{-6}$. — *Diferrocenyl*, $-0{,}25\cdot10^{-6}$. — *Pentaäthylendiferrocen*, $-0{,}05\cdot10^{-6}$. — *Poly-[methylenferrocen]*, Molgew. 1000: $+1{,}4\cdot10^{-6}$; Molgew. 2000: $+0{,}7\cdot10^{-6}$. — *Poly-[äthylenferrocen]*, Molgew. 1000: $+0{,}6\cdot10^{-6}$; Molgew. 2000: $-0{,}1\cdot10^{-6}$. — *Polyferrocenylen*, Molgew. 2500: $+43{,}0\cdot10^{-6}$. Helmut Schäfer. 4010△

Die Polymerisation von 3-substituierten 2.5-Dioxooxazolidinen. C. H. Bamford, H. Block und A. C. P. Pugh. (J. chem. Soc. [London] **1961**, 2057–63; Maidenhead, Berks., Courtaulds, Ltd., Res. Labor.; engl.) — Es wird gezeigt, daß *N-Carboxysarkosinanhydrid* (**IV**) sich in Ggw. von 3-Methylhydantoin (**I**) ebenso wie mit LiCl auch mit tert. Aminen katalyt. polymerisieren läßt. Wird 2.5-Dioxo-3-phenyloxazolidin (**II**) an Stelle von **IV** eingesetzt, so kann bei beiden Rk.-Typen als Zwischenprod. *3-Methyl-1-N-methyl-* bzw. *-phenylglycylhydantoin* (**III**) isoliert werden. Die Struktur von **III** wird bewiesen. **III** wird als stabiler Vertreter einer Reihe ähnlicher Zwischenprodd. angesehen, die bei der Polymerisation von 2.5-Dioxooxazolidinen auftreten. Es wird ein allg. Rk.-Schema für diesen Rk.-Typ gegeben u. sehr ausführlich diskutiert.

Versuche: *3-Methyl-1-N-phenylglycylhydantoin* (**III**), $C_{12}H_{13}N_3O_3$, F. 227–228° (Bzl.), a) durch 2std. Rk. von 3 g **II**, 2 g **I** u. 20 ml Triäthylamin in N.N-Dimethylformamid bei reduziertem Druck; 2,2 g (Ausbeute); b) durch 12std. Rk. von 1 g **II**, 0,6 g **I** u. 0,3 g LiCl in N.N-Dimethylformamid unter extremem Wasserausschluß; 0,5 g. *Acetyl-Deriv.*, $C_{14}H_{15}N_3O_4$, F. 230° (Chlf.-PAe.). R. Becker. 4010△

Reaktion von Tetraalkyldihydridsiloxanen mit bifunktionellen ungesättigten Verbindungen. W. W. Korschak, A. M. Poljakowa, W. M. Wdowin, W. F. Mironow und A. D. Petrow. (Ber. Akad. Wiss. UdSSR **128**, 960–63, 11/10. 1959; Zelinsky-Inst. für organ. Chem. der Akad. der Wiss. der UdSSR; russ.) — *1.1.3.3-Tetraalkyldisiloxane* reagieren mit *Diäthyldivinylsilan* (**I**), *Phenylmethyldivinylsilan* (**II**), *Diäthyldivinylgerman* (**III**), *Dimethyldiallylgerman* (**IV**), *Diäthyldiallylsilan* (**V**), *Diallyl* (**VI**), *Dimethyldiallyloxysilan* (**VII**), *Diäthyldiallyloxysilan* (**VIII**) u. *Dimethyldiallylsilan* (**IX**) in Ggw. von H_2PtCl_6 zu kettenförmigen *Polymeren*. Der Polymerisations-Koeff. beträgt 2–15, ist abhängig von den Komponenten u. fällt vom *1.1.3.3-Tetramethyldisiloxan* (**X**) über *1.3-Dimethyl-1.3-diäthyl-* (**XI**) zu *1.1.3.3-Tetraäthyldisiloxan* (**XII**) ab. Die Vinyl-Verbb. sind reaktionsfähiger als die Allyl-Verbb.; am energischsten verläuft die Rk. mit **I** u. **III**. *Diäthyldivinylzinn* reagiert mit **XI** nicht. *Diäthyldivinylblei* zersetzt sich bei der Rk. mit **XI** unter Pb-Abscheidung.

Versuche: *1.3-Dimethyl-1.3-diäthyldisiloxan* (**XI**), Kp. 125,5–126°, durch Hydrolyse von 120 g Methyläthylchlorsilan mit 200 ml W.; n_D^{20} 1,3980; $D._4^{20}$ 0,7935; 88,5% (Ausbeute). — *1.1.3.3-Tetraäthyldisiloxan* (**XII**), Kp. 172–173°, a) analog **XI** durch Hydrolyse von Diäthylchlorsilan; n_D^{20} 1,4160; $D._4^{20}$ 0,8159; 75–93%; b) durch Rk. von Äthyl-MgBr mit Äthyldichlorsilan u. nachfolgende Hydrolyse mit W.; 81 g; daneben 57 g *Triäthylsilan*. — *1.1.3.3-Tetramethyldisiloxan* (**X**), Kp. 70–71°, analog **XI** durch Hydrolyse von Dimethylchlorsilan; n_D^{20} 1,3700; $D._4^{20}$ 0,7572. — Darst. der Polymeren: je 0,12 Mol **X**–**XII** u. **I**–**X** werden mit 0,01 g einer 0,1 m Lsg. von H_2PtCl_6 in Isopropanol 6 Std. auf 120° erhitzt, das Prod. wird mit Bzl. extrahiert u. dest. oder mit Methanol ausgefällt. — Ausbeuten, Polymerisationsgrad u. Molgew. der erhaltenen Polymeren werden tabellar. angegeben. . G. Kuhlow. 4010□

Über die Rolle der Verbindungen von Metallen variabler Wertigkeit bei der thermischen Stabilisierung von Polysiloxanen. K. B. Piotrowski, A. P. Iwanow und B. A. Dolgoplossk. (Ber. Akad. Wiss. UdSSR **141**, 677—78, 1961; Allunions-Lebedew-Forsch.-Inst. für synth. Kautschuk; russ.) — Bei der anion. Polymerisation (140°, KOH) von *Oktamethylcyclotetrasiloxan* (I) unter N_2 wird der Einfl. von bei 700° vorgeglühtem Fe_2O_3, Co_2O_3 u. CuO (10 Gew.-% von I) auf die Kinetik der Polymeren-Bldg. untersucht. Die Oxide unterdrücken bzw. unterbrechen die Polymerisation vollständig. Offenbar bilden sie einen stabilen Komplex mit dem akt. Zentrum der Kette. Diese Beobachtungen liefern einen neuen Gesichtspunkt zur Rolle der Oxide als Stabilisatoren von *Polysiloxangummi* bei hohen Temperaturen. R. K. Müller. 4030◇

Das Verhalten der Wärmeleitfähigkeit von Kautschuk bei der Dehnung. Heinz Tautz. (Kolloid-Z. **174**, 128—33, 1961; Leipzig, Dt. Akad. der Wiss., Inst. für Plast-Forsch.; dt.) — Vf. untersuchte bei *Natur-* u. *Synthesekautschukvulkanisaten* (*Bunakautschuk*), inwieweit die starken Veränderungen des mol. Ordnungszustandes im Kautschuk infolge Dehnung die Wärmeleitfähigkeit des Materials beeinflussen. Bei allen untersuchten Materialien wurde ein vom Kautschuktyp abhängiger deutlicher Anstieg der Wärmeleitung mit der Dehnung beobachtet. Auf Grund bekannter Vorstellungen wird dieser Wärmeleitfähigkeitsanstieg auf eine zunehmende Ausrichtung von Mol.-Kettenabschnitten in Richtung der Dehnung (Richtung des Wärmestromes) u. auf eine Abnahme der Zahl der Streuzentren für die Wärmewellen zurückgeführt. R. Schäff. 4030◇

Untersuchungen über den Äthylendiamin-Cellulose-Komplex. 4. Mitt. **Zersetzung des Komplexes durch Dimethylformamid.** Leon Segal. (J. Polymer Sci. **55**, 395—409, 1961; New Orleans, La., Southern Regional Res. Labor.; engl.) — 3. vgl. C. **1963**, 152. — Durch Einw. von Dimethylformamid auf *Äthylendiamin–Cellulose-Komplexe* bei 100° u. beim Kp. wurden die Komplexe zersetzt u. die Zers.-Prodd. röntgenograph. u. IR-spektroskop. untersucht. Die verwendeten Komplexe wurden aus folgenden Cellulosen dargestellt: *Baumwollgarn* (I), gereinigte *Baumwolle* (**II**) u. 4 Std. mit wasserfreiem Äthylamin vorbehandelte **II** (**III**). Die Röntgenbeugungsdiagramme der Zers.-Prodd. der **I**-, **II**- u. **III**-Komplexe sind fast ident. mit denen einer mittels Glycerin bei 250° dargestellten **II**. Das von **II** abgeleitete Prod. besitzt einen (0 0 2)-Netzebenenabstand von **4,04 Å**, diejenigen aus **I** u. **III** haben einen Abstand von **3,98** Å. Die (1 0 $\bar{1}$)- u. (1 0 1)-Netzebenenabstände besitzen für alle Prodd. den gleichen Wert von 5,71 Å. Die IR-Spektren der Prodd. haben mit Ausnahme desjenigen des Zers.-Prod. des **III**-Komplexes eine ausgeprägte Ähnlichkeit mit denen der ursprünglichen, als Ausgangsmaterial verwendeten Cellulosen. **III** hat ein IR-Spektrum vom Typ der **II**, das des Zers.-Prod. ist deutlich dem von **I** ähnlich. Einw. von NaOH u. Äthylendiamin auf die Zers.-Prodd. lieferte **II** bzw. die Äthylendiamin–Cellulose-Komplexe. Einw. von wasserfreiem Äthylamin auf das Zers.-Prod. des aus **III** dargestellten Komplexes führt nicht zur Entstehung von **III**. J. W. Zimmermann. 4050◇

Einheitlichkeit der Substitution während der Xanthogenierung von Cellulose in Emulsion. R. H. Cornell. (J. appl. Polymer Sci. **5**, **364**—**69**, Mai/Juni 1961; Appleton, Wis., Inst. of Paper Chem.; engl.) — *Baumwoll-Linters* (Gew.-Mittel des Polymerisationsgrades $\overline{DP}_w = 1135$) wurden nach dem Emulsions–Xanthogenierungs-Verf. zu *Viscose* (**I**) umgesetzt u. der Einfl. von Subtsitutionsgrad (SG.) u. der Rk.-Dauer auf die Einheitlichkeit der Substitution (S.) in Abhängigkeit von der Kettenlänge untersucht. Dazu wurde **I** mit N.N-Diäthylchloracetamid zum stabilen Diäthylacetamid-Deriv. u. dieses aus wss. Chloräthanol fraktioniert gefällt. $\overline{DP}_w$ u. SG. der einzelnen Fraktionen wurden bestimmt. Dabei waren die längeren Ketten stets höher substituiert als die kürzeren. Bei konst. Rk.-Dauer (6 Std.) nahm die Einheitlichkeit der S. mit dem wachsenden SG. zu, ebenso bei einem konst. Verhältnis von CS_2: *Cellulose* (1,48) mit der Rk.-Dauer. U. Hutten. 4050◇

Synthese von Polypeptidwirkstoffen. R. Schwyzer. (Chimia [Zürich] **12**, 53—68, 15/2. 1958; Ciba Akt.-Ges., Forsch.-Labor., Pharmaz. Abt.; Zürich, Univ., Chem. Inst.) — Übersicht. — 75 Literaturstellen. Gottfried Schreiber. 4070△

Eine einfache Apparatur zur Messung der Ausdehnung von monomolekularem Proteinfilm an Luft–Wasser-Grenzflächen, hervorgerufen durch lösliche Reaktanten in der Sublösung. Charles Y. C. Pak und John D. Arnold. (J. Colloid Sci. **16**, 513—30, 1961; Chicago, Ill., Univ. of Chicago, Dep. of Med.; engl.) — In einem aus einem Teflonblock hergestellten Rk.-Trog wird der *monomol. Proteinfilm* mit Hilfe von Kolbenölen auf einen von der Art des Öles abhängigen Druck gebracht. Ein Plastikschwimmer mit Hg-Dichtung trennt die Ölfläche vom monomol. Film. Nach Zusatz eines lösl. Reaktanten zur unteren Lsg. expandiert sich der monomol. Film gegen das Öl u. verschiebt den Schwimmer. Als Kolbenöl dienen z. B. Ölsäure, Äthyllaurat ohne u. mit Mineralölzusatz, Tri-m-tolylphosphat u. Mineralöl. G. Seltmann. 4070◇

In vitro-Calcifizierung von Kollagen. G. N. Ramachandran und M. S. Santhanam. (Experientia [Basel] **12, 340—41, 1956**; Madras, India, Univ., Dep. of Phys.; engl.) — In *Kollagen*-Fasern kann durch Aufbewahren in einer wss. Suspension von gefälltem Ca-Phosphat eine Ablagerung von Hydroxylapatit erhalten werden. Der Nd. läßt sich durch Waschen mit W. nicht entfernen. Das Röntgenbild der Abscheidung gleicht weitgehend dem des anorgan. Bestandteiles der Knochen. Nach Zugabe von wenig Citronensäure ist auch die Teilchengröße von derselben Größenordnung wie im Knochen. Gottfried Schreiber. 4070△

Wasserstoffionen-Titrationskurve eines Polynucleotids, das zu einem Helix-Knäuel-Übergang befähigt ist. R. F. Steiner. (J. chem. Physics **32**, 215—21, 1960; Bethesda, Md., Naval Med. Res. Inst., National Naval Med. Center; engl.) — Es wird eine Theorie über die Wasserstoffionentitrationskurve doppelfädiger schraubenförmiger *Polynucleotide* mathemat. abgeleitet, falls die Fäden nichtident. u. sehr lang sind. Das Kurvenmaximum, das bei der Bindung oder Dissoziation eines Protons auftritt, zeigt, daß die Sprengung der zwischennucleotiden Wasserstoffbindungen bevorzugt ist. Die Anlagerung ist gegenüber der Bldg. einer neuen Sequenz energet. bevorzugt. Der Einfl. von Nachbargruppeneffekten, Van der Waalsschen Kräften, Kettenlänge sowie therm. Effekten werden diskutiert. Für synthet. *Desoxyribonucleinsäure* gilt die Theorie nur angenähert. L. Holzhey. 4090◇

E. Biologische Chemie. Physiologie. Medizin

E_1. Allgemeine Biologie und Biochemie

Der Energieverbrauch aktiver Transportmechanismen. Erich Heinz und Clifford S. Patlak. (Biochim. biophysica Acta [Amsterdam] **44**, 324—34, 4/11. 1960; Frankfurt/M., J. S. Goethe Univ., Inst. of Vegetative Physiol.; Bethesda, Md., Nat. Inst. of Mental Health, Sect. on Theoretical Statistics and Mathematics; engl.) — Die von einem akt. Transportvorgang verbrauchte Energie wurde aus den physikochem. Eigg. eines hypothet. Transportmechanismus auf der Grundlage eines allg. „Carrier"-Modells abgeleitet. Das Transport-Syst. soll definitionsgemäß nur Rkk. umfassen, bei denen das transportierte Partikel, der Carrier oder beide direkt teilnehmen. Der Energiegesamtverbrauch (W) ist in einen reversiblen u. 2 irreversible Anteile aufteilbar, wobei ersterer der geleisteten Konz.-Arbeit entspricht, u. die irreversiblen mit dem Partikeltransport u. der kontinuierlichen Versorgung mit akt. Carrier zusammenhängen. Von den beiden letztgenannten ist nur die erste der experimentellen Messung mit Hilfe des in einer Richtung verlaufenden carriergebundenen Flusses des transportierten Partikels zugänglich. Mit Annäherung der Konz. des letzteren an Null nähert sich auch der zweite irreversible Energieverlust gleichfalls Null, u. die verbrauchte Energie läßt sich ermitteln. Aus Beobachtungen am Syst. des *Glycin*-Transportes in Ehrlich-Carcinomzellen wurden einige allg. Folgerungen bzgl. des zweiten irreversiblen Anteiles u. der Kopplung zwischen Transport u. Stoffwechsel gezogen. Die Werte wurden auf Null-Konzz. extra poliert u. hierdurch der Energieverbrauch W ermittelt (1890 ± 120 cal/transportiertes Mol). Diesen Wert ergebende mögliche Mechanismen werden diskutiert. K. Maier. 4100◇

Einige neue Entwicklungen bei der Säulenelektrophorese in körnigem Medium. J. Porath und S. Hjertén. (Methods biochem. Analysis **9**, 193—216, 1962; Uppsala, Univ.; engl.) — Elektrophorese in Pudermedium (Glas, Cellulose, Plastikpuder, App., experimentelle Technik), Elektrophorese in Agarosesuspension (Präparation der Agarose-Acetylierung des Agar, Trennung der acetylierten Agarose vom acetylierten Agaropektin-App., experimentelle Technik), Demonstration beider Meth. in teilgereinigten Extrakten von *Escherichia coli*. — 37 Literaturzitate. W. Hiller. 4100◇

Spektrophotometrie von undurchsichtigem biologischem Material — Reflektionsmethoden. Kazuo Shibata. (Methods biochem. Analysis **9**, 217—34, 1962; Tokyo, Tokyo Inst. of Technol. and Tokugawa Inst. for Biol. Res; engl.) — Übersicht: Definition u. Nomenklatur, Opalglasreflektions-Meth., die integrierende Meth. mit Hilfe einer Hohlkugel (Messung der Reflektion; Rabideau-French-Holt-Meth.). — 27 Literaturangaben. W. Hiller. 4100◇

Photosynthese von Peptiden in wässrigen Lösungen von Glycin, Glutaminsäure und Tyrosin. O. N. Perti, K. Bahadur und H. D. Pathak. (Proc. nat. Acad. Sci. India, Sect. A 30, 206—20, 1961; Naini Tal, Th.D.S.B. Govt. Coll., Allahabad Univ.; engl.) — Bei Belichtung wss. sterilisierter *Glycin-*, *Glutaminsäure-* u. *Tyrosin-*Lsgg. in Quarz- oder Pyrexgefäßen mit einer 1000-Watt-Lampe oder mit Sonnenlicht mit oder ohne Ggw. von *Saccharose* (I) entstehen Peptide. Die Peptid-Bldg. aus verschiedenen Aminosäuren ist gegenüber der aus gleichen bevorzugt. In Quarzgefäßen u. im Sonnenlicht ist die Peptid-Bldg. u. die Photolyse stärker als bei anderen Bedingungen. P. Gregorzewski. 4105◇

Zur Thermodynamik der Eiweißdenaturierung. W. Ju. Urbach. (Biophysik [UdSSR] **6**, 748—50, 1961; Moskau, Inst. für Biophys. der Akad. der Wiss. der UdSSR; russ.) — Die Thermodynamik der Eiweißdenaturierung wird mathemat. abgeleitet. Die kinet. Daten der Hitzeaktivierung bewirken eine Konzentrierung der Energie, die für das Auftreten einer Umwandlung in einem labilen Zentrum verantwortlich ist, nicht aber für die Denaturierung des gesamten Moleküls. Experimentelle Hinweise über die Zahl labiler Zentren im Eiweiß-Mol. können durch Vgl. der Hitze- u. UV-Denaturierung gewonnen werden. Ch. Zimmer. 4102□

Einführung in die magnetischen Resonanzspektroskopiemethoden und die biochemischen Anwendungen. Oleg Jardetzky und Christine D. Jardetzky. (Methods biochem. Analysis **9**, 235—400, 1962; Cambridge, Mass., Harvard Univ. and Boston, Mass., Harvard Med. School; engl.) — Übersicht: Physikal. Eigg. der Materie u. ihre Wechselwrkg. mit Magnetfeldern, allg. Theorie der magnet. Resonanz (isolierte Partikel, Partikelgruppe), Kernmagnet. Resonanz, Elektronenspinresonanz. — 172 Literaturzitate. W. Hiller. 4102◇

Elektronische paramagnetische Resonanz in freien Radikalen biologischer Systeme. A. I. Motschalkin und G. R. Rik. (Nachr. Landwirtsch.-Wiss. [UdSSR] **7**, Nr. 12, 134—37, 13, 1962; russ., Auszug: engl.) — Es wird ein Überblick über die Meth. gegeben u. Anwendungsbeispiele diskutiert, u. a. die elektronen-paramagnet. Resonanzspektren von Geweben nach verschiedener Behandlung, von *Aktomyosin, Aktin, Myosin* u. *Adenosintriphosphat*, ferner der Einfl. von Röntgen- u. γ-Strahlung auf *Aminosäuren* u. *Protein*. M. Wiedemann. 4102◇

Über die Möglichkeit verschiedener Erklärungen für die anomalen magnetischen Eigenschaften von Makromolekülverbindungen. L. A. Bljumenfeld, W. A. Benderski und A. E. Kalmansson. (Biophysik [UdSSR] **6**, 631—37, 1961; Moskau, Inst. für chem. Phys. der Akad. der Wiss. der UdSSR; russ., Auszug: engl.) — Einige anomale magnet. Eigg. der *Nucleinsäuren, Nucleoproteide* u. synthet. Polymer-Verbb. (Ferromagnetismus, Wechselwrkg. mit paramagnet. Ionen) werden diskutiert, u. es wird festgestellt, daß die bisher bekannten Daten keinen vollständigen Beweis für die in der Literatur gegebenen Erklärungen liefern. Ch. Zimmer. 4102□

Dauernachleuchten der Proteine und Aminosäuren bei Zimmertemperatur. 1. Mitt. **Kinetik des Nachleuchtens der Proteine und Aminosäuren.** Ss. W. Konew und M. A. Katibnikow. (Biophysik [UdSSR] **6**, 638—44, 1961; Minsk, Labor. für Biophys. u. Isotopen der Akad. der Wiss. der UdSSR; russ.) — Es wurde ein Zweiphasencharakter des Nachleuchtens der Proteine in Abhängigkeit von der Temp.-Aktivierung der 2. Phase festgestellt. Die Aktivierungsenergie beträgt für *Keratin* 21,5 kcal/Mol. Es wird gezeigt, daß niedermol. Strukturen am Prozeß der andauernden Energiekonservierung im Eiweiß-Makromol.-Syst. beteiligt sind. Ch. Zimmer. 4102□

Dauernachleuchten der Proteine und Aminosäuren bei Zimmertemperatur. 2. Mitt. **Spektren des Nachleuchtens und Spektren der Erregung des Proteinnachleuchtens.** M. A. Katibnikow und Ss. W. Konew. (Biophysik [UdSSR] **7**, 150—53, 1962; Minsk, Beloruss. Akad. der Wiss., Labor. für Biophysik u. Isotope; russ.) — Vgl. vorst. Referat. — Die Anregungsspektren des Nachleuchtens von *Clupein* u. auch von *Na-Carboxymethylcellulose* zeigten ein Maximum bei 375 mμ. Bei tryptophanhaltigen Eiweißstoffen, wie *Pepsin, Seidenfibroin* u. *Amylase* zeigte das Anregungsspektrum 2 Maxima, bei 220 u. 280 mμ, das Nachleuchten selbst ein Maximum bei ca. 440 mμ. Zur Deutung wird angenommen: 1. Absorption der Energie durch Tryptophanreste unter Übergang in den Triplettzustand u. Dissoziation angeregter Elektronen, 2. Einfang dieser Elektronen in der Nachbarschaft u. 3. Rekombination der freien Elektronen u. der Tryptophanreste unter Ausstrahlung von Triplett-Niveau. Die Messungen wurden bei Raum-Temp. durchgeführt. M. Wiedemann. 4102□

DL_{50} und minimal antimitotisch wirksame Dosis von Colchicin bei verschiedenen Nagern. W. Fleischmann, O. Q. Russell und S. K. Fleischmann. (M d. exp. [Basel] **6**, 101—04, 1962; Mountain Home, Tenn., Clinical Labor. Veterans Administr. Center; engl.) — Am Goldhamster *Meriones unguiculatus, Cricetulus griseus*, an der Maus

u. am Meerschweinchen wurde die DL_{50} von *Colchicin* (I) nach der Meth. von Prigge u. Schäfer bestimmt. In der angegebenen Reihenfolge der Tiere betrug die DL_{50} 470; 90,0; 7,3; 3,5 u. 0,5 mg I/kg. Die minimal antimitot. wirksame Dosis von I für Haut u. Intestinum der verschiedenen Tierarten folgt etwa der gleichen Ordnung; so ist das Meerschweinchen am empfindlichsten, der Goldhamster am wenigsten empfindlich für I. Dabei unterschieden sich die verschiedenen Gewebe der einzelnen Tierarten deutlich in ihrer Empfindlichkeit, die auf einer Resistenz der individuellen Zellen gegenüber I zu beruhen scheint. So haben in Zellkulturen Zellen vom Hamster eine 100fach größere Resistenz gegen I als menschliche Zellen. Von bes. Interesse ist noch, daß zwei so nahe verwandte Arten wie der Goldhamster u. der chines. Hamster in ihrer Empfindlichkeit gegenüber I so weitgehend sich unterscheiden (DL_{50} 470 bzw. 7,3 mg I/kg).
K. Böhm. 4130◇

Mutagene Wirkung von Dimethylnitrosamin bei Drosophila melanogaster. Luise Pasternak. (Naturwissenschaften **49**, 381, 2. Aug.-H. 1962; Berlin–Buch, Deutsche Akad. d. Wiss. zu Berlin, Inst. f. exp. Krebsforsch., Abt. Genetik; dt.) — Auf Grund der Annahme, daß als Abbau-Prod. von *Dimethylnitrosamin* (I) in vivo möglicherweise *Diazomethan* auftritt, das nach Rapoport bei *Drosophila* mutagen wirkt, wurden ♂ Fliegen von *D. melanogaster* (Berlin-wild-Stamm) 3 Tage mit 0,005 bzw. 0,0005% I (> 0,05% wirken stark tox.) in Zuckerwasser gefüttert, die Tiere in 3tägigen Abständen nacheinander mit neuen virginen Muller-5-Weibchen gepaart (6 Serien), die Nachkommen getrennt weiter gezogen u. die Sensibilität des Spermiogenesecyclus beurteilt (Best. der Raten rezessiv letaler Mutationen des X-Chromosoms). Die höhere I-Konz. gab auch die größte mutagene Wrkg., die sich auf die prä- u. postmeiot. Spermiogenesestadien erstreckt.
K. Maier. 4130◇

Die Autonomie des Galaktokinase-bildenden Gens. Edwin B. Horowitz und Aaron Novick. (Biochim. biophysica Acta [Amsterdam] **58**, 590—92, 23/4. 1962, Eugene, Oreg., Univ. of Oregon, Inst. of Mol. Biol.; engl.) — Es wurde untersucht, ob die Ggw. von mehr als einem *Galaktokinase* (I)-bildenden Gen/Kern zu einer gesteigerten I-Synth. führt. Dabei zeigte sich, daß ein zusätzliches I-bildendes Gen in einem homogenoten *Escherichia coli*-Stamm definitiv zur Gesamt-I-Synth. beiträgt.
U. Tausendfreund. 4130◇

Ein genetischer Locus in Escherichia coli K12, der die Reaktivierung von mit Thymin in Desoxyribonucleinsäure assoziierten Photoprodukten kontrolliert. P. Howard-Flanders, Richard P. Boyce, Eva Simson und Lee Theriot. (Proc. nat. Acad. Sci. USA **48**, 2109—15, 1962; engl.) — Genet. Kreuzungen zwischen einem UV-empfindlichen F^--Stamm von *Escherichia coli* K12 u. verschiedenen Hfr-Stämmen, ergaben, daß ein genet. Locus, der zwischen Arginin- u. Arabinose-Loci auf dem ♂ Chromosom liegt, die UV-Resistenz übertragen kann. Der Locus kontrolliert ein Enzym-Syst., das mit Thymin in der *Desoxyribonucleinsäure* (DNS) assoziierte Photoprodd. zu reaktivieren vermag. Die Substitution von *5-Bromdesoxyuridin* anstelle von Thymidin verhindert die Reaktivierung.
M. Wiedemann. 4150◇

Die Ribonucleotide des Zellkernes. G. P. Georgijew. (Fortschr. gegenwärt. Biol. [UdSSR] **54**, 285—308, Nov./Dez. 1962; russ.) — Übersicht. — 153 Literaturangaben.
O. Lebtag. 4150

Über den Nucleotidcode und die Regulation der Eiweißsynthese in der Zelle. I. B. Sbarski. (Fortschr. gegenwärt. Biol. [UdSSR] **54**, 265—84, Nov./Dez. 1962; russ.) — Übersicht. — 87 Literaturangaben.
O. Lebtag. 4150

Untersuchungen über das Verhalten des Nucleolus während der Kernteilung und den Austausch der Nucleinsäuren. Chr. Nikolow. (Bull. Inst. Cult. Plantes, Acad. Sci. Bulg. **11**, 33—42, 1961; bulg., Auszug: dt.) — Durch cytochem. Nachw. wird gezeigt, daß der Nucleolus in den untersuchten Zellen von Zea mays u. Sojà hispida ein akt. Organoid ist, welches mit der *Ribonucleinsäure* (I)-Synth. gekoppelt ist. Da aus den Verss. hervorgeht, daß *Desoxyribonucleinsäure*- u. I-Synth. zusammenhängen, nimmt offensichtlich der Nucleolus an energet. Vorgängen teil, die sich bei der Kern- u. Zellteilung abspielen.
Ch. Zimmer. 4150□

Dynamik der Desoxyribonucleinsäure während des Befruchtungsvorganges und in der Embryogenese bei einigen Pflanzen. O. A. Wassilewa-Drjanowska. (Nachr. Abt. biol. med. Wiss. [Sofia] **3**, Nr. 4, 3—9, 1960; bulg., Auszug: dt.) — Vf. untersucht die Dynamik der *Desoxyribonucleinsäure* (DNS)-Synth. in den Zellen einiger Pflanzen bei Ggw. u. Abwesenheit von Zellkernen. Die Resultate stimmen nicht mit der Auffassung über die Stabilität der DNS im Zellkern überein.
Ch. Zimmer. 4150◇

In vitro-Aktivierung des Aminosäureeinbaues in Protein durch Kern-Ribonucleinsäure der Leber. S. H. Barondes, C. W. Dingman und M. B. Sporn. (Nature [London] **196**, 145—47, 13/10. 1962; Bethesda, Md., Nat. Inst. of Arthritis and Metabolic Diseases, Clin. Endocrinol. Branch, and Nat. Inst. of Neurol. Diseases and Blindness, Labor. of Neurochem.; engl.) — Der Vgl. der Fähigkeit von Kern-, Mikrosomen- u. lösl. *Ribonucleinsäure* (I) zur Aktivierung des Aminosäureeinbaus (^{14}C-Valin) in Protein (II) durch II-synthetisierenden *E. coli*-Extrakt nach Nirenberg u. Matthaei (Proc. Nat. Acad. Sci. USA **47**, [1961], 1580, 1588) spricht für eine solche, wobei Kern-I weit mehr „messenger"-Aktivität enthält als mikrosomale I. Die Aktivität der letzteren bedeutet nicht unbedingt, daß Ribosomen-I an sich „messenger"-Wrkg. hat. Diese beruht vielleicht auch auf einer Verunreinigung mit „messenger"-I. K. Maier. 4150◇

Synthetische Polynucleotide und der Aminosäurecode. Robert S. Gardner, Albert J. Wahba, Carlos Basilio, Robert S. Miller, Peter Lengyel und Joseph F. Speyer. (Proc. nat. Acad. Sci. USA **48**, 2087—94, 1962; New York, Univ. School of Med., Dep. of Biochem.; engl.) — Die Wrkg. von Polynucleotiden, die keine Uridylsäure enthalten, auf den Einbau von Aminosäuren im *Escherichia coli*-Syst. wurde untersucht u. z. B. festgestellt, daß *Polyadenylsäure* den Einbau von Lysin stimuliert. *Polylysin* ließ sich mittels Wolframsäuren, aber nicht mit Trichloressigsäure fällen. Für Lysin gilt also das Code-Triplett AAA. Mehrere U(Uracil)-freie Codeworte wurden zusätzlich zu den U-haltigen zugeordnet. Die Frage der Degeneration des Codes wird diskutiert. M. Wiedemann. 4150◇

Qualitative Übersicht über Ribonucleinsäure-Codeworte. Oliver W. Jones jun. und Marshall W. Nirenberg. (Proc. nat. Acad. Sci. USA **48**, 2115—23, 1962; Bethesda, Nat. Inst. of Health, Nat. Heart Inst.; engl.) — Synthet. Polynucleotide, die 4, 3 oder 2 verschiedene Basen enthielten u. zwar solche mit Uracil wie ohne Uracil, bewirkten den Einbau von Aminosäuren in Protein mit hoher Ausbeute u. Spezifität. Ribonucleinsäure mit hoch entwickelter Sekundärstruktur zeigte geringe Fähigkeit als Code. Die bisher gefundenen Code-Worte sind tabelliert. Die Natur des Codes, vor allem die Degeneration, wird behandelt. M. Wiedemann. 4150◇

Bildung eines Hybrids aus Desoxyribonucleinsäure und löslicher Ribonucleinsäure und die Beziehung zum Ursprung, der Evolution und Degeneration der löslichen Ribonucleinsäure. Howard M. Goodman und Alexander Rich. (Proc. nat. Acad. Sci. USA **48**, 2101—09, 1962; Massachusetts Inst. of Technol.; engl.) — Die Bldg. von Hybriden zwischen lösl. *Ribonucleinsäure* (s-RNS, Transfer-RNS) aus *Escherichia coli* u. einer Reihe von *Desoxyribonucleinsäuren* (DNS) aus verschiedenen Bakterien wurde durch Zentrifugation im CsCl-Dichtegradienten nachgewiesen. Die Hybride sind gegen *Ribonuclease* um so stabiler, je näher die Bakterien, aus denen beide Partner stammen, verwandt sind. Die DNS in einem Genom wird mit ca. 40 s-RNS-Moll. abgesättigt. Dies spricht für eine starke Entartung des Codes, falls pro s-RNS ein Bindungsplatz existiert. M. Wiedemann. 4150◇

Stoffwechsel und Verschiebung der Desoxyribonucleinsäure in den weiblichen Geschlechtsorganen der Maus; Einfluß der provozierten Hyperplasie. L. Ledoux und P. Charles. (Arch. int. Physiol. Biochim. **70**, 158—59, Febr. 1962; Mol, Centre d'Etude de l'Energie nucl., Labor. de Radiobiol.; franz.) — Die Vff. ließen auf geschlechtsunreife Mäuse *Östradiolbenzoat* einwirken u. untersuchten das Schiksal der markierten *Desoxyribonucleinsäure* (I, *^{3}H-DNS*) oder markierter Vorläufer nach intraperitonealer Injektion. Die benutzten Vorläufer waren *^{3}H-Adenin* oder *^{3}H-Thymidin*. 30, 60 oder 180 Min. nach der Injektion wurden die Tiere getötet u. die spezif. Aktivitäten von I, der *Ribonucleinsäure* u. der säurelösl. Fraktion nach üblichen Meth. gemessen. Die Verss. zeigen, daß von den Geschlechtsorganen der Uterus allein die Vorläufer rasch in seine I inkorporiert, nicht aber die markierte I. Innerhalb von 30 Min. inkorporieren die Vagina u. die Ovarien keine Vorläufer in ihre I, jedoch große Mengen an markierter I. Die Verss. scheinen zu zeigen, daß bei mit *Östradiol* injizierten Mäusen der Geh. der Ovarien u. der Vagina an I nicht herstammen kann von einer Synth. in situ, sondern abhängen könnte von Verschiebungserscheinungen. Was den Uterus betrifft, so könnte er wohl als Ort der Synth. von I in Betracht kommen. H. Aman. 4150◇

Die Bildung eines neuen Nucleotids als Zwischenprodukt bei der Umwandlung von Uridin in 5-Ribosyluracil. J. K. Pollak und H. R. V. Arnstein. (Biochim. biophysica Acta [Amsterdam] **55**, 798—800, 14/5. 1962; London, Mill Hill, Nat. Inst. f. Medic. Res.; engl.) — Die Bldg. von *5-Ribosyluracil* u. eines neuen Zwischenprod., *3.5-Diribosyluracil* durch *Escherichia coli*-Zellenextrakte wird beschrieben. Ch. Zimmer. 4150◇

Nucleinsäuresynthese in der Schilddrüse. Reginald Hall. (Biochim. biophysica Acta [Amsterdam] **61**, 530—37, 1962; Boston, Massachusetts Gen. Hosp., Harvard Med. School, Dep. of Med.; engl.) — In Schnitten aus Schwein-, Schaf- u. Kalbs-Schilddrüse wurde mit *^{14}C-Formiat* in vitro eine starke *Ribonucleinsäure* (RNS) u. nur eine geringe *Desoxyribonucleinsäure* (DNS)-Synth. beobachtet. Beim Kalb findet eine starke *Purin*-Neusynth. statt. Die Purin-Bldg. wurde durch *5-Amino-4-imidazolcarbonsäureamid* (I) gesteigert, noch mehr durch das entsprechende Ribonucleosid, ferner wirkte in Ggw. von I Glucose stark fördernd. M. Wiedemann. 4150◇

Messenger-Ribonucleinsäure in einer Spalthefe. P. R. Gross und J. M. Mitchison. (Nature [London] **195,** 305—06, 1962; Edinburgh, Univ., Dep. of Zool.; engl.) — Auch in der Spalthefe *Schizosaccharomyces pompe* wurde sog. Boten-Ribonucleinsäure (messenger-RNS), die die Information von der *Desoxyribonucleinsäure* (DNS) zum Cytoplasma überträgt, nachgewiesen. Es wurden Markierungs-Verss. mit ^{32}P, ^{14}C u. Autoradiographien mit *^{3}H-Thymidin* ausgeführt. Die Basen-Zus. unterschied sich von der der Ribosomen-RNS u. näherte sich der der DNS. Die ^{3}H-Markierung wurde bevorzugt im Zellkern gefunden. Auch die Beziehung zum Zellcyclus wurde geprüft. M. Wiedemann. 4150◇

Chromatographie der 5'-Ribonucleotide und ihrer Derivate auf Ionenaustauschcellulose. C. L. Davey. (Biochim. biophysica Acta [Amsterdam] **61,** 538—46, 1962; Hamilton, Meat Industry Res. Inst. of New Zealand; engl.) — Mittels Chromatographie an Triäthylaminoäthylcellulose-Säulen u. Elution mit einem linearen Konz.-Gradienten konnten die *5'-Ribonucleotide* u. ihre Derivv. (Basen, Nucleoside, Nucleosidmono- u. di- u. triphosphate) mit guter Auflösung u. unter Verw. geringer Elutionsvolumina (24 bis 56 ml) getrennt werden. Die Entw. eines Chromatogramms dauert 3—4 Tage. Mittels der Meth. wurde Kaninchengewebe untersucht. M. Wiedemann. 4150◇

Nucleinsäurebestimmungen von Brustdrüsengewebe und Kernen. H. Allen Tucker und Ralph P. Reece. (Proc. Soc. exp. Biol. Med. **111,** 639—42, 1962; New Brunswick, N.J., New Jersey Agric. Exp. Stat., Dep. of Dairy Sci.; engl.) — Mit einer modifizierten Nucleinsäure-Technik nach Schmidt u. Thannhauser [1945] lassen sich Nucleinsäuren aus dem Brustdrüsengewebe von Ratten extrahieren. Da bei trächtigen Tieren verschiedener Stadien u. bei Laktation bzgl. des *Desoxyribonucleinsäure* (DNS)-Geh./Brustdrüsenzellkern kein Unterschied gefunden wurde, läßt sich der DNS-Geh. des Brustdrüsengewebes direkt als Index für die Entw. verwenden. U. Tausendfreund. 4150◇

Lineare Biosynthese von Tabakmosaikvirus: Entwicklung und Prüfung eines Modells. Barry Commoner. (Proc. nat. Acad. Sci. USA **48,** 2076—83, 1962; St. Louis, Washington, Univ. Henry Shaw School of Bot. and the Adolphus, Busch III Laboratory of Molecular Biol.; engl.) — Durch Einbau von $^{14}CO_2$ in das Protein wie in die *Ribonucleinsäure* (RNS) des Tabakmosaikvirus (TMV) u. Best. der spezif. Aktivität in Abhängigkeit von der Länge der Virusstäbchen (maximal 300 mμ) wurde eine Biosynth. wahrscheinlich gemacht, bei der gleichzeitig die RNS-Faser wie die helical angeordneten Proteinuntereinheiten sich linear ausdehnen. Es kann angenommen werden, daß die Proteinuntereinheiten in situ synthetisiert werden u. jedes Ribonucleoproteid terminal angebaut wird. M. Wiedemann. 4150◇

Gleichungen für den Einbau von Radioaktivität infolge des linearen Wachstums des Tabakmosaikvirus. Jonathan Townsend. (Proc. nat. Acad. Sci. USA **48,** 2083—87, 1962; St. Louis, Washington Univ., Dep. of Phys. and Committee on Molecular Biol.; engl.) — Die für das aufgestellte Modell mit linearem Wachstum abgeleiteten Gleichungen zwischen der spezif. Aktivität, der Länge der Stäbchen u. dem Zeitintervall sind experimentell erfüllt. Der Wachstumsprozeß pro 300 mμ dürfte 15—20 Min. dauern. M. Wiedemann. 4150◇

Untersuchungen über den Mechanismus der cellulären Sensibilisierung gegenüber Ultraviolettbestrahlung durch halogenierte Pyrimidine. 1. Mitt. William H. Prusoff. (Biochim. biophysica Acta [Amsterdam] **58,** 588—90, 23/4. 1962; New Haven, Conn., Yale Univ., School of Med., Dep. of Pharmacol.; engl.) — Es wurde untersucht, ob Halogenierung die Empfindlichkeit von *Pyrimidin*-Derivv. gegenüber UV-Licht (photochem. Rk.) steigert. Den Resultaten nach scheint der Mechanismus, mit Hilfe dessen die halogenierten Pyrimidine Zellen gegenüber UV-Licht sensibilisieren, nicht nur mit photochem. Rkk., wie Dimerbldg. oder Hydrierung der 5.6-Doppelbindung, zusammenzuhängen. U. Tausendfreund. 4150

Kernaufnahme von Desoxyribonucleinsäure durch Ehrlich-Ascitestumorzellen. Taiji Schimizu, Shin Koyama und Makoto Iwafuchi. (Biochim. biophysica Acta [Amsterdam] **55,** 795—98, 14/5. 1962; Niigata, Univ. School Medic., Dep. Surgery, Labor. Radioisotope Res.; engl.) — Der Einbau intakter *Desoxyribonucleinsäure* (I) in Ehrlich-Ascitestumorzellen wird mit injizierter *^{14}C-Orotsäure* u. späterer (> 4 Tage) NaCl-Extraktion u. Deproteinisation der radioakt. markierten I gezeigt. Inkubation von ^{14}C-I u. Ehrlich-Asciteszellen ergab einen Einbau von I in die Zellkerne. Ch. Zimmer. 4160◇

Stimulation der Desoxyribonucleinsäuresynthese mit Histonen von Tumorgeweben. V. Holoubek. (Proc. Soc. exp. Biol. Med. **110**, 759—61, 1962; Berkeley, Univ. of California, Virus Labor.; engl.) — *Histone* aus verschiedenen Tumorgeweben beschleunigen den Einbau von $^{3}H_{(CH_3)}$-*Thymidin* in *Desoxyribonucleinsäuren* von Milz, Leber u. Niere. Histone aus embryonalen Geweben fördern den Einbau in geringerem Maße. Histone aus normalen Geweben zeigen keine Wirkung. W. Hiller. 4160◇

„Freies" und „gebundenes" Insulin im Serum von Patienten mit B-Inselzelladenom. H. Bürgi, E. B. Ramseier, E. R. Froesch, P. Bally und A. Labhart. (Helv. med. Acta **29**, 527—34, 1962; Zürich, Kantonsspital, Med. Univ.-Klin., Stoffw.-Abt.; dt.) — Für die Regulation des Blutzuckers ist anscheinend eine mit *Insulin* (**I**)-Antikörpern hemmbare Substanz (sog. „freies **I**") verantwortlich. Bei B-Zelladenom ist der Geh. von „freiem **I**" im Serum meist erhöht, dagegen liegt die Gesamt-**I**-Aktivität (meßbar mit Fettgewebe) oft noch im Normalbereich. Wenn die Aktivität des „freien **I**" im Nüchternserum solcher Patienten im Normalbereich liegt, kann durch L-Leucin eine Abnahme des Blutzuckers ausgelöst werden (übermäßiger Anstieg des „freien **I**"). K. Zingraf. 4160◇

Biochemische Untersuchung eines vermännlichenden Nebennierentumors. A. Revol, R. Mallein und P. Guinet. (Ann. Biol. clin. **18**, 565—70, 1960; Lyon, Labor. de Pharm., Services d'Endocrinol.; Hôpital de l'Antiquaille; franz.) — Bei einer Patientin (23 Jahre) mit Nebennierentumor wurde eine bedeutende Ausscheidung von *17-Ketosteroiden* im Urin beobachtet: vor Behandlung mit *Adrenocorticotropem Hormon* (ACTH) 81 mg *Dehydro-epi-androsteron* (**I**)/24 Std., nach ACTH-Einw. 148 mg **I**/24 Stunden. Nach Entfernung des Tumor wurden in 60 g Tumorgewebe 5,1 μg **I**, 2,3 μg Δ^5-*Pregnenolon* u. 52 μg *Hydrocortison* (**II**), jedoch kein *Cortison* (**III**) gefunden. Im Blut der peripheren Venen wurden gegenüber dem Normalwert erhöhte **I**-Werte beobachtet (217 bzw. 158 g **I**/100 ml Plasma). In den Nebenierenvenen selbst waren die **I**-Werte gegenüber den peripheren Venen auf das ca. 10fache erhöht (2,5 mg **I**/100 ml Plasma). Außerdem wurden hier pro 100 ml Plasma 138 μg **II** u. 100 μg **III** gefunden. W. Damerau. 4160◇

Beschleunigte Entwicklung maligner Lymphome bei AKR-Mäusen nach Injektion von 7.12-Dimethylbenz-(a)-anthracen bei der Geburt. Bela Toth, Henry Rappaport und Philippe Shubik. (Proc. Soc. exp. Biol. Med. **110**, 881—84, Aug./Sept. 1962; Chicago, Ill., Chicago Med. School, Div. of Oncology; engl.) — Durch subkutane Injektion von 100 μg *7.12-Dimethylbenz-*[*a*]*-anthracen* (in 0,05 ml *Tri-n-caprylin*) wird bei neugeborenen AKR-Mäusen das Auftreten maligner Lymphome beschleunigt. Bemerkenswert ist, daß durch diese Behandlung nur die Stammzellymphome betroffen werden. U. Tausendfreund. 4160◇

Über die Wirkung von Nitrosaminen auf Mikroorganismen. Erhard Geissler. (Naturwissenschaften **49**, 380—81, 2. Aug.-H. 1962; Berlin-Buch, Deutsche Akad. d. Wiss. zu Berlin, Inst. f. exp. Krebsforschung, Abt. f. Genetik; dt.) — Die cancerogenen Nitrosamine *Dimethyl-* u. *Diäthylnitrosamin* (**I, II**) beeinflussen in Konzz. von $\leqq$ 0,5% die Vermehrung belüfteter Kulturen von *Escherichia coli* K 12 W 3102 (2) u. *Serratia marcescens* HY(χ) sowie deren spontane Phagen-Bldg. nicht. 10% inaktivieren alle Bakterien der Kultur (ca. $5 \cdot 10^6$/ml) innerhalb 4 (**II**) u. 24 Std. (**I**). Der Titer freier λ- u. χ-Phagen bleibt von 10%ig. u. stärkerer **I**- u. **II**-Konz. unbeeinflußt. Nitrosamin-behandelte *Serratia*-Zellen wiesen keine signifikante Veränderung des bei den Kontrollen gefundenen Prozentsatzes (0,09) farbloser Kolonien (ω-Mutanten) auf. Nach diesen Befunden ist vielleicht nicht nur für die cancerogene sondern auch für die bei *Drosophila* beobachtete tox. u. mutagene Nitrosamin-Wrkg. ein Abbau-Prod. verantwortlich, das von den geprüften Bakterienzellen nicht gebildet werden kann. K. Maier. 4160◇

In vitro-Prüfung von Tricarbonylmethan- und verwandten Verbindungen auf Antitumorwirkung mittels der Zylinderagarplattenmethode (CAP). Tyunosin Ukita und Den'ichi Mizuno. (Chem. pharmac. Bull. [Tokyo] **8**, 1016—20, Nov. 1960; Tokyo, Univ., Fac. of Pharmaceut. Sciences, and Nat. Inst. of Health; engl.) — 4 Gruppen von 70 Verbb., 3-substituierte *4-Hydroxycumarine*, 3-substituierte *4-Hydroxycarbostyrile*, 2-substituierte *5.5-Dimethylcyclohexandion-(1.3)*-Verbb. u. 3-substituierte *Triacetsäure-Derivv.* wurden auf Antitumor-Wrkg. durch Best. ihrer *Antidehydrogenase*-Aktivität gegenüber 3 Arten von Ascitestumorzellen, Ehrlich-Ascitescarcinom (**A**), Sarkom-180 (**B**) u. Yoshida-Sarkom (**C**) im Zylinderplattentest geprüft. Als akt. wurden Hemmzonen > 20 mm bei mindestens einem Stamm oder 15 mm bei mindestens 2 Stämmen angesehen. Geprüfte Verbb.: 3-Acyl-4-hydroxycumarine: *3-Acetyl-*, **A** 15 (mm), **C** 8 (mm), **B** 20 (mm); *3-Propionyl-*, 11, 8, 8; *3-n-Butyryl-*, 25, 8, 17; *3-n-Valeryl-*, 20, 8,

21; *3-Capryloyl-*, 8, 8, 8; *3-Caprinoyl-*, 8, 8, 8; *3-Lauroyl-*, 8, 8, 8; *3-Palmitoyl-*, 8, 8, 8; *3-Phenacetyl-*, 26, 26, 25; *3-[p-Dimethylaminophenylpropionyl]-*, 21, 20, 19; *3-[α-Dimethylaminophenylacetyl]-*, 29, 25, 26; *3-[4-Hydroxy-3-methoxycinnamoyl]-*, 0, 30, 8; *3-[p-Dimethylaminocinnamoyl]-*, 0, 0, 0; *3-[p-Acetylaminocinnamoyl]-*, 10, 0, 8; *3-[3-Naphthyl-(2)-acryloyl]-*, 8, 8, 8; *3-[3-Anthryl-(9)-acryloyl]-*, 0, 0, 0; *3-[3-Furyl-(2)-acryloyl]-*, 11, 8, 10; *3-Carbamoyl-*, 11, 8, 15; *3-Phenylcarbamoyl-*, 10, 8, 13; *3-Acetyl-7-hydroxy-*, 8, 8, 8; *3-Caprinoyl-7-hydroxy-*, 8, 11, 8; *3-Acetyl-7-acetoxy-*, *3-n-Butyryl-7-acetoxy-*, 16, 8, 8; *3-Acetyl-7-nitro-*, 30, 30, 30; *3-n-Butyryl-7-nitro-*, 20, 8, 30; 4-Hydroxycarbostyrile: *3-Formyl-*, 25, 8, 27; *3-Acetyl-*, 0, 8, 8; *3-Propionyl-*, 0, 8, 8; *3-Butyryl-*, 0, 8, 15; *3-Isovaleryl-*, 0, 8, 8; *3-Caproyl-*, 11, 8, 0; *3-Caprinoyl-*, 0, 8, 0; *3-Benzoyl-*, 8, 8, 8; *3-Acetyl-1-methyl-*, 11, 8, 10; *3-Butyryl-1-methyl-*, 8, 8, 0; *3-Isovaleryl-1-methyl-*, 0, 0, 8; *3-Benzoyl-1-methyl-*, 8, 8, 8; *3-Acetyl-1-äthyl-*, 0, 8, 8; *3-Benzoyl-1-äthyl-*, 11, 8, 8; Cyclohexandion-(1.3)-Derivv.: *5.5-Dimethyl-*, 0, 8, 15; *5-Cyclohexyliden-*, 33, 8, 40; *5-Phenyl-*, 0, 0, 8; *5-p-Methoxyphenyl-*, 8, 8, 15; *2-Phenylcarbamoyl-*, 20, 8, 20; *2-Phenylcarbonyl-5.5-dimethyl-*, 17, 18, 17; *2-Phenylcarbamoyl-5-phenyl-*, 0, 0, 8; *2-Phenylcarbamoyl-5-phenyl-5-methyl-*, 0, 8, 0; *2-Phenylcarbamoyl-5-p-methoxyphenyl-*, 0, 0, 8; *2-Phenylthiocarbamoyl-5.5-dimethyl-*, 13, 8, 8; *2-Phenylthiocarbamoyl-5-phenyl-*, 0, 8, 8; *2-Phenylthiocarbamoyl-5-p-methoxyphenyl-*, 0, 0, 15; *2-Phenylthiocarbamoyl-5-furyl-*, 0, 8, 8; *2-Brom-*, 18, 8, 40; *2-Brom-5-phenyl-*, 13, 0, 22, *2-Brom-5-p-methoxyphenyl-*, 13, 0, 32; *2.2-Dibrom-5.5-dimethyl-*, 21, 8, 40; *6-Brom-5.5-dimethyl-*, 8, 15, 13; *6-Brom-5-cyclohexyliden-*, 0, 0, 12; *6-Brom-2-phenylcarbamoyl-5.5-dimethyl-*, 23, 20, 15; *2-Phenylcarbamoyl-6-piperidino-5.5-dimethyl-*, 15, 8, 8; Cyclohexen-(2)-one: *3-Acetoxy-5-phenyl-*, 0, 8, 0; *2-Phenylcarbamoyl-3-hydroxy-5.5-dimethyl-*, *Na-Salz*, 12, 26, 8; *2-Brom-3-methoxy-5-p-methoxyphenyl-*, 13, 8, 15; *6-Brom-3-methoxy-5.5-dimethyl-*, 33, 8, 40; *6-Brom-3-methoxy-5-cyclohexyliden-*, 25, 8, 30; *3-Methoxy-5-p-methoxyphenyl-*, 8, 8, 17; *Triacetsäure*, 13, 17, 17; *3.3-Methylen-bis-triacetsäure*, 0, 35, 14; *3-Cinnamoyltriacetsäure*, 24, 20, 14; *α-Benzoyl-β-benzoyloxy-δ-caprolacton*, 8, 0, 8. K. Maier. 4160◇

Chemotherapie des Krebses. H. E. Bock. (Helv. med. Acta **29**, 491—514, 1962; Marburg, Med. Univ.-Klin.; dt.) — Übersicht. — 97 Literaturangaben. K. Zingraf. 4160◇

E_2. Enzymologie. Gärung

Eine stochastische Beschreibungsweise der statistischen Kinetik mit Anwendung auf die Enzymkinetik. Anthony F. Bartholomay. (Biochemistry [Washington] **1**, 223—30, März 1962; Boston, Harvard Med. School, Dep. of Med., Div. of Med. Biol., Biophys. Res. Labor.; Peter Bent Brigham Hosp.; engl.) — Eine neue mathemat. Beschreibungsweise der chem. Kinetik, welche die inhärenten Zufallsaspekte der Wrkg.-Mechanismen berücksichtigt, wurde auf die Hypothese von Michaelis u. Menten angewandt. Es wurde eine stochast. Differenzen-Differentialgleichung erhalten, welche ein stochast. Modell für die grundlegende Enzym-Substrat-Rk. definiert. Die Einführung der Wahrscheinlichkeitsparameter des Prozesses erfolgte axiomat. (nach der allg. mathemat. Theorie) u. mit Hilfe der Kollisionstheorie. K. Zingraf. 4210◇

Reaktion der Chloroplastencytochrome auf Sauerstoff. H. Lundegårdh. (Physiol. Plantarum [Copenhagen] **15**, 399—408, 1962; Penningby, Sweden; engl.) — In Chloroplastensuspensionen (Fraktion 1 gewonnen bei $1000 \cdot g$ u. Fraktion 3 bei $35000 \cdot g$) wurden die Extinktionsveränderungen der *Cytochrome f* u. b_3 unter N_2, O_2 u. bei Belüftung, sowie ohne u. mit Belichtung bestimmt. Die gewonnenen Ergebnisse werden in Zusammenhang mit dem Photocyclus der Elektronen diskutiert. H. Ackermann. 4210□

Ein neuer Typ von Autoxydationsreaktion. Die Ursache der Instabilität von Cytochrom-c-Reduktase. Malcolm Dixon, J. M. Maynard und P. F. W. Morrow. (Nature [London] **186**, 1032—33, 25/6. 1960; Cambridge, Univ., Dep. of Biochem.; engl.) — Das Flavoproteinenzym *Cytochrom-c-Reduktase* (I; aus Schweineherzmuskel) hat in Form des Rohextrakts oder gereinigt bei Raum-Temp. eine Halbwertszeit von ca. 5 Std. u. ist selbst bei 0° ziemlich unbeständig. Eine Reihe bekannter Enzymstabilisatoren, z. B. Albumin, Glycerin, Saccharose, Glutathion, Katalase, red. Coenzym I, Cyanid, Versene, Riboflavin usw., sowie pH-Änderungen sind unwirksam. Die Instabilität von **I** beruht auf einer Rk. zwischen **I** u. O_2, wobei irreversible Inaktivierung unter Abspaltung der Flavingruppe vom Protein eintritt. Q_{10} ist ca. 2,5, d. h. die Inaktivierung stellt keine einfache Denaturierung dar. Vermutlich enthält die Proteinkomponente eine autoxydable Gruppe, die in red. Zustand an der Bindung der prosthet. Flavingruppe beteiligt ist. Der Oxydationszustand der Flavingruppe selbst ist unwesentlich. Die

O_2-Instabilität von I steht im auffallenden Gegensatz zur Beständigkeit von Diaphorase. Möglicherweise steht die I-Inaktivierung durch O_2 in Beziehung zur „Sauerstoffvergiftung" beim Einatmen von O_2 bei Drücken $>$ 1 atm. K. Maier. 4210◇

Unterschiedliche Wirkungen analoger Strukturen von Aminosäuren auf die durch Sauerstoff induzierte Bildung von Atmungsenzymen. Reinhard Kattermann und Piotr P. Slonimski. (C. R. hebd. Séances Acad Sci. **250,** 220—21, 4/1. 1960; Gif-sur-Yvette, Seine-et-Oise, Labor. de Génétique physiol. du C.N.R.S.; franz.) — *Hefe* 59-R-L-5, die zunächst anaerob in Glucosenährmedium u. dann nach Waschen aerob in Phosphatpuffer, pH 6,5 (der Glucose u. Lactat enthielt), geführt wurde, erfährt durch Aminosäurenanaloge (*DL-p-Fluorphenylalanin, DL-Norleucin, DL-β-Thienyl-(2)-alanin, DL-5-Methyltryptophan*] eine Hemmung der Atmung u. eine Hemmung der Bldg. folgender Enzyme: *Cytochromoxydase, Succinocytochrom-c-Reduktase, Fumarase* u. *L-Milchsäuredehydrogenase.* A. Hesse. 4210□

Bestimmung der Hämproteine in der Hefe. 1. Mitt. **Katalase.** A. A. Sels. (Arch. int. Physiol. Biochim. **70,** 161—62, Febr. 1962; Bruxelles, Univ., Fac. des Sci., Labor. de Chim. biol.; franz.) — Die Konz. an *Katalase* (I), die aerobiot. bei der Hefe (*Saccharomyces cerevisiae,* Mutante *YFA*) entsteht, kann bestimmt werden entweder durch direkte Messung der I-Aktivität einer Suspension akt. Zellen oder durch Messung der I-Aktivität eines entsprechenden Zellenextrakts. Indessen besteht eine enge Beziehung zwischen den Resultaten aus den beiden Best.-Meth. nur dann, wenn die Hefe arm an I ist. Unterschiede treten nach 80 Min. langer Belüftung auf. Dann strebt die scheinbare Konz. von I bei der intakten Zelle einem Grenzmeßwert zu, während die Synth. von I innerhalb der ersten 6 Std. der Belüftung sich linear fortsetzt. Die intracelluläre Aktivität von I scheint begrenzt zu sein durch die Permeabilität der Zellmembran gegenüber dem Substrat (H_2O_2), wodurch das Phänomen seine Erklärung findet. H. Aman. 4210◇

Bestimmung der Hämoproteine der Hefe. 2. Mitt. **Cytochrom-c-peroxydase.** A. A. Sels. (Arch. int. Physiol. Biochim. **70,** 163—64, Febr. 1962; Bruxelles, Univ., Fac. des Sci., Labor. de Chim. biol.; franz.) — Als Extraktionstechnik zur Best. der *Cytochrom-c-Peroxydase* (I) wird folgendes angegeben: die Hefe wird sofort zerrieben, hierauf mit Kaliumphosphatpuffer (0,01m, pH 7,2, $Mg^{2+} = 5 \cdot 10^{-3}$ m) extrahiert, bei 150000·*g* zentrifugiert u. das Überstehende 16 Std. bei 4⁰ gegen denselben Puffer dialysiert. Unter diesen Bedingungen wird die Aktivität von I geschützt. H. Aman. 4210◇

Oxydation der Harnsäure durch Myeloperoxydase von Leukocyten. Guillermo Soberón und Phillip P. Cohen. (Rev. Soc. quím. México **6,** 45—51, 1962; México, D. F., Hosp. de Enferm. de la Nutr., Dep. de Bioquím.; Univ. de Wisconsin, Dep. de Quím. Fisiol.; span.) — Bei Inkubation von Leukocyten mit *Harnsäure* (I) u. H_2O_2 hängt die Rk.-Geschw. von der Konz. von I ab; I wird nicht vollständig oxydiert, sondern die *Myeloperoxydase* (II) wird durch Rk.-Prodd. gehemmt. Auch hohe Konzz. von H_2O_2 hemmen II. K. Zingraf. 4210◇

Enzymsysteme von Mycobakterien. 13. Mitt. **Glycindehydrogenase und der Glyoxylsäurecyclus.** Dexter S. Goldman und Marion J. Wagner. (Biochim. biophysica Acta [Amsterdam] **65,** 297—306, 1962; Madison, Wis., Univ. of Wisconsin, Inst. for Enzyme Res. and Vet. Admin. Hosp., Tuberculosis Res. Labor.; engl.) — 12. vgl. C. **1963,** 22762. — Aus *Mycobacterium tuberculosis* wird ein Enzym (*Glycindehydrogenase*) präpariert, das die folgende Rk. katalysiert: *Glycin* + *Nicotinamid-adenindinucleotid* (I) + $H_2O \rightleftharpoons$ *Glyoxylat* + red. I + NH_4^+ + H^+. Die Bedeutung dieser Rk. für die Bldg. von *Glycin* über eine reduktive Aminierung von *Glyoxylat* wird erörtert. W. Forth. 4210◇

Antistreptokokkenaktivität der Lactoperoxydase. 3. Mitt. G. R. Jago und Martin Morrison. (Proc. Soc. exp. Biol. Med. **111,** 585—88, 1962; Rochester, N.Y., Univ. of Rochester, School of Med. and Dent., Dep. of Biochem.; engl.) — Vgl. C. **1959, 9269.** — Das Wachstum von *Streptococcus cremoris,* Stamm 972, kann unter aeroben Bedingungen (wenn *Peroxid* gebildet wird) durch gereinigte *Lactoperoxydase* (I) gehemmt werden; unter anaeroben Bedingungen hemmt I das Wachstum nicht. Die Wachstumshemmung kann durch *Katalase* aufgehoben werden (vermutlich Kompetition gegenüber dem verfügbaren Peroxid). Die Hemmwrkg. von I scheint spezif. Natur zu sein, da *Meerre tichperoxydase* (II) das bakterielle Wachstum nicht hemmt u. sogar die durch I ausgeübte Hemmung aufhebt. I reagiert vermutlich mit einer spezif. H-Donorgruppe der Membran, die Oxydation führt zur Wachstumshemmung; II reagiert entweder mit dieser Gruppe sehr langsam oder nur mit anderen H-Spendern, auf diese Weise die Menge Peroxid verringernd. U. Tausendfreund. 4210◇

Zur Entwicklung von Gärungsfermenten. 1. Mitt. P. Ohlmeyer, W. Kutscha und W. Rüssmann. (Hoppe-Seyler's Z. physiol. Chem. **330,** 1—11, 1962; Tübingen,

Univ., Leibniz-Kolleg; dt.) — Unter „Entw." eines Enzyms verstehen Vff. (vgl. C. **1961**, 6529), „wenn in Rk. mit Strukturteilen der Zelle Fermentaktivität in Lsg. auftritt, die höher liegt als die an die Strukturteile gebundene Aktivität." Dieser bei Inkubation von abgetrennten Strukturteilen mit geeigneten Faktoren außerhalb der Zelle verlaufende Vorgang wird weiterhin an *Alkoholdehydrogenase* (**I**) u. *Phosphofructokinase* (**II**) im Zusammenhang des Lebedew-Saftes untersucht. Hierzu wurde die Fermentaktivität im Sediment u. im Überstand nach Zerstörung der Zellen von *Bäckerhefe* durch Cytolyse, Trocknen u. 10 Min. langes Zentrifugieren bei 1200·*g* bestimmt. — Nach Cytolyse sind ca. 6% der gesamten **I** an das Sediment gebunden. Weitere 23% der Aktivität konnten durch Ferment-Einw. [Inkubation mit Gemisch aus Nicotinamidadenindinucleotid, Adenosintriphosphat oder Fructosediphosphat, Orthophosphat u. einem Faktor (**III**) aus Hefekochsaft] in Lsg. gebracht werden. **III** ist ein thermostabiles Protein. — Von getrockneter *Bierhefe* wird bei kurzer Maceration neben anderen Fermenten nur sehr wenig **II** an die Fl. abgegeben; die Lsg. kann *Fructosediphosphat*, nicht aber *Glucose* (**IV**) vergären. In längerer Maceration wird das 25fache von **II** „entwickelt"; die Lsg. kann **IV** vergären. — **I**, **II** u. *Aldolase* finden sich nach dem Homogenisieren von unbehandelter Bäckerhefe zu $>90\%$ im Überstehenden. Die **I**-Aktivität im Sediment ist gering, wird jedoch durch „Entw." auf das 3fache gesteigert. Durch aerobe Gärung wird **I** im Homogenisat auf 62% herabgesetzt; die ursprüngliche Aktivität kann durch Aufheben der Gärung mittels N_2 oder durch Inkubation des Homogenisats mit den Faktoren der Ferment-Entw. wiederhergestellt werden. **I**-Aktivität ist im Homogenisat auch dann erniedrigt, wenn der Pasteur-Effekt der Zellen beseitigt ist. Der Pasteur-Effekt wird prakt. Null, wenn die Zellen in Ggw. von Fraktionen gären, die aus Hefe, Fleischextrakt, Traubensaft oder aus (besonders wirksam) Kälberblut durch Fällungs-Rkk. erhalten werden. — Homogenisat aus Bäckerhefe besitzt ca. 5% des Gärvermögens der intakten Zellen, aus denen es entstand. Der Fehlbetrag kann nicht durch Ferment-„Entw." aufgebracht werden. — **II** findet sich auch bei frischen *Erbsen* u. im Laufe des Trocknens derselben vollständig im Überstand eines Homogenisats. A. Hesse. 4210◇

Zur Entwicklung von Gärungsfermenten. 2. Mitt. P. Ohlmeyer und R. Grill. (Hoppe-Seyler's Z. physiol. Chem. **330**, 12—20, 1962; dt.) — 1. vgl. vorst. Referat. — Bei Anwendung der früheren Meth. (l. c.) auf tier. Gewebe ergab sich folgendes: Tagelang bei 5° gelagerter Skelettmuskel vom Rind enthält im lösl. Anteil eines Homogenisats keine *Phosphofructokinase* (**II**); er bildet *Milchsäure* (**IV**) aus *Fructosediphosphat* (**III**) in Ggw. von Adenosinmonophosphat, jedoch nicht aus Glykogen. Inkubation dieses Homogenisats mit Phosphat bewirkt in Ggw. von **III**, Adenosintriphosphat, Nicotinamidadenindinucleotid oder einer thermostabilen Fraktion aus Fleischextrakt die „Entw." von **II**; der lösl. Anteil bildet **IV** aus Glykogen. — Der unlösl. Anteil des Homogenisats weist gebundene **II** auf; $>$ das 10fache von deren Aktivität kann in der Inkubation „entwickelt", also lösl. werden. — Insgesamt zeigt **II** des Muskels eine ähnliche Beziehung zur Zellstruktur wie **II** der Hefe. Solange Rindermuskel frisch ist, enthält er noch lösl. **II** im Homogenisat; während der Aufbewahrung sinkt **II** ab. Im Froschmuskel geht bei Aufbewahrung unter N_2 die Aktivität auf 20% des Frischwerts zurück; „Entw." bringt die gesamte **II** wieder in Lösung. Beim Aufbewahren unter Luft steigt die **II**-Aktivität insgesamt auf den doppelten Wert. — Gelagerter Rinderskelettmuskel enthält etwa zu gleichen Teilen lösl. u. gebundene *Milchsäuredehydrogenase* (**I**). Herz u. Leber enthalten weniger **I** u. dabei im Verhältnis viel weniger gebundene **I**. Eine „Entw." von **I** wird in diesen Geweben nicht beobachtet. A. Hesse. 4210◇

Die Wirkung von Jodacetat auf die Dehydrogenierungsaktivität von S- und R-Formen von Hefen in Gegenwart von Äthanol oder Acetat. Ludmila Šilhánková. (Folia Microbiol. [Praha] **8**, 32—41, 1963; Prague, Coll. of Chem. Technol.; engl.) — Zellfreie Präpp. beider Kolonieformen von *Saccharomyces cerevisiae* zeigten keine unterschiedliche Empfindlichkeit der Dehydrogenierung von *Äthanol* gegenüber *Jodacetat* (**I**), obwohl es Unterschiede zwischen den Dehydrogenasen der beiden Kolonieformen gibt. Die Dehydrogenierungsaktivität intakter Zellen der S-Form wird in Ggw. von A. durch 10^{-3}m **I** inhibiert, während sie bei den R-Formen nicht beeinflußt wird. Ähnliche Bedingungen herrschen bei der Acetatdehydrogenierung. Es wird angenommen, daß gewisse Unterschiede in der Permeabilität der Zellmembranen beider Hefeformen gegenüber **I** vorliegen oder daß es sich um eine unterschiedliche Wrkg. von **I** auf die Aufnahme von A. bzw. Acetat handeln kann. G. Kampf. 4210◇

Untersuchungen über das Elektronentransportsystem. 43. Mitt. **Isolierung einer Bernsteinsäure-Coenzym-Q-Reduktase aus Rinderherzmitochondrien.** Daniel M. Ziegler und K. A. Doeg. (Arch. Biochem. Biophysics **97**, 41—50, April 1962; Madison, Wis., Univ. of Wisconsin, Inst. for Enzyme Res.; engl.) — 38. vgl. C. **1962**,

12323. — Die Isolierung einer *Bernsteinsäure–Coenzym-Q-Reduktase* (I) aus Rinderherzmitochondrien durch Einw. von $(NH_4)_2SO_4$, Desoxycholat–A. u. Cyclohexan (jeweils Fällungen) wird beschrieben. I enthält 4,8 μMol *Flavin* pro g *Protein* (durch Säure vollständig nur nach Behandlung von I mit proteolyt. Enzymen extrahierbar). I enthält außerdem *Nicht-Häm-Eisen, Lipoide* u. *Protohämin* (letzteres in einer dem Flavin-Geh. äquivalenten Menge). Das Mindestmolgew. der I ist 210000. I ist frei von *Coenzym Q*. Es besitzt keine *red. Diphosphopyridinnucleotid-, Pyruvat-* oder *β-Hydroxybutyratdehydrogenase*-Aktivität. Die Spektren des durch *Succinat* (II) oder $S_2O_4^{2-}$ red. Enzyms u. des oxydierten Enzyms wurden aufgenommen. Bei den Aktivitäts-Best. von I unter Oxydation von II wurden folgende Elektronenacceptoren verwendet (I-Aktivitäten jeweils angegeben): *Coenzym* Q_2, *Coenzym* Q_{10}, *Phenazin-N-methylsulfat, Methylenblau, 2.6-Dichlorphenolindophenol,* $Fe(CN)_6^{3-}$. (Die spektrophotometr. Meth. zur Best. der I-Aktivität von Mitochondrien u. zur Best. der Aktivität der gereinigten I ist beschrieben.) Das *red. Cytochrom b* der I kann außer durch *Coenzym Q* auch durch *Fumarat* oxydiert werden, es wird jedoch nicht durch II reduziert.
S. Dittmann-Mitzscherlich. 4210□

Untersuchungen über das Elektronentransportsystem. 45. Mitt. **Einige Wirkungen von Antimycin auf Cytochrom b.** Alison M. Pumphrey. (J. biol. Chemistry **237,** 2384—90, Juli 1962; Madison, Wis., Univ. of Wisconsin, Inst. for Enzyme Res.; engl.) — 43. vgl. vorst. Referat. — In Ggw. von Substraten [*Succinat, red. Diphosphopyridinnucleotid* (*DPNH*) oder beides] oder von *Menadiol* (II) bleibt anaerob u. in Ggw. von CN^- ca. $^1/_3$ des *Cytochroms b* (I) von Elektronentransportpartikeln (ETP) aus Rinderherzmitochondrien in der oxydierten Form, nach Zugabe von *Antimycin A* (III) ist I jedoch fast vollständig reduziert. *Red. Coenzym* Q_2 red. in Abwesenheit von III 25—30%, in Ggw. von III 50—60% des I. Vf. hält es nach diesen, in Ggw. von 0,2—0,4 mμMol III pro mg Protein (IV) gefundenen Ergebnissen für möglich, daß der Extinktions-Koeff. von red. I von der Art des Red.-Mittels abhängig ist u. prüfte diese Hypothese: Nach Behandlung von ETP mit bis zu 0,3 mμMol III pro mg IV findet im sichtbaren Absorptionsspektrum von I im oxydierten Zustand u. auch nach Red. mit Substrat oder $S_2O_4^{2-}$ eine geringe Rotverschiebung statt. In Ggw. hoher *Cholat*-Konz. wird die α-Bande von red. I nach Blau verschoben u. I verliert gleichzeitig die Fähigkeit, durch II reduzierbar zu sein. Diese Veränderungen werden durch maximal 0,3 mμMol III pro mg IV verhindert. Die ETP enthalten ca. 0,7 mμMol I pro mg, bei Zugabe von 0,4 mμMol III pro mg sind die Hemmungen der *Bernsteinsäureoxydase-* u. der *DPNH-Oxydase*-Aktivität vollständig. S. Dittmann-Mitzscherlich. 4210◇

Über die Charakterisierung der monocyclischen Orthochinone während der Oxydation von o-Diphenolaminosäuren und -aminen. A. Kodja und S. Bouchilloux. (Biochim. biophysica Acta [Amsterdam] **41,** 345—48, 1/7. 1960; Marseille, Fac. de Méd. et de Pharmacie, Labor. de Chim. Biol.; franz.) — Vgl. C. **1960, 15436.** — Bei Oxydation von *3.4-Dihydroxy-L-phenylalanin* (I), *Glycyl-L-tyrosin* u. *Dopamin* (II) durch Polyphenoloxydase tritt eine unbeständige Gelb-, dann Gelborangefärbung mit λ_{max} 390 mμ (mit normaler Säure 385 mμ) auf, bei Oxydation von I, II, *Adrenalin* u. *Hydroxyhordenin* mit PbO_2 in n H_2SO_4 eine mehrere Std. beständige Gelbfärbung mit anfänglich λ_{max} 285 mμ. Die Absorption beruht offensichtlich auf Ggw. eines monocycl. o-Chinons. Hierfür sprechen die teilweise Regeneration des Ausgangs-o-Diphenols bei Einw. von Red.-Mitteln, wie $NaHSO_3$, KJ u. Zn-Staub u. die Bldg. von Dinitrophenylhydrazonen bei Einw. von 2.4-Dinitrophenylhydrazin auf die oxydierten Lsgg., deren Absorption sich deutlich von der der Aminochrome unterscheidet. K. Maier. 4210□

Die Wirkung von Xanthinoxydase auf einige 2-substituierte Adenine. Robert B. Scott und George Bosworth Brown. (J. biol. Chemistry **237,** 3215—16, Okt. 1962; New York, N.Y., Cornell Univ., Med. Coll., Sloan-Kettering Div., Sloan-Kettering Inst. for Cancer Res., Div. of Nucleoprotein Chem. and Clin. Invest.; engl.) — Spektrophotometr. wird die Einw. von *Xanthinoxydase*-Präp. auf folgende Adenine untersucht: *Unsubstituiert, 2-Fluor-, 2-Chlor-, 2-Jod-, 2-Methyl-, 2-Methoxy-*; außerdem *2.6-Diaminoguanin* u. *Isoguanin.* Die entsprechenden Oxydations-Geschw. betragen 0,066 μMol/min/Enzymeinheit, 0,171, 0,142, 0,045, 0,00084, 0,00084, 0,0023 u. 0,066. Bei allen außer den beiden letztgenannten Verbb. erfolgt der oxydative Angriff in Position 8. P. Gregorzewski. 4210◇

Untersuchungen über die Vitamin-K₃-Reduktase aus Süßkartoffeln. 1. Mitt. **Reinigung des Enzyms.** Kihachiro Uehara und Masami Makita. (J. Vitaminol. [Kyoto] **7,** 299—303, 1961; Osaka, Toyonaka, Osaka Univ., School of Pharm., Dep. of Biochem.; engl.) — Vgl. C. **1962,** 4204. — Süßkartoffeln werden mit W. extrahiert, der Extrakt mit $Pb(CH_3COO)_2$ u. $Ba(CH_3COO)_2$ behandelt, Filtrat auf 80° erhitzt, Filtrat mit $(NH_4)_2SO_4$, Essigsäure u. A. fraktioniert mit 6.9-Diamino-2-äthoxyacridinlactat u. bas. Cu-Carbonat behandelt. Die Aktivität wird 5000fach angereichert. P. Gregorzewski. 4210◇

Hydroxylierung von Mebrophenhydramin in vitro. A. Jindra, H. Lagusová und Z. Šípal. (Českoslov. Farmac. **11**, 126—29, 1962; Prag u. Bratislava, Karls-Univ., Biochem. Inst.; tschech.) — Bei der Inkubation von *Mebrophenhydramin* (*α-Methyl-p-brombenzhydryl-2-dimethylaminoäthyläther-hydrochlorid*) mit Kaninchenleberhomogenat in Ggw. von red. Triphosphopyridinnucleotid u. O_2 bei pH 8,2 werden pro Std. 0,25% zu *4-Hydroxymebrophenhydramin* oxydiert. Außerdem entstehen noch andere Stoffe phenol. u. nichtphenol. Charakters. P. Gregorzewski. 4210◇

Untersuchungen über die Hydroylierung des Benzolanteils des Indolkerns von Indolverbindungen. 3. Mitt. **Über die enzymatische Bildung von 6-Hydroxyindol-3-buttersäure.** Hanzo Nasu und Yukiya Sakamoto. (J. Biochemistry [Tokyo] **52**, 351—57, 1962; Osaka, Osaka, Univ., Med. School, Inst. for Cancer Res.; engl.) — Bei Inkubation von *Indol-(3)-buttersäure* mit einem Enzym-Präp. aus Kaninchenleber, bildete sich eine Substanz, die in saurer Lsg. eine Diazo-Rk. ergab; sie wurde isoliert u. als *6-Hydroxyindol-(3)-buttersäure* identifiziert. K. Zingraf. 4210◇

Untersuchungen über Sandelbaumnadeln. 3. Mitt. **Die Nitratreduktaseaktivität im normalen und pathochemischen Zustand von Santalum album Linn.** K. Parthasarathi, P. K. Ramaiah, T. R. Manjanatha und P. S. Rao. (Proc. Indian Acad. Sci., Sect. B **55**, 285—89, 1962; Bangalore, Forest Res. Labor.; engl.) — In den durch Virusbefall hervorgerufenen nadelförmigen Blättern ist die *Nitratreduktase* gegenüber den normalen Blättern erhöht. P. Gregorzewski. 4210◇

Die enzymatische Synthese von Thymidylsäure. 1. Mitt. **Erste Reinigungsschritte der Thymidylsäuresynthetase aus Escherichia coli.** Albert J. Wahba und Morris Friedkin. (J. biol. Chemistry **237**, 3794—3801, 1962; Boston, Mass., Tufts Univ., School of Med., Dep. of Pharmacol.; engl.) — Vgl. C. **1963**, 4390. — Die *Thymidylsäure-synthetase* (I) katalysiert die Bldg. von *Thymidylsäure* (II) aus *Desoxyuridylsäure* in Ggw. von *5.10-Methylentetrahydrofolsäure* (III) u. Mg^{2+}. I wird aus *Escherichia coli B* nach dem Zerreiben der Zellen mit Alcoa A-301-Al_2O_3-Pulver bei 3—4° erhalten. Das Homogenat wird mit Puffer A [enthaltend 0,05m Tris, 0,01m *Mercaptoäthanol* (IV) u. 0,001m Dinatriumäthylendiamintetraessigsäure, mit HCl auf pH 7,4 eingestellt] extrahiert u. der Extrakt 30 Min. bei 16000·*g* zentrifugiert. Zu 100 ml des Überstandes (mit 20—25 mg Protein/ml) werden 100 ml Puffer A u. 16 ml 5%ig. wss. Streptomycinsulfat-Lsg. unter Rühren zugegeben. Nach 10 Min. wird erneut zentrifugiert, u. zu 200 ml des Überstandes werden 52 g $(NH_4)_2SO_4$ unter Rühren gegeben. Nach 20 Min. bei 0° wird zentrifugiert, der Überstand mit 57 g $(NH_4)_2SO_4$ versetzt, das dabei ausfallende I abzentrifugiert u. in wenig Puffer A gelöst u. gegen Puffer A dialysiert. I wird dann auf Diäthylaminoäthylcellulose mit einem NaCl-Gradienten chromatographiert. I wird in 3 diskreten Fraktionen eluiert, wobei die letzte die I-reichste ist. Auf diese Weise wird die I-Aktivität um das 10fache angereichert, wobei man 20—25% der ursprünglichen Gesamtaktivität wieder erhält. Wird I bei —10° länger als 4 Monate aufbewahrt, so verliert es allmählich die enzymat. Aktivität. Sie wird weder durch Zusatz von **IV** noch von *Vitamin B_{12}* wieder erhalten. Das pH-Optimum von I liegt zwischen pH 7 u. 8. Ein Zusatz von 20 mMol $MgCl_2$/Liter steigert die I-Aktivität 4—6fach. Neben II entsteht bei der enzymat. Methylierung noch *Dihydrofolsäure*. **IV** wirkt dabei sowohl als C- als auch als H-Donator. *Hydroxymethyldesoxyuridylsäure* konnte nicht als Zwischenprod. gefunden werden. Auf die mögliche Rolle des *Vitamin-B_{12}-Coenzyms* bei der II-Synth. wird hingewiesen. Es wird gefunden, daß I aus *E. coli*, die in Ggw. von *Vitamin B_{12}* kultiviert worden waren, besonders stabil ist. Für die II-Biosynth. werden drei mögliche Mechanismen diskutiert. L. Träger. 4210◇

Die enzymatische Synthese von Thymidylsäure. 2. Mitt. **Übertragung von Tritium von Tetrahydrofolsäure auf die Methylgruppe von Thymidylsäure.** Edward J. Pastore und Morris Friedkin. (J. biol. Chemistry **237**, 3802—10, 1962; engl.) — 1. vgl. vorst. Referat. — Da an der *Thymidylsäure* (I)-Synth. aus *Desoxyuridylsäure* (II) weder red. Diphosphopyridinnucleotid noch red. Triphosphopyridinnucleotid (TPNH) beteiligt sind, muß man annehmen, daß neben *Thymidylsäuresynthetase* (III) die hier notwendige *Tetrahydrofolsäure* (IV) nicht nur als Kohlenstoffüberträger, sondern auch als Red.-Mittel wirkt. Zur Darst. von **IV** wird *Folsäure* in 0,1m Mercaptoäthanol gelöst u. mit $NaHCO_3$ pH 7,4 eingestellt. Dann werden 6 mg ^3H-$NaBH_4$ (43,3 μc/μMol) zugegeben u. 10 Min. stehengelassen. Werden 0,7 μMol ^{32}P-II mit 13 μMol mit ^3H red. Folsäure, 300 μMol HCHO, 250 μMol $MgCl_2$, 500 μMol Tris-HCl, pH 8,4, u. III in insgesamt 10,5 ml Inkubations-Lsg., 2 Std. bei 37° belassen u. schließlich 1,55 μMol nichtradioakt. **II** zugegeben u. das Gemisch sofort 3 Min. auf 100° erhitzt, so lassen sich nach dem Abzentrifugieren der denaturierten Proteine aus dem lyophylisierten Überstand nach Papierchromatographie 0,3 μMol $^{32}P \cdot {}^{3}H$-I isolieren. Ebenso wird ^{3}H-**IV** mit ^{3}H-TPNH aus *Dihydrofolsäure* hergestellt u. eingesetzt. Die ^{3}H-Position in **I** wird durch enzymat. Abbau von *Thymin* mit *Thyminoxydase* zu *5-Methylbarbitursäure* (**V**) bewiesen. Dazu werden 0,025 μMol ^{3}H-**I** mit 0,5 μMol nichtradioakt. **I** u. 1 ml 6n HCl vermischt u. 1 Std. bei 100° hydrolysiert. Das Gemisch wird über KOH u. $CaCl_2$ im Exsiccator getrocknet, wieder in W. gelöst u. chromatographiert. ^{3}H-Thymin wird vom Papier eluiert, mit $^{14}C_{(2)}$-Thymin vermischt u. 1,3 ml der wss. Lsg. mit 40 μl 1m Tris-HCl-Puffer, pH 8,4, 0,1 ml wss. Methylenblau-Lsg. (1 mg/ml) u. 0,1 ml Thyminoxydase versetzt. Nach 1 Std. bei 37° wird wenig festes $Na_2S_2O_4$ zugegeben, erneut chromatographiert u. **V** eluiert. Da **V** die spezif. Radioaktivität aufweist wie das eingesetzte **I**, ergibt sich, daß durch ^{3}H-**IV** **I** spezif. an der Methylgruppe markiert wird. *5-Methyltetrahydrofolsäure* ist nicht zur Übertragung der Methylgruppe fähig u. ist daher kein Zwischenprod. bei der **I**-Synthese. L. Träger. 4210◇

Die Synthese der Polyoside durch Nucleotidtransosylasen. C. Peaud-Lenoel. (Proc. Fifth Latin int. biochem. Meeting, Barcelona 1960 **1,** Suppl. 1 zu: Rev. españ. Fisiol. **16,** 211—37, 1960; Gif/Yvette, Seine-et-Oise, C.N.R.S., Inst. de Physiol. Végétale; franz.) — Übersicht. Synth. der Bakterienzellwandpolyoside u. der Mucopolyoside, Chitinbiosynth., Synth. der Polyoside der pflanzlichen Zellwand. — 128 Literaturangaben. K. Maier. 4210◇

Grundlage der Actinomycinwirkung. 1. Mitt. **Desoxyribonucleinsäurebindung und Hemmung der synthetischen Reaktionen der Ribonucleinsäurepolymerase durch Actinomycin.** I. H. Goldberg, M. Rabinowitz und E. Reich. (Proc. nat. Acad. Sci. USA **48,** 2094—2101, 1962; engl.) — Vgl. C. **1962, 17433.** — Die Bindung von *Actinomycin*, ausgedrückt durch die Änderung des Spektrums an Desoxyribonucleinsäure (DNS), u. die Hemmung der Ribonucleinsäure (RNS)-Synth. mittels Polymerase u. mit DNS als Primer (Matrize, Präger) wurde untersucht u. festgestellt, daß für die Bindung des Actinomycins *Guanin* unbedingt erforderlich ist. DNS verschiedener Herkunft u. Zus. wurden geprüft. Optimale Bindung trat bei nativer Helixkonfiguration ein. Lange Sequenzen von Desoxyguanylsäure waren nicht am geeignetsten. Apurinsäure bindet nicht. Für die Hemmung der RNS-Synth. genügt es, wenn Actinomycin an einen Strang der DNS gebunden ist. M. Wiedemann. 4210◇

Charakterisierung von Ribonuclease und Bestimmung ihrer Aktivität. Lars Josefsson und Sten Lagerstedt. (Methods biochem. Analysis **9,** 39—74, 1962; Lund, Univ.; engl.) — Übersicht: Charakteristica der *Ribonuclease*-Aktivität (pH-Optimum, Hitzestabilität, charakterist. Abbau-Prodd.), Charakterisierungs-Meth. (durch Abbau von Polyribonucleotiden u. durch Abbau von einfachen Nucleosid-Derivv.), quant. Best. der Ribonucleaseaktivitäten (Best.-Meth. der Polymerisationsaktivität der Ribonuclease u. Best.-Meth. der cycl. Phosphataseaktivität der Ribonuclease). — 105 Literaturangaben. W. Hiller. 4210◇

Bestimmung der Desoxyribonucleaseaktivität. N. B. Kurnick. (Methods biochem. Analysis **9,** 1—38, 1962; Long Beach, Calif., Vet. Admin. Hosp.; Los Angeles, Calif., Univ. of California; engl.) — Übersicht: Best.-Meth. durch Messung der Zunahme der H^+-Konzentration. Physikochem. Meth., Veränderungen in der Affinität für Farbstoffe, Best. der Prodd. der Depolymerisation, biolog. Aktivität, histochem. Meth., Präparation der Substrate, Präparation der Enzyme, Stabilität der Enzyme, biolog. Aspekte der Säugetierdesoxyribonuclease, Inhibitoren. — 159 Literaturangaben. W. Hiller. 4210◇

Naphthochinonabhängige Oxydation von reduziertem Triphosphopyridinnucleotid durch Lebermikrosomen. Ryo Sato, Hiroko Nishibayashi und Tsuneo Omura. (Biochim. biophysica Acta [Amsterdam] **63,** 550—52, 8/10. 1962; Kita-ku, Osaka, Osaka Univ., Inst. for Protein Res.; engl.) — Es wird gezeigt, daß Kaninchenlebermikrosomen zur Oxydation von *red. Triphosphopyridinnucleotid* (*TPNH* bzw. *red. Nicotinamidadenindinucleotidphosphat, NADPH*) eine spezielle *TPNH*- bzw. *NADPH-Oxydase* enthalten, welche bestimmte Naphthochinone als Cofaktor benötigt; als wirksam erwiesen sich *Vitamin* K_3 (*2-Methyl-1.4-naphthochinon*) u. *1.4*- bzw. *1.2-Naphthochinone*, nicht jedoch *p-Benzochinon*, *Ubichinon* u. *Vitamin* K_1. U. Tausendfreund. 4210◇

Elektronenmikroskopische Darstellung von Adenosintriphosphataseaktivität an den Cristae mitochondriales und anderen Membranstrukturen im Herzmuskel. Wolfgang Schulze und Albert Wollenberger. (Naturwissenschaften **49,** 376—77, 2. Aug.-H. 1962; Berlin-Buch, Dt. Akad. der Wiss. zu Berlin, Arbeitsstelle für Kreislaufforsch.; dt.) — In einer Lsg. von 0,05m Tris-HCl-Puffer, 0,07m K–Na-Tartrat, pH 6,8 bis 7,2, 0,01 m $MgSO_4$, 0,001 m Na-Adenosintriphosphat (ATP) u. 0,002 m Pb-Acetat 1 Std. bei 37° inkubierte Blöckchen aus dem linken Ventrikel (Maus, Hund), die in 0—4° kalter isoton. OsO_4-Lsg., pH 7,4, zerschnitten worden waren (3 Min.), wurden 2½ Std. in OsO_4 nachfixiert u. in Methacrylat eingebettet. Die elektronenmkr. Unters. zeigte bevorzugt Pb-Ablagerung (Nachw. von *ATPase*-Aktivität) an den Cristae mitochondriales, am Sarkolemm u. an den Membranen des sarkoplasmat. Reticulums. An isolierten Herzmitochondrien war ohne Vorfixierung *ATP*-Spaltung nachweisbar, nicht aber in den Myofibrillen, da myofibrilläre *ATPase* wesentlich empfindlicher gegen Fixierungsmittel ist als mitochondriale. K. Maier. 4210◇

Muskelenzymaktivität und Gewichtsveränderungen bei alternden weißen Ratten. Morris Rockstein und Karl Brandt. (Nature [London] **196,** 142—43, 13/10. 1962; Miami, Fla., Univ. of Miami, School of Med., Dep. of Physiol.; engl.) — Die mittleren *Adenosintriphosphatase* (I)-Werte (Mg-aktiviert, pH 7,4) nehmen im Gastrocnemiusmuskel weißer Ratten von der Jugend bis zum Altersstadium erheblich ab (um ca. 66⅔ bzw. 50%, bezogen auf Muskelmasse, Sprague-Dawley- bzw. CFN-Stamm). Die Ca-aktivierte Adenosintriphosphatase (Actinomycin) erleidet keine signifikanten altersbedingten Veränderungen. In den Riesenmitochondrien des Flugmuskels alternder männlicher Hausfliegen nimmt Mg-aktivierte I mit dem Verlust des Flugvermögens stark ab. Ähnliche Verss. mit anderen Enzymen aus Flugmuskel deuten darauf hin, daß dieser Abfall Teil des Komplexes der biochem. Alterung ist. K. Maier. 4210◇

Die Wirkung von UV-Licht auf die Mitochondrien. 6. Mitt. **Inaktivierung und Schutz von Mitochondrien-Adenosintriphosphatasen während der Bestrahlung mit fernem UV.** Robert E. Beyer. (Biochim. biophysica Acta [Amsterdam] **65,** 289—96, 1962; Boston, Mass., Tufts Univ., School of Med., Dep. of Physiol.; engl.) — 5. vgl. Biochim. biophysica Acta [Amsterdam] **48,** [1961], 389. — Die durch *Dinitrophenol* aktivierte *Adenosintriphosphatase* (I) aus Rattenlebermitochondrien wird durch UV wesentlich mehr beeinflußt als die durch Mg^{2+} + *Desoxycholsäure* aktivierte I. *Adeninnucleotide* verhindern die UV-Inaktivierung der Mitochondrien-I. *Flavinadenindinucleotid, Flavinmononucleotid* u. *Nicotinamidadenindinucleotid* sind wirkungslos. Gelöste I ist empfindlicher gegen UV als strukturgebundene I. W. Forth. 4210◇

Stimulierung und Hemmung der Adenosintriphosphataseaktivität der Mitochondrien durch Oleat. C. J. Bos und P. Emmelot. (Biochim. biophysica Acta [Amsterdam] **64,** 21—40, 1962; Amsterdam, Netherlands Cancer Inst., Antoni van Leeuwenhoek-Huis, Dep. of Biochem.; engl.) — Die Freisetzung der latenten *Adenosintriphosphatase* (I)-Aktivität frischer Rattenlebermitochondrien durch *Natriumoleat* (II) war sehr abhängig von zugefügtem Mg^{2+}. II hemmt die *Dinitrophenol* (*DNP*)-aktivierte I-Aktivität; in Abwesenheit von Mg^{2+} steigt die Hemmung an über den gesamten Bereich der II-Konzz. von 5—50 µg/1,8 ml Medium, wobei 80—90%ig. Hemmung erhalten wird mit 50 µg II. In Ggw. von Mg^{2+} erfolgt eine maximale Hemmung von ca. 50% mit ca. 25 µg II. Bei höheren Konzz. von II dagegen wurde die Spaltung von *ATP* nicht gehemmt oder war größer als die in Ggw. von Mg^{2+} u. *DNP* allein. Ähnliche Beobachtungen wurden mit Lebermitochondrien gemacht. Die Mg^{2+}-abhängige I-Aktivität von Lebermitochondrien, die 20 Min. durch Schall zerrissen wurden, wurde nicht beeinflußt, weder durch II oder *DNP*, allein oder in Kombination. Wurde das Medium ergänzt durch *Phosphoenolpyruvat* u. *Pyruvatkinase*, so reagiert die Mg^{2+}-abhängige I frischer Lebermitochondrien auf steigende Mengen von II, ähnlich wie die *DNP*-abhängige I in Abwesenheit von *Phosphoenolpyruvat* u. *Pyruvatkinase*, aber mit Mg^{2+}. Zuerst erfolgt eine Hemmung, dann bei steigenden Mengen von II eine Aktivierung. H. Aman. 4210◇

Adenosintriphosphataseaktivität der Kiemen von Eriocheir sinensis. E. Schoffeniels. (Arch. int. Physiol. Biochim. **70,** 160—61, Febr. 1962; Liège, Univ. Biochim., Inst. Léon Fredericq; franz.) — Nach vorhergegangener Reinigung von Kiemenextrakten von *Eriocheir sinensis* wurden diese noch mit Ammoniumsulfat mit verschiedenem Sättigungsgrad ausgefällt. Das mit 60% Sättigung erhaltene Material zeigte im UV ein für ein Protein charakterist. Absorptionsspektrum, im Gegensatz zu dem Material aus 30% Sättigung. In den Verss. wurde der Einfl. des Geh. an *Na* u. *K* auf die enzymat. Aktivität nicht bestimmt. H. Aman. 4210◇

Hemmung der Glucoseaufnahme durch 2-Desoxy-D-glucose beim Herz des Kükenembryos. Renato Litta Modignani und Piero P. Foà. (Proc. Soc. exp. Biol. Med. **112,** 106—08, 1963; Chicago, Ill., Chicago Med. School, Dep. of Physiol. and Pharmacol.; Detroit, Mich., Sanai Hosp. of Detroit, Univ. Coll. of Med. and Div. of Res.; engl.) — Werden Herzen von Kükenembryonen (5—9 Tage alt) mit *2-Desoxyglucose* (I) inkubiert, so tritt eine Hemmung der Glucoseaufnahme ein. Die Hemmung wird durch gleichzeitige Insulingaben nicht beeinflußt. Vff. vermuten, daß **I** die intracelluläre Phosphorylierung der Glucose hemmt. W. Hiller. 4210◇

Reinigung und einige Eigenschaften einer sauren Phosphatase aus Escherichia coli. Bengt von Hofsten und Jerker Porath. (Biochim. biophysica Acta [Amsterdam] **64**, 1—12, 1962; Uppsala, Inst. of Biochem.; engl.) — Vgl. C. **1962**, 3130; C. **1963**, 5510. — *Escherichia coli* enthält einige Enzyme, welche die Hydrolyse von Phosphorsäureestern bei einem sauren pH katalysieren. Eine dieser *sauren Phosphatasen* (**I**) wurde mittels Chromatographie, Zonenelektrophorese u. Gelfiltration gereinigt. **I** ist akt. gegen *Hexosemonophosphat-* u. *Phenylmonophosphatester* u. ist bemerkenswert stabil in 1m Essigsäure in Abwesenheit von Salzen u. in 0,2m Na_2CO_3. Zonenelektrophorese in Tris-HCl (pH 8,2) eines zellfreien Extrakts, wie von teilweise gereinigten Präpp. von **I** gab 3 Proteinfraktionen mit **I**-Aktivität. Im am raschesten wandernden Teil befand sich die Hauptmenge der **I**-Aktivität; er wurde weiter gereinigt durch Gelfiltration mittels *Sephadex G-75* in 1m Essigsäure. Die mittels *Sephadex* u. durch Sedimentations-Unterss. erhaltene Fraktionierung zeigte an, daß die monomere Form von **I** ein Molgew. von weniger als 20000 besitzt. Konzentrierung von **I**-Lsgg. sowohl in 1m Essigsäure als auch in weniger sauren Lsgg. führte zur Polymerisation. Es wurden vorläufige Angaben gemacht über die Aminosäure-Zus. der gereinigten **I**. Ihr niedrigstes Molgew. wurde auf 13000—14000 geschätzt. H. Aman. 4210◇

Die manometrische Bestimmung von Thiaminpyrophosphat und die Hemmung der sauren Hefephosphatase. Elizabeth P. Steyn-Parvé. (Biochim. biophysica Acta [Amsterdam] **64**, 13—20, 1962; Utrecht, Univ., Labor. Physiol. Chem.; engl.) — *Natriummolybdat* (**I**) ist ein starker Inhibitor der *sauren Hefephosphatase* (**II**) in frischer Bäckerhefe u. getrockneter Brauereihefe. **I** zeigt keine Wrkg. in Citrat- oder Phosphatpuffern, ist aber akt. in *Acetat-* oder *Maleatpuffern* bei dem pH-Optimum von **II** bei 3,7 u. auch bei pH 6,2. Je nach den relativen Konzz. von Hefe u. Phosphatestersubstrat gibt entweder 0,1 mm oder 1 mm **I** einen adäquaten Schutz gegen Hydrolyse. Bei der manometr. Best. von *Thiaminpyrophosphat* kann **I** *Thiamin* als Inhibitor der **II** mit voller Beibehaltung der Empfindlichkeit ersetzen, wenn der Vers. in 0,1m *Maleat* (pH 6,2) anstatt in 0,1m *Phosphat* (pH 6,2) durchgeführt wird. Bei Verss. über die Phosphorylierung von *Thiamin* u. seiner Antagonisten durch Adenosintriphosphat erwies sich **I** als brauchbarer Inhibitor der in Präpp. von *Hefethiaminokinase* anwesenden **II**. H. Aman. 4210◇

Untersuchungen über enzymatische Synthese von Cocarboxylase in tierischen Geweben. 1. Mitt. **Fundamentaleigenschaften der Reaktion.** Yoshitake Mano. (J. Biochemistry [Tokyo] **47**, 24—36, 1960; Tokyo, Univ. of Tokyo, Fac. of Med., Dep. of Biochem.; engl.) — Für die enzymat. Synth. von *Cocarboxylase* in einem Präp. aus Rattenleber werden benötigt: *Thiamin* (**I**) als Phosphatacceptor, *Adenosintriphosphat* (ATP) als Phosphatdonator u. Mg^{2+} oder Mn^{2+} als Aktivator. — ATP kann nicht durch Adenosindiphosphat (ADP) oder Adenosin-5'-monophosphat (AMP) ersetzt werden; diese Nucleoside hemmen vielmehr. — Thiaminmonophosphat, das die Rk. hemmt, wirkt nicht als Phosphatacceptor. — Die Wrkg. von ADP u. von AMP + Phosphoenolpyruvat in dem Syst. kann als das Ergebnis einer intermediären, durch andere Enzyme bewirkten Bldg. von ATP angesehen werden. — Vf. schließt, daß die Rk. als einstufige Transphosphorylierung angesehen werden muß. — Die Rk. ist nicht umkehrbar; sie wird durch Äthylendiamintetraessigsäure gehemmt. K_M für **I** bzw. ATP betragen $4{,}5\cdot10^{-7}$ bzw. $8{,}3\cdot10^{-4}$ Mol/Liter. A. Hesse. 4210◇

Zum Wirkungsmechanismus der Phosphoketolase. 1. Mitt. **Oxydation verschiedener Substrate mit Ferricyanid zu Glykolsäure.** H. Holzer und W. Schröter. (Biochim. biophysica Acta [Amsterdam] **65**, 271—88, 1962; Freiburg/Br., Univ., Physiolog.-Chem. Inst.; dt.) — Aus *Lactobacillus plantarum* wird eine *Phosphoketolase* gewonnen u. gereinigt, die *Ferricyanid* red., wenn *Pentose-5-phosphat* (*Xylulose-5-phosphat?*), *Hydroxypyruvat* u. *Fructose-6-phosphat* als Substrate zugegen sind. Für 2 Mol Ferricyanid wird dabei 1 Mol *Glykolsäure* gebildet. Ist in den Vers.-Ansätzen *Orthophosphat* zugegen, ergeben alle Substrate *Acetylphosphat.* Die Rkk. sind von *Thiaminpyrophosphat* abhängig. Die kinet. Daten des Enzyms bei Umsatz der genannten Substrate werden geprüft, das pH-Optimum des Enzyms wird mit 6,0 bestimmt. W. Forth. 4210◇

Untersuchungen über den Reaktionsmechanismus von Acetylcoenzym-A-carboxylase. 1. Mitt. **Wirkung von Isocitrat auf die Transcarboxylierungsstufe der Acetylcoenzym-A-carboxylase.** Moseley Waite † und Salih J. Wakil. (J. biol. Chemistry **238**, 77—80, 1963; Durham, N.C., Duke Univ. Medical Center, Dep. of Biochem.; engl.) — 1 ml einer wss., 2 μMol Adenosintriphosphat (ATP), 10 μMol $NaH^{14}CO_3$, 60 μMol Phosphatpuffer (pH 6,5), 0,6 μMol $MnCl_2$, 40 μMol Isocitrat (pH 6,5) u. 13,6 mg *Acetyl-Coenzym-A-carboxylase* aus Schweineleber (spezif. Aktivität: Bldg. von 0,4—0,6 μMol

Malonyl-Coenzym A/Min./mg Protein) enthaltenden Lsg. wurde 3 Min. bei 38° bebrütet, der $^{14}CO_2$-Biotinkomplex aus dem Gemisch in einer „Sephadex-G-25"-Säule durch Gelfiltration getrennt u. der Ablauf (4 Fraktionen) im UV-Potentiometer untersucht. Malonsäure wurde papierchromatograph. identifiziert u. deren ^{14}C-Geh. nach Eluieren der Säure bestimmt. Der Einbau von $^{14}CO_2$ in den Komplex erfolgte nur in Ggw. von ATP u. Mn^{2+}, wurde durch *Avidin* gehemmt u. durch *Isocitrat* nicht beeinflußt. Die Menge des gebundenen $^{14}CO_2$ war der Menge des enzymgebundenen Biotins äquivalent. $^{14}CO_2$ wurde quant. auf Acetyl–Coenzym A übertragen u. dadurch ^{14}C-Malonyl–Coenzym A gebildet, wobei Avidin die Übertragung hemmte u. Isocitrat die Rk. um ein Mehrfaches steigerte. Daraus folgt, daß die Wrkg. des Isocitrats auf den Transcarboxylierungsteil der Enzym-Rk. beschränkt ist. Rk.-Schema im Original. G. Vogel. 4210◇

Untersuchungen über den Reaktionsmechanismus von Acetylcoenzym-A-carboxylase. 2. Mitt. **Über den Reaktionsmechanismus von enzymgebundenem Biotin.** Moseley Waite † und Salih J. Wakil. (J. biol. Chemistry **238,** 81—90, 1963; engl.) — 1. vgl. vorst. Referat. — Der nach vorst. Rk. gebildete *$^{14}CO_2$~Biotinenzymkomplex* wurde mit 4nH_2SO_4 oder $Ba(OH)_2$ zu freiem *Biotin* hydrolysiert, das 85% der Radioaktivität enthielt, u. zwar ausschließlich im Ureido-C-Atom. Durch Hydrolyse des intakten $^{14}CO_2$ ~ Biotinenzyms mit Papain entstand *Biocytin* (ca. 80% der Radioaktivität enthaltend), dessen Bldg. zeigt, daß Biotin an das Protein der *Acetylcarboxylase* über die Aminogruppe des *Lysins* gebunden ist. „Native" Carboxylase wurde durch Hydrolyse mit H_2SO_4 in Biotin, das Enzym dagegen mit Acetyl–Coenzym A oder Adenosindiphosphat u. PO_4^{3-} bis zu 94% (Ausbeute) in ein naheverwandtes Biotin-Deriv., versuchsweise als „Diaminobiotin" identifiziert, übergeführt, das also vermutlich die prosthet. Gruppe des decarboxylierten Enzyms darstellt. Diaminobiotinenzym konnte nur in Ggw. von HCO_3^-, Adenosintriphosphat u. Mn^{2+} zu Biotinenzym rückgebildet werden. Durch Wachstum von *Lactobacillus arabinosus* auf geringen Mengen von *Ureido-^{14}C-biotin* verlor letzteres seine Radioaktivität fast völlig trotz quant. Rückgewinnung von biolog. akt. Biotin. Daraus folgt, daß das ^{14}C-Atom (Ureido-C) bei biotinabhängigen Carboxylierungen beteiligt u. im enzymgebundenen Biotin vermutlich das akt. C-Atom sein dürfte. 2 vermutliche Rk.-Schemen für die Einw. des Biotinenzyms auf Acetyl–Coenzym-zym-A-carboxylase sind im Original dargestellt. G. Vogel. 4210◇

Untersuchungen über DOPA-Decarboxylasehemmstoffe in vivo unter Verwendung von $^{14}C_{(COOH)}$-DOPA. Eskil Hansson und William G. Clark. (Proc. Soc. exp. Biol. Med. **111,** 793—98, 1962; Sepulveda, Calif., Vet. Admin. Hosp.; Los Angeles Calif., Univ. of California, Med. Center; engl.) — Zur raschen u. einfachen Best. einer *3.4-Dihydroxyphenylalanin* (*DOPA*)-Decarboxylasehemmung in vivo (hier bei Mäusen) eignet sich die Best. des unter Einfl. eines Decarboxylaseinhibitors von injiziertem $^{14}C_{(COOH)}$-DOPA stammenden $^{14}CO_2$. Als aktivste Decarboxylasehemmstoffe erwiesen sich *DL-α-Hydrazino-α-methyl-3.4-dihydroxyphenylbuttersäure* (93,7% Hemmung mit 100 mg/kg intraperitoneal, mittlere Effektivdosis DE_{50} 1,8 mg/kg) u. *N-[3-Hydroxybenzyl]-N-methylhydrazin* (95,6% Hemmung mit 100 mg/kg, DE_{50} 2,2 mg/kg). Weit weniger wirksam sind *3-Hydroxybenzyloxyamin* (34,3%), *Hydrazin·H_2SO_4* (26,1%), *4-Brom-3-hydroxybenzyloxyamin* (20,1%), *5-[3-Hydroxycinnamoyl]-salicylsäure* (17,4%), *Semicarbazid·HCl* (8,3%); unwirksam sind *L-Cycloserin, D-Cycloserin, Iproniazid* (hierbei leichte Vermehrung der Atem-CO_2). Vgl. mit anderen α-Methylaminosäuren (jeweils ebenfalls 100 mg/kg) zeigt folgende Wrkg.: *DL-α-Methyl-DOPA* 41,6%, *L-α-Methyl-DOPA* 61,2%, *DL-α-Methyl-m-tyrosin* 36,9, *DL-α-Methyl-5-hydroxytryptophan* 22,4%, *DL-α-Methyltryptophan* 7,2%, *DL-α-Methyl-3-methoxyphenylalanin* 0%, *DL-α-Methylhistidin* 0%.
U. Tausendfreund. 4210◇

Histidindecarboxylaseaktivität beim Kind. R. G. Mitchell. (J. Physiology **164,** 20P—21P, 1962; Dundee, Univ. of St. Andrews Queens Coll., Dep. of Child Health and Pharmacol.; engl.) — Kinder u. Meerschweinchen zeigen bis zu 24 Std. nach dem Tode keinen signifikanten Verlust der Aktivität der *Histidindecarboxylase* (**I**). Bei einem 5 Monate alten Kind konnte eine meßbare I-Aktivität nur in Niere, Leber u. Lunge nachgewiesen werden, nicht aber in Pankreas, Thymus, Schilddrüse, Milz, Herz, Nebennieren u. Gehirn. Die Aktivität ist bei Frühgeburten geringer im Vgl. zu Normalgeburten. Die I-Aktivität im menschlichen Foetus zeigt ein Optimum bei pH 9 u. wird durch Zugabe von Bzl. auf das 10fache erhöht, ähnliche Verhältnisse herrschen beim fötalen Enzym von Kaninchen u. Meerschweinchen. Im Rattenfötus liegt das Optimum der I-Aktivität bei pH 6,5—6,6, u. es erfolgt keine Stimulierung durch Benzol. W. Hiller. 4210◇

Der Fructosestoffwechsel. F. Leuthardt. (Proc. Fifth Latin int. biochem. Meeting **1,** 107—20, Suppl. 1 zu: Rev. españ. Fisiol. **16,** 1960; franz.) — Übersicht. — 57 Literaturangaben. K. Maier. 4210◇

Die Lokalisierung Saccharose- und Maltose-fermentierender Systeme in Saccharomyces cerevisiae. D. D. Sutton und J. O. Lampen. (Biochim. biophysica Acta [Amsterdam] **56**, 303—12, 1962; New Brunswick, N.J., Rutgers, State Univ., Inst. of Microbiol.; engl.) — Isolierte Zellwände von *Saccharomyces cerevisiae* Stamm LK 2 G 12 enthalten große Mengen *Invertase* (*β-Fructosidase*, **I**), jedoch keine *Maltase* (*α-Glucosidase*, **II**). Auf *Glucose* (**III**), *Saccharose* (**IV**) oder *Maltose* (**V**) gewachsene Zellen können **III** u. **IV** vergären. Wurde die Zellwand mit Hilfe eines Verdauungsenzyms der Schnecke *Helix pomatia* entfernt, so wurde lösl. **I** freigesetzt, die gebildeten Protoplasten hatten die Fähigkeit, **IV** zu vergären, verloren. **V** wurde nur von Zellen vergoren, die auf **V** gewachsen waren. Protoplasten dieser Zellen behielten die Fähigkeit, **V** zu vergären u. setzten bei Lysis **II** in Freiheit. Zellen, die mit **III** als einzigem Zucker gewachsen waren, enthielten nur geringe Mengen **II**. Aus den Ergebnissen geht eindeutig hervor, daß **I** in der Zellwand u. **II** im Protoplasma lokalisiert ist. H.-G. Trüper. 4210◇

Enzymsysteme in Mycobakterien. 12. Mitt. **Die Hemmung der von Transglykosidase katalysierten Bildung von Trehalose-6-phosphat.** Dexter S. Goldman und Frank A. Lornitzo. (J. biol. Chemistry **237**, 3332—38, 1962; Madison, Wis., Veterans Admin. Hosp., Tuberculosis Res. Labor.; Univ. of Wisconsin, Inst. for Enzyme Res.; engl.) — 11. vgl. C. **1963**, 8984. — Zellfreie Extrakte aus verschiedenen Stämmen von *Mycobacterium tuberculosis* enthalten eine *Transglykosidase* (**I**), welche die Bldg. von *Trehalose-6-phosphat* aus *Glucose-6-phosphat* + *Uridinphosphatglucose* (unter Bldg. von Uridindiphosphat) katalysiert. Die spezif. Aktivität von **I** ist in einem virulenten Stamm von *M. tuberculosis* (H 37 Rv.) bedeutend höher als in einem avirulenten Stamm (H 37 Ra). Dies beruht auf Ggw. eines *Inhibitors* (**II**) im avirulenten Stamm, der aber gegen **I** aus beiden Stämmen wirkt. Die **I** des avirulenten Stammes kann von dem — nichtkompetitiv wirkenden — **II** durch Salzfraktionierung u. isoelektr. Fällung abgetrennt werden. Die von **II** befreite **I** verhält sich ebenso wie die **I** aus virulenten Stämmen. — Die Vorgeschichte der Stämme, bes. des 25 Jahre lang weiter gezüchteten Stammes H 37 Ra, u. die möglichen Gründe für das Auftreten von **II** werden diskutiert. A. Hesse. 4210◇

α-1.4-Glucan: α-1.4-Glucan-6-glykosyltranspherase aus der Leber. Clara R. Krisman. (Biochim. biophysica Acta [Amsterdam] **65**, 307—15, 1962; Buenos Aires, Inst. de Investig. Bíoquím „Fundación Campomar“ and Fac. de Cie. Exactas y Naturales; engl.) — Aus Rattenleberextrakten wird *α-1.4-Glucan-6-glykosyltranspherase* gewonnen u. ca. 35fach gereinigt. Die Enzymaktivität bei *Amylopektin* als Substrat hat ein pH-Optimum von 6,4 in 0,3m *Citrat*-Puffer. Mg^{2+}, Mn^{2+} u. *Molybdat* sowie *Na-p-Chlormercuribenzoat* hemmen die Enzymaktivität. Neben Amylopektin sind *Amylose* u. *β-Grenzdextrin* Substrat des Enzyms. W. Forth. 4210◇

Bedingungen, die die in vivo-Umbildung von Glucuronolacton in Zuckersäure bewirken. C. A. Marsh. (J. Physiology **164**, 7P, 1962; Bucksburn, Aberdeen, Rowett Res. Inst.; engl.) — Vf. fand einen Stoffwechselweg, bei dem *D-Glucuronolacton* durch eine Diphosphorpyridinnucleotid-abhängige in der Leber anwesende *Dehydrogenase* (**I**, in geringeren Mengen auch in Niere u. Hoden anwesend) in *D-Glucozuckersäure* (**II**) umgebildet wird, die mit dem Urin ausgeschieden wird. **II** hemmt die Aktivität der *β-Glucuronidase*. Barbiturate hemmen **I**. Die Ausscheidung von **II** nimmt während der Schwangerschaft zu u. erreicht einige Tage nach der Geburt wieder normale Werte. In der Leber trächtiger Mäuse findet eine Erhöhung der **II**-Aktivität statt. Nach Einnahme von Glucuronolacton beim Menschen erscheint $^1/_5$ im Urin als **II** wieder innerhalb von 48 Stunden. W. Hiller. 4210◇

Untersuchungen über Transaminase in menschlichem Urin. 1. Mitt. Kozo Yamada, Masaru Hayashi, Shunji Sawaki, Chuya Yazaki und Akira Fukumura. (J. Vitaminol. [Kyoto] **7**, 265—70, 1961; Nagoya, Showa, Nagoya Univ., Fac. of Med., Dep. of Internal Med.; engl.) — Im Urin normaler Personen u. verschiedener Patienten werden die Aktivitäten der *Glutaminsäure–Oxalessigsäuretransaminase* (**I**) u. der *Glutaminsäure–Brenztraubensäure-Transaminase* (**II**) bestimmt. Bei Normalen beträgt der **I**-Geh. 13 μg (Pyruvat pro ml Urin in 4 Std.), der **II**-Geh. 8 μg. Dialyse oder Pyridoxalphosphatzusatz zum Urin beeinträchtigen die Aktivitäten nicht. Der Einfl. verschiedener Elektrolytzusätze ist unterschiedlich aber sehr gering. Durch Stärkesäulenelektrophorese werden die Enzymaktivitäten in der Globulinfraktion der Urinproteine festgestellt. Bei verschiedenen Erkrankungen sind die **I**- u. **II**-Aktivitäten erhöht, bes. auffällig bei Nephritis u. nephrot. Syndrom sowie bei Gelbsucht. Der Enzym-Geh. im Urin geht parallel mit dem im Serum. P. Gregorzewski. 4210◇

Unterschiede zwischen den Transaminasen der Mitochondrien- und der löslichen Fraktion. 1. Mitt. **Glutaminsäure–Brenztraubensäure-Transaminase.** Nobuhiko Katunuma, Kazuko Mikumo, Makoto Matsuda und Mitsuko Okada. (J. Vitaminol. [Kyoto] **8**, 68—73, 1962; Osaka, Osaka Univ., Inst. for Protein Res., Dep. of Metabolism; Tokushima, Tokushima Univ., School of Med., Inst. for Enzyme Res., Dep. of Enzyme Chem.; engl.) — Die *Glutaminsäure–Brenztraubensäure-Transaminase* (I) wird aus der lösl. Fraktion (a) u. aus den Mitochondrien (b) aus Schweineherz u. Rattenleber isoliert. Die pH-Optima betragen für Ia 9,7 u. für Ib 8,5. Durch Säulenchromatographie u. Elution mit verschiedenen Puffern gelingt die Trennung. Die Michaelis-Konst. weisen keine Unterschiede auf. P. Gregorzewski. 4210◇

Unterschiede zwischen den Transaminasen der Mitochondrien- und der löslichen Fraktion. 2. Mitt. **Glutaminsäure–Oxalessigsäure-Transaminase.** Nobuhiko Katunuma, Tameo Matsuzawa und Akio Huzino. (J. Vitaminol. [Kyoto] **8**, 74—79, 1962; Tokushima, Tokushima Univ., Inst. for Enzyme Res., Dep. of Enzyme Chem.; engl.) — 1. vgl. vorst. Referat. — Die beiden aus Schweineleberfraktionen gewonnenen Enzym-Präpp. unterscheiden sich in ihrer Hitzestabilität, im pH-Optimum u. in der Größe der Michaelis-Konstante. Durch Säulenchromatographie an Ca-Phosphat u. elektrophoret. können beide Enzyme von einander getrennt werden. P. Gregorzewski. 4210◇

Untersuchungen über Unterschiede zwischen der Transaminase in Mitochondrien und der löslichen Fraktion. 3. Mitt. **Glutaminsäure–Oxalessigsäure-Transaminase.** Akio Huzino, Matiko Konishi, Tasuku Yoshida und Nobuhiko Katunuma. (Vitamins [Kyoto] **27**, 148—54, 1963; Tokushima, Tokushima Univ., School of Med., Inst. for Enzyme Res., Dep. of Enzyme Chem.; jap., Auszug: engl.) — 2. vgl. vorst. Ref. — Vff. teilen die Eigg. der *Glutaminsäure–Oxalessigsäure-Transaminase* (I) aus den Mitochondrien (I_M) u. aus der lösl. Fraktion (I_S) mit (vgl. Katunuma u. Okada, Proc. Japan. Akad. **38** [1962], 572). Durch $(NH_4)_2SO_4$-Fällung, Hitzebehandlung u. Chromatographie an DEAE-Cellulose können I_M u. I_S 100fach gereinigt werden. Diese gereinigte Präpp. erweisen sich als homogen bei der Säulenchromatographie, Elektrophorese u. Ultrazentrifugation. S_{20w} beträgt für I_S 5,8 S u. für I_M 3,8 S. Bei der Zonenelektrophorese wandert I_M zur Anode (—0,4 cm/Std.) u. I_S zur Kathode (+0,05 cm/Std.) bei pH 8 in Veronalpuffer. K_M für *Asparaginsäure* beträgt für I_M $1{,}8 \cdot 10^{-3}$ m u. für I_S $8 \cdot 10^{-3}$m, für *α-Ketoglutarsäure* I_M $5{,}8 \cdot 10^{3-}$m u. I_S $4{,}3 \cdot 10^{-3}$m. Die Absorptionsspektren deuten auf ein Vitamin-B_6-Enzym hin. W. Hiller. 4210◇

Untersuchung über alternative Kupplungsreaktion von an Mitochondrien gebundene Transaminase und Tricarbonsäurecyclus. Nobuhiko Katsunuma und Mitsuko Okada. (Vitamins [Kyoto] **25**, 321—29, 1962; Tokushima, Tokushima Univ., School of Med., Inst. for Enzyme Res., Dep. of Enzyme Chem.; Osaka, Osaka Univ., Inst. for Protein Res., Dep. of Metabolism; jap., Auszug: engl.) — Die Eigg. der *Glutamin–Brenztraubensäure-Transaminase* (I) u. der *Glutamin–Oxalessigsäure-Transaminase* (II) in den Mitochondrien sind verschieden von den Eigg. von I u. II aus der Nichtpartikelfraktion. *^{14}C-Glutaminsäure* (IV) wird bei Zugabe zu Mitochondrien-Präpp. rasch in *^{14}C-Asparaginsäure* (III) umgewandelt unter CO_2-Entw. in stöchiometr. Mengen. *Malonat* hemmt die III-Bldg.; *Hydroxylamin* in geringen Konzz., bei denen die Oxydation von *α-Ketoglutarsäure* u. die Aktivität der *Glutamindehydrogenase* nicht gehemmt wird, hemmt stark die Bldg. von **III**. Die Ergebnisse zeigen, daß die Umbldg. von **IV** in **III** in Mitochondrien eine Kupplungs-Rk. zwischen **II** u. einer Hälfte des Krebs-Cyclus ist. In der gleichen Weise wurden **III** u. Acetat in **IV** umgebildet. Es findet sich jedoch keine ^{14}C-**IV** aus ^{14}C-α-Ketoglutarsäure, die vom Tricarbonsäurecyclus geliefert wird, wenn NH_3, ^{14}C-Acetat u. Succinat zu Mitochondrien-Präpp. gegeben werden. Im Gegensatz dazu finden sich größere **IV**-Mengen, wenn NH_3, Acetat, Succinat u. α-Ketoglutarat als Substrate zugefügt werden. Glutaminsäuredehydrogenase kann nicht mit α-Ketoglutarat aus dem Tricarbonsäurecyclus reagieren, wohl aber mit Zugefügtem. W. Hiller. 4210◇

Ein direkter Nachweis für das Ansteigen des Enzymspiegels als die Ursache für das glucocorticoinduzierte Ansteigen der Glutaminsäure–Alanin-Transaminaseaktivität in Rattenleber. Harold L. Segal, R. G. Rosso, Sarah Hopper und Morton M. Weber. (J. biol. Chemistry **237**, PC 3303—PC 3305, 1962; St. Louis, Mo., School of Med., Dep. of Pharmacol. and Microbiol.; engl.) — Es wird der direkte immunochem. Nachw. der Änderung der *Glutaminsäure–Alanintransaminase* aus Leber als die Grundlage für hormonal bedingte Veränderungen der Gewebeaktivität des Enzyms geführt. P. Teichgräber. 4210◇

Reinigung und Eigenschaften von Ornithin-δ-transaminase. Yoshiko Matsuda, Ikuko Tomino und Nobuhiko Katunuma. (Vitamins [Kyoto] **27**, 155—58, 1963; Tokushima, Tokushima Univ., School of Med., Inst. for Enzyme Res., Dep. of Enzyme Chem.; jap., Auszug: engl.) — Vff. reinigen *Ornithin-δ-transaminase* (I) aus Rattenlebermitochondrien 400fach durch Beschallung, $(NH_4)_2SO_4$-Fraktionierung, Hitzebehandlung, Säulenchromatographie an DEAE-Cellulose u. Zonenelektrophorese. In dem Präp. befindet sich keine Glutaminsäure–Oxalessigsäure-Transaminaseaktivität. I erweist sich bei der Ultrazentrifugation u. Elektrophorese als einheitlich. Die Sedimentations-Konst. (S_{20w}) beträgt $7,1 \cdot 10^{-13}$ u. das Molgew. ca. 115000. I wird gehemmt durch Vitamin-B_6-Enzyminhibitoren (Thiosemicarbazid, Hydroxylamin). K_m beträgt für *Ornithin* $6 \cdot 10^{-4}$m, *α-Ketoglutarat* $8,45 \cdot 10^{-4}$m u. für Pyridoxalphosphat $1,13 \cdot 10^{-5}$m. Die Umsatzzahlen betragen für α-Ketoglutarat 63,66; Glyoxalat 12,02; Pyruvat 1,84 u. Oxalacetat 0,46. Zusatz von Oxalacetat bewirkt eine kompetitive Hemmung von α-Ketoglutarat im α-Ketoglutarat–Ornithin-System. Vff. nehmen an, daß I ein Pyridoxalphosphatenzym ist.

W. Hiller. 4210◇

Apocarboxypeptidase-Substrat-Komplexe. Joseph E. Coleman und Bert L. Vallee. (J. biol. Chemistry **237,** 3430—36, 1962; Boston, Mass., Harvard Med. School, Dep. of Med., Div. of Med. Biol., Biophysics Res. Labor.; Peter Bent Brigham Hosp.; engl.) — *Carboxypeptidase* (I) aus Rinderpankreas enthält Zn^{2+}-Ionen, die an ein S- u. ein N-Atom komplex gebunden sind; das inakt. Apoenzym (**I A**) wird sofort nach Zusatz von Zn^{2+} akt., was jedoch durch vorangehenden Zusatz von Substrat (Carbobenzoxyglycyl-L-phenylalanin; **II**) verhindert wird. Bei Verss. mit $^{65}Zn^{2+}$ wird gezeigt, day **I A** nur dann in akt. I übergeht, wenn der Zusatz in der Reihenfolge **I A**, Zn^{2+}, **II** erfolgt. Bei Zusatz von **II** unmittelbar zu **I A** erfolgt Bldg. eines Komplexes, der die Bindung von danach zugesetztem Zn^{2+} an **I A** verhindert. Ebenso verhindert Zusatz von **II** zu akt. I die Dissoziation von Zn^{2+} aus dem akt. Zentrum von I; dies wird daran gezeigt, daß in Cu^{2+}-I u. Cd^{2+}-I in Ggw. von **II** die Metalle nicht gegen $^{65}Zn^{2+}$ ausgetauscht werden können. Soweit bisher festgestellt wurde, wird durch solche Peptide (wie Glycylglycin; Carbobenzoxyglycyl-L-serin; Hippuryl-L-arginin), welche von I nicht hydrolysiert werden, sowohl die Bindung, von $^{65}Zn^{2+}$ als auch der Austausch der Metalle am akt. Zentrum nicht verhindert. Folgende synthet. Peptide bilden mit metallfreiem **I A** Komplexe u. verhindern die Bindung von $^{65}Zn^{2+}$ sowie die Wiederherst. der I-Aktivität: Glycyl-L-tyrosin > Carbobenzoxyglycyl-L-tyrosin > Carbobenzoxyglycyl-L-phenylalanin > Benzoylglycyl-L-phenylalanin. Diese Reihenfolge der Wirksamkeit steht in direkter Beziehung zur Bindungsaffinität dieser Substrate für die Zn^{2+}-I, wie sie durch die K_m-Werte gegeben wird. Das Ausmaß, bis zu welchem die Peptide die Bindung von $^{65}Zn^{2+}$ an **I A** verhindern, ist ein Maß für die Stabilität der **I A**-Substratkomplexe. Die aus diesen Daten berechneten Gleichgewichts-Konst. K_s stehen in naher Übereinstimmung mit den entsprechenden Michaelis-Konst., K_m. Offensichtlich werden diese Peptide an Aminosäuregruppen im akt. Zentrum unter Bldg. des I-Substratkomplexes gebunden, so daß das Metallmercaptid seine hydrolyt. Funktion ausüben kann. So kann die Bindung des Substratpeptids in Abwesenheit des Metallions im akt. Zentrum erfolgen.

A. Hesse. 4210◇

Trypsinogenkinase in Aspergillus oryzae. 6. Mitt. **Über ihre Substratspezifität als Protease.** Kazuo Nakanishi. (J. Biochemistry [Tokyo] **47,** 16—23, 1960; Tokyo, Sankyo Co. Ltd., Takamine-Labor.; engl.) — 4. vgl. C. **1963,** 8599; 5. vgl. C. **1963,** 13229. — *Trypsinogenkinase* („saure Protease" aus *Aspergillus oryzae*) u. „saure Protease" (I) aus *Aspergillus saitoi* katalysieren nicht die Spaltung von *Benzoylargininamid,* aktivieren aber kristallines *Trypsinogen* (II) stark. — Auch die „neutrale Protease" von *Aspergillus oryzae* bewirkt eine schwache II-Aktivierung. — I zeigt Wrkg. als *Carboxypeptidase A*, *Carboxypeptidase B* u. *Proteinase*; I vermag jedoch *L-Leucyl-L-arginin* zu spalten.

A. Hesse. 4210◇

Aktivitäten von Hühnerpankreasproteinasen gegenüber synthetischen Substraten. Charles H. Whiteside und J. M. Prescott. (Proc. Soc. exp. Biol. Med. **110,** 741—44, Aug./Sept. 1962; College Station, Tex., Texas Agric. Exp. Stat., Dep. of Biochem. and Nutrit.; engl.) — Die *Esterase-* u. *Amidase*-Aktivitäten der Hühnerpankreas-*Proteinasen* scheinen bzgl. ihrem Verh. gegenüber synthet. Substraten u. bzgl. der Wrkg. von Inhibitoren den entsprechenden Rinderenzymen zu gleichen. Nach Aktivierung durch Rindertrypsin wurden alle synthet. Substrate hydrolysiert, die durch Trypsin, Chymotrypsin u. Carboxypeptidase vom Rind hydrolysiert werden; ebenso fand sich Aktivität gegenüber denaturiertem Hämoglobin; nichtaktivierte Proteinasen waren kaum oder nicht aktiv. Hemmungen kamen durch *Diisopropylfluorphosphat* u. natürliche Trypsininhibitoren zustande.

U. Tausendfreund. 4210◇

Der Einfluß von Aminosäuren und Aminen auf die enzymatische Aktivität von Papain. Krishna Bahadur und B. D. Atreya. (Proc. nat. Acad. Sci. India, Sect. A **30,** 126—40, 1961; engl.) — Es wird die proteolyt. Wrkg. gegenüber Casein von *Papain* in Ggw. von *Glycin* (**I**), *L-Tyrosin* (**II**), *β-Alanin* (**III**), *DL-α-Alanin* (**IV**) u. *Glutaminsäure* (**V**) untersucht. Die Einfl. sind uneinheitlich u. ändern sich mit der Dauer der enzymat.

Proteolyse, **I** u. **II** haben am Anfang aktivierende Wrkg. später teilweise inhibitorische. Ähnlich liegen die Verhältnisse beim Zusatz von **III, IV** u. **V**. Bei allen Verss. ist der pH-Wert von entscheidender Bedeutung. P. Gregorzewski. 4210◇

Die Bildung des „Enzymoid des Papains" in einer wässerigen Glycinlösung. Krishna Bahadur und B. D. Atreya. (Proc. nat. Acad. Sci. India, Sect. A **30,** 141 bis 145, 1961; Agra, Allahabad Univ. and Balwant Rajput Coll., Chem. Dep.; engl.) — Anfänglich nimmt die gerinnende Wrkg. von *Papain*-Lsgg., die mit 0,5%ig. Glycin-H_2S-Lsg. verdünnt werden, mit dem Verdünnungsgrad ab. Nach mehrmaliger Verdünnung u. 1std. Stehen steigt diese Wrkg. jedoch wieder an. Verantwortlich für diese Erscheinung ist die Bldg. von Verbb., die als *Enzymoid des Papain* bezeichnet werden. P. Gregorzewski. 4210◇

Intestinale Enzymveränderungen während des Hungerns und während Adrenalektomie. R. J. Levin, H. Newey und D. H. Smyth. (J. Physiology **164,** 21P bis 22 P, 1962; Univ. of Sheffield, Dep. of Physiol.; engl.) — Die Gesamtaktivität der *Peptidase* bleibt während des 3tägigen Fastens der Ratten unverändert; auf das Frischgew. des Darmes bezogen (das Darm-Gew. fällt in dieser Zeit um 30%) steigt sie um 61%. Im Gegensatz dazu fällt die Gesamtaktivität der *Maltase* der hungernden Ratten, auf das Frischgew. des Darmes bezogen bleibt sie jedoch unverändert. Bei unkompensierter Adrenalektomie fällt die Gesamtaktivität beider Enzyme. Bei kompensierter Adrenalektomie (1% Salz-Lsg. im Trinkwasser) verändert sich die Gesamtaktivität beider Enzyme nicht. W. Hiller. 4210◇

Biochemische Untersuchung pathologischer Schädigungen, besonders von Blutungen, infolge von Habuschlangengift. Hiroo Maeno. (J. Biochemistry [Tokyo] **52,** 343 bis 350, 1962; Maebashi, Japan, Gunma Univ., School of Med., Dep. of Microbiol.; engl.) — Aus dem Gift der Habuschlange (*Trimeresurus flavoviridis* Hallowell) wurden durch Säulenchromatographie auf Carboxymethylcellulose (I) 2 Faktoren isoliert, welche Blutungen auslösten. Die nicht durch I adsorbierte Fraktion konnte wieder (durch Chromatographie auf Diäthylaminoäthylcellulose) in 2 verschiedene, Blutungen auslösende Fraktionen zerlegt werden. Die Wrkg. aller dieser Fraktionen wurde durch SH-Verbb. gehemmt. Die an I adsorbierte Fraktion ist ein proteolyt. Enzym. Die Blutungen auslösende Wrkg. des Giftes wird durch seinen hohen Geh. an *Hyaluronidase* verstärkt. K. Zingraf. 4210◇

Fibrinolyse. 7. Mitt. **Pfropflysis, Gerinnung und fibrinolytische Mechanismen nach Verabreichung von Aspergillin O (Pilzfibrinolysin) beim Menschen.** Mustafa Karaca, Mario Stefanini und Rose Mele. (J. Lab. clin. Med. **59,** 799—814, Mai 1962; Boston, Mass., Joseph Stanton Mem. Labor.; Tufts Univ., School of Med., Dep. of Med.; engl.) — 6. vgl. C. **1963,** 18541. — Das wenig pyrogen u. nicht antigen wirkende *Aspergillin O* (Connaught Labor.; aus *Arpergillus oryzae B-1273*) bewirkte bei 60% (von 20 Fällen mit Carcinomatose, Lymphom, Leukämie, Cerebral- oder Coronarverschluß) nach i. v. Injektion von 3—16 mg/kg Lysis des Vollblutpfropfes, bei Steigerung von Plasmin, *Aktivator* u. *Esterase*-Aktivität des Serums; keine Veränderung der Thrombocytenzahl, der *Prothrombin*-Konz., der Aktivität von *labilem* u. *stabilem Faktor*, Stuart-*Faktor*, *Antihämophilie-Globulin*, Plasma-*Thromboplastin-Komponente* (wenigstens bei der Mehrzahl); unveränderter *Antithrombin*-Spiegel; bei einigen Fällen *Fibrinogen*-Verminderung; keine Veränderung von *Plasminogen*, *Proaktivator*, *Antiplasmin*; keine Resistenz gegenüber wiederholter Anwendung. U. Tausendfreund. 4210

Fibrinolyse. 8. Mitt. **Vergleichende in vitro-Untersuchungen der Wirkungen verschiedener proteolytischer Stoffe auf den Blutgerinnungsmechanismus des menschlichen Plasmas.** Mustafa Karaca, Mario Stefanini, Rose H. Mele, Andrea Mossa und Franco Soardi. (J. Lab. clin. Med. **60,** 117—24, Juli 1962; engl.) — 7. vgl. vorst. Referat. — Bei in vitro-Unters. der Wrkg. von 9 enzymat. Substanzen [*Trypsin* (**I**), aus Rinderpankreas, 2 mal krist.; *Ficin*, Konzentrat aus Feigenbaumlatex; *Bromelin* (**II**), Konzentrat aus Ananas; *Protease*, Konzentrat aus *Bacillus subtilis*, *Bioprase*; *NSP*, Konzentrat aus *Bacillus subtilis*; *PK*, krist. Bakterienendopeptidase; *Aspergillin O*, Konzentrat aus *Aspergillus oryzae*, **IV**; *Rhozyme A-4*, Konzentrat aus *Aspergillus oryzae* u. *niger*, **V**; Rhozyme P-11, Konzentrat wie **V**] führten alle Substanzen in Mengen von $20 \cdot 10^{-3}$ caseinolyt. Einheiten/ml zu einer Verkürzung der partiellen Thromboplastinzeit. **I** u. **II** beschleunigten gleichzeitig die Bldg. von *Thromboplastin* u. *Thrombin* (**VI**); **III, IV** u. **V** verzögerten die Bldg. von **VI**; **III** u. **IV** bewiesen Antithrombin-**III**-Aktivität, **V** verzögerte die Plasmaprothrombinzeit (vermutlich durch Freisetzung von Antithrombin-**VI**-Aktivität. Die individuellen Gerinnungssubstanzen wurden kaum beeinträchtigt (erst in höheren Konzz. ist ein Einfl. spürbar). **III, IV** u. in geringerem Ausmaß auch **V** scheinen sich wegen Gerinnungsverzögerung u. gleichzeitig hoher fibrinolyt. Aktivität zur Verw. als fibrinolyt. Substanzen zu eignen. U. Tausendfreund. 4210◇

Beitrag zum pharmazeutisch-chemischen Nachweis der Enzyme Hyaluronidase, Trypsin, Streptokinase–Streptodornase (Varidase). A. M. Fuentealba, P. A. Danhier C. und J. Brieva A. (Farmac. nueva **27,** 121—28, 1962; span.) — Beschreibung des Nachw. von *Hyaluronidase, Trypsin* u. *Streptokinase–Streptodornase* mit 14 Fällungs-Rkk. sowie der quant. Best. mit gravimetr. u. colorimetr. Verfahren.
K. Zingraf. 4210◇

Die enzymatische Hydrolyse und Struktur von Phosphatidylglycerin. F. Haverkate, U. M. T. Houtsmuller und L. L. M. Van Deenen. (Biochim. biophysica Acta [Amsterdam] **63,** 547—49, 8/10. 1962; Utrecht, State Univ., Labor. of Organ. Chem., Dep. of Biochem.; engl.) — *Phosphatidylglycerin* erweist sich als empfindlich gegenüber der Wrkg. der *Phospholipasen A, B, C* u. *D.* An Hand eines Schemas über den Angriffspunkt der Phospholipasen lassen sich Folgerungen über die Struktur ziehen: Es besteht vermutlich eine L-α-Konfiguration, ein Teil des Mol wird von Glycerylphosphorylglycerin gebildet, ein Teil des Glycerinanteils ist wahrscheinlich nicht mit Fettsäureketten verestert, Es wird die Ggw. einer Diacylglycerylphosphorsäureeinheit in Verbindung mit Glycerin bestätigt. U. Tausendfreund. 4210◇

Spezifität einer Darmlipase für Monoglyceride. James C. McPherson, Roy E. Askins und J. Lon Pope. (Proc. Soc. exp. Biol. Med. **110, 744**—48, 1962; Dallas, Southwestern Med. School, Univ. of Texas, Dep. of Biochem.; engl.) — Vff. isolieren aus der Darmschleimhaut von Ratten ein Enzym, das Monoglyceride von langkettigen *gesätt.* u. *ungesätt. Fettsäuren* (*Ölsäure, Palmitinsäure*) hydrolysiert. Di- u. Triglyceride werden nur zu einem geringen Grade hydrolysiert. Triglyceride nur zu $^1/_{10}$ im Vgl. zu Monoglyceriden. Die α- u. β-Formen der Monoglyceride werden vom Enzym im gleichen Maße angegriffen. W. Hiller. 4210◇

Cholinesterasen im menschlichen Serum. W. K. Berry. (Biochim. biophysica Acta [Amsterdam] **39,** 346—48, 1960; Porton Down, Salisbury, Wilts. (Great Britain), War Dep., Chem. Defence Exp. Establishment; engl.) — Im menschlichen Serum finden sich folgende *Cholinesterase* (**I**)-Wrkg.: Aktivität „A", hydrolysiert *Acetylcholin* (**II**) bei hoher **II**-Konz., einfache Michaelis-Menten-Kinetik, K_m ca. 10^{-3}m; prakt. inakt. bei 10^{-4}m **II**-Konz., fast maximal akt. bei $2 \cdot 10^{-2}$m **II**-Konzentration. — Aktivität „a", hydrolysiert **II** bei niedrigen **II**-Konzz.; maximale Aktivität wird bei 10^{-4}m angenommen. — Aktivität „B" spaltet *Benzylcholin* (**III**) bei hohen **III**-Konzz., K_m ca. 10^{-3}m, manchmal durch Überschuß an **III** gehemmt; Inaktvität bei 10^{-4}m **III**-Konz. angenommen; maximal akt. bei ca. $2 \cdot 10^{-2}$ **III** m. — Aktivität „b" spaltet **III** bei niedriger **III**-Konz., K_m ca. 10^{-5}m; **III**-Überschuß hemmt; optimale Aktivität wird bei 10^{-4}m **III**-Konz. angenommen; inakt. bei $2 \cdot 10^{-2}$m **III**-Konzentration. — Die 4 Aktivitäten werden durch *Physostigmin* ($2 \cdot 10^{-6}$m) zu $>$80% gehemmt; es handelt sich also um echte **I**. — Durch 5 Min. Inkubation des Serums mit *Tetraäthylpyrophosphat* oder mit *N.N-Diisopropylphosphorsäurediamidanhydrid* werden alle 4 **I** in gleicher Weise gehemmt. Durch *Dibucain* oder *Äthopropazin* werden „A", „a" u. „b" etwa in gleicher Weise gehemmt; „B" ist dagegen weniger empfindlich u. kann wahrscheinlich als ein gesondertes Enzym angesehen werden. Während es höchst unwahrscheinlich ist, daß „A" u. „a" einem einzigen Enzym zugeschrieben werden kann, ist möglicherweise eines von ihnen mit „b" vergesellschaftet; es wären dann **3 I** anzunehmen. A. Hesse. 4210◇

Eine cytomorphologische Untersuchung der Cholinesterase in Sympathicusganglien der Katze. Bengt Fredericsson und Folke Sjöqvist. (Acta morpholog. neerl.-scand. **1963,** 27 Seiten, Sep.; Stockholm, Karolinska Inst., Dep. of Histol., Dep. of Pharmacol.; engl.) — Die Sympathicusganglienzellen der Katze können je nach ihrer hohen, mäßigen oder geringen *Acetylcholinesterase* (**I**)-Aktivität in 3 Gruppen eingeteilt werden. Bei präganglionärer Denervierung verschwindet **I** von den präsynapt. Nervenendigungen. Axotomie verringert den Geh. in den Zellen der beiden ersten Gruppen, nicht aber der dritten Gruppe wesentlich. Die *Butyrylcholinesterase* wird durch Denervierung oder Axotomie histochem. nicht beeinflußt. In den Zellen der 3 Gruppen konnten keine morpholog. Unterschiede in der Verteilung der Nisslschen Substanz u. der **I** vor u. nach Axotomie festgestellt werden. K. Zingraf. 4210◇

Biogenese von Riboflavin in grünen Blättern. 2. Mitt. Enzymatische Bildung von 6-Methyl-8-ribityl-2.4.7-trioxohexahydropteridin aus 6.7-Dimethyl-8-ribityllumazin. Hisateru Mitsuda, Fumio Kawai, Yuzuru Suzuki und Yukuho Nakayama. (J. Vitaminol. [Kyoto] **7,** 243—46, 1961; Sakyo, Kyoto Univ., Fac. of Agricult., Labor. of Nutrit. Chem.; engl.) — Vgl. C. **1962,** 14934. — Bei der Einw. eines rohen Enzym-Präp. aus Spinatblättern (vgl. J. Vitaminol. [Kyoto] **7,** [1961], 128) auf 6.7-Dimethyl-6-ribityllumazin bei 30° in der Dunkelheit entsteht die fluoreszierende Verb. *6-Methyl-8-ribityl-2.4.7-trioxohexahydropteridin* (papierchromatograph. Nachw.). P. Gregorzewski. 4210◇

Biogenese von Riboflavin in grünen Blättern. 3. Mitt. Zur enzymatischen Konversion von 6.7-Dimethyl-8-ribityllumazin in Riboflavin und 6-Methyl-8-ribityl-2.4.7-trioxohexahydropteridin. Hisateru Mitsuda, Fumio Kawai, Yuzuru Suzuki und Yukuho Nakayama. (J. Vitaminol. [Kyoto] **7**, 247—55, 1961; engl.) — 2. vgl. vorst. Referat. — *6.7-Dimethyl-8-ribityllumazin* (I) wird in dem Spinatenzymextrakt in Ggw. oder Abwesenheit von *Cystein* (**II**), *Ascorbinsäure* u. *Pyruvat* bei 30° inkubiert. Zusatz von 0,01m **II** zum Inkubationsmedium liefert eine um 15% höhere *Riboflavin* (**III**)-Ausbeute gegenüber **II**-freiem Medium. Ohne **II**-Zusatz wird dafür 19% mehr *6-Methyl-8-ribityl-2.4.7-trioxohexahydropteridin* (**IV**) gebildet. Die Summe aus **III** u. **IV** ist unabhängig vom **I**-Zusatz u. beträgt 47—50% von **I** auf mol. Grundlage, der **I**-Verbrauch erfolgt mit konst. Geschwindigkeit. In Ggw. von **II** u. *Ascorbinsäure* läßt sich keine **IV**-Bldg. nachweisen, die **III**-Ausbeute beträgt 38%. Zusatz von *Pyruvat* verändert nicht die stöchiometr. Bldg. von 1 Mol **IV** aus 2 Mol **I**, führt aber nach kurzer Zeit zu einer plötzlichen Hemmung der **III**- u. **IV**-Bildung. Eine Inkorporation in **III** u. **IV** erfolgt nicht. P. Gregorzewski. 4210◇

Biochemische Untersuchungen über Inosinsäure von Diphosphothiamin im Leber-Pyruvat-Oxydase-System. Akio Maekawa, Junzo Hayashi, Takeichi Oshima, Takao Suzuki und Yoshikazu Sahashi. (J. Vitaminol. [Kyoto] **7**, 271—75, 1961; Tokyo, Chitose, Setagaya, Tokyo Agricult. Univ., Dep. of Agricult. Chem., Labor. of Biochem. and Nutrit.; engl.) — Zusatz von *Inosinsäure* (I) oder Adenosintriphosphat zum Inkubationsmedium erhöht die *Pyruvatoxydase* (II)-Aktivität in Rattenleberhomogenaten. Nach oraler Verabreichung von **I** + *Thiamin* an Thiaminmangelratten wird das Wachstum der Tiere gefördert u. die **II**-Aktivität der Leber erhöht. Es wird angenommen, daß **I** zur Aktivierung von Diphosphothiamin im **II**-Syst. beiträgt.
P. Gregorzewski. 4210◇

Vitamin B_{12}-Coenzyme. G. B. Kitto, J. McNicoll und M. H. Briggs. (Sci. and Cult. [Calcutta] **28**, 295—302, Juli 1962; Wellington, New Zealand, Victoria Univ., Dep. of Chem.; engl.) — Übersicht. Glutaminsäure-, Propionsäurestoffwechsel, Methionin-Synth., Brenztraubensäure-CO_2-Austausch, Eigg. von *Vitamin* B_{12}-Coenzymen. — 34 Literaturangaben. K. Maier. 4210◇

Isolierung und Eigenschaften des Cofaktors eines adrenocorticotropes Hormon inaktivierenden Enzymsystems aus dem Blut des Menschen. Thomas F. Hopkins, Charles Terner und Gregory Pincus. (Endocrinology **69**, 728—34, 1961; Shrewsburry, Mass., The Worcester Found. of Exp. Biol.; engl.) — Vff. beschreiben die Isolierung eines Cofaktors eines in vitro Enzym-Syst., das das *adrenocorticotrope Hormon* (ATCH) inaktiviert. Das hoch gereinigte Syst., das für diese Unters. verwendet wurde, enthält zwei Komponenten: 1. ein Enzymprotein, das mit Plasminogen ident. oder verwandt ist u. 2. ein Nichtprotein-Cofaktor, der für die Aktivierung des Enzyms erforderlich ist. Der gereinigte Cofaktor ist eine hitzebeständige, dialysierbare Substanz mit relativ niedrigem Molgew. (unter 2000), die selbst nicht akt. ist. Er kann also nicht mit Streptokinase verwandt sein; er unterscheidet sich auch von anderen Aktivatoren des Plasminogens, die in der Regel proteolyt. Enzyme darstellen. — Aus den Unterss. wird geschlossen, daß der enzymat. Mechanismus der Fibrinolyse durch Plasmin sich von dem Mechanismus der Inaktivierung des ATCH durch diesen Cofaktor unterscheidet.
H. Köditz. 4210◇

E₃. Mikrobiologie. Bakteriologie. Immunologie

Über die Bedeutung wasserlöslicher Vitamine für das Mycelwachstum höherer Pilze. Wolfgang Rawald. (Arch. Mikrobiol. **42**, 378—92, 1962; Weimar, Univ. Jena, Inst. für Spezielle Bot., Abt. Mykologie; dt.) — Vf. untersucht die Vitaminbedürfnisse von *Tricholoma-*, *Lepista-*, *Lyophyllum-* u. *Calocybe*-Spezies. An Vitaminen werden geprüft: *Aneurin, Thiamin, Lactoflavin, Riboflavin, Adermin, Pyridoxinhydrochlorid, Pantothensäure, Nicotinsäureamid* u. *Vitamin-B_{12}*-Präpp., weiterhin ein Vitamin-B-Komplex-Präp., Bierhefe- u. Bäckerhefe-Preßsaft. Die Ansprüche der einzelnen Spezies sind sehr unterschiedlich. Einige Spezies sind Vitamin-autotroph. Stämme, die in ihrem Wachstum durch ein beliebiges Vitamin stimuliert werden, reagieren auch auf Aneurin. Am stärksten wirken Hefepreßsäfte, weiterhin bei den Spezies Aneurin u. Pantothensäure. W. Hiller. 4310◇

Über die Ernährungsbedingungen von 10 Stämmen des Lactobacillus acidophilus. F. Knüsel und Th. Wagner-Jauregg. (Arch. Mikrobiol. **42**, 393—406, 1962; Zofingen, Siegfried Akt.-Ges.; dt.) — Aus Distillers Dried Solubles (DDS) wurde ein Faktor (fermentation soluble factor) gewonnen, der Wachstumsförderung zeigte. Vff. prüfen die Wachstums-Wrkg. von DDS-Extrakten auf 10 Stämme von *Lactobacillus acidophilus*. In den butanol. Extrakten der DDS finden Vff. *Mevalonsäure, Riboside, Desoxyriboside* u. einige Vitamine der B-Gruppe (*Aneurin, Riboflavin, Pantothensäure, Pantethin, Nicotinsäure, Nicotinsäureamid, Folsäure, Leucoverin, Biotin*). Der fermentation soluble factor in den DDS besteht demnach aus bekannten Substanzen u. ist nicht wie von anderen Autoren vermutet, das hypothet. Vitamin B_{13}. Vff. waren in der Lage, für alle Organismen eine Nähr-Lsg. bekannter chem. Zus. zu schaffen, die die gleiche Wrkg. auf das Wachstum wie Zusätze von DDS-Extrakt zur Grundnähr-Lsg. zeigt. W. Hiller. 4310◇

Die Eignung verschiedener synthetischer und komplexer Nährböden zur Bildung fungistatischer Antibiotica von Actinomyceten. H. Köhler. (Zbl. Bakteriol., Parasitenkunde Infektionskrankh. Hyg., II. Abt. **115,** 701—15, 30/10. 1962; Aschersleben, Dtsch. Akad. der Wiss. [Berlin], Biol. Zentralanstalt, Inst. für Phytopathol.; dt.) — In einer Vgl.-Unters. wurden 47 Nähr-Lsgg., davon 18 synthet., auf ihre Eignung zur Biosynth. *fungistat. Antibiotica* — getrennt nach Polyenen u. nicht-Polyenen Antibioticis — geprüft. Die höchste Antibioticum-Konz. konnte auf einem Nährboden erzielt werden, der als Stimulans *gekeimten, gemahlenen Hafer* enthielt (Zus.: Glucose 5, Dextrin 10, gekeimter Hafer 20, NH_4NO_3 5, $CaCO_3$ 5, NaCl 5, Leitungswasser 1000; pH 7,2). Der Einfl. der Nährboden-Zus. auf die Antibioticum-Bldg. u. die Entw. der Actinomyceten wird diskutiert. U. Tausendfreund. 4310◇

Phosphatidyläthanolamin bestimmter Mycobakterienarten. D. Subrahmanyam, A. N. Nandedkar und R. Viswanathan. (Biochim. biophysica Acta [Amsterdam] **63,** 542—44, 8/10. 1962; Delhi, Univ. of Delhi, Vallabhbhai Patel Chest Inst.; engl.) — Da den Phosphatiden eine Rolle bei der Virulenz von Tuberkelbacillen zugesprochen wird, wurde eine Charakterisierung von Phosphatiden nichtpathogener u. pathogener Mycobakterienstämme unternommen. In *Mycobacterium 607* fand sich ein *Phosphatid*-Geh. von 2,9% des Trocken-Gew. des Bacillus, 15% davon waren *Phosphatidyläthanolamin*; bei *Mycobaterium phlei* betrugen die Werte 1,9% u. 3%, bei *Mycobacterium avium* 0,7% u. 15%, beim *Stamm* $H_{37}Rv_4$ 3,8% u. 10%. U. Tausendfreund. 4315◇

Untersuchungen über die Chemie des Wachses D von BCG. 2. Mitt. **Über die chemische Konstitution der Oligomannoinositide.** Shoshichi Nojima. (J. Biochemistry [Tokyo] **46,** 607—20, Mai 1959; Tokyo, Nat. Inst. of Health, Dep. of Chem.; engl.) — 1. vgl. C. **1961,** 17990. — Für die Konst. von aus Wachs D von BCG-Tuberkelbakterien isolierten *Oligomannoinositiden* (**I**) wird die Strukturformel **A** diskutiert. Aus **I** wurden *Glycerophosphorylinositdi-, -tetra-* u. *pentamannoside* (**B**) als *Ba-Salze* rein isoliert. Die **I**-Fettsäuren bestehen aus *Palmitinsäure* u. einer Säure mit SZ. 188 (*Tuberculostearinsäure*?).

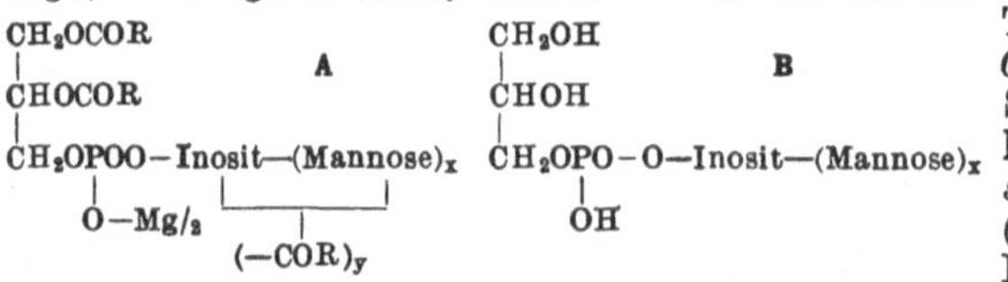

Versuche: *Glycerophosphorylinositpentamannosid*, 230 mg Ba-Salz, $C_{39}H_{68}Ba_{0,5}\cdot O_{36}P$ (**II**; x = 5, y = 1), Zers. 228°, aus Wachs D, Fraktion B, Lot 3-b, durch milde alkal. Hydrolyse (925%ig. methanol. KOH, feuchter Bzl., Rückfl., 0,5—2 Std. lang), Chromatographie an Dowex-2 (OH^-), Überführung ins Ba-Salz durch IR-120 (H^+)- u. IRC-50 (Ba^{2+})-Passage; Krist. (abs. A.), $[\alpha]_D^{27}$ +103° (c = 0,408; W.); 30 mg (Ausbeute). Aus 200 mg Lot 3-c 59 mg. — *Dimannosid*, $C_{21}H_{38}Ba_{0,5}O_{21}P$, Zers. 226°, aus 200 mg Lot 3-a; 15 mg. Aus Verseifungs-Fl. durch Ae.-Extraktion u. Phasenumkehrchromatographie. *Palmitinsäure*, F. 61—62°, u. *Säure* mit Neutralisationszahl 188. K. Maier. 4315◇

Die Lipidbildung bei Cryptococcus terricolus. 4. Mitt. **Die Trennung des Lipidextraktes durch Kieselsäure-Säulenchromatographie.** T. A. Pederson. (Acta chem. scand. **16,** 1015—25, 1962; Stockholm, Royal Inst. of Technol., Div. of Food Chem.; engl.) — 3. vgl. C. **1963,** 17742. — Die Lipide von *Cryptococcus terricolus* wurden chromatograph. untersucht. Zunächst erfolgte die Abtrennung der Phospholipide (PL) an einer SiO_2-Säule. Nach Elution der übrigen Anteile konnten die PL mit Methanol in drei Fraktionen aufgespalten werden. Die freien Fettsäuren (FFS) ließen sich von den Neutralfetten durch Verw. eines Anionenaustauschers (Amberlit IRA-400) trennen. Schließlich erfolgte eine Fraktionierung der neutralen Lipide in *Sterinester, Triglyceride, freies Cholesterin, Diglyceride* u. *Monoglyceride* durch Chromatographie an SiO_2-Säulen u. Elution mit Ae.-PAe.-Mischungen. Der Gesamtlipidextrakt lieferte folgendes Ergebnis: PL 1,8%, FFS 2,6%, Sterinester 0,4%, Triglyceride 91,6%, freie Sterine 0,6%, Diglyceride 2,5% u. Monoglyceride 0,3%. Im letzten Teil der freien Sterinfraktion fand sich (wahrscheinlich als Diglycerid) 0,3% des Gesamtmaterials in dieser gebundenen Form. Die Addition der Einzelergebnisse ergab 100,1%. Die PL-Fraktion setzte sich zu 38%

aus *Kephalinen* u. zu 61% aus *Lecithinen* zusammen. Das restliche 1% der PL enthielt nicht nur *Cholin*, sondern auch N-Basen mit freien Aminogruppen. Mit ihrem überwiegenden Geh. an Triglyceriden unterscheiden sich die Lipide von *Cryptococcus terricolus* von denen anderer mikrobieller Materialien. H. Zöllner. 4315◇

Die Reaktion von Neurospora-Mutanten auf CO_2. H. P. Charles. (Nature [London] **195,** 359—60, 1962; Univ. of Reading, Dep. of Microbiol.; engl.) — Während *α-Aminobuttersäure* (**I**) u. *Threonin* (**II**) in fl. Medien das Wachstum einer Pyrimidinmutante von *Neurospora* (pyr-3,1298) fördern, ist das auf festen Nährböden nur bei geringeren Temp. der Fall. Diese Temp.-Empfindlichkeit wird durch *Uridin* (**III**)-Gaben aufgehoben. Während 0,5 mg *Arginin* (**IV**) das Wachstum auf **I**- u. **II**-haltigen Medien hemmen, tritt dieser Effekt in Ggw. von **III** nicht auf. Vf. konnte zeigen, daß die Temp.-Empfindlichkeit auf die geringere Löslichkeit von CO_2 bei höheren Temp. zurückzuführen ist, in einer Atmosphäre mit 15% CO_2 erfolgte mit **I** u. **II** auch bei 30° noch Wachstum. In einer derartigen Atmosphäre fördern auch *Homoserin, α-Ketobuttersäure, Glykokoll, Cystein, Serin, Lysin, Orotat, β-Alanin, Propionsäure, Bernsteinsäure, Ameisensäure, Thymin, Cytosin, Dihydrouracil* u. *Methionin* das Wachstum der Mutante, keine Wrkg. zeigen *Citronen-, Äpfel-* u. *Asparaginsäure* sowie *Prolin*. Die Mutante wächst in einer Atmosphäre von 20—30% CO_2 sogar auf einem Minimalmedium ohne Zusatz. Absorption des CO_2 durch KOH (25%) verhindert jegliches Wachstum der Mutante auf **I**- u. **II**-Medien, während die Wildform hierdurch nicht beeinträchtigt wird. Sämtliche CO_2-Wrkg. werden durch **IV** aufgehoben. Vermutlich braucht die Mutante 1298 exogenes CO_2 zur **III**-Synthese. Das CO_2 dürfte über *Carbamylphosphat* (**V**) in die Pyrimidine eingebaut werden. Da **V** gleichfalls Vorläufer des *Citrullin* (**VI**) u. **IV** ist, müßten bei Hemmung der **V**-Synth. **VI** u. **IV** ebenso wie **III** benötigt werden. Das wurde an einer **IV**-Mutante auch bestätigt. Die Existenz von **IV**-Mutanten ohne **III**- sowie **III**-Mutanten ohne **IV**-Bedarf sowie beider Wachstum in Ggw. von CO_2 wird diskutiert u. erklärt.
Hans Thiele. 4320◇

Jahreszeitliche Veränderungen in der Nitrat-reduzierenden Aktivität einer Grünalge. E. Kessler und F. C. Czygan. (Experientia [Basel] **19,** 89—90, 1963; Marburg/Lahn, Univ., Bot. Inst.; engl.) — Zellfreie Extrakte u. intakte Zellen der Grünalge *Arkistrodesmus braunii* zeigen jahreszeitliche Schwankungen in ihrer Aktivität, *Nitrate* zu reduzieren. Das Maximum liegt im Juni/Juli u. das Minimum im Oktober/November.
W. Hiller. 4320◇

Intracelluläre Calcifizierung in einem Coccolithophorid. L. S. Lavine, H. D. Isenberg und M. L. Moss. (Nature [London] **196,** 78, 6/10. 1962; New Hyde Park, N.Y., Long Island Jewish Hosp.; Brooklyn, State Univ. of New York, Downstate Med. Center, Coll. of Med.; New York, Columbia Univ., Dep. of Anat.; engl.) — *Hymenomonas* sp. werden in einem Medium mit Milchsäure, Mg^{2+}, Ca^{2+}, PO_4^{3+}, CO_3^{2-} u. Äthylendiamintetraessigsäure gehalten. Nach 2wöchiger Kultur in konst. Fluorescenzlicht bei 18—20° treten makroskop. erkennbare extracelluläre Coccolithe auf. Es wird nachgewiesen, daß diese Coccolithe intracellular gebildet u. anschließend an das Medium abgegeben werden.
P. Gregorzewski. 4320◇

β-Hydroxypropionaldehyd, ein Intermediärprodukt bei der Bildung von Propandiol-(1.3) durch Aerobacter aerogenes. R. H. Abeles, A. M. Brownstein und C. H. Randles. (Biochim. biophysica Acta [Amsterdam] **41,** 530—31, 1960; Columbus, Ohio, Ohio State Univ., Dep. of Chem. and Bacteriology; engl.) — *Aerobacter aerogenes* bildet bei Wachstum auf 3% *Glycerin* (**I**) 35—50% des **I** in *Propandiol-(1.3)* um. Wird die Rk. in Ggw. von 0,6m Semicarbazid ausgeführt, so bildet sich das *β-Hydroxypropionaldehydsemicarbazid*. Bei Zugabe von eisgekühltem *2.4-Dinitrophenylhydrazin* (0,1%ig. Lsg.) in 2n HCl entsteht das 2.4-Dinitrophenylhydrazon des β-Hydroxypropionaldehyds. Wird die Rk. bei Raum-Temp. durchgeführt, so bildet sich *Acrolein-2.4-dinitrophenylhydrazon*. Die Umbldg. von **I** in Propandiol-(1.3) geht bei *Ae. aerogenes* demnach über die Stufe des *β-Hydroxypropionaldehyds*, der als Elektronenacceptor bei der **I**-Fermentation dient. Bei *Ae. aerogenes* wurde auch die Umbldg. von *Äthylenglykol* in *Acetaldehyd* u. von *Propandiol-(1.2)* in *Propionaldehyd* festgestellt. Diole mit 4 u. mehr C-Atomen u. Verbb. mit Amino- u. Thiolgruppen werden nicht umgebildet. W. Hiller. 4320◇

Bemerkung zum Einfluß von Gibberellinsäure auf die Citronensäurebildung durch Aspergillus niger. K. Täufel und U. Behnke. (Mber. dtsch. Akad. Wiss. Berlin **4,** 168—169, 1962; Potsdam-Rehbrücke, Inst. für Ernährung; dt.) — Unter Heranziehung des Pilzes *Aspergillus niger* wird durch Zugabe von *Gibberellsäure* (**I**) zur Nähr-Lsg. ihr Einfl. auf die *Citronensäure*-Bldg. untersucht u. festgestellt, daß **I** die Citronensäureausbeute u. den Verlauf von Auskeimung u. Wachstum nicht beeinflußt.
A. Täufel. 4320◇

Verhalten von Varianten von Gilbertella persicaria bei Kultur in einem 2.6-Dichlor-4-nitroanilin enthaltendem Medium. Joseph M. Ogawa, Richard H. Ramsey und Cecilia J. Moore. (Phytopathology **53,** 97—100, 1963; Davis, Calif., Univ. of California, Dep. of Plant Pathol.; engl.) — Vff. kultivieren *Gilbertella persicaria* in einem Medium mit 0—800 ppm *2.6-Dichlor-4-nitroanilin* (I) u. fanden am Ende der dritten Woche bei 400 ppm I einen I-resistenten Stamm, der bei Übertragungen in Agar stabil blieb. Die morpholog. Eigg. des Stammes werden beschrieben. W. Hiller. 4320◇

Über die Rolle der Polysaccharide mit Hinblick auf die in vitro Vermehrung des Mycobacterium tbc. G. Berencsi und St. Malatinszky. (Zbl. Bakteriol., Parasitenkunde, Infektionskrankh. Hyg., I. Abt., Orig. **183,** 513—16, 1961; Debrecen, Univ.-Tbc-Klin., Tbc-Labor., Komitatsspital; dt.) — Es wird ein modifizierter Nährboden nach Sula ohne Eiweiß Proteolysat u. Malachitgrün verwendet. Durch Komplettierung mit einem *Dextran*-Präp. (*Intradex*) kann eine Objektträgerkultur erhalten werden. Dieser Befund stützt die Theorie von Berencsi u. Krompecher, daß die, in dem spezif. Gewebe produzierten Mucopolysaccharide ein Faktor sein können, die eine Hilfe zu der Vermehrung der in situ liegenden Mycobakterien geben können. P. Gregorzewski. 4320◇

Serinsynthese bei Leuconostoc mesenteroides. Thomas P. O'Barr. (Proc. Soc. exp. Biol. Med. **110,** 867—69, 1962; Washington, U. S. Dep. of Agricult., Agricult. Res. Serv., Human Nutrition Res. Div.; engl.) — *Leuconostoc mesenteroides* Stamm P 60 (ATCC 8042) benötigt bei Kultur in *Serin*-freiem Medium zum Wachstum Ggw. von *p-Aminobenzoesäure* (**I**) oder *Tetrahydrofolsäure* (**II**) oder *5-Formyltetrahydrofolsäure* (**III**). I ist bei Inkubation von 20 Std. in seiner Wrkg. **II** u. **III** unterlegen, nicht aber bei 40 Stunden. Gewaschene Suspensionen von *L. mesenteroides* wachsen in Ggw. von Serin, sie scheinen jedoch ohne Ggw. von **I, II** oder **III** keine nachweisbaren Mengen von *Folsäure-Cofaktor* zu besitzen. Für eine beachtliche Serin-Synth. ist hier Zusatz von *Glucose, Glycin, Formiat* u. ein geeignetes Folsäurederiv. erforderlich. Der Einbau von ^{14}C-Formiat in Serin zeigt folgende Geschw.: in Ggw. von **II** 6250 (Impulse/Min.), in Ggw. von **III** 3600, in Ggw. von **I** 480, in Ggw. von Folsäure 67 u. ohne Zusatz 54. W. Hiller. 4320◇

Photoinduktion der Carotinoidsynthese von einem Mycobacterium sp. H. C. Rilling. (Biochim. biophysica Acta [Amsterdam] **60,** 548—56, 16/7. 1962; Salt Lake City, Utah, Univ. of Utah, Coll. of Med., Dep. of Biol. Chem.; engl.) — Die durch Photoinduktion zustande kommende Carotinogenese in *Mycobacterium sp.* (Stamm No. 1312, ursprünglich *Mycobacterium lacticola*), welche dem gleichen Vorgang in *Neurospora crassa* ähnelt, läßt sich in 3 Phasen unterteilen: 1. einzige Phase, bei der Licht erforderlich ist; temperaturunabhängig; außer dem blauen Anteil des sichtbaren Spektrums wird O_2 benötigt; 2. Protein-Synth. innerhalb der ersten 2 Std. Inkubation nach der Lichtstimulierung; Chloramphenicol hemmt diese Phase; 3. Carotinoid-Synth. abhängig von den in der 2. Phase synthetisierten Enzymen, Beginn nach 1—1½ Std. Inkubation, Dauer ca. 12 Stunden. U. Tausendfreund. 4320◇

Untersuchungen über die Pigmentbildung von Micrococcus pyogenes auf synthetischen Nährböden. W. Steuer. (Zbl. Bakteriol., Parasitenkunde, Infektionskrankh. Hyg., I. Abt., Orig. **183,** 444—51, 1961; Nürtingen, Staatl. Gesundheitsamt; dt.) — An 2 Stämmen von *Micrococcus pyogenes* auf synthet. Nährböden nach Lominski, O'Hea, Goudie u. Porter wird der Einfl. verschiedener Kohlenhydrate, Salze, Vitamine u. Aminosäuren auf die Pigment-Bldg. (Pi) untersucht. Die im Medium enthaltene *Lactose* kann beliebig gegen andere Kohlenhydrate ausgetauscht werden, ohne die Pi wesentlich zu beeinflussen. Die stärkste Pi verursacht *Glycerinmonophosphat.* Notwendig für die Pi ist *Phosphat.* Beide Stämme benötigen *Nicotinamid* u. *Thiamin* zum Wachstum, *Biotin*-Mangel schränkt die Pi ein. Es kann keine Aminosäure nachgewiesen werden, die für die Pi abs. notwendig, aber für das Wachstum ohne Bedeutung ist. P. Gregorzewski. 4320◇

Die Aufnahme von Adenin durch Bierhefe und eine atmungsschwache Mutante. G. Harris und C. C. Thompson. (Biochim. biophysica Acta [Amsterdam] **56,** 293—302, 1962; Nutfield, Surrey (England), Brewing Industry Res. Found.; engl.) — Die Aufnahme von *Adenin* (**I**) aus dem Medium durch ruhende Zellen von *Saccharomyces cerevisiae* (Bierhefe) u. einer atmungsschwachen Mutante wird durch Zugabe von *Glucose* (**II**) sowie auch *Saccharose* u. *Maltose* stark stimuliert. Wurden nach dieser Art inkubierte Zellen in **II**-freies Medium überführt, setzten die Hefen *Hypoxanthin* in Freiheit, nicht aber **I**, obwohl **I** in den Zellen in Trichloressigsäure-lösl. Form vorhanden war. Die Beziehung zwischen **I**-Aufnahme u. **II**-Stoffwechsel wird erklärt durch die Kombination von **I** mit einem Dissimilations-Prod. von **II**, möglicherweise *5-Phosphoribosyl-1-pyrophosphat*, um dann Nucleotide zu bilden. Ein reiner Konz.-Mechanismus spezif. für **I** konnte ausgeschlossen werden. H. G. Trüper. 4320◇

Die Biosynthese von Tetracyclin-Antibioticis. Beziehung von $^{14}C_{(2)}$-Acetat und Glutamat zur Biosynthese von Oxytetracyclin. J. F. Snell. (Atompraxis **7**, 460—63, 1961; Maywood, N.J., Chas. Pfitzer & Co., Inc.; engl.) — Überprüfung der Rolle von *Acetat* u. *Glutaminsäure* als Fermentierungsvorläufer u. Unters. des Einbaues von ^{14}C-Acetat u. -Glutamat in die Ringstruktur von *Oxytetracyclin*. Die Verss. ergaben, daß die Bldg. weitgehend durch Kopf–Schwanz-Verknüpfung von Essigsäure-Moll. wenigstens von $C_{(5)}$—$C_{(12)}$ (mit Ausnahme von $C_{(6)}$–CH_3) erfolgt. Es ist wahrscheinlich, daß der Glutamatteil von $C_{(2)}$–CO–NH_2, das anders markiert ist als im Acetat-Carboxyl, über $C_{(2)}$ bis $C_{(4a)}$ reicht. U. Drehmann. 4320◇

Der Stoffwechsel während der Keimung und Funktion von Glyoxylatenzymen in Uredosporen von Rostpilzen. Paul G. Caltrider, S. Ramachandran und David Gottlieb. (Phytopathology **53**, 86—92, 1963; Pimpsi (Indien), Hindustan Antibiotics Ltd.; Urbana, Ill., Univ. of Illinois, Dep. of Plant Pathology; engl.) — Bei *Uromyces phaseoli* u. *Puccinia graminis tritici* nimmt während der Keimung der Uredosporen der Geh. an *Fettsäuren* ab u. der Geh. des nicht verseifbaren *Lipids* zu. Der *Kohlenhydrat*-Geh. steigt bis zu 6—12 Std. nach Keimungsbeginn an u. bleibt dann fast konst.; das Ninhydrin-positive Material steigt bis 6 Std. nach Keimungsbeginn steil an u. danach weniger steil. Die O_2-Aufnahme wird bei *P. graminis* durch Zusatz von *Glucose* u. *Succinat* zum Keimsubstrat gefördert, sie wird nicht gefördert bei *U. phaseoli*. Beide Rostpilze besitzen in den ungekeimten Uredosporen *Isocitrose* u. *Malatsynthetase*-Aktivität. Der Einbau von $^{14}C_{(2)}$-*Acetat* in die Kohlenhydratfraktion von keimenden Uredosporen nimmt nach 12std. Keimung sprunghaft zu. W. Hiller. 4320◇

Über die biochemischen Merkmale von Aeromonas salmonicida. Ralph H. W. Schubert. (Zbl. Bakteriol., Parasitenkunde, Infektionskrankh. Hyg., I. Abt., Orig. **183**, 485—94, 1961; Bonn, Rhein. Friedrich-Wilhelms-Univ., Hyg.-Inst.; dt.) — An 12 Stämmen wurden als neue Merkmale die positive Eigelb-Rk., die positive *Phosphatase*- u. *Lipase*-Rk. u. die Fähigkeit, Casein abzubauen, nachgewiesen. Ebenfalls positiv ist die *Arginindehydrogenase*-Rk., negativ die Lysin-, Ornithin- u. Glutaminsäuredecarboxylase-Reaktion. Ein Red-leg-Phänomen am Frosch läßt sich nicht auslösen.
P. Gregorzewski. 4320◇

Cofaktorbedarf bei der Fettsäurenentsättigung bei Mycobacterium phlei. Armand J. Fulco und Konrad Bloch. (Biochim. biophysica Acta [Amsterdam] **63**, 545—46, 8/10. 1962; Cambridge, Mass., Harvard Univ., James Bryant Conant Labor.; engl.) — Es wird gezeigt, daß die Bldg. von *Δ^9-ungesätt. Fettsäuren* aus *Stearyl-Coenzym A* zusätzlich zu O_2 u. *red. Nicotinamidadenindinucleotidphosphat* (NADPH bzw. TPNH) auch der Ggw. von Fe^{2+} u. eines *Flavins* bedarf. U. Tausendfreund. 4320◇

Eine quantitative und qualitative Untersuchung der lipolytischen Aktivität einzelner Stämme von sieben Bakterienspecies. W. B. Hugo und E. G. Beveridge. (J. appl. Bacteriol. **25**, 72—82, 1963; Nottingham, Univ., Dep. of Pharm.; engl.) — Vff. testen die lipolyt. Aktivität der 7 Stämme (*Serratia marcescens*, *Staphylococcus aureus*, *Micrococcus freudenreichii*, *Pseudomonas hydrophila*, *Achromobacter fischeri*, *Bacillus subtilis* u. *Bacillus cereus*) an *Olivenöl*, *Äthyllaurat* u. *Äthylbutyrat*. Der Grad der Lipolyse variiert mit der Art des Substrats. Im allg. werden Triglyceride stärker angegriffen als die einfachen Ester. Von den 7 untersuchten Arten werden die pH-Optima u. Temp.-Optima angegeben. W. Hiller. 4320◇

Der Einfluß des Lichtes auf Nitrosomonas europaea Win. Georg H. Schön und Horst Engel. (Arch. Mikrobiol. **42**, 415—28, 1962; Hamburg, Staatsinst. für Allg. Bot., Mikrobiolog. Abt.; dt.) — *Nitrosomonas europaea* wird in seiner Oxydationsfähigkeit (Bldg. von Nitrit aus Ammoniak) durch Belichtung mit blauviolettem Licht (400 mμ) gehemmt. Die Hemmung geht proportional der eingestrahlten Lichtmenge. Durch Dunkelhalten der Kulturen kann die Oxydationsfähigkeit wiedererhalten werden. Der Zeitraum bis zum Wiedereintritt der Oxydation nimmt mit der vorher eingestrahlten Lichtmenge zu. 15tägige Belichtung mit 10000 Lux verursacht das Absterben aller Zellen. Die Minimalintensität zur Photoinaktivierung beträgt ca. 1000 Lux. Das Wrkg.-Spektrum des Lichtes deckt sich mit dem Absorptionsspektrum des Cytochroms von *N. europaea*. Rotes Licht zeigt keine Wirkung. W. Hiller. 4330◇

Die antifungale Wirkung der Borsäure in Gegenwart verschiedener Polyhydroxyle. Jean Ploquin und Christiane Ploquin. (Ann. pharmac. franç. **20**, 201—10, 1962; Nantes, Fac. de Méd. et de Pharm.; franz.) — Die antisept. Wrkg. der *Borsäure* (I) gegenüber bestimmten Keimen unter sonst gleichen Bedingungen hängt von der Natur des Zuckers in dem Nährsubstrat ab. Es wurden Vers.-Reihen durchgeführt mit **I** oder Polyhydroxylen allein oder beide kombiniert. Im Vers. standen *Äthylenglykol* (**II**), *Propylenglykol* (**III**), *Hexylenglykol* (**IV**), *Glycerin* (**V**), *Mannit* (**VI**), *Sorbit* (**VII**), *Milch-* (**VIII**),

Wein- (**IX**), *Citronen-* (**X**), *Salicyl-* (**XI**) u. *Oxalsäure* (**XII**). Als Schimmelpilze wurden verwendet: *Penicillium caseicolum, P. expansum, P. glaucum, Aspergillus niger, Botrytis cinerea* u. *Mucor racemosus*. Die Ergebnisse lassen sich in 3 Gruppen zusammenfassen. **VIII**, eine an sich ungiftige Verb., erhöht die fungicide Wrkg. der **I**, u. zwar besteht das Maximum bei einem Mol-Verhältnis von ca. 2 (**VIII**):1 (**I**). **IX, X, V, VI** u. **VII** verhalten sich ähnlich wie **VIII**. **II, III** u. **IV** scheinen die Wrkg. der **I** nicht zu steigern. Bei der Vereinigung von **I** u. **XI** zeigt sich dagegen ein echtes Zusammenwirken der fungitox. Eigg. beider Komponenten. Selbst sehr schwache Konzz. dieser beiden Säuren, die jede für sich allein das Wachstum noch nicht hemmen würden, ermöglichen in der Mischung eine fungicide Wrkg. bis zu 80%. Ähnliche Beobachtungen wurden bei **XII** gemacht.
W. Kreipe. 4330◇

Die Hemmung der antibakteriellen Aktivität des antibiotischen ungesättigten Lactons aus den Blättern von Withania somnifera durch Cystein und Glutathion. P. A. Kurup. (Naturwissenschaften **49**, 469—70, 2. Okt.-H. 1962; Trivandrum, Kerala Univ., Div. of Biochem ; engl.) — *Cystein* (**I**) oder *Glutathion* (**II**; 1 mg/ml) wird zu einer Nährbrühe mit verschiedenem Geh. an *Antibioticum* (**III**) gegeben u. mit *M. aureus* inokuliert. In Ggw. von **I** oder **II** entwickelt **III** keinerlei antibiolog. Aktivität. **I** hemmt **III** bei einem molaren Verhältnis von 25:1, **II** bereits bei einem Verhältnis von 1:1. Durch **II** wird die CO-Gruppe von **III** entsprechende Absorption bei 330—335 mμ vollständig ausgelöscht u. die Absorption zu kürzeren Wellen verschoben.
P. Gregorzewski. 4330◇

Über den Mechanismus der biologischen Wirkung einiger Nitrophenole. J. Staněk, J. Drahoňovský und Z. Vacek. (Folia Microbiol. [Praha] **8**, 48—55, 1963; Spolana, Neratovice; engl.) — Die keimungshemmende Wrkg. von 14 Phenol-Derivv. wurde an Sporen von *Neurospora sitophila* bestimmt. Als Haupt-C-Quelle wurde Glycerin verwendet, die Unterss. wurden bei kontrolliertem pH-Wert durchgeführt. Die Toxizität der meisten Phenole steigt etwa linear mit fallendem pH-Wert an. Folgende Derivv. wurden untersucht: Phenole: *2-Nitro-, 2-Nitro-4-chlor-, 2-Nitro-4.6-dichlor-, 2-Nitro-3.4.6-trichlor-, 3-Nitro-, 4-Nitro-, 4-Nitro-2.3-dichlor-, 4-Nitro-2.6-dichlor-, 2.4-Dinitro-, 2.4-Dinitro-6-chlor-, 2.4-Dinitro-5.6-dichlor-, 2.5-Dinitro-* u. *2.6-Dinitro-* u. *3.5-Dinitro-o-kresol*. Den untersuchten Substanzen kann die McGowan-Beziehung nicht zugeordnet werden. Es wurde auch keine Beziehung zwischen der biolog. Aktivität u. der Fettlöslichkeit festgestellt. G. Kampf. 4330◇

Vergleichende Untersuchung von drei Bestimmungsmethoden für die Bakterienempfindlichkeit gegenüber Antibioticis. I. W. Wlassowa. (Antibiotica [UdSSR] **6**, 513—16, 1961; Zentral-Inst. für Ärztefortbildung, Lehrstuhl für Mikrobiol.; russ., Auszug: engl.) — Die Unters. der Empfindlichkeit von Bakterienkulturen gegenüber *Chlortetracyclin, Oxytetracyclin, Tetracyclin, Streptomycin* u. *Lävomycetin* ergab, daß in den meisten Fällen nach den Meth. der Serienverdünnung, des Blättchentestes u. der Phasenkontrastmikroskopie gleiche Ergebnisse erzielt werden. Als Vorteil der Phasenkontrast-Meth. ist anzusehen, daß damit genauere u. raschere Ergebnisse erzielt werden.
O. Lebtag. 4340△

Untersuchung der Gesetzmäßigkeiten des Stoffwechsels von Mikroorganismen in der Dynamik ihrer Entwicklung. N. Ss. Jegorow. (Nachr. Moskauer Univ., Serie Biol., Bodenkunde, Geol., Geogr. **14**, Nr. 3, 21—29, 1959; Lehrstuhl für Mikrobiologie; russ.) — Unterss. der Biosynth. von durch *Actinomyces subtropicus* gebildeten *Albomycin* zeigten, daß bei Kulturen auf synthet. Boden zwei Entw.-Phasen beobachtet werden: in den ersten 72 Std. findet ein intensives Anwachsen der Pilzmasse bei vollständigem Verbrauch von Kohlenhydraten u. N-Verbb. statt. Obwohl sich im Nährboden physiolog. alkal. N-Verbb. befinden, wird er sauer, was mit der Bldg. der organ. Säuren bei der Stärkeverwertung im Zusammenhang steht. Im weiteren verändert sich jedoch der Verlauf des Prozesses sehr wesentlich: die Pilzmasse vermindert sich stark, das Mycelium zerfällt in einzelne Teile, Stäbchen, Sporen, der N-Geh. im Nährboden sowie sein pH steigen. Unter diesen Bedingungen erhöht sich die Menge von Antibioticum stark u. erreicht ihr Maximum 48 Std. nach dem Zeitpunkt der maximalen Bldg. der Pilzmasse. Die gleichen Beobachtungen wurden auch mit den Kulturen von *Bacillus mesentericus* auf synthet. Nährboden mit der Glucose erzielt. Die maximale Bldg. von Antibioticum wurde hier 48—60 Std. nach dem Beginn der Kultur-Entw. bzw. 30 Std. nach dem Zeitpunkt der maximalen Ansammlung der Biomasse festgestellt. M. Gordienko. 4340◇

Die Antibioticum-Empfindlichkeit der Bodenmikroorganismen. Die Wirkung einiger Antibiotica auf das Wachstum und auf die chitinabbauende Tätigkeit der chitinabbaufähigen Bodenmikroorganismen. Mihály Kecskés. (Zbl. Bakteriol., Parasitenkunde Infektionskrankh. Hyg., II. Abt. **115**, 716—19, 30/10. 1962; Sopron, Ungar. Akad. der Wiss., Bodenbiol. Forschungslabor.; dt.) — Die Empfindlichkeit 14 chitinabbauender

Bodenmikroorganismen (Bakterien u. Strahlenpilze) gegenüber *Penicillin* (**I**), *Streptomycin* (**II**), *Viomycin* (**III**), *Chloramphenicol* (**IV**), *Terramycin* (**V**) u. *Kanamycin* (**VI**) wurde auf anorgan. Chitin–Agar-Nährboden auf Grund der chitinabbauenden Tätigkeit u. des Wachstums untersucht. **II**, **V** u. **VI** zeigten im allg. ein größeres Wrkg.-Spektrum als **I**, **III** u. **IV**. Für Bakterien ergab sich folgende Wrkg.-Reihe: **VI**, **II**, **V**, **IV**, **III** u. **I**. Die Wrkg.-Reihe für Strahlenpilze: **VI**, **II**, **III**, **IV**, **V**, **I**. U. Tausendfreund. 4340◇

Die Einwirkung chemotherapeutischer Substanzen auf Bacterium bifidum (Lactobacillus bifidus). Klaus Kalz. (Zbl. Bakteriol., Parasitenkunde, Infektionskrankh. Hyg., I. Abt., Orig. **183**, 452—72, 1961; Berlin, Robert-Koch-Inst.; dt.) — An 20 Stämmen von *Lactobacillus bifidus* werden mit dem Plattenverdünnungstest Empfindlichkeitsprüfungen gegen folgende Antibiotica durchgeführt [empfindlich (+), unempfindlich (—)]: *Protocid* (—), *Penicillin* (**I**; +), *Streptomycin* (—), *Terramycin* (+), *Erycin* (+), *Oleandomycin* (—), *Sigmamycin* (+), *Neomycin* (—), *Chloramphenicol* (+) u. *Inamycin* (+). Durch Zusatz von *Escherichia coli* wird die Hemm-Konz., bes. von **I**, erhöht. Außerdem ruft **I** ein stärkeres Auftreten von Verzweigungen u. anderen Sekundärformen hervor, darum wird zur Erleichterung der Diagnose von *Lactobacillus bifidus* beim Vorliegen unverzweigter Formen ein **I**-Zusatz zum Medium empfohlen. P. Gregorzewski. 4340◇

Der Einfluß verschiedener Theophyllin-Verbindungen auf die Phosphataseaktivität, Generationszeit, Mutationsrate und Chemoresistenz von Mikroorganismen. G. Gillissen und W. Storbeck. (Med. exp. [Basel] **6**, 123—35, 1962; Mainz, Univ., Hygiene-Inst.; dt.) — Untersucht wurde der Einfl. von äquimol. Konzz. von *Na-8-Chlortheophyllin*, *Trimethylammonium-8-chlortheophyllin*, *N-Methylglucamin-8-chlortheophyllin*, *N-Methylglucamin-8-bromtheophyllin* u. *N-Methylglucamin-8-jodtheophyllin* auf die Resistenz verschiedener Staphylokokkenstämme gegen *Penicillin-G-Na*, *Chloromycetin* u. *Streptomycin*. Die Testsubstanzen besitzen bereits einen gewissen nach Keimart u. Stamm verschiedenen antibakteriellen Effekt. Alle Substanzen erhöhten aber die Chemosensibilität u. führten zu einer Red. des mittleren Resistenzgrades. Dabei ist die Generationszeit der Keime verlängert, die Mutationsrate verringert. Auch die Aktivität der *sauren Phosphatase* wird herabgesetzt. Ob für die Erhöhung der Sensibilität der Mikroorganismen eine Verbesserung der Diffusionsverhältnisse für die antibiot. Stoffe in Frage kommt, bleibt vorläufig noch offen. K. Böhm. 4340◇

Über die Möglichkeit der Anwendung von getrocknetem Serum bei der Durchführung der Streptokokkenantihyaluronidase-Reaktion bei Rheumatismus. L. M. Sakarjan. (Laboratoriumswesen [UdSSR] **8**, Nr. 3, 36—38, März 1962; Rjasan, Med. Pawlow-Inst., Lehrstuhl für Mikrobiologie; russ.) — Vf. untersuchte 423 bzw. 362 Blutsera (BS), die im getrockneten Zustand 4—5 bzw. 10—11 Tage aufbewahrt wurden. Es wird gezeigt, daß auf Filterpapier getrocknete BS zur Durchführung der orientierenden Streptokokkenantihyalouronidase-Rk. geeignet sind. Eine Aufbewahrung von 10—11 Tagen verursacht eine Erniedrigung des Titers der obigen Trockensera. S. Baryschnikow. 4370△

Inkorporation von Phosphor in die hochmolekulare Ribonucleinsäure von mit Poliovirus infizierten HeLa-Zellen. E. L. Rothstein und L. A. Manson. (Virology **9**, 141—43, 1959; Philadelphia, Pa., Wistar Inst. of Anat. and Biol.; engl.) — Poliovirus wurde auf HeLa-Zellen gezüchtet in Ggw. von mit ^{32}P markiertem Orthophosphat. Die hochmol. *Ribonucleinsäure* (RNS), die auch die infektiöse RNS enthielt, wurde durch Phenolextraktion gewonnen u. mit 1 m NaCl gefällt. Die Menge an hochmol. RNS stieg infolge der Infektion nicht an. Auch die spezif. Aktivität der einzelnen Nucleotide, die durch Hydrolyse u. Papier- oder Säulenchromatographie isoliert wurden, war gegenüber den nichtinfizierten Kontrollen nicht erhöht. M. Wiedemann. 4374◇

Heterogenität der Produkte der Tabakmosaikvirus-Biosynthese. Barry Commoner und Georgia B. Shearer. (Nature [London] **196**, 457—60, 1962; St. Louis, Mo., Washington Univ., Henry Shaw School of Bot. and Adolphus Busch Labor. of Molecular Biol.; engl.) — ^{14}C wurde durch kurze Perioden der Photosynth. in Ggw. von $^{14}CO_2$ durch infizierte Tabakpflanzen in Tabakmosaikvirus (TMV) eingebaut. Das Virus wurde an Ecteola-Säulen getrennt u. bei den einzelnen Fraktionen, die sich hinsichtlich Antigenität, Geh. an *Ribonucleinsäure* (RNS) u. deren Nucleotid-Zus. nicht unterschieden, wurde sowohl im Protein wie in der RNS eine verschiedene spezif. Aktivität festgestellt. Elektronenmkr. Unterss. zeigten, daß bei denselben Fraktionen die spezif. Aktivität u. der Anteil an kurzen Stäbchen (unter 300 mμ) hoch war. Es wird auf ein lineares Wachstum der Stäbchen geschlossen. M. Wiedemann. 4374◇

Anteil der Desoxyribonucleinsäure an der Vermehrung des Influenza-Virus. R. D. Barry, D. R. Ives und J. G. Cruickshank. (Nature [London] **194**, 1139—40, 1962; Cambridge, Virus-Labor.; engl.) — Es handelt sich um die Blockierung der cellulären *Desoxyribonucleinsäure* (DNS) mit *Actinomycin D* bei der Vermehrung des Influenza

Virus. Es erweist sich als wahrscheinlich, daß die Kern-DNS eine Rolle spielt, indem das Funktionieren der Zell-DNS verhindert wird. Die Experimente wurden in Streifen von Allantois von 11 Tage alten Eiern ausgeführt. Zum Blockieren wurde Actinomycin D genommen. Es wurde nach der Infektion mit Influenzavirus zu verschiedenen Zeiten zugegeben. Wird das Actinomycin mehr als 1 Std. nach der Infektion zugegeben, so findet ein deutliches Nachlassen der Blockierung bzgl. der Vermehrung des Virus statt. M. Schönberg. 4374◇

Zur Wirkung des Cu-Pentandions und anderer Komplexsalze von Acetylaceton auf Viren. G. Gillissen und E. von Wasielewski. (Arzneimittel-Forsch. **12,** 196—97, 1962; Mainz, Hygiene-Inst.; dt.) — Im Tier-Vers. wurden *Cu-*, *Al-* u. *Mg-Pentandion* auf ihre Wrkg. gegenüber einem Influenzavirus, einem Herpes- u. einem Encephalomyocarditis-Stamm geprüft. Nur das Cu-Salz ergab einen viruciden Effekt u. nur bei den beiden letzgenannten Viren. M. Wiedemann. 4374◇

Untersuchungen über ein Vogelsarkom und Erythroblastose (Stamm 13). 2. Mitt. **Virusempfindlichkeit gegenüber Äther und Chloroform.** Alfred M. Wallbank, F. George Sperling, E. L. Stubbs und Klaus Hubben. (Proc. Soc. exp. Biol. Med. **110,** 809—11, 1962; Kennett Square, Pa., Univ. of Pennsylvania, School of Vet. Med., New Bolton Center; engl.) — Pool L-S 13 Virus (aus Brustmuskeltumoren von Küken) ist sensitiv gegen *Ae.* u. *Chlf.*; kein Virus übersteht die Ae.- u. Chlf.-Behandlung. W. Hiller. 4374◇

Über den Sterilisierungseffekt von Äthylenoxid auf die Virussuspension in Proteinlösungen. W. Auerswald und W. Doleschel. (Med. exp. [Basel] **6,** 193—99, 1962; Wien, Univ. Med. School, Dep. of Physiol.; engl.) — Es wurde Poliomyelitisvirus als Modell genommen u. dieses in Lsg. von menschlichem *Fibrinogen* u. *Albumin* mit *Äthylenoxid* (I) verschiedener Konz. (0,1, 0,25, 0,5, 0,75%) behandelt (1 Std. bei 20°). Die Inaktivierung erwies sich als Funktion der I-Konzentration. Sie wurde nicht wesentlich beeinflußt durch die Ggw. von Proteinen wie Fibrinogen u. Albumin, in verschiedenen Konzentrationen. Physikochem. Kontrolle (elektrophoret. u. in der Ultrazentrifuge) des labilen Fibrinogens nach der Inaktivierung ergab keine Denaturierungseffekte. M. Schönberg. 4374◇

Wirkung von Interferon auf das Wachstum von subletal bestrahltem Virus. Alick Isaacs. (Virology **9,** 56—61, 1959; London, Mill Hill, Nat. Inst. for Med. Res.; engl.) — Vgl. C. **1959,** 11619 u. C. **1960,** 13390. — Ein Stamm des Influenzavirus u. einer des Geflügelpestvirus wurde mit UV-Licht (2537 A) mit subletalen Dosen behandelt. Diese Stämme waren gegenüber der Wrkg. von *Interferon* aus Influenzavirus empfindlicher als die nichtbestrahlten Viren. Die Teste wurden an Hühnerembryonen ausgeführt. M. Wiedemann. 4374◇

E_4. Pflanzenchemie. Pflanzenphysiologie. Pflanzenpathologie

Die papierchromatographische Bestimmung von Pektinsubstanzen. R. M. McCready und Mildred Gee. (J. agric. Food Chem. **8,** 510—13, Nov./Dez. 1960; Albany, Calif., U. S. Dep. of Agric., Western Reg. Res. Labor.; engl.) — Die Reinigung von *Pektinsäuren* aus Früchten (Orange, Grapefruit, Zitrone, Feige, Apfel, Aprikose, Avocado, Karotte, Birne, Pfirsich, Erbsenschalen) auf physikal. Wege lieferte Nichturonidzuckereinheiten-haltige Polymere. Aus dem Hydrolysat von Aprikosenpektin wurden die Zucker *α-D-Galaktose*, *β-L-Arabinose*, *α-L-Rhamnose* u. *α-D-Xylose* papierchromatograph. abgetrennt u. durch Vgl. der Röntgenpulverdiagramme mit denen authent. Proben identifiziert. Aus Aprikosenpolysacchariden wurden 2 stark differierende Galakturonsäure enthaltende Polymere abgetrennt. Verss. zur Auftrennung Cu-gereinigder Aprikosen-*Pektinsäure* durch weitere Cu–Salz-Fällung, Dialyse, Papierelektrophorese u. Fraktionierung des Acetals waren ohne Erfolg. Das *Galakturonan*-Mol. der Pektinsubstanzen aus dem meisten Pflanzenmaterial enthält ausreichend Nichturonidzucker eingebaut. K. Maier. 4400◇

Verwendung von Phenol bei der Bestimmung der chromatographischen Reinheit. B. H. Koeppen. (Nature [London] **192,** 360, 1961; Univ. of Stellenbosch, South Africa, Dep. Food Sci.; engl.) — Zur Best. der bessseren chromatograph. Reinheit von aus Pflanzenmaterial isolierten *Flavon-Derivv.* werden 75% wss. *Phenol* oder mit *m-Kresol* gesätt. H_2O vorgeschlagen. Durch diese Reagentien konnte aus *Quercetin-4'-monoglucosid* (I) mit nicht reproduzierbarem F. eine Verunreinigungskomponente papierchromatograph. vollständig abgetrennt werden. Ch. Zimmer. 4400◇

Formen und Lokalisierung des Mangans in Pflanzen. P. A. Wlassjuk, S. M. Klimowitzkaja und K. L. Wisir. (Ber. ukrain. Akad. Landwirtsch.-Wiss. **2,** Nr. 4, 3—7, 1959; Ukrain. Forsch.-Inst. für Pflanzenphysiol.; ukrain., Auszug: russ.) —

Durch Dialyse wurde gezeigt, daß sich in vegetativen u. reproduktiven Pflanzenteilen der größte Teil von *Mn* in Form von Ionen befindet. In reproduktiven Pflanzenteilen ist Mn stärker als in vegetativen gebunden. Vegetative Pflanzenteile enthalten mehr wasserlösl. Mn, weniger säurelösl. u. austauschbares. Nach der Extrahierung mit W., Ammoniumacetat u. mit 0,5n H_2SO_4 wurde im trockenen Rückstand kein Mn mehr ermittelt. Plasmasaft ist an Mn reicher als Vakuolensaft. M. Gordienko. 4410◇

Chemische Untersuchung der Samen von Clitoria marina Linn. A. Sinha. (Proc. nat. Acad. Sci., India, Sect. A **29**, 39–41, 1960; Agra, Med. Coll., Div. of Chem., Pharmacol. Labor.; engl.) — Die Samen von *Clitoria marina* enthalten 18,5% eines festen Öles u. 2,5% reduzierende Zucker (*Arabinose, Xylose, Rhamnose*). Im festen Öl sind enthalten 51,7% *Ölsäure*, 15,6% *Linolsäure*, 1,8% *Myristinsäure*, 8,8% *Palmitinsäure*, 3,3% *Stearinsäure* u. 1,0% *Arachinsäure*. Der unverseifbare Anteil enthält *γ-Sitosterin*. W. Hiller. 4420◇

Chemische Untersuchung des Blattschleimes und der farbgebenden Teile der Blüten von Clitoria marina Linn. A. Sinha. (Proc. nat. Acad. Sci., India, Sect. A **29**, 42–46, 1960; Agra, Med. Coll., Div. of Chem., Pharmacol. Labor.; engl.) — Vgl. vorst. Referat. — Der Blattschleim ist ein neutrales Polysaccharid u. besitzt keine Acetyl- u. Methoxygruppen. Der gereinigte Pflanzenschleim hat keine reduzierenden Eigg.; $[\alpha]_D^{25}$ +20° (c = 2%; W.). Er enthält 71,5% *Anhydrogalaktion*, 12,4% *Anhydropentosan* u. 8,0% *Methylpentosan*. Nach Hydrolyse in 10% H_2SO_4 wird *D-Galaktose, L-Arabinose* u. *Rhamnose* nachgewiesen. Nach erfolgter Hydrolyse des methylierten Schleimes wird *Tetra-D-methylgalaktose* nachgewiesen. Als farbgebenden Teil der Blüte isoliert Vf. ein Glucosid, $C_{36}H_{46}O_{11}$. Hydrolyse ergibt *Glucose* u. ein *Aglucon* von der Zus. $C_{30}H_{36}O_6$. Für das Triacetyl-Deriv. des Aglucons wird gefunden $C_{36}H_{42}O_9$. Das Aglucon besitzt 2 Methoxy- u. 3 Hydroxygruppen. W. Hiller. 4420◇

Untersuchungen über den unverseifbaren Anteil der Samen von Clitoria ternatea Linn. und Isolierung von γ-Sitosterin. A. Sinha. (Proc. nat. Acad. Sci., India, Sect. A **29**, 23–26, 1960; Agra, Med. Coll., Div. of Chem., Pharmacol. Labor.; engl.) — Samen von *Clitoria ternatea* enthalten 18,78% eines festen Öles mit einem 1,62% betragenden unverseifbaren Anteil. Vf. isolierte aus ihm *γ-Sitosterin* (I), $C_{29}H_{50}O$, F. 145°, Plättchen aus A.-Bzl.; das Sterin gibt mit Liebermann-Burchard-Reagens eine purpurblaue u. dann grüne Farbe. I-*Benzoat*, $C_{36}H_{54}O_2$, F. 150°; $[\alpha]_D^{18}$ −14,5° (Chlf.); Hydrolyse des I-Benzoats in 5%ig. alkohol. KOH ergibt wieder I. I-*Digitonid*, $C_{29}H_{50}O \cdot C_{55}H_{90}O_{29}$, F. 220° (Zers.). W. Hiller. 4420◇

Chemische Untersuchung der Blätter von Cocculus laeba D.C. 3. Mitt. **Untersuchungen des Unverseifbaren.** A. Sinha. (Proc. nat. Acad. Sci., India, Sect. A **29**, 98–100, 1960; Agra, Med. Coll., Div. of Chem., Pharmacol. Labor.; engl.) — 2. vgl. C. **1963**, 12853. — Vf. findet im unverseifbaren Rest von *Cocculus laeba* (0,05% auf Trockengew. bezogen) *β-Sitosterin*, $C_{29}H_{50}O$, F. 136°; $[\alpha]_D^{25}$ −37,0°. *Acetat*, $C_{31}H_{52}O_2$, F. 126°; $[\alpha]_D^{25}$ −42,0°. *Benzoat*, $C_{36}H_{54}O_2$, F. 144°, $[\alpha]_D^{25}$ −14,5°. *Digitonid*, $C_{29}H_{50}O \cdot C_{56}H_{92}O_{29}$, F. 230° (Zers.), u. *γ-Sitosterin*, $C_{29}H_{50}O$, F. 145°; $[\alpha]_D^{18}$ −40°. *Acetat*, $C_{31}H_{52}O_2$, F. 140°, $[\alpha]_D^{18}$ −40°. *Benzoat*, $C_{36}H_{54}O_2$, F. 150°; $[\alpha]_D^{18}$ −14,5°. *Digitonid*, $C_{29}H_{50}O \cdot C_{56}H_{92}O_{29}$, F. 220°. W. Hiller. 4420◇

Isolierung und Identifizierung der Säuren aus Helichrysum italicum G. Don. Sergio Tira, Gaetano Di Modica und Pier Filippo Rossi. (Atti Accad. Sci., Torino, Cl. Sci. fisiche, mat. natur. **94**, 185–90, 1959/60; ital.) — In dem durch Verseifung des PAe.-Extraktes von *Helichrysum italicum* G. Don. isolierten Säuregemisch werden papierchromatograph. sowie durch Gaschromatographie der Methylester *n-Nonan-, n-Decan-, n-Undecan-, Laurin-, n-Tridecan-, Myristin-, n-Pentadecan-, Palmitin-, n-Heptadecan-, Stearin-, 14-Methylpentadecan-, cis-Δ_9-Hexadecen-, Öl-, Linol-* u. *Linolensäure* nachgewiesen. F. Heller. 4420◇

Isolierung und Identifizierung der Säuren aus Orthosyphon stamineus Benth. Pier Filippo Rossi, Gaetano Di Modica und Sergio Tira. (Atti Accad. Sci. Torino, Cl. Sci. fisiche, mat. natur. **94**, 178–84, 1959/60; ital.) — Aus dem durch Verseifung des PAe.-Extraktes aus *Orthosyphon stamineus* Benth. erhaltenen Säuregemisch wird durch Chromatographie an Silicagel *Benzoesäure* [$C_7H_6O_2$, F. 121–122° (W.)] isoliert. Durch Gaschromatographie der Methylester werden außerdem *Laurin-, Myristin-, Palmitin-, Stearin-, Öl-, Linol-* u. *Linolensäure* nachgewiesen u. das Vork. von *n-Nonan-, n-Pentadecan-, n-Heptadecan-, 14-Methylpentadecan-* u. *cis-Δ^9-Hexadecensäure* wahrscheinlich gemacht. F. Heller. 4420◇

Die Untersuchung der ätherischen und fetten Öle von Solanum laciniatum Ait. E. Tyihák und D. Földesi. (Naturwissenschaften **49**, 469, 2. Okt.-H. 1962; Budapest, Inst. für Heilpflanzen-Forsch.; dt.) — Aus der Droge von *Solanum laciniatum* Ait.

wird durch Wasserdampf-Dest. 0,01% äther. Öl gewonnen u. dünnschichtchromatograph. untersucht. Hauptbestandteil ist *Farnesol*. Das *fette Öl* der Samen hat folgende Werte: Refraktion 1,4769; Säurezahl 1,96; Verseifungszahl 183,6; JZ. 130,6; Peroxidzahl 2,65 u. nichtverseifbarer Anteil 2,19. Die Fettsäuren bestehen zu 60% aus *Linolsäure*, 30 bis 38% *Öl-* + *Palmitinsäure* u. 2—3% *Stearinsäure*. P. Gregorzewski. 4420◇

Untersuchungen über Trombidium tinctorum Linn. 2. Mitt. **Chemische Zusammensetzung des unverseifbaren Bestandteils des Fettes von Trombidium tinctorum Linn.** Sahfiq Ahamd Khan, Muhammad Khurshid Bhatty und Karimullah. (Pakistan J. sci. ind. Res. **4**, 80—82, 1961; Lahore, Pakistan Council of Scientific and Ind. Res., West Reg. Labor. Oils, Fats and Waxes Res. Div.; engl.) — 1. vgl. C. **1963**, 18136. — Der unverseifbare Teil des Öles (2,6%) enthält *Docosylalkohol*, F. 69,5°; *Benzoyl-Deriv.*, F. 40°; *Acetyl*-Deriv., F. 37—38°; *Cholesterin* u. *Astacen*, F. 240°. P. Gregorzewski. 4420◇

Chemische Untersuchungen an Fumaria parviflora Lamk. 1. Mitt. **Die nichtalkaloidischen Bestandteile der Pflanze.** M. A. Wahid. (Pakistan J. sci. ind. Res **4**, 121 bis 123, 1961; Peshawar, Pakistan Council of Scientific and Industrial Res., North Regional Labor., Indigenous Drugs Res. Div.; engl.) — Die Pflanze enthält 0,5% *n-Pentatriacontan*, $C_{35}H_{72}$, 5,4% *Glucose*, *Fumarsäure* u. anorgan. Salze (KCl u. KNO_3). • P. Gregorzewski. 4420◇

Über das Vorkommen von Ursolsäure in Extrakten aus Orthosyphon, Helichrysum und Agrimonia. Gaetano Di Modica, Pier Filippo Rossi und Sergio Tira. (Atti Accad. Sci. Torino, Cl. Sci. fisiche, mat. natur. **94**, 650—55, 1959/60; ital.) — Aus dem PAe.-Extrakt von *Orthosyphon stamineus* Benth. sowie von *Helichrysum italicum* G. Don. wird in geringer Menge *Ursolsäure*, $C_{30}H_{48}O_3$, F. 277—279° (CH_3OH); $[\alpha]_D^{21}$ + 64° (c = 0,9; A.) isoliert u. durch direkten Vgl. mit einem authent. Präp. identifiziert. F. Heller. 4420◇

Aminosäurenzusammensetzung von schwedischem Weizenprotein. Esther Sihlbom. (Acta Agric. scand. **12**, 148—56, 1962; Stockholm, Dep. of Food Hygiene, Nat. Inst. of Public Health; engl.) — Vf. bestimmte die Aminosäuren-Zus. von 4 schwed. Winterweizensorten u. 4 Sommerweizensorten. Sie haben folgende Geh.: *Asparaginsäure* 4,71—5,63 (g per 16 g N), *Threonin* 2,59—3,29, *Serin* 4,23—4,80, *Glutaminsäure* 27,8—31,8, *Prolin* 8,96—11,3, *Glycin* 3,85—4,30, *Alanin* 3,32—3,90, *Cystein* 1,78—2,25, *Valin* 4,13—4,65, *Methionin* 1,10—1,63, *Isoleucin* 3,05—3,89, *Leucin* 6,17—6,96, *Tyrosin* 2,92—3,32, *Phenylalanin* 4,23—4,65, *Lysin* 2,50—3,57, *Histidin* 2,20—2,58 u. *Arginin* 4,37—5,44. Der Geh. an Lysin im Protein nimmt ab mit steigendem Protein-Geh. der Probe. W. Hiller. 4420◇

Die Isolierung und Identifizierung von gebundenem Cumarin von Melilotus alba. J. R. Stoker und D. M. Bellis. (Cand. J. Biochem. Physiol. **40**, 1763—68, 1962; Manchester, Univ. of Manchester, Dep. of Pharmacy; engl.) — Vff. isolieren aus Samen von *Melilotus alba o-Cumarinsäure-β-glucosid* (I), $C_{15}H_{18}O_8$, F. 215° (*gebundenes Cumarin*), durch Erhitzen für 30 Min. auf 100° (zur Inaktivierung der Enzyme) in W., Filtrieren, Versetzen des Filtrates mit Aceton, Filtrieren, Eindampfen des Filtrates im Vakuum, Gefriertrocknung u. papierchromatograph. Reinigung. **I** wird hydrolysiert durch Erhitzen auf 98—100° für 2 Std. mit 2n H_2SO_4. Das freigesetzte *Cumarin* kann durch Wasserdampf-Dest. isoliert u. durch Lichtabsorption des Destillats bei 277 mμ bestimmt werden. Vff. finden in den Samen von *Melilotus alba* ein Enzym-Syst., das schnell in der Pflanze gebundenes Cumarin (ident. mit **I**) in Cumarin umbildet, **I** jedoch nur langsam hydrolysiert.

Versuche: *Cumarinsäure-β-glucosid*, $C_{15}H_{18}O_8$, F. 216°, aus einer methanol. Lsg. von o-Cumarsäure-β-glucosid durch Bestrahlung mit UV für 24 Std. u. anschließende chromatograph. Trennung. W. Hiller. 4420◇

Chemische Untersuchung japanischer roher Drogen. 4. Mitt. **Über den Anthrachinon-Gehalt von Rhabarber vom Azumaya-Plateau in Shinshu.** Hajime Suminokura, Tsuyoshi Suzuki und Seiichiro Nishizawa. (Annu. Rep. Tokyo Coll. Pharmacy **1960**, 288—91; jap., Auszug: engl.) — 3. vgl. Annu. Rep. Tokyo Coll. Pharmacy **1959**, 254. — Der Gesamtgeh. an *Anthrachinon*-Pigmenten des Rhizoms beträgt 2,22—2,47%. P. Gregorzewski. 4420◇

Phytochemische Untersuchungen über Digitalis lutea L. und Digitalis ferruginea L. V. Calcandi, I. Ciropol-Calcandi und I. Lungeanu. (Naturwissenschaften **49**, 468—69, 2. Okt.-H. 1962; Bukarest, Inst. für Staatl. Arzneimittelprüfung u. Pharm. Forsch.; dt.) — Vff. vergleichen papierchromatograph. die Herzglykoside von *Digitalis lutea* u. *D. ferruginea* mit denen aus *D. lanata*. Alkohol. Extrakte werden mit verschiedenen Lsgm.-Gemischen auf formamidimprägniertem Papier chromatographiert. In

D. lutea wird neben *Lanatosid A, B, C, D* u. *E* u. *Strospesid* auch die Ggw. von *Verodoxin* nachgewiesen. In *D. ferruginea* werden die gleichen Substanzen gefunden.
P. Gregorzewski. 4420◇

Phytochemische und pharmakologische Untersuchungen an einigen Alkaloidpflanzen Ägyptens. Finn Sandberg. (Pakistan J. sci. ind. Res. **4.** 280—93, 1961; Stockholm, Kungl. Farmaceutiska Inst.; engl.) — In der Leguminose *Retama raetam* Webb u. Berth werden *d-Spartein* (I) (0,70—0,81%) u. *Retamin* (II) (0,21—0,25%) neben Spuren von 5 anderen unidentifizierten Alkaloiden nachgewiesen u. isoliert. Pharmakolog. wird die Wrkg. von **I**, *l-Spartein* u. **II** am menschlichen normalen u. schwangeren Uterus in vitro untersucht. In den verschiedenen Pflanzenteilen der Amaryllidaceae *Pancratium sichenbergi* Asch u. Schweinfl. ex. Boiss u. *Pancratium maritinum* L. werden papierchromatograph. *Lycorin, Homolycorin, Hämanthidin* u. *Tazettin* identifiziert u. weitere 6 Alkaloide (*Alkaloid K-P*) nachgewiesen. Aus der Chenopodiaceen-Familie wird *Haloxylon salicornicum* (Moq.-Tand.) Boiss untersucht. Es werden papierchromatograph. 8 Alkaloide aufgefunden, das Hauptalkaloid mit dem höchsten R_F-Wert wird isoliert: *Hydrochlorid*, $C_{16}H_{26}N_2O_2 \cdot HCl$, F. 193,5—196°. Das Alkaloidgemisch ist für Mäuse hochtox. (DL_{50} intraperitoneal 6,2 mg/kg) u. wirkt in kleinen Dosen sedativ. In den Wurzeln von *Withania somnifera* (L.) Dunal wird ein Gemisch von 5 Alkaloiden nachgewiesen, 5 mg/kg hemmen bei Ratten die spontane Aktivität.
P. Gregorzewski. 4420◇

Untersuchungen über die Alkaloide der Embryo loti, Nelumbo nucifera, Gaerth. 1. Mitt. Isolierung und Charakterisierung von Liensinin. Tse-Yuan Chao, Yun-Lee Chou, Pao-Tsin Young und Tsan-Quo Chou. (Scientia sinica **11**, 215—19, 1962; Shanghai, Acad. Sinica, Inst. of Materia Medica; engl.) — Aus den Embryonen der Samen von *Nelumbo nucifera* Gaertn. wird ein neues phenol. Alkaloid, *Liensinin* (I), $C_{37}H_{42}N_2O_6$, F. 95—99°, $[\alpha]_D^{30,6}$ + 15,85° (c = 0,883 in Aceton), *Perchlorat*, $C_{37}H_{42}N_2O_6 \cdot 2\,HClO_4 \cdot H_2O$, F. 212—214°, $[\alpha]_D^{30,6}$ —45,13° (c = 0,842 in Aceton), isoliert. **I** enthält 2 Methylimino-, 3 Methoxyl- u. 2 Hydroxylgruppen. Bei der Acetylierung liefert es ein Diacetyl-Deriv., $C_{37}H_{40}N_2O_6(COCH_3) \cdot H_2O$, F. 124°, das bei der Hydrolyse wieder **I** liefert.
P. Gregorzewski. 4420◇

Ersatz von Belladonna- und Stramoniumblättern durch Blätter von Datura ferox. Víctor P. Olaechea und Enriqueta G. Arrarás. (Rev. Fac. Ci. quím., Univ. nac. La Plata **33**, 36—43, 1961; span.) — Von 11 untersuchten Proben von Belladonnablättern entsprechen 3 im Alkaloid-Geh., mkr. u. chromatograph. den Standardwerten, 4 sind echten Ursprungs, enthalten aber zu wenig Alkaloide, bei 4 handelt es sich nach der chromatograph. Analyse um Blätter von *Datura ferox*, die sich zur Gewinnung von *Scopolamin* ebenso wie die Blätter von *Datura stramonium* eignen.
R. K. Müller. 4420◇

Chemische Untersuchung der Bastfaser von Grewia oppositifolia, Roxb. S. C. Khanduri und B. Biswas. (Proc. nat. Acad. Sci. India, Sect. A **30**, 162—70, 1961; Kanpur, Harcourt Butler Technol. Inst.; engl.) — Verschiedene Bestandteile (Feuchtigkeit, Asche, Cellulose, Wachse, Lignin) werden bestimmt u. den entsprechenden Werten für Jutefasern gegenübergestellt. Es bestehen nur geringfügige Unterschiede.
P. Gregorzewski. 4420◇

Chemische Untersuchung von Zanthoxylum alatum. B. N. Nazir und K. L. Handa. (Proc. nat. Acad. Sci. India, Sect. A **30**, 160—61, 1961; Janmu, Regional Res. Labor.; engl.) — Der zur Trockne gebrachte alkohol. Rindenextrakt des immergrünen Baumes liefert bei der Extraktion mit PAe. eine *Substanz*, $C_{23}H_{22}NO_5$, F. 160—161° (Methanol, Nadeln), ohne Alkaloidcharakter, die weder Br_2 addiert noch ein Acetyl-Deriv. bildet. Der Rückstand des PAe.-Extraktes liefert bei der Säulenchromatographie eine *krist. Substanz*, F. 128—130°, u. eine *Substanz*, $Kp._{18}$ 225—230°, deren Maleinanhydridadditions-Prod. den gleichen F. 168—169° hat wie das Spilanthol-Maleinanhydrid-Addukt. P. Gregorzewski. 4420◇

Hemmwirkung einer aus dem Samen des Johannisbrotbaums extrahierten Substanz auf das Wurzelwachstum. Raymond Garrigues. (C. R. hebd. Séances Acad. Sci. **251**, 269—71, 11/7. 1960; Alger, Fac. des Sciences d'Alger, Labor. de Bot. exp. et agricole; franz.) — Ein wss. Auszug aus Johannisbrotkernen (*Ceratonia siliqua L.*) hemmt in höheren Konzz. völlig das Wurzelwachstum von *Pisum sativum L.* Bei schwächeren Konzz. sind die direkte Hemmwrkg. auf das Wurzellängenwachstum u. dessen Wiederaufnahme in normalem Milieu von den angewandten Konzz. abhängig. Jedoch erlangt wieder das Wachstum seinen üblichen Rhythmus. K. Maier. 4420□

Ascorbinsäure-Gehalt westindischer Kirschen (Malphigia punicifolia L.) V. N. Madhava Rao und J. B. M. Md. Abdul Khader. (Current Sci. [Bangalore] **31**, 114, 1962; Coimbatore, Agric. Coll. and Res. Inst., Fac. of Horticulture; engl.) — Die Früchte erweisen sich als sehr reich an *Ascorbinsäure* (I); der I-Geh. beträgt 1348 mg/100 g. P. Gregorzewski. 4425◇

Nachweis von Thiothiamin in natürlichen Nahrungsmitteln. Takashi Suhara und Nobuko Iritani. (J. Vitaminol. [Kyoto] **8**, 30—36, 1962; Osaka, Sumiyoshi, Tezukayama, Tezukayama-Gakuin Junior Coll.; engl.) — Es werden ein chem. u. ein mikrobiolog. Nachw. für *Thiothiamin* (I) in pflanzlichem Material mitgeteilt. Chem. wird die I-Best. wie folgt durchgeführt: 20 g Material werden mit 1n HCl extrahiert, bei pH 3,4 mit 3%ig. *BrCN* versetzt u. nach ½std. Stehen bei 37° das gebildete Thiochrom mit Isobutanol extrahiert u. fluorometr. bestimmt. Die bakteriolog. Best. beruht auf der Umwandlung von I in Thiamin u. dessen mikrobiolog. Best. mit *Lactobacillus fermenti*. I wird in Zwiebeln, „Welsh onions", Scharlotten, Knoblauch, Kohl u. Kohlsprossen nachgewiesen, u. die Ergebnisse stimmen gut mit denen nach der Benzoylperoxid-Meth. überein. P. Gregorzewski. 4425◇

Nachweis von Thiothiamin in Zwiebeln und Kohl. Takashi Suhara. (J. Vitaminol. Kyoto **8**, 37—40, 1962; Osaka, Sumiyoshi, Tezukayama, Tezukayama-Gakuin Junior Coll.; engl.) — Vgl. vorst. Referat. — *Thiothiamin* wird in Extrakten aus Zwiebeln u. Kohl säulen- u. papierchromatograph. nachgewiesen. P. Gregorzewski. 4425◇

Die Bedingungen der Biosynthese von Vitamin B_1 und ihre Rolle in den physiologisch-biochemischen Prozessen der Baumwollpflanze. L. A. Poljanskaja. (Nachr. Akad. Wiss. TurkmenSSR, Ser. biol. Wiss. **1962**, Nr. 4, 10—16; Inst. für Botanik der Akad. der TurkemenSSR; russ.) — Die Jarowisation der Baumwollsaaten vollzieht sich bei erhöhter Temperatur. Unter den gleichen Verhältnissen enthält das Saatgut maximale Mengen von *Vitamin* B_1 u. *C*. Bei mehrfachen Gaben von *Thiamin* bzw. von Thiamin mit Ascorbinsäure u. Heteroauxin in den Boden erhöht sich in den Blättern der Baumwollpflanze der Geh. an Vitamin B_1. Auch Gaben von PK bzw. von NP begünstigen die Biosynth. von B_1. Gaben von NPK erhöhten den Thiamin-Geh. in den Blättern, im Vgl. zu ungedüngt, auf das Doppelte. Baumwollkeimlinge auf versalztem Boden sind reicher an B_1 als solche auf nichtversalztem. Der Geh. an Ascorbinsäure in den ersten wurde durch Behandlung des Saatgutes vor der Aussaat mit Thiamin-Lsgg. bzw. mit Thiamin-Lsgg. mit Fe u. Cu erhöht; in den vegetativen u. reproduktiven Pflanzenteilen wurde er durch die Behandlung gleicher Art mit B_1 bzw. durch Spritzen mit B_1-Lsgg. gesteigert. Ferner bewirkte die Behandlung des Saatgutes mit Thiamin eine Erhöhung des Gesamtgeh. an Kohlenhydraten u. veränderte ihr Verhältnis in der Pflanze wesentlich. Durch die Behandlung mit B_1 wurden reproduktive Prozesse u. das Wachstum der Wurzeln gefördert. M. Gordienko. 4425◇

Absorption von Fe, Mn, Zn, Ca, Rb und Phosphat-Ionen durch in ihrer Reduktionskapazität unterschiedliche Sojabohnenwurzeln. J. C. Brown und W. E. Jones. (Soil Sci. **94**, 173—79, 1962; Beltsville, Md., U. S. Dep. of Agric.; engl.) — Die Red.-Kapazität an Wurzeln der chlorot. Sojabohne „Harokeye" (a) ist größer als die an den Wurzeln von grünen Harokeye oder von chlorot. u. grünen Sojabohnen der Sorte „Pl-54619-5-1". a ist in der *Fe*- u. *Mn*-Aufnahme den anderen Pflanzen überlegen. Bei der Aufnahme von *Zn*, *Ca*, *Rb* u. *Phosphat* unterscheiden sich die 4 Pflanzentypen kaum. Die Red.-Kapazität an den Wurzeln ist ein Faktor für die Aufnahme von Fe u. Mn. W. Hiller. 4450◇

Auxintransport und Schwerkraft. R. Hertel und A. C. Leopold. (Naturwissenschaften **49**, 377—78, 2. Aug.-H. 1962; Lafayette, Ind., Purdue Univ., Dep. Horticulture; dt.) — Unters. der Auxinverlagerung in Maiskoleoptilen (etioliert, 90 Std. alt) mittels $^{14}C_{(2)}$-*Indolylessigsäure* (I) zeigte, daß I durch Abkühlen, N_2 u. *Trijodbenzoesäure* (II) im Gewebe zurückgehalten werden. Bei Hemmung der Sekretion durch II wird die I-Aufnahme, die relativ II-unempfindlich ist, über den Kontrollwert gesteigert. Die Sekretion erscheint als bestimmender Schritt der Auxinverlagerung u. ist in den Koleoptilen polar (fast nur basipetale I-Abgabe). Das Fehlen akropetalen Transports, auch bei umgekehrter Zellage, zeigt den Teil der Polarität an. Diskussion des Mechanismus einer geotrop. Reizkette. K. Maier. 4450◇

Eine Untersuchung über die Calcium-Bor-Wechselwirkung auf das Wachstum der Bohnenkeimwurzel. T. F. Neales und R. W. Hinde. (Physiol. Plantarum [Copenhagen] **15**, 217—28, 1962; Victoria, Univ. of Melbourne Parkville, Bot. Dep.; engl.) — Zur Klärung der Hypothese, ob in bezug auf das Pflanzenwachstum Wechselbeziehungen zwischen *Ca* u. *B* bestehen, wurde das Wachstum der Keimwurzel von Bohnen nach unterschiedlichen Ca- u. B-Gaben bestimmt. Danach liegt die optimale Ca-Konz. zwischen 10^{-3} u. 10^{-4} molar. Bei Ca-Mangel konnte durch Zugabe steigender Mengen H_3BO_3 keine Steigerung des Wurzelwachstums erreicht werden; dagegen wird letzteres durch B bei gleichzeitigen Ca-Gaben gesteigert. Die Ca-Aufnahme u. der Geh. an wasserlösl. Ca in der Wurzel wird durch B nicht beeinflußt. Aus den Ergebnissen ist zu entnehmen, daß keine Wechselwrkg. zwischen Ca u. B besteht. H. Ackermann. 4460□

Zum Metabolismus galaktosehaltiger Oligosaccharide. K. Täufel, A. Täufel und H. Ruttloff. (Mber. dtsch. Akad. Wiss. Berlin **4**, 155—57, 1962; Potsdam-Rehbrücke, Inst. für Ernährung; dt.) — Unter Hinweis auf die zunehmende Bedeutung galaktosehaltiger Oligosaccharide in der Pflanzenwelt wird ihre Bilanz im Samen der Lupine beim Keimen sowie ihre Bilanz in den Wurzeln der Königskerze untersucht. Während beim Samen ein sofortiger vollständiger Umsatz nachweisbar ist, wird bei der Wurzel gegen Ende der 1. Vegetationsperiode eine Anreicherung, mit Beginn der neuen Vegetationsperiode im Frühjahr ihr rascher Umsatz festgestellt. A. Täufel. 4460◇

Zur Biogenese der Alkaloide. 1. Mitt. **Einbau ^{14}C-markierter Verbindungen in Ricinin.** U. Schiedt, G. Boeckh-Behrens und A. M. Delluva. (Hoppe-Seyler's Z. physiol. Chem. **330**, 46—57, 1962; Philadelphia, Univ. of Pennsylvania, School of Med., Dep. of Biochem.; München, Max-Planck-Inst. für Biochem.; dt.) — Durch ein Mikroverf., das bei einer Reproduzierbarkeit von $\pm$ 1% mit 10 mg Pflanzentrockenpulver auskommt, wurde der *Ricinin*-Geh. von Ricinuskeimpflanzen ermittelt. Eine intensive Synth. findet zwischen dem 8. u. 11. Tag statt. Aus 16—20 Tage alten Pflanzen lassen sich 5 mg Ricinin isolieren. Nach Injektion von *^{14}C-Formiat* (I), *$^{14}C_{(2)}$-Acetat*, *$^{14}C_{(3)}$-Asparaginsäure*, *$^{14}C_{(2.4)}$-Ricininsäure*, *$^{14}C_{(2)}$-Glutaminsäure*, *$^{14}C_{(1)}$-Acetat*, *^{14}C-Hydrogencarbonat*, *^{14}C-Cyanid* u. *$^{14}C_6$-Lysin* (II) zwischen Keimblätter u. Nährgewebe 6—9 Tage alter Pflanzen ergab sich eine Einbaurate für I von 2,6% u. für II von 0,1%. Die Werte der übrigen Vorstufen liegen in der angegebenen Reihenfolge dazwischen.

Versuche: *$^{14}C_{(1)}$-Cyanessigsäure*, F. 64—66°, aus $^{14}C_1$-Bromessigsäure, Aktivität 0,5 mc u. KCN in wss. Lsg. bei Temp. unter 70°. — *$^{14}C_{(2.4)}$-Ricininsäure*, spezif. Aktivität 1,11·10^5 Imp./Min. je mg, durch Hydrierung von *$^{14}C_{(2.4)}$-6-Chlor-4-hydroxy-1-methyl-3-cyanpyridon-(2)* (Chlorricininsäure) über Palladiumschwarz, nach Ansäuern mit 5n HCl bei 0° erhält man die Säure in einer Ausbeute von 64%. — *Chlorricininsäure* durch Dimerisierung von $^{14}C_{(1)}$-Cyanacetylchlorid u. Methylierung des Norricinins. H. Schmiedeknecht. 4460◇

Zur Biogenese der Alkaloide. 2. Mitt. **Abbaustudien an biogenetisch ^{14}C-markiertem Ricinin.** U. Schiedt und G. Boeckh-Behrens. (Hoppe-Seyler's Z. physiol. Chem. **330**, 58—73, 1962; München, Max-Planck-Inst. für Biochem.; dt.) — 1. vgl. vorst. Referat. — Durch die Isotopenverteilung in *^{14}C-Ricin*-Präpp., die durch Applikation von *$^{14}C_{(6)}$-Lysin*, *$^{14}C_{(1)}$-Glutaminsäure*, *$^{14}C_{(2)}$-Glutaminsäure*, *$^{14}C_{(3)}$-Asparaginsäure*, *$^{14}C_{(1)}$-Acetat*, *$^{14}C_{(2)}$-Acetat*, *^{14}C-Formiat*, *^{14}C-Cyanid* u. *^{14}C-Hydrogencarbonat* an Ricinuskeimpflanzen erhalten wurde, werden mögliche Vorstufen des *Ricinins* diskutiert. Wahrscheinlich entsteht der Pyridonring durch Kondens. mehrerer Verbb., von denen ein C$_4$-Körper in naher Beziehung zu Asparaginsäure u. zu *$^{14}C_{(2)}$-Acetat* steht.

Versuche: *N-Methyl-β-alanin*, F. 85° (Sintern) bis 101°, aus N-p-Tosyl-N-methyl-β-alanin durch Kochen mit konz. HCl. — *N-p-Tosyl-N-methyl-β-alanin*, F. 79,5—82°, durch Behandeln von p-Tosyl-β-alanin mit Dimethylsulfat unter Kühlung u. Ansäuern des Rk.-Prod. mit konz. HCl auf pH 5. — *N-p-Tosyl-β-alanin*, F. 116—118,5 aus β-Alanin u. p-Tosylchlorid in NaOH. — *Ricininsäure*, F. 296—298°, durch Abspalten der O-Methylgruppe des Ricinins in wss. alkol. Lsg. im N$_2$-Strom u. Ansäuern des Dest.-Rückstand mit HCl. — *5.6-Dihydroricininsäure*, F. 236°, durch Hydrieren von Ricininsäure mit Na-Amalgam. H. Schmiedeknecht. 4460◇

Zur Biogenese der Alkaloide. 3. Mitt. **Lysin als Vorstufe des Coniins.** Ulrich Schiedt und Hans Günther Höss. (Hoppe-Seyler's Z. physiol. Chem. **330**, 74—83, 1962; dt.) — 2. vgl. vorst. Referat. — Beschreibung eines neuen Verf. zur präparativen Isolierung von *Coniin* (I) aus Pflanzenmaterial u. einer Best.-Meth. von I im Mikro- u. Makromaßstab. Vff. bestimmen mit Hilfe dieser Meth. den I-Geh. des Schierlings. An Aminosäuren werden im Schierling nachgewiesen: *Alanin*, *Serin*, *Glutaminsäure*, *Glycin*, *Asparaginsäure*, *Valin*, *Leucin*, *Phenylalanin*, *Lysin* u. *Pipecolinsäure*. Nach Applikation von *^{14}C-Lysin* wird dieses in I eingebaut. Die Einbaurate ist in jungen, wachsenden Geweben am größten. Demnach ist Lysin eine Vorstufe des *Piperidinringes* von I. H. Schmiedeknecht. 4460◇

Der Ursprung ungesättigter Fettsäuren in Pflanzenfetten. A. R. S. Kartha. (J. sci. ind. Res. [New Delhi], Sect. B **20**, 443—46, 1961; Ernakulam, Maharaga's Coll.; engl.) — Durch Unterss. an Leinsamenöl gelangt Vf. zu der Auffassung, daß die Zunahme der JZ. des Öls aus normal nachreifenden Samen nicht die Folge einer Totalsynth.

ungesätt. Säuren, sondern einer weiteren Dehydrierung ist. Verwendet werden eingeschrumpfte Samen von Pflanzen, die im späten Blütestadium von Rost befallen wurden, der einen Prozeß einer „ausgedehnten Nachreifung" an der lebenden Pflanze verursacht. Das Öl dieser Samen zeigt in verschiedenen Stadien der Öl-Entw. immer eine JZ., die 50 Einheiten über der der entsprechenden Öle aus normalen Samen liegt. Bei den ungesätt. Fettsäuren handelt es sich also um Endprodd. u. nicht um Intermediärprodd. des Fettsäureaufbaus. P. Gregorzewski. 4460◇

Der Einfluß von verschiedenen Zeitpunkten und verschiedener Art der Aussaat auf den Stoffwechsel einiger Futterpflanzen bei Nichtbewässerung. A. M. Mamedow. (Nachr. Akad. Wiss. AserbaidshanSSR, Ser. biol. med. Wiss. **1962,** Nr. 4, 23—29; aserbaidshan., Auszug: russ.) — Aussaat von Gramineen- u. Leguminosenfutterpflanzen erfolgte am 5/9., 20/9., 5/10. u. 20/10. In der 3. Variante war der Gesamt-Geh. an Kohlenhydraten u. N sowohl in Rein- als auch in Mischsaaten höher als in der 4. Bei der am 5/10. in Reinsaat ausgesäten Luzerne betrug der Geh. an Gesamt-N 3,74%, bei der am 20/10. ausgesäten 3,32%. In Reinsaaten von untersuchten Futterpflanzen war die Aktivität der *Katalase* höher als in Mischsaaten. In Reinsaaten von Kanarienglanzgras vom 5/10. wurde die höchste Aktivität der Katalase ermittelt. Das gleiche bezieht sich auch auf die Rein- u. Mischsaaten der Luzerne vom 20/10. Weiter zeichnete sich Luzerne in Mischsaaten durch höheren Geh. an *Ascorbinsäure* aus. Schlußfolgerungen gehen dahin, daß unter den trocknen Verhältnissen Aserbaidshans der beste Zeitpunkt zur Aussaat der Futterpflanzen die 3. Variante (am 5/10.) ist. M. Gordienko. 4460◇

Chlorophyllfluorescenz und Kohlensäureassimilation. 13. Mitt. **Die Fluorescenzkurve und die Photochemie der Pflanzen.** Hans Kautsky, Walter Appel und Herbert Amann. (Biochem. Z. **332,** 277—92, 1960; Marburg/Lahn, Univ., Inst. für Siliciumchem.; dt.) — 12. vgl. Biochem. Z. **315,** [1943], 139. — Die Analyse von Fluorescenzausbeute-Zeit-Kurven der Alge *Chlorella pyrenoidosa* (Stamm Emerson), die mittels einer Meß-Vorr. erhalten wurden, die in $^1/_{100}$ Sek. ablaufende Vorgänge fast trägheitslos abzubilden erlaubt, läßt eine neue photochem. Primär-Rk. erkennen, die ein neues Bild der pflanzlichen Photochem. ergibt. Zur zusammenfassenden Deutung der die Fluorescenzkurven ergebenden Vorgänge wird ein Rk.-Schema diskutiert, bei dem 3 verbundene Kreisläufe (*A*, *B*, *x*) unter dem Antrieb der Lichtenergie Elektronen vom gebundenen Wassersauerstoff in Richtung des zu reduzierenden CO_2 transportieren. Der von Elektronen entblößte Sauerstoff wird frei. K. Maier. 4460◇

Über die Beziehung zwischen der photosynthetischen Aktivität und der Luminescenz des Chlorophylls. L. A. Tumerman, O. F. Borissowa und A. B. Rubin. (Biophysik [UdSSR] **6,** 645—49, 1961; Moskau, Inst. für Strahlenbiol. u. Phys.-Chem. Biol. der Akad. der Wiss. der UdSSR; russ.) — Die Arbeit führt zu einigen Ergebnissen über Faktoren, die die Wrkg. des Photosynth.-App. bestimmen. Ch. Zimmer. 4460□

Zum Studium des Gasumsatzes der Pflanzen in geschlossenen Systemen mit $^{14}CO_2$. W. L. Wosnessenski. (Biophysik [UdSSR] **6,** 725—33, 1961; Leningrad, Bot. Komarow-Inst. der Akad. der Wiss. der UdSSR; russ.) — Die Unterss. des Gasumsatzes bei Pflanzen mit $^{14}CO_2$ im geschlossenen Syst. zeigen, daß unter den Vers.-Bedingungen die Intensität der Atmung im Licht nicht mehr als 5% der Intensität der Photosynth. beträgt. Die Abhängigkeit der Intensität der Photosynth. von der CO_2-Konz. u. Bestrahlung der untersuchten Blätter wird diskutiert. Wahrscheinlich ist die spezif. Aktivität des beim Atmungsprozeß ausgestoßenen CO_2 kleiner als das zur gleichen Zeit assimilierte CO_2. Ch. Zimmer. 4460□

Die Spezifität von Plastochinon als ein Cofaktor für die Photophosphorylierung. David W. Krogmann und Edwin Olivero. (J. biol. Chemistry **237,** 3292—95, 1962; Detroit, Mich., Wayne State Univ., Dep. of Chem.; engl.) — Mittels der Hill-Rk. mit *2.3'.6-Trichlorphenolindophenol* (**I**) u. der Photophosphorylierungsaktivität untersuchen Vff. den Einfl. der Heptanextraktion u. Wiederzufügung von *Plastochinon* (**II**), des Gefrierens u. Lyophilisierung auf die Chloroplastenaktivität in Spinatblättern. **II** ersetzt nicht die Cofaktoren, wie *Phenazinmethosulfat*, *Flavinmononucleotid* oder *Menadion*. Andererseits können weder diese katalyt. Cofaktoren noch eine Reihe fettlösl. Chinone **II** bei der Hill-Rk. oder der Phosphorylierung ersetzen. Die Voraussetzung für ein akt. Chloroplastenchinon für die Phosphorylierung ist die Abwesenheit eines Substituenten in 6-Stellung des Chinonringes u. eine Seitenkette in 5-Stellung mit mindestens 4 Isopreneinheiten. Für die I-Rk. sind Verbb. mit kürzerer Seitenkette ausreichend.
P. Teichgräber. 4460◇

Der Einfluß einiger Defolianten auf die Intensität der Photosynthese und Atmung der Baumwollblätter. A. Imamalijew. (Usbek. biol. J. **1962,** Nr. 4, 21—24; Inst. für Genetik u. Physiol. der Pflanzen der Akad. der Wiss. der UsbekSSR; russ., Auszug: usbek.) — In den ersten 4 Tagen nach der Behandlung der Pflanzen (Baumwolle) fördern

Defolianten etwas die Photosynth., ab 5. Tag unterdrücken sie diese stark, u. zwar unabhängig von ihrer chem. Zus. u. von der Art der Wrkg. (harte bzw. weiche Wrkg.). Die Erhöhung der Photosynth. nach der Behandlung stellt eine Art Schutz-Rk. der Pflanzen auf die Wrkg. der Defolianten dar. Harte Präpp. (freies Cyanamid) bewirken eine stärkere Stimulierung der Photosynth. als weiche (Butyphos). Auch tritt die Unterdrückung der Photosynth. (nach anfänglicher Stimulierung) durch harte Defolianten plötzlich ein, während nach der Anwendung weicher Defolianten der Übergang zur Unterdrückung langsam vor sich geht. Weiterhin bewirken Defolianten schon am 1. Tage nach der Behandlung eine starke Verminderung der Atmungsintensität bei den Pflanzen, die anhaltend ist u. ihr Maximum erst zum Zeitpunkt des Blattabfalls erreicht. Die Verminderung der Atmungsintensität wird durch Inaktivierung der Dehydrase u. Oxydase hervorgerufen u. hängt vom Vitamin-C-Geh. in den Blättern nach der Behandlung der Pflanzen ab. M. Gordienko. 4460◇

Suche nach einer Verschiebung der Isotopenzusammensetzung der Elemente Sr, Rb, Ca, K und Li bei ihrer Aufnahme durch die Pflanzen aus dem Nährboden. G. R. Rik, O. N. Petrowa, L. A. Missjuk und L. W. Platonowa. (Biophysik [UdSSR] **6,** 740—44, 1961; Leningrad, Agrophysik. Inst.; russ., Auszug: engl.) — Es wird gezeigt, daß keine Veränderung der Isotopen-Zus. (*Sr, Rb, Ca, K* u. *Li*) in Pflanzen auftritt, wenn diese aus dem Nährboden aufgenommen werden. Ch. Zimmer. 4470□

Einfluß der Kalidüngemittel auf den Eintritt des radioaktiven Strontiums in die Pflanze. R. A. Schirschowa. (Bodenkunde [UdSSR] **1962,** Nr. 3, 36—43, Dokutschajew-Inst. für Bodenkunde; russ., Auszug: engl.) — Auf verschiedenen Böden: sandiger Podsol- (P.), schwerer Lehmboden, Schwarzerde (S.) war der Geh. an ^{89}Sr in den oberird. Teilen der Haferpflanze sehr unterschiedlich, u. zwar am niedrigsten auf S., um das 24fache höher auf P. Noch größere Unterschiede zeigte das Haferkorn. Das Verhältnis ^{89}Sr : Ca im Ertrag zeitigte auf verschiedenen Böden keine großen Differenzen. K-Gaben unterdrückten die Aufnahme von Sr durch die Pflanzen auf allen Böden. Bes. groß war die Verminderung der Sr-Aufnahme, wenn neben K auch Ca gegeben wurde. Die dargelegten Resultate bestätigten sich auch in Verss. mit Buchweizen. M. Gordienko. 4470◇

Phosphorabsorption in Beziehung zur Bicarbonationenkonzentration. Gene W. Miller und Sterling A. Russell. (Soil Sci. **94,** 146—50, 1962; Utah State Univ., Utah Agric. Exp. Stat.; engl.) — Zusatz von $NaHCO_3$ zu in Nährlsg. stehenden Sojabohnen bewirkt eine Verminderung der *P*-Aufnahme im Vgl. zu *NaCl*. Der *Fe*-Geh. in den Schossen ist bei Anwesenheit von HCO_3^- in der Nährlsg. vermindert, bes. stark bei geringeren P-Konzz. in der Nährlösung. Die P-Aufnahme sinkt in Nährlsg. mit NaCl bei Erhöhung des pH-Wertes von 6,9 auf 7,9 auf ca. $^2/_3$ des Anfangswertes ab, in Nährlsg. mit $NaHCO_3$ bei Erhöhung des pH-Wertes von 7,0 auf 8,7 (Regulierung durch CO_2-Zusatz) auf die Hälfte ab. W. Hiller. 4470◇

Die Wirkung der Ca-Versorgung auf die Entwicklung und Zusamensetzung von Sojabohnensämlingen. W. A. Jackson und H. J. Evans. (Soil Sci. **94,** 180—86, 1962; North Carolina State Coll.; engl.) — In Abwesenheit von *Ca* in Sandkultur entwickeln sich bei den Primärblättern nekrot. Symptome. Die Ca-Mangelpflanzen zeigen, auf Frischgew. bezogen, erhöhten Geh. an Protein- u. Nichtprotein-N. Wird Ca ganz oder teilweise durch *K* ersetzt, so wird bestes Wachstum bei einem Verhältnis von 10 mVal/Liter Ca u. 5 mVal/Liter K erreicht. Mit zunehmender Verbesserung der Ca-Versorgung verringert sich die *Mg*-Akkumulation in den Spitzen, nicht aber die in den Wurzeln. Geringe Ca-Versorgung fördert die K-Akkumulation u. gute Versorgung hemmt sie. W. Hiller. 4470◇

Das sowjetische Gibberellin (Methoden der Gewinnung und Prüfung seiner Aktivität). I. W. Assejewa, A. G. Kutschajewa, N. P. Palitzin und W. W. Strukow. (Nachr. Moskauer Univ., Serie Biol., Bodenkunde, Geol., Geogr. **14,** Nr. 3, 37—44, 1959; Lehrstuhl für Bodenbiologie des Inst. für Mikrobiologie der Akad. der Wiss. UdSSR; russ.) — Die durch die Lebenstätigkeit des Pilzes *Fusarium sp.* entstehende Substanz wird als *SG* (sowjet. *Gibberellin*) bezeichnet. Sie besitzt die Fähigkeit, Wachstumsprozesse u. Form-Bldg. bei ein- u. mehrjährigen Pflanzen zu stimulieren, u. steht in dieser Beziehung dem in den USA u. in England hergestellten Gibberellin nahe. Zur quant. Best. von SG wurde die chromatograph. Meth. von Schewtschek angewandt. In der Kultur-Fl. steigt der Geh. an SG ununterbrochen bis zum 12. Tage der Kultur, dann aber fällt er. Die Gewinnung von SG aus der Kultur-Fl. geschah nach der modifizierten Meth. von Chochlowa. In Verss. mit Buschholz (Flieder) u. Gemüsekulturen, die jeden 4. Tag im Laufe von einem Monat mit wss. SG-Lsgg. (Konz. 0,01—0,05) gespritzt wurden, zeigte sich eine hohe stimulierende Wrkg. derselben. M. Gordienko. 4485◇

Die Wirkung der Gibberellsäure auf die Zellgröße und die Zellwand. Margaret Y. Stant. (Ann. Botany [N. S.] **27**, 185—96, 1963; Kew, Royal Bot. Gardens, Jodrell Labor.; engl.) — Durch *Gibberellin*-Behandlung der Hauptfaserzellen nimmt deren Breite zu um 13,3% bei *Hibiscus cannabinus*, um 69,2% bei *Cannabis sativa* u. um 12,0% bei *Corchorus olitorius*. Die Zellwandstärke der Phloemfasern nimmt ebenfalls zu. Diese Wrkg. sind nicht gleichmäßig über die ganze Schoßlänge verteilt, sie sind am stärksten in der Mittelregion. Behandelte Pflanzen zeigen ein höheres Verhältnis Zellwandstärke zu Zellbreite. Die maximale Wrkg. liegt bei *C. olitorius* beim 13., bei *H. cannabinus* beim 13. u. bei *C. sativa* beim 2. Internodium. W. Hiller. 4485◇

Die Wirkung von Gibberellsäure auf die Keimung und das Pollenschlauchwachstum bei Achras zapota L. var. Long Oval. V. N. Madhava Rao und J. B. M. Md. Abdul Khader. (Madras agric. J. **49**, 412—14, 1962; Coimbatore, Agricult. Coll. and Res. Inst., Fac. of Horticult; engl.) — Werden Pollen von *Achras zapota* in einem Medium, das 0,5 m Saccharose u. 1% Agar enthält, zur Keimung gebracht, so nimmt die Keimung von 0—100 ppm von 18—71% zu u. bei weiterer Steigerung auf 400 ppm wieder auf 2% ab. Die entsprechenden Werte für die durchschnittliche Pollenschlauchlänge betragen 744 (0), 2170 (100 ppm) u. 128 μ (400 ppm *Giberellsäure*). W. Hiller. 4485◇

Wachstumshemmung gekeimter Samen durch Sulfonamide und ihre Aufhebung durch Folsäureanaloge. Kazuo Iwai, Susumu Nakagawa und Osamu Okinaka. (J. Vitaminol. [Kyoto] **8**, 20—29, 1961; Kyoto, Sakyo, Kyoto Univ., Res. Inst. for Food Sci., Labor. of Vitaminolog.; engl.) — Weizen- u. Erbsenkörner werden 20 Std. in einer Lsg. von *Sulfanilamid* oder *3-[p-Aminophenylsulfonylamino]-5-methylisoxazol* (I) eingeweicht u. danach ausgesät. Beide Sulfonamide hemmen die Keimung, eine 2 Tage später durchgeführte Behandlung mit *Pteroinsäure*, *N^{10}-Formylpteroinsäure*, *p-Aminobenzoesäure*, *Folsäure*, *N^{10}-Formylfolsäure* u. *N^5-Formyl-5.6.7.8-tetrahydrofolsäure* (10^{-4} m, 2 Std.) hebt diese Hemmung auf. Mikrobiolog. wird nachgewiesen, daß bei mit I gehemmten Sämlingen der Geh. an *Pediococcus cerevisiae-aktiven Substanzen* sehr gering ist, während er bei normalen Sämlingen ständig ansteigt, bes. stark in den ersten 2 Tagen. P. Gregorzewski. 4485◇

Analyse der Pflanzenhormone. Joyce A. Bentley. (Methods biochem. Analysis **9**, 75—125, 1962; Aberdeen, Marine Labor.; engl.) — Übersicht: Extraktion der Auxine (Extraktion durch Lsg., enzymat. u. hydrolyt. Meth. der Extraktion), Reinigung der Enzyme (Verteilungschromatographie, Papierchromatographie, Säulenchromatographie, Papierelektrophorese), Chem. Best. der Auxine, Biolog. Best. der Auxine (Avenateste, Erbsenteste, Wurzelteste), Best. der Giberelline u. Antiauxine, Ascorbigen u. Ascorbinsäure. — 130 Literaturzitate. W. Hiller. 4485◇

Die Wirkung von Schwefel-enthaltenden Aminoverbindungen und verwandten Substanzen auf die Aphanomyces Wurzelfäule der Erbsen. G. C. Papavizas und C. B. Davey. (Phytopathology **53**, 109—15, 1963; Beltsville, Md., Plant. Industrie Stat., U. S. Dep. of Agricult., Agricult. Res. Serv., Crops Res. Div.; engl.) — Erbsen in vollständiger Nährlsg. (a) oder in Nährlsg. ohne SO_4^{2-} (b) werden mit dem Erreger der Wurzelfäule *Aphanomyces euteriches* inokuliert. Wird L- oder *DL-Methionin* in Konzz. von 60—80 ppm zu a oder b zugesetzt, so wird die Pathogenese verhindert, wenn der Zusatz nicht später als 24 Std. nach der Inokulation erfolgt. D-Methionin ist weniger wirksam als die L- u. DL-Form. Eine Vorbehandlung red. die Schäden ebenfalls. Die gleiche Wirksamkeit wie DL-Methionin zeigen, *S-Methyl-L-cystein*, *DL-Äthionin*, *DL-Isopropionin*, *DL-Methioninmethylsulfoniumchlorid*. Weniger wirksam sind (Reihenfolge nach fallender Wirksamkeit): *N-Acetyl-DL-methionin*, *α-Methyl-DL-methionin*, *DL-Methioninsulfon*, *DL-Methioninsulfoxid*, *Dimethyl-β-propiothetinchlorid*, *α-Hydroxy-γ-methylmercaptobuttersäure*, *Dimethylthetinchlorid*, *L-Cystein*, *DL-Cystindihydrochlorid*. Keine der getesteten Verbb. hemmt die Keimung der Zoosporen. Alle wirksamen Verbb. besitzen eine Methyl- u. eine Aminogruppe. W. Hiller. 4490◇

Die Wirkung von Aminoverbindungen und verwandten Substanzen mit fehlendem Schwefel auf die Aphanomyces Wurzelfäule der Erbsen. G. C. Papavizas und C. B. Davey. (Phytopathology **53**, 116—22, 1963; Beltsville, Md., Plant Industrie Stat., U. S. Dep. of Agricult., Agricult. Res. Serv., Crops Res. Div.; engl.) — Vgl. vorst. Referat. — Vff. fanden, daß alle akt. Verbb. eine Methyl- u. Aminogruppe besitzen müssen. Von den hier getesteten Verbb. sind *DL-Methylasparaginsäure* (I) u. *DL-β-Aminobuttersäure* (II) voll wirksam in der Verhütung pathogenet. Erscheinungen u. sie verhindern auch teilweise die Bldg. von Oosporen. *DL-Asparaginsäure* u. *Buttersäure* sind nicht wirksam. Die gleiche Wirksamkeit wie I u. II zeigen *DL-O-Methylserin*, *DL-α-Aminovaleriansäure*, *DL-α-Aminocapronsäure* u. *DL-α-Aminocaprylsäure*. Weniger wirksam sind (Reihenfolge nach fallender Wirksamkeit): *DL-α-Aminobuttersäure, DL-α-Methylglutaminsäure, DL-α-Aminopropionsäure, DL-α-Methylbuttersäure, α-Aminoisobuttersäure, Buttersäure, DL-Asparaginsäure, Methylbutyrat, DL-Glutaminsäuremonohydrat, L-Glutaminsäure-γ-methylester, Aminoessigsäure, DL-Serin, DL-Serinmethylesterhydrochlorid.* W. Hiller. 4490◇

Der Gehalt an Pektinstoffen in verschiedenen resistenten Sorten von mit Verticillium dahliae und Fusarium vasinfectum befallenen Baumwollpflanzen. O. F. Krassnoschtschekowa und W. I. Runow. (Usbek. biol. J. **1962**, Nr. 6, 55—57; Inst. für Botanik der Akad. der Wiss. der UsbekSSR; russ., Auszug: usbek.) — Nach der Impfung der Baumwollpflanze mit dem Erreger der Fusariose stieg in dieser der Geh. an *Pektinstoffen*, u. zwar bei der gegen die Krankheit widerstandsfähigen Sorten mehr als bei wenig widerstandsfähigen. Bei der Impfung mit *Verticillium dahliae* erhöht sich die Pektinstoffmenge sowohl bei widerstandsfähiger als auch bei empfindlicher Sorte stark. M. Gordienko. 4490◇

Über die Toxizität der Konzentration der Bodenlösung für die keimende Baumwollsaat. P. I. Schawrygin. (Bodenkunde [UdSSR] **1961**, Nr. 11, 44—50, Dokutschajew-Inst. für Bodenkunde; russ., Auszug: engl.) — Unterss. erstreckten sich auf die mit Cl^- bzw. SO_4^{2-} mittelstark bis stark versalzten Böden. Bei einer Konz. der Boden-Lsg. von nicht über 6—7 g/Liter bleiben Baumwollsaaten am Leben. Im weiteren zeigen sie eine normale Entw., wenn die gesamte Konz. der Salze in der von den Pflanzenwurzeln durchsetzten Bodenschicht bei der vorwiegenden Versalzung mit SO_4^{2-} 15—17 (g/Liter), bei der mit $Cl^- + SO_4^{2-}$ vorwiegenden Versalzung 12—14 nicht übersteigt. Auf dem Wiesen-Ssolontschakboden mit einer Konz. der Boden-Lsg. von 50,1 bis 204,8 (g/Liter) ging die Baumwollsaat schon bei der Keimung zugrunde; das gleiche wurde auf der Grauerde mit einer Konz. der Salze von 39—173 beobachtet.
M. Gordienko. 4495◇

E_5. Tierchemie. Tierphysiologie. Tierpathologie

Biochemische Bestimmungen in tropischen Laboratorien. R. L. Nath. (J. Proc. Instn. Chemists [India] **33**, 276—79, 1961; Calcutta, School of Tropical Med., Biochem. Dep.; engl.) — Übersicht; Best. von Blut–Harnstoff nach der Urease-Nessler-Meth., Serum–Bilirubin-Best., Harnstoff–Clearance-Test, Serum–Thymol-Trübungstest u. Blut–Cholesterin-Bestimmung. — 15 Literaturangaben. P. Gregorzewski. 4500◇

Die Bestimmung des Gesamtcholesterins durch eine Abwandlung der Methode von Pearson. Manuelle und automatische Anwendung. J. Boy, M. Bonnafé und J. B. Mazet. (Ann. Biol. clin. **18**, 669—75, Okt./Dez. 1960; Marseille, Fac. de Méd., Labor. de Chim.; Reims, Hôpital Civil, Paris, Soc. Technicon; franz.) — Zusatz von p-Toluolsulfonsäure (**I**; in Essigsäure) zum Gemisch, mit dem die Liebermannsche Rk. bei der *Cholesterin* (**II**)-Best. in Serum ohne vorherige Extraktion des letzteren mit Fett-Lsgm. (Meth. von Pearson) ausgeführt wird, stabilisiert die Färbung. Bei einem bestimmten Verhältnis von **I**, Serum u. H_2SO_4 ist die Farb-Rk. blau u. bleibt bei geeigneter Temp. unverändert (Best. zweckmäßig bei 630 mμ). Die Meth. von Pearson (Analytic. Chem. **25**, [1953], 813) eignet sich auch zur automat. **II**-Bestimmung.
K. Maier. 4500◇

Die Hemmung der Cholesterinbiogenese durch Arsenit: Darstellung von markiertem Lanosterin. Mary L. Moller und T. T. Tchen. (J. Lipid Res. **2**, 342—43, 1961; Detroit, Mich., Wayne State Univ., Dep. of Chem.; engl.) — Bei der Inkubation von $^{14}C_{(2)}$*-Mevalonsäure* (**I**) mit Rattenleberhomogenat u. den üblichen Cofaktoren entsteht *Cholesterin* (**II**). Die Bldg. von **II** wird durch Zugabe von *Arsenit* gehemmt, wobei *markiertes Lanosterin* (**III**) angereichert wird, das bequem präparativ gewonnen werden kann.

Versuche: *Lanosterin* (**III**), 5 ml Rattenleberhomogenat bei einer Konz. von 10^{-3}m Arsenit 1 Std. bei 0° vorinkubieren. Danach 1 μMol rac. **I**, 10 μMol Diphosphopyridinnucleotid u. 20 μMol Adenosintriphosphat zugegeben u. 3 Std. aerob bei 37° behandeln. Verseifen, extrahieren u. an Al_2O_3 chromatographieren. 0,2 μc bzw. 40% (Ausbeute). H. Zöllner. 4500◇

Geochemische Untersuchungen an rezenten marinen Molluskenschalen. F. Leutwein und R. Waskowiak. (Neues Jb. Mineralog.. Abh. **99**, 45—78, 1962; Nancy, Univ., E.N.S.G., Miner. Inst.; dt.) — In über 500 Schalen von weltweit verbreiteten u. häufigen Mollusken wurden spektrograph. die Geh. von 15 Elementen bestimmt. Der wichtigste Faktor für den Einbau von Spurenelementen ist das Calcit–Aragonit-Verhältnis der Schale. Soweit es von der Wasser-Temp. abhängt, wird auch die Spurenelementassoziation davon beeinflußt. Andere Elemente sind abhängig von der Salinität des W. (B, Ba, Mg). Außerdem konnten bei verschiedenen Arten artspezif. Unterschiede im Spurenelement-Geh. festgestellt werden, die nicht oder kaum von Umwelt-Einfl. abhängen. J. Heinze. 4510◇

Calcium und Phosphor im Blut und Knochengerüst der Elasmobranchiaten. Marshall R. Urist. (Endocrinology **69**, 778–801, 1961; Los Angeles, Calif., Univ. of California, School of Med., Dep. of Surgery, Div. of Orthopedics; engl.) — Vf. untersucht den Einfl. der durch chem. u. elektrophoret. Meth. sowie den der durch die Ultrazentrifuge abtrennbaren Bestandteile des Serums u. den Einfl. verschiedener physikal. u. chem. Faktoren auf den Geh. von Ca im Blut u. im Knorpelgewebe ♀ u. ♂, alter u. junger Elasmobranchiaten. — Der *Ca*-Spiegel im Serum ist von Veränderungen des CO_2-Druckes, des Gesamt-CO_2- u. des HCO_3^--Geh. sowie von der Ionenstärke, dem pH-Wert, von individuellen Elektrolyten, vom Geh. an Gesamtphosphat, anorgan. Phosphat, Phospholipoiden, Citronensäure, Harnstoff u. von der alkal. Phosphataseaktivität unabhängig. Das Blut enthält relativ wenig Protein (4,8 ± 1,8 mVal/Liter), das in seinem chem., elektrophoret. u. Sedimentations-Verh. in der Ultrazentrifuge dem von Globulin entspricht u. 4 mMol Ca pro 100 g zu binden vermag. Rund 75% des Gesamt-Ca (7,5 ± 1 mVal/Liter) gehen durch ein Ultrafilter, davon sind 85% physiolog. akt. u. 93% liegen als Ionen vor. Vom Gesamt-Geh. an anorgan. P (2,0 ± 0,8 mVal/Liter) gehen nur 80% durch ein Ultrafilter. Das Prod. aus Ca^{2+} u. diffundierbarem anorgan. Phosphat ist 200% größer als das im Serum von Knochenvertebraten. Die Ca-Ausscheidung im Knorpelgewebe der Elasmobranchiaten stellt ein apatitähnliches Mineral dar mit einem molaren Ca:P = 1,52. H. Köditz. 4520◇

Gift des Kugelfisches. Extraktion und Konstitution. Hiroshi Kakisawa, Yasuaki Okumura und Yoshimasa Hirata. (J. chem. Soc. Japan, pure Chem. Sect. [Nippon Kagaku Zassi] **80**, 1483–87, Dez. 1959; Nagoya-Daigaku, Rigakubu, Kagaku-Kyôsitu; jap., Auszug: engl. S. A 114.) — Sowohl aus den Ovarien von *Spheroides vermicularis* als auch aus denen von *Spheroides rubripes* wird durch Extraktion mit W., durch Einengen des Auszugs, durch Ausfällen des Rückstandes (R) aus W. mit Pb-Acetat u. $NH_4 \cdot OH$, u. durch Chromatographieren an Aktivkohle-pulverisierter Cellulose aus ammoniakal. Lsg. *Tetrodotoxin* (I) in 80%ig. Ausbeute (bezogen auf R) in krist. Form gewonnen. I besitzt nach Elementaranalyse eine Zus. von $C_{12}H_{19}N_3O_9$ (F. > 300°), zeigt jedoch ein Molgew. von 403 nach der Titrationskurve u. hat nach IR-Absorptionsspektrum sowie nach den Ergebnissen des alkal. Abbaus u. der Oxydation mit HJO_4 teilweise obenst. Struktur.

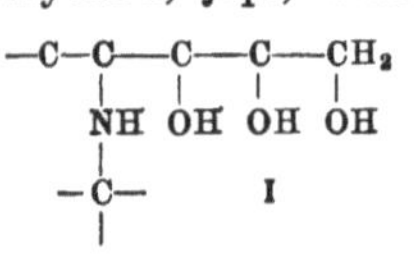

I

E. Maekawa. 4520□

Über ein Glykoprotein in Seeigeleiern und seine Veränderung bei der Befruchtung. A. Monroy und M. L. Vittorelli. (Experientia [Basel] **16**, 56–57, 1960; Univ. di Palermo, Ist. di Anat. comparata; engl.) — Unbefruchtete Eier von *Paracentrotus lividus* enthalten eine in *Trichloressigsäure* (I) lösl., mit Ae. fällbare Proteinfraktion, die bei befruchteten Eiern nicht mehr auftritt. Vff. finden durch Papierchromatographie des Hydrolysats, daß diese Fraktion aus *Glucose* u. *Cystin* (Cystein), *Arginin, Lysin, Histidin, Asparaginsäure, Glutaminsäure, Glycin, Serin, Alanin, Prolin, Methionin, Valin, Threonin, Phenylalanin, Leucin* u. *Isoleucin* besteht. Das Gew. des durch A. fällbaren Anteils der in I lösl. Fraktion geht bei befruchteten gegenüber unbefruchteten Eiern um ca. 25%, der N-Geh. des fällbaren Anteils sogar um ca. 50% zurück. A. Gude. 4520◇

Einige Beobachtungen über Differenzen in der Zusammensetzung zwischen Kern und Cytoplasma des Frosch-Oocyts. Hiroto Naora, Hatsuko Naora, M. Izawa, V. G. Allfrey und A. E. Mirsky. (Proc. nat. Acad. Sci. USA **48**, 853–59, 1962; Rockefeller-Inst.; engl.) — Der Kern kann aus dem gefrorenen Oocyt herausgeschnitten werden. Im Kern ist der *Na*-Geh. 3,2mal größer als im Cytoplasma u. der *K*-Geh. 2,4mal größer. Verhältnis Na:K im Kern 1:1 u. im Cytoplasma 0,72. Durch Autoradiographie wurde eine starke Anhäufung von ^{22}Na, ^{42}K, ^{14}*C-Leucin* u. ^{14}*C-Alanin* im Kern nachgewiesen. Nur wenig Aminosäuren wurden in das Protein eingebaut. M. Wiedemann. 4520◇

Isolierung des cyclischen Acetals von Glycerophosphoryläthanolamin aus Ochsenherzlipoiden sowie seine wahrscheinliche Herkunft. J. B. Davenport und R. M. C. Dawson. (Biochem. J. **79**, 10P–11P, 1961; Babraham, Cambridge, Agricult. Res. Council Inst. Animal Physiol.; engl.) — Die teilweise noch nicht identifizierte, gegen milde saure u. alkal. Hydrolyse beständige Phospholipoidfraktion aus Ochsenherzmuskel konnte säulenchromatograph. in 4P-haltige Komponenten aufgetrennt werden. Die quant. wichtigste Komponente wurde als *Sphingomyelin* identifiziert. Die nächstgrößte

Bande bestand aus Material mit Plasmalogen-Eigg.; Hydrolyse mit $HgCl_2$ nach Thannhauser et al. (J. biol. Chemistry **188**, [1951], 423) lieferte *Glycerophosphoryläthanolamin*, das IR-Spektrum war ident. mit dem des synthet. *2-Aminoäthyl-trans-2.3-O-hexadecylidenglycerin-1-phosphat*. *Lysoäthanolaminplasmalogen* konnte unter den angewandten Bedingungen der alkal. Hydrolyse nicht zum cycl. Acetal umgesetzt werden, so daß dessen Bldg. in alkal. Medium wahrscheinlich im Augenblick der Desacylierung stattfindet. Die Ausbeute an wasserlösl. P-Verbb. infolge saurer Hydrolyse bei 37° der alkalibeständigen Phospholipoide stieg um ca. 20% durch Zugabe von 5—15 mm $HgCl_2$ zum Hydrolysegemisch. Die zusätzlich in Freiheit gesetzten P-Verbb. waren *Glycerophosphorylcholin* u. *Glycerophosphoryläthanolamin*, wie bei der sauren Hydrolyse von Plasmalogenen. Die unbekannte Fraktion der alkali- u. säurebeständigen Phospholipoide war entsprechend kleiner. Da außerdem cycl. Acetale der Phospholipoide durch saure Hydrolyse bei 37°, unabhängig von Hg^{2+}-Zusätzen, nicht zersetzt werden, entstehen somit starke Hinweise dafür, daß die cycl. Acetale der Plasmalogene durch saure Hydrolyse von Lysoplasmalogenen gebildet werden können. Diese Rk. kann durch Zugabe von Hg^{2+} verhindert werden. H. J. Hoenders. 4520◇

Die stickstoffhaltigen Bestandteile der Lipoide verschiedener Gewebe des Hundes. J. M. McKibbin, Stanley Meltzer und Mary Jane Spiro. (J. Lipid Res. **2**, 328—34, 1961; Syracuse, N.Y., State Univ. of New York, Coll. of Med., Dep. of Biochem.; engl.) — Vgl. C. **1962**, 6842. — Zur Fraktionierung der Hydrolyse-Prodd. sowie zu deren annähernd vollständiger Analyse wird ein Verf. beschrieben, gek. durch weitgehende Entfernung störender Peptide, 2stufige Hydrolyse, Säulenchromatographie (Dowex-50) sowie Anwendung von Perjodatoxydation, Methylierung u. Papierchromatographie. Für sieben Gewebearten des Hundes (Leber, Milz, Pankreas, Lunge, Niere, Darm u. Herz) konnte der totale Lipoid-N-Geh. bis auf wenige % *Cholin*, *Äthanolamin*, *Serin*, anderen Aminosäuren, NH_3, *Sphingosin* u. *Hexosamin* zugeordnet werden. Serinhaltige Lipoide beanspruchten 2,6—7,7% des Lipoidstickstoffs. Aminosäuren (außer Serin) u. Peptide waren trotz gründlicher Reinigung der Lipoidextrakte in Mengen von der Größenordnung des Serins anwesend. Der NH_3-Geh. der Hydrolysate belief sich auf 4,3—5,9% des Lipoidstickstoffs. Durch Hydrolyse wurden 1,0—9,4% des Lipoidstickstoffs wasserlösl.; es handelte sich hierbei nicht um Cholin, NH_3 oder prim. Amin, sondern vermutlich um substituierte Amine. H. J. Hoenders. 4520◇

Untersuchungen über das Vorkommen von Cholesterin in wasserhaltiger flüssigkristalliner Form. 2. Mitt. **Die Bildung cholesterinhaltiger mesomorpher Phasen in Gegenwart von Proteinassoziationskolloidkomplexen, Serumalbumin und Gallensäuresalzen.** Per Ekwall und Herrick Baltscheffsky. (Acta chem. scand. **15**, 1198—99, 1961; Abo, Abo Acad., Inst. of Physical. Chem.; engl.) — 1. vgl. C. **1963**, 14375. — Wss. Lsgg. von *Rinderserumalbumin* (**I**; 0,5—2%, pH 9,3) vermögen weder *Cholesterin* (**II**) in den mesomorphen Zustand überzuführen noch beeinflußt **I** die Wechselwrkg. zwischen *Na-Laurat* (**III**) u. **II** (Bldg. der mesomorphen **II**-haltigen Phase bei **III**-Zusatz). Dagegen unterdrückt *Na-Taurocholat* (**IV**) die Bldg. der mesomorphen Phase durch Wechselwrkg. zwischen **II** u. Fettsäureanionen teilweise u. macht eine Steigerung der Minimal-Konz. der Seifenanionen erforderlich. Ggw. von 2% **I** vermindert z. T. die **IV**-Wirkung. K. Maier. 4520◇

Chemische Bestandteile der Larven von Laccifer lacca. R. Madhav, T. R. Seshadri und G. B. V. Subramanian. (Current Sci. **31**, 137—38, 1962; Delhi, Univ. of Delhi, Dep. of Chem.; engl.) — Um die Zus. des von dem Lackinsekt *Laccifer lacca* sezernierten Stocklackes zu untersuchen, werden Insektenlarven extrahiert (mit der Annahme, daß die Extraktstoffe ident. oder nahe verwandt mit den Lackbestandteilen sind). Es werden 2 gesätt. *Wachsester*, F. 80° u. F. 55°, ein *ungesätt. Ester*, F. 94°, ein Ae.-unlösl. hartes Harz u. gefärbtes chinoides Material gefunden. P. Gregorzewski. 4520◇

Verteilung von α-Glyceryläthern in tierischen Geweben. Sachiko Nakagawa und J. M. McKibbin. (Proc. Soc. exp. Biol. Med. **111**, 634—36, 1962; Syracuse, N.Y., State Univ. of New York, Coll. of Med., Dep. of Biochem.; engl.) — *α-Glyceryläther* wurden aus Hundegeweben durch Hydrolyse gereinigter Gewebe–Lipid-Extrakte u. Fraktionierung der lipidlösl. Fraktion des Hydrolysats an einer SiO_2-Säule mit anschließender Oxydierung der Glycerylätherfraktion durch Perjodsäure u. colorimetr. Best. des gebildeten Formaldehyds nachgewiesen. In Lunge, Niere, Leber, Milz, Darm, Herz, Aorta u. Skelettmuskulatur sind die α-Glyceryläther nur in geringem Maße vertreten (bis maximal 1,35 μMol/g trockenen lipidfreien Gewebes); im Knochenmark (Kaninchen) dagegen sind bis zu 14,1 μMol/g trockenen lipidfreien Gewebes vorhanden. U. Tausendfreund. 4520◇

Bestimmung der chemischen Struktur von ungesättigten Fettsäuren des Depotfettes von Pimelodus maculatus. María Elena de Tomás. (Rev. Fac. Ci. quím.,

Univ. nac. La Plata **33,** 135—38, 1961; span.) — Im Depotfett von *Pimelodus maculatus* werden Monoäthylencarbonsäuren mit 16, 18 u. 20 C-Atomen, *Linolsäure* u. *Eikosatrien-(8.11.14)-carbonsäure* nachgewiesen. R. K. Müller. 4520◇

Biochemische Untersuchungen über den morphologischen Farbwechsel von Carausius morosus. Detlef Bückmann und Jost Heinrich Dustmann. (Naturwissenschaften **49,** 379, 2. Aug.-H. 1962; Göttingen, Univ., Zool. Inst.; dt.) — Aus der Epidermis dunkelbrauner Tiere der Stabheuschrecke, *C. morosus*, wurden 2 braune Farbstoffe mit dem typ. Verh. der Ommochrome isoliert [oxydiert: gelbbraun; red.: rotviolett, *Ommin* (**I**) bzw. rot, *Xanthommatin* (**II**)], die mit den entsprechenden aus anderen Species (*Calliphora erythrocephala, Musca domestica, Galleria mellonella, Vanessa urticae*) ident. waren. *Carausius*-**I** erwies sich als ein Gemisch mehrerer roter bis rotvioletter Redoxpigmente. Zur Unters. der Variation des Ommochrom-Geh. im morpholog. Farbwechsel wurden die Tiere von der 2. Larvenhäutung an verschiedenen opt. Reizsituationen ausgesetzt, wobei große Unterschiede in der Ommochrom-Bldg. durch die verschiedene Verteilung der Lichtreize auf die Augenbereiche auftraten. Die opt. Reizsituation steuert über die Augen die Ommochrom-Synth. in der Epidermis u. damit die Körperfarbe. Die Epidermis enthält ferner ein sehr zersetzliches gelbbraunes Pigment sowie orangerote u. gelbe Lipochrome u. grüne Insektoverdine. K. Maier. 4520◇

Die Wirkung von Thyroxin und Adrenalin auf die Resorption von Glucose und Acetat durch den Mäusedarm. G. J. Halliday, R. B. Howard und A. F. Munro. (J. Physiology **164,** 28P—29P, 1962; Univ. of Glasgow, Dep. of Vet. Physiol.; engl.) — Vff. bestimmen in vitro den Darmdurchgang von *Glucose* u. *Acetat* bei normalen, hyperthyroiden u. mit *Adrenalin* (**I**) behandelten Tieren (**45** Min. vor der Tötung gegeben). Der serosale Glucosedurchgang (definiert nach Barry, Matthews u. Smyth, J. Physiology **157,** [1961], 274) beträgt 6,6 μg/mg Frischgewebe/h bei den hyperthyroiden Tieren u. **13,8** μg bei den normalen Tieren. Die entsprechenden Werte für Acetat sind 3,1 u. 3,7 μg. Die mit **I** (50 μg/30 g) behandelten Tiere zeigen in bezug auf Glucosedurchgang keine Unterschiede zu den Kontrollen. Der Glucoseverlust u. die entsprechende Lactat-Bldg. ist bei den hyperthyroiden Tieren leicht erhöht. Der Wasserdurchgang ist nicht unterschiedlich. Hyperthyreoidismus verringert die Wirksamkeit des Mechanismus für den Glucosedurchgang. W. Hiller. 4550◇

Einige Daten zur Natur der immunologischen Spezifität der Proteine. A. I. Nikolajew. (Fragen med. Chem. [UdSSR] **7,** 74—81, Jan./Febr. 1961; Taschkent, Med. Inst., Lehrstuhl für Mikrobiol.; Ministerium für Gesundheit der UsbekSSR, Forschungsinst. für Radiol. u. Oncol.; russ., Auszug: engl.) — Verschiedene Proteine mit hohem S-Geh., u. zwar native (Keratin, Keratein) u. chem. veränderte (Cystin–Keratin, Cystein–Keratein, Sulfanilazokeratin, Sulfanilazokeratein, Cystinglobulin u. Cysteinglobulin) wurden mittels Anaphylaxie u. Präcipitations-Kreuzrkk. untersucht. Demnach ist die Immunspezifität der Keratine durch ihre räumliche Konfiguration, an der Cystin bzw. Cystein beteiligt ist, bedingt. Die chem. Modifikation führt nicht nur neue Gruppen ein, sondern ändert auch die Konfiguration. M. Wiedemann. 4551□

Die Anwendung der Reaktion der Antiglobulinbindung bei immunohämatologischen Untersuchungen. R. K. Kalushenko. (Probleme Hämatol. Blutübertrag. [UdSSR] **8,** Nr. 2, 16—20, 1963; Militär-Med. Kirow-Akad., Klin. für Fakultätstherapie; russ.) — Die direkte u. indirekte Antiglobulinbindungs (AGB)-Rk. wurde zur Best. von Antikörpern gegen Erythrocyten, Leukocyten, Myelokariocyten u. Blutgefäße bei hämolyt. Anämie, Agranulocytose oder Capillartoxikose u. zur Best. der Isoantikörper u. autoimmunen Genese angewandt. Die Ergebnisse der AGB-Rk. waren ident. mit den Rkk. nach Steffen [1954] u. Coombs [1945] u. übertrafen die Ergebnisse der Leuko- u. Thrombagglutination. I. v. Kloch-Kornitz. 4551◇

Physikalische und immunologische Heterogenität der Antigewebeantikörper. Robert Ardry. (Ann. pharmac. franç. **20,** 42—52, Jan. 1962; franz.) — Antigewebeantikörper zeigten eine doppelte Heterogenität — nämlich gegenüber verschiedenen Antigenen u. gegenüber dem gleichen Organantigen. Der Antikörper erscheint a) als blockierender Antikörper (wahrscheinlich einwertig), der bei einer Ionenstärke von $\leqq$ 0,15 eine kolloidale Trübung hervorruft; b) als ausfällender Antikörper (wahrscheinlich zweiwertig), der hydrophile Gruppen enthält, welche nicht an den Komplementärstellen des Antigens sitzen u. der sich nach Absättigung durch das Antigen wie ein Euglobulin verhält. K. Zingraf. 4551◇

Einige histochemische Daten zur Teilnahme der Ribonucleinsäure und der Kohlenhydrate an der Morphogenese des rheumatischen Granuloms. R. A. Ssimakowa. (Arch. Pathol. [UdSSR] **22,** Nr. 8, 67—74, 1960; Moskau, med. Inst., Lehrstuhl für patholog. Anatomie; russ., Auszug: engl.) — Bei 48 Biopsien von Patienten mit rheumat. Stenose wurden in 47 Fällen rheumat. Granulome in den tiefen Endocard-Schichten gefunden. Bei frischen, florierenden Granulomen waren die Zellen reich an Ribonucleinsäuren (RNS) u. an Glykogen. In der Phase der Narben-Bldg. nahmen RNS u. Glykogen ab. Im Endocard sinken an den Stellen des Auftretens von frischen Granulomen die neutralen Polysaccharide ab, während die hochpolymerisierten sauren Mucoproteide ansteigen. M. Wiedemann. 4552□

Konzentration und Art des durch durchströmte Speicheldrüsen des Goldhamsters sezernierten Jodids. A. Ilani. (Experientia [Basel] **18,** 90, 1962; Jerusalem, Hebrew Univ., Hadassah Med. School, Rogoff Labor. of Physiol.; engl.) — Durch die Submaxillardrüse des Goldhamsters wird anorgan. J^- angereichert; der Speichel dieser Drüse enthält einen Faktor, der imstande ist, J^- zu binden. Dieser Faktor kommt in der Sublingualdrüse nicht vor; dort erfolgt auch keine Anreicherung von J^-. K. Zingraf. 4555◇

Histochemie der Speicheldrüsen. W. Schätzle. (Acta histochem. [Jena] **13,** 62—112, 1962; Homburg/Saar, Univ. des Saarlandes, Histolog. Inst.; Hals-Nasen-Ohren-Klin.; dt.) — Übersicht; Eiweiß u. Eiweißbausteine der Speicheldrüsen, Glucoproteide, Mucoproteine u. Mucopolysaccharide, Lipide, Glykogen, Fermente, Mineralien, Pigmente, Vitamine, Autoradiographie. — 352 Literaturangaben. P. Gregorzewski. 4555◇

Die Stimulierung des aktiven Natriumtransportes durch die isolierte Krötenharnblase nach Injektion von Aldosteron. Jean Crabbé. (Endocrinology **69,** 673—82, 1961; Boston, Mass., Havard Med. School, Dep. of Med. u. Massachusetts General Hosp., Dep. of Med.; engl.) — Der Transport von *Na* durch die isolierte Harnblase von *Bufo marinus* wird in Abhängigkeit von der Aufbewahrung in dest. W. u. in Salz-Lsgg. nach der von Ussing u. Zerahn entwickelten Kurzschlußstromtechnik untersucht. Der in dest. W. beobachtete stärkere Transport wird auf eine höhere Konz. an zirkulierendem *Aldosteron* (**I**) zurückgeführt, das, wie gezeigt wird, in der Nebenniere der Kröte synthetisiert wird. Injektionen von *dl-***I***-21-Monoacetat* am Tage vor der Tötung der Tiere führt unabhängig von der Aufbewahrung zur Erhöhung des akt. Transports von Na; abs. gesehen ist jedoch der akt. Transport bei der Aufbewahrung in dest. W. größer. Nach mehreren Injektionen (5 Tage lang) ist kein Unterschied in der transportierten Na-Menge in beiden Medien festzustellen. Die stimulierende Wrkg. von *Vasopressin* wird weder durch die Aufbewahrung noch durch die **I**-Injektionen beeinflußt. Der Geh. an W. im Blasengewebe, an Na, K u. Cl ändert sich prakt. nicht, trotz der großen durch Umgebung u. **I** hervorgerufenen Unterschiede im akt. Transport von Na. Der Einfl. von **I** auf die Na-Konz. im Harn u. auf die von K im Harn u. im Plasma von Kröten ist dem bei Säugetieren beobachteten diametral entgegengesetzt. H. Köditz. 4555◇

Die Anregung der Glucoseoxydation durch Brustdrüsenschnitte lactierender Ratten mit Hilfe von Oxytocin und Acetylcholin: Hemmung der Hormonwirkungen durch Puromycin. Jules Cohen, A. Russell Brenneman und Yale J. Topper. (Biochim. biophysica Acta [Amsterdam] **63,** 554—56, 8/10. 1962; Bethesda, Md., Nat. Inst. of Arthritis and Metabol. Diseases; engl.) — Mitt. über die Wrkg. von *Puromycin* (**I**) als Hemmstoff der Protein-Synth., auf die Wrkg. von *Oxytocin* (**II**) u. *Acetylcholin* (**III**) auf die Brustdrüse (Schnitte lactierender Ratten). **I**, welches selbst die *Glucose* (**IV**)-Oxydations-Geschw. nicht beeinflußt, hemmt den Anstieg der durch **II** u. **III** hervorgerufenen **IV**-Oxydation, jedoch nur in Krebs-Bicarbonat-Puffer u. nicht in Krebs-Ringer-Phosphat-Puffer (beide pH 7,4). In Krebs-Bicarbonat verursacht **I** eine Verminderung des *Leucin* (**V**)-Einbaus in Protein, in Krebs-Phosphat ist diese **I**-Wrkg. geringer. Die **V**- u. β-Alanin-Analogen von **I** hemmen den **V**-Einbau in Protein nicht u. haben auch keinen Einfl. auf **IV**-Oxydation u. die durch **II** vermittelte Anregung der **IV**-Oxydation. — Die **II**- u. **III**-Wrkg. gehen vermutlich nicht über eine Beeinflussung des **IV**-Transportes vor sich, ebenso konnte keine Beeinflussung der Aktivitäten von *Hexokinase, Glucose-6-phosphatdehydrogenase, 6-Phosphogluconsäuredehydrogenase* u. *NAD* (Nicotinamidadenindinucleotid bzw. Diphosphopyridinnucleotid, DPN)-*Kinase* durch **II** u. **III** beobachtet werden. **II** u. **III** haben keine nachweisbare Wrkg. auf den Einbau von $^{14}C_{(1)}$-**V** in das Gesamtprotein von Brustdrüsenschnitten, trotzdem wird die Wrkg. von **II** u. **III** auf die **IV**-Oxydation als abhängig von Protein-Synth. gesehen; möglicherweise bewirken **II** u. **III** eine selektive Steigerung der Synth. von Proteinen, die zur **IV**-Oxydation in Beziehung stehen. U. Tausendfreund. 4558◇

Biologische Aktivität von bestimmten 4-Methyl-Ring-A-aromatischen Steroiden. Ralph I. Dorfman, Eliahu Caspi und Pyara K. Grover. (Proc. Soc. exp. Biol. Med. **110,** 750—53, 1962; Shrewsbury, Mass.; Worcester Foundation for Exp. Biol.; engl.) — Vff. testen 4-Methylsteroide mit aromat. Ring A auf ihre östrogene, antiöstrogene, androgene, antiandrogene u. Hypophysen-hemmende Aktivität an Mäusen, Küken u. Ratten. Im Vers. stehen folgende Verbb.: *4-Methyl-$\Delta^{1.3.5,10}$-19-norcholestatrien* (I), *4-Methyl-$\Delta^{1.3.5,10}$-östratrien-17β-ol* (II), *11β-Hydroxy-4-methyl-$\Delta^{1.3.5,10}$-östratrien-17-on* (III), *4.17α-Dimethyl-$\Delta^{1.3.5,10}$-östratrien-17β-ol* (IV), *Androst-3.5-dien-17β-ol* (V) u. *4-Methyl-$\Delta^{1.3.5,10}$-östratrien-17-methylen* (VI). **II** weist $^1/_{30}$ u. **V** $^1/_{10}$ der androgenen Aktivität von Testosteron auf. **IV, II** u. **V** besitzen $^1/_{8000}$, $^1/_{5000}$ u. $^1/_{2000}$ der östrogenen Potenz von Östron. Die Hypophysen-hemmende Aktivität im Vgl. zu Testosteron beträgt bei **II** $^1/_{20}$ u. bei **IV** $^1/_{500}$. **I** zeigt sich bei allen Testen inaktiv. **III** besitzt eine androgene Aktivität von $< ^1/_{200}$ (Testosteron = 1) u. **VI** eine östrogene Aktivität von $< ^1/_{20000}$ (Östron = 1). W. Hiller. 4559◇

Die Wirkung von hohen Dosen des Follikelstimulierenden Hormons auf die Luteinisierung. G. P. Van Rees, E. Gans und S. E. de Jongh. (Acta physiol. pharmacol. neerl. **10,** 215—27, 1962; Leiden, Boerhaareekwartier, Univ., Dep. of Pharmacol.; engl.) — Erhalten hypophysektomierte ♀ Ratten täglich 1 I.E. Choriongonadotropin in Kombination mit 0—2560 µg *Follikelstimulierendem Hormon* (I), so nimmt bei **I**-Gaben von 320—640 µg das Gewicht der Ovarien stark zu, bleibt jedoch bei weiterer **I**-Steigerung konstant. Das Gewicht des Uterus steigt bis zu Gaben von 320 µg **I** an u. fällt bei höheren Konzz. wieder geringfügig ab. Die Luteinisierung zeigt ein Maximum bei 640 u. 1280 µg. W. Hiller. 4559◇

Östrogenregulierung der Dehydrogenaseenzyme der Nebennierenrinde. Kenneth W. McKerns. (Biochim. biophysica Acta [Amsterdam] **63,** 552—53, 8/10. 1962; Gainesville, Fla., Univ. of Florida, Coll. of Med., Dep. of Obstet. and Gyn.; engl.) — Es wird gezeigt, daß Östrogene (*Östron, Östradiol, Östriol*) kompetitive Hemmstoffe aller hauptsächlichen *TPN* (Triphosphopyridinnucleotid bzw. Nicotinamidadenindinucleotidphosphat, NADP)-*spezif. Dehydrogenasen* der Nebennierenrinde in Konzz. von 10^{-7}m oder mehr sind; es kommt zur Verminderung der Konz. an TPNH (bzw. NADPH), welches für Red. u. Hydroxylierung bei der Steroid-Synth. nötig ist, u. somit zur Hemmung der Synth. der Corticosteroide. *DPN* (Diphosphopyridinnucleotid bzw. Nicotinamidadenindinucleotid, NAD)-*spezif. Dehydrogenasen* der Nebennierenrinde werden durch Östrogene in bereits niedrigeren Konzz. stimuliert. Über diese Hemmungs- u. Anregungsmechanismen wirken die Östrogene vermutlich als Regulatoren von entsprechenden Stoffwechselwegen, in endokrinen Geweben. U. Tausendfreund. 4559◇

Die Wirkung von Östrogen und Progesteron auf die Milchsekretion bei normalen und ovarektomierten Ratten und auf die Desoxyribonucleinsäure der Brustdrüse. David R. Griffith und C. W. Turner. (Proc. Soc. exp. Biol. Med. **110,** 862—63, 1962; Columbia, Univ., Missouri, Dep. of Dairy Husbandry; engl.) — Normale u. ovarektomierte Ratten erhalten vom 2. bis zum 13. Tag der Lactation täglich 1 µg *Östradiolbenzoat* (I), 1 µg **I** + 3 µg *Progesteron* (II) u. 3 µg **II**. Ovarektomie zeigt keinen Einfl. auf die Milchsekretion. Gaben von **I** u. **I** + **II** senken die Milchsekretion bei normalen Tieren auf die Hälfte, bei ovarektomierten Tieren ist das Absinken nicht so stark (ca. 25% Abnahme). **II** hat bei normalen u. ovarektomierten Tieren keinen Einfl. auf die Lactation. W. Hiller. 4559◇

Methode zur gleichzeitigen Bestimmung von Pregnandiol und Pregnantriol: Bestimmung der Ausscheidung im Harn von normalen Versuchspersonen und von 10 Patienten mit Nebennierenrindenschäden. Malcolm M. Martin, William J. Reddy und George W. Thorn. (J. clin. Endocrinol. Metabolism **21,** 923—30, 1961; Boston, Mass., Harvard Med. School, Dep. of Med.: Peter Bent Brigham Hosp.; engl.) — Zur Best. von *Pregnandiol* (I) u. *Pregnantriol* (II) im Harn werden die Steroide nach Behandlung der Harnprobe mit *β-Glucuronidase* in Ggw. von Acetatpuffer (pH 5,0) mit CH_2Cl_2 extrahiert. Der CH_2Cl_2-Extrakt wird nach Waschen mit nNaOH u. W. mit etwas Eisessig angesäuert; der Eindampfrückstand wird auf Schleicher u. Schüll-Papier Nr. 2041 unter Verw. des Fließmittel-Syst. B-3 von Bush (Biochem. J. **50,** [1952], 370) chromatographiert. Die weitere Analyse erfolgt nach Bongiovanni u. Eberlein (C. **1959,** 10304). Messung der Absorption von **I** in H_2SO_4 bei 425 mµ, von **II** bei 440 mµ. Bei normalen Vers.-Personen u. Frauen mit Hirsutismus ging die Ausscheidung von **I** u. **II** parallel mit der Ausscheidung der 17-Hydroxycorticosteroide (**III**) u. der 17-Ketosteroide (**IV**) im Grundzustand u. nach erfolgter ACTH-Verabreichung. Bei Patienten mit Nebennierenstörung schwankte die **I**- u. **II**-Ausscheidung unabhängig von der **III**- u. **IV**-Ausscheidung. Bei 2 Patienten mit Cushingschem Syndrom, das durch ein Nebennierenadenom verursacht war, war die **I**- u. **II**-Ausscheidung normal; die **III**-Ausscheidung war bei variabler **IV**-Ausscheidung erhöht. K. F. Müller. 4559◇

Versagen des vorübergehenden Progesteronentzuges zur Induzierung einer Eiimplantation bei ovarektomierten Ratten. Erhard F. Nutting und Roland K. Meyer. (Proc. Soc. exp. Biol. Med. **111,** 372—75, Nov. 1962; Madison, Wis., Univ.

of Wisconsin, Dep. of Zool.; engl.) — Im Verlaufe der Unters. hormonaler Einfl. auf die Eiimplantation bei Ratten zeigt sich, daß zwar die tägliche Injektion von 4 mg *Progesteron* (I) (bei Ratten, die 3 Tage nach der Befruchtung ovarektomiert wurden) eine Verzögerung der Eiimplantation verursacht, daß aber der Entzug von I (am Tage 9,9 u. 10 oder 13) die Eiimplantation nicht beschleunigt. Eine anschließende Behandlung mit 1 μg Östron u. 4 mg I/Tag führt dann zu baldiger Implantation (nach 5 Tagen); dabei war die Überlebensquote der Eier nach I-Entzug am 9. Tage vermindert, so daß der zeitweise I-Entzug einen deletären Effekt auf das Überleben der Embryos auszuüben scheint. U. Tausendfreund. 4559◇

Untersuchungen über Hypophysenadrenocorticotropin. 3. Mitt. **Abtrennung dreier aktiver Typen an XE-97-Austauscherharz.** W. F. White und W. L. Fierce. (J. Amer. chem. Soc. **75**, 245—48, 5/1. 1953; Chicago, Ill., Armour Labors.; engl.) — 2. vgl. C. **1956**, 2505. — Mittels des Kationenaustauscherharzes *Amberlite XE-97* wurden aus Schweinehypophysenextrakten 3 akt. *ACTH* (adrenocorticotropes Hormon)-Typen abgetrennt, 2 (Typ *II* u. *III*) aus hochgereinigten Fraktionen säure- u. pepsinbehandelter Extrakte, 1 (Typ *ID*) aus einem hochwirksamen Oxycelluloseeluat (I; aus Schweinehypophysen u. anderen nichthydrolysierten Präpp.). *II* u. *III* wurden aus *XE-97* mit Puffer-Lsgg. von pH 9,25 bzw. 11,25 eluiert (Aktivität 100—150 *USP*-Einheiten/mg Peptid), *ID* bei pH 8,5. Bei Behandlung von I mit Pepsin (2 Std., pH 2,1—2,3, 37°) ging die gesamte *ID*-Aktivität in solche des Typs *II* über, durch anschließende Säure-Einw. ein Teil *II* in *III*. K. Maier. 4560

Untersuchungen über Adrenocorticotropin. 5. Mitt. **Isolierung von Corticotropin A.** W. F. White. (J. Amer. chem. Soc. **75**, 503—04, 20/1. 1953; engl.) — 3. vgl. vorst. Referat. — Durch 200stufige Gegenstromverteilung im Syst. 1-Butanol–0,2%ig. Trichloressigsäure wurde aus der durch Fraktionierung von nichthydrolysiertem Schweinehypophysenextrakt an *Amberlite XE-97* erhaltenen *ID*-Fraktion (vgl. vorst. Ref.) ein weitgehend gereinigtes Adrenocorticotropin-Präp., *Corticotropin A* (I), dargestellt. Eine vorläufige papierchromatograph. Best. der *Aminosäuren* (II) von I ergab die empir. Zus. $Arg_2His_2Lys_3Phe_2Ser_1Leu_2Val_2Glu_4Asp_1Gly_2Ala_2Pro_3$ u. wahrscheinlich 1 *Tryptophan*, der Gesamt-II-Geh. 88,5%. *ID* bzw. I bildet eine Muttersubstanz für hydrolysierte *ACTH*-Formen. K. Maier. 4560

Untersuchungen über Hypophysenadrenocorticotropin. 6. Mitt. **Eine N-endständige Folge von Corticotropin A.** W. A. Landmann, M. P. Drake und W. F. White. (J. Amer. chem. Soc. **75**, 4370, 5/9. 1953.) — 5. vgl. vorst. Referat. — Mittels der modifizierten *Thiohydantoin* (I)-Meth. von Edman wurde aus der langsam wandernden, durch Chromatographie an *XE-97*-Harz erhaltenen, *ACTH*-akt. Fraktion Typ *ID* aus nichthydrolysierten Schweinehypophysenextrakten ein einziges, *Serin* (II) entsprechendes I gefunden. Eine 2. Anwendung der Edman-Rk. auf *ID* gab das *Tyrosin* (III) entsprechende I. Stufenweiser Abbau von reinem *ACTH*, *Corticotropin A* (IV) ergab mit den vorherigen Verss. übereinstimmend ebenfalls die Reihenfolge II–III. Säurehydrolyse des durch Umsetzung von IV mit *Dinitrofluorbenzol* (V) erhaltenen DNP-IV gab DNP-II, wodurch die Endständigkeit von II bestätigt wurde. Nach chymotrypt. Verdauung von IV wurde papierchromatograph. das *Dipeptid* II–III (VI) isoliert (R_F 0,43, Whatman Nr. 1, n-Butanol–Essigsäure–W., 80 : 20 : 100) u. durch V-Einw. auf VI u. Hydrolyse als II endständiger Rest nachgewiesen. K. Maier. 4560

Untersuchungen über Hypophysenadrenocorticotropin. 7. Mitt. **Eine C-terminale Folge von Corticotropin A.** W. F. White. (J. Amer. chem. Soc. **75**, 4877—78, 5/10. 1953.) — 6. vgl. vorst. Referat. — Bebrütung eines 6fach umkrist. *Corticotropin A* (I)-Präp. mit 1% *Carboxypeptidase* (II) (37°, 24 Std., pH 7,5, NH_4-Acetatpuffer) u. Chromatographie mit Phenol (72%)–W. bzw. sek. Butanol–3% NH_3 ergab Ggw. von *Phenylalanin*, *Glutaminsäure* u. *Leucin*. Zur Best. der Reihenfolge wurde I analog behandelt, in gewissen Abständen eine Probe entnommen, chromatographiert u. die Intensität der Ninhydrinfärbung der Komponenten photometr. ermittelt, woraus sich die Anordnung -Leu·Glu·Phe ergab. Die chromatograph. Unters. von 3 bei der pept. I-Hydrolyse (1% krist. Pepsin, 37°, pH 2,2—2,3 in 0,1n HCOOH, 6 u. 24 Std.) erhaltenen Peptidbruchstücken ergab nach vorheriger Behandlung mit II u. auf Grund der vollständigen Hydrolyse (6n HCl, 105°, 16 Std.) die Zus. Pro·Leu·Glu·Phe (A). I hat demnach die endständige Aminosäurenanordnung A, aus der II die letzten 3 Säuren quant., Pepsin jedoch das gesamte *Tetrapeptid* abspaltet. K. Maier. 4560

Untersuchungen über Hypophysenadrenocorticotropin. 8. Mitt. **Bestätigung dreier Dipeptide aus Corticotropin A durch Synthese.** W. F. White und W. A. Landmann. (J. Amer. chem. Soc. **76**, 4193—94, 20/8. 1954; Chicago, Armour Labor.) — 7. vgl. vorst. Referat. — Enzymat. Behandlung von *Corticotropin A* (I) mit 1%ig. krist.

α-Chymotrypsin (24 Std., 37°, 0,1n NH_4-Acetat-Puffer) u. papierchromatograph. Trennung der Hydrolyse-Prodd. lieferte 3 *Dipeptide*, die auf Grund der sauren Hydrolyse, der Best. der *N*-endständigen *Aminosäure* (**II**) mit *Dinitrofluorbenzol* nach Sanger sowie Spaltung eines Peptids mit *Carboxypeptidase* (**V**) als *Glutamylphenylalanin* (**III**), *Seryltyrosin* u. *Arginyltryptophan* erkannt wurden u. im Verh. mit den entsprechenden synthet. Verbb. ident. waren. **III** stellt die beiden letzten **II** des COOH-Endes von **I** dar, die vorhergehende ist *Leucin* (**IV**). Das bislang aus den Prodd. der chymotrypt. Verdauung von **I** isolierte einzige **IV**-haltige Peptid enthält neben **IV**, *Lysin, Valin, Prolin, Glykokoll, Phenylalanin, Alanin, Asparaginsäure* u. *Glutaminsäure* (**VI**). Es liefert bei Einw. von **V** nur **IV**. Nimmt man eine vorhergegangene **III**-Abspaltung an, dann ergibt sich **II**-Folge des C-Endes von **I**: *Pro·Leu·Glu·Phe*. Die Spaltung der Bindung zwischen **IV** u. **VI** durch Chymotrypsin stellt eine Abweichung der bisherigen Auffassung der Spezifität dieses Enzyms dar. K. Maier. 4560

Untersuchungen über Hypophysenadrenocorticotropin. 9. Mitt. **Weitere Gruppierungen in der Nähe des C-Endgliedes.** W. F. White. (J. Amer. chem. Soc. **76**, 4194—95, 20/8. 1954.) — 8. vgl. vorst. Referat. — Kurze pept. Hydrolyse von *Corticotropin A* (**I**, 2—4 Std., 37°, in 0,1n HCOOH, 5 mg **I**/cm³, 1%ig. Pepsin-Lsg.) gibt 4 papierchromatograph. trennbare Peptidbruchstücke (**II**–**V**). Ein Aktivitätsverlust tritt hierbei prakt. nicht ein (Sayers-Test). **II** enthält *Phe, Val, Met, Tyr, Pro, His, Glu, Asp, Ala, Arg, Lys, Gly, Ser, Try*, die N-endständige Gruppe ist *Ser*. **II** unterscheidet sich von **I** lediglich durch das fehlende *Leucin* u. ist anscheinend mit *Corticotropin B* (J. Amer. chem. Soc. **74**, [1952], 2120) identisch. **III** ist das Tetrapeptid, das nach 7. Mitt. (vgl. vorst. Reff.) aus den 4 letzten *Aminosäuren* (**VI**) des COOH-Endes von **I** in der Folge *Pro·Leu·Glu·Phe* besteht. Da **IV** u. **V** nicht die N-endständige Aminosäure von **I**, *Serin*, enthalten, müssen die beiden zugrunde liegenden Gruppierungen, *Ala·Glu·Ala·Phe* u. *Asp·Glu·Leu*, im intakten Hormon in der Nähe des COOH-Endes auftreten. Alle in **III**, **IV** u. **V** vorkommenden **VI** sind in 2 Peptiden enthalten, die aus den chymotrypt. **I**-Spaltprodd. isolierbar sind, **VII**: *Glu·Phe*, **VIII**: *Lys* (*Val, Pro, Gly, Ala, Asp, Glu, Phe*)·*Leu* (vgl. vorst. Ref.). **VII** bildet die beiden letzten **VI** von **I**, u. **VIII** von der Nähe der **I**-Mol.-Mitte bis zur 3. Aminosäure des COOH-Endes. Zwecks Einordnung der Peptide **II**—**V** in die **I**-Konstit. wurden sich überdeckende **VI**-Folgen gesucht. Partielle Säurehydrolyse (37°, 72 Std., konz. HCl) von **VIII** u. papierchromatograph. Trennung der Bruchstücke liefern die Peptide **IX**, *Ala·Phe·Pro·Leu*, u. **X**, *Leu·Ala*. **IX** deckt sich teilweise mit **III** u. **IV**, **X** mit **IV** u. **V**. K. Maier. 4560

Untersuchungen über Hypophysenadrenocorticotropin. 10. Mitt. **Weitere Aminosäurefolgen in der Nähe des N-Endgliedes von Corticotropin A.** W. F. White und W. A. Landmann. (J. Amer. chem. Soc. **77**, 771—72, 5/2. 1955.) — 9. vgl. vorst. Referat. — Die systemat. Unters. der durch enzymat. Hydrolyse von *Corticotropin A* (**I**) erhaltenen 7 Peptidfragmente ergab die Reihenfolge *Ser·Tyr* (1), *Ser*·(*Met, Glu, His*)·*Phe* (2), *His·Phe* (3), *His*·(*Phe, Arg*) (4), *Ser*·(*Tyr, Ser, Met, Glu*) (5), (*Ser, Met*)·*Glu* (6) u. *Ser·Tyr·Ser·Met·Glu·His·Phe·Arg* (7). Die Peptide *1, 2, 5* u. *7* entstehen durch direkte Einw. von krist. *Chymotrypsin* (**II**) (*1.2*), *Pepsin* (**IV**) (*5*) u. *Trypsin* (**V**) (*7*), *3* u. *4* durch sek. Hydrolyse des nach längerer pept. Spaltung von **I** erhältlichen großen Peptidfragmentes. Nach dem z. Zt. vorliegenden Unters.-Material entfernt pept. Hydrolyse 11 Aminosäurereste des COOH-Endes von **I** u. 5 des NH_2-Endes (Peptid *5*). In Ergänzung zu den bereits früher festgelegten Resten der **I**-Aminosäurekette, wurde der 3. durch Behandlung von Peptid *2* mit Dinitrofluorbenzol u. Nachw. von *Dinitrophenylserin* nach der Hydrolyse als Serin erkannt. **II**-Einw. auf Peptid *5* gab 2 Bruchstücke, *Seryltyrosin* u. *Peptid 6*, aus dem *Carboxypeptidase* als *C*-endständige Aminosäure (*Glutaminsäure*) (**III**) sowie *Serylmethionin* abspaltete. *Methionin* u. **III** sind demnach die 4. u. 5. Aminosäure der N-endständigen Folge von **I**, für deren enzymat. Abbau sich nachfolgendes Bild ergibt: *Ser·Tyr*⋮*Ser·Met·Glu*⋮*His*·Phe.Arg·.. (Pfeil: langsame Enzym-Wrkg.).
↑II ↑IV ↑II ↑V

K. Maier. 4560

Untersuchungen über Adrenocorticotropin. 11. Mitt. **Vorläufiger Vergleich zwischen Corticotropin A und β-Corticotropin.** W. F. White und W. A. Landmann. (J. Amer. chem. Soc. **77**, 1711—12, 20/3. 1955.) — 10. vgl. vorst. Referat. — Nachdem in früheren Unterss. die Reihenfolge der ersten 9 *Aminosäurereste* am NH_2-Ende u. der letzten 11 am COOH-Ende des *Corticotropins A* (**I**) geklärt u. eine weitere Gruppierung von 7 *Aminosäuren* (**II**) diskutiert worden war, konnte nunmehr die letztgenannte unter Zufügung eines *Tyrosin*-Restes (Stellung 21—28, **I**) bestätigt werden. Der Nachw. wurde in erster Linie durch die stufenweise ausgeführte Hydantoin-Rk. erbracht. Die Anwendung einer Abwandlung des Edmanschen Verf. auf das langkettige trypt. Peptid T_B ergab die Folge 22—28, die durch Isolierung des Dipeptides *Ala·Glu* (PAH_1)

aus den Prodd. der partiellen Säurehydrolyse des durch peptid. Verdauung von I erhaltenen Peptids P_5 bestätigt wurde. Die Chromatogramme der trypt. Digestate zeigten neben dem N-terminalen Oktapeptid T_C u. dem langkettigen C-terminalen Bruchstück T_E nur 2 wesentliche Spaltstücke T_D u. T_B. 3 durch partielle Säurehydrolyse erhaltene Peptide, PAH_2, PAH_3, PAH_4 bestätigen die Anordnung an der T_B–T_D-Verknüpfungsstelle. Das II-Gerüst ist bei I u. *β-ACTH* (Adrenocorticotropes Hormon) sehr ähnlich. Der Unterschied besteht möglicherweise in den noch 7 ungeklärten Resten von I u. den 3 unbestimmten von *β-ACTH*. Außerdem enthält letzteres eine Amidbindung, während in I eine solche bislang nicht nachweisbar war.

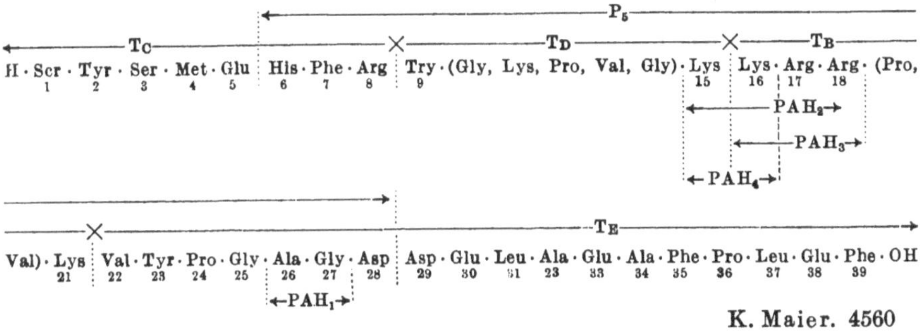

K. Maier. 4560

Untersuchungen über Adrenocorticotropin. 12. Mitt. **Die Wirkung von Aminopeptidase auf Corticotropin-A; die Wirkung auf die biologische Aktivität.** W. F. White. (J. Amer. chem. Soc. **77**, 4691—92, 5/9. 1955.) — 11. vgl. vorst. Referat. — *Corticotropin A* (I) besitzt die N-terminale Aminosäurefolge *Ser·Tyr·Ser·Met·Glu·His·Phe·Arg·Try···*. 5 mg gereinigtes I wurden mit 2 Einheiten hochgereinigter *Aminopeptidase* (II) bei 37° inkubiert, während 24 Std. laufend Proben entnommen u. papierchromatograph. quant. Aminosäure-Best. durchgeführt (Analytic. Chem. **26**, [1954], 502). Die Ergebnisse stimmten gut mit den Hydrolyse-Geschw. überein, die bei der Spaltung der einzelnen Aminosäureamide (J. biol. Chemistry **212**, [1955], 271) beobachtet worden sind. Nach 4½ Std. waren mehr als die Hälfte des 1. *Serins* u. des Tyrosins abgespalten u. 64% der physiolog. Aktivität zerstört. Da zu diesem Zeitpunkt nur 15% des Methionins u. damit auch des 2. Serins entfernt waren, sind für die biolog. Aktivität die 1. oder 1. + 2. Aminosäure erforderlich. Mit fortschreitender Hydrolyse nimmt die I-Löslichkeit zu. K. Maier. 4560

Untersuchungen über Adrenocorticotropin. 13. Mitt. **Isolierung zweier hochaktiver Typen aus Rindern.** W. F. White und R. L. Peters. (J. Amer. chem. Soc. **78**, 4181—82, 20/8. 1956.) — 12. vgl. vorst. Referat. — Chromatographie einer Oxycellulose-eluatfraktion aus Rohextrakten von Rinderhypophysenvorderlappen (Astwood u. Mitarbeiter [1951]) an Ionenaustauscherharz Amberlite *XE-97* bei pH 8,85 gab 2 stark wirksame Typen A_1 u. A_2 von *Adrenocorticotropin* (ca. 85 Einheiten/mg, i.v.). Die UV-Absorption von A_1 war mit der von *Corticotropin A* (I) identisch (λ_{max} 275 mμ, λ_{min} 250 mμ, 0,1n HCl). Papierchromatographie eines sauren Hydrolysats von A_1 ergab eine der von I entsprechende Aminosäure-Zus.: Cystin, Threonin u. Isoleucin fehlen, vorhanden sind Arginin, Histidin, Lysin, Tyrosin, Phenylalanin, Methionin, Serin (II), Leucin, Valin, Glycin, Glutaminsäure, Asparaginsäure, Alanin u. Prolin. Als N-terminale Gruppe wurde nur II gefunden. Aminopeptidase gab eine Aminosäureabspaltung wie bei I.

K. Maier. 4560

Über die spezifische Hemmung der Nebennieren-Steroid-Biosynthese. F. W. Kahnt und R. Neher. (Experientia [Basel] **18**, 499—501, 1962; Basel, Ciba, Pharm. Abt.; engl.) — Der Einfl. von *Su-4885* (*2-Methyl-1.2-bis-*[*pyridyl-*(*3*)]*-propanon*, *Su-8000* (*6-Chlor-3-methyl-2-pyridyl-*(*3*)*-indol*), *Su-9055* {*2-Pyridyl-*(*3*)*-tetralon-*(*1*)} u. *Su-10603* {*7-Chlor-2-pyridyl-*(*3*)*-tetralon-*(*1*)} auf die Synth. von *Aldosteron*, *18-Hydroxycorticosteron* u. *19-Hydroxycorticosteron* im Vgl. zu der von *Cortisol*, *Cortison*, *11-Desoxycortisol*, *Corticosteron*, *11-Dehydrocorticosteron* u. *11-Desoxycorticosteron* in vitro wird beschrieben. Folgende Hemmeffekte wurden beobachtet: Su-4885: Aldosteron, 19-Hydroxylierung, 11-Hydroxylierung; Su-8000: 17α-Hydroxylierung, Aldosteron, 18-Hydroxylierung; Su-9055 u. 10603: Aldosteron, 17α- u. 19-Hydroxylierung.

Joachim Schmidt/Magdeburg. 4561◇

Beziehung zwischen thymolytischen und Glykogen-Aktivitäten von Adrenocorticoiden. I. Ringler und J. Haynes. (Proc. Soc. exp. Biol. Med. **111**, 606—09, 1962;

Pearl River, N.Y., Lederle Labor., Dep. of Metabol. Chemother. and Statist. Design and Analysis Group; engl.) — In einem 5-Tage-Vers. an adrenalektomierten jungen ♂ Ratten wird gezeigt, daß eine enge Beziehung zwischen der Wrkg. von Nebennierenrindensteroiden auf die Thymusinvolution u. die *Glykogen* (I)-Ablagerung besteht. Steroide, welche eine thymolyt. Aktivität wie Hydrocortison entfalten, besitzen eine durchschnittlich 40% höher liegende I-Aktivität; bei größerer Potenz wird die Abweichung geringer u. erreicht Null, wenn die thymolyt. Aktivität den Wert 16 erreicht; jenseits dieser Aktivität kommt es zur Umkehr, so daß bei einer thymolyt. Aktivität von 100 die I-Aktivität nur noch 75 ausmacht. U. Tausendfreund. 4561◇

Untersuchungen über den Stoffwechsel von Fettgewebe: Der Einfluß von Adrenalin auf den Verbrauch von Sauerstoff und die Verwertung von Glucose. Jean Himms Hagen und Eric G. Ball. (Endocrinology **69**, 752—60, 1961; Boston, Mass., Harvard Med. School, Dep. of Biol. Chem. u. Winnepeg Manitoba, Univ. of Manitoba, Dep. of Physiol.; engl.) — In Ergänzung früherer Arbeiten (vgl. Hagen u. Ball, C. **1961**, 5160) untersuchen Vff. den Einfl. von *Adrenalin* (I) auf den O_2-Verbrauch in Ggw. von *Glucose* (II), *Insulin* (III) u. *Serumalbumin* (IV) sowie den Einfl. von *freien Fettsäuren* (FFS) auf die I-Wirkung. — Die O_2-Aufnahme durch das Fettgewebe der Nebenhoden weißer Ratten erfolgt prakt. linear mit der Zeit (Beobachtungsdauer 5 Std.) u. ist von der Ggw. von II unabhängig. I inhibiert nach einer nur kurze Zeit anhaltenden Stimulierung die O_2-Aufnahme von Fettgewebe, das in einem proteinfreien Medium inkubiert war, unabhängig von der An- oder Abwesenheit von II. In Ggw. von IV wird die O_2-Aufnahme durch I nicht inhibiert; in Ggw. von IV u. II drei Std. lang stimuliert. Die Inhibierung der O_2-Aufnahme in Abwesenheit von IV wird auf die Akkumulation von FFS zurückgeführt. In Ggw. von IV wird die intracelluläre Konz. der FFS verringert u. so die Inhibierung der O_2-Aufnahme durch I verhindert. Liegen III u. II im Inkubationsmedium vor, dann wird durch I die O_2-Aufnahme sehr stark angeregt; III allein übt jedoch keinen Einfl. aus. Von anderen untersuchten Substraten: *Pyruvat*, *Fumarat*, *Asparaginat*, *Glutamat* u. *Glutamin* verursacht nur das erste eine Steigerung der O_2-Aufnahme.
H. Köditz. 4561◇

Noradrenalingehalt in Herz und Milz der Maus unter normalen Bedingungen und nach Verabreichung einiger Medikamente. D. F. Sharman, S. Vanov und Marthe Vogt. (Brit. J. Pharmacol. Chemotherapy **19**, 527—33, Dez. 1962; Babraham, Cambridge, A.R.C. Inst. of Animal Physiol.; engl.) — Bei normalen Mäusen konnte ein durchschnittlicher *Noradrenalin* (I)-Geh. im Herzen von 0,55 μg/g u. in der Milz von 0,26 μg/g Frischgewebe ermittelt werden. Nach 100 mg *Iproniazid*/kg, 0,1 mg *Nicotin* (II)/kg u. 0,5 mg *Histamin* (III)/kg, 1 u. 3 Std. vor der Tötung, konnte keine Veränderung des I-Geh. des Herzens beobachtet werden; ebenso wurde der I-Geh. der Milz durch II u. III, 1 Std. vor der Tötung, nicht beeinflußt. Zu schwerer I-Verarmung von Herz u. Milz führten allerdings 2,5 mg *Reserpin*/kg, 1 mg des *Methyläthers* des *Reserpinsäuremethylesters*/kg u. 2 mg des *Methyläthers* des *18-Epireserpinsäuremethylesters*/kg.
U. Tausendfreund. 4561◇

Der Einfluß von Aldosteron auf den hämorrhagischen Schock. Vicente Zapata-Ortiz und Ramiro Castro de la Mata. (Arzneimittel-Forsch. **12**, 953—54, Sept. 1962; Lima, Univ. Peruana de Cienc. Méd. Biol., Fac. de Med., Dep. of Pharmacol., Inst. Sanitas S.P.; engl.) — *Aldosteron* (I; 250 μg/kg i.v.) erhöht bei Hunden im Entblutungsschock die Überlebensquote, der im Schock herabgesetzte Gefäßtonus wird wiederhergestellt. Die Wrkg. von I kann durch prim. Wrkg. als auch durch antagonist. Wrkg. gegenüber bakteriellen Endotoxinen, welche im letzten Schockstadium im Blut vorhanden sind, erklärt werden. Die natürliche I-Sekretion dürfte bei der Schockverhütung eine wichtige Rolle spielen; eine I-Sekretionsinsuffizienz läßt den Schock irreversibel werden.
U. Tausendfreund. 4561◇

Wirkungen von Aldosteron auf kontraktile und elektrische Eigenschaften elektrisch stimulierter, isolierter Kaninchenvorhöfe. Joseph V. Levy und Victor Richards. (Proc. Soc. exp. Biol. Med. **111**, 602—06, 1962; San Francisco, Calif., Presbyterian Med. Center, Surg. Res. Labor.; engl.) — Am elektr. stimulierten Kaninchenvorhof (105 Kontraktionen/Min.) bleibt 10^{-10}m *Aldosteron* (I) ohne jede Wirkung. In höheren Konzz. führen dl- u. d-I zu leichter negativ inotroper Wrkg. (außer bei $1,7 \cdot 10^{-6}$m). Auch die höheren Konzz. haben keinen Einfl. auf die elektr. Parameter.
U. Tausendfreund. 4561◇

Die die kontinuierliche Infusion von Aldosteron begleitenden Veränderungen der Plasmabestandteile beim Schaf. D. Scott. (J. Physiology **164**, 27 P—28 P, 1962; Buckburn, Aberdeen, Rowett Res. Inst.; engl.) — Schafe erhalten nach einer Kontrollinfusion von *Glucose* (3—6 Tage) im Anschluß eine Infusion von Glucose + *Aldosteron* (I) für 12 Tage. Hierdurch sinkt die K^+-Konz. des Plasmas auf die Hälfte. Nach der Entziehung von I steigt K^+ auf übernormale Werte. Nach 2 Tagen sind dann wieder normale Werte erreicht. Der Geh. an Na^+ steigt durch die I-Infusion; die Mg^{2-}-Konz., das Packungs-Vol. der Zellen u. das spezif. Gew. sinken um 15—25% bis zur Beendigung der I-Zufuhr. Sie erreichen danach wieder normale Werte. Die I-Infusion verursacht eine Abnahme der *P*-Konz., der osmot. Druck des Plasmas u. die Konzz. von Cl^- u. Ca^{2+} verändern sich nicht. Die Konzz. von Na^+, K^+ u. Gesamt-P in den Erythrocyten werden nicht verändert. W. Hiller. 4561◇

Durch Cortisolhemmung und Hemmungsaufhebung nachgewiesene kritische Reaktionszeit zwischen Östrogen und Uterusgewebe. Eugene Spaziani. (Proc. Soc. exp. Biol. Med. **111,** 637—39, 1962; Iowa City, Iowa, Univ. of Iowa, Dep. of Zool.; engl.) — An ovarektomierten Ratten wurde die Wrkg. des Zeitpunktes der Verabreichung des Östrogenantagonisten *Cortisol* (I) auf die östrogeninduzierte Ödem-Bldg. u. Zellteilung des Uterus untersucht. Wird I innerhalb 2 Std. nach *Östradiol* (II) gegeben, so wird die Rk. des Uterus auf II gehemmt oder verhütet; wird I erst nach Ablauf von 2 Std. gegeben, so kann die Rk. des Uterus auf II nicht mehr völlig unterdrückt werden. Die akute Wachstums-Wrkg. von II auf das Uterusepithel ist demnach von einer innerhalb der ersten 2 Std. nach II-Verabreichung vor sich gehenden Hormon-Gewebe-Rk. abhängig; jenseits dieses Zeitpunktes hält sich die stimulierte Sequenz selbständig aufrecht u. kann durch I-Antagonismus nicht mehr erreicht werden.
U. Tausendfreund 4561◇

Beweis für eine direkte Wirkung von Angiotensin II auf die Nebennierenrinde des Hundes. W. F. Ganong, P. J. Mulrow, A. Boryczka und G. Cera. (Proc. Soc. exp. Biol. Med. **109,** 381—84, 1962; San Francisco, Calif., Univ. of California School of Med., Wert Haven, VA Hosp., New Haven, Conn., Yale Univ. School of Med., Dep. of Med.; engl.) — Bei nephrektomierten hypophysektomierten Hunden stimuliert die Infusion von *Angiotensin II* in die Nebennierenarterie die Sekretion der Nebenniere (*Aldosteron* u. *17-Hydroxycorticoide*). P. Gregorzewski. 4561◇

Untersuchungen über den kropferzeugenden Einfluß von Kuhmilch auf den Menschen. P. Vilkki, M. Kreula und E. Piironen. (Suomalaisen Tiedeakatemian Toimituksia [Ann. Acad. Sci. fenn.], Ser. A II **1962,** Nr. 110, 1—14; Helsinki, Biochem. Inst., Labor. of the Found. of Chem. Res.; engl.) — Durch Kuhmilch wurde die ^{131}J-Speicherung in der Schilddrüse des Menschen nicht beeinflußt, ganz gleich ob die Tiere normales oder sehr stark Kohl-haltiges Futter bekamen. Die L-5-Vinyl-2-thiooxazolidin- u. SCN^--Mengen, welche erforderlich sind, um die J^--Aufnahme der Schilddrüse zu hemmen, sind mindestens 100mal höher als die mit der Milch zugeführten Mengen. Der SCN^--Geh. des Serums von Rauchern war 4mal höher als der von Nichtrauchern.
K. Zingraf. 4562◇

Die Stoffwechselwirkungen von Thyroxinanalogen, besonders Wirkungen auf den Fettstoffwechsel. Yasuyuki Sato. (Folia endocrinol. japon. **38,** 901—26, 1962; Niigata, Univ. School of Med., 1st Dep. of Int. Med.; jap., Auszug: engl. S. 876.) — Bei Patienten mit Myxödem betrug die Grundumsatz-erhöhende Wrkg. von *D-Trijodthyronin* (I) nur 17—33% der Wrkg. von *L-Thyroxin* (II), die Wrkg. von *Trijodthyroameisensäure* (III), ihrem *Amid* u. ihrem *Methylester* waren gering. L-I zeigte etwa die gleiche Wrkg. wie L-II auf Grundumsatz u. Serum-*Cholesterin* (IV). Die Wrkg. von D-I u. der III-Gruppe auf IV waren stärker als die auf den Grundumsatz. *Acetyltrijodthyroameisensäure* (VI) bewirkte bei Patienten mit Myxödem eine Abnahme der *Harnsäure* (V) im Serum u. eine Zunahme der V-Ausscheidung im Harn. 4 mg D-II täglich erhöhten bei euthyroiden Personen den Grundumsatz u. den Geh. von Protein-gebundenem J geringfügig u. blockierten die Aufnahme von ^{131}J durch die Schilddrüse deutlich. 25—60 mg VI täglich verringerten bei euthyroiden hypercholesterinäm. Patienten die Serumlipide u. beeinflußten den Grundumsatz nicht. K. Zingraf. 4562◇

Weitere Untersuchungen über den Plasmaprotein-Schilddrüsenhormon-Komplex. Milton W. Hamolsky, Diana B. Fischer und A. Stone Freedberg. (Endocrinology **66,** 780—83, 1960; Boston, Mass., Harv. Med. School., Dep. of Med. and Beth Israel Hosp., Med. Serv. and Med. Res. Dep. of the Yamins Res. Labor.; engl.) — Vgl. Endocrinology **68,** [1961], 662. — Elektrophoret. Unterss. über die Bindungsfähigkeit der Plasmaproteine für *^{131}J-l-Thyroxin* u. *^{131}J-l-Trijodthyronin*. Die Verss. zeigen die Verschiedenheit der *Albumin-* u. *Zwischen-α-Globulin*-Serumproteine, die für die Bindung vorzugsweise in Frage kommen. Tris-Puffer begünstigt in Abhängigkeit von der Molarität die Bindungsfähigkeit, während Veronal-Puffer hemmend wirkt. Die Bindungsfähigkeit wird bei pH-Werten unter 7,0 reversibel vermindert, bei pH-Werten von 8,2 bis 9,6 gesteigert. Joachim Schmidt/Magdeburg. 4562◇

Das Frühstadium der Schilddrüsenhormonbildung: In vivo-Untersuchungen an Rattenschilddrüsen. Leslie J. De Groot und Ann M. Davis. (Endocrinology **69,** 695—705, 1961; Boston, Mass., Harvard Med. School, Dep. of Med. and Massachusetts Gen. Hosp. (Thyroid Unit), Dep. of Med.; engl.) — In normalen (R_n) u. in an Jodmangel leidenden Ratten (R_J) — Remington- u. Purina-Diät mit Propylthiouracil-Zusatz — wird die Aufnahme von ^{131}J durch die Schilddrüse in Abhängigkeit von der Zeit nach der subkutanen Injektion von ^{131}J untersucht. Die Schilddrüse von R_n nimmt nach 2 Std. bis zu 1% u. nach 24 Std. 2—4% der eingespritzten J-Menge auf, während die von R_J 12 bzw. bis zu 44% aufnimmt. Anfänglich ist in beiden Gruppen die akkumulierte Menge größer als die an Protein gebundene. Doch bereits nach 20 Min. sind 84—95% in der R_n-Gruppe u. nach 5 Min. 97—98% in der R_J-Gruppe an Protein gebunden. Zwar läßt sich der Übergang von an Protein gebundenem ^{131}J aus bestimmten Fraktionen an die überstehende, lösl. Fraktion hier ebenfalls nicht eindeutig nachweisen (vgl. nachst. Ref.), doch zeigt sich beim Vgl. der Verteilung zwischen den lösl. Zellproteinen u. den Kern-, Mitochondrien-, Mikrosomen-Fraktionen, die aus den Drüsenhomogenaten gewonnen wurden, daß der Geh. an proteingebundenem ^{131}J in den ersten 20 Min. schnell zunimmt u. dann konst. bleibt. *Mono* (I)- u. *Dijodtyrosin* (II) lassen sich kurze Zeit (2 Min.) u. *Thyroxin* sowie *Trijodthyronin* 14 Min. nach der Injektion nachweisen. Das Verhältnis **I : II** ist in der Mitochondrien-Fraktion bei der R_J-Gruppe kleiner als in der lösl. Fraktion, doch blieb es in beiden Gruppen während der Vers.-Dauer prakt. konstant. Als jodiertes lösl. Protein konnten *Thyreoglobulin* u. bei der R_J-Gruppe ein weiteres, nicht identifiziertes Protein nachgewiesen werden. H. Köditz. 4562◇

Die Frühphase der Bildung des Schilddrüsenhormons: Untersuchungen an Gewebeschnitten. Leslie J. De Groot und Ann M. Davis. (Endocrinology **69,** 683 bis 694, 1961; Boston, Mass., Harvard Med. School, Dep. of Med. u. Massachusetts Gen. Hosp. [Thyroid Unit], Dep. of Med.; engl.) — Die bei der Inkubation von Schnitten der Schilddrüse des Schafs in gepufferten, ^{131}J-haltigen Lsgg. gebildeten markierten Verbb. wurden untersucht, um festzustellen, ob 1. organ. J noch vor der Bldg. von lösl. *Thyreoglobulin* (**III**) an subcelluläre Fraktionen gebunden wird, 2. *Monojodtyrosin* (**I**) vor *Dijodtyrosin* (**II**) auftritt u. 3. Peptidvorstufen des **III** gebildet werden. — In 1 Std. werden bis zu 70% des vorliegenden ^{131}J von den Schnitten aufgenommen, doch ist der größte Teil davon nicht an Protein gebunden. Aus der Best. des an Protein gebundenen ^{131}J in den Kern-, Mitochondrien-, Mikrosomen- u. überstehenden Fraktionen der Schnitthomogenate ergibt sich kein eindeutiger Beweis, daß Protein-gebundenes ^{131}J in die lösl. Fraktion der Zelle übergeht. **I** u. **II** liegen in **III** nach 2 Min. Inkubationszeit vor, doch lassen sich *Thyroxin* u. *Trijodthyronin* nicht eindeutig nachweisen. Das **I** : **II**-Verhältnis wird im allg. während der Inkubation größer. — Als einziges jodiertes lösl. Protein konnte **III** nachgewiesen werden. Es ist jedoch nicht ausgeschlossen, daß ^{131}J zunächst an unlösl. Zellteilchen gebunden u. später an lösl. Zellfraktionen übertragen wird. H. Köditz. 4562◇

Die Einleitung der Schilddrüsenfunktion bei der Maus. Huberta E. van Heyningen. (Endocrinology **69,** 720—27, 1961; Providence, Rhode Island, Brown Univ., Dep. of Biol.; engl.) — Vf. bestimmt die durch die Schilddrüse von Embryos unterschiedlicher Entw. aufgenommene Menge ^{131}J sowie dessen radiochromatograph. Verteilung im Zusammenhang mit dem histolog. Aussehen der Schnitte. — Die Schilddrüsenfunktion im Mäusefetus wird zwischen dem 15. u. 17. Tage der Entw. eingeleitet. J liegt am 16. Tag zum größten Teil in anorgan. Form, aber auch bereits als *Mono-* u. *Dijodtyrosin* vor. Zwischen dem 16. u. 17. Tage entwickelt sich die Fähigkeit, *Thyroxin* u. Follikel zu bilden. H. Köditz. 4562◇

Die Spezifität der Thyroxinwirkung auf die Sauerstoffaufnahme durch Nierenschnitte bei längerer Inkubation. C. S. Pittman, R. H. Lindsay und S. B. Barker. (Endocrinology **69,** 761—68, 1961; Birmingham, Ala., Univ. of Alabama Med. Center, Dep. of Med. and Pharmacol.; engl.) — Vff. untersuchen den Einfl. von *Thyroxin* (**I**), *3.5.3'.5'-Tetrajodthyrobuttersäure*, *3.5.3'.5'-Tetrajodthyropropionsäure*, *3.5.3'.5'-Tetrajodthyroessigsäure*, *3.5.3'.5'-Tetrajodthyroameisensäure*, *3.5.3'-Trijodthyronin*, *3.5.3'-Trijodthyropropionsäure*, *3.5.3'-Trijodthyroessigsäure*, *3.3'.5'-Trijodthyronin*, *3.5-Dijodthyronin*, *3.5-Dijodthyropropionsäure*, *3.5-Dijodthyroessigsäure*, *3.3'-Dijodthyronin*, *3.3'-Dijodthyropropionsäure*, *3.3'-Dijodthyroessigsäure*, *3-Jodthyronin*, *3.5.3'.5'-Tetrahydrothyroxin*, *3.5-Dijod-4-[4'-hydroxy-3'.5'-dijodphenylmercapto]-phenylalanin*, *3.5.3'.5'-Tetramethylthyronin*, *3.5.3'.5'-Tetrabromthyronin*, *3.5.3'.5'-Tetrachlorthyronin*, *3.5.3'.5'-Tetranitrothyronin*, *3'.5'-Dimethyl-3.5-dijodthyronin*, *3'-Methyl-3'.5'-dijodthyronin*, *3'-Methyl-3.5-dijodthyronin*, *6'-Methyl-3'.3.5-trijodthyronin*, *3'-Methyl-6'-isopropyl-3.5-dijodthyronin*, *3'-Methyl-4'-desoxy-6'-isopropyl-3.5-dijodthyronin*. — **I** erwies sich als die aktivste von allen untersuchten Verbindungen. In allen Verbb., die eine merkliche

I-Aktivität zeigten, waren in den Ringen des Diphenyläthers mindestens drei Substituenten enthalten. Die Aktivierung nahm in der Reihenfolge J, CH_3, Br, Cl u. NO_2 ab. Die Änderung der Anzahl der C-Atome, der opt. Konfiguration der Alaninseitenkette oder deren Ersatz durch Fettsäuren sowie die Einführung einer Thio-Gruppe an Stelle des Ä.-O setzt die Aktivität der analogen Verbb. nur unwesentlich herab. — Da das hier verwendete Nierenschnitten-Syst. eine Zwischenstellung zwischen Gesamtkörper u. zerstörten Zellpräpp. einnimmt, sind die erhaltenen Ergebnisse auch als Zwischenwerte zwischen den beiden experimentellen Bedingungen zu werten. H. Köditz. 4562◇

Der Einfluß der elektrischen Ablation der Habenulanuclei, der Zirbeldrüse und des Subkommissurenorgans auf die endokrine Funktion unter besonderer Berücksichtigung der Schilddrüsenfunktion. Takashi Yamada. (Endocrinology **69**, 706 bis 711, 1961; Portland, Oreg., Univ. of Oregon, Med. School, Dep. of Med., Div. of Endocrinol.; engl.) — Zur Überprüfung der von anderen Autoren aufgestellten These, daß die Habenulanuclei (a) das Hauptzentrum der *Thyreotropin*-Ausscheidung durch die Hypophyse sind, wird der Einfl. der Entfernung von Teilen des Epithalamus der Holtzman-Ratte auf die Schilddrüse untersucht. Es werden folgende Operationen durchgeführt: 1. Totalzerstörung der a u. Teilzerstörung der Zirbeldrüse (b); 2. Teilzerstörung der a u. Totalzerstörung der b; 3. Totalzerstörung der a u. des Subkommissurenorgans (c) u. Teilzerstörung der b. Die Kropfvergrößerung der operierten Tiere entsprach bei der Fütterung mit *Propylthiouracil* (I) angenähert der der Kontrollen, doch darf eine evtl. Kropfvergrößerung durch Appetitverlust u. der damit verbundenen Gew.-Abnahme als Folge der I-Diät nicht außer Acht gelassen werden. Die Akkumulation von markiertem *J* sowie das Gew. der Testis u. das der Nebenniere wird durch keine dieser Operationen merklich beeinflußt. Es konnte auch keine permanente Änderung der *Na*- oder *K*-Konz. im Serum nach der Operation beobachtet werden. Die Wasseraufnahme ist zwar innerhalb der beiden ersten Tage nach der Operation niedriger, erreicht aber sehr schnell wieder die der Kontrollen. — Ein Einfl. der Operationen auf die Ausschüttung von adrenocorticotropem Hormon ist äußerst zweifelhaft. H. Köditz. 4562◇

Veränderung des an Plasmaprotein gebundenen Jods und der thyroxinartigen Aktivität des Kots von mit L-Thyroxin gefütterten Milchkühen. J. J. Sullivan und E. W. Swanson. (Endocrinology **69**, 712—19, 1961; Knoxville, Tenn., Univ. of Tennessee, Dep. of Dairying; engl.) — Vff. untersuchen den Einfl. von *L-Thyroxin* (I) (*Na-L-Thyroxinpentahydrat*) auf das an Plasmaprotein gebundene *J*, auf das mit dem Stuhl ausgeschiedene I, auf das Körper-Gew. u. den Herzschlag von Kühen in Abhängigkeit von Dosishöhe u. Fütterungsdauer. — Der tier. Organismus scheidet überschüssiges I wieder aus. Wahrscheinlich wird ein anabol. oder gastrointestinaler Zers.- u./oder Abbaumechanismus, der I in inakt. Verbb. umgewandelt, durch steigende Dosen u. längere Fütterung von I angeregt u. dieser reguliert die Ausscheidung von überschüssigem I. Aus diesem Grunde ist auch die an Plasmaprotein gebundene Menge J nicht immer der Menge von I im Futter proportional. — Die Kühe nahmen im allg. 150 lbs. in den ersten 6 Wochen ab, um dann langsam wieder 70 lbs. zuzunehmen. Der Herzschlag wird beim Beginn der Fütterung von I beschleunigt, um dann wieder abzusinken. — Die größere Zerstörung von überschüssigem I wird teilweise auf den homöostat. Reflex lactierender Kühe zurückgeführt. H. Köditz. 4562◇

Die Thyroxinsekretionsrate von Scalopus aquaticus („Missouri valley mole"). Berton J. Leach, T. R. Bauman und C. W. Turner. (Proc. Soc. exp. Biol. Med. **110**, 681—82, 1962; Columbia, Univ. of Missouri, Dep. of Zool. and Dairy Husbandry; engl.) — Die Sekretionsrate von *L-Thyroxin* bei *Scalopus aquaticus* beträgt 1,96 μg/100 g/Tag (1,5—2,5) u. ist nicht von Alter, Geschlecht u. dem Entw.-Zustand abhängig. Die Sekretionsrate steigt auf das 1,5fache, wenn die Tiere anstatt einer Temp. von 78° F einer von 40° F ausgesetzt werden. W. Hiller. 4562◇

Einbau von Glucosekohlenstoff in das Protein der Langerhansschen Inseln des Krötenfisches (Opsanus tau). Rene E. Hummel, Albert E. Renold, M. Guillerma Herrera und Keith W. Taylor. (Endocrinology **69**, 874—77, 1961; Boston, Mass., Harvard Med. School, Dep. of Med., Baker Clinic Res. Labor.; engl.) — Isolierte Langerhanssche Inseln des Krötenfisches wurden bei 20° bis zu 48 Std. inkubiert. Im Inkubationsmedium wurden untersucht: Glucoseaufnahme, Lactatproduktion, Glucoseoxydation zu CO_2 u. Einbau von ^{14}*C-Glucose* in das Inselprotein. ^{14}C-Glucose wurde in eine mit angesäuertem A. extrahierbare Proteinfraktion eingebaut, welche einen ähnlichen R_F-Wert wie Rinder- u. Fischinsulin hat u. biolog. Insulinaktivität aufweist. K. F. Müller. 4564◇

Die Wirkung von Blutzuckerveränderungen auf die Ausscheidung von Brenzcatechinaminen im Harn. Ikuo Masutani. (Folia endocrinol. japon. **38**, 927—41,

1962; Osaka, Univ. Med. School, Dep. of Int. Med.; jap., Auszug: engl. S. 878.) — Es besteht bei Normalpersonen u. bei Diabetikern nach i. v. Verabreichung von 0,1 Einheit *Insulin* (I)/kg eine Korrelation zwischen der Ausscheidung von *Brenzcatechinaminen* (II) im Harn u. dem Quotienten (Blutzucker vor Anwendung) — (Minimalwert des Blutzuckers)/(Blutzucker vor Anwendung) × (Min. von der Anwendung bis zum Minimum). In der Frühperiode der Behandlung von Diabetikern mit I oder einem Sulfonylharnstoff treten II-Stoffwechsel-Prodd. wie *Metanephrin* oder *Vanillylmandelsäure* vorübergehend vermehrt im Harn auf. Die Anpassung des Zentralnerven-Syst. an den hypoglykäm. Zustand scheint die Ursache der erhöhten Ausscheidung von II bei Diabetikern zu sein, wenn der Blutzucker nach I-Anwendung im Normalbereich bleibt.
K. Zingraf. 4564◇

Experimentelle und klinische Untersuchung über die Beziehung von Alkohol zu Diabetes mellitus. Kazuo Katsumata. (Folia endocrinol. japon. **38**, 879, 1962; Nagoya, Univ. School of Med., Dep. of Int. Med.; engl.) — Durch Anwendung kleiner Mengen von *A.* bei alloxandiabet. Ratten wurde die aerobe Oxydation gehemmt u. der Diabetes verschlimmert; bei normalen Tieren wurde der Glucoseverbrauch beschleunigt. Anwendung von A. bei Diabetikern bewirkte eine Verschlimmerung der Krankheit, eine Abnahme der *Insulin* (I)-Aktivität im Plasma u. eine Zunahme der *nicht veresterten Fettsäuren* (II). Bei Gesunden nahm der *Glucose* (III)-Verbrauch bei verringertem Geh. an nicht veresterten II u. verringerter I-Aktivität im Plasma zu. Ratten, denen 1,8 Jahre lang A. im Futter verabreicht wurde, zeigten eine anomale III-Toleranz u. Hyperlipämie. Bei Verfütterung eines Fett- u. Eiweiß-reichen Vitamin-B_1-Mangelfutters unter Zusatz von A. entwickelte sich ein diabet. Zustand.
K. Zingraf. 4564◇

Pankreatische Hypertrophie und Hemmung des Kükenwachstums durch Sojabohnenfraktionen ohne Trypsininhibitor. H. C. Saxena, Leo S. Jensen und James McGinnis. (Proc. Soc. exp. Biol. Med. **112**, 101—05, 1963; Pullmann, Washington State Univ., Dep. of Poultry Sci.; engl.) — Der wachstumshemmende Faktor für das Kükenwachstum liegt in der Hauptsache im wasserunlösl. Rest. Diese Fraktion zeigt keine *Antitrypsin*-Aktivität. Die anderen Fraktionen, die hohe Antitrypsinaktivität besitzen, zeigen kaum Wrkg. auf das Kükenwachstum. In allen Fällen, bei denen Wachstumshemmung zu beobachten ist, zeigt das Pankreas Hypertrophie.
W. Hiller. 4564◇

Der Stoffwechsel von Dihydroxyaceton in der intakten Ratte. M. U. Tsao, E. L. Schwartz und G. H. Lowrey. (Metabolism., clin. and exp. **11**, 456—64, 1962; Ann Arbor, Mich., Univ. of Michigan Med. School, Dep. of Pediatrics and Communicable Diseases; engl.) — An alloxandiabet. Ratten wird der Einfl. von *Dihydroxyaceton* (I, i.v. oder mit Magensonde) auf den I- u. *Glucose* (II)-Spiegel im Blut untersucht. I ist in sehr kurzer Zeit (ca. 60 Min.) aus dem Kreislauf verschwunden u. übt weder bei den diabet. noch bei Normaltieren einen signifikanten Einfl. auf den II-Spiegel aus. Orale I-Gaben erhöhen den II-Spiegel, was für eine Umwandlung von I in II spricht.
P. Gregorzewski. 4564◇

Der Stoffwechsel von ^{14}C-Dihydroxyaceton in der intakten Ratte. M. U. Tsao, I. A. Bernstein und G. H. Lowrey. (Metabolism, clin. and exp. **11**, 465—69, 1962; Ann Arbor, Univ. of Michigan Med. School, Dep. of Pediatrics and Communicable Diseases, Dep. of Dermatol; engl.) — Nach der intraperitonealen Injektion von *^{14}C-Dihydroxyaceton* (I) erfolgt zuerst eine schnelle Oxydation von I in Konkurrenz zur Glucoseoxydation, ein Teil wird in der Leber als Glykogen gespeichert u. ein kleiner Teil wird direkt oder indirekt in Glucose umgewandelt. P. Gregorzewski. 4564◇

Vergleich der „Insulinaktivität" im peripheren Blut nach Anwendung einer oralen Dosis von Tolbutamid bei Normalpersonen und Diabetikern. G. Zahnd und C. Alexander. (Helv. med. Acta **29**, 521—26, 1962; Genève, Policlin. univ. de Méd.; franz.) — Orales *Tolbutamid* bewirkte bei Diabetikern neben der Herabsetzung des Blutzuckers eine vorübergehende Zunahme der *Insulin*-Aktivität (I-A) u. eine Abnahme der *freien Fettsäuren* (II) im Blut. Bei Normalpersonen trat dagegen eine fortschreitende Abnahme von I-A u. eine anhaltende Zunahme der freien II im Blut ein.
K. Zingraf. 4564◇

Beitrag zum Metabolismus von Ketophenylbutazon. 1. Mitt. O. Siblíková, J. Vachek, M. Cerná, B. Tesárek und V. Vitulová. (Českoslov. Farmac. **11**, 118—23, 1962; Prag, Forschungsinst. für Pharmacie u. Biochem.; tschech.) — Die Halbwertszeit von *Ketophenylbutazon* (I) beträgt im menschlichen Organismus 27,3 ± 8 Std.; 24 Std. nach Verabreichung von 16 mg I/kg läßt sich bei Ratten I im Serum nicht mehr

UV-spektrophotometr. nachweisen. Bei wiederholten Gaben zeigt I Kumulationserscheinungen. Die Harnsäureclearance wird bei Vers.-Personen erheblich gesteigert (283 ± 67%). P. Gregorzewski. 4564◇

Beitrag zum Metabolismus von Ketophenylbutazon. 2. Mitt. Metabolite von Ketophenylbutazon im Harn. O. Siblíková, M. Černá und I. M. Hais. (Českoslov. Farmac. **11,** 123—26, 1962; tschech.) — 1. vgl. vorst. Referat. — Aus dem Harn werden papierchromatograph. unverändertes *Ketophenylbutazon* (I) u. mindestens 2 Stoffwechsel-Prodd. nachgewiesen. Bei einem von beiden handelt es sich eventuell um ein I-Hydroxylderivat. P. Gregorzewski. 4564◇

Histamin und Kälteadaption. Jacques LeBlanc. (Proc. Soc. exp. Biol. Med. **112,** 25—26, 1963; Quebec City (Canada), Laval Univ., School of Med., Dep. of Physiol.; engl.) — Werden Ratten für einen Monat der Kälte ausgesetzt (6°), so steigt der Geh. an *Histamin* im Urin. Schon am 2. Tag beträgt die Steigerung das 7fache gegenüber dem Normalwert. Am Ende des Vers. zeigen die Tiere eine gewisse Toleranz gegenüber Histaminaerosolen. W. Hiller. 4569◇

Der Einfluß von Histamin auf den Blutdruck der Ratte. D. B. Beleslin. (Arch. int. Pharmacodynam. Thérap. **138,** 19—31, 1962; Belgrade, Med. Fac., Dep. of Pharmacol.; engl.) — Im Ratten-Vers. wird gezeigt, daß in 75% der Fälle *Histamin* (I; 10—50 mcg/kg, i.v.) einen sek. Blutdruckanstieg verursacht. Diese I-Wrkg. wird über eine Adrenalin- u. Noradrenalinfreisetzung vermittelt (Verhinderung des sek. Druckanstiegs durch bilaterale Adrenalektomie, Ganglien- u. adrenerge Blockade).
P. Gregorzewski. 4569◇

Faktoren, die den durch Histamin hervorgerufenen sekundären Blutdruckanstieg bei Ratten beeinflussen. D. B. Beleslin. (Arch. int. Pharmacodynam. Thérap. **138,** 32—40, 1962; Belgrade, Fac. of Med., Dep. of Pharmacol.; engl.) — *Morphin* (15 bis 150 mcg/kg), *Pethidine* (20—300) u. *Methadon* (20—100) verhindern den sek. Druckanstieg bei Ratten nur in höheren i. v. Gaben, geringere Morphingaben sind wirkungslos, kleinere Gaben der anderen beiden Substanzen potenzieren in einigen Fällen den *Histamin* (I)-Effekt. Antihistaminica blockieren den sek. Blutdruckanstieg vollständig; die hypotensive I-Wrkg. wird nur verringert. Der sek. Druckanstieg wird als Folge einer zentral adrenergen Stimulation durch I angesehen. P. Gregorzewski. 4569◇

Synergistische Wirkung von 5-Hydroxytryptamin gegenüber der Reaktion der Samenblasen von Ratten auf Adrenalin und Noradrenalin. Zuleika P. Picarelli Neide Hyppolito und J. R. Valle. (Arch. int. Pharmacodynam. Thérap. **138,** 354—63, Aug. 1962; São Paulo, Esc. Paul. de Med., Labor. de Farmacol. e Bioquím.; engl.) — Durch Adrenalin u. Noradrenalin ausgelöste Längskontraktion der Samenblasen von normalen Ratten wurden durch *5-Hydroxytryptamin*, nicht jedoch durch Acetylcholin, Bradykinin oder Angiotensin II verstärkt. Der Synergismus wurde durch Iproniazid nicht aufgehoben; er erfolgt wahrscheinlich durch Hemmung der Brenzcatechin-O-methyltransferase. K. Zingraf. 4569◇

Der Einfluß eines Serotoninantagonisten auf die experimentelle Psychose durch Dimethyltryptamin. A. Sai-Halász. (Experientia [Basel] **18,** 137—38, 1962; Budapest-Lipotmezo, Centr. Inst. Nerv. a. Ment. Dis.; engl.) — Die durch *Dimethyltryptamin* beim Menschen hervorgerufene Psychose wurde durch Vorbehandlung mit *UML-491* (*1-Methyl-D-lysergsäurebutanolamid*), einem Serotoninantagonist, stark potenziert. Dies unterstützt die hypothet. Beziehungen zwischen dem psychomimet. Effekt halluzinogener Stoffe u. deren Serotoninantagonismus. Joachim Schmidt/Magdeburg. 4569◇

Isolierung von Bradykinin aus menschlichem Plasma. Art der Freisetzung, Aminosäurezusammensetzung und molare Aktivität. Ulla Hamberg. (Suomalaisen Tiedeakatemian Toimituksia [Ann. Acad. Sci. fenn.], Sarja A II **1962,** Nr. 113, 1—61; Helsinki; engl.) — Aus menschlichem Plasma wurde nach spontaner Aktivierung ein *Argininpeptid* (I) isoliert, das nach Reinigung dem synthet. *Bradykinin* (II) u. dem aus Rinderplasma isolierten II ähnlich war. Im Hydrolysat des isolierten I wurde die gleiche mol. Verteilung der Dinitrophenyl-Derivv. von Glycin, Serin, Phenylalanin, Prolin u. Arginin nachgewiesen wie bei synthet. II. Die endständige Aminosäure ist Dinitrophenylarginin. Es besteht eine Korrelation zwischen der Freisetzung von II aus menschlichem Plasma u. der Aktivierung der Fibrinolyse. — 99 Literaturangaben.
K. Zingraf. 4569◇

Das Hormon Anziotensin, ein chemischer und pharmakologischer Überblick. Robert R. Smeby, Philip A. Khairallah und F. Merlin Bumpus. (Cleveland clin. Quart. **29,** 66—72, 1962; Div. of Res.; engl.) — Übersicht. — 26 Literaturangaben.
P. Gregorzewski. 4569◇

Hormone der Zirbeldrüse. William M. McIsaac. (Cleveland clin. Quart. **29,** 76—80, 1962; Div. of Res.; engl.) — Übersicht; Melatonin, Adrenoglomerulotropin. — 12 Literaturangaben. P. Gregorzewski. 4569◇

Zur Wirkung des Acetylcholins auf die Atmung. 1. Mitt. **Die Bedeutung der Sinuschemoreceptoren und Nn. vagi bei intravenöser Applikation.** Wolfgang Wiemer. (Pflügers Arch. ges. Physiol. Menschen Tiere **275,** 381—92, 1962; München, Univ., Physiol. Inst.; dt.) — Intakte Kaninchen reagierten auf 1—40 μg *Acetylcholin* i. v. oft mit einer flachen Atmung von mehreren Min. Dauer, manchmal durch einzelne tiefe Atemzüge unterbrochen. Diese Rkk. wurden durch Vagotomie, nicht jedoch durch Durchschneidung der depressor. Nerven aufgehoben oder verändert. Die Denervierung beider Carotissinus war weder bei intakten noch bei vagotomierten Tieren von Einfluß. Vagotomierte Tiere zeigten gewöhnlich nur sehr schwache Wrkg. (vorübergehende Verringerung u./oder anhaltende Zunahme der Respirationsluft). K. Zingraf. 4569◇

Zur Wirkung des Acetylcholins auf die Atmung. 2. Mitt. **Atmungshemmung bei Injektion in den zwerchfellnahen Teil der Aorta thoracica.** Wolfgang Wiemer. (Pflügers Arch. ges. Physiol. Menschen Tiere **275,** 393—97, 1962; München, Univ., Physiol. Inst.; dt.) — 1. vgl. vorst. Referat. — 5—500 μg *Acetylcholin,* Kaninchen in den caudalen Teil der Aorta thoracica injiziert, rief Atemstillstand in Expirationsstellung, Kontraktion der Bauchmuskulatur u. Blutdruckabfall hervor. Vagotomie hatte keinen Einfluß. Injektionen in die Aorta mesenterica superior, Arteria coeliaca oder Aorta abdominalis hatten keine Wrkg. auf Atmung oder Bauchmuskulatur. K. Zingraf. 4569◇

Verschiedene Wirkungen von γ-Amino-n-buttersäure und einigen verwandten Aminosäuren auf das Zentralnervensystem bei systematischer und intracerebraler Anwendung an der Maus. O. D. Gulati und H. C. Stanton. (J. Pharmacol. exp. Therapeut. **129,** 178—85, Juni 1960; Denver, Colo., Univ. of Colorado, Med. Center, Dep. of Pharmacol.; engl.) — Wird *γ-Amino-n-buttersäure* (I) an der Maus in bestimmter Weise u. in bestimmter Dosierung angewendet, so verursacht sie keine neurolog. Defizite oder läßt antikonvulsiv. Wrkg. eintreten. *Glycin, β-Alanin,* I + *5-Aminovaleriansäure* führt bei intracerebraler Anwendung eine Reizung hervor, der eine Depression oder der Verlust eines Reflexes folgte. *6-Aminocapronsäure* u. *8-Aminocaprylsäure* verursachten bei intracerebraler Verabreichung ton. Streckmuskelkrämpfe. Bestimmte Dosen von I schützten bei intracerebraler Anwendung die Tiere vor Krämpfen, die durch *Pentylentetrazol* (II) oder einen ganz schwachen Elektroschock ausgelöst wurden. Bei Erhöhung der Dosis von I wurde weder ein Schutz von Anfällen noch eine Herabsetzung der Anfallschwelle beobachtet. I schützte die Maus vor ton. Streckmuskelkonvulsionen u. vor dem Tod, der durch II verursacht werden könnte, beseitigt aber nicht die ton. Anfallbereitschaft, die durch einen überstarken Elektroschock oder durch Strychnin eingeleitet wird. Die Schwelle für klon. u. ton. Anfälle, die durch Ammoniumacetat induziert wird, wurde durch intracerebrale Anwendung von I gemildert. P. Nachtwey. 4569□

Untersuchungen über den Stoffwechsel der γ-Aminobuttersäureproduktion und experimentelle Belastung von β-Hydroxy-γ-aminobuttersäure. Tsunesuke Shimotsuji. (Vitamins [Kyoto] **25,** 266—77, 1962; Osaka, Osaka Univ., Fac. of Med., Dep. of Pediatrics; jap., Auszug: engl.) — Kaninchen werden mit Isonicotinhydrazid vorbehandelt, danach erfolgt Belastung mit *γ-Aminobuttersäure* (I) oder *β-Hydroxy-γ-aminobuttersäure* (II). Bei Belastung mit I wird II gebildet, u. bei Belastung mit II *Glycin.* Beide Verbb. werden nicht erhalten, wenn gleichzeitig *Pyridoxin* mit verabreicht wird. W. Hiller. 4569◇

γ-Aminobuttersäurestoffwechsel im Gehirn. α-Hydroxy-γ-aminobuttersäurestoffwechsel. Seigo Mukai. (Vitamins [Kyoto] **25,** 289—96, 1962; Osaka, Osaka Univ., Fac. of Med., Dep. of Ped.; jap., Auszug: engl.) — Im Gehirn normaler Kaninchen findet Vf. geringe Mengen von *α-Hydroxy-γ-aminobuttersäure* I. Bei Belastung mit *γ-Aminobuttersäure* über die Halsschlagader nimmt der I-Geh. im Gehirn zu. I wird transaminiert. An dieser Rk. ist *Vitamin B_6* mit beteiligt. Der optimale pH-Wert für diese Rk. liegt bei 8, Carbonylreagentien hemmen diese Rk; das Enzym scheint spezif. für das Gehirn zu sein. W. Hiller. 4569◇

Veränderungen der Chloride des Blutes und des Harns bei Kranken mit akutem Herzinfarkt. W. A. Borsow. (Sowjet-Med. [UdSSR] **26,** Nr. 10, 17—21, 1962; russ.) — Bei allen Kranken mit akutem Herzinfarkt wurden bedeutende Schwankungen der *Chloride* im Blut u. im Harn beobachtet. Eine starke Senkung der Chloride wurde bei Kranken mit besonders schwerem Verlauf der Krankheit bemerkt. Die Menge der Chloride im Harn verringert sich während der Krankheit stark, erhöht sich im Maße der Besserung u. erreicht den normalen Geh. bei der Genesung. E. König. 4572△

Die Desoxydation von verdünntem Oxyhämoglobin durch Natriumdithionit. Kinzaburo Hamada, Taro Okazaki, Ryoiti Shukuya und Koozoo Kaziro. (J. Biochemistry [Tokyo] **52,** 374—76, 1962; Tokyo, Nippon Med. School, Dep. of Biochem.; engl.) — Mit einem *Oxyhämoglobin* (I) von *Ascaris lumbricoides*, bei dem der O-Entzug durch $Na_2S_2O_4$ langsamer erfolgt als bei menschlichem I, konnte nachgewiesen werden, daß sich bei Zusatz von $Na_2S_2O_4$ zu I zunächst eine Substanz mit einem Absorptionsmaximum bei 405 mμ (wahrscheinlich Methämoglobin) u. dann erst desoxydiertes Hämoglobin (II) bildete. Innerhalb einiger Std. bildete sich in saurer Lsg. aus desoxydiertem II eine noch nicht identifizierte Verb. mit einem Absorptionsmaximum bei 417 mμ (kein bisher bekanntes Abbau-Prod. von II). K. Zingraf. 4572◇

Spermin und Spermidin in normalem menschlichem Blut. A. Raina. (Scand. J. clin. Lab. Invest. **14,** 318—19, 1962; Univ. of Helsinki, Dep. of Med. Chem.; engl.) — Bei 13 ♀ Personen beträgt der *Spermin*-Geh. des Gesamtblutes 1,4 ± 0,12 μg/ml, der *Spermidin*-Geh. 0,95 ± 0,05; für 17 ♂ Personen betragen die entsprechenden Werte 1,25 ± 0,06 u. 0,97 ± 0,04. P. Gregorzewski. 4572◇

Blutgruppen-A-aktive Substanzen in befruchteten Hühnereiern und ihre Beziehung zu auf Einährboden gewachsenen Viren. Georg F. Springer und Harvey Tritel. (Science [Washington] **138,** 687—88, 9/11. 1962; Philadelphia, Pa., Univ. of Pennsylvania, William Pepper Labor., Immunochem. Sect.; Dep. of Med. Microbiol.; engl.) — In Leghornembryos kommt es zur Bldg. nichtdialysierbarer Substanzen, die den *Blutgruppe-A-Antigenen* ähneln; diese Substanzen kommen auch in teilgereinigten Influenza–Virus-Präpp. von Einährböden vor. Im Virus selbst ist derartige Aktivität nicht nachweisbar, jedoch kommen solche Substanzen in handelsüblichen Influenza–Virus-Vaccinen vor. Injektion des nichtdialysierbaren Materials bewirkt beim Menschen einen Anstieg des Titers an Antihumangruppe A_1- u. A_2-Antikörpern. U. Tausendfreund. 4572◇

Biochemische Aspekte der Reticulocyten-Reifung. 1. Mitt. **Schicksal der Ribonucleinsäure.** John F. Bertles und William S. Beck. (J. biol. Chemistry **237,** 3770—77, 1962; Boston, Mass., Harvard Med. School, Dep. of Med.; Massachusetts Gen. Hosp., Med. Serv., Hematology Res. Labor.; engl.) — Kaninchen erhalten täglich 1 ml einer 2,5%ig. Lsg. von Acetylphenylhydrazin in 47,5%ig. wss. A. 5 Tage lang. Danach sind 95% der zirkulierenden roten Blutkörperchen in Reticulocyten (RC) umgewandelt. RC werden durch Herzpunktur gesammelt, in Krebs-Ringer-Bicarbonat-Puffer, pH 7,4 (enthaltend 180 mg Glucose/ml), gewaschen u. in Pferdeserum bei 37° unter O_2/CO_2 (95:5) bei konst. pH 7,4 24 Std. inkubiert. Dabei nimmt die Anzahl der RC um 26,7—40,5% u. in gleichem Maße die Menge des A.- u. $HClO_4$-unlösl. Materials ab. Das in A. unlösl. Material besteht zu 30% aus Komponenten mit Mol.-Gew. >40000. Das in $HClO_4$ unlösl. Material hat ein Molgew. >5000. Während des Abbaus der UV-absorbierenden Komponenten in den reifenden RC erscheinen in zunehmendem Maße in der extracellulären Fl. Nucleinsäurenspaltprodukte. Jedoch läßt sich keine Ribose in der extracellulären Fl. nachweisen. Der Abbau der *Ribonucleinsäure* verläuft in Ggw. kleiner Glucose-Konzz. verlangsamt. L. Träger. 4573◇

Das Verhältnis der Prothrombin- und Fibrinogenspiegel im Blutplasma bei Stenocardie und Herzinfarkt. L. P. Jermilow. (Sowjet-Med. [UdSSR] **26,** Nr. 10, 14—17, 1962; russ., Auszug: engl.) — Die Erhöhung des *Prothrombin*-Spiegels bei Stenocardie, bes. in den ersten 12 Std. der Entw. des akuten Herzinfarkts, weist auf seine mögliche Rolle in der Pathogenese (Thrombus-Bldg.) hin. Fibrinogen wird beim Herzinfarkt vom 2.—3. Tag der Erkrankung an erhöht. Die Erhöhung des Prothrombinspiegels ist mit Anfällen der Stenocardie verbunden. Seine Senkung beim Herzinfarkt ist durch einen auftretenden Kollaps bedingt. Zwischen dem Prothrombin- u. Fibrinogenspiegel werden quant. umgekehrte Verhältnisse beobachtet. E. König. 4574△

Aminosäure-Zusammensetzung von Prothrombinen und Fibronogenen. G. J. S. Rao und N. Chandrasekhar. (Ann. Biochem. exp. Med. [Calcutta] **21,** 233—36, Aug. 1961; Bangalore, Indian Inst. of Sci., Dep. of Biochem.; engl.) — Elektrophoret. homogene *Prothrombine* u. *Fibrinogene* mit einer ähnlichen Mobilität wie α_2-Globulin werden aus dem Plasma von Kühen, Schafen u. Büffeln gewonnen. Signifikante Unterschiede in der Zus. bestehen nicht. P. Gregorzewski. 4574◇

Thrombin-katalysierte Hydrolyse von p-Nitrophenylestern. L. Lorand, W. T. Brannen jun. und N. G. Rule. (Arch. Biochem. Biophysics **96,** 147—51, Jan. 1962; Evanston, Ill., Northwestern Univ., Dep. of Chem.; engl.) — *Carbobenzoxy-(cbo)-L-tyrosin-p-nitrophenylester* (I) wird von *Thrombin* sehr leicht, *Essigsäure-p-nitrophenylester* (II) hingegen sehr schwer gespalten. Zur Prüfung dieses Befundes synthetisieren Vff. die p-Nitrophenylester der folgenden Säuren: *Jodessigsäure* (III), *Essigsäure* (IV)

u. *Cbo-glycin* (**V**), *Acetyl-L-leucin* (**VI**) u. *Cbo-L-phenylalanin* (**VII**) u. prüfen ihre Hydrolyse mit u. ohne Thrombin. Die bei 30° u. pH 8 mit einer Mischung von $CaCl_2$ (0,3 m), W. u. Isopropanol (5:5:2) durchgeführte Hydrolyse wird spektralphotometr. durch Messung des gebildeten p-Nitrophenolations (400 mμ) verfolgt. Bei der nicht-enzymat. Solvolyse sind **III**, **IV** u. **VI** ca. 100fach labiler als **II**, was aus der Ggw. der elektronegativen Atome J u. N in α-Stellung zur Esterbindung erklärbar ist. Bei der enzymat. Spaltung mit Thrombin wird **I** u. **VII** äußerst leicht, **III** hingegen auffallend zögernd gespalten. Die Vers.-Ergebnisse werden im Hinblick auf elektronentheoret. Gesichtspunkte diskutiert. A. Täufel. 4574◇

Die vier Serumbilirubinfraktionen beim Okklusionssicterus. M. Sommerhalder, C. Kuenzle, J. R. Rüttner und C. Maier. (Helv. med. Acta **29**, 607—10, 1962; Zürich, Univ., Histopathol. Inst.; Männedorf-Zürich, Kreisspital, Med. Abt.; dt.) — Zu Beginn eines Verschlußikterus ist die γ-Fraktion des Serumbilirubins größer als die β-Fraktion. Später tritt eine Umkehr dieses Verhältnisses ein (vielleicht Ausdruck einer sek. Leberschädigung). K. Zingraf. 4574◇

Konjugiertes Serumbilirubin bei fötaler Erythroblastose: eine Analyse von 38 Fällen. Lloyd E. Harris, Frank J. Farrell, Roy G. Shorter. (Proc. Staff Meetings Mayo Clin. **37**, 574—81, 24/10. 1962; Rochester, Minn., Mayo Found.; Mayo Clin., Sect. of Ped., Sect of Exp. Anat., Sect. of Obstet. and Gyn., Sect. of Clin. Pathol.; engl.) — Bei 38 Kindern von 285 Fällen mit fötaler Erythroblastose konnte eine Erhöhung der Serumwerte für konjugiertes *Bilirubin* (**I**) nachgewiesen werden. Die Mortalität betrug bei diesen Fällen 21% im Gegensatz zu 10,5% bei denen ohne **I**-Erhöhung. Die Mortalität für diejenigen Kinder, bei denen **I** sehr früh erhöht ist (im Nabelvenenblut oder während der ersten 24 Std.), beträgt 38%, für diejenigen, bei denen die **I**-Erhöhung erst nach 24 Std. auftritt, war die Mortalität gleich 0. Histopatholog. Nachw. einer Gallenkanalobstruktion konnte nicht erhoben werden. U. Tausendfreund. 4574◇

Selektive Hemmung der Aldosteronsekretion durch ein halbsynthetisches Heparinoid (Ro I 8307). R. Veyrat, J. Fabre und A.-F. Muller. (Helv. med. Acta **29**, 543—49, 1962; Genève, Clin. univ. de Thérap.; Hôp. cantonal, Labor. central; franz.) — Wenn bei Normalpersonen ein Hyperaldosteronismus erzeugt wurde, verringerte das *Heparinoid Ro I 8307* die Ausscheidung von Aldosteron, nicht aber die der 17-Hydroxycorticosteroide im Harn. K. Zingraf. 4574◇

Die Bindung von Atropin an Rinderserumalbumin. Stephen I. Oroszlan und Gertrude D. Maengwyn-Davies. (Biochem. Pharmacol. **2**, 1203—12, 1962; Washington, D.C., Georgetown Univ., Schools of Med. and Dent., Dep. of Pharmacol.; engl.) — Die Bindung von *Atropin* (**I**) an *Rinderserumalbumin* (**II**) als Modell-Syst. steigt mit steigendem pH von 5 zu 8 (bei pH 6 existieren 20 u. bei pH 8 existieren 100 Bindungsorte). Stark acetyliertes **II** bindet noch immer etwas **I** (bei Ultrafiltrations-Unters.), wenn auch spektrophotometr. Best. keine Bindung mehr erkennen läßt; *Cystein* hemmt die spektrophotometr. Beziehung zwischen **I** u. **II**, die durch Ultrafiltration bestimmte Bindung wird jedoch nur teilweise vermindert. U. Tausendfreund. 4574◇

Der Einfluß von Acetylcholin auf die Bindung von Atropin an Rinderserumalbumin. Stephen I. Oroszlan und Gertrude D. Maengwyn-Davies. (Biochem. Pharmacol. **2**, 1213—20, 1962; Washington, D.C., Georgetown Univ., Schools of Med. and Dent., Dep. of Pharmacol.; engl.) — Vgl. vorst. Referat. — Die Unters. der Wrkg. von *Acetylcholin* (**I**) auf die Bindung von *Atropin* (**II**) an *Rinderserumalbumin* zeigt eine Abhängigkeit von pH, Natur des Puffers u. dem mol. Verhältnis zwischen **I** u. **II** (z. B. Verminderung der **II**-Bindung durch **I** bei pH 4 u. 8, Steigerung der **II**-Bindung durch **I** bei pH 5 u. 6 in Phosphat- oder Acetatpuffer, Steigerung der **II**-Bindung durch **I** bei pH 6 in Ggw. von Citrat). **II** selbst wird nicht in nachweisbaren Mengen an das Protein gebunden. Die Erleichterung der **II**-Bindung durch **I** könnte durch Veränderung der Rk.-Fähigkeit der —SH-Gruppen des Proteins bedingt sein. U. Tausendfreund. 4574◇

Untersuchungen über die Wechselwirkung zwischen Magnesium-, Calcium- und Strontiumionen und nativem und chemisch modifiziertem menschlichem Serumalbumin. L. I. Irons und D. J. Perkins. (Biochem. J. **84**, 152—56, 1962; London, St. George's Hosp. Med. School, Chem. Pathol. Dep.; engl.) — Vff. untersuchen die Wechselwrkg. der Erdalkalimetalle (^{49}Ca, ^{89}Sr u. ^{28}Mg) mit nativem (**I**), esterifiziertem (**II**), acetyliertem (**III**), phosphoryliertem (**IV**) u. bromacetyliertem *Humanalbumin* (**V**). Die Reihenfolge der relativen Bindungsaktivität zu **I** ist $Ca^{2+} > Mg^{2+} > Sr^{2+}$, für die modifizierten Albumine $Ca^{2+} > Mg^{2+}$, Sr^{2+}. Während die Bindung an **I**, **II** u. **III** im wesentlichen durch elektrostat. Bindung an nichtspezif. Stellen erfolgt, scheint die

Bindung an **IV** u. **V** an bestimmten Stellen lokalisiert zu sein. In Ggw. von Citrationen wird Ca^{2+} an **I** bei pH $< 5,2$ als negativ geladener Komplex u. bei pH $> 5,2$ als freies Ion gebunden. P. Teichgräber. 4574◇

Sialsäure-ähnliche Substanzen in Pferdeserum. Minoru Kawashima, Yori Okita und Einosuke Ohmura. (J. Biochemistry [Tokyo] **52,** 381—82, 1962; Osaka, Takeda Chem. Ind., Ltd., Res. Labor.; engl.) — Im Pferdeserum wurde *N-Acetylneuraminsäure* u. eine weitere Sialsäure-ähnliche Substanz, die noch nicht identifiziert werden konnte, nachgewiesen. K. Zingraf. 4574◇

Untersuchungen über Antikoagulantien. 36. Mitt. **Gehalt von 2-[Chromonyl-(3)]-2-[4-hydroxycumarinyl-(3)]-diäthylsulfid in Organen und Blutsernm von Versuchstieren.** I. M. Hais, Z. Ledvinová, J. Vachek, V. Trčka und L. Koníčková. (Českoslov. Farmac. **11,** 113—18, 1962; Praha, Výzkumný ústav pro farmacii a biochem.; tschech.) — 35. vgl. C. **1963,** 5535. — Nach Verabreichung von 5 mg *2-[Chromonyl-(3)]-2-[4-hydroxycumarinyl-(3)]-diäthylsulfid* (Desoxythiotan, **I**)/kg beträgt nach 20 Std. der Serum-Geh. 0,3 mg %; bei Ratten beträgt der Geh. 3 Std. bis 7 Tage nach der Verabreichung 1,5—15,0 mg %. **I** besitzt für ♀ Ratten eine höhere Toxizität als für ♂. Bei Hunden besteht kein eindeutiger Zusammenhang zwischen der Dosis u. dem Serumgehalt. In Lebern u. Nieren gestorbener Hunde ist der Geh. höher als im Serum. P. Gregorzewski. 4574◇

Zur Chemie eines neuen Plasmaexpanders. J. Schmidt-Thomé, A. Mager und H. H. Schöne. (Arzneimittel-Forsch. **12,** 378—80, April 1962; Frankfurt/M./Höchst, Farbwerke Hoechst; dt.) — Vff. beschreiben die Eigg. des neuen Plasmaexpanders *Haemacell* (**I**). **I** wird erhalten durch Gelatineabbau zu Polypeptiden mit einem Molgew. von 12000—15000. Diese Polypeptide werden durch ein Diisocyanat wieder zu Moll. vernetzt mit einem Molgew. von ca. 35000, wobei Harnstoffbrücken entstehen. Bei der Rk. mit Isocyanat sind beteiligt die α-Aminogruppen der endständigen Aminosäuren, die Iminogruppe des Histidins u. die ε-Aminogruppen des Lysins u. Hydroxylysins. Die Guanidinogruppe des Arginins reagiert jedoch nicht. Die klin. verwendete **I**-Lsg. hat folgende Zus.: Vernetztes Polypeptid 35 g/Liter, Na^+ 145 m Val, K^+ 5,1 m Val, Ca^{2+} 12,5 m Val/Liter (als Chloride vorhanden), N 6,3 mg/ml. Der isoelektr. Punkt. liegt bei 4,7. Eine 3,5%ig. Lsg. zeigt einen etwas höheren koll.-osmot. Druck als Serum. **I** wird durch Gewebefermente (Trypsin, Kathepsin) leicht angegriffen u. geht in den Stoffwechsel ein. W. Hiller. 4576◇

Zur Pharmakologie eines neuen kolloidalen Plasmaersatzmittels. Roman Muschaweck und Walter Benoit. (Arzneimittel-Forsch. **12,** 380—82, April 1962; Frankfurt/M.-Höchst Farbwerke Hoechst; dt.) — Vgl. vorst. Referat. — Vff. berichten über Unterss. mit dem Plasmaexpander *Haemacell* (**I**). Infusion von **I** bei der Katze verändert nicht den arteriellen Blutdruck. Erst bei 70 ml **I**/kg steigt der venöse Blutdruck leicht an. **I** zeigt lokale Verträglichkeit (intrakutane bzw. subkutane Verabreichung). Bei einem Plasmaaustausch von 70—80% des kreisenden Blutplasmas überlebten 81,5% der Ratten. Der Austausch erfolgte mit **I** + zentrifugierten Erythrocyten + zentrifugierten Leukocyten. **I** verursacht keine irreversiblen patholog. Organveränderungen u. wird auch nicht im reticulo-endothelialen Gewebe gespeichert. Bei Gaben von 20—25 ml **I**/kg zeigten Ratten normale Nierenfunktion. Das Blutbild bei Ratten, Hunden u. Kaninchen zeigt nach Gaben von 5—20 ml **I**/kg keine Abweichung von der Norm. W. Hiller. 4576◇

Untersuchungen über den Wachstumsstimulationsfaktor für Tiere und Mycel von Aspergillus oryzae. 5. Mitt. **Fraktionierung des Faktors und Vergleich der das Wachstum stimulierenden Wirkungen von unter verschiedenen Kulturbedingungen erhaltenen Mycelen.** Teijiro Kamihara, Michiko Fukano und Eiko Tozaki. (Vitamins [Kyoto] **25,** 317—20, 1962; Kyoto, Kyoto Univ., Fac. Engng., Dep. of Ind. Chem.; jap., Auszug: engl.) — 4. vgl. C. **1963,** 7822. — Das Mycel von *Aspergillus oryzae* (Fugu), das 48 Std. unter Belüftung in einem 1% Kartoffelstärke, 3% Maisquellwasser u. 0,2% $NaNO_3$ enthaltenden Medium gehalten wurde, zeigt in seinem wss. Extrakt, deproteinisierten Extrakt, mit Aktivkohle u. Austauscherharzen behandelten Extrakten nicht den Wachstumsfaktor an Albinoratten. Auch das Mycel selbst ist nicht wirksam. Länger kultiviertes Mycel (48—72 Std.) zeigt auch keine Wrkg., nur das 24 Std. kultivierte Mycel ist aktiv. W. Hiller. 4585◇

Der Einfluß von Lecithinase-positivem Clostridium welchii im Schwein und die Wirkungen von antibiotischen Futterzusätzen. O. Andrla und C. A. E. Briggs. (J. appl. Bacteriol. **25,** 42—45, 1962; Sandwich, Kent, Pfizer Ltd., Vet. and Agric. Res. Dep.; engl.) — Ferkel erhalten ab 9 Wochen Antibioticazusätze in Höhe von 50 g/t zum Futter (*Chlortetracyclin, Penicillin, Oxytetracyclin*). Die Zahl der *Clostridium* *welchii* in den Faeces nimmt bei den Kontrolltieren (ohne Antibioticazusätze) von der 12.—15. Woche stetig ab, nach 15 Wochen werden keine mehr isoliert. Auch die *Lecithinase* (I)-Aktivität jeder Kolonie sinkt mit zunehmendem Alter der Ferkel bis zu 15 Wochen. Der entgegengesetzte Prozeß geschieht nach 30 Wochen, wenn die Zahl von *Cl. welchii* wieder steigt u. die I-Aktivität wieder zunimmt. Antibioticazusatz im Futter verursacht einen scharfen Abfall in der Zahl von *Cl. welchii*, jedoch keine völlige Beseitigung. Eine Wachstumsstimulierung ist bei älteren Tieren nicht zu beobachten. Die Durchschnitts-Gew. der 41 Wochen alten Tiere sind: Kontrollen 60, Oxytetracyclin 75, Penicillin 61, Chlortetracyclin 67 lbs. W. Hiller. 4585◇

Untersuchungen über Dihydrothiamin. 12. Mitt. **Stabilität der Isomeren von Dihydrothiamin.** Chikataro Kawasaki und Chisae Yamada. (Vitamins [Kyoto] **25**, 310—13, 1962; Toyonaka, Osaka Univ., School of Pharm.; jap., Auszug: engl.) — 11. vgl. C. **1962**, 12361. — *Pseudodihydrothiamin* (I) ist stabiler als *normales Dihydrothiamin* (II) in wss. Lsg.; werden I u. II vorher in HCl gelöst u. dann alkal. gemacht, so zeigen beide nahezu die gleiche Stabilität. Vff. isolieren u. identifizieren I u. II nach der gleichen HCl-alkal. Behandlung. Die alkohol. Lsg. zeigt nur einen *Dihydrothiamin* (III)-Fleck für beide Isomeren (I u. II). Die wss. Lsg. von II zeigt 3 Verbb., III, *Tris-[2-methyl-4-amino-5-pyrimidinylmethyl]-hexahydrotriazin* (IV) u. *5-Hydroxy-3-mercaptopentanon-(2)* (V). Die wss. Lsg. von I zeigt nur 2 Verbb., III u. IV. Die neutralisierte Lsg. von I oder II zeigt, wenn beide vorher in n-HCl gelöst wurden, die Ggw. von Thiamin neben III. Bei Anwendung des alkal. Ferricyanidreagens zeigt sich in allen Lsgm. eine kleine Begleitmenge Thiamin, die aus der Umbildung von III stammt. Der Abbau von III in IV u. V in wss. Lsg. wird unterbunden durch Zugabe von IV oder IV + V. Durch Zusatz von IV + V kann III nach 48std. Stehen zu 80—100% unzersetzt erhalten werden. W. Hiller. 4587◇

Untersuchungen über Dihydrothiamin. 13. Mitt. **Die wachstumsstimulierende Aktivität von Dihydrothiamin auf thiaminbedürftige Mikroorganismen.** Chikataro Kawasaki und Chisae Yamada. (Vitamins [Kyoto] **25**, 314—17, 1962; jap., Auszug: engl.) — 12. vgl. vorst. Referat. — *Dihydrothiamin* (I) zeigt $^1/_{100}$ der das Wachstum stimulierenden Aktivität im Vgl. zu *Thiamin* bei *Lactobacillus fermenti 36* u. $^1/_{10}$ der Aktivität bei *Kloeckera apiculata*. *Normales* I u. *Pseudo*-I zeigen die gleiche Aktivität. Bei hohen Konzz. (10^{-2}m) hemmt I das Wachstum, in erster Linie bei *Kloeckera*; Thiamin verursacht bei diesen Konzz. dagegen keine Hemmung. Papierchromatograph. Unterss. zeigen, daß I zu einem geringen Teil zu Thiamin oxydiert wird. Die wachstumsstimulierende Wrkg. von I scheint auf der Umbildung zu Thiamin zu beruhen. W. Hiller. 4587◇

Untersuchungen über die Wechselwirkung von Thiamin oder seinen verwandten Verbindungen mit Protein. 4. Mitt. **Wechselwirkung der Thiamine des Thioltyps mit oxydiertem Eialbumin und seinen Reaktionsprodukten.** Isamu Utsumi, Kiyoshi Harada, Keiichi Kohno und Hiroko Hirao. (Vitamins [Kyoto] **27**, 135—39, 1963; Osaka, Tanabe Seiyaku Co. Ltd., Osaka Res. Labor.; jap., Auszug: engl.) — *Thiamin-Protein*-Komplexe u. ungebundene Thiamine vom Disulfidtyp werden gebildet durch Rk. von Thiamin oder *o-Benzoylthiamin* mit durch J oxydiertem Eialbumin bei pH 7,3 oder 9,0 bei 37° für 60 Minuten. Durch Zonenelektrophorese u. Dialyse werden die Komplexe nicht in ihre Komponenten getrennt. Bei Red. der Komplexe mit $Na_2S_2O_3$ oder *Cystein* wird jedoch Thiamin freigesetzt. Vff. nehmen an, daß die Komplexe Protein–Thiamin–Disulfid-Mischungen sind. Sie werden gebildet durch Rk. des Thioltyps des Thiamins mit den S—S-Gruppen des oxydierten Proteins. Bei pH 9,0 werden größere Mengen an Komplex gebildet als bei pH 7,3. Vff. führen dies darauf zurück, daß der Thioltyp des Thiamins bei pH 9,0 in höherer Konz. vorliegt. o-Benzoylthiamin bildet leichter Komplexe als Thiamin. W. Hiller. 4587◇

Untersuchungen über die Wechselwirkung von Thiamin oder seinen verwandten Verbindungen mit Protein. 5. Mitt. **Die Wirkung des pH auf die Reaktivität zwischen Thiaminen vom Thioltyp und oxydiertem Eialbumin.** Isamu Utsumi, Kiyoshi Harada und Keiichi Kohno. (Vitamins [Kyoto] **27**, 140—43, 1963; jap., Auszug: engl.) — 4. vgl. vorst. Referat. — Die Bldg. der Komplexe zwischen *Thiamin* u. oxydiertem *Protein* (vgl. vorst. Ref.) erfolgt im Falle von Thiamin ab pH 7, sie nimmt im Bereich von pH 8—9 stark u. von 9—11 nur noch in geringem Maße zu. Im Falle von *o-Benzoylthiamin* ist schon bei pH 5 Komplex-Bldg. zu beobachten, von pH 7—8 erfolgt sehr starker Anstieg, über pH 8,2 ist wieder ein Abfall zu verzeichnen. Die Menge des gebildeten Komplexes ist proportional der Konz. des Thioltyps von Thiamin in der Rk.-Mischung. W. Hiller. 4587◇

Untersuchungen über die Wechselwirkung von Thiamin oder seinen verwandten Verbindungen mit Protein. 6. Mitt. **Die Wirkung der Denaturierung auf die Reaktivität zwischen Thiaminen vom Thioltyp und oxydiertem Eialbumin.** Isamu Utsumi, Kiyoshi Harada und Keiichi Kohno. (Vitamins [Kyoto] **27**, 144—47, 1963; jap., Auszug: engl.) — 5. vgl. vorst. Referat. — Die Bldg. der Komplexe zwischen *Thiamin* u. oxydiertem *Albumin* (vgl. vorst. Reff.) wird gefördert durch Verw. von nativem Eialbumin. Zugabe von Harnstoff oder Hitzedenaturierung vor der Oxydation vermindert die Bldg. der Komplexe. Die Denaturierung nach der Oxydation zeigt dagegen keine Wirkung. Vff. schließen, daß die Denaturierung vor der Oxydation eine Hemmung auf die Bldg. von intramol. —S—S-Bindungen des Proteins ausübt. W. Hiller. 4587◇

Untersuchungen über höhere Alkylsulfate des Thiamins. Isamu Utsumi, Kiyoshi Harada und Masayoshi Samejima. (J. Vitaminol. [Kyoto] **7**, 287—93, 1961; Osaka, Higashiyodogawa, Kashima-cho, Tanabe Seiyaku Co. Ltd.; engl.) — Es werden die Oberflächenaktivitäten verschiedener *Thiamindialkylsulfate* mit denen der entsprechenden Na-Dialkylsulfate sowie die Resorbierbarkeit von Thiamindicetylsulfat mit der von Thiaminhydrochlorid nach oraler Verabreichung an Kaninchen verglichen. Der Ersatz von Na durch Thiamin erhöht den Krafft-Punkt um ca. 15°, u. Micellen-Bldg., Lösungskraft u. lysophile Eigg. werden verstärkt. Die Resorbierbarkeit steigt von 8,22 auf 14,58 μg/ml. P. Gregorzewski. 4587◇

Untersuchungen über die Dihydrothiaminoxydation. 2. Mitt. **Oxydation von Dihydrothiamin durch Chinonderivate.** Hisateru Mitsuda, Yoshito Hashitani und Fumio Kawai. (J. Vitaminol. [Kyoto] **7**, 256—64, 1961; Kyoto, Sakyo, Kyoto Univ., Fac. of Agric., Labor. of Nutrit. Chem.; engl.) — Vgl. C. **1962**, **14934**. — In Ggw. von *Brenzcatechin* (**II**), *Hydrochinon* (**III**), *p-Kresol* (**IV**) u. *Tyrosin* (**V**) wird die enzymat. Oxydation von *Dihydrothiamin* (**I**) durch *Phenolase* aus Kartoffelschalen u. die nichtenzymat. Oxydation durch *p-Benzochinon* (**VI**), *Coenzym* Q_{10} (**VII**), *Plastochinon* (**VIII**) u. *Menadion* (**IX**) untersucht. Bei Verw. von **II**, **III** u. **IV** erfolgt eine gekoppelte Oxydation, dagegen wird die Oxydation von **V** durch **I** inhibiert. **VII**, **VIII** u. **IX** oxydieren **I** in einem Medium aus Glycerin u. Puffer ohne Enzym zu *Thiamin*, **VI** nur in Abwesenheit von Glycerin. P. Gregorzewski. 4587◇

Untersuchungen über Fettsäureester der Flavine. 1. Mitt. **Chemische Synthesen von Riboflavinfettsäureestern.** Kunio Yagi, Jun Okuda, A. A. Dmitrovskii, Rikuko Honda und Toshiro Matsubara. (J. Vitaminol. [Kyoto] **7**, 276—80, 1961; Nagoya, Showa, Nagoya Univ., School of Med., Dep. of Biochem.; engl.) — Vgl. C. **1962**, **15671**. — *Riboflavin* (**I**) wird mit Fettsäurechloriden oder -anhydriden verestert. — *Riboflavin-2'.3'.4'.5'-tetrapalmitat* (**II**), $C_{81}H_{140}N_4O_{10}$, F. 78,5° (A.; gelb), durch Behandeln von Riboflavin in Chlf.-Pyridin mit Palmitoylchlorid bei 0°. — *2'.3'.4'.5'-Tetracaprat*, gelbes Öl, durch 14std. Schütteln von **I** mit Caprylchlorid bei 33°. — *2'.3'.4'.5'-Tetrabutyrat*, $C_{37}H_{92}N_4O_{10}$, F. 145—147° (Ae.; gelb), wie **II**. — *2'.3'.4'.5'-Tetrapropionat*, $C_{33}H_{44}N_4O_{10}$, F. 180—181°, wie vorst. Verbindung. P. Gregorzewski. 4587◇

Untersuchungen über Fettsäureester der Flavine. 2. Mitt. **Hydrolyse von Riboflavinfettsäureestern durch Pankreaslipase und Verdauungssaft.** Kunio Yagi, Jun Okuda, Soichi Niwa und Yoshiko Yamamoto. (J. Vitaminol. [Kyoto] **7**, 281—86, 1961; engl.) — 1. vgl. vorst. Ref.; vgl. C. **1962**, **9792**. — Die Fettsäureester des *Riboflavins* (**I**), *Riboflavin-2'.3'.4'.5'-tetrapalmitat*, *-tetracaprat*, *-tetrabutyrat* (**II**), *-tetrapropionat* u. *-tetraacetat*, werden durch *Pankreaslipase* in **I** u. die entsprechenden Fettsäuren gespalten. Optimale Bedingungen für **II** sind pH 7,3 u. 37°. Speichel u. Magensaft wirken nicht hydrolyt., wohl aber Duodenalsaft. P. Gregorzewski. 4587◇

Untersuchungen über einen neuen Flavinnucleotidtyp. 1. Mitt. **Biosynthese von Riboflavinglucosidmononucleotid.** Sei Tachibana. (J. Vitaminol. [Kyoto] **7**, 294 bis 298, 1961; Kyoto, Nishijin, Tojiin Kitamachi, Ritsumeikan Univ., Fac. of Sci. and Engng., Dep. of Chem.; engl.) — Zu einer Kultur von *Rhizopus oryzae* wird *Riboflavinylglucosid* (**I**) zugesetzt, u. nach Verbrauch von **I** kann papierchromatograph. ein **I**-*Mononucleotid* (**II**), n-Butanol, Essigsäure, W., 4 : 1 : 5; R_F 0,07) isoliert werden. Durch Hydrolyse mit H_2SO_4 wird **II** in *Flavinmonophosphat* u. *Glucose* gespalten; *Takadiastase* spaltet in **I** u. *Phosphat*. Das Verhältnis Flavin zu Glucose beträgt 1 : 1. UV-Spektrum wird angegeben, es bestehen keine Unterschiede zu Flavinmononucleotid.
P. Gregorzewski. 4587◇

Durch Proflavin sensibilisierte Photooxydation einer Reihe von Proteinbestandteilen. L. A. Ae. Sluyterman. (Biochim. biophysica Acta [Amsterdam] **60**, 557—61, 16/7. 1962; Eindhoven, N. V. Philips' Gloeilampenfabrieken, Philips Res. Labor.;

engl.) — Bei Prüfung der proflavinsensibilisierten Photooxydation von Aminosäuren *Tryptophan* (**I**), *Tyrosin* (**II**), *Histidin* (**III**), *Methionin* (**IV**) u. *Glutathion* (**V**)] zeigte sich eine starke pH-Abhängigkeit: bei pH 3—4 werden nur **I** u. **IV** oxydiert, bei pH 6—7 **I**, **IV** u. **III**, bei pH >8 **I**, **II**, **III** u. **IV**; im gesamten pH-Bereich wird **V** kaum noch weiteroxydiert. U. Tausendfreund. 4587◇

Die Verteilung der Folsäurederivate in natürlichem Material. John M. Noronha und Milton Silverman. (J. biol. Chemistry **237**, 3299—3302, 1962; Bethesda, Md., Nat. Inst. of Arthrit. and Metabol. Diseases, Nat. Inst. of Health; engl.) — Vff. charakterisieren durch Chromatographie an einer standardisierten analyt. DEAE-Cellulose (vgl. Silverman, Law u. Kaufman, C. **1962**, 3486) *Folate* (**I**) aus Kükenleberextrakten (Acetontrockenpulver mit einer 1%ig. Ascorbinsäure-Lsg. pH 6 bei 70° extrahiert). Die Eluatfraktionen wurden mikrobiolog. mit *Lactobacillus casei*, *Pediococcus cerevisiae* u. *Streptococcus faecalis* auf **I**-Wachstumsaktivität getestet, nachdem ein pankreat. Konjugase-Präp. zugesetzt worden war, um die Polyglutamylformen zu bestimmen. Die identifizierten Monoglutamate umfassen die N^{10}-*Formyl*-, N^5-*Formyl*- u. N^5-*Methyl*-Derivv. der *Tetrahydrofolsäure*. Eines der beiden N^5-Formylpolyglutamyl-Derivv. scheint ident. mit N^5-*Formyltriglutamyltetrahydropteroinsäure* zu sein. Weiterhin konnten ein N^5-*Methyldiglutamyl-Deriv.* der *Tetrahydropteroinsäure* zusammen mit mindestens 3 weiteren bis jetzt noch uncharakterisierten N^5-Methylpolyglutamyl-Derivv. nachgewiesen werden. P. Teichgräber. 4587◇

Die Wirkung von γ-Aminobuttersäurederivaten unter besonderer Berücksichtigung der Homopantothensäure auf die Reizbarkeit des Hirns. Giichi Tsujino. (Vitamins [Kyoto] **25**, 297—309, 1962; Osaka, Osaka Univ., Fac. of Med., Dep. of Pediatr.; jap., Auszug: engl.) — *Pantothensäure* wird bei Verabreichung von außen auch zu einem Teil zum Gehirn transportiert. Vf. vermutet, daß bei Ersatz der *β-Alanin*-Hälfte durch *γ-Aminobuttersäure* die Übertragung zum Gehirn größer ist als bei γ-Aminobuttersäure allein. Verss. ergaben, daß die *Pantoyl*- oder *Carbobenzoxy*-Derivv. der γ-Aminobuttersäure u. *γ-Hydroxybuttersäure* stärker wirken als die Stammverbindung. *Homopantothensäure* hat eine starke u. gleichmäßige Wrkg., es unterdrückt den durch *Hydroxymethylpyrimidin* induzierten Rennanfall völlig. W. Hiller. 4587◇

Histochemische Untersuchungen an Orotsäure. Chentung Chen und Hsiangtsê Su. (J. Vitaminol. [Kyoto] **7**, 309—16, 1961; Kyoto, Nishijin, Kawaramachi, Kyoto Pref. Univ. of Med., Dep. of Pathol.; engl.) — *Orotsäure* (**I**) fluoresciert weißblau, durch H_2O_2 wird diese Fluorescenz verstärkt. Vitamin A wird durch UV-Bestrahlung beseitigt. Nach oraler Verabreichung wird **I** in verschiedenen Geweben der Ratte bestimmt. **I** wird vom Dünndarm resorbiert, von der Leber in die Galle u. von den Nieren in den Urin abgegeben. Am meisten **I** wird in Leber, Gehirn, Rückenmark, Milz, Knochenmark u. Testes nachgewiesen. P. Gregorzewski. 4587◇

Über die Bedeutung der Bestimmung der 4-Pyridoxsäureausscheidung mit dem Harn für die Erforschung des Umsatzes von Vitamin B_9. Ju F. Udalow und N. A. Tschelnokowa. (Laboratoriumswesen [UdSSR] **8**, Nr. 3, 33—35, März 1962; russ.) — Die tägliche Ausscheidung (601—5853 γ) von *4-Pyridoxsäure* (**I**) mit dem Harn kann als befriedigendes Merkmal für die Erforschung des Umsatzes von *Vitamin B_6* angewandt werden. Die modifizierte Best.-Meth. für **I** nach Huff u. Perlzweig (J. biol. Chemistry **155**, [1944], 345) erscheint als besonders zweckmäßig. S. Baryschnikow. 4587△

Einfluß der Vitamine auf die Darmresorption von Aminosäuren. Chieko Tamura. (Vitamins [Kyoto] **25**, 278—88, 1962; Osaka, Osaka Univ., Fac. of Med., Dep. of Pediatr.; jap., Auszug: engl.) — Vf. untersucht die *B_6-Vitamine* (**I**), *Thiamin* u. *Riboflavin* auf die Aminosäureresorption des Darms. Die *Alanin*-Resorption geht parallel dem **I**-Geh. der Leber, sie ist bei **I**-Mangel vermindert u. wird durch **I**-Antagonisten gehemmt. Die Hemmung wird durch *Pyridoxin*-Gaben verhütet. Bei Thiamin- u. Riboflavinmangel steigt die akt. Alaninresorption vom Darm unabhängig vom **I**-Geh. der Organe. Die Gabe von Thiaminantagonisten verursacht einen verminderten O_2-Verbrauch des Darms u. verminderte Resorption. Eine Aufhebung der Wrkg. erfolgt nur durch Thiamingaben. W. Hiller. 4587◇

Untersuchungen über die Resorption von Vitamin B_{12}. 1. Mitt. **Einige grundlegende Untersuchungen über ^{60}Co-Vitamin-B_{12}-Resorptionstests und Beobachtungen an japanischen Patienten mit pernicöser Anämie und anderen hämatologischen Störungen.** Shigeo Ukyo. (J. Vitaminol. [Kyoto] **8**, 41—56, 1962; Kyoto, Sakyo, Kyoto Univ., Fac. of Med., Dep. of Internal Med., First Div.; engl.) — Bei normalen Japanern beträgt die Ausscheidung der Radioaktivität nach oraler Verabreichung von

^{60}Co-Vitamin B_{12} (I) 29% mit dem Kot, 17,4% mit dem Urin u. die Aufnahme durch die Leber 8,74%. Diese Werte stimmen mit denen bei Europäern u. Amerikanern gefundenen überein. Bei einer Reihe von hämatolog. Störungen werden keine Defekte der I-Resorption gefunden. Bei Patienten mit perniciöser Anämie erfolgt dagegen keine Resorption. Vf. folgert, daß der I-Resorptionstest auch für Japaner anwendbar ist. P. Gregorzewski. 4587◇

Untersuchungen über die Resorption von Vitamin B_{12}. 2. Mitt. **Beobachtungen an japanischen gastrektomierten Personen.** Shigeo Ukyo. (J. Vitaminol. [Kyoto] **8,** 57—67, 1962; engl.) — 1. vgl. vorst. Referat. — Bei totalgastrektomierten Personen erfolgt ohne Zusatz von Schweine-Intrinsic factor keine *Vitamin-B_{12}* (I)-Resorption. Bei teilgastrektomierten Personen ist die I-Resorption normal, u. diese kann auch nur bei diesen durch *D-Sorbit* erhöht werden. P. Gregorzewski. 4587◇

Schleimhautadsorption und Resorption von Vitamin B_{12} im Darm der Ratte. Kunio Okuda. (Proc. Soc. exp. Biol. Med. **111,** 320—23, Nov. 1962; Ube, Yamaguchi Med. Coll., Dep. of Med.; engl.) — An der Darmschlinge der Ratte wird gezeigt, daß wenigstens 2 Mechanismen der Oberflächenadsorption physiolog. Dosen von *^{60}Co-Vitamin B_{12}* an der Darmschleimhaut bestehen: der eine kann als eine Phase der physiolog. Resorption unter Einbeziehung des *Intrinsic factors* angesehen werden, bei dem anderen handelt es sich um einen nicht zur Resorption gehörenden Vorgang. U. Tausendfreund. 4587◇

Einfluß von Vitamin B_T auf das Wachstum von Küken. 1. Mitt. **Über die Mengen von Vitamin B_T für das Wachstum von Küken.** Naomi Takahashi und Norio Sasaki. (Vitamins [Kyoto] **27,** 117—20, 1963; Tokyo, Meiji Univ., School of Agric., Dep. of Agric. Chem.; jap., Auszug: engl.) — Erhalten 7 Tage alte Küken zu einer Grunddiät mit einer *Vitamin-B*-Mischung 30—300 mg *Carnithin* (I) per kg für 6 Wochen, so wird das Wachstum der Küken durch I um 4—23% gegenüber den Kontrollen verbessert. Der I-Zusatz zum Futter ruft keine Veränderungen an der Zus. der Beinmuskeln u. Lebern hervor. W. Hiller. 4587◇

Synthetische Untersuchungen an Vitamin A. 3. Mitt. **Kristallines cis-Isomeres von Vitamin-A-Palmitat.** Shigeru Okano, Ryuzo Mikami, Shigeya Saijo und Masanao Matsui. (J. Vitaminol. [Kyoto] **7,** 304—08, 1961; Osaka, Osaka Works, Sumitomo Chem. Co. Ltd.; Tokyo, Univ. of Tokyo, Dep. of Agric., Labor. of Agric. Chem.; engl.) — Vgl. C. **1959,** 8901. — 2 neue kristalline *Vitamin-A-Palmitate* werden dargestellt.

Versuche: Kristallines *6-cis-Vitamin A* (I), $C_{20}H_{30}O$, F. 83—84,5° (hellgelbe Nadeln), durch Lösen von I in n-Hexan bei 50—55° unter N_2, langsames Abkühlen auf 0°, nach 1 Std. auf —25°. — Kristallines *2.6-dicis-Vitamin A* (II), $C_{20}H_{30}O$, F. 59 bis 60° (hellgelbe Nadeln), durch Lösen von II in Äthylformiat u. Kühlen auf —60°, Abtrennen u. Lösen in n-Hexan u. erneutes Kühlen auf —60°. — Kristallines *6-cis-Vitamin-A-Palmitat,* $C_{36}H_{60}O_2$, F. 40—41° (Aceton; Nadeln), durch Behandeln von I in n-Hexan u. Pyridin bei —15° unter N_2 mit Palmitoylchlorid. — Kristallines *2.6-dicis-Vitamin-A-Palmitat,* $C_{36}H_{60}O_2$, F. 29—30° (Aceton; Nadeln), wie vorst. Verbindung. P. Gregorzewski. 4587◇

Wechselwirkung von Nahrungsprotein und Vitamin A im Stoffwechsel. 3. Mitt. **Der Einfluß von Vitamin A auf den Stoffwechsel von Nahrungsstickstoff bei Ratten.** R. K. Bhattacharya und G. C. Esh. (Ann. Biochim. exp. Med. [Calcutta] **21,** 215—22, Aug. 1961; Calcutta, Bengal Immunity Res. Inst.; engl.) — *Vitamin-A*-Mangel verringert die Wirksamkeit des aufgenommenen N, die Retention u. den Gesamtplasma-N-Gehalt. Tägliche Gaben von 30 I.E. Vitamin A normalisieren den Stoffwechsel. P. Gregorzewski. 4587◇

Die Rolle des Vitamins A bei der Induktion von Vitamin-K-Mangel bei der Ratte. John T. Matschiner und E. A. Doisy jun. (Proc. Soc. exp. Biol. Med. **109,** 139—42, 1962; St. Louis, Mo., St. Louis Univ., School of Med., Dep. of Biochem.; engl.) — *Vitamin-A* (I)-Hypervitaminose führt zu Hämorrhagie u. Hypothrombinämie. Diese Wrkg. können durch *Vitamin-K*-Gaben verhindert werden. Erhalten Ratten Vitamin-A-Gaben von 0,5—500 I.E./g, so sinkt die Prothrombin-Konz. von 75—96% (je nach Diät) auf 10—17% im Vgl. zu normal ernährten Tieren. Die I-Wrkg. ist am stärksten bei einer Diät, die mit ^{60}Co bestrahltes Rindfleisch enthält. Zugabe von 2 μg von Vitamin-K_1-Diphosphat per g Diät schützt die Tiere vollkommen gegen die hämorrhag. Wrkg von 500 I.E. I. I wirkt bei ♀ Tieren weniger schwer als bei ♂. Die Unterss. zeigen, daß das Vitamin-K-Bedürfnis bei der Ratte von der I-Menge abhängt. *Vitamin-A-Säure* wirkt stärker hämorrhag. als *Vitamin-A-Acetat.* W. Hiller. 4587◇

Wirkung von Gammabestrahlung auf die Verwertung von Weizenstroh durch Rumenmikroorganismen. G. I. Pritchard, W. J. Pigden und D. J. Minson.

(Canad. J. Animal Sci. **42**, 215—27, 1962; Ottawa, Ontario, Canada, Canada Dep. of Agric.; engl.) — Bestrahlung von Weizenstroh mit ^{60}Co bewirkt Veränderungen des Nährwerts für Wiederkäuer. Bei in vitro-Fermentations-Verss. mit Rumenmikroorganismen kam es nach $1 \cdot 10^7$ rad zu leichter Steigerung der Trockensubstanzverdauung, die nach $1 \cdot 10^8$ rad beträchtlich wurde. Nach $1 \cdot 10^8$ rad steigt ebenfalls die Löslichkeit des Strohs. Nach $2{,}5 \cdot 10^9$ rad wird die Bldg. flüchtiger Säuren bei den fermentativen Vorgängen erhöht, so daß bei dieser Dosis die Kohlenhydrate derart zerstört werden, daß sie nicht mehr länger als Substrate geeignet sind. Es wird mit diesen Verss. gezeigt, daß im Weizenstroh Nährstoffe eingeschlossen sind, die den Rumenmikroorganismen zugänglich gemacht werden können; jedoch liegen die dazu notwendigen Bestrahlungsdosen über den für handelsmäßige Verwertung prakt. anwendbaren Bereichen.
U. Tausendfreund. 4594◇

Analyse der Wirkung von Außenfaktoren auf den Stoffwechsel von Tenebrio molitor. Robert Lotz und Nhita Thiel. (Naturwissenschaften **49**, 378, 2. Aug.-H., 1962; Frankfurt/M., Univ., Zoolog. Inst.; dt.) — Der O_2-Verbrauch von Mehlwürmern nimmt beim Übergang vom Dunkel- zum Lichtmilieu, abhängig von der Dauer der vorangegangenen Adaptation, zu. Bei dunkeladaptierten Larven steigt die Stoffwechseldifferenz zwischen Licht- u. Dunkelphase vom 10-Min.- bis zum 120-Min.-Intervall an, nicht aber bei lichtadaptierten. Dunkeladaptierte Puppen zeigen größeren O_2-Verbrauch während der Lichtphase, lichtadaptierte während der Dunkelphase. Bei dunkeladaptierten Larven nimmt die Stoffwechseldifferenz (60-Min.-Intervall) mit steigender Temp. zwischen 20 u. 35° zu. Die Stoffwechselhöhe hängt außer von Phasendauer u. Temp. auch von der Strahlungsenergie ab. Verschieben der Tonuslage durch *Ergotin-* u. *Atropin*-Injektion verändert auch die Licht–Dunkel-Stoffwechsel-Rkk., d. h. die Strahlungs-Wrkg. verläuft über das vegetative Nervensystem. Licht beeinflußt die Puppen-Entw. wie eine Temp.-Erniedrigung. RQ-Messungen an Larven zeigen für licht- u. dunkeladaptierte Tiere keinen wesentlichen Unterschied. Die Augen spielen, wie Verss. mit Puppen- u. Larvenfragmenten ergaben, keine ausschlaggebende Rolle als Receptor der Licht–Dunkel-Stoffwechselreaktion. K. Maier. 4595◇

Wirkung der Temperaturänderung auf die Toxizität und den Stoffwechsel von Ammoniak bei Mäusen. Steven Schenker und Kenneth S. Warren. (J. Lab. clin. Med. **60**, 291—301, Aug. 1962; Bethesda, Md., Dep. of Health, Educat. and Welfare, U. S. Publ. Health Serv., Nat. Inst. of Health, Nat. Inst. of Allergy and Infect. Diseases, Labor. of Parasit. Diseases; engl.) — Bei Mäusen war die Toxizität von NH_4Cl bei erhöhter Körper-Temp. erhöht, bei Hypothermie bestand dagegen eine bestimmte Schutzwirkung. Der NH_3-Stoffwechsel im Hirn wird durch erhöhte Temp. nicht verändert. Bei Hypothermie gelangt weniger NH_3 ins Hirn. K. Zingraf. 4596◇

Die Wirkung von Magnesiumionen auf die Beseitigung von Radiostrontium bei Ratten. Irwin Clark und Marilyn R. Smith. (Proc. Soc. exp. Biol. Med. **109**, 135—39, 1962; New York, N.Y., Columbia Univ., Coll. of Physic. and Surg., Dep. of Orthopaedic Surg.; engl.) — Ratten erhalten ^{89}Sr intraperitoneal injiziert u. 48 Std. danach wird Be^{2+}, Mg^{2+}, Ca^{2+}, Sr^{2+}, Ba^{2+} oral in verschiedenen Dosen verabreicht. Nur Mg u. Sr erhöhen die ^{89}Sr-Ausscheidung durch den Urin. *Citrat* u. *Prednisolon* erhöhen die Urinausscheidung von ^{89}Sr nur geringfügig (133 u. 124%) im Vgl. zu Mg (309%). Kombination von Mg, Prednisolon u. Citrat senkt die Ausscheidungsrate im Vgl. zu Mg allein. Mg erniedrigt die fäkale Ausscheidung von ^{89}Sr, die urinäre + fäkale Ausscheidung ist jedoch größer als bei den Kontrollen. W. Hiller. 4596◇

Einige physikalische, stoffwechselmäßige und sensorische Komponenten beim Appetit auf Glucose. Harry L. Jacobs. (Amer. J. Physiol. **203**, 1043—54, 1962; Rochester, N.Y., Univ. of Rochester, School of Med., Dep. of Physiol.; engl.) — Beim Vers. einer Prüfung von Faktoren, die den *Glucose* (**I**)-Appetit gesätt., hungriger oder durstiger Ratten in Gegenüberstellung zu *Saccharin*-Lsgg. bei freier Wahl beeinflussen, ergab sich: Der Geschmack hat keinen Einfl., die calor. Dichte der Lsg. ist beteiligt; die Sättigungs-Wrkg. von **I**-Lsgg. ist unabhängig von Magendehnung oder möglichen osmot. Wrkg.; **I**-Aufnahme steht jedoch in Beziehung zum allg. Hydratationszustand; die Rk. auf **I**- u. *Saccharose*-Belastungen weist auf die Tätigkeit eines präresorptiven Chemoreceptorsystems. U. Tausendfreund. 4596◇

Stoffwechsel von D-Glucosamin und N-Acetyl-D-glucosamin bei der Ratte. Paul Kohn, Richard J. Winzler und Rita C. Hoffmann. (J. biol. Chemistry **237**, 304—08, 1962; Chicago, Ill., Univ., Coll. Med., Dep. Biol. Chem.; engl.) — Ratten wurde $^{14}C_{(1)}$-*D-Glucose*. $^{14}C_{(1)}$-*D-Glucosamin* u. *N-Acetyl*-$^{14}C_{(1)}$-*D-glucosamin* verabreicht u. die auftretenden Isotope in Ausatmungsluft, Urin, Leberglykogen, an Protein gebundenem *D-Glucosamin* (**I**) u. *Sialsäure* (**II**) bestimmt. *D-Glucose* (**III**) dient als Vorstufe des an Protein gebundenen I u. der II der Leber u. wird weiter zu Leberglykogen umgewandelt. N-Acetyl-D-glucosamin ist ein Zwischenprod. von III u. I. Somit vermag I als Vorstufe der I u. II enthaltenden Makromoll. in vivo zu wirken.

Joachim Schmidt. 4596◇

Wirkung des Körpergewichts auf die Freisetzung freier Fettsäuren durch Fettgewebe in vitro. H. Altschuler, M. Lieberson und J. J. Spitzer. (Experientia [Basel] **18**, 91—92, 1962; Philadelphia, Pa., Philadelphia and the Hahnemann Med. Coll., Gerontol. Res. Inst.; engl.) — Die Absonderung von freien Fettsäuren durch Fettgewebe des Nebenhodens in vitro u. ihre Förderung durch *Epinephrin* war bei Ratten mit einem Gew. unter 100 g (Gruppe a) größer als bei Tieren mit einem Gew. von 180—300 g (Gruppe b) oder von 380—500 g (Gruppe c). Der Geh. an Triglyceriden war dagegen in Gruppe c am höchsten u. in Gruppe a am niedrigsten. K. Zingraf. 4596◇

Untersuchungen über die experimentelle Hypercholesterinämie bei Ratten. 4. Mitt. **Wirkung des Cholesterins in der Nahrung auf die Proteine in Plasma und Leber fettreich ernährter ausgewachsener Ratten.** Saroj Tawde und B. R. Das. (J. Lab. clin. Med. **60**, 284—90, Aug. 1962; Bangalore, India, Indian Inst. of Sci., Dep. of Biochem.; engl.) — 3. vgl. Ann. Biochem. exp. Med. [Calcutta] **21**, [1961], 81. — Fettreich ernährte Albinoratten, denen *Cholesterin* allein oder in Kombination mit *Natriumtaurocholat* verfüttert wurde, zeigten einen höheren *Protein*-Geh. im Plasma u. in der Leber als die Kontrolltiere, denen hydriertes oder unbehandeltes Erdnußöl verfüttert wurde. Bes. war der α_1-*Globulin*-Geh. erhöht. K. Zingraf. 4596◇

Glycerinaufnahme, Blutcholesterinspiegel und Anämie bei Meerschweinchen und Kaninchen. Rosemarie Ostwald. (Proc. Soc. exp. Biol. Med. **111**, 632—34, 1962; Berkeley, Calif., Univ. of California, Dep. of Nutrit. Sci.; engl.) — Eine Erhöhung des Plasma- oder Erythrocyten-*Cholesterin*-Spiegels nach Verabreichung einer 50%ig. *Glycerin* (I)-Lsg. (Magensonde) konnte weder bei Meerschweinchen noch bei Kaninchen bestätigt werden. Meerschweinchen sterben nach mehr als 5 ml der I-Lsg. an akuten tox. Symptomen; wahrscheinlich ist eine Anämie mitbeteiligt. Kaninchen vertragen mehr als 10 ml der I-Lsg./Tag. U. Tausendfreund. 4596◇

Wirkungen von Äthionin und Methionin auf Serumlipide und -lipoproteine. John C. Seidel und Alfred E. Harper. (Proc. Soc. exp. Biol. Med. **111**, 579—82, 1962; Madison, Wis., Univ. of Wisconsin, Dep. of Biochem.; engl.) — Längerdauernde Fütterung von 0 25% DL-*Äthionin* (I) zu einer Kost mit 1% *Cholesterin* (II), 25% hydriertes Cocosnußöl, 0,5% Cholsäure, 10% Casein, 0,2% Cholinchlorid, 1% wasserlösl. Vitamine, Saccharose ad 100% hat einen ca. 10fachen Anstieg der *Triglycerid* (III)-Konz. des Serums bei Ratten zur Folge (vorwiegend an Lipoproteine niedriger Dichte gebundene III). Durch gleichzeitige 0,25%ig. DL-*Methionin* (IV)-Verfütterung kann der III-Anstieg verhütet werden. Die Serum-II-Konz. ist bei I-Verfütterung niedriger als normal; durch IV wird Serum-II noch weiter vermindert. Durch IV allein wird die Konz. von III u. *Phospholipiden* im Serum nur leicht, die von II jedoch deutlich vermindert. U. Tausendfreund. 4596◇

Struktur und Synthese des Milchfettes. 3. Mitt. **Verwertung von Pentadecansäure nach Infusion in die laktierende Milchdrüse der Ziege.** Stuart Patton, R. D. McCarthy, Laura Evans, R. G. Jensen und G. W. Gander. (J. Dairy Sci. **45**, 248—49, Febr. 1962; University Park, Pa., Pennsylvania State Univ., Dep. of Dairy Sci. and Storrs; Univ. of Connecticut, Storrs Agric. Exp. Stat., Dep. of Animal Ind.; engl.) — 2. vgl. C. **1961**, 15447. — Unterschiede in der Stellung der Fettsäuren am Glycerin bei Blut- (a) u. Milchlipoiden (b) sprechen für einen Ab- bzw. Umbau der a vor der Überführung in b. Durch Infusion von *Na-Pentadecanoat* (I) sowie dem 1- (II) u. 2-Monoglycerid (III) der *Pentadecansäure* (IV) (jeweils 1 g in 20 ml W.) in eine Hälfte des Ziegeneuters u. nachfolgende Analyse der Triglycerid- u. Phosphatidfraktion der Milch 12 Std. nach der Infusion stellten Vff. fest daß vor allem I aber auch II u. III den Geh. der Triglyceride u. Phosphatide an IV erhöhen. Der besonders gute Effekt des I dürfte auf die gute Löslichkeit in W. zurückzuführen sein. Offenbar werden II u. III vor Einbau in die Milchlipoide zur freien IV hydrolysiert. Daher ist die Stellung der IV im infundierten Monoglycerid ohne Einfl. auf die Stellung im synthetisierten Triglycerid.

Hans Thiele. 4596◇

Lipidstoffwechsel bei Leberkrankheit. 1. Mitt. **Abtrennung von Lipiden durch Kieselsäure-Säulenchromatographie.** Keiji Ohe. (Acta Scholae med. Univ., Kioto **38**, 101—16, 1962; Kyoto, Univ., Fac. of Med., Dep. of Internal Med.; engl.) — Es wird eine Meth. zur quant. Best. von *Cholesterin* u. *Phospholipid* in biolog. Material beschrieben. Zur Ausführung werden 1 ml Serum, 0,5 g Gewebehomogenat oder die entsprechende Menge Erythrocyten gebraucht. Diese Materialien werden extrahiert, die Extrakte auf eine Säule gegeben, fraktioniert eluiert u. photometriert. Bei Testverss. liegt die Wiedergewinnung bei 93% u. der prozentuale Fehler der Lipid-Best. mit dieser Meth. innerhalb 5%. P. Gregorzewski. 4596◇

Lipidstoffwechsel bei Leberkrankheit. 2. Mitt. **Vergleichende Untersuchungen über den Lipidspiegel in Serum und Leber von Ratten mit experimentellen verschiedenartigen Leberschäden. Der Einfluß des Geschlechts auf die Resistenz gegen durch wiederholte Tetrachlorkohlenstoff-Injektionen hervorgerufene subakute Leberschäden.** Keiji Ohe. (Acta Scholae med. Univ., Kioto **38,** 117—44, 1962; engl.) — 1. vgl. vorst. Referat. — Nach einmaliger Injektion von CCl_4, Äthionin oder partieller Hepatektomie erfolgt eine Zunahme des *veresterten Cholesterins* in der Leber u. der Serum-*Lipide* sowie eine Abnahme der Leber-*Phospholipide* u. des Cholesterinesterverhältnisses im Serum. Bei Ratten mit subakuten Leberschäden infolge wiederholter CCl_4-Injektion steigt der Cholesterinspiegel in der Leber von der 2.—4. Woche signifikant über den der Kontrollen an u. erreicht nach 6—8 Wochen wieder Normalwerte. Zwischen den Geschlechtern bestehen signifikante Unterschiede im Lipid-Geh. in Leber u. Serum.
P. Gregorzewski. 4596◇

Lipidstoffwechsel bei Leberkrankheit. 3. Mitt. **Der Einfluß von Orotsäure auf den Lipidspiegel von Serum und Leber bei Ratten mit Tetrachlorkohlenstoff-induzierten subakuten Leberschäden.** Keiji Ohe. (Acta Scholae med. Univ., Kioto **38,** 145—58, 1962; engl.) — 2. vgl. vorst. Referat. — *Orotsäure* (**I**) zeigte nur bei Tieren, die 0,04 ml CCl_4 erhalten hatten, eine günstige Wrkg. auf die Akkumulation von *verestertem Cholesterin* in der Leber (nicht bei 0,025 ml). Bei beiden CCl_4-Gaben erniedrigt **I** die Serum-Cholesterin- u. Serum-*Phospholipid*-Spiegel; auf den Leberphospholipid-Geh. hat **I** keinen Einfluß. P. Gregorzewski. 4596◇

Lipidstoffwechsel bei Leberkrankheit. 4. Mitt. **Der Einfluß von Orotsäure, Thioctsäure, Pantothensäure, Methionin, Adenosintriphosphat und Vitamin B_1 auf den Serum- und Leberlipidspiegel mit akuten Tetrachlorkohlenstoff-induzierten Leberschäden.** Keiji Ohe. (Acta Scholae med. Univ., Kioto **38,** 159—74, 1962; engl.) — 3. vgl. vorst. Referat. — Durch CCl_4 wird bei Kaninchen *Cholesterin* in Leber u. Serum erhöht u. *Phospholipid* in der Leber erniedrigt u. im Serum erhöht. Die günstigste Wrkg. auf diese Störung des Lipidstoffwechsels hat eine Kombination von *Orotsäure* u. *Pantothensäure.*
P. Gregorzewski. 4596◇

Lipidstoffwechsel bei Leberkrankheit. 5. Mitt. **Serumlipidspiegel bei Patienten mit Lebererkrankungen.** Keiji Ohe. (Acta Scholae med. Univ., Kioto **38,** 175—92. 1962; engl.) — 4. vgl. vorst. Referat. — Bei akuter Hepatitis fallen am Anfang *Cholesterin* (**I**) u. *Phospholipid*-Spiegel u. steigen nach der Krisis wieder an. Bei akuter gelber Atrophie oder Leberkoma tritt ein markanter **I**-Abfall im Serum ein. Normale oder erhöhte Werte werden bei Leberkrebs beobachtet. P. Gregorzewski. 4596◇

Die Beeinflussung der Subtrate für die Geschmacksgrundempfindungen. Emil v. Skramlik. (Z. Biol. **113,** 293—322, Okt. 1962; Berlin; dt.) — Aus einer Reihe von Vers.-Ergebnissen mit einer größeren Anzahl von verschieden verd. Anästheticis zur Beeinflussung des Geschmacksfeldes auf der Zunge gegenüber den Vertretern der 4 Hauptempfindungen bitter (Chininhydrochlorid), salzig (NaCl), sauer (Weinsäure) u. süß (Rohrzucker) kann die Folgerung gezogen werden, daß den 4 Hauptempfindungen 4 Grundsubstrate auf dem peripheren Sinnesfeld entsprechen; diese sind durch anästhet. wirkende Mittel in ungleichem Maße beeinflußbar. U. Tausendfreund. 4597◇

Über Kreislaufregulationsstörungen und Veränderungen der 3-Methoxy-4-hydroxymandelsäure-Ausscheidung im Urin nach traumatischer Querschnittläsion des Rückenmarks. P. Imhof, F. Hediger und H. Käser. (Helv. med. Acta **29,** 183 bis 210, Aug. 1962; Bern, Inselspital, C. L.-Loryhaus, Med. Abt.; Univ., Kinderklin.; dt.) — Prüfung der Funktionstüchtigkeit des sympath. Nerven-Syst. durch orthostat. Stress bei Patienten mit vollständigen u. unvollständigen traumat. Querschnittsläsionen (Aufrichtung auf Kipptisch) an Hand der Ausscheidung von *3-Methoxy-4-hydroxymandelsäure* (**I**) mit dem Harn führt zu folgenden Befunden: Beim Aufrichten von Fällen mit hoher Querschnittsläsion (oberhalb des 5. Brustsegmentes) kommt es zu posturaler Hypotension, bei tiefen Läsionen sind die Blutdruck-Rkk. normal; entsprechend fehlt bei hohen Läsionen nach dem Stress die normal zu beobachtende **I**-Ausscheidungsvermehrung (teilweise bei hoher Läsion sogar Verminderung der **I**-Ausscheidung, was mit Verminderung der Nierenfunktion zusammenhängen dürfte).
U. Tausendfreund. 4597◇

Veränderungen des Gehaltes an Proteinen, Albuminen und Globulinfraktion bei Kindern mit Nephrose und Nephrose–Nephritis-Syndrom in Abhängigkeit von der Phase der Erkrankung und von den Heilmethoden. Ja. I. Muratidi. (Pädiatrie [UdSSR] **38,** Nr. 12, 9—16, Dez. 1960; Leningrad, Pädiatr. med. Inst.; russ.) — Bei insgesamt 25 Kindern mit Lipoid-Nephrose u. Nephrose-Nephritis-Syndrom wurde eine Erniedrigung des Geh. des Serums an Eiweiß, u. zwar hauptsächlich auf Kosten von Albumin u. γ-Globulin festgestellt. Die Wrkg. verschiedener therapeut. Maßnahmen, z. B. Cortisongaben, wurde geprüft. Ferner wurde nach Parallelen zwischen der Hypoproteinämie u. dem Ausmaß der Schwellungen, der Eiweißausscheidung im Urin, dem Cholesterin-Geh. gesucht. Im allg. geht die klin. Besserung der Normalisierung des Protein-Geh. u. der Zus. parallel. M. Wiedemann. 4597□

E_6. Pharmakologie. Therapie. Toxikologie. Hygiene

Der cytotoxische Faktor bei der Strahlenschädigung von Tieren. Ju. B. Kudrjaschow. (Nachr. Moskauer Univ., Serie Biol., Bodenkunde, Geol., Geogr. **14**, Nr. 3, 31—36, 1959; Lehrstuhl für Biophys.; russ.) — In Verss. mit Mäusen (Leber) wurde gezeigt, daß bei der Bestrahlung der Tiere mit verschiedener Dosis in vitro deutliche cytotox. Aktivität auftritt. Es wird die Vermutung ausgesprochen, daß der cytotox. Faktor als Ergebnis einer Intensivierung der Autolyseprozesse in den Geweben des Körpers entsteht. Die autolyt. Prozesse können durch die im bestrahlten Körper entstehenden ungesätt. Fettsäuren verstärkt werden. M. Gordienko. 4601◇

Der Einfluß von Natriumdiatrizoat auf rote Blutkörperchen. J. Fiala und M. Svoboda. (Československ. Farmac. **11**, 141—43, 1962; Prag, Inst. für Hämatologie u. Bluttransfusion; tschech.) — Das Kontrastmittel *Natriumdiatrizoat* (*Na-3.5-Diacetylamino-2.4.6-trijodbenzoat*) beeinflußt die osmot. Resistenz u. die Hämolyse roter Blutkörperchen nur unbedeutend. P. Gregorzewski. 4601◇

Der Einfluß von Calcium auf die Brenzcatechinaminfreisetzung. A. Philippu und H. J. Schümann. (Experientia [Basel] **18**, 138—40, 1962; Frankfurt, Univ., Pharmak. Inst.; dt.) — Die Durchströmung der isolierten Nebennieren mit Tyrode-Lsg. führt zur Freisetzung von *Brenzcatechinaminen*, die durch 0,03 μm *Acetylcholin* (I) um 84% u. durch 16,5 μm *β*-Phenyläthylamin (II) um 62% erhöht wird. Bei Durchströmung mit calciumfreier Tyrode-Lsg. ist **I** wirkungslos u. **II** verursacht eine Freisetzung von 58%. An isolierten Nebennierenmarkgranula verursacht *Ca* eine dosisabhängige Steigerung der Brenzcatechinaminfreisetzung; **I** beeinflußt an diesem Präp. auch in Ggw. von Ca die Freisetzung nicht. Joachim Schmidt/Magdeburg. 4606◇

Theoretische Grundlagen und klinische Ergebnisse der Behandlung von Hyperthyreosen mit Perchlorat. Hans-Ludwig Krüskemper. (Arzneimittel-Forsch. **10**, 13—17, 1960; Bonn, Med. Univ.-Poliklin.; dt.) — Beschreibung der Beobachtungen über klin. Behandlung von Hyperthyreose mit $HClO_4$. — 44 Literaturangaben. W. Wesly. 4606◇

Die Toxizität von Organophosphorinsekticiden für Pferde. J. B. Jackson, R. O. Drummond, W. B. Buck und L. M. Hunt. (J. econ. Entomol. **53**, 602—04, Aug. 1960; US Dep. of Agric., Animal Disease and Parasite Res. Div., Entomol. Res. Div. and Animal Disease Eradication Div.; engl.) — Zur Ermittlung der optimalen Dosierung mehrerer *Organophosphor-Verbb.* (I) bei der Bekämpfung von Magenparasiten (*Gasterophilus spp.*) der Pferde wurden **I** durch Magenschlauch, Verfüttern u. i. m. zugeführt. Bei 6 von 48 Tieren waren während einer 7tägigen Beobachtungszeit gewisse Toxizitätserscheinungen feststellbar. Geprüfte **I**: *Co-Ral* (*O-[3-Chlor-4-methylumbelliferon]-O.O-diäthylthiophosphat*); *Dimethoat*; *DOWCO 105* (*N-Äthylthiophosphorsäure-O-methyl-O-[4-tert.-butyl-2-chlorphenyl]-esteramid*); *DOWCO 109* (*N-Methylthiophosphorsäure-O-methyl-O-[4-tert.-butyl-2-chlorphenyl]-esteramid*); *Ruelen* (*N-Methylphosphorsäure-O-methyl-O-[4-tert.-butyl-2-chlorphenyl]-esteramid*); *DDVP*; *Dipterex* (*Dimethyl-2.2.2-trichlor-1-hydroxyäthylphosphonat*). K. Maier. 4607◇

Wirkung von Sorbit auf die Oligurie infolge von Verbrennung beim Hund. G. Barac. (C. R. Séances Soc. Biol. Filiales **153**, 1624—26, 1959, herausgeg. 12/2. 1960; Liège, Univ., Inst. de Clin. et Policlin. méd.; franz.) — Bei Hunden mit Verbrennungen steigerte die i. v. Injektion von 4 cm^3 *Sorbit* (I)/kg in isoton. Lsg. die Diurese. *Procain*, prophylakt. verabreicht oder **I** zugesetzt, verhütet die durch die Verbrennung ausgelöste Vasoconstriction u. Diuresehemmung nicht. K. Zingraf. 4607◇

Synthese und pharmakologische Aktivität einiger aromatisch-aliphatischer ditertiärer Basen. L. Villa. (Farmaco [Pavia], Ediz. Sci. **15**, 576—82, Sept. 1960; Pavia, Univ., Ist. di Chim. farmaceut. e tossicol.; ital.) — Es werden einige *N-[2-Dialkylaminoäthyl]-Derivv.* von *aliphat.-aromat. Aminen* dargestellt u. ihre Toxizität, spasmolyt., bradykardisierende u. antifebrile Wrkg. untersucht. Die Konstit. der Dialkylaminogruppe hat nur geringen Einfl. auf die physiolog. Aktivität.

Versuche: *N-[2-Diphenylaminoäthyl]-dimethylamin* (I), $Kp._6$ 160—175°, durch Zugeben von 2-Dimethylaminoäthylchlorid zu 35 g Diphenylamin (II) u. $NaNH_2$ in

Toluol, Rühren bei 100° (25 Min.), dann bei 120° (15 Min.); 40 g (Ausbeute). *Hydrochlorid*, F. 250—253° (A.). — *N-[2-Diphenylaminoäthyl]-diäthylamin*, $Kp._4$ 173—174°, wie **I** aus 40 g **II** u. 2-Diäthylaminoäthylchlorid; 41 g. *Hydrochlorid*, F. 169—170° (A.). — *N-[2-Diphenylaminoäthyl]-pyrrolidin*, $C_{18}H_{22}N_2$, $Kp._{24}$ 236—237°, wie **I** aus 40 g **II** u. 2-Pyrrolidinoäthylchlorid (**III**); 37 g. *Hydrochlorid*, $C_{18}H_{22}N_2 \cdot HCl$, F. 190—191° (A.). — *N-[2-Diphenylaminoäthyl]-morpholin*, $C_{18}H_{22}N_2O$, $Kp._{21}$ 247—248°, wie **I** aus 30 g **II** u. 2-Morpholinoäthylchlorid (**IV**); 28,5 g. *Hydrochlorid*, $C_{18}H_{22}N_2O \cdot HCl$, F. 227° (A.). — *N-[2-(4-Methoxydibenzylamino)-äthyl]-pyrrolidin* (**V**), $C_{21}H_{28}N_2O$, $Kp._{17}$ 253—254°, durch 20std. Rühren von 50 g 4-Methoxydibenzylamin, MgO u. **III** bei 160°; 27 g. *Dihydrochlorid*, $C_{21}H_{28}N_2O \cdot 2\,HCl$, F. 184° (A./Ae.). — *N-[2-(4-Methoxydibenzylamino)-äthyl]-morpholin*, $Kp._{1,5}$ 234—235°, wie **V** aus 40 g 4-Methoxydibenzylamin u. **IV**; 22 g. *Dihydrochlorid*, $C_{21}H_{28}N_2O_2 \cdot 2\,HCl$, F. 162° (A./Ae.). — *N-[2-Dianisylaminoäthyl]-pyrrolidin*, $Kp._{1,5}$ 240—242°, wie **V** aus 40 g Dianisylamin u. **III**; 20 g. *Dihydrochlorid*, $C_{22}H_{30}N_2O_2 \cdot 2\,HCl$, F. 201—202° (A.). — *N-[2-Dianisylaminoäthyl]-morpholin*, $Kp._{1,5}$ 249—250°, wie **V** aus 10 g Dianisylamin u. **IV**; 10 g. *Dihydrochlorid*, $C_{22}H_{30}N_2O_3 \cdot 2\,HCl$, F. 210° (A.). — Zum Vgl. werden die Werte der pharmakolog. Wrkg. von *N-[2-Piperidinoäthyl]-diphenylamin*, *-4-methoxydibenzylamin* u. *-dianisylamin* gegeben.
F. Heller. 4607◇

Einflüsse von Diphenylpropylessigsäure-β-diäthylaminoäthylesterhydrochlorid auf drei Convulsantien und auf Propallylonal. Harald G. O. Holck, Gale E. Demaree und Hideko Katayama Kaji. (J. pharmac. Sci. **51**, 739—42, 1962; Lincoln, Univ. of Nebraska, Coll. of Pharm., Dep. of Pharmacol; engl.) — 1 Std. vorher intraperitoneal verabreichtes *Diphenylpropylessigsäure-β-diäthylaminoäthylesterhydrochlorid* (SKF 525-A,) erhöht die DL_{50} von *Nikethamide*, *Pentylenetetrazol* (**III**) u. *Pikrotoxin* (**II**) für Mäuse. Bei **I**-vorbehandelten Tieren erreicht **II** seine maximale Wirksamkeit nach 4 Std. u. dauert mehr als 16 Stunden. Bei gleichzeitiger Verabreichung von **I** u. **II** wird die **II**-Wrkg. nicht beeinflußt u. bei mehrfacher Injektion erhöht **I** die Potenz von **II** bei normalen u. barbitalisierten Mäusen. Die Wrkg. von **III** wird durch diese Injektionsart nicht beeinflußt. Die hypnot. Wrkg. von *Propallylonal* wird durch **I** verlängert, ohne daß die Anzahl der Todesfälle sich erhöht. P. Gregorzewski. 4607◇

Experimentelle Thrombocytose mit o-Nitrophenol. M. Gábor, I. Piukovich und I. Lacsán. (Naturwissenschaften **49**, 470—71, 2. Okt.-H. 1962; Szeged, Univ. Med. School, Dep. of Obstetrics and Gynecolog.; engl.) — 5 bzw. 10 mg/100 g *o-Nitrophenol* intraperitoneal an Ratten verabreicht, erhöht die Thrombocytenzahl innerhalb von 2 Tagen auf 200%, nach 7—8 Tagen normalisiert sich die Zahl wieder. Das Serum behandelter Tiere bewirkt bei anderen Tieren ebenfalls eine Blutplättchenvermehrung. Unwirksam erweisen sich *Nitrotoluol*, *2.4-Dinitrotoluol*, *m-* u. *p-Aminophenol* u. *2.4-Dinitrophenol*. P. Gregorzewski. 4607◇

Wirkung von Dimethylsulfoxid und Glycerin auf den Kationengehalt von aufgetautem gefrorenem Herzmuskel. Joseph V. Levy, Victor Richards und Maxim Persidsky. (Proc. Soc. exp. Biol. Med. **110**, 789—91, 1962; San Francisco, Calif., Presbyterian Med. Center, Surgical Res. Labor.; engl.) — Wird Gewebe vom rechten Vorhof u. der linken Ventrikel für 5 Min. bei —79° eingefroren u. dann wieder bei 37° aufgetaut, nachdem es vorher in *Dimethylsulfoxid* (**I**) oder *Glycerin* (**II**) gehalten worden war, so verliert es im Vgl. zu frischem Gewebe an *K* u. nimmt an *Na* zu. Ein Zusatz von **I** u. **II** verhindert also nicht den Verlust von K bei der Einfrierungsprozedur.
W. Hiller. 4607◇

Teratogene Wirkung von Methioninderivaten auf Mäuseembryonen. Hideo Nishimura, Minoru Kageyama und Kyozo Hayashi. (Acta Scholae med. Univ., Kioto **38**, 193—97, 1962; Kyoto Univ., Fac. of Pharm., Dep. of Biochem., Fac. of Med., Dep. of Anat.; engl.) — Tägliche Injektion von 0,05 mg *Methioninsulfoximin*/g/Tag oder von 0,1—0,5 mg *Methioninsulfoxid*/g/Tag vom 9.—15. Trächtigkeitstag zeigen starke teratogene Wirksamkeit. P. Gregorzewski. 4607◇

Die Verhütung der Fettleber infolge von Orotsäure durch die Verabreichung von 5-Aminoimidazolcarbonsäureamid. Kazuo Hayano, Toshiro Tsubone und Ichiro Azuma. (J. Biochemistry [Tokyo] **52**, 379—80, 1962; Fukuoka, Kyushu Univ., School of Med., Dep. of Biochem.; Osaka, Osaka Univ., School of Med., Dep. of Int. Med.; engl.) — Zusatz von 1% *Orotsäure* (**I**) zum Futter bewirkte bei Albinoratten eine deutliche Zunahme der *Gesamtlipide*, des *Neutralfettes*, der *Phospholipide*, *Cholesterinester*, *Triglyceride*, *Diglyceride*, *Monoglyceride* u. des freien Cholesterins in der Leber. Diese Wrkg. von **I** wurde durch *Uridin*, *Cytidin*, *Adenosin*, *Guanosin* u. *Adenin* (je 0,5% des Futters) teilweise, durch 0,5% *5-Aminoimidazolcarbonsäureamid* dagegen vollständig verhütet.
K. Zingraf. 4607◇

Potenzierung der Reaktion auf Histamin durch Picolylamine. H. Blaschko und S. Kurzepa. (Brit. J. Pharmacol. Chemotherapy **19,** 544—51, Dez. 1962; Oxford, Univ., Dep. of Pharmacol.; engl.) — Die Rk. des isolierten Meerschweinchenileums gegenüber *Histamin* (I) kann durch *2-Picolylamin, 3-Picolylamin* u. *4-Picolylamin* [welche alle 3 an der Schweineniere zur Hemmung von *Histaminase* (II) u./oder *Diaminoxydase* führen] potenziert werden. *2-, 3-* u. *4-Picolylmethylamin* steigern die Rk. des Ileums auf I nicht. Die Potenzierungs-Wrkg. der prim. Amine dürfte mit der II-Hemmung zusammenhängen. Die Rk. des Ileums auf *Acetylcholin* u. *5-Hydroxytryptamin* wird durch die Amine nicht verändert. U. Tausendfreund. 4607◇

Wirkungen bestimmter Verbindungen auf die experimentelle Muskeldystrophie. Nathan Watzman, William J. Kinnard, Mario D. Aceto und Joseph P. Buckley. (J. pharmac. Sci. **51,** 1090—95, Nov. 1962; Pittsburgh, Pa., Univ. of Pittsburgh, School of Pharmacy, Pharmacol. Labor.; Monroe, La., Northeast Louisiana State Coll.; engl.) — Bei durch *Vitamin-E* (I)-Mangel experimentell dystroph. gemachten Ratten wird durch *Norätharidrolon* (II; 2 mg/kg/Tag peroral), *Digoxin* (III; anfangs 0,2 mg/kg, dann 0,1 mg/kg/Tag) u. *Methimazol* (IV; *1-Methyl-2-mercaptoimidazol, Tapazole,* Eli Lilly; 4 mg/kg/Tag) die Fähigkeit zur Durchführung forcierter motor. Aktivität erhöht. II, III u. IV erhöhen die Überlebensquote der Abkömmlinge von I-Mangelweibchen. Bei dem dystroph. Mäusestamm 129 kann durch 10 mg *KCl*/kg vorübergehend die motor. Koordination verbessert u. der Gew.-Verlust gestoppt werden. KCl (1 : 1500) u. *Ephedrin* (1 : 1000) steigern die Kontraktionsamplitude des teilermüdeten Zwerchfellmuskels der Stamm-129-Maus. U. Tausendfreund. 4607◇

Einfluß von Hydrochinon und Phlorrhizin auf den Sexualcyclus der Ratten. Gábor Rácz, József Füzi, György Kemény und Zoltán Kisgyörgy. (Rev. med. [Târgû-Mureş, RPR] **5,** 67—69, 1959; Târgû-Mureş, Cat. de botan. u. Cat. de histol.; rum.) — Wenn weißen Ratten (♀) durch Sonden größere Dosen *Hydrochinon* (I) täglich 20 mg/100 g Körpergew.) zugeführt werden, treten akute Vergiftungserscheinungen (Tremor, Erregtheit) ein u. der Östrus tritt während 14 Tagen nach der Zufuhr noch nicht wieder auf. Bei Einführung der gleichen Menge *Phlorrhizin* treten diese Erscheinungen nur in 50% der Fälle auf. Kleinere Mengen beider Verbb. (10 mg/100 g) unterdrücken den Östrus ebenfalls 14 Tage lang, jedoch ohne Vergiftungserscheinungen. Die Ergebnisse sind für die Therapie mit I oder Arbutin enthaltenden Pflanzenextrakten von Bedeutung. R. K. Müller. 4607◇

Dimefline, andere Stimulantien des Zentralnervensystems und Lobelin als Antagonisten von Pentobarbital. Ivo Setnikar, Walter Murmann und Maria José Magistretti. (Arch. int. Pharmacodynam. Thérap. **138,** 364—88, Aug. 1962; Milano, Recordati S.p.A.; engl.) — Bei Mäusen zeigten *Dimefline* (*2-Phenyl-3-methyl-7-methoxy-8-dimethylaminomethylchromonhydrochlorid, Rec 7-0267*), *2.3-Dimethyl-7-methoxy-8-morpholinomethylchromonhydrochlorid* (*Rec 7-0105*), *Bemegrid, Pentetrazol* u. *Pikrotoxin* lebensrettende Wrkg. (LW) bei Pentobarbital (I)-Vergiftung, u. ihre Toxizität wurde durch I herabgesetzt. *3-Äthoxy-4-hydroxybenzoesäurediäthylamid, Vanillinsäurediäthylamid, 5.7-Diphenyl-1.3-diazadamantol-(6)* (*I. S. 1757*) u. *d-Amphetamin* zeigten keine LW bei I-Vergiftung, aber I wirkte ihrem letalen Effekt entgegen. *Nikethamid, Lobelin* u. *Prethcamid* erhöhten die Toxizität von I, u. ihre eigene Toxizität wurde ebenfalls durch I erhöht. K. Zingraf. 4607◇

Verstärkung substituierter Phenyl-N-methylcarbamate durch Piperonylbutoxid. T. R. Fukuto, R. L. Metcalf, M. Y. Winton und P. A. Roberts. (J. econ. Entomol. **55, 341**—45, Juni 1962; Riverside, Calif., Univ. of California; engl.) — Bei der Prüfung von 40 substituierten *Phenyl-N-methylcarbamaten* auf Giftigkeit gegen *Musca domestica L.* (a) bestand keine Beziehung zwischen ihr u. der Anticholinesterasestärke. Die Giftigkeit wurde jedoch durch Zusatz von *Piperonylbutoxid* (I) so verstärkt, daß sie der Anticholinesterasestärke etwa parallel ging. Es ergab sich eine annähernd lineare Beziehung zwischen den log der Giftigkeit u. der Cholinesterasehemmung. Die Verschiedenheit der einzelnen Carbamate allein scheint durch Verschiedenheit der Entgiftung im Insekt begründet zu sein. Bes. *2-Isopropoxy-5-methoxyphenyl-N-methylcarbamat* zeichnete sich durch eine hohe Giftigkeit gegen a aus. Mit I betrug die DL_{50} 3,0 μg/g, die in der Größenordnung von *Parathion* mit 0,92 liegt.
Fritz Müller/Ludwigshafen. 4607◇

Untersuchungen zur hemmenden Wirkung des Oxyphenbutazons auf das Farbstoff-Hyaluronidase-Spreading. H. Mathies. (Med. exp. [Basel] **6,** 88—94, 1962; München, Univ. Med. Poliklin.; dt.) — An Ratten wurde in Evipan-Na-Narkose (300 mg/kg) der Einfl. von intraperitoneal injiziertem *1-Phenyl-2-p-hydroxyphenyl-3.5-dioxo-4-n-butylpyrazolidin* (*Oxyphenbutazon; Tanderil;* I) auf die durch *Hyaluronidase* (II) gesteigerte Farbstoffausbreitung untersucht. Als Farbstoff wurde 0,06%ig. Evansblau-

Lsg. (0,1 ml), der 0,1 ml **II**-Lsg. (75 I.E. hochgereinigte Testes-II/ml) zugesetzt wurde, benutzt. Die **I**-Dosis betrug 50 mg/kg. Die DL_{50} betrug bei der Ratte bei i. v. Injektion 68 mg **I**/kg, bei oralen Gaben 980 mg **I**/kg; die entsprechenden Werte für *Phenylbutazon* (**III**) betrugen 150 mg **III**/kg bzw. 1280 mg **III**/kg. **I** hemmt das Farbstoff-**II**-Spreading stärker als **III**. K. Böhm. 4607◇

Pharmakologie eines Alkaloids: Triacanthin, ein natürliches Derivat von Adenin. A. Quevauviller, O. Blanpin, J. Bretaudeau, J. Giboudeau und P. Jobard. (Arch. int. Pharmacodynam. Thérap. **138**, 559—83, Aug. 1962; Paris, Univ., Fac. de Pharm., Labor. d'Hyg. et d'Éduc. Sanit.; Tours, École Nat. de Méd. et de Pharm., Labor. de Pharmacodynam.; franz.) — *Triacanthin*, ein Alkaloid von *Holarrhena floribunda*, das sich auch in einigen Leguminosen findet, besitzt bei geringer Toxizität (DL_{50} i. v. Maus ca. 150 mg/kg) eine Blutdruck-senkende Wrkg. (geringe sympathicolyt. Wrkg. u. Gefäßerweiterung), lähmt in geringen Dosen die reticuläre Formation u. erregt in subtox. Dosen die Bereiche des Bulbus, des Hypothalamus u. der Protuberanz. Es wirkt außerdem als Spasmolyticum u. Atmungsanalepticum, verringert den Blutzucker, schützt die Ratte teilweise gegen Atherom-Bldg. u. regt die Erythropoiese an. K. Zingraf. 4608◇

Klinische Untersuchungen über die Wirkungsart des Rauwolfiaalkaloids, Ajmalin, bei Herzrhythmusstörungen, besonders Extrasystolen. Hellmuth Kleinsorge. (Pakistan J. sci. ind. Res. **4**, 296—304, 1961; Jena, Med. Univ.-Polyclin. for Internal and Nervous Diseases; engl.) — Im Gegensatz zu Chinidin u. Procainamid eignet sich *Ajmalin* (50 mg) zur Behandlung von Rhythmusstörungen ohne Gefahr eines Kollaps. Die Wrkg. ist von kurzer Dauer, in mehr als der Hälfte der Fälle werden Extrasystolen beseitigt. P. Gregorzewski. 4608◇

Vergleichende Untersuchung der inotropen Herzwirkung von Ajmalin und Procainamid. Hellmuth Kleinsorge und S. Straubing. (Pakistan J. sci. ind. Res. **4**, 294—95, 1961; Jena, Med. Univ.-Policlin. for Internal and Nervous Diseases; engl.) — Inhaltlich ident. mit der in C. **1962**, 6500 referierten Arbeit. P. Gregorzewski. 4608◇

Die östrogenartigen Substanzen in Leguminosen und Gräsern. Die Wirkung östrogenhaltiger Pflanzenextrakte auf die ^{131}J-Aufnahme durch Schilddrüsen von Versuchsratten. D. Ostrovsky und W. D. Kitts. (Canad. J. Animal Sci. **42**, 129—37, 1962; Vancouver, B. C., Univ. of British Columbia, Div. of Animal Sci.; engl.) — Bei normalen u. ovarektomierten ♀ Ratten kommt es unter der Verfütterung kleiner Mengen von Kleeextrakt (roter Klee, *Trifolium pratense* var. La Salle) zu einer Steigerung der ^{131}J-Aufnahme durch die Schilddrüse. Bei der ovarektomierten Ratte ist der Anstieg der ^{131}J-Aufnahme bei Verfütterung einer 0,168 μg *Diäthylstilböstrol* (**I**) entsprechenden Menge am höchsten u. ausgeprägter als mit größeren oder kleineren Mengen. Die östrogenen Substanzen des Klees haben einen milderen physiolog. Effekt als äquivalente **I**-Dosen. Nach Hypophysektomie kommt es nicht zur Schilddrüsenstimulierung. Verfütterung von Timothee-Gras (*Phleum pratense L.*)-Extrakten steigert die ^{131}J-Aufnahme nicht; eher ist die ^{131}J-Aufnahme gegenüber Kontrollen vermindert, was auf Ggw. antiöstrogener oder goitrogener Faktoren zurückzuführen sein könnte. U. Tausendfreund. 4608◇

Der Einfluß von kristallinem Tetrodotoxin und von Cocain auf die Acetylcholinfreisetzung an den motorischen Nervenenden. J. Cheymol, F. Bourillet und Y. Ogura. (Med. exp. [Basel] **6**, 79—87, 1962; Paris, Inst. de Pharmacol. de la Fac. de Méd.; franz.) — Am Phrenicus-Zwerchfell-Präp. der Ratte verringerte *Tetrodotoxin* (**I**; $5 \cdot 10^{-7}$ bis $1 \cdot 10^{-7}$) ebenso wie *Cocain* (**II**; 10^{-4}) die Acetylcholinmenge, die an den motor. Nervenenden auf Nervenreizung (0,1 c/sec bzw. 25 c/sec) hin freigesetzt wird. Dabei ist durch Auswaschen die Wrkg. von **II** leichter aufhebbar als die von **I**. Neben dem bekannten direkten Muskeleffekt spielt also auch eine Hemmung in der Nervenleitung motor. Nervenfasern bei der lähmenden Wrkg. von **I** eine Rolle. K. Böhm. 4609◇

Synthese von Aminozuckernucleosiden. Calvin L. Stevens und K. Nagarajan. (J. med. pharmac. Chem. **5**, 1124—48, 1962; Detroit, Michigan, Wayne State Univ., Dep. of Chem.; engl.) — Zum Studium der antibiot. u. Antitumor-Wrkg. synthetisieren Vff. Amicetinanaloge. Aus *1-Chlor-3.4.6-tri-O-acetyl-2-desoxy-2-amino-D-glucopyranose*, deren NH_2-Gruppe durch die Acetyl-, Carbobenzoxy- u. Methoxycarbonylgruppe (entspricht **I**, **II** u. **III**) blockiert wurde, wurden durch Kochen unter Rückfluß mit einem Überschuß von verschiedenen Pyrimidin-Derivv. in Bzl.-Lsg. (Hilbert-Johnson-Rk.) eine Reihe von Glucosamin–Pyrimidin-Nucleosiden gewonnen. Auch die Addition von 2 Moll. des Chlorzuckers zu einer Suspension von Acetylcytosin u. Hg in sd. Toluol führt zu diesen, dem Antibioticum *Amicetin* analog aufgebauten Verbindungen. Damit wurde ein Modell für die Synth. von Amicetin geschaffen u. gleichzeitig eine Reihe pharmazeut. wichtiger Verbb. gewonnen. Für alle diese Nucleoside konnte die β-Konfiguration des Nucleosidzentrums durch Zerlegung des *1-[2-Desoxy-2-amino-β-D-glucopyranosyl]-cytosins* (**XIII**) mit Perjodat u. außerdem durch Spaltungs-Unterss. des Glucosamin–Uracil-Nucleosids ermittelt werden. Durch Hydrieren kann die Carbobenzoxygruppe vom Aminozuckerrest abgespalten werden, die freie Aminogruppe läßt sich reduktiv methylieren. Der Uracilrest läßt sich mit NH_3 in einen Cytosinrest überführen, letzter kann acetyliert werden.

Versuche: *1-[3.4.6-Tri-O-acetyl-2-desoxy-2-acetamido-β-D-glucopyranosyl]-4-methoxypyrimidinon-(2)* (**IV**), $C_{19}H_{25}N_3O_{10}$, F. 192° (Methanol–Ae.–PAe.), aus **I** u. *2.4-Dimethoxypyrimidin* durch 48std. Kochen in abs. Bzl., weiße Nadeln; 49% (Ausbeute). — *1-[2-Desoxy-2-acetamido-β-D-glucopyranosyl]-cytosin* (**XI**), $C_{12}H_{18}N_4O_6$, F. 285 bis 286° (Zers.), durch 48std. Erhitzen von **IV** mit A. (bei 0° mit NH_3 gesätt.) auf 100°; 59%. *Pikrat*, $C_{18}H_{21}N_7O_{13}$, F. 224—225° (Zers.). — *1-[3.4.6-Tri-O-acetyl-2-desoxy-2-acetamido-β-D-glucopyranosyl]-4-acetamido-2-pyrimidinon-(2)* (**VII**), $C_{20}H_{26}N_4O_{10}$, F. 219 bis 220° (A.–Ae.), a) **XI**, Pyridin u. Essigsäureanhydrid werden 15 Min. gekocht, dann 18 Std. auf dem Dampfbad erhitzt. Die Lsg. wird im Vakuum eingedampft, W. wird zugegeben u. mit Chlf. extrahiert; 52%; b) durch 30 Min. langes Kochen einer Suspension von *Acetylcytosin* u. Hg u. **I**, in Toluol, unter Rühren wird nochmals **I** zugefügt, die Mischung wird gekühlt, mit Hexan versetzt u. filtriert, der Rückstand wird in Chlf. gelöst u. mit NaJ-Lsg. geschüttelt, der feste Rückstand wird in Bzl. gelöst u. mit Ae. ausgefällt. — *1-Chlor-3.4.6-tri-O-acetyl-2-desoxy-2-carbobenzoxyamino-α-D-glucopyranose* (**II**), $C_{20}H_{24}ClNO_9$, F. 112—113° (Zers.), durch 24std. Einleiten von HCl in eine Suspension von *2-Carbobenzoxyamino-β-D-glucopyranosetetraacetat* in abs. Ae. u. Essigsäureanhydrid, nach dem Einengen wird mit Chlf. aufgenommen, mit $NaHCO_3$-Lsg. gewaschen u. erneut im Vakuum eingedampft, farblose Nadeln aus Bzl.–Ae.–PAe.; 72%. — *1-[3.4.6-Tri-O-acetyl-2-desoxy-2-carbobenzoxyamino-β-D-glucopyranosyl]-4-methoxypyrimidinon-(2)* (**V**), $C_{25}H_{29}N_3O_{11}$, F. 244—245° (A.), aus **II** wie **IV**, Nadeln; 84%. — *1-[2-Desoxy-2-ureido-β-D-glucopyranosyl]-cytosin*, $C_{11}H_{17}N_5O_6$, F. 280—281° (Zers.), aus **V** wie **XI** weiße Nadeln aus wss. A.; 75%; *Pikrat*, $C_{17}H_{20}N_8O_{13}$, F. 208—209° (Zers.); *Acetyl-Deriv.*, $C_{21}H_{27}N_5O_{11}$, F. 263—264° (Zers.). — *1-[3.4.6-Tri-O-acetyl-2-desoxy-2-carbobenzoxyamino-β-D-glucopyranosyl]-4-acetamidopyrimidinon-(2)* (**VIII**), $C_{26}H_{30}N_4O_{11}$, F. 256—257° (A.–Ae.) aus **II** wie **VII** nach b); 27%. — *1-Chlor-3.4.6-tri-O-acetyl-2-desoxy-2-carbomethoxyamino-D-glucopyranose* (**III**), $C_{14}H_{20}ClNO_9$, F. 82—84° (Bzl.–Ae.–PAe.), aus *1.3.4.6-Tetra-O-acetyl-2-desoxy-2-carbomethoxyamino-β-D-glucopyranose* wie **II**; 88%. — *1-[3.4.6-Tri-O-acetyl-2-desoxy-2-carbomethoxyamino-β-D-glucopyranosyl]-4-methoxypyrimidinon-(2)* (**VI**), $C_{19}H_{25}N_3O_{11}$, F. 207—208° (Methanol–Ae.), aus **III** wie **IV**, Nadeln; 84%. — *1-[3.4.6-Tri-O-acetyl-2-desoxy-2-carbomethoxyamino-β-D-glucopyranosyl]-4-acetamidopyrimidinon-(2)* (**IX**), $C_{20}H_{26}N_4O_{11}$, F. 260—261° (A.–Ae.), aus **III** wie **VII** nach b), Nadeln; 65%. — *1-[2-Desoxy-2-acetamido-β-D-glucopyranosyl]-uracil* (**XVI**), $C_{12}H_{17}N_3O_7$, F. 216—217° (Zers.), aus **IV** in Methanol u. HCl in A., nach 24 Std. wird eingedampft u. mit A. aufgenommen; 81%. — *1-[2-Desoxy-2-amino-β-D-glucopyranosyl]-uracil*, $C_{10}H_{15}N_3O_6$, F. 241—242° (Zers.), durch Schütteln des Hydrochlorids mit A. u. Diäthylamin, Nadeln aus Methanol–Ae., 91%; *Hydrochlorid*, $C_{10}H_{16}\cdot ClN_3O_6$, F. 280° (Zers.), durch Hydrolyse mit halbkonz. HCl von **IV** (91%) oder **VI** (53%); *Pikrat*, $C_{16}H_{18}N_6O_{13}$, F. 254—255° (Zers.), gelbe Würfel aus Methanol–Ae. — *1-[2-Desoxy-2-carbobenzoxyamino-β-D-glucopyranosyl]-uracil* (**XVII**), $C_{18}H_{21}N_3O_8$, F. 225 bis 226° (Zers.), aus **V** wie **XVI**, Kristalle aus Methanol–Ae.; 58%. — *1-[3.4.6-Tri-O-acetyl-2-desoxy-2-carbobenzoxyamino-β-D-glucopyranosyl]-uracil* (**XXI**), $C_{24}H_{27}N_3O_{11}$, F. 191 bis 192° (A.–Ae.), a) aus **XVII** durch 4std. Erhitzen mit Essigsäureanhydrid auf 100°; b) durch 12std. Stehenlassen von **V**, Chlf. u. Essigsäureanhydrid, Nadeln; 62 u. 97%. — *1-[3.4.6-Tri-O-acetyl-2-desoxy-2-amino-β-D-glucopyranosyl]-uracil* (**XXV**), durch Lösen des Hydrochlorids in $(NH_4)_2CO_3$-Lsg.; *Hydrochlorid*, $C_{16}H_{22}ClN_3O_9$, F. 232—233° (Zers.), durch Hydrieren von **XXI** bei atm. Druck an Palladium–Kohle in Dioxan, Behandeln mit HCl–Ae., Kristalle aus Methanol–Ae.; 88%. — *1-[3.4.6-Tri-O-acetyl-2-desoxy-2-amino-β-D-glucopyranosyl]-4-methoxypyrimidinon-(2)* (**XXVIII**), $C_{17}H_{23}N_3O_9$, F. 208 bis 209° (A.–Ae.), aus **V** wie **XXV** ohne Behandlung mit HCl, Nadeln; 75%; *Hydrochlorid*, F. 227—230° (Zers.). — *1-[2-Desoxy-2-amino-β-D-glucopyranosyl]-cytosin* (**XIII**); *Sulfat-Dihydrat*, $C_{10}H_{18}N_4O_9S\cdot 2\,H_2O$, F. ca. 250° (Zers.), a) durch 45 Min. langes Erhitzen von **IX** mit $Ba(OH)_2$ u. W., Stehen über Nacht u. Zugabe von H_2SO_4, $BaSO_4$ wird abfiltriert u. Fl. eingeengt, Nadeln aus wss. Methanol; 57%; b) durch Erhitzen von **XXVIII** mit NH_3 in A. (bei 0° gesätt.) im Einschlußrohr auf 110°, nach Kühlung wird **XI** abfiltriert, eingeengt u. mit HCl versstzt; 12%; *Acetyl-Deriv.*, F. 219—220° (Methanol–Ae.), aus **XIII**, Essigsäureanhydrid u. Pyridin bei Raum-Temp.; 66%. — *1-[3.4.6-Tri-O-acetyl-2-desoxy-2-amino-β-D-glucopyranosyl]-4-acetamidopyrimidinon-(2)* (**XXVI**), $C_{18}H_{24}N_4O_9$, aus **VIII** wie **XXV** gibt Rosetten aus Methanol–Ae.; 39%. — *1-[3.4.6-Tri-O-acetyl-*

2-desoxy-2-dimethylamino-β-D-glucopyranosyl]-4-methoxypyrimidinon-(2) (**XXIX**), $C_{19}H_{27}N_3O_9$, F. 262—263° (Methanol-Ae.), durch Hydrierung von **XXVIII** in abs. Dioxan u. 36—38%ig. Formaldehyd-Lsg. an Palladium-Kohle bei atm. Druck, farblose Nadeln; 51%. — *1-[2-Desoxy-2-dimethylamino-β-D-glucopyranosyl]-uracil* (**XVIII**). *Hydrochlorid*, $C_{12}H_{20}ClN_3O_6$, F. 261—263° (Zers.), aus **XXIX** in warmem Methanol u. HCl in A.; 90%. — *1-[2-Desoxy-2-dimethylamino-β-D-glucopyranosyl]-cytosin* (**XIV**), *Sulfat-Monohydrat*, $C_{12}H_{22}N_4O_9S \cdot H_2O$, F. 240° (Zers.), aus **XXIX** wie **XIII**; 86%. — *1-[3.4.6-Tri-O-acetyl-2-desoxy-2-dimethylamino-β-D-glucopyranosyl]-4-acetamidopyrimidinon-(2)*, $C_{20}H_{28}N_4O_9$, F. 259—260° (Butanol), a) durch 5 Min. langes Kochen von **XIV** mit Essigsäureanhydrid u. Pyridin, 12std. Stehenlassen; 89%; b) durch Hydrieren von **XXVI** in 20 Std. nach Zugabe von Formaldehyd-Lsg.; 31%. — *1-[3.4.6-Tri-O-acetyl-2-desoxy-2-(N-methylacetamido)-β-D-glucopyranosyl]-4-methoxypyrimidinon-(2)*, $C_{20}H_{27}N_3O_{10}$, F. 227 bis 229° (A.-Ae.), durch Einleiten von HCl in eine Lsg. von *Pentaacetyl-N-methyl-α-glucosamin* u. Essigsäureanhydrid bei 0°, nach Eindampfen u. Aufnehmen in Ae. wird 40 Std. mit 3.4-Dimethoxypyrimidin u. Bzl. gekocht u. durch Chromatographie über Al_2O_3 gereinigt. — *1.3.4.6-Tetra-O-acetyl-2-desoxy-2-dimethylamino-β-D-glucopyranose*, *Hydrochlorid*, $C_{16}H_{26}ClNO_9$, F. 168—170° (Zers.), durch Extrahieren einer Lsg. von *β-1.3.4.6-Tetra-O-acetylglucosamin-Hydrochlorid* u. Natriumacetat in W. mit Chlf., Eindampfen, Zusatz von Formaldehyd-Lsg. u. 15std. Hydrieren an Palladium-Kohle, Eindampfen u. Zusatz einer HCl-Ae.-Lsg., farblose Prismen aus A.-Ae.; 62%.
A. Zschunke. 4611◇

Durch Phosphatasefraktionen bei Tieren hervorgerufene Hyperglykämie. Sekiji Ikeda. (Acta Scholae med. Univ., Kioto **38**, 198—225, 1962; Kyoto, Univ., Fac. of Med., Dep. of Internal Med.; engl.) — *Phosphatase* aus menschlichem Urin oder Prostata hat nach i. v. Verabreichung an Kaninchen u. Hunden hyperglykäm. Wirkung. Durch Hitzebehandlung wird sowohl die enzymat. Aktivität als auch die hyperglykäm. Wirksamkeit zerstört. P. Gregorzewski. 4614◇

Aktivität von 1-β-D-Arabinofuranosylcytosinhydrochlorid gegenüber Herpes simplex-Keratitis. Gerald E. Underwood. (Proc. Soc. exp. Biol. Med. **111**, 660—64, 1962; Kalamazoo, Mich., Upjohn Co., Dep. of Infectious Dis.; engl.) — *1-β-D-Arabinofuranosylcytosinhydrochlorid* erwies sich in 1%ig. Zubereitung als ebenso wirksam wie *5-Jod-2'-desoxyuridin* zur Behandlung der *Herpes simplex*-Keratitis des Kaninchens.
U. Tausendfreund. 4615◇

Zur Frage nach der Ursache des erhöhten Erythrocytenzerfalls unter Phenacetin. K. Pfleger, W. Rummel, E. Seifen und W. Rottmann. (Med. exp. [Basel] **6**, 105—12, 1962; Homburg/Saar, Univ. des Saarlandes, Pharmakol. Inst.; dt.) — An Kaninchenerythrocyten haben *Phenacetin*, *Phenetidin*, *Acetanilid* u. *Anilin* in vitro in Konzz. bis zu $5 \cdot 10^{-3}$ M keinen Einfl. auf die Kalium-Natrium-Verteilung u. die Glykolyse. *Nitrosobenzol* ($4 \cdot 10^{-5}$ m; I) u. *p-Äthoxy*-I ($4 \cdot 10^{4}$ m) bewirken einen Kaliumverlust u. eine Zunahme des Na-Geh. der Erythrocyten; die Lactatproduktion wird vermindert. Vergleicht man den *Methämoglobin* (II)-Geh. u. den K-Verlust unter I u. Natriumnitrit quant., so findet man keine direkten Zusammenhänge zwischen II u. dem K-Verlust. Ein- u. Ausflußmessungen mit ^{42}K u. ^{22}Na zeigen, daß Nitrosoverbb. die Aktivität der K- u. Na-Pumpe nicht beeinflussen, sondern nur die passive Permeabilität erhöhen.
K. Böhm. 4615◇

Elektromyographische Analyse der Entwicklung der Anfangsphase der Hypothermie bei Einführung von pyrogenen Reizmitteln in die Niere. M. Ch. Grischukowa. (Pathol. Physiol. exp. Therap. [UdSSR] **5**, Nr. 5, 80—81, Sept./Okt. 1961; Leningrad, Akad. der med. Wiss. der UdSSR, Inst. für exp. Med., Labor. für allg. Pathol.; russ.) — An Kaninchen wird die Einw. pyrogener Stoffe (eingeführt entweder in die Nieren oder i.v.) auf den Muskeltonus geprüft. Den Veränderungen des Tonus fiel in gleicher Weise wie dem Zittern eine wichtige Rolle bei der normalen u. patholog. Thermoregulation bei homoisothermen Tieren zu. Verwendet wurden Vaccine aus *B. mecentericus* u. *S. typhimurium*. Außerdem wurde die Einw. von subkutan eingeführtem Terpentin untersucht. Die i.v. Einführung der beiden Vaccinen führte innerhalb von 20—30 Min. zu einem Anstieg der Amplitude der elektr. Aktivität der Muskeln bis zu 100—200 μV (Norm außerhalb der Bewegung 10—50 μV). Diese Veränderungen gingen der Fieber-Entw. voraus. Bei Einführung in die Nieren traten diese Veränderungen erst 40—60 Min. nach der Injektion ein. Kühlte man die Tiere ab, so stieg die Amplitude bis zu 100 bis 200 μV, auch wurden period. Ausbrüche des Zitterns mit einem Anstieg der Amplitude bis zu 500 μV beobachtet. So konnte der gegensätzliche Charakter der Rk. des thermoregulierenden App. während der ersten Periode des Kontaktes mit pyrogenem Reiz mit den Geweben bei Einführung in die Niere oder i.v. bestätigt werden.
F. du Mans. 4616□

Netalid, ein neues Adrenolyticum mit selektiver Wirkung auf die β-Receptoren. O. Piccinelli. (Farmaco [Pavia], Ediz. prat. **17**, 732—35, Dez. 1962; ital.) — Kurze Übersicht. K. Zingraf. 4620◇

Die Kreislaufwirkung von 29 sympathomimetischen Aminen am wachen Hund. E. Schmid und R. Taugner, unter Mitarbeit von G. Mosdzien, H. Rubins und H. Zitzmann-Weth. (Arzneimittel-Forsch. **10**, 17—23, 1960; Heidelberg, Univ., Pharmakol. Inst.; dt.) — Beschreibung der Kreislauf-Wrkg. von 29 sympathomimet. Aminen an dressierten Carotisschlingenhunden u. der Bedeutung der chem. Konstit. für den Wrkg.-Charakter der Sympathomimetica. — 45 Literaturangaben. W. Wesly. 4620◇

Curare-ähnliche Wirkung von Polypropylenglykoladdukten. Leslie P. McCarty und Maynard B. Chenoweth. (J. Pharmacol. exp. Therapeut. **138**, 315—21, 1962; Midland, Mich., Dow Chem. Co., Biochem. Res. Labor.; engl.) — *Polypropylenglykolpolymere,* bei denen die endständige OH-Gruppe durch einen Diäthylentriaminanteil ersetzt wurde, zeigten am Gastrocnemius-Präp. der Katze u. am isolierten Phrenicus-Zwerchfell-Präp. der Ratte eine *Curare* (**I**)-ähnliche Wrkg.; sie bewirkten bei Hühnern auch schlaffe Lähmung. Eine schwache Ganglien-blockierende Wrkg. u. eine Blockierung der Blutdruck-Wrkg. von *Nicotin* konnte ebenfalls nachgewiesen werden. Die Wrkg.-Dauer war länger als die von **I**. *Edrophonium, Neostigmin* u. *Tetraäthylammonium* wirkten teilweise antagonistisch. K. Zingraf. 4620◇

Vergleich der Wirkung zweier Glutarimide bei neuroleptischen Zuständen. Hans Büssow. (Med. exp. [Basel] **6**, 113—17, 1962; Hamburg-Langenhorn, Allgem. Krankenhaus Ochsenzoll, Psychiatr. Abt.; dt.) — *N-Methyl-α-phenyl-α-äthylglutarimid* (12408 Ba; **I**), das dem *Doriden* (*α-Äthyl-α-phenylglutarimid*; **II**) nahe verwandt ist, hatte keine oder nur geringe anticholinerg. Wrkg. u. besitzt bei neurolept. vorbehandelten Psychosen keine umstimmende Wirkung. Das anticholinerg. wirksame **II** dagegen beeinflußte in der Mehrzahl der Fälle die Zustandsbilder in kurzer Zeit überzeugend. Danach scheint die Beeinflussung der zentralen vegetativen Regelzentren eine wesentliche Rolle bei der therapeut. erwünschten Abänderung des psychischen Zustandsbildes zu spielen. Beim Menschen ist an eine Beeinflussung zentraler parasympath. Substrate durch **II** zu denken, die von der tierexperimentell beobachteten peripheren parasympath. Wrkg. abzugrenzen ist. K. Böhm. 4620◇

Zur Toxikologie des Dimetilan (Dimethylcarbamylmethylpyrazolyl-(5)-dimethylcarbamat). E. G. Stenger. (Med. exp. [Basel] **6**, 331—38, 1962; Basel, J. R. Geigy Akt.-Ges.; dt.) — *Dimetilan* (**I**) ist ein typ. Cholinesterasehemmer. Die DL_{50} beträgt bei der Maus 63 mg/kg, Ratte 64 u. Meerschweinchen 63. Bei subchron. peroraler Applikation mit progressiver Dosissteigerung von 0,6 auf 61 mg/kg/Tag wird keine Kumulierung u. keine Toleranz-Entw. festgestellt. **I** zeigt deutliche resorptive Gift-Wrkg. auf der Haut: $DL_{50} > 2000$ mg/kg (Rückenhaut). An der Maus läßt sich durch gleichzeitige Anwendung von **I** per os u. Atropinsulfat i.v. sowie durch Vorbehandlung mit *Pyridin-2-aldoximmethojodid* i.v. ein Antidoteffekt gegen die **I**-Intoxikation erzielen. P. Gregorzewski. 4620◇

Wirkungsrelation einiger Monaminoxydasehemmer bei der Potenzierung der Tryptaminwirkung in vitro und in vivo. D. R. Maxwell, W. R. Gray und E. M. Taylor. (Brit. J. Pharmacol. Chemotherapy **17**, 310—20, 1961; Dagenham Essex, May & Baker, Res. Labor.; engl.) — *Iproniazid* (**I**), *Isocarboxazid* (**II**), *Nialamid, Phenelzin, Pheniprazin* u. *Tranylcypromin* (**III**) wurden a) auf ihre *Monaminoxydase* (**IV**)-Hemmwrkg. in einem Rattenhirnmitochondrien-Präp. in vitro, b) auf ihre potenzierende Wrkg. gegenüber *Tryptamin* (**V**) an isolierten Rattenfundusstreifen u. c) auf ihre die Toxizität von **V** bei Mäusen potenzierende Wrkg. geprüft. Im allg. bestand gute Übereinstimmung in der Wrkg. in allen 3 Testen. Ausnahmen: **I** zeigte eine unerwartet starke Wrkg. in b); **III** war in b) unwirksam, wirkte aber in a) u. c); **III** hemmte **IV** aus dem Rattenfundus weniger stark als **IV** aus Rattenhirn, während **I** u. **II** gegen beide Enzyme die gleiche Wrkg. zeigten. K. Zingraf. 4620◇

Die Wirkung von Hydralazin auf die ganglionäre Übertragung. S. B. Gertner und A. Romano. (J. Pharmacol. exp. Therapeut. **138**, 309—14, 1962; Jersey City, N.J., Seton Hall Coll. of Med. and Dent., Dep. of Pharmacol.; engl.) — Bereits eine Konz. von $2{,}54 \cdot 10^{-5}$m *Hydralazin* (**I**) blockierten bei Durchströmung die Übertragung im Ganglion cervicale superius der Katze deutlich; dabei wurde wie beim Block durch Iproniazid u. β-Phenylisopropylhydrazin weiter *Acetylcholin* (**II**) nach präganglionärer Nervenreizung freigesetzt; auch war die erregende Wrkg. von exogenem **II** auf die Ganglienzellen während der Blockierung durch **I** nicht herabgesetzt. Die hemmende Wrkg. von *Tyramin* auf die Übertragung wurde durch **I** verstärkt, die fördernde Wrkg. von *5-Hydroxytryptamin* dagegen herabgesetzt. K. Zingraf. 4620◇

Die Wirkung von Phenothiazinderivaten auf das Verschwinden von Sulfobromphthalein aus dem Mäuseplasma. Eileen T. Eckhardt und Gabriel L. Plaa. (J. Pharmacol. exp. Therapeut. **138**, 387—91, 1962; New Orleans, La., Tulane Univ. School of Med., Dep. of Pharmacol.; engl.) — Mäuse erhalten i.v. *Sulfobromphthalein* (**I**) in Dosen von 100—300 mg/kg, u. es wird das Verschwinden des Farbstoffes nach 5—30 Min. untersucht. Das Verschwinden von **I** aus dem Plasma (150 mg/kg) scheint nach einer Exponentialfunktion zu erfolgen; es wird durch *Chlorpromazin* u. *Thioridazin* beeinflußt. In einer Dosis von 4,5 mg/kg erhöhen die Retention von **I** im Plasma: *Chlorpromazin-HCl, Promazin-HCl, Perphenazin-HCl* u. *Fluphenazin-2 HCl*, bei 60 mg/kg sind außer den vorst. Verbb. noch wirksam: *Triflupromazin-HCl, Methoxypromazinmaleat, Promothazin-HCl, Trimeprazintartrat, Prochlorperazinäthandisulfonat, Thiopropozat-2 HCl, Trifluorperazin-2 HCl, Mercaptothiazinyldimaleat, Thioridazin-HCl* u. *Pipamazin.* W. Hiller. 4620◇

Pharmakologische Untersuchung eines neuroleptischen Phenothiazins, des Thiäthylperazin (Torecan). 2. Mitt. Potenzierende Wirkung für Hypnotica, adrenolytische Aktivität. J.-R. Boissier, J. Pagny und J. Evelin. (Med. exp. [Basel] **6**, 136—42, 1962; Paris, Fac. de Méd., Inst. de Pharmacol.; franz.) — 1. vgl. Med. exp. [Basel] **4**, [1961], 145. — *Thiäthylperazin* (**I**) potenziert bei Mäusen die hypnot. Wrkg. von Metubarbital (**II**; intraperitoneal 20 mg/kg) u. Hexobarbital (i.v. 40 mg/kg). Tiere, die aus einem prim. Schlaf nach **II** oder Chloralhydrat aufwachten, schliefen auf **I** wieder ein. Verglichen mit Chlorpromazin ist diese potenzierende Wrkg. von **I** aber schwach. Die Hypothermie nach **I** ist im Vgl. zu der nach anderen Phenothiazinen (**III**) recht gering. Auch die adrenolyt. Wrkg. ist bedeutend geringer als die anderer Neuroleptica der **III**-Reihe. Mit Sicherheit kann man eine Umkehr des pressor. Adrenalineffektes nur beim Kaninchen nachweisen. K. Böhm. 4620◇

Chlorpromazinhyperthermie bei jungen Albinomäusen. Walter J. Bagdon und David E. Mann jun. (J. pharmac. Sci. **51**, 753—55, Aug. 1962; Philadelphia, Pa., Temple Univ., School of Pharm.; engl.) — Intraperitoneale Gaben von *Chlorpromazinhydrochlorid* verursachen bei 10—15 Tage alten Mäusen eine signifikante Hyperthermie u. bei 35—38tägigen Tieren Hypothermie. P. Gregorzewski. 4620◇

Wirkung von Chlorpromazin, Reserpin, Benactyzin und Phenobarbiton auf die Freisetzung von Corticotropin bei der Ratte. A. Ashford und M. Shapero. (Brit. J. Pharmacol. Chemotherapy **19**, 458—63, Dez. 1962; London, Crookes Labor., Pharmacol. Dep.; engl.) — Bei Ratten kann durch Einzelinjektionen von *Chlorpromazin* (1,4 bis 28 mg/kg), *Reserpin* (0,1—0,5 mg/kg), *Benactyzin* (15,5 mg/kg) oder *Na-Phenobarbiton* (50 mg/kg) die Freisetzung von *adrenocorticotropem Hormon* (*ACTH, Corticotropin*), gemessen an der Ascorbinsäureverarmung der Nebennieren, erzielt werden. Nach Hypophysektomie ist diese Wrkg. nicht zu beobachten, so daß es sich nicht um eine direkte Wrkg. auf die Nebennieren handeln kann. Ebenso wird die Rk. nach 5 Tage hintereinander erfolgter Injektion der Medikamente oder Vorbehandlung mit *Hydrocortison* vermißt. Die stimulierende Wrkg. von *Ae.* auf die ACTH-Freisetzung wird durch die angewendeten Medikamente in keinem Falle verändert.
U. Tausendfreund. 4620◇

Der adrenergische Charakter der neurohumoralen Übertragung in der Nickhaut der Katze nach Reserpinbehandlung. Bernard L. Mirkin und Peter Cervoni. (J. Pharmacol. exp. Therapeut. **138**, 301—08, 1962; Brooklyn, N.Y., State Univ. of New York, Downstate Med. Center, Dep. of Pharmacol.; engl.) — Nach Behandlung mit *Reserpin* (**I**) nahm die Entw. der Spannung in der Nickhaut der Katze infolge Sympathicusreizung ab (geringere Freisetzung von Vermittlersubstanz). Über dem Nerv ausgelöste Kontraktionen der **I**-behandelten Nickhaut konnten durch *Phentolamin*, welches bei normalen Tieren wirksam war, nicht gehemmt werden, dagegen zeigten *Bretylium* u. [*2-(2.6-Dimethylphenoxy)-propyl*]*-trimethylammoniumchloridmonohydrat* eine Wirkung. *Atropin*, nicht jedoch *Methylatropin*, hemmte neurale u. durch Brenzcatechinamin ausgelöste Rkk. in normalen u. **I**-behandelten Präparaten. K. Zingraf. 4620◇

Wirkung der Vorbehandlung mit Reserpin und Reserpinanalogen auf die Reaktion von isolierten Meerschweinchenvorhöfen auf Tyramin. A. J. Muskus. (J. Pharmacol. exp. Therapeut. **138**, 296—300, 1962; Boston, Mass., Harvard Med. School, Dep. of Pharmacol.; engl.) — In isolierten Meerschweinchenvorhöfen wurde die frequenzerhöhende Wrkg. von *Tyramin* durch Vorbehandlung (24 Std. vorher) mit *Reserpin* oder seinen Analogen in Abhängigkeit von der Dosis herabgesetzt.
K. Zingraf. 4620◇

Die Wirkung von Reserpin auf die Fettsäuremobilisierung. John H. Edmonson und H. M. Goodman. (Proc. Soc. exp. Biol. Med. **110**, 761—64, 1962; Boston, Mass.,

Tufts Univ. School of Med., Dep. of Med. and Pratt Clinic — New England Center Hosp.; engl.) — Behandlung von normalen Ratten mit 5 mg/kg *Reserpin* (**I**) vermindert den normalen Anstieg der Mobilisation der *freien Fettsäuren* (**II**), der durch Fasten ausgelöst wird. **I** verhindert jedoch nicht die durch Eiwachstumshormon verursachte erhöhte **II**-Produktion in vivo u. auch nicht die **II**-Mobilisierung durch Corticotropin in vitro. Die **II**-Mobilisierung durch diese Hormone hängt nicht von der Vermittlung durch *Epinephrin* u. *Norepinephrin* ab. W. Hiller. 4620◇

Pharmakologie der Aminoketone mit Nicotin- und Antinicotinwirkung. 2. Mitt. J. Pórszász, K. Nádor, K. Gibiszer-Pórszász, T. Wieszt und R. Padány. (Acta physiol. Acad. Sci. hung. **7**, 139—61, 1955; Budapest, Med. Univ., Pharmakol. Inst.) — 1. vgl. C. **1955**, 7968. — Die Unters. von über 50 aromat. u. aliphat. α-, β- u. γ-*Aminoketon-Derivv.* (**I**) bzgl. der Wrkg. auf Kreislauf, Atmung u. vegetative Ganglien (Katze, Urethan- bzw. Chloralosenarkose) ergab einen *Nicotin* (**II**)-artigen Effekt, wobei jedoch die Ganglien nur gereizt, nicht blockiert werden. Eine sek. Blutdrucksenkung tritt nicht auf. Die Blutdrucksteigerung wird durch Nebennierenexstirpation, Ganglienblocker oder Adrenolytica gehemmt. Auch dekapitierte Katzen zeigen Blutdrucksteigerung. Für die **II**-artige Wrkg. der Verbb. spricht auch die Auslösung plötzlicher Nickhautkontraktionen. Die Atmungssteigerung beruht auf der Reizung des Sinus caroticus (Hemmung durch Cocain). Mehrere **I** erhöhen die Atmung ebenso stark wie *Lobelin* (**III**). Für den mit **III** ident. Angriffspunkt spricht der Umstand, daß die Atmungssteigerung mit gekreuzter Tachyphylaxie einhergeht. Bei der Atemlähmung durch *Morphin* ist die Wrkg. verschiedener **I** etwas schwächer als die von **III**, aber noch stärker als die von *Corediol* (**IV**). Bei *2-[Piperidinomethyl]-cyclohexanon* (**V**) ist neben der Reflex-Wrkg. auch eine zentrale **IV**- oder *Tetracor*-ähnliche Wrkg. nachweisbar, indem dieses bei Mäusen, Ratten u. Hunden mit *Sevenal* hemmbare Krämpfe auslöst. **V** behebt die schwere Cheyne-Stokes-artige Atemlähmung (therapeut. Index 1/6). Im Gegensatz zu **III** schädigen **I** das Herz nicht u. rufen keine Störung der Reizleitung hervor. Die **II**-artige Wrkg. ist vorwiegend den respirationssteigernden Verbb. eigen u. von der Gruppierung CH_3COR u. 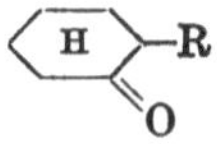 abhängig, während C_6H_5COR u. 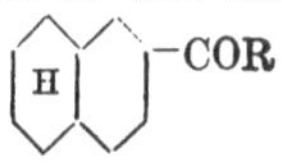 Anti-**II**-Wrkg. aufweisen. Die 2 Verb.-Typen antagonisieren ihre gegenseitigen Wrkg. am Meerschweinchendarm. Zur Atmungsreizung sind bes. **V**, *2-[Piperidinomethyl]-cyclopentanon* (**VI**), *2-[Piperidinomethyl]-4-methylcyclohexanon* (**VII**) u. *[3-Piperidinopropyl]-methylketon* (**VIII**) geeignet. Zur Behandlung des extrapyramidalen Syst. ist anscheinend *[β-Piperidinoäthyl]-[5.6.7.8-tetrahydronaphthyl-(2)]-keton* (**IX**) am geeignetsten, das die einzige tert. N enthaltende, nicht **II**-artig wirkende Verb. darstellt. Geprüfte Verbb. Methylketone (Hydrochloride): *Piperidinomethyl-*, atmungssteigernde Aktivität (Kaninchen) nach 20 mg Morphin-HCl/kg (i.v.), 0; Blutdruck-Wrkg. (Katze), Steigerung +; Senkung +; DL_{100} (Maus, i.v.) —; *β-Pyrrolidinoäthyl-*, 0,2; +; +; 30 mg/kg; *β-Piperidinoäthyl-*, 0,3; +; 0; 15; **VIII**, 0,4; +; +; —; *[β-Piperidinoäthyl]-tert.-butylketon*, 0,2; +; 0; —; *[β-Piperidinoisopropyl]-methylketon*, 0; 0; +; —; *[1-Piperidinoheptyl-(2)]-methylketon*, 0; —; +; —; *Bis-[β-benzoyläthyl]-methylamin* (**X**), 0,3; 0; +; —; *ω.ω'-Bis-[piperidino]-dipropionyl*; 0,2; +; 0; —; *[β-Acetyläthyl]-trimethylammoniumjodid*; —; 0; +; —; Cyclopentanone: *2-[Diäthylaminomethyl]-*, 0; 0; +; 300; *2-[Pyrrolidinomethyl]-*, 0,2; +; 0; 75; **VI**, 0,5; +; 0; 15; *2-[2'-Methylpiperidinomethyl]-*, 0,2; +; —; 75; *2-[4'-Äthylpiperidinomethyl]-*, 0,2; +; —; 50; *2-[cis-2'.6'-Dimethylpiperidinomethyl]-*, 0; 0; +; 100; Cyclohexanone: *2-[Dimethylaminomethyl]-*, 0; 0; +; >300; *2-[Diäthylaminomethyl]-*, 0; 0; +; >300; *2-[Pyrrolidinomethyl]-*, 0; +; 0; 175; *2-[Piperidinomethyl]-*, 0,4; +; 0; 80; *2-[cis-2'.6'-Dimethylpiperidinomethyl]-*, 0; —; +; 50; *2-[Piperidinomethyl]-4-methyl-*, 0,6; +; —; >200 (subkutan); *2-[Morpholinomethyl]-*, 0; 0; +; >300; *2-[Piperidinomethyl]-indanon-(1)*, 0,3; 0; +; —; *3-[Piperidinomethyl]-campher*, 0,1; +; +; —; *3-[Piperidinomethyl]-decalon-(2)*, 0,2; +; +; —; *2-[Piperidinomethyl]-azenaphthenon*, —; —; +; —; **IV**, 0,25; +; +; >500; **III**, 1; +; +; 15. — **X**, Anti-**II**-Wrkg. nach 6 mg **II**/kg (Kaninchen, 0,2; nach 15 mg **II**, —, DL_{100} (mg/kg Maus, subkutan), 300; *ω-[Methylamino]-propiophenon*, 0,2; —; —; **IX**, 2; 1; 300; *[β-Piperidinoäthyl]-β-phenyläthylketon*, 0,3; —; 300; *[β-Benzoyläthyl]-trimethylammoniumjodid*, 2; —; >400; *[β-Benzoyläthyl]-benzyldimethylammoniumbromid*, 0,1; —; —; *β-Pyrrolidinopropiophenon*, 0,1; —; —; *[β-Pyrrolidinoäthyl]-styrylketon*, 0,5; —; —; *β-1'-Methylpyridinopropiophenon*, 1; 0,4; 600; *β-Piperidinopropiophenon*, 1; 1; 400; *[β-Piperidinoäthyl]-benzylketon*, 1; 0,5; 500; *Parpanit*, 1; 1; 600. K. Maier. 4620

Pharmakologie der Aminoketone. 3. Mitt. **Vergleichende Untersuchungen mit Largactil (3-Dimethylaminopropyl-3-chlor-10-phenothiazin), Pacatal (N-Methylpipe-**

ridyl-3-methylphenothiazin) und F-933 (1-Piperidinomethylbenzodioxan). J. Pórszász, K. Nádor, K. Gribiszer-Pórszász und I. Bacsó. (Acta physiol. Acad. Sci. hung. **11**, 95—107, 1957; Budapest, Ungar. Akad. der Wiss., Forsch.-Inst. für exp. Med., Pharmakolog. Abt.; Szeged, Med. Univ., Physiol. Inst.) — 2. vgl. vorst. Referat. — Bei *Aminoketonen* (**I**) sind 3 verschiedene pharmakolog. Wrkg. unterscheidbar: Antinicotin-, nicotinartige-atmungssteigernde u. adrenolyt. Aktivität. **I** mit Antinicotin-Wrkg., z. B. *β-Piperidinopropiophenon* (**II**; weitere Verbb. s. vorst. Ref.) sowie die adrenolyt., z. B. *2-Piperidinomethyltetralon-(1)* (**III**) u. *2-Piperidinomethylbenzodioxan* (**IV**), senken die Körper-Temp., wobei **III** 8fach schwächer als *Largactil* (**VI**) war. Bei gemeinsamer Zufuhr mit *Morphin* (**V**) bewirkt **II** (ähnlich auch **III**) bei einer Umgebungs-Temp. von 8° in für sich allein unwirksamen Dosen starke Abkühlung von Ratten (bis 5°). **V** u. *Methadon* erhöhen die Körper-Temp. von Ratten bei 22° Außentemperatur. **II** verhindert die Erhöhung. Die durch *Aktedron* hervorgerufene Stoffwechselsteigerung (Ratte) wird durch **II** u. **IV** stärker als durch *Pacatal* gehemmt. Gleichzeitig kühlen die Tiere sehr stark ab. **I** steigern die narkot. Wrkg. des Ae., wobei sich **II** u. **VI** annähernd gleich verhalten. Es besteht kein Zusammenhang zwischen ihrer adrenalinantagonist. u. ihrer Ae.-Narkose-steigernden Wirkung. Die schmerzstillende **V**-Wrkg. wird durch **II** synergist., durch **III** nur additiv beeinflußt. **I** mit Antinicotin-Wrkg. sind zentrale Ganglienblocker. K. Maier. 4620

Pharmakologie der Aminoketone. 4. Mitt. **Adrenolytische Aminoketone.** J. Pórszász, K. Nádor, Katalin Pórszász-Gibiszer und Gy. Such. (Acta physiol. Acad. Sci. hung. **11**, 211—24, 1957.) — 3. vgl. vorst. Referat. — *2-[Piperidinomethyl]-cyclohexanon* ist ein wirksames atmungssteigerndes, zentrales Analepticum. *2-[Piperidinomethyl]-tetralon-(1)* (**I**) wirkt stark adrenolyt., während die Aktivität der Homologen *2-[Dimethylaminomethyl]-tetralon-(1)* (**II**) u. *2-[Pyrrolidinomethyl]-tetralon-(1)* (**III**) abnimmt. **I** wirkt auch sympathicuslähmend, hemmt die bei Abklemmung der Karotiden eintretende Blutdrucksteigerung, die Kreislauf-Wrkg. von *Nicotin* (**IV**) u. des **IV**-artigen *1-Dimethylaminobutanon-(3)-methojodids.* Die adrenolyt. Aminoketone u. *2-[Piperidinomethyl]-benzodioxan* (**V**) hemmen die **IV**-Toxizität bei Mäusen nicht. Die **I**-Analogen *2-[Piperidinomethyl]-decalon-(1)* (**VI**) u. *N-[Piperidinomethyl]-phthalimid* (**VII**) haben **IV**-artigen Charakter (Blutdrucksteigerung, Atmungserhöhung). Der Zusammenhang zwischen chem. Konstit u. Wrkg. ist nicht durch die Raumerfüllung der CO-benachbarten Gruppen völlig erklärbar. Wahrscheinlich spielen hierbei die CO-Gruppe bzw. deren elektrostat. Umgebung eine Rolle. Geprüfte Verbb. (Hydrochloride): **II**, adrenalinvasopressor. Antagonismus (mg/kg Katze, i.v.), 5—7; DL_{100} (mg/kg Maus, subkutan), 400, therapeut. Index, —; **III**, 3—5; >200; >100; >0,5; **I**, 3—5; 200; 75; 0,375, **VI**, —, >400; 100; >0,25; *2-[Piperidinomethyl]-indanon-(1)*, —; 50; 25; 0,5; **VII**, — (**IV**-artiger Vasopressor), 700; 100; 0,143; **V**, 3—5; 700; 400; 0,57; *Parpanit*, —; 500; 25; 0,05; *β-Diäthylaminopropiophenon*, —; 400; 12,5; 0,032. K. Maier. 4620

Pharmakologie der Aminoketone. 5. Mitt. **Im aromatischen Kern substituierte und heterocycliche Aminoketone.** J. Pórszász, K. Nádor und K. Gibiszer-Pórszász. (Acta physiol. Acad. Sci. hung. **14**, 403—09, 1958.) — 4. vgl. vorst. Referat. — Die Unters. des pharmakolog. Verh. von Aminoketonen des Typs *1-Piperidino-3-[phenyl]-propanon-(3)* (**II**) ergab schwächere Antinicotin-Wrkg. (A) an Mäusen der im aromat. Kern substituierten Derivv. *1-Piperidino-3-p-chlorphenylpropanon-(3)* (**I**) u. *1-Piperidino-3-p-tolylpropanon-(3)* (**III**) als des nicht substituierten **II**. *1-Piperidino-3-[p-nitrophenyl]-propanon-(3)* (**IV**) besitzt *Nicotin* (**V**)-artige, blutdrucksteigernde u. atemerregende Wirkung. Aromat. Aminoketone, die den Furanyl-, Pyrrolidin- oder Thienylrest an Stelle des Phenylrings enthalten, haben nicotinartige, atemerregende u. blutdruckerhöhende Wirkung. Geprüfte Verbb. (Hydrochloride): **I**, DL_{100} (Maus, subkutan) 300; relative A an Mäusen gegenüber 6 mg/kg **V**-Tartrat, i.v., 0,5; therapeut. Index 0,083; Blutdruck-Wrkg., Senkung (S); **III**, 300; 0,25; 0,17; S; **IV**, 300; —; —; 1-Piperidinopropanone-(3): *3-m-Nitro-*, 500; 0,13; 0,2; Erhöhung (**V**-artig; E); *3-Pyridyl-(3)-*, 400; —; —; E; *3-Furyl-(2)-*, 50; —; —; E; *3-Thienyl-(2)-*, 100; —; —; E; **II**, 300; 1; 0,041, S; *1-Piperidinobutanon-(2)*, 200; —; —; E. K. Maier. 4620

Gruppenreaktionen bei Kontaktdermatitis infolge Resorcin. Harry Keil. (Arch. Dermatology **86**, 212—16, Aug. 1962; New York, N.Y., Montefiore Hosp., Dep. of Dermatol.; engl.) — Bei 8 Personen mit Empfindlichkeit gegenüber *Resorcin* (**I**) ergab die Prüfung der Gruppen-Rkk. gegenüber verwandten Substanzen u. Derivv. eine ähnlich starke Rk. gegenüber **I**-*Monoacetat* (*Euresol*) u. eine geringere Kreuz-Rk. gegenüber *Brenzcatechin, Hydrochinon* (**II**), *Phenol, Pyrogallol, Hydroxy*-**II** u. *Hexyl*-**I**; stärkere Rkk. kamen manchmal auf *Orcin* zustande. Mehr als die Hälfte der auf **I** empfindlichen Personen zeigten Gruppen-Rkk. gegenüber den anderen 2-Dihydroxybenzolen. Ob die Überempfindlichkeit auf **I** als solchem beruht oder auf einem **I**-Proteinkonjugat, läßt sich noch nicht bestimmen. Ein Beweis für eine initiale Oxydation von I zu *Trihydroxybenzol* fand sich nicht. U. Tausendfreund. 4625◇

Beitrag zur Untersuchung der Antitrypsinwirkung einiger Antihistaminica in vitro. J. Fiala und A. Májský. (Československ. Farmac. **11**, 139—41, 1962; Prag, Inst. für Hämatologie u. Bluttransfusion; tschech.) — *Phenergan* (I) u. die tschech. Präpp. *Antihistamin Spofa*, *Analergin Spofa* u. *Alfadryl Spofa* wirken hemmend auf die Spaltung von Gelatine durch Trypsin. Am wirksamsten ist I. P. Gregorzewski. 4625◇

Synthese einiger Aminosulfide und Aminosulfone. Ju-Shih Tsung und Zu-Yoong Kyi. (Sci. Sinica **11**, 211—14, 1962; Shanghai, Acad. Sinica, Inst. of Materia Medica; engl.) — Durch Behandlung von β-halogenierten Äthylarylsulfiden oder Sulfonen mit verschiedenen sek. Aminen werden eine Reihe von *β-Aminosulfiden* u. *β-Aminosulfonen* dargestellt. Ebenso werden β-Aminosulfone durch Oxydation der entsprechenden Sulfide mit H_2O_2 erhalten. *Benzyl-β-bis-[2-hydroxyäthyl]-aminoäthylsulfon* zeigt antikonvulsive Aktivität bei Elektroschockversuchen. Benzylsulfide: *β-Dimethylaminoäthyl-*, *Methojodid*, $C_{11}H_{17}NS \cdot CH_3J$, F. 155—157° (A.; Nadeln); *β-Diäthylaminoäthyl-*, *Methojodid*, $C_{13}H_{21}NS \cdot CH_3J$, F. 87—89° (Bzl.-A.); *β-Piperidinoäthyl-*, *Hydrochlorid*, $C_{14}H_{21}NS \cdot HCl$, F. 163—165° (Äthylacetat-A.); 78% (Ausbeute). *Methojodid*, $C_{14}H_{21}NS \cdot CH_3J$, F. 102—104° (A); *β-Morpholinoäthyl-*, *Hydrochlorid*, $C_{13}H_{19}NOS \cdot HCl$, F. 195 bis 197° (Zers.; A., Prismen); 75%. *Methojodid*, $C_{13}H_{19}NOS \cdot CH_3J$, F. 157—158° (Zers.; A., Nadeln). Benzylsulfone: *β-Aminoäthyl-*, *Hydrochlorid*, $C_9H_{13}NO_2S \cdot HCl$, F. 236 bis 238° (Zers.; A., Schuppen); 29%; *β-Dimethylaminoäthyl-*, $C_{11}H_{17}NO_2S$, F. 68—69° (PAe.; Nadeln). *Hydrochlorid*, $C_{11}H_{17}NO_2S \cdot HCl$, F. 184—186° (A.; Nadeln); 95%. *Methojodid*, $C_{11}H_{17}NO_2S \cdot CH_3J$, F. 206—208° (Zers.; wss. A., Prismen); *β-Diäthylaminoäthyl-*, *Methojodid*, $C_{13}H_{21}NO_2S \cdot CH_3J$, F. 147—148° (A.); *β-Bis-[2-hydroxyäthyl]-aminoäthyl-*, *Hydrochlorid*, $C_{13}H_{21}NO_4S \cdot HCl$, F. 102—103° (A.-Äthylacetat); 48%; *β-Dibutylaminoäthyl-*, *Hydrochlorid*, $C_{17}H_{29}NO_2S \cdot HCl$, F. 116—117° (Äthylacetat, Schuppen); 100%; *β-Piperidinoäthyl-*, $C_{14}H_{21}NO_2S$, F. 72—73° (PAe.; Nadeln). *Hydrochlorid*, $C_{14}H_{21}NO_2S \cdot HCl$, F. 200—202° (Zers.; A., Nadeln); 92%. *Methojodid*, $C_{14}H_{21} \cdot NO_2S \cdot CH_3J$, F. 190—191° (wss. A., Nadeln); *β-Morpholinoäthyl-*, $C_{13}H_{19}NO_3S$, F. 74 bis 75° (PAe.-Äthylacetat, Nadeln). *Hydrochlorid*, $C_{13}H_{19}NO_3S \cdot HCl$, F. 217—219° (Zers.; 90%ig. A., Schuppen); 92%. *Methojodid*, $C_{13}H_{19}NO_3S \cdot CH_3J$, F. 202—203° (Zers.; wss. A., Schuppen). P. Gregorzewski. 4628◇

Resorption und Abbau herzwirksamer Glykoside. 1. Mitt. **Isolierung, Identifizierung und quantitative Bestimmung kleinster Mengen von Cardenolidglykosiden aus tierischen Materialien.** Gernot Grimmer, Willi Küssner und Klaus Lingner. (Arzneimittel-Forsch. **10**, 28—32, 1960; Hamburg, Univ., Chem. Staats-Inst., Biochem. Abt.; dt.) — Zur Isolierung, Identifizierung u. Best. kleinster Mengen von Cardenolid-Glykosiden aus tier. u. menschlichen Exkrementen u. Organen dient ein kombiniertes Verf., das Konservierung, Schwermetallbehandlung, Extraktion, Verteilung, Adsorptions- u. Papierchromatographie umfaßt. — Beispiele. W. Wesly. 4630◇

Chemische Wertbestimmung der herzaktiven Glykoside von Scilla maritima L., var. alba. B. Görlich. (Arzneimittel-Forsch. **10**, 770—74, Sept. 1960; Ludwigshafen/Rhein, Knoll A. G., Forschungs-Abt.; dt.) — Neben der pharmakolog. Wert-Best. der herzakt. Glykoside von *Scilla-Perpurat* Knoll (aus getrockneter *Scilla maritima L.*, var. *alba*, Handelsware verschiedener Herkunft, nach einem besonderen Verf. gewonnen mit 400 Meerschweincheneinheiten/ml, dank Ggw. von Begleitstoffen fast völlige Resorption) ist auch eine analyt. möglich, die sowohl die Best. des Gesamtglykosids als auch der Einzelglykoside gestattet. In Anlehnung an das Verf. von Stoll gelang durch Verteilungschromatographie über Cellulosepulver u. Silicagel eine Anreicherung u. Isolierung von *Proscillaridin A*, *Scillaren A*, *Scilliglaucosid* u. *Scillicyanosid*. Mit der Liebermann-Rk. bzw. papierchromatograph. konnten *Scilliclosid* u. *Glucoscillaren* nachgewiesen werden. Die Glykoside des Scilla-Perpurates lassen sich nach entsprechender Vorreinigung auch papierchromatograph. u. im Dünndarmschichtchromatogramm auftrennen. Der Geh. an Gesamtglykosid u. Einzelglykosiden wurde im einzelnen errechnet, er schwankt innerhalb gewisser Grenzen in Abhängigkeit von der Herkunft der Droge. U. Tausendfreund. 4630□

Vergleich der herzhemmenden Wirkungen substituierter Cyclohexanole. Harold H. Smookler und John J. Defeo. (J. pharmac. Sci. **51**, 736—38, 1962; Kingston, R.I., Univ. of Rhode Island, Coll. of Pharm., Dep. of Pharmacol.; engl.) — *Cyclohexanol* u. die *cis*- u. *trans*-Isomeren folgender Cyclohexanole werden untersucht: *2-o-Tolyl-*, *2-m-Tolyl-*, *2-p-Tolyl-*, *2-o-Chlorphenyl-*, *2-m-Chlorphenyl-* u. *2-p-Chlorphenyl-*. Die stärkste cardiopleg. Wrkg. bei der intakten anästhesierten Ratte, am isolierten Meerschweinchenherz u. am isolierten Kaninchenatrium besitzen die trans-o-Tolyl- u. trans-o-Chlorphenyl-Verbb., die schwächste Wrkg. die entsprechenden cis-Verbindungen. Die Cl-Verbb. scheinen für das Myocard tox. zu sein, da das Herz nicht wieder die normale Aktivität erreicht. Als Wrkg.-Mechanismus wird ein Antagonismus zwischen diesen Substanzen u. Ca angenommen. P. Gregorzewski. 4630◇

Renale Clearance von Polythiazide. A. Scriabine, E. C. Schreiber, M. Yu und E. H. Wiseman. (Proc. Soc. exp. Biol. Med. **110,** 872—75, 1962; Groton, Conn., Chas. Pfizer u. Co.; engl.) — Die Clearance von *Polythiazide* (**I**; *2-Methyl-3-[β.β.β-trifluoräthylmercaptomethyl]-6-chlor-7-aminosulfonyl-3.4-dihydro-1.2.4-benzolthiadiazin-1.1-dioxid*) wird an mit Na-Pentobarbital anästhesierten Hunden untersucht. Das Verhältnis I-Clearance:Kreatininclearance schwankt je nach Vers.-Bedingung von 0,02—0,32. Es ist somit niedriger als bei anderen Benzothiazinen. Die geringe Clearance ist auf die starke Bindung von I durch das Plasmaprotein zurückzuführen (doppelt so starke Bindung wie bei Chlorothiazid). Der pH-Wert des Urins war am niedrigsten bei Infusion mit Dextrose-Lsg., bei Dextrose-Lsg. ist die Clearance niedriger als bei $NaHCO_3$-Lösung— W. Hiller. 4634◇

Santonin und neue santoninhaltige Pflanzen. Elemér Kopp. (Rev. med. [Târgu-Mureş, RPR] **5,** 154—57, 1959; Târgu-Mureş, Inst. med.-farm., Cat. de farmacognozie; rum.) — Im Anschluß an eine Übersicht über die therapeut. Wrkg. von *Santonin* (**I**) als Wurmmittel u. die Meth. für den I-Nachw. werden die Möglichkeiten des Anbaues von *Artemisia maritima* zur Gewinnung von I erörtert. R. K. Müller. 4649◇

Anthelminthische Wirkung von Methyridin gegen experimentelle Nematodeninfektionen bei Mäusen. A. W. J. Broome und N. Greenhalgh. (Brit. J. Pharmacol. Chemotherapy **17,** 321—26, 1961; Alderley Park, Macclesfield, Cheshire, Imp. Chem. Ind., Pharm. Div., Res. Dep.; engl.) — Bei experimentell mit Nematoden infizierten Mäusen erwies sich oral u. bes. subkutan zugeführtes *2-[β-Methoxyäthyl]-pyridin* (*Methyridin*) als hochwirksames Anthelminthicum. Die Wrkg. gegen ausgewachsene Nematoden war einheitlicher als die von Phenothiazin oder von Bephenium. K. Zingraf. 4649◇

Über den humoralen Mechanismus der Störung der Capillardurchlässigkeit für Proteine des Blutplasmas bei Silicose und Silicatose. G. Ss. Konikowa. (Arch. Pathol. [UdSSR] **22,** Nr. 8, 39—45, 1960; russ., Auszug: engl.) — Durch Unterss. an Patienten u. Verss. an Kaninchen wurde festgestellt, daß die erhöhte Permeabilität durch *Hyaluronidase* bewirkt wird, die durch eine erhöhte Konz. von Histamin im Blut aktiviert wird. Die erniedrigte *Histaminase*-Aktivität dürfte eine der möglichen Ursachen für den Anstieg des Histaminniveaus im Blut bei Silicose u. Silicatose sein, sie könnte mit den Schwankungen des Geh. an Corticosteroiden in Beziehung stehen. Red. Permeabilität ist die Folge sek. Änderungen der Capillarwände. M. Wiedemann. 4681□

F. Pharmazeutische Chemie. Desinfektion

Untersuchungen über den Granulierprozeß bei der Tablettenherstellung. 2. Mitt. **Rheologische Untersuchungen über den Granulierprozeß im Rotationsnaßgranulator.** Etsuo Awada, Tadashi Morioka und Yoshihiko Ikegami. (J. pharmac. Soc. Japan [Yakugaku-Zasshi] **80,** 721—27, 1960; Tokyo, Shinagawa Plant, Sankyo Co., Ltd.; jap., Auszug: engl.) — Die Fluidität des den Rotationsnaßgranulator verlassenden halbfesten Prod. hängt ab von der Zusammenballung der Partikel, der Oberflächenspannung des Bindemittels u. der Geschw. der Befeuchtung. Die rheolog. Eigg. des halbfesten Prod. wurden durch einen Druckmesser bestimmt. Der Grad der Zusammenballung wurde durch Messung des Sedimentations-Vol. bestimmt. Die Befeuchtugs-Geschw. wurde durch die Washburn-Formel ermittelt. K. Zieloff. 4766△

Wirkstoffe der Heilpflanzen und Ballaststoffe. Karl Bergwein. (Parfümerie u. Kosmet. **40,** 394—95, 1959; dt.) — Kurze Hinweise auf die geschichtliche Entw. u. Bedeutung der Heilpflanzen. Überblick über eine Reihe von Wirkstoffen u. Wirkstoffgruppen u. deren Vorkommen. H. Spohn. 4782◇

Phytochemische Untersuchung der Früchte von Ammi majus L. Stanisław Kohlmünzer und Bogumiła Wacław. (Dissertat. pharmac. [Warszawa] **14,** 69—81, 1962; Krakow, PAN, Zakł. Farmakol.; pol.) — Reife Früchte von *Ammi majus L.* poln. Provenienz wurden mit PAe. bzw. Methanol extrahiert. Die extrahierten Furocumarine wurden an akt. Al_2O_3 getrennt u. als *Xanthotoxin* [F. 147°; 0,25% (Ausbeute)], *Imperatorin* (F. 90—102°; 0,20%) u. *Bergapten* (F. 180—182°; 0,045%) identifiziert. Aus dem mit PAe. extrahierten Rückstand wurde mit A. noch das Glucosid *Ammajin* [*Marmesinin*; $C_{20}H_{24}O_9$, F. 258—260° (wss. A.); 0,1%] isoliert. Die Furocumarine sind auf Grund ihrer starken gelben oder gelbblauen Fluorescenz im UV-Licht leicht zu erkennen. F. Urban. 4782◇

Neue Forschungen über die Alkaloide der Apocinaceen. G. B. Marini-Bettolo. (Farmaco [Pavia], Ediz. sci. **16**, 61—73, 1961; Roma, Ist. Sup. Sanità; ital.) — Übersicht. — 39 Literaturangaben. J. Lehmberg. 4782◇

Die Alkaloide des medizinischen Mohns (Papaver somniferum L.) während der Vegetation der Pflanze. Ryszard Aksanowski, Marian Jurzysta, Janina Kraczkowska und Zenon Wierzchowski. (Dissertat. pharmac. [Warszawa] **14**, 47—58, 1962; Lublin, WSR, Kat. Chem. ogóln.; pol.) — In den vegetativen Teilen der Mohnpflanze ist der Alkaloid-Geh. niedriger als in den Kapseln. Die Geh. an *Morphin* (**I**) u. an Nebenalkaloiden sind hier etwa gleich hoch. Bis zur Blüte nimmt der Alkaloid-Geh. in den Blättern zu, in den Wurzeln dagegen ab. In den Blättern werden zu jeder Zeit alle 6 Alkaloide [**I**; Codein (**II**), Narcein, Narcotin, Papaverin (**III**), Thebain] gefunden. In der Kapsel nimmt der Alkaloid-Geh. nach der Frucht-Bldg. zunächst ab u. steigt dann bis zum Erreichen der biolog. Reife auf 1,1% an. Gleichzeitig nimmt der Geh. an Nebenalkaloiden in den Kapseln stärker zu, als der **I**-Gehalt. Es überwiegen aber zu jeder Zeit **I** u. **II**; **III** wird in den Kapseln u. in den Blütenblättern nicht gefunden. Nach der Fruchtreife nimmt der Alkaloid-Geh. in der ganzen Pflanze schnell ab. F. Urban. 4782◇

Eine Untersuchung einiger Arten des Hypericins der Gattung Hypericum L. 2. Mitt. **Hypericum polyphyllum Boiss et Bal.** Zofia Brunarska. (Dissertat. pharmac. [Warszawa] **14,** 89—97, 1962; Cracow, M.A., Dep. Pharmaceut. Botany; engl.) — 1. vgl. C. **1960,** 2615. — *Hypericum polyphyllum Boiss et Bal.* enthält in allen Pflanzenteilen Hypericinbehälter u. Leitungen, die mit äther. Öl gefüllt sind. Das Öl hat die Konst. $D.^{20}$ 0,8275, n_D^{20} 1,493, $[\alpha]_D^{20}$ —2,90°. F. Urban. 4782◇

Adsorption der Mutterkornalkaloide an Aktivkohle. Lesław Wichliński. (Dissertat. pharmac. [Warszawa] **14,** 59—68, 1962; Kraków, PAN, Zakł. Farmakol.; pol.) — Mutterkornalkaloide werden an Aktivkohle (Holzkohle) schnell u. vollständig (24 Std.) adsorbiert. Die Adsorption geht am besten aus wss.-alkohol. Lsg. bei pH 7,5 bis 8. Dihydroalkaloide werden schlechter adsorbiert. Die Desorption kann mit Dioxan erfolgen. F. Urban. 4782◇

Material zur Kenntnis ätherischer Öle aus Pflanzen der Familie Umbelliferae polnischer Herkunft. 6. Mitt. **Untersuchung der chemischen Zusammensetzung des Öles der Früchte von Daucus Carota L.** Andrzej Parczewski und Zdzisław Rajkowski. (Dissertat. pharmac. [Warszawa] **14,** 83—88, 1962; Warszawa, Akad. Med., Zakł. Farmacogn.; pol.) — 5. vgl. C. **1963,** 12898. — Die Früchte der gemeinen Karotte enthielten 2,05% äther. Öl ($D._4^{20}$ 0,8714, n_D^{20} 1,4742, $[\alpha]_D^{20}$ —43,50°, SZ. 0,33, EZ. 22,44, EZ. nach der Acetylierung 48,08). Bei der physikal.-chem. Analyse der im Vakuum erhaltenen Fraktionen des Öls wurden identifiziert: *α-Pinen-(1)* [*Hydrochlorid*, F. 132°; *Nitrosochlorid*, F. 105—106°], *Sabinen-(1)* ($D._4^{20}$ 0,8419, n_D^{20} 1,4693, $[\alpha]_D^{20}$ —69,10°), *Limonen-(1)* (*Tetrabromid*, F. 104°, *Nitrosochlorid*, F. 90°), *Bisabolen* (*Trihydrochlorid*, F. 79—80°, *Hexabromid*, F. 154°), *Daucol* (?) (F. 115—116°) u. *Angelicasäure* (F. 45—46°; Amid, F. 127,5°). Außerdem wurden eine *Verb.* mit F. 119—120°, ein nicht identifizierter Aldehyd sowie mehrere Ester gefunden. F. Urban. 4782◇

Faktoren, welche die Auswahl von Suspendiermitteln beeinflussen. Clifford W. Chong. (J. Soc. Cosmet. Chemists **14,** 123—33, 1963; Philadelphia, Pa., Smith Kline Frech Labor., Pharm. Res. Sect., Res. and Dev. Div.; engl.) — Diskussion über die verschiedenen Faktoren, welche die Stabilität einer Suspension beeinflussen können u. Wiedergabe allg. Richtlinien über die Auswahl des geeigneten Suspendiermittels. H. P. Fiedler. 4786◇

Solubilisation einiger in Wasser schwerlöslicher Medikamente. Dezsö Küttel. (Acta pharmac. hung. **33,** 37—42, 1963; Szombathely, Apotheken Zentrale; ung.) — Es wurde die Solubilisierbarkeit für Salicylsäure, Veronal, Coffein, Menthol, Anästhesin u. Luminal mit „Tween 20", „60" u. „80" bestimmt. Die Unters. wurde mit übersätt. Lsgg. ausgeführt u. der ungelöste Anteil gemessen. Für die Praxis wird eine Formel mitgeteilt, mit welcher die Menge des anzuwendenden Tweens zum Inlösunghalten genannter Stoffe in 100 ml W. berechnet werden kann. G. Ligeti. 4786△

Die statistische Auswertung von Macerationsversuchen. Fritz Müller. (Pharmaz. Ztg. verein. Apotheker-Ztg. **108,** 310—16, 1963; Kiel, Univ., Pharmazeut. Inst.; dt.) — Die statist. Auswertung der Abhängigkeit der Extraktionswerte pflanzlicher Drogen von der Menge des angewandten Lsgm. wird ausführlich mathemat. beschrieben. W. Rittler. 4790◇

Anwendung der Zentrifugalkraft zur Extraktion pflanzlicher Rohstoffe. Zenon Olszewski und Antoni Dylag. (Dissertat. pharmac. [Warszawa] **14,** 99–107, 1962; Wrocław, Akad. Med., Kat. Farmac. stosow.; pol.;) — Durch Zentrifugieren macerierter Drogen läßt sich eine hohe Ausbeute an Extrakt (Cortex Cinchonae 85,6%, Fol. Belladonnae 95,2%) in kurzer Zeit gewinnen. Ein weiterer Vorteil des Verf. ist der geringe Lösungsmittelverlust. F. Urban.4790◇

Die Emulsionen in den Pharmakopöen und in der pharmazeutischen Praxis. Ulisse Gallo. (Boll. chim. farmac. **101,** 173–95, 1962; Pavia, Univ., Istituto di Chim. Farmac. e Tossicol.; engl., Auszug: ital.) — Übersicht über Theorie u. Praxis der Emulsionen in der Pharmazie an Hand der Literatur der letzten Jahre. — 49 Literaturangaben. K. H. Stühmer. 4790◇

Neue Arzneimittel. Hanns Rudolf Fromm. Pharmaz. Ztg. verein. Apotheker-Ztg. **107,** 1323–33, 1962; dt.) — Vortrag über die neusten Arzneimittel (psychotrope Pharmaka, Psychotonica, Antiepileptica, Antihistaminica, Antibiotica, Sulfonamide, Tuberkulostatica, Cytostatica, Antihypertonica, Diuretica, Corticoide, Contraceptiva, Hepatica, Cholagoga, Gastrica, Antiasthmatica). S. Erbe. 4800◇

Antibiotica im Nachtrag zum DAB 6 und als Arzneispezialitäten. J. Biedermann. (Pharmaz. Zentralhalle Deutschland **101,** 688–99, 1962; Jena, Univ., Inst. für Pharm. u. Lebensmittelchem.; dt.) — Die wichtigsten chem. u. physikal. Eigg., Identifizierungs-Rkk., Darst. biolog. Wirksamkeit u. Anwendungen von *Benzylpenicillin* (Penicillin G), *Streptomycin A*, *Chloramphenicol*, *Hydroxytetracyclin*, *Xanthocillin*-Gemisch u. Präpp. aus *Pseudomonas aeruginosa*-Stämmen (*Pyocyanase*) werden besprochen. E. Hieke. 4810◇

Der Wirkungsmechanismus des Penicillins. W. B. Hugo und A. D. Russell. (J. pharmacy Pharmacol. **13,** 705–22, 1961; Nottingham, Univ., Dep. of Pharm.; engl.) — Übersicht. — 170 Literaturangaben. S. Erbe. 4810◇

pH-Bestimmungen in Arzneibüchern. H. Hilbck und A. Hilbck. (Pharmaz. Ztg. verein. Apotheker-Ztg. **107,** 954–61, 1962; Köln, Hohenzollern-Apotheke; dt.) — Betrachtungen zur Theorie u. Praxis der potentiometr. pH-Messung u. zur pH-Best. mit Hilfe von Indicatoren. — 74 Literaturangaben. S. Erbe. 4880◇

Die Anwendung der Gas-Flüssigkeit-Chromatographie bei der Untersuchung pflanzlicher und tierischer Produkte. E. J. Shellard. (Sci. pharmac. [Wien] **30,** 267–77, 1962; London, Chelsea Coll. of Sci. and Technol., School of Pharm.; engl.) — Übersicht über die Anwendung der Gas/Fl.-Chromatographie auf die Analyse von Kohlenhydraten, Alkaloiden, Fettsäuren, Glyceriden, Sterinen, äther. Ölen u. Blätterwachsen von Crassulaceen. — 46 Literaturangaben. U. Drehmann. 4880◇

Anwendung der Gaschromatographie bei der Analyse von Medikamenten. Einige praktische, im Laboratorium erhaltene Resultate. L. Domange. (Sci. pharmac. [Wien] **30,** 241–53, 1962; Paris, Fac. de Pharm., Labor. National de la Santé Publique; franz.) — Beschreibung einiger Anwendungsbeispiele der Gaschromatographie im pharmazeut. Labor., wobei die Extraktions-App., die Analysenergebnisse u. die erhaltenen Kurven dargestellt werden für Suppositorien mit Eucalyptol, Guajacol, Campher, Quendelöl, $CHBr_3$, Terpineol u. für Nasenöl. U. Drehmann. 4880◇

Einige Betrachtungen praktischer Art in der Anwendung der Gaschromatographie bei der Analyse von Arzneimitteln. C. Stainier. (Sci. pharmac. [Wien] **30,** 254–67, 1962; Liège, Univ.; franz.) — Vf. beschreibt Variationsmöglichkeiten bei der Ausführung gaschromatograph. Analysen unter Berücksichtigung der Wahl der mobilen u. der stabilen Phase, der Modifikation von Druck u. Form, der Temp., der Länge u. Weite der Kolonnen u. der aufgegebenen Menge als Funktion der vermutlichen Zus. u. des verfolgten Zieles. U. Drehmann. 4880◇

Eignung der Gaschromatographie in der Arzneimittelprüfung. J. Büchi. (Sci. pharmac. [Wien] **30,** 277–81, 1962; dt.) — Theoret. Betrachtungen über die Rentabilität gaschromatograph. Meth. hinsichtlich der Leistungsfähigkeit, der Zuverlässigkeit, des apparativen Aufwandes, der Ökonomie u. der Anwendungsmöglichkeiten. U. Drehmann. 4880◇

Einführung in die Theorie der chromatographischen Methoden. E. H. Vogelzang. (Sci. pharmac. [Wien] **30,** 230–41, 1962; dt.) — Vf. gibt eine ausführliche Einführung in die histor. Entw. der Chromatographie mit folgenden Stufen: Capillaranalyse, Säulen-, Schichtchromatographie (Papier u. Dünnschicht), Gas- u. Filtrationschromatographie, beschreibt theoret. u. techn. Einzelheiten u. betont die Bedeutung der Chromatographie für die pharmazeut. Analyse. — 13 Literaturangaben. U. Drehmann. 4880◇

Internationale Vergleichssubstanzen für Schmelzpunktbestimmungen. B. Öhrner. (Pharmaz. Ztg. verein. Apotheker-Ztg. **108,** 374–76, 1963; Stockholm, Apotekens Kontrollabor.; dt.) — Auswahl u. Eichung von 13, zwischen 69 u. 263° schm. organ.

Verbb. als internationale Standardsubstanzen für Schmelzpunkts-Best. gemäß der Internationalen Pharmakopoe. Die Substanzen werden unter der Bezeichnung „WHO Melting Point References Substances" vom Apotekens Kontroll-Labor. Stockholm geliefert. W. Rittler. 4880◇

Infrarotmethode zur Bestimmung von Wasser in Aluminiumaspirin. Herman H. Stein und Jean M. Ambrose. (Analytic. Chem. **35**, 550—52, 1963; North Chicago, Ill., Abott Labor., Res. Labor., Phys. chem. Dep.; engl.) — Der *Wasser*-Geh. in *Bis-[acetylsalicylato]-monohydroxy-Al* (**I**) wird zum Vgl. aus der Absorption von **I**-Lsgg. in Chlf. bei 1,89 μ im nahen IR mit einem Beckman-DK-Spektrophotometer mit W-Lampe u. PbS-Detektor, gaschromatograph. mit einem Aerograph Model A 90 S an einer Fluoropak-80-Säule sowie maßanalyt. nach Fischer bestimmt. Obwohl **I** bei 1,89 μ nicht absorbiert, ist die Best. von der abs. **I**-Konz. abhängig. Die IR-spektroskop. u. die gaschromatograph. Werte stimmen gut überein. Die nach Fischer ermittelten Geh. sind zu hoch, da das Reagens mit **I** reagiert. W. Kupfer. 4880◇

Versuch, einige abgefüllte Mineralwässer mit Hilfe der Papierchromatographie durch ihren Gehalt an Magnesium-, Calcium-, Natrium- und Kaliumionen zu charakterisieren. D. Djavad-Nia. (Ann. pharmac. franç. **20**, 105—08, 1962; Paris, Fac. Pharm., Labor. Hydrologie; franz.) — Vf. zeigt an 9 Beispielen französ. Mineralwässer, daß die in ihnen am häufigsten enthaltenen Mg-, Ca-, Na- u. K-Ionen durch Papierchromatographie mit genügender Genauigkeit bestimmt werden können.
U. Drehmann. 4880◇

Zur Bestimmung der Alkalicarbonate neben Alkalihydroxiden. Ladislaus Szekeres und Agnes Kellner. (Pharmaz. Zentralhalle Deutschland **101**, 700—02, 1962; Inst. für Chem., Tierärztl. Hochsch. Budapest; dt.) — Der Gesamtalkali-Geh. wird alkalimetr. gegen Methylorange bestimmt. Die Alkalicarbonate werden nach Zusatz von 1 g NH_4NO_3 u. 15—20 ml Puffer-Lsg. (1 Teil 1 m NH_4Cl-, 5 Teile 1 m NH_4OH-Lsg.) mit einer $MgCl_2$ enthaltenden 0,1 m $Sr(NO_3)_2$-Lsg. (180 ml 0,1 m $Sr(NO_3)_2$-Lsg. u. 20 ml 0,1 m $MgCl_2$-Lsg.) als $SrCO_3$ gefällt. Der Überschuß an Sr^{2+} wird mit 0,1 m ÄDTA-Lsg. (Komplexon III) gegen Brompyrogallol (Blau nach Rosaviolett) zurücktitriert.
E. Hieke. 4880◇

Halbmikrovolumetrische Bestimmung organischer Basen in heterogener Phase mit Laurylsulfatnatrium. Anwendung auf pharmazeutische Zubereitungen. F. Pellerin, J.-A. Gautier und D. Demay. (Ann. pharmac. franç. **20**, 97—104, 1962; Paris, Chaire Chimie organ. Fac. Pharm.; Massy, Établ. Clin-Byla Labor. Contrôle; franz.) — Vff. beschreiben eine genaue, schnelle u. einfache Meth. zur Ausführung von Routineanalysen quart. Ammoniumbasen u. tert. Amine: 0,05 m Äqu. des Probenmaterials werden in 20 ml W. bzw. 20 ml Chlf. gelöst, 20 ml Lsgm. u. 5 ml einer H_2SO_4-alkohol. Lsg. von p-Dimethylaminoazobenzol werden zugefügt, u. die nach kräftigem Umschütteln gelbe Chlf.-Schicht wird mit 0,01 m Laurylsulfat-Na-Lsg. bis zum Umschlag nach Orange titriert. Die Fehlergrenze der Analysen war $< 1\%$. — 17 Literaturangaben.
U. Drehmann. 4880◇

Photometrische Mikromethode zur Bestimmung von Cynarin. D. Gr. Constantinescu, F. Platon und M. Ghoerghiu. (Farmaco [Pavia], Ediz. prat. **16**, 612 bis 616, 1961; Bucarest, Ist. di Ric. Farm.; ital.) — J^- beschleunigt die Oxydation von *Cynarin* (**I**) durch Ag^+ in schwach ammoniakal. Lsg. (pH 9,8—10,2); es wird eine photometr. Meth. zur Best. von **I** beschrieben, die auf der Messung des durch **I** red. Ag beruht.
K. Zingraf. 4880◇

Bestimmung von Sulfonamiden mit verlängerter Wirkung. 1. Mitt. **Argentometrische Bestimmung von 3-Sulfanilamido-2-phenylpyrazol (Orisul).** Wanda Sztark. (Dissertat. pharmac. [Warszawa] **14**, 41—45, 1962; Kraków, Akad. Med., Zakł. Chem. nieorgan. analit.; pol.) — *3-Sulfanilamido-2-phenylpyrazol* wird in A. gelöst, die Lsg. mit W. verd. u. auf pH 4,3—4,5 gepuffert. Nach Zugabe von $AgNO_3$ im Überschuß wird das ausgefallene Ag-Salz abfiltriert u. der Ag^+-Überschuß im Filtrat nach Zugabe von 2 n HNO_3 mit einer NH_4SCN-Lsg. titriert. Dabei kann die potentiometr. oder colorimetr. Anzeige des Endpunktes (Volhard) verwendet werden.
F. Urban. 4880◇

Die Bestimmung von Phthalylsulfathiazol in nichtwässeriger Lösung. R. Vasiliev, Margareta Mangu und Elena Sişman. (Farmacia [Bucureşti] **9**, 681—85, 1961; Lucrare efect. Inst. pentru control. de stat al medicament. şi cercet. farm.; rum.)
H.-J. Herper. 4880◇

Bestimmung von Chlorpheniraminmaleat. D. J. Vadodaria, P. M. Parikh und S. P. Mukherji. (Indian J. Pharmacy **24**, 180—83, 1962; Bombay, Zandu Pharmaceut. Works Ltd.; engl.) — *Chlorpheniramin* (**I**) wird durch Fällung mit 10%ig. Silicowolframsäure, Nachwaschen mit heißer verd. Salzsäure u. W., Trocknen bei 105° (1 g Nd. =

0,2281 g I) u. durch Photometrieren einer bei pH 7 (Phosphatpuffer) mit Anilin (4%ig. Lsg. in 96%ig. A.) u. Bromcyan (10%ig. KCN-Lsg. in kaltgesätt. Bromwasser) entstehenden Farbe (2 Min.) im Maximum quant. bestimmt. Die Fällungs-Rk. eignet sich für die Qualitätsüberwachung von Rohmaterialien, die photometr. Meth. für die Best. von I in Zubereitungen mit Codein, Ephedrin, Menthol, Campher, Vasakaextrakt u. äther. Ölen. E. Hieke. 4880◇

Die systematische Analyse von Antihistaminen, Phenothiazinen und Substanzen mit phenothiazinähnlichen Ringsystemen. Kurze zusammenfassende vorläufige Mitteilung. Walther Awe und Werner Schulze. (Pharmaz. Ztg. verein. Apotheker-Ztg. **107,** 1333—39, 1962; Braunschweig, TH, Inst. für Pharmazeut. Technol.; dt.) — Ein systemat. Trennungsgang, der es gestattet, 31 Antihistamine u. 25 Phenothiazine dünnschichtchromatograph. sowie an Hand der Färbungen mit Formalin-H_2SO_4 zu trennen bzw. zu identifizieren, wird angegeben. — 23 Literaturangaben. S. Erbe. 4880◇

Colorimetrische und polarographische Bestimmungen von Chinotoxin in Gegenwart großer Chininmengen. Bedeutung für die Pharmazie. Maurice Girard und François Rousselet. (Ann. pharmac. franç. **20,** 109—15, 1962; Paris, Chaire Chimie appliquée à l'Expertise, Fac. Pharm.; franz.) — Vff. beschreiben eine sehr empfindliche Farb-Rk. mit m-Dinitrobenzol u. KOH u. eine polarograph. Meth. unter Verw. von Walpole-Puffer (pH 4,4) zum Nachw. u. zur Best. sehr kleiner Chinotoxinmengen (μg) in Ggw. von sehr viel Chinin (mg). Die Meth. eignen sich zur Kontrolle von Chinin-Salzen u. -Präpp., zur Prüfung ihrer Aufbewahrung u. von Veränderungen durch den Einfl. von Licht u. Wärme. U. Drehmann. 4880◇

Bestimmung von Strychnin in pharmazeutischen Zubereitungen. K. Basu und B. N. Dutta. (Indian J. Pharmacy **24,** 176—80, 1962; Calcutta, Deys med. Stores (Mfg.) Pvt. Ltd., Res. and Dev. Labor.; engl.) — *Strychnin* (I) entwickelt mit Ce-Ionen (Cerammonsulfat) in essigsaurer Lsg. eine intensive rote Farbe, deren Absorptionskurve bei 503 mμ ein Maximum besitzt. Die Farbe verblaßt nach 10—15 Min., ist empfindlich gegen Red.-Mittel (Na-Hydrogensulfit, Ascorbinsäure, Isoniacid) u. gegen höhere Temperaturen. Bei Konzz. von 0—100 μg gilt das Beersche Gesetz. I kann so auch in Gemischen mit Chinin, Atropin Emetin u. mit Fe-Salzen nach Entstörung mit Phosphorsäure bestimmt werden. E. Hieke. 4880◇

Schnelle Morphinbestimmung auf chromatographischem Wege. E. T. Birsan, C. I. Ionescu und L. Pop. (Farmacia [Bucureşti] **9,** 665—68, 1961; Cluj, Lucrare efect. Labor. biofiz. si chimie fiz. al inst. medicofarm.; rum.) — Nach krit. Unters. des technolog. Methylierungs-Verf. u. der neuen chromatograph. Meth. zur quant. Best. von handelsüblichem *Morphin* wählen Vff. die absteigende chromatograph. Methode. Als bestes Laufmittel ist ein Gemisch von A./Chlf./Ameisensäure (10 : 1 : 0,25) angegeben. H.-J. Herper. 4880◇

Eine einfache Arbeitsweise zur Durchführung der Dünnschichtchromatographie. W. Poethke und W. Kinze. (Pharmaz. Zentralhalle Deutschland **101,** 685—88, 1962; Jena, Univ., Inst. für Pharm. u. Lebensmittelchem.; dt.) — 1 (Teil) Al_2O_3 für Chromatographie, Aktivitätsstufe I (sauer, neutral oder alkal.), mit 5% Gips, gesiebt durch Prüfsieb 0,1 mm, mit 2 W. auf Glasplatten aufgebracht mit Rofra Lacksprüher trennt Gemische von Morphin (I), Codein (II), Thebain (III), Narcotin (IV) u. Papaverin (V); Al_2O_3 sauer trennt **I, II** u. **III** gut, **IV** u. **V** ungenügend. Als Fließmittel wird Bzl./Methanol-Gemisch (8 : 2) verwendet. R_F-Werte werden nicht angegeben. E. Hieke. 4880◇

Phytochemische Untersuchung des Samens von Pisum sativum L. 1. Mitt. F. M. Hammouda und Z. F. Ahmed. (Boll. chim. farmac. **101,** 677—89, 1962; Cairo, Drug Res. Unit, N.R.C.; engl.) — In den nach üblichen Meth. gewonnenen Extrakten von den in Ägypten heim. Erbsen *Pisum sativum L. var. Lincoln* u. *var. Little Marvel* werden Glucose, Fructose u. Galaktose als Osazon sowie papierchromatograph. nachgewiesen. Ausführlich beschrieben wird der papierchromatograph. u. IR-Nachw. der *Stachyose* u. *Saccharose* sowie von *Trigonellin,* letzteres mit $FeCl_3$ u. Dragendorff-Reagens sowie isoliert als Pikrat bzw. $AuCl_3$-Salz. W. Rittler. 4880◇

Smith, Kline & French Laboratories, Philadelphia, Pa., V.St.A., **Überzüge zur Verlängerung der Wirkung von Medikamenten im Magen-Darm-Trakt,** bestehen aus innigen Gemischen nichttox. fester Fettsäurealkohole mit 12—31 C-Atomen (I) bzw. festen hydroxylierten Fettsäureestern mit 12—62 C-Atomen (II) u. nichttox. festen Cellulose-Derivv. (III), die keine freien Carboxylgruppen enthalten, wobei das Verhältnis von I bzw. **II** : **III** = 1 : 1—1 : 20 ist. Bes. werden als **II** hydriertes Ricinusöl u. als **III**

Äthylcellulose bzw. Celluloseacetatbutyrat angewandt. (**E. P. 878 126** vom 8/4. 1958, ausg. 27/9. 1961. A. Prior. 3/5. 1957.) K. Wolk. 4767

Aktiebolaget Kabi, Stockholm, Schweden (Erfinder: D. M. Höglund und und A. L. Mouchard), **Herstellung von Suppositorien** die schwer lösl. Ester wie Methylpropylcarbinolcarbamat enthalten, dad. gek., daß die Carbamate in Polyäthylenglykol gelöst u. die Lsg. dann in Cocosfett emulgiert. wird. (**Norw. P. 93 759** vom 13/12. 1957, ausg. 13/4. 1959. Schwed. Prior. 22/12. 1956.) K. H. Kähler. 4767

Savage Laboratories, Inc., Bellaire, Tex., übert. von: Elly T. Margolis, Los Angeles, Calif., V.St.A., **Herstellung einer stabilen Lösung von Ethaverinhydrochlorid** (*6.7-Diäthoxy-1-[3.4-diäthoxybenzyl]-isochinolinhydrochlorid*), ein durch Synth. hergestelltes Alkaloid (vgl. A. P. 1 962 224), welches das Tetraäthylhomologe des Papaverinhydrochlorids ist, dad. gek., daß man als Lsg.-Vermittler *Gentisinsäureäthanolamid* verwendet. (**A. P. 2 999 050** vom 3/10. 1958, ausg. 5/9. 1961.) W. Heyer. 4787

Maggioni & Co. S.p.A., übert. von: Guido Cavallini und Franco Ravenna, Mailand, Italien, **Potenzierendes Mittel** zur Wrkg.-Steigerung von *Ataractica, Barbituraten* u. *Opiaten* wie 1-Alkyl-4-phenylpiperidin-4-alkylcarbamaten, 2-Methyl-2-n-propylpropandiol-(1.3)-dicarbamat, 6-Dimethylamino-4.4-diphenylheptanon-(3) u. 2-[p-Chlorphenyl]-3-methylbutandiol-(2.3), oder von *Muskelrelaxantien* wie 1.2.3-Tris-[diäthylaminoäthylhydroxy]-benzoltrijodäthylat u. 3-o-Methoxyphenoxy-2-hydroxypropylcarbamat, gek. durch die Verw. von *α-[p-Chlorphenyl]-α-phenylpyridyl-(4)-carbinol.* Die Verb. wird z. B. hergestellt durch Umsetzen von 4-[p-Chlorbenzoyl]-pyridin unter Rückfluß mit einer organ. Mg-Verb. der allg. Formel X—Mg—R, worin X = Halogen u. R eine Alkylgruppe mit maximal 5 C-Atomen, eine Phenylgruppe oder ein Phenylalkylrest mit maximal 11 C-Atomen bedeutet. (**A. P. 3 010 873** vom 25/2. 1959, ausg. 28/11. 1961. It. Prior. 3/10. 1956.) W. Heyer. 4791

Carl Heinz Buer, Köln, **Herstellung von stabilen Phosphatidemulsionen** in wss. Alkohol. Ein Phosphatid, z. B. Lecithin, mit 0,5—5% seines natürlichen Öl-Geh. wird bei 70—80° in einer wss. Lsg. von 5—25% A. u. 6—35% eines Kohlenhydrates, z. B. Dextrose, Maltose, Lactose, Saccharose oder Stärke, emulgiert. (**A. P. 3 004 922** vom 14/12. 1956, ausg. 17/10. 1961. D. Prior. 17/12. 1955.) W. Kranz. 4791

Canadian Patents & Development Ltd., Ottawa, Canada, **Gewinnung von Arzneimitteln** für die Behandlung von *Leukämie* u. von *Tumoren.* Blätter, Rinde oder Stämme der *Apocynacee Vinca rosea* werden mit angesäuertem W.-A.-Gemisch extrahiert, wobei der Wirkstoff *Vincaleukoblastin* (I) als Säureadditionssalz in Lsg. geht. Aus der Lsg. gewinnt man durch mehrere Extraktionsstufen u. Chromatographie an Al_2O_3 das reine **I**, $C_{46}H_{58}N_4O_9$, F. 201—211°, Zers., Molgew. ca. 807. IR-Absorptionsspektrum. (**E. P. 870 723** vom 25/11. 1959, ausg. 21/6. 1961. A. Prior. 2/12. 1958.) K. Koebke. 4791

Laboratoires Albert Rolland, Paris, Frankreich, **Herstellung eines injizierfähigen Leberproteolysates,** dad. gek., daß man die Leber bei ca. 41° unter sterilen Bedingungen u. pH 7,7—7,8 u. 4,5 ca. 8—10 Std. mit Trypsin verdaut, wobei man der Lsg. zur Aktivierung u. Verhinderung der Selbstverdauung des Trypsins Ca-Ionen zusetzt. (**E. P. 882 588** vom 21/11. 1958, ausg. 15/11. 1961. F. Prior. 9/4. 1958.) W. Heyer. 4791

Merck & Co., Inc., Rahway, N.J., übert. von: Walter F. Charnicki, North Wales, und Robert E. King, Chalfont, Pa., V.St.A., **Herstellung einer stabilen Injektionslösung von wasserlöslichen Steroidphosphaten,** wie Prednisolon, Hydrocortison, Cortison, dad. gek., daß man der auf pH 7—7,8 eingestellten Steroid-Lsg. als Stabilisator Creatinin, N-Methylcreatinin oder Niacinamid sowie ggf. als Antioxydans noch Na-Bisulfit, -Sulfit, -Hypophosphit oder -Citrat zusetzt. (**A. P. 2 970 944** vom 4/4. 1958, ausg. 7/2. 1961.) W. Heyer. 4791

Roskilde Medical Co. Ltd., Roskilde, Dänemark, **Herstellung von injizierbaren Insulinpräparaten** durch Umkristallisieren von Zinkinsulin (I), dad. gek., daß man kristallines I mit 3—8% chem. gebundenem Zn in einer Zn-freien wss. injizierbaren Lsg. suspendiert, das **I** durch Ansäuern der Lsg. auf den pH-Wert 2—3 in Lsg. bringt, die Lsg. durch Filtrieren unter sterilen Bedingungen sterilisiert, den pH-Wert durch alkal. Mittel auf 5—6,5 erhöht, um ein Auskristallisieren von **I** zu bewirken, u. die Lsg. durch Einstellen des pH-Wertes auf 6,8—7,2 stabilisiert. — Zeichnung. (**Ind. P. 65 141** vom 4/9. 1958, ausg. 17/2. 1961.) C. Lüttgen. 4791

Maurice Roux, Melun, Frankreich, **Gewinnung eines Polypeptides** aus tier. Organen, wie Schilddrüse, Herz, Milz, Niere, Magen, Darm, bes. Lymphgewebe, dad. gek., daß man das Organ in wss. Suspension bei ca. 60° mit Papain ca. $^1/_4$—1 Std. behandelt, die Suspension anschließend kocht, filtriert, aus dem Filtrat das Polypetid mit A. fällt u. den Nd. durch Dialyse oder chromatograph. reinigt. — *Spasmolyticum für* *den Magendarmkanal u. in der Urologie.* (**A. P. 3 010 874** vom 16/10. 1957, ausg. 28/11. 1961. F. Prior. 20/3. 1957.) W. Heyer. 4791

Röhm & Haas G.m.b.H., Deutschland, **Herstellung plastischer Massen,** die mit W. oder hydrophilen Fll. verträglich sind oder sie adsorbieren. Monomeres u. darin lösl. oder quellbares Polymeres werden mit einem wasserhaltigen oder eine hydrophile Fl. enthaltenden Zusatzstoff, wie Gelatine, Alginsäuren, Celluloseäther, koll. Kieselsäure, Acryl- oder Methacrylsäuremischpolymerisate, gemischt u. mit einem Katalysator polymerisiert. — 78,8 (g) Polymethylmethacrylatperlen, 9,5 Methacrylsäure-Methylmethacrylat-Mischpolymerisat, 6,7 $Al_2(SO_4)_3 \cdot 18\ H_2O$ u. 5 $NaHCO_3$ werden gemischt u. 50 des Gemisches mit 30 cm^3 Methylmethacrylat, Peroxid u. tert. Amin angepastet. In 4 Min. erhält man ein schwammförmiges Polymeres. — Man verwendet das Verf. zur *Herst. von Verbänden* zum Stillegen von Gliedern, für *orthopäd. Stützmaterial, Prothesen,* die in Berührung mit der Haut erhärten, ferner für *Formkörper,* Spielzeug, *Überzüge.* (**F. P. 1 203 552** vom 4/3. 1958, ausg. 20/1. 1960. D. Prior. 9/3. u. 17/7. 1957.) M. Pankow. 4795

Soc. des Usines Chimiques Rhône-Poulenc, Paris, Frankreich, **Herstellung vernetzter Polysiloxane.** Man vermischt fl. lineare Diorganopolysiloxane mit einer Viscosität von 5000—500000 cSt/25°, die 0,1—2% an Si gebundene OH-Gruppen enthalten, mit 0,5—10 Gew.-% Methyltriacetoxysilan. Die Vulkanisierung findet dann bei Raum-Temp. statt u. kann durch Zusatz von Vulkanisationskatalysatoren, wie Oxalsäure oder Morpholin, beschleunigt werden. — Verw. z. B. für *Zahnabgüsse.* (**Niederl. P. 100 269** vom 3/7. 1958, ausg. 15/1. 1962. F. Prior. 12/7. 1957.) F. Böhm. 4799

E. I. du Pont de Nemours & Co., Wilmington, Del., V.St.A., **Herstellung von Estern.** Verbb. der allg. Formel $R_1-CH(OH)-CH(CH_2OH)-NH-CO-CHCl_2$ (**I**) werden mit acylierenden Derivv. von ein- oder mehrbas. Säuren vom Typus $R_2(OH)_{m+n}$, z. B. mit ihren Chloriden oder Anhydriden, bei 10—50° in Ggw. von Formamid u. eines fl. tert. Amins acyliert, wobei Ester der allg. Formel $[R_1-CH(OH)-CH(NH-CO-CHCl_2)-CH_2O]_n-R_2(OH)_m$ (**II**) entstehen. Hierbei ist R_1 ein Phenylrest vom Typus YC_6H_4X, in welchem X eine Alkylsulfonylgruppe oder Halogenalkylsulfonylgruppe mit 1—2 C-Atomen, eine niedrigmol. Alkylmercapto-, Azidosulfonyl-, Sulfamyl-, Mono- oder Dialkylsulfamylgruppe darstellt u. Y ein Halogen- oder H-Atom, eine niedrigmol. Alkyl- oder Alkoxygruppe ist. R_2 ist ein einbas. Acylrest, wobei n = 1 u. m = 0 ist: oder ein zweibas. Acylrest, wobei m = n = 1 oder m = 0 u. n = 2 ist. Wenn R_2 ein zweibas. Acylrest u. m = n = 1 ist, werden Estersalze mit NH_4, K, Na, Li, Mg, Ca, Sr, Zn, Co, Al, Mn oder Fe hergestellt. Der Alkylrest von R_2 kann 2—10 C-Atome enthalten. R_1 stellt bes. einen p-Sulfamylphenyl-, p-Methylsulfamylphenyl- oder p-Trifluormethylsulfonylrest dar. Verw. zur Herst. von *pharmazeut.* Präparaten. (**Port. P. 38 139** vom 1/3. 1961, Auszug veröff. 27/5. 1961. A. Prior. 2/3. 1960.) A. Kalix. 4807

J. R. Geigy Akt.-Ges., Basel, Schweiz, **Herstellung von Aryloxyacetamiden.** Prim. u. sek. Amine vom Typ HNR_1R_2 werden mit Aryloxyessigsäuren der allg. Formel **I** zu den entsprechenden Amiden umgesetzt. Dieselben Endprodd. erhält man durch Rkk.

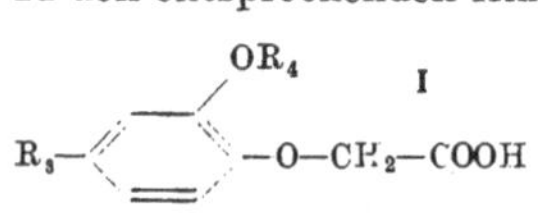

I

zwischen Carbaminylchloriden vom Typ $Cl-CO-NR_1R_2$ mit Salzen, bes. Alkalisalzen von Säuren der Formel **I**. Hierbei ist R_1 ein Alkyl-, Alkenyl-, Cycloalkyl-, Phenyl- oder Benzylrest, der durch Halogenatome oder niedrigmol. Alkyl- oder Alkoxyreste substituiert sein kann. R_2 ist ein H-Atom oder ein niedrigmol. Alkyl- oder Alkoxyrest, R_3 ist ein Alkyl- oder Propen-(1)-ylrest, R_4 ist ein Alkylrest mit 2—6 C-Atomen. R_1 u. R_2 können miteinander direkt oder über ein O-Atom verbunden sein. Schließlich gelangt man zu den gleichen Endprodd. durch Rkk. zwischen halogenierten Acetamiden vom Typ $Halogen-CH_2-CO-NR_1R_2$ u. den entsprechenden p-Alkyl-o-alkoxyphenolen oder Alkalisalzen der lezteren in Ggw. eines säurebindenden Mittels. — Beispiel: [*2-Äthoxy-4-allyl-2-phenoxy*]*-essigsäurediäthylamid.* Verw. zur Herst. von *anästhet.* wirkenden Präparaten. (**Port. P. 38 009** vom 26/1. 1961, Auszug veröff. 29/3. 1961. Schwz. Prior. 27/1. 1960.) A. Kalix. 4807

Arthur Alfred Hellbaum, Oklahoma City, Okla., V.St.A., **Arzneimittel** zur äußerlichen örtlichen *Behandlung von Hauterkrankungen,* enthaltend *Tyrosin-*Derivv. der Formel **I**, in der R_1 Halogen, R_2 H oder Halogen, R_3 u. R_4 H, Halogen oder einen Alkylrest mit ≤3 C-Atomen, R_5 H, einen Alkylrest mit ≤3 C-Atomen oder einen Acylrest, R_6 H oder einen Alkylrest mit ≤3 C-Atomen u. A ein zweiwertiges Radikal aus der Gruppe der gesätt. oder ungesätt. Oxoalkylene oder der ggf. durch Amino-, Alkylamino- oder Acylgruppen

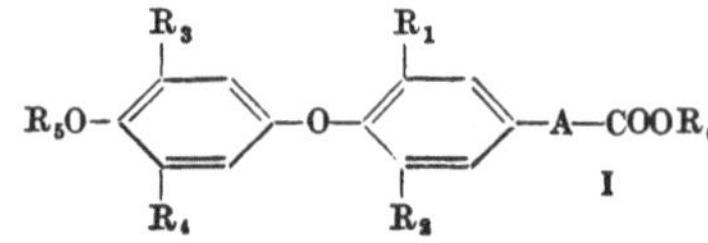

I

substituierten gesätt. oder ungesätt. Alkylene, in Form von Salben oder Pudern. Diese enthalten pro g von 0,001—1 mg folgender Verbb.: *Thyroxin, 3.5.3'-Trijodthyronin, 3.5-Dijod-4-[4'-hydroxy-3'-jodphenoxy]-phenylessigsäure, -phenylpropionsäure, -phenylbrenztraubensäure.* (**E. P. 859 546** vom 24/5. 1957, ausg. 25/1. 1961. A. Prior. 29/5. 1956.) K. Koebke. 4807

Geschickter Fund for Medical Research, Inc., New York, N.Y., übert. von: Charles H. Grogan, Falls Church, Va., und Leonard M. Rice, Baltimore, Md., V.St.A., **Bis-Isothiuroniumsalze** [-isothiuronium (**I**)] der allg. Formel **II**, worin n 1—12, R Alkyl, Alken (C_{1-12}), Phenyl, Methoxyphenyl oder Naphthyl ist u. R' von R verschieden ist u. für H, Alkyl, Alken (C_{1-12}) oder Phenyl steht u. X ein Anion ist, erhält man durch Rk. eines Dihalogenids mit Thioharnstoff (**III**) in einem Lösungsmittel. — Beispiele:

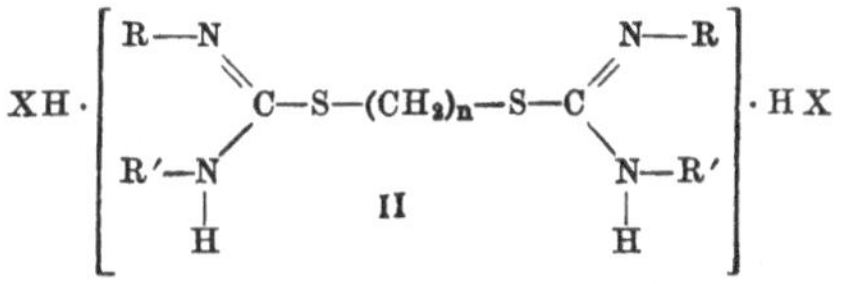

1. *Pentan-1.5-di-(N-methyl)-***I***-dihydrobromid,* Nadeln aus A., F. 177,5°, durch Rk. von N-Methyl-**III** mit Br—$(CH_2)_5$—Br in abs. A. Analog: 2. *Butan-1.4-di-(N-phenyl)-***I***-dihydrobromid,* F. 215—216°; 3. *Methylendi-(N-allyl)-***I***-dihydrojodid,* F. 132—134°. — *Therapeutica gegen Hypertension.* (**A. P. 2 759 973** vom 20/10. 1953, ausg. 21/8. 1956.) F. Kreis. 4807

G. D. Searle & Co., Skokie, übert. von: Kurt J. Rorig, Evanston, Ill., V.St.A., **Halogenphenylhydroxyphenylalkylnitrile** der allg. Formel **I** (X oder Y = Halogen, OH, Alkoxy, X u. Y sind verschieden u. eines soll F, Br, J oder Cl sein; R = H oder niederes Alkyl). — In eine aus 24 (Teilen) Mg, 109 C_2H_5Br in 1050 Ae. hergestellten Grignard-Lsg. gibt man 156 α-(p-Chlorphenyl)-p-methoxycinnamonitril innerhalb 10 Min.,

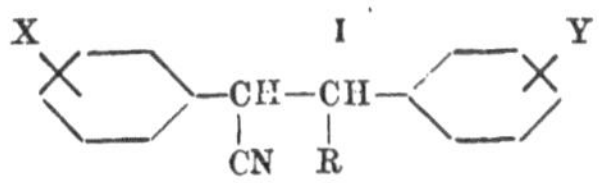

nach Abklingen der exothermen Rk. wird 1 Std. unter Rückfluß erhitzt, nach Kühlung eine Lsg. von 120 HCl in 230 W. zugegeben u. 2 Std. gerührt. Man erhält *α-(p-Chlorphenyl)-β-(p-methoxyphenyl)-valeronitril,* F. 112—113,5°; *-β-(p-hydroxyphenyl)-*Verb., F. 170,5—171,5°. — *α-(p-Chlorphenyl)-β-(p-methoxyphenyl)-propionitril,* F. 115—116,5°; *-β-(p-hydroxyphenyl)-*Verb.; *α-(p-Methoxyphenyl)-β-(p-chlorphenyl)-valeronitril,* F. 98 bis 100°. — *α-(p-Hydroxyphenyl)-β-(p-chlorphenyl)-valeronitril,* F. 205—206°. — *Heilmittel* für *Bluthochdruck* u. *Antagonist* für *Desoxycorticosteron.* (**A. P. 2 768 963** vom 25/11. 1953, ausg. 30/10. 1956.) A. Dandl. 4807

F. Hoffmann-La Roche & Co. Akt.-Ges., Basel (Erfinder: Arnold Brossi, Riehen, und Otto Schnider, Basel), Schweiz, **Herstellung von monosubstituierten Hydrazinderivaten,** dad. gek., daß man ein Halogenid der allg. Formel **I**, in der R einen 2- bis 4gliedrigen, geradkettigen Alkylen- oder Alkenylenrest, mindestens eine der mit R' bezeichneten Reste Halogen-, Alkyl, Alkoxy, Alkylamino oder Dialkylamino oder 2 benachbarte R' zusammen Alkylendioxy u. die restlichen R' Wasserstoff bedeuten, mit N_2H_4 oder N_2H_4-Hydrat (**II**) umsetzt, falls R einen Alkenylenrest darstellt, diesen ggf. red. u. die erhaltene Verb. ggf. in ein Salz überführt. — Man löst z. B. 26 (g) 4-Methylphenäthylamin in 625 cm³ 25%ig. CH_3COOH, setzt 16,4 $NaNO_2$ in 25 cm³ W. zu, rührt 1 Std. bei normaler Temp. u. 1 Std. bei 70—80°, engt im Vakuum ein, stellt mit NaOH phenolphthaleinalkal., extrahiert mit Ae. u. erhält durch Dest. des Extraktes 16 *4-Methylphenäthylalkohol* ($Kp._{14}$ 115—120°; n_D^{21} 1,5215), löst diesen in 8 cm³ CH_2Cl_2, versetzt bei 0—5° mit 4,2 cm³ PBr_3 u. erhält 20 rohes *4-Methylphenäthylbromid.* Man löst dieses in 55 cm³ A., versetzt die Lsg. mit 28 100%ig. **II**, kocht ca. 12 Std. unter Rückfluß u. erhält 6,5 *saures 4-Methylphenäthylhydrazinsulfat,* F. 160—162°. — Weitere Beispiele: 3.4-Dichlorbenzaldehyd + H_2 in Ggw. von Raney-Ni → *3.4-Dichlorbenzylalkohol* (Kp. 148—151°, F. 32—34°; n_D^{26} 1,5740) → 3.4-*Dichlorbenzylbromid* + NaCN → *3.4-Dichlorbenzylcyanid* ($Kp._{15}$ 167—169°; n_D^{26} 1,5631) + H_2 in Ggw. von fl. NH_3 u. Raney-Co bei 70—80° u. 20 at → *3.4-Dichlorphenäthylamid* (**III**) ($Kp._{15}$ 143—148°; n_D^{24} 1,5660; *Hydrochlorid,* F. 163—164°). **III** + $NaNO_2$ + CH_3COOH → *3.4-Dichlorphenäthylalkohol* ($Kp._{14}$ 160—165°; n_D^{22} 1,5554) → *3.4-Dichlorphenäthylbromid* + **II** → *saures 3.4-Dichlorphenäthylhydrazinsulfat,* F. 173—175°. — *saures 3.4-Dimethoxyphenäthylhydrazinsulfat,* F. 154—155°. — p-Chlorcinnamylalkohol ($Kp._{0,20}$ 115—120°, F. 59°; n_D^{22} 1,5969) → Bromid (F. 61—62°) → *p-Chlorcinnamylhydrazinsulfat,* F. 190°. — Weiter folgende Phenäthylhydrazinsulfate: *4-Methoxy-* (F. 155°); *3-Methoxy-* (F. 144°); *3.4-Methylendioxy-* (F. 161°); *3.4.5-Trimethoxy-,* F. 140°. Die Verbb. zeigen eine hemmende Wrkg. auf Monoaminooxydase u. wirken stark *antipyretisch.*

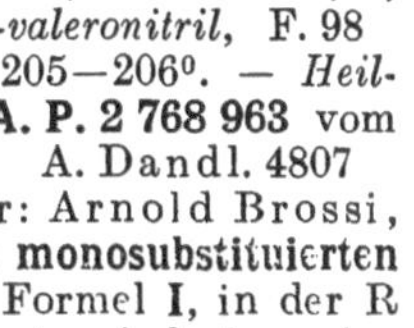

(D. A. S. 1 109 700 Kl. 12q vom 31/8. 1959, ausg. 29/6. 1961. Schwz. Prior. 10/10. 1958.) O. Müller-Meiningen. 4807

Farbenfabriken Bayer Akt.-Ges., Leverkusen, **Derivate der 3-Hydroxyanthranilsäure** der allg. Formel **I** (R = H, niedermol. Alkyl; X = Aminosäurerest, Aminosäureesterrest, Peptid- oder Peptidesterrest) werden hergestellt durch Rk. von ggf. in 4-Stellung substituierter 3-Hydroxy-2-nitrobenzoesäure mit Aminosäureestern oder Peptidestern, deren Aminogruppe geschützt ist; oder durch Rk. von Carboxy-Derivv. der 3-Hydroxy-2-nitrobenzoesäure mit Aminosäuren oder Peptiden bzw. deren Estern u. anschließende Red. der NO_2-Gruppe. — 3 Gew.-Teile 2-Nitro-3-hydroxy-4-methylbenzoesäure (**II**) u. 20 Raumteile $SOCl_2$ kocht man 30 Min. unter Rückfluß, verd. mit Xylol u. dampft im Vakuum ein, diese Operation wird 3mal wiederholt u. der Rückstand in 30 Raumteilen Xylol aufgenommen. Diese Lsg. mit 16 Raumteilen 1n NaOH gibt man unter Rühren u. Kühlen zu 1,2 Gew.-Teilen Glycin in 16 Raumteilen 1n NaOH. Nach 1 Std. langem Rühren u. Kühlen trennt man die wss. Schicht ab, extrahiert die organ. Schicht 2mal mit 1n NaOH. Die Extrakte u. die wss. Schicht säuert man mit 5n HCl an u. schüttelt mit Essigester aus. Die Essigester-Lsg. dampft man im Vakuum ein, nimmt den Rückstand in Aceton auf, behandelt mit Aktivkohle → 1,2 Gew.-Teile N-[2-Nitro-3-hydroxy-4-methylbenzoyl] (**III**)-Glycin, $C_{10}H_{10}N_2O_6$, F. 200° (korr., aus W.), gelbe Nadeln. — Durch Ersatz von Glycin durch Threonin erhält man analog **III**-threonin, F. 168—169° (korr., aus W.), gelbe Nadeln. — **II**, Glycylglycinäthylester u. Dicyclohexylcarbodiimid → **III**-glycylglycinäthylester, $C_{14}H_{17}N_3O_7$, F. 175° (korr., aus A.). — Analog erhält man aus Glycinäthylester **III**-glycinäthylester, $C_{12}H_{14}N_2O_6$, F. 167° (korr., aus Essigester); hieraus durch alkal. Verseifung **III**-glycin. — **III**-glycylglycinester erhält man auch über die aus Glycinäthylesterhydrochlorid, $HOP(OC_2H_5)_2$ u. $[(C_2H_5O)_2P(O)]_2O$ hergestellte Phosphazo-Verb. mit **III**-glycin. — **III**-glycinäthylester wird mit Raney-Ni red. → *N-[2-Amino-3-hydroxy-4-methylbenzoyl]* (**IV**)*-glycinäthylester*, hieraus durch Oxydation mit Luft → *1.8-Dimethyl-3-aminophenoxazon-(2)-4.5-dicarbonyl* (**V**)*-bis-glycinäthylester*, 67% Ausbeute, F. 273—274°. — Analog: **IV**-*glycylglycinäthylester*, hieraus durch Oxydation → **V**-*glycylglycinäthylester*, F. 273—275°. — **III**-glycinbenzylester (durch Umesterung aus dem Äthylester) → **IV**-*glycinbenzylester*, F. 156° (korr., aus Bzl.), hieraus durch Oxydation → **V**-*bis-glycinbenzylester*, F. 248° (korr., aus Acetanhydrid). — Zwischenprodd., *Arzneimittel*. (**E. P. 807 890** vom 21/12. 1956, ausg. 21/1. 1959. D. Prior. 24/12. 1955.) A. Debo. 4807

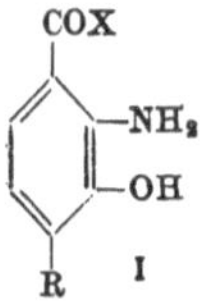

I

Sandoz Akt.-Ges., Basel, Schweiz, **Herstellung von phosphorhaltigen Indolderivaten** durch Umsetzung von 4-Hydroxy-3-[β-dialkylaminoäthyl]-indolen mit reaktionsfähigen Phosphorsäure-Derivv., z. B. Phosphorsäuredibenzylesterchlorid (**I**), in inertem Lsgm., bes. Toluol, 1.2-Dimethoxyäthan (**II**) oder tert.-Amylalkohol, in Ggw. einer anorg. Base u. reduktive Abspaltung der Benzylgruppen. — 4-Hydroxytryptaminphosphorsäureester: *N.N-Dimethyl-*, F. 210—212° (Zers.; CH_3OH), aus 4-Hydroxy-N,N-dimethyltryptamin durch Umsetzung mit $NaOCH_3$ in CH_3OH, Eindampfen, 1std. Schütteln des erhaltenen Na-Salzes mit **I** in **II** unter N_2 u. Red. des chromatograph. gereinigten *Dibenzylesters* mit H_2 in Ggw. von Pd-Katalysator in CH_3OH. — Analog: *N.N-Diäthyl-*, F. 257° (CH_3OH). — *4-Hydroxy-3-[β-piperidinoäthyl]-indolphosphorsäureester*, F. 260—262° (CH_3OH). — *Heilmittel*. (**Oe. P. 214 455** vom 10/9. 1959, ausg. 10/4. 1961. Schwz. Prior. 12/9. 1958, 16/1. u. 13/3. 1959.) G. Dehmel. 4807

Imperial Chemical Industries Ltd., London, und Midland Tar Distillers Ltd., Oldbury (Erfinder: Paul Arnall, Four Ashes, und Norman Greenhalgh, Macclesfield), England, **Herstellung von 2-[β-Methoxyäthyl]-pyridin** durch Erhitzen von 2-Vinylpyridin oder 2-[β-Hydroxyäthyl]-pyridin mit Methanol in Dampf- oder fl. Phase bei gewöhnlichem oder erhöhtem Druck. Katalysatoren: NH_3, NaOH, $Ca(OH)_2$, Alkalicarbonate, tert. Amine, Na- oder Ca-Äthoxid oder -Methoxid oder Anionenaustauscherharze. Als Lsgm. in der fl. Phase werden überschüssiges Methanol oder Toluol, Xylol usw. verwendet. — *Antihelminthicum*. (**Ung. P. 150 084** vom 19/11. 1960, ausg. 20/7. 1962.) F. Landsberger. 4807

British Drug Houses Ltd. (Erfinder: Vladimir Petrow und Oliver Stephenson), **1-Aryloxyalkyl-4-phenylpiperidine** der all. Zus. **I** (Ar = ggf. substituiertes Phenyl, R_2 = H oder CH_3, R′ = Alkoxy mit 1—3 C-Atomen), sind *Analgetica*. Man erhält sie durch Rk. von 3-Aryloxy-1.2-epoxypropan oder 3-Aryloxy-2-hydroxypropylchlorid mit dem Piperidinderivat. — Durch 3std. Rückflußerhitzen auf dem Dampfbad von 5,7 (g) 3-[o-Toloxy]-1.2-epoxypropan mit einer Lsg. von 8 4-Äthoxycarbonyl-4-phenylpiperidin (**Ia**) in 10 ml Bzn. (Kp. 60—80°)

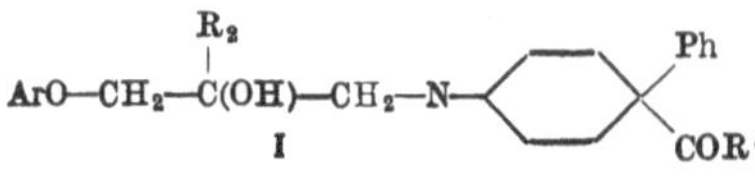

I

erhält man *1-[4'-Äthoxycarbonyl-4'-phenyl]-piperidino-3-[o-toloxy]-propanol-(2), Hydrochlorid*, Kristalle aus A., F. 188—189°. In ähnlicher Weise erhält man [1-(4'-Äthoxycarbonyl-4'-phenyl)-piperidino-II] II-*3-[p-acetamidophenoxy]-propanol-(2)*, F. 144—145°, durch 6std. Rückflußerhitzen in alkohol. HCl II-*3-[p-aminophenoxy]-propanol-(2), Hydrochlorid*, weiße Kristalle, F. 230°; II-*3-phenoxypropanol-(2)*, Nädelchen, F. 111°, *Hydrochlorid*, Prismen, F. 178°, *Hydrobromid*, weiße Nadeln, F. 163—164°, *saures Sulfat*, körnige Kristalle, F. 181—183°, *Dihydrogenphosphat*, Nadeln, F. 174—175°, *Hypophosphit*, Nadeln, F. 114,7—116,5° (korr.), *Sulfamat*, F. 166°, *Glycerophosphat*, F. 153—154°, *Methansulfonat*, Nadeln, F. 150—151°, *Isaethionat*, Platten, F. 131—133°, *Lactat*, F. 132—133°, *Tartrat*, Nadeln, F. 137—138°; II-*3-[o-chlorphenoxy]-propanol-(2)*, F. 81—83°, *Hydrochlorid*, F. 171—172°; II-*3-[m-toloxy]-propanol-(2)*, Nadeln, F. 80—81°, *Hydrochlorid*, Nadeln, F. 157—159°; II-*3-[p-äthoxycarbonylphenoxy]-propanol-(2)*, Nadeln, F. 174—176°, *Hydrochlorid*, Nadeln, F. 174—176°; II-*3-[o-fluorphenoxy]-propanol-(2)*, Nadeln, F. 80—81°, *Hydrochlorid*, F. 159°; II-*3-[o-alkylphenoxy]-propanol-(2)-hydrochlorid*, Plättchen, F. 198—200°; II-*2-methyl-3-[o-toloxy]-propanol-(2)-hydrochlorid*, F. 177°; II-*3-[m-chlorphenoxy]-propanol-(2)-*, Nadeln, F. 89—90°, *Hydrochlorid*, F. 162—163°; II-*3-[p-chlorphenoxy]-propanol-(2)*, Nadeln, F. 103—104°, *Hydrochlorid*, Nadeln, F. 165 bis 166°; II-*3-[o-methoxyphenoxy]-propanol-(2)*, Nadeln, F. 89—90°, *Hydrochlorid*, Nadeln, F. 147—148°; II-*2-methyl-3-phenoxypropanol-(2)-hydrochlorid*, Nadeln, F. 171 bis 172°. — Durch 5std. Rückflußerhitzen von **Ia** u. 2-Hydroxy-3-[p-toloxy]-propylchlorid in abs. A. in Ggw. von Na_2CO_3 erhält man II-*3-[p-toloxy]-propanol-(2)*, Nadeln, F. 111—113°, *Hydrochlorid*, Nädelchen, F. 152—154°. (**Aust. P. 225 790** vom 10/3. 1958, ausg. 14/1. 1960. E. Prior. 12/3. 1957.) O. Roick. 4807

American Home Products Corp., New York, N.Y., übert. von: Joseph Seifter, Berwyn, Roy S. Hanslick und Meier E. Freed, Philadelphia, Pa., V.St.A., **Herstellung von Nicotinsäureestern des Hydroxyalkyleniminodiacetamids** der allg. Formel I (R_1 u. R_3 = niedrigmol. Alkyl; R_2 u. R_4 = Phenyl, niedrigmol. Alkyl; Alk = Alkylen mit 2—4 C-Atomen). — 2 (g) N.N-Bis-[N-methyl-N-(ω-phenyl-tert.-butyl)-acetamido]-β-hydroxyäthylamin in 50 Bzl. werden mit 0,9 Nicotinsäureanhydrid umgesetzt, die Rk.-Lsg. wird filtriert, das Filtrat im Vakuum bis zum Sirup eingedampft, dieser in Aceton aufgenommen, mit HCl behandelt u. der Nd. abfiltriert → *Nicotinsäure-N.N-bis-[N-methyl-N-(ω-phenyl-tert.-butyl)-acetamido]-β-aminoäthylester*, F. 158—159°. — *Nicotinsäure-N.N-bis-[N-methyl-N-(ω-phenyl-tert.-butyl)-acetamido]-aminoisopropylester; Hydrochloriddihydrat*, F. 149—151°. — *Nicotinsäure-N.N-bis-[N-methyl-N-benzylacetamido]-aminopropylester, Öl* bzw. hygroskop. Pulver. — *Nicotinsäure-N.N-bis-[N-methyl-N-phenylisopropylacetamido]-aminoäthylesterhydrochlorid.* — *Lokalanästhetica.* (**A. P. 2 945 041** vom 7/8. 1958, ausg. 12/7. 1960.) W. Heyer. 4807

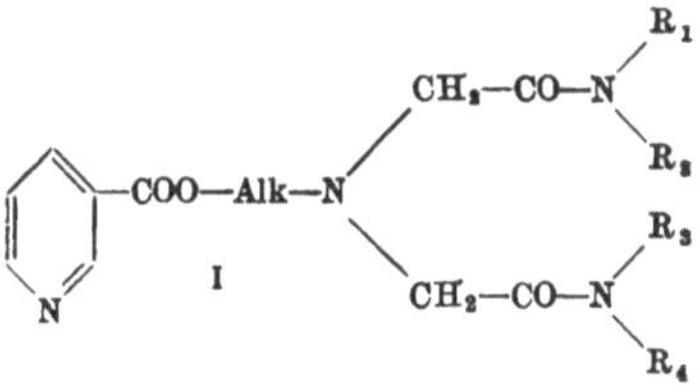

J. R. Geigy Akt.-Ges., Basel (Erfinder: Walter Schindler, Riehen, und Daniel Prins, Oberwil), Schweiz, **Herstellung von N-heterocyclischen Verbindungen** der allg. Formel I (X = Äthylen; Vinylenrest; Y = H, Halogen, niedrige Alkylgruppe; Z = H, Halogen, niedriger Alkylrest; Alkylen = Alkylenrest, gerade oder verzweigt, mit 2 bis 6 C-Atomen; R = niedriger Alkyl-, Alkenylrest, Cycloalkylrest) durch Rk. von Verbb. I mit R = H mit niedrigen, gesätt. oder eine Doppelbindung enthaltenden aliphat. Oxo-Verbb. u. nachfolgender oder gleichzeitiger Red. des erhaltenen Produktes. — *Heilmittel.* (**Ung. P. 150 095** vom 3/9. 1960, ausg. 20/7. 1962. Schwz. Prior. 4/9. 1959.) F. Landsberger. 4807

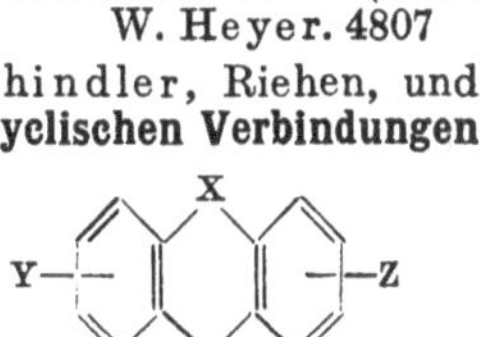

J. R. Geigy Akt.-Ges., Basel (Erfinder: Walter Schindler, Riehen, und Henri Dietrich, Basel), Schweiz, **Herstellung von N-heterocyclischen Verbindungen** der allg. Formel I (X = Äthylen- oder Vinylenrest, Y = Alkylenrest mit 2—6 C-Atomen, in welcher mindestens 2—4 C-Atome eine direkte Kette bilden; Am = niedrigmol. Dialkylaminorest; Z = Cl, Br; die beiden Alkylgruppen der Am-Gruppe können miteinander direkt oder über O bzw. einen Alkylaminrest verbunden sein), deren *Salzen* u. *quart. Ammonium-Verbb.* durch Rk. eines 3-Halogeniminodibenzyls oder 3-Halogeniminostilbens mit reaktionsfähigen Estern von Aminoalkoholen der allg. Formel HO—Y—Am u. ggf. Umwandlung der erhaltenen Basen in organ. oder anorgan. Salze bzw. quatern. Ammoniumverbindungen. —

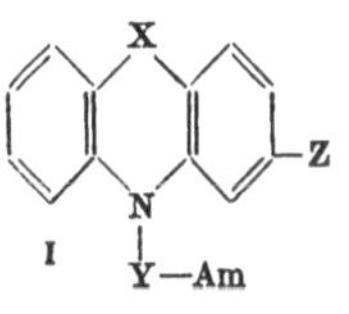

Heilmittel. (**Ung. P. 150 207** vom 5/12. 1959, ausg. 20/8. 1962. Schwz. Prior. 6/12. 1958.) F. Landsberger. 4807

Chas. Pfizer & Co., Inc. (Erfinder: Lloyd Hillyard Conover, Arthur Robert English und Clifford Everett Larrabee), **Herstellung von Pyridin- und Chinolinverbindungen oder deren Halogenwasserstoffsäureadditionssalzen** durch Rk. von 2-Halogenpyridin-N-oxiden oder 2-Halogenchinolin-N-oxiden mit einem Imidazolidinthion-(2) oder einem Hexahydropyridinthion-(2) bei 50—100° in einem inerten organ. Lsgm., bes. in einem Alkanol oder Keton mit 1—5 C-Atomen oder in einem halogenierten KW-Stoff mit 1—6 C-Atomen, z. B. Chlf. — Beispiele: *2-[Imidazolinyl-(2)-mercapto]-pyridin-N-oxidhydrobromid*, F. 153—156,5°; *2-[Tetrahydropyrimidyl-(2)-mercapto]-pyridin-N-oxidhydrobromid*, F. 160—161°; *2-[Imidazolinyl-(2)-mercapto]-chinolin-N-oxidhydrochlorid.* — *Pharmazeutica.* (**Aust. P. 228 948** vom 11/3. 1958, ausg. 21/7. 1960. A. Prior. 21/3. 1957.) K. Demmler. 4807

Magyar Tudományos Akadémia (Erfinder: Dénes Beke und Csaba Szántay), Budapest, Ungarn, **Herstellung von den Chinolizinring enthaltenden Verbindungen** der allg. Formel I (R_1—R_4 = H, Alkoxyrest; R_5—R_8 = H, gerader oder verzweigter KW-Stoffrest mit 9 bis 10 C-Atomen; X = Anion einer starken Säure) durch Einw. von starken Basen auf 3.4-Dihydroisochinoliniumsalzen der allg. Formel II. — *Heilmittel* mit ähnlicher Wrkg. wie die von Berberin, Yohimbin, Emetin u. Rauwolfiaalkaloiden. (**Ung. P. 150 168** vom 28/3. 1961, ausg. 20/5. 1962.) F. Landsberger. 4807

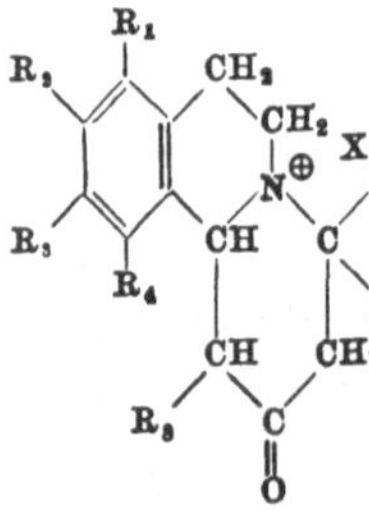
I

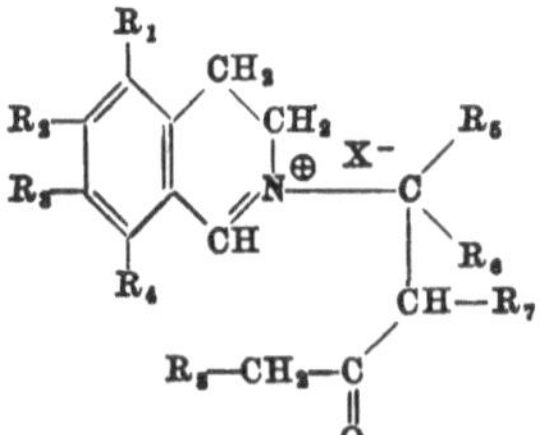
II

F. Hoffmann-La Roche & Co. Akt.-Ges., Basel, Schweiz (Erfinder: Hermann Bretschneider, Arzl, und Wilhelm Richter, Innsbruck, Österreich), **Herstellung von Sulfonamiden der Pyrimidinreihe,** der allg. Formel I (R_1, R_2 = niedrige Alkyl- oder Alkenylgruppe mit höchstens 6 C-Atomen) durch Kondens. von Pyrimidinen der allg. Formel II (R_3 = Halogen oder OR_2) mit solchen Benzolsulfohalogeniden, die in p-Stellung einen zur NH_2-Gruppe umwandelbaren Substituenten enthalten, in abs. Pyridin bei < 5°. Ggf. wird nach der Kondens. das Halogenatom durch R_2O ausgetauscht u. der p-Substituent zur NH_2-Gruppe umgewandelt. (**Ung. P. 150 104** vom 9/8. 1961, ausg. 20/7. 1962. Schwz. Prior. 17/3. 1961.) F. Landsberger. 4807

I

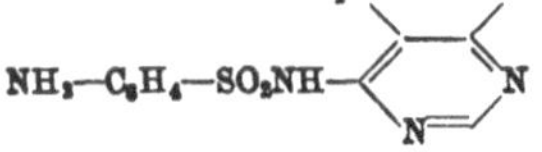

II

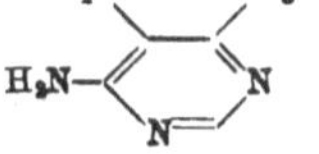

Ciba Ltd. (Erfinder: Jean Druey, Paul Schmidt, Kurt Eichenberger und Max Wilhelm), **Herstellung von 7-Aminopyrimido-[4.5:d]-pyrimidinen.** 16,3 (g) 2-Dimethylamino-4-amino-5-cyanpyrimidin erhitzt man 5 Std. mit 40 Formamid (I) auf 200—210°, löst nach dem Abkühlen das Rk.-Prod. in 100 heißer 1n HCl, filtriert u. läßt abkühlen, wobei *4-Amino-7-dimethylaminopyrimido-[4.5:d]-pyrimidinhydrochlorid*, F. 330—332° (Zers.), auskristallisiert. Durch Erhitzen von 18,1 2-Dimethylamino-5-carbamylpyrimidin mit 40 I, Lösen des Rk.-Prod. in 300 2n NaOH u. vorsichtiges Fällen mit 2n HCl wird *4-Hydroxy-7-dimethylaminopyrimido-[4.5:d]-pyrimidin*, F. 335° (Zers.), erhalten, das in 2n NaOH gelöst u. mit Dimethylsulfat versetzt *4-Methoxy-7-dimethylaminopyrimido-[4.5:d]-pyrimidin*, F. 226—227°, gibt. Analog: *4-Mercapto-7-dimethylaminopyrimido-[4.5:d]-pyrimidin*, das durch Erhitzen mit Piperidin *7-Piperidino-4-hydroxypyrimido-[4.5:d]-pyrimidin*, F. 312—314°, gibt. — *Pharmazeutica.* (**Aust. P. 229 898** vom 27/11. 1958, ausg. 8/9. 1960. Schwz. Prior. 6/12. 1957 u. 3/10. 1958.) C. Lüttgen. 4807

Olin Mathieson Chemical Corp., New York, N.Y., übert. von: William A. Lott, Maplewood, N.J., V.St.A., **Herstellung von neuen Tetrahydrooxazinonen** der allg. Formel I, worin R u. R′ eine Alkyl-, Aryl- oder Aralkylgruppe mit < 10 C-Atomen ist, dad. gek., daß man ein 2.2-disubstituiertes Aminopropanol der Formel II in einem organ. Lsgm. in der Kälte mit Phosgen umsetzt. —

I

II

Aus Äthylmethyl-n-propyl-cyanoacetat durch Red. mit Li–Al-Hydrid erhaltenem 2-Aminomethyl-2-methylpentanol-(1) (Kp.$_1$ 73—77°) in Chlf. unter Zusatz von Antipyrin u. $COCl_2$ bei 0—5° → *Tetrahydro-5-methyl-5-propyl-2H-1.3-oxazinon-(2)*, Kp.$_{0,3}$ 136—137°, F. 35—37°. Aus Äthyl-S-butylcyanoacetat durch Rk. mit Äthyljodid in Ggw. von Na-Äthylat über das Äthyläthyl-S-butylcyanoacetat (Kp.$_1$ 75—78°) u. nachfolgende Red. mit Li–Al-Hydrid erhaltenem 3-Amino-2-äthyl-2-S-butylpropanol-(1) erhält man analog das *5-Äthyl-tetrahydro-5-[1-methylpropyl]-2H-1.3-oxazinon-(2)*, Kp. 162°; aus 2-Aminomethyl-2-phenylbutanol-(1) in Ggw. von frischdest. Triäthylamin u. Ae. → *Tetrahydro-5-äthyl-5-phenyl-2H-1.3-oxazinon-(2)*. — *Arzneimittel, Stimulantia.* (**A. P. 2 940 971** vom 16/12. 1957, ausg. 14/6. 1960.) W. Heyer. 4807

Krugmann & Co., Hamburg, **Herstellung von 8-Alkanolaminocoffeinen** durch Umsetzung von 8-Halogencoffeinen mit Verbb. der Formel RNH—$(CHR_1)_n$—CHR_2—CHR_3R_4 (R = H, C_{1-4}-Alkyl- oder Arylrest; R_1 = H oder Alkylrest; R_2 = H, OH-, Alkyl- oder Arylrest; R_3 = H, Alkyl-, OH- oder Alkoxyrest; R_4 = H, C_{1-5}-Alkyl- oder Arylrest; n = 0 oder 1), ggf. in einem Lsgm. in Ggw. von Alkalibromiden oder -jodiden. — Coffeine: *8-[β-Hydroxyäthylamino]-*, F. 239—241° (W.), aus 8-Chlorcoffein (I) u. β-Aminoalkohol durch 1 std. Erhitzen auf 130—140°; Nadeln. — *8-[N-Phenyl-N-(β-hydroxyäthyl)-amino]-*, F. 177—178° (A.), aus I u. β-[N-Phenylamino]-äthanol durch 15 bis 20 std. Kochen mit KBr in n-Propanol. — Analog: *8-[N-(γ-Hydroxypropyl)-amino]-*, F. 224—226° (W.), Nadeln. — *8-[N-(β-Hydroxypropyl)-amino]-*, F. 221—222°. — *8-[N-(γ-Methoxypropyl)-amino]-*, F. 178—180° (W.), Nadeln. — *8-[N-(γ-Äthoxypropyl)-amino]-*, F. 160—162°. — *8-[N-(α-Methyl-β-hydroxypropyl)-amino]-*, F. 216—218° (A./Ae.), kugelige Kristalle. — *8-[N-(γ-Lauryloxypropyl)-amino]-*, F. 123—125° (A.). — *Heilmittel.* (**Oe. P. 212 846** vom 13/8. 1959, ausg. 10/1. 1961. D. Prior. 15/8. 1958.) Eberhard Riedel. 4807

Sandoz Akt.-Ges. (Erfinder: Jany Renz, Jean Pierre Bourquin und Gustav Schwarb), **Herstellung von in 3-Stellung durch Schwefel substituierten Phenthiazinderivaten** durch Kondens. von Phenthiazin-Derivv. der allg. Formel I (R_1 = Alkylrest, Alk = gerade oder verzweigte Alkylenkette mit nicht mehr als 3 C-Atomen in einer geraden Kette, Hal = Cl, Br oder J) mit Piperazin-Derivv. der allg. Formel II (R_2 = H oder Acylrest). — Hergestellt werden die Dimaleate folgender Phenthiazine:

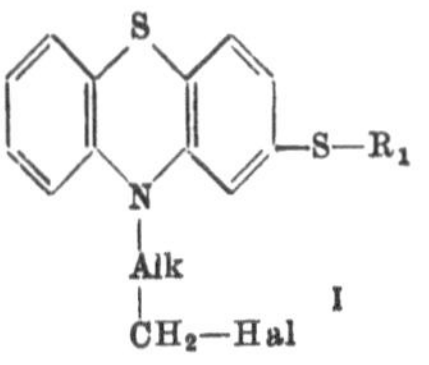

I

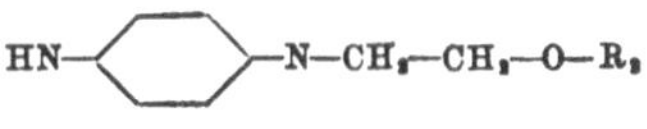

II

3-Äthylmercapto-10-{3'-[1''-(β-hydroxyäthyl)-piperazino]-propyl-(1')}-, F. 173 bis 175°; *3-Äthylmercapto-10-{3'-[1''-(β-acetoxyäthyl)-piperazino]-propyl-(1')}-*, F. 167 bis 169°; *3-Methylmercapto-10-{3'-[1''-(β-hydroxyäthyl)-piperazino]-propyl-(1')}-*, F. 172 bis 174°; *3-Methylmercapto-10-{3'-[1''-(β-acetoxyäthyl)-piperazino]-propyl-(1')}-*, F. 173 bis 175°; *3-Isopropylmercapto-10-{3'-[1''-(β-hydroxyäthyl)-piperazino]-propyl-(1')}-*, F. 166 bis 168°; *3-Isopropylmercapto-10-{3'-[1''-(β-acetoxyäthyl)-piperazino]-propyl-(1')}-*, F. 163 bis 165°. — *Therapeutica.* (**Aust. P. 228 430** vom 19/3. 1959, ausg. 23/6. 1960. Schwz. Prior. 24/3. u. 5/6. 1958.) K. Demmler. 4807

Chas. Pfizer & Co., Inc., New York, N.Y. (Erfinder: James Michael McManus, Uncasville, und Carl John Buch, Gales-Ferry), V.St.A., **Herstellung von gegebenenfalls in 6-Stellung substituierten 3-[β.β.β-Trifluoräthylmercaptomethyl]-7-sulfamyl-1.1-dioxo-3.4-dihydro-1.2.4-thiadiazinen** der allg. Formel I (A = H, Cl, Br, CF_3, 1—3 C-Atome enthaltende Alkyl- oder Alkoxygruppe; R u. R_1, gleich oder verschieden, = H, CH_3, C_2H_5, n-Propyl) durch Kondens. äquimol. Mengen von Anilin-Derivv. der allg. Formel II mit Aldehyden BCH_2CHO (B = CF_3—CH_2S—, Halogen, Alkyl- bzw. Arylsulfonyloxyrest); wenn B = Halogen bzw. Sulfonyloxyrest, wird das erhaltene Prod. mit Trifluormethylmercaptan weiter kondensiert bei 60—120°. (**Ung. P. 150 136** vom 2/6. 1961, ausg. 20/7. 1962.) F. Landsberger. 4807

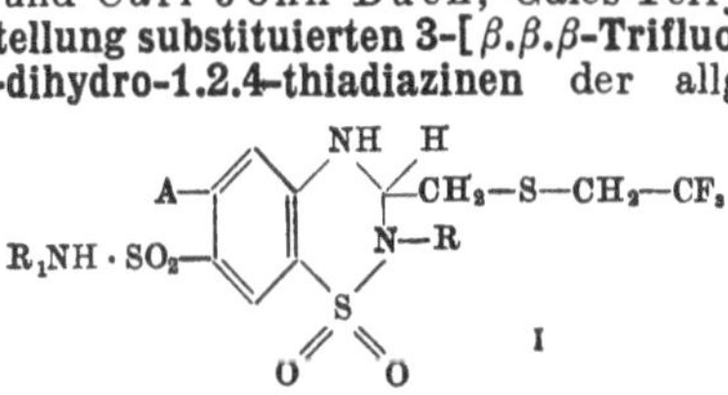

I

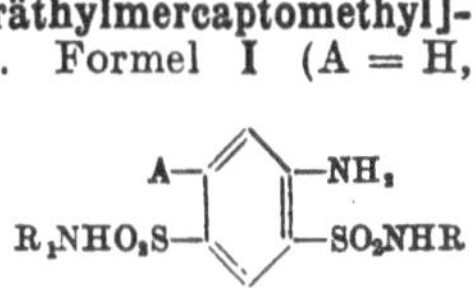

II

Yoshitomi Pharmaceutical Industries Ltd., Osaka (Erfinder: Michio Nakanishi, Nakatsu), Japan, **Herstellung neuer Campherabkömmlinge** der Formel **I**, in welcher X ein Halogenatom, eine Hydroxylgruppe oder ein H-Atom, A eine

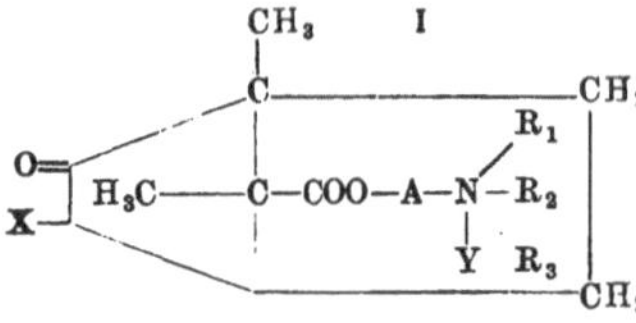

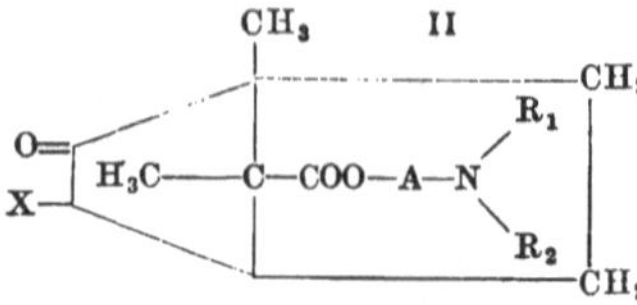

Alkylengruppe mit 2—5 C-Atomen u. R_1 u. R_2 ein H-Atom, einen niedrigen Alkylrest oder R_1 u. R_2 zusammen mit dem N-Atom einen Ring einschließlich eines Piperazin- u. Morpholinringes, R_3 einen Alkylrest u. Y ein Halogenatom, eine Arylsulfonoxygruppe oder eine Alkylsulfatgruppe bedeuten, dad. gek., daß eine Verb. der allg. Formel **II**, mit einer Verb. der Formel R_3Y umgesetzt wird. — 2-Diäthylaminoäthylisoketopinat in Bzl. gelöst wird mit Äthyljodid 10 Std. erhitzt. Die ausgeschiedenen Kristalle werden mit einem Gemisch aus Aceton u. Äthylacetat umkrist., man erhält *Triäthyl-[2-isoketopinoyloxyäthyl]-ammoniumjodid*, F. 152°. — Es werden ferner hergestellt: *Trimethyl-[2-isoketopinoyloxyäthyl]-ammoniumjodid*, F. 208°. — *Trimethyl-[2-isoketopinoyloxypropyl]-ammoniumjodid*, F. 181°. — *N-Methyl-N-[2-isoketopinoyloxyäthyl]-morpholiniumjodid*, F. 231°. — *N-Methyl-N-[2-isoketopinoyloxyäthyl]-piperidiniumjodid*, F. 208°. — *N-Methyl-N-[3-isoketopinoyloxypropyl]-morpholiniumjodid*, F. 105°. — *N-Methyl-N-[3-isoketopinoyloxypropyl]-piperidiniumjodid*, F. 190°. — *N-Methyl-N-[2-isoketopinoyloxyäthyl]-morpholinimjodid*, F. 208°. — *N-Methyl-N-[2-chlorisoketopinoyloxyäthyl]-morpholiniumjodid*, F. 219°. — *N-Methyl-N-[4-isoketopinoyloxybutyl]-morpholiniumjodid*, F. 65°. — *Herabsetzung des Blutdruckes.* (**D. A. S. 1 104 956** Kl. 12o vom 18/9. 1958, ausg. 20/4. 1961. Jap. Prior. 18/9. 1957.)
G. König. 4807

Sandoz Akt.-Ges., Basel (Erfinder: Roger Boissonnas, Bottmingen), Schweiz, **Herstellung von Polypeptiden mit blutdrucksenkender Wirkung,** dad. gek., daß man sämtliche die NH_2-, Carboxyl- oder Guanidingruppe schützenden Gruppen eines Nonapeptids in einer einzigen oder in mehreren Rk.-Stufen abspaltet. Die Abspaltung erfolgt durch Hydrogenolyse in fl. NH_3 mit Alkalimetall oder katalyt. Hydrierung. (**Ung. P. 150 141** vom 31/5. 1961, ausg. 20/7. 1962. Schwz. Prior. 2/6. 1960.)
F. Landsberger. 4807

Eastman Kodak Co., Rochester, N.Y., V.St.A., **Herstellung frei fließender, nichtklebender Gelatineteilchen mit Gehalt an pharmazeutischen Mitteln,** bes. Vitamin-A. Man stellt aus wss. Gelatine-Lsg., Glucose, Oleostearin u. Vitamin-A-Palmitat eine Emulsion her, die man unter Rühren in pharmazeut. reines Paraffinöl gibt u. rasch abkühlt, worauf man Isopropanol (**II**) zugibt u. die Gelatineteilchen (**I**) abfiltriert. Man wäscht sie zunächst mit einem Gemisch aus **II** u. Hexan (**III**), dann mit reinem **III**, bläst mit einem Gemisch aus 50 (%) CO_2 u. 50 Luft (**IV**), dann mit reiner **IV** trocken, mischt mit 2 Na-Silicoaluminat u. bläst 3 Std. 40° warme **IV** durch das Produkt. (**Ind. P. 62 990** vom 30/1. 1958, ausg. 6/6. 1960.)
C. Lüttgen. 4809

Takeda Pharmaceutical Industries Ltd., Doshomachi, Japan, **Herstellung von Thiaminderivaten.** Man gibt eine Lsg. von 20 (Teilen) Thiaminhydrochlorid in 30 W. unter Kühlen zu einer Lsg. von 7,2 NaOH in 30 W., läßt $^1/_2$ Std. stehen, gibt 60 $CHCl_3$ (**I**) u. 30 rohes Na-Tetrahydrofurfurylthiosulfat in 30 W. zu, rührt $^1/_2$ Std., trennt die **I**-Schicht ab, extrahiert die wss. Schicht 2 mal mit je 20 **I**, vereinigt die **I**-Lsgg., schüttelt sie mit 50 5%ig. HCl, entfärbt u. neutralisiert mit Soda. Das ausgefallene harzartige Prod. wird aus Äthylacetat umkrist., Ausbeute: *16 Thiamintetrahydrofurfuryldisulfid*, F. 132° (Zers.). Analog: *Thiamintetrahydrofurfuryl-2-propyldisulfid* u. *Thiamintetrahydropyran-2-methyldisulfid*, F. 126—127° (Zers.). — *Pharmazeutica.* (**Ind. P. 64 738** vom 23/7. 1958, ausg. 4/11. 1960.)
C. Lüttgen. 4809

Richter Gedeon Vegyészeti Gyár R. T. (Erfinder: József Valu), Budapest, Ungarn, **Umwandlung von coliinaktiven Cobalaminmischungen in coliaktive.** In der bei der Herst. von *Vitamin-B_{12}* aus der Methanobakterienfermentbrühe gewonnenen Mutterlauge zurückbleibende coliinakt. komplette oder inkomplette Faktoren werden getrocknet u. mit tert. Aminen, Chlorkohlensäureester u. 1-Aminopropanol-(2) behandelt. Die Lsg. wird mit NH_3 gesätt., u. die gebildeten coliakt. Prodd. werden in bekannter Weise gewonnen. (**Ung. P. 150 177** vom 25/5. 1961, ausg. 20/8. 1962.)
F. Landsberger. 4809

Ss. B. Katkowski, W. N. Bukin, L. Ss. Kuzewa und A. F. Issajewa, **Präparat „Mukowit B_{12}"** zur Behandlung *perniziöser Anämie.* Man unterwirft die Schleimhaut des Schweinemagens lyophiler Trocknung, entfettet, entfernt mit 2%ig. NaCl-Lsg. u. A. bei pH 6,7 die nichtakt. Proteinfraktion u. erhält bei pH 5,2 die akt. Mukoproteinfraktion. Diese wird lyophil getrocknet u. mit 0,1% Vitamin-B_{12} (pro Tablette 200 μg) vermischt. (**UdSSR. P. 118 587** vom 26/4. 1958.) B. Pankow. 4809

Daniel R. Bullard, Clarence M. Malone, Wilfred T. Donerty und Jesse Andrews, Houston, übert. von: Hugh S. Forrest, Jack E. Myers und Chase van Baalen, Austin, Tex., V.St.A., **Gewinnung eines α-Glykosids des 2-Amino-4-hydroxy-6-[1′.2′-dihydroxypropyl]-pteridins** („Biopterin"), anscheinend von der Formel I, worin R_1 u. R_2 einmal ein H-Atom, einmal einen Glucoserest bedeuten, durch Kultivieren der Alge *Anacystis nidulans* in einem wss. Kulturmedium, Ansäuern der Kultur mit verd. Salzsäure u. ca. 2 Wochen Stehenlassen bei ca. 4°, bis I in das fl. Medium übergetreten ist. Nach Filtrieren wird das Filtrat mit Aktivkohle behandelt, über Nacht stehengelassen u. von der abgesetzten Kohle dekantiert. Nach Auswaschen mit W. wird mittels 1% NH_3 enthaltendem A. eluiert, auf ein kleines Vol. eingeengt, mit Essigsäure angesäuert u. I durch gleichfalls mit Essigsäure (5%ig) vorbehandeltes „Filtrol" absorbiert, das „Filtrol" reichlich mit W. ausgewaschen u. I (blau fluorescierendes Band) mit 20%ig. wss. Aceton eluiert. Nach weiteren Reinigungsmaßnahmen erhält man ein nicht unterhalb 250° schm. I, ident. mit dem aus Biopterin u. Glucose erhältlichen Produkt. — *Wachstumsfaktor*, Zwischenprod. bei der Folsäure-Synth. u. anderer Vitamine. (**A. P. 2 940 966** vom 15/5. 1958, ausg. 14/6. 1960.)

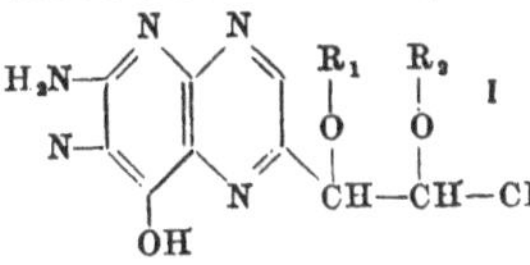

I

L. Macher. 4809

Gyógyszeripari Kutató Intézet (Erfinder: László Vargha, Endre Kasztreiner und László Szporny), Budapest, Ungarn, **Herstellung von im Ring D durch OH oder basische N-Gruppen substituierten Steroiden** durch Rk. von 16.17-Oxido-Δ^5-pregnen-3-ol-20-on bzw. dessen in 3-Stellung acylierten oder in 11- u./oder 21-Stellung durch OH oder eine Acyloxygruppe substituierten Abkömmlingen mit NH_3 bzw. prim. oder sek. Aminen in Ggw. eines Beschleunigers (Phenol, W.). (**Ung. P. 150 213** vom 12/5. 1961, ausg. 20/8. 1962.) F. Landsberger. 4809

Merck & Co., Inc. (Erfinder: Norman Lord Wendler und David Taub), **Herstellung von 16.20-Diketo-17α-hydroxysteroiden der Pregnanreihe** der allg. Formel I (R = Methyl, Methylol- oder veresterte Methylolgruppe; X = Hydroxy- oder Ketorest, Y = H oder Halogen), durch Behandlung eines Δ^{16}-20-Ketosteroids der Pregnanreihe mit OsO_4 in Ggw. von H_2O_2. — Beispiele: *9α-Fluor-$\Delta^{4.16}$-pregnadien-21-ol-3.11.20-trion-21-acetat; 9α-Fluor-$\Delta^{4.16}$-pregnadien-11β.21-diol-3.20-dion-21-acetat; Δ^4-Pregnen-11β.17α.21-triol-3.16.20-trion-21-acetat; Δ^4-Pregnen-17α.21-diol-3.11.16.20-tetron-21-acetat; Δ^4-Pregnen-11β.17α.21-triol-3.16.20-trion; 9α-Fluor-Δ^4-pregnen-11β.17α.21-triol-3.16.20-trion-21-tert.-butylacetat; $\Delta^{1.4}$-Pregnadien-11β.17α.21-triol-3.16.20-trion-21-acetat; 9α-Fluor-$\Delta^{1.4}$-Pregnadien-17α.21-diol-3.11.16.20-tetron; 9α-Fluor-$\Delta^{1.4}$-pregnadien-11β.17α.21-triol-3.16.20-trion; Δ^4-Pregnen-17α.21-diol-3.11.16.20-tetron-21-acetat; 9α-Fluor-$\Delta^{1.4}$-pregnadien-11β.17α.21-triol-3.16.20-trion-21-acetat; 12α-Fluor-$\Delta^{1.4}$-pregnadien-11β.17α.21-triol-3.16.20-trion-21-acetat.* — *Pharmazeutica.* (**Aust. P. 228 604** vom 14/11. 1957, ausg. 7/7. 1960. A. Prior. 28/11. 1956.) K. Demmler. 4809

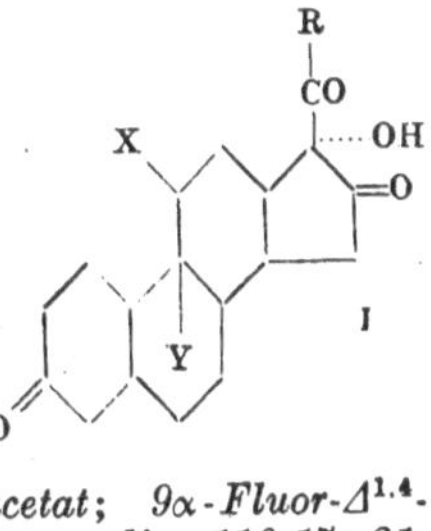

I

Glaxo Laboratories Ltd., Greenford, übert. von: Josef Elks, London, und Gordon Hanley Phillipps, Greenford, England, **Steroid-21-phosphate** erhält man durch Rk. eines entsprechenden 21-Halogen- oder -Alkylsulfonyloxysteroids der Pregnanreihe mit dem Salz einer organ. Base, deren pK in wss. Lsg. wenigstens 7 beträgt u. freier oder partiell veresterter Phosphorsäure in Ggw. eines inerten Lsgm., das eine DK von wenigstens 15 hat. — Man setzt z. B. 21-Jod-11β.17α-dihydroxy-Δ^4-pregnen-3.20-dion in Acetonitril mit 90%ig. H_3PO_4 u. Triäthylamin um u. arbeitet chromatograph. auf → *Na-Hydrocortison-21-phosphat.* — Analog: *Di-Na-3β.17α.21-Trihydroxy-5α-pregnan-11.20-dion-21-phosphat,* F. 215—218° u. 265—268°; $[\alpha]_D$ 28,8°. — *Di-[cyclohexylammonium]-prednisolon-21-phosphat,* F. 190—205° (Zers.); $[\alpha]_D$ 83°. — *Hydrocortison-21-cyclohexylammoniumbenzylphosphat,* F. 190—195° (Zers.); $[\alpha]_D$ 99,5°. — *Hydrocortison-21-dibenzylphosphat,* F. 170—172° (Zers.); $[\alpha]_D$ 114,5°. — *Di-Na-Prednison-21-phosphat,* F. 188—189° (Zers.); $[\alpha]_D$ 132°. — *Di-[cyclohexylammonium]-hydrocortison-21-phosphat,* F. 215—216°; $[\alpha]_D$ 143,2°. — *Di-Na-Hydrocortison-21-phosphat,* F. 218 bis 220°; $[\alpha]_D$ 172°. — *Di-cyclohexylammonium-prednisolon-21-phosphat,* F. 209—216°; $[\alpha]_D$ 123°. — *Di-Na-Prednisolon-21-phosphat,* F. 227—228°; $[\alpha]_D$ 129°. — *21-Hydroxy-5α-pregnan-3.20-dion-21-dinatriumphosphat,* F. 208—212°; $[\alpha]_D$ 82,5°. — *21-Hydroxy-pregnan-3.20-dion-21-dinatriumphosphat,* F. 180—185°; $[\alpha]_D$ 78° (Dihydrat). — *Heilmittel.* (**A. P. 2 936 313** vom 18/11. 1958, ausg. 10/5. 1960. E. Prior. 19/11. 1957.)
U. Sievers. 4809

G. D. Searle & Co., Chicago, übert. von: Raymond M. Dodson, Park Ridge, Ill., V.St.A., **Androsten-[16.17:c]-3'-methylpyrazole.** Man setzt z. B. 16α.17α-Epoxy-3β-hydroxy-Δ^5-pregnen-20-on in Ggw. von KOH u. Diäthylenglykol mit Hydrazin um → *3β-Hydroxy-Δ^4-androsten-[16.17:c]-3'-methylpyrazol* (I), F. 305—307°; $[\alpha]_D$ —73°; daraus durch Oppenauer-Oxydation → *3-Oxo-Δ^4-androsten-[16.17:c]-3'-methylpyrazol*, F. 311—314° (Zers.). — I + Acetanhydrid in Ggw. von Pyridin → *3β-Acetoxy-Δ^5-androsten-[16.17:c]-1'-acetyl-3'-methylpyrazol*, F. 190—193,5°, neben I-*3-Acetat*, F. 268 bis 273°; $[\alpha]_D$ —55° (aus der Mutterlauge). — *Heilmittel.* (**A. P. 2 937 168** vom 17/6. 1959, ausg. 17/5. 1960.) U. Sievers. 4809

Gyógyszeripari Kutató Intézet (Erfinder: György Wix, Károly Albrecht und Károly Magyar), Budapest, Ungarn, **Herstellung von Prednisolon** aus Steroiden, die in 17-Stellung keine Seitenkette tragen (Hydrocortison, Reichsteins Verb. S, Androstendion) auf mikrobiolog. Wege mit Kulturen von Corynebacterium simplex species oder Obsidia orchidis species. Zur Verhinderung der Eiweiß-Synth. wird Chloramphenicol zugegeben. (**Ung. P. 150 099** vom 9/11. 1961, ausg. 20/7. 1962.) F. Landsberger. 4809

Monsanto Chemical Co., St. Louis, Mo., übert. von: Bernard S. Wildi, Dayton, Ohio, V.St.A., **Quecksilbersalze** der allg. Formel R—CO—O—O—Hg—O—O—CO—R', in der R u. R' ein monocycl. Aryl- oder ein gesätt. aliphat. KW-Stoffrest ist, erhält man durch Rk. eines Hg-Salzes in wss. Lsg. mit dem Alkali- oder Erdalkalisalz der entsprechenden organ. Persäure unter nichtreduzierenden Bedingungen bei 0—60°. — Beispiel: *Quecksilbersalz* der *Perbenzoesäure*, F. 110° (Zers.). Verw. als *Epoxydierungsmittel*, z. B. zur Herst. eines *Epoxid-Deriv. von 5-Dihydroergosterin.* (**A. P. 2 957 935** vom 13/4. 1956, ausg. 25/10. 1960.) L. Stadelmann. 4809

G. Zambon & Co. S.p.A. (Erfinder: Carlo Concilio und Antonio Tezza), **Herstellung von Chloramphenicolglycinat und dessen Säureadditionssalzen.** Man löst 92,5 (g) Chloramphenicol (I) in 400 wasserfreiem Dioxan u. 23,8 Pyridin, gibt 47,4 Bromacetylchlorid zu, hält 1 Std. auf 30°, gießt in W., extrahiert mit Äthylacetat (III), bringt den Extrakt im Vakuum zur Trockne u. krist. aus $CHCl_3$. I-*Bromessigsäureester* (II), F. 106—107°; $[\alpha]_D^{20}$ 33° (in 1%ig. A.-Lsg.). 46,62 II gibt man zu einer Lsg. von 18,3 Hexamethylentetramin in 200 Chlf. bei 25°, hält das Gemisch 2 Std. bei 40—45°, kühlt auf 20°, dekantiert, behandelt mehrmals mit III unter Dekantieren u. löst den Rückstand in 175 Äthanol. Man schüttelt die Lsg. über Nacht mit 4 Mol-Äquivalent konz. HCl, filtriert u. dampft ein. Der Rückstand wird aus A. umkrist.: I-*Glycinathydrochlorid*, F. 180—181°; $[\alpha]_D^{20}$ + 20° (c = 5% W.); $E_{1cm}^{1\%}$ 243 ±5 at λ = 276 mμ (W.), daraus mit NaOH → I-*Glycinat* (IV), F. 132—135°; $[\alpha]_D^{20}$ + 30,8 °(c = 3% A.), mit H_2SO_4 → IV-Sulfat, F. 140—141°; $[\alpha]_D^{20}$ + 18° (c = 5% W.). Weitere Salze des IV: *Lävulinat*, F. 68 bis 72°, *Ascorbat*, F. 81—85°, *Tartrat*, F. 95—100°, *Citrat*, F. 65—76°, *Acetat*, F. 75—77°, *Phosphat*, F. 119—125°, *Succinat*, F. 180—181°. — *Chemotherapeutica.* (**Aust. P. 230 786** vom 19/11. 1958, ausg. 10/11. 1960. D. Prior. 20/11. 1957.) C. Lüttgen. 4811

Chas. Pfizer & Co., Inc. (Erfinder: Kenneth Franklin Finger, Melvin MacKenzie Noseworthy und Charles Joseph Salivar), **Hydroxytetracyclin enthaltende antibiotische Präparate,** die sich durch eine sehr gute Wasserlöslichkeit auszeichnen, erhält man in wss. Lsg. aus einer Säureadditions-Verb. von Hydroxytetracyclin (I), $Ca(OH)_2$ u. einem Kohlehydrat (IIa) wie Glucose, Fructose, Maltose, Mannit, Sorbit oder Lactose u. Trocknen des Prod. bei Temp. unter 50°. Das Verhältnis Ca : I : IIa soll 1 : 1 : x betragen mit x < 1. — Beispiel. (**Aust. P. 230 370** vom 20/6. 1958, ausg. 13/10. 1960. A. Prior. 2/7. 1957.) O. Roick. 4811

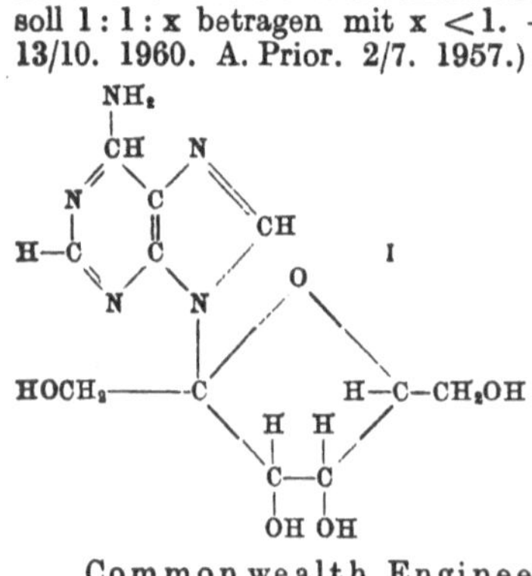

I

Upjohn Co. (Erfinder: Thomas Eugene Eble und Charles Lewis), **6-Amino-9-D-psicofuranosylpurin** der Zus. I, *Antibioticum*, bes. wirksam gegen Streptococcus hämolyticus u. Staphylococcus aureus, F. 212—214°; $[\alpha]_D^{25}$ in Dimethylformamid —68°, erhält man durch die Kultur von Streptomyces hygroscopicus unter anaeroben Bedingungen in einem wss. Kohlenhydrat u. assimilierbaren N enthaltendem Nährsubstrat. (**Aust. P. 230 066** vom 29/1. 1959, ausg. 22/9. 1960. A. Prior. 10/3. 1958.) O. Roick. 4811

Commonwealth Engineering Co. of Ohio, übert. von: Alfred E. Bishop und Leo J. Novak, Dayton, Ohio, V.St.A., **Dextranphosphate** (I) erhält man bei der Rk. von $POCl_3$ mit Dextran vom Molgew. ca. 60000—90000 u. im Verhältnis von 0,5 : 1 bis 1 : 1, verteilt in einem organ. Dispergiermittel (Pyridin, Bzl.), bei 50—90° während 25 Min. bis 3 Std. unter Ausschluß von Feuchtigkeit. Man kühlt die Rk.-Mischung, trennt vom Dispergiermittel, neutralisiert die wss. Lsg. u. fällt mit einem niedrigmol. Alkohol (I). Verwendet man an Stelle des Dextrans die „Dextransäure", als Nebenprod. bei der enzymat. Spaltung des Dextrans anfallend, ein Molgew. von 5—50000 aufweisend u. Carboxylgruppen besitzend, erhält man mit $POCl_3$ Dextransäurephosphate. — *Physiolog. wirkende Mittel.* (**A. P. 2 970 141** vom 24/9. 1954, ausg. 31/1. 1961.) G. König. 4813

William E. Petersen und Berry Campbell, St. Paul, Minn., V.St.A., **Gewinnung von Antikörper enthaltenden Produkten.** Man injiziert Bakterien-, Virus-, Pilz- oder Pollenantigen in das Euter von Huftieren, bes. Kühen, während der Trächtigkeit u. isoliert nach dem Kalben das γ-Globulin aus der Milch. Die Injektion kann in Abständen wiederholt u. nach dem Kalben durch parenterale Applikation ersetzt werden. Beides dient der Ausbeutesteigerung. Aus der entfetteten Milch wird mit A. das γ-Globulin gefällt. Zum Beispiel kann das den Schweinecholeraantikörper enthaltende Kuhmilchglobulin an Schweine appliziert werden. (**E. P. 837 695** vom 6/4. 1957, ausg. 15/6. 1960. A. Prior. 7/4. 1955.) H. Schindler. 4813

Mobac Laboratories, Inc., übert. von: Jeanne C. Moan, Drexel Hill, Pa., V.St.A., **Antigen zur Diagnose von Amoebiasis.** Endamoeba histolytica wird in einem Kulturmedium gezüchtet, das die Intestinalflora von Kaltblütern, bes. Amphibien, aber keine von Warmblütern enthält u. dem W. sowie vegetabile u. Säugetiergewebe, eine Stickstoffquelle u. Kohlenhydrate zugesetzt werden. Nach Einstellen der Kultur-Fl. auf pH 6,5—7,5 wird bei 37° bebrütet. Die Mikroorganismen werden abzentrifugiert u. durch Einfrieren u. Auftauen zerstört. Der Zellinhalt wird dann durch Zentrifugieren gewonnen u. zum Gebrauch mit physiolog. NaCl-Lsg. verdünnt. (**A. P. 2 975 100** vom 1/11. 1954, ausg. 14/3. 1961.) H. Schindler. 4813

Orsymonde Soc. An., Paris, Frankreich, **Arzneimittel.** Die antipyret. u. analget. Wrkg. der Acetylsalicylsäure (I) wird ohne Gefährdung der Nieren prolongiert, wenn I im Verhältnis von wenigstens 5:1 mit einem Na-Phosphat vermischt wird. Man verwendet besondere Gemische von 2 I u. 1 NaH_2PO_4 oder 1 I u. 1 Na-Hexametaphosphat. (**E. P. 841 757** vom 12/12. 1958, ausg. 20/7. 1960. F. Prior. 21/2. 1958.) K. Koebke. 4815

Warner-Lambert Pharmaceutical Co. (Erfinder: Max Chessin), **Pharmazeutische Mittel gegen Depressionen,** gek. durch den Geh. an einem Säureadditionssalz des β-Phenyläthylhydrazins, bes. des Hydrochlorids, in einer Dosis von 5—100 mg. (**Aust. P. 229 424** vom 29/8. 1958, ausg. 11/8. 1960. A. Prior. 29/8. 1957.) C. Lüttgen. 4815

Roger Bellon, Neuilly, Frankreich (Erfinder: Marcel Pesson und Julien Salle), **Arzneimittel** mit choleret. Wrkg., enthaltend eine Verb. der Formel I in cis- oder trans-Form, worin R_1 für ein Alkyl, R_2 für H oder ein ggf. substituiertes Aryl, A für H oder Halogen u. X für ein einwertiges Metall oder den einwertigen Anteil eines mehrwertigen Metalls stehen, bes. *α-Phenyl-o-methoxyzimtsäure.* (**E. P. 844 904** vom 22/4. 1958, ausg. 17/8. 1960.) K. Koebke. 4815

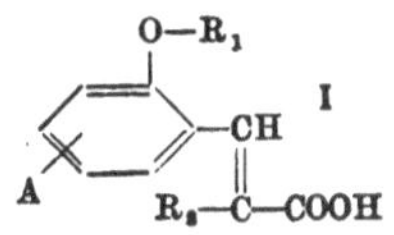
I

Imperial Chemical Industries Ltd., London, England (Erfinder: Stanley Birtwell, William Glynne Moss Jones und Roy Frederick Maisey), **Arzneimittel** mit antiallerg. u. entzündungswidriger Wrkg., enthaltend ein Guanidin-Deriv. der Formel I, worin R_1 für einen ggf. substituierten Arylrest, R_2 für H oder einen ggf. substituierten KW-Stoffrest u. R_3 für einen KW-Stoffrest oder einen heterocycl. Rest, die beide substituiert sein können, stehen mit der Bedingung, daß R_2 gleich H, wenn R_3 ein heterocycl. Rest ist. R_2 u, R_3 können zusammen mit dem anliegenden C-Atom einen ggf. heterocycl. Ring bilden. Man kann auch die Salze der Verbb., bes. die Hydrochloride, Acetate oder Salicylate verwenden. (**E. P. 842 325** vom 1/10. 1956, ausg. 27/7. 1960.) K. Koebke. 4815

I
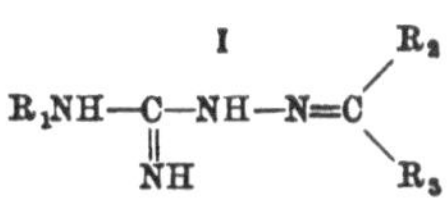

Abbott Laboratories (Erfinder: Bruce Wayne Horrom), **Antidiabetisches Mittel,** enthaltend wenigstens ca. 25 mg Dicyclopropylketazin pro Tablette. Formel I. (**Aust. P. 228 873** vom 19/12. 1957, ausg. 21/7. 1960. A. Prior. 24/12. 1956.) K. Demmler. 4815

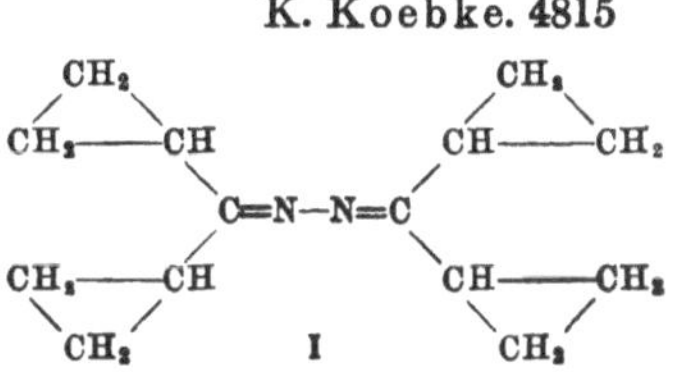
I

Imperial Chemical Industries Ltd., London, England (Erfinder: Albert Frederick Crowther, Walter Hepworth und John Selwyn Morley), **Arzneimittel** zur Prophylaxe u. Therapie bakterieller Infektionen, bes. von Salmonelleninfektionen, enthaltend als Wirkstoff eine oder mehrere Verbb. der Formel I, worin der Ring A einen oder mehrere Substituenten, nämlich NO_2 u. Halogene, trägt, R einen Alkyl- oder Alkenylrest mit 1—4 C-Atomen, R_1 u. R_2, die gleich oder verschieden sein können, H oder Alkylreste mit 1—4 C-Atomen bedeuten. Andere antibakterielle Wirkstoffe können zugemischt werden. Wenn der Wirkstoff 1-Methyl-6-nitrochinolon-(4) oder 1.3-Dimethyl-6-nitrochinolon-(4) ist, darf der Träger nicht A. sein. (**E. P. 835 474** vom 4/10. 1957, ausg. 18/5. 1960.) K. Koebke. 4815

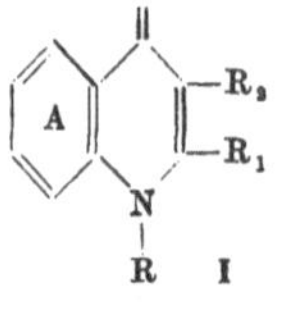

I

Farbenfabriken Bayer Akt.-Ges., Leverkusen, **Arzneimittel** zur Behandlung der Tuberkulose, enthaltend ggf. im Gemisch mit Isonicotinsäurehydrazid oder dessen tuberkulostat. wirksamen Derivv. u./oder tuberkulostat. akt. Thiosemicarbazonen oder Streptomycin oder p-Aminosalicylsäure eine oder mehrere Verbb. der Formeln **I** oder **II**, worin X für O oder S, R für H, Alkyl, Aryl oder Heteroaryl u. Ac für Acyl stehen. (**E. P. 853 120** vom 9/10. 1958, ausg. 2/11. 1960. D. Prior. 15/10. 1957.) K. Koebke. 4815

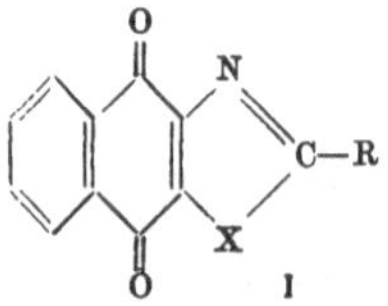

I

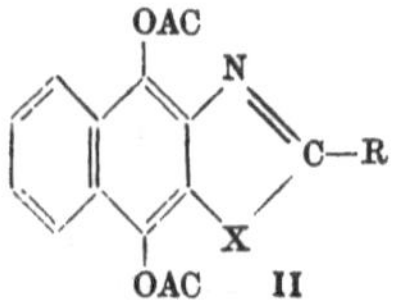

II

American Home Products Corp., New York, N.Y., V.St.A., **Mittel zur Behandlung der Schuppenflechte,** gek. durch einen Geh. an wss. Knoblauchextrakt (**I**) u. Ricinusöl (**II**). — Beispiel: 5 (Teile) Sellerieöl, 93 Ceresin, 162 **I**, 114 Cetylalkohol, 100 Tween 80, 162 **II**, 45 Lanolin, 3 Hexachlorophen, 2 Methyl-p-hydroxybenzoesäureester, 294 W. u. 20 Salicylsäure. (**Ind. P. 64 300** vom 6/6. 1958, ausg. 15/12. 1960.) C. Lüttgen. 4815

Glaxo Laboratories Ltd., Greenford, England, **Mittel zur Senkung des Cholesterinspiegels im Blut** in Form von Tabletten oder Kapseln, gek. durch einen Geh. von 5—25 mg *Thyroxamin* oder *D-3.5-Dijodthyronin*, deren Salzen oder einfachen Derivv. pro Einheit. (**Ind. P. 62 372** vom 25/11. 1957, ausg. 20/5. 1960.) C. Lüttgen. 4815

Sune Bergström und Jan Sjövall, Lund, Schweden, **Gewinnung von Arzneimitteln.** Akzessor. Geschlechtsmaterialien von Säugern, bes. Prostatadrüsen oder Sperma vom Schaf werden mit organ. Lsgm. extrahiert, der Extrakt mit alkal. wss. Lsg. ausgezogen u. aus dem wss. Extrakt durch Gegenstromverteilung, -extraktion u./oder Verteilungschromatographie die Wirkstoffe PGE, F. 102—103° u. PGF, F. 115 bis 117° gewonnen, die zwei nicht aromat. ungesätt. Hydroxycarbonsäuren (C:H:O im Verhältnis 4:7:1) enthalten. PGE erregt die glatte Muskulatur u. senkt den Blutdruck, PGF erregt die glatte Muskulatur, ohne einen Einfl. auf den Blutdruck zu haben. (**E. P. 851 827** vom 29/4. 1959, ausg. 19/10. 1960. A. Prior. 28/5. 1958.) K. Koebke. 4829

Jack Masquelier, Bordeaux, Frankreich, **Erzeugung von gegenüber Antibiotica resistenten oder indifferenten therapeutisch verwendbaren Milchsäurebakterien,** dad. gek., daß man einen Stamm dieser Bakterien in bekannter Weise isoliert, ihn Meerschweinchen (**I**) verabreicht, die mit einem Antibioticum (**II**) in täglichen Dosen behandelt wurden, die größer sind als die normalerweise bei der Behandlung von Infektionskrankheiten angewandten therapeut. Dosen, daß man die in den Faeces der **I** wieder erscheinenden Kolonien isoliert u. eine Reinkultur hieraus herstellt; wobei dieses Verf. an **I**, die mit einem anderen u. dann noch einem weiteren **II** behandelt wurden, wiederholt werden kann, bis man Bakterien erhält, die gegenüber den verwendeten **II** polyresistent oder polyindifferent sind. Beispiele mit Lactobacillus acidophilus u. Penicillin, Tetracyclin u. dessen Derivv., Erythromycin, Chloramphenicol oder Magnamycin. (**D. A. S. 1 104 119** Kl. 30h vom 26/2. 1959, ausg. 6/4. 1961. F. Prior. 28/2. 1958.) H. Schindler. 4829

E. I. du Pont de Nemours & Co., Wilmington, Del., V.St.A., **Herstellung von organischen Hg-Verbindungen.** Verbb. vom Typus $R_1SO_2N(R_2)HgR_3$ erhält man durch Rkk. zwischen N-alkylierten Sulfonamiden der Formel $R_1-SO_2-NHR_2$ mit Alkylmercurihalogeniden der Formel R_3HgX in Ggw. von Na oder NaOH in einem inerten Lösungsmittel. Hierbei ist R_1 ein einwertiger acycl., unsubstituierter KW-Stoffrest mit 1—4 C-Atomen, R_2 hat die gleiche Bedeutung wie R_1 oder stellt einen OH-substituierten KW-Stoffrest mit 1—4 C-Atomen dar, $R_3 = CH_3$ oder C_2H_5; $R_1 + R_2 + R_3$ dürfen zusammen nicht mehr als 8 C-Atome enthalten. Verw. als *mikrobicide* Mittel. (**Port. P. 38 194** vom 22/3. 1961, Auszug veröff. 27/5. 1961. A. Prior. 23/3. 1960.)

A. Kalix. 4833

Chas. Pfizer & Co., Inc. (Erfinder: **Melvin Mackenzie Noseworthy**), *Arzneitabletten.* (**Aust. P. 237 172** vom 2/10. 1958, ausg. 15/2. 1962. A. Prior. 10/10. 1957. — C. **1962,** 17848 [E. P. 862 376].)

Lepetit S.p.A. (Erfinder: **Alberto Vecchi** und **Giulio Maffi**), *Arzneimittel.* (**Aust. P. 237 121** vom 7/7. 1959, ausg. 8/2. 1962. E. Prior. 17/7. 1958. — C. **1962,** 15693 [E. P. 863 223].)

Geigy Chemical Corp., New York, N.Y., V.St.A., übert. von: **Bruno Hofer,** Münchenstein, Basel Land, und **Willy Stoll,** Basel, Schweiz, *Herstellung von bis-tertiären Glykolen.* (**A. P. 2 955 140** vom 30/12. 1957, ausg. 4/10. 1960. Schwz. Prior. 8/1. 1957. — C. **1960,** 11743 [Oe. P. 202 124].)

Ciba Corp., Del., V.St.A., übert. von: **Cyril Grob,** Basel, Schweiz, *Herstellung ungesättigter aliphatischer Aminodiole.* (**A. P. 3 060 196** vom 31/5. 1957, ausg. 23/10. 1962. Schwz. Prior. 6/6. 1956. — C. **1962,** 947 [Schwz. P. 349 592].)

May & Baker Ltd., Dagenham, übert. von: **Julius Nicholson Ashley, Raymond Frederick Collins, Harold Wood,** und **Michael Davis,** Upminster, England, *Aminophenoxyalkanderivate.* (**A. P. 3 052 722** vom 15/6. 1959, ausg. 4/9. 1962. E. Prior. 24/6. 1958. — C. **1963,** 5940 [E. P. 852 083].)

Dr. Karl Thomae G. m. b. H., Biberach a. d. Riß, *Herstellung von 2-Acyl-4-aminophenoläthern.* (**E. P. 833 826** vom 9/12. 1957, ausg. 27/4. 1960. D. Prior. 7/12. 1956. — C. **1963,** 6697 [Oe. P. 210 880].)

Farbenfabriken Bayer Akt.-Ges., Leverkusen (Erfinder: **Rudolf Hiltmann, Wolfgang Wirth** und **Fritz Mietzsch,** Wuppertal), *Herstellung von Dimethylaminopropoxybenzolen.* (**Schwz. P. 367 517** vom 11/6. 1957, ausg. 11/4. 1963. — C. **1960,** 14112 [Oe. P. 201 052].)

Ciba Akt.-Ges., Basel (Erfinder: **Jean Druey,** Riehen, **Paul Schmidt,** Therwil, **Kurt Eichenberger** und **Max Wilhelm,** Basel), Schweiz, *Herstellung von Sulfonamiden.* (**Schwz. P. 367 510** vom 27/11. 1957, ausg. 11/4. 1963. — C. **1961,** 16201 [D. A. S. 1 092 922].)

Farbwerke Hoechst Akt.-Ges. vormals Meister Lucius & Brüning, Frankfurt/M.-Höchst, *Herstellung von Phthalimidderivaten.* (**Oe. PP. 210 881** u. **210 884** vom 3/4. 1959, ausg. 25/8. 1960. Beide D. Prior. 5/4. 1958. — C. **1963,** 9041 [D. A. S. 1 124 952].)

Wellcome Foundation Ltd., England, *Herstellung von diquaternären Verbindungen.* (**F. P. 1 200 062** vom 7/6. 1956, ausg. 17/12. 1959. E. Prior. 8/6. 1955 u. 20/1. 1956. — C. **1963,** 3324 [D. A. S. 1 077 664].)

Sandoz Akt.-Ges., Basel, Schweiz, *Herstellung von Diphenylaminderivaten.* (**Oe. P. 205 486** vom 12/6. 1958, ausg. 25/9. 1959. Schwz. Prior. 19/7. 1957. Zusatz zu Oe. P. 196 385; C. 1960, 16852. — C. **1962,** 4640 [A. P. 2 902 491].)

Asta-Werke Akt.-Ges., Chemische Fabrik, Brackwede, übert. von: **Herbert Arnold,** Bielefeld, **Engelbert Kühas,** Gadderbaum, und **Norbert Brock,** Wadersloh, *Herstellung von Salzen basischer Äther von Diphenyläthinylcarbinolen.* (**A. P. 2 957 006** vom 25/2. 1957, ausg. 18/10. 1960. — C. **1959,** 13259 [D. A. S. 1 028 561].)

Sterling Drug, Inc., New York, N.Y., V.St.A., *Herstellung von 3-aminosubstituierten 1.1.2-Triphenylpropenen.* (**E. P. 828 762** vom 28/1. 1958, ausg. 24/2. 1960. A. Prior. 5/2. 1957. — C. **1962,** 4258 [D. A. S. 1 104 499].)

Farbenfabriken Bayer Akt.-Ges., Leverkusen (Erfinder: **Ernst Schraufstätter, Stefan Breitner, Klaus Schloßmann** und **Gert Haberland,** Wuppertal), *Herstellung von basischen 1-Aminonaphtholen.* (**Oe. P. 210 889** vom 28/9. 1959, ausg. 25/8. 1960. D. Prior. 4/10. 1958. — C. **1963,** 6330 [E. P. 868 884].)

Ciba Akt.-Ges., Basel, Schweiz (Erfinder: **Lincoln Harvey Werner,** Summit, N.J., V.St.A.), *Herstellung von 10-substituierten Thianaphtenoindolen.* (**Schwz. P. 364 785** vom 16/11. 1956, ausg. 30/11. 1962. A. Prior. 2/12. 1955, 28/3. u. 18/9. 1956. — C. **1960,** 8957 [Oe. P. 199 642].)

Ciba Akt.-Ges., Basel (Erfinder: **Karl Hoffmann,** Binningen, und **Alfred Hunger,** Basel), Schweiz, *Herstellung von Benzimidazolylessigsäureamiden.* (**Schwz. P. 363 657** vom 17/7. 1957, ausg. 28/9. 1962. — C. **1963,** 6331 [E. P. 864 131].)

Parke, Davis & Co., V.St.A. (Erfinder: **Robert Ford Parcell**), *4-Phenyl-1-alkylpiperazin-Derivate.* (**F. P. 1 282 514** vom 21/10. 1957, ausg. 8/6. 1962. A. Prior. 22/10. 1956. — C. **1960,** 12089 [A. P. 2 836 595].)

Cilag-Chemie Akt.-Ges. (Erfinder: **Ernst Habicht**), Schaffhausen, Schweiz, *Herstellung von Pyrimidinderivaten.* (**Schwz. PP. 348 425, 348 426** u. **348 427** vom 12/7. 1957, ausg. 15/1. 1962. — C. **1962,** 13131 [D. A. S. 1 118 785].)

Sandoz Soc. An., Schweiz, *Herstellung von 3-Alkylmercaptophenothiazinderivaten.* (**F. P. 1 237 718** vom 15/4. 1958, ausg. 25/11. 1960. Schwz. Prior. 17/4., 29/5. u. 18/12. 1957. — C. **1961,** 11434 [Oe. P. 202 563].)

Sandoz Akt.-Ges. (Erfinder: **Jürg Rutschmann** und **Emil Scheier**), *6-Methylergolenderivate.* (**Aust. P. 237 129** vom 24/9. 1959, ausg. 8/2. 1962. Schwz. Prior. 26/9. 1958. — C. **1961,** 12565 [D. A. S. 1 096 910].)

F. Hoffmann-La Roche & Co. Akt.-Ges., Basel, Schweiz, *Erzeugung von Vitaminen der B_{12}-Gruppe.* (**Oe. P. 220 292** vom 30/11. 1959, ausg. 12/3. 1962. Schwz. Prior. 24/12. 1958. — C. **1963,** 4450 [D. P. [DDR] 23 473].)

British Drug Houses Ltd. (Erfinder: **David Neville Kirk, Vladimir Petrow, Martin Stansfield** und **David Morton Williamson**), *15-Substituierte Steroide.* (**Aust. P. 237 238** vom 4/8. 1959, ausg. 15/2. 1962. E. Prior. 11/8. 1958. — C. **1962,** 13135 [D. A. S. 1 120 447].)

Schering Akt.-Ges. (Erfinder: **Eugen Griebsch** und **Wilhelm Garn**), *Prednisolonnatriumsulfat.* (**Aust. P. 237 120** vom 2/7. 1959, ausg. 8/2. 1962. D. Prior. 12/7. 1958. — C. **1960,** 6253 [D. A. S. 1 066 581].)

Leo Industrie Chimiche Farmaceutiche S.p.A. (Erfinder: **Giordano Giacomello**), *Penicillinderivate.* (**Aust. P. 237 130** vom 29/9. 1959, ausg. 8/2. 1962. Schwz. Prior. 3/10. 1958. — C. **1961,** 18795 [Ind. P. 58 537].)

Cooper, McDougall & Robertson Ltd., übert. von: **Philip Arthur Kingsbury,** Berkhamsted, und **Roy Vivian Foster,** Tring, England, *Anthelminthica.* (**A. P. 3 060 088** vom 7/11. 1960, ausg. 23/10. 1962. E. Prior. 20/11. 1959. — C. **1963,** 5127 [Ung. P. 150 004].)

Louis Lafon, *Abführmittel.* (**Aust. P. 237 216** vom 24/11. 1958, ausg. 15/2. 1962. A. Prior. 30/1. 1958. — C. **1963,** 5947 [E. P. 840 155].)

Schering Akt.-Ges., Berlin, *Trijoddiaminophenylpropionsäureverbindungen und deren Verwendung als Röntgenkontrastmittel.* (**E. P. 898 781** vom 10/11. 1958, ausg. 14/6. 1962. D. Prior. 18/12. 1957. — C. **1961,** 2037 [Oe. P. 206 581].)

G. Analyse. Laboratorium

Planung und Bau von Laboratorien. R. R. Young und P. J. Harrington. (Roy. Inst. Chem., Lecture Ser. **1962,** 3—14; Liverpool, Stephenson, Young & Partners; engl.) — Übersicht über Arbeiten u. Probleme des Architekten beim Entwurf u. bei der Bauausführung von Labor.-Gebäuden. Gerhard Schulze. 5010◇

Einfache Ultramikrobürette für das Laboratorium. A. Ziegelhöffer, M. Hubka und G. Foglsinger. (Chem. Zvesti **15,** 158—60, 1961; Bratislava, Slowak. Akad. der Wiss., Inst. für exper. Med., Abt. für exper. Chirurgie; tschech.) — Modifikation der Habermann-Mikrobürette. H. Jehne. 5014◇

Verbesserte Ausführung tragbarer Vakuummanometer. A. T. J. Hayward. (J. sci. Instruments **37,** 486—87, 1960; East Kilbride, Glasgow, Nat. Engng. Labor., Fluid Mech. Div.; engl.) — An einem Hebermanometer für Druckmessungen im Bereich von 10—300 mm Hg werden am oberen Ende des abgeschlossenen Manometerschenkels u. am unteren Ende des offenen Schenkels zwei gleichgroße Kugeln angebracht. Ferner werden beide Schenkel durch ein Capillarrohr verbunden, um ein Zerstören der oberen Kugel beim plötzlichen Zurückschnellen des Hg zu verhindern. Das Vol. der Kugeln ist dreimal so groß wie das der oberen Hälfte des abgeschlossenen Schenkels d. h. das Gesamt-Vol. in diesem Abschnitt ist 4mal größer als bei den üblichen Geräten. Dadurch wird der Fehler, der durch in den hoch evakuierten Raum eindringende Luft hervorgerufen wird, bei Nullausschlag auf 1/4 reduziert. Das Kompressionsverhältnis zwischen Null- u. Vollausschlag beträgt 4:3, d. h. der Fehler erhöht sich bei Vollausschlag nur um den Faktor 1,33 gegenüber dem Faktor 17 bei den üblichen Manometern. G. Peters. 5016◇

Vorsichtsmaßregeln bei der Verwendung von Ionisationsmanometern mit entgasbaren Molybdänanoden. Russell D. Young. (Rev. sci. Instruments **32,** 1255, 1961; University Park, Pa., Pennsylvania State Univ.; engl.) — Bei Ionisationsmanometern mit durch Elektronenbeschuß entgasten Mo-Anoden wird bei Gebrauch nach mehreren Std. auf der Innenseite des Glasmantels eine weiße oder graue Filmschicht gebildet, u. gleichzeitig wird das gemessene Vakuum schlechter. Die gleiche Beobachtung wurde an einer zuvor entgasten Röhre gemacht, die hierauf der Luft ausgesetzt u. hierauf unter Vakuumbedingungen ausgeglüht worden war. Bei anderen Anoden, wie z. B. aus W oder Ta wurden keine solchen Ndd. beobachtet. Vf. schlägt daher vor, die Mo-Anoden durch solche aus Ta oder W zu ersetzen. C. Gottfried. 5016△

Eine Ganzglasmikrowaage. M. M. Faktor und J. I. Carasso. (Chem. and Ind. **1961,** 1062—63; London, Post Office Res. Stat.; engl.) — Beschreibung einer Mikrowaage mit gläsernem Waagebalken, dessen Durchbiegung über ein Syphon-Syst. auf ein kathetometr. ablesbares Wassermanometer übertragen wird. W. Betcke. 5022◇

Laboratoriumspumpe aus Kunststoff für agressive Flüssigkeiten. J. Balej, V. Koudelka, J. Vondrák und I. Paseka. (Chem. Průmysl **12 (37),** 446—47, 1962; Praha, Ústav anorg. chem. ČSAV; tschech.) — Beschreibung einer Zentrifugaltauchpumpe. J. Schneider. 5026◇

Hochtemperaturinduktionsöfen. P. H. Dundas. (Res. appl. in Ind. **14,** 262—68, 1961; London, Imp. Coll. of Sci. and Technol., Chem. Engng. Dep., Carbon Res. Labor.; engl.) — Beschreibung der theoret. Prinzipien u. der Einrichtung von Induktionsöfen für den Labor.-Gebrauch sowie Hinweise für ihre prakt. Anwendung. W. Betcke. 5028◇

Viscosimeter mit gedämpfter Torsionsschwingung. B. S. Ashwin, T. Hagyard, I. C. B. Saunders und T. E. Young. (J. sci. Instruments **37,** 480—85, 1960; Christchurch, New Zealand, Univ. of Canterbury, Dep. of Chem. Engng.; engl.) — Zur Best. der Viscosität von fl.-ähnlichen Gas–Festkörper-Suspensionen, Suspensionen von grobem u. faserigem Material sowie Schmelzen von Metallen u. Schlacken wurden zwei Torsionspendelviscosimeter (Typ I u. II) entwickelt. Bei I ist ein speziell hergestelltes Pendel-Gew. an einem Torsionsdraht aufgehängt u. völlig in die Fl. eingetaucht. Der Rücktrieb wird aus dem Amplitudenabfall mit der Zeit bestimmt. Ist die Gefäßwand um mindestens 28% der Wellenlänge von dem Pendel-Gew. entfernt, so ist ihr Einfl. vernachlässigbar. Die Gesamtabklingkonst. k_2, die mit dem Pendel-Gew. in der Fl. bestimmt wird, setzt sich additiv aus den Abklingkonst. k_1 u. k der einzelnen Dämpfungsprozesse zusammen. k_1, das durch die innere Reibung u. den Luftwiderstand bedingt ist, kann durch zeitweiliges Einbringen des Pendel-Gew. in den hohlen Trägheitszylinder bestimmt werden. Der k-Wert der Fl.-Dämpfung ergibt sich aus der Differenz: $k = k_2 - k_1$. Aus der Dimensionsanalyse gilt für I der Ansatz $k/n = C(D^2 n/v)^\alpha (D^5 \varrho/I)^\beta$; darin sind n die Frequenz, D der Durchmesser des Pendel-Gew., I das Trägheitsmoment des gesamten schwingenden Syst., ϱ die Dichte u. v die kinemat. Zähigkeit der Flüssigkeit. Für I ist der Wert für den Exponenten β —1, α variiert von 0,56 bei hohen Reynold-Zahlen (Re) bis zu —0,85 bei niedrigen Re, analog variiert C von 0,79—2,8. Für Re $>$200 treten starke Abweichung von obiger Beziehung auf. Um eine Verminderung des fl.-ähnlichen Zustandes an der horizontalen Oberfläche zu vermeiden, wurde bei Typ II ein langes, zylindr. Pendel-Gew. partiell in die Fl. eingetaucht. Die Abklingkonst. k' ergibt sich aus der Differenz zweier k-Werte bei verschiedenen Eintauchtiefen. Die Differenz der Eintauchtiefen geht als zusätzliche Längendimension in die Dimensionsanalyse ein, u. es gilt der Ansatz $k'D/n = 0{,}80(D^5\varrho/I)(D^2n/v)^{-0{,}61}$ mit $k' = [0{,}80 \cdot D^3 \sqrt{n\,\mu\varrho}]/I$ mit der Viscosität μ. Bei Kenntnis von I entfällt eine Eichung der Geräte, andernfalls genügt eine einfache Best. von k bzw. k' in einer Fl. bekannter Viscosität zur Berechnung von I. — An beiden Viscosimetern wurden Fl. aus 5 Mischungen von KW-Stoffen u. Äthylendibromid (D^{25} von 0,794—2,166 g/ml u. μ von 163,9—1,59 cP bei 25°) untersucht. Bei der Unters. von wss. Suspensionen ist der Zusatz eines Netzmittels zur Benetzung der Drehachse erforderlich. Die Frequenz n lag zwischen 0,282 u. 0,938 Hz u. die Halbamplitude $<$0,06 rad (Bogenmaß). Der Torsionsdraht bestand aus hartgezogener Phosphorbronze mit 0,045 cm Durchmesser. Die maximale Drehbeanspruchung lag bei $<$0,02 rad/cm Draht. Die Meßtemp. betrug 25 ± 0,1°. Bei Typ I lag die Fl.-Oberfläche mindestens 1 cm über dem Pendelgewicht. G. Peters. 5040◇

Anwendung der Sublimatographie in der analytischen Chemie. Eiichi Shibata und Shinichi Saito. (Japan Analyst **10**, 928—33, 1961; Jochi Univ.; jap.) — Diskussion zum Begriff u. den App. der *Sublimatographie* sowie des Sublimatoskops (App.-Skizze), des Vakuum-Kondens.- u. Sublimationspunktes, zu den Grundprinzipien der sublimatograph. Analyse von Gemischen, der Reinheitsprüfung von Chemikalien, des Auftretens von Zonen von Verbb. der niedrigen Wertigkeitsstufe bei verschiedenwertigen Elementen z. B. von $FeCl_2$ bei Sublimation von $FeCl_3$ usw.
L. Schuler. 5050◇

Papierelektrophorese. Mihály Takács. (Gyógyszerészet [Pharmazie] **6**, 443—49, 1962; Budapest, Med. Univ., Pharm. chem. Inst.; ung.) — Besprechung der Entw. der Papierelektrophorese, sowie die bei den Trennungen geltenden Faktoren u. verschiedenen Methoden. G. Ligeti. 5062△

Automatische Papierelektrophorese. J. Hrdina, M. Pechman und J. Škoda. (Collect. czechoslov. chem. Commun. **27**, 969—73, 1962; Prague, Czechoslov. Acad. of Sci., Developm. Workshop and Inst. of Organ. Chem. and Biochem.; engl.) — Es wird eine weitgehend automatisierte App. für Papierelektrophorese beschrieben. Die Elektrophorese wird nach Ablauf der festgesetzten Dauer selbsttätig durch Herausziehen der beiden Enden des Elektrophoresestreifens aus der Puffer-Lsg. beendigt, wobei zugleich die überschüssige Lsg. von den Enden abgesaugt wird; danach wird die Trocknung des Pherogramms durch vorgewärmte oder kalte Luft in Gang gesetzt u. endlich das ganze Gerät ausgeschaltet. M. Ryba/Prag. 5062△

Einige die Wirksamkeit von papierelektrophoretischen Prozessen bestimmende Faktoren. C. Bonmati, G. Guzmán und A. Soler. (Inform. Quím. analít. **17**, 83—99, 1963; Murcia, Univ., Fac. de Ciencias, Cát. de Quím. Org.; span.) — Vff. untersuchten die Einfl. folgender Faktoren, die die Papierelektrophorese beeinflussen, um optimale Arbeitsbedingungen zu finden: pH-Wert, osmot. Druck u. chem. Zus. des Mediums, Feld- u. Stromstärke, Temp., Zeit u. Strömungsverhältnisse im Papier.
P. Kurzmann. 5062◇

Ein bewährtes Glassprühgerät für die Papierchromatographie. S. Bose, S. Mukherjee und J. N. Sharma. (Sci. and Cult. [Calcutta] **26**, 44, 1960; Kanpur, Nat. Sugar Inst., Dep. of Organ. Chem.; engl.) — Ein Sprühgerät, das mit einem Handkompressor betrieben werden kann, wird an Hand einer Skizze beschrieben. Es ermöglicht ein feines u. gleichmäßiges Besprühen selbst großer Chromatogramme. W. Kupfer. 5062◇

Allgemeines Entwicklungsverfahren zur Papierchromatographie. 1. Mitt. **Nachweis anorganischer Ionen.** Tibor Gánti und Ervin Novák. (Magyar Kémiai Folyóirat [Ung. Z. Chem.] **68**, 293—96, 1962; Budapest, Hygien. Inst.; ung.) — Die Rk. von Benzidin mit Furfurol in Anwesenheit von Essigsäure wird durch verschiedene Ionen u. Verbb. beeinflußt. Es gibt Stoffe, die die Rk. ganz verhindern bzw. verzögern, andere reagieren mit verschiedener Farbe. Vff. empfehlen diese Rk. daher als allg. Entw.-Verf. für die Papierchromatographie. Zur Trennung der Kationen wird als Lsgm. mit 4 n Essigsäure gesätt. Butylakohol verwendet, dann wird das Lsgm. verdampft u. das Chromatogramm mit in Eisessig gelöstem Benzidin (0,5%) besprüht, bei Zimmer-

Temp. halb getrocknet u. in Furfuroldampf gelegt. Nach 1 Min. beginnt die Ausbildung der Farbe, welche ohne Wirkstoffe erst violettrot, dann blauviolett wird, in Anwesenheit von Wirkstoffen erscheinen die Flecke weiß, gelb oder in anderer Farbe.
J. Kis. 5062

Ein neues universelles Entwicklungsreagens für die Papierchromatographie von Kationen. Werner Bock-Werthmann. (Analytica chim. Acta [Amsterdam] **28**, 519—23, 1963; Berlin, Hahn-Meitner-Inst. für Kernforsch.; dt.) — Durch Besprühen mit alkohol. Tetrahydroxychinon-Lsg. u. anschließendem Dämpfen mit NH_3 lassen sich die folgenden, auf Papier mit dem Laufmittel Butanol/5 n HNO_3 (7:1) getrennten Kationen anfärben: Li, Na, K, Rb, Cs, Be, Mg, Ca, Sr, Ba, Al, Sn, Pb, Sb, Bi, Cu, Zn Cd, Hg, Y, La, Cr, Mn, Fe, Co u. Ni. Die Anfärbungsempfindlichkeiten werden tabellar. angegeben. H. J. Altmann. 5062◇

Monochromator zum selektiven Nachweis von UV-absorbierenden Stoffen in Papierchromatogrammen durch dirkete Photokopie. W. Arnold, R. Bührer, J. v. Euw, E. Lüscher, O. Schindler, K. Stich, P. Zoller und T. Reichstein. (Helv. chim. Acta **46**, 178—85, 1963; Basel, Univ., Inst. für Org. Chem.; dt.) — Die App. benutzt eine Hg-Hochdrucklampe, aus deren Licht mit Hilfe eines drehbaren Litrow-Halbprismas die jeweils gewünschte Wellenlänge im Bereich von ca. 220—360 nm mit einer Breite von $\pm$ 10 nm herausgefiltert werden kann. Das mit AgBr-Papier unterlegte Chromatogramm rotiert auf einer Trommel im Strahl. Bei kurzen Wellenlängen werden durch Absorption in Papier u. Filmschicht, sowie durch Streulicht die Flecken nur unscharf wiedergegeben. Die Meth. läßt den Nachw. von z. B. 0,005 mg Progesteron, Cortison oder Bufalin zu. F. M. Friedrich-Anderseck. 5062◇

Zur quantitativen Auswertung von Papierchromatogrammen durch photometrische Reflexionsmessung — Einfluß der Fleckengröße. S. Lanini und A. Gäumann. (Schweiz. Arch. angew. Wiss. Techn. **28**, 267—68, 1962; dt.) — Die photometr. Ausmessung von Farbflecken auf Papier durch Reflexionsmessung erfolgt mit der Ulbrichtschen Kugel. Als Testsubstanz wurde Malachitgrün in verschiedenen wss. u. alkohol. Lsgg. verwendet. Weder in W. noch in A. besteht eine lineare Beziehung zwischen Extinktion u. Konzentration. Die Berechnung des Extinktions-Koeff. für eine bestimmte Wellenlänge ist daher nicht möglich. Demzufolge läßt sich auch die Konstanz des Streukoeff. nicht prüfen. Die Reflexionswerte werden maßgeblich durch die Dimension des Fleckes beeinflußt. Die homogene Verteilung des Farbstoffs innerhalb des Fleckes ist eine wichtige Voraussetzung. Bei den üblichen Chromatogrammen wird diese Bedingung kaum erfüllt sein u. daher zusätzliche Fehler bedingen. Ein quant. Nachw. von Substanzen durch direkte Reflexionsmessungen an Flecken auf Papier darf daher kaum als genaue Meth. angesprochen werden. G. Henning. 5062□

Herstellung von Selenspiegeln. A. R. Krause. (Versuchsgeräte u. Versuchstechn. [UdSSR] **7**, 132, 1962; russ.) — Die Herst. von Se-Spiegeln auf Glasunterlage zur Polarisation von IR-Licht wird beschrieben. M. Wiedemann. 5063◇

Folien aus Polystyrolsulfonsäure und ihren Salzen. 7. Mitt. **Infrarot-Tieftemperatur-Küvette.** G. Zundel. (Chemie-Ing.-Techn. **35**, 306—09, 1963; München, Univ., Phys.-Chem. Inst.; dt.) — Vf. beschreibt eine IR-Tieftemp.-Küvette, die im Temp.-Bereich 90° K bei 120° C anwendbar ist. Die Kondens. von Wasserdampf bei tiefen Temp. wird durch Heizung der äußeren Fenster des Dewar-Mantels verhindert. Die Küvette ist zur Unters. von Gasen u. Festkörpern geeignet. Eine Vorr. ermöglicht es, in der geschlossenen u. tiefgekühlten Küvette Manipulationen mit der eingesetzten Probe vorzunehmen. — Die Arbeitsweise wurde an der Unters. von Polystyrolsulfonsäure (PS)-Folien geschildert. Die Kontinuumsabsorption definiert hydratisierter PS-Folien ist bei 90° K ebenso kräftig wie bei 298° K. Sie steht in keinem Zusammenhang mit den therm. Schwingungen der Hydratkomplexe. D. Hoene. 5063◇

Über Küvettenfenster mit Polyäthylenaufschmelzschichten für die Infrarotspektroskopie. E. Steger und K. Herzog. (Z. Chem. **3**, 142—47, 1963; Dresden, TU, Inst. für anorg. u. anorgan.-techn. Chem.; dt.) — Vff. überprüfen eine Reihe von in der Literatur beschriebenen Verff. u. beschreiben ein selbstentwickeltes Verf. zur Herst. von Polyäthylenaufschmelzschichten auf NaBr- oder KBr-Scheiben. Polyäthylenfolien werden bei 120° unter Vakuum aufgeschmolzen. Die Haftfestigkeit wird durch therm. Nachbehandlung (180—190° in N_2) verbessert. Daten über die chem. u. physikal. Beständigkeit von Polyäthylen sind zusammengestellt. Vff. konnten mit so hergestellten Küvettenfenstern IR-Messungen an konz. Phosphorsäure, gesätt. Lsgg. saurer Phosphate u. Glykokollsuspensionen in Nujol ausführen. Zur Erweiterung des Spektralbereiches wird die Anwendung von As_2S_3-Glas u. *Teflon* beschrieben. D. Hoene. 5063◇

Kaliumbromidcapillarzelle für die Infrarotmikrospektroskopie. Edward D. Black. (Analytic. Chem. **32,** 735, 1960; Natick, Mass., U. S. Army, Quartermaster Res. and Engng. Center, Pion. Res. Div.; engl.) — Durch Einpressen eines feinen Drahtes in einen KBr-Preßling wird in diesem ein Capillarhohlraum von 0,075 mm Ø u. 7—8 mm Länge zur Aufnahme von fl. Proben für die IR-Mikrospektrographie hergestellt.
W. Betcke. 5063◇

Schnell abtastender Infrarotspektrograph mit linearer Wellenlängendarstellung. John F. Porter. (J. opt. Soc. America **51,** 789—93, 1961; Baltimore, Md., John Hopkins Univ., Radiat. Labor.; engl.) — Vf. beschreibt ein aus einem Perkin-Elmer-Modell 99-Monochromator entwickeltes Spektrometer, das das IR-Spektrum von 1—5,5 μ in 15 ms, 20mal pro Sek. abtastet. Die Spektren werden auf einem 35 mm-Film mit einer linearen Wellenlängen-Darst. registriert. Als Anwendungsbeispiele werden die Absorptionsspektren von *Bzl.* u. *Polystyrol* mit dem Emissionsspektrum des Hg gebracht. Die Genauigkeit der Wellenlängen-Best. beträgt $\pm 0,1\ \mu$.
C. Gottfried. 5063△

Infrarotmikrospektrophotometrie unter Verwendung einer 6fach-Strahlenkondensoroptik vom Reflektionstyp in Vergleichs- und Probestrahlengang. Mario Sparagana und W. B. Mason. (Analytic. Chem. **34,** 242—47, 1962; Rochester, N.Y., Univ. of Rochster, School of Med. and Dent., Dep. of Med. and Biochem.; engl.) — Beschreibung der Vorr., die die Aufnahme normaler Spektren unter Verw. von nur 1—5 μg Substanz gestattet. Bei gleichzeitiger Benutzung eines elektron. Ordinatendehners kann die Substanzmenge auf 0,05 μg red. werden. Mit der App. wurden Spektren von *Hydrocortison, Estron, β-Estradiol* u. *Phenobarbital* aufgenommen. U. Uhlich. 5063◇

Einige praktische Einzelheiten bei der Infrarotspektrophotometrie. Armando I. Ricciardi. (Rev. Fac. Ing. Quím. **29,** 59—67, 1960; Inst. Invest., Labor. Quím.I.; span.) — Reinigung von Kerosin, um ein Lsgm. mit einem dem Nujol ähnlichen Spektrum zu erhalten (zur Extraktion organ. Stoffe aus wss. Lsgg. u. nachfolgenden IR-Best.). Automat. Hygrostat für die Prüfräume. Registriertinte. Spindelpresse zur Herst. von KBr-Tabletten. M. Reiher. 5063◇

Elektrometrische pH-Bestimmung. R. G. Bates. (Chimia [Aarau, Schweiz] **14,** 111—26, 1960; Washington, D.C., Nat. Bureau of Standards; engl.) — Vf. erörtert die geschichtliche Entw. einer prakt. pH-Skala sowie das Bestreben, eine internationale pH-Skala festzulegen, die Möglichkeit der Aufstellung analoger Skalen für nichtwss. u. teilweise wss. Medien, ferner neuere Entw. auf dem Gebiet der Gerätekunde zur pH-Messung (Glas- u. Vgl.-Elektroden, pH-Meter u. automat. Titrationsgeräte) sowie Anwendungsmöglichkeiten zur betrieblichen pH-Kontrolle. — 45 Literaturangaben.
Gerhard Schulze. 5066◇

Probleme der technischen pH-Messung in chemischen Betrieben. O. Petersen. (Chemie-Ing.-Techn. **32,** 658—66, 1960; Uerdingen, Farbenfabriken Bayer Akt.-Ges.; dt.) — Es werden einige Richtlinien für die Erstellung betrieblicher pH-Meß- u. Regelanlagen sowie für deren Wartung aufgezeigt. W. Betcke. 5066◇

Revidierte Normalwerte für pH-Messungen von 0—95° C. Roger G. Bates. (J. Res. nat. Bur. Standards, A **66,** 179—84, 1962; engl.) — Für die konventionelle pH-Skala stehen jetzt 7 Lsgg. zur Verfügung. Die ursprünglichen EMK-Werte u. die Werte der Funktion $p(a_H\gamma_{Cl})$ wurden überprüft u. neu berechnet. Das von Bates u. Guggenheim vorgeschlagene Verf. zur numer. Best. der individuellen Aktivitäts-Koeff. von Cl^- in Puffer-Lsgg. wurde akzeptiert, wodurch die pH-Werte bis auf die 3. Dezimalstelle genau bestimmt wurden. Die experimentellen Werte wurden nach der Meth. der kleinsten Quadrate korrigiert. Die Eigg. u. die Anwendung der Normalwerte werden diskutiert u. Hinweise für die Herst. der Lsgg. angegeben. — 20 Literaturzitate.
K. Roß. 5066◇

Neuere Entwicklungen in der Polarographie. G. W. C. Milner. (Chimia [Aarau, Schweiz] **14,** 106—11, 1960; Harwell, A.E.R.E., Analyt. Chem. Branch; engl.) — Vgl. C. **1963,** 16077. — Beschreibung der Arbeitsweise u. Anwendungen von Kathodenstrahl- u. Wechselstrompolarographen. — 15 Literaturangaben.
Gerhard Schulze. 5066◇

Die Untersuchung des Struktureinflusses auf das polarographische Verhalten organischer Substanzen im polarographischen Institut der Tschechoslowakischen Akademie der Wissenschaft. Petr Zuman. (J. polarogr. Soc. **8,** 66—85, 1961; Prague, Czech. Acad. of Sci., Polarograph. Inst.; engl.) — Übersicht; es werden strukturelle Einfl. auf die Lage der Halbstufenpotentiale u. des polarograph. Stromes behandelt. — 103 Literaturangaben. E. Moisar. 5066◇

Anwendung von Thionol, Thionolin und Thionin als titanometrische Indicatoren. E. Ružička und J. Adámek. (Z. analyt. Chem. **195,** 411–14, 1963; Olmütz, Palaky-Univ., Naturwiss. Fak., Inst. für org., analyt. u. phys. Chem.; dt.) — In 4 n HCl u. bei 60–70° können Thionol (I), Thionolin (II) u. Thionin (III) als Indicatoren für visuelle Titrationen mit Ti(III) benutzt werden. Bei I erfolgt der Farbumschlag von Rot (Redoxpotential bei pH 1,42 0,47 V), bei II von Violett (0,54 V bei pH 0,66) u. bei III von Blau (0,56 V bei pH 0–5) nach Farblos. L. Hoppe. 5068◇

Ein neuer trilonometrischer Indicator vom Typ des Säurechromdunkelblaus. I. Ss. Musstafin, Je. A. Kaschkowskaja und A. N. Iwanowa. (Betriebs-Labor. [UdSSR] **24,** 1060–61, 1958; Saratow, Tschernyschewski-Univ.; russ.) — Die Empfindlichkeit gegenüber Mg^{2+}, Ca^{2+}, Zn^{2+}, Ni^{2+} (u. Cu^{2+}) bei optimalen pH-Werten (10–11) des neuen trilonometr. Indicators „Säuremonochromblau 3" (Na-Salz des *1-Hydroxy-5-sulfo-8-acetylaminonaphthalin-(2)-azo-2'-hydroxy-3'.5'.6'-trichlorbenzols,* I) wird erörtert. Die hohe Empfindlichkeit des Indicators gegenüber Mg^{2+} ($\geqq 0{,}01\,\mu g$/ml Mg) ist bei der Härte-Best. des W. vorteilhaft. Fe^{3+} bzw. Al^{3+} (>7 mg/Liter) stören. Zur Cu-Best. erwies sich I infolge der Beständigkeit des Cu–I-Komplexes gegenüber Trilon als ungeeignet. S. Baryschnikow. 5068△

Eine Übersicht über Organoschwefelderivate des Schwefelwasserstoffs als Reagentien für die anorganische quantitative Analyse. Orland W. Kolling. (Trans. Kansas Acad. Sci. **64,** 335–43, 1961; Winfield, Kans., Southwestern Coll.; engl.) — Übersicht; Thiole, Thione (Thioketone), Thiocarbonsäuren, Thioamide, Thiocarbazone u. Thiosemicarbazide. — 33 Literaturangaben. P. Gregorzewski. 5072◇

Abkömmlinge von Azolidin als organische Reagentien in der anorganischen Analyse. 1. Mitt. **Charakteristische Reaktionen der Thiohydantoine.** B. M. Turkewitsch. (Pharmaz. J. [UdSSR] **14,** Nr. 5, 12–16, 1959; Lwow, Inst. für Bluttransfusion, Chem. Labor.; ukrain.) — Die Farb-Rk. von *2-Thiohydantoin* (I) u. 25 seiner Derivv. in 0,001 m methanol. Lsg. mit 0,01 ml Salz-Lsg. zahlreicher Metalle (1 mg Metall/1 ml Lsg.) wird untersucht. I u. seine in 5-Stellung substituierten Derivv. eignen sich zur Identifizierung von Ag, Au, Pt, Pd, Cu u. Hg. I. Schade. 5072△

1.10-Phenanthrolin als analytisches Reagens: Neuere Fortschritte. F. Vydra und M. Kopanica. (Chemist-Analyst **52,** 88–94, 1963; Prague, Czechoslov. Acad. of Sci., Polarograph. Inst., Labor. of Analyt. Chem.; engl.) — Übersicht über die in den letzten fünf Jahren veröffentlichten Unterss. über die Verw. von 1.10-Phenanthrolin als Reagens zur direkten u. indirekten photometr. Best. von Fe, Ru, Co, Mo, Ni, Ag, Ce, Ti, H_2O_2, V, $Fe(CN)_6^{3-}$, $Fe(CN)_6^{4-}$ u. $Fe(H_2O)(CN)_5^{3-}$, als Reagens zur Änderung von Redoxpotentialen bei elektrometr. u. photometr. Messungen, bei chelatometr. Titrationen, zur CO-Best., zur Bldg. wasserunlösl. Metallkomplexe sowie zur indirekten Li-Bestimmung. — 64 Literaturangaben. Gerhard Schulze. 5072◇

Natriumtetraphenylborat. Katsumi Tamaoku. (Kagaku-no-Ryôiki [J. Jap. Chem.] **17,** 39–53, 1963; Kumamoto, Dôzin-Yakukagaku-Kenokyûzyo; jap.) — Übersicht. — 239 Literaturangaben. E. Maekawa. 5072◇

Eine Leitfähigkeitszelle. A. E. Sherwood. (Labor. Pract. **11,** 623, 1962; Engl. Electric Co., Ltd., Works Chem. Labor.; engl.) — Beschreibung einer Leitfähigkeitszelle zur Best. kleiner H_2O-Mengen, wobei das W. aus der Probe mit trockener Luft ausgetrieben, in einige KCl-Kristalle enthaltendes Aceton geleitet wird u. KCl auflöst, dessen Leitfähigkeit gemessen u. auf die Wassermenge bezogen wird. W. Wesly. 5074◇

Lösungscalorimeter mit flüssigem Metall. B. W. Howlett, J. S. Ll. Leach, L. B. Ticknor und M. B. Bever. (Rev. sci. Instruments **33,** 619–24, 1962; Cambridge, Mass., IT, Dep. of Metallurg.; engl.) — Aufbau u. Arbeitsweise eines Lsg.-Calorimeters werden unter besonderer Berücksichtigung der Veränderungen, die seit einer früheren Beschreibung [1952] vorgenommen wurden, mitgeteilt. Lsg.-Wärmen werden unmittelbar, Bldg.-Wärmen, Ordnungsenergien u. die energet. Auswirkungen der Kaltbearbeitung nach einer Differenz-Meth. bestimmt. Als Lsgm. dienen Sn, Bi u. Si–Sn-Legg. zwischen 240 u. 450°; die zu lösenden Proben haben eine Ausgangs-Temp. von 0 oder −195°. Hauptsächliche Fehlerquelle ist der Wärmeübergang zwischen Lsg.-Gefäß u. Umgebung. Die höchstmögliche Genauigkeit liegt bei ±2 cal/g-Atom. H. Arnold. 5084◇

Apparativer Beitrag zur calorimetrischen Untersuchung von Lösungswärmen. K. Torkar, H. P. Fritzer und K. Lasser. (Mh. Chem. **93,** 177–83, 1962; Graz, TH, Inst. für Phys. Chem.; dt.) — Der Aufbau eines einfach zu bedienenden Differentialcalorimeters für anisotherme, nichtadiabat. Arbeitsweise unter Verw. kleiner Substanzmengen wird beschrieben. Als Temp.-Fühler dienen Thermistoren, deren

Eigenerwärmung durch intermittierende Abschaltung der Stromzufuhr herabgemindert wird (Messungen mit *KCl*). H. Arnold. 5084◇

Schnellverfahren zur Bestimmung von Kohlenmonoxid in Gegenwart geringer Mengen von Stickoxiden ($NO + NO_2$) mittels Spürröhrchen. Yoshitaka Kobayashi. (J. chem. Soc. Japan, ind. Chem. Sect. [Kogyo Kagaku Zassi] **59**, 1392—94, 1956; Yokohama Kokuritsu Univ., Kogakubu Dneki Kagakka; jap.) — In Ggw. von *NO* u./oder NO_2 ergeben die üblichen Spürröhrchen mit Silicagelfüllung (40—60 Maschensieb), imprägniert mit $PdSO_4$ u. $(NH_4)_2MoO_4$ einen zu niedrigen *CO*-Gehalt. Durch Vorschalten eines anderen Silicagelröhrchens (bzw. im selben Röhrchen, hintereinandergeschaltet), das mit CrO_3–H_2SO_4 imprägniert (u. getrocknet) ist, lassen sich die N-Oxide bis 0,05% abfangen, so daß CO-Analysenröhrchen (bis 0,06% CO-Geh.) richtige Werte (durch J_2O_5-Verf. kontrolliert) anzeigt. Anwendung auf die Analyse von Dieselmotorabgasen. — 6 Diagramme. L. Schuler. 5086□

Die Bestimmung von 1.5-Naphthylendiisocyanat (Desmodur 15) in Luft. W. Pilz. (Mikrochim. ichnoanalyt. Acta [Wien] **1963**, 279—88; Leverkusen, Farbenfabr. Bayer, Aerztl. Abt.; dt.) — Durch Durchleiten von 25—50 Liter Luft durch 10 ml einer Lsg. aus 1 ml konz. H_2SO_4 in 100 ml Dimethylformamid wird 1.5-Naphthylendiisocyanat (**I**) vollständig absorbiert. Nach Zusatz von 20 ml W. wird **I** quant. zu 1.5-Naphthylendiamin verseift, das diazotiert u. mit Phenol zu einem stabilen, einheitlichen, mit n-Pentanol extrahierbarem Farbstoff gekuppelt wird. Der Pentanolextrakt wird bei 400 nm gegen eine Blindlsg. gemessen. Die Absorber-Lsg. hat eine Kapazität von 20 mg **I**, die Erfassungsgrenze liegt bei 2 μg **I**. W. Kupfer. 5088◇

a) Elemente und anorganische Verbindungen

Xenon–Krypton-Trennung durch Gaschromatographie. R. C. Koch und G. L. Grandy. (Nucleonics [New York] **18**, Nr. 7, 76—80, 1960; Pittsburgh, Pa., Nucl. Sci. and Engng. Corp., Chem. Dep.; engl.) — Die Xe–Kr-Trennung an Aktivkohlesäulen mit He als Trägergas bei 32 u. 70° F wird untersucht. Dabei werden zur Beschickung der Säule mit den verwendeten Spurenelementen (^{85}Kr u. ^{133}Xe) zwei Verff. angewendet, ein stat. (direkte Beladung der Säule im He-Strom) u. ein dynam. (Adsorption der Spurenelemente aus dem N_2-Strom an Holzkohle bei —112° F u. Überführung in die Säule unter Erwärmung im He-Strom). W. Betcke. G 235◇

Die polarographische Bestimmung von Sauerstoff. 1. Mitt. **Druck oder Sauerstoffkonzentration?** I. S. Longmuir und F. Allen. (J. polarogr. Soc. **8**, 63—65, 1961; London, Inst. of Diseases of the Chest, Biochem. Dep.; engl.) — Es wird die Frage behandelt, ob bei der polarograph. O_2-Best. an einer festen Elektrode der polarograph. Strom (i) prim. eine Funktion des O_2-Partikeldrucks (p_{O_2}) oder der O_2-Konz. in der Lsg. (c_{O_2}) ist. Aus theoret. Gründen ist anzunehmen, daß i proportional dem Prod. von c_{O_2} u. dem Aktivitäts-Koeff. u. damit proportional p_{O_2} ist. Verss. an drei verschiedenen festen Elektroden-Syst. bestätigen diese Ansicht. E. Moisar. G 239◇

Bestimmung von Nitrat durch Titration mit Eisen(II)-sulfat. F. Krejči und L. Kacetl. (Chem. and Ind. **1957**, 598; Pardubice, Vyzoká skola chem.-technolog., Dep. of Techn.; engl.) — Der Endpunkt der bekannten Best. von Nitrat durch Titration mit Fe(II)-Sulfat in H_2SO_4 (96,0%) wird potentiometr. bestimmt u. eine C-Elektrode (Graphit) bei Verw. von Pt als Indicatorelektrode eingesetzt. Mit diesem Elektroden-Syst. kann die Endpunkt-Best. bei der Titration von Nitrat, Nitrocellulose, Glycerintrinitrat, Glykoldinitrat, Diäthylenglykoldinitrat, Pentaerythrittetranitrat u. Nitroguanidin vorteilhaft erfolgen. E. Miessgang. G 243◇

Bestimmung von Nitrit durch Hochfrequenztitration. Imre Krausz und Agnes Endrői-Havas. (Magyar Kémiai Folyóirat [Ung. Z. Chem.] **67**, 454—55, 1961; Budapest, L. Eötvös-Univ., Lehrst. für anorg. u. analyt. Chem.; ung.) — Die Verdrängungstitration von Nitrit mit 0,1 n HCl bei Hochfrequenzindikation ist in wss. Lsg. nicht durchführbar, man erhält aber in 30% A. enthaltenden Lsgg. gut auswertbare Knickpunkte. Aceton oder Dioxan sind nicht geeignet. NO_3^- u. NH_4-Salze sind auf die Ergebnisse ohne Einfluß. Genauigkeit $\pm 2\%$. J. Plank. G 243

Ein neuer, empfindlicher Nitritnachweis. U. Bogs und W. Göthe. (Z. analyt. Chem. **196**, 87—89, 1963; Halle/Saale, Martin-Luther-Univ., Pharmazeut. Inst.; dt.) — Versetzt man eine wss., nitrithaltige Antipyrin-Lsg. mit K_2CrO_4 u. säuert mit verd. H_2SO_4 an, so tritt nach kurzer Zeit eine tiefrote Farbe auf. Es stören nur die Anionen S^{2-}, SO_3^{2-} u. $S_2O_3^{2-}$, da sie beim Ansäuern Cr(VI) zu Cr(III) reduzieren. Durch K_2CrO_4-Überschuß läßt sich diese Störung eliminieren. 0,5 μg NO_2^- sind innerhalb von 2 Min. eindeutig nachweisbar. L. Hoppe. G 243◇

Die Analyse wässeriger Lösungen von Chloriten und Chlordioxid. Sch. Ss. Schtschegol. (Betriebs-Labor. [UdSSR] **24**, 1043—50, 1958; russ.) — Vergleichende Übersicht der volumetr., amperometr., spektrophotometr. u. polarograph. Best.-Meth. (Analysengang, Genauigkeit u. Anwendungsbereich) für gleichzeitig in wss. Lsgg. vorhandenen Cl^-, ClO^-, ClO_2^-, ClO_3^-, Cl_2 u. Cl_2O. — 35 Literaturangaben.
S. Baryschnikow. G 247◇

Eine Bemerkung zu der Mikrobestimmung von Sulfat unter Verwendung von Bleinitrat als Titriermittel und Dithizon als Indicator. D. C. White. (Mikrochim. Acta [Wien] **1960**, 282—85; Epsom, Surrey, Distillers Co. Ltd., Res. and Dev. Dep.; engl.) — Bei der vom Vf. beschriebenen Meth. (C. **1960**, 11048) zur Sulfat-Best. wirkt sich die Ggw. von K^+ u. Cl^- störend aus u. verursacht negative bzw. positive Fehler, falls die Konz. dieser Ionen nicht $< 10\%$ der SO_4^{2-}-Ionen bleibt. Zur Wasseranalyse läßt sich das Verf. nach Entfernung der Kationen mit einem Ionenaustauscher (Amberlite 1 R-120) verwenden. W. Betcke. G 253◇

Eine Schnellmethode zur Bestimmung von Selen in den Materialien der Schwefelsäureindustrie. F. N. Kelman. (Betriebs-Labor. [UdSSR] **24**, 1061—64, 1958; Ssamoilow-Inst. für Düngemittel u. Insektofungicide; russ.) — Die Meth. beruht auf der Zers. des zu untersuchenden Materials im N-Oxide enthaltenden Luftstrom bei 750°. Aus der SeO_2 (I) enthaltenden Gasphase wird I mechan. (Wattebausch) abgetrennt, in wss. Lsg. übergeführt u. jodometr. bestimmt. Die Ggw. von Te u. As ist nicht störend. Die Best. kann in 1½—2 Std. durchgeführt werden. S. Baryschnikow. G 254△

Eine vereinfachte Methode zur Bestimmung von Selen in Schlämmen und Stäuben der Schwefelsäureindustrie. H. Schumann und W. Kölling. (Z. Chem. **1**, 371—72, 1961; Coswig, VEB Chemiewerk; dt.) — Se läßt sich von anderen Metallionen mit Hilfe des Kationenaustauschers KPS abtrennen. Nach Elution mit W. wird Se durch Red. mit $(N_2H_6)SO_4$ gefällt u. gravimetr. bestimmt. W. Fester. G 254◇

Flammenspektrometrische Bestimmung von Tellur. John A. Dean und John C. Simms. (Analytic. Chem. **35**, 699—702, 1963; Knoxville, Tenn., Univ. of Tennessee, Dep. of Chem.; engl.) — Man löst die Probe unter Vermeidung eines Überschusses an starken Oxydationsmitteln, stellt mit NH_3-Lsg. nach dem Verdünnen den pH-Wert auf 4 ein, fügt EDTA zu u. extrahiert mit einer Lsg. von Na-Diäthyldithiocarbamat in CCl_4. Man dünstet die CCl_4-Phase bei niedriger Temp. ein, bis eine dunkle ölige Paste zurückbleibt. Sie wird in Methylisobutylketon gelöst u. diese Lsg. in die Flamme gebracht. In der Rk.-Zone einer C_2H_2/O_2-Flamme beträgt die Emissionsempfindlichkeit der Te-Linie bei 238,6 nm 2 μg/ml. Die Eichkurve verläuft bis mindestens 4000 μg Te/ml linear. Ein möglicher Anregungsmechanismus wird erörtert.
R. John-Bilal. G 255◇

Die Perjodat- und Jodatanalysenmethode des elementaren Bors und der Boride. L. Ja. Markowski und G. W. Kaputowskaja. (Betriebs-Lab. [UdSSR] **24**, 1065 bis 1066, 1958; Inst. für angew. Chem.; russ.) — Modifizierte Perjodat- u. Jodat-Best.-Meth. des B in elementarem B u. Boriden (MgB_2, MgB_6, MgB_{12}, CaB_6 u. BaB_6) nach Stoke-Jones (Jones, Am. Journ. Sc. Silliman, **7** [1898], 147).
S. Baryschnikow. G 258△

Photometrische Bestimmung von Bor in Magnesiumlegierungen. A. W. Gordijewski und G. P. Usstjugow. (Hochschulnachr. [Iwanowo], Chem. chem. Technol. **4**, 366—69, 1961; Moskau, chem.-technolog. Mendeljew-Inst., Lehrst. für Techn. radioakt. u. seltene Elemente; russ.) — Vff. beschreiben zunächst die photometr. Best. von B mit Anthracenblau SsWG in schwefelsaurer Lösung. Die Empfindlichkeit der Meth. läßt sich auf $1 \cdot 10^{-9}$ g B/ml verbessern, wenn die Best. fluorometr. in 85% H_2SO_4 vorgenommen wird. Die Meth. wird auf die B-Best. in der Mg–Al–Zn-Leg. Ml 5 angewendet (B-Geh. ca. $6 \cdot 10^{-4}$). D. Hoene. G 258◇

Bestimmung von Spuren Bor in Zirkonium und Zirkoniumlegierungen. M. R. Hayes und J. Metcalfe. (Analyst **88**, 471—74, 1963; Salwick, Preston, Lancs., U.K. A.E.A., Prod. Group, Chem. and Metallurg. Serv. Dep., Springfields Works; engl.) — Die Best. von B bis zu 0,2 ppm in Zr u. Zr-Legg. erfolgt ohne Abtrennung des B über den B-Curcumin (I)-Komplex direkt in der Metallsulfatlösung. Sn stört die Rk., da es mit I eine unlösl. Verb. bildet. Die Störung läßt sich durch Lösen der Sn-Komplexe in HCl, worin der B-Komplex nicht lösl. ist, umgehen. Die Ablesung der Extinktion wird bei 555 nm vorgenommen. L. Hoppe. G 258◇

Eine einfache und empfindliche Methode zur Bestimmung von anorganischem Phosphor. N. A. Biró, A. Mühlrad und P. Dobronai. (Acta physiol. Acad. Sci. hung. **18**, 247—52, 1961; Budapest, L. Eötvös Univ., Biochem. Group, Inst. of Phylogeny and Genetics; Richter Pharmaceut. Works; engl.) — Zur Best. von geringen Mengen *anorgan. P* (bis herab zu 0,05 μg/ml) wird die Fällung von P als Strychninsalz der Phosphomolybdänsäure empfohlen; anschließende Lsg. des in eiskaltem A. gewaschenen Nd. in 0,2% NH_3 u. Best. der Lichtabsorption bei 253 mμ. Adenosinphosphate, Ca^{2+}, Mg^{2+}, Trichloressigsäure u. Perchlorsäuren wirken nicht störend, Arsenate dürfen nicht anwesend sein; Adenosintriphosphat zeigt keine meßbare Hydrolyse, die Hydrolyse von Phosphokreatin beträgt nur ca. 5%. U. Tausendfreund. G 264□

Titrimetrische Schnellbestimmung von Orthophosphat mit Cer(III). Anwendung auf anorganische Phosphate technischen Reinheitsgrades. T. A. Taulli und R. R. Irani. (Analytic. Chem. **35,** 1060—63, 1963; St. Louis, Mo., Monsanto Chem. Co., Inorg. Chem. Div., Res. Dep.; engl.) — Die Probe-Lsg. mit 5—15 mg P verd. man mit W. auf 30 ml, erhitzt zum Sieden, stellt den pH-Wert mit NH_4Cl/NH_3-Puffer auf 7,0—9,5 ein, fügt zu der heißen Lsg. 5 Tropfen Eriochromschwarz T-Lsg. zu u. titriert unter Rühren bei 60—90° schnell mit 0,05m Ce(III)-Lsg. bis zum Farbumschlag von Blau nach Rot. Eine Blindtitration ist erforderlich. Im Bereich von 95% statist. Sicherheit betrug die Reproduzierbarkeit für Orthophosphate mit 8—26% P ± 0,24%, die Richtigkeit ± 0,38% P. Abgesehen von der starken Störung durch Polyphosphatanionen stören Kationen, bes. Fe(III), stärker als Anionen. R. John-Bilal. G 264◇

Gravimetrische Bestimmung von Natrium in Form von saurem Natriumpyroantimoniat mit Hilfe von Aceton. M. F. Rădulescu und A. Bențea. (Rev. Chim. [București] **12,** 100—01, 1961; rum.) R. Grundmann. G 274◇

Synthetische anorganische Ionenaustauschmaterialien. 3. Mitt. **Die Trennung von Rubidium und Cäsium an Zirkoniumphosphat.** C.B. Amphlett, L. A. McDonald, J. S. Burgess und J. C. Maynard. (J. inorg. nuclear Chem. **10,** 69—73, 1959; Harwell, Berks., A.E.R.E.; Amersham, Bucks., Radiochem. Centre; engl.) — 2. vgl. C. **1960,** 8102. — Vff. führten Unterss. zur Trennung von Makromengen Rb u. Cs an Säulenpackungen von Zr-Phosphat bei erhöhten Temp. (56, 77 bzw. 83°) durch. Es wurden Säulen mit den Abmessungen 2,5×0,6 cm ∅ oder 13×0,8 cm ∅ verwendet. Die Trennungen wurden mit NH_4NO_3- bzw. HNO_3-Lsgg. durchgeführt. Die Ergebnisse sind in Tabellen u. Abb. zusammengefaßt. H. Schroeder. G 277◇

Gefärbte Kontrastreaktionen zur qualitativen Untersuchung von Kalium-, Ammonium-, Rubidium-, Cäsium- und Thalliumionen. Teofilo Gaspar y Arnal. (Chim. analytique [4] **41,** 152—54, 1959; Valladolid, Univ., Labor. de Chim. miner.; franz.) — *$K_2Ca[Fe(CN)_6]$*, unlösl. in neutralem oder schwach essigsaurem 50% ig. alkohol. Medium, dient zum K^+-Nachw. nach $Na_4[Fe(CN)_6] + CaCl_2 + 2\,KCl \rightarrow CaK_2[Fe(CN)_6] + 4\,NaCl$. Da überschüssiges $Na_4[Fe(CN)_6]$ selbst durch seine Unlöslichkeit stört, ist ein Zusatz von *$CoCl_2$*-Lsg. notwendig: Bei Ggw. von K^+ wird die sonst nach $Na_4[Fe(CN)_6] + CaCl_2 + CoCl_2 \rightarrow CaCo[Fe(CN)_6] + 4\,NaCl$ verlaufende Bldg. von Aragon-Grün verhindert. NH_4^+ stört den K-Nachw. u. muß vorher entfernt werden; ebenso stören andere Metalle einschließlich 3. Gruppe; Ba^{2+} u. Sr^{2+} verhalten sich wie Ca^{2+}. An Stelle von $CoCl_2$ kann *Na-Molybdat* verwendet werden: Bei Ggw. von K^+ bleibt die sonst auftretende rostrote Farbe des Mo-Cyanoferrates aus. — Die zum K-Nachw. beschriebene Meth. kann mit einigen Abänderungen (nicht beschrieben) auch zum Nachw. anderer Alkalimetalle u. Tl übertragen werden. G. Piekarski. G 277◇

Tüpfelreaktion auf Berylliumionen. T. A. Ssobolewa. (Hochschulnachr. [Iwanowo], Chem. Technol. [UdSSR] **4,** 364—65, 1961; Uraler polytechn. Kirow-Inst., Lehrst. für physiko-chem. Analyse-Meth.; russ.) — Vf. beschreibt eine Nachw.-Meth. von Be^{2+} mit einer Empfindlichkeit von 2,2 γ/ml durch Tüpfeln mit Beryllon. UO_2^{2+}, Th^{4+}, Li^+, TiO^{2+}, ZrO^{2+} u. Ce^{3+} u. andere störende Ionen werden durch Umsetzung mit NaOH u. Trilon B entfernt. D. Hoene. G 281◇

Photometrische Titration von Beryllium. T. M. Florence und Yvonne J. Farrar. (Analytic. Chem. **35,** 712—14, 1963; Lucas Heights, N.S.W., Australian Atomic Energy Comm. Res. Establ.; engl.) — Zu der Probe mit $<4{,}0$ mg Be fügt man in der Titrationszelle 2 ml 5% ig. 1.2-Cyclohexylendinitrilotetraessigsäure-Lsg., 2 ml 3% ig. Na-Citratdihydrat-Lsg., 5 ml 0,2m Na-Sulfosalicylat-Lsg., 5 ml 3m Piperidinpuffer-Lsg. (pH 10,6), die durch vorherige Titration ermittelte Menge 1m NaOH-Lsg. u. 1 ml 0,02% ig. Arsenazo-Lsg., füllt auf 25 ml mit W. auf u. titriert mit eingestellter $BeSO_4$-Lsg. unter Rühren. Die Rk. zwischen Be u. Sulfosalicylat ist stöchiometr. (1:2) u. läßt sich mit H_2O_2 maskieren, Cr stört nach Oxydation zum Cr(VI) nicht. Der Arbeitsbereich umfaßt 0,05—15 mg Be; die Standardabweichung beträgt für 3 mg Be ± 0,13% u. für 0,8 mg Be ± 0,37%. R. John-Bilal. G 281◇

Zur Methodik der ^{90}Sr-Bestimmung und Möglichkeiten an ihrer Verbesserung. Bernard Marchand. (Strahlentherapie **116,** 615—19, 1961; Freiburg/Br., Univ., Radiol. Inst.; dt.) — Es wird über Verbesserungen der chem. *^{90}Sr*-Best. in Ca- u. phosphatreichen Substanzen berichtet. Die bisher üblicherweise angewandte HNO_3-Fällung wird durch Oxalatfällung ersetzt, anschließend Überführung in Carbonat, Versetzen mit verd. HNO_3. Aus dem Nitratgemisch wird das $Ca(NO_3)_2$ durch Waschen mit Aceton beseitigt u. der Rest mit $LiNO_3$ oder Isopropylaminnitrat versetzt u. nach Eindampfen mit Aceton extrahiert. Für die schnelle Best. von ^{90}Sr bei hygien. Kontroll-Unterss. werden bes. Anweisungen gegeben, ferner ein Verf. für die ^{90}Sr-Best. durch Messung des ^{90}Y-Geh. beschrieben. W. Reusse. G 284◇

Bestimmung von Strontium mit Cer(IV)-perchlorat. E. Gagliardi und E. Wolf. (Mikrochim. Acta [Wien] **1963**, 578—81, Graz, Univ., Inst. für anorg. u. analyt. Chem.; dt.) — Die Sr enthaltende Lsg. säuert man mit HCl schwach an, setzt einige Tropfen Phenolphthalein-Lsg. zu u. erhitzt nach Zugabe eines ca. fünffachen Oxalsäureüberschusses zum Sieden. Durch tropfenweise Zugabe von NH_3 bis zur deutlichen Rotfärbung wird das Sr quant. als Oxalat gefällt. Man läßt den Nd. 3—4 Std. lang stehen, filtriert u. löst mit verd. HCl. Nach Zusatz von 5 Tropfen Nitroferroin-Lsg. titriert man die Oxalsäure mit 0,1n Ce(IV)-Perchloratlösung. Die Endpunktanzeige, gek. durch das Verschwinden der Rotfärbung, ist scharf. Der Fehler liegt bei höchstens —1%. R. John-Bilal. G 284◇

Flammenphotometrische Bestimmung von Strontium in Silicaten. Strontiumgehalt von Granit G-1 und Diabas W-1. M. Fornaseri und L. Grandi. (Geochim. cosmochim. Acta [London] **19**, 218—21, 1960; Roma, Univ., Ist. di Geochim.; engl.) — Vgl. C. **1962**, 12405. — Zur flammenphotometr. Sr-Best. wird die Meth. des inneren Standardzusatzes benutzt. Der von Al verursachte depressive Effekt wird durch Ca-Zusatz unterdrückt. Zur Ausführung der Best. wird 1 g der pulverisierten Gesteinsprobe im Pt-Tiegel mit 5 ml $HClO_4$/20 ml HF zersetzt. Die Mischung wird 2 Std. lang auf dem Dampfbad erwärmt u. dann zur Trockne eingedampft. Der Rückstand wird mit 3 ml $HClO_4$ abgeraucht u. in W. aufgenommen. Nach Zusatz von 10 ml Ca-Lsg. (10000 ppm Ca) wird die Lsg. auf 50 ml aufgefüllt u. in zwei 25 ml-Teile geteilt. Ein Teil wird mit 10 ml Sr-Standard-Lsg. (25 ppm SrO) versetzt. Der Sr-Geh. wird aus der Differenz der Emission bei 461 nm u. des Mittels der Emissionen bei 463 u. 454 nm beider Teile errechnet. — Best. des Sr-Geh. ergaben bei Granit G-1 258 ppm, bei Diabas W-1 151 ppm. W. Betcke. G 284◇

Ein neues Verfahren zur gravimetrischen Bestimmung von Zink. Th. I. Pirtea. (Rev. Chim. [Bucureşti] **12**, 91—92, 1961; rum.) — Gravimetr. Zn-Best. durch Fällung mit o-Phenanthrolinhydrochlorid in Ggw. von NH_4SCN. Der schwerlösl. $[Zn(C_{12}H_8N_2)_2]\cdot(SCN)_2$-Nd. wird filtriert, mit abs. A. u. Ae. gewaschen, getrocknet u. gewogen. Das Verf. kann auch in Ggw. von NH_4^+, K^+, Na^+, Ca^{2+}, Sr^{2+}, Ba^{2+}, Mg^{2+}, Cr^{3+} u. Al^{3+} angewendet werden. R. Grundmann. G 288◇

Maßanalytische Bestimmung von Cadmium als Hexacyanoferrat(II). G. S. Deshmukh und A. L. J. Rao. (Current Sci. [Bangalore] **31**, 14—15, 1962; Varanasi, Banaras Hindu Univ., Div. of Analyt. Chem.; engl.) — Fällungsvolumetr. lassen sich 40—300 mg Cd als $K_2Cd[Fe(CN)_6]$ bestimmen, wenn der vorgelegten 0,1n $K_4[Fe(CN)_6]$-Lsg. 8—10 Tropfen 0,1n KCl zugesetzt werden u. gegen Diphenylcarbazon titriert wird. Bei Vorlegen der Cd-Lsg. tritt der Farbumschlag nur zögernd ein. F.-M. Friedrich-Anderseck. G 289◇

Eine neue volumetrische Bestimmungsmethode für Cadmium allein oder in Gegenwart von Aluminium und Blei. I. Grecu, V. Handelsmann und E. Curea. (Rev. Chim. [Bucureşti] **11**, 587—88, 1960; Cluj, Fac. des Farm., Labor. de Chim. anorg.; rum.) — Die Meth. beruht auf Fällung von Al als $Al(OH)_3$ mit einer 4%ig. Pyramidon- u. Fällung von $[Cd(C_{13}H_{17}N_3O)_2](SCN)_2$ mit einem Überschuß einer 0,1n NH_4SCN-Lösung. Nach Abtrennung des Nd. wird das überschüssige NH_4SCN gegen $AgNO_3$ titriert. Bei der Best. von Cd^{2+} in Ggw. von Pb^{2+} wird Pb mit einer 20%ig. Na_2SO_4-Lsg. gefällt. H. Guischard. G 289□

Die gravimetrische Bestimmung des Quecksilbers mit Chinaldinsäure. D. Negoiu und Vasilica Constantinescu. (Rev. Chim. [Bucureşti] **12**, 88—89, 1961; Bucureşti, Univ. C. I. Parthon, Fac. de chim., Labor. de chim. anorg. şi analit.; rum.) — Die Fällung als $(C_{10}H_6NO_2)_2Hg$ wird in wss. Lsg. mit 3%ig. Chinaldinsäure-Lsg. im Überschuß vorgenommen. Die Löslichkeit u. das Löslichkeits-Prod. der entstandenen Verb. wird bestimmt. R. Grundmann. G 290◇

Eine neue photometrische Cer-Bestimmung mit Methylenblau. Hidehiro Gotô und Yachiyo Kakita. (Sci. Rep. Res. Inst. Tôhoku Univ., Ser A **11**, 442—50, 1959; Res. Inst. for Iron, Steel and other metals; engl.) — Ce(IV) gibt in schwach alkal. Lsg. (ca. 0,15n NaOH) mit Methylenblau eine rotviolette Farbe, die sich mit Bzl. u. anderen organ. Lsgm. ausschütteln läßt u. ein Absorptionsmaximum bei 510nm hat. SO_4^{2-} stört nicht, dagegen stören viele Anionen u. EDTA, von Kationen vor allem Sb(V), Cr(III), Sn(IV), W. Die Oxydation des Ce wird durch $K_2S_2O_8$ u. Ag erzielt. W. Stross. G 304◇

Amperometrische Bestimmung des Cer(III) als Molybdat. R. S Saxena und M. L. Mittal. (Indian J. Chem. **1**, 139—40, 1963; Kota, Rajasthan, Governm. Coll., Chem. Labor.; engl.) — Bei der amperometr. Best. des Ce(III) mit Na-Molybdat werden kleinste Mengen Ce mit einer Genauigkeit von 1% im pH-Bereich von 5,8—6,2 bestimmt. H. Schroth. G 304◇

Photometrische Bestimmung von Zirkonium mit Xylenolorange. Jung-Fang Chen und Chuang-Chi Chu. (Acta chim. sinica **27**, 181—84, 1961; Shanghai, Bureau of Metallurg. Ind., Central Labor.; chin., Auszug: engl.) — Die salzsaure Probe-Lsg. wird mit Xylenolorange versetzt u. kurze Zeit zum Sieden erhitzt. Anschließend wird auf Zimmer-Temp. abgekühlt u. bei 560 nm gegen eine Blindprobe photometriert. Noch 0,2 ppm Zr lassen sich nach dieser Meth. nachweisen. Al, Cu, Fe, Sn, Ti u. Zn stören nicht. H. Kuchenbecker. G 322◇

Spektrographische Bestimmung von Blei in Zirkon. Kiyoshi Morita. (Rep. Government ind. Res. Inst., Nagoya **9**, 571—74, 1960; jap., Auszug: engl.) — Die α-Radioaktivität u. der Pb-Geh. im Zirkon vulkan. Gesteine sind ein Maß für deren Alter. Mit SiO_2 als Grundsubstanz u. In als innerem Standard wird bei Anregung der Probe im Gleichstrombogen das Linienpaar Pb(I) 2833, 1Å/In(I) 2932,6 Å zur quant. Analyse verwendet. Die Meth. erlaubt die Best. von Pb-Geh. zwischen 5 u. 1000 ppm mit einer Reproduzierbarkeit von ca. 1—7%, von Pb-Geh. um 1 ppm mit einer Reproduzierbarkeit von mindestens 28%. K. Scheffler. G 328◇

Analytische Bedeutung der Löslichkeit von Bleiverbindungen in ammoniakalischer Lösung von Ammoniumsalzen. Maria Cyrankowska. (Chem. analit. [Warszawa] **8**, 117—19, 1963; Poznań, Central Labor. of Cells and Accumulators; pol.) — Polarograph. Unterss. von schwerlösl. Pb-Verbb., wie $PbCl_2$ oder $PbSO_4$, ergaben, daß in ammoniakal. Ammoniumsalz-Lsg. die Löslichkeit dieser Salze stark zunimmt. Die Löslichkeit steigt mit der Ammoniak- u. Ammoniumsalz-Konz. an u. ist abhängig vom Anion des Ammoniumsalzes. In 4n NH_4Cl/4n NH_4OH-Lsg. beträgt das Halbstufenpotential —0,58 V (gegen Standardkalomelelektrode). Bis zu Pb-Konzz. von 0,2 mg/ml ist die Stufenhöhe proportional dem Pb-Gehalt. Die polarograph. Best. von Cu u. Tl, deren Halbstufenpotentiale in ammoniakal. Lsg. dem des Pb sehr nahekommen, wird daher bei Ggw. von Pb-Salzen gestört. H. Kuchenbecker. G 328◇

Spektrophotometrische Bestimmung von Vanadin in Gegenwart von Titan und Aluminium. Luigi Giuffrè und Franco Maitan Capizzi. (Ann. Chimica **50**, 1547—51, 1960; Milano, Politech., Ist. di Chim. ind.; ital.) — Vgl. C. **1961**, 14772. — Man raucht die Ti, Al u. V enthaltende Probe mit 5 ml 70%ig. $HClO_4$ u. 10 ml konz. H_2SO_4 in einer Porzellanschale zur quant. Oxydation von V ab, ergänzt die kalte Lsg. in einem Meßkolben für eine Lsg. von ca. 5 μg V/ml, führt ein geeignetes 5—40 μg V enthaltendes Vol. dieser sauren Lsg. in einen 25 ml-Meßkolben über, der am Hals mit einem seitlichen Rohr versehen ist, leitet N_2 ein, fügt 3 ml Methylenblau-Lsg. (Leukoform) zu, füllt die Lsg. mit luftfreiem W. bis zur Marke auf u. photometriert nach 10 Min. langem Stehen der vorher gut geschüttelten Lsg. im Dunkeln. G. Platzer. G 330◇

Die Luftoxydation von Vanadin(IV) in alkalischer Lösung. G. A. Dean und J. F. Herringshaw. (Talanta [London] **10**, 793—99, 1963; London, Imp. Coll. of Sci. and Technol., Chem. Dep.; engl.) — Unterss. über den Mechanismus der Luftoxydation von V(IV) in alkal. Lsg. ergaben, daß die Rk. über die Red. von Luft-O_2 zu H_2O_2 erfolgt. Die Anfangs-Geschw. der Oxydation ist der NaOH-Konz. der Lsg. proportional. Fe(III) katalysiert die Rk., Cr(III) wirkt inhibierend. Bei V-Konzz. $\geq$0,002n wird die Geschw. der Oxydation durch die Diffusions-Geschw. des Luft-O_2 bestimmt. Die Luftoxydation in alkal. Lsg. verläuft schnell u. quant., das Oxydationsmittel wird beim Ansäuern inaktiviert. Daher läßt sich die Meth. bei der titrimetr. V(V)-Best. mit $FeSO_4$-Lsg. verwenden. Sie eignet sich bes. für sehr verd. V(V)-Lsgg., die in saurem Medium oft leicht durch Staub oder organ. Verunreinigungen red. werden. In Ggw. von Ionen, die durch Alkalihydroxid ausgefällt werden, ist das Verf. nicht anwendbar. Kleine Mengen Fe(III) stören nicht, Cr(III) dagegen stört infolge teilweiser Oxydation zu Cr(VI). Gerhard Schulze. G 330◇

Die Trennung des Niobs von Zirkonium durch selenige Säure. I. P. Alimarin und Je. I. Stepanjuk. (Betriebs-Lab. [UdSSR] **24**, 1064—65, 1958; Lomonossow-Inst. für chem. Feintechnol.; russ.) — Die quant. Trennung von Nb_2O_5 u. ZrO_2 aus ihren Gemischen beruht auf der Fällung von Nb aus mineralsauren Lsgg. in Ggw. organ. Hydroxysäuren (z. B. Weinsäure) durch H_2SeO_3-Lsgg.; Zr bleibt dagegen in Lösung. Die nach diesem Verf. erhaltenen Ndd. (1—2malige Umfällung) enthielten $<$ 0,05% Zr. S. Baryschnikow. G 331△

Die Methoden zur Trennung und Bestimmung von Niob und Tantal. Eine kritische Betrachtung. P. Münchow. (Chemiker-Ztg./Chem. Apparatur **84**, 527—32,

1960; Berlin-Dahlem, Bundesanstalt für Materialprüfung; dt.) — Vgl. C. **1962**, 239. — Der krit. Überblick über bekannte Meth. zur Best. u. Trennung von Nb u. Ta wird mit photometr. Meth., der polarograph. Best. von Nb, radiochem. Meth. u. spektralanalyt. Meth. fortgesetzt u. beendet. Die photometr. Best. von Nb mit KSCN kann radiometr. korr. werden; die photometr. Best. von Nb u. Ta mit Pyrogallol hat zahlreiche Nachteile; die mit H_2O_2 scheint die sicherste u. genaueste zu sein. Die polarograph. Best. von Nb ist auf nur wenige Fälle beschränkt geblieben. Radiochem. können Nb^{95}_{41} u. Ta^{182}_{73} durch Neutronenaktivierungsanalyse bzw. nach dem Isotopenverdünnungs-Verf. bestimmt werden. Bei den spektralanalyt. Verff. werden die Direkt-Best. von Nb u. Ta in Legg., die Best. in Legg. nach chem. Vortrennung u. die Best. in Mineralien unterschieden. — 85 Literaturangaben. G. Heller. G 332◇

Spektrochemische Bestimmung geringer Mengen Niob und Tantal in Erzen. I. A. Krinberg und W. D. Zychanski. (J. analyt. Chem. [UdSSR] **17**, 466—70, 1962; Irkutsk, Inst. für Geochem. der Sibirischen Abt. der Akad. der Wiss. der UdSSR; russ., Auszug: engl.) — Die Ausfällung des Nb u. Ta geschieht nach HF-Aufschluß gemeinsam mit Ti als Adsorbens mit Phenylessigsäure. Fe wird durch $K_2S_2O_7$-Schmelze weitgehend entfernt. Im Nd. befinden sich noch ZrO_2, HfO_2, Sn u. einige andere Elemente. Zur Spektralanalyse sind 60 mg Nd. nötig, der 1:4 mit Kohlenstaub zur Intensivierung der Nb- u. Ta-Linien gemischt wird u. für 2 Best. ausreicht. Die Probe wird in der Anode angebracht (Gleichstrom von 30 A). Bestimmt wird Ta nach der Linie 2714,674 u. Nb 2950,878. Es können ca. 0,002% Nb u. Ta bestimmt werden. Die quant. Analyse wird bei Geh. des angereicherten Nd. von mehr als 0,01% durchführbar, was eine Analyse von Erzen erlaubt, die nicht weniger als $5 \cdot 10^{-5}$% Ta oder Nb enthalten. Die Genauigkeit der Analyse beträgt 7% für Nb u. 9% für Ta. Hubert Hoffmann. G 332◇

Die komplexometrische Titration von Aluminium und Chrom. C. Liteanu. (Rev. Chim. [Bucureşti] **10**, 351—53, 1959; rum.) — Eine komplexometr. Schnell-Meth. für die Best. des Cr (I)- u. Al (II)-Geh. in Gerbstoff-Lsgg. wird eingehend beschrieben. In der gleichen Probe kann der Gesamt-Geh. an I u. II oder auch der II-Geh. allein bestimmt werden. Außerdem wird eine allg. math. Gleichung aufgestellt, die zur Berechnung der H^+-Ionen-Konz. für verschiedene Zers.-Stufen der Komplexonate dienen kann. Die Meth. läßt sich auch für die Analyse anderer I- u. II-haltiger Materialien nach vorheriger Abtrennung der 2 Kationen anwenden. H. Guischard. G 335□

Photometrische Bestimmung von Chromat mit 3.3'-Diaminobenzidin. K. L. Cheng und B. L. Goydish. (Chemist-Analyst **52**, 73—76, 1963; Princeton, N.J., R.C.A. Labor.; engl.) — Zwei Best.-Verff. für μg-Mengen Cr(VI) werden mitgeteilt, die auf der Oxydation von 3.3'-Diaminobenzidin (I) in saurer Lsg. zu rotbraunen Prodd. beruhen (λ_{max} 340—345, 375 u. 460 nm). Nach der ersten Meth. wird die Lsg. mit 10—100 μg Cr(VI) mit 1 ml 85%ig. H_3PO_4 u. nach Verdünnen mit W. auf ca. 20 ml u. Abkühlen mit 1 ml 0,01m I-Lsg. versetzt, auf 25 ml aufgefüllt u. bei 375 oder 460 nm gegen eine Blind-Lsg. photometriert. Nach der zweiten Meth. wird der pH-Wert nach Ausbldg. der Farbe mit wss. NH_3-Lsg. auf 8—9 eingestellt, die farbige Verb. mit 10 ml Isoamylalkohol extrahiert u. bei 460 nm gegen eine Blind-Lsg. photometriert. Die zugesetzte H_3PO_4-Menge kann zwischen 0,5 u. 3,0 ml schwanken. Starke Oxydationsmittel, wie V(V), Ce(IV) u. Mn(VII), stören; mehr als 30 mg Fe(III)/25 ml dürfen nicht vorhanden sein. Größere Mengen Cl^-, NO_3^-, SO_4^{2-}, ClO_4^- u. CH_3COO^- stören nicht. H_2O_2 red. die Farb-Entw., NO_2^- bildet eine rotbraune Farbe oder einen Nd. mit I, der sich nicht extrahieren läßt. Die Empfindlichkeit nach Sandell beträgt 0,005 μg Cr/cm² bei der Best. in wss. Lsg. u. 0,007 bei dem Extraktionsverfahren. Gerhard Schulze. G 335◇

Photometrische Bestimmung von Uran mit β-Diketonen. D. Purushottam und M. Atchaiah. (Z. analyt. Chem. **196**, 85—87, 1963; Waltair, India, Andhra Univ., Dep. of Chem.; engl.) — U bildet mit Dithenoylmethan (I) u. Pongamol (II) gelbe 1:2-Komplexe. In beiden Fällen liegt die maximale Differenz in der Extinktion zwischen Reagens u. Komplex bei 420 nm, wenn die Lsg. 60% Aceton enthält. Das Lambert-Beersche Gesetz gilt bei Verw. von I zwischen 0,02 u. 8 ppm, bei Verw. von II zwischen 0,8 u. 10 ppm U. Th u. die Seltenerdmetalle stören selbst in kleinen Konzentrationen. L. Hoppe. G 339◇

Bestimmung von Uranmikromengen unter Verwendung von Chromazurol S als colorimetrisches Reagens. Surendra Nath Sinha und Arun K. Dey. (Indian J. Chem. **1**, 70—72, 1963: Allahabad, Univ. of Allahabad, Chem. Labor.; engl.) — Die Bldg. eines blau gefärbten Komplexes zwischen Uranylionen u. Chromazurol S wird zur colorimetr. U-Best. benutzt. Die Farbe ist im pH-Bereich 4,2—6,2 stabil, Messungen können innerhalb eines großen Temp.-Bereiches (bis 98°) durchgeführt werden. Das Syst. gehorcht dem Beerschen Gesetz. Be, Al, Fe, sowie Phosphate, Borate u. Oxalate stören. H. Schroth. G 339◇

Beitrag zur Rheniumtrennung durch Destillation. N. Jordanov und M. Pavlova. (Mikrochim. ichnoanalyt. Acta [Wien] **1963**, 477—80; Sofia, Bulg. Akad. der Wiss., Inst. für allg. u. anorg. Chem.; dt.) — Die mit Na_2O_2 aufgeschlossene Probe von Molybdänglanz, Kupferkies oder Hüttenabfall wird im Kolben der zur Re-Trennung entwickelten Dest.-App. (Skizze) mit H_2SO_4 u. H_3PO_4 versetzt u. unter gleichzeitigem Durchsaugen von Luft zum Sieden erhitzt (260—270°). Bei dieser Temp. beginnt die Zers. des H_2SO_4. In diesem Augenblick läßt man 10%ig. HCl langsam zufließen. Dieses verdampft u. reißt zusammen mit der Luft u. dem Wasserdampf das Rheniumoxidchlorid mit. Es wird in der Vorlage u. im nachgeschalteten Gaswaschgefäß, das W. u. etwas NaOH enthält, aufgefangen u. mit soviel konz. HCl versetzt, bis die Lsg. 2n an HCl ist. Man fügt 2 ml 20%ig. NH_4SCN-Lsg. u. 1 ml 35%ig. $SnCl_2$-Lsg. zu, extrahiert den entstandenen Komplex mit Butylacetat u. photometriert den Extrakt nach Filtration. R. John-Bilal. G 352◇

Die amperometrische Bestimmung von Eisen mit Trilon B in verschiedenen Materialien. Ju. I. Ussatenko und M. A. Witkina. (Betriebs-Labor. [UdSSR] **24**, 1058—59, 1958; Dnepropetrowsk, Chem.-Technolog. Dsershinski-Inst.; russ.) — 0,1 g Fe-Erz (bzw. 0,5 g Martin-Schlacke, 1,0 g Dolomit bzw. Mn-Erz) werden in HCl gelöst, die Lsg. bei 70—80° stark eingedampft, mit etwas W. verd. u. mit 3 g KNO_3 versetzt. Nach Neutralisation mit wss. NH_3-Lsg. wird das ausgeschiedene $Fe(OH)_3$ in HCl (1:1) gelöst (ein Überschuß von 1—2 Tropfen HCl wird zugefügt) u. die Lsg. mit W. auf 50 ml aufgefüllt. Die amperometr., mit Hilfe 0,05m Lsg. von Trilon B durchgeführte Titration erfolgt unter Umrühren; die EMK an der Pt-Mikroelektrode beträgt + 0,9 V. S. Baryschnikow. G 354△

Bestimmung des Kohlenstoffgehaltes in niedriggekohlten Stählen. János Ujváry, Pál Répás und István Sajó. (Kohászati Lapok **93**, 332—34, 1960; Budapest, Forsch.-Inst. Eisenind.; ung.) — Die Proben werden in sorgfältig gereinigtem O_2 verbrannt u. das gebildete CO_2 in einem auf konst. Temp. eingestellten Gerät in $Ba(OH)_2$-Lsg. absorbiert. Die durch Ausfallen des $BaCO_3$ veränderte Leitfähigkeit wird gemessen. Genauigkeit bei $<0{,}1\%$ C-Geh. 0,002%. J. Plank. G 354◇

Eine schnelle, genaue Methode für die Bestimmung von Silicium in Kohlenstoff- und niedrig legierten Stählen und Gußeisen. C. G. Westwood. (Metallurgia [Manchester] **62**, 227—32, 1960; engl.) — Vf. beschreibt ein schnelles u. genaues Verf. zur Best. von Si in C- u. niedriglegierten Stählen u. Gußeisen, wobei es sich um eine Modifizierung der klass. Regelsberger-Meth. handelt, die der Best. von Si in Al-Si-Legg. dient. Das hier beschriebene Verf. ist jedoch schneller durchzuführen als die klass. Meth. von Regelsberger, da das zweifache Eindampfen vermieden wird. Durch Zugabe einer gewissen Menge an Gelatine an einem krit. Punkt der Analyse wird die Orthokieselsäure vom Hydrosol in ein Hydrogel überführt u. eine Flockung herbeigeführt. Die Meth. gestattet geringe Si-Geh. (1,5—2,5%) mit einer Genauigkeit von ± 0,02% zu bestimmen. Arbeitsvorschrift: 1 g Gußeisen oder 2 g Stahl, feingemahlen, werden in 20—30 ml eines Säuregemisches von 150 ml H_2SO_4 u. 150 ml HNO_3 in 1 Liter W. in einem 400 ml Becherglas unter leichtem Erwärmen gelöst, mit 10—15 ml 20%ig. H_2O_2 versetzt, vorsichtig erhitzt, bis zur beginnenden Entw. von SO_3-Nebeln eingedampft, wobei sich ein Nd. von SiO_2 zeigt, gekühlt, 20 ml warmes W., danach 20 ml einer frisch bereiteten, abs. reinen 1%ig. Gelatine-Lsg. zugefügt, anschließend 2 Min. lang kräftig gerührt, 10 Min. lang an einer warmen Stelle stehengelassen, durch ein rollenfreies Filter filtriert, gut gespült mit dest. W., das 50 ml 1%ig. Gelatine-Lsg. pro Liter enthält, 8mal mit heißer 5%ig. Oxalsäure nachgewaschen u. vorsichtig das Filter verascht u. bei 1000° geglüht. H. Fries. G 354◇

Photometrische Siliciumbestimmung in Stahl und Gußeisen nach der Molybdänblaumethode. Renato A. Catani. (Bol. Assoc. brasil. Metais **17**, 71—80, 1961; Piracicaba, SP, Univ.; port.) — Stahl (200 mg) mit 0,04—0,05 (%) Si wird in 25 ml 8%ig. H_2SO_4 gelöst, die Lsg. nach Zusatz von 10 ml 3%ig. $(NH_4)_2S_2O_8$-Lsg. 1 Min. lang gekocht, mit 100—120 ml W. verd., nach Abkühlung auf 250 ml; 25 ml der Lsg. werden mit 5 ml W. u. 10 ml $(NH_4)_2MoO_4$-Lsg. (**I**) versetzt u. nach 6 Min. bei 660 nm abgelesen. Bei 0,4—0,9 Si werden nur 10 ml Lsg. mit 15 ml W. u. 10 ml **I** versetzt. Bei Grauguß wird die Lsg. vor dem Verdünnen auf 250 ml filtriert, 5 ml Filtrat mit 5 ml einer Lsg. von 0,5 g Mohrschem Salz in 100 ml 8%ig. H_2SO_4 u. 50 ml W. versetzt. R. K. Müller. G 354◇

Die spektrochemische Bestimmung metallischer Beimengungen in legierten Stählen. G. Müller-Uri. (Exp. Techn. Physik **8**, 269—87, 1960; Berlin, Dt. Akad. der Wiss., Inst. für Gerätebau; dt.) — Zur spektrochem. Best. von metall. Leg.-Bestandteilen in Stählen werden folgende 14 Linienpaare angegeben: Fe 2936,9/Mn 2939,3 (**I**), Fe 3067,2/Mn 2939,3 (**II**), Fe 2973,1/Mn 2939,3 (**III**), Fe 2936,9/Cr 2862,6 (**IV**), Fe 3067,2/

Cr 2862,6 (**V**), Fe 2973,1/Cr 2862,6 (**VI**), Fe 2973,1/V 3110,7, Fe 2936,9/Mo 2816,1 (**VII**), Fe 3067,2/Mo 2816,1 (**VIII**), Fe 2973,1/Mo 2816,1 (**IX**), Fe 2339,6/Ni 2303,0, Fe 3399,3/Ti 3349,4, Fe 2395,6/W 2397,1 u. Fe 2512,6/Si 2516,1. Hiervon sind zu verwenden: **I** für unlegierte sowie für hochchromhaltige Stähle (Cr <20%, Ni <2–4%, ohne V), **II** für Cr–Ni-Stähle (Cr <20%, Ni >2–4%, ohne V) sowie für Cr-Stähle (Cr >20%), **IV** u. **VII** für niedrig legierte Stähle (Ni <2%, ohne V), **V** u. **VIII** für hochchromhaltige u. Cr–Ni-Stähle (ohne V) sowie **III**, **VI** u. **IX** für V-legierte Stähle. Bei Stählen mit V- u. Ti-Beimengungen wird die Si-Best. gestört. Möglichkeiten zur Ausschaltung dieser Störung werden mitgeteilt. H. Kuchenbecker. G 354◇

Analyse von extrahierten Rückständen durch eine Röntgenfluorescenzmethode. H. Hughes und L. Gwilliam. (Metallurgia [Manchester] **61**, 231–34, 1960; The United Steel Co. Ltd.; engl.) — Es wurde eine schnelle u. genaue Röntgenfluorescenz-Meth. zur Analyse geringer Mengen von Rückständen (0,1 g in 25 ml Lsg.) in Stahl-Legg., die elektrolyt. extrahiert wurden, entwickelt, die mit den konventionellen Analysen-Meth. eine gute Übereinstimmung zeigt u. deren Anwendung an einigen Beispielen gezeigt wird. Die Meth. ist nicht auf extrahierte Rückstände beschränkt, sondern kann auch auf jedes Material in Pulverform, wie z. B. Korrosions-Prodd., angewendet werden. Bisher wurde die Best. auf Fe, Co, Ni, Mo, Cr, V u. Ti angewendet. Cu, Zn, Mn u. Nb können wahrscheinlich auch auf diesem Weg bestimmt werden. Al u. Si sowie andere Leichtmetalle wurden bisher nicht analysiert. Arbeitsvorschrift: 0,1 g der Unters.-Substanz werden mit 0,3 g geschmolzenem Borax u. 0,8 g Na_2CO_3 bei ca. 1100° geschmolzen, in 25 ml HNO_3 warm gelöst u. im Röntgenfluorescenzspektrometer bei 40 kV u. 24 mA untersucht. Fe, Co, Ni, Cr u. Mo werden in einer Reihe durchgemessen u. die entsprechenden Werte aus Eichkurven abgelesen. H. Fries. G 354◇

Die gravimetrische Bestimmung von Kupfer mit Hilfe von 2-Mercapto-5-anilin-1.3.4-thiodiazol. E. Popper, L. Proinov und R. Crăciuneanu. (Rev. Chim. [Bucureşti] **10**, 349–51, 1959; rum.) — Cu^{2+} bildet mit 2-Mercapto-5-anilin-1.3.4-thiodiazol schwerfiltrierende Mercaptid-Ndd., die zu CuO verglüht u. in dieser Form bestimmt werden. Die Meth. ist genau u. leicht durchführbar. — 24 Literaturhinweise. H. Guischard. G 358□

Bestimmung von Kupfer(II) durch Titration mit Kaliumcyanidlösung. K. R. Manolow. (J. analyt. Chem. [UdSSR] **17**, 518–19, 1962; Plowdiw, Bulgarien, Inst. der Nahrungs- u. Genußmittel-Ind.; russ., Auszug: engl.) — Der Cu(II)-Tartrat-Komplex reagiert mit KCN zum farblosen Kaliumdicyanocuprat. Dabei können große Mengen Zn, Fe(III), As(III) u. As(V), Bi u. Pb anwesend sein. Sn, Ni, Co stören. Der maximale relative Fehler liegt unter 1%. Durchführung: Gleiche Mengen einer ca. 0,1n Cu-Lsg., einer 2m KOH u. einer 1m K–Na–Tartrat-Lsg. werden fast am Kp. mit 0,3n KCN-Lsg. titriert. Hubert Hoffmann. G 358◇

Bestimmung einiger Metalle durch eine Röntgenfluorescenzapparatur. 1. Mitt. **Bestimmung von Kupfer und Silber in Aluminiumlegierungen.** Hidehiro Gotô, Shigerô Ikeda und Emiko Sudô. (Sci. Rep. Res. Inst. Tôhoku Univ., Ser A **11**, 451–57, 1959; Res. Inst. for Iron, Steel and other metals; engl.) — Bei Verw. von LiF-Kristallen u. Geiger-Müller-Zählrohren ist die Intensität der K_α- u. der K_β-Strahlung in Al–Ag-Legg. direkt proportional der Konz. der beiden Metalle. Gleiche Resultate wurden von Pulvern genügender Feinheit (80 Maschen/cm²) u. von kompakten Stücken erhalten. W. Stross. G 359◇

Analyse von Silber in Silbergalvanisierungslösungen. Vermeidung einer Trennung durch ein volumetrisches Verfahren. Harold G. Rackett. (Metal Finishing **61**, 70–71, 1963; engl.) — Das im einzelnen beschriebene Verf. besteht darin, die Ag enthaltende Galvanisierungs-Lsg. mit NH_4OH u. Paraformaldehyd zu versetzen u. mit KJ-Lsg. u. Tl_2SO_4-Lsg. als Indicator für die Tüpfelprobe (TlJ ist hellgelb u. ziemlich unlösl.) zu titrieren. W. Wesly. G 359◇

Spektrophotometrische Untersuchung über N.N′-Bis-[2-sulfoäthyl]-dithiooxamid als Reagens für Palladium. A. Goeminne, M. Herman und Z. Eeckhaut. (Analytica chim. Acta [Amsterdam] **28**, 512–18, 1963; Ghent, Univ., Dep. of Gen. Chem.; engl.) — Im Reagensüberschuß bildet Pd in 6n HCl u. in Citronensäure/NaH_2PO_4-Puffer (pH 6,6) einen gelben Komplex, der in beiden Fällen die Zus. 1 : 2 besitzt. Das Absorptionsmaximum liegt in saurer Lsg. bei 425 u. im Puffer bei 382 nm. Die Best. wird durch hohe Konzz. an Co^{2+}, Ni^{2+} u. Hg^{2+} sowie geringere Mengen Ir^{3+}, Rh^{3+} u. Cr^{3+} nicht gestört. Der molare Extinktions-Koeff. ist 12860 (für 6n HCl) u. 10840 (für die Puffer-Lsg.). Die Standardabweichung beträgt 0,033 bzw. 0,039 μg Pd. H. J. Altmann. G 365◇

Bestimmung von Palladium mit α.β-Dioximinoacetoacet-o-chloranilid. J. S. Dave und A. M. Talati. (J. Indian chem. Soc. **36**, 838—40, 1959; Baroda, Univ., Fac. of Technol. and Engng., Textile Chem. Dep.; Fac. of Sci., Chem. Dep.; engl.) — α.β-Dioximinoacetoacet-o-chloranilid fällt Pd^{2+} aus saurer Lsg. quant. als $Pd(C_{10}H_9N_3O_3Cl)_2$ (vgl. C. **1961**, 1311). Zur gravimetr. Pd-Best. wird das Reagens in 1% alkohol. Lsg. (1 g auf 0,1 g Pd) verwendet. Gefällt wird aus salzsaurer Lsg. (pH 0,4—0,7) in der Wärme, der Nd. wird bei 110—120° getrocknet. Hg^{2+}, Zn^{2+}, Cd^{2+}, Cr^{3+}, Fe^{3+}, Sb^{3+}, Co^{2+}, Sn^{2+}, Ca^{2+}, Ba^{2+}, Mg^{2+}, Ni^{2+}, Cu^{2+}, SO_4^{2-} u. CH_3COO^- stören nicht, NO_3^- verursacht einen positiven (ca. +1%) Fehler. W. Betcke. G 365◇

Ein neues Verfahren zur graphischen Darstellung chemischer Analysen von Basaltgesteinen. K. J. Murata. (Amer. J. Sci. **258**, 247—52, 1960; Hawaii, Hawaii Nat. Park, U. S. Geol. Surv., Hawaiian Volcano Obs.; engl.) — Eine Unterscheidung der tholeiit. u. der alkal. Reihe von Basaltgesteinen wird durch Auftragen des CaO-, MgO- oder $(Na_2O + K_2O)$-Geh. gegen das Verhältnis Al_2O_3/SiO_2 erzielt. Fraktionierte Kristallisation der Clinopyroxene scheint der Hauptmechanismus bei der Umwandlung tholeiit. in alkal. Magmen zu sein. W. Betcke. 5292◇

b) Organische Verbindungen

Weitere Entwicklung der Aufschlußkolbenmethode in der quantitativen organischen Mikroanalyse. W. Schöniger. (Farmaco [Pavia], Ediz. sci. **16**, 116—29, 1961; Basel, Sandoz Ltd., Microanalyt. Dep.; engl.) — Überblick. — 61 Literaturangaben. W. Kupfer. 5352◇

Schnellverfahren zur volumetrischen Bestimmung des organischen Kohlenstoffs in Form von Cyanwasserstoff. 1. Mitt. Sándor Mlinkó. (Mikrochim. ichnoanalyt. Acta [Wien] **1963**, 456—66; Budapest, Ungar. Akad. der Wiss., Zentralforsch.-Inst. für Chem.; dt.) — Die neue Meth. zur C-Best. beruht auf der Pyrolyse der organ. Verbb. im NH_3-Strom u. der nachfolgenden Umsetzung der Pyrolyse-Prodd. zu HCN. Die Umsetzung wird in 2 Stufen durchgeführt. In der 1. Stufe werden die gasförmigen Pyrolyse-Prodd. bei einer Gas-Geschw. von 500—550 ml/min bei 1150° über einen Pt-Katalysator geleitet u. zu HCN umgesetzt. In der 2. Stufe wird auch das im Verlauf der Pyrolyse gebildete elementare C in die Rk.-Zone eingeführt u. direkt zu HCN synthetisiert. Man absorbiert HCN in methanol. KOH-Lsg. u. titriert nach Denigès. Die Dauer der Umsetzung beträgt im allg. nicht mehr als 5—6 Minuten. Halogene stören nicht; in Ggw. von S kann die Analyse nicht durchgeführt werden. J. Peters. 5352◇

Bestimmung von Deuterium in organischen Verbindungen durch Infrarotspektrophotometrie. R. Norman Jones und Marjory A. MacKenzie. (Talanta [London] **3**, 356—63, 1960; Ottawa, Nat. Res. Council, Div. of pure Chem.; engl.) — Vgl. C. **1962**, 14627. — Deuterierte Verbb. werden im geschlossenen Rohr mit CuO oxydiert, das gebildete W. wird in einer Vakuum-App. abdest., gesammelt u. in einem Doppelstrahl-IR-Spektrographen (z. B. Perkin Elmer 21) bei 2520 cm^{-1} gegen reines H_2O quant. bestimmt. W. Kupfer. 5352◇

Qualitative und quantitative Analyse des Sauerstoffes in organischen Verbindungen. Pierre Brison. (Chim. mod. **4**, 203—23, 237—47, 1959; franz.) — Zusammenfassender Überblick. — 150 Literaturzitate. C. Gottfried. 5352△

Mikrobestimmung von Stickstoff in flüchtigen organischen Verbindungen. Haruo Homma und Sakae Emoto. (Rep. Inst. physic. chem. Res. [Rikagaku Kenkyusho Hokoku] **37**, 192—96, 1961; 2. biochem. Forsch.-Inst.; jap.) — Um in flüchtigen Verbb. bei der N-Best. nach Dumas ein Entweichen vor der Zers.-Temp. zu verhindern, wird eine entsprechend große Ampulle aus Hartglas, deren Ende durch eine Kappe aus Polyäthylen verschlossen werden kann, zur Einwaage u. Verbrennung verwendet. Gleichzeitig bewährt sich eine Mischung aus einem leicht zersetzlichen Oxydationsmittel ($KClO_3$, O_2-Abgabe bei ca. 270°) u. einem bei höherer Temp. zersetzlichen, wie CuO (>700°). L. Schuler. 5352◇

Analyse von Verbindungen mit schwerem Stickstoff (^{15}N) durch Infrarotabsorptionsspektren. Goro Chihara und Keiichi Tanikawa. (Chem. pharmac. Bull. [Tokyo] **7**, 920—24, 1959; Tokyo, Univ. of Tokyo, Fac. of Pharm. Sci.; Tokyo Univ. Hosp., Central Clin. Labor., Div. of Biochem.; engl.) — Verf. zum Nachw. u. zur Best. von ^{15}N, bei dem nach Zerstörung der organ. Substanz nach Kjeldahl das entstehende $^{15}NH_3$ neben dem $^{14}NH_3$ IR-spektroskop. nachgewiesen wird. Im Gegensatz zu dem Gebiet der ν(NH) um 3500 cm^{-1} u. dem der degenerierten Deformationsschwingungen zwischen 1450 u. 1800 cm^{-1}, in dem Überlappungen auftreten, lassen sich zwischen 1061 u. 823 cm^{-1} 10 definierte, für das $^{15}NH_3$ charakterist. Schlüsselbanden finden (823,5; 843,2; 863,6; 883,5; 904,6; 988,5; 1001,9; 1022,4; 1042,6 u. 1061,0 cm^{-1}). Die

Erfassungsgrenze liegt bei 0,5% ^{15}N. Das Verhältnis $^{15}N/^{14}N$ kann aus dem Intensitätsverhältnis der Banden bei 863,6 u. 872,5 cm^{-1} bestimmt werden. Das Verf. wurde an Hand von markiertem *$(NH_4)_2SO_4$, dl-Alanin* u. *Phenylalanin* überprüft. U. Uhlich. 5352◇

Die Bestimmung des Wassergehaltes in Butylacetat. Z. Lada. (Rev. Chim. [Bucureşti] **10**, 348—49, 1959; rum.) — Arbeitsweise, App. u. Ergebnisse zur Best. des H_2O-Geh. in Butylacetat (I) auf Grund der Fischer-Meth. werden beschrieben. Die Meth. ist genau, schnell durchführbar u. wird nicht durch andere Verunreinigungen von I beeinflußt. H. Guischard. 5356□

Die mikroanalytische Bestimmung funktioneller Gruppen in organischen Verbindungen. H. Lieb. (Farmaco [Pavia], Ediz. sci. **16**, 130—64, 1961; Graz, Univ., Mediz. chem. Inst. u. Pregl. Labor.; dt.) — Krit. Überblick über die wichtigsten Meth. u. ihre wesentlichen Varianten. — 95 Literaturangaben. W. Kupfer. 5364◇

Eine modifizierte Apparatur zur quantitativen Mikroanalyse der Methylimidgruppe. Ping-Fu Mei und Ming-Tsan Chen. (Acta chim. sinica **27**, 209—13, 1961; Acad. Sinica, Inst. of Org. Chem.; chin., Auszug: engl.) — Überschüssiges HJ wird in einem angeschmolzenen Seitenarm kondensiert u. kann durch Kippen der App. um 45° erneut dem Rk.-Gefäß zugeführt werden, ohne daß der CO_2-Strom unterbrochen wird. Best. der Methoxyl- u. Methylimidgruppen können in einem einzigen Analysengang durchgeführt werden. H. Kuchenbecker. 5364◇

Präparative gaschromatographische Fraktionierung und Analyse durch Massenspektrometrie von Nebenprodukten aus der Pyrolyse von Difluorchlormethan. J. Serpinet. (Chim. analytique [4] **41**, 146—51, 1959; Lyon, Centre de Rech. de la Soc. d'Electrochim.; franz.) — Bei der Pyrolyse von F_2ClCH entstehen neben dem Haupt-Prod. Tetrafluoräthylen 5—10 Gew.-% an Nebenprodukten. Diese werden gaschromatograph. getrennt u. dann im Massenspektrometer identifiziert. Folgende Verbb. konnten nachgewiesen werden: C_2F_4ClH, $C_2F_4Cl_2$, C_2F_3Cl, C_3F_6, $C_3F_6Cl_2$, C_3F_5Cl, C_3F_6ClH, iso-C_4F_8, Perfluorcyclobutan, Perfluorcyclobuten, C_5F_8. Auch durch Dampfdruckmessungen wurde die Identität einiger der genannten Verbb. sichergestellt. Tabellen; Aufzählung der relativen Verweilzeiten der genannten Verbb. in der Trennsäule. G. Piekarski. G 510◇

Colorimetrische Methode zur Bestimmung kleinster Mengen von Chloroform in Tetrachlorkohlenstoff. Charles D. Hildebrecht. (Analytic. Chem. **29**, 1037—39, 1957; Poincsville, Ohio, Diamond Alkali Co., Res. Centre; engl.) — Die Best.-Meth. benutzt das Rk.-Vermögen von Pyridin u. NaOH mit Chlf. in Ggw. von CCl_4 (Fujiwara-Rk.). Die dabei auftretende Rosa- bis Rotfärbung wird photocolorimetr. erfaßt. Eine Standardkurve erlaubt eine Best. von 10—99 ppm Chlf. in CCl_4. Der Einfl. der Erhitzungszeit, Alkalität, des W.-Pyridin-Verhältnisses, der Zeit u. anderer chlorierter Paraffine sowie von CS_2 wird ermittelt. J. Miller. G 510◇

Eine neue Farbreaktion von Anthron mit Malonaldehyd und anderen aliphatischen Aldehyden. Tai-Wan Kwon und Betty M. Watts. (Analytic. Chem. **35**, 733—35, 1963; Tallahassee, Fla., Florida State Univ., Dep. of Food and Nutrit.; engl.) — Vff. untersuchen die Spektren der Komplexe, die aus Anthronreagens (0,2% Anthron in konz. H_2SO_4) u. Form- (λ_{max} = 488 nm), Acet- (476), Propion- (455), Malon- (510), Butyr- (476), Croton- (510), Hexaldehyd (476) u. Acrolein (510) entstehen. Es werden mögliche Rk.-Mechanismen diskutiert. Die Rk. mit Malonaldehyd wird im Hinblick auf die quant. Best. des Aldehyds näher untersucht. J. Weiner. G 650◇

Die amperometrische Titration von Aldehyden und Ketonen mit 2.4-Dinitrophenylhydrazin. Je. W. Sobow, Ju. Ss. Ljalikow und O. M. Muchammednasarowa. (Nachr. Akad. Wiss. TurkmenSSR **1959**, Nr. 4, 45—50; Turkmen. Gorki-Forsch.-Univ.; russ.) — Zur amperometr. Titration 0,001—0,004m Aldehyd-Lsgg. wird zweckmäßig 0,005—0,05m 2.4-Dinitrophenylhydrazin (I)-Lsg. angewandt. Die I-Lsg. ist 22 Tage lang haltbar. Die Möglichkeit, die getrennte Titration von Citral in Ggw. von Isomethyljonon u. Pseudoisomethyljonon durchführen zu können, sowie die prakt. Anwendbarkeit von Ultrabeschallung bei der amperometr. Titration von Carbonyl-Verbb. mit Hilfe von I werden gezeigt. S. Baryschnikow. G 650△

Papierchromatographische Identifizierung von Cyanessigsäure. M. R. Subbaram. (J. sci. ind. Res. [New Delhi], Sect. C **19**, 156—57, 1960; engl.) — Cyanessigsäure (I) wurde in den Konzz. 1,0; 2,5; 5; 7,5; 10 u. 15 γ/20 μl punktförmig auf Filterpapier gegeben u. in Butanol/Essigsäure/W. (4 : 4 : 1) entwickelt. Nach 18 Std. wurde das Papier aus dem Lsgm. entfernt, getrocknet, mit den Lsgg. **A**, **B** u. **C** (10%ig. Na_2CO_3-Lsg.) besprüht u. nach jeder Behandlung wieder getrocknet. **A** bestand aus 1 g Sulfanilsäure in 10 ml konz. HCl, die mit dest. W. auf 100 ml aufgefüllt wurde, u. **B** aus einer Lsg. von 500 mg $NaNO_2$ in 100 ml dest. Wasser. Zum Besprühen wurden jeweils 15 ml dieser Lsg. mit 15 ml A. vermischt, um ein Ausbreiten der Punkte zu verhindern. Nach der Einw. von 15 ml C bildeten sich in Ggw. von I orangerote Punkte. Der R_F-Wert beträgt 0,7. Die Nachw.-Grenze liegt bei 2,5 μg I. G. Peters. G 810◇

Bestimmung von Weinsäure und Tartraten mit Bleitetraacetat. A. Berka. (Analytica chim. Acta [Amsterdam] **24**, 171—74, 1961; Prague, Univ., Inst. de chim. analyt.; franz.) — Weinsäure u. deren Salze werden mit 0,05m $Pb(CH_3COO)_4$ (I) in K-Acetat enthaltender 80%ig. CH_3COOH in 30 Min. quant. nach der Gleichung COOH—CHOH—CHOH—COOH + 5 $Pb(CH_3COO)_4$ + 2 H_2O → 4 CO_2 + 5 $Pb(CH_3COO)_2$ + 10 CH_3COOH oxydiert. Der I-Überschuß wird mit 0,05m Hydrochinon-Lsg. potentiometr. (Pt-Draht, Kalomelelektrode) bestimmt. W. Kupfer. G 850◇

Untersuchungen über Stoffe, die Uronsäure enthalten. 1. Mitt. **Ein Apparat für Halbmikroserienbestimmungen des Uronsäuregehaltes.** D. M. W. Anderson. (Talanta [London] **2**, 73—78, 1959; Edinburgh, Univ., Dep. of Chem.; engl.) — 5. vgl. C. **1963**, 18588. — Die Nachteile bisher vorgeschlagener App.-Typen zur Best. der Uronsäuren mit Hilfe der Decarboxylierungs-Rk. nach Lefèvre u. Tollens werden weitgehend ausgeschaltet. In einer neuen einfach gebauten App. erfolgen Decarboxylierung u. Best. in einem abgeschlossenen Syst. im N_2-Strom. Der Uronsäure-Geh. wird nach Absorption des CO_2 in 0,05n $Ba(OH)_2$-Lsg. titrimetr. mit 0,05n HCl bestimmt. K. Scheffler. G 850◇

Eine modifizierte Carbazolreaktion für Uronsäuren. T. Bitter und R. Ewins. (Biochem. J. **81**, 43 P, 1961; London, St. Mary's Hosp.; engl.) — In 87%ig. H_2SO_4 steigt die Farbausbeute bei der Dische-Carbazol-Rk. ungefähr um 100%. Die Farbausbeute ist für folgende Substanzen zwischen 4 u. 60 μg Uronsäure/ml linear: *Chondroitinsulfat A B* u. *C*, *Heparinmonosulfat*, *Heparin*, *Hyaluronat*, *Galakturonlacton*, *Glucuronlacton*. Reagens: 195 ml konz. H_2SO_4, 5 ml 1m $Na_2B_4O_7$-Lsg., 10 ml W. u. 0,1% Carbazol in Äthanol. P. Gregorzewski. G 850□

Farbreaktion der Kohlenhydrate in Oxalsäureschmelzen. 1. Mitt. **Eine einfache Farbreaktion auf Uronsäuren mit o-Aminophenol.** Waldemar Wagner. (Mikrochim. ichnoanalyt. Acta [Wien] **1963**, 289—92; Erlangen-Nürnberg, Univ., Physiol.-chem. Inst.; dt.) — Durch Aufschmelzen von 50—100 μg Probegut u. ca. 100 μg o-Aminophenol in einem Oxal–Pimelinsäure-Gemisch (2 : 1) u. anschließende Extraktion der in W. gelösten Schmelze mit Amylalkohol werden Uronsäuren neben Mono- u. Disacchariden, Aldosaminen, Zuckeralkoholen u. Ascorbinsäure über die Blaufärbung der organ. Phase nachgewiesen. W. Kupfer. G 850◇

Beitrag zur Bestimmung des Ammoniumthiocyanats in technischem Thioharnstoff. K. Seiffarth und H. W. Ardelt. (Z. Chem. **1**, 372, 1961; Wittenberg-Piesteritz, VEB Stickstoffwerk Piesteritz, Haupt-Labor.; dt.) — NH_4SCN läßt sich nach der Meth. von Schulek (1923) in Ggw. von Ca-Cyanamid, Dicyandiamid, Dicyandiamidin, Melamin, Thioharnstoff (I), Harnstoff, Biuret, Guanidin, Biguamid u. Kaliumcyanat gut bestimmen, wenn die quant. I-Oxydation mit Br_2 gewährleistet ist. Außerdem ist die Beseitigung überschüssigen Br_2 mit Methacrylsäure besser als die mit Phenol, da die gebildete 2.3-Dibrom-2-methylpropansäure-(1) nicht ausfällt. Der Endpunkt der jodometr. Titration ist dadurch besser zu erkennen. W. Fester. G 880◇

Getrennte Bestimmung von Cyanamidderivaten. 4. Mitt. **Eine neue colorimetrische Bestimmung von Thioharnstoff und Ammoniumthiocyanat.** Masayoshi Takimoto und Hiroko Hirano. (J. chem. Soc. Japan, pure Chem. Sect. [Nippon Kagaku Zasshi] **81**, 1414—18, 1960; Uozu, Nippon-Kâbaido-Kôgyô KK; jap., Auszug: engl. S. A 96.) — 3. vgl. C. **1963**, 3722. — Einige ml Probe-Lsg., die Thioharnstoff (I) höchstens zu 10 μg/ml oder NH_4-Thiocyanat (II) höchstens zu 100 μg/ml enthält, werden mit 1 ml Reagens-Lsg. (aus 3%ig. Na-Nitroprussiat-Lsg. u. dem gleichen Vol. 3%ig. NaOH-Lsg.) versetzt, mit 5 ml einer Puffer-Lsg. aus Na-Acetat u. HCl (pH 3,3) gemischt, auf 25 ml verd. u. die Absorptionsintensität photoelektr. (Filter: 610 nm) abgemessen. Das Beersche Gesetz ist bei I bis auf 8 μg/ml (annähernd 10 μg/ml) u. bei II bis auf 80 μg/ml (annähernd 100 μg/ml) erfüllt. Die Empfindlichkeit der II-Best. wird durch Verw. einer Puffer-Lsg. von pH 1,1 stark erhöht. Andere S-freie Cyanamid-Derivv. beeinflussen die Best. nicht. Falls I u. II zusammen in der Probe-Lsg. vorhanden sind, können sie mit Anionenaustauscher leicht getrennt werden. E. Maekawa. G 880◇

Getrennte Bestimmung von Cyanamidderivaten. 5. Mitt. **Eine neue colorimetrische Bestimmung von Harnstoff.** Masayoshi Takimoto und Hiroko Hirano. (J. chem. Soc. Japan, pure Chem. Sect. [Nippon Kagaku Zasshi] **81**, 1418—21, 1960; jap., Auszug: engl. S. A 96.) — 4. vgl. vorst. Referat. — Ein Gemisch aus 10 ml einer 0,1%ig. Lsg. von Thiosemicarbazid in HCl (1 : 1) u. 10 ml einer 0,5%ig. Lsg. von Dimethylglyoxim in HCl (1 : 1) wird mit HCl (1 : 1) auf 100 ml verd. u. nach 2 Std. zur Analyse verwendet. 2 ml der Harnstoff (I)-haltigen Probe-Lsg. werden mit 5 ml des Reagens 45 Min. lang auf 85° erwärmt, abgekühlt, mit W. auf 25 ml verd. u. die Absorptionsintensität photoelektr. (Filter: 530 nm) gemessen. Das Beersche Gesetz ist in einem Konz.-Bereich von 0,2—2 μg I/ml Probe-Lsg. erfüllt u. die Meth. eignet sich nicht nur zur Best. kleiner I-Mengen, sondern auch zur Best. von *Biuret* u. *Cyanharnstoff*. E. Maekawa. G 880◇

Das Verhalten der mit Ninhydrin in Salzsäureatmosphäre entwickelten Aminosäuren. I. Szantay. (Rev. Chim. [Bucureşti] **10**, 334—37, 1959; rum.) — Vgl. C. **1962**, 9460. — Übersicht. H. Guischard. G 950□

Neue Anwendungsmöglichkeit des Systems Chromat–Orthodianisidin in der Colorimetrie. Indirekte colorimetr. Bestimmung von Cystein. F. Buscaróns, J. Artigas und C. Rodriguez-Roda. (Chim. analytique **43**, 228—29, 1961; Barcelona, Univ., Labor. de Chim. anal.; franz.) — Die beschriebene colorimetr. Meth. zur Cystein-Best. geht von Oxydation des Cysteins mit K_2CrO_4 aus. Durch Zusatz einer Lsg. von o-Dianisidin in Aceton zur angesäuerten Lsg. kann das überschüssige Chromat bei 470 nm colorimetriert werden. Das Cystein kann in Verdünnungen bis 0,15 μg/ml bestimmt werden. Das Beersche Gesetz ist innerhalb des Konz.-Bereiches von $0{,}2 \cdot 10^{6-}$ bis $1 \cdot 10^{-5}$m erfüllt. R. F. Haar. G 950

Artefakte des Methionins bei Säurehydrolyse und Chromatographie. J. Pikkrainen und E. Kulonen. (Ann. Med. exp. Biol. fenn. **37**, 382—86, 1959; Turku, Finland, Univ., Dep. of Med. Chem.; engl.) — Der Abbau von *Methionin* (I) während Säurebehandlung (0,05 mg I in 0,5—2,0 ml 5,7n oder 11,4n HCl) wurde chromatograph. untersucht. 7 Ninhydrin-positive Prodd. waren nachweisbar, von denen 3 als Homocysteinsäure, Asparaginsäure u. Methioninsulfoxid identifiziert wurden. Joachim Schmidt. G 950◇

Die quantitative Bestimmung von Arginin. Shigeru Akamatsu und Takeo Watanabe. (J. Biochemistry [Tokyo] **49**, 566—69, 1961; Chiba, Univ., School of Med., Dep. of Biochem.; engl.) — Die Meth. von Sakaguchi (J. Biochem. **37**, [1950], 231, **38**, [1951], 91) zur Best. von *Arginin* (I), die auf der Auswertung der Rotfärbung, die beim Zusatz von Hypobromit u. 8-Hydroxychinolin zur alkal. I-Lsg. entsteht, beruht, wurde modifiziert. Durch vorherige Zugabe von Sulfosalicylsäure (II) wird der zur Farbstoff-Bldg. nicht mehr notwendige Hypobromitüberschuß entfernt, wodurch eine Behandlung mit Harnstoff u. ä. nach der Hypobromitzugabe entfällt. Das Beersche Gesetz wird innerhalb von 5,45—87 μg I erfüllt. II dient gleichzeitig als Deproteinisierungsmittel bei Arginasestudien mit dialysiertem Gewebeautolysat. K. F. Müller. G 950◇

Die bromatometrische Bestimmung von Phenol und isomeren Kresolen. J. Mlodecka. (Rev. Chim. [Bucureşti] **10**, 343—47, 1959; rum.) — Bromatometr. Meth. für die Best. von C_6H_5OH (I) u. isomeren Kresolen in Lsgg. mit genauen u. reproduzierbaren Resultaten. Die Dauer der Analyse konnte wesentlich herabgesetzt werden, der maximale Fehler für I-Lsgg. beträgt 2%, für Mischungen 3%. — 37 Literaturhinweise. H. Guischard. G 1060□

Analyse von Mischungen von m-Toluidin und N-Äthyl-m-toluidin. K. B. Whetsel, W. E. Roberson und M. W. Krell. (Analytic. Chem. **32**, 888, 1960; Kingsport, Tenn., Tennessee Eastman Co., Div. of Eastman Kodak Co.; engl.) — Spektroskop. Verf. (SiO_2-Prisma mit Gittereinheit, Corex-Küvettenfenster, Lsgm. CCl_4) zur Best. von *m-Toluidin* (C_7H_9N; 1971 u. 1915 μ) u. *N-Äthyl-m-toluidin* ($C_9H_{13}N$; 1494 u. 1575 μ) in Mischung miteinander (0—100%) mit einem Fehler von ± 1%. U. Uhlich. G 1310◇

Analysen von Mischungen des N-Äthylanilins und N-Äthyl-N-2-(hydroxyäthyl)-anilins. K. B. Whetsel, W. E. Roberson und M. W. Krell. (Analytic. Chem. **32**, 888, 1960; Kingsport, Tenn., Tennessee Eastman Co., Div. of Eastman Kodak Co.; engl.) — Verf. zur spektroskop. (SiO_2-Prisma u. Echelett-Gitter, Corex-Küvettenfenster, Lsgm. CCl_4) Best. von *N-Äthyl-* (I, $C_8H_{11}N$) u. *N-Äthyl-N-2-(hydroxyäthyl)-anilin* (II, $C_{10}H_{15}NO$) in Mischung (0—100%) miteinander mit einer Genauigkeit von $\pm 0{,}3$% (I) bzw. $\pm 1{,}0$% II. Außer den Analysenwellenlängen (1492 bzw. 1325—1550 μ für I u. 1405 bzw. 1325—1550 μ für II) sind die Spaltbreiten u. die Konz. angegeben. U. Uhlich. G 1310◇

Der Nachweis des Tetraphenyloborations. Richard Neu. (Mikrochim. Acta [Wien] **1961**, 32—36; Karlsruhe, Dr. W. Schwabe G. m. b. H., Chem. Forsch.-Labor.; dt.) — Ein Vgl. der IR-Spektren u. der UV-Fluorescenz zeigt, daß das unter milden Bedingungen dargestellte *8-Hydroxychinolintetraphenyloborat* (I, F. 198—203°) nicht mit dem nach dem Analysen-Verf. von Mukherje u. Sant (Mikrochim. Acta [Wien] **1959**, 370) in präparativem Maßstab aus denselben Komponenten in Ggw. von Eisessig dargestellte Prod. A übereinstimmt. I hat eine gelbe UV-Fluorescenz, A zunächst keine, später eine grüne UV-Fluorescenz. Als Endprod. entsteht nach Mukherje u. Sant

8-Hydroxychinolindiphenylborinsäureester. Allg. können von Hydroxyalkylaminen mit Na-Tetraphenylborat in den Fällen, wo Kettenlänge oder Stellung des Substituenten die Bldg. von 5- oder 6gliedrigen Komplexen zulassen, 2 verschiedene Derivv. dargestellt werden. E. Dehmlow. G 1380□

Gaschromatographie von Indolverbindungen. Ferdinando Mossini und Tullo Vitali. (Ric. sci., Parte II, Sez. A [2] **1**, 244—46, 1961; Parma, Univ., Ist. di Chim. farm. e tossicolog.; ital.) — Die quant. gaschromatograph. Best. von Indol-Verbb. erfolgt in mit Celit C 22 (200—290 Maschen/cm²) u. Siliconöl (25 Gew.-%) als stationäre Phase beschickten Cu-Spiralen unter Verw. von N_2 als Trägergas bei einer Arbeits-Temp. von 225° u. Strömungs-Geschw. von 70 ml/min. Die in Methylenchlorid gelösten Proben werden in Anteilen von 5 μl Lsg. eingeführt. Die erhaltenen Werte ($\pm$0,5% Fehler) sind reproduzierbar. Die mittleren Retentionszeiten von Indol, Skatol, 4-Chlor-, 5-Chlor-, 6-Chlor-, 7-Chlor-, 4-Brom-, 5-Brom-, 6-Brom-, 7-Brom-, 2-Methyl-, 5-Methyl-, 6-Methyl-, 7-Methyl-, 4-Methoxy-, 5-Methoxy- u. 6-Methoxyindol u. die Chromatogramme dieser Verbb. sind wiedergegeben. G. Platzer. G 3081◇

Papierchromatographische Untersuchungen an einigen natürlichen Cumarinen. D. P. Chakraborty und P. K. Bose. (J. Indian chem. Soc. **33**, 905—09, 1956; engl.) — Vgl. C. **1962**, 9290. — Nachst. Cumarine werden papierchromatograph. untersucht: *Cumarin, Ayapin, Bergapten, Byak-Angelicin, Byak-Angelicol* (Ferulin), *Marmesin, Limettin, Luvangetin, Marmin, Scopolin, Pimpinellin, Seselin.* Es wurde aufsteigend mit 21 verschiedenen Lsgm.-Gemischen gearbeitet, die ermittelten R_F-Werte sind angegeben. Es gelang eine Trennung der einzelnen Cumarine; der Trennungsgrad ist vom Lsgm.-Gemisch abhängig. Ein gutes Trennungsmittel ist W., hierbei liegen die R_F-Werte unterhalb 0,75. W. Untze. G 3211□

Chromatographische Trennung von Niacin und seinen Derivaten in präparativem Maßstab unter Verwendung der „Chromax"-Säule. Curt Ovenfors. (Sci. Tools [Stockholm] **7**, 1—5, 1960; Stockholm, Royal Inst. of Technol., Div. of Food Chem.; engl.) — Die Trennung von *Niacin, Niacinamid, N_1-Methylnicotinamid, DPN* u. *TPN* wurde an einer mit einer 200-g-Papierrolle beschickten Drucksäule (Chromax, LKB) untersucht. Für eine vollständige Trennung waren 3 Lsgm. [a) n-Butanol/1,5 m NH_3-Lsg. (100 : 16), b) n-Propanol/0,1 m Phosphatpuffer pH 6,8 (8 : 2), c) wie b), jedoch (55 : 45)] erforderlich. Der Wechsel der Lsgm. erfolgte nach Elution der zweiten bzw. vierten Substanz in der angegebenen Reihenfolge. E. Moisar. G 3231◇

Gelelektrophorese von Alkaloiden. Charles L. Winek, Jack L. Beal und Michael P. Cava. (J. Chromatogr. [Amsterdam] **10**, 246—47, 1963; Columbus, Ohio, State Univ., Dep. of Pharmacognosy and Dep. of Chem.; engl.) — Vff. trennen durch 2std. Elektrophorese (50 mA, 400 V) Berberin u. Chinin bzw. Hydrastin über eine Stärkeschicht mit 1n Essigsäure als Elektrolyt. Das Substanzgemisch wird an einem Papierstreifen adsorbiert u. dieser in die erstarrte Stärke eingeschoben.
F. M. Friedrich-Anderseck. G 3500◇

c) Bestandteile von Pflanzen und Tieren

Schnellbestimmung von Stickstoff, Phosphor und Kalium in den Pflanzen aus einer Einwaage. W. T. Kurkajew. (Bodenkunde [UdSSR] **1959**, Nr. 9, 114—17, Amur-Inst. für landwirtsch. Verss.; russ.) — Von den untersuchten Verff. zur Veraschung pflanzlichen Materials zur Analyse erwies sich als am schnellsten das von Pinewitsch unter Anwendung von H_2O_2. Auf der Grundlage dieses Verf. wurde ein Schnellverf. ausgearbeitet. In einer Einwaage werden N (colorimetr. unter Verw. von Nesslers Reagens), P (nach Denigé, Variante von Truog) u. K (flammenphotometr. bzw. nephelometr. mit der $Co(NO_2)_2$-Meth.) bestimmt. M. Gordienko. 5664◇

Über die Bestimmung von Mg in Pflanzensubstanzen durch Absorptions-Flammenspektroskopie. A. Wünsch und K. Teicher. (Z. Pflanzenernähr., Düng., Bodenkunde **97** (142), 101—05, 1962; München, TH, Agrikulturchem. Inst. Weihenstephan; dt.) — 1 g trockene Substanz werden vorsichtig bei 550° verascht, mit HCl abgeraucht, mit 2 ml HNO_3 (D. 1,2) aufgenommen, auf 100 ml (u. wenn nötig noch weiter) mit H_2O verd. u. Mg flammenphotometr. bei 285,2 nm bestimmt. Mit Acetylen als Brenngas treten Störungen durch Fremdelemente, im Gegensatz zu Propan oder Leuchtgas, prakt. nur durch Al ein u. diese können durch Zusatz der äquivalenten Ca-Menge oder der 10fachen Menge SO_4^{2-} kompensiert werden, während Störungen durch Ca erst bei der 30fachen Menge eintreten. Bei Extinktionen von 0,100—0,200 beträgt die Streuung ca. $\pm$0,002. Der optimale Mg-Geh. der Lsg. beträgt 2—15 μg/ml. W. Stross. 5664◇

Bestimmung von Calcium in biologischem Material mit Hilfe einer Plasmadüse. M. S. W. Webb und P. C. Wildy. (Nature [London] **198,** 1218—19, 1963; London, U. K. A.E.A., Res. Group; engl.) — Die Asche von biolog. Geweben wird in HCl gelöst u. in einer Plasmadüse zerstäubt. Als Integrator dient ein Flammenphotometer, das die Intensität der Ca-Linie bei **3933** Å mißt. Die bei normalen flammenphotometr. Best. der Erdalkalimetalle auftretenden Störungen durch die verschiedensten Anionen, bes. durch PO_4^{3-}, werden bei dieser Meth. infolge der sehr hohen Anregungs-Temp. (ca. 8000° K) vermieden. H. Kuchenbecker. 5664◇

Nachweis von Molybdän im Erdboden und in Pflanzen. R. K. Chatterjee. (J. sci. ind. Res. [New Delhi], Sect. C **19,** 154—55, 1960; New Delhi, Ind. Agric. Res. Inst.; engl.) — Vf. untersucht die Reproduzierbarkeit der colorimetr. Mo-Best. bei Ae.-Extraktion des in saurer Lsg. mit Alkalithiocyanat u. $SnCl_2$ gebildeten orangeroten Komplexes. Zur Herst. des Komplexes wurden 1—3 g Boden- bzw. Pflanzenasche mit Na_2CO_3 geschmolzen u. anschließend mit W. u. einigen Tropfen A. extrahiert. Lösl. SiO_2 bildet bei Zugabe von Ae. zu diesem Extrakt einen gelatinösen Nd. u. stört die Extraktion des Komplexes. Fe stört nicht. Ferner muß die Verdampfungs-Geschw. des Ae. kontrolliert werden. Die Nachw.-Grenze liegt bei 1—2 ppm Mo. G. Peters. 5664◇

Komplexe von Osmiumtetroxid und Kaliumjodid in wässerigen Lösungen und ihre histochemischen Eigenschaften. Simone Hatem. (Bull. Soc. chim. France [5] **1957,** 172—73; Paris, Fac. des Sci., Labor. de Chim. C; Fac. de Méd., Labor. du Prof. Champy; franz.) — Die UV-Spektren von wss. OsO_4 + KJ-Lsgg. werden aufgenommen. OsO_4 + KJ-Mischungen werden für histochem. Rkk. verwandt; sie sind völlig verschieden von denen des reinen OsO_4. Empfindliche Verfärbungen werden mit Phenolgruppen, Adrenalin (bei Tieren) u. tanninhaltigen Verbb. (Pflanzen) erhalten. I. Zoll. 5666◇

d) Medizinische und toxikologische Analyse

Bestimmung von Fluorid in Blutserum. Leon Singer und W. D. Armstrong. (Analytic. Chem. **31,** 105—09, 1959; Minneapolis, Minn., Univ. of Minnesota, Dep. of Phys. Chem.; engl.) — Durch einige Modifikationen der spektrophotometr. Meth. von Megregian (vgl. C. **1950/54**· 6392 S) zur Best. von F^- auf Grund der farbmindernden Wrkg. von F^--Ionen auf einen Zr-Farblack wird die Genauigkeit des Verf. verbessert. Zur Vorbereitung wird die Serum- oder Plasmaprobe in Mischung mit MgO zur Trockne eingedampft u. durch Erhitzen auf 150° (30 Min.), 300° (15 Min.) u. 500° (75 Min.) verascht. Der Rückstand wird mit $HClO_4$ im N_2-Strom unter Benutzung eines Glycerinbades (140—150°) in einer Mikrodest.-App. destilliert. Das Destillat wird in 1,25n NaOH aufgefangen, gegen Phenolphthalein neutralisiert u. mit dem Lack (Eriochrom–Cyanin R/$ZrOCl_2$-Lsg.) gemischt. Nach 1 Std. wird die Extinktion bei 568 mμ gemessen. W. Betcke. 5728◇

Bestimmung geringer Furfurolmengen in Blut und Harn. G. N. Nasyrow und Ch. Ja. Wengerskaja. (Laboratoriumswesen [UdSSR] **6,** Nr. 5, 35, 1960; Usbeker Wiss. Gesundheitsforschungsinst.; russ.) — Best. im Blut: Zu 0,5 ml Blut (aus der Ellbogenvene) setzt man 5 ml 3,5%ig. HPO_3-Lsg. (zwecks Ausfällung der Proteine) zu, mischt u. läßt 40—50 Min. lang absitzen, dann filtriert man durch ein aschefreies Filter in das colorimetr. Reagensglas, wäscht 2—3mal nach u. fällt auf 7 ml nach. Daneben fertigt man eine Eichskala mit 0,001—0,01 mg Furfurol (in 6 Abstufungen) an, setzt zu den Eichgläschen u. zum Prüfglas je 0,5 ml 80%ig. Essigsäure zu u. colorimetriert durch Vgl. (Rosa- bis Rotfärbung). — Best. im Harn: Der Tagesharnmenge entnimmt man 10 ml, setzt 1 ml Anilin–Essigsäure-Gemisch zu u. colorimetriert wie oben durch Vgl. mit einer Eichskala. Stark gefärbter Harn ist vorher mit 40%ig. Pb-Acetat-Lsg. zu entfärben. A. v. Wilpert. 5732◇

Tranquillizer und verwandte Arzneimittel. 2. Mitt. **Eigenschaften zu ihrer Identifizierung.** Ponnusamy Rajeswaran und Paul L. Kirk. (Bull. on Narcotics **13,** Nr. 4, 21—32, 1961; Berkeley, Calif., Univ. of California, School of Criminol.; engl.) — 1. vgl. C. **1962,** 14637. — Zum mkr. Nachw. für forens. Zwecke werden Kristallmikroaufnahmen von *Promazin, Promethazin, Aethopropazin, Trimeperazin, Pyrathiazin, Chlorpiomazin, Prochlorperazin, Prochlorperazinäthandisulfonat, Prochlorperazindimaleat, Perphenazin, Thiopropazat, Trifluopromazin, Trifluoperazin, Fluphenazin, Methoxypromazin, Mepazin, Reserpin, Deserpidin, Rescinnamin, Alseroxylon, Adiphenin, Diphenylpyralin, Azacylonal, Caprodiamin, Chlorcylyzin, Benactyzin, Pipradol, Hydroxyzin, Meclizin, Buclizin, Phenaglycadol, Mephenesin, Meprobamat, Phenelzin,* *α-Methylphenäthylhydrazin, Isocarboxazid, Iproniazid, Nialamid, Ectylharnstoff, Oxonamid, Acetylcarbromal, Glutäthimid, Methylphenidat, Thonzylamin, Pyrrobutamin, Chlormethazanon, Imipramin, 3-(β-Aminoäthyl)-pyrazol* mitgeteilt. P. Gregorzewski. 5762◇

Vergleichende Bewertung der Methoden zur quantitativen Alkaloidbestimmung in Extrakten von biologischem Material. 2. Mitt. W. P. Kramarenko und S. Ss. Rokatsch. (Pharmaz. J. [Kiew] **16**, Nr. 2, 54—58, 1961; Lwow, Med. Inst., Lehrstuhl für gerichtl. u. analyt. Chem.; ukrain.) — 1. vgl. C. **1962**, 2112. — Die photoelektrocolorimetr. u. photometr. Best. von *Cocain, Brucin, Chinin, Strychnin* u. *Pachycarpin* (I) führt zu den gleichen Ergebnissen wie die quant. titrimetr. Bestimmung. Mit Ausnahme von I wirken die in den Extrakt übergehenden Verunreinigungen aus dem biolog. Material nicht störend. Vor der I-Best. mit dem Phenolreagens müssen die Verunreinigungen durch Auflösen in W., Abstumpfen mit Lauge u. 2fache Extraktion mit Chlf. beseitigt werden. O. Lebtag. 5762△

Anwendung der Widmarck-Formel zur Abschätzung der absorbierten Alkoholmenge. S. Larcebeau und M. J. de Coquet. (Bull. Soc. Pharmac. Bordeaux **100**, 269—75, 1961; Labor. de Toxicol. et Hyg. appl.; franz.) — Die Verss. deuten auf eine große individuelle Schwankungsbreite bei der Abschätzung der absorbierten A.-Menge nach der Widmarck-Formel. Um keine überhöhten Resultate zu erhalten, soll man mit den Mindestwerten von R (= Koeff. der Gewebeimprägnierung = 0,595) u. B (= Koeff. der Äthyloxydation beim Menschen = 0,00194) rechnen u. als t die Zeitspanne vom Ende der Mahlzeit bis zur Blutentnahme einsetzen. M. Blaschette-Huttinger. 5762◇

Untersuchungen über die Relationen von Blutkuchen-Vollblut (Serum)-Alkoholwerten. Zugleich ein Beitrag zur Umrechnung von Serum- auf Vollblut-Alkoholkonzentrationen. A. Illchmann-Christ. (Dtsch. Z. ges. gerichtl. Med. **49**, 113—29, 1959; Kiel, Univ., Inst. für gerichtl. u. soziale Med.; dt.) — Als statist. signifikant darf der Mittelwert von $0{,}76 \pm 0{,}06$ als Blutkuchendivisor bei der Feststellung der Blutkuchen–Vollblut–Alkohol-Relation betrachtet werden. Die Berechnung des Vollblutalkohol-Geh. aus dem Sediment (bei Verw. der ADH-Meth. = Alkoholdehydrase) ist wegen der enormen Streuung für forens. Zwecke nicht brauchbar. Hier lag der Mittelwert bei $0{,}69 \pm 0{,}11$. Bei Prüfung der Blutkuchen–Serum–Alkohol-Relation ergab sich als repräsentativer Mittelwert $0{,}65 \pm 0{,}06$. Diese Unterss. bestätigten, daß sich der A. zwischen Blutkörperchen u. Serum entsprechend dem Wasser-Geh. verteilt. Bei vergleichenden Unterss. zeigte sich, daß nach der ADH-Meth. niedrigere Werte gefunden werden als nach der Widmark-Methode. Das wird durch die Verschiedenheit der Substrate (Serum u. Vollblut) erklärt. Vor einer allzu schemat. Anwendung des Serumdivisors 1,2 wird daher gewarnt, weil damit unter Umständen ein zu hoher Vollblutalkohol-Geh. errechnet werden kann. Korr. Werte werden vorgeschlagen u. begründet. F. O. W. Meyer. 5762◇

Jenaer Glaswerk Schott & Gen., Mainz, **Interferenzfähige Systeme abwechselnd hoch- und niedrigbrechender, aufgedampfter Schichten für das Infrarotgebiet.** Die Herst. der Schichten, die z. T. aus PbF_2 bestehen, erfolgt durch gleichzeitiges Verdampfen des Materials aus 2 getrennten Verdampferöfen, über die sich die zu bedampfende Unterlage rhythm. hinwegbewegt, z. B. hinwegdreht. Hierdurch wird ein Abplatzen der Schichten vermieden. (**Oe. P. 222 914** vom 7/7. 1961, ausg. 27/8. 1962. D. Prior. 17/8. 1960.) W. Wittholz. 5063

Fisher Scientific Co., Pittsburgh, Pa., V.St.A., übert. von: Robert E. D. Clark, Cambridge, England, **Zink-Dithiol** (= Zinktoluol-3.4-dithiol CH_3–C_6H_3–S_2Zn) wird z. B. erhalten durch Zugabe einer Lsg. von Dithiol in Äthylenchlorid oder Chlf. zur wss. Lsg. von überschüssigem Zn-Acetat unter schwachem Sieden u. anschließendem 2std. Kochen. Das bei 90° getrocknete Prod. kann ggf. durch Extrahieren mit CS_2 weiter gereinigt werden. Es bildet mit Basen Addukte u. wird bes. zur *Best. des Metall-Geh.* (Cu, Fe, Co, Sn, As, Sb) von Erzen verwendet. (**A. P. 3 046 289** vom 3/10. 1960, ausg. 24/7. 1962. E. Prior. 20/3. 1957.) O. Müller-Meiningen. G 270

Československá Socialistická Republika (Erfinder: Zdena Vondráková, Jiří Tyroler, Zdeněk Formánek, Lubomír Zahradník und Miloslav Štovik, Prag), Tschechoslowakei, **Destillative Germanium-Bestimmung,** bestehend aus einem Dest.-Kolben mit Claissen-Aufsatz u. Kühler, wobei ein Dosiergerät für Mineralsäuren (HCl) u. eine Zuführung für Überdruckgas (CO_2, N_2) vorhanden ist. Durch die Dest. des $GeCl_4$ in HCl-Medium werden die Verunreinigungen am besten abgeschieden. (**Tschech. P. 99708** vom 17/9. 1959, ausg. 15/5. 1961.) L. Macher. G 326

H. Angewandte Chemie

H_1. Allgemeine chemische Technologie

Thermodynamik. P. Grassmann. (Fortschr. Verfahrenstechn. 5, 127—54, 1960/61, herausgeg. 1962; Zürich; dt.) — Fortschrittsbericht 1960/61. Nach Diskussion der Entw.-Richtlinien der Thermodynamik, der zusammenfassenden Darst., der grundsätzlichen Fragen u. der meßtechn. Probleme werden die reversible Einstoff- bzw. Mehrstoff-Thermodynamik u. die Thermodynamik der irreversiblen Vorgänge krit. gesichtet sowie der Stand der Technik auf den Gebieten der Wärme- u. Energiewirtschaft, der Gewinnung von Arbeit aus chem. Energie u. der Kältetechnik behandelt. — 381 Literaturhinweise. G. Günther. 5800◇

Hochdrucktechnik. L. Raichle und G. Schaurer. (Fortschr. Verfahrenstechn. **5,** 70—82, 1960/61, herausgeg. 1962; Limburgerhof, Pfalz, u. Assenheim, Pfalz; dt.) — Fortschrittsbericht 1960/61, bes. auf dem Gebiet der techn. bereits angewendeten Drücke. Vff. befassen sich mit der Gestaltung der Maschinen, App., Armaturen u. Rohrleitungen für diese Technik sowie mit der Literatur der Festigkeitsberechnungen u. der Prüftechnik. — 47 Literaturhinweise. G. Günther. 5800◇

Physik hoher und höchster Drücke. E. Kuss. (Fortschr. Verfahrenstechn. **5,** 41—69, 1960/61, herausgeg. 1962; Hannover; dt.) — Fortschrittsbericht bis 1961, erstmalig getrennt von der Hochdrucktechnik. Nach der Behandlung der Bedeutung der hohen Drücke für die Verf.-Technik wird in 2 Abschnitten über die Eigg. von Gasen u. Fll. bzw. von Feststoffen unter Drücken von ca. 1000 bis zu mehreren Millionen at, teils auch bei hohen Temp., berichtet. — 418 Literaturhinweise. G. Günther. 5800◇

Physik und Technik höchster Temperaturen. A. Koller und H. Motschmann. (Fortschr. Verfahrenstechn. **5,** 213—28, 1960/61, herausgeg. 1962; Erlangen; dt.) — Fortschrittsbericht 1960/61, bes. über die Technik auf den Gebieten der Lichtbögen, der Funken, der kontrollierten Kernfusion u. der Plasmaphysik. — 167 Literaturhinweise. G. Günther. 5800◇

Voraussagen und Wechselbeziehungen zwischen den für chemisch-technische Berechnungen wichtigen physikalischen Daten. 4. Mitt. **Latente Wärmen.** Joaquín Ocón García und Gabriel Tojo Barreiro. (Quím. e Ind. [Bilbao] **8,** 187—93, 1961; Santiago, Univ.; span.) — 3. vgl. C. **1963,** 2953. — Es werden besprochen: a) Latente Verdampfungswärmen u. die auf alle Temp. anwendbaren Gleichungen von Haggenmacher, Thomson, Meissner, Klein, Gamson u. Watson, Nakanishi, Kurata u. Tamura, die nur auf normale Siedetemp. anwendbaren Gleichungen von Kistyakowsky, Watson, Riedel, Giacalone sowie die auf einer Bezugssubstanz beruhenden von Othmer u. Gordon u. die empir. Beziehung zwischen ΔH_v u. der Temp. von Watson; b) latente Schmelzwärmen; c) latente Sublimationswärmen. M. Hagedorn. 5800◇

Voraussagen zu und Wechselbeziehungen zwischen den für chemisch-technische Berechnungen wichtigen physikalischen Daten. 5. Mitt. **Spezifische Wärmen.** Joaquín Ocón García und Gabriel Tojo Barreiro. (Quím. e Ind. [Bilbao] **9,** 3—13, 1962; Santiago, Univ.; span.) — 4. vgl. vorst. Referat. — Besprechung der vom technolog. Standpunkt wichtigsten Meth. u. Beziehungen für die Berechnung der spezif. Wärmen (SW) in den einzelnen Aggregatzuständen. Erwähnt werden bei Gasen u. a. die SW bei konst. Druck im idealen Gaszustand u. die Druckkorrektur für die SW, bei Fll. u. a. die Änderung von C_p mit Temp. u. Druck. M. Hagedorn. 5800□

Voraussagen zu und Wechselbeziehungen zwischen den für chemisch-technische Berechnungen wichtigen physikalischen Daten. 6. Mitt. **Viskositäten.** Joaquín Ocón G. und Gabriel Tojo B. (Quím. e Ind. [Bilbao] **9,** 81—89, 1962; Santiago, Univ.; span.) — 5. vgl. vorst. Referat. — Es werden die Viscositätsbeziehungen für Gase u. Newtonsche Fll. einschließlich der Viscositätsänderungen mit Druck u. Temp. besprochen. M. Hagedorn. 5800◇

Gleichgewichtsverhalten von Ein- und Mehrstoffsystemen. H. Stage und P. Faldix. (Fortschr. Verfahrenstechn. **5,** 453—564, 1960/61, herausgeg. 1962; Köln-Niehl; dt.) — Fortschrittsbericht 1958/61 über zusammenfassende Werke u. Datensammlungen u. über die Theorie u. Grundlagenforschung auf diesem Gebiet (283 Literaturhinweise), über Dampfdrücke von 278 anorgan. u. 682 organ. Verbb. (366 LH), über Dampf–Fl.-Phasengleichgewichte von 749 Zwei- u. 182 Mehrstoffgemischen (430 LH) u. über fl.–fl.-Gleichgewichte von 369 Syst. (151 LH). Die Teile II—IV sind in übersichtlicher Tabellenform dargestellt. G. Günther. 5800◇

Strömungslehre. N. Scholz. (Fortschr. Verfahrenstechn. **5,** 1—24, 1960/61, herausgeg. 1962; München; dt.) — Fortschrittsbericht 1960/61 über Innenströmungen,

Grenzschichtverhältnisse, Strömung mit freier Oberfläche, Mehrphasenströmung sowie das relativ neue Arbeitsgebiet der Magnetohydrodynamik. — 269 Literaturhinweise. G. Günther. 5800◇

Rheologie. G. W. Becker und W. Weber. (Fortschr. Verfahrenstechn. **5,** 25—40, 1960/61, herausgeg. 1962; Braunschweig; dt.) — Fortschrittsbericht 1960/61. Theoret. Grundlagen, Meßverff. u. Meßergebnisse von allg. prakt. Bedeutung, Anwendungstechnik u. rheolog. Eigg. von Werkstoffen u. Gebrauchsstoffen. — 190 Literaturhinweise. G. Günther. 5800◇

Senkrecht nach oben fließende Öl-Wasser-Gemische. G. W. Govier, G. A. Sullivan und R. K. Wood. (Canad. J. chem. Engng. **39,** 67—75, 1961; Edmonton, Atla, Univ. of Alberta; engl.) — Vf. zeigt, daß die Fließmuster ähnlich jenen sind, die beim Vertikalaufwärtsfließen von Gas–Fl.-Gemischen beobachtet werden. Die Ölphase verhält sich dabei wie ein Gas hoher Dichte. Der Faktor der Oberflächenreibung steht in Wechselbeziehung mit den Verhältnissen der Oberflächen-Geschw. der 2 Phasen u. zeigt keine Abhängigkeit von der Viscosität des Öls, ausgenommen unter jenen Bedingungen, bei welchen das Öl die kontinuierliche Phase ist. E. Miessgang. 5800◇

Technische Reaktionsführung und Reaktionsapparate. W. Siemes. (Fortschr. Verfahrenstechn. **5,** 744—97, 1960/61, herausgeg. 1962; Berlin; dt.) — Fortschrittsbericht 1960/61 auf dem Gebiet der Konstruktion u. Dimensionierung von Reaktoren für die Durchführung verschiedenster chem. Rkk. sowie der Erarbeitung der dafür notwendigen thermodynam. u. kinet. Daten. — 656 Literaturhinweise. G. Günther. 5802◇

Dynamisches Verhalten eines kontinuierlich gerührten Reaktors. Richard I. Kermode und William F. Stevens. (Canad. J. chem. Engng. **39,** 81—85, 1961; Evanston, Ill., Northwestern Univ.; engl.) — Die Lösung der nichtlinearen Differentialgleichungen für einen kontinuierlich durchflossenen gerührten Reaktor wurden für ein Rk.-Syst. 1. Ordnung mit Hilfe eines Analogrechners abgeleitet. E. Miessgang. 5802◇

Optimale Verfahrensbedingungen für einen vielstufigen Reaktor mit vollständiger Durchmischung. H. Kubota, S. Namkoong, T. Akehata und M. Shindo. (Canad. J. chem. Engng. **39,** 64—66, 1961; Tokyo, Tokyo Inst. of Technol.; engl.) — Eine graph. Meth. zur Best. der Verf.-Bedingungen, die bei gegebenem Umsetzungsgrad das minimale Vol. des Reaktors ergeben, ist beschrieben u. erläutert in der Anwendung auf einen vielstufigen Reaktor mit Wirbelbett bei der katalyt. Oxydation von SO_2. E. Miessgang. 5802◇

Einfluß der Oberflächenbeschaffenheit und der Bildungstemperatur auf die Natur der in Überhitzerrohren von Kesseln gebildeten Oxide. A. Lutts und T. Samuel. (Bull. mens., Centre belge Étude Doc. Eaux **1959,** 43—46; Sect. de Liège, Centre de la Rech. Métallurg. et Cebedeau; franz.) — Die Oxidschichten im Innern von Rohren, die genügend lange Temp. von 600° ausgesetzt waren, enthalten relativ bedeutende Mengen an FeO, während bei 525—540° auch nach mehreren Hundert Betriebs-Std. kein FeO gebildet wird. Auf die günstige Wrkg. der Oxide der Walzhaut bzgl. des Schutzes vor überhitztem Dampf u. O_2 wird hingewiesen. W. Niemitz. 5802◇

Werkstoffe und Korrosion, Oberflächenschutz. E. Rabald. (Fortschr. Verfahrenstechn. **5,** 817—1034, 1960/61, herausgeg. 1962; Mannheim; dt.) — Fortschrittsbericht 1960/61, eingeteilt nach den Werkstoffen *Eisenmetalle, Al, Pb, Cr, Cu, Mg, Ni, Seltene Metalle* u. Elemente, *Edelmetalle, Zn, Sn* (jeweils einschließlich Legg.), Gläser, keram. Werkstoffe, Kohlenstoff, Mörtel usw. sowie Kunststoffe. Umfangreiche Literaturlisten für jede einzelne Gruppe. G. Günther. 5804◇

Ein neuer Kitt Arsamit-6. W. K. Smirnow und G. S. Wowschina. (Plast. Massen [UdSSR] **1962,** Nr. 2, 69—71; russ.) — *Arsamit-6* (**I**) ist ein Bindemittel aus in einem bestimmten Verhältnis gemischten Phenol–Formaldehyd-Harz u. Si-organ. Verbb., Graphitpulver als Füllstoff u. einem sauren Katalysator, der die Erhärtung an der Luft beschleunigt. Es dient zum Verkitten von durch Imprägnieren mit Si-organ. Verb. chem. u. therm. bis 300—350° beständig gemachten Graphitauskleidungen, chem. App. für Temp. über 200° u. zum Verkitten von Einzelteilen aus Graphit. Die Beimischung von Phenol–Formaldehyd-Harz dient zur Beseitigung der ungünstigen physikal.-mechan. Eigg. der Kitte aus Si-organ. Verb. (schlechte Adhäsion, mangelnde Beständigkeit). Die Zugfestigkeit mit **I** verkitteter Graphitteile beträgt nach 270 Std. langem Erhitzen auf 220—250° 25,15—51,4 kg/cm². Der Kitt zeigte befriedigende chem. Beständigkeit gegen sd. Agentien, wie CH_3COOH, H_2SO_4, HCl aller Konzz., $C_2H_4Cl_2$, konz. H_3PO_4, Gemische aus H_3PO_4 u. HCl, Phenylessigsäure u. andere. Bei der Auskleidung chem. App. macht sich wegen der korrodierenden Eigg. des sauren Katalysators im **I** eine mehrfache Zwischenschicht aus Si-organ. Lack notwendig. Hubert Hoffmann. 5810□

Wärmeaustauscher. R. Gregorig. (Fortschr. Verfahrenstechn. **5**, 200—12, 1960/61, herausgeg. 1962; Belo Horizonte, Brasilien; dt.) — Fortschrittsbericht 1960/61 über Fragen der Berechnungsunterlagen, der Werkstoffe, der Konstruktion u. des Betriebs-Verh. von Wärmeaustauschern auf den verschiedenen Gebieten der Technik. — 233 Literaturhinweise. G. Günther. 5814◇

Der Wärmeaustausch unter den Bedingungen eines Dreikomponentenstromes. Ju. N. Piottuch und Ss. I. Schabanow. (Nachr. sibir. Abt. Akad. Wiss. UdSSR **1961**, Nr. 11, 40—47; Nowosibirsk, Transportenerget. Inst. der Sibir. Abt. der Akad. der Wiss. der UdSSR; russ.) — Vff. untersuchen den Wärmeaustausch an einem Dreikomponenten-Syst. (Quarzsand, Kohle u. Gas), welches aus zwei festen u. einer gasförmigen Phase besteht. Sie geben ein Syst. von Differentialgleichungen u. ihre Lösung zur Charakterisierung des Wärmetransports an. Bei größter Wirtschaftlichkeit verfügen die verwendeten Typen von Wärmeaustauschern über sehr hohe Intensitäten. — 17 Literaturangaben. W.-D. Heußner. 5814◇

Wärmeübertragung. H. Brauer. (Fortschr. Verfahrenstechn. **5**, 155—99, 1960/61, herausgeg. 1962; Duisburg; dt.) — Fortschrittsbericht 1960/61 auf den Gebieten der Wärmeübertragung durch Leitung, Konvektion u. Strahlung mit schwerpunktmäßiger Behandlung der konvektiven Vorgänge. — 288 Literaturhinweise. G. Günther. 5816◇

Zerkleinern. D. Behrens, K. Schönert und H. Rumpf. (Fortschr. Verfahrenstechn. **5**, 570—99, 1960/61, herausgeg. 1962; Karlsruhe; dt.) — Fortschrittsbericht 1960/61 über die theoret. u. maschinelle Entw. auf den Gebieten des Brechens, des Mahlens u. der Prallzerkleinerung. — 161 Literaturhinweise. G. Günther. 5820◇

Mischvorgänge im gasförmigen und leichtflüssigen Gesamtzustand. F. Kneule. (Fortschr. Verfahrenstechn. **5**, 703—18, 1960/61, herausgeg. 1962; München; dt.) — Fortschrittsbericht 1960/61 über die Entw. auf dem Gebiet der Mischung in Gasphase sowie in Syst. gasförmig–fl., fl.–fl. u. fest–fl., bes. Lösen. — 61 Literaturhinweise. G. Günther. 5822◇

Mischen im zähflüssigen, strukturviskosen, mehrphasigen, pastösen, pulverförmigen und körnigen Zustand. H. Krüger. (Fortschr. Verfahrenstechn. **5**, 719—43, 1960/61, herausgeg. 1962; Leverkusen; dt.) — Fortschrittsbericht 1960/61 der Entw. auf maschinellem Gebiet, bes. dem der Schneckenmaschinen. — 215 Literaturhinweise. G. Günther. 5822◇

Kugelförmige Agglomeration von Feststoffen in flüssiger Suspension. J. R. Farnand, H. M. Smith und I. E. Puddington. (Canad. J. chem. Engng. **39**, 94—97, 1961; Ottawa, Ontario, Canada, Nat. Res. Council, Div. of Appl. Chem.; engl.) — Der Prozeß der kugelförmigen Agglomeration setzt eine Meth. für schnelle u. leistungsfähige Abtrennung von Feststoffen aus fl. Suspensionen voraus. Eine bevorzugte Benetzung durch eine 2. Fl. fungiert als brückenbildendes Agens zwischen den Teilchen u. verursacht Agglomerierung u. Absetzen. Mehrere Beispiele werden gegeben, eingeschlossen die Trennung von festen Vielkomponenten-Syst. (z. B. ZnS, Graphit, $CaCO_3$; Graphit, S). E. Miessgang. 5824◇

Flotieren. H. Möttig. (Fortschr. Verfahrenstechn. **5**, 642—97, 1960/61, herausgeg. 1962; Köln; dt.) — Fortschrittsbericht 1960/61 mit 9 Abschnitten über Grundlagenforschung sowie mit Diskussion der Entw. auf den Gebieten der Maschinen, der Reagenzien u. der Verff., eingeteilt nach den durch die Verff. anzureichernden Stoffen. — 259 Literaturhinweise. G. Günther. 5828◇

Erhöhung der Selektivität der Flotationstrennung carbonisierter silicat- und calciumhaltiger Mineralien. L. D. Ratobylskaja. (Chem. Ind. [UdSSR] **1962**, 111—14; russ.) — Bei der Trennung von künstlichen Gemischen von *Calcit* (**I**) u. *Ca-Silicat* (**II**) wird die selektive Flotation von **I** in Carbonat-Lsgg. nach Vorbehandlung mit Na-Oleat (**III**) als Sammler u. unter Zusatz von Wasserglas (**IV**) u. Sulfatseife untersucht. Ein Mineralgemisch gleicher Zus. zeigt geringe Selektivität der Flotation. Das Ausbringen von **II** mit dem Konzentrat beträgt 86,3%. Durch Vorbehandlung des Konzentrats mit **III** wird die Slektivität verbessert u. das **II**-Ausbringen auf 89—92% erhöht. Dabei werden je t Konzentrat 0,5 kg **III** verbraucht. Die Flotation dauert 15 Minuten. Der Wrkg.-Mechanismus von **IV** wird mit seiner bevorzugten Adsorption an **II** erklärt. R. K. Müller. 5828◇

Einige Gesetzmäßigkeiten der kontinuierlichen Auslaugung. A. D. Pogorely, N. M. Demido und N. N. Kusnetzow. (Hochschulnachr. [Ordshonikidse], Nichteisenmetallurgie **5**, Nr. 4, 60—72, 1962; Nordkaukas. bergmetallurg. Inst., Abt. allg. Metallurg. russ.) — Entwickelt werden die analyt. Gesetzmäßigkeiten eines kontinuierlichen Ausziehens im stationären Bereich u. ausgearbeitet wird eine Meth. der Berechnung der Kennwerte für eine ein- u. eine mehrstufige Ausziehung. Zur genauen Charakteristik der polydispersen festen Phase der Trübe werden die Funktionen der Massenverteilung des Feststoffes nach den Korngrößen eingeführt. Es wird gezeigt, daß bei der Entscheidung einer technolog. Aufgabe in einer bestimmten App. die Leistung einer kontinuierlichen Ausziehung geringer als die einer period. ist. Dieser Unterschied gleicht sich bei Erhöhung der Stufen des kontinuierlichen Prozesses aus. Der Hauptgrund der niedrigeren Leistung des kontinuierlichen Prozesses sind Ausgleichserscheinungen der Zus. des Eintrags u. der Trübe im Mischer. H. Hochstein. 5828◇

H_2. Betriebsschutz. Feuerschutz

Ein Alarmgerät für die Entdeckung toxischer industrieller Gase. A. M. Kinnear. (Chem. and Ind. **1959,** 361—63; Salisbury, Wilts, Chem. Defence Exp. Establ., Porton Down; engl.) R. Grundmann. 5936◇

Hemmung von Kohlenstaubexplosionen. Praktische Gesichtspunkte der Steinstaubschranken. H. S. Eisner. (Iron Coal Trades Rev. **182,** 853—55, 1961; Min. of Power, Safety in Mines Res. Establ.; engl.) — Beschreibung von Wirkungsweise u. Bau der Steinstaubschranken. W. Wesly. 5936◇

Die Erdung technologischer Anlagen (Apparate und Leitungen) zum Schutz gegen statische Elektrizitätsentladungen. G. Cristea. (Rev. Chim. [Bucureşti] **14,** 231—33, 1963; rum.) — Es werden Fälle angeführt, in denen Erdung als Schutzmaßnahme nötig ist. Erden (E) werden aus Stahlrohren mit 35—50 mm Ø u. 3,5 mm Mindestwandstärke hergestellt. Die einzelnen E können durch geschweißte Stangen verbunden werden. Empfehlenswert ist es, die E in Böden mit großer Feuchtigkeit zu verlegen oder rings um die E die Leitfähigkeit (L) zu steigern. Durch Zusatz von 0,1%ig. NaCl-Lsg. erhöht sich L auf das 6fache u. von 1%ig. NaCl-Lsg. auf das 23fache. P. W. Kittner. 5936◇

Die Anwendung des Kupferoxid-Aluminiumoxid-Katalysators auf die Überwachung der Luftverunreinigung. S. Sourirajan und Mauro A. Accomazzo. (Canad. J. chem. Engng. **39,** 88—93, 1961; Los Angeles, Calif., Univ. of California; engl.) — Die katalyt. Verbrennung von 1-Hexen (Konz. 1170—3000 ppm) in N_2 als Verdünnungsmittel, bei O_2-Überschuß, Verw. eines CuO-Al_2O_3 (1 : 1)-Katalysators, Temp. zwischen 242 u. 424° u. Raum-Geschw. des Gases von 4000—16000 reziproker Std. wurde untersucht. Bei 400° konnten >90% des 1-Hexens umgesetzt werden. Außerdem wird über Verss. berichtet, den genannten Katalysator für die gleichzeitige Entfernung von KW-Stoffen u. CO aus den Verbrennungsabgasen von Automobilen einzusetzen. E. Miessgang. 5942◇

Howard W. Etzel, Forest Heights, und David A. Patterson, Temple Hills, Md., V.St.A., **Herstellung von zur Strahlendosimetrie bestimmten Alkalihalogenidkristallen** erfolgt dadurch, daß man in Ggw. von feuchter Luft aus Halogenidschmelzen solche Einkristalle züchtet, die 10—100 OH-Ionen auf 10^6 negative Ionen des Kristalls enthalten, worauf man die Kristalle in Ggw. von Alkalimetalldämpfen längere Zeit auf 650—750° erhitzt u. sie dann allmählich abkühlt. (**A. P. 3 021 286** vom 30/3. 1959, ausg. 13/2. 1962.) K. Wolk. 5933

Total K. G. Foerstner & Co., Ladenburg (Erfinder: Walter Mark, Weinheim), **Trockenlöschpulver** auf der Basis von $NH_4H_2PO_4$, ggf. mit Zusätzen einer löschwirksamen Verb. mit F. bis 600° [$(NH_4)_2SO_4$, B_2O_3] u. bis zu 5% eines Hydrophobierungs- u./oder Fließmittels, gek. durch einen Zusatz von 0,5—5% S-Pulver. (**D. A. S. 1 138 641** Kl. 61b vom 18/9. 1961, ausg. 25/10. 1962.) A. Gradl. 5945

Mercantile Metals, Inc., Carnegie, übert. von: Sweeney Voinovich, Bridgeville, Pa., V.St.A., **Trocken-Feuerlöschpulver,** gek. durch einen Geh. an gemahlenem Pech, pulverisierten, nicht schmelzbaren anorgan. Inertstoffen u. NH_4Cl. Mischungsverhältnis ca. 2—7 (Teile) Inertstoffe, z. B. Ton, pro 1 Pech u. ca. 0,1—0,9 NH_4Cl. (**A. P. 3 046 220** vom 25/10. 1957, ausg. 24/7. 1962.) A. Gradl. 5945

General Electric Co., Schenectady, N.Y., V.St.A., *Nachweis und Bestimmung von Verunreinigungen in Gasen.* (**Niederl. P. 102 120** vom 20/12. 1956, ausg. 15/8. 1962. A. Prior. 20/12. 1955. — C. **1962,** 15720 [D. A. S. 1 062 957].)

Chemische Werke Albert, Wiesbaden, *Feuerschutzmittel.* (**E. P. 904 954** vom 27/11. 1959, ausg. 5/9. 1962. D. Prior. 19/12. 1958. — C. **1962,** 17880 [F. P. 1 242 563].)

Total K.G. Foerstner & Co., Ladenburg a. N., *Trockenlöschpulver für Flamm- und Glutbrände.* (**Oe. P. 204 888** vom 1/2. 1958, ausg. 25/8. 1959. **F. P. 1 198 789** vom 10/2. 1958, ausg. 9/12. 1959. Beide D. Prior. 9/2. 1957. — C. **1963,** 7472 [D. A. S. 1 130 705].)

Benjamin Foster Co., Philadelphia, Pa., V.St.A., *Aufblähbarer Harzüberzug.* (**Jap. A. S. 7740/1961** vom 22/12. 1958, ausg. 15/6. 1961. A. Prior. 26/12. 1957. — C. **1962,** 7649 [E. P. 858 699].)

H_3. Elektrotechnik

Schnellalterungsprüfung der Betriebseignung von Telephoneinführungsdrähten mit Neoprenumhüllung. A. P. Jahn und G. N. Vacca. (Wire and Wire Products **33,** 1178—79, 1284—85, 1958; Murray Hill, N.J., Bell Telephone Labor., Inc.; engl.) — Als Umhüllung für Telefoneinführungsdraht bewährt sich bei der Schnellalterungsprüfung (Einw. von künstlichem Sonnenlicht u. Regen) Neopren W. W. Wesly. 5956◇

Magnesiumzelle mit organischem Depolarisator. Andrzej Wolkenberg. (Przeglad Elektroniki **2,** 330—33, 1961; pol.) — Mg ersetzt als negative Elektrode Zn. Als Depolarisator u. positive Elektrode wird Dinitrobenzol verwendet. Die Herst.-Kosten einer Mg-Zelle sind gegenüber einer Zelle vom Typ Leclanché um 11% niedriger. Die Strom- u. energet. Kapazität einer Braunsteinbatterie beträgt volumenmäßig nur 80% u. gewichtsmäßig 60% der Kennziffern einer Mg-Batterie. K. Pluta. 5970◇

Krafterzeugung unter Verwendung von Faulgas in Brennstoffelementen und ihre Potentiale. H. H. Chambers. (J. Proc. Inst. Sewage Purificat. **1961,** 73—85; Dorking, Surrey, Sondes Place Res. Inst.; engl.) — Brennstoffelemente mit Faulgas ergeben bei Stromdichten von 70—80 amp./sq.ft. u. Spannungen von 0,75 V eine therm. Ausbeute von 65%. Stromdichten von 150 amp./sq.ft. verringern die Ausbeute, niedrigere Stromdichten ergeben bei einer Spannung von 1,1 V pro Zelle Ausbeuten bis 80%. Der innere Widerstand beträgt 0,004 Ω/sq.feet. Alle Verss. wurden bei Temp. von 500—700° durchgeführt. Als Elektrolyt diente eine geschmolzene Mischung von Na_2CO_3 u. Li_2CO_3, als Diaphragmen sind Materialien aus porösem gesintertem MgO u. als Elektroden eine Mischung von ZnO u. metall. Ag eingesetzt worden. Im Gegensatz zu CH_4 blockieren C_3H_8 u. C_4H_{10} durch Ablagerung von C den Gastransport, was entweder durch geringere Temp. oder durch Einblasen eines Wasserdampf-KW-Stoff-Gemisches behoben werden kann. H. Schumann. 5970◇

Über Probleme der Anode von Aluminium-Elektrolyseapparaten mit vertikaler Stromzuführung. E. Balash. (Hochschulnachr. (Ordshonikidse), Nichteisenmetallurgie **4,** Nr. 4, 71—79, 1961; Krasnojarsk, Inst. für Buntmetalle, Lehrstuhl für Metallurgie der Leichtmetalle; russ.) — Vf. behandelt die Beschaffenheit u. die Eigg. der Anodenmasse unter bes. Berücksichtigung des Bindemittels. Bei der Unters. therm. Arbeitsbedingungen werden die Folgen einer Überhitzung von Teilen der Elektrode, der Einfl. der Elektrolyt-Temp. u. der im Innern der Elektrode entstehenden Wärme erörtert. Es wird dabei darauf hingewiesen, daß es zweckmäßig ist, die therm. Belastung der Elektrode zu verringern (Elektrolyt-Temp. $< 960°$). Vf. schlägt vor, Form u. Ausmaße der Elektrode passend zu wählen, bei günstigen Stromdichten zu arbeiten u. die Elektroden nicht zu tief in den Elektrolyten eintauchen zu lassen. Die techn. Daten mehrerer Verss. in Al-Elektrolyseanlagen mit vertikaler Stromzuführung sind in zwei Tabellen zusammengestellt. E. Winkler. 5992□

H_4. Wasser. Abwasser

Wasserkonservierung. John C. Geyer. (Nat. Acad. Sci. — Nat. Res. Council, Publ. Nr. **942,** 17—49, 1963; The Johns Hopkins Univ., Dep. of Sanitary Eng. and Water Resources; engl.) — Vf. gibt einen Überblick über die durch steigenden Bedarf der Bevölkerung, der Industrie u. Landwirtschaft bedingten Probleme der Wasserversorgung, die sich nur durch eine sorgfältige Kontrolle des Wasserverbrauchs, weitgehende Wiederverw. von W. in der Industrie durch Rezirkulierung, vollständige Ausnutzung des Flußwassers, einschließlich der Schneeschmelzen, Bau von Wasserreservoiren, Maßnahmen zur Verhinderung von Verunreinigungen von Fluß- u. Grundwasser u. Reinigung von Abwässern, entsprechend den Bedürfnissen der individuellen Verbraucher, beheben lassen. I. Köditz. 6014

Forschungsarbeiten des Office of Saline Water. W. S. Gillam. (Nat. Acad. Sci. — Nat. Res. Council, Publ. Nr. **942,** 77—85, 1963; Office of Saline Water, Div. of Res.; engl.) — Überblick über die Themen einzelner Forschungsprobleme des Büros für Salzwasser: thermodynam. Unters. wss. Lsgg., Möglichkeiten der Gebrauchswassergewinnung aus Salzwasser für industrielle Verbraucher (Bevölkerung, Landwirtschaft u. Industrie). Abschließend diskutiert Vf. eine Reihe von Forschungsthemen, die in Angriff genommen werden müßten, um die Verwertung von Salzwasser voll ausschöpfen zu können, z. B. Kristall-Bldg. u. -wachstum in Abhängigkeit von der Temp., der Zus., der Konz. u. des Druckes der Lsg., Wrkg.-Mechanismus von Membranen, Einfl. von Porengröße, Membran-Zus., Temp., gelösten Salzen auf den Durchgang des W. durch die Membrane, deren Stabilität usw.; der Einfl. von Schall- u. Ultraschallbehandlung auf die Hydratation von Ionen, Wärmeübertragung u. Salzausfällung.
I. Köditz. 6014

Einige thermodynamische Eigenschaften von Meerwasser und die Notwendigkeit eingehender Phasengleichgewichtsuntersuchungen. L. A. Bromley. (Nat. Acad. Sci. — Nat. Res. Council, Publ. Nr. **942,** 178—91, 1963; Louisiana State Univ., Dep. of Chemistry; engl.) — Überblick über einige thermodynam. Unterss. von W. u. Meerwasser und die Krusten-Bldg. unter Berücksichtigung der Zus. der vorliegenden Phasen, der Temp. unterhalb des Gefrierpunktes u. nahe dem krit. Punkt sowie der Best. der Wärmekapazität von Meerwasser. — 16 Literaturstellen. I. Köditz. 6014

Freie Konvektion bei gleichzeitigem Vorliegen von Temperatur- und Salzgehaltgefällen. Henry M. Stommel. (Nat. Acad. Sci. — Nat. Res. Council, Publ. Nr. **942,** 221—23, 1963; Harvard Univ.; engl.) — Ausgehend von Labor.-Verss. über eine immerwährende Salzquelle ohne Steigrohr (vgl. Groves, Deep-Sea Research, **5,** 3, [1959] 209 bis 214) entwickelt Vf. die Vorstellung, daß der Salzaustausch zwischen den Tiefen u. der Oberfläche in subtrop. Meeren auch durch derartige Salzquellen erfolgen kann. I. Köditz. 6014

Der Stoffaustausch bei der Umwandlung von Salzwasser. H. F. Wiegandt.(Nat. Acad. Sci. — Nat. Res. Council, Publ. Nr. **942,** 224—28, 1963; Cornell Univ., Dep. of Chem. Engng.; engl.) — Vf. diskutiert den Wärme- u. Stoffübergang zwischen den Phasen 1. bei der Eindampfung durch Sonnenwärme, 2. bei der Extraktion u. 3. beim Ausfrieren. I. Köditz. 6014

Salzwasserumwandlungsprozesse. Joseph J. Strobel. (Nat. Acad. Sci. — Nat. Res. Council, Publ. Nr. **942,** 86—106, 1963; Office of Saline Water, Div. of Processes Dev.; engl.) — Überblick über die einzelnen Prozesse der Gewinnung von Gebrauchswasser aus Salzwasser, die vom Vf. in fünf große Gruppen eingeteilt werden: 1. Dest. unter Verw. von Brennstoffen, 2. Dest. unter Verw. von Sonnenstrahlen, 3. Membranprozesse, 4. Reinigung durch Ausfrieren u. 5. andere chem., elektr. u. physikal. Gewinnungsmethoden. I. Köditz. 6014

Erfordernisse der Grundlagenforschung über die Entsalzung mit Membranen. Wayne A. McRae. (Nat. Acad. Sci. — Nat. Res. Council, Publ. Nr. **942,** 326—42, 1963; Cambridge, Mass., Res. Ionics, Inc.; engl.) — Überblick über den Entw.-Stand der Elektrodialyse von Brackwasser u. die damit verbundenen Kosten sowie die durchzuführenden grundlegenden Forschungen, z. B. der Menge, Quellen u. Zugänglichkeit von Brack- u. Abwasser, Ermittlung der maximal zulässigen Konz., Best.-Meth. u. Entfernung von nichtmineral. Bestandteilen aus Brack- u. Abwasser; Entw. neuer Meth. für die Feststellung u. Verhinderung von Wasserverlusten während der Gewinnung u. des Transports. I. Köditz. 6014

Der Durchgang von flüssigen Phasen durch Membranen. Wayne A. McRae. (Nat. Acad. Sci. — Nat. Res. Council, Publ. Nr. **942,** 255—69, 1963; Cambridge, Mass., Res. Ionics, Inc.; engl.) — Vf. gibt einen Überblick über den Stand der Theorie des Durchgangs von Fll. durch dünne, selektive Plastfilme u. zeigt, daß diese Meth. die Möglichkeit bietet, mehr oder weniger flüchtige Verbb. von W. zu trennen. Sie kann bei der Entfernung organ. Bestandteile aus Abwässern u. bei verschiedenen Reinigungsprozessen im Zusammenhang mit der Entsalzung von Meerwasser (Extraktionsprozeß, Gashydratentsalzung, Ammoniumsalzionenaustausch usw.) angewendet werden. Die Faktoren, die die Durchgangs-Geschw. u. den Trennungsfaktor beeinflussen (Temp., chem. Natur u. Mol.-Geometrie der Filme u. der abzutrennenden Stoffe) müssen jedoch im Zusammenhang mit der Permeabilitätstheorie von Membranen noch weiter untersucht werden, um Voraussagen über die Durchgangs-Geschw. u. die Selektivität machen zu können. I. Köditz. 6014

Die Entsalzung von Wasser unter Verwendung von semipermeablen Filmen und Druck. Lucius Gilman. (Nat. Acad. Sci. — Nat. Res. Council, Publ. Nr. **942,** 301—07, 1963; Monsanto Res. Corp., Plastics and Polymer Res.; engl.) — Von den untersuchten Membranen aus Celluloseacetat (**I**), **I** + $Mg(ClO_4)_2$, **I** + $LiClO_4$, **I** + Polyäthylenglykol (**II**), **I** + **II** + Trikresylphosphat weist die letzte die besten Eigg. auf; die geringe Durchlässigkeit mit Salz ($< 1\%$) ist mit einer hohen Wasserdurchlässigkeit (2,7—6,9 ml/cm^2/h) u. großer Haltbarkeit verbunden. — Abschließend diskutiert Vf. den Mechanismus der Durchlässigkeit von Polymeren für W. u. die Möglichkeit, modifizierte Polyvinylalkohol-Filme als Membranen für die Entsalzung zu verwenden. I. Köditz. 6014

Hohlfasern als Membranen für die Osmoseumkehrung. Henry I. Mahon. (Nat. Acad. Sci. — Nat. Res. Council, Publ. Nr. **942,** 345—54, 1963; Pittsburg, Calif., Dow Chem. Comp.; engl.) — Kurze Beschreibung der Darst. von Hohlfasern aus Cellulosetriacetat, der Anordnung, Aufstellung der Faserbündel u. der Vorgänge bei der Gewinnung von Trinkwasser aus Salzwasser durch eine Umkehrung des Osmoseprozesses. Vf.

beschreibt dann die Möglichkeiten der Abdichtung von gebrochenen Hohlfasern, z. B. durch Epoxidharz, Latex oder Wachs u. diskutiert verschiedene Thesen über den der Osmoseumkehrung zugrunde liegenden Mechanismus. I. Köditz. 6014

Grundlagen und Anwendung von Schallwellen. Ernest B. Yeager. (Nat. Acad. Sci. — Nat. Res. Council, Publ. Nr. **942**, 229—54, 1963; Western Reserve Univ., Dep. of Chemistry; engl.) — Übersicht über den Stand der Entw. der Theorie u. der prakt. Anwendung von Schallwellen bei der Entsalzung von Meerwasser. — 93 Literaturangaben. I. Köditz. 6014

Die Technologie der Entsalzung von Meerwasser. Hugh C. Simpson und R. S. Silver. (Nat. Acad. Sci. — Nat. Res. Council, Publ. Nr. **942**, 387—413, 1963; Glasgow, Scotland, G. u. J. Weir, Ltd.; engl.) — Vff. entwickeln Gleichungen, die es ermöglichen, die Betriebskosten verschiedener Entsalzungsprozesse (Dest., Ausfrieren, Hydratprozesse, Elektrolyse, Osmoseumkehrung) unter optimalen Betriebsbedingungen miteinander zu vergleichen. Aus der Analyse der einzelnen Verff. ziehen Vff. den Schluß, daß ein idealer Prozeß folgenden Bedingungen genügen muß: 1. Der Übergangsprozeß muß durch eine billige Oberfläche mit geringem Widerstand erfolgen; 2. es darf nur eine billige Energiequelle erforderlich sein; 3. der Prozeß darf nur die Umwandlung einer kleinen Menge Energie oder Masse pro Einheit erzeugtem W. erfordern. Diese Möglichkeiten sind wahrscheinlich in Hydratprozessen gegeben. I. Köditz. 6014

Die Trennung durch Ausfrieren bei der Umwandlung von Meerwasser. J. F. Downie Smith. (Nat. Acad. Sci. — Nat. Res. Council, Publ. Nr. **942**, 414—19, 1963; Carries Res. and Dev. Co.; engl.) — Kurze Beschreibung des Carrier-Ausfrierprozesses (Pilotanlage) u. einer Reihe der in Angriff zu nehmenden Forschungsarbeiten.
I. Köditz. 6014

Umwandlung von Brackwasser in den USA. Fred A. Loebel. (Nat. Acad. Sci. — Nat. Res. Council, Publ. Nr. **942**, 317—25, 1963; Wankesha, Wis., Aqua-Chem., Inc.; engl.) — Kurze Darst. der Unterschiede zwischen Brack- u. Meerwasser, der Kosten u. Spezifikationen für die individuellen Verbraucher u. einige der Faktoren, die Anlage- u. Unterhaltungskosten für Wassergewinnungsanlagen aus Brackwasser bestimmen.
I. Köditz. 6014

Verhinderung des Wasserverlustes in Reservoiren durch Verdampfung mit Hilfe von Monoschichten. Victor K. La Mer. (Nat. Acad. Sci. — Nat. Res. Council, Publ. Nr. **942**, 438—51, 1963; Columbia Univ., Dep. of Chemistry; engl.) — Histor. Überblick über das Verh. von Monoschichten, kurze Darst. der Ergebnisse der Freiland-Verss. u. der Kosten des Verfahrens. I. Köditz. 6014

Die Salztoleranz von Pflanzen und die Verwendungsmöglichkeit von Wasser für Bewässerungszwecke. Leon Bernstein. (Nat. Acad. Sci. — Nat. Res. Council, Publ. Nr. **942**, 273—83, 1963; Calif., Riverside, U.S. Dep. of Agriculture; engl.) — Vf. weist darauf hin, daß bei der Verw. von salzhaltigem W. für Bewässerungszwecke nicht nur die allg. Toleranz der Pflanzen in ihren verschiedenen Entw.-Stadien, die unterschiedliche Toleranz verschiedener Pflanzen, sondern auch die Bodenstruktur, die natürliche Auslaugung, die Kationenaustauscher-Eigg. des Bodens, die Art der Ackerfurchen, die klimat. Bedingungen sowie die Häufigkeit u. Art der Bewässerung berücksichtigt werden muß. I. Köditz. 6014

Ionenaustauschtechnik zur Entsalzung. M. E. Gilwood. (Nat. Acad. Sci. — Nat. Res. Council, Publ. Nr. **942**, 308—11, 1963; Ionac Chem. Comp., Div. of Pfaudler Permutit, Inc.; engl.) — Überblick über einige Unterss. der Regenerierungsmöglichkeit granulierter Ionenaustauscher u. die Verw. von Ionenaustauschmembranen sowie Membranen für die Elektrodialyse u. andere Prozesse für die Entsalzung von salzhaltigen Abwässern u. Meerwasser. I. Köditz. 6020

Elektroden, die auf Kationen und Anionen ansprechen, und ihr Verhalten in Konzentrationszellen. G. W. Murphy. (Nat. Acad. Sci. — Nat. Res. Council, Publ. Nr. **942**, 204—10, 1963; Oklahoma, Univ., Dep. of Chem.; engl.) — Als Grundlage für die elektrochem. Entsalzung lassen sich red. C-Formen (koll. Graphit, Ruß oder Tierkohle), die ausgezeichnete Kationenaustauscher-Eigg. aufweisen, verwenden. Diese Eigg. lassen sich durch chem. Vorbehandlung, z. B. mit oxydierenden Säuren, noch etwas verbessern. — Durch Umsetzung unter bestimmten Bedingungen von N.N-Dimethylphenylendiamin mit einer C-Form lassen sich C-Elektroden herstellen, die auf Anionen ansprechen. Die Darst. von Elektroden aus diesen Stoffen sowie ihre Entsalzungsleistung wird beschrieben. — Diese Materialien können als elektr. leitende Ionenaustauscher variierbarer Kapazität, d. h. als elektr. regenerierbare Ionenaustauscher angesehen werden. I. Köditz. 6020

Reinigung von Trinkwasser. J. E. Samdal. (Tidsskr. Kjemi, Bergves. Metallurgi **22**, 35—41, 1962; Blindern, Norsk Inst. for Vannforsk.; norw.) — Zur Reinigung des norweg. Trinkwassers (meist Oberflächenwasser) wird hauptsächlich die Färbung beseitigt u. die Trübung vermindert, wozu Chlorierung, Ozonisierung, Koagulation, Fällung u. Filtration dienen. Zur Verhütung von Korrosionen durch das aggressive W. wird der pH-Wert durch Alkali erhöht. Ein Zusatz von Phosphaten oder Silicaten zur Erzeugung eines Schutzfilms auf der Innenwandung der Wasserleitungen erscheint wirksamer. W. Wesly. 6024◇

Enteisenung und Entmanganung. George West. (Water Sewage Works, Reference Number **107,** R 192—R 194, Lake Charles, La., Greater Lake Charles Water Co.; engl.) — Kurze Beschreibung der Enteisenung u. Entmanganung der Wasserwerke in Lake Charles, La., durch Belüftung, Chlorierung, $CuSO_4$-Behandlung zur Oxydation des Mn u. Graviationsfilterung. Angaben über die Zus. des Rohwassers und des Chemikalienbedarfs. I. Köditz. 6024

Eisen(III)-chlorid als Fällungsmittel im Wasserwerk. Jaroslav Krejčík. (Vodní Hospodářstvi **1961,** 315—17; KVRIS-Praha; tschech.) — Mit $FeCl_3$ als Koagulationsmittel bei der Wasserreinigung hat man in der ČSSR bisher nur wenig Erfahrung. Im Wasserwerk Prag-Podolí wird $FeCl_3$-Lsg. benutzt, welche sich ähnlich wie $Al_2(SO_4)_3$ bewährt hat, die Handhabung der Lsg. macht jedoch Schwierigkeiten, da $FeCl_3$ korrosive Wrkg. besitzt. Nur Glas, Keramik, Polyvinylchlorid, Polyamid u. Kautschuk sind gegen $FeCl_3$ widerstandsfähig. J. Spinka. 6024◇

H_5. Anorganische Industrie

Möglichkeiten der Anwendung der thermochromatographischen Methode zur Trennung des Abgases der Ammoniaksynthese. Emil Zieliński. (Przemysł chem. **40,** 512—13, 1961; Kraków, Akad. Górn.-Hutn., Kat. Chem. ogóln; pol., Auszug: engl.) — Abgas der NH_3-Synth. [55—60 (%) H_2, 25—30 N_2, 6—8 Ar, 6—8 CH_4, Rest NH_3) wird an Aktivkohlekolonnen bei der Temp. des fl. N_2 adsorbiert. Die Zufuhr des Gases erfolgt so lange, bis N_2 nicht mehr adsorbiert wird. Bei langsamem Erwärmen der Säule desorbieren H_2 + H_2, N_2, N_2 + Ar, CH_4, NH_3 in dieser Reihenfolge. Die Trennung wird durch die Länge der Säule u. durch die Geschw. des Aufheizens beeinflußt. F. Urban. H 243◇

Verfahrensmäßige Berechnungen des Stoffaustausches gelegentlich der Absorption von Stickstoffoxiden bei der Gewinnung von Salpetersäure. W. Brötz und F. Schnur. (Chem. Engng. Sci. **8,** 177—91, 1958; Oberhausen-Holten, Ruhrchemie Akt.-Ges.; dt.) — In Naßwandkolonnen von klein- u. großtechn. Anlagen werden die die Absorptions-Geschw.-(Konst. (AK) von N_2O_4 in HNO_3-Fabriken beeinflussenden Faktoren (Durchmesser von Kolonnen u. Raschig-Ringen, Gas-Geschw., Menge der Berieselungs-Fl., HNO_3-Konz. u. der Nitrose enthaltenden Gase) ermittelt. Für die AK wird eine empir. Gleichung abgeleitet. W. Wesly. H 243◇

Nomogramm zur Bestimmung des Wärmeeffektes der Neutralisation bei der Herstellung von Ammoniumnitrat. Ja. I. Kilman. (Chem. Ind. [UdSSR] **1962,** 146; russ.) — Das beschriebene Nomogramm (Abb.) enthält als Ordinaten die Bldg.-Wärme Q_1 von NH_4NO_3 u. die Lsg.-Wärme Q_2 von NH_4NO_3 (beide in kcal/kg), als Abszissen die HNO_3-Konz. (40—60%) in der Ausgangs-Lsg. u. die NH_4NO_3-Konz. (0—100%) in der Endlsg., in der HNO_3 mit NH_3 neutralisiert ist. Die gesamte Wärmetönung der Neutraliation ergibt sich zu $Q_t = Q_1 - Q_2$. R. K. Müller. H 243◇

Die Gewinnung von weißem oder schwach gefärbtem Ammoniumsulfat. M. I. Ljukimsson und W. Je. Kosel. (Koks u. Chem. [UdSSR] **1963,** Nr. 1, 37—38; Shdanow, Kokerei; russ.) — Beschrieben wird ein Verf. u. die dazu erforderliche Anlage zur Gewinnung von weißem oder schwachgefärbtem $(NH_4)_2SO_4$. P. Scheer. H 243◇

Schnelltrocknung von Ammoniumsulfat in der Wirbelkammer. P. S. Schubeko, Ss. K. Chmelewoi und I. W. Kolodjashny. (Koks u. Chem. [UdSSR] **1963,** Nr. 1, 38—40; Moskau, Kokerei; russ.) — Die Unterss. zeigen, daß die beschriebene Trocknungsanlage verläßlich u. mit hoher Produktivität (4 t/h) arbeitet. Hierbei wird die Feuchtigkeit von $(NH_4)_2SO_4$ durch Temp. u. die spezif. Luftmenge, die in die Wirbelkammer geblasen wird, geregelt. P. Scheer. H 243◇

Die Elektrolyse der Salzsäure an Pulverelektroden. Witold Tomassi, Helena Jankowska und Roman Batijewski. (Przemysł chem. **40,** 86—87, 1961; Warszawa, Politechn., Kat. Chem. fiz.; pol.) — Die Elektrolyse von HCl-Lsgg. an Pulverelektroden kann nur dann bei erniedrigter Zers.-Spannung verlaufen, wenn das Pulver sich am Elektrodenprozeß beteiligen kann. An Pt-Schwarz- u. Aktivkohlepulver ließ sich so die Elektrolyse von 0,5n HCl schon bei 0,2 V u. mit 33 A/m² Stromdichte durchführen. An Kieselgelelektroden wurde dagegen eine erhöhte Zers.-Spannung beobachtet. Pulverelektroden mit gröberem Pulver arbeiten schlechter als solche mit feinem Korn. Nach Sättigung der Elektroden mit H_2 bzw. Cl_2 steigt die Spannung auf einen Wert, der auch bei Verw. kompakter Elektroden auftritt. Die Art des stromzuführenden Metalls in der Pulverelektrode ist ohne Einfl. auf das Potential der Elektrode. F. Urban. H 247◇

Automatisierte kontinuierliche Meßabsorption von Chlorwasserstoff. Lechosław Gwiazdowski, Miłka Stojanova-Antoszczyszyn und Antoni Z. Zieliński. (Przemysł chem. **40,** 533—34, 1961; Szczecin, Politechn., Zakł. Technol. chem. organ. II; pol.) — Es wird eine App. beschrieben, in der HCl aus Abgasen der Chlorierung organ. Verbb. quant. absorbiert u. bestimmt werden kann. Die App. hat eine Sicherheits-Vorr. für zu schnelle Absorption u. eine Regelung der Dichte der absorbierten HCl-Lsg. (20%ig. HCl) auf $\pm$ 0,0005 g/cm³. F. Urban. H 247◇

Untersuchung über die Verbesserung der Schwefelextraktion mit dem Autoklavenverfahren. 1. Mitt. **Benetzbarkeit von Mineralien durch geschmolzenen Schwefel und Wasser.** Kensuke Suehiro. (J. Mining metallurg. Inst. Japan **77,** 587—91, 1961; jap., Auszug: engl.) — Unterss. über die Benetzbarkeit von Mineralbestandteilen, die in S-Erzen vorkommen, durch W. u. geschmolzenen S (durch Behandlung mit überhitztem W. im Glasbombenrohr) zeigen, daß manche Mineralinen hydrophil u. unschädlich für die Extraktion, andere amphiphil u. schädlich für die Extraktion sind.
W. Wesly. H 253◇

Über die Möglichkeit der Gewinnung von Schwefeldioxid aus polnischen Schwefelerzen. 1. Mitt. Maria Ługowska. (Przemysł chem. **40,** 95—98, 1961; Gliwice, Politechn. Śląka, Kat. Technol. wielk. Przem. nieorg.; pol.) — Gemahlenes u. mit CS_2 extrahiertes poln. S-Erz (93% $CaCO_3$, 1,7% SO_3) wurde bei 400—850° als Wirbelbett benutzt. Durchgeleitet wurde ein Gasgemisch mit 7—12% SO_2 u. 14—9% O_2. Die Konz. an SO_2 u. O_2 zeigte keinen Einfl. auf die Geschw. der Bindung von SO_4^{2-} durch die Gangart. Bei Temp. $>$600—700° tritt starke Absorption von SO_2 zu $CaSO_4$ u. CaS ein. Bei $>$700° wird auch schon CaO gebildet. Die direkte Verbrennung von S-Erz mit hohem $CaCO_3$-Geh. muß deshalb $<$600° bei kurzer Verweilzeit in der Wirbelschicht erfolgen. — 27 Literaturangaben. F. Urban. H 253◇

Möglichkeiten der Gewinnung von Schwefeldioxid aus polnischen Schwefelerzen. 2. Mitt. **Kinetik der Bindung von SO_2 durch das taube Gestein.** Maria Ługowska. (Przemysł chem. **40,** 383—87, Juli 1961; pol.) — 1. vgl. vorst. Referat. — SO_2 reagiert mit $CaCO_3$, dem Hauptbestandteil des tauben Gesteins poln. S-Erze, bei $>$700° in 2 Stufen zu $CaSO_4$: $CaCO_3 + SO_2 = CaO + CO_2$; $CaO + SO_2 + \frac{1}{2} O_2 = CaSO_4$. Als Beweis wird die gleiche Aktivierungsenergie beider Rk.-Stufen u. das Auftreten von freiem CaO im Rk.-Prod. angeführt. Bei $<$700° ist die Aktivierungsenergie der Rk. von $CaCO_3$ mit SO_2 bedeutend kleiner (18300 cal/Mol), die Rk. verläuft nicht mehr über CaO. Wahrscheinlich liegt eine katalyt. Rk. vor. — 16 Literaturangaben.
F. Urban. H 253□

Möglichkeiten der Verwertung von Schwefeldioxid aus polnischen Schwefelerzen. 3. Mitt. **Versuche zur unmittelbaren Verbrennung des Schwefelerzes.** Maria Ługowska. (Przemysł chem. **40,** 514—17, 1961; pol.) — 2. vgl. vorst. Referat. — In halbtechn. Verss. wurden S-Erz u. Filtrationsabfälle der S-Erzaufbereitung mit einer Korngröße $<$0,1 mm in der Wirbelschicht mit Luft verbrannt. Nach Aufheizen wird die Temp. in der Verbrennungszone durch die Oxydation aufrechterhalten. Die beste Ausbeute an SO_2 (90—93%) wird bei Temp. von 550—650° erhalten. Bei höheren Temp. geht die Ausbeute zurück. Die SO_2-Konz. im Verbrennungsgas soll 7—12% betragen. Bei höheren Konzz. sinkt die Ausbeute. Mit steigendem Geh. an Al-Silicaten im Erz nimmt die SO_2-Ausbeute ab. Der S-Verlust beträgt 5—7%, da auch $CaSO_4$ gebildet wird. Außerdem können bis 11% S durch Verdampfen verloren gehen. — 14 Literaturangaben. F. Urban. H 253◇

Beitrag zur Herstellung von Silicium hoher Reinheit. 1. Mitt. **Die Reduktion von $SiCl_4$ mit Wasserstoff im elektrischen Feld.** Toshio Kurosawa, Kirokurō Ōkura, Hiroshi Arayama und Jun Minamiya. (J. Mining metallurg. Inst. Japan **77,** 573 bis 478, 1961; jap., Auszug: engl.) — $SiCl_4$ wird mit H_2 im elektr. Feld red., wobei ein mit Wechselstrom auf 1150° erhitzter Ta-Draht als Kathode dient u. zwischen Kathode u. Ta-Anode eine Spannung von 3000 V angelegt wird. $SiCl_4$ u. H_2 werden als Gemisch in das Rohr eingeführt. Die Si-Ausbeute an der Kathode steigt mit der Spannung. Aus den Ablagerungen wird Ta durch Auslaugen mit HF entfernt. W. Wesly. H 261◇

Untersuchungen über die Extraktion von Kalium aus Kali-Rhyolith. Setsuo Yagi und Satoshi Kitamura. (J. Mining metallurg. Inst. Japan **77,** 583—86, 1961; jap., Auszug: engl.) — Unterss. über die Extraktion von K aus K-Rhyolith durch therm. Behandlung mit den bei Chlorierung von Ti enthaltenden Erzen anfallenden Verbb. ($FeCl_2$, $MgCl_2$, $AlCl_3$ usw.) zeigen, daß eine Ausbeute von 95% bei Verw. eines Chlorid–

Erz-Gemisches von 1 : 2 u. 5std. Erwärmung auf 800° erzielt wird. Durch weiteres 3std. Erhitzen auf 800° an der Luft werden die Chloride außer dem K-Salz in unlösl. Oxide verwandelt. Das Prod. kann als Düngemittel mit wasserlösl. K verwendet werden. W. Wesly. H 275◇

Die Aufarbeitung von Eisensalzen und Schwefelsäure in Restlaugen. J. Remond. (Rev. Produits chim. **64,** 3—9, 45—49, 1961; franz.) — In der im wesentlichen auf einem Bericht der Brit. Sulphur Corp. Ltd. beruhenden Übersicht werden die heutigen Verff. zur Behandlung erschöpfter Beizbäder beschrieben. Besprochen werden: Kristallisieren oder Vakuumverdampfen; Verdampfen bei höheren Temp.; Elektrolyse- u. Dialyse-Verff.; Verw. des gewonnenen $FeSO_4$. M. Hagedorn. H 354◇

Elektrolytische Abscheidung von Kupfer bei bedeutend erniedrigter Spannung. Witold Tomassi und Janina Komorowska. (Przemysł chem. **40,** 499—500, 1961; Warszawa, Politechn., Kat. Chem. fiz.; pol.) — Bei Anwendung einer Cu-Kathode u. einer Aktivkohlepulveranode wird Cu aus einer H_2SO_4-haltigen Lsg. von $CuSO_4$ schon bei 0,44 V angelegter Spannung abgeschieden. Mit einer kompakten Kohleanode werden 1,90 V benötigt. Ähnlich wird bei der anod. Oxydation von Mn^{2+} in H_2SO_4-Lsg. an einer Pb-Anode u. einer Kohlekathode die benötigte Spannung von 2,60 auf 1,70 V erniedrigt, wenn die Kathode aus Aktivkohlepulver besteht. Koppelt man beide Vorgänge, wobei die Kohlepulverelektrode abwechselnd in die $CuSO_4$-Lsg. als Anode u. die $MnSO_4$-Lsg. als Kathode eingetaucht wird u. dabei sich regeneriert, wird die Abscheidespannung für Cu auf 0,20 V gesenkt. Die Abscheidespannung für MnO_2 wird dabei nicht weiter erniedrigt. Die Spannung wird durch die Art des Aktivkohlepulvers u. durch die Zus. des Elektrolyten stark beeinflußt. F. Urban. H 358◇

Die komplexe Verarbeitung von Baryt in der ČSR. Jaromir Ryšań. (Przemysł chem. **40,** 311—14, 1961; Spiska Nova Vés, Rudniany; pol.) — Die Baryt-Vork. in der Ost-Slowakei sind siderit. Adern mit 10 (%) $BaSO_4$, 62 Siderit, 10 SiO_2, 0,15 Cu u. 0,03 Hg. Daneben wird Ferrobaryt mit 50—70 $BaSO_4$ u. nur 10 Fe angetroffen. Die Anreicherung erfolgt magnet. u. durch Flotation. Nur Ferrobaryt-Vork. sind zur Gewinnung von gebleichten Prodd. geeignet. Es wird eine Übersicht über die einzelnen Stufen der Verarbeitung gegeben. F. Urban. 6148◇

Ein neues Anreicherungsverfahren für das Apatiterz von Chibin. Jiří Skala. (Rudy **9,** 264, 1961; tschech.) — Beschreibung der Aufarbeitung eines russ. Erzes nach dem techn. Pat. 94 127 unter Verw. von Syntapon CP (Na-Cetyl-Oleylsulfat) als Flotationsmittel. E. Rotter. 6148◇

H_6. Silicatchemie. Baustoffe

Duinger Sand — vielseitig verwendbar. A. Borsch. (Keram. Z. **15,** 80—81, 1963; Dörentrup; dt.) — Chem. Analysen u. Korngrößenverteilungen von Kristallquarzsand, Kaolinton u. Steinzeugton werden angeführt. J. Heinze. 6170◇

Die Anwendung eines Soda-Pottasche-Gemisches in der Glasgefäßindustrie. Ss. Ss. Akulitsch. (Glas u. Keram. [UdSSR] **19,** Nr. 8, 41, 1962; russ.) — An Stelle von Na_2SO_4 wird ein *Soda-Pottasche*-Gemisch folgender Zus. verwendet: 95,5—96,5 (%) $Na_2CO_3 + K_2CO_3$, davon 9,5—10,5 K_2CO_3, 3,5—4,0 K_2SO_4, bis 0,005 Fe_2O_3, bis 0,05 unlösl. Rückstand, bis 0,05 Feuchtigkeit. Der bisher hohe Geh. an K_2CO_3 [bis 25 (%)] u. K_2SO_4 (bis 8) wurde bis auf 10 K_2CO_3 u. 4 K_2SO_4 herabgesetzt; bei Zusatz 1—1,5 CaO an Stelle von Na_2O wurde eine höhere Viscosität u. therm. Widerstandsfähigkeit der Glasmasse beobachtet. H. Kelch. 6170◇

Verringerung der Schmelzkosten durch einen neuen elektrischen Ofen. George W. Peckham. (Glass Ind. **43,** 552—53, 568, 573—74, 1962; Chattanooga Glass Co.; engl.) — Aus einem beschriebenen elektr. Ofen wurden in einer Betriebszeit von ca. 1 Monat 2015 t (57,5 t täglich) ausgebracht bei einem Aufwand von 1692000 kWh (840 kWh/t), ohne daß wesentliche Schwierigkeiten auftraten. L. Kuhnert. 6172◇

Anwendung des Radioisotops Natrium-24 zur Ermittlung technologischer Parameter bei der Glasherstellung. Andrzej Brückman und Wiesław Tuszyński. (Nukleonika [Warszawa] **7,** 109—14, 1962; Kraków, Acad. Górn.-Hutn. u. Szczakowa, Centr. Labor. Przem. szklarsk.; pol., Auszug: engl.) — Eine 110 mc ^{24}Na entsprechende Menge Na_2SiO_3 wird 127,5 t einer Glasschmelze in einem Glasschmelzofen zugesetzt u. die Radioaktivität der hergestellten Flaschen in Abhängigkeit von der Schmelzdauer bestimmt. Das akt. Vol., die Geschw. u. die mittlere Verweilzeit der Proben im Ofen werden aus den Radioaktivitätsmessungen berechnet. R. K. Müller. 6174◇

Änderungen der physikalischen Eigenschaften von Bor–Phosphatgläsern unter der Einwirkung von TiO_2 und CaO. V. Aleixandre, D. A. Estrada und C. Sanchez Conde. (Silicates ind. **25**, 141–44, 193–96, 1960; franz. – C. **1962**, 13534.) R. Grundmann. 6200◇

Rillen auf der Oberfläche von Flachglas. P. C. Fletcher. (Amer. ceram. Soc. Bull. **41**, 570, 1962; Toledo, Ohio, Owens-Illinois Techn. Center; engl.) – Auf der Oberfläche mkr. Präp.-Gläser zeigen sich nach Ätzung mit 2%ig. HF feine, parallele, erhabene Linien. Vgl. von Flachgläsern, die nach dem Fourcault (I)- bzw. Colburn (II)-Prozeß hergestellt waren, zeigen, daß diese Linien nur bei I auftreten, was auf Rand-Einfl. der Öffnung zurückgeführt wird, durch die das Glas bei I gezogen wird. Auch große Scheiben der Herst. nach I wiesen die Linien auf, nach II nicht. L. Kuhnert. 6200◇

Der Tirschenreuther Pegmatit, ein bewährter keramischer Rohstoff. Otto Reumann. (Keram. Z. **15**, 76–78, 1963; Weiden, Oberfranken; dt.) – Die geolog. Verhältnisse des kaolinisierten Tirschenreuther Granits werden behandelt, zusammen mit dem Abbau u. der Aufbereitung des Rohstoffes. Die chem. Zus. u. die keram.-physikal. Eigg. werden unter Hinweis auf die Verw.-Möglichkeit in der keram. Industrie angeführt. J. Heinze. 6208◇

Das Feldspatvorkommen Hagendorf bei Waidhaus (Opf.) und der Bayerische Feldspat. W. Döllner. (Keram. Z. **15**, 79–80, 1963; Waidhaus; dt.) – Die geolog. Situation, der Abbau u. die Aufbereitung werden beschrieben. Je eine chem. Analyse des Quarzes u. des Feldspates werden angeführt. Hinweise auf die industrielle Verwertung werden gegeben. J. Heinze. 5208◇

Möglichkeiten der Nutzbarmachung von abgetrenntem Steinstaub. Z. Pokorná und B. Sedlák. (Stavivo **39**, 80–81, 1961; Praha, Konstrukcní Byro n. p. Stavební stroje; tschech.) – Aus der Entstaubungsanlage einer Schotterfabrik gewonnener Steinstaub mit 68 (%) SiO_2, 16 Al_2O_3 + Fe_2O_3, 6 CaO + MgO u. 9 K_2O + Na_2O kann für verschiedene chem. Zwecke verwendet werden, bes. als Füllmittel für Pigmente. R. K. Müller. 6208◇

Titanemaille mit einem geringen Gehalt an TiO_2. W. W. Wargin und G. P. Smirnowa. (Glas u. Keram. [UdSSR] **19**, Nr. 8, 35–37, 1962; russ.) – Um zu verhindern, daß nach der Kristallisation von TiO_2 noch ein beträchtlicher Teil davon (7–12%) ungenutzt in Lsg. bleibt, wurde der Einfl. der Emaille-Zus. auf die TiO_2-Kristallisation untersucht. Es zeigt sich, daß Zusätze von B_2O_3, Al_2O_3 eine vollständige TiO_2-Kristallisation bewirken. Auch Zusätze von P_2O_5 oder *MgO* wirken sich günstig aus. Diese Vorgänge werden näher erklärt. Es wurde auf Grund dieser Unters.-Ergebnisse eine Emaille folgender Zus. hergestellt: 44,9 (%) SiO_2; 7,0 TiO_2; 7,0 Al_2O_3; 19,7 B_2O_3; 3,9 P_2O_5; 1,0 MgO; 13,0 Na_2O; 3,5 K_2O. Die TiO_2-Kristallisation setzte hier bereits bei 2% TiO_2 ein. Kennzeichnend für diese Emaillen ist eine hohe chem. Widerstandsfähigkeit u. ein kleiner therm. Ausdehnungskoeffizient. H. Kelch. 6212◇

Verbesserung der Eigenschaften von Emaille für landwirtschaftliche Maschinen durch Zugabe von Talk als Füllstoff. B. M. Dubrowa, L. Ss. Saks und K. A. Pisskarewa. (Lacke Farben Anwend. [UdSSR] **1960**, 42–45; russ.) – Eine der Hauptursachen der ungenügenden Wetterfestigkeit von Emaille (I) für landwirtschlaftliche Maschinen ist die Ggw. von Zinkweiß (II) in I, weil II eine allg. Verschlechterung des Überzuges verursacht. Da die durch Ersatz von Zink- u. Titanweiß erzielteVerbesserung der Eigg. von I zu teuer wäre, versuchten Vff. II mit Füllstoffen (25%) zu ersetzen. Sie stellten fest, daß man durch Zusatz von 25% Talk eine Verbesserung der physikal. mechan. Eigg. u. der von I erzielen kann. C. Kozák. 6212□

Über die Verwendung von Anorthosit für die Herstellung von Elektroporzellan. G. N. Masslennikowa. (Glas u. Keram. [UdSSR] **19**, Nr. 8, 24–27, 1962; russ.) – Als Ausgangsmaterialien wurden Mischungen mit Ersatz der Alkalioxide durch die Erdalkalioxide des *Anorthosit* (97% Andesin) hergestellt. Kennzeichend bei Verw. von Anorthosit ist eine hohe mechan. Stabilität der Porzellanmasse (δ = 1350–1450 kg/cm^2), ein hoher Dispersionsgrad u. eine hohe Stabilität der Glasphase. Die elektr. Durchschlagspannung des Porzellans ist sehr hoch (35–47 kV/mm). Petrograph. Unterss. ergaben eine für Porzellan typ. Struktur der Grundmasse mit Mullit u. großen Quarz- (10–12 μ) u. Feldspatkörnern. Anorthosit wird für die Isolator-Herst. als rentabler Rohstoff empfohlen. H. Kelch. 6214◇

Tone des Großalmeroder Beckens. H. Gotthardt. (Keram. Z. **15**, 1963; Rommerode; dt.) – Das Brennverh. u. die chem. Zus. von Hafen- u. Fett-Ton werden angegeben. J. Heinze. 6216◇

Rohstoffe für die Keramik aus den Geisenheimer Kaolinwerken. F. Lob. (Keram. Z. **15**, 74–75, 1963; Geisenheim; dt.) – Es werden die geolog. Verhältnisse, die Gewinnung u. Aufbereitung von 4 Kaolin-Vork. kurz beschrieben. Chem. Analysen, Mineral-Zus. u. Korngrößenverteilung werden tabellar. angeführt. J. Heinze. 6216◇

Die Herstellung dünner Mullitfilme. J. C. Williams, W. R. Sinclair und S. E. Koonce. (J. Amer. ceram. Soc. **46,** 161—67, 1963; Murray Hill, N.J., Bell Telephone Labor., Inc.; engl.) — Filme aus Alumosilicatglas mit der ungefähren Zus. von Mullit wurden durch Versprühen von AlSi-Legg. in Ggw. von O_2 hergestellt. Die Bldg.-Geschw. wird für eine Anzahl von Metall- u. Keramikunterlagen untersucht. Mullitkristalle mit Nadelhabitus bilden sich aus den zunächst amorphen Filmen durch ca. 1std. Tempern bei Temp. von 1100—1400°. Anzahl u. Größe der Kristalle wird durch die Temp.-Bedingungen, Zus. u. Dicke des Films beeinflußt sowie durch keimbildende Stoffe auf der Oberfläche des Films. Die Rk. der Oxidfilme mit einigen der Trägerkeramiken wurde untersucht. J. Heinze. 6220◇

Chemisches Polieren und Ätztechnik bei Al_2O_3-Einkristallen. W. J. Alford und D. L. Stephens. (J. Amer. ceram. Soc. **46,** 193—94, 1963; Bedford, Mass., Air Force Cambridge Res. Labor., Electron. Material Sci.; engl.) — Die Basisfläche von Korund wurde mit 85%ig. H_3PO_4 bei 425° 120—180 Sek. poliert; dreieckige Ätzgruben auf Versetzungsstellen wurden in geschmolzenem $KHSO_4$ bei 675° in 15—25 Sek. erzeugt. $(1 1 \bar{2} 0)$-Flächen ließen sich bei 1000° in 30—60 Sek. mit K_3AlF_6 polieren; der entstehende Rk.-Film wurde in warmer H_3PO_3 gelöst u. danach mit $KHSO_4$ bei 675° in 135 Sek. geätzt (diamantförmige Gruben). J. Heinze. 6220◇

Das Kompressionskriechen von polykristallinem Berylliumoxid. Richard R. Vandervoort und Willis L. Barmore. (J. Amer. ceram. Soc. **46,** 180—84, 1963; Livermore, Calif., Univ. of California, Lawrence Radiation Labor.; engl.) — Das Kompressionskriechen wurde im Bereich 2500—2800° F untersucht. Die scheinbare Aktivierungsenergie für das Kriechen beträgt 96,0 kcal/Mol, die Kriechgeschw. ist direkt abhängig vom aufgewendeten Druck. Die Resultate stimmen mit der Kriechtheorie von Nabarro-Herring (1948, 1950) überein. Es ist möglich, bis auf 3200° F zu extrapolieren. J. Heinze. 6220◇

Filterkeramik aus Massen auf Grundlage von Abgängen von Asbestanreicherungsfabriken. M. A. Matwejew, K. A. Smirnowa und W. F. Usstinowa. (Glas u. Keram. [UdSSR] **19,** Nr. 8, 28—32, 1962; russ.) — Als Ausgangsmaterialien wurden für Filterkeramikproben Asbestabgänge u. als Bindemittel Ton u. Bentonit verwendet. Die mineralog. Zus. der Asbeste war: 70—80 (%) Serpentin, 6—10 Chlorit, 4—6 Olivin, 9—12 Ca-Mg-Carbonat. Die chem. Zus. der Ausgangsmaterialien ist in Tabellen angegeben. Nähere Unterss. haben ergeben, daß bei asbesthaltigen Massen bei erhöhter Brenntemp. (1250°) auch eine höhere chem. Widerstandsfähigkeit eintritt. Die mittlere Porengröße liegt bei entsprechendem Mischungsverhältnis bei 63—66 μ. Die Wasserdurchlässigkeit schwankt zwischen 0,036 u. 0,213 Liter/Min. bei 1 cm Schichtdicke, liegt jedoch bei Verw. von Ton-Bentonit-Binder noch höher. Die beschriebenen Massen weisen hohe Alkali- u. Säurefestigkeit, hohe Temp.-Beständigkeit, gute mechan. Stabilität u. gute Filtriereigg. auf. H. Kelch. 6220◇

Keramische Hochtemperaturheizmassen. E. K. Keler und Je. N. Nikitin. (J. angew. Chem. [UdSSR] **32,** 1984—88, Sept. 1959; russ.) — Die Herst. sowie die mechan. u. thermoelektr. Eigg. von Heizmassen, die 85 (%) ZrO_2 u. 15 MgO bzw. 85 ZrO_2 u. 15 Y_2O_3 enthalten u. die Erwärmung der Luft in Keramiköfen bis auf 1800 bis 2050° ermöglichen, wird erörtert. S. Baryschnikow. 6220△

Ein Beweis für Hochtemperaturformen von Zirkonium- und Tantalmonocarbiden. Peter T. B. Shaffer. (J. Amer. ceram. Soc. **46,** 177—79, 1963; Niagara Falls, N.Y., Carborundum Co., Res. and Dev. Div., Appl. Res. Branch; engl.) — Aus der reversiblen Abnahme der Emission, des Widerstandes u. der Dichte bei ca. 2200° wird auf das Auftreten einer Hochtemp.-Form bei Zr-Ta-Carbiden geschlossen, wobei die Effekte bei TaC etwas geringer sind. An abgekühlten Proben konnten jedoch weder Änderungen der Mikrohärte noch der Röntgenwerte festgestellt werden. In Mischkristallen der beiden Verbb. wurden diese Vorgänge nicht beobachtet. J. Heinze. 6220◇

Gesinterte Carbide für die Steinbearbeitung. V. Dufek. (Stavivo **39,** 99—100, 1961; Vestec u Prahy, Výzk. úst. pro práškovou metalurgii; tschech.) — Für die Stoß-, Bohr- u. Schneidebearbeitung von Steinen eignen sich Sinterprodd. aus *WC* mit 6—25% *Co.* R. K. Müller. 6220◇

Die Herstellung und Eigenschaften von Uran- und Thoriummonosulfiden. P. D. Shalek. (J. Amer. ceram. Soc. **46,** 155—61, 1963; Argonne, Ill., Argonne Nat. Labor.; engl.) — US u. ThS wurden durch Rk. zwischen den aktivierten Metallpulvern u. H_2S bei niedrigen Temp. mit nachfolgendem Homogenisieren u. Sintern bei hohen Temp. hergestellt. Einige Mischkristalle wurden ebenfalls erzeugt. Der Einfl. von Homogenisierung, Brenntemp., S/Metall-Verhältnis, Verunreinigungen u. Atmosphäre auf die Verdichtung, Struktur u. Eigg. dieser Verbb. wird diskutiert. Angaben über Schmelzpunkt, elektr. Widerstand, therm. Leitfähigkeit u. Ausdehnung, Härte, Festigkeit, Oxydations-Verh. u. Verträglichkeit mit anderen Metallen werden vorgelegt. J. Heinze. 6220◇

Oberflächenfestigkeit des Zementsteines und ihre Auswertung zur Charakteristik der Frostbeständigkeit. Ju. M. Butt und Je. M. Kolobow. (J. angew. Chem. [UdSSR] **29**, 470—73, März 1956; russ.) — Bei der Unters. der Frostbeständigkeit von *Zementstein* erweist sich die Best. der Oberflächenfestigkeit als empfindlichste Meth., die über die an der Oberfläche beginnende Strukturauflockerung durch Temp.- u. Feuchtigkeits-Einfl. Aufschluß gibt. Die Prüfung der Frostbeständigkeit einiger Zemente sowjet. Produktion nach der beschriebenen Meth. bei hoher Luftfeuchtigkeit zeigt, daß Belitzement der beständigste u. Alumoferritzement der am wenigsten beständige Zement ist. U.-L. Rau. 6222◇

Pigmentation von Zement. D. M. R. Esson. (Cement. Lime Gravel **37**, 337—38, 1962; engl.) — Vf. erörtert Herst.-Möglichkeiten farbiger Zemente durch Zusatz von Farbpigmenten, wobei er von den natürlichen Farbtönen der Zemente ausgeht. H. Schumann. 6222◇

Feuerfestbeton auf der Grundlage von reinem Calcium-Aluminat-Zement. A. C. C. Tseung und T. G. Carruthers. (Trans. Brit. ceram. Soc. **62**, 305—20, 1963; Leeds, Univ., Ceramics Div., Houldsworth School of Appl. Sci.; engl.) — Es wird gezeigt, daß der Feuerfestbeton Calcium-Aluminat/geschmolzene Tonerde, ausgehärtet 6 Std. bei 75°, bei allen Temp. wesentlich fester ist als der gleiche Beton bei Zimmer-Temp. ausgehärtet. W. Gulbins. 6224◇

Einige Besonderheiten der Schrumpfung von Beton. Ss. W. Alexandrowski. (Beton u. Eisenbeton [UdSSR] **1959**, 169—74; russ.) — Vf. untersuchte die Abhängigkeit der Betonschrumpfung von der Feuchtigkeitsverringerung sowie den Einfl. der Eigg. von Beton, wie Anfangs-Geh. an Feuchtigkeit, Verhältnis: Feuchtigkeit/Zement (F/Z), Alter des Zementes usw., auf die Schrumpfung. Die Verss. wurden an Betonprismen angestellt. Die Formänderung während der Trocknung wurde durch Tensiometer verfolgt. Es besteht zwischen der Schrumpfung des Betons u. der Verringerung seiner Feuchtigkeit während der Trocknung keine eindeutige Abhängigkeit. Bis zum Erreichen der krit. Feuchtigkeit findet beim Trocknen keine Schrumpfung des Betons statt. Die krit. Feuchtigkeit des Betons hängt wesentlich von dessen Zement-Geh. ab u. nimmt mit dessen Menge zu. Der Koeff. der linearen Schrumpfung des Betons hängt bei Verw. des gleichen Zements nicht vom F/Z, der Zus. des Betons u. seinem Alter ab. Das Temp.-Äquivalent für die Schrumpfung des Betons liegt viel höher, als es gegenwärtig angenommen wird (bei 15°). In den durchgeführten Verss. wurde dieser Wert um ein 3—4faches übertroffen. Die Ergebnisse zeigten Übereinstimmung mit der Theorie von Schejkin (1946). K. Wekua. 6224

Verformung von feinkörnigen Autoklavenbetonen bei Veränderung ihrer Feuchtigkeit. A. W. Wolshnski und Je. Ss. Ssilajenkow. (Beton u. Eisenbeton [UdSSR] **1959**, 175—79; russ.) — Die Verformung von Kalk–Zement–Sand- u. Schlacke–Sand-Betonen mit gemahlenen, metallurg. Abfällen, als Bindemittel während des Trocknens, wurde untersucht. Die Vers.-Proben wurden nach 3 beschriebenen Meth. getrocknet u. die Gew.- u. Längenänderung gemessen. Die Unterss. haben folgendes ergeben: Die durch Feuchtigkeit bedingte Schrumpfung der Auktoklavenbetone wird durch Capillarkräfte bestimmt u. deshalb verringert sich die Schrumpfung dieser Betone mit Zunahme des Verbrauches an Bindemitteln mit gleichzeitiger Steigerung des Vol.-Gewichtes. Eine mildere Trocknung führt zur Verringerung der Schrumpfung. Die Proben aus Zement–Sand-Beton weisen im Vgl. zur üblichen Härtung sowohl bei der beschleunigten Härtung als auch bei der Trocknung bei 50° die gleiche Schrumpfung auf. Proben aus Zement–Sand- u. Schlacken–Sand-Autoklaven-Beton zeigen bei gleichem Vol.-Gew. annähernd die gleiche Schrumpfung. Der abs. Wert der Schrumpfung beim beschleunigten Trocknen beträgt 0,28—0,5 (mm/m), beim Trocknen bei 50° 0,2—0,25 u. bei 18—20° 0,1—0,15 mm/m. Proben aus Zement–Sand-Betonen von üblicher Härtung zeigen unter gleichen Trocknungsbedingungen eine ca. doppelt so große Schrumpfung wie die analogen Proben aus Autoklavenbeton. K. Wekua. 6224

Jenaer Glaswerk Schott & Gen., Deutschland, **Glasherstellung.** Die Ausgangsstoffe des Glases werden in das Innere einer O_2-Brenngasflamme, bes. in den O_2-Strom, eingeführt. Das beim Austritt aus der Flamme gewonnene Schmelzprod. wird gegen den Innenrand eines sich drehenden Tiegels gerichtet. — Schemat. Abbildung. (**F. P. 1 154 834** vom 16/7. 1956, ausg. 17/4. 1958. D. Prior. 16/7. 1955.) Hans Hoffmann. 6175

Owens-Illinois Glass Co., übert. von: Erwin C. Hagedorn, Oregon, Ohio, V.St.A., **Färben von Glas.** Zum Färben einer aus 60—75 (Gew.-%) SiO_2, 0,3—10 Al_2O_3, 3,5—12,5 CaO, 0—6,27 MgO, 12—18 Na_2O, 0—5 K_2O u. 0—5 BaO bestehenden Glasschmelze wird eine das Färbemittel enthaltende gekörnte Glasfritte benutzt. — Zum Beispiel wird eine Glasschmelze aus 72,0 SiO_2, 1,5 Al_2O_3, 7,3 CaO, 5,2 MgO, 0,5 BaO u. 13,5 Na_2O mit einer aus 72,0 SiO_2, 1,5 Al_2O_3, 12,5 CaO, 0,5 BaO, 13,5 Na_2O u. 1,5 Cr_2O_3 bestehenden Fritte gefärbt. Eine Vorr. zur Durchführung des Verf. wird beschrieben. — Abbildung. (**A. P. 3 024 121** vom 14/1. 1960, ausg. 6/3. 1962.) Hans Hoffmann. 6177

Owens-Illinois Glass Co., übert. von: Clarence L. Babcock, Toledo, Ohio, V.St.A., **Glasfärbemittel.** Zum Färben von Glasschmelzen wird eine farbstoffreiche Glasfritte, bestehend aus 55—75 (Gew.-%) SiO_2, 15—30 Na_2O u./oder K_2O, 0—20 B_2O_3, 0—5 CaO u./oder BaO, >2 Cr-Oxide, 0—2 Fe_2O_3, 0—1 CaO u. 0—5 NiO, benutzt. — Beispiel für die Zus. einer grünfärbenden Fritte: 67,18 SiO_2, 17,92 Na_2O, 4,48 B_2O_3, 6,27 Cr-Oxide, gerechnet als Cr_2O_3 u. 0,26 CoO. (**A. P. 3 024 120** vom 14/1. 1960, ausg. 6/3. 1962.) Hans Hoffmann. 6177

Verd-A-Ray Processing Co., übert. von: Ormonde S. Levi, Toledo, Ohio, V.St.A., **Färben von arsenfreien Borsilicatgläsern.** Die Oberflächen der zu färbenden Glasgegenstände werden mit einer ölhaltigen Dispersion von CuS oder Ag_2S überzogen, worauf das Ganze bis zur Farb-Rk. erhitzt wird. (**A. P. 3 000 761** vom 4/11. 1957, ausg. 19/9. 1961.) Hans Hoffmann. 6177

Eastman Kodak Co., übert. von: Edward Carnall jun., Le Roy S. Ladd, Donald S. Cary und William F. Parsons, Rochester, N.Y., V.St.A., **Infrarotdurchlässige Gläser.** Sie bestehen aus 47—92·(Gew.-%) Se, Rest As, As–Te, As–Te–S, Te–P oder As_2Te_3–Tl. Beispiel für eine bes. Glas-Zus.: 47,8 Se, 47,8 Te u. 4,4 As. (**A. P. 3 033 693** vom 10/12. 1954, ausg. 8/5. 1962.) Hans Hoffmann. 6201

Ernst Leitz G. m. b. H., Wetzlar/Lahn, übert. von: Gustav Weissenberg, Marburg/Lahn, und Norbert Meinert, Kr. Marburg, **Optisches Glas.** Es besteht aus einer verschmolzenen Mischung von 20—55 (Gew.-%) Mg-, Ca-, Sr u./oder Ba-Metaphosphat u. 45—80 Orthophosphaten der gleichen Metalle. — Zum Beispiel hat ein Glas von der Zus.: 40 $Mg(PO_3)_2$ u. 60 $Ba_3(PO_4)_2$ folgende opt. Werte: n_d 1,5850, ν 66,0. (**A. P. 2 996 391** vom 21/1. 1953, ausg. 15/8. 1961.) Hans Hoffmann. 6201

Ernst Leitz G. m. b. H., Wetzlar/Lahn, übert. von: Heinz Brömer, Hermannstein, und Norbert Meinert, Wetzlar/Lahn, **Optisches Glas mit hohem Brechungsindex.** Zur Herst. des Glases werden als Glasbildner 16—32 (Gew.-%) B_2O_3, 25—50 La_2O_3 u. 10,4—23 Al_2O_3 benutzt. 8—40 zweiwertige Metalloxide können mitverwendet werden. — Beispiel für eine Glas-Zus.: 25,2 B_2O_3, 21,0 Al_2O_3, 40,3 La_2O_3, 13,5 CaO; n_e 1,6837, ν_e 53,2. (**A. P. 2 996 392** vom 16/4. 1958, ausg. 15/8. 1961.) Hans Hoffmann. 6201

Pittsburgh Plate Glass Co., Allegheny County, übert. von: John J. Smith und James E. Duncan, Brackenridge, Pa., V.St.A., **Gelbgrünes optisches Filterglas.** Zur Zurückhaltung bestimmter Wellenlängen wird ein opt. Glas benutzt, welches im wesentlichen aus 70,4—71,4 (Gew.-%) SiO_2, 13,9—15,2 Na_2O, 0,1—1,6 K_2O, 11,7—12,4 CaO, 0,2—1,2 Na_2SO_4, 0,2—1,0 As_2O_5, 0,3—0,9 Cr_2O_3 u. 0,02—0,09 CuO besteht, wobei das Verhältnis Cr_2O_3 : CuO zwischen 10 : 1 u. 15 : 1 liegt. Beispiel für eine Glas-Zus.: 70,9 SiO_2, 15,1 Na_2O, 0,3 K_2O, 12,1 CaO, 0,7 Na_2SO_4, 0,3 As_2O_5, 0,56 Cr_2O_3 u. 0,045 CuO. (**A. P. 2 991 185** vom 8/8. 1958, ausg. 4/7. 1961.) Hans Hoffmann. 6201

Minnesota Mining & Mfg. Co., St. Paul, übert. von: Warren R. Beck, Mahtomedi, und Chi Fang Tung, Lincoln Township, Washington County, Minn., V.St.A., **Lichtfilternde indigoblaue Glasperlen mit hohem Lichtbrechungsvermögen für Straßenmarkierungszwecke.** Die bis zu 2 mm großen Perlen bestehen aus einem Glas von der Zus. 1—10 (Gew.-%) CoO, 20—50 TiO_2, 0—40 BaO, 0—50 PbO, 20—60 BaO + PbO, 5—25 SiO_2, 0—15 B_2O_3, 10—30 SiO_2 + B_2O_3 u. 0—15 Alkalioxid. Beispiel für eine Glas-Zus.: 3 CoO, 36 TiO_2, 30 BaO, 16 SiO_2, 3 B_2O_3, 9 Na_2O u. 2 K_2O. — Diagramm. (**A. P. 2 992 122** vom 16/2. 1959, ausg. 11/7. 1961.) Hans Hoffmann. 6201

Dow Chemical Co., übert. von: Herbert B. Rickert, Midland, Mich., V.St.A., **Herstellung ritzfester Schutzüberzüge auf beliebigen Unterlagen, wie Glas.** Als Überzugmasse wird eine ca. 50%ig. wss. Lsg. einer Carbonsäure mit einem Molgew. von ca. 250 u. einem Äquivalent-Gew. von ca. 80 mit 2,5—5 Carboxylgruppen im aromat. Kern benutzt, wie sie bei der Behandlung von alkal. wss. C-Dispersionen mit O_2 oder oxydierenden Mitteln unter hohem Druck u. hoher Temp. erhalten werden. — Abbildung. (**A. P. 2 991 189** vom 11/1. 1957, ausg. 4/7. 1961.) Hans Hoffmann. 6201

Rohm & Haas Co. (Erfinder:: Harold Charles Young und Walter Wei-young Toy), **Zement** mit besserer mechan. Eig. u. Haftung am Substrat, bestehend aus hydraul. Zement mit Zusatz von 3—20% eines thermoplast. Additionspolymerisats in Form eines fein verteilten wasserunlösl. Salzes, u. ggf. 1,2—7% eines oberflächenakt. Stoffes, z. B. Mischpolymerisate aus 67 (Teilen) Äthylacrylat, 33 Methylmethacrylat u. 1,5 Methacrylsäure. Das wasserunlösl. Salz bildet sich beim Mischen mit dem Zement. (**Aust. P. 234 984** vom 10/5. 1960, ausg. 7/9. 1961. A. Prior. 25/5. 1959.) C. Lüttgen. 6223

Československá Socialistická Republika (Erfinder: Milan Matoušek, Brünn), Tschechoslowakei, **Herstellung eines quellenden, sich nicht zusammenziehenden Zementes** gemäß Tschech. P. 93 881 durch Mischen oder Vermahlen von Zement- u. Sulfatstoffen, die Metakaolinit enthalten, dad. gek., daß als Ausgangsmaterial Zementklinker oder Portlandzement, Schlackenportlandzement, ggf. mit Zusätzen von Puzzolanzement, mit natürlichen oder künstlichen Sulfaten, vorzugsweise Abfallstoffen, die Gips oder Anhydrit enthalten, verwendet wird, wobei für die Berechnung des erforderlichen Quellvermögens die Summe des vorhandenen Gesamt-SO_3-Geh. der einzelnen Rohstoffe bekannt sein muß. Bei einer Mischung von 85% Portlandzement + 10% Metakaolinit + 5% Abfallanhydrit (aus der HF-Erzeugung) beträgt das Quellvermögen 4,0 mm/m. (**Tschech. P. 98 603** vom 27/11. 1959, ausg. 15/2. 1961.) L. Macher. 6223

René Marie Berthier, Frankreich, **Herstellung von Schlackenzementen.** Bei der Durchführung des Verf. nach F. P. 1 104 354 werden die F-haltigen Stoffe den Schlackenzementen gemeinsam mit sauer reagierenden Stabilisatoren, wie $Al_2(SO_4)_3$, $CaSO_4$ u. dgl., zugemahlen. Auch Mischungen von Schlacke u. Portlandzement können in gleicher Weise behandelt werden. (**F. P. 67 784** vom 7/4. 1955, ausg. 19/3. 1958. **Zusatz zu F. P. 1 104 354; C. 1957, 4514.**) Hans Hoffmann. 6223

Giuseppe Capoferri und Paolo Capoferri, Italien, **Herstellung eines dekorativen Zementzuschlagstoffes.** Marmorkies wird in Ggw. von Sand oder anderen Schleifmitteln sowie von W. längere Zeit in einer verschließbaren, im Querschnitt polygonal ausgebildeten rotierenden Trommel behandelt, bis sich ein abgerundetes Marmorkorn von 5—60 mm Ø bildet, das nach Behandeln mit einer Waschfl., z. B. mit wss. Oxalsäure-Lsg., als Zuschlag für zementhaltige Mörtelmassen benutzt wird. (**F. P. 1 153 861** vom 15/11. 1955, ausg. 28/3. 1958.) Hans Hoffmann. 6223

H₇. Agrikulturchemie. Schädlingsbekämpfung

Phasenuntersuchung von Glühphosphaten auf der Basis Calciummetaphosphat. Józef Berak. (Przemysł chem. **41**, 74—77, 1962; Wrocław, Politechn., Kat. Chem. nieorg. I; WSE, Kat. Chem.; pol.) — Amerikan. Glühphosphat, das durch Umsetzung von P_2O_5 mit Phosphorit bei 1100° erhalten wird, hat die Zus. 66 (%) P_2O_5, 25 CaO, 0,4 F u. 9 Fe_2O_3 + Al_2O_3 + SiO_2. Poln. Glühphosphat wird durch Schmelzen von Ca·$(PO_3)_2$ mit Kolaapatitkonzentrat bei 1050° erhalten u. hat die Zus. 63 P_2O_5, 35 CaO, 0,4 F u. 2 andere Oxide. Das poln. Prod. ist weniger hygroskop. u. besser in 2%ig. Citronensäure löslich. Auf Grund der Phasengleichgewichtsdiagramme des Syst. P_2O_5–CaO–CaF_2 folgert Vf., daß der Unterschied im Verh. der beiden Prodd. durch den verschiedenen CaO-Geh. verursacht wird. F. Urban. 6282◇

Die Filipower Tuffe, eine potentielle Quelle für Düngekali. Józef Szafnicki. (Chemik **14**, 95—97, 1961; Gliwice, Politechn. Śląska, Tarnów, Inst. Nawoz. sztuczn.; pol.) — Vulkan. Tuff aus Filipowiec bei Krakau enthält ca. 10% K_2O in Form von Sanidin. Durch Schmelzen mit $CaCl_2$ oder $CaSO_4$ wird das K für die Pflanzen zugänglich. F. Urban. 6286◇

Aufbau und Betriebsweise eines Laboratoriumsgerätes zur Ammonisierung–Granulierung von Tripelsuperphosphat. S. A. Giddings und D. De Lapp. (J. agric. Food Chem. **10**, 65—68, 1962; Stamford, Conn., American Cyanamid Co., Agric. Div., Plant Sci. Sect.; engl.) — Beschreibung eines Labor.-Gerätes zur Ammonisierung u. Granulierung von Düngemitteln (1000 g), bes. von Tripelsuperphosphat, das gek. ist durch Drehtrommel, NH_3-Dosierung, Temp.-Anzeige u. Trockenvorr. für die granulierten Proben. W. Wesly. 6290□

Anwendung von „Schlamm"-Verfahren im TVA-Ammonisier-Granulier-Gerät. R. D. Young, G. C. Hicks und C. H. Davis. (J. agric. Food Chem. **10**, 68—72, 1962; Wilson Dam, Ala., Tennessee Valley Authority; engl.) — In einer Vers.-Anlage werden

mehrere Verff. zur Herst. granulierter, konz. Mischdünger aus größtenteils fl. oder schlammigen Bestandteilen erprobt. Die Einfl. von Ansatz, Art der Schlammverteilung, Feuchtigkeit, Korngröße u. Temp. der rückgeführten Stoffe, Korngröße der granulierten Proben, Trocknung, Zerkleinerung, Kühlung u. Messung auf Beschaffenheit der Proben, Betriebsüberwachung u. Erfordernisse der Rückführung werden angegeben.
W. Wesly. 6290□

Orientierende Untersuchung der Hydrolyse und Ammonisierung von Calciummetaphosphat. M. R. Siegel, J. G. Getsinger und H. C. Mann. (J. agric. Food Chem. **10**, 72—76, 1962; Wilson Dam, Ala., Tennessee Valley Authority; engl.) — Hydrolyse u. gleichzeitige Ammonisierung mit NH_4OH bei ca. 7 at Druck von gepulvertem *$Ca(PO_3)_2$* (mit einem P_2O_5-Geh. von 65%) ergab einen Schlamm mit 4 lb. NH_3/lb. P_2O_5 u. ein Trockenprod. der Zus. 8-45-0 (N-P-K). Bei Anwendung von NH_4OH-NH_4NO_3-Lsg. erhielt man N-reichere Prodd., deren P_2O_5 zu ca. 40% wasserlösl. war. Wurde das gepulverte $Ca(PO_3)_2$ mit heißem W. hydrolysiert, so resultierte ein trockenes, bröckliges Prod. mit 52% pflanzenverfügbarem P_2O_5, wovon 80% wasserlösl. waren. Dasselbe besaß ein NH_3-Bindungsvermögen von ca. 3 lb. NH_3/lb. P_2O_5. W. Wesly. 6290□

Positive, negative und selektive Mineraldüngeradditive. Bruno Waeser. (Chemiker-Ztg.-Chem. Apparatur **85**, 109—13, 1961; Elmshorn b. Hamburg; dt.) — Allg. Ausführungen. — 28 Literaturangaben. M. Winiker. 6292◇

Die Mineralstoffzusammensetzung von Wirtschaftsdünger. R. G. Hemingway. (Empire J. exp. Agric. **29**, 14—18, 1961; Glasgow, Univ., Agric. Chem. Dep.; engl.) — 50 Proben von Wirtschaftsdüngern wurden auf ihre Geh. an *N*, *P*, *K*, *Ca*, *Mg*, *Mn*, *B*, *Co*, *Cu* u. *Mo* untersucht. Es zeigte sich, daß im Mittel 10 t Wirtschaftsdünger 3,5 (cwt.) $(NH_4)_2SO_4$, 1,2 Superphosphat, 1,0 KCl u. 0,68 $MgSO_4$ entsprachen. Diese Werte sind (mit Ausnahme des Mg-Wertes) beträchtlich niedriger als im allg. angenommen wird. Auch die mittleren Spurenelement-Geh. [182 (ppm) Mn, 23,5 B, 19,8 Cu, 1,7 Co u. 2,3 Mo] waren niedriger als die Spurenelementgaben, die zur Behebung von Mangelerscheinungen bei Kulturpflanzen meist erforderlich sind. M. Winiker. 6294◇

Der Einfluß von synthetischen Polyelektrolyten auf die Bodenaggregation. M. A. Abdel Salam und A. G. Pollard. (Sci. J. Roy. Coll. Sci. **27**, 28—35, 1959; engl.) — Unter Gewächshausbedingungen wurde Raygras auf einem Sand-, einem Kalk-, einem Lehm- u. einem Tonboden ohne bzw. mit *Krilium* (I)-Zusatz (0,02, 0,05, 0,1 u. 0,5% I, bezogen auf lufttrockenen Boden) gezogen. Die Keimung u. das Auflaufen der Pflanzen wurde durch steigende I-Gaben zunehmend verzögert. Durch die höchste I-Gabe wurden das Wachstum u. der Ertrag, bes. auf dem Sand- u. dem Lehmboden, beeinträchtigt. Die wasserhaltende Kraft der Böden wurde durch 0,02 u. 0,05% I vermindert, durch 0,1 u. 0,5% I hingegen gesteigert. Die Bodenaggregation wurde durch alle I-Gaben gefördert. M. Winiker. 6302◇

Drei wissenschaftliche Richtungen bei der Untersuchung des allgemeinen Problems der Klassifizierung der Böden und die Beziehungen zwischen diesen Richtungen. I. P. Gerasimov und E. I. Ivanova. (Commonwealth Bur. Soils, Soils fertilizers **22**, 239—48, 1959; engl.) — Vff. unterziehen die russ. bzw. sowjet. sowie die westeuropäischen u. amerikan. Syst. der Bodenklassifizierung einer vergleichenden Betrachtung.
M. Winiker. 6304◇

Die Genese von Alluvialböden in ariden und semiariden Gebieten. V. Ravi Kumar. (Madras agric. J. **49**, 71—76, 1962; Coimbatore, Agricult. Coll. and Res. Inst.; engl.) — Die Unters. der Böden des westlichen Uttar Pradesch ergab, daß dieselben auf Graniten u. Gneisen entstanden sind. M. Winiker. 6304◇

Untersuchung der Böden des Bao-Bolon. P. Bonfils und J. Faure. (Ann. Centre Rech. agronom. Bambey au Sénégal, Bull. agronom. Nr. **18**, 29—49, 1957, herausgeg. 1958; franz.) — Vff. vermitteln einen Überblick über die physikal. u. chem. Eigg. der Böden des Bao-Bolon, einer während eines Teiles des Jahres überschwemmten Niederung im Gebiet des Nioro-du-Rip (Sénégal). M. Winiker. 6304◇

Über die Morphologie von podsoligen Böden, die im gemäßigten Klima entstanden sind. Hidenori Hashimoto, Sakae Iida und Toshio Koguchi. (J. Sci. Soil Manure, Japan [Nippon Dojohiryogaku Zasshi] **33**, 439—42, 1962; jap.)
R. Grundmann. 6304◇

Untersuchung über das Adsorptionsvermögen des Bodens. 4. Mitt. **Die Art der negativen Ladung und die Austauschacidität.** Minoru Yoshida. (J. sci. Soil Manure, Japan [Nippon Dozyô-Hiryô-Gaku Zasshi] **30**, 349—52, 1959; jap.) — 1. vgl. C. **1955**, 6369. — Vf. untersuchte das Adsorptionsvermögen einer tert. Roterde, einer diluvialen marinen Gelberde, eines diluvialen Wasserreisbodens u. eines vulkan. Aschebodens.
L. Schuler. 6304□

Untersuchung über die Bestandteile der Bodenhumussäuren. 6. Mitt. Über die Kolloidtitration von Humussäuren. Tsunetomo Hayashi und Takeo Nagai. (J. Sci. Soil Manure, Japan [Nippon Dojohiryogaku Zasshi] **29,** 153—57, 1958; jap.)
R. Grundmann. 6304◇

Vergleich des aus einem mineralischen Boden isolierten Lignoproteins mit dem aus einem Stroh-Kompost. David S. Jenkinson und Joseph Tinsley. (Sci. Proc. Roy. Dublin Soc. Ser. A **1,** 141—47, 1960; Reading Univ., Dep. of Agricult. Chem.; engl.) — Ziel der Arbeit war die Isolierung des *Lignoproteins* (**I**) eines mineral. Bodens u. der Vgl. seiner Eigg. mit denen eines aus Stroh-Kompost isolierten **I** sowie die Begründung der An- bzw. Abwesenheit von Lignin im Boden-**I**. In mehreren Tabellen werden die Zus. des Bodens u. des Stroh-Kompostes, die Ausbeuten bei der **I**-Isolierung, die Zus. u. die Ergebnisse der Hydrolyse beider Substanzen angegeben. Die sauren Hydrolysate (6n HCl) von Stroh-Kompost-**I** u. Boden-**I** wurden papierchromatograph. untersucht. Es wurden folgende Aminosäuren gefunden: Cysteinsäure, Asparaginsäure, Glutaminsäure, Lysin, Arginin, Glycin, Histidin, Serin, Alanin, Tyrosin, Prolin, Valin, Threonin, Isoleucin, Leucin, Phenylalanin. Saure u. alkal. Hydrolyse (2n NaOH unter N_2) zeigen, daß im Stroh-Kompost-**I** mehr nicht hydrolysierbare Substanzen enthalten sind als im Boden-**I**. Die IR-Spektren sowohl der lösl. als auch der unlösl. Anteile werden ausführlich diskutiert. Lignin ist resistent gegenüber beiden Hydrolyse-Meth. u. findet sich im nicht hydrolysierbaren Rückstand, was durch den hohen Methoxyl-Geh. u. die IR-Spektren bewiesen wird. Letztere lassen einen Schluß auf die Art der Bindung der Aminosäuren in beiden Substanzen zu. Die Amid I u. II-Banden der Proteine u. Peptide erscheinen auch in den Spektren von Boden-**I** u. Stroh-Kompost-**I**. Im Boden-**I** ist die Mitwrkg. der aromat. Banden bei 1600 u. 1500 cm^{-1} weniger ausgeprägt als im Stroh-Kompost-**I**. Die Banden verschwinden fast vollständig bei der Hydrolyse, obgleich ca. 15% des N im Stroh-Kompost-**I** u. Boden-**I** gegen Hydrolyse resistent sind.
S. Vierkötter. 6304□

Untersuchungen über den „Borzustand" der ferretisierten Böden des Agro Gradiscano-Cormonese (Friuli Orientale). R. Candussio. (Agrochimica [Pisa] **4,** 78—96, 1959; Gorizia, Ist. Chimico Agrario Speriment.; ital.) — Der durchschnittliche Geh. dieser Böden an Gesamt-B beträgt 14,48 ± 0,35 ppm, der an pflanzenaufnehmbarem B 0,58 ± 0,04 ppm. M. Winiker. 6304◇

Über den Gehalt an Chlor, Brom und Jod in den Pflanzen und Böden der lettischen SSR. I. Streipa. (Nachr. Akad. Wiss. LettSSR **1959,** Nr. 11, 103—06; lett., Auszug: russ.) — Die an Kolloiden reicheren tonigen u. humushaltigen Böden enthalten größere Mengen von *J* u. *Br*, unter den lehmigen Böden kommen jodarme vor. Pflanzenanalysen zeigten, daß Erbsen auf ungedüngtem Boden sehr geringe J-Mengen enthalten. In Kartoffeln erhöhte sich der Geh. an Br auf Kosten von Br des Bodens, wenn dieser mit J gedüngt wurde. Bei Düngung mit J u. Br veränderte sich der Geh. an anderen Halogenen im Haferkorn nur wenig. M. Gordienko. 6304◇

Der Einfluß von Phosphaten auf die Stickstoffixierung an Montmorillonit-Mineral in Gegenwart von organischer Substanz. M. M. Rai. (Proc. nat. Acad. Sci., India, Sect. A **31,** 130—33, 1961; Rewa, Government Agric. College; engl.) — In Labor.-Verss. wurde die Fixierung von atmosphär. N_2 durch Bentonit in Ggw. von organ. Substanz (Kuhdung, Weizenstroh) durch Phosphate gefördert. Die Wirksamkeit der benutzten Phosphate nahm in der Reihenfolge $CaHPO_4$, $Ca_3(PO_4)_2$, $Ca(HPO_4)_2$ ab. W. Wesly. 6304◇

Beitrag zur Untersuchung (des Verhaltens) von Naturphosphaten in Kreideböden. E. Radet. (Ann. Inst. nat. Rech. agronom., Sér. A **12,** 473—88, 1961; Châlons-sur-Marne, Stat. agron.; franz.) — In Labor.- u. Freiland-Verss. auf Kreideböden wurde festgestellt, daß *weiche Naturphosphate* (wie z. B. *Gafsa-Phosphate*), auch wenn sie sehr fein gemahlen sind, die Versorgung der Pflanzen mit P nicht sicherzustellen vermögen. Auf derartigen Böden ist *Superphosphat* am geeignetsten. M. Winiker. 6304◇

Anwendungszeit von Superphosphat und Grünlandertrag auf einem sauren Boden. K. D. McLachlan. (Austral. J. exp. Agric. animal Husbandry **1,** 81—84, 1961; Canbera, A.C.T., C.S.I.R.O., Div. of Plant Ind.; engl.) — Eine 3jährige Kleegrasweide (Trifolium subterraneum u. Phalaris tuberosa) auf sandigem Lehm vom pH 5,8 wurde im Sommer (Dezember) bzw. im Herbst (März) mit Superphosphatmengen von 1, 2 bzw. 4 cwt/acre gedüngt. Signifikante Ertragserhöhungen traten bei 5 der 6 Ernten in den folgenden 3 Jahren auf. Die Anwendungszeit modifizierte die Erträge nur bei der niedristen Düngergabe u. nur in 3 Ernten. Bei 2 Ernten führte die Dezemberdüngung zu höheren Klee- u. niedrigeren Graserträgen als die Märzdüngung, die die umgekehrte Wrkg. hatte. Vermutet wird ein von Temp. u. Licht gesteuerter unterschiedlicher Wachstumsrhythmus bei Klee u. Gras, der die Konkurrenz um die Düngernährstoffe beeinflußt.
Wilfried Werner. 6304◇

Die Wirkung von Standortsfaktoren in Obstgärten auf die chemische Zusammensetzung der Äpfel. 2. Mitt. **Die Beziehung zwischen Kalium und titrierbarer Säure sowie zwischen Kalium und Magnesium in den Früchten.** B. G. Wilkinson. (J. horticult. Sci. **33,** 49—57, 1958; engl.) — 1. vgl. C. **1957,** 13461. — Düngungs-Verss. zu Apfelbäumen der Sorten Cox's Orange, Pippin u. Laxton's Superb ergaben: Zunehmende *K*-Düngung bewirkte einen Anstieg des Geh. der Äpfel an K. Mit dieser Erhöhung des K-Geh. ging eine Zunahme des Geh. an titrierbarer Säure u. an Mg einher.
M. Winiker. 6304◇

Düngungsversuche zu Obstpflanzen. 4. Mitt. **Erdbeeren unter Folien.** C. Bould. (Annu. Rep. agric. horticult. Res. Stat., Long Ashton, Bristol **1960,** 69—74; engl.) — 1. vgl. C. **1958,** 14427. — Vf. untersuchte die Wrkg. von *N*-, *P*- u. *K*-Düngung auf Wachstum, Ertrag u. Nährstoff-Geh. der Blätter bei unter Folien kultivierten Erdbeeren. Unter den gewählten Vers.-Bedingungen zeitigten nur K-Gaben eine signifikante Wrkg.; als optimaler K-Geh. der Blätter wird 1,6% (bezogen auf Trockenmasse) angesehen. Vf. ist der Ansicht, daß ein hoher K-Geh. in den Spitzen der Ausläufer zur Pflanzzeit (September) eine Voraussetzung für eine befriedigende Ernte ist, wenn auf Böden gepflanzt wird, die keine genügenden K-Geh. aufweisen. Bei der einjährigen Erdbeerkultur unter Folie ist der Nährstoff-Geh. der Ausläufer für die folgende Ernte wichtiger als der Nährstoff-Geh. des Bodens, auf dem ausgepflanzt wird. W. Hiller. 6304◇

Die Bedeutung der Anwendung von Nitratdüngern zu Reisböden. R. Vámos und F. Takács. (Current Sci. **28,** 406—07, 1959; Szeged, Univ., Inst. for Plant Physiol., State Farm Kopáncs; engl.) — Zur Aufklärung der erheblichen Ertragsunterschiede, die bei Reis als Folge von *N*-Düngungen beobachtet worden waren, wurden mehrjährige Düngungs-Verss. mit $(NH_4)_2SO_4$ u. mit *Nitrat* (**I**) enthaltenden Düngern angestellt. Es zeigte sich, daß durch $(NH_4)_2SO_4$ unter ungünstigen Witterungsbedingungen die „Bräune"-Krankheit des Reises begünstigt wird, nicht aber durch **I**-Dünger.
W. Betcke. 6304□

Die Erfordernis mineralischer Stickstoffdünger zur Humifizierung von fossilen Hölzern. (Vorläufige Mitt.) V. Morani und C. Nigro. (Ann. Staz. chim.-agrar. sperim. Roma [3] **1960,** Pubbl. Nr. 168, 256—65; ital. — C. **1963,** 17103.)
M. Winiker. 6304◇

Die Fluoridaufnahme aus Böden. E. Don Hansen, H. H. Wiebe und Wynne Thorne. (Agronomy J. **50,** 565—68, 1958; Logan, Utah State Univ.; engl.) — Vff. untersuchten die *F'*-Aufnahme durch Rüben u. Luzerne auf 4 verschiedenen Böden, denen unterschiedliche Mengen von *NaF* bzw. Na_2SiF_6 zugesetzt worden waren. Es zeigte sich, daß die F'-Aufnahme aus Na_2SiF_6 stets niedriger war als die aus NaF. Weiter wurde festgestellt, daß mit zunehmendem Geh. des Bodens an Ton, Kalk u. organ. Substanz die F'-Aufnahme durch die Pflanzen abnahm. Ertragsminderungen traten erst dann auf, wenn die Pflanzen so viel F' aufgenommen hatten, daß sie mehr als 60 ppm F' enthielten.
M. Winiker. 6304◇

Anlage einer Weide auf einem podsolierten Boden auf der Nordinsel (von Neuseeland). 1. Mitt. **Feldversuch zur Untersuchung des Kalk- und Düngerbedürfnisses.** J. P. Lambert. (New Zealand J. agric. Res. **4,** 348—60, 1961; Kaikohe, Dep. of Sci. and Ind. Res., Grasslands Div.; engl.) — Für die Anlage einer Weide (bestehend aus Lolium spp., Trifolium spp., Dactylis glomerata, Phleum pratense) auf einem stark podsolierten Schlufflehm werden auf Grund der Ergebnisse eines Feld-Vers. 25 (cwt/acre) $CaCO_3$, 6 *Superphosphat* u. 1 *KCl* als geeignete Anfangsdüngung angesehen.
W. Hiller. 6304□

Anlage einer Weide auf einem podsolierten Boden auf der Nordinsel (von Neuseeland). 2. Mitt. **Parzellenversuche zur Untersuchung des Nährstoffmangels.** R. H. Jackman. (New Zealand J. agric. Res. **4,** 361—74, 1961; Palmerston North, Dep. of Sci. and Ind. Res., Grasslands Div.; engl.) — 1. vgl. vorst. Referat. — Vf. untersuchte die Düngerbedürfnisse eines stark podsolierten Schlufflehms für Trifolium spp. Es herrschte starker P-Mangel. Für eine gute Bestockung u. starkes frühes Wachstum erwiesen sich hohe Kalkgaben als erforderlich. Durch Kalkgaben kann jedoch B-Mangel (u. bei höheren Gaben auch Cu-Mangel) hervorgerufen werden. Die B-Mangelsymptome bei Trifolium subterraneum sind beschrieben. W. Hiller. 6304□

Anlage einer Weide auf einem podsolierten Boden auf der Nordinsel (von Neuseeland). 3. Mitt. **Untersuchungen über Rhizobium-Populationen und die Auswirkungen einer Impfung.** R. M. Greenwood. (New Zealand J. agric. Res. **4,** 375—89, 1961; Palmerston North, Dep. of Sci. and Ind. Res., Plant Chem. Div.; engl.) — 2. vgl. vorst. Referat. — Vf. untersuchte die Knöllchen-Bldg. durch Rhizobium spp. in einem stark podsolierten Boden. Im ungestörten Boden waren keine Rhizobium spp. für Trifolium spp. u. Lotus spp. vorhanden. Nach Kultivierung waren Populationen für Lotus vorhanden, solche für Trifolium traten erst nach Kalkung auf. Dieselben waren jedoch z. B. unwirksam für T. subterraneum. Eine Impfung erwies sich als günstig für T. repens u. T. pratense, nicht jedoch für T. subterraneum. W. Hiller. 6306□

Die blaugrünen stickstoffbindenden Mikroalgen und die Fruchtbarkeit der Reisböden. G. Florenzano, W. Balloni und R. Materassi. (Atti III. Simpos. int. Agrochim., Siviglia **1960**, 576—90, 1961; Palermo, Univ., Ist. di Ind. Agrarie; Firenze, Univ., Ist. di Microbiologia Agraria e Tecnica; ital.) — Durch die blaugrüne Alge Anabaena cylindrica wird der Ertrag von Reisfeldern gefördert. M. Winiker. 6306◇

Die Erschließung von Kulturböden in der Sahel-Sudan-Zone von Afrika und ihre Befreiung von Gestrüpp. In der landwirtschaftlichen Versuchsstation von Bambey mit chemischen Verfahren gemachte Beobachtungen. R. Klein. (Ann. Centre Rech. agronom. Bambey au Sénégal, Bull. agronom. Nr. **18,** 7—13, 1957, herausgeg. 1958; franz.) — Zur Vernichtung von Faidherbia albida A. Chev. erwies sich ein Gemisch von *2.4-D* u. *2.4.5-T*, zur Vernichtung von Adansonia digitata L. ein Präp. auf Basis As_2O_3 + *NaOH* als geeignet. M. Winiker. 6312◇

Chemische Unkrautbekämpfung in Leguminosen unter besonderer Berücksichtigung der Pflanzenverträglichkeit und der Konservierbarkeit von Erbsen. Hans Neururer. (Pflanzenschutzberichte [Wien] **28,** 97—117, Juni 1962; Wien, Bundesanst. für Pflanzenschutz; dt.) — Vf. prüfte auf 4 klimat. u. bodenmäßig verschiedenen Standorten die Verw.-Möglichkeit von *DNBP, MCPA, 2.4-DB, Prometryn* u. *OMU + BIPC* zur Unkrautbekämpfung in Erbsen, Buschbohnen, Stangenbohnen u. Ackerbohnen. Zur Bekämpfung von Samenunkräutern in Erbsen unmittelbar nach deren Aussaat erwies sich Prometryn u. in feuchten Gebieten auch OMU + BIPC als geeignet. In 5—10 cm hohen Erbsenbeständen konnten Unkräuter im Jugendstadium erfolgreich mit DNBP bekämpft werden. Stärkere Verunkrautung durch Disteln in 10—20 cm hohen Erbsenbeständen läßt den Einsatz von MCPB ratsam erscheinen, wobei zu beachten ist, daß nicht alle Erbsensorten dieses Mittel vertragen. Keines der genannten Mittel wirkte sich nachteilig auf die Konservierbarkeit u. Lagerung der Erbsen in Dosen aus. Bei Buschbohnen war nur DNBP u. in feuchteren Gebieten auf nicht zu leichten Böden auch OMU + BIPC gegen Samenunkräuter erfolgreich. In Kulturen von Stangenbohnen kann im Hinblick auf die Pflanzenverträglichkeit nur DNBP eingesetzt werden. Bei Ackerbohnen können Samenunkräuter mit DNPB u. Wurzelunkräuter mit MCPB bekämpft werden. M. Winiker. 6312◇

Versuche zur Bekämpfung von Krankheiten bei Pecannußbäumen im Jahre 1960 in Mississippi. Clinton H. Graves jun. (Proc. annu. Convent. Southeastern Pecan Growers' Assoc. **1961,** 103—04; State College, Mississippi Agric. Exp. Stat.; engl.) — Bei Verss. zur Bekämpfung von Schorf u. Blattkrankheiten bei Pecannüssen wurden mit *Cyprex* u. *Dithane Z-78* Erfolge erzielt. M. Winiker. 6312◇

Anwendung konzentrierter (Lösungen) von Chemikalien vom Hubschrauber aus zur Bekämpfung von Krankheiten bei Pecannußbäumen. John R. Large. (Proc. annu. Convent. Southeastern Pecan Growers' Assoc. **1961,** 95—96, 98—99, 101—03; Monticello, Fla., Florida Agric. Exp. Stat., Pecan Invest. Labor.; engl.) — Bericht über Erfolge mit *Dithane Z-78*. M. Winiker. 6312◇

Bekämpfung von Schorf bei Pecannüssen unter verschiedenen Umweltbedingungen. John R. Cole. (Proc. annu. Convent. Southeastern Pecan Growers' Assoc. **1961,** 117—19; Albany, Georgia, USDA, Agric. Res. Serv., Crops Res. Div.; engl.) — Unabhängig von den klimat. Bedingungen erwies sich *Dodine* als sehr gut zur Schorfbekämpfung bei Pecannüssen geeignet. M. Winiker. 6312◇

Kupferakkumulierung in Böden von Apfelanlagen bei Wisbech. J. M. Hirst, H. H. Le Riche und C. L. Bascomb. (Plant Pathol. **10,** 105—08, 1961; Harpenden, Herts., Rothamsted Exp. Stat.; engl.) — Die Böden zweier Apfelanlagen bei Wisbech wiesen eine atyp. torfige Oberflächenschicht u. eine schlechte Krümelstruktur auf. Außerdem enthielten sie ungewöhnlich wenig Regenwürmer. In beiden Anlagen waren von 1929—1945 insgesamt 300 lbs. *Cu*/acre in Form von *Bordeauxbrühe* zur Anwendung gekommen. Die torfigen Oberflächenschichten enthielten 1500 ppm Cu, die obersten Bodenschichten (4 in.) >120 ppm Cu. M. Winiker. 6312◇

Ablagerung und Beständigkeit von γ-BHC-Sprays unterschiedlicher Zusammensetzung auf Reispflanzen. Yutaka Tsukano und Terumaro Suzuki. (Botyu-Kagaku [Sci. Insect Control] **27,** 6—11, 1962; Tokyo, Kita-ku; Nishigara, Nat. Inst. of Agricul. Sci.; engl.) M. Winiker. 6312◇

Giftwirkung von Insekticiden auf Engerlinge in Queensland. G. W. Saunders. (Queensland J. agric. Sci. **16,** 239—43, 1959; engl.) — In Labor.-Verss. erwiesen sich *BHC, Aldrin* u. *DDT* als wesentlich mehr tox. für Dermolepida albohirtum Waterh. als für Rhopaea magnicornis Blkb. u. Lepidiota caudata Blkb. M. Winiker. 6312◇

Eine orientierende Untersuchung über die Bekämpfung des Falschen Drahtwurms im Darling-Hügelland. G. H. S. Hooper. (Queensland J. agric. Sci. **16**, 251—52, 1959; engl.) — Zur Bekämpfung des Falschen Drahtwurms, Gonocephalum sp., erwies sich *BHC* als geeignet. M. Winiker. 6312◇

Harnstoff- und Thioharnstoffderivate für Versuche zur Vernichtung von Larven. A. Kaluszyner, R. Mechoulam und M. Breuer. (Bull. Res. Council Israel, Sect. A, **7A**, 135—37, 1958; engl.) — In Labor.-Verss. zur Vernichtung von Larven der Stubenfliege war keines der nachst. *Harnstoff* (I)- bzw. *Thioharnstoff* (II)-Derivv. wirksamer als II selbst: *N.N'-Diphenyl*-I, *Phenyl*-I, *N.N'-Diphenyl*-II, *p-Methoxyphenyl*-I, *N.N'-Di-p-chlorphenyl*-I, *Phenyl*-II, *N.N'-Di-p-methoxyphenyl*-II, *N.N'-Di-p-chlorphenyl*-II, *S-Methyl-iso*-II-*hydrochlorid*, *S-Benzyl-iso*-II-*hydrochlorid*, *N-Phenyl-N.N'-dimethyl*-I, *N-p-Chlorphenyl-N.N'-dimethyl*-I, *N-Phenyl-N-N'-dimethyl*-II, *N-p-Chlorphenyl-N.N'-dimethyl*-II, *N-[3.4-Dichlorphenyl)-N.N'-dimethyl*-I, *N-(3.4-Dichlorphenyl)-N'-methyl*-I, *N-(3.4-Dichlorphenyl)-N.N'-dimethyl*-II. *N-(3.4-Dichlorphenyl)-N'-methyl*-II, *Bis-(3.4-dichlorphenylcarbamyl)-methylamin*, *N-(Phenylcarbamyl)-morpholin*, *N-(p-Chlorphenylcarbamyl)-morpholin*. M. Winiker. 6312◇

Dasyneura gleditschiae O. S. John C. Schread. (Connecticut agric. Exp. Stat., New Haven, Circ. Nr. **206**, 2—4, 1959; engl.) — Bei Verss. zur Bekämpfung des Schädlings war *Lindan* wirksamer als *DDT*, *Endrin* oder *Malathion*. M. Winiker. 6312◇

Anwendung systemischer Insekticide zu Topfchrysanthemen im Gewächshaus. Ralph B. Neiswander. (J. econ. Entomol. **55**, 497—501, 1962; Wooster, Ohio, Ohio Agric. Exp. Stat.; engl.) — Bei 4 Vers.-Reihen in den Jahren 1959—1961 zur Bekämpfung von Tetranychus telarius L. schützte *Demeton* die Chrysanthemen annähernd 5 Wochen gegen den Befall, fast ebenso wirkte gekörntes *Phorate*, dieses war auch am besten wirksam gegen Frankliniella tritici Fitch. *Phosphamidon*, *SD-3562*, *NIA-5767* u. *Zectran* hatten geringere Wrkg.-Dauer, *Phosdrin* u. *Disyston* waren nur in höheren Gaben wirkungsvoll, *Dimethoate* verursachte schwere Pflanzenverbrennungen. Fritz Müller/Ludwigshafen. 6312◇

Smith-Douglass Co., Inc., Norfolk, Va., V.St.A., **Entfluorieren von Phosphaten.** Das Phosphaterz wird mit H_3PO_4 u. einer weiteren Mineralsäure, die flüchtiger ist als H_3PO_4 u. ein in W. lösl. Ca-Salz bildet, z. B. HCl oder HNO_3, digeriert, wobei im Digerierungsgemisch das Gew.-Verhältnis von flüchtiger Mineralsäure (berechnet als HCl-Äquivalent) zu P (berechnet als P_2O_5) über 0,3 bes. 0,7—1,0, das Mol-Verhältnis von Ca (berechnet als CaO) zu P (berechnet als P_2O_5) nicht über 2,6 bes. 0,9—1,1 beträgt u. so viel W. enthalten ist, daß der Feststoff-Geh. zwischen 20 u. 50% liegt. Die Digerierlsg. wird dann im Dünnschichtverdampfer oder Sprühtrockner so weit erhitzt, daß die flüchtigen Bestandteile verdampfen u. ein trocknes, entfluoriertes Ca-Phosphat anfällt, das <5 Gew.-% flüchtige Bestandteile u. <1 Gew.-Teil F auf 100 Gew.-Teile P enthält. — *Dünge- u. Futtermittel.* — Zeichnung. (**E. P. 905 375** vom 12/12. 1960, ausg. 5/9. 1962. A. Prior. 29/12. 1959.) R. Zimmermann. 6283

Fertilizers and Chemicals Ltd., Haifa Bay, übert. von: Alfred Strauchen und Jakow Breslerman, Haifa, Israel, **Herstellung von Dicalciumphosphat (I).** In der 1. Stufe wird kalkhaltiges Phosphatgestein (I) mit wss. HCl zersetzt u. man erhält eine Lsg. mit einem pH-Wert von 0,3—1,0. In der 2. Stufe wird diese Lsg. mit I angeschlämmt, so daß die Anschlämmung einen pH-Wert von 1,5—2,5 aufweist. In der 3. Stufe trennt man den lösl. Teil des Schlammes aus der 2. Stufe vom festen Material ab u. fällt aus der abgetrennten Lsg. mit $Ca(OH)_2$ oder $CaCO_3$ I von *Futtermittelqualität*. In der 4. Stufe löst man den festen Teil des Schlammes, der in der 3. Stufe erhalten wurde, in wss. HCl u. fällt aus dieser Lsg. **I** mit *Düngemittelqualität*. (**A. P. 3 033 669** vom 27/5. 1960, ausg. 8/5. 1962. Israel. Prior. 16/7. 1959.) R. Zimmermann. 6283

Farbwerke Hoechst Akt.-Ges. vormals Meister Lucius & Brüning, übert. von: Otto Scherer und Paul Heller, Frankfurt/M., **N-Chloraryl-N'-methoxymethylharnstoffe** der allg. Formel I erhält man durch Rk. eines entsprechend substituierten Phenylisocyanats mit einer Verb. der allg. Formel $HN(OCH_3)R$ ($R = H$ oder CH_3, $m = 0$ oder 1; $n = 1$, 2 oder 3) bei normaler oder schwach erhöhter Temp., ggf. in Ggw. von Lösungsmitteln. — Man löst z. B. 50 (g) frisch dest. p-Chlorphenylisocyanat in 100 ml Bzl., schüttelt die Lsg. unter Zusatz einer Lsg. von 20 O.N-Dimethylhydroxylamin in 100 ml Bzl., kühlt mit Eis u. nach 24std. Stehen mit Eis–NaCl-Kältegemisch → 69 *N-[p-Chlorphenyl]-N'-methoxy-N'-methylharnstoff*, F. 83—84°; 98,5%

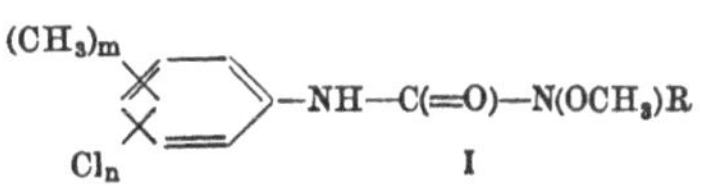

I

(Ausbeute). — Analog erhält man *N-[p-Chlorphenyl]-N'-methoxyharnstoff*, F. 139°; 93%, u. folgende *N'-Methoxy-N'-methylharnstoffe*: *N-[2.4.5-Trichlorphenyl]-*, F. 196—197°; 72%. — *N-[3.4-Dichlorphenyl]-*, F. 92—93°; 77%. — *N-[4-Chlor-2-methylphenyl]-*, F. 66—67°; 70%. — *N-[3-Chlorphenyl]-*, F. 105—106°; 70%. — *N-[2.4-Dichlorphenyl]-*, F. 44—46°; 70%. — *N-[2-Chlorphenyl]-*, Fl.; 90%. — *Herbicide*. (**A. P. 2 960 534** vom 11/6. 1957, ausg. 15/11. 1960.) G. Vogel. 6313

Velsicol Chemical Corp., übert. von: Sidney B. Richter, Chicago, Ill., V.St.A., **Methoxydichlorphenylessigsäureabkömmlinge.** Nach A. P. 3 013 056 erhält man *3-Methoxy-2.6-dichlorphenylessigsäure* (I) durch Kochen von 1-Methyl-2.6-dichlor-3-hydroxybenzol mit Essigsäureanhydrid u. wenig konz. H_2SO_4, Chlorieren des entstandenen 1-Methyl-2.6-dichlor-3-acetoxybenzols mit Cl_2 bei 180°, Rk. des so gebildeten 1-Chlormethyl-2.6-dichlor-3-acetoxybenzols mit NaCN in Methanol, gleichzeitige Hydrolyse u. Verseifung des entstandenen 1-Cyanmethyl-2.6-dichlor-3-acetoxybenzols mittels wss. H_2SO_4 u. Methylieren der in der vorangehenden Stufe anfallenden 2.6-Dichlor-3-hydroxyphenylessigsäure mittels Dimethylsulfat. Weitere Beispiele beschreiben die Überführung von I in das Na-, NH_4-, Diäthylamin- u. Morpholinsalz, in den Äthyl-, Decyl-, n-Butylester. sowie in das Chlorid, Anhydrid, Amid, N-n-Decyl- u. -Diäthylamid. — Analog wird nach A. P. 3 013 057 *2-Methoxy-3.5-dichlorphenylessigsäure* aus 1-Methyl-2-hydroxy-3.5-dichlorbenzol hergestellt. — Gemäß A. P. 3 013 058 erhält man *2-Methoxy-3.6-dichlorphenylessigsäure* durch Überführung von 1-Hydroxy-2.5-dichlorbenzol mittels Essigsäureanhydrid in 1-Acetoxy-2.5-dichlorbenzol (II), Umlagerung von II mittels wasserfreiem $AlCl_3$ bei 120—150° in 2-Hydroxy-3.6-dichlorphenylmethylketon (III), Methylieren von III mittels Dimethylsulfat, Rk. des hierbei entstandenen 2-Methoxy-3.6-dichlorphenylmethylketons mit Ammoniumpolysulfid u. Hydrolyse des hierbei gebildeten 2-Methoxy-3.6-dichlorphenylacetamids z. B. mittels 50%ig. wss. H_2SO_4. — Die Prodd. dienen als *Herbicide*. (**A. PP. 3 013 056** u. **3 013 057** vom 13/10. 1958 u. **3 013 058** vom 15/10. 1958, alle ausg. 12/12. 1961.) A. Mohr. 6313

United States Borax & Chemical Corp., übert. von: Leonard M. Stahler, Pacific Palisades, und James D. Stone, Los Angeles, Calif., V.St.A., **Bekämpfung unerwünschten Pflanzenwachstums.** In die mit Unkräutern bestandenen Kulturböden werden Vernichtungsmittel eingearbeitet, die ein organ. Hormonherbicid, bes. *2.4-D*, *2.4.5-T*, *2-Methyl-4-chlorphenoxyessigsäure*, ihre Salze, Amide oder substituierten organ. NH_4-Salze, u. *Na-* oder *Ca-Borate* oder *-Mineralien* im Verhältnis von 1 : 5 bis 1 : 50 enthalten. Als Borate werden $Na_2B_2O_4 \cdot 4\,H_2O$, $Na_2B_4O_7 \cdot 10\,H_2O$, $Na_2B_{10}O_{16} \cdot 10\,H_2O$, „*Ulexit*", „*Colemanit*" u. deren Gemische verwendet. Das Wirkstoffgemisch soll ca. 2—18 (%) Hormon u. 98—82 Borat enthalten u. wird in Mengen von 0,112 bis 4,5 kg/4050 m^2 in Lsgg., Suspensionen, Dispersionen oder wss., versprühbaren, breiartigen Massen auf den Boden aufgebracht. Es werden Mono- u. Dikotyledonenunkräuter, z. B. *Convolvulus arvensis*, *Franseria spp.*, *Circium arvense*, *Cynodon dactylon*, *Brassica spp.* u. *Euphorbia esula*, vernichtet u. die Böden vorübergehend oder ständig sterilisiert. Der Boratzusatz verhindert die Zers. der Hormonherbicide durch die Bodenorganismen. (**A. P. 3 004 844** vom 27/11. 1953, ausg. 17/10. 1961.) H. Karst. 6313

Velsicol Chemical Corp., übert. von: Sidney B. Richter, Chicago, Ill., V.St.A., **Vernichtung unerwünschten Pflanzenwachstums.** Die zu bekämpfenden Unkräuter oder dgl. werden mit Lsgg., Emulsionen, Suspensionen oder Dispersionen besprüht oder mit festen, inerten Stäubemitteln bestäubt, die ca. 10—59% *2-Methoxy-3.5-dichlorbenzoesäure*, ihrer Ester, deren unsubstituierte Alkylgruppe 1—10 C-Atome aufweist, ihrer Alkalisalze oder ihrer Aminsalze, in denen das Amin bis zu 10 C-Atome aufweist, enthalten. Außer der Säure sind das Na- u. Diäthanolaminsalz sowie *n-Butyl-2-methoxy-3.5-dichlorbenzoat* u. *Isopropyl-2-methoxy-3.5-dichlorbenzoat* als Wirkstoffe besonders geeignet. Die Konzentrate u. benetzbaren Pulver werden mit W. in solchen Mengen verd. oder in W. derart dispergiert, daß Konzz. von ca. 2000 ppm des Wirkstoffs erreicht werden. Die Verbb. weisen hohe herbicide Toxizität auf. (**A. P. 3 012 870** vom 4/8. 1958, ausg. 12/12. 1961.) H. Karst. 6313

Velsicol Chemical Corp., übert. von: Sidney B. Richter, Chicago, Ill., V.St.A., **Vernichtung unerwünschten Pflanzenwachstums.** Sommer- u. Winterunkräuter in Mais-, Weizen-, Flachskulturen, in Weiden oder Grasflächen u. dgl. werden mit Lsgg., Emulsionen, Suspensionen, Dispersionen oder festen, inerten Stäubemitteln abgetötet, die als Wirkstoffe 5—25 Gew.-% *2-Methoxy-3.5-dibrombenzoesäure*, ihrer Ester, Anhydride, Alkali- oder Aminsalze u. Amide enthalten. Die verwendeten Ester sollen eine unsubstituierte Alkylgruppe mit 1—10 C-Atomen, die Aminsalze ein Amin mit bis zu 10 C-Atomen u. die Amide Aminkomponenten mit bis zu 10 C-Atomen aufweisen. Außer der Säure selbst sind ihr Na- u. Diäthanolaminsalz sowie *n-Butyl-2-meth-*

oxy-3.5-dibrombenzoat u. *Bis-(2-methoxy-3.5-dibrombenzoesäure)-anhydrid* als akt. Wirkstoffe besonders geeignet. Die Konzentrate werden mit W. verd. oder in W. dispergiert u. in Konzz. von ca. 2000 ppm des Wirkstoffs auf die Unkräuter in Mengen von 0,45 kg/4050 m² u. mehr versprüht. Sie weisen hohe herbicide Toxizität auf, schädigen die Kulturpflanzen nicht u. erhöhen deren Ernteerträge. (**A. P. 3 012 871** vom 15/9. 1958, ausg. 12/12. 1961.) H. Karst. 6313

Velsicol Chemical Corp., übert. von: Sidney B. Richter, Chicago, Ill., V.St.A., **Vernichtung unerwünschten Pflanzenwuchses.** Die zur Bekämpfung von Sommer- u. Winterunkräutern im Vor- oder Nachauflauf-Verf. in Mais-, Weizen-, Flachskulturen, Weiden, Grasflächen u. dgl. verwendeten Herbicide bestehen aus Lsgg., Emulsionen, Suspensionen, Dispersionen, festen, inerten, netzbaren Stäubemitteln, die als Wirkstoffe ca. 5—25% *2.6-Dimethoxy-3-chlorbenzoesäure*, ihrer Ester, Anhydride, Amide, Alkali- oder Aminsalze enthalten. Die verwendeten Ester sollen eine unsubstituierte Alkylgruppe mit 1—10 C-Atomen, die Aminsalze ein Amin mit bis zu 10 C-Atomen u. die Amide Amin-Verbb. mit bis zu 10 C-Atomen aufweisen. Die Mittel werden vor dem Gebrauch mit W. verd. oder in W. dispergiert u. in Konzz. von ca. 2000 ppm auf die zu vernichtenden Pflanzen aufgesprüht. Als Wirkstoffe besonders geeignet sind: die Säure selbst, die Na-, K-, NH_4- u. Diäthanolaminsalze der 2.6-Dimethoxy-3-chlorbenzoesäure, *n-Butyl-2.6-dimethoxy-3-chlorbenzoat* u. *Bis-(2.6-dimethoxy-3-chlorbenzoesäure)-anhydrid*. Bei Anwendung von ca. 0,45 kg/4050 m² u. mehr weisen sie hohe herbicide Toxizität auf. (**A. P. 3 012 872** vom 13/10. 1958, ausg. 12/12. 1961.) H. Karst. 6313

Velsicol Chemical Corp., übert. von: Sidney B. Richter, Chicago, Ill., V.St.A., **Vernichtung unerwünschten Pflanzenwachstums.** Die zu bekämpfenden Unkräuter werden mit Lsgg., Emusionen, Suspensionen, Dispersionen oder Stäubemitteln besprüht oder bestäubt, die als tox. Wirkstoffe ca. 5—25% *3-Methoxy-2.6-dichlorbenzoesäure* oder ihrer Ester, Anhydride, Alkali-, NH_4-, Alkylamin-, Alkanolaminsalze, Amide u. ihres Butoxyäthylesters enthalten. Die verwendeten Ester sollen eine unsubstituierte Alkylgruppe mit 1—10 C-Atomen, die Alkylaminsalze eine unsubstituierte Alkylgruppe mit bis zu 6 C-Atomen u. die Alkanolaminsalze eine unsubstituierte Alkanolgruppe mit bis zu 6 C-Atomen enthalten. Besonders geeignet sind die Säure als solche, *Na-3-Methoxy-2.6-dichlorbenzoat*, das *Diäthanolaminsalz*, *n-Butyl-3-methoxy-2.6-dichlorbenzoat* u. *Bis-(3-methoxy-2.6-dichlorbenzoesäure)-anhydrid*. Die Mittel sind bes. zur Bekämpfung von Unkräutern im Nachauflauf-Verf. in Mais-, Weizen-, Flachskulturen, Weiden, Grasflächen u. dgl. anwendbar. Angewandte Mengen ca. 0,45 kg/4050 m² u. mehr. (**A. P. 3 012 873** vom 13/10. 1958, ausg. 12/12. 1961.) H. Karst. 6313

E. I. du Pont de Nemours & Co., Wilmington, Del., übert. von: Charles E. Entemann, Painesville, Ohio, V.St.A., **Herbicide Mittel.** Die zu bekämpfenden *Unkräuter*, bes. *Gräserarten*, z. B. *Johnsongras*, u. *breitblättrige Pflanzen*, werden im Vorauflauf- oder Nachauflauf-Verf. mit Lsgg., Emulsionen, Dispersionen, Stäubemitteln, Granalien oder Pellets behandelt, die als Wirkstoff *2.3.5.6-Tetrachlorbenzoesäure* oder ihre Salze enthalten. Den Mitteln können oberflächenakt. Stoffe, Netz-, Dispergier- oder Emulgiermittel in Mengen von ca. 0,1—1% zugesetzt werden. Verwendete Mengen des Wirkstoffs ca. 1,35—22,5 kg/4050 m², z. B. in ca. 60—150 Gallonen W. gelöst. Als Salze der Säure kommen bes. die Na-, K-, Ca-, Ba- u. Dimethylaminsalze in Betracht. Die starke herbicide Wrkg. der Verbb. wird durch Vgl.-Verss. bewiesen. (**A. P. 3 005 694** vom 23/6. 1958, ausg. 24/10. 1961.) H. Karst. 6313

Amchem Products, Inc., Ambler, übert. von: Robert H. Beatty, Philadelphia, Pa., V.St.A., **Änderung der fruchttragenden Jahre von Obstbäumen.** Zweijährlich fruchttragende Obstbäume, bes. *Apfelbäume*, werden in jährlich fruchttragende umgewandelt, indem die Bäume während ihrer fruchttragenden Jahre u. der 5 bis 7 Wochen dauernden Periode zwischen der vollen Blüte u. dem Endwachstum der Schosse mit nichtphytotox. Konzz. von ca. 10—300 ppm, auf Trägerstoff berechnet, einer polyhalogenierten Benzoesäure oder ihrer Salze, Ester, Amine u. Amide besprüht werden. Besonders geeignete Verbb. sind: *2.3.5-Trichlor-*, *2.3.6-Trichlor-*, *2.3.5.6-Tetrachlor-* u. *2.3.5-Trijodbenzoesäure* oder ihre Salze, Ester, Amine u. Amide in Form ihrer wss. Lsgg., Lsgg. in organ. Lsgm., Emulsionen oder Dispersionen. Die Bäume u. Blätter werden nicht geschädigt. (**A. P. 2 978 838** vom 15/9. 1958, ausg. 11/4. 1961.) H. Karst. 6313

Chas. Pfizer & Co., Inc., New York, übert. von: Louis G. Nickell, Port Washington, N.Y., V.St.A., **Mittel zur Beschleunigung des Pflanzenwachstums.** Die Pflanzen, das Saatgut oder die Kulturböden werden mit Lsgg., Emulsionen, Dispersionen, Suspensionen, Stäubemitteln, Aerosolen, Pasten oder Salben behandelt, die 0,0001 bis 0,04% eines *5-Hydroxy-4-pyron-2-methylisothiuroniumhalids*, bes. des Jodids, Bromids

u. Chlorids, u. *Gibberellinsäure* im Verhältnis von 20—40 Teilen : 1 Teil enthalten. Besonders geeignete Gibberelline sind: G, A, A_2, X u. deren Gemische. Verwendete Konzz. an den Wirkstoffen ca. 1—50 ppm. Das Wachstum der behandelten Pflanzen, Stengel, Wurzeln u. Blätter wird beschleunigt sowie die *Chlorose der Blätter* beseitigt. Die Mittel sind bes. zur Behandlung von Mono- u. Dicotyledonen, Leguminosen-, Blatt- u. blühenden Pflanzen im Gartenbau u. in der Landwirtschaft geeignet. (**A. P. 3 008 817** vom 29/1. 1958, ausg. 14/11. 1961.) H. Karst. 6313

Merck & Co., Inc., Rahway, übert. von: Raymond J. La Pierre, Iselin, N.J., V.St.A., **Stabile Mittel zur Stimulierung des Pflanzenwachstums.** Aus ca. 0,1 bis 15 (Teilen) einer Gibberellinsäure-Verb., bes. *Gibberellinsäure*, ihre *K*- u. *NH_4-Salze* oder *niedere Alkylester*, ca. 70—99 $(NH_4)_2HPO_4$, 0,5—12,5 eines oberflächenakt. Mittels, bes. Polyoxyäthylen, Sorbitmonooleat, Polyäthylenglykol u. dgl., u. ca. 1 Silicagel wird ein wasserlösl., festes, homogenes Gemisch hergestellt, das zu Tabletten gepreßt u. zu Granalien zerkleinert wird. Das $(NH_4)_2HPO_4$ dient dabei als Stabilisierungsmittel für die Gibberellinsäure-Verb., während die Teilchen durch das oberflächenakt. Mittel mit einem filmartigen Überzug versehen werden u. der Silicagelzusatz das Zusammenbacken verhindert. Das Gemisch kann Blattdüngemitteln, bes. Nitraten oder $CO(NH_2)_2$, zugesetzt werden. Die Granalien werden in solchen Mengen W. gelöst, daß ca. 10 ppm Gibberellinsäure in der Lsg. vorhanden sind, die auf die Pflanzen aufgesprüht wird. In dem freifließenden Gemisch bleibt die Aktivität der Gibberellinsäure-Verb. erhalten. (**A. P. 3 004 845** vom 23/1. 1958, ausg. 17/10. 1961.) H. Karst. 6313

American Cyanamid Co. (Erfinder: Raymond George Wilkinson und Andrew Steven Kende), **Herstellung von 1.2.3.4-Tetrahydro-4-oxo-2-naphthalinderivaten** der allg. Formel I (X = Halogen, Hydroxy; R = H, Halogen, Hydroxy, niedermol. Alkyl-, Alkoxy- oder Aralkoxyrest; R_1 = H, Hydroxy, niedermol. Alkyl- oder Alkoxyrest) durch Ringschluß einer 3-Benzylglutarsäure der allg. Formel II mittels Polyphosphor- oder Schwefelsäure. — Beispiele: *8-Chlor-1.2.3.4-tetrahydro-5-methoxy-4-oxo-2-naphthalinacetylchlorid*, F. 80—82°; *8-Chlor-1.2.3.4-tetrahydro-5-methoxy-4-oxo-2-naphthalinacetaldehyd*, F. 90—91°; *8-Chlor-1.2.3.4-tetrahydro-5-hydroxy-4-oxo-2-naphthalinacetaldehyd*, F. 64—65°. — *Fungicide.* (**Aust. P. 235 303** vom 14/7. 1959, ausg. 5/10. 1961. A. Prior. 15/7. 1958.) K. Demmler. 6313

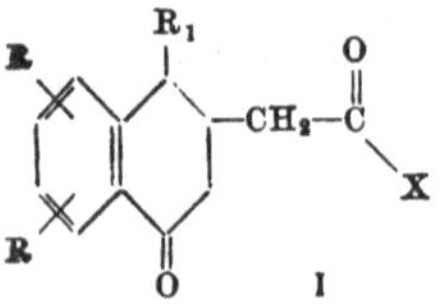

I

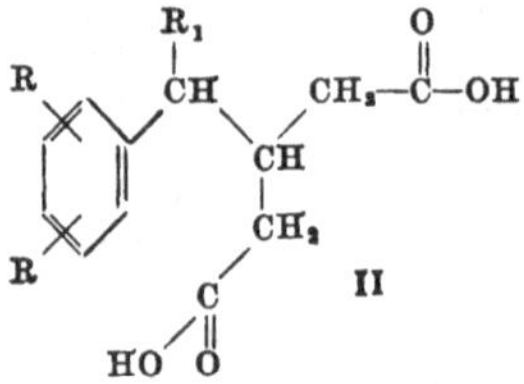

II

E. I. du Pont de Nemours & Co., übert. von: Raymond W. Luckenbaugh, Wilmington, Del., V.St.A., **Nematocide Mittel.** Die mit Nematoden verseuchte Ackerkrume wird mit Lsgg., Emulsionen, Dispersionen u. dgl. oder festen, feinverteilten, inerten Trägerstoffen besprüht oder bestäubt, die als tox. Wirkstoffe Bis-(alkylthiocarbamoyl)-sulfide der allg. Formel R·NH·C(S)·(S_n)·C(S)·N·R′ enthalten, in der R u. R′ gleiche oder verschiedene niedere Alkylgruppen mit $<$7 C-Atomen u. n ganze Zahlen von 1—6 bedeuten. Die Mittel werden in die Krume in einer Tiefe von 5—30 cm eingearbeitet u. innig mit dem Boden vermischt. Besonders geeignete Verbb. sind: *Bis-(methylthiocarbamoyl)-disulfid*, *Bis-(äthylthiocarbamoyl)-monosulfid*, *Bis-(methylthiocarbamoyl)-hexasulfid*, *Bis-(propylthiocarbamoyl)-hexasulfid*, *(n-Butylthiocarbamoyl)-(isopropylthiocarbamoyl)-pentasulfid* u. *(Hexylthiocarbamoyl)-(methylthiocarbamoyl)-tetrasulfid*. Die Konz. an Wirkstoffen in den Mitteln beträgt ca. 0,5—50%, die verwendete Menge ca. 2,25—22,5 kg/4050 m². Hohe tox. Wrkg., bes. gegen *Malloidogyal sp.* (**A. P. 3 007 843** vom 6/7. 1959, ausg. 7/11. 1961.) H. Karst. 6313

Dow Chemical Co., Midland, Mich., übert. von: Charles R. Youngson, Long Beach, und Cleve A. I. Goring, Garden Grove, Calif., V.St.A., **Bodenbegasungsmittel zur Bekämpfung von bodenbewohnenden Invertebraten, besonders Drahtwürmer und Nematoden.** Die Behandlung der verseuchten Kulturböden erfolgt in ca. 2,5—30 cm Tiefe mit Lsgg. Emulsionen, Suspensionen, Dispersionen oder festen, inerten, feinverteilten Trägerstoffen, die als akt. tox. Wirkstoffe ein Gemisch aus 1 bis 18 (Gew.-Teilen) *1.2-Dibrom-3-chlorpropan* u. 2—19 *1.2.3-Tribrompropan* enthalten. Das Wirkstoffgemisch wird in Mengen von 0,45—22,5 kg/4050 cm² u. in Konzz. von 1—85% in den Boden eingearbeitet. Es kann auch dem Beregnungswasser in einer Konz. von 0,0002% beigemischt werden. Als Lsgm. für das Gemisch sind bes. aromat. KW-Stoffe, Petroleumdestillate, Toluol, Xylole, Naphthas u. dgl. geeignet, denen oberflächenakt. Stoffe u. Dispergiermittel zugesetzt worden sind. Die beiden Komponenten des Gemisches aktivieren sich gegenseitig, töten bes. *Wurzelknotennematoden* ab u. stimulieren das Pflanzenwachstum. (**A. P. 3 003 914** vom 30/10. 1959, ausg. 10/10. 1961.) H. Karst. 6313

Shell Oil Co., übert. von: Clyde W. McBeth, Modesto, und Edmund F. Feichtmeir, Ripon, Calif., V.St.A., **Bodenentseuchungsmittel zur Bekämpfung von Nematoden und anderen bodenbürtigen Pflanzenparasiten.** Die Bodenbegasungsmittel enthalten als akt. tox. Wirkstoffe *1.2-Dibrom-3-chlorpropan* (**I**) u. ein Gemisch aus *1.3-Dichlorpropen* (**II**) u. *1.2-Dichlorpropan* (**III**), wobei **I** in Mengen von 18—70% der Summe des Gew. von **I** u. **II** vorhanden ist. Sind **II** u. **III** im Verhältnis von 50 : 50 Gew.-Teilen enthalten, so soll die Konz. von **I** in dem gesamten Gemisch ca. 2—25% betragen. Das Gemisch wird in Form von Lsgg. oder Emulsionen auf den Boden versprüht u. in den Boden eingearbeitet oder in 5—30 cm Tiefe in den Boden eingespritzt bzw. in Kapseln eingefüllt, die in den Boden eingebracht werden. Verwendete Mengen ca. 20—200 Gallonen/4050 m^2 des Gemisches. Es ist bes. zur Vernichtung von *Heterodera meloidogyne, H. schachtii, Pratylenchus pratensis* u. *Belonoaimus gracilis* geeignet. (**A. P. 3 005 752** vom 6/11. 1957, ausg. 24/10. 1961.) H. Karst. 6313

Dow Chemical Co., Midland, Mich., übert. von: Charles R. Youngson, Long Beach, und Cleve A. I. Goring, Garden Grove, Calif., V.St.A., **Bodenbegasungsmittel zur Bekämpfung von bodenbewohnenden Invertebraten, insbesondere Drahtwürmer und Nematoden.** In die verseuchten Böden werden in ca. 2,5—30 cm Tiefe Lsgg., Emulsionen, Dispersionen oder feste Trägerstoffe eingearbeitet, die als akt. tox. Wirkstoffe ein Gemisch aus 1 (Gew.-Teil) *Propargylbromid* u. 0,3—9 *Methylbromid* enthalten. Je nach dem Verseuchungsgrad u. der Tiefe der zu entseuchenden Ackerkrume werden ca. 0,45—22,5 kg/4050 m^2 an dem Wirkstoffgemisch verwendet. Als organ. Lsgm. u. fl. Trägerstoffe dienen Petroleumdestillate, Toluol, Xylole, Naphthas, denen oberflächenakt. Stoffe u. Dispergiermittel zugesetzt werden. Das Wirkstoffgemisch kann auch zur Begasung der Oberfläche von Früchten, Gemüsen u. Getreidearten verwendet werden. Es findet eine gegenseitige Aktivierung der beiden Wirkstoffe statt, wobei die schädlichen Bodenorganismen abgetötet werden u. das Pflanzenwachstum stimuliert wird. (**A. P. 3 009 853** vom 30/10. 1959, ausg. 21/11. 1961.) H. Karst. 6313

Dow Chemical Co., Midland, Mich., übert. von: Charles R. Youngson, Long Beach, Calif., V.St.A., **Verbesserung der Anbaufähigkeit von Böden für Kulturpflanzen.** In die mit Nematoden befallenen Kulturböden werden 0,005—50 ppm, bes. 25 ppm, eines Phosphats der Formel $(X)_n \cdot C_6H_4 \cdot O \cdot P(R)(R'){:}Y$ eingearbeitet, in der X = H, Cl, Methoxy oder Methyl, n = 1 oder 2, Y = O oder S, R eine Amido- oder niedere Alkylamidogruppe u. R′ eine Amido-, niedere Alkylamido-, niedere Alkoxy- oder Alkoxyalkoxygruppe mit bis zu 6 C-Atomen bedeuten. Die Verbb. werden in die Ackerkrume in einer Tiefe von ca. 7,5—15 cm u. in einer Menge von ca. 11,25 kg/4050 m^2 u. mehr eingebracht. Die Anwendung geschieht in Form von Lsgg., Emulsionen, Suspensionen oder Gemischen der Wirkstoffe mit festen, inerten Trägerstoffen. Eine hohe nematodicide Wrkg. weisen z. B. *O-Phenyl-O-methyl-N-methylphosphoramidat, O-(4-Chlorphenyl)-O-methyl-N-methylphosphoramidat, O-(2.4-Dichlorphenyl)-O-methyl-N-methylphosphoramidat, O-Phenyl-N.N′-dimethylphosphordiamidat, O-(3.4-Dichlorphenyl)-N.N′-dimethylphosphordiamidat* u. *O-(2.4-Dichlorphenyl)-N.N′-dimethylphosphordiamidat* auf. Gleichzeitig mit der Vernichtung der Nematoden werden die Ernteerträge erhöht u. die Böden dem Anbau von Kulturpflanzen wieder zugänglich gemacht. (**A. P. 3 005 749** vom 4/2. 1959, ausg. 24/10. 1961.) H. Karst. 6313

Dow Chemical Co., übert. von: Henry Tolkmith, Midland, Mich., V.St.A., **Diazinthiophosphorsäureverbindungen** der allg. Formel **I** [X = —P(=S)(OR)—OR; R = Alkyl mit 1—5 C-Atomen; Y = X oder Alkanoyl mit 1—5 C-Atomen] erhält man durch Rk. von 1 (Mol) Phthalyldichlorid (**II**) mit 1 einer P-Verb. der allg. Formel X—NH—NH—Y in Ggw. von 2 eines alkal. Stoffs, bes. eines tert. Amins, in einem inerten organ. Lsgm. bei 0—100°. P-Verbb. sind bes. a) O.O-Dialkyl-2-alkanoylhydrazidothiophosphate, durch Rk. von 1 (Mol) eines O.O-Dialkylhydrazidothiophosphats mit 1 eines Alkanoylchlorids in Ggw. eines alkal. Stoffs (tert. Amin) u. einer inerten organ. Fl. bei 0—100° erhalten; b) O.O-Dialkylhydrazidothiophosphate, aus 2 Hydrazinhydrat u. 1 eines O.O-Dialkylchlorthiophosphats; c) O.O.O.O-Tetraalkylhydrazidothiophosphate aus 3 Hydrazin u. 2 eines O.O-Dialkylchlorthiophosphats. — Aus **II** u. einem Gemisch aus O.O.O.O-Tetraäthylhydrazidothiophosphat u. 0,2 Triäthylamin → *O.O.O.O-Tetraäthyl-1.2.3.4-tetrahydro-1.4-dioxo-2.3-phthalazinylendithiophosphat* (**IV**) der Zus. **I**, X u. Y = $-P(=S){:}(OC_2H_5)_2$,

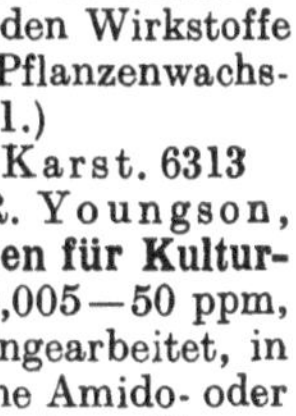

I

F. 106—107°. Analog erhält man *O.O.O.O-Tetramethyl-1.2.3.4-tetrahydro-1.4-dioxo-2.3-phthalazinylendithiophosphat*, F. 112—114° (Ae.). — Aus O.O-Diäthyl-2-acetylhydrazidothiophosphat → *O.O-Diäthyl-1.2.3.4-tetrahydro-3-acetyl-1.4-dioxo-2-phthalazinylthiophosphat*, F. 96—98° (Ae.). — *O.O-Dimethyl-1.2.3.4-tetrahydro-3-acetyl-1.4-dioxo-2-phthalazinylthiophosphat*, F. 112—113° (Ae.). — Ferner aus **II**: *O.O'-Dimethyl-O.O'-diamyl-1.2.3.4-tetrahydro-1.4-dioxo-2.3-phthalazinylendithiophosphat*. — *O.O-Diamyl-1.2.3.4-tetrahydro-3-valeryl-1.4-dioxo-2-phthalazinylthiophosphat*. — *O-Methyl-O-äthyl-1.2.3.4-tetrahydro-3-propionyl-1.4-dioxo-2-phthalazinylthiophosphat*. — *O.O.O'.O'-Tetrabutyl-1.2.3.4-tetrahydro-1.4-dioxo-2.3-phthalazinylendithiophosphat*. — *O-Methyl-O-propyl-1.2.3.4-tetrahydro-3-butyryl-1.4-dioxo-2-phthalazinylthiophosphat*. — *Parasiticide, Insekticide*. DL_{100} von **IV**-Lsgg., -Emulsionen, -Stäuben usw. 500 ppm für Fliegen u. Schaben. (**A. P. 2 967 180** vom 28/10. 1959, ausg. 3/1. 1961.) G. Vogel. 6313

Fisons Pest Control Ltd., Cambridgeshire, Suffolk, England (Erfinder: Alan James Lambie, David William John Lane und Peter Laurence Carter), **Phosphorsäureester** der allg. Formel I (R_1 u. R_2 = Alkylreste; X, X' u. X'' = S oder O; R_3—R_{10} = H, Halogen, Alkyl; n = ganze Zahl, bes. 1) erhält man durch Rk. von Phosphorsäure-Verbb. der allg. Formel $R_1O(R_2O)P(:X)X'Z$ mit den entsprechenden cycl. Halogenalkancarbonsäureamiden oder durch Rk. von Verbb. der allg. Formel $R_1O(R_2O)P(:X)Z$ mit cycl. Alkancarbonsäureamiden, die im Alkylrest durch —X'—Y substituiert sind (Z = Halogen; Y = Alkalimetall oder H). — Es wurden erhalten: *Dithiophosphorsäure-O.O-dimethyl-S-(carbomorpholylmethyl)-ester*, F. 63°. — *Dithiophosphorsäure-O.O-diäthyl-S-(carbomorpholylmethyl)-ester*. — *Dithiophosphorsäure-O.O-diisopropyl-S-(carbomorpholylmethyl)-ester*. — *Thiophosphorsäure-O.O-diäthyl-S-(carbomorpholylmethyl)-ester*. — *Thiophosphorsäure-O.O-diisopropyl-S-(carbomorpholylmethyl)-ester*. — *Insekticide*. (**E. P. 859 735** vom 19/12. 1956, ausg. 25/1. 1961.) A. Jahn. 6313

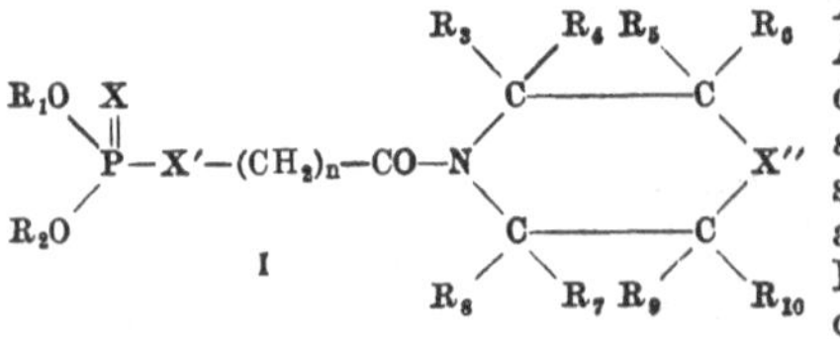

Velsicol Chemical Corp., Chicago, Ill., übert. von: Daniel R. Marks, Memphis, Tenn., V.St.A., **Endrin** erhält man durch Epoxydieren von Isodrin mit einer organ. Persäure in Ggw. geringer Mengen von Dipicolinsäure u. von Fe oder Ni. Die Menge der Säure soll 0,5—15 Mol auf ein g-Atom des Metalls betragen. — *Insekticid*. (**A. P. 2 899 446** vom 14/8. 1956, ausg. 11/8. 1959.) G. König. 6313

Shell Internationale Research Mij. N. V., Den Haag, Niederlande, **Endrin**. Inhaltlich ident. mit A. P. 2 899 446; vgl. vorst. Referat. (**E. P. 892 592** vom 30/4. 1959, ausg. 28/3. 1962.) G. König. 6313

United States of America, Secretary of Army, übert. von: Joseph Bornstein, Brighton, Mass., Murray S. Blum, Baton Rouge, La., und John J. Pratt jun., Wayland, Mass., V.St.A., **DDT Synergisten**, der allg. Formel $(p\text{-}Hal\cdot C_6H_4)_2\cdot R—Y$, Hal = F, Cl oder Br; R = C—CHF_2 oder C=CHF; Y = H, OH, $OCOCH_3$. Für die synergist. Wrkg. ist kein Überschuß der neuen Verbb. gegenüber DDT erforderlich. Beispiele: (Hal, Y, F./Kp. *R* = *C—CHF_2*) *Cl*, *OH*, $Kp._{0,2}$ 130—136°; *Br*, *OH*, $Kp._{0,17}$ 153—164° *F*, *OH*, $Kp._{0,05}$ 99—100°; *Cl*, *$OCOCH_3$*, F. 86,0—86,8°; *Br*, *$OCOCH_3$*, F. 80—80,5°; *F*, *$OCOCH_3$*, $Kp._{0,1}$ 80°; *Cl*, *H*, F. 37,5—38,5°; *Br*, *H*, F. 42,0—42,8°; *F*, *H*, $Kp._{1,5}$ 79—80°; *R=C=CHF*, *Br*, F. 84,2—85,2°; *Cl*, F. 78,0—79,5°; *F*, $Kp._1$ 81 bis 82°. (**A. P. 2 990 321** vom 28/7. 1958, ausg. 27/6. 1961.) R. Bauereis. 6313

S. B. Penick and Co., New York, N.Y., übert. von: Joseph Benjamin Haus, East Petarson, N.J., und Robert Wunner Price, Pearl River, N.Y., V.St.A., **Reinigung von Pyrethrumextrakten**. Ein Rohextrakt wird mit Kerosin auf einen Geh. von ca. 20% Pyrethrinen gebracht, mit 95%ig. CH_3OH extrahiert, bei 15—20° die $CH_3\cdot OH$-Phase abgetrennt, CH_3OH u. W. daraus abdest., der Rückstand in Pentan aufgenommen, vom Unlöslichen getrennt u. die Lsg. von Pentan befreit. (**A. P. 3 042 706** vom 22/1. 1960, ausg. 3/7. 1962.) K. Koebke. 6313

H₈. Metallurgie. Korrosion

Über die Klassifizierung der Metalle. N. W. Korowin. (Hochschulnachr., Nichteisenmetallurgie [UdSSR] **3**, Nr. 2, 50—53, 1960; Krasnojarsk, Inst. für Nichteisenmetalle; russ.) — Die heute gebräuchliche Klassifizierung der Metalle wird kritisiert u. ausgeführt, daß für eine Klassifizierung das Vorhandensein eines bestimmten Merkmales für alle Gruppen, das von Zeit u. Umständen unabhängig ist, maßgebend sein sollte. Ein solches einheitliches Merkmal ist der Elektronenaufbau der Atome, der sich

im Period. Syst. der Elemente nach Mendelejew widerspiegelt. Mit der Gemeinsamkeit des Elektronenaufbaus der Atome ist auch eine Gemeinsamkeit der physikal. u. chem. Eigg. der Metalle u. der Anwendbarkeit gleicher Gewinnungs-Verff. verbunden.
H. Treumann. 6350□

Methode zur Bewertung einheimischer Uranerze und deren Ergebnisse. Karol Pinkas. (Nukleonika [Warszawa] **4**, 265—70, 1959; Warszawa, Inst. für Kernforschung PAN; pol.) — Es wurde eine Meth. zur Unters. von Proben neuer *U*-Lagerstätten ausgearbeitet. Die Meth. beruht auf dem Auslaugen der Proben mit verd. H_2SO_4, HNO_3 u. alkal. Lsgg. (Na_2CO_3, $NaHCO_3$). O. Jansen. 6354◇

Über den Thalliumgehalt der Eisendisulfide der Tchmorsk-Lagerstätten. T. W. Iwanitzki und N. D. Gwaramadse. (Mitt. Akad. Wiss. GrusinSSR **19**, Nr. 6, 701 bis 708, 1957; Akad. der Wiss. der GrusinSSR, Geol. Inst.; russ.) — Disulfide von Fe im Erz aus Tchmorsk enthalten 0,0048—0,230% *Tl*. Eine quant. spektrochem. Tl-Best. zeigt bei einem Vgl. mit einer rein chem. Best. eine gute Übereinstimmung der erhaltenen Resultate. H. Hochstein. 6354◇

Einige Fragen zur Theorie der Auslaugung. A. D. Pogorely, N. M. Demido und N. N. Kusnetzow. (Hochschulnachr. Nichteisenmetallurgie [UdSSR] **3**, Nr. 2, 54—64, 1960; Nordkaukas. Inst. für Bergbau u. Metallurgie, Lehrstuhl für allg. Metallurgie; russ.) — Es wird nachgewiesen, daß in der Hydrometallurgie die hauptsächlichen, die Auslaugungs-Geschw. bei Durchmischung bestimmenden Faktoren die Größe der Oberfläche der festen Phase u. die Konz. des lösenden Reagens sind. Es werden ferner den Verlauf der Auslaugung ausdrückende Formeln u. eine Meth. für die Berechnung der Dauer des Prozesses entwickelt. Einer gegenläufigen zweistufigen Auslaugung ist im Vgl. mit einer einstufigen der Vorzug zu geben. H. Treumann. 6360□

Über das Verhalten von Gold und Silber in der Oxydationszone von Sulfidlagerstätten. N. G. Tjurin und I. A. Kakowski. (Hochschulnachr., Nichteisenmetallurgie [UdSSR] **3**, Nr. 2, 6—13, 1960; Uraler Polytechn. Inst.; Lehrstuhl für Metallurgie der Edelmetalle; russ.) — *Au* u. *Ag* liegen in den Grubenwässern der Oxydationszone als $Au(S_2O_3)_2^{3-}$ u. $Ag(S_2O_3)_2^{3-}$ vor. Das *Thiosulfat*-Ion ist das erste Zwischenprod. der Oxydation von Mineralsulfiden durch den im Grubenwasser gelösten O_2. In Zusammenwrkg. mit metall. Au u. Ag_2S bindet das Thiosulfat-Ion diese in einen leicht lösl. Thiosulfatkomplex u. befördert sie in dieser Form in Richtung der Grubenwasserströmung. Die Lsg. von Au u. Ag wird wesentlich beschleunigt, wenn im Grubenwasser *Cu* vorhanden ist, das die Rolle eines Katalysators spielt. Beim Zerfall der Thiosulfatkomplexe im sauren Medium bilden sich elementarer S, metall. Au u. Ag_2S. H. Treumann. 6360□

Aufbereitung von einheimischen Chromerzen. Lloyd H. Banning und William A. Stickney. (Electr. Furnace Conf. Iron Steel Divis., metallurg. Soc. Amer. Inst. Mining, metallurg., Petroleum Engr., Proc. **17**, 157—74, 1959; Albany, Oreg., U.S. Bur. of Mines; engl.) — Überblick über die verschiedenen Arbeitsweisen mit ihren Vorr. u. Stammbäumen der Aufbereitung für die in den USA abgebauten Cr-Erze. — 23 Literaturangaben. Diskussion. H. Hochstein. 6360◇

Die Wirkung einiger Ammoniumsalze auf die Flotation von Eisensulfidmineralien. Kenji Ono, Tsunehiko Takeuchi und Kôzô Saito. (Sci. Rep. Res. Inst. Tôhoku Univ., Ser. A **12**, 62—79, 1960; Sendai, Tôhoko Univ., Res. Inst. of Mineral Dressing and Metallurgy; engl.) — Es wurden ein 99,11%ig. *Pyrit* aus der Hitachi-Mine (Präfektur Ibaragi) u. ein 92,62%ig. *Pyrrhotin* aus der Akane-Mine (Präfektur Iwate) untersucht. Die Flotierbarkeit der Erzproben nimmt mit steigender Alkalität rapide ab. Durch Zusatz von H_2SO_4 zu alkal. Erzschlämmen (Alkalisierung der Proben mit CaO) läßt sich jedoch nicht mehr vollständig die dem pH-Wert entsprechende Flotierbarkeit erreichen. Deshalb wurden Verss. unternommen, die Flotierbarkeit im alkal. Medium durch Zusatz von NH_4NO_3; $(NH_4)_2SO_4$; NH_4Cl; NH_4F; $(NH_4)_2CO_3$ zu verbessern. 10—50 g/t reichen aus, um die Flotierbarkeit des Pyrits 3- bis 4mal u. die des Pyrrhotins 1,5- bis 2mal zu verbessern. Für die großtechn. Anwendung wird bes. empfohlen, Pyrrhotin unter Zusatz von NH_4Cl zu flotieren. Die Zers. des NH_4Cl im alkal. Medium macht bes. im Falle des Pyrits den obenerwähnten Effekt teilweise wieder rückgängig.
D. Zobel. 6362◇

Paraffinierung ungebrannter Abstichsteine und Einsätze aus Magnesit. A. I. Kulik, T. Ss. Karmanowa, I. Ss. Jasstremski, M. M. Chilko und T. I. Papin. (Feuerfeste Mater. [UdSSR] **26**, 113—14, 1961; Tschassow Jar, Kombinat für feuerfeste Fertigteile; Makejewka, Metallurg. Kirow-Werk; Konstantinowka, Metallurg. Frunse-Werk; russ.) — Das Paraffinieren ungebrannter Abstichsteine u. Einsätze (Stahlgießerei) schützt diese vor deren Sättigung mit Feuchtigkeit beim Transport u. der

Lagerung u. dem damit verbundenen Zerfall. Optimale Bedingung der Paraffinierung ist das Tauchen der Erzeugnisse mit 20—40° in das etwas über 100° erwärmte Paraffin. Durch Wegfall des Brennprozesses werden Kosten eingespart. P. Scheer. 6370◇

Die Intensität des Verschleißes von feuerfesten Materialien aus Magnesit–Chromit im Gewölbe des Siemens-Martin-Ofens. I. I. Nemetz und W. A. Makowski. (Feuerfeste Mater. [UdSSR] **26**, 137—43, 1961; Ukrain. Forsch.-Inst. für feuerfeste Mater.; Werk „Asowstahl"; russ.) — Im Verschleißprozeß der Magnesit–Chromit-Ziegel vergrößert sich das Temp.-Gefälle mit der Stärke des Ofengewölbes. Eine bedeutende Verringerung des Verschleißes kann durch Erhöhung des Temp.-Gefälles, durch intensive Kühlung der Außenfläche des Gewölbes sowie durch Verw. dichter feuerfester Magnesit–Chromit-Stoffe erzielt werden. P. Scheer. 6370◇

Reaktion in den feuerfesten Herdauskleidungen eines Ferromangan-Hochofens. Hobart M. Kraner und Arnulf Muan. (Trans. metallurg. Soc. AIME **224**, 763—70, 1962; Bethlehem, Pa., Bethlehem Steel Co. u. Univ. Park, Pa., Pennsylvania State Univ.; engl.) — Ferromangan-Legg. reagieren mit feuerfesten Al_2O_3–SiO_2-Auskleidungssteinen von Hochofenherden u. verursachen die Bldg. neuer Phasen mit geringerer Beständigkeit u. dem dad. bedingten Versagen in der Auskleidung der Hochofenherde. Die Natur dieser Rkk. wird auf Grund von petrograph. Beobachtungen, thermodynam. Werten u. Phasen-Gleichgewichts-Betrachtungen erklärt. Auf Grund solcher Überlegungen wird eine verbesserte Herdkonstruktion des Hochofens erzielt.
H. Hochstein. 6370◇

Die Bedeutung der Exergie für die thermodynamische Untersuchung des Hochofenverfahrens. Heinz Brauer und Rudolf Jeschar. (Arch. Eisenhüttenwes. **34**, 9—16, 1963; Duisburg-Huckingen, Forsch.-Inst. der Mannesmann Akt.-Ges.; dt.) — Nach Erläuterung der Begriffe Exergie u. Reversibilitätsverhältnis wird die Exergiebilanz eines Hochofens berechnet. Zur Ermittlung des Einfl. des spezif. Koksverbrauches auf das Reversibilitätsverhältnis werden von 30 Hochöfen Exergiebilanzen aufgestellt u. dieser Zusammenhang graph. angegeben. Es steigt das Reversibilitätsverhältnis nur geringfügig mit abnehmendem Koksverbrauch, wenn das Gichtgas als verwertbares Prod. betrachtet wird. Dagegen ergibt sich eine starke Abhängigkeit vom Koksverbrauch, wenn man das Gichtgas als inertes Gas ansieht. Der Kurvenverlauf für beide Reversibilitätsverhältnisse deutet darauf hin, daß bei herkömmlicher Hochofenführung der Mindestkoksbedarf zwischen 0,4 u. 0,5 kg je erzeugtem kg Roheisen liegt. Im Diagramm ist auch der exerget. Wrkg.-Grad η_e abhängig vom Koksverbrauch aufgetragen, der sehr stark mit abnehmendem Koksverbrauch ansteigt. Zwischen einem Koksverbrauch von 0,4 u. 0,5 kg/kg Roheisen scheint sich die Kurve asymptot. einem Grenzwert zu nähern. Eine Erhöhung des Reversibilitätsverhältnisses η_r u. η_e sowie eine Verringerung des Koksverbrauches je erzeugtem kg Roheisen lassen sich bes. noch durch Verbesserung der Strömungsverhältnisse im Zusammenhang mit einer geeigneten Art der Mölleraufbereitung, z. B. Pelletisieren des Erzes, erreichen. — 26 Literaturangaben.
H. Hochstein. 6370◇

Nachahmung der Prozesse der Behandlung von Metall durch Schlacke in der Gießpfanne. N. I. Birjukow und A. N. Morosow. (Hochschulnachr. [Moskau], Eisenmetallurgie **6**, 39—44, 1963; Tscheljabinsk, Polytechn. Inst.; russ.) — Mittels der Theorie der Maßrichtigkeit werden die Ähnlichkeitskriterien bestimmt, welche die Wirksamkeit der Durchmischung von fl. Metall mit Schlacke in der Gießpfanne kennzeichnen. Durch die Meth. einer angenäherten Nachahmung wird qual. der Einfl. der Einfallhöhe, des volumenmäßigen Metallbedarfes u. der Schlackenmenge auf die Wirksamkeit der Durchmischung untersucht. Dabei wird festgestellt, daß diese mit der Vergrößerung der Fallhöhe des Metalles auf die Schlacke, mit Zunahme der Metallmenge bei gegebener Fallhöhe u. mit Zunahme der Schlackenmenge bei gleichbleibender Fallhöhe des Metalles zunimmt. Bei der Raffinierung des Metalles mit fl. Schlacke in der Pfanne muß eine bestimmte Austragshöhe vorhanden sein. H. Hochstein. 6380◇

Löslichkeit von Gasen in Legierungen auf Eisen- und Nickelgrundlage. M. J. Trzeciak und F. W. Boulger. (Electr. Furnace Conf. Iron Steel Divis., metallurg. Soc. Amer. Inst. Mining, metallurg., Petroleum Engr., Proc. **17**, 203—12, 1959; Endicott, N.Y., International Business Machines Corp.; engl.) — Es wird eine Zusammenstellung von im allg. bekannten Diagrammen u. Werten über die Löslichkeit der Gase N_2, O_2 u. H_2 im reinen Fe u. reinem Ni unter Gleichgewichtsbedingungen gebracht. Diesen Werten werden die durch Unterss. ermittelten Gas-Geh. verschiedener im sauer zugestellten Lichtbogenofen erschmolzener Stähle u. Ni-Legg. gegenübergestellt. Hieraus ergibt sich, daß Ni u. Ni-Legg. eine weitaus geringere Gaslöslichkeit aufweisen als Fe u. Stähle der verschiedensten Zusammensetzung. — 9 Literaturangaben. Diskussion.
H. Hochstein. 6388◇

Verwertung armer Eisenerze durch das Krupp-Rennverfahren. H. Kalpers. (Schlägel u. Eisen **1961**, 95—96; Linz/Rhein; dt.) — Überblick.
M. Gehlen-Keller. 6390◇

Die Bestimmung der Löslichkeit von Wasserstoff in Eisen im Temperaturbereich des Schmelzens und des Kochens. W. I. Lakomski. (Automat. Schweissen [UdSSR] **16**, Nr. 1, 36—43, 1963; Paton-Inst. für Elektroschweißung der Akad. der Wiss. der UkrainSSR; russ.) — Die Löslichkeit von *H* in einem *Armco*-Eisen mit 0,027 (%) C, 0,02 Si, 0,025 Mn, 0,015 S, 0,010 P, 0,012 Ni, 0,01 Cr, 0,20 Cu, 0,055 O wurde im Temp.-Bereich von 1400—2800° unter Verw. von durch Elektrolyse hergestelltem H_2 mit 0,3% O_2 bestimmt. Hierbei werden Angaben über den Mechanismus der H-Lsg. in einem Tropfen Fe gemacht. Auf Grund der Unters.-Ergebnisse wird die Abhängigkeit der Löslichkeit von H im Fe von der Temp. kurvenmäßig dargestellt. H. Hochstein. 6390◇

Der Einfluß von Silicium auf die Kohlenstoffaktivität von flüssigem Eisen. Orvar Nyquist, Klaus W. K. Lange und John Chipman. (Trans. metallurg. Soc. AIME **224**, 714—18, 1962; Cambridge, Mass., Massachusetts Inst. of Technol.; engl.) — Fl. *Fe-C-Si*-Legg., die bis zu 12% Si u. bis zu 4% C enthalten, werden mit aufkohlenden Gasen bei 1550° in den Gleichgewichtszustand gebracht. Zwei von 5 Legg. werden gleichzeitig 5—7 Std. nahe beieinander gehalten, um in ihnen eine gleichförmige C-Aktivität zu erzielen. Eine Analyse der Unters.-Ergebnisse ergibt, daß der Aktivitäts-Koeff. des C eine Funktion der Molenbrüche von C u. Si ist. Die Werte der Wechselwrkg.-Koeff. bei unendlicher Verdünnung werden angegeben. H. Hochstein. 6390◇

Die Einflüsse von Nickel, Phosphor und Zinn auf die Löslichkeit von Graphit in flüssigem Eisen. Toshisada Mori, Takeshi Ogasawara, Hiromu Hasegawa und Takehiro Yamada. (Suiyokwai-Shi [Trans. Mining metallurg. Alumni Assoc.] **14**, 387—92, 1962; jap., Auszug: engl.) — Unterss. über die Einfl. von Ni, P u. Sn auf die Löslichkeit von Graphit in fl. *Fe* bei 1550° zeigen, daß zwischen den mol. *C*-Funktionen u. denen der Zusatzelemente lineare Funktionen bestehen. Die Parameter der Wechsel-Wrkg. bei konst. Konz. der mit Graphit gesätt. Lsgg. werden angegeben.
W. Wesly. 6390◇

Schlackenbildung auf Metallschmelzen, besonders auf Gußeisenschmelzen, und ihre Auswirkungen auf das Gußstück. Alois Dahlmann und Karl Löhberg. (Gießerei **50**, 149—54, 1963; Düsseldorf, Inst. für Gießereitechnik; dt.) — Im fl. Zustand reagieren Metalle u. Legg. mit den unmittelbar in Berührung stehenden Stoffen leichter als im kristallisierten Zustand. Untersucht wird von den vielen möglichen Rkk. diejenige zwischen *Gußeisen*-Schmelze u. *Luftsauerstoff*. Es wird dabei die bekannte Abhängigkeit der Rk. von der Zus. des Gußeisens, bes. vom *Si*-, *Mn*- u. *S*-Geh., bestätigt u. gezeigt, daß eine enge Beziehung zwischen der Zus. des Gußeisens, der Temp. der Bldg. der Oxidhäute, der Zus. der Schlacken u. deren Eigg. besteht. Auf S-reichen Gußeisenschmelzen werden nacheinander eine sulfid. u. eine silicat. Schlacke gebildet. Das Temp.-Intervall zwischen Beginn der Oxidhaut-Bldg. u. völliger Bedeckung der Badoberfläche mit Schlacke ist bei Mn-armen Schmelzen wesentlich kleiner als bei Mn-reichen. Als Ursache wird eine unterschiedliche Benetzbarkeit von Metall u. Schlacke vermutet. Die Entstehung von Schaumstellen durch Si, Mn u. S sowie durch die Gießtemp. u. Verweilzeit der Schmelze an Luft wird bestimmt. — 36 Literaturangaben.
H. Hochstein. 6402◇

Die Verteilung von Chrom zwischen Metall und basischer Siemens-Martin-Schlacke. Ss. I. Ssobkin. (Hochschulnachr. [Moskau], Eisenmetallurgie **6**, 45—57, 1963; Zentr. Forsch.-Inst. für das Eisenhüttenwes.; russ.) — Der Einfl. der Oxydationsfähigkeit von Schlacke auf die Cr-Verteilung zwischen Stahlbad u. Schlacke wird bestimmt, wobei auch der Einfl. der verschiedenen Schlackenbestandteile auf diese Cr-Verteilung ermittelt wird. Die Abhängigkeit zwischen (Cr)/$[Cr]^2$ u. $(FeO)^3$ in den Proben während der Vordesoxydation wird ebenso wie die Abhängigkeit des Verteilungs-Koeff. von Cr vom FeO-Geh. in der Schlacke während der Vordesoxydation graph. dargestellt. Die Einw. der Schlackenbasizität auf den Cr-Verteilungs-Koeff. wird bestimmt, wobei das Vorhandensein eines Zusammenhanges zwischen dem Cr-Verteilungs-Koeff. u. der Schlackenbasizität ermittelt wird. Schließlich wird der Einfl. der Schlackenbasizität auf den *Mn*- u. *P*-Verteilungs-Koeff. zwischen Metall u. Schlacke ermittelt.
H. Hochstein. 6408◇

Schmelzverfahren zur Herstellung von unlegierten Stählen mit besonders niedrigen Schwefelgehalten. A. J. Kiesler. (Electr. Furnace Steel Conf. Iron Steel Divis., Amer. Inst. Mining, metallurg., Petroleum Engr., Proc. **17**, 148—55, 1959; Schenectady, N.Y., General Electric Co.; engl.) — Berichtet wird über eine Arbeitsweise, mittels der der S-Geh. in unlegierten Elektrostählen mit niedrigem C-Geh. auf

einen Wert unter 0,005% S gehalten wird. Das Verf. beruht darauf, daß der S bei hohem C- u. Si-Geh. leichter entfernt werden kann als bei niedrigen Gehalten. Nach der Einschmelz-Entphosphorungsschlacke wird eine Red.-Schlacke aus 2 Teilen Kalk, 1 Teil Graphit, 1 Teil Si-Pulver u. 0,01—0,15% Al-Pulver aufgegeben. Nach Verflüssigung wird das Bad kräftig durchgerührt. Diese Schlacke wird ebenfalls abgezogen u. auf das blanke Bad O_2 aufgeblasen. Der S-Geh. der Einschmelzprobe von 0,03% wird durch das besondere Stahlschmelzverf. auf 0,003% S verringert. — Diskussion.
H. Hochstein. 6408◇

Einfluß des Schwefels zusammen mit den Metallen aus Seltenen Erden auf die mechanischen Eigenschaften von niedrig legiertem Stahlformguß aus dem Lichtbogenofen. R. D. Engquist. (Electr. Furnace Conf. Iron Steel Divis., metallurg. Soc. Amer. Inst. Mining, metallurg., Petroleum Engr., Proc. **17**, 125—47, 1959; Culver City, Calif., Hughes Aircraft Co.; engl.) — Hergestellt werden 18 Schmelzen eines niedriglegierten *Cr–Ni–Mo–B*-Stahles im Labor.-Ofen, von denen 9 mit Seltenen Erdmetallen folgender Zus. behandelt werden: 44,5 (%) Ce, 31,5 La, 11 Pr u. 7 Nd. Der S-Geh. wurde dabei bei jeder der beiden Gruppen von Schmelzung zu Schmelzung gesteigert, u. zwar von 0,005 bis auf 0,045%. Die rohen Gußstücke wurden vergütet. Es zeigte sich, daß S die Bruchdehnung u. Kerbschlagzähigkeit, bes. bei hoher Zugfestigkeit, vermindert. Durch die Behandlung mit Seltenen Erdmetallen werden die Kerbschlagzähigkeit u. Bruchdehnung, bes. bei höheren S-Geh., erhöht. Seltene Erdmetalle beeinflussen nicht die Anlaßsprödigkeit, obgleich sie die Eigg., bes. bei höheren Anlaßtemp., stark verbessern. Der Mechanismus einer solchen Verbesserung durch die Seltenen Erden konnte nicht festgestellt werden, jedoch ist es möglich, daß eine Leg. der Seltenen Erdmetalle mit den anderen metall. Elementen erfolgt, neben der unmittelbaren Wrkg. auf den S u. die Schlackeneinschlüsse. — Diskussion. H. Hochstein. 6408◇

Einfluß der verschiedenen Desoxydationsmittel auf Stahlguß. Clarence E. Sims und Charles W. Briggs. (Electr. Furnace Conf. Iron Steel Divis., metallurg. Soc. Amer. Inst. Mining, metallurg., Petroleum Engr., Proc. **17**, 104—24, 1959; Columbus, Ohio, Battelle Mem. Inst.; Cleveland, Ohio, Steel Founders Soc. of America; engl.) — Die Theorie u. Praxis der Desoxydation, Entschwefelung, Entgasung sowie der Abscheidung der Desoxydations-Prodd. werden erörtert, wobei die Wrkg. der allg. bekannten sowie auch Verss. mit einer Reihe wenig bekannter Desoxydationsmittel (*Mn, Al, Ti, Zr, Mischmetall Se, Ca, Mg, Na, Ba, K, Li* u. komplexer Desoxydationsmittel) besprochen wird. — 15 Literaturangaben. Diskussion. H. Hochstein. 6408◇

Einfluß des Einschlusses von Niob-Sauerstoffverbindungen auf die Rißbeständigkeit von kohlenstoffarmen Stahl. L. M. Belowa, O. D. Moldawski und A. P. Pronow. (Nachr. Akad. Wiss. UdSSR, Abt. techn. Wiss., Metallurgie Brennstoffe **1961**, Nr. 1, 119—21; Moskau; russ.) — Stahlschmelzen wurden im Schmelztiegel durch Zusatz von *Ferroniob* (54,40% Nb, 11,29% Si, Rest im wesentlichen Fe) desoxydiert u. auf einen Nb-Rest-Geh. im Stahl von 0,4—4,5% legiert. Die Zus. der aus diesen Stählen ausgezogenen Nb-Oxide (*NbO*, NbO_2, Nb_2O_5) wird angegeben. Außerdem werden Angaben über die Art u. die Ausbldg. dieser Oxide in Abhängigkeit vom Rest-Nb-Geh. im Stahl gemacht. Die Unters. der Mikrostruktur zeigt, daß Nb erst bei einem Geh. wesentlich über 1% einen merklichen Einfl. auf den Charakter der Struktur der Stähle ausübt. Bes. zeigt Nb einen starken Einfl. auf die Neigung des Stahles zur Warmrißbildung. Bei einem Nb-Geh. bis 0,5% bestehen die nichtmetall. Einschlüsse aus *Niobaten*, deren kugelförmige Form u. ungeordneter Verteilungscharakter vermuten lassen, daß sie schon im fl. Stahl vorhanden waren. Diese Form der Einschlüsse ist vom Standpunkt des Stahlwiderstandes gegen Warmriß-Bldg. günstig. Die Erscheinung von Nb-Oxideinschlüssen aber führt zur einer verstärkten Warmrißbildung. Der Charakter der Mikrostruktur, die Form der Einschlüsse u. ihre Verteilung an den Kristallgrenzen zeigen, daß sie aus der Schmelze während der letzten Stadien der Erstarrung ausgeschieden worden sind. Eine gewisse Erhöhung der Rißbeständigkeit, die bei über 2% Nb festgestellt worden ist, hängt offenbar mit dem Einfl. des Nb auf die Kornverfeinerung des Stahles zusammen, die zu einer Verteilung der leichtschmelzenden Einschlüsse über eine größere Oberfläche u. einer Abnahme ihres Einfl. auf die Eigg. des erstarrenden Metalles führt.
H. Hochstein. 6408□

Der Einfluß der chemischen Zusammensetzung auf die Eigenschaften von kaltverfestigtem Stahl Ch18N9. N. P. Shetwin, I. W. Gorbatenko und Je. M. Konzewaja. (Metallkunde therm. Metallbearb. [UdSSR] **1963**, Nr. 1, 45—51; russ.) — Die Abweichungen der mechan. Eigg. von der festgesetzten Norm bei einem kaltverfestigten austenit. Cr-Ni-Stahl *Ch18N9* werden durch Schwankungen der chem. Zus. innerhalb der durch GOST 5632-61 angegebenen Grenzen bedingt. Zur Erzielung der erforderlichen Festigkeits-Eigg. kaltverfestigter Bänder u. Bleche aus *Ch18N9* wird folgende günstigste chem. Zus. empfohlen: 0,09—0,11 C, 17—18 Cr, 8—9 Ni, bis 0,30 Ti. Zur Herst. von kaltverfestigtem Band mit höheren mechan. Eigg. wird ein neuer nichtrostender Stahl *Ch17N7* mit folgender Zus. empfohlen: 0,06—0,010 C, 16—18 Cr, 7—8 Ni, bis 0,30 Ti. Eine ungenügende Erhitzung der Stahl-Leg. bei der der Endkaltwalzung vorausgehenden Wärmebehandlung verringert die Dehnung. Eine Abnahme der Stichanzahl beim Kaltwalzen bei ein u. demselben Gesamtkaltverformungsgrad verringert die Festigkeit u. Dehnung. Dies hängt mit einem geringeren Umwandlungsgrad des Austenits zusammen. Bei der Herst. von kaltverfestigten Blechen oder Bändern aus *Ch17N7* mit optimaler chem. Zus. kann der Verformungsgrad beim letzten Kaltwalzstich um 5—8% im Vgl. zu üblichen Abnahmen verringert werden. Die Verfestigung des kaltgewalzten *Ch18N9*, bes. mit einem erniedrigten *Ni*-Geh., wird unter Erhaltung der Dehnung durch ein 2—8std. Anlassen bei 350—400° erreicht. H. Hochstein. 6410◇

Die Herstellung von Gußstücken aus dem Stahl 1Ch18N9T. W. F. Smoljakow und Je. I. Moschkewitsch. (Giesserei-Betr. [UdSSR] **1963,** Nr. 2, 7—8; russ.) — Zur Herst. von hochwertigen Gußstücken aus nichtrostenden austenit. Cr-Ni-Stahl *1Ch18N9T* wird ein *C*-Geh. von 0,06—0,07% u. ein *Ti*-Geh. von 0,3—0,4% im Stahl vorgeschlagen, wobei der Stahl bei 1550° (gemessen mit einem Pt-PtRh-Eintauch-Thermoelement) abzugießen ist. H. Hochstein. 6410◇

Die Struktur und die Austenitbeständigkeit von Chrom-Mangan-Nickel-Stählen mit Stickstoff. A. P. Guljajew und Ju. Ss. Medwedew. (Metallkunde therm. Metallbearb. [UdSSR] **1963,** Nr. 1, 35—39; Zentr. Forsch.-Inst. für das Eisenhüttenw., Inst. für die Projektierung von Maschinen für die Erdöl-Ind.; russ.) — Die Unters. des Einfl. der Veränderung der chem. Zus. des Stahles *Ch17G9AN4* mit 0,07 (%) C, 18 Cr, 5 Ni, 9 Mn, 0,2 N auf die Strukturausbildung ergab, daß dieser Stahl mit seiner Zus. gemäß der Norm stark austenit. ist. Durch Erniedrigung der Austenitbildner (N, Mn) ist es ohne Erscheinen von δ-Ferrit möglich, das Auftreten einer Neigung zur Bldg. von Verformungsmartensit zu vermeiden. Im Zusammenhang mit dem hohen Grad von Austenitbeständigkeit ist es ferner möglich, diesen Stahl ausreichend hoch mit *Nb* (bis ca. 1%) oder *Mo* (bis ca. 3%) zu legieren, ohne daß ein ferrit. Bestandteil im Gefüge erscheint. H. Hochstein. 6410◇

Hochfester unmagnetischer Stahl. M. W. Pridanzew und F. L. Lewin. (Metallkunde therm. Metallbearb. [UdSSR] **1963,** Nr. 1, 41—44; Zentr. Forsch.-Inst. für das Eisenhüttenw.; russ.) — Ein hoher Streckgrenzenwert von $\sigma_{0,2}$ über 80 kg/mm² bei ausreichender Plastizität von α_k = 4 kgm/cm² wird in dem unmagnet. Stahl *25Ch17N4G15AF2* mit 0,27 (%) C, 18,2 Cr, 4,26 Ni, 14,85 Mn, 0,25 N, 2,2 V u. 0,52 Si nach einer Abschreckung von 1180° u. einer 10std. Ausalterung bei 700° erzielt. Die Verw. von *V* als Leg.-Element bewirkt die Verfestigung des untersuchten Stahles nicht nur durch Ausscheidung von *Carbonitriden*, sondern auch durch Bldg. von *σ-Phase* u. infolge einer Kornverfeinerung. H. Hochstein. 6410◇

Intensivierung des Schmelzens von Ferromangan im Hochofen. T. A. Tulujewskaja und Ss. I. Zipko. (Stahl [UdSSR] **23,** 11—12, 1963; Saporoshjo, Stahlwerk; russ.) — Die Verw. von Windformen-Intensivierungsmittel zur O_2-Einführung in die zentrale Hochofenzone während des Erschmelzens von *Ferromangan* in einem Hochofen mit großem Vol. verbessert die techn.-wirtschaftlichen Schmelz-Kennwerte. Die Haltbarkeit der Windformen erwies sich dabei als vollends ausreichend. H. Hochstein. 6418◇

Reduktionsmittel zur Herstellung von Ferrolegierungen beim Schmelzen im Lichtbogenofen mit Eintauchelektroden. Alfred D. Gate und Herbert D. Wedge. (Electr. Furnace Conf. Iron Steel Divis., metallurg. Soc. Amer. Inst. Mining, metallurg., Petroleum Engr., Proc. **17,** 184—91, 1959; Beverly, Ohio, Interlake Iron Corp.; engl.) — Von den drei bekannten Red.-Mitteln C, Si u. Al zur Herst. von Ferrolegg. in einem Lichtbogenofen mit Eintauchelektroden bewährt sich C in Form von Koks, Kohle, Holzspänen, Holzkohle oder Petroleum-Koks am besten. Es wird ein Überblick über die derzeit übliche Arbeitsweise gegeben. — Diskussion. H. Hochstein. 6418◇

Untersuchungen über die Reaktionsgeschwindigkeiten bei der Entkohlung von Ferrochrom und Chromcarbiden durch verschiedene Oxide im festen Zustand und ihre Beeinflussung durch Katalysatoren. Gerhard Naeser, Werner Scholz und Norbert Dautzenberg. (Arch. Eisenhüttenwes. **34,** 27—36, 1963; Duisburg-Huckingen, Forsch.-Inst. der Mannesmann Akt.-Ges.; dt.) — Beschrieben wird ein Verf., bei dem hochgekohltes fl. Ferrochrom mit Preßluft so zerstäubt wird, daß ein feinkörniges Pulver mit äquivalenten Anteilen an C u. O erhalten wird, das unmittelbar zum Einsatz für ein Entkohlungsglühen geeignet ist. Mit Ausnahme derjenigen Ferrochromsorten, die neben einem hohen C-Geh. (ca. 8%) über 2,5% *Si* aufweisen, können alle anderen techn.

Ferrochrom-Legg. ausreichend teiloxydiert werden. Das Entkohlungsglühen derartiger Ferrochrompulver unter einem Vakuum von ca. 0,1 Torr u. einer Temp. von 1250° führt zu einem C-armen Sintererzeugnis mit weniger als 0,01% C. Ein Verdichten der Rohpulver vor dem Glühen ist notwendig, um eine ausreichende Rk.-Geschw. aufrecht zu erhalten u. die Entkohlungs-Rk. zu beenden. Durch Zusätze von *Alkali-* oder *Erdalkalisalzen* gelingt es, die Geschw. der Entkohlungs-Rk. weiter zu erhöhen u. den C-Geh. des Fertigerzeugnisses bis auf 0,0005% zu senken. Der Rk.-Ablauf zwischen den Cr-Carbiden Cr_7C_3 u. $Cr_{23}C_6$ u. den Oxiden Cr_2O_3, SiO_2, Fe_2O_3, Fe_3O_4 u. *FeO* wird untersucht. Die dabei gefundenen Entw.-Drücke von CO beim Umsatz der Cr-Carbide mit Cr(III)-oxid stimmen mit den thermodynam. Berechnungen gut überein. Die reaktionsbeschleunigende Wrkg. der Alkali- oder Erdalkalisalze auf die Entkohlung hängt stark vom Kation u. nur wenig vom Anion des Salzes ab. Bes. der Salz-Geh. ist in starkem Maße von Einfl. auf die Entkohlungsgeschwindigkeit. Bester Katalysator für die Entkohlung der Cr-Carbide ist *KF*. Die Rkk. laufen im festen Zustand ab u. zumindest ein Teil der Wrkg. der Salzzusätze beruht auf einer Erhöhung der Diffusion. *Cr-Erz* kann mit dem Verf. direkt mit C im Vakuum unter Erzeugung eines C-armen, pulverförmigen Metalls red. werden. — 37 Literaturangaben. H. Hochstein. 6418◇

Über die Ursachen der Unregulierbarkeit der Zusammensetzung des Steins bei der Schachtofenschmelze oxydierter Nickelerze mit Gips. I. D. Resnik und M. Ss. Krugljakowa. (Nichteisenmetalle [UdSSR] **35**, Nr. 6, 80—83, 1962; russ.) — Bei der Schachtofenschmelze von oxydierten Ni-Erzen mit Gips wurde die Geschw. der Wechselwrkg. zwischen $CaSO_4$ u. metall. *Fe* bei fehlender Schlacke u. bei verschiedenen Temp. untersucht. Aus den Diagrammen ersieht man den Einfl. der Zeit auf die Red. von *CaS* durch Fe bei verschiedenen Temp. ohne u. mit Zusatz der Schlacke u. die Abhängigkeit des Red.-Vorganges von der Fe-Menge. W. Kundorf. 6434◇

Der Einfluß kleiner Zusätze von Magnesium, Aluminium, Titan, Silicium und Mangan auf das Fließvermögen von Nickel. I. A. Gnesdilow und K. N. Militzyn. (Nichteisenmetalle [UdSSR] **35**, Nr. 6, 70—74, 1962; russ.) — Bei geringem Zusatz von Mg, Mn, Si, Al u. Ti (bis zu 0,15%) wurde das Fließvermögen der Ni-Schmelze untersucht. Während Mg u. Mn das Fließvermögen verringern, erhöhen die Zusätze von Si, Ti u. Al (bis 0,075%) dasselbe. Beim Al-Zusatz von > 0,075% wird die Zähigkeit der Ni-Schmelze wieder geringer. Darüber hinaus wurde die Abhängigkeit des Fließvermögens der Ni-Schmelze von der Überhitzung untersucht. W. Kundorf. 6434◇

Mechanische Eigenschaften und Struktur von Kobalt–Nickel–Niob-Legierungen. B. J. Piearcey, R. Jackson und B. B. Argent. (J. Inst. Metals **91**, 257—66, 1963; Sheffield, Univ.; engl.) — Untersucht wurden die Eigg. der Auslagerungshärtung einer Reihe von Co, Ni u. Nb enthaltenden Legg. u. ihre Zug-, Schlag- u. Kriecheigenschaften. Die Löslichkeit von Nb in Co war < 2,0 (Atom-%) bei 850°, zwischen 3,3 u. 5,5 Ni steigerte die Löslichkeit bei 1150°. Bei hohen Konzz. wurde das Auftreten einer Laves-Phase (*Mg* Cu_2 u. $MgNi_2$-Typ) beobachtet, wobei der Zusatz von Ni die 3. Form der Laves-Phase ($MgZn_2$-Typ) stabilisiert. Härtesteigerung beim Auslagern von *Co–Nb-*, *Co–Ni–Nb-* u. *Co–Ni–Cr–Nb-*Legg. begann mit dem Sichtbarwerden der Ausscheidung einer intermetall. Verb. innerhalb der Körner. Rasches Ansteigen der Härte wurde beim Auftreten von nadel- oder plättchenförmigen Ausscheidungen beobachtet. Der Nb-Geh. intermetall. Verbb. in kurz gealterten Legg. ist viel größer als der von länger ausgelagerten. Diskontinuierliche Ausscheidungen treten in Legg. mit hohem Nb-Geh. auf. Zusatz von *Ni* zu Co–Nb-Legg. fördert erst die Bldg. von diskontinuierlichen Ausscheidungen, um sie dann zu behindern. Bei einer Co-Leg. mit 25 Ni u. 5 Nb tritt die Ausscheidung am schnellsten auf. Bei verlängertem Auslagern gehen die diskontinuierlichen Ausscheidungen wieder in Lösung. Die größte Duktilität wurde bei einphasigen Legg. oder bei Legg., die nur Korngrenzenausscheidungen enthielten, beobachtet, sie hatten alle Dehnungen > 50%. F. Vier. 6434◇

Untersuchung über die Modifizierung von Aluminium–Silicium-Legierungen (20% Si) durch Polytetrafluoräthylen. 2. Mitt. Kokichi Hashiura. (Light Metals [Tokyo] **13**, Nr. 2 (58), 27—30, 1963; Akita Univ.; jap., Auszug: engl.) — 1. vgl. C. **1961**, 8099. — Ein Zusatz von 0,05—0,075% *Polytetrafluoräthylen* zu *Al*-Leg. mit 20% *Si* aus Dauergußformen verfeinert die prim. Si-Kristalle, bes. bei gleichzeitigem Zusatz von 0,001% *P*. Das Spezif. Gew. der Leg. beträgt 2,62—2,64. Die Brinell-Härte der Leg. ist höher als die in Sandformen gegossener Proben. W. Wesly. 6446◇

Untersuchungen über die Aluminiumgußlegierung JIS AC 5 A. Toshio Isobe, Akira Hanada und Hirosada Kawarabayashi. (Light Metals [Tokyo] **13**, Nr. 2 (58), 6—26, 1963; Nippon Light Metal Res. Labor. Ltd.; jap., Auszug: engl.) — Unterss. über den Einfl. der Bestandteile der *Al*-Guß-Leg. *JISAC5A* auf deren Eigg. zeigen, daß *Mg* diese nicht stark beeinflußt. Höhere *Cu*-Geh. steigern die Zugfestigkeit bei hoher Temp.;

der Zusatz von ca. 0,1% *Ti* verbessert die Eigg. in gewissem Umfang. Die Gießtemp. beeinflußt die Eigg. nicht stark. Zur Erzielung besserer Eigg. soll die Form-Temp. niedriger sein. Die Guß-Hohlräume sind klein. Im Vgl. mit den Legg. *JIS AC8A* u. *AC8B* hat *AC5A* eine geringere Wärmeausdehnung u. eine höhere Verschleißfestigkeit. W. Wesly. 6446◇

Hochfeste Aluminiumlegierungen. J. A. Nock jun. und H. Y. Hunsicker. (J. Metals **15,** 216—24, 1963; New Kensington, Pa., Alcoa Res. Labor.; engl.) — Untersucht wurden die mechan. Eigg. von Al–Cu–Mn–Mg–Si-, Al–Cu–Mn–Mg-, Al–Cu–Mn- u. Al–Cu–Mg–Cr-Legg. mit 0,6—4,5 (%) *Cu*, 0,8 *Si*, 0,2—0,8 *Mn*, 0,4—33 *Mg* u. 0,2—0,5 *Cr*. Alle durch Walzen oder Schmieden hergestellten Proben erreichten Zugfestigkeiten von 60—80000 lbs./sq.in. u. 40—80000 lbs./sq.in. Fließfestigkeit. Die Festigkeiten bei stranggepreßten Proben lagen in ihrer Längsrichtung um 10 höher als bei den gewalzten Proben. Die Duktitität u. Bruchausdehnungs-Geschw. war günstiger bei Legg. mit niedriger Festigkeit u. verschlechterte sich progressiv mit steigenden Festigkeiten. F. Vier. 6446◇

Einfluß der Wärmevorbehandlung auf die Umwandlungskinetik in Titan–Chrom-Legierungen. H. I. Aaronson. (Trans. metallurg. Soc. AIME **224,** 693—705, 1962; Dearborn, Mich., Ford Motor Co.; engl.) — Isotherm. hergestellte Platten aus voreutektoider α-Phase bei Ti-Cr-Legg. mit 10,64% Cr dehnen sich bei annähernd denjenigen Geschw. aus, die durch die Zener-Hillert-Gleichung vorausbestimmt werden kann, woraus sich entnehmen läßt, daß ihre Ausdehnungskinetik durch die Vol.-Diffusion von Cr in der β-Grundmasse geregelt wird. Lösungsglühbehandlungen in der Nähe von 740°, d. h. von der $\beta/\alpha + \beta$-Temp., bewirken eine zweite Art von Umwandlung, in der die Dehngeschw. wenigstens $1{,}8 \cdot 10^4$ schneller, als durch vorgenannte Gleichung vorausgesagt, ist. Eine nur geringe oder keine Vol.-Diffusion scheint bei der letzteren Umwandlung aufzutreten. Die Ggw. von O ist offenbar eine Voraussetzung für das Auftreten dieser Reaktion. — 28 Literaturangaben. H. Hochstein. 6448◇

Die Eigenschaften und die Wärmebehandlung der Legierungen Ti–Cr und Ti–Cr–Al. W. N. Moissejew. (Metallkunde u. therm. Metallbearb. [UdSSR] **1963,** Nr. 2, 24—32; russ.) — Für die bin. Ti-Cr-Legg. mit 12—15% Cr sowie für diese Legg. mit einem Zusatz von 3% Al werden die durch Wärmebehandlung erreichbaren Gefügeausbildungen mit den zugehörigen Festigkeits-Eigg. ermittelt. Auch werden Angaben über die Schweißbarkeit dieser Legg. in Abhängigkeit von der durch Wärmebehandlung beeinflußten Struktur gemacht. Bei einer Steigerung des Cr-Geh. in den bin. Legg. u. in den Legg. mit Al-Zusatz wird die Plastizität der Schweißverbindung verringert. Dies wird durch eine Erhöhu g des Übersättigungsgrades des sich in den Legg. während der Wärmebehandlung gebildeten Martensits hervorgerufen. Bei einem Cr-Geh. nahe seiner krit. Konz. (unter 12%) bleibt die Schweißnaht spröde, was mit der Bldg. der spröden ω-Phase zusammenhängt. Eine Erhöhung des Cr-Geh. bis auf 12% erhöht stark die Plastizität der Schweißverbindung infolge der Bldg. von plast. β-Phase in der Struktur der Schweißnaht. In der Leg. mit 15% Cr tritt während der Wärmebehandlung offenbar eine eutektoide Zers. auf, wodurch die Schweißnaht wieder versprödet. In der Ti-Leg. mit 15% Cr u. 3% Al unterdrückt Al den eutektoiden Zerfall, so daß diese Leg. eine gute Plastizität beibehält. H. Hochstein. 6448◇

Das Verbrennen von Titanlegierungen in Sauerstoff enthaltenden Medien. Je. A. Borissowa und K. W. Bardanow. (Metallkunde therm. Metallbearb. [UdSSR] **1963,** Nr. 2, 37—40; russ.) — Ti-Legg. können unterschiedlich in O_2-haltigen Mitteln bei bestimmtem, für jede Leg. krit. Druck verbrennen. Offenbar ist es nicht möglich, Bleche aus Ti-Legg. mit hoher Plastizität herzustellen, die in O_2 unter Druck beständig sind. Eine Ti-Leg. mit 30% *Al*, auf der Grundlage von TiAl entzündet sich in O_2 bis zu 100 at nicht. Eine Temp.-Erhöhung von 20 auf 1000° führt zur Erniedrigung des krit. Entzündungsdruckes. Eine Abnahme der O_2-Konz. im Mittel bewirkt eine wesentliche Erhöhung des krit. Verbrennungsdruckes. H. Hochstein. 6448◇

Die Endverdichtungsstufen in Nickel–Wolfram-Preßlingen. J. H. Brophy, H. W. Hayden und J. Wulff. (Trans. metallurg. Soc. AIME **224,** 797—803, 1962; Cambridge, Mass., Massachusetts Inst. of Technol.; engl.) — Das durch Ni aktivierte Sintern von W tritt in zwei Verdichtungsstufen auf. Eine kinet. Erklärung der zweiten Stufe wird durch ein geeignetes Modell des Vorganges unterstützt. Wie in der ersten Stufe ist der die Geschw. bestimmende Mechanismus für die zweite Stufe ebenfalls die Lsg. von W in der Ni-haltigen Phase. Der Übergang aus der verhältnismäßig schnellen ersten Stufe resultiert aus der kugeligen Zusammenziehung von Poren u. des Beginns des Kornwachstums. Eine feinere Korngröße infolge des höheren Ni-Geh. führt zu einem schnelleren u. höheren Verdichtungsgrad. — 10 Literaturangaben. H. Hochstein. 6474◇

Thermische Stabilität von Cu–SiO_2- und Cu–Al_2O_3-Legierungen. Noboru Komatsu und Nicholas J. Grant. (Trans. metallurg. Soc. AIME **224**, 705—13, 1962; Cambridge, Mass., Massachusetts Inst. of Technol.; engl.) — Strukturveränderungen finden in Cu–SiO_2- u. Cu–Al_2O_3-Legg. mit einer Härteabnahme während einer Wärmebehandlung bei erhöhter Temp. statt. In Cu hängt die Temp., bei der diese Härteabnahme beginnt, mit der Art der Oxidverteilung zusammen. Für Cu mit 3 Vol.-% Al_2O_3 liegt diese Temp. weit über 1000° u. für Cu mit 12 Vol.-% SiO_2 bei über 800°. Während der Wärmebehandlung bei erhöhter Temp. zersetzen sich die ultrafein verteilten Oxide u. scheiden sich wieder an Subkorngrenzen sowie auf der Oberfläche von vorhandenen größeren Oxidteilchen ab. Die Teilchengröße des Oxids nimmt mit steigender Glüh-Temp. u. mit der Zeit zu. Die Agglomerierungs-Geschw. des Oxids wird offensichtlich durch die Versetzungsdichte der Grundmasse beeinflußt. Infolge der Dissoziation u. Agglomeration der Oxidphase können nun die Versetzungen wandern, wobei sie eine duktilere, weichere Lsg. bewirken. Die Agglomeration von Oxidteilchen erhöht den gegenseitigen Abstand, was die Rekristallisation erleichtert. Das γ-*Al_2O_3* in der Cu–Al_2O_3-Leg. wandelt sich zu α-*Al_2O_3* während der Glühung bei erhöhter Temp. um. In Ggw. von überschüssigem O_2 bilden sowohl α- als auch γ-Al_2O_3 „X-Oxide“, deren Zus. Cu-reich ist. Dieses Oxid ist bei hohen Temp. verhältnismäßig instabil u. führt zu einer schnelleren Agglomeration. — 11 Literaturangaben.
H. Hochstein. 6474◇

Einfluß einer statischen Druckbeanspruchung auf die Eigenspannungen in Stahlstäben mit ungleichmäßiger Zugfestigkeit über den Querschnitt. Hans Bühler, Adolf Rose und Hans-Eugen Bühler. (Arch. Eisenhüttenwes. **34**, 69—74, 1963; Hannover, TH, Inst. für Werkzeugmaschinen u. Umformtechnik; Düsseldorf, MPI für Eisenforsch.; dt.) — Durch Eigenspannungsmessungen an wärmebehandelten Proben aus Stahl mit ca. 0,3 (%) C, 1,3 Cr u. 1,1 V wird die Umkehr von Druckeigenspannungen in Zugeigenspannungen in den Randzonen durch eine stat. Druckbeanspruchung nachgewiesen.
H. Hochstein. 6480◇

Beitrag zur Prüfung der Kerbschlagzähigkeit von Stahl. Horst Maschler. (Neue Hütte **8**, 96—101, 1963; Hennigsdorf bei Berlin, Eisen-Forsch.-Inst.; dt.) — Es wird über Verss. berichtet, die mit dem Pendelschlagwerk PSW030 durchgeführt wurden. Untersucht wurden die Stahlmarken *MSt3b* u. *27MnCr4*. Die Prüfungen, bei denen der Verlauf der Schlagkraft über der Probendurchbiegung photograph. aufgenommen werden konnte, wurden bei Prüf-Temp. von −40 bis +200° ausgeführt. Die Auswertung der Diagramme läßt charakterist. Größen erkennen, wovon bes. die beiden krit. Übergangs-Temp. hervorzuheben sind. H. Hochstein. 6480◇

Zur Frage des Einflusses von Vibrationen auf Struktur- und Maßänderungen sowie auf Festigkeitseigenschaften gehärteter Stähle. Jerzy Wyszkowski. (Prace Inst. Mechan. **7**, Nr. 24, 89—91, 1959; Warszawa, Politechn.; pol.) — Kritik der Arbeit von Żmihorski (vgl. C. **1958**, 10580). Durch Magnetostriktion wird nach Ansicht des Vf. die Umwandlung von Restaustenit in Martensit zwar beschleunigt, doch ist der Effekt im Vgl. zur Umwandlung bei der Härtung gering. F. Urban. 6480◇

Sprödigkeit von Stählen in Verbindung mit dem Phänomen der Sekundärhärte. W. I. Ssarrak und R. I. Entin. (Nachr. Akad. Wiss. UdSSR, Abt. techn. Wiss., Metallurgie Brennstoffe **1961**, Nr. 1, 117—18; Moskau; russ.) — Die mit der Zerstörung an den Korngrenzen zusammenhängende Sprödigkeit von Stählen ist eine Erscheinung, die mit dem Vorgang des Zerfalls der festen Lsg. zusammenhängt, wenn bei einem bestimmten Stadium ein unterschiedlicher Grad des Zerfalls an den Korngrenzen u. in derem Innern stattfindet. Eine solche Sprödigkeit wird außer in einem nichtrostenden austenit. *Cr–Ni*-Stahl auch in *Al*-Legg. mit *Mg* u. *Be* sowie in *Be-Bronze* beobachtet. Mit einem unterschiedlichen Zerfallsgrad der festen Lsg. von C im α-Fe an den Korngrenzen u. im Korninnern hängt auch die nichtrückläufige Anlaßsprödigkeit von Baustählen zusammen. H. Hochstein. 6480□

Der Mechanismus der in Eisen–Silicium-Einkristallen beobachteten Wasserstoffversprödung. A. S. Tetelman und W. D. Robertson. (Trans. metallurg. Soc. AIME **224**, 775—83, 1962; Orsay, Seine-et-Oise, Frankreich, Yale Univ.; engl.) — Die Technik der Sichtbarmachung von Versetzungen durch eine 15 Min. lange Ausalterung von C bei 160° wurde zur Unters. der von der H-Ausscheidung in einem Fe–Si-Einkristall mit 3% Si herrührenden Verformung sowie des dabei auftretenden Bruches angewendet. Es wird gezeigt, daß Risse auf den {1 0 0}-Ebenen innerhalb des Kristalls infolge Ausscheidung von H_2-Gas dann entstehen, wenn die Kristalle aus einer H_2-Atmosphäre bei erhöhten Temp. abgeschreckt oder bei Raum-Temp. mit H kathod. beladen werden. Eine plast. Verformung in Rißnähe steht in Übereinstimmung mit der errechneten Spannungsverteilung um einen Riß, der einen inneren Druck aufweist; aus den Beobachtungen können ins Einzelne gehende Vorstellungen über den Mechanismus des Rißwachstums erhalten werden. Die Bruchkennwerte von innere Risse enthaltenden Kristallen wurden bei 25° u. bei —196° ermittelt u. die Ergebnisse auf den Mechanismus der H-Versprödung infolge des Wachstums von vorher vorhandenen Rissen bezogen. — 23 Literaturangaben. H. Hochstein. 6480◇

Einfluß der Verformung beim Kalt- und Nachwalzen auf die Anisotropie der mechanischen Eigenschaften von Stahlband für Tiefziehzwecke. Heinz Borchers, Hans-Hubert Hoff, Fritz Fischer und Klaus Ohlwein. (Arch. Eisenhüttenwes. **34,** 17—26, 1963; München, TH, Inst. für Metallurgie u. Metallkunde Neuwied, Qualitätsstelle der Rasselstein AG; dt.) — An Bändern aus Tiefziehstahl mit ca. 0,04—0,09% C in Siemens-Martin- oder Thomas-Güte wird die Richtungsabhängigkeit der mechan. Eigg. durch Kaltwalzen u. Nachwalzen ermittelt. Die mechan. Eigg. der Bänder sind im warmgewalzten Zustand weitgehend isotrop u. zeigen nach dem Kaltwalzen u. rekristallisierenden Glühen eine gleichartige Richtungsabhängigkeit, wobei die Streckgrenze, Streckgrenzendehnung u. Zugfestigkeit in Walzrichtung u. die Bruchdehnung nahe der Querrichtung am niedrigsten liegen. Steigende Verformung beim Kaltwalzen ergibt bei gleicher Glühbehandlung eine zunehmende Anisotropie der Streckgrenze. Ein steigender Nachwalzgrad erniedrigt in den unteren Verformungsbereichen die Streckgrenzenanisotropie, ohne die Isotropie zu erreichen. Zunehmender C-Geh. erhöht die Anisotropie der Streckgrenze etwas. Es überlagern sich die Rekristallisationstexturen u. die Zementitzeilen in ihrer Wrkg. auf die Anisotropie der Festigkeitseigenschaften. — 38 Literaturangaben. H. Hochstein. 6490◇

Verformungsverhalten einiger intermetallische Verbindungen enthaltenden Aluminiumlegierungen. E. R. Petty. (J. Inst. Metals **91,** 274—79, 1963; Banbury, Aluminium Labor. Ltd.; engl.) — Die Ergebnisse von Zug-, Schmiede- u. Walz-Verss. an *Al*-Legg., die intermetall. Phasen, wie $CuAl_2$, $FeAl_3$, $MnAl_6$, Mg_5Al_8 u. $MgZn_2$ enthalten, zeigen, daß die Verformungsstruktur in hohem Maß abhängig ist von der Temp., bei der die Härte–Temp.-Kurve für diese Phasen eine Krümmung zeigt. Unter dieser Temp. tritt Sprödbruch auf, oberhalb der Temp. beginnen sich die Verbb. plast. zu verformen. Umfang u. Verteilung der intermetall. Phasen in einer verformten Leg. hängen weitgehend von der Verformungs-Temp. ab. Treten die Verbb. in Form langer Nadeln oder Plättchen auf, so richten sie sich auf den Fluß der Grundmasse ein. Kleine runde Teilchen, wie sie in Legg. mit geringen Leg.-Komponenten auftreten, neigen weniger zum Bruch beim Verformen. F. Vier. 6490◇

Die Walztexturbildung in Aluminium–Eisen-Einkristallen. Hsun Hu und R. S. Cline. (Trans. metallurg. Soc. AIME **224,** 784—97, 1962; Monroeville, Pa., U. S. Steel Corp.; engl.) — Die Textur-Bldg. in Einkristallen aus einer Fe-Leg. mit 2% Al mit Anfangsorientierungen von annähernd $(1\,1\,1)[\bar{1}\,\bar{1}\,2]$, $(1\,1\,1)[1\,1\,\bar{1}]$ u. $(1\,1\,2)[\bar{1}\,\bar{1}\,1]$ wurde untersucht durch Prüfung der Texturen, die sich auf der Oberfläche u. bei verschiedenen Innenschnitten des Kristalls nach dem Auswalzen mit unterschiedlichen Abnahmegraden entwickeln. In Abhängigkeit von der Anfangsorientierung des Kristalls können sich die Oberflächen- u. die Innentexturen entweder nur in der Schärfe unterscheiden oder auch wesentlich in der Orientierung verschieden sein. Die Orientierung des $(1\,1\,1)[\bar{1}\,\bar{1}\,2]$-Kristalls ändert sich beim Walzen mit Abnahmen bis zu 70% nicht, jedoch nach einem Walzen mit über 90% Verformungsgrad wird eine deutliche Komponente von $(0\,0\,1)[1\,1\,0]$-Orientierung entwickelt. Die in den beiden $(1\,1\,2)[1\,1\,1]$-Typ-Kristallen entwickelte Textur besteht aus $(1\,1\,1)[1\,1\,2]$- u. $(0\,0\,1)[1\,1\,0]$-Komponenten. Die letztere jedoch ist im wesentlichen auf die Oberflächenschichten beschränkt. Die auf beiden Seiten des Kristalls gebildeten Texturen sind ident., u. das Texturbild ist annähernd symm. in bezug auf den zentralen Schnitt der Banddicke. Die Bldg. dieser Texturkomponenten wird analysiert. — 11 Literaturangaben. H. Hochstein. 6490◇

Über den Einfluß der Bedingungen der Titanerwärmung auf die Kennzahlen des Warmwalzens. I. M. Pawlow, Ja. B. Turewitsch, W. L. Orshechowski, A. Je. Schelesst und A. P. Baschtschenko. (Nichteisenmetalle [UdSSR] **35,** Nr. 7, 75—79, 1962; russ.) — Die qual. Abhängigkeit des Oxydationsgrades von Ti von der Erwärmungs-Temp. u. der Temp. der Umgebung wird ermittelt. Bei der Erhitzung u. beim Walzen von Ti im Hochvakuum (ca. 10^{-5} mm) tritt eine Vakuumätzung mit Beseitigung grober Oxide von der Metalloberfläche ein. Eine Ar-Schutzatmosphäre nimmt eine Zwischenstellung zwischen einem Vakuum von 10^{-2} u. 10^{-5} mm Hg ein. Es wird der große qual. u. quant. Einfl. des Oxydationsgrades der Ti-Oberfläche auf die Kraft-, Geschw.- u. die geometr. Parameter des Walzens bestätigt. Bei einer hohen Schmelz-Temp. ist der Zunder auf Ti im gesamten Temp.-Bereich der Unters. pulverartig, wodurch der

Reibungs-Koeff. erhöht wird. Erörtert wird die Bewertung einiger Meth. zur Best. der Reibungs-Koeff. in Abhängigkeit vom Oxydationsgrad der Ti-Oberfläche. Der Einfl. einer allotrop. Umwandlung der α-Phase von Ti in die β-Phase auf den Oxydationsgrad des Ti sowie auf die verschiedenen Walzparameter wird bestätigt.

H. Hochstein. 6490□

Gelsenkirchener Bergwerks-Akt.-Ges., Essen, übert. von: Franz Eisenhut, Gelsenkirchen-Horst, und Viktor Gobiet, Wanne-Eickel, **Brikettieren von Erzen** mit einer durchschnittlichen Teilchengröße bis zu 1 in. durch Mischen von 25—95,5 (%) Erz in Ggw. von 1,5—12,5 W. mit 3—30 Bindemittel, Bilden eines einheitlichen Gemisches der gewünschten Teilchengröße u. Brikettieren. — Vorrichtung. (**Can. P. 561 000** vom 8/3. 1954, ausg. 29/7. 1958.) H.-J. Nitzschke. 6377

James Seward Woodhead und John Edward Worthington, England, **Herstellung härtbarer Harze** aus *Kohlenhydrate* u. *Tannin* u. ihre Verwendung. Man erhitzt die Kohlenhydrate mit Gerbstoffen, zweckmäßig in Ggw. von Aminen. Man mischt 100 (Teile) Rohrzuckermelasse, 5,4 Anilin, 3,7 konz. HCl u. 3,7 sulfitiertem Quebrachoextrakt, trocknet bei 80°, gibt 0,5 Hexamethylentetramin zu, kühlt ab, gibt 100 Holzmehl zu u. erhitzt bei 240° u. 300 kg/cm². Die Polysaccharide werden zweckmäßig vor der Kondens. hydrolysiert. Kunstharze, Füllstoffe, Härtemittel können zugesetzt u. die Mischungen zur Herst. von *Gießereiformen* u. *-kernen* verwendet werden. (**F. P. 1 233 178** vom 12/6. 1959, ausg. 12/10. 1960. E. Prior. 12/6. 1958.) M. Pankow. 6383

American Cyanamid Co., New York, N.Y., V.St.A., übert. von: Felix A. Schaufelberger, Basel, Schweiz, **Aufarbeitung von Eisenerzen.** Oxid., nichtsulfid. Erze, die auch Nichteisenmetalle (*Ni*, *Co*) enthalten, werden durch Auslaugen der wss. Aufschlämmung mit überschüssiger H_2SO_4, Abtrennen der Lsg., Verdünnen mit W. bis zu einer SO_4^{2-}-Konz. von <75 g/Liter u. Erhitzen im geschlossenen Gefäß auf $>150°$ bei höherem als normalem Druck auf SO_4^{2-}-freie *Fe-Oxide* aufgearbeitet. (**Can. P. 568 706** vom 31/5. 1957, ausg. 6/1. 1959.) H.-J. Nitzschke. 6391

General Electric Co., übert. von: Jerome Benedict Malerich, West Peabody, und Robert Francis Wilde, Lynnfield, Mass., V.St.A., **Nickel-Kobalt-Gußlegierung** mit verbesserter Warmbildsamkeit u. Kerbschlagzähigkeit bei erhöhten Temperaturen. Sie enthält ca. 0,10—0,16 (Gew.-%) *C*, ca. 2—2,5 *Ti*, ca. 3,5—4,0 *Al*, ca. 4—5 *Mo*, ca. 14—16 *Cr*, ca. 26—28 *Co*, bis zu ca. 2 *Fe*, ca. 0,01—0,02 *B*, ggf. bis zu 0,2 *Mn* u. bis zu 0,3 *Si*, Rest Ni einschließlich Verunreinigungen. Das Verhältnis von Al:Ti $\leqq$ ca. 2, das von Ti:C $\leqq$ ca. 16 u. das von Mo:Fe $\geqq$ ca. 2,5. Beispiel: 4,5 Al, 3,5 Ti, maximal 0,08 C, 5,5 Mo, 5 Fe u. Al/Ti = 1,3, Ti/C = 43, Mo/Fe = 1,1, Rest Ni. (**A. P. 3 027 254** vom 21/4. 1959, ausg. 27/3. 1962.) H. Baur. 6435

J. Stone & Co. (Charlton) Ltd., London, England (Erfinder: Ronald James Malcolm Payne und Norman Bailey), **Aushärtbare Magnesiumlegierung** mit erhöhter Streckgrenze im ausgehärteten Zustand besteht aus 1,5—3,5 (%) *Ag*, 0,5—3,5 *Seltene Erdmetalle*, wobei diese insgesamt weniger als 25 *La* u. *Ce* u. bes. mehr als 60 *Nd* enthalten, ferner ggf. bis 1,0 *Zr* u./oder bis 2,0 *Mn*, insgesamt jedoch wenigstens 0,4, außerdem 0—0,5 *Zn*, 0—1,0 *Cd*, 0—6,0 *Li*, 0—0,8 *Ca*, 0—2,0 *Ga*, 0—2,0 *In*, 0—5,0 *Tl*, 0—1,0 *Pb*, 0—1,0 *Bi*, 0—5,0 *Th*, Rest mindestens 88 Mg. Die Leg. kann auch neben Ag u. Seltenen Erdmetallen in den angegebenen Mengen aus 0,4—1,0 Zr, 0—0,5 Zn, 0—1,0 Cd, 0—6,0 Li, 0—0,8 Ca, 0—2,0 In, 0—5,0 Tl, 0—1,0 Pb, 0—0,25 *Cu*, 0—1,0 Bi, 0—2,5 Th, Rest mindestens 88 Mg bestehen, wobei diese Leg. dann für Gußzwecke verwendet wird. Die Wärmebehandlung der Leg. besteht aus einem Lsg.-Glühen bei 100° unter der Solidus-Temp. u. höher für mindestens ½ Std. u. dem Aushärtungsglühen zwischen 150 u. 250° für ½ Std. u. mehr. Die Leg. neigt nicht zur Warmriß-Bldg. u. ist gut schweißbar. (**E. P. 875 929** vom 16/5. 1958, ausg. 23/8. 1961.) C. F. Gross. 6445

Aluminum Co. of America, Pittsburgh, übert. von: Fred Keller, New Kensington, und Edmund C. Franz, Pittsburgh, Pa., V.St.A., **Entgasen von Gegenständen aus Aluminium** durch Überziehen mit *Ni* oder *Cr* u. Erhitzen in einer Gasatmosphäre, z. B. Luft, auf über 750° F aber unter einer Temp., bei der der Gegenstand stark zu schmelzen beginnt, solange, bis die eingeschlossenen Gase in die Atmosphäre diffundiert sind. (**A. P. 2 995 478** vom 17/2. 1959, ausg. 8/8. 1961.) F. Vier. 6447

W. I. Cholnowa, I. N. Fridljander, W. I. Dobatkin, I. L. Teitel, N. D. Winokurow, W. G. Kowrishnych, I. Ja. Salzman, I. L. Golowin, S. A. Jelagina, W. A. Klimowa und W. K. Sinowjew, **Hochfeste Al-Schmiedelegierung** mit verringerten Anisotropie-Eigg. zur Herst. großformatiger Teile, z. B. Stäben mit $\geqq$800 mm Ø, aus 5—7,3 (%) *Zn*, 1,7—3,6 *Mg*, 0,8—1,2 *Cu* (Zn + Mg $\leqq$ 9) u. ggf. $\leqq$0,4 *Fe*, Rest Al. — Tabellen. (**UdSSR. P. 128 614** vom 7/10. 1959.)

L. Großner. 6447

Union Carbide Corp., New York, N.Y., V.St.A., übert. von: Robert W. Freeman, St. Catherines, Ontario, Canada, **Nichtzerfallende Silicium-Phosphor-Legierung.** Sie besteht aus ca. 0,3—1 (Gew.-%) P, weniger als 0,1 *Al*, ggf. noch weniger als 0,13 *Ca* + Al, wenn Ca vorhanden ist, weniger als 2 *Fe*, Rest Si u. Verunreinigungen. (**A. P. 3 032 412** vom 8/4. 1960, ausg. 1/5. 1962.) H. Baur. 6449

American Cyanamid Co., New York, übert. von: Felix A. Schaufelberger und Walter R. McCormick, Rye, N.Y., V.St.A., **Herstellung von Metallpulvern,** bes. von *Co* u. *Ni*, durch Hydrierung der Metallsalz-Lsgg. mit H_2 bei höherer Temp. u. erhöhtem Druck, dad. gek., daß vor der Hydrierung in der Lsg. 0,2—0,6 Mol NH_4-Salz pro Mol gelöstem Ni oder Co vorhanden sind, auf $>100^0$ zur Entfernung von überschüssigem NH_3 erhitzt wird u. danach bei 125—250° 1—10 g/Liter Metall als feinverteilte, bas. Verb. ausgefällt wird, die dann bei $\geqq 125^0$ hydriert wird. (**Can. P. 561 951** vom 21/6. 1956, ausg. 19/8. 1958. A. Prior. 16/3. 1956.) H.-J. Nitzschke. 6475

Commissariat à l'Énergie Atomique, Paris, Frankreich (Erfinder: J. Hérenguel, P. Lelong, L. Grall und H. Coriou), **Korrosionsfeste Aluminiumlegierung gegenüber Wasser** bei hohen Temp. unter Druck besteht aus Al u. mindestens einem der Metalle *Fe* u./oder *Ni* in Mengen von insgesamt 0,05—4 (%), weniger als 0,01 *Si*, weniger als 0,005 *Zn*, *Mn* u. *Mg* sowie weniger als 0,01 *Cu* in Form eines Granulats, dessen Korngröße unterhalb 300 μ beträgt u. das durch Warmpressen u. Strangpressen der Körnchen der einzelnen Metalle gewonnen wird. (**Belg. P. 571 768** vom 4/10. 1958, ausg. 23/3. 1962. F. Prior. 8/10. 1957.) H. Baur. 6475

Welded Carbide Tool Co., Inc., Clifton, übert. von: Jerome F. Kuzmick, Upper Montclair, N.J., und Jan M. Krol, New York, N.Y., V.St.A., **Herstellen eines Verbundgegenstandes aus einem Stahl- und einem Hartmetallteil.** Beide werden in einer Form angeordnet u. zwischen beiden Metallpulver aus nicht weniger als 30 (%) Hartmetallpulver (*Carbide*, *Nitride*, *Boride* oder *Silicide* des *Ti*, *W*, *Ta*, *Zr*, *Cr*, *Mo*) vorzugsweise 40—60, des Gesamtpulver-Gew., Rest Pulver der Metalle *Fe*, *Ni*, *Co* oder ihrer Legierungen. Bei unter 2400° F wird unter Druck die Bindung der Teile hergestellt. — Abbildungen. (**A. P. 2 999 309** vom 6/4. 1955, ausg. 12/9. 1961.) H. Baur. 6479

Lubri-Case, Inc., übert. von: Carl M. Loeb jun., New York, N.Y., V.St.A., **Oberflächenbehandlung von Eisenteilen** zur Verbesserung der Gleitfähigkeit durch Rk. mit unvollständig oxydiertem *S* bei 900—1100° F in einem Salzbad, wobei S in die Oberfläche eindringt, u. anschließende Behandlung der Oberfläche mit MoS_2. (**Can. P. 562 732** vom 7/6. 1956, ausg. 2/9. 1958. A. Prior. 25/10. 1955.) H.-J. Nitzschke. 6513

General Electric Co., übert. von: Herbert E. Grenoble, Ballston Lake, N.Y., V.St.A., **Herstellung von Schutzüberzügen auf Molybdän** durch abwechselndes elektrolyt. Aufbringen von *Cr*- u. *Ni*-Schichten von 0,0002—0,0003 bzw. von 0,0006 bis 0,0008 in. Dicke. Zwischen dem Aufbringen der einzelnen Schichten wird bei 1800° F in einer H_2-Atmosphäre warmbehandelt u. elektropoliert. Die Gesamtdicke der Schicht soll 0,005—0,010 in. betragen. Die erste Cr-Schicht kann eine Dicke 0,001—0,0005 in. haben. Dabei bilden sich an den Ni-Cr-Grenzflächen Legg. aus, die die Schutz-Wrkg. gegen Korrosion, Abrieb u. Erosion erhöhen. (**A. P. 2 993 264** vom 23/12. 1955, ausg. 25/7. 1961.) F. Vier. 6517

General Electric Co., N.Y., übert. von: Frederik S. Schultz, Moses A. Levinstein und George F. Albers, Cincinnati, Ohio, V.St.A., **Herstellung von Überzügen auf Molybdängegenständen** durch Aufbringen einer *Ni*–*Si*–*B*-Leg. nach dem Pulverspritzverfahren. Danach wird auch über den F. des Überzuges in reduzierender Atmosphäre erhitzt, um den Überzug aufzuschmelzen. Dabei bildet sich eine Zwischenschicht aus intermetall. Verbindungen. Nach Polieren u. Entfernen der Polierschicht wird ein *Cr*-Überzug aufgebracht, z. B. elektrolytisch. Danach wird erneut auf 1800—2100° F erhitzt, wobei sich eine Zwischenschicht aus *Cr-Boriden* bildet. Der so behandelte Gegenstand ist schlagfest u. korrosionsbeständig u. kann für *Turbinenschaufeln* Verw. finden. (**A. P. 2 993 678** vom 21/7. 1955, ausg. 25/7. 1961.) F. Vier. 6517

Lockheed Aircraft Corp., Burbank, übert. von: Ross A. Quinn, Palo Alto, Calif., V.St.A., **Überziehen von Bohrungen und Hohlräumen mit hochschmelzendem Metall,** wie *Ti*, *Zr*, *Hf* oder *U*. Um die Oxydation des Überzugsmetalls an der Luft während des Erhitzens zu verhindern, wird zwischen dem Überzugsmetall u. dem zu überziehenden Körper, z. B. aus *Graphit*, eine Salzschicht aus einem Halogenid von Alkali- oder Erdalkalimetall angeordnet, die beim Erhitzen schmilzt, u. so den Luftzutritt verhindert. Dabei bildet sich auf dem Körper eine festhaftende dünne Schicht des Überzugsmetalls aus. In Hohlräumen werden Körner aus inerten Stoffen, wie Al_2O_3, angeordnet, genügend groß, um eine vollständige Benetzung der Oberflächen mit der

Salzschmelze zu ermöglichen. In größere Hohlräume wird eine Spirale aus dem Überzugsmetall eingelegt, um die Entstehung eines gleichmäßigen Überzugs zu ermöglichen. (**A. P. 2 991 195** vom 11/2. 1960, ausg. 4/7. 1961.) F. Vier. 6517

Callery Chemical Co., Pittsburgh, Pa., übert. von: Ralph M. Hoke, Fair Oaks, Calif., V.St.A., **Stromloses Herstellen von Metall-Bor-Legierungsüberzügen** durch Abscheiden aus einer wss. Lsg., die 0,1—3 (Gew.-%) sek. oder tert. *Aminoboran* u. ein lösl. *Ni*- oder *Co*-Salz enthält, wobei der Geh. an Metallion 0,02—6 beträgt. Auf allen reinen Metalloberflächen scheidet sich beim Eintauchen in die Lsg. bei Raum-Temp. ein Leg.-Nd. ab. Beispiel: 0,95 $(CH_3)_2NHBH_3$, 5,14 $NiCl$, 93,91 Wasser-Temp. der Lsg. 25°. Dauer der Behandlung: 2 Stunden. (**A. P. 2 990 296** vom 5/8. 1958, ausg. 27/6. 1961.) F. Vier. 6517

E. I. du Pont de Nemours & Co., Wilmington, Del., übert. von: Alden J. Deyrup, West Chester, Pa., V.St.A., **Bad zur Glanzverchromung in dreiwertigen Chromsalzlösungen** besteht aus einer Lsg., die auf 1000 g 0,1—1 (Mol) Cr-Ionen als Cr-Glykolat, 0,07—3 Glykolsäure (insgesamt), 0,2—3 eines Alkalimetallsalzes einer Säure mit der pK von mindestens 10^{-2} u. 0,2—2 $B(OH)_3$ enthält. pH-Wert 1,5—3. Das Mol-Verhältnis Carboxylsäure zu Cr soll zwischen 0,7:1 u. 3:1 liegen. Beispiel: 1,6 (Mol/Liter) KSO_3NH_2, 0,2 HSO_3NH_2, 1,0 $B(OH)_3$, 1,0 *Cr III*, 1,2 *Glykolsäure* u. 0,01 *Octylalkohol.* Zur Herst. des Elektrolyten wird eine wss. CrO_3-Lsg. vorsichtig der in W. von 90—100° gelösten Glykolsäure zugesetzt u. dann zum Sieden erhitzt, bis alles CrO_3 red. ist. Erst dann werden die übrigen Bestandteile zugesetzt. Stromdichte 25—200 A/sq.ft. (**A. P. 3 006 823** vom 7/10. 1959, ausg. 31/10. 1961.) F. Markhoff. 6519

United States of America, Secretary of Navy, übert. von: Walter E. Reid jun., Washington, D.C., V.St.A., **Vorbehandlung von Chromoberflächen für das galvanische Abscheiden von Nickelüberzügen.** Die Cr-Oberfläche wird mit einer Stromdichte von 3—7 A/dm² in Eisessig mit einem Geh. an 10—15 Vol.-% konz. H_2SO_4 anod. geätzt. Nach Abspülen des sich dabei gebildeten dunklen, braunen Filmes wird unmittelbar galvan. vernickelt. (**A. P. 3 002 899** vom 31/7. 1959, ausg. 3/10. 1961.) H. Hänle. 6521

Ohio State University Research Foundation, übert. von: Earle T. Montgomery, Arnold P. Welch und Joseph L. Bitonte, Columbus, Ohio, V.St.A., **Herstellung von Schutzüberzügen auf Metallen.** *Ni*-Teilchen mit einer Feinheit von 325 mesh u. feiner in einer Menge von $66^2/_3$% werden mit $33^1/_3$% *MgO*-Teilchen derselben Feinheit gemischt, verpreßt u. in oxydierender Atmosphäre gesintert. Dann wird in oxydierender Atmosphäre auf dieselbe Feinheit vermahlen. Die Teilchen werden kalt unter Verw. eines organ. Bindemittels auf die Metalloberfläche aufgebracht u. der Überzug in einem Ofen gesintert. Der Überzug kann auch mittels des Metallspritz-Verf. aufgebracht werden. Er ist gegen hohe Temp. beständig. (**A. P. 2 991 191** vom 10/5. 1949, ausg. 4/7. 1961.) F. Vier. 6521

Harshaw Chemical Co., übert. von: Jack L. Towle, Cleveland, Ohio, V.St.A., **Glanzzusatz für galvanische Nickelbäder** besteht aus *aromat. Sulfonaten, Sulfonamiden* u. *-imiden* oder *aliphat. Sulfonaten* oder *Sulfonsäuren* sowie

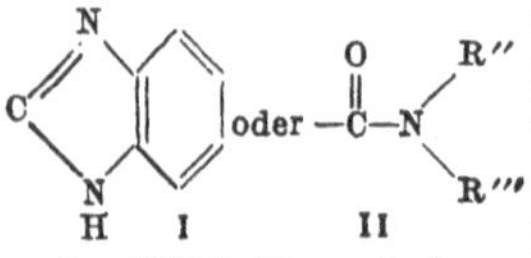

I oder II

daneben aus Verbb. der allg. Formel $R-(CH_2)_{n'}-S(CH_2)_n-R'$. In dieser Formel bedeuten n u. n' Werte von 1—6. R u. R' können sein: $-H$, $-OH$, $-OCH_3$, $-\overset{O}{\overset{\|}{C}}-H$, $-\overset{O}{\overset{\|}{C}}-OH$, $-\overset{O}{\overset{\|}{C}}-O-(CH_2)_mH$, wobei m den Wert 1—6 bedeutet; ferner Pyridin, Chinolin sowie Verbb. der vorstehenden Formeln: In diesen können R'' u. R''' KW-Stoffreste u. H sein. R' kann außerdem noch eine Verb. der allg. Formel $-SO_2-CH_2CH_2\underset{W_t\ \ X_t}{S}CH_2CH_2OH$ sein. In dieser Formel bedeuten W einen KW-Stoffrest, X eine SO_4-, Sulfonat-, Halogen- oder Perchloratgruppe u. hat den Wert von 0—1. Die 1. Zusatzgruppe soll in Mengen von 0,05—20 g/Liter zugesetzt werden, die 2. in Mengen von 0,0025—0,075 g/Liter. (**A. P. 3 000 799** vom 10/2. 1960, ausg. 19/9. 1961.) F. Markhoff. 6521

American Zinc Institute, New York, N.Y., übert. von: William H. Safranek und Hugh R. Miller, Columbus, Ohio, V.St.A., **Elektrolytisches Glanzverzinken.** Als Elektrolyt dient eine wss. Lsg. von ca. 1,3—1,6 (Mol/Liter) $ZnSO_4$, ca. 0,15—0,3 *Citrat*-Ionen, 0,08—0,12 *Saccharin* u. 0,005—0,02 *p-Toluolsulfonamid.* pH-Wert 2,3—2,5. Es wird mit Umkehrstrom gearbeitet: 14—18 Sek. mit einer kathod. Stromdichte von

200—250 A/sq.ft. u. 8—10 Sek. nach der Stromumkehr mit der gleichen kathod. Stromdichte. Temp. 112—120° F. (**A. P. 3 005 759** vom 24/4. 1959, ausg. 24/10. 1961.) F. Markhoff. 6523

H. K. Porter Co., Inc., Pittsburgh, übert. von: Frank J. Kennedy, Mount Lebanon, Pa., V.St.A., **Verzinken von Eisenmetall** durch elektrolyt. Aufbringen einer Zn-Schicht von 0,00001 in. aus einem sauren Elektrolyten. Darauf wird aus einem alkal. Elektrolyt eine Zn-Schicht bis zu einer Gesamt-Zn-Dicke von 0,00005 in. elektrolyt. aufgebracht u. auf 800—950° F solange erhitzt, bis sich zwischen der Fe-Oberfläche u. der Zn-Schicht eine Leg.-Zwischenschicht gebildet hat. Es entsteht ein festhaftender, biegsamer Zn-Überzug, der gut als Haftgrundlage für *Lack-* u. *Farbüberzüge* geeignet ist. (**A. P. 2994126** vom 29/10. 1957, ausg. 1/8. 1961.) F. Vier. 6523

Pennsalt Chemicals Corp., Philadelphia, übert. von: Bruce W. Wilson, Beaver, Pa., V.St.A., **Kaltverarbeitbare Metalle** werden durch Behandeln der Oberfläche mit einer wss. Lsg., die $\geqq$ 1/8 oz./gal. einer Mischung aus *Na_2HPO_4* u. $\geqq$ 0,005% *Ti*, z. B. $\geqq$ 80% Na_2HPO_4 u. 0,02—20% Ti, u. ein oberflächenakt. Mittel enthält, u. Phosphatieren mit z. B. einer sauren Lsg. von *Zn-Dihydrogenphosphat* zur Bldg. eines Phosphatüberzuges erhalten. (**Can. P. 563 043** vom 4/10. 1955, ausg. 9/9. 1958. A. Prior. 19/10. 1954.) H.-J. Nitzschke. 6533

H_9. Organische Industrie

Zersetzung von Paraffinkohlenwasserstoffen bei Raum- oder erhöhter Temperatur durch Einwirkung von Strahlen. Gábor Földiák und Zoltán Paál. (J. Inst. Petroleum **49,** 222—23, 1963; Budapest, Hungarian Oil and Gas Res. Inst.; engl.) — Bei der Einw. stiller elektr. Entladungen auf CH_4 wird die gleiche Wrkg. erzielt wie bei der Strahlenbehandlung. Bei 0—250° zeigt sich kaum eine Änderung im CH_4/H_2-Verhältnis, doch bei > 250° tritt plötzlich eine starke Zers. von CH_4 ein. Die Temp. von 250° ist für fast alle KW-Stoffe charakterist., so daß angenommen wird, daß hier die unterste Grenze für den Beginn von Crackungen zu suchen ist. F. Rosendahl. H 510△

Ein Beitrag zur Isomerisierung von niederen Kohlenwasserstoffen. Helmut Wagner. (Freiberger Forsch.-H., Reihe A **264,** 33—49, 1963; Markkleeberg; dt.) — Ein Pt–F–Tonerde-Katalysator mit 4 g Pt/Liter u. 1% F wurde in einer mit Gaskreislauf versehenen Vers.-Kammer ausgeprobt. Kreislaufgas u. Einspritz-Prod. werden gemeinsam im Vorheizer auf Temp. gebracht u. strömen von oben nach unten durch den Katalysator. Hinter dem Katalysator werden Gas u. Prod. gekühlt u. in einer Vorlage getrennt. Das Gas wird zurückgeführt. Die C-Abscheidungen betragen ca. 0,01% bezogen auf das Einspritzprodukt. Da beim Isomerisieren kein H_2 frei wird, muß laufend H_2 zugeführt werden, bes. um Crack-Prodd. aufzuhydrieren. Bei einem Druck von 50 at konnte n-C_5H_{12} zu 55% in i-C_5H_{12} umgewandelt werden, bei n-C_6H_{14} erhielt man ca. 3,0% *2.2-Dimethylbutan,* 20% *2-Methyl-* u. 23% *3-Methylpentan.* Je höher Pt- u. F-Geh. waren, um so besser war die Isomerisierung. Bei Katalysatoren mit 30% SiO_2 u. 4 g Pt/Liter konnte n-C_5H_{12} bei 425° zu 57% isomerisiert werden. Mit dem letzteren Katalysator konnten auch Isomerisierungen bei Leichtbenzin u. ähnlichen Prodd. zur Erreichung einer hohen OZ. mit Erfolg durchgeführt werden. F. Rosendahl. H 510△

Herstellung von Äthylen hoher Reinheit. M. A. Dalin, S. D. Gusseinowa, Ju. W. Ssaweljew, K. D. Tanijanz, R. Ss. Burmisstrowa und Je. L. Belenkaja. (Chem. Ind. [UdSSR] **1962,** 77—79; russ.) — Die auf 15—18° abgekühlten Crackgase werden nach Kondens. der höheren KW-Stoffe ($\geqq C_5$) mit NaOH von S-Verbb. u. CO_2 befreit, mit Silicagel oder (wirksamer) mit Molekularsieben getrocknet, aus der C_2H_4–C_2H_6-Fraktion wird C_2H_2 durch selektive Hydrierung bei 150—190° u. 23—25 at, CH u. Kontaktgifte (CO, O_2) durch Rektifizierung mit C_3H_6–C_3H_8-Fraktion als Wärmeträger entfernt. R. K. Müller. H 520◇

Herstellung von Glycerin und Glykolen durch Hydrogenolyse von Xylit. N. A. Wassjunina, A. A. Balandin, W. I. Karshew, B. Ja. Rabinowitsch, Ss. W. Tschepigo, Je. Ss. Grigorjan und R. L. Slutzkin. (Chem. Ind. [UdSSR] **1962,** 82—86; Akad. der Wiss. der UdSSR, Inst. für org. Chem.; russ.) — Vgl. C. **1959,** 16649; **1962,** 8450. — Aus Baumwollsamenschalen gewonnener 99,2%ig. *Xylit* (**I**; F. 89—91°) wird in dest. W. gelöst (pH 6,5, n_D^{20} 1,3725), die Lsg. mit 0,25 (%) CaO u. 3 Katalysator (50 Ni u. bis 0,3 S auf Kieselgur) versetzt (pH 10) u. bei 230—270°, 200 at u. Durchsatz 0,25—1,5 (Liter/Liter·h) mit H_2 (900—1000 Liter/Liter I-Lsg.) umgesetzt. Dabei entsteht aus **I** zunächst *Glycerin* (**II**) in ca. 30% Ausbeute. **II** wird dann, maximal bei 250°, zu 83% in *1.2-Propylenglykol* (**III**) umgewandelt. Bei 240° u. Durchsatz 0,91 werden bei Rückführung des nichtumgesetzten **I** ca. 40% **II**, unter schärferen Bedingungen ca. 35% III, bei Rückführung des II 43—44% III erhalten. Der Prozeß wird als Wirbelschicht-Verf. mit feinverteiltem Katalysator durchgeführt. R. K. Müller. H 550◇

Trennung eines Gemisches von mehrwertigen Alkoholen. W. N. Balachonzewa und N. I. Gelperin. (Chem. Ind. [UdSSR] **1962,** 86—88; russ.) — Ein Gemisch von *Propylenglykol* (**I**), *Äthylenglykol* (**II**), *Erythrit* (**III**), *Glycerin* (**IV**) u. *Xylit* (**V**), wie es bei der katalyt. Hydrierung von **V** erhalten wird, wird durch Vakuum-Dest. getrennt. Das nach Labor.-Verss. ausgearbeitete technolog. Syst. sieht vor, daß zunächst W. abdest. wird u. in einer anschließenden Kolonne ein Gemisch von **I** u. **II** (in einer Folgekolonne getrennt); aus dem Rückstand von **III, IV** u. **V** wird **IV** durch überhitzten Wasserdampf im Gegenstrom abgetrennt u. in einem Kühler mit heißem W. zusammen mit etwas restlichem **II** kondensiert (in einem zweiten Kühler mit kaltem W. kondensiert prakt. nur W.), **V** wird fl. abgezogen, **IV** u. **II** werden durch Dest. getrennt. Das kontinuierliche Verf. kann leicht automatisiert werden. R. K. Müller. H 550◇

Flüssigphasenoxydation von monomethylsubstituierten Paraffinkohlenwasserstoffen in Anwesenheit von Borsäure. A. N. Baschkirow, Je. M. Schaichutdinow und L. A. Giljarowskaja. (Ber. Akad. Wiss. UdSSR **148,** 1309—11, 1963; Moskau, Lomonossow-Inst. für chem. Feintechnol. u. Inst. für erdölchem. Synthese der Akad. der Wiss. der UdSSR; russ.) — Am Beispiel von *2-Methyldodecan* u. *8-Methylpentadecan* wurde der Einfl. eines tert. C-Atoms auf den Verlauf der Oxydation dieser KW-Stoffe untersucht. Als Oxydationsmittel diente ein N_2–O_2-Gemisch mit 3,0—3,5% O_2. Vers.-Bedingungen: Normaldruck, Gaseinsatz 800 Liter/kg·h, Rk.-Temp. 165—170°, Rk.-Dauer 3—4 Stunden. Es wird ein Gemisch sek. (70—75%) u. tert. (25—30%) Alkohole mit unveränderter Kettenlänge in 75%ig. Ausbeute gebildet. Die Rk.-Fähigkeit von Paraffinen, welche tert. C-Atome enthalten, ist größer als die von Paraffinen mit sek. C-Atomen. M. Bülow. H 560◇

Hydrierung der Methylester der Säuren C_7—C_9 am Chrom-Zink-Katalysator. W. W. Wesselow, D. B. Oretschkin und O. F. Schepotko. (J. angew. Chem. [UdSSR] **33,** 980—83, 1960; russ.) — Die *Methylester* von *C_7—C_9-Carbonsäuren* lassen sich am Zn/Cr-Katalysator (56—63% ZnO, 34—38% Cr_2O_3) zu den entsprechenden *Alkoholen* hydrieren. Die Hydrierung erfolgt bei 300°/300 at u. einer Vol.-Geschw. von 0,4—0,8 Liter/Liter·h selektiv u. bis zu einem Hydrierungsgrad von 99%. Bei niedrigerer Temp. nimmt der Hydrierungsgrad ab, bei höherer Temp. erhöht sich der Geh. an KW-Stoffen in den Hydrierungs-Prodd. stark. Helmut Schäfer. H 560△

Rückgewinnung von Methanoldämpfen. R. M. Becher. (Chem. Ind. [UdSSR] **1962,** 142—43; russ.) — Ein mittels Durchleiten von Luft durch wss. *Methanol* (**I**) (50%) bei 32° (Thermostat) erhaltenes Gemisch von Luft u. **I**-Dampf wird über Sorbentien geleitet. Die dynam. Aktivität von Silicagel (akt. Kohle) beträgt, nach der Gew.-Zunahme berechnet, 9,7—10,6 (25,2—31)%, nach dem regenerierten **I** berechnet 7,4—7,9 (21—22)%. Labor.-Verss. mit akt. Kohle AR-3 (Korngröße 2,7—5,5 mm) ergeben, daß die Regenerierung der Kohle am besten mit Wasserdampf erfolgt, der keine Änderung der Ausgangsaktivität bewirkt. Bei Regenerierung mit Luft, CO_2 oder CH_4 nimmt die Aktivität infolge teilweiser Trocknung der Kohle auf 10—15% ab. Die Regenerierung erfolgt bei 100—160°. R. K. Müller. H 560◇

Gewinnung und Reinigung von Glycerin aus der Methanolyse. P. M. Jangaard und F. A. Vandenheuvel. (Chem. in Canada **13,** Nr. 11, **34,** 36, 38, 40, 1961; Halifax, N.S., Fisheries Res. Board of Canada, Technol. Stat.; engl.) — Bei der Methanolyse fetter Öle nach dem Schema Triglycerid (hier Heringsöl) + CH_3OH → Methylester + Glycerin unter katalyt. Einw. von H^+ oder OH^- entsteht ein Gemisch von Prodd., aus dem *Glycerin* (**I**) nach folgendem Schema erhalten werden kann: 1. Neutralisation des Katalysators u. Freisetzung der Fettsäuren mit 85%ig. H_3PO_4 bei pH 6; 2. nach Abdestillieren von CH_3OH u. weiterer Dest. unter Vakuum wird Rohglycerin (**II**) erhalten; 3. Perkolation von **II** über Aktivkohle: **I** genügt den Anforderungen der USP; 4. um **I** von noch höherer Qualität (American Chemical Society-specification, ACS) herzustellen, erfolgt Dest. über $Ca(OH)_2$ oder $Ba(OH)_2$. W. Pett. H 580□

Katalytische Alkylierung des Benzols mit Dimethyläther. R. M. Flid und N. F. Skoworzowa. (Chem. Wiss. Ind. [UdSSR] **3,** 286—87, 1958; Moskau, Lomonossow-Inst. für chem. Feintechnol.; russ.) — Bei Unters. der katalyt. Methylierung von Bzl. mit Dimethyläther (**I**) am γ-Al_2O_3-Kontakt zeigt sich, daß die Ausbeuten an *Toluol* (19—23%) u. *Xylol* (1—3%) in folgenden Bereichen nahezu unabhängig von Vol.-Geschw. (40—560 Liter/Liter Katalysator·h) u. Mol-Verhältnis Bzl.: **I** (1,6—9) sind. J. Schade. H 1010

Phthalsäureanhydrid durch katalytische Dampfphasenoxydation von Methylnaphthalin. G. Arich, A. Cocco und G. Costantinides. (Chim. e Ind. [Milano] **44,** 364—70, 1962; Trieste, Univ., Ist. di Chim. appl.; Trieste, Soc. „Aquila", Labor. ric.;

ital.) — Die Oxydationen werden mit verschiedenen V_2O_5-Katalysatoren, bei unterschiedlichen Temp., Kontaktdauer, Luft/KW-Stoff-Verhältnis u. Aufgabe-Geschw. durchgeführt. Bei reinem Methylnaphthalin (I) beträgt die Ausbeute 30—40%; bei Verw. eines Paraffin-Lsgm. 60—70%; auch geringe S-Mengen erhöhen die Ausbeute. Das auch von anderen Autoren gefundene Überwiegen der Ausbeute bei Verw. des β-Isomeren wird an Hand eines vorgeschlagenen Rk.-Mechanismus erklärt. I. Köditz. H 1220

Untersuchung der Ausbeute des Kondensationsprozesses eines sublimierbaren Materials durch Mischen. Janusz Ciborowski und Janusz Surgiewicz. (Przemysł chem. **40**, 646—50, 1961; Warszawa, Katedra inżiynierii chem. politechn.; Warszawa, Zakład inżynierii chem. inst. chem. ogólnej; pol.) — Die Sublimations-Kondens. von Phthalsäureanhydriddämpfen (I) im Luftstrom beim Vermischen mit kalter Luft wird untersucht. Die Ausbeute hängt von der Konz. an I-Dampf in der Luft, von dem Verhältnis heißer zu kalter Luft u. vom Durchfluß der Gesamtmenge durch das Syst. ab. Bei angegebenen optimalen Bedingungen beträgt die Ausbeute 5,5—7 kg Sublimat während 1 Std. bei einer App.-Dimension von 1 m^3; Kondens.-Grad beträgt 91,5—96%. J. Schneider. H 1220◇

Über die Isolierung von Cyclohexan aus Erdöl mit Thioharnstoff. Je. M. Benaschwili. (J. angew. Chem. [UdSSR] **33**, 1374—80, 1960; Chem. Melikischwili-Inst. der Akad. der Wiss. der GrusinSSR; russ.) — Die Komplex-Bldg. von *Cyclohexan* (I) u. *Methylcyclopentan* (II) mit *Thioharnstoff* (III) in Methanol-Lsg. wird zur Isolierung von I u. II aus entsprechend engen Fraktionen (60—75°, 75—95°, 60—95° u. 75—85°) verschiedener grusin. Erdöle angewandt. Die Abtrennung von I u. II durch III ist von der Siede-Temp. u. der Zus. der einzelnen Fraktionen abhängig. Die Isolierung gelingt aus Gemischen, die 82—100% Naphthene enthalten. In den Fraktionen 75—95° u. 75—85° konnten 51,8 bzw. 40% I abgetrennt werden. An Hand von Test-Verss. konnte festgestellt werden, daß I mehr zur Komplex-Bldg. mit III neigt als II. Die Verss. werden ausführlich beschrieben. Herbert Hoffmann. H 1810◇

Chinolinbasen des Steinkohlenteers als Rohstoff für die Gewinnung von Monomeren. 1. Mitt. **Durchführung der Kondensationsreaktion von Chinaldin mit Formaldehyd unmittelbar in der engen Fraktion von Chinolinbasen.** S. Ju. Kokoschko, O. N. Tschupachin, N. B. Smirnowa, W. I. Kodolow und S. W. Puschkarewa. (Plast. Massen [UdSSR] **1962**, Nr. 2, 51—54; russ.) — Größte Ausbeuten bei der Rk. von *Chinaldin* (I) u. *Formaldehyd* (II) erhält man bei I : II = 1 : 4, wobei vorwiegend *2-Chinolylpropandiol* (III) entsteht. Verhältnismäßig reines *2-Chinolyläthanol* (IV) bildet sich mit Ausbeuten bis zu 26%, bezogen auf umgesetztes I, bei einem Mol-Verhältnis I : II = 4 : 1 u. 5 : 1; die optimale Rk.-Temp. liegt bei 100—115°. Bei Zugabe von $ZnCl_2$ verkürzt sich die Rk.-Zeit von 30 auf 8 Std. bei unbedeutender Erniedrigung der Ausbeute an IV. Mit Alkali (pH 9) erhöht sich die Ausbeute auf 50—70% (vorwiegend III). Ähnlich wirken auch organ. Basen als Lsgm.; das ermöglicht es, genannte Rk. auch mit einer Isochinolinfraktion (ca. 30% I) durchzuführen: im offenen Kolben erhält man bei einem Verhältnis I : II = 1 : 4, pH 9 u. 100° in 10—12 Std. 64 (%) techn. bzw. 40—43 reines III, im Autoklaven 80 techn. (F. 112—113°) III bzw. 50 mit F. 116—117°. Die optimalen Bedingungen zur Bldg. von IV aus der Isochinolinfraktion werden noch untersucht. Herbert Hoffmann. H 3231

Badische Anilin- & Soda-Fabrik Akt.-Ges., Ludwigshafen/Rh. (Erfinder: Friedrich Becke, Heidelberg, und Gerhard Mutz, Mannheim), **Herstellung von aromatischen oder aromatisch-heterocyclischen Cyancarbonsäuren.** Man oxydiert die entsprechenden Nitrile, die wenigstens eine oxydierbare Seitenkette enthalten, z. B. Tolunitril, Methylcyanpyridin, Cyanbenzylhalogenide, Chlordicyanxylole, mit O_2 bei 75—150° in Ggw. von Salzen oder Oxiden eines Metalls mit veränderlicher Wertigkeit, z. B. $CoBr_2$, $MnBr_2$, u. von wenigstens 1 Mol eines Carbonsäureanhydrids einer niedermol. Fettsäure, bes. Essigsäureanhydrid, je Mol zu oxydierender Verbindung. — Hergestellt wurde: *p-Cyanbenzoesäure, 3-Methyl-5-cyanbenzoesäure* u. *4-Cyan-1-naphthoesäure.* (**D. A. S. 1 148 994** Kl. 12o vom 2/2. 1962, ausg. 22/5. 1963.) L. Stadelmann. H 460

Nederlandse Organisatie voor Toegepast-Natuurwetenschappelijk Onderzoek ten Behoeve van Nijverheid, Handel en Verkeer, Den Haag, (Erfinder: Jan van Leeuwen, Schiedam), Niederlande, **Herstellung von Propargylchlorid, Monochlorpropadien und den cis- und trans-1.2.3-Trichlorpropenen,** dad. gek., daß man Propin mit Cl_2, zweckmäßig in Ggw. eines inerten Verdünnungsgases (N_2), bei 400—800°, bes. 500—600°, u. einer Kontaktzeit von 0,01—1 Sek., bes. 0,08—0,5 Sek., zur Rk. bringt. — Bei 520—570° erhält man während 0,2 Sek. ein Rk.-Prod. aus 45 (Gew.-%) *Propargylchlorid,* Kp. 58°, 15 *Monochlorpropadien,* Kp. 44°, u. 40 *cis-* u. *trans-1.2.3-Trichlorpropene,* Kp. ca. 140°. Durch fraktionierte Dest. sind diese Verbb.

leicht zu isolieren. (**D. A. S. 1 137 431** Kl. 12o vom 19/4. 1961, ausg. 4/10. 1962. E. Prior. 25/4. 1960.) W. Gräger. H 500

Imperial Chemical Industries Ltd., London (Erfinder: Robert Leslie McGindy, Widnes), England, **Herstellung von 2-Brom-2-chlor-1.1.1-trifluoräthan**, dad. gek., daß man 2.2-Dibrom-2-chlor-1.1.1-trifluoräthan mit aus Fe u. Säure (HCl oder CH_3COOH) erhaltenem naszierenden H reduziert. (**D. A. S. 1 135 437** Kl. 12o vom 31/8. 1960, ausg. 30/8. 1962. E. Prior. 9/9. 1959 u. 26/8. 1960.) W. Gräger. H 510

Continental Oil Co., Ponca City, Okla., V.St.A., **Herstellung von Äthylentelomerisaten** durch Rk. von C_2H_4 mit Chlf. oder CCl_4 bei Raum-Temp., unter Druck in Abwesenheit von Hilfs-Fll. oder Lsgm., dad. gek., daß die Rk. unter Einw. von γ-Strahlen durchgeführt wird. Es werden z. B. Gemische von *1.1.1.3-Tetrachlorpropan*, *1.1.1.5-Tetrachlorpentan* u. *1.1.1.7-Tetrachlorheptan* erhalten. Die Rk.-Geschw. läßt sich leicht kontrollieren, u. es treten keine Nebenrkk. auf, so daß höhere Ausbeuten erzielt werden. (**D. A. S. 1 135 873** Kl. 12o vom 2/9. 1960, ausg. 6/9. 1962.) W. Gräger. H 510

E. I. du Pont de Nemours & Co., Wilmington, Del. (Erfinder: Rolf Hugo Muller, Berkeley, Calif.), V.St.A., **Herstellung von Tetrafluoräthylen neben geringen Mengen anderer Fluorkohlenstoffverbindungen** durch Pyrolyse von CHF_2Br (**I**) bei 500—1000°, dad. gek., daß **I** diesen Temp. < 1 Sek., bes. 0,01—0,5 Sek., bes. in einem aus inertem Material (C, Edelmetall, Legg., bes. Ni) bestehenden oder damit ausgekleideten Rohr u. bei in Strömungsrichtung steigender Temp. unter Aufrechterhaltung einer turbulenten Strömung ausgesetzt wird, worauf die Rk.-Prodd. z. B. mittels W. auf < 500° abgeschreckt u. isoliert werden. Man erhält hierbei ein Gasgemisch mit einem Geh. von 86 (%) Tetrafluoräthylen (**I**), 0,1 Hexafluorpropylen, 0,2 Oktafluorcyclobutan, 2,5 CH_2F_2, 1,9 C_2HF_4Br, 2,3 CF_2Br_2, 1,4 C_3HF_6Br, 1,7 $C_2F_4Br_2$, aus dem **I** durch Dest. leicht abgetrennt werden kann. (**D. A. S. 1 147 936** Kl. 12o vom 13/9. 1961, ausg. 2/5. 1963. A. Prior. 14/9. 1960.) W. Gräger. H 520

Pittsburgh Plate Glass Co., Pittsburgh, Pa. (Erfinder: Blaine Otis Pray und Donald Edward Hardies, Wadswoorth, Ohio), V.St.A., **Stabilisierung von Trichloräthylen und Tetrachloräthylen** sowie anderen aliphatischen Halogenkohlenwasserstoffen gegen Zers., z. B. von *Methylchlorid*, *Äthylenchlorid* oder *1.1.1-Trichlorpropan*, durch Verw. von Aldehydhydrazonen der allg. Formel $R_1CH{=}N{-}N(R_2)(R_3)$, in der R_{1-3} entweder H oder gesätt. oder ungesätt. aliphate Reste, bes. Alkylreste mit 1—3 C-Atomen sein können, wobei vorzugsweise die Reste R_{1-3} zusammen 5 C-Atome enthalten, bes. Acetaldehyddimethylhydrazon, in geringen Mengen (0,001—2, bes. 0,01—0,5 Gew.-%, bezogen auf die zu stabilisierende Menge), ggf. zusammen mit anderen stabilisierenden Zusätzen, bes. Phenolen (Phenol, Thymol, Brenzcatechin, p-Kresol, Guajacol, Methylsalicylat, Eugenol, Isoeugenol oder andere bei 180—250° sd. Phenole) Aminen (Di- oder Triäthyl-, Di- oder Tripropyl-, Di- oder Triisopropyl-, Dibutyl-, Di-[sek.-butyl]-, Diisobutyl-, Di- oder Triäthanolamin, Morpholin, N-Methylmorpholin, β-Picolin, Pyridin oder Anilin), Pyrrolen (Methylpyrrol) u. Epoxiden (Äthylen-, 1.2-Propylen-, 1.2- oder 2.3-Butylenoxid, Butadienmono- oder -dioxid, Epichlorhydrin, Glycidol, Iso- oder 2.3-Diisobutylen-, 1.2- oder 2.3-Octylen-, Cyclohexen-, Cyclopenten- oder Styroloxid). Bes. geeignet ist ein Zusatz von Acetaldehyddimethylhydrazon zusammen mit Butylenoxid, 2.3-Epoxypropanol-(1) u. Thymol. Schwierigkeiten bei der Metallentfettung mit Trichloräthylen durch dessen Zers. werden durch diesen Zusatz vermieden. (**D. A. S. 1 138 387** Kl. 12o vom 17/12. 1959, ausg. 25/10. 1962. A. Prior. 9/2. 1959.) W. Gräger. H 520

Distillers Co. Ltd., Edinburgh, Schottland (Erfinder: Frank Christopher Newman, Great Bookham, Surrey, England), **Stabilisierung von 3-Chlorbuten-(1) und bzw. oder 1-Chlorbuten-(2) gegen Polymerisation.** Als Stabilisatoren werden organ. Verbb. mit einer C—S—C- oder C—S—H-Gruppe (Methyl-, Äthyl-, Propyl-, Isopropyl-, Butyl-, Amyl-, Hexyl-, Dodecyl- oder Benzylmercaptan, Thioglykolsäure, Mercaptobenzthiazol oder Thiodiphenylamin) verwendet, die, vorzugsweise in einem inerten Lsgm. (Xylol) gelöst, bes. in Mengen von 0,01—1 Gew.-%, bezogen auf Monochlorbuten, zugesetzt werden. Zweckmäßig wird ein Inhibitor verwendet, der den gleichen oder einen niedrigeren Kp. als die Monochlorbutene besitzt, z. B. Isopropylmercaptan. Ggf. ist noch ein zweiter Inhibitor mit einem höheren Kp. hinzuzufügen, um z. B. im unteren Teil einer Destillierkolonne eine ausreichende Schutz-Wrkg. zu gewährleisten. (**D. A. S. 1 137 728** Kl. 12o vom 27/6. 1959, ausg. 11/10. 1962. **A. P. 3 015 678** vom 23/6. 1959, ausg. 2/1. 1962. Beide E. Prior. 11/7. 1958.) W. Gräger. H 520

Distillers Co. Ltd., Edinburgh, Schottland (Erfinder: Frederick James Bellringer, Leatherhead, Surrey, England), **Stabilisatoren zur Verhinderung der Rückisomerisierung von 3.4-Dichlorbuten-(1) in 1.4-Dichlorbuten-(2).** Verwendet werden organ. Verbb., die eine C—S—H- oder C—S—C-Gruppe enthalten (Methyl-,

Äthyl-, Propyl-, Isopropyl-, Butyl-, Amyl-, Hexyl-, Dodecyl- oder Benzylmercaptan, Thioglykolsäure, Mercaptobenzthiazol oder Thiodiphenylamin), bes. in Mengen von 0,01—1 Gew.-% (bezogen auf das Gew. des Dichlorbutens). Vorzugsweise ist ein Inhibitor zu verwenden, der den gleichen oder einen niedrigeren Kp. als das 3.4-Dichlorbuten-(1) besitzt. (**D. A. S. 1 139 485** Kl. 12o vom 27/6. 1959, ausg. 15/11. 1962. E. Prior. 11/7. 1958.) W. Gräger. H 520

Knapsack-Griesheim Akt.-Ges. (Erfinder: Wilhelm Vogt, Knapsack, Hans Weiden, Köln, Klaus Gehrmann, Bonn, und Kurt Sennewald, Knapsack), **Stabilisierung von 2-Chlorbutadien-(1.3)** gegen ω-Polymerisation. Als Stabilisierungsmittel werden N-Nitrosodiphenylamin (**I**), 1.2-Dichlor-1-nitroäthylen (**II**) oder dimeres Monochlornitroäthylen (**III**) oder deren Gemische, bes. von **II** u. **III**, wie sie durch Rk. von 1.2-Dichloräthylen u. NO_2 nach D. A. S. 1 103 917; C. **1961,** 18126 erhalten werden, zweckmäßig in einem Lsgm., bes. in 2-Chlorbutadien-(1.3), bes. als ca. 10%ig. Lsg., ggf. zusammen mit die α-Polymerisation verhindernden Stabilisatoren (Phenothiazin oder Brenzcatechin-Derivv.) zugesetzt. Es wirken schon Zusätze in Mengen von 0,2°/₀₀ bes. bei erhöhter Temp. bis zu ca. 60°. **I** stabilisiert auch gleichzeitig gegen die α-Polymerisation. (**D. A. S. 1 148 230** Kl. 12o vom 31/1. 1959, ausg. 9/5. 1963.) W. Gräger. H 520

Union Carbide Corp. (Erfinder: Frederick Haring Belden, New York, N.Y., William Walter McManus, Brownsville, Tex., und Wilburn Hood Hoffman, South Charleston, W.Va.), V.St.A., **Acetylen** erhält man durch Oxydation von gesätt. KW-Stoffen, bes. Methan, die bis unter die Zers.-Temp., z. B. 750°, vorerhitzt wurden, mit O_2 oder diesen enthaltenden Gasen, die auf eine Temp. ebenfalls vorerhitzt wurden, bei der bereits Oxydation erfolgt, z. B. auf 650°; beide Ströme werden gemischt u. die teilweise Oxydation wird dann in einer Rk.-Kammer durchgeführt. Dem KW-Stoffstrom wird bes. vor seinem Vorerhitzen 0,1—20% Luft, O_2, mit O_2-angereicherte Luft, Wasserdampf oder deren Mischungen zur Verhinderung der Vorzündung zugesetzt, wodurch die Vorwärme-Temp. u. die Ausbeute an Acetylen erhöht wird. (**D. A. S. 1 148 999** Kl. 12o vom 29/3. 1961, ausg. 22/5. 1963.) G. Krauß. H 530

Badische Anilin- & Soda-Fabrik Akt.-Ges. (Erfinder: Heinrich Pasedach und Roman Fischer), Ludwigshafen/Rh., **Herstellung von Chlorkohlenwasserstoffen der Acetylenreihe** aus den entsprechenden Hydroxyverbb. [Propargylalkohol, Butin-(1)-ol-(3), Pentin-(1)-ol-(3), 3-Methylbutin-(1)-ol-(3), 3-Methylpentin-(1)-ol-(3), 1-Äthinylcyclohexanol-(1), 1-Äthinylcyclooctanol-(1) oder Butin-(1)-ol-(4)], dad. gek., daß man die 1wertigen Acetylenalkohole in Ggw. N.N-dialkylsubstituierter Carbonsäureamide niederer aliphat. Carbonsäuren (N.N-Dimethylformamid oder -acetamid, N.N-Diäthylformamid, N.N-Dibutylpropionamid, N-Formylpyrrolidon) oder N-alkylsubstituierter Lactame (N-Methylpyrrolidon, N-Äthylcaprolactam) mit Phosgen bei mäßig erhöhter Temp. (40—100°) umsetzt, wobei man Phosgen zweckmäßig im Überschuß hält. — Man erhält so *Propargylchlorid*, Kp. 56—59°; *2-Chlorbutin-(3)*, Kp. 68—70°. (**D. A. S. 1 135 893** Kl. 12o vom 19/5. 1961, ausg. 6/9. 1962.) W. Gräger. H 530

Chemische Werke Hüls Akt.-Ges. (Erfinder: Werner Neumann, Wilhelm Dietrich und Karl-Heinz Böminghausen), Marl, Kr. Recklinghausen, **Aufarbeiten eines Trilithiumphosphat-Katalysators** für die Isomerisierung von Alkylenoxiden zu den entsprechenden *Alkenolen* in der Gasphase. Der durch Ablagerungen teerartiger Prodd. inakt. gewordene Katalysator wird zweckmäßig zerkleinert, bei 300—700°, bes. 500°, abgeröstet, in konz. Säure, bes. Mineralsäure (HCl, HNO_3), gelöst, mit überschüssigem, bes. gelöstem Alkalihydroxid (NaOH, KOH, LiOH), zweckmäßig in Ggw. eines wasserlösl. Phosphats (Na_3PO_4), wieder ausgefällt, gewaschen, getrocknet (bei 200° gesintert) u. auf eine Korngröße von ca. 4 mm gebracht. (**D. A. S. 1 139 115** Kl. 12o vom 2/5. 1961, ausg. 8/11. 1962.) W. Gräger. H 560

Rütgerswerke Akt.-Ges., Frankfurt/M. (Erfinder: Rudolf Bemmann und Werner Fickert, Mannheim), **Herstellung von Dichlordiäthylformal,** dad. gek., daß man Äthylenoxid u. HCl als Gas oder in gelöster Form in Ggw. von Äthylenchlorid zur Rk. bringt, darauf CH_2O zusetzt u. schließlich aus dem Rk.-Gemisch in bekannter Weise das W. auskreist, sowie Äthylenchlorid u. nicht umgesetztes Äthylenchlorhydrin durch fraktionierte Dest, entfernt. HCl wird vorteilhaft im Überschuß u. CH_2O im Unterschuß angewendet. (**D. A. S. 1 136 684** Kl. 12o vom 23/1. 1960, ausg. 20/9. 1962.) G. König. H 570

Badische Anilin- & Soda-Fabrik Akt.-Ges. (Erfinder: Matthias Seefelder und Hans Urbach), Ludwigshafen/Rh., **Herstellung von Schwefelsäurevinylalkylestern** der Formel $CH_2{=}CH{-}O{-}SO_2{-}O{-}R$, in der R einen ggf. inerte Substituenten enthaltenden Alkylrest mit 1—8 C-Atomen bedeutet, dad. gek., daß man

Schwefelsäuremonoalkylester HO—SO_2—O—R in Ggw. von Hg-Verbb. (Hg-Acetat, -Propionat, -Oxid oder -Sulfat), ggf. in einem inerten Lsgm. (Bzl., Toluol, Xylol, Dioxan, Äthylenglykoldimethyläther, N-Methylpyrrolidon) mit C_2H_2 umsetzt, zweckmäßig in Ggw. eines Polymerisationsinhibitors, wie Hydrochinon oder Phenothiazin. Als Ausgangsstoffe sind z. B. die Schwefelsäurehalbester folgender Alkohole geeignet: CH_3OH, Ä., Propanol, Butanol, 2-Äthylhexanol, 2-Chlor-, 2-Brom- oder 2-Nitroäthanol oder Glykolmonomethyläther. Die exotherme Rk. wird zweckmäßig bei 20—50° durchgeführt. — Man erhält so den *Äthylester*, $Kp._{20}$ 86—90°, n_D^{20} 1,4070; *n-Propylester*, $Kp._1$ 45—50°; *Methylester*, $Kp._{18}$ 66—70°; *Butylester*, $Kp._2$ 68°. — Geeignet zur *Herst. von Polymerisaten* oder Mischpolymerisaten, z. B. mit Vinylacetat, Acrylnitril oder Styrol, oder von *Textilhilfsmitteln* oder *Pflanzenschutzmitteln*. (**D. A. S. 1 138 036** Kl. 12o vom 29/6. 1961, ausg. 18/10. 1962.) W. Gräger. H 590

Böhme Fettchemie G. m. b. H., Düsseldorf (Erfinder: Johann Heinrich Helberger, München, und Horst Baumann, Berlin), **Salze organischer Disulfon- und Sulfonsulfinsäuren** werden hergestellt durch Rk. von mindestens 2 Mol eines in W. lösl. organ. oder anorgan. Hydrogensulfits mit 1 Mol einer ungesätt. organ. Verb. mit einer nichtaktivierten olefin. Doppelbindung oder acetylen. Dreifachbindung unter oxydierenden Bedingungen, ggf. in Ggw. von Katalysatoren. Ggf. kann nachoxydiert werden. — Zu 138 Gew.-Teilen $K_2S_2O_5$ in 50 Gew.-Teilen W. gibt man bei 20—30° 35 (Vol.-Teile) Allylalkohol u. rührt so, daß stets Luftblasen in der Lsg. sind. Nach 3 Std. säuert man mit 30%ig. H_2SO_4 an, zieht das SO_2 ab u. neutralisiert genau mit 2n KOH, engt im Vakuum ein, gibt 50—100 A. zu u. saugt vom K_2SO_4 ab. Das Filtrat konz. man auf 120—150 u. gibt 200—300 A. zu → 125—130 Gew.-Teile *1-Hydroxypropan-2-sulfinsäure-3-sulfonsäure, Dikaliumsalz*, $C_3H_6K_2O_6S_2$ (90—94% Ausbeute), als Nebenprod. erhält man *Dikalium-1-hydroxypropan-2.3-disulfonat*, $C_3H_6K_2O_7S_2$, das auch aus dem Hauptprod. durch Oxydation mit 30%ig. H_2O_2 erhalten wird. — Analog: *Dinatrium-1-hydroxypropan-2.3-disulfonat, Dihydrat*, $C_3H_{10}Na_2O_9S_2$; — Allylalkoholmonoglykoläther u. $K_2S_2O_5$ → *1-Hydroxy-3-oxahexan-5-sulfinsäure-6-sulfonsäure, Dikaliumsalz* (90%), hieraus mit H_2O_2 → *Dikalium-1-hydroxy-3-oxahexan-5.6-disulfonat* (80%) (im Original irrtümlich falsche Formeln. Der Referent). — Buten-(2)-diol-(1.4) u. $K_2S_2O_5$ → *1.4-Dihydroxybutan-2-sulfinsäure-3-sulfonsäure, Dikaliumsalz* (70%), hieraus mit H_2O_2 → *Dikalium-1.4-dihydroxybutan-2.3-disulfonat*, $C_4H_8K_2O_8S_2$ (95—100%). — Äthylen u. $K_2S_2O_5$ → *Äthan-1-sulfinsäure-2-sulfonsäure, Dikaliumsalz*, hieraus mit H_2O_2 → *Dikaliumäthan-1.2-disulfonat*. Aus vorst. Verb. mit PCl_5 → Äthan-1.2-disulfochlorid, F. 92°. — Propylen u. $K_2S_2O_5$ → *Propan-2-sulfinsäure-3-sulfonsäure, Dikaliumsalz*, hieraus mit H_2O_2 → *Dikaliumpropan-1.2-disulfonat*. Aus vorst. Verb. mit PCl_5 → Propan-1.2-disulfochlorid, F. 47—49°. — Diisobutylen u. $(C_2H_5)_3NH \cdot HSO_3$ → *Diisobutansulfinsäuresulfonsäure, Ditriäthylammoniumsalz*, hieraus mit KOH das *Dikaliumsalz* (80%), aus diesem mit H_2O_2 → *Dikaliumdiisobutandisulfonat*. — Propargylalkohol u. $K_2S_2O_5$ → *1-Hydroxypropen-(2)-2-sulfinsäure-3-sulfonsäure, Dikaliumsalz* (60%), hieraus mit H_2O_2 → *Dikalium-1-hydroxypropen-(2)-2.3-disulfonat*, $C_3H_4K_2O_7S_2$. — Analog aus 1.4-Butindiol → *1.4-Dihydroxybuten-(2)-2-sulfinsäure-3-sulfonsäure, Dikaliumsalz* u. *Dikalium-1.4-dihydroxybuten-(2)-2.3-disulfonat*. — $(C_2H_5)_3NH \cdot HSO_3$ u. Acetylen → *Äthen-1-sulfinsäure-2-sulfonsäure, Dikaliumsalz* (Sirup), hieraus mit H_2O_2 → *Dikaliumäthen-1.2-disulfonat*. — *Zwischenprodukte*. (**D. A. S. 1 117 565** Kl. 12o vom 26/2. 1959, ausg. 23/11. 1961.) A. Debo. H 600

Badische Anilin- & Soda-Fabrik Akt.-Ges., Ludwigshafen/Rh. (Erfinder: Horst Kerber, Mannheim, und Alfred Landgraf, Ludwigshafen), **Herstellung von Aldehyden** durch die Oxo-Synthese. Man setzt Olefine mit CO + H_2 unter erhöhtem Druck bei erhöhter Temp. in Ggw. von Co-Carbonyl-Verbb., die außerhalb der Oxo-Rk.-Zone erzeugt u. durch das Gasgemisch in diese eingeführt werden, in der Weise um, daß man nur einen Teil des Gemisches aus CO u. H_2 direkt in die Rk.-Zone leitet, den anderen Teil unter einem Druck, der gegenüber dem in der Rk.-Zone um bis zu ca. 40 at erhöht ist, in der Katalysator-Bldg.-Zone mit den Co-Carbonylen belädt u. dann in die Rk.-Zone einbringt. Dadurch läßt sich die Menge in der Rk.-Zone leicht genau regeln. Bei der Entfernung von Co aus den Oxo-Prodd. setzt sich alles Co als lockeres Pulver ab. — Verf.-Schema. (**D. A. S. 1 135 879** Kl. 12o vom 26/5. 1959, ausg. 6/9. 1962.) A. Jahn. H 660

Farbwerke Hoechst Akt.-Ges., vormals Meister Lucius & Brüning (Erfinder: Edgar Fischer und Hans-Dieter Hermann), Frankfurt/M., **Reinen Formaldehyd**, bes. alkoholfreien, erhält man durch therm. Spaltung von Halbacetalen, indem die dabei auftretenden alkoholhaltigen HCHO-Dämpfe durch eine am Kopfende mit einem Rückflußkühler versehene Kolonne geleitet werden, in deren oberen Teil als Hilfs-Fl., die zwischen ca. 80 u. 180° u. tiefer siedet als der abzutrennende Alkohol, ein

aliphat. gerader oder verzweigter KW-Stoff, ein ggf. alkylsubstituierter cycloaliphat. KW-Stoff oder ein KW-Stoffgemisch eingebracht wird. Bevorzugte Hilfs-Fll. sind: Decan, Isodecan, Nonan, Isononan, Octan, Isooctan, Heptan, Cyclohexan, Methylcyclohexan. — 3 Zeichnungen (**D. A. S. 1 138 752** Kl. 12o vom 19/12. 1958, ausg. 31/10. 1962. **E. P. 904 089** vom 21/12. 1959, ausg. 22/8. 1962. D. Prior. 19/12. 1958.)
A. Jahn. H 670

Chemische Werke Hüls Akt.-Ges. (Erfinder: Waldemar Günther), Marl, **Monochloracetaldehyd** (**I**) erhält man durch Erhitzen von Monochloräthylencarbonat (**II**) in fl. Phase auf 100—250°, bes. in Ggw. von Salzen tert. bzw. quart. N-Basen, wie $C_6H_5N(C_2H_5)_2 \cdot HCl$, Pyridin·HCl, $(C_2H_5)_4N \cdot Br$ (**III**) in Mengen von 0,1 bis 0,5%. — 612 g **II** werden mit 0,5 g **III** auf 140° erhitzt u. am Kopf des Dest.-Aufsatzes bei 70° **I** u. CO_2 erhalten. **I** wird in mit HCl schwach angesäuertes n-Butanol eingeleitet u. dabei das *I-Dibutylacetal* erhalten. (**D. A. S. 1 136 996** Kl. 12o vom 20/6. 1961, ausg. 27/9. 1962.)
A. Jahn. H 670

Eastman Kodak Co., Rochester, N.Y. (Erfinder: Hugh John Hegemeyer jun. und Howard Nolan Wright jun., Longview, Tex.), V.St.A., **Herstellung α.β-ungesättigter, verzweigter aliphatischer Aldehyde durch Aldolkondensation** eines in 2-Stellung verzweigten, gesätt., aliphat. Aldehyds mit einem geradkettigen, gesätt., aliphat. Aldehyd u. nachfolgender Wasserabspaltung. Man führt die Aldol-Kondens. in Ggw. von W. u. Alkali so durch, daß die Konz. der durch Cannizzaro-Rk. (**I**) unter Beteiligung des Alkali gebildeten Carbonsäurealkalisalzes in der wss. Phase durch Zufuhr von W. $< 10\%$, bes. $< 5\%$ gehalten wird. Hält man die als Nebenrk. ablaufende **I** nicht unter Kontrolle, so erhält man bei der Kondens. von n- u. iso-Butyraldehyd in Ggw. von NaOH (2%ig) eine Ausbeute an *2-Äthylhexen-(2)-al-(1)* u. 2-Äthyl-4-methylpenten-(2)-al-(1) von 53,9% gegenüber 87,7% nach dem neuen Verfahren. (**D. A. S. 1 149 344** Kl. 12o vom 11/3. 1959, ausg. 30/5. 1963. A. Prior. 7/4. 1958.) A. Jahn. H 670

Shell Internationale Research Mij. N. V., Den Haag, Niederlande (Erfinder: John Walter Mecorney, Lafayette, und Ellis Ross White, Oakland, Calif., V.St.A.), **Herstellung von in β-Stellung durch eine Äthergruppe substituierten Propionaldehyden.** Man addiert einen Alkohol bei ca. 25—60° an Acrolein (**I**) in Ggw. eines Monoaminsalzes der H_3PO_4 mit einem KW-Stoffamin, dessen KW-Stoffrest 1—7 C-Atome enthält bzw. mit Pyridin als Katalysator u. in Ggw. von $< 10\%$ W.; bes. verwendet man mindestens 1,5, bes. > 20 Mol eines 1 wertigen prim. oder sek. Alkohols. — Man setzt A. u. **I** im Mol-Verhältnis 3,2 : 1 in Ggw. von 3,2 Gew.-% Mono-[triäthylamin]-phosphat u. 3,5 Gew.-% W. 130 Std. bei 40° um u. erhält *β-Äthoxypropionaldehyd* in 93%ig. Ausbeute, bezogen auf **I**. — Weitere Katalysatoren: Mono-[triallylamin]- u. Mono-[triamylamin]-phosphat. (**D. A. S. 1 138 028** Kl. 12o vom 30/11. 1959, ausg. 18/10. 1962. **E. P. 879 555** vom 30/11. 1959, ausg. 11/10. 1961. Beide A. Prior. 2/12. 1958.)
A. Jahn. H 690

Distillers Co. Ltd., Edinburgh, Schottland (Erfinder: Richard Norman Lacey, Hull, England), **Herstellung eines ungesättigten Ketons** der allg. Formel $(R_1)(R_2)C{=}CH \cdot CH_2 \cdot CH_2 \cdot CO \cdot R_3$ durch Decarboxylierung eines Allylacetoacetats der allg. Formel **I** in Ggw. einer organ. Al-Verb. als Katalysator bei erhöhter Temp., dad. gek., daß eine Al-Verb. der allg. Formel **II** (R_1 u. R_2 = H oder Alkylreste, R_3 = Alkylrest u. mindestens einer der Reste R_4 u. R_5 = Alkylrest, während der andere ein Alkyl- oder Alkoxyrest ist), bes. Al-Tri-(acetylacetonat), -(methylacetoacetat) oder -(äthylacetoacetat), bei 100—300°, bes. 140—170°, verwendet wird. 82—84%ig. Ausbeute, z. B. bei der Herst. von *Methylheptenon* aus Methylbutenylacetoacetat. (**D. A. S. 1 146 048** Kl. 12o vom 23/12. 1959, ausg. 28/3. 1963. E. Prior. 14/1. 1959.)
W. Gräger. H 710

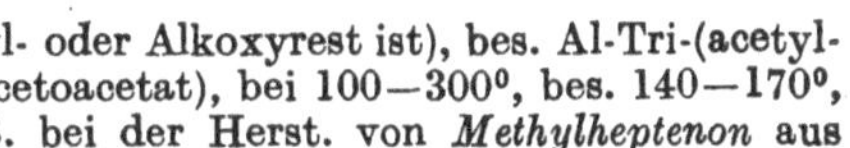

Badische Anilin- & Soda-Fabrik Akt.-Ges., Ludwigshafen/Rh. (Erfinder: Emil Germann, Mannheim), **Kontinuierliche Herstellung von Ameisensäuremethylester** durch Rk. von CH_3OH mit CO in Ggw. von katalyt. Mengen eines Alkali- oder Erdalkalidimethylats bei erhöhtem Druck u. erhöhter Temp. in einem senkrecht stehenden kühlbaren Rk.-Raum, in dem CH_3OH u. CO im Gegenstrom zueinander geführt werden u. die Rk. in mindestens 2 aufeinanderfolgenden, durch abnehmende Temp. gekennzeichneten Zonen durchgeführt wird, dad. gek., daß man CO in mindestens 2 Teilströme aufteilt, die dem Rk.-Raum in verschiedener Höhe zugeführt werden u. das Mengenverhältnis der Teilströme von Zeit zu Zeit kurzfristig ändert. Bes. erhöht man die Menge des Rk.-Gemisches, die man dem Rk.-Raum laufend entnimmt, von Zeit zu Zeit kurzfristig. (**D. A. S. 1 147 214** Kl. 12o vom 16/3. 1961, ausg. 18/4. 1963.)
O. Müller-Meiningen. H 810

Farbwerke Hoechst Akt.-Ges. vormals Meister Lucius & Brüning, Frankfurt/M. (Erfinder: Josef Kaupp und Erich Hambsch, Gersthofen), **Herstellung von Trichloräthylolamiden der chlorierten Essigsäuren** der allg. Formel $Cl_nH_{3-n}C-CONH-CHOH-CCl_3$, wobei n = 1, 2 oder 3 bedeutet, durch Umsetzung von Mono-, Di- oder/u. Trichloracetamid mit wasserfreiem Chloral in Ggw. organ. Lsgm. sowie katalyt. Mengen einer starken Säure. — Beispiel: 2550 (g) Toluol u. 374 Monochloracetamid werden unter Rühren mit 1032 Chloral u. 0,5 konz. H_2SO_4 versetzt u. 6 Std. unter Rückfluß erhitzt. Nach dem Erkalten wird filtriert u. mit CCl_4 gewaschen. *Monochloressigsäuretrichloräthylolamid*, F. 134—36°. Weitere Beispiele: *Dichloressigsäuretrichloräthylolamid*, F. 123°; *Trichloressigsäuretrichloräthylolamid*, F. 124°. (**D. A. S. 1 126 404** Kl. 12q vom 17/8. 1960, ausg. 29/3. 1962.) R. Bauereis. H 810

Henkel & Cie. G. m. b. H. (Erfinder: Werner Stein), Düsseldorf, **Herstellung von Salzen aliphatischer Dicarbonsäuren** bzw. der freien Säuren, dad. gek., daß $\alpha.\omega$-Chlorfettsäurenitrile, -amide, -ester, freie ω-Chlorfettsäuren, die mindestens 5 C-Atome enthalten, bes. in Ggw. eines Lsgm., mit in wss. Lsg. bas. reagierenden anorgan. Verbb., bes. Alkali- oder Erdalkalioxiden, -hydroxiden oder -carbonaten, auf 200—400°, bes. 220—350°, erhitzt u. ggf. die Säuren, bes. durch fraktioniertes Ansäuern ihrer Salz-Lsg., isoliert werden. Es werden ätherfreie Säuren bei Verw. von wenigstens 3,5, bes. mindestens 4,5 (Mol), Alkali je 1 Ausgangs-Prod. bei einem Wasser-Geh. des Rk.-Gemisches von wenigstens 35 Gew.-% u. bei 250—350°, Ätherdicarbonsäuren durch Rk. von 2—5, bes. 2,2—5 Alkali je 1 Ausgangs-Prod., bei einem Wasser-Geh. des Gemischs von maximal 35, bes. 10—30 Gew.-%, bei 200—280°, bes. 220—280°, erhalten. — Beispiele: ω-Chlorpelargonsäure → *Azelainsäure*. — ω-Chlorvaleriansäure → *Glutarsäure* neben Ätherdicarbonsäure. (**D. A. S. 1 138 385** Kl. 12o vom 16/7. 1959, ausg. 25/10. 1962.) O. Müller-Meiningen. H 820

Henkel & Cie. G. m. b. H. (Erfinder: Horst-Jürgen Krause), Düsseldorf, **Herstellung von Gemischen höhermolekularer $\alpha.\omega$-Hydroxynitrile (I) und ihrer Ester,** dad. gek., daß $\alpha.\omega$-Chlornitrile, in denen das Cl-Atom an ein prim. C-Atom gebunden ist, bes. $\alpha.\omega$-Chlorpolymethylennitrile $C_5—C_{23}$, bes. $C_7—C_{19}$, oder C_2H_4-Telomerisate mit ClCN in Ggw. von Ätheralkoholen, bes. Glykol- oder Polyglykolmonoäthern mit Alkoholen $C_1—C_4$, z. B. Äthylenglykolmonomethyläther, als Lsgm. mit Alkalisalzen gesätt. Fettsäuren, bes. $C_1—C_{10}$, in Ggw. von 0,1—1 Gew.-% eines Alkalibromids oder -jodids (bezogen auf das Chlornitril) bei 60—250°, bes. 100—160°, umgesetzt werden. Im Rk.-Prod. enthaltene Ester werden bes. durch Umesterung mit einem niedrigsd. Alkohol in die entsprechenden **I** übergeführt, während im Rk.-Prod. vorhandene **I** mit einer Carbonsäure oder ihrem Anhydrid verestert werden können. (**D. A. S. 1 138 029** Kl. 12o vom 12/5. 1959, ausg. 18/10. 1962.) O. Müller-Meiningen. H 850

Friedrich Uhde G. m. b. H., Dortmund (Erfinder: Hans Himmelrich, Bischofsheim bei Hanau), **Kontinuierliche Kristallisation von Harnstoff** (**I**) bei erhöhter Temp. u. erhöhtem Konz.-Grad, dad. gek., daß eine ca. 90%ig. **I**-Lsg. von 106° in ein Kristallisationsgefäß eingeleitet wird u. durch Einblasen von 200—400 Nm^3/Std. Luft pro t krist. **I** ein Großteil des Gesamt-**I**-Anteils bei ca. 100° auskrist. wird. Die Mutterlauge wird in den Kreislauf zurückgeführt. (**D. A. S. 1 136 694** Kl. 12o vom 1/7. 1960, ausg. 20/9. 1962.) G. König. H 880

Forschungsinstitut für Pigmente und Lacke e. V. (Erfinder: Gerhardt Hägele und Karl Hamann), Stuttgart, **Herstellung von ungesättigten Urethanen** durch Halogenwasserstoffabspaltung aus Carbaminsäure-[β-halogenalkyl]-estern mit Basen, bes. Alkalialkoholaten. — Beispiel: Zu einer Mischung aus 12,5 g Kalium-tert.-butylat u. 100 ml abs. Tetrahydrofuran werden unter Rühren u. Kühlung 25 g N-Diäthylcarbaminsäure-β-bromäthylester zugetropft. Nach 2 Std. Rühren bei 0—5° u. 1 Std. bei 20—25° wird bei 0° mit Acetylchlorid neutralisiert, der Nd. abgesaugt u. die Lsg. im Vakuum fraktioniert, *N-Diäthylcarbaminsäurevinylester*, $Kp._{44}$ 85—87°. — Weitere Beispiele: *Vinylurethan*, $Kp._{34}$ 71°; *N-Dimethylcarbaminsäurevinylester*, $Kp._{704}$ 151—154°; *Zwischenprodukte*. (**D. A. S. 1 144 257** Kl. 12o vom 10/10. 1959, ausg. 28/2. 1963.) R. Bauereis. H 880

Badische Anilin- & Soda-Fabrik Akt.-Ges. (Erfinder: Hans Haas, Hans Schmidt und Hans-Joachim Große), Ludwigshafen/Rh., **Herstellung von trockenem Natriumcyanid** aus feuchtem Salz durch dielektr. Erwärmung in einem Hochfrequenzfeld bei geringem Unterdruck. Der entstehende Wasserdampf wird unmittelbar durch einen schwachen Luftstrom abgeführt. (**D. A. S. 1 149 338** Kl. 12k vom 5/8. 1961, ausg. 30/5. 1963.) H. Roos. H 890

Farbenfabriken Bayer Akt.-Ges., Leverkusen (Erfinder: Carl Taube, Leverkusen, und Klaus Böckmann, Köln), **Herstellung von polyquaternären Ver-**

bindungen durch Erwärmen monohalogenierter tert. Amine der allg. Formel $(R_1,R_2)\cdot N-R_3-X$, worin R_1 u. R_2 gleiche oder verschiedene KW-Stoffreste, die ggf. ringgeschlossen sind, u. R_3 einen ggf. Heteroatome enthaltenden KW-Stoffrest bedeuten, während X für Halogen steht, in Ggw. von W. in heterogenem Syst., dad. gek., daß man das Diäthylchloräthylaminhydrochlorid (I) u. NaOH in äquivalenten Mengen einsetzt, wobei die angewandte Menge W. etwa das Dreifache der Menge an I beträgt. (**D. A. S. 1 131 694** Kl. 12q vom 9/11. 1960, ausg. 20/6. 1962. **Zusatz zu D. A. S. 1 126 396; C. 1962, 17219.**) R. Bauereis. H 910

Hercules Powder Co., Wilmington (Erfinder: Dewey Robert Levering, Wilmington, und Lucien Garnett Maury, Newark), Del., V.St.A., **Herstellung von Hydrazinen** durch Red. von Nitrosaminen, dad. gek., daß diese, bes. $(CH_3)_2N-NO$, die durch Fraktionieren über eine 4bödige Kolonne u. dgl. gereinigt wurden, in Ggw. eines Pd-, Pt-, Rh-, Ni-, Co- oder Ir-Katalysators mit einer spezif. Oberfläche von $\geqq 15\ m^2/g$ bei 20—75° u. 3,5—700 at mit H_2 red. werden. (**D. A. S. 1 138 402** Kl. 12q vom 16/1. 1957, ausg. 25/10. 1962.) O. Müller-Meiningen. H 910

Olin Mathieson Chemical Corp., New York (Erfinder: Daniel J. Jaszka, Tonawanda), N.Y., V.St.A., **Herstellung von unsymmetrischen Dialkylhydrazinen** durch Red. von Dialkylnitrosaminen mit nicht $\leqq 5$ C-Atomen je Alkylrest, bes. von $(CH_3)_2N-NO$ (I) mit H_2 unter Druck in Ggw. eines Ni-Katalysators, bes. Raney-Ni, in fl. Phase u. ggf. in Ggw. eines Lsgm., bes. von W., bei 0—100, bes. 20—100°, dad. gek., daß der Katalysator vor seiner Verw. mindestens ca. 5 Min. in Abwesenheit von H_2 u. ohne Druck bei der Rk.-Temp. mit I in Berührung gebracht wird. (**D. A. S. 1 138 789** Kl. 12q vom 18/5. 1960, ausg. 31/10. 1962. A. Prior. 27/5. 1959.)
O. Müller-Meiningen. H 910

Farbwerke Hoechst Akt.-Ges. vormals Meister Lucius & Brüning, Frankfurt/M. (Erfinder: Ludwig Orthner, Frankfurt/M., Martin Reuter, Kronberg, Franz Jakob, Hofheim, und Erhard Wolf, Frankfurt/M.), **Herstellung von wasserlöslischen Alkanolaminverbindungen** von Elementen der IV. Gruppe des Period. Syst. durch Umsetzung von Alkanolaminen mit Halogeniden dieser Elemente mit einem Atom-Gew. von 28—119 in Ggw. von Ammoniak u. indifferenten Lösungsmitteln. — Beispiel: 60 g Triäthanolamin u. 400 ml Chlf. werden unter Einleiten von NH_3 zum Sieden erhitzt u. mit 57 g $TiCl_4$ in 400 ml Chlf. versetzt. Nach Filtration wird das Lsgm. abgedampft: *Triäthanolamintitanat*. Weitere Beispiele: *Triäthanolaminzirkonat*; *Tetrahydroxyäthyläthylendiaminzirkonat*; *Siliciumtriäthanolaminkomplex*; *Zinn(IV)-triäthanolaminkomplex*; *Methylzinnsäuretriäthanolaminester*; *Dibutylzinnsäure-N-methyldiäthanolaminester*; *Germaniumsäuretriäthanolaminester*. (**D. A. S. 1 124 047** Kl. 12q vom 9/10. 1959, ausg. 22/2. 1962.) R. Bauereis. H 920

Phrix-Werke Akt.-Ges., Hamburg (Erfinder: Dominik Mastaglio, Neumünster), **Herstellung von Diaminoketonen** durch Erhitzen von polymeren oder monomeren Lactamen oder entsprechenden ω-Aminocarbonsäuren in Ggw. einer, bezogen auf vorhandenes Lactam oder ω-Aminocarbonsäure, etwa äquimol. Menge von CaO oder $Ca(OH)_2$, allenfalls in Mischung mit einem Alkalihydroxid, oder der Calciumsalze von ω-Aminocarbonsäuren unter O-Ausschluß auf mindestens 200° u. Dest. des gebildeten Diaminoketons. — Beispiele: *1.11-Diaminoundecanon-(6)*, $Kp._{0,02}$ 90°, *Sulfat*, F. 255° (Zers.), *Semicarbazon*, F. 250° (Zers.), *Dibenzoylderiv.*, F. 128°, *Sebacinat*, F. 128°; *1.13-Diaminotridecanon-(7)*. — *Modifikatoren für Hochpolymere, Mittel zur Erhöhung der Oberflächenspannung*. (**D. A. S. 1 131 697** Kl. 12q vom 14/4. 1960, ausg. 20/6. 1962.)
R. Bauereis. H 940

Allied Chemical Corp., New York, N.Y. (Erfinder: Robert L. Formanini, Petersburg, und Elvin K. Brakebill, Chester, Va.), V.St.A., **Herstellung von 6-Aminocapronsäure** (I) durch Hydrolyse von monomerem oder polymerem Caprolactam mit H_2SO_4-Überschuß u. Neutralisation, dad. gek., daß I-Sulfat aus dem Hydrolysat auskrist., das Kristallisat neutralisiert u. anschließend auf I aufgearbeitet wird. Die Neutralisation erfolgt bes. mit CaO. — Verf.-Schema. (**D. A. S. 1 137 743** Kl. 12q vom 14/3. 1961, ausg. 11/10. 1962. A. Prior. 18/3. 1960.) O. Müller-Meiningen. H 950

American Cyanamid Co., New York, N.Y. (Erfinder: George Washington Anderson, Upper Saddle River, N.J., und Richard William Young, Riverside, Conn.), V.St.A., **Herstellung von Peptiden oder Polypeptiden** der allg. Formel R—CO—NH—R′ (R u. R′ = gleiche oder verschiedene Aminosäure-, Peptid- oder Polypeptidreste) unter Verw. von Phosphiten, dad. gek., daß man 1 (Mol) einer N-blockierten Aminosäure oder eines N-blockierten Peptids mit mindestens einer freien COOH-

Gruppe mit 1 einer Aminosäure oder eines Peptids mit mindestens einer freien Aminogruppe, dessen COOH-Gruppe blockiert ist, in Ggw. von a) ca. 1 eines Dialkylenpyrophosphits, eines Dialkylalkylenpyrophosphits oder eines Tetraalkylpyrophosphits u. in Ggw. von ca. 0,75—1,25 eines Imidazols umsetzt, wobei man die Rk.-Komponenten in beliebiger Reihenfolge, ggf. gleichzeitig, zusetzt, oder b) in Ggw. von ca. 1 eines Phosphorigsäure-N-imidazolids der allg. Formel I (R″ u. R‴ = niedrigmol. KW-Stoffreste, ggf. zusammen eine Alkylen- oder o-Phenylengruppe bildend) umsetzt. — Man läßt z. B. ein Rk.-Gemisch aus 2,09 (Teilen) Carbobenzoxyglycin (II), 2,31 dl-Phenylalanin-tert.-butylester, 0,68 Imidazol u. 2,84 Tetraäthylpyrophosphit (III) als Lsgm. 2 Std. bei Raum-Temp. stehen, fällt das *Dipeptid* mit 40 W. als Öl, das man krist., mit 10 W., 10 wss. $NaHCO_3$-Lsg. (5%ig) u. 10 W. wäscht, Ausbeute 50,5% (31,5%, in Klammern ohne Imidazolzusatz); analog erhält man Dipeptide aus 1 tert.-Butyloxycarbonyl-*l*-leucinhydrat, 1 Glycinäthylesterhydrobromid in Diäthylphosphit (IV), 2,2 III (Überschuß zur Bindung von H_2O) u. ausreichend Trimethylphosphit (V) zur Bindung von HBr, Ausbeute 82% (71,5%); aus tert.-Butyloxycarbonyl-*l*-prolin u. *l*-Phenylalaninmethylesterhydrobromid mit III u. IV; Ausbeute 75% (65%); aus 1,65 *l*-Phenylalanin, 3,59 p-Nitrophenyl-tert.-butylcarbonat u. 2,65 Na_2CO_3 in 20 wss. tert.-Butylalkohol (50%ig) → tert.-Butyloxycarbonyl-*l*-phenylalanin; daraus mit 1 (Mol) Glycinäthylesterhydrobromid, 1 Imidazol, 1 III, 2,5 V u. ca. $2^1/_3$ IV → tert.-Butyloxycarbonyl-*l*-phenylalanylglycinäthylester, daraus mit HBr → *l*-Phenylalanylglycinäthylesterhydrobromid; daraus mit mol. Mengen von II, III, einem kleinen Überschuß von V in IV → *Carbobenzoxyglycyl-l-phenylalanylglycinäthylester*, Ausbeute 68% (50—55%); aus II u. *l*-Tyrosinäthylester, 1,1 III, genügend IV zur Verdünnung u. 1 (optimal) Imidazol, Ausbeute 87% (65%), bei Verw. von N-Methylimidazol 90%; aus 1 II u. 1 III in IV → Aminosäurephosphorsäureanhydrid; daraus mit 1 *l*-Tyrosinäthylester u. 1 Imidazol → *Dipeptid*, Ausbeute 86%; ähnliche Ausbeuten mit 0,01 Imidazol u. Diäthylenpyrophosphit bzw. Diäthyläthylenpyrophosphit statt III; aus dem Rk.-Prod. von 1 Imidazol u. 1 III mit äquimol. Mengen von II u. *l*-Tyrosinäthylester in IV → Ausbeute 92%. Die neuen Imidazole nach Meth. b) gewinnt man z. B. aus 0,05 Imidazol, 0,05 Triäthylamin in 75 ml trockenem Bzl. durch Rk. mit 0,05 Phosphorigsäureäthylenesterchlorid im Eisbad → Phosphorigsäureäthylenesterimidazolid bzw. durch Verw. von Phosphorigsäure-[o-phenylenester]-chlorid → Phosphorigsäure-[o-phenylenester]-imidazolid. Mit diesen Verbb. erhält man Ausbeuten an Carbobenzoxyglycyl-*l*-tyrosinäthylester von 91 bzw. 75%. — Herst. von *Polypeptiden* u. *Heilmitteln*. (**D. A. S. 1 135 003** Kl. 12q vom 16/9. 1959, ausg. 23/8. 1962. A. Prior. 16/9. 1958.) G. Vogel. H 950

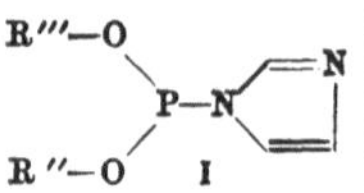

I

Friedrich Cramer (Erfinder: Friedrich Cramer, Darmstadt, und Manfred Georg Winter, Griesheim), **Herstellung von Carbamylphosphaten** der allg. Formel I R′—O—P(O)—O—CO—NH—R″ [R′—O— = freie oder veresterte Hydroxygruppe
$\dot{O}^-B^+$
oder der Rest —O—CO—NH—R″ (R″ = ggf. substituierte Alkyl-, Aralkyl- oder Arylgruppe), B^+ = Metallion oder ein sich von einem aliphat. oder aromat., tert. Amin ableitendes Ammoniumion], dad. gek., daß man ein Isocyanat der allg. Formel R″—N=C=O, bes. bei $< 80^0$, mit einem Phosphat der allg. Formel R′—O—P(O)—OH (R′—O—
$\dot{O}^-B^+$
= freie oder veresterte Hydroxygruppe oder die Gruppierung $—O^-B^+$) umsetzt. Vorteilhaft verwendet man Salze der H_3PO_4 mit tert. Aminen. p-Chlorphenylphosphorsäure, Triäthylamin u. Acetonitril werden mit Butylisocyanat gemischt, wobei die Temp. auf 60—70⁰ ansteigt. Unter Kühlung auf —20⁰ krist. das gemischte Anhydrid aus. Nach dem Waschen mit Ae., kaltem Acetonitril erhält man das *Triäthylammoniumsalz des N-n-Butylcarbamyl-O-p-chlorphenylphosphates* ($C_{17}P_{30}ClN_2O_5P$), F. 93⁰ (Bzl.). Auf analoge Weise erhält man ferner folgende „Triäthylammoniumsalze des N-n-Butylcarbamyl-O-": -monomethylglykolphosphates ($C_{14}H_{33}N_2O_6P$), Syrup; -β-D-1.2.3.4-tetraacetylglucose-6-phosphates, Sirup; -adenosin-5-phosphates. Folgende Verbb. werden analog hergestellt: Monotriäthylammoniumsalz des N-n-Butylcarbamylphosphates, Kaliumsalz des N-n-Butylcarbamyl-O-phenylphosphates ($C_{11}H_{15}KNO_5P$); Pyridiniumsalz des N-Phenylcarbamyl-O-phenylphosphates. Wie alle Carbamylphosphate ergeben sie mit H_3PO_3: Pyrophosphate. Zwischenprodd. für die Synth. von *pharmazeut. Prodd.*, *Desinfektions-* u. *Pflanzenschutzmittel*. (**D. A. S. 1 137 429** Kl. 12o vom 21/4. 1959, ausg. 4/10. 1962.) G. König. H 980

Dow Chemical Co., Midland, Mich. (Erfinder: Albert Louis Rocklin, Walnut Creek, Calif.), V.St.A., **Halogenierte o-Benzochinone** der allg. Formel I (X = Cl u./oder Br) erhält man durch Rk. eines Phenols der allg. Formel II mit bekannten

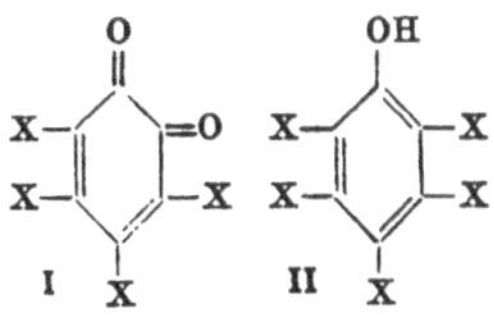

Oxydationsmitteln, bes. HNO_3, die ggf. auch in situ erzeugt werden kann, in inerten organ. Lsgm. (aliphat. oder aromat. KW-Stoffen, NO_2- oder Halogen-Derivv. dieser KW-Stoffe oder Gemische von 2 oder mehreren dieser Lsgm.), bes. einem fl. Lsgm., dessen Kp. 200° nicht wesentlich überschreitet, bes. bei —20 bis +120°. — Zu einer Lsg. von 100 g Pentachlorphenol in 200 ml CH_2Cl_2 werden bei 41° unter Rühren 40 ml konz. 68%ig. HNO_3 in 2 Min. zugegeben. Die Rk.-Lsg. wird 15 Min. gerührt, auf 20° abgekühlt, 75 ml W. werden zugesetzt, die N-Oxide mit Luft ausgeblasen, die organ. Schicht wird abgetrennt u. gewaschen: 72 g *o-Chloranil.* — Pentabromphenol → *o-Bromanil.* — Besonders geeignete Lsgm. sind außerdem: Pentan, Hexan, Cyclohexan, PAe., Kerosen, Bzl., Toluol, Xylol, Cumol, Cymol, Amylbenzol, Trifluortrichloräthan, Fluorbenzol, C_2H_5Cl, $C_2H_4Cl_2$, Methylchloroform, Tetrachloräthylen, Chlorpentane, Chlorbenzol, Di-, Trichlorbenzol, Chlortoluol, Äthylenbromid, 1.5-Dibrompentan, Dibrom-, Bromchlorbenzol, Mono-, Dinitrobenzol, Nitrotoluol, o-Bromnitrobenzol, Chlornitroäthan. (**D. A. S. 1 136 998** Kl. 12o vom 30/10. 1959, ausg. 27/9. 1962. **E. P. 894 060** vom 6/11. 1959, ausg. 18/4. 1962.) A. Jahn. H 1190

Fabriek van Chemische Producten Vondelingenplaat N. V., Rotterdam (Erfinder: Jacob van Gijzen, Vlaardingen), Niederlande, **Herstellung von Estern von Carbonsäuren,** die zur Bldg. innerer Anhydride befähigt sind. Man setzt die Carbonsäuren mit organ. Estern der schwefeligen Säure bei 100—200° in Ggw. von Alkalimetallsalzen organ. u./oder anorgan. Säuren als Katalysatoren, z. B. 0,1—5% LiBr, LiCl, KJ, KBr, $KHCO_3$, K_2SO_4, um. Hergestellt wurden *Dimethylphthalat, Diphenylsuccinat, Tetramethylester der Pyromellitsäure.* (**D. A. S. 1 148 996** Kl. 12o vom 5/12. 1961, ausg. 22/5. 1963. Niederl. Prior. 8/12. 1960.) L. Stadelmann. H 1200

Badische Anilin- & Soda-Fabrik Akt.-Ges., Ludwigshafen/Rh. (Erfinder: Hubert Suter, Ludwigshafen/Rh., und Walter Schliesser, Limburgerhof), **Herstellung von Dicarbonsäureanhydriden.** Man erhitzt ein Gemisch aus Phthalsäure u. Maleinsäure, ggf. nach in üblicher Weise vorgenommener Hydrierung, in einem Rk.-Raum mit in Bewegung befindlichen wasserabspaltend wirkenden Katalysatoren, z. B. Bimsstein, Kieselgel, Silicate, Al_2O_3, TiO_2 mit Korngrößen von 0,05—5 mm, auf 250—400°, kühlt die den Rk.-Raum verlassenden Dämpfe zunächst nicht unter den Taupunkt von W. ab, trennt das dabei abgeschiedene fl. oder feste Kondensat ab u. scheidet die verbliebenen Dämpfe durch weitere Abkühlung in fl. oder fester Form ab. Die in der ersten Kondens.-Stufe erhaltenen Anhydride (Phthalsäureanhydrid) lassen sich ohne Schwierigkeit destillieren. (**D. A. S. 1 149 345** Kl. 12o vom 3/3. 1962, ausg. 30/5. 1963.) L. Stadelmann. H 1220

Chemische Werke Witten G. m. b. H. (Erfinder: Gustav Renckhoff und Walter Rudolph), Witten, **Herstellung von Halbesterchloriden von Benzoldicarbonsäuren,** durch Rk. von Trichlormethylbenzoesäureestern prim., gesätt., aliphat. Alkohole bei 100—160° mit Methylbenzolcarbonsäuren in Ggw. von 0,01—1% koordinativ ungesätt. anorgan. Polyhalogen-Verbb. außer $FeCl_3$, z. B. $SbCl_5$ oder BF_3. (**D. A. S. 1 148 995** Kl. 12o vom 24/2. 1962, ausg. 22/5. 1963. **Zusatz zu D. A. S. 1 136 689; C. 1963, 14860.**) L. Stadelmann. H 1220

Badische Anilin- & Soda-Fabrik Akt.-Ges. (Erfinder: Klaus Viebusch), Ludwigshafen/Rh., **Herstellung von Katalysatoren für die Oxydation von o-Xylol zu Phthalsäureanhydrid.** Man bringt die wss. Lsg. einer V-Verb., die zersetzliche bzw. flüchtige Basen oder Säuren im Überschuß enthält u. der ggf. Verbb. von Mo, W, Ti, Sn, Ni u. Co oder Phosphor-, Bor- oder Kieselsäure zugesetzt werden, in feiner Verteilung, z. B. als Nebel, u. in Ggw. von Luft auf das auf 150—250° erhitzte Trägermaterial mit der Korngröße 2—9 mm auf u. aktiviert den so erhaltenen Katalysator durch langsames Erhitzen in einem Luftstrom auf 350—450°. Geeignete V-Verbb. sind z. B. Ammoniumvanadat u. $(NH_4)_2O \cdot P_2O_5 \cdot 12\ V_2O_5$. (**D. A. S. 1 148 993** Kl. 12o vom 11/11. 1960, ausg. 22/5. 1963.) L. Stadelmann. H 1220

Badische Anilin- & Soda-Fabrik Akt.-Ges., Ludwigshafen/Rh. (Erfinder: Erhard Borchers, Mannheim, und Ludwig Vogel, Ludwigshafen/Rh.), **Aufarbeiten von Terephthalsäure enthaltenden Suspensionen.** Man trennt aus den bei der HNO_3-Oxydation von in p-Stellung oxydierbare Seitenketten, aber keine weiteren Substituenten enthaltenden Benzol-Verbb. erhaltenen Suspensionen die Terephthalsäure bei ca. 50—120° ab, kühlt das Filtrat auf 0—30° ab, trennt die Feststoffe ab u. verwendet das Filtrat zum Waschen der Terephthalsäure bei 50—100°. (**D. A. S. 1 139 826** Kl. 12o vom 10/10. 1961, ausg. 22/11. 1962.) L. Stadelmann. H 1220

Chemische Werke Witten G. m. b. H. (Erfinder: Gerhart Hoffmann, Hans Nordiek und Walter Pöhlmann), Witten, **Aufarbeitung von Terephthalsäuredimethylester enthaltenden Mutterlaugen,** die bei der Abtrennung von Terephthalsäuredimethylester (I) aus Gemischen, wie sie bei der O_2-Oxydation von p- u./oder o-Xylol u. anschließender Veresterung anfallen, erhalten werden. Man oxydiert diese Mutterlauge bei 130—200°, bes. 140—160°, in Ggw. bekannter Katalysatoren mit O_2, verestert das Oxydationsgemisch vollständig mit Methanol, löst anschließend in heißen aliphat., aromat. oder hydroaromat. KW-Stoffen oder niederen Alkoholen, kühlt auf Raum-Temp. ab u. dampft nach Abtrennen des ausgefallenen **I** die Mutterlauge ein, bis ein Gemisch aus **I** u. *Isophthalsäuredimethylester* auskristallisiert. (**D. A. S. 1 139 827** Kl. 12o vom 15/4. 1961, ausg. 22/11. 1962.) L. Stadelmann. H 1220

Monsanto Canada Ltd. (Erfinder: Edward James Tarlton, Montreal, und Arthur Ferguson McKay, Beaconsfield, Quebec), Canada, **Substituierte Benzylisothiocyanate** (= Benzylisorhodanide, Benzylsenföle) erhält man durch Rk. von substituierten Benzylchloriden, -bromiden oder -jodiden die mindestens 1 H-Atom an dem das Cl tragenden C-Atom enthalten, mit Alkali- oder Erdalkalirhodaniden (Na-, K-, NH_4SCN) bei 100—200, bes. 130—165°, in Ggw. eines tert. Amides, dessen N-Atom nur an C-Atome gebunden ist, oder eines niedermol. Dialkylsulfoxids (Dimethyl-, Diäthylformamid, -acetamid, Dimethylsulfoxid) als Lsgm. u. ggf. in Ggw. von J- oder Br-Ionen (NaJ, Tetramethylammoniumjodid, -bromid). — Aus 0,0125 Mol p-Xylylendichlorid in 10 cm³ Dimethylformamid u. 0,0287 Mol KSCN in 25 cm³ Dimethylformamid unter Rückfluß bei 155° → *1.4-Di-(isothiocyanatomethyl)-benzol,* $C_{10}H_8N_2S_2$, F. 63,5—64,5°; (Ausbeute) 39,6%, in Ggw. von NaJ 80%. — 2.4-Di-(chlormethyl)-toluol → *2.4-Di-(isothiocyanatomethyl)-toluol,* $C_{11}H_{10}N_2S_2$, F. 57—58°; 85,4%. — Di-(chlormethyl)-mesitylen → *Di-(isothiocyanatomethyl)-mesitylen,* $C_{13}H_{14}N_2S_2$, F. 99,5 bis 100°; 86,7%. — Di-(chlormethyl)-durol → *Di-(isothiocyanatomethyl)-durol,* $C_{14}H_{16}\cdot N_2S_2$, F. 183—185°; 84,6%. — 4.4'-Di-(chlormethyl)-diphenylmethan → *4.4'-Di-(isothiocyanatomethyl)-diphenylmethan,* $C_{17}H_{14}N_2S_2$, F. 93,5—95,5°; 80%. — 3.4-Dichlorbenzylchlorid → *3.4-Dichlorbenzylisothiocyanat,* $C_8H_5Cl_2NS$, $Kp._{0,32}$ 122—124°; 66,6%. — 4-Chlorbenzylchlorid → *4-Chlorbenzylisothiocyanat,* C_8H_6ClNS, $Kp._{0,35}$ 105—108°; 67,2%. — 4.6 Di-(chlormethyl)-m-xylol → *4.6-Di-(isothiocyanatomethyl)-m-xylol,* $C_{12}H_{12}N_2S_2$, F. 115,5°; 84%. — Di-(jodmethyl)-2.3.5.6-tetrachlorbenzol → *Di-(isothiocyanatomethyl)-2.3.5.6-tetrachlorbenzol,* 93,6%. — 4.4'-Di-(chlormethyl)-diphenyläther → *4.4'-Di-(isothiocyanatomethyl)-diphenyläther,* 84%. — m-Nitrobenzylchlorid → *m-Nitrobenzylisothiocyanat,* $C_8H_6N_2O_2S$, F. 76—76,5°; 82%. — Tris-(chlormethyl)-toluol → *Tris-(isothiocyanatomethyl)-toluol,* 76%. — *2.4-Di-(isothiocyanatomethyl)-anisol.* — *2.4-Di-(isothiocyanatomethyl)-phenetol.* — *Konservierungs-, Krebsbekämpfungs-, Pflanzenschädlingsbekämpfungsmittel,* bes. gegen *Bodennematoden* u. *Slimicide* (Baktericide zur Verhinderung der Bldg. schleimiger Stoffe? Der Ref.). (**D. A. S. 1 148 540** Kl. 12o vom 21/7. 1961, ausg. 16/5. 1963. A. Prior. 22/7. 1960.) G. Krauß. H 1290

Farbenfabriken Bayer Akt.-Ges., Leverkusen (Erfinder: Helmut Freytag, Erich Klanke, Köln, Hugo Wilms, Leverkusen, Ernst Roos, Köln, und Joachim George, Leverkusen), **Herstellung von N-Phenyl-N-(4-nitrosophenyl)-hydroxylamin (I)** durch dimerisierende Umlagerung von Nitrosobenzol (**II**) in Ggw. einer Mineralsäure (**III**), dad. gek., daß man als **III** wasserfreien HF bei —20 bis + 50° verwendet, wobei man bes. in Ggw. eines organ. Lsgm., z. B. Chlf., CCl_4, Ae., Dioxan oder bes. $C_6H_5NO_2$, arbeitet u. **II** in situ aus C_6H_5NH-OH u. einem Oxydationsmittel herstellt. **I**, F. 142° (W., Zers.), liefert bei katalyt. Red. 4 Aminodiphenylamin, F. 70—72°. (**D. A. S. 1 147 237** Kl. 12q vom 6/4. 1961, ausg. 18/4. 1963.)

O. Müller-Meiningen. H 1300

Universal Oil Products Co., Des Plaines (Erfinder: Louis Schmerling, Riverside, und John Paul Luvisi, Park Ridge), Ill., V.St.A., **Herstellung von p-Nitrodiarylaminen** mit verbesserter Qualität u. Ausbeute durch Umsetzung von p-Nitrochlorbenzol mit einem molaren Überschuß eines Arylamins der allg. Formel Ar—NH—X, worin Ar eine Aryl- oder Alkarylgruppe u. X = H oder eine Acylgruppe bedeutet, *in Ggw. von W.* bei 175—300° u. Abtrennung des p-Nitrodiarylamins aus der Rk.-Mischung. Die Umsetzung wird bes. unter Druck durchgeführt u. für den Fall, daß X = H bedeutet, in Ggw. von 1—10% einer Fettsäure. (**D. A. S. 1 133 733** Kl. 12q vom 22/12. 1959, ausg. 26/7. 1962. A. Prior. 22/12. 1958.) R. Bauereis. H 1310

Knoll Akt.-Ges., Chemische Fabriken, Ludwigshafen/Rh. (Erfinder: Max Rusch und Werner Mothes, Minden), **Herstellung von racemischem 1-Phenyl-2-aminopropanol-(1)** aus *l*-Phenylacetylcarbinol (**I**). Das aus **I** u. Hydrazin-

Hydrat oder Hydroxylamin bei niederer Temp. erhältliche Kondens.-Prod. wird in Ggw. von organ. oder anorgan. Säuren u. in Ggw. von Pd als Katalysator unter Druck bei 100° hydriert. (**D. A. S. 1 139 509** Kl. 12q vom 6/12. 1957, ausg. 15/11. 1962.)
R. Bauereis. H 1320

Institut für Silikon- und Fluorkarbon-Chemie, Radebeul (Erfinder: Richard Müller, Radebeul, und Konrad Bennewitz, Nünchritz), **Fluorierung von Organochlorsilanen,** deren organ. Reste Alkyl- oder Phenylreste sind, dad. gek., daß man die Organochlorsilane in wasserfreier HF elektrolysiert. — Ein Gemisch von 290 g $C_6H_5Cl_3Si$ u. 410 g HF wird in einer Zelle mit Fe-Kathode u. Ni-Anode bei 5,8 V 53 Std. elektrolysiert. Nach Verdampfen von HF wird der Rückstand dest., wobei man 186 g *$C_6H_5F_3Si$*, Kp.$_{760}$ 102,5—103° (Ausbeute 83,4%, bezogen auf $C_6H_5Cl_3Si$), erhält. — Analog *$(C_6H_5)_2F_2Si$*, Kp.$_{753}$ 246—247,5°. (**D. A. S. 1 139 498** Kl. 12o vom 8/6. 1960, ausg. 15/11. 1962.)
J. Mühleisen. H 1380

Scientific Design Co., Inc., New York (Erfinder: Rex E. Lidov, Great Neck, und William L. Reideman, Bronxville), N.Y., V.St.A., **Gewinnung von Cyclohexanol und Cyclohexanon (II)** aus einem unreinen Gemisch durch Behandeln mit einer verd. wss.-alkal. Waschlsg. unter Bldg. einer Cyclohexanol (I) u. II enthaltenden Ölphase u. einer die Verunreinigungen dieses Gemisches u. gelöstes I u. II enthaltenden wss. Phase, dad. gek., daß man der wss. Phase ein anorgan. Salz, z. B. Na_2SO_4, bes. in einer Konz. von 33% Salz u. 10% NaOH, zusetzt u. Salze verwendet, die mit I u. II nicht reagieren. Arbeitet man ohne Salzzusatz, so werden z. B. 44,18 kg II/100 kg eingesetzter Ölfraktion erhalten; mit Salzzusatz erhöht sich die Ausbeute auf 44,45 kg/ 100 kg eingesetzter Ölfraktion. (**D. A. S. 1 125 917** Kl. 12o vom 14/12. 1960, ausg. 22/3. 1962. A. Prior. 14/12. 1959.)
R. Hauß. H 1800

Bergwerksverband G. m. b. H. (Erfinder: Siegfried Paulsen), Essen, **Herstellung von Diazacyclopropanderivaten.** Carbonylverbb. vom Typus R_1R_2CO werden in Ggw. eines inerten Lsgm. (I) bei —50 bis +100° ggf. unter Druck mit Cl_2 + NH_3 (oder mit Chloramin) behandelt, wobei die Mengenverhältnisse des Vol. von NH_3 u. Cl_2 4 : 1—50 : 1 sein sollen. Man erhält Diazacyclopropane (II) der allg. Formel II, in der R_1 = H, eine Alkyl- oder Phenylgruppe u. R_2 eine Alkylgruppe ist; außerdem können R_1 + R_2 zusammen eine Pentamethylengruppe bilden. Als I kommen alle Fll. in Frage, die zwischen —50 u. +100° mit Ketonen, Aldehyden, NH_3, Cl_2 oder Chloramin nicht reagieren, z. B. W., A., Methanol, Bzl. oder PAe.; die Carbonyl-Verbb. können darin auch emulgiert werden. Beispiele: Aus 4-Methylpentanon-2, gelöst in Methanol erhält man nach mehrstd. Einleiten von NH_3 u. Cl_2 bei —5° *3-Methyl-3-isobutyl*-II, Kp.$_{13}$ 55°. In analoger Weise werden gewonnen: *3-Amyl-3-äthyl*-II, Kp.$_2$ 78°; *3.3-Pentamethylen*-II, Kp.$_3$ 50—53°; *3-Propyl*-II, Kp.$_{30}$ 45—48°, u. *3-Phenyl-3-methyl*-II, Kp.$_{1,5}$ 88—95°. Verw.: nicht angegeben. (**D. A. S. 1 126 395** Kl. 12p vom 25/5. 1959, ausg. 29/3. 1962.)

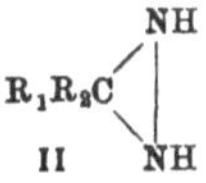

II

A. Kalix. H 3030

Ajinomoto Co., Inc., Tokio (Erfinder: Toru Okuda, Ibarakishi, Osaka, und Shiro Akabori, Ashiya-shi, Hyogo-ken), Japan, **Herstellung von α-Carbalkoxy-α-nitro-β-[indolyl-(3)]-propionsäureestern,** dad. gek., daß man ein 1.1.5.5-Tetracarbalkoxy-1.5-dinitro-3-azapentan $(ROOC)_2C(NO_2)-CH_2NHCH_2C(NO)_2(COOR)_2$ (R = Methyl- oder Äthylgruppe) mit Indol in Ggw. eines Inertgases bei 100—150° umsetzt. — Aus 1.1.5.5-Tetracarbäthoxy-1.5-dinitro-3-azapentan u. Indol in Xylol bei 130—140° am Rückfluß unter Einleiten von N_2 *α-Carbäthoxy-α-nitro-β-[indolyl-(3)]-propionsäure]-äthylester*, viscoses rotes Öl. — Analog der *Dimethylester*, Kp.$_{0,01}$ 190—195°. (**D. A. S. 1 139 500** Kl. 12p vom 18/3. 1959, ausg. 15/11. 1962. Jap. Prior. 24/3. 1958.)
W. Heyer. H 3081

Chemische Werke Hüls Akt.-Ges., Marl, Kr. Recklinghausen (Erfinder: Horst Höfermann, Recklinghausen, und Hermann Springmann, Marl), **Kontinuierliche Herstellung von Vinylencarbonat** durch katalyt. Dehydrochlorierung von Monochloräthylencarbonat in der Dampfphase bei höherer Temp. (270—450°, bes. 300—400°), dad. gek., daß man als Katalysatoren die auf einem Trägermaterial (Bims, Silicate mit geringen Oxidbeimengungen, Koks, zweckmäßig in Korngrößen von 4—8 mm) aufgebrachten Metalle der I. u. II. Nebengruppe oder der VIII. Gruppe des Period. Syst., deren Salze oder Oxide (bes. Chloride von Fe, Co, Cu oder Cd) verwendet, die man bei 500—700° regeneriert. (**D. A. S. 1 135 452** Kl. 12o vom 28/3. 1961, ausg. 30/8. 1962.)
W. Gräger. H 3102

Badische Anilin- & Soda-Fabrik Akt.-Ges. (Erfinder: Peter Dimroth, Ernst Schefczik und Heinrich Pasedach), Ludwigshafen/Rh., **Herstellung von substituierten Dioxolanonen** der allg. Formel I, in der R u. R_1 ggf. durch Hydroxy-

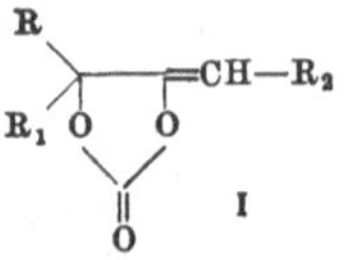
I

oder Alkoxygruppen substituierte Alkyl-, Cycloalkyl- oder aromat. Reste oder auch zu einem Cycloalkylring verbunden sein können u. R_2 einen ggf. durch Hydroxyl-, Alkoxy-, Dialkylamino-, Morpholino- oder Estergruppen substituierten Alkyl- oder aromat. Rest oder H bedeuten, durch Umsetzung von Acetylenalkoholen der allg. Formel $(RR_1)C(OH)-C{\equiv}C-R_2$, in der R, R_1 u. R_2 die oben angegebene Bedeutung besitzen, mit CO_2 in Ggw. von Kupfersalzen. 1.3-Dioxolan-2-on-Beispiele: *5-Methylen-4-methyl-4-phenyl-*, $Kp._{37}$ 114—118°; *5-Methylen-4-methyl-4-α-hydroxyisopropyl-*, F. 93—96°; *5-Methylen-4-methyl-4-(1'-hydroxycyclohexyl)-*, F. 80 bis 81°; *5-Methylen-4-methyl-4-dimethoxymethyl-*, $Kp._{15}$ 130—135°; *5-n-Nonyliden-4.4-dimethyl-*, $Kp._{0,1}$ 118°; *5-Äthyliden-4.4-pentamethylen-*, $Kp._1$ 91°; *5-Benzyliden-4.4-dimethyl-*, F. 123,5°; *5-β-Methoxyäthyliden-4.4-pentamethylen-*, F. 44—45°; *5-β-Morpholinoäthyliden-4.4-pentamethylen-*, F. 96—98°; *5-β-Hydroxyisobutyliden-4.4-dimethyl-*, F. 92°; *5-β-Diäthylaminoäthyliden-4.4-dimethyl-*, $Kp._{0,3}$ 94—99°. *Zwischenprodd. für Pharmazeutica, Schädlingsbekämpfungsmittel* u. *für Textilhilfsmittel.* (**D. A. S. 1 145 632** Kl. 12q vom 27/9. 1960, ausg. 21/3. 1963. **Zusatz zu D. A. S. 1 098 953; C. 1962, 12464.**)
R. Bauereis. H 3102

J. R. Geigy Akt.-Ges., Basel, Schweiz (Erfinder: Günther Hallmann, Konstanz, und Paul Rambacher, Rosenheim), **Herstellung von 3.5-Dioxopyrazolidinen** der Formel I (R_1 = ggf. durch Halogen, Alkoxy- oder Alkylgruppen substituierter Arylrest, R_2 = Alkyl- oder ggf. durch Halogen, Alkoxy- oder Alkylgruppen substituierter Arylrest, R_3 = Alkylrest mit mindestens 2 C-Atomen, Cycloalkyl-, Aralkyl oder Arylrest, die noch durch Ätherreste substituiert sein können) bzw. deren Alkalisalze durch Rk. von Hydrazinen der Formel $R_1 \cdot NH \cdot NH \cdot R_2$ (R_1 u. R_2 wie oben) mit Monocarbonsäureestern der Formel $R_3 \cdot CH_2 \cdot CO \cdot OAlk$ (R_3 wie oben, Alk = niederer Alkylrest) u. Kohlensäuredialkylestern. — Aus Hydrazobenzol u. NaH in Xylol, n-Capronsäureäthylester u. Kohlensäurediäthylester → *1.2-Diphenyl-3.5-dioxo-4-n-butylpyrazolidin*, F. 105—107°. — *Na-Salz*, F. 264°; das entsprechende *-4-äthylpyrazolidin*, F. 107—108°; — analog *1.2.4-Triphenyl-3.5-dioxopyrazolidin*, F. 181—183°. (**D. A. S. 1 098 517** Kl. 12p vom 11/2. 1958, ausg. 2/2. 1961.) H. Roos. H 3122

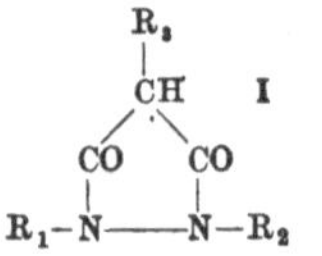
I

Badische Anilin- & Soda-Fabrik Akt.-Ges. (Erfinder: Hans Weidinger und Joachim Kranz), Ludwigshafen/Rh., **2.3.5-Trisubstituierte 1.2.4-Triazole** erhält man durch Rk. von 4.6-Diaryl-1.2.3.5-oxathiodiazin-2-dioxiden der allg. Formel I (R_1 = Phenyl, m- oder p-Tolylrest) mit mindestens äquimol. Mengen eines monosubstituierten Hydrazins der allg Formel $R_2-NH-NH_2$ (R_2 = ggf. substituierter aromat. oder kondensiert aromat. Rest) bzw. mit einem seiner Salze bei ca. 20—150° in Ggw. von Lsgm. u./oder Verdünnungsmitteln. — 4.6-Diphenyl-1.2.3.5-oxathiodiazin-2-dioxid (II) + Phenylhydrazin (IV) → *2.3.5-Triphenyl-1.2.4-triazol*, farblose Kristalle, F. 99° (-1.2.4-triazol = III). — II + 1-Hydrazino-2-cyananthrachinon → *2-[2'-Cyananthrachinonyl-(1')]-3.5-diphenyl*-**III**, dunkelrote Kristallnadeln, F. 259°. II + p-Nitrophenylhydrazinsulfat → *2-p-Nitrophenyl-3.5-diphenyl*-**III**, gelbe Kristallnadeln, F. 161—163°. II + 2.4-Dinitrophenylhydrazin → *2-(2'.4'-Dinitrophenyl)-3.5-diphenyl*-**III**, gelbe Kristallnadeln, F. 190—191°. 4.6-Di-(p-tolyl)-1.2.3.5-oxathiodiazin-2-dioxid + **IV** → *2-Phenyl-3.5-di-(p-tolyl)*-**III**, farblose Kristalle, F. 115°. — *Farbstoffzwischenprodukte.* (**D. A. S. 1 132 927** Kl. 12p vom 25/4. 1961, ausg. 12/7. 1962.)

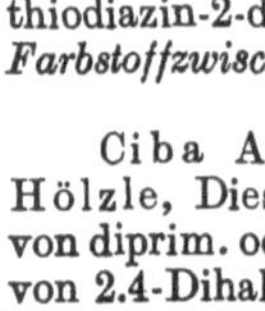
I

A. Jahn. H 3153

Ciba Akt.-Ges., Basel (Erfinder: Eugen Koller, Binningen, und Gerd Hölzle, Diestal), Schweiz, **Monohalogenamino-1.3.5-triazine** erhält man durch Rk. von diprim. oder disek. Alkylendiaminen mit ca. äquimol. Mengen eines wasserlösl. Deriv. von 2.4-Dihalogen-6-hydroxy- bzw. -6-amino-1.3.5-triazinen, die bes. frei von zur Metallkomplex-Bldg. befähigten Gruppen sind, in wss. schwach sauren bis schwach alkal. Medium bei ≦45°. — 12,7 (Teile) 1-Aminobenzol-2.5-disulfonsäure in 100 W. werden unter Zusatz von 2n NaOH zur neutralen Rk. gelöst, die Lsg. auf 0° gekühlt, 9,25 Cyanurchlorid in 40 Vol.-Teilen Aceton unter Zugabe von Eis bei 0—5° zugesetzt u. das pH der Lsg. durch Zugabe von NaOH auf 6,5—7 gehalten. Dann setzt man bei 25—35° unter Rühren 3 (Teile) Äthylendiamin in 50 W. so zu, daß der pH-Wert 7—7,3 beträgt. Nach Zugabe von 15—20% NaCl u. Kühlen auf 10° fällt das *Mononatriumsalz der N-[3'-Chlor-5'-aminoäthylamino-1'.3'.5'-triazinyl-(1')]-1-aminobenzol-2.5-disulfonsäure*, farblose Nädelchen, aus. — *Zwischenprodd., bes. für Farbstoffe.* (**D. A. S. 1 146 064** Kl. 12p vom 9/1. 1960, ausg. 28/3. 1963. Schwz. Prior. 10/1. 1959.) A. Jahn. H 3313

Badische Anilin-& Soda-Fabrik Akt.-Ges. (Erfinder: Hans Weidinger und Joachim Kranz), Ludwigshafen/Rh., **2-Mercapto- oder 2-Amino-4.6-diaryl-**

1.3.5-triazine der allg. Formel I erhält man durch Rk. von 4.6-Diaryl-1.2.3.5-oxathiodiazin-2-dioxiden der allg. Formel II mit Verbb. der allg. Formel X—C(:NH)NH_2, bes. Thioharnstoff oder Guanidin, bei 50—150°, ggf. in Ggw. von Lsgm. u./oder Verdünnungsmitteln (R = Phenyl, m- oder p-Tolyl; X = SH oder NH_2). — 2 (Teile) Guanidinhydrochlorid in 40 4%ig. NaOH werden mit 5,6 4.6-Diphenyl-1.2.3.5-oxathiodiazin-2-dioxid in 60 Aceton bei 55° gemischt u. die Mischung 30 Min. auf 100° erhitzt. Nach dem Aufarbeiten erhält man 3,5 *2-Amino-4.6-diphenyl-1.3.5-triazin*, farblose Kristalle, F. 168—170. Analog erhält man die *1.3.5-Triazine*: *2-Amino-4.6-di-(p-tolyl)-*, farblose Nadeln, F. 231°; *2-Mercapto-4.6-diphenyl-*, gelbe Nadeln, F. 203—205°; *2-Mercapto-4.6-di-(m-tolyl)-*, gelbe Kristalle, F. 163°; *2-Mercapto-4.6-di-(p-tolyl)-*, gelbe Kristalle, F. 228—230°. — *Zwischenprodd.* für *Farbstoffe* u. *Heilmittel.* (**D. A. S. 1 135 477** Kl. 12p vom 15/4. 1961, ausg. 30/8. 1962.) A. Jahn. H 3313

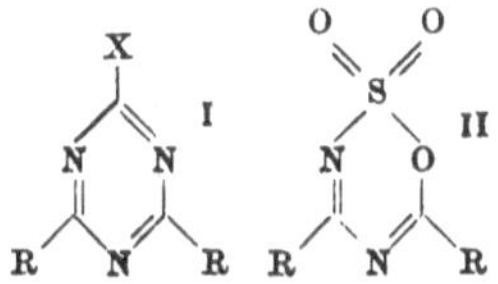

Badische Anilin- & Soda-Fabrik Akt.-Ges. (Erfinder: Hans Weidinger und Joachim Kranz), Ludwigshafen/Rh., **2-Substituierte 4.5-Diaryl-1.3.5-triazine** der allg. Formel I erhält man durch Rk. von 4.6-Diaryl-1.2.3.5-oxathiadiazin-2-dioxiden der allg. Formel II mit bes. mindestens äquimol. Mengen von Imid-Verbb. der allg. Formel R_2—C(:NH)X bei 20 bis 160°, bes. 80—150°, in Ggw. von Lsgm. u./oder Verdünnungsmitteln (R_1 = einkerniger Arylrest; R_2 = Alkyl oder Arylrest, wobei R_1 u. R_2 ggf. substituiert sind; X = NH_2, monosubstituierte NH_2-Gruppe, OH, Alkoxyrest oder Cl). — 2,5 (Teile) Acetimidoäthyläther-HCl in 40 3%ig. Na-Methylat-Lsg. u. 5,7 4.6-Diphenyl-1.2.3.5-oxthiadiazin-2-dioxid werden 5 Min. zum Rückfluß erhitzt, das Rk.-Gemisch mit 50 W. versetzt u. *2-Methyl-4.6-diphenyl-1.3.5-triazin*, farblose Kristalle, F. 98—100°, erhalten. Analog erhält man die *1.3.5-Triazine*: *2-Methyl-4.6-di-(m-tolyl)-*, farblose Kristallnadeln, F. 85—87°; *2.4.6-Triphenyl-*, farblose Kristallnadeln, F. 231°; *2-Phenyl-4.6-di-(m-tolyl)-*, farblose Kristallnadeln, F. 131—133°; *2-Phenyl-4.6-di-(p-tolyl)-*, farblose Kristallnadeln, F. 219—221°; *2-Trichlormethyl-4.6-diphenyl-*, farblose Kristalle, F. 176°; *2-[1'-Chloranthrachinonyl-(2')]-4.5-diphenyl-*, gelbliche Kristallnadeln, F. 262°; *2-[1'-Nitroanthrachinonyl-(2')]-4.6-diphenyl-*, gelbliche Kristallnadeln, F. 299°; *2-[1'-Chloranthrachinonyl-(2')]-4.6-di-(m-tolyl)-*, gelbe Kristallnadeln, F. 272°. — *Farbstoffzwischenprodukte.* (**D. A. S. 1 131 689** Kl. 12p vom 20/4. 1961, ausg. 20/6. 1962.) A. Jahn. H 3313

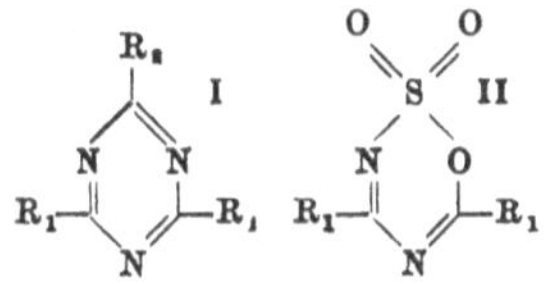

Badische Anilin- & Soda-Fabrik Akt.-Ges. (Erfinder: Peter Dimroth, Hans Weidinger und Gerhard Wellenreuther), Ludwigshafen/Rh., **2-(2'.4'-Dichlor-symm.-triazino)-cyclohexen-1-ole** der allg. Formel I erhält man durch Rk. von Enaminen der allg. Formel II mit Cyanursäurechlorid (III) bei ca. 10—45° in Ggw. eines inerten Lsgm. u. Behandeln des Rk.-Prod. bei 10—25° mit W. (R = Alkylrest mit 1—4 C-Atomen, R' u. R'' gleiche oder verschiedene aliphat. Reste mit 1—6 C-Atomen oder zusammen Glieder eines aliphat. Ringes, der noch Heteroatome enthalten kann). — Pyrrolidinocyclohexen (IV) + III → *2-(2'.4'-Dichlor-symm.-triazino)-cyclohexen-1-ol*, F. 114—115°; III + Pyrrolidinomethylcyclohexen → *2-(2'.4'-Dichlor-symm.-triazino)-4-methylcyclohexen-1-ol*, F. 96—98°. — *Zwischenprodd.* für die Herst. von *Fungiciden* oder *Farbstoffen.* (**D. A. S. 1 137 029** Kl. 12p vom 25/7. 1961, ausg. 27/9. 1962.) A. Jahn. H 3313

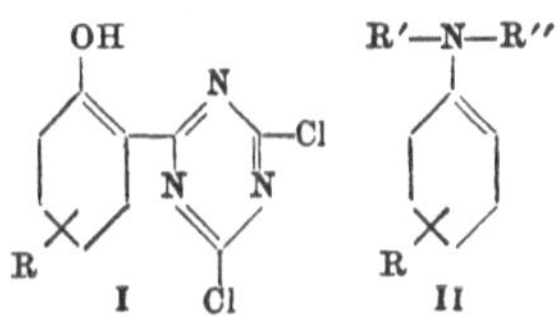

Farbwerke Hoechst Akt.-Ges. vormals Meister Lucius & Brüning, Frankfurt/M. (Erfinder: Klaus Küllmar, Kelkheim, und Edgar Fischer, Frankfurt/M.), **Reinigung von Trithian (I)**, dad. gek., daß man rohes I in einem organ. Lsgm. löst, die Lsg. auf 100—200° erhitzt, die enthaltenen Verunreinigungen u. deren beim Erhitzen ggf. entstehende Spaltprodd. zusammen mit einem Teil des Lsgm. abdest. u. aus der zurückbleibenden Lsg. das gereinigte I auskristallisieren läßt. Geruchsfreies I schmilzt bei 217°. (**D. A. S. 1 139 127** Kl. 12q vom 30/7. 1960, ausg. 8/11. 1962.) G. König. H 3354

Schering Akt.-Ges. (Erfinder: Rudolf Wiechert), Berlin, **α,β-Ungesättigte Ketosteroide, die am β-ständigen C-Atom eine 1- oder 16-ständige Methylgruppe tragen,** erhält man durch Pyrolyse der durch Diazomethananlagerung an α,β-ungesätt. Ketosteroide erhältlichen Pyrazolinosteroide in Ggw. von organ. Basen, ggf. in Ggw. eines Verdünnungsmittels bei >140° oder, falls die angewandten Basen <140° sieden, unter

Druck in Ggw. von N_2. — Man spaltet z. B. [$\Delta^{2'}$-Pyrazolino]-4'.3':1.2-androstan-17β-ol-3-on in Chinolin unter N_2 30 Min. beim Kp. des Gemisches: *1-Methyl-Δ^1-androsten-17β-ol-3-on, 17-Acetat*, F. 140°. — Analog: *1-Methyl-Δ^1-cholesten-3-on*, F. 77—78°. — *16-Methyl-$\Delta^{5,16}$-pregnadien-3β-ol-20-on-3-acetat*, F. 171°. (**D. A. S. 1 135 900** Kl. 12o vom 27/8. 1960, ausg. 6/9. 1962.) U. Sievers. H 3700

Sandoz Akt.-Ges., Basel (Erfinder: Christoph Tamm, Riehen), Schweiz, **Selektive Reduktion isolierter Carbonylgruppen in Steroiden der Cardenolid- oder Bufadienolidreihe** mit Li-Tri-[tert.-butoxy]-aluminiumhydrid (I) in einem organ. Lösungsmittel. — Man setzt z. B. 3-Dehydrodigitoxigenin, F. 198—201°, in Tetrahydrofuran mit I (aus $LiAlH_4$ u. tert.-Butanol) bei 0° um: *3-Epidigitoxigenin*, F. 275—282°. — Analog: *3-Epibufalin*, F. 235—259°; $[\alpha]_D$ 12°. — Strophanthidin → *Strophanthidol*. — 3-[O-Acetyl]-strophanthidin → *3-[O-Acetyl]-strophanthidol*. — Hellebrigenin → *Hellebrigenol*, F. 155—167° u. 221—224° oder 148—151° (nach chromatograph. Aufarbeitung). (**D. A. S. 1 134 668** Kl. 12o vom 19/1. 1961, ausg. 16/8. 1962. Schwz. Prior. 21/1. 1960.) U. Sievers. H 3700

Riedel-de Haën Akt.-Ges., Seelze (Erfinder: Albrecht Heymons und Horst Liebig, Berlin), **Hydroxylgruppenhaltige 7-Ketogallensäuremethylester** erhält man durch Oxydation von hydroxylgruppenhaltigen Gallensäuren mit einer Hydroxygruppe in 7-Stellung mit Br_2 oder Cl_2 in Methanol in Ggw. kleiner Mengen W. unter gleichzeitiger Veresterung. — Man setzt z. B. eine wss.-methanol. Suspension von Cholsäure bei 18—22° mit Br_2 um: *3α.12α-Dihydroxy-7-ketocholansäuremethylester*. (**D. A. S. 1 132 920** Kl. 12o vom 19/7. 1960, ausg. 12/7. 1962.) U. Sievers. H 3700

Minnesota Mining & Mfg. Co., übert. von: **George V. D. Tiers**, St. Paul, Minn., V.St.A., *Herstellung von fluorhaltigen organischen Verbindungen*. (**A. P. 2 965 659** vom 6/9. 1955, ausg. 20/12. 1960. — C. **1963**, 5218 [D. A. S. 1 128 845].)

Minnesota Mining & Mfg. Co., St. Paul, Minn., V.St.A., *Herstellung von fluorierten Verbindungen*. (**E. P. 865 858** vom 18/4. 1957, ausg. 19/4. 1961. A. Prior. 18/4. 1956. — C. **1963**, 4132 [D. A. S. 1 132 105].)

Rohm & Haas Co., Philadelphia, Pa., übert. von: **Travis E. Stevens**, Huntsville, Ala., V.St.A., *Herstellung von Fluorkohlenwasserstoffen*. (**A. P. 2 972 639** vom 24/8. 1959, ausg. 21/2. 1961. — C. **1963**, 4132 [D. A. S. 1 132 903].)

Saline Ludwigshalle Akt.-Ges., Bad Wimpfen/Neckar, *Herstellung von Perfluoralkanen und Perfluorcycloalkanen*. (**E. P. 879 057** vom 25/2. 1960, ausg. 4/10. 1961. D. Prior. 7/3. 1959. — C. **1963**, 5218 [D. A. S. 1 125 896].)

Progil Soc. An., Paris, übert. von: **Marcel Ernest Degeorges** und **André Thizy**, Lyon, Frankreich, *Herstellung von Tetrachlorkohlenstoff und Perchloräthylen*. (**A. P. 2 957 033** vom 19/1. 1959, ausg. 18/10. 1960. F. Prior. 23/10. 1956. — C. **1961**, 12643 [E. P. 819 987].)

National Research Development Corp. (Erfinder: **William Kenneth Rodgerson Musgrave, John Perrett** und **John Savory**), London, England, *Herstellung von fluorhaltigen aliphatischen Bromiden und Jodiden*. (**E. P. 885 007** vom 18/2. 1959, ausg. 20/12. 1961. — C. **1962**, 15401 [D. A. S. 1 121 598].)

Commercial Solvents Corp., New York, N.Y., V.St.A., *Herstellung von Gelen aus Nitroparaffinen*. (**E. P. 833 136** vom 19/2. 1958, ausg. 21/4. 1960. A. Prior. 1/7. 1957. — C. **1962**, 18631 [A. P. 2 954 350].)

Deutsche Erdöl-Akt.-Ges., Hamburg, *Ungesättigte Kohlenwasserstoffe und mechanische Energie durch Cracken von gesättigten Kohlenwasserstoffen in einer Verbrennungsmaschine*. (**E. P. 824 157** vom 25/2. 1958, ausg. 25/11. 1959. D. Prior. 20/3. 1957. — C. **1959**, 15188 [D. A. S. 1 061 317].)

Soc. Rhodiatoce S.p.A., übert. von: **Clito Capitani**, Mailand, und **Elso Mugnaini**, Novara, Italien, *Olefine aus Acrolein, Alkyl- und Arylacroleinen*. (**A. P. 2 868 858** vom 15/12. 1955, ausg. 13/1. 1959. It. Prior. 17/12. 1954. — C. **1959**, 4300 [F. P. 1 139 466] u. C. **1962**, 3624 [E. P. 813 839].)

Polymer Corp. Ltd., Sarnia, Ontario, Canada, *Trennung von Olefinmischungen unter Zusatz eines Schaumzerstörers*. (**E. P. 856 050** vom 23/4. 1957, ausg. 14/12. 1960. A. Prior. 23/4. 1956. — C. **1963**, 11027 [A. P. 2 884 474].)

Farbenfabriken Bayer Akt.-Ges., Leverkusen, übert. von: **Hans Disselnkötter**, Köln, und **Peter Kurtz**, Leverkusen, *Herstellung ungesättigter Halogenverbindungen*. (**A. P. 2 991 316** vom 23/5. 1957, ausg. 4/7. 1961. D. Prior. 25/6. 1956. — C. **1959**, 13311 [D. A. S. 1 026 304].)

Farbwerke Hoechst Akt.-Ges. vormals Meister Lucius & Brüning, Frankfurt/M., *Herstellung von Vinylchlorid*. (**E. P. 857 087** vom 30/8. 1957, ausg. 29/12. 1960. D. Prior. 30/8. 1956. — C. **1962**, 1792 [F. P. 1 181 798].)

Sicedison S.p.A., Mailand, Italien, *Stabilisieren von Trichloräthylen*. (**It. P. 562 665** vom 23/11. 1956. — C. **1963**, 1432 [D. A. S. 1 122 513].)

Diamond Alkali Co., Cleveland, Ohio, übert. von: **Harry S. Weiner**, Houston, Tex., V.St.A., *Chlorierung von Äthylendichlorid*. (**A. P. 2 957 922** vom 28/9. 1956, ausg. 25/10. 1960. **E. P. 832 425** vom 26/9. 1957, ausg. 13/4. 1960. A. Prior. 28/9. 1956. — C. **1962**, 5469 [D. A. S. 1 088 045].)

Diamond Alkali Co., Cleveland, Ohio, V.St.A. (Erfinder: **Van Craddock Cayton, Robert Nelius Montgomery** und **Joseph Perret**), *Herstellung von Perchloräthylen und Chlorwasserstoff*. (**E. P. 856 664** vom 6/6. 1958, ausg. 21/12. 1960. A. Prior. 10/6. 1957. — C. **1962**, 5468 [D. A. S. 1 107 218].)

Montecatini Soc. Gen. per l'Industria Mineraria e Chimica, Mailand, Italien, *Herstellung von Acetylen*. (**Ind. P. 67 696** vom 16/5. 1959, ausg. 11/12. 1961. — C. **1962**, 13567 [F. P. 1 224 685].)

Rohm & Haas Co., Philadelphia, Pa., V.St.A., *Herstellung von Allyläthern*. (**E. P. 827 418** vom 29/7. 1957, ausg. 3/2. 1960. A. Prior. 13/8. 1956. — C. **1962**, 6962 [D. A. S. 1 102 727].)

Rohm & Haas Co., Philadelphia, Pa., V.St.A., *Herstellung von Allyläthern*. (**E. P. 866 116** vom 31/7. 1957, ausg. 26/4. 1961. A. Prior. 13/8. 1956. — C. **1962**, 8057 [D. A. S. 1 102 728].)

Beecham Research Laboratories Ltd. (Erfinder: **Ewart Ray Herbert Jones**), Betchworth, Surrey, England, *Acetylenisch ungesättigte Verbindungen*. (**E. P. 836 280** vom 20/1. 1958, ausg. 1/6. 1960. — C. **1963**, 12597 [Aust. P. 232 243].)

Esso Research and Engineering Co., Elizabeth, N.J., V.St.A., *Aldehyde aus Olefinen, Kohlenmonoxid und Wasserstoff*. (**E. P. 823 947** vom 22/2. 1956, ausg. 18/11. 1959. A. Prior. 10/3. 1955. — C. **1961**, 12997 [A. P. 2 827 491].)

Montecatini Soc. Gen. per l'Industria Mineraria e Chimica, Mailand, Italien, *Herstellung von Formaldehyd*. (**Ind. P. 65 704** vom 3/11. 1958, ausg. 11/12. 1961. — C. **1962**, 4341 [F. P. 1 213 075].)

Esso Research and Engineering Co., Elizabeth, N.J., V.St.A., *Herstellung von Ketonen durch Dehydrieren aliphatischer sekundärer Alkohole*. (**D. A. S. 1 143 501** Kl. 12o vom 19/12. 1955, ausg. 14/2. 1963. A. Prior. 22/12. 1954. — C. **1959**, 13313 [A. P. 2 794 053].)

Laboratoires Sauter Soc. An., Genf, Schweiz, *β-Chlorpropionsäure-N-alkylarylamide*. (**Belg. P. 556 122** vom 25/3. 1957, ausg. 26/2. 1960. Schwz. Prior. 27/3. 1956 u. 5/3. 1957. — C. **1960**, 5001 [F. P. 1 170 063].)

Imperial Chemical Industries Ltd., London, England, *Diacylhyponitrite*. (**Ind. P. 67 893** vom 2/6. 1959, ausg. 20/12. 1961. E. Prior. 4/6. 1958. Zusatz zu Ind. P. 62 621; C. 1962, 5499. — C. **1961**, 17750 [E. P. 848 492].)

Inventa Akt.-Ges. für Forschung und Patentverwertung, Luzern, Schweiz, *Herstellung von Lävulinsäure*. (**Ind. P. 66 506** vom 24/1. 1959, ausg. 21/12. 1961. — C. **1962**, 16490 [F. P. 1 227 275].)

Ajinomoto Co., Inc. (Erfinder: **Tsuneo Hirahara, Mei Ohno** und **Shinichi Motozaki**), Tokio, Japan, *Gewinnung von Glutaminsäure aus Zuckerrübenabfallösungen*. (**D. A. S. 1 150 993** Kl. 12q vom 2/10. 1959, ausg. 4/7. 1963. Jap. Prior. 9/7. 1959. — C. **1962**, 13946 [E. P. 868 580].)

Schering Akt.-Ges., Berlin, *Herstellung von Polychlorbenzolen*. (**E. P. 835 750** vom 4/7. 1956, ausg. 25/5. 1960. D. Prior. 5/7. 1955. Zusatz zu E. P. 782 897; C. 1958, 7336. — C. **1962**, 9149 [F. P. 72 010].)

Rütgerswerke Akt.-Ges., Frankfurt/M. (Erfinder: **Karl F. Lang**, Frankfurt/M., und **Heinrich Schildwächter**, Castrop-Rauxel), *Destillative Trennung von Cumol–Phenol-Gemischen*. (**D. B. P. 976 125** Kl. 12q vom 25/11. 1951, ausg. 14/3. 1963. Anmeldung bekanntgemacht 9/8. 1956. — C. **1957**, 8651 [Oe. P. 186 251].)

Rütgerswerke Akt.-Ges., Frankfurt/M., *Gewinnung von reinem Phenol*. (**Oe. P. 205 489** vom 2/5. 1958, ausg. 25/9. 1959. D. Prior. 8/5. 1957. — C. **1963**, 7167 [D. A. S. 1 087 617].)

Robert Sancier Aries, Schweiz, *Oxydation von Alkylnaphthalinen*. (**F. P. 1 236 518** vom 16/9. 1958, ausg. 18/11. 1960. A. Prior. 16/9. 1957. — C. **1962**, 11004 [D. A. S. 1 117 098].)

Pharmaton Soc. An., Lugano, Schweiz, *Carbonsäureanilide*. (**Belg. P. 554 059** vom 9/1. 1957, ausg. 29/1. 1960. Schwz. Prior. 13/9. 1956. — C. **1962**, 9518 [Aust. P. 206 597].)

Chemische Werke Hüls Akt.-Ges., Marl, Kr. Recklinghausen, *Herstellung von α.β-ungesättigten Alkoholen mit mehr als 3 Kohlenstoffatomen*. (**E. P. 877 139** vom 15/2. 1960, ausg. 13/9. 1961. D. Prior. 13/3. 1959. — C. **1963**, 5243 [D. A. S. 1 127 348].)

Inventa Akt.-Ges. für Forschung und Patentverwertung, Luzern, Schweiz, *Herstellung von Cyclohexanol und Cyclohexanon*. (**Ind. P. 68 743** vom 14/8. 1959. — C. **1962**, 16494 [Oe. P. 212 299].)

Inventa Akt.-Ges. für Forschung und Patentverwertung, Luzern, Schweiz, *Herstellung von Cyclohexanol und Cyclohexanon*. (**Ind. P. 68 761** vom 17/8. 1959, ausg. 14/12. 1961. — C. **1961**, 15201 [D. A. S. 1 090 659].)

European Research Associates Soc. An., Brüssel, Belgien, *Herstellung metallorganischer Komplexe*. (**Ind. P. 66 340** vom 6/1. 1959, ausg. 11/11. 1961. — C. **1962**, 17564 [F. P. 1 227 270].)

Svenska Oljeslageri Aktiebolaget, Mölndahl (Erfinder: **Bengt Tore Lennart Sjöstrand**, Göteborg), Schweden, *Herstellung von 2.3-Dichlornaphthochinon-(1.4)*. (**D. A. S. 1 141 632** Kl. 12o vom 25/10. 1957, ausg. 27/12. 1962. **E. P. 903 717** vom 3/9. 1958, ausg. 15/8. 1962. Beide Schwed. Prior. 2/11. 1956. — C. **1963**, 18638 [A. P. 2 975 196].)

Rohm & Haas Co., Philadelphia, Pa., V.St.A., *Additionsprodukte heterocyclischer Amide*. (**E. P. 875 134** vom 3/12. 1957, ausg. 16/8. 1961. A. Prior. 5/12. 1956. — C. **1961**, 15929 [F. P. 1 195 270].)

Rohm & Haas Co., Philadelphia (Erfinder: **Charles Harlan McKeever**, Meadowbrook), Pa., V.St.A., *Herstellung von Pyrrolidon*. (**D. A. S. 1 146 056** Kl. 12p vom 27/6. 1957, ausg. 28/3. 1963. A. Prior. 29/6. 1956. — C. **1961**, 15203 [F. P. 1 178 060].)

American Cyanamid Co., New York, N.Y., übert. von: **Robert C. Kinstler**, Middlesex, N.J., V.St.A., *Isolierung von Sulfenamiden*. (**A. P. 2 981 325** vom 5/11. 1957, ausg. 25/4. 1961. **E. P. 855 717** vom 22/10. 1958, ausg. 7/12. 1960. A. Prior. 5/11. 1957. — C. **1962**, 7333 [F. P. 1 204 276].)

Ludwig Heumann & Co., Chem.-pharm. Fabrik (Erfinder: **Rudolph Bauereis**), Nürnberg, *Herstellung N-substituierter 2.4-Diamino-1.3.5-triazine*. (**Schwz. P. 365 083** vom 4/7. 1957, ausg. 15/12. 1962. D. Prior. 26/7. 1956. — C. **1958**, 6971 [D. A. S. 1 021 853].)

H_{10}. Färberei. Organische Farbstoffe

Die Beziehung zwischen der Struktur von Dispersionsfarbstoffen und ihren färberischen Eigenschaften auf Synthesefasern. Nobuhiko Kuroki und Kenzo Konishi. (Bull. Univ. Osaka Prefect., Ser. A **4**, 123—38, 1956; Coll. of Engng., Dep. of Appl. Chem.; engl.) — 116 Dispersionsfarbstoffe der Monazo-, Nitrodiphenylamin- u. Aminoanthrachinonreihe werden hergestellt u. auf Celluloseacetat-, Nylon-6- u. Vinylongewebe ausgefärbt. Neben den Absorptionsmaxima sind die Färbbarkeit der Fasern u. die Brillanz der Färbungen tabelliert. Wichtig für die Anfärbbarkeit hydrophober Fasern ist ein Ausgleich von hydrophilen u. -phoben Eigg. der Farbstoffe, wobei das Verhältnis für jede Faserart verschieden ist. Positiv wird die Färbbarkeit von H-Donatoren (z B. OH-Gruppe) beeinflußt, negativ von H-Acceptoren (z. B. CN-, CO-Gruppe). Daraus folgt, daß für den Färbemechanismus hydrophober Fasern neben den nichtpolaren auch polare Bindungen (z. B. H-Brücken) wichtig sind.

Versuche: Folgende Farbstoffe werden dargestellt: 4-Nitroazobenzole: *4'-Diäthylamino-*, F. 149 bis 150°; aus Aceton (Ac.) rote Kristalle; 70% (Ausbeute). — *2-Nitro-4'-diäthylamino-*, F. 161,5—162°; aus CH_3OH (M.) purpurschwarze Kristalle; 72,6%. — *2.6-Dichlor-4'-diäthylamino-*, F. 148—149°; aus Ac. rötlichschwarze Kristalle; 62%. — *4'-[N-Methyl-N-(2-hydroxyäthyl)-amino]-*, F. 175—176°; aus Ac. rote Kristalle; 81%. — *2-Nitro-4'-[N-Methyl-N-(2-hydroxyäthyl)-amino]-*, F. 148—149°; aus M. purpurschwarze Kristalle; 72%. — *2.6-Dichlor-4'-[N-methyl-N-(2-hydroxyäthyl)-amino]-*, F. 124—125,5°; aus Ac. rötlichschwarze Kristalle; 25%. — *4'-[N-Äthyl-N-(2-hydroxyäthyl)-amino]-*, F. 163 bis 163,5°; aus Ac. rote Kristalle; 74,4%. — *2-Nitro-4'-[N-äthyl-N-(2-hydroxyäthyl)-amino]-*, F. 144—145°; aus M. purpurschwarze Kristalle; 84%. — *2.6-Diehlor-4'-[N-äthyl-N-(2-hydroxyäthyl)-amino]-*, F. 132—133°; aus Ac. rötlichschwarze Kristalle; 70%. — *4'-[N-n-Butyl-N-(2-hydroxyäthyl)-amino]-*, F. 109—110°; aus M./Ac. (1 : 1) rote Kristalle; 84%. — *2-Nitro-4'-[N-n-butyl-N-(2-hydroxyäthyl)-amino]-*, F. 132,5—133°; aus M./Ac. (1 : 1) purpurschwarze Kristalle; 80,5%. — *2.6-Dichlor-4'-[N-n-butyl-N-(2-hydroxyäthyl)-amino]-*, F. 115—116°; aus Ac. rötlichschwarze Kristalle; 81,5%. — *4'-[N.N-Bis-(2-hydroxyäthyl)-amino]-*, F. 201—204°; aus M. rote Kristalle; 72%. — *2-Nitro-4'-[N.N-bis-(2-hydroxyäthyl)-amino]-*, F. 169—171°; aus M. purpurschwarze Kristalle; 50%. — *4'-[N.N-Bis-(2-hydroxyäthyl)-amino]-2'-methyl-*, F. 158—162°; aus M./Ac. (1 : 1) dunkelrote Kristalle; 44,6%. — *2-Nitro-4'-[N.N-bis-(2-hydroxyäthyl)-amino]-2'-methyl-*, F. 188 bis 188,5°; aus M./Ac. (1 : 1) purpurschwarze Kristalle; 60,5%. — *2.6-Dichlor-4'-[N.N-bis-(2-hydroxyäthyl)-amino]-2'-methyl-*, F. 149,5—150°; aus M./Ac. (1 : 1) rötlichbraune Kristalle; 67,5%. — *4'-{N-Äthyl-N-[2-(2'-hydroxyäthoxy)-äthyl]-amino}-*, F. 97°; aus M. purpurrötliche Kristalle; 85,5%. — *2-Nitro-4'-{N-äthyl-N-[2-(2'-hydroxyäthoxy)-äthyl]-amino}-*, F. 98°; aus M. schwarze Kristalle; 65%. — *4'-[N-Äthyl-N-(2-hydroxypropyl)-amino]-*, F. 135—135,5°; aus M. rote Kristalle; 86,5%. — *2-Nitro-4'-[N-äthyl-N-(2-hydroxypropyl)-amino]-*, F. 103—106°; aus M. purpurschwarze Kristalle; 70%. — *2.6-Dichlor-4'-[N-äthyl-N-(2-hydroxypropyl)-amino]-*, F. 106—108°; aus Ac. rötlichbraune Kristalle; 86,5%. — *4'-[N-(2-Hydroxyäthyl)-N-(2-hydroxypropyl)-amino]-*, F. 183—184°; aus M./Ac. (1 : 1) rote Kristalle; 64%. — *2-Nitro-4'-[N-(2-hydroxyäthyl)-N-(2-hydroxypropyl)-amino]-*, F. 145—147°; aus M. dunkelpurpurfarbene Kristalle; 57%. — *2.6-Dichlor-4'-[N-(2-hydroxyäthyl)-N-(2-hydroxypropyl)-amino]-*, F. 153—154°; aus M./Ac. (1 : 1) rötlichbraune Kristalle; 59%. — *4'-[N.N-Bis-(2-hydroxypropyl)-amino]-*, F. 194—195°; aus M./Ac. (1 : 1) rote Kristalle; 56%. — *2-Nitro-4'-[N.N-bis-(2-hydroxypropyl)-amino]-*, F. 143—144°; aus M./Ac. (1 : 1) dunkelpurpurfarbene Kristalle; 30%. — *2.6-Dichlor-4'-[N.N-bis-(2-hydroxypropyl)-amino]-*, F. 159—161°; aus M. rote Kristalle; 12%. — *4'-[N-Äthyl-N-(2-cyanäthyl)-amino]-*, F. 173,5—174°; aus M./Ac. (1 : 1) gelblichbraune Kristalle: 64,5%. — *2-Nitro-4'-[N-äthyl-N-(2-cyanäthyl)-amino]-*, F. 151°; aus M./Ac. (1 : 1) grünlichschwarze Kristalle; 79,5%. — *2.6-Dichlor-4'-[N-äthyl-N-(2-cyanäthyl)-amino]-*, F. 144—145°; aus M./Ac. (1 : 1) rötlichschwarze Kristalle; 71,5%. — *4'-[N.N-Bis-(2-cyanäthyl)-amino]-*, F. 201—202°; aus Ac. rötlichorangefarbene Kristalle; 40%. — *2-Nitro-4'-[N.N-bis-(2-cyanäthyl)-amino]-*, F. 185 bis 186°; aus Ac. purpurfarbene Kristalle; 52,5%. — *2.6-Dichlor-4'-[N.N-bis-(2-cyanäthyl)-amino]-*, F. 139—142°; aus Ac. rote Kristalle; 84%. — *4'-[N-(2-Hydroxyäthyl)-N-(2-cyanäthyl)-amino]-*, F. 186—187°; aus M. rote Kristalle; 76,5%. — *2-Nitro-4'-[N-(2-hydroxyäthyl)-N-(2-cyanäthyl)-amino]-*, F. 137—138°; aus M. purpurfarbene Kristalle; 63%. — *2.6-Dichlor-4'-[N-(2-hydroxyäthyl)-N-(2-cyanäthyl)-amino]-*, F. 121—122°; aus M. rötlichbraune Kristalle; 75%. — *4'-[N-Methyl-N-(2-hydroxy-3-chlorpropyl)-amino]-*, F. 131—131,5°; aus M./Ac. rote Kristalle; 71,5%. — *4'-[N-Äthyl-N-(2-hydroxy-3-chlorpropyl)-amino]-*, F. 123—124°; aus M./Ac. (1 : 1) rote Kristalle; 82,5%. — *2-Nitro-4'-[N-äthyl-N-(2-hydroxy-3-chlorpropyl)-amino]-*, F. 82—84°; aus M. schwarze Kristalle; 89,5%. — *4'-[N-n-Butyl-N-(2-hydroxy-3-chlorpropyl)-amino]-*, F. 129,5—130,5°; aus M. gelblichrote Kristalle; 77%. — *4'-[N-Äthyl-N-(2-hydroxy-3-acetoxypropyl)-amino]-*, F. 81 bis 82°; aus M. rote Kristalle; 78,8%. — *4'-[N-Äthyl-N-(2.3-dihydroxypropyl)-amino]-*, F. 154—155,5°; aus M./W. (1 : 1) rötlichbraune Kristalle; 91%. — *2-Nitro-4'-[N-äthyl-N-(2.3-dihydroxypropyl)-amino]-*, F. 86—88°; aus M./W. (1 : 1) dunkelpurpurfarbene Kristalle; 93,5%. — *2.6-Dichlor-4'-[äthyl-N-(2.3-dihydroxypropyl)-amino]-*, F. 147°; aus M. dunkelrote Kristalle; 82,4%. — *4'-[N-Äthyl-N-(3-oxobutyl)-amino]-*, F. 159—159,5°; aus Bzl. purpurfarbene Kristalle; 73,5%. — *2'-Nitro-4'-[N-äthyl-N-(3-oxobutyl)-amino]-*, F. 144,5—145,5°; aus Ac. bläulichschwarze Kristalle; 62,3%. — *2.6-Dichlor-4'-[N-äthyl-*

N-(3-oxobutyl)-amino]-, F. 107,5—108°; aus M. schwarze Kristalle; 73,3%. — *4'-[N-(2-Hydroxyäthyl)-N-(3-oxobutyl)-amino]-*, F. 204—205°; aus Ac. rote Kristalle; 41,6%. — *2-Nitro-4'-[N-(2-hydroxyäthyl)-N-(3-oxobutyl)-amino]-*, F. 163—163,5°; aus M./W. (2 : 1) purpurschwarze Kristalle; 70%. — *4'-[N-Äthyl-N-(3-hydroxybutyl)-amino]-*, F. 127 bis 127,5°; aus. Ac./A. (2 : 1) rote Kristalle; 93%. — *2-Nitro-4'-[N-äthyl-N-(3-hydroxybutyl)-amino]-*, F. 125—126°; aus Ac./A. (2 : 1) grünlichschwarze Kristalle; 71%. — *2.6-Dichlor-4'-[N-äthyl-N-(3-hydroxybutyl)-amino]-*, F. 108,5—109,5°; aus Ac. schwarze Kristalle; 78,8%. — *4'-[N-(2-Hydroxyäthyl)-N-(3-hydroxybutyl)-amino]-*, F. 128—130°; aus M. rötlichbraune Kristalle; 78,1%. — *2-Nitro-4'-[N-(2-hydroxyäthyl)-N-(3-hydroxybutyl)-amino]-*, F. 115—116°; aus M. rote Kristalle; 75%. — *2.6-Dichlor-4'-[N-(2-hydroxyäthyl)-N-(3-hydroxybutyl)-amino]-*, F. 85—90°; aus M. orangefarbene Kristalle; 37,5%. — *4'-[N-Äthyl-N-acetylamino]-*, F. 123—125°; aus M. dunkelrote Kristalle; 51,4%. — *4'-[N-Äthyl-N-(2-carbomethoxyäthyl)-amino]-*, F. 117—118°; aus M. rote Kristalle; 43,2%. — *2-Nitro-4'-[N-äthyl-N-(2-carbomethoxyäthyl)-amino]-*, F. 78—80°; aus M. rötlichbraune Kristalle; 25%. — *4'-[N-(2-Hydroxyäthyl)-N-(2-carbomethoxyäthyl)-amino]-*, F. 132 bis 134°; aus M. rötlichbraune Kristalle; 57,6%. — *2-Nitro-4'-[N-(2-hydroxyäthyl)-N-(2-carbomethoxyäthyl)-amino]-*, F. 99—100°; aus M. braune Kristalle; 20%. — *4'-[N-Methyl-N-(2-sulfatoäthyl)-amino]-*, *Na-Salz*; aus Isopropanol (I) rote Kristalle; 40,5%. — *4'-[N-Äthyl-N-(2-sulfatoäthyl)-amino]-*, *Na-Salz*; aus I rote Kristalle; 52%. — *4'-[N-(2-Hydroxyäthyl-N-(2-sulfatoäthyl)-amino]-*, *Na-Salz*, aus I rote Kristalle; 45%. — *4'-{N-Methyl-N-[2-(cis-2-carboxyvinylcarbonyloxy)-äthyl]-amino}-*, *NH_4-Salz*; aus I/Ac. (2 : 1) rote Kristalle; 21%. — *4'-{N-[2-Hydroxyäthyl]-N-[2-(cis-2-carboxyvinylcarbonyloxy)-äthyl]-amino}-*, *NH_4-Salz*; aus I/Ac. (2 : 1) rote Kristalle; 13%. — *4'-[N-Äthyl-N-(2-carboxyäthyl)-amino]-*, *Na-Salz*; aus I rote Kristalle; 50—60%. — *4'-[N-(2-Hydroxyäthyl)-N-(2-carboxyäthyl)-amino]-*, *Na-Salz*; aus I rote Kristalle; 50—60%. — *2.6-Dichlor-4'-[N-(2-hydroxyäthyl)-N-(2-carboxyäthyl)-amino]-*, *Na-Salz*; aus I braune Kristalle; 50—60%. — Tetrahydro-1-methyl-3-hydroxychinoline: *4-Nitrobenzolazo-*, F. 131°; aus M./Ac. (1 : 1) orangerote Kristalle; 63%. — *2.4-Dinitrobenzolazo-*, F. 145 bis 146°; aus M./Ac. (1 : 1) grüne Kristalle; 57%. — *4-Nitro-2.6-dichlorbenzolazo-*, F. 123°; aus M./Ac. (1 : 1) purpurrote Kristalle; 42%. — Tetrahydro-1-äthyl-3-hydroxychinoline: *4'-Nitrobenzolazo-*, F. 145—146°; aus M./Ac. (1 : 1) rote Kristalle; 61%. — *2'.4'-Dinitrobenzolazo-*, F. 118—119°; aus M./Ac. (1 : 1) grüne Kristalle; 59%. — *4'-Nitro-2'.6'-dichlorbenzolazo-*, F. 132°; aus M./Ac. (1 : 1) purpurrote Kristalle; 46%. — Tetrahydro-1-n-butyl-3-hydroxychinoline: *4'-Nitrobenzolazo-*, F. 119—120°; aus M./Ac. (1 : 1) rote Kristalle; 61%. — *2'.4'-Dinitrobenzolazo-*, F. 111—112°; aus M./Ac. (1 : 1) grüne Kristalle; 61%. — *2'.6'-Dichlor-4'-nitrobenzolazo-*, F. 117—118°; aus M./Ac. (1 : 1) purpurrote Kristalle; 50%. — 4-Phenylmorpholine: *4'-Nitrobenzolazo-*, F. 227 bis 229°; aus Ac./Bzl. (1 : 1) rote Kristalle; 81%. — *2'.4'-Dinitrobenzolazo-*, F. 174—175°; aus Ac. grüne Kristalle; 62%. — *4'-Nitro-2'.6'-dichlorbenzolazo-*, F. 194—195°; aus Ac./Bzl. (1 : 1) braune Kristalle; 31,4%. — 2-Methyl-4-phenylmorpholine: *4'-Nitrobenzolazo-*, F. 174—175°; aus Ac. rote Kristalle; 92%. — *2'.4'-Dinitrobenzolazo-*, F. 186—189°; aus Ac. grüne Kristalle; 67,4%. — *2'.6'-Dichlor-4'-nitrobenzolazo-*, F. 146 bis 148°; aus M./Ac. (1 : 1) braune Kristalle; 55,5%. — 2.6-Dimethyl-4-phenylmorpholine: *4'-Nitrobenzolazo-*, F. 185—186°; aus M./Ac. (1 : 1) purpurrote Kristalle; 35%. — *2'.4'-Dinitrobenzolazo-*, F. 209—210°; aus Ac. grüne Kristalle; 26%. — *2'.6'-Dichlor-4'-nitrobenzolazo-*, F. 161—163°; aus M./Ac. (1 : 1) braune Kristalle; 29%. — 2-Chlormethyl-4-phenylmorpholine: *4'-Nitrobenzolazo-*, F. 142—143°; aus Ac. rote Kristalle; 57%. — *2'.4'-Dinitrobenzolazo-*, F. 180—181°; aus Ac. grüne Kristalle; 74%. — *2'.6'-Dichlor-4'-nitrobenzolazo-*, F. 149—150°; aus Ac. rote Kristalle; 40%. — 2-Acetoxymethyl-4-phenylmorpholine: *4'-Nitrobenzolazo-*, F. 181—183°; aus M./Ac. (1 : 1) rötlichbraune Kristalle; 91%. — *2'.4'-Dinitrobenzolazo-*, F. 96—99°; aus Ac. bräunlichpurpurfarbene Kristalle; 82%. — *2'.6'-Dichlor-4'-nitrobenzolazo-*, F. 109 bis 110°; aus M./Ac. (1 : 1) rote Kristalle; 55%. — 2-Hydroxymethyl-4-phenylmorpholine: *4'-Nitrobenzolazo-*, F. 171—172°; aus M./Ac. (1 : 1) rötlichbraune Kristalle; 88%. — *2'.4'-Dinitrobenzolazo-*, F. 113—116°; aus M. dunkelpurpurfarbene Kristalle; 52%. — *2'.6'-Dichlor-4'-nitrobenzolazo-*, F. 126—129°; aus M. rote Kristalle; 49%. — 9-Äthylhexahydrocarbazole: *4'-Nitrobenzolazo-*, F. 80—83°; aus Ac. rote Kristalle; 20%. — *2'.4'-Dinitrobenzolazo-*, F. 125—127°; aus Ac. purpurschwarze Kristalle; 15%. — *2'.6'-Dichlor-4'-nitrobenzolazo-*, F. 147—149°; aus Ac. schwarze Kristalle; 27%. — 9-[2-Hydroxyäthyl]-hexahydrocarbazole: *4'-Nitrobenzolazo-*, F. 95—96°; aus Ac. rote Kristalle; 8%. — *2.4-Dinitrobenzolazo-*, F. 113—114°; aus Ac. purpurschwarze Kristalle; 34,7%. — *2.6-Dichlor-4-nitrobenzolazo-*, F. 146—147°; aus Ac. schwarze Kristalle; 28,7%. — 2.4-Dinitrodiphenylamine: *4'-Hydroxy-*, F. 190°; aus M. rote Kristalle; 62%. — *4'-Amino-*, F. 190°; aus M. rote Kristalle; 91,2%. — *3'.4'-Dimethoxy-*,

F. 174—175°; aus Ac. orangefarbene Kristalle; 75,5%. — *3'.4'-Äthylendioxy-*, F. 169 bis 169,5°; aus M./Ac. (1 : 1) orangefarbene Kristalle; 63,5%. — *3'.4'-Diäthoxy-*, F. 147°; aus M./Ac. (1 : 1) orangefarbene Kristalle; 72,5%. — *3'.4'-Di-n-propoxy-*, F. 113—114,5°; aus M./Ac. (1 : 1) orangefarbene Kristalle; 80%. — *3'.4'-Di-n-butoxy-*, F. 81—82°; aus M./Ac. (1 : 1) orangefarbene Kristalle; 76%. — *2.5-Dichlor-4-nitro-4'-aminodiphenyl*, F. 147°; aus M. purpurschwarze Kristalle; 70%. — Anthrachinone: *1-Amino-*, F. 239 bis 240°; rote Kristalle; 63%. — *1-[2'-Hydroxyäthylamino]-*, F. 172—173°; rote Kristalle; 45%. — *1.4-Diamino-*, F. 261—262°; purpurblaue Kristalle; 66%. — *1.4-Bis-[2'-hydroxyäthylamino]-*, F. 238—239°; blaue Kristalle; 85%. — *1-Amino-4-hydroxy-*, F. 213—215°; rote Kristalle; 88%. — *1.4.5.8-Tetraamino-*, F. 298—300°; rötlichschwarze Kristalle; 39,2%. G.-D. Gollnisch. 7002◇

Absorption binärer Gemische von Solacet-Farbstoffen durch Vinylon. Akira Katayama, Nobuhiko Kuroki und Kenzo Konishi. (Bull. Univ. Osaka Prefect., Ser. A **8**, 47—56, 1960; Coll. of Engng., Dep. of Appl. Chem.; engl.) — Vgl. C. **1960**, 14523; C. **1962**, 5106, 5484. — In einem weiten Farbstoff-Konz.- u. Temp.-Bereich wird die *Absorption bin. Solacet-Farbstoffgemische* (*Solacet-Fast Orange 2GS*, *-Fast Blue 2BS* u. *-Fast Yellow GS* der IMP. Chem. Ind.) durch *Vinylon* der Kurasiki Rayon Co. untersucht. Es wird festgestellt, daß im Farbstoffgemisch die absorbierte Menge des einen Farbstoffs in Ggw. des anderen Farbstoffs red. wird; in allen Fällen ist aber die gesamte mol. Konz. beider absorbierter Farbstoffe größer als die der einzeln absorbierten Farbstoffindividuen. Die absorbierte Menge jeden Farbstoffs bei Gemischen im Färbebad läßt sich aus den Affinitäten der einzelnen Farbstoffe in ihrem jeweiligen Färbebad mittels abgeleiteter Gleichungen gut bestimmen. R. Schäff. 7002◇

Vereinigte Glanzstoff-Fabriken Akt.-Ges., Wuppertal (Erfinder: Rudolf Lotz, Obernburg, und Gerhard Wick, Erlenbach), **Erzeugung dauerhafter, fluorescierender Färbungen auf geformten Gebilden aus synthetischen Hochpolymeren,** z. B. auf Isolationsschläuchen, Fäden u. Folien aus Polyvinylchlorid oder Polyamiden. Die Gebilde werden bei normaler Temp. mit einer Lsg. eines Rk.-Prod. von p-Dimethylaminobenzaldehyd u. in 6-Stellung durch eine Methylgruppe, ein Cl- oder Br-Atom substituiertem α-Hydrindon in Essigester behandelt. (**D. A. S. 1 136 976** Kl. 8m vom 29/10. 1957, ausg. 27/9. 1962.) F. Böhm. 7021

Badische Anilin- & Soda-Fabrik Akt.-Ges. (Erfinder: Hans Wilhelm, Gerd Louis, Günter Lange, Ernst Penning und Hans Weidinger), Ludwigshafen/Rh., **Färben beziehungsweise Bedrucken und gleichzeitiges Ausrüsten von Textilien.** Man bringt farbige Emulsionspolymerisate auf, die durch Mischpolymerisation von Farbstoffen, die eine polymerisierbare olefin. Doppelbindung enthalten, mit nichtfarbigen Verbb., die polymerisierbare olefin. Doppelbindungen u. Gruppen enthalten, die Kondens.- oder Additionsumsetzungen zugänglich sind, sich aber unter den Bedingungen der Emulsionspolymerisation nicht unter Kondens. oder Addition umsetzen, u. ggf. anderen polymerisierbaren nichtfarbigen Verbb. in Emulsion erhalten worden sind, u. vernetzt dann die Mischpolymerisate für sich oder mit Hilfe von bi- oder polyfunktionellen Verbindungen. — Zum Beispiel taucht man Baumwollgewebe in eine Mischung aus 100 (Teilen) W., 0,124 NH_4NO_3, 100 41,3%ig. wss. Polymerisatdispersion, erhalten durch Polymerisation einer Mischung von 263 Acrylsäurebutylester, 27 N-Methylolmethacrylsäureamid u. 1,25 des durch Kuppeln von diazotiertem 1-Amino-3-acryloylaminobenzol mit 1-[N-(β-Hydroxyäthyl)-N-(β-cyanäthyl)-amino]-3-methylbenzol gewonnenen Azofarbstoffes, quetscht ab u. trocknet bei 130°. (**D. A. S. 1 136 302** Kl. 8m vom 12/7. 1960, ausg. 13/9. 1962.) F. Böhm. 7023

Imperial Chemical Industries Ltd., London (Erfinder: Peter William Hickmott, Manchester), England, **Färben und Bedrucken von Polyestertextilmaterial.** Es werden Farbstoffe der Monoazo-, Styrol- oder Nitroreihe verwendet, die frei von SO_3H- u. COOH-Gruppen sind u. an einen aromat. Ring direkt oder über einen Rest $-N(R_1)-R_2-$, $-O-R_2-$, $-SO_2-R_2-$, $-R_2-$, $-SO_2NHR_2-$, $-SO_2N(Alkyl)-R_2-$, $-CONH-R_2-$ oder $-CON(Alkyl)-R_2-$ eine Gruppe $-O-CO-C(Z_1)=C(Z_2)\cdot(Z_3)$ (**I**) oder $-O-CO-C(Z_1)H-C(Z_2)(Z_3)-N^+\equiv AY^-$ (**II**) gebunden enthalten [Z_1, Z_2, Z_3 = H, Halogen oder ggf. substituierte KW-Stoff-Reste; R_2 = ggf. substituierte gesätt. oder ungesätt. Kette mit 1—6 C-Atomen; R_1 = Alkyl, substituiertes Alkyl, Aralkyl, Aryl oder $-R_2-O-CO-C(Z_1)=C(Z_2)(Z_3)$; Y = Anion; A = Rest einer starken tert. Base]. Die wasserlösl. Farbstoffe mit der Gruppe **II** gehen beim Färben in wasserunlösl. Farbstoffe mit der Gruppe **I** über. Die Färbungen sind wasch- u. sublimationsecht. (**D. A. S. 1 137 418** Kl. 8m vom 10/5. 1961, ausg. 4/10. 1962. E. Prior. 12/5. 1960. **E. P. 914 075** vom 12/5. 1960, ausg. 28/12. 1962.) F. Böhm. 7023

Ciba Soc. An., Basel (Erfinder: Henri Riat, Arlesheim), Schweiz, **Herstellung von Monoazofarbstoffen** der allg. Formel I (D = Rest einer bes. SO_3H-haltigen Diazokomponente; x = reakt. Rest). Die Farbstoffe müssen mindestens eine stark saure, wasserlösl. machende Gruppe enthalten. Als reakt. Reste werden Halogenpyrimidyl-, Halogentriazinyl-, Acryl-, Halogenacryl-, Propionyl-, Halogenpropionyl- u. a. Reste genannt. Die Farbstoffe eignen sich zum Färben von Seide, Leder, Wolle, Polyamiden u. -urethanen u. bes. cellulosehaltigen Materialien. — *2-Amino-1-hydroxybenzol-4-sulfonsäure → 1-Amino-5-hydroxynaphthalin-7-sulfonsäure*. Der erhaltene Aminoazofarbstoff wird gekupfert u. mit Cyanurchlorid, von dem ein Cl-Atom durch 1-Aminobenzol-3-sulfonsäure ersetzt ist, kondensiert. Der erhaltene Farbstoff färbt Baumwolle rein rubinrot u. sehr wasch- u. lichtecht. (**F. P. 1 234 954** vom 3/9. 1959, ausg. 7/11. 1960. **D. A. S. 1 134 169** Kl. 22a vom 12/10. 1959, ausg. 2/8. 1962. Beide Schwz. Prior. 13/10. 1958 u. 21/8. 1959.) F. Rath. 7053

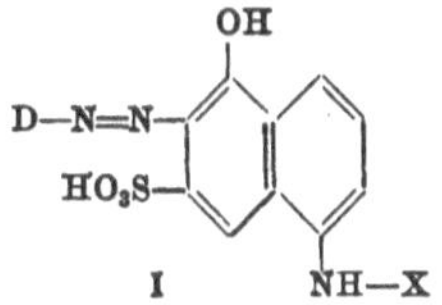

I

Ciba Akt.-Ges., Basel (Erfinder: Walter Hanhart, Riehen), Schweiz, **Herstellung von Polyazofarbstoffen** der allg. Formel I (R = Rest einer Diazokomponente mit mindestens einer Azogruppe, die in Nachbarstellung zu —N=N—A— eine metallisierbare Gruppe enthält; A = Rest einer Hydroxynaphthalinsulfonsäure mit OH in Nachbarstellung zu R—N=N—). Die Metall-bes. Cu-Verbb. eignen sich zum Färben u. Bedrucken von Wolle, Seide, Leder u. bes. cellulosehaltigen Materialien. — *1-Amino-3-methylbenzol → 1-Amino-2-methoxynaphthalin-6-sulfonsäure → 1-Hydroxy-6-aminonaphthalin-3-sulfonsäure → Barbitursäure*. Der gekupferte Farbstoff färbt Baumwolle oder Viscose grün. — *1-Hydroxybenzol-2-sulfonsäure ← 4.4'-Diaminodiphenyl → 1-Amino-2-methoxynaphthalin-6-sulfonsäure → 2-Amino-5-hydroxynaphthalin-7-sulfonsäure → Barbitursäure*. Der gekupferte Farbstoff färbt pflanzliche Fasern lichtecht olivgrün. (**D. A. S. 1 135 596** Kl. 22a vom 5/8. 1959, ausg. 30/8. 1962. **F. P. 1 234 875** vom 29/6. 1959, ausg. 19/10. 1960. Beide Schwz. Prior. 6/8. 1958.) F. Rath. 7055

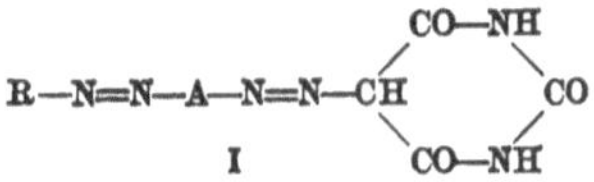

I

Ciba Akt.-Ges., Basel (Erfinder: Raymond Gunst, Binningen), Schweiz, **Herstellung von Azofarbstoffen** der allg. Formel I (R = azogruppenfreie Diazokomponente mit einer SO_3H-Gruppe, bes. der Benzol- oder Naphthalinreihe; x = H oder OCH_3; 1 Y = H, das andere Y = SO_3H). Die Diazofarbstoffe eignen sich zum Färben u. Bedrucken von Wolle, Seide, Leder u. Polyamiden, bes. von cellulosehaltigen Materialien. — 1-Aminobenzol-4-sulfonsäure → 1-Naphthylamin-6-sulfonsäure wird mit Cyanurchlorid kondensiert. Das prim. Kondens.-Prod. wird mit 1-Amino-8-hydroxynaphthalin-3.6-disulfonsäure umgesetzt u. dann mit der Diazoverb. aus 1-Aminobenzol-2-sulfonsäure gekuppelt. Der wie üblich isolierte Farbstoff färbt Cellulosefasern in echten Rottönen. (**D. A. S. 1 138 176** Kl. 22a vom 8/8. 1959, ausg. 18/10. 1962. **F. P. 1 234 917** vom 10/8. 1959, ausg. 8/11. 1960. Beide Schwz. Prior. 11/8. 1958 u. 17/7. 1959.) F. Rath. 7055

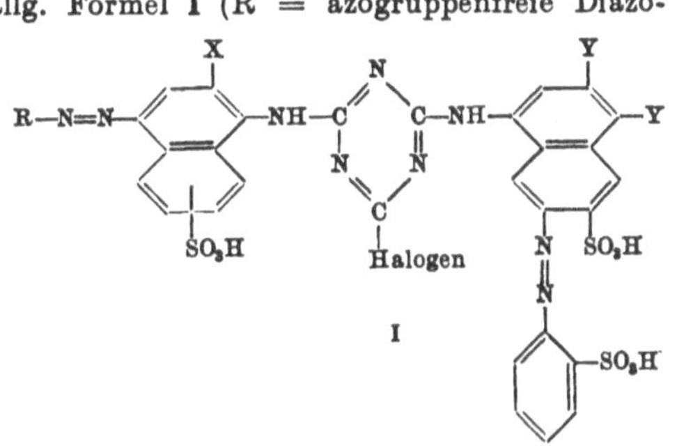

I

Ciba Akt.-Ges., Basel (Erfinder: Eugen Koller, Binningen), Schweiz, **Herstellung wasserlöslicher Phthalocyaninfarbstoffe** der allg. Formel I (Q = Rest eines bes. metallhaltigen Phthalocyanins; R = Arylenrest; A = Rest einer über eine Aminogruppe an X gebundenen Azokomponente; X = Halogentriazinrest; n = 1 oder 2; m = 1, 2, 3 oder 4). Die Farbstoffe eignen sich zum Färben u. Bedrucken von Wolle, Seide, Polyamiden u. -urethanen u. bes. von polyhydroxylierten Materialien z. B. Leinen u. bes. Baumwolle. — 3.4'.4''.4'''-Kupferphthalocyaninsulfonsäure-N-[m-amino-p-sulfophenyl]-amidtrisulfonsäure (II) → 1-[3'-Aminophenyl]-pyrazolon-(5)-carbonsäure-(3). Der Farbstoff wird mit Cyanurchlorid u. NH_4OH umgesetzt. Man erhält einen grünen Farbstoff. II erhält man wie folgt: 98,5 (g) Kupferphthalocyanin-3.4'.4''.4'''-tetrasulfonsaures Na werden in 445 cm³ $ClSO_3H$ eingetragen u. bei 80° innerhalb 1—1½ Std. 110 cm³ SO_2Cl zugetropft, weitere 3 Std. wird auf 80—83° erhitzt. Dann wird auf Eis ausgetragen u.

$$(SO_3H)_{4-n}—Q—[—SO_2—N(C_{m-1}H_{2m-1}—)—R—N{=}N—A—X]_n$$

I

wie üblich isoliert. Zu diesem Sulfochlorid werden 37,8 1.3-Diaminobenzol-4-sulfonsäure in 400 cm³ W. u. 47 $NaHCO_3$ gegeben u. 12 Std. bei Zimmer-Temp. u. dann 2 Std. bei 70—75° gerührt. Durch Aussalzen erhält man **II**. (**D. A. S. 1 137 154** Kl. 22a vom 14/1. 1960, ausg. 27/9. 1962. **F. P. 1 247 565** vom 4/1. 1960, ausg. 24/2. 1961. Beide Schwz. Prior. 15/1. u. 30/11. 1959.) F. Rath. 7073

Sandoz Akt.-Ges., Basel, übert. von: **Georg Geiger** und **Karl Ulrich Steiner**, Binningen, Schweiz, *Färben mit Perylenderivaten*. (**A. P. 2 998 402** vom 20/10. 1958, ausg. 29/8. 1961. Schwz. Prior. 29/10. 1957. — C. **1963**, 18639 [E. P. 859 288].)

Chemstrand Corp. (Erfinder: **Edward Vernon Burnthall** und **Thomas Elmer Croxson**), *Färben von Fasergemischen aus Wolle und Polymerisaten*. (**Aust. P. 236 399** vom 21/4. 1959, ausg. 7/12. 1961. E. Prior. 21/5. 1958. — C. **1962**, 13955 [E. P. 857 270].)

Hardman & Holden Ltd. (Erfinder: **Pavel Krug**), Manchester, England, *Färben von Textilmaterialien aus Gemischen aus Polyesterfasern und Cellulose*. (**D. A. S. 1 147 912** Kl. 8m vom 3/2. 1960, ausg. 2/5. 1963. E. Prior. 6/2. 1959 u. 7/1. 1960. — C. **1963**, 18641 [E. P. 863 697].)

Farbwerke Hoechst Akt.-Ges. vormals Meister Lucius & Brüning, Frankfurt/M. (Erfinder: **Josef Nüsslein**, **Hugo Bartl**, Frankfurt/M., und **Kurth Roth**, Hofheim), *Herstellung von farbgebenden Walzenmassen*. (**D. A. S. 1 126 841** Kl. 8n vom 24/3. 1959, ausg. 5/4. 1962. — C. **1963**, 18641 [Niederl. P. 99 512].)

Farbenfabriken Bayer Akt.-Ges. (Erfinder: **Günter Gehrke**, Köln, und **Ludwig Nüßler**), Leverkusen, *Färben von Polyacrylnitrilfasern*. (**D. A. S. 1 150 652** Kl. 8m vom 30/8. 1955, ausg. 27/6. 1963. — C. **1959**, 13947 [E. P. 807 241].)

Ciba Akt.-Ges. (Erfinder: **Arthur Maeder**, Basel, **Theodor Weber**, Neuewelt, **Georg Sulzer**, **Willy Fatzer** und **Peter Gürtler**, Basel), Schweiz, *Fixieren von Pigmenten oder Beflockungen auf Faserstoffen mit Hilfe von Kunstharzen*. (**D. A. S. 1 148 522** Kl. 8n vom 11/8. 1956, ausg. 16/5. 1963. Schwz. Prior. 17/8., 9/9. u. 2/12. 1955. — C. **1959**, 5635 [Oe. P. 194 825].)

Imperial Chemical Industries Ltd., England (Erfinder: **Arthur Charles Birtwistle**), *Bedrucken von Proteinfasermaterial*. (**F. P. 1 257 933** vom 2/5. 1960, ausg. 21/7. 1961. E. Prior. 8/5. 1959 u. 29/2. 1960. — C. **1963**, 18642 [E. P. 871 769].)

Gevaert Photo-Producten N.V., Mortsel (Erfinder: **Ferdinand Leonard Schouteden**, Wilrijk), Antwerpen, Belgien, *Modifizieren von nitrilgruppenhaltigen hochmolekularen organischen Stoffen*. (**D. A. S. 1 149 169** Kl. 39c vom 7/3. 1958, ausg. 22/5. 1963. Niederl. Prior. 8/3. 1957. Zusatz zu D. A. S. 1 130 593; C. 1963, 11087. — C. **1960**, 9731 [Niederl. P. 92 192].)

Farbwerke Hoechst Akt.-Ges. vormals Meister Lucius & Brüning (Erfinder: **Ludwig Orthner**, Frankfurt/M., **Karl Horst**, Hofheim, **Alfred Scharf**, Frankfurt/M., **Werner Kirst**, Offenbach/M., **Josef Oxé** und **Richard Gross**, Frankfurt/M.), *Herstellung von Lösungen von Kupplungskomponenten der Eisfarbenreihe*. (**Schwz. P. 364 240** vom 13/9. 1960, ausg. 31/10. 1962. **E. P. 906 188** vom 15/9. 1960, ausg. 19/9. 1962. Beide D. Prior. 15/9. 1959. — C. **1963**, 14495 [D. A. S. 1 132 540].)

Ilford Ltd., Ilford, England, *Diazacarbocyaninfarbstoffe*. (**Ind. P. 68155** vom 24/6. 1959, ausg. 19/12. 1961. — C. **1963**, 4534 [F. P. 1 227 962].)

J. R. Geigy Akt.-Ges., Basel (Erfinder: **Jean-Pierre Jung**, Riehen, und **Meinrad Hürbin**, Basel), Schweiz, *Herstellung von Monoazofarbstoffen*. (**Schwz. P. 362 159** vom 3/3. 1959, ausg. 14/7. 1962. Zusatz zu Schwz. P. 360 448; C. 1962, 17219. — C. **1963**, 14496 [D. A. S. 1 130 949].)

Imperial Chemical Industries Ltd., London (Erfinder: **Brian Ribbons Fishwick** und **Eric Leslie Johnson**, Manchester), England, *Herstellung von wasserunlöslichen Azofarbstoffen*. (**D. A. S. 1 135 593** Kl. 22a vom 2/11. 1959, ausg. 30/8. 1962. E. Prior. 3/11. 1958 u. 7/10. 1959. — C. **1963**, 18644 [F. P. 1 242 433].)

J. R. Geigy Akt.-Ges., Basel, Schweiz, *Herstellung von reaktiven Azofarbstoffen*. (**Ind. P. 67 759** vom 21/5. 1959, ausg. 4/12. 1961. — C. **1962**, 11016 [D. A. S. 1 112 229].)

Imperial Chemical Industries Ltd., London, England, *Anthrachinoide Farbstoffe*. (**Ind. P. 67 277** vom 6/4. 1959, ausg. 2/9. 1961. E. Prior. 10/4. 1958. — C. **1961**, 9989 [E. P. 843 985].)

H_{11a}. Farben. Anstriche. Lacke. Naturharze

Verdickende Wirkung eines organophilen Bentonits auf synthetische Harze. 1. Mitt. Einwirkung auf die Fließeigenschaften von Polyvinylchlorid-Plastisolen. Hiroshi Hasegawa, Mitsuzi Kondō und Ryōgo Tsukisaka. (Chem. high Polymers [Tokyo] **15**, 482—86, 1958; Amagasaki, Hyogo-Ken, Shiraichi Kogyo Ltd., Res. Inst.; jap., Auszug: engl.) — Die verdickende Wrkg. eines organophilen, mit Octadecyl-Derivv. verbundenen Bentonits (**I**) auf PVC-Plastisole wird durch Messung der Viscosität oder Schubspannung bei verschiedenen Schubgeschw. ermittelt. Plastigele wie Dioctylphthalat-, Trikresylphosphat- u. Dioctyladipatharze, die organophilen **I** enthalten, weisen einen beachtlichen, thixotropen Fluß auf. W. Wesly. 7096◇

Eine Dialysier-Technik zum Studium von Seifen-Transport-Phänomen in Latex. Edward G. Bobalek und Edward G. Bell. (Off. Digest. Federat. Soc. Paint Technol. **35**, 423—50, 1963; Cleveland, Ohio, Univ. Circle; engl.) — Vff. schlagen eine Hypothese vor u. beweisen experimentell, daß der Transport ion. oberflächenakt. Stoffe zwischen 2 Phasen in Latex in einem Kammer-Syst. untersucht werden kann, wobei die Komponenten eines komplexen Koll. in Zellen mit selektiv durchlässigen Membranen untergebracht werden. Die Beobachtung des Gleichgewichts erfolgt mittels radioakt. Markierung. Die Unterss., die für Seifen-Lsgg. u. Polystyrollatex durchgeführt wurden,

wurden bes. im Hinblick auf das Gleichgewicht zwischen Micellen, gelöster u. adsorbierter Seife betrieben. R. Zeisberger. 7096◇

Ultraviolette Strahlen und ihre Absorber. G. Torricelli. (Ind. Vernice **16**, 359 bis 366, 1962; ital.) — Anknüpfend an die korrodierende Wrkg. der UV-Strahlung auf organ. Substanzen u. deren Verhütung mit Hilfe von *UV-Absorbern* werden Zus., allg. physikal. Eigg. u. Verw. des besonders im *nahen* UV wirksamen Absorbers *Cyasorb UV-9* (2-Hydroxy-4-methoxybenzophenon) näher erörtert. Er kann bis zu 10% den üblichen Kunststoffpolymeren zugesetzt werden, ohne deren allg. Eigg. zu schädigen. Im einzelnen werden das hohe UV-Absorptionsvermögen, sowie Licht-, Wärme- u. chem. Beständigkeit u. die hygien. Unbedenklichkeit des Mittels hervorgehoben. A. Sander. 7096◇

Die Farbenindustrie 1960. William Brushwell. (Amer. Paint. J. **45**, Nr. 19, 83, 86—87, 90—91, 94, 96—97, 100; Nr. 22, 88, 90, 95; Nr. 24, 84—89; Nr. 26, 78, 80, 82, 84, 86—87; Nr. 27, 88, 90, 92—93, 96, 98, 100—02, 104; Nr. 30, 88—91; Nr. 31, 90—91, 94, 96, 98—99; Nr. 32, 94—95, 98, 100, 102; Nr. 37, 118—19, 122, 126—27, 130, 132, 134; Nr. 39, 82, 84—85, 88, 90—93; Nr. 40, 80—81, 84, 86, 88, 90—91, 94; Nr. 41, 95, 98—99, 102—03, 106, 108, 110, 1961; engl.) R. Grundmann. 7106◇

Fortschritte in der Chemie der Anstriche. 12. Mitt. Herstellung einiger Rohstoffe. Phillip M. Fisk. (Paint Manufact. **30**, 399—401, 1960; engl.) — 11. vgl. C. **1962**, 15418. — Übersicht über die Gewinnung von Rohstoffen für die Industrie der Oberflächenschutzfilme von CH_4 u. höheren KW-Stoffen aus Naturgas, A., Äthylenoxid, Styrol, Isopropanol u. deren Verwendung. W. Wesly. 7106◇

Neuere Entwicklungen beim Aufbringen von organischen Farbanstrichen. B. Toll. (Trans. Inst. Metal Finishing **38**, 146—49, 1961; Melton Mowbray; Production Engng. Res. Assoc.; engl.) — Unter den Aufbringungs-Verff. werden Tauchen, maschinelles Lackieren (mit Lackvorhängen), Aufwalzen u. Lackieren in rotierenden Behältern, beim Farbenspritzauftrag das automat. Sprüh-Verf., Heißspritzen, Druckspritzen ohne Luft u. elektrostat. Lackierung besprochen. — Diskussion. M. Hagedorn. 7106◇

Fortschrittliche Methoden der Vorbereitung der Oberfläche von Werkstücken aus Metallen für den Anstrich, und Erfahrungen bei der Einführung derselben in der Automobilfabrik von Gorki. L. B. Schischmarewa. (Lacke Farben Anwend. [UdSSR] **1960**, 46—49; russ.) — Nach einem Überblick über die Meth. der mechan. u. therm. Behandlung der Oberfläche von Werkstücken beschreibt Vf. die chem. Methoden. Es werden verschiedene Vorschriften für *Entfettung*, *Beizen* u. *Phosphatierung* von Werkstücken angeführt. Ferner werden die Prinzipien ihrer Anwendung erklärt. Die beschriebenen Meth. wurden in der Gorki-Atomobilfabrik eingeführt. Die gebildeten Schutzschichten verbessern erheblich die Qualität der Farbe u. verlängern die Dauerhaftigkeit des Anstrichs. C. Kozák. 7106□

Lackfarbenzusammensetzungen und Überzüge auf Grundlage von chlorsulfoniertem Polyäthylen. I. Ss. Ochrimenko, A. D. Jakowlew und K. B. Kusnetzowa. (Lacke Farben Anwend. [UdSSR] **1962**, Nr. 4, 25—32; russ.) — Vff. verwenden chlorsulfoniertes *Polyäthylen* (I) als Grundlage für Lackfarbengemische u. Überzüge auf Metallen als Korrosionsschutz. Sie stellen Lackfarben-Zus. in gelöster u. disperser Form her. Proben mit 26,5—27,6% Cl u. 1,7—2,5% S zeigen eine SZ. von 60, quellen stark u. lösen sich in aliphat. u. Cl-haltigen aromat. KW-Stoffen, in sd. Bzl. zu 70—95%, schlechter in Estern u. cycl. Äthern, schlecht in aliphat. KW-Stoffen u. Ketonen, gar nicht in Alkoholen. Löslichkeit u. Quelldaten sind tabelliert. Durch Walzen läßt sich die Löslichkeit erhöhen. Die Herst. der Lackfarben geschieht durch Lösen von gewalztem I in aromat. Derivv. oder durch Dispergierung von I in einem Gemisch aus Lsgm. u. Verdünner. Die Härte der Überzüge kann durch Strukturierung, Modifikation u. Pigmentierung erhöht werden. Die Strukturierung von I ist durch Rkk. der Chlorsulfongruppen mit bas. Verbb. (Zinkweiß, Cu-, Mn- u. Ca-Oxid, Bleiweiß) u. organ. Verbb. (Äthylendiamin, Hexamethylendiamin u. a.) möglich. Eine Modifizierung von I kann mit verschiedenen Harzen (Kolophonium–Glyceride, Phenolformaldehydharze, Cyclohexanharze u. a.) erfolgen. Epoxidharz, Perchlorvinylharze, Äthyl- u. Nitrocellulose lassen sich nicht verwenden. Für Lsgg. u. Dispersionen von I benötigt man neutrale Pigmente, für letztere sind auch bas. Pigmente möglich. Die organodispersen Farben können aufgestrichen, aufgespritzt u. aufgestäubt werden. Die Überzüge zeigen niedrige Gasdurchlässigkeit, Beständigkeit gegen W., H_2SO_4, HNO_3 u. lassen sich auf Metall, Holz, Gummi, Glas usw. als Korrosionsschutz auftragen. I. Storbeck. 7106

Antikorrosionsüberzüge auf Grundlage des Lackes „Frorlon“. T. P. Nikolajewa und S. M. Labetzkaja. (Plast. Massen [UdSSR] **1962**, Nr. 4, 67—69; russ.) — Der F-haltige Lack „Frorlon“ hat bei einer Dicke des Auftrages von 200—250 μ

genügende Antikorrosionseigenschaften. Es ist widerstandsfähig gegen starke Säuren u. organ. Lösungsmittel. J. v. Schroeder. 7106◇

Ein Verfahren zur Bestimmung der Dispergierbarkeit von Titandioxid-Pigmenten in Kugelmühlen. Karl-J. Bramekamp. (Schweiz. Arch. angew. Wiss. Techn. **27,** 392—98, 1961; Leverkusen, Titanges. m. b. H., Anwendungstechn. Labor.; dt.) — Eine Meth., die einen Vgl. der Pigmente bei der Dispergierung in Kugelmühlen gestattet, wird beschrieben. Voraussetzung für einen solchen Vgl. ist die Konstanz aller Variablen, die die Kugelmühlenmahlung beeinflussen. Diese Bedingung wird in dem entwickelten Verf. erfüllt. R. Grundmann. 7152◇

Einfluß von Teilchengröße und Pigmentvolumenkonzentration auf die Deckfähigkeit von Titandioxid. Richard J. Bruehlman, Lee W. Thomas und Ely Gonick. (Pitture e Vernici **37,** 411—16, 1961; Wilmington, Del. (USA), E. I. du Pont de Nemours & Co.; ital. — C. **1963,** 7523.) B. Scheifele. 7152◇

Infrarotspektrophotometrische Analyse von Äthylen–Propylencopolymeren. Harry V. Drushel und Frank A. Iddings. (Analytic. Chem. **35,** 28—33, Jan. **1963;** Baton Rouge, La., Humble Oil and Refining Co., Esso Res. Labor.; engl.) — Copolymere aus Propylen u. ^{14}C-Äthylen werden radiochem. u. IR-spektroskop. untersucht. Zur radiochem. Best. werden Lsgg. von 0,05—0,5 g Polymerem in 20 ml einer Scintillator-Lsg., die aus 4 g 2.5-Diphenyloxazol u. 0,05 g 1.4-Bis-2-(phenyloxazolyl)-benzol/l Xylol besteht, benutzt. Die radiochem. Best. dienen zur Eichung. Von den Eichproben in Filmform, die durch Pressen nach kurzfristigem Erhitzen auf 200° oder durch Gießen aus organ. Lsgm. gewonnen wurden, werden die Absorptionsspektren zwischen 2,2 u. 15 μ mit Beckman-IR-5- oder Perkin-Elmer-221-Spektrophotometer gemessen. Für einige quant. Best. werden die Intensitätsverhältnisse bestimmter Banden herangezogen. Der Vertrauensbereich dieser Messungen liegt bei den gepreßten Folien bei $\pm 1{,}2\%$, bei den gegossenen Filmen bei $\pm 2{,}2\%$. W. Kupfer. 7154◇

Zur Wahl der Prüfgeräte für Härtemessungen an Lacken und Lackemaillen. K. M. Oesterle und W. Mäder. (Schweiz. Arch. angew. Wiss. Techn. **27,** 399—402, 1961, Killwangen, Lack- u. Farbenfabrik A. G.; dt.) — Angabe der verschiedenen äußeren u. lackinternen Faktoren, die die Härtewerte von Lackfilmen bestimmen.
R. Grundmann. 7158◇

Beobachtung der sich entwickelnden Beanspruchung in auf einen Träger aufgebrachten Filmen. W. Simpson und D. A. Boyle. (J. Oil Colour Chemist's Assoc. **46,** 331—38, 1963; Manchester, AEI Labor.; engl.) — Beschreibung, Wirkungsweise u. Anwendungsmöglichkeiten eines Filmrelaxometers, der auf einer Weiterentw. der Meth. von Berry u. Watson beruht. R. Zeisberger. 7158◇

Anwendung des Kondensatorprinzips für die Messung der Stärke dünner Lackfilme auf Metallen. Ragnar Veimo. (Tidsskr. Kjemi, Bergves. Metallurgi **21,** 105—07, 1961; Holmestrand, A/S Nord. Aluminiumsind.; norw.) — Die Dicke von Lackfilmen auf Metall kann nach dem Kondensatorprinzip gemessen werden, wenn die lackierte Metallfolie auf ein Stück Gummi gepreßt u. die Kapazität $C = K/(t/\varepsilon)$ ermittelt wird (t = Schichtdicke, ε = DK., K = Konst. in Abhängigkeit von der Plattengröße u. den Maßeinheiten). Der Druck, mit dem die Probe gegen den Film gepreßt wird, muß bei Vgl.-Unterss. gleich sein. Die Meth. eignet sich für $t = 1—10\ \mu$.
R. K. Müller. 7158◇

H. Heye Glasfabrik „Schauenstein" Zweigniederlassung der Fa. Hermann Heye, Hamburg, Obernkirchen/Hann., **Herstellung von weißen Füllstoffen,** dad. gek., daß leicht entglasungsfähige Gläser durch therm. Behandlung u./oder vorherigen Zusatz von Keimbildnern entgast u. auf eine Korngröße unter 10 μ zerkleinert werden. Das pulverisierte Entglasungs-Prod. kann mit hydrophoben Zusätzen, z. B. Siliconen, versetzt werden. Durch Zusatz von Metall-Verbb. wie CoO, Fe_2O_3, CuO, MnO_2 werden entsprechend gefärbte Füllstoffe erhalten. (**D. A. S. 1 149 840** Kl. 22f vom 17/10. 1960, ausg. 6/6. 1963.) K. Demmler. 7093

Erich Tanke, Bensheim-Auerbach, **Aufarbeitung des Ultramaringrün-Rohbrandes,** dad. gek., daß der nach bekannten Verff. erzeugte, aus dem Ofen kommende, dann grob zerkleinerte, gewaschene u. gemahlene Rohbrand nach Absetzen im Schlämmkasten mindestens 1 Std. auf 300—500° erhitzt wird, wobei die gewünschte Farbnuance, z. B. ein farbstarkes Grün, durch entsprechende Wahl der Temp. u. Erhitzungsdauer eingestellt wird. (**D. A. S. 1 150 773** Kl. 22f vom 14/9. 1961, ausg. 27/6. 1963.)
K. Demmler. 7093

Erich Tanke, Bensheim-Auerbach, **Herstellung von kalk- und zementbeständigem Ultramarinblau,** dad. gek., daß Ultramaringrün bzw. jegliche Anteile des aus dem Ofen kommenden Ultramaringrün-Rohbrandes nach Waschung, Vermahlung, Sedimentierung u. Trocknung durch ca. 1 std. Erhitzung je nach gewünschter Farbnuance auf 600—800° in Ultramarintürkisblau umgewandelt werden. Die erhitzten Prodd. weisen z. B. eine mehr als 4fache Widerstandsfähigkeit gegen Entfärbung gegenüber besten Handelssorten auf. (**D. A. S. 1 150 167** Kl. 22f vom 14/9. 1961, ausg. 12/6. 1963.) K. Demmler. 7093

Westo G. m. b. H. Fabrik chem. techn. Erzeugnisse und Gamma Gesellschaft für praktische Radiologie Hartmann & Futterknecht, Stuttgart, **Herstellung eines selbstleuchtenden Leuchtstoffes,** der außer bekannten Leuchtstoffen zum Anregen des Leuchtens Tritium enthält, dad. gek., daß die feinpulverisierten Leuchtstoffteilchen im Vakuum mit dem das T absorbierenden Metall, bes. Ti oder Zr, bedampft werden u. dann das Metall durch Zuleiten von T-Gas mit T beladen wird. — Vorrichtung. (**D. A. S. 1 139 595** Kl. 22f vom 12/10. 1957, ausg. 15/11. 1962.) K. Demmler. 7093

E. I. du Pont de Nemours & Co., Wilmington, Del. (Erfinder: William S. Struve, Chatham, und Charles W. Manger, Irvington, N.J.), V.St.A., **Verwendung linearer Chinacridone der γ-Kristallphase** mit einer spezif. Oberfläche von $< 60 m^2/g$, bes. von $25—30 m^2/g$, als *Pigmente*, bes. für die *Herst. von leuchtendroten Kraftfahrzeuglacken.* (**D. A. S. 1 143 286** Kl. 22f vom 24/6. 1958, ausg. 7/2. 1963. A. Prior. 22/11. 1957. **Zusatz zu D. A. S. 1 137 156; C. 1963, 15241.**) K. Demmler. 7093

Titangesellschaft m. b. H. (Erfinder: Rudolf Engelhardt und Wilhelm Hufschmidt), Leverkusen, **Herstellen von festhaftenden, zusammenhängenden Überzügen** durch Aufbringen von Titansäureestern oder deren Lsgg. auf eine Unterlage u. darauffolgende hydrolyt. Zers. des Überzugs mit wasserdampfhaltiger Luft, dad. gek., daß ein pigmentfreier Titansäureester oder eine pigmentfreie Lsg. eines solchen aufgetragen u. der Überzug vor Beendigung der Hydrolyse unter Luftzutritt einer Temp. von $> 130°$ ausgesetzt wird. — Beispiel. (**D. A. S. 1 134 919** Kl. 75c vom 29/3. 1955, ausg. 16/8. 1962.) E. Weiß. 7107

Dr. Kurt Herberts & Co. vormals Otto Louis Herberts (Erfinder: Horst Otto), Wuppertal, **Herstellen von Überzügen** aus Additionspolymerisaten monomerer Vinyl-Verbb. an ungesätt. Polyesterharze unter Vorbehandlung der zu beschichtenden Unterlage mit einem den Katalysator enthaltenden Medium u. anschließendem Auftragen der mit Beschleunigern versetzten Lsg. der Polyesterharze in der monomeren Vinyl-Verb., dad. gek., daß die zu beschichteten Flächen mit einer wss., den Katalysator enthaltenden Emulsion vorbehandelt werden; diese kann zusätzlich Farbstoffe, Beizstoffe oder Bindemittel enthalten. — Beispiele. (**D. A. S. 1 132 837** Kl. 75c vom 27/12. 1958, ausg. 5/7. 1962.) E. Weiß. 7107

Thiokol Chemical Corp., Bristol (Erfinder: Morris Benjamin Berenbaum und Riad Hilmy Gobran, Levittown), Pa., V.St.A., **Herstellung von endgruppenmodifizierten Butadienpolymerisaten.** Man polymerisiert Butadien in Ggw. von als Endgruppen eintretenden freie Radikale bildenden Startern u. Modifikatoren mit Bis-Typstruktur, die endständig Carboxylgruppen aufweisen, z. B. $\omega.\omega'$-Azo-bis-(ω-cyanalkancarbonsäuren) u. $\omega.\omega'$-Dithio-bis-(alkancarbonsäuren). Man erhält fl. Butadienpolymerisate von Molgew. 500—15000, die durch Aushärten mit Metalloxiden, Isocyanaten, Äthylenoxiden oder Imiden in Polymerisate von hohem Molgew. u. hoher Kältefestigkeit übergeführt werden. — *Überzugsmittel.* (**D. A. S. 1 150 205** Kl. 39c vom 12/11. 1960, ausg. 12/6. 1963. A. Prior. 13/11. 1959.) L. Stadelmann. 7107

N. V. Philips' Gloeilampenfabrieken, Niederlande, *Erhöhung der Lichtausbeute von Erdalkalihalogenphosphaten.* (**F. P. 1 274 477** vom 5/8. 1960, ausg. 16/2. 1962. Niederl. Prior. 7/8. 1959. — C. **1963,** 18647 [Oe. P. 218 626].)

Imperial Chemical Industries Ltd., London, England (Erfinder: **Alida Helena Hosking** und **Ronald Lambourne**), *Herstellung von filmbildenden Mischpolymerisaten.* (**E. P. 889 792** vom 3/6. 1957, ausg. 21/2. 1962. — C. **1963,** 14127 [Aust. P. 233 757].)

Ciba Soc. An. bzw. **Ciba Ltd.**, Basel, Schweiz, *Herstellung von Äthern aus Aminotriazin-Formaldehydkondensationsprodukten.* (**F. P. 1 238 537** vom 15/9. 1959, ausg. 2/12. 1960. **E. P. 880 403** vom 21/9. 1959, ausg. 18/10. 1961. Beide Schwz. Prior. 3/10. 1958. — C. **1963,** 4889 [D. A. S. 1 122 255].)

Olin Mathieson Chemical Corp., New York, N.Y., V.St.A., *Thixotropierungsmittel und Mischungen, die solche enthalten.* (**E. P. 897 993** vom 23/7. 1958, ausg. 6/6. 1962. A. Prior. 2/8. 1957. — C. **1963,** 3775 [F. P. 1 231 045].)

Th. Goldschmidt Akt.-Ges., Essen (Erfinder: **Heinz Detering**, Bochum), *Lösungen von mit Organosiliciumverbindungen modifizierten Epoxyharzen.* (**Schwz. P. 367 629** vom 5/1. 1955, ausg. 11/4. 1963. D. Prior. 7/1. 1954. — C. **1957,** 8948 [D. B. P. 954 456].)

Borg-Warner Corp., Chicago, Ill., übert. von: **Thomas S. Grabowski**, Vienna, W.Va., V.St.A., *Massen aus Polyurethan, Polybutadien, Styrol und Acrylnitril.* (**A. P. 3 049 505** vom 24/9. 1958, ausg. 14/8. 1962. — C. **1962,** 6223 [F. P. 1 233 850].)

N. V. de Bataafsche Petroleum Mij., Niederlande (Erfinder: **John C. Illman**), *Herstellung eines bituminösen Plastisols.* (**F. P. 1 154 276** vom 25/6. 1956, ausg. 4/4. 1958. A. Prior. 27/6. 1955. — C. **1959**, 7642 [D. A. S. 1 038 680].)

Texaco Development Corp., Wilmington, Del., übert. von: **Johan C. D. Oosterhout**, Port Arthur, Tex., V.St.A., *Rostverhinderndes Mittel.* (**Can. P. 569 743** vom 18/11. 1955, ausg. 27/1. 1959. A. Prior. 18/11. 1954. — C. **1960**, 9041 [A. P. 2 862 802].)

Texaco Development Corp., Wilmington, Del., übert. von: **Johan C. D. Oosterhout**, Port Arthur, Tex., V.St.A., *Rostverhinderndes Mittel.* (**Can. P. 569 765** vom 6/3. 1956, ausg. 27/1. 1959. A. Prior. 7/3. 1955. — C. **1960**, 7351 [A. P. 2 862 803].)

H_{11b}. Plaste (Kunstharze. Plastische Massen)

Synthese und Eigenschaften stereoregulärer Polymerer. A. Ledwith. (Ind. Chemist **37**, 71—78, 1961; Liverpool, Univ., Dep. of Inorgan. and physic. Chem.; engl.) — Nach Erläuterung der neuen Ansichten über isotakt., syndiotakt. u. atakt. Polymere berichtet Vf. über wichtige Entw. auf dem Gebiet der Polymerisationsprozesse. — 20 Literaturangaben. K. Gröbe. 7170◇

Der Einfluß von metallischen Füllstoffen auf die Eigenschaften von Plasten. John Delmonte. (Nat. Acad. Sci.—Nat. Res. Council, Publ. **842**, 191—94. 1961; Los Angeles, Calif., Furane Plastics, Inc.; engl.) — Vf. untersucht die Veränderung der Eigg. (Dichte, Wärmeleitfähigkeit, Vol.-Widerstand, Festigkeit, Elastizität, dielektr. Verluste u. Konst.) eines Epoxidharzes beim Zusatz von metall. Füllstoffen (Pb-, Al-, Cu- u. Fe_2O_3-Pulver u. feine, nadelförmige Al-Teilchen). Fl. Diglycidyläther von Bisphenol A u. Triäthylentetramin werden als Harzbindemittel u. Vernetzungsmittel verwendet. Vernetzungs-Temp.: Zimmer-Temp. u. 200° F. I. Köditz. 7170

Ein kontinuierlicher trockener Vermischungsprozeß für Polyvinylchlorid-Massen. Emanuel J. George. (Wire and Wire Products **36**, 347—49, 388, 389, 1961; Baltimore, Md., Western Electr. Comp.; engl.) — Vf. beschreibt einen vollautomat. Vermischungsprozeß für PVC-Massen, der im Vermischen der einzelnen trockenen Komponenten (Plaste, Füllstoffe, Schmiermittel, Stabilisatoren u. Pigmente) mit fl. Bestandteilen der betreffenden Rezeptur (Weichmacher u. verschiedene Öle) in einer Reihe von Kesseln zu einer homogenen trockenen Mischung besteht. Der kontinuierliche Prozeß liefert die PVC-Massen als leicht fließendes sandartiges Pulver. I. Köditz. 7172

Einige einfache Farbstoffe zum Färben von Methylmethacrylat und anderer Vinylmonomerer in Substanz. Ludomir Tokarzewski. (Tworzywa wielkocząsteczkowe **6**, 185—88, 1961; Katowice, WS Pedagog., Kat. Technol. chem.; pol.) — Zum Färben von Methylmethacrylat vor der Polymerisation zu organ. Glas sind geeignet: Azobenzol, Sudan III, Bordeaux (Eisfarbe), Puce-Braun, β.β-S-Braun (Azofarbstoff mit β.β-Dinaphthol), Rhodamin B sowie Cu- u. Co-Abietinat. Die bei der Polymerisation erhaltenen faserbildenden Stoffe sind genügend lichtecht eingefärbt. F. Urban. 7172◇

Koagulierung von Polyacrylonitrillösungen. Jerzy Cypryk und Włodzimierz Wroński. (Polimery-Tworzywa wielkocząsteczkowe **6**, 363—67, 1961; pol.) — Die beste Lichtdurchlässigkeit (Blasenfreiheit) von Polyacrylonitrilfolien wird bei Anwendung eines Koagulierbades mit 50—60% Dimethylformamid (I) u. bei Temp. $<20°$ erzielt. Mit steigender Fällungs-Temp. wird mehr I im Bad benötigt, da das Zerfallsgleichgewicht von I-Hydrat verschoben wird. Die optimale Polyacrylonitril-Konz. im Bad soll nicht unter 20% liegen. Alterung der Lsg., die mit Viscositätsveränderung verbunden ist, führt ebenfalls zur Blasen-Bldg. beim Gelieren. F. Urban. 7172◇

Die Anwendung von Borfluorid bei der industriellen Herstellung von Inden-Cumaronharzen. O. W. Jasstrshembskaja und W. Ss. Andrejewa. (Koks u. Chem. [UdSSR] **1962**, Nr. 5, 44—46; Charkow, Forschungs-Inst. für Kohlechem.; russ.) — Durch Verw. von katalyt. akt. Komplexen $BF_3 \cdot 2\ C_6H_5OH$ (**I**) bzw. $BF_3 \cdot 2\ CH_3COOH$ (**II**) statt BF_3 (**III**) können bei der Herst. von *Inden–Cumaronharzen* (**IV**) Prodd. mit Farbintensität (FI) <7 gewonnen werden. Durch Erhöhung der Polymerisations-Temp. auf 100—120° wird die FI der hergestellten **IV** nicht gesteigert. In Ggw. von 0,5% **I** kann die Polymerisation der harzbildenden Komponenten des verwendeten Rohbenzols bei 35 bis 100° erreicht werden. Durch Verw. von **I** bzw. **II** statt **III** kann, bei der Regeneration der bereits gebrauchten Komplexe, der **III**-Verbrauch um 70 bzw. um 46% herabgesetzt werden. S. Baryschnikow. 7172△

Die Inhibierung der Autoxydation von Polyglykol. W. G. Lloyd. (J. chem. Engng. Data **6**, 541—47, 1961; Midland, Mich., Dow Chem. Co., Polymer Res. Labor.; engl.) — Vf. untersucht den Einfl. des O_2-Druckes sowie der Natur u. der Konz. von Autoxydantien (Phenothiazin, Hydrochinon, Phenyl-2-naphthylamin, Triäthanolamin-α-Methylbenzylphenole, 4.4'-Isopropylidendiphenol, Bisphenol A, Mercaptobenzothiazol, polymerisiertes Trimethyldihydrochinolin, N.N'-Dinaphthyl-(2)-p-phenylendiamin, Brenzcatechin, Gallussäure, Nordihydroguajaretsäure auf den Flammpunkt, die Autoxydation u. die Induktionszeit, d. h. die für die Aufnahme von 0,05 Mol/Liter bei 126,1° benötigte Zeit, von Diäthylenglykol, Äthylenoxid–Propylenoxid-Copolymer (Molgew. ca. 2600) u. Polyäthylendiol (Molgew. 400). Die inhibierten Autoxydations-Rkk. werden diskutiert u. kinet. Gleichungen abgeleitet. I. Köditz. 7176

Untersuchung über gehärtete Polyesterharze. 4. Mitt. **Über die Beziehung zwischen den Härtungsbedingungen von Polyesterharzen und der Zusammensetzung nach der Härtung.** Werner Funke, Heinz Roth und Karl Hamann. (Kunststoffe **51**, 75–81, 1961; Stuttgart, Forsch.-Inst. für Pigmente u. Lacke; dt.) — 3. vgl. Makromolekulare Chem. **36**, [1960], 109. — Die Verss. wurden mit einem Polyester aus 0,6 (Mol) Maleinsäureanhydrid 0,4 Adipinsäure u. 1,1 Butandiol-(1.4), der mit Styrol ausgehärtet wurde, unternommen. Verschiedene Härtungsbedingungen u. die Konz. des Initiators sind auf die Zus. der gehärteten Copolymerisate ohne erheblichen Einfluß. Die Ausbeute an polymerisierten Styrol- u. Fumarsäureeinheiten sinkt mit steigender Initiator- u. Reglerkonzentration. Mit vergleichbaren Initiatormengen gehärtete Harze geben mit Cyclanon- oder Butanonhydroperoxid höhere Ausbeuten als mit Benzoylperoxid. Therm. Nachbehandlung führt zu um so größerer Ausbeutesteigerung, je höher die eingesetzte Konz. des Initiators ist. Ggw. von Laurylmercaptan bewirkt Bldg. niedermol. Rk.-Prodd. setzt die Ausbeute an einpolymerisierten Monomereinheiten herab u. beeinträchtigt die Durchhärtung. W. Willenberg. 7176□

Selbstverlöschende Polyesterharze. Z. Kłosowska. (Polimery-Tworzywa wielkocząsteczkowe **6**, 359–62, 1961; Warszawa, Inst. Tworzyw sztuczn.; pol.) — Übersicht über Meth. der Flammfestausrüstung von Polyesterharzen u. über ausländ. u. poln. Handelsprodukte. — 31 Literaturangaben. F. Urban. 7176□

Epoxidharze. Harold Wittecoff. (Amer. Paint J. **45**, Nr. 50, 82, 84, 86, 88–90, Nr. 51, 74, 76, 77, 80–81, 84, 86, 91–92, 94, **46**, Nr. 1, 96, 98, 100, 102, 104, 106, 108, 110, 112–13, 116, 118, 120, 122, Nr. 2, 98, 100, 102, 104, 106–07, 110–11, 114, 1961; Minneapolis, General Mills; engl.) — Chem. Aufbau von Epoxidharzen u. deren Rk.-Möglichkeiten. L. Kempf. 7176◇

Chemismus der Kondensation von Harnstoffharzen. 2. Mitt. **Die Wasserstoffbindung in Methylolharnstoffäthern.** Z. Wirpsza. (Tworzywa wielkocząsteczkowe **6**, 171–73, 1961; pol.) — 1. vgl. C. **1959**, **7643**. — Die IR-Spektren des N.N'-Dibutyl- u. N.N'-Dimethyläthers von Dimethylolharnstoff wurden im festen Zustand u. in Lsg. (Chlf.) bei verschiedener Verdünnung untersucht. Die Bande bei 3450 (cm^{-1}) gehört zur Schwingung der freien Imingruppe. Die bei stärkerer Verdünnung sichtbar werdende Bande bei 3410 ist der Absorption der intramol. über eine H-Brücke gebundenen Imingruppe zuzuschreiben. Die Bindung hat keinen chelatartigen Charakter. Die Absorption bei 3200–3123 wird durch Schwingung der intermol. gebundenen Imingruppe hervorgerufen, wobei 3200 der trans-, 3123 der cis- u. trans-Bindung gehört. Der über H-Brücken gebundene Carbonyl-O absorbiert bei 1650, die ungebundene Carbonylgruppe bei 1710. Die Absorption der 2. Amidbande, die über eine H-Bindung gebunden ist, liegt bei 1590, die der ungebundenen Gruppierung bei 1543. Die Ätherbindung hat eine Absorption bei 1080–1100. Diese Bande kann zur Best. des Alkoxygruppen-Geh. dienen. Die Ätherbindung wird prakt. nicht durch H-Bindungen beeinflußt. F. Urban. 7180◇

Schrumpfen von glasfaserverstärkten Polyestern. Herman V. Boenig und Norman Walker. (Mod. Plastics **38**, Nr. 6, 123–25, 128, 131–32, 196–99, 201, 203; Cleveland, Ohio, Brookpark, Inc., Res. and Dev. Dep.; engl.) — Sowohl chem. als auch therm. Schrumpfen bewirken das Entstehen der Faserhaftung („reinforcing bond"), da während des Härtungsprozesses durch das Schrumpfen des Harzes rund um die Glasfasern an den Harzfasergrenzflächen Drücke von ca. 500–2000 lbs./sq.in. aufgebaut werden, die für die stark erhöhte Festigkeit der glasfaserverstärkten Polyester, verglichen mit Polyestern ohne Glasfasern, verantwortlich sind. Nachteilige Schrumpfungsphänomene werden untersucht. Ungleichmäßiges Schrumpfen kann zu inneren Spannungen u. zur Bldg. von Fehlstellen an den Harz–Faser-Grenzflächen führen, wodurch die Festigkeit wieder verringert werden kann. Es kann durch ungleichmäßige Verteilung der Glasfasern, durch das Mengenverhältnis von Ester zu Glasfaser, durch die Rk.-, Erhitzungs- u. Abkühlungs-Geschw., durch das Auftreten örtlicher Drücke innerhalb des gehärteten Stückes u. durch ungleichmäßiges Abkühlen (außen schneller als innen) verursacht werden. H. Penn. 7204◇

Veränderung der Eigenschaften von rohem Phaolit bei langer Lagerung. I. A. Jegorow. (Plast. Massen [UdSSR] **1962**, Nr. 2, 71–73; russ.) — Für Platten aus rohem *Phaolit* mit 6,4–7,3% Phenol, Polymerisationsgraden von 52–54% u. Bromzahlen von 77–78 werden die Änderungen dieser Werte u. die des Gew. in Abhängigkeit von der

Zeit, der Temp. u. der relativen Luftfeuchtigkeit (r.L.) bei der üblichen Lagerung (Bestreuen mit Talkum, Einpacken in Packpapier) angegeben. Der Haupt-Einfl. kommt der Temp. zu, wobei die besten Lagerungsbedingungen bei Temp. unter Null bestehen. In wesentlich geringerem Maße wirkt die r.L. ein. Das Hartwerden des Phaolits kann in einem beliebigen Lagerungsstadium durch Erniedrigung der Temp. u. Erhöhung der r.L. aufgehalten werden. Hubert Hoffmann. 7204□

Beständigkeit wärmehärtender Kunststoffe bei hohen Temperaturen. S. L. Madorsky und S. Straus. (Mod. Plastics **38,** Nr. 6, 134—36, 138, 143, 145, 147, 207, 210, 1961; Washington, D.C., Nat. Bureau of Standards; engl.) — Polyester-, Epoxy-, Phenol- u. Siliconkunststoffe werden im Vakuum (10^{-4} mm Hg) bei 360, 500, 800 u. 1200° 30 bzw. 5 Min. erhitzt. Die flüchtigen Abbau-Prodd. werden gesammelt u. fraktioniert. Die leichtere Fraktionen werden im Massenspektrometer identifiziert u. von den schweren Fraktionen die Mol.-Größe mkr. bestimmt. Es verbleibt ein mehr oder weniger verkohlter Rückstand, dessen Menge als Maß für die therm. Beständigkeit genommen wird. Es ergibt sich folgende Reihenfolge der Beständigkeit: Silicone > Phenole > Polyester > Epoxyharze. Die Aktivierungsenergien der therm. Zers., die aus der Temp.-Abhängigkeit der Zers.-Geschw. berechnet werden, sind 18, 36 u. 51 kcal/mol für Phenol, Polyester u. Epoxyharze. Als ungehärtetes Ausgangsmaterial wird verwendet: für Polyester Vibrin 136 A, für Epoxy Epon 1310, für Phenol CT-91-LD u. für Silicon DC 2106. Die größere Beständigkeit der Silicone rührt von der hohen Energie der Si—O-Bindung her, so daß die Hauptketten ziemlich intakt bleiben, während die Seitenketten abgespalten werden. Die Phenolharze verdanken ihre hohe therm. Stabilität der starken Vernetzung u. der Resonanz der Benzolringe. H. Penn. 7210◇

Spannungsrelaxation und das Kriechen von Kunststoffen. Wiktor Surowiak. (Polimery-Tworzywa wielkocząsteczkowe **6,** 269—73, 1961; pol.) — Übersicht über die Grundlagen der Berechnung von Maschinenelementen aus Kunststoffen unter Berücksichtigung der Spannungsrelaxation u. des Kriechens. F. Urban. 7210◇

Elektronischer Null-Indicator zur Messung der elektrischen Leitfähigkeit von Polymeren (Polyelektrolyten). W. P. Batjuk, K. F. Rybalka und Ss. A. Gordijenko. (Plast. Massen [UdSSR] **1962,** Nr. 4, 61—64; russ.) — Die Leitfähigkeit von Polymeren wurde mit der Wechselstrombrücke u. *Nullindicator* mit schmalstreifigem, auf best. Frequenz abgestimmtem Verstärker gemessen. Der Nullindicator wird genau beschrieben. Es wird auf die Bedeutung der Leitfähigkeit von mit Polymeren verbesserten Böden hingewiesen. J. v. Schroeder. 7210◇

Messung der Polyäthylen-Zersetzung durch den ZST-Test. T. H. Meltzer und J. J. Muldrew. (Rev. Plásticos **12,** 170—76, 1961; span. — C. **1962,** 2558.) R. K. Müller. 7210◇

Bestimmung des Vinylacetatgehaltes in Copolymeren mit Vinylchlorid mit Hilfe der IR-Absorption. Lech Zarkrzewski. (Tworzywa wielkocząsteczkowe **6,** 169—71, **1961;** Warszawa, Inst. Tworzyw szutczn.; pol.) — Aus dem IR-Spektrum des Copolymeren von Vinylchlorid u. Vinylacetat (I) im Bereich 1400—1900 cm^{-1} werden die Absorptionswerte A für die CH_2- u. für die CO-Schwingung ermittelt. Das Verhältnis A_{CO}/A_{CH_2} gibt den Geh. an I mit einem relativen Fehler von 4% an. F. Urban. 7210◇

E. I. du Pont de Nemours & Co., V.St.A. (Erfinder: **Mack Francis Fuller**), *Weichmacher für thermoplastische Harze.* (**F. P. 1 224 091** vom 22/12. 1958, ausg. 22/6. 1960. A. Prior. 23/12. 1957. — C. **1962,** 16506 [Aust. P. 229 246].)

American Cyanamid Co., New York, N.Y. (Erfinder: **Cheldon A. Buckler,** Stamford, Conn.), V.St.A., *Herstellung von Spirotetrakis-(hydroxyalkyl)-phosphoniumsalzen.* (**D. A. S. 1 145 612** Kl. 12o vom 25/9. 1959, ausg. 21/3. 1963. A. Prior. 26/9. 1958. — C. **1962,** 14338 [A. P. 2 969 398].)

Union Carbide Corp., New York, N.Y. (Erfinder: **Cal Yale Meyers,** Princeton, N.J.), V.St.A., *2.4.6-Trimethylphenolat-Calcium bzw. wässerige Lösungen von 2.4.6-Trimethylolphenol.* (**D. A. S. 1 149 723** Kl. 12q vom 14/2. 1958, ausg. 6/6. 1963. A. Prior. 15/2. 1957. — C. **1960,** 9726 [A. P. 2 889 373] u. C. **1960,** 10426 [A. P. 2 889 374].)

Union Carbide Corp., New York, N.Y., V.St.A. (Erfinder: **Howard Russell Guest** und **Ben Wilton Kiff**), *Herstellung phosphorhaltiger Spiro-bis-m-dioxan-Phenol-Polymerer.* (**E. P. 909 759** vom 21/5. 1960, ausg. 7/11. 1962. — C. **1963,** 13378 [D. A. S. 1 134 517].)

Unilever Ltd. (Erfinder: **Maurice Robert Mills**), *Kondensation von Fettsäuren.* (**Aust. P. 237 231** vom 16/6. 1959, ausg. 15/2. 1962. E. Prior. 16/6. 1958. — C. **1963,** 313 [F. P. 1 235 598].)

Roussel-Uclaf, Paris (Erfinder: **Henri Guinot,** Versailles, und **Philippe Le Henaff,** Paris), Frankreich, *Derivate der Thioglykolsäure.* (**Schwz. P. 367 166** vom 28/11. 1957, ausg. 29/3. 1963. F. Prior. 28/11. 1956. — C. **1960,** 6673 [F. P. 1 161 857].)

Styrene Products Ltd., London, England, *Herstellung von Kunststoffmischungen.* (**Niederl. P. 103 330** vom 27/11. 1957, ausg. 17/12. 1962. E. Prior. 28/11. 1956. — C. **1961,** 11164 [E. P. 824 368].)

Western Electric Co., Inc., New York, N.Y., V.St.A., *Herstellung einer pigmentierten Kunststoffmasse.* (**Niederl. P. 103 337** vom 16/1. 1958, ausg. 17/12. 1962. A. Prior. 30/1. 1957. — C. **1963,** 3799 [A. P. 2 958 669].)

Farbwerke Hoechst Akt.-Ges. vormals Meister Lucius & Brüning, Frankfurt/M., *Herstellung von Polymerisaten.* (**E. P. 905 666** vom 16/1. 1959, ausg. 12/9. 1962. D. Prior. 16/1. 1958. — C. **1961,** 4536 [D. A. S. 1 073 204].)

Polyplastic, Paris, Frankreich, *Herstellung von Pfropfpolymerisaten.* (**E. P. 898 709** vom 17/10. 1958, ausg. 14/6. 1962. F. Prior. 18/10. 1957. — C. **1962,** 11751 [D. A. S. 1 100 286].)

Hercules Powder Co., übert. von: **Edwin J. Vandenberg**, Wilmington, Del., V.St.A., *Polymerisation von Olefinen.* (**A. P. 3 051 690** vom 29/7. 1955, ausg. 28/8. 1962. — C. **1959,** 316 [Oe. P. 196 620].)

Stamicarbon N.V., Heerlen, Niederlande, *Herstellung von hochmolekularen α-Olefinpolymerisaten.* (**E. P. 909 063** vom 4/2. 1959, ausg. 24/10. 1962. Niederl. Prior. 6/2. u. 20/10. 1958. — C. **1962,** 17227 [Oe. P. 212 564].)

Eastman Kodak Co., Rochester, N.Y., übert. von: **Harry W. Coover jun.**, Kingsport, Tenn., V.St.A., *Polymerisation von α-Olefinen.* (**A. P. 3 057 835** vom 3/10. 1956, ausg. 9/10. 1962. — C. **1962,** 17227 [F. P. 1 192 236].)

Distillers Co. Ltd., Edinburgh, Schottland, übert. von: **Donald Alexander Fraser**, Sutton, und **Alaric Louis Jeffrey Raum**, Teddington, England, *Polymerisation von α-Olefinen.* (**A. P. 3 057 836** vom 28/1. 1957, ausg. 9/10. 1962. E. Prior. 17/2. 1956. — C. **1962,** 10661 [D. A. S. 1 111 393].)

VEB Leuna-Werke „Walter Ulbricht" (Erfinder: **Gerhard Geiseler** und **Wolfgang Knothe**), *Katalytische Polymerisation von α-Olefinen.* (**Aust. P. 236 717** vom 17/8. 1959, ausg. 11/1. 1962. Oe. Prior. 2/2. 1959.—C. **1963,** 3035 [Oe. P. 218 736].)

Wacker-Chemie G. m. b. H., München, *Polymerisation olefinisch ungesättigter Monomerer.* (**E. P. 906 425** vom 11/12. 1958, ausg. 19/9. 1962. D. Prior. 11/12. 1957. — C. **1960,** 13859 [Oe. P. 206 646].)

Imperial Chemical Industries Ltd., London, England, *Polymerisierung olefinisch ungesättigter Verbindungen.* (**Niederl. P. 103 338** vom 27/1. 1958, ausg. 17/12. 1962. E. Prior. 30/1. 1957. — C. **1962,** 12473 [D. A. S. 1 092 659].)

Imperial Chemical Industries Ltd., London, England, *Polymerisation ungesättigter Verbindungen.* (**Niederl. P. 103 083** vom 6/1. 1958, ausg. 15/11. 1962. E. Prior. 8/1. u. 13/12. 1957. — C. **1962,** 321 [E. P. 839 885].)

Chemstrand Corp. (Erfinder: **Charles Houston Campbell**), *Abbrechen der Polymerisation von olefinischen Monomeren.* (**Aust. P. 236 686** vom 10/2. 1959, ausg. 11/1. 1962. A. Prior. 3/3. 1958. — C. **1961,** 17403 [D. A. S. 1 092 199].)

Phillips Petroleum Co., übert. von: **William James Wride**, Bartlesville, Okla., V.St.A., *Gewinnung von Olefinpolymerisaten aus Lösung.* (**A. P. 3 055 879** vom 14/9. 1956, ausg. 25/9. 1962. — C. **1961,** 3165 [Belg. P. 560 787].)

Elektrochemische Werke München Akt.-Ges., Höllriegelskreuth, *Herstellung eines Polymerisationskatalysators.* (**Niederl. P. 103 128** vom 25/10. 1958, ausg. 15/11. 1962. D. Prior. 5/11. 1957. — C. **1962,** 8083 [F. P. 1 203 265].)

American Cyanamid Co., New York, N.Y., V.St.A., *Herstellung von Metallhalogenid-Polymerisationskatalysatoren.* (**E. P. 907 835** vom 12/2. 1959, ausg. 10/10. 1962. A. Prior. 13/2. 1958. — C. **1963,** 11834 [A. P. 2 967 834].)

Imperial Chemical Industries Ltd., London, England, *Entfernen von Katalysatorrückständen aus Polymerisaten.* (**Ind. P. 69 255** vom 5/10. 1959. E. Prior. 13/10. 1958. — C. **1963,** 2646 [F. P. 1 241 903].)

Farbwerke Hoechst Akt.-Ges. vormals Meister Lucius & Brüning, Frankfurt/M., *Entfernen von Katalysatoren aus α-Olefinpolymerisaten.* (**E. P. 894 643** vom 5/10. 1959, ausg. 26/4. 1962. D. Prior. 4/10. 1958. — C. **1963,** 17523 [F. P. 1 238 581].)

Montecatini Soc. Gen. per l'Industria Mineraria e Chimica, Mailand, Italien, und **Karl Ziegler**, Mülheim/Ruhr, *Reinigen von festen Olefinpolymeren.* (**Ind. P. 65 901** vom 22/11. 1958, ausg. 11/12. 1961. — C. **1963,** 2643 [Oe. P. 218 735].)

Kodak Ltd., London, England (Erfinder: **Kenneth Royal Dunham, John Vanden Berghe** und **Jan Willem Hendrik Faber**), *Reinigung von α-Olefin-Polymerisaten.* (**E. P. 905 869** vom 9/6. 1960, ausg. 12/9. 1962. A. Prior. 23/6. 1959. — C. **1962,** 16510 [A. PP. 2 958 686 u. 2 958 687].)

Hercules Powder Co., Wilmington, Del., V.St.A., übert. von: **Hans Dexheimer**, Mainz, **Otto Fuchs** und **Werner Schmieder**, Hofheim/Taunus, *Stabilisieren von Polyolefinen.* (**A. P. 3 058 952** vom 12/1. 1960, ausg. 16/10. 1962. D. Prior. 17/1. 1959. — C. **1963,** 2643 [Oe. P. 216 214].)

Allied Chemical Corp., New York, N.Y., übert. von: **Thomas M. Cawthon jun.**, Morristown, und **George G. Joris**, Madison, N.J., V.St.A., *Polymerisation äthylenischer Kohlenwasserstoffe.* (**A. P. 3 050 514** vom 16/7. 1956, ausg. 21/8. 1962. — C. **1963,** 5664 [E. P. 858 674].)

Distillers Co. Ltd., Edinburgh, Schottland, übert. von: **Alaric Louis Jeffrey Raum**, Teddington, England, *Polymerisation von Äthylen.* (**A. P. 3 057 841** vom 1/10. 1956, ausg. 9/10. 1962. E. Prior. 18/10. 1955. — C. **1961,** 7418 [D. A. S. 1 072 807].)

Godfrey L. Cabot, Inc., Boston, Mass., V.St.A., *Herstellung von Polyäthylen.* (**Niederl. P. 103 085** vom 31/1. 1958, ausg. 15/11. 1962. A. Prior. 13/2. 1957. — C. **1962,** 12113 [F. P. 1 198 844].)

Montecatini Soc. Gen. per l'Industria Mineraria e Chimica, Mailand, Italien, *Herstellung von kristallinem linearem Polyäthylen.* (**It. P. 560 715** vom 8/3. 1956. — C. **1959,** 317 [Oe. P. 196 621].)

Farbwerke Hoechst Akt.-Ges. vormals Meister Lucius & Brüning, Frankfurt/M., *Herstellung von wachsartigen Polyäthylenen.* (**E. P. 905 883** vom 19/12. 1958, ausg. 12/9. 1962. D. Prior. 19/12. 1957.— C. **1961,** 8133 [Oe. P. 208 075].)

Diamond Alkali Co., Cleveland, Ohio, übert. von: **Ward J. Burkholder**, Houston, und **Earnest R. Henderson**, Pasadena, Tex., V.St.A., *Polymerisation halogenhaltiger Monomerer.* (**A. P. 3 054 786** vom 9/1. 1957, ausg. 18/9. 1962. — C. **1961,** 18147 [E. P. 841 172].)

Phillips Petroleum Co., übert. von: **Peter J. Canterino**, Bartlesville, Okla., V.St.A., *Halogenierung von Polyäthylen.* (**A. P. 3 060 164** vom 12/7. 1954, ausg. 23/10. 1962. — C. **1960,** 10425 [F. P. 1 134 094].)

California Research Corp., San Francisco, Calif., V.St.A., *Herstellung von Propylenpolymeren.* (**Niederl. P. 102 111** vom 27/9. 1956, ausg. 15/8. 1962. A. Prior. 3/1. 1956. — C. **1960,** 15237 [F. P. 1 163 675].)

Farbenfabriken Bayer Akt.-Ges., Leverkusen, übert. von: **Anton Robert Heinz, Dietrich Rosahl**, Köln, **Wilhelm Graulich**, Dormagen, und **Paul Esser**, Leverkusen, *Trocknung von Chlorbutadien-Emulsionspolymerisaten.* (**A. P. 3 050 509** vom 25/2. 1960, ausg. 21/8. 1962. D. Prior. 3/3. 1959. — C. **1963,** 1095 [D. A. S. 1 111 804].)

Kureha Kasei Co. Ltd., Tokio, Japan, *Herstellung von Vinylpolymeren.* (**E. P. 895 153** vom 17/9. 1958, ausg. 2/5. 1962. Jap. Prior. 26/9. 1957. — **C. 1963,** 1091 [Jap. A. S. 7588/1960].)

Montecatini Soc. Gen. per l'Industria Mineraria e Chimica, Mailand, Italien, *Herstellung von linearen Polymeren aus aromatischen Vinylkohlenwasserstoffen.* (**It. P. 560 712** vom 23/2. 1956. — **C. 1959,** 11083 [Oe. P. 200 334].)

Montecatini Soc. Gen. per l'Industria Mineraria e Chimica und **Karl Ziegler** (Erfinder: **Giulio Natta, Ettore Giachetti** und **Italo Pasquon**), *Herstellung polymerer Vinylkohlenwasserstoffe.* (**Aust. P. 236 922** vom 3/11. 1958, ausg. 1/2. 1962. It. Prior. 7/11. 1957. — **C. 1963,** 2649 [Oe. P. 214 142].)

Imperial Chemical Industries Ltd., London, England, *Herstellung eines Katalysators zur Polymerisation von Vinylkohlenwasserstoffen oder Äthylen.* (**Ind. P. 66 436** vom 16/1. 1959, ausg. 7/12. 1961. E. Prior. 31/1. 1958. — **C. 1963,** 6802 [Aust. P. 232 487].)

Wacker-Chemie G. m. b. H., München, übert. von: **Hans Bauer, Eduard Bergmeister** und **Joseph Heckmaier**, Burghausen/Obb., *Polyvinylesterdispersionen.* (**A. P. 3 051 668** vom 20/7. 1959, ausg. 28/8. 1962. D. Prior. 1/8. 1958. — **C. 1960,** 14533 [D. A. S. 1 072 813].)

Solvic Soc. An., Brüssel, Belgien, *Katalytische Polymerisation von Vinylchlorid.* (**Niederl. P. 102 832** vom 3/4. 1959, ausg. 15/10. 1962. Belg. Prior. 5/4. 1958. — **C. 1963,** 2648 [Oe. P. 215 150].)

Velsicol Chemical Corp., Chicago, Ill., V.St.A., *Plastifiziertes und stabilisiertes Polyvinylchlorid.* (**Niederl. P. 102 358** vom 24/9. 1955, ausg. 17/9. 1962. A. Prior. 30/9. 1954. — **C. 1960,** 15236 [E. P. 786 118].)

American-Marietta Co., Stoner-Mudge Co. Division, Chicago, Ill., übert. von: **Xavier V. Laporta**, Ewingville, N.J., V.St.A., *Teilverseifung und Teildehydrohalogenation von Vinylhalogenid-Vinylestermischpolymerisaten.* (**A. P. 3 021 318** vom 24/10, 1957, ausg. 13/2. 1962. — **C. 1963,** 317 [Jap. A. S. 13 234/1960].)

Standard Oil Co., Chicago, Ill., V.St.A., *Herstellung von Polystyrol.* (**Niederl. P. 102 450** vom 8/11. 1957, ausg. 17/9. 1962. — **C. 1962,** 5115 [E. P. 842 665].)

Deutsche Gold- und Silber-Scheideanstalt vormals Roessler, Frankfurt/M., *Umsetzung von Polyacrolein mit anderen polymeren Verbindungen.* (**E. P. 898 743** vom 29/9. 1959, ausg. 14/6. 1962. D. Prior. 4/10. 1958. — **C. 1963,** 1883 [D. A. S. 1 083 051].)

Union Carbide Corp., New York, N.Y. (Erfinder: **Joseph Edward Wilson**, Easton, Pa., und **Richard Kreidler Walton**, North Plainfield, N.J.), V.St.A., *Herstellung wärmehärtbarer Kunstharze.* (**D. A. S. 1 139 640** Kl. 39c vom 24/12. 1957, ausg. 15/11. 1962. A. Prior. 27/12. 1956. — **C. 1961,** 9999 [A. P. 2 915 499].)

Ciba Ltd., übert. von: **Hans Brueschweiler**, Basel, und **Paul Zuppinger**, Arlesheim, Schweiz, *Härtbare Verbindungen.* (**Can. P. 634 788** vom 23/3. 1959, ausg. 16/1. 1962. Schwz. Prior. 25/3. 1958. — **C. 1961,** 8855 [F. P. 1 222 925].)

E. I. du Pont de Nemours & Co. (Erfinder: **Otto Franz Leopold Vogl**), Wilmington, Del., V.St.A., *Thermostabile Polyaldehyde.* (**D. A. S. 1 139 644** Kl. 39c vom 3/8. 1960, ausg. 15/11. 1962. A. Prior. 26/8 1959. — **C. 1963,** 6804 [E. P. 894 399].)

Stamicarbon N.V., Heerlen (Erfinder: **Johannes Josephus Marie Evers, Paul Jozef Hodzelmans**, Sittard, und **Theodorus Hubertus Linders**, Urmond), Niederlande, *Formaldehyd-Polymerisation.* (**D. A. S. 1 138 223** Kl. 39c vom 19/1. 1960, ausg. 18/10. 1962. Niederl. Prior. 20/1. 1959. — **C. 1963,** 7543 [Niederl. P. 100 788].)

Zaidan Hojin Nihon Kagaku Seni Kenkyusho, Kyoto, übert. von: **Junji Furukawa, Takeo Saegusa, Teiji Tsuruta**, Kyoto, und **Hiroyasu Fujii**, Kobe, Japan, *Herstellung von Acetaldehyd-Polymeren.* (**Can. P. 634 440** vom 16/12. 1959, ausg. 9/1. 1962. Jap. Prior. 6/1. 1959. — **C. 1963,** 7543 [E. P. 864 997].)

Consortium für elektrochemische Industrie G. m. b. H., München, *Hochpolymeres Acetaldehyd.* (**E. P. 901 424** vom 18/11. 1959, ausg. 18/7. 1962. D. Prior. 24/11. 1958. — **C. 1962,** 3280 [D. A. S. 1 106 075].)

Unilever Ltd., Port Sunlight, Chester, England (Erfinder: **Maurice Robert Mills**), *Ketonartige Kondensationsprodukte aus Fettsäuren.* (**E. P. 891 770** vom 16/6. 1958, ausg. 14/3. 1962. — **C. 1962,** 7717 [D. A. S. 1 110 642].)

General Tire & Rubber Co., Akron, Ohio (Erfinder: **Charles Coale Price**, Lansdowne, Pa.), V.St.A., *Polymerisation von Olefinoxiden.* (**D. A. S. 1 131 890** Kl. 39c vom 25/3. 1958, ausg. 20/6. 1962. A. Prior. 8/4. 1957. — **C. 1961,** 17026 [Belg. P. 566 583].)

VEB Leuna-Werke „Walter Ulbricht" (Erfinder: **Friedrich Andreas**, Leuna, **Horst Berthold**, Bad Dürrenberg, und **Werner Heidinger**), Leuna, *Di-(oxyaryl)-methane.* (**Schwz. P. 365 386** vom 17/7. 1957, ausg. 29/12. 1962. — **C. 1962,** 5868 [Niederl. P. 96 698].)

Monsanto Chemical Co., St. Louis, Mo., V.St.A., *Polyester.* (**E. P. 898 301** vom 2/1. 1959, ausg. 6/6. 1962. A. Prior. 2/1. 1958. — **C. 1962,** 12117 [A. P. 2 961 427].)

N. V. Onderzoekingsinstituut Research, Arnheim, übert. von: **Gijsbertus J. Zoetbrood**, Velp, Niederlande, *Polyester.* (**Can. P. 635 070** vom 7/2. 1958, ausg. 23/1. 1962. Niederl. Prior. 20/2. 1957. — **C. 1961,** 13023 [Niederl. P. 96 018].)

Dr. Beck & Co. G. m. b. H., Hamburg, *Herstellung von Polyestern.* (**E. P. 906 427** vom 5/1. 1959, ausg. 19/9. 1962. D. Prior. 15/1. u. 20/6. 1958. — **C. 1961,** 8496 [Oe. P. 208 595 u. F. P. 1 229 732].)

Farbwerke Hoechst Akt.-Ges. vormals Meister Lucius & Brüning, Frankfurt/M., *Herstellung ungesättigter Polyester* (**Niederl. P. 101 836** vom 18/12. 1956, ausg. 16/7. 1962. D. Prior. 24/12. 1955. — **C. 1958,** 10513 [D. A. S. 1 017 789].)

Röhm & Haas G. m. b. H., übert. von: **Klaus Tessmar** und **Fritz Kollinsky**, Darmstadt, *Herstellung ungesättigter Polyester.* (**A. P. 3 041 305** vom 19/3. 1958, ausg. 26/6. 1962. D. Prior. 13/4. 1954. — **C. 1962,** 323 [D. B. P. 974 935].)

Union Carbide Corp., New York, N.Y., V.St.A., übert. von: **Donald M. Young**, Genf, Schweiz, **Christian F. Horn**, New York, N.Y., und **Fritz Hostettler**, Charleston, W.Va., V.St.A., *Sulfongruppen enthaltende Polyester.* (**A. P. 3 035 024** vom 7/10. 1957, ausg. 15/5. 1962. — **C. 1962,** 7716 [E. P. 844 826].)

Chemische Werke Albert, übert. von: **Rolf Zimmermann**, Wiesbaden, *Mischpolymerisate aus Acrolein und einer Epoxidverbindung.* (**A. P. 3 028 362** vom 9/2. 1959, ausg. 3/4. 1962. D. Prior. 12/2. 1958. — **C. 1961,** 97052 [Oe. P. 210 141].)

Union Carbide Corp., New York, N.Y., übert. von: **Benjamin Phillips, Paul S. Starcher**, Charleston, **Charles W. McGary jun.** und **Charles T. Patrick jun.**, South Charleston, W.Va., V.St.A., *Diepoxidpolymere.* (**Can. P. 635 500** vom 7/3. 1958, ausg. 30/1. 1962. A. Prior. 7/3. 1957. — C. **1963**, 3807 [A. P. 2 932 626].)

Koninklijke Zwavelzuurfabrieken v/h Ketjen N. V., Amsterdam (Erfinder: **Jan Ide de Long**, Blaricum), Niederlande, *Herstellung von Epoxidharzen.* (**D. A. S. 1 139 649** Kl. 39c vom 5/2. 1959, ausg. 15/11. 1962. **E. P. 865 332** vom 3/2. 1959, ausg. 12/4. 1961. **Jap. A. S. 13 847/1960** vom 12/2. 1959, ausg. 21/9. 1960. **F. P. 1 231 061** vom 11/2. 1959, ausg. 26/9. 1960. Alle Niederl. Prior. 12/2. 1958. — C. **1963**, 3045 [Niederl. P. 99 988].)

Minnesota Mining & Mfg. Co. (Erfinder: **Robert L. Wear**), St. Paul, Minn., V.St.A., *Epoxyharz-Formmassen.* (**Schwz. P. 364 112** vom 13/6. 1956, ausg. 15/10. 1962. A. Prior. 13/6. 1955. — C. **1960**, 14885 [Aust. P. 216 229].)

Shell Internationale Research Mij. N.V., Niederlande, übert. von: **N. V. de Bataafsche Petroleum Mij.**, *Härtbare lagerfähige Epoxyharzmischung.* (**F. P. 1 237 159** vom 29/5. 1959, ausg. 23/11. 1960. Niederl. Prior. 29/5. 1958. — C. **1963**, 11843 [E. P. 872 797].)

Ciba Soc. An., Basel, Schweiz, *Härten von Epoxyharzen.* (**Belg. P. 570 571** vom 22/8. 1958, ausg. 6/10. 1961. Schwz. Prior. 23/8. 1957. — C. **1961**, 3503 [D. A. S. 1 085 667].)

Ciba Akt.-Ges., Basel (Erfinder: **Otto Ernst**, Pfeffingen), Schweiz, *Epoxyharzhärter.* (**Schwz. P. 364 113** vom 16/5. 1957, ausg. 15/10. 1962. — C. **1960**, 8701 [D. A. S. 1 069 870].)

Ciba Ltd., Basel, Schweiz, *Härter für Epoxyharze.* (**E. P. 897 726** vom 25/8. 1958, ausg. 30/5. 1962. Schwz. Prior. 23/8. 1957. — C. **1961**, 3503 [D. A. S. 1 085 667].)

E. I. du Pont de Nemours & Co., Wilmington, Del., übert. von: **Thomas J. Hyde**, Woodbury, N.J., V.St.A., *Härtungsmittel für Epoxyverbindungen.* (**Can. P. 634 292** vom 13/12. 1958, ausg. 9/1. 1962. A. Prior. 31/12. 1957. — C. **1961**, 13738 [D. A. S. 1 099 731].)

Farbenfabriken Bayer Akt.-Ges., Leverkusen, *Härtbare Glycidyläther von Polycarbonaten.* (**E. P. 887 543** vom 7/12. 1959, ausg. 17/1. 1962. D. Prior. 13/12. 1958. — C. **1961**, 18524 [D. A. S. 1 108 433].)

Columbia-Southern Chemical Corp., Pittsburgh, Pa., V.St.A., *Herstellung von Polycarbonaten* (**E. P. 897 201** vom 24/7. 1959, ausg. 23/5. 1962. A. Prior. 20/10. 1958. — C. **1961**, 14117 [D. A. S. 1 100 277].)

Farbenfabriken Bayer Akt.-Ges., Leverkusen, *Farbstabile Polycarbonate.* (**E. P. 893 396** vom 17/6. 1960, ausg. 11/4. 1962. D. Prior. 27/6. 1959. — C. **1963**, 7546 [D. A. S. 1 128 653].)

Perfogit S.p.A., Mailand, Italien, *Herstellung von Polymeren der 11-Aminoundecansäure.* (**Niederl. P. 103 300** vom 22/12. 1956, ausg. 17/12. 1962. It. Prior. 22/12. 1955. — C. **1960**, 14202 [F. P. 1 169 031].)

Beck, Koller & Co. (England) Ltd., Liverpool, England, *Modifizierte Polyamidharze.* (**Niederl. P. 103 265** vom 4/2. 1956, ausg. 17/12. 1962. E. Prior. 7/2. 1955. — C. **1959**, 7648 [E. P. 786 783].)

Imperial Chemical Industries Ltd., London, England, *Kontinuierliche Herstellung schaumförmiger Polyurethane.* (**Niederl. P. 102 765** vom 22/3. 1958, ausg. 15/10. 1962. E. Prior. 22/3. 1957. — C. **1961**, 5983 [F. P. 1 203 647].)

H$_{12}$. Kautschuk

Modifizierung von Naturkautschuk durch Einbau von Vinylpolymeren. J. Giménez Clavijo. (Rev. Plásticos **12**, 204—09, 1961; span.) — Die Arbeitsweise, bei der die Polymerisation des Zusatzes durch die Ggw. von Naturkautschuk (I) zwar geschwächt, aber nicht völlig gehemmt wird, führt zu einer starken Zunahme der Verzweigungen. Der Einfl. dieser Maßnahmen auf die bei der Vulkanisation entwickelten Eigg. des **I**, bes. die Biege- u. Stoßfestigkeit, wird erörtert. R. K. Müller. 7222◇

Zur Frage der Reaktion von Latices mit Elektrolyten. D. M. Ssandomirski. (Kolloid-J. [UdSSR] **24**, 320—22, 1962; russ., Auszug: engl.) — Beim Einbringen von Elektrolyten in Latex erfolgt sowohl eine Herabsetzung des elektrokinet. Potentials infolge Zusammenballung der Diffusionsschicht der Kügelchen als auch eine Herabsetzung der Ladung der Kügelchen durch Umsetzung der ionogenen Schutzstoffe in nichtionogene, in W. unlösl. Verbindungen. Der erste Prozeß herrscht bei der Koagulation u. bei der Anfangsphase der Ionenablagerung vor, der zweite in der folgenden Phase der Ionenablagerung u. bei der Gelatinierung. R. Erge. 7222◇

Veränderungen der strukturmechanischen Eigenschaften von Kautschuklatices bei der Gelatinierung. D. M. Ssandomirski und I. D. Pilmenstein. (Kolloid-J. [UdSSR] **24**, 314—19, 1962; russ., Auszug: engl.) — Beim Einbringen von *Polyvinylmethyläther* (I) in ein synthet. Latex-Gemisch (synthet. Kautschuk, ZnO, NH_4Cl, Na-Oleat) wird **I** auf der Oberfläche der Kügelchen an den Stellen sorbiert, die nicht von ionogenen Seifen-Moll. besetzt sind u. reagiert so, daß die Stabilität von Latex gegenüber Zn-Ammonium-Ionen entweder vergrößert oder vermindert wird. Bei Erhöhung der Temp. erfolgt Lösen der sorbierten **I**-Moll. in den ionogenen Seifen-Moll., weiter eine Dehydratation der Kügelchen u. damit eine Herabsetzung der Stabilität des Latex gegenüber Zn-Ammonium-Ionen. Beim Einbringen von **I** in Naturlatex verdrängt **I** die Schutzstoffe von der Oberfläche der Kügelchen, u. eine Gelatinierung findet erst bei höheren Temp. statt. Es wurden *Polychloroprenlatexe* (II) u. *Butadien-Styrollatex* (III) untersucht. Die Abhängigkeit der Oberflächenspannung von **II** von der Menge der zugefügten **I**-Lsg. der Emulgatormenge von der Polymeren-Konz. im Latex, der von

II-Latex adsorbierten I-Menge vom Sättigungsgrad, der Verlagerungsspannung von der Gelatinierungszeit von II-Latices, der Gelatinierungszeit von der Temp. u. vom pH-Wert des Gemisches bei 40°, der Gelatinierungszeit vom Sättigungsgrad, u. der Verlagerungsspannung von der Gelatinierungsdauer bei Naturlatex werden erörtert u. in Diagrammen gebracht. R. Erge. 7222◇

Polyisoprenkautschuk. F. W. Hannsgen. (Rev. Plásticos **12**, 287—97, 1961; span. — C. **1962**, 3651.) R. K. Müller. 7224◇

Elastomere Eigenschaften der Äthylen-Propylen-Copolymeren. Giulio Natta, Giovanni Crespi und Mario Bruzzone. (Materie plast. **27**, 832—44, 1961; ital.) — Vgl. C. **1963**, 13772. B. Scheifele. 7224□

Zinkoxid als Vulkanisationsbeschleuniger und als verstärkender Füllstoff für Kautschukgemische. Angiola Effler. (Pitture e Vernici **37**, 317—20, 1961; ital.) — Überblick über die Grundlagen u. Ausführungsformen. R. K. Müller. 7226◇

Ruß als Farbstoff und verstärkender Füllstoff für Kautschukmischungen. Giuliana Sandretto. (Pitture e Vernici **37**, 453—63, 1961; ital.) — An Beispielen werden die Verw. von verschiedenen Rußsorten u. die Eigg. der damit erhaltenen Kautschukmischungen beschrieben. R. K. Müller. 7226◇

Untersuchung der Wirkung von Arylalkylaminopropanolen und Aminopropiophenonen als Vulkanisationsbeschleuniger für Kautschuk. I. N. Nasarow, Je. M. Tscherkassowa, F. F. Koschelew, B. L. Babitzki und L. Je. Winitzki. (Chem. Wiss. Ind. [UdSSR] **3**, 678—79, 1958; Moskau, Lomonossow-Inst. für chem. Feintechnol., Forschungsinst. der chem. Ind.; russ.) — *1-Phenyl-1-äthyl-, -1-Phenyl-1-n-butyl-, 1-p-Methoxyphenyl-1-äthyl-3-dimethylaminopropanol-*(*1*), *β-Dimethylaminopropiophenon* (**I**), *α-Methyl-β-dimethylamino-p-methoxypropiophenon* u. *α-Methyl-β-piperidinopropiophenon* (**II**) eignen sich in Kombination mit Mercaptobenzthiazol als *Vulkanisationsbeschleuniger* für Natur- u. Butadienkautschuk. Die mechan. Eigg. der Vulkanisate entsprechen den Anforderungen oder sind besser als gefordert. Durch **I**- u. **II**-Hydrochlorid wird die therm. Alterung gehemmt. Helmut Schäfer. 7228△

Schnellmethode der chemischen Analyse von mit Phenol-Anilin-Formaldehydharzen verstärkten Butadien-Styrol-Kautschuken. Je. Ss. Choroschaja, G. I. Kowrigina, B. N. Dinsburg und B. A. Ssafrai. (Plast. Massen [UdSSR] **1962**, Nr. 2, 67—68; russ.) — Es wird gezeigt, daß das Ausziehen freier Phenol-Anilin-Formaldehydharze aus verstärkten Kautschuken durch Schütteln mit Aceton, nach 60 Min. prakt. quant. ist. In einem 75 ml-Kolben werden 0,5 g fein zerkleinerter Kautschuk mit 10 ml Aceton bei Raum-Temp. 60 Min. geschüttelt, durch ein Kupfersieb filtriert, der Rückstand nochmals 5 Min. mit 5 ml Aceton behandelt u. erneut filtriert. Der Kautschuk wird leicht abgedrückt u. in gewogenem Gefäß 4 Min. lang unter IR-Lampe (Abstand 15 cm) getrocknet. Nach erneuter Wägung kann berechnet werden. Dauer 1½ Stunde. Die Ergebnisse stimmen prakt. mit denen der langwierigen Extraktion im Soxhlet-App. überein, was auch am Beispiel der Veränderung des Geh. an extrahierbarem Harz eines Kautschuks beim Bearbeiten durch Walzen gezeigt wird. Hubert Hoffmann. 7248□

H_{13}. Ätherische Öle. Parfümerie. Kosmetik

Die Herstellung ätherischer Öle in Nordamerika. Ernest Guenther. (Ind. Parfum. Cosmét. **12**, 119—22, 166—71, 198—202, 1957; New York, N.Y., Fritzsche Brothers, Inc.; franz.) — Anbau u. Verarbeitung von Agrumen in Kalifornien u. Florida werden unter ausführlicher Beschreibung der zur Verarbeitung (Konservierung, Saftgewinnung, Gewinnung äther. Öle) verwendeten App. u. Meth. u. unter Angabe statist. Materials über Produktion u. Verarbeitung von Agrumen in beiden Ländern besprochen. Ferner wird der Anbau von Pfefferminze u. grüner Minze im mittleren u. fernen Westen, von Dill in Oregon, Absinth in Süd-Michigan u. Nord-Indiana, Chenopodium in Maryland, Wintergrün u. Zuckerbirke in Ostamerika von Canada bis Alabama, Sassafras in Kentucky, Nordkarolina u. Tenessee, Zeder in Virginia, Canadatanne in ganz USA, amerikan. Fichte (Terpentin) in Südgeorgien u. Nordflorida u. die Gewinnung der entsprechenden äther. Öle beschrieben u. die volkswirtschaftliche Bedeutung erörtert. H. Sontag. 7262◇

Das ätherische Öl der sizilianischen Grapefrucht. Guiseppe Rispoli, Angelo di Giacomo und Maria Luisa Tracuzzi. (Riv. ital. Essenze, Profumi, Pinate officin., Olii veget., Saponi **45**, 62—68, 1963; Messina, W. Sanderson & Sons Spa., Labor. chim.; ital.) — In Sizilien geerntete Grapefrüchte enthalten 0,143% äther. Öl, welches folgende Durchschnittskennzahlen zeigt: $D.^{15}$ 0,8564—0,8609, n_D^{20} 1,4767—1,4771, $[\alpha]_D^{20}$ +92° 33′ bis 93° 11′, nichtflüchtige Anteile 6,55—6,92%, Aldehyde (berechnet als Decylaldehyd) 1,29—1,35%; Destillat: n_D^{20} 1,4711—1,4723, $[\alpha]_D^{20}$ +97° 54′ bis +97° 42′.

Durch gaschromatograph. Unters. wird nachfolgende Zus. des äther. Öles ermittelt: 0,43 (%) *α-Pinen*, 0,87 *Sabinen*, 2,12 *Myrcen*, 79,53 *Limonen*, 0,85 *γ-Terpinen*, 4,71 *Octyl-*, 2,47 *Nonyl-* u. 1,21 *Decylaldehyd*, 1,03 *Linalool*, 0,23 nichtidentifizierter u. 6,55 nichtflüchtiger Anteil. H. P. Fiedler. 7262◇

Geruch in der natürlichen Ordnung. 55. Mitt. **Die Anacardiaceen.** E. S. Maurer. (Soap, Perfum. Cosmet. **36**, 150, 152, 154, 156, 158, 168, 1963; London, W. J. Bush & Co. Ltd.; engl.) — 54. vgl. C. **1963**, 16761. — Auf Grund von Literaturangaben wird über Vork. u. botan. Merkmale von zur Familie der *Anacardiaceen* gehörenden Pflanzen unter bes. Berücksichtigung der wegen ihrer oriental. u. exot. Blütenduftnoten parfümist. interessanten Vertreter berichtet. H. Sontag. 7276◇

Geruch in der natürlichen Ordnung. 56. Mitt. **Die Urticaceen.** E. S. Maurer. (Soap, Perfum. Cosmet. **36**, 242—48, 1963; engl.) — 55. vgl. vorst. Referat. — Überblick über Vork. u. Arten der zur Famile der *Urticaceen* (Nesselgewächse) gehörenden Pflanzen ,von denen einige trop. Mitglieder reichlich Sabinen, Pinen, Thujon u. nur einige europäische Arten aromat. Öle enthalten, die für die Parfümerie von Interesse sind. H. Franzen. 7276◇

Geruch in der natürlichen Ordnung. 57. Mitt. **Die Lauraceen.** E. S. Maurer. (Soap, Perfum. Cosmet. **36**, 424—30, 1963; engl.) — 56. vgl. vorst. Referat. — Übersicht über Vork. u. Arten der zur Familie der *Lauraceen* (Lorbeergewächse) gehörenden Pflanzen, deren äther. Öle bisher zwar nur für die Pharmazie wertvoll waren, aber wegen des würzigen Duftes, bes. von Sassafras, (Gewürz)-Nelke, Zimt, nun in der Parfümerie in erweitertem Maße verwendet werden. H. Franzen. 7276◇

Formulierung von Sonnenschutzcremes und -lotionen. 2. Mitt. Paul Mannheim. (Soap, Perfum. Cosmet. **35**, 1002—12, 1962; Tel-Aviv, Izhar Oil Ind. of Israel Ltd.; engl.) — 1. vgl. C. **1963**, 17905. — Im Rahmen einer Eröterung des bei Sonnenschutz-Präpp. bes. krit. Problems der Parfümierung wird eine Auswahl der hierfür geeigneten u. nicht geeigneten Riechstoffe angeführt. Ferner wird die Wirksamkeit verschiedener handelsüblicher Strahlenfilter verglichen u. werden Rezepturen für Sonnenschutzöle u. -lotionen angegeben. H. Sontag. 7284◇

Neue Bioaktivatoren für die Haut aus Hormonextrakten von Schmetterlingspuppen. Gabriella Hunger-Ricci. (Parfum., Cosmét., Savons **6**, 102—05, 1963; Lugano; franz.) — Inhaltlich ident. mit der C. **1963**, 16380 referierten Arbeit. H. Sontag. 7284◇

Die Enzyme in kosmetischen Präparaten. Ein neuer Weg der Biologen und Kosmetologen. Franco Bertolotti. (Riv. ital. Essenze, Profumi, Piante officin., Olii veget., Saponi **45**, 90—94, 1963; ital.) — In Anlehnung an bereits vorliegende Veröffentlichungen wird auf die Bedeutung der Enzyme für die Entw. kosmet. Zubereitungen mit bes. Wrkg. hingewiesen. H. P. Fiedler. 7284◇

Tracerverfahren zum Studium der Hautabsorption. Steven Carson und Richard Goldhamer. (Proc. sci. Sect. Toilet Goods Assoc. **1962**, Nr. 38, 48—50; Maspeth, N.Y., Food and Drug Res. Labor., Inc.; engl.) — Tritiumhaltiges W. (I) wurde mit Lantrol (entwachste Wollfettfraktion) zu einer Emulsion verarbeitet (1 mC/0,2 ml Emulsion). Die Emulsion wurde auf die rasierte Abdominalhaut junger ♀ Meerschweinchen aufgetragen In Gefrierschnitten konnte gezeigt werden, daß die Emulsion die Barriere besser zu durchdringen vermag als nicht emulgiertes I. H. P. Fiedler. 7284◇

Zur Kenntnis einer N-haltigen alkohollöslichen Substanz in Humanhaaren (Vorläufige Mitteilung). Hans Freytag. (Parfümerie u. Kosmet. **40**, 391—94, 1959; Darmstadt, ONDAL G. m. b. H., Spez.-Forsch.-Labor.; dt.) — Inhaltlich ident. mit der C. **1962**, 2931 referierten Arbeit. H. Spohn. 7284◇

Identitäts- und Reinheitsprüfung von ätherischen Ölen mittels Dünnschichtchromatographie. R. Jaspersen-Schib und H. Flück. (Boll. chim. farmac. **101**, 512—18, 1962; Zürich. Eidgen. T.H. Pharm. Inst., Pharmakognost. Abt.; dt.) — Die Verss. der Vff. zeigen, daß die ausführlich beschriebene Dünnschichtchromatographie zur Reinheitsprüfung u. Standardisierung von äther. Ölen geeignet ist. Es werden Identitäts- u. Reinheitsprüfungen an 3 äther. Ölen, *Oleum rosmarini, O. lavandulae* u. *O. Rosae verum*, beschrieben. In allen Ölen konnten die wesentlichen Komponenten nachgewiesen u. identifiziert werden. In O. rosmarini konnten Verfälschungen mit Terpentinöl nachgewiesen werden. In den Chromatogrammen der Lavendelöle gelang es, sowohl die Öle der nahe verwandten Arten *Lavandula officinalis Chaix* u. *L. latifolia Vill.*, als auch das *Lavandinöl* zu differenzieren. Ein Zusatz von 25% *Oleum Cedri ligni* zu Lavendelöl wurde ebenfalls nachgewiesen. Synthet. Rosenöl konnte von echtem Rosenöl klar unterschieden werden; ein als „verum“-deklariertes Rosenöl wurde als Palmarosaöl erkannt. H. P. Fiedler. 7286◇

Die Anwendung der Papierchromatographie bei der Untersuchung von Kosmetika. 1. Mitt. **Der papierchromatographische Nachweis von mehrwertigen Alkoholen.**

J. Hennies und B. Eckert. (Pharmazie **18**, 127—28, 1963; Berlin, Deutsches Amt für Material- u. Warenprüfung; dt.) — Die von den Vff. beschriebene modifizierte Meth. des papierchromatograph. Nachw. von Glycerin, Sorbit u. Glykolen gestattet einen rasch durchzuführenden u. einwandfreien Nachw. dieser Substanzen in kosmet. Zubereitungen. Für die Vorbereitung der Proben (Haar-, Gesichts- u. Rasierwässer, Nagellackentferner, Haarwäschen, Badezusätze, Hautcremes, Hautgelees, Zahnpasten u. Kaltwell-Lsgg.) werden genaue Arbeitsvorschriften gegeben. Auf der Papiersorte Schleicher & Schüll 2043 läßt sich mit dem Lsgm.-Gemisch Chlf./A. (8:2) der beste Trenneffekt erzielen. Zur Sichtbarmachung des Chromatogramms dient ein Gemisch aus gleichen Teilen 0,1n $AgNO_3$-Lsg. u. 5n NH_3-Lösung. G. Mews. 7294◇

Apparatur zur Messung der Oberflächen- und Interfacialspannung von Aerosoltreibstoffen. Joseph L. Kanig und Chung Teck Shin. (Proc. sci. Sect. Toilet Goods Assoc. **1962**, Nr. 38, 55—61; New York, N.Y., Columbia Univ., Coll. of Pharm.; engl.) — Es wird ein Drucktensiometer beschrieben, das es gestattet, die Oberflächen- u. Interfacialspannung von Aerosoltreibstoffen zu bestimmen. — 39 Literaturangaben. H. P. Fiedler. 7298◇

H_{14}. Zucker. Kohlenhydrate. Stärke

Entfärbungs-Ionenaustauscher. 6. Mitt. **Regeneration von Ionenaustauschern.** Vladimír Valter, Karel Číž und Jiří Štamberg. (Listy Cukrovarnické **75**, 121—25, 1959; tschech.) — 5. vgl. C. **1963**, **14505**. — Synthet. Adsorbentien, die als Ionenaustauscher in der Zuckerindustrie verwendet werden, sind beschrieben. Die Entfärbung der Zucker-Lsgg. durch Ionenaustauscher hängt von den Eigg. des Adsorbens u. des adsorbierten Farbstoffes sowie der App. ab. Zu den Eigg. des Adsorbens werden gezählt: Zus., Qualität, Anzahl der akt. Gruppen, Porosität, Granulation, Kornform, Regenerationsfähigkeit. Da die pflanzlichen Farben Anionentyp aufweisen, wurden folgende Ionenaustauscher auf die Regeneration (Desorption u. Aktivierung) untersucht: 1 A, 1 M, 5 A, PA, Wofatit E, Wofatit L 165, Centranol W 291. Die Vol.-Kontraktion bei der Regeneration für die Anionenaustauscher 1 A betrug 45 (%), für Anionenaustauscher 1 M 41, für das amphotere Harz 5 A 20—27, für Wofatit E 12 u. für die stabilisierten Ionenaustauscher 1 A 8 u. für PA 6. Die Elution der Farbstoffe aus den Ionenaustauschern wird mit 1%ig. NaOH-Lsg. bei 80° durchgeführt. S. Paprotny. 7412◇

Entfärbungs-Ionenaustauscher. 8. Mitt. **Betriebsanlage zum Entfärben der Klären.** Zdeněk Mencl, Vladimír Valter und František Vávra. (Listy Cukrovarnické **76**, 84—90, 1960; tschech.) — 6. vgl. vorst. Referat. — Vff. beschreiben eine Anlage zur Entfärbung von Zuckersäften mittels synthet. Harz-Entfärbungs-Ionenaustauscher. Sie besteht aus 4 Filtern, wobei jedes Filter eine Füllkapazität von 1,5 m^3 besitzt. Die Kapazität der Anlage deckt die Produktion der Gußraffinade u. die Klärenüberschüsse lassen sich zu anderen Raffinadesorten aufkochen. — 19 Literaturangaben. O. Jansen. 7412◇

Entfärbungs-Ionenaustauscher. 10. Mitt. **Festhalten von Calcium.** Emilie Aniščenková, Karl Číž und Vladimír Valter. (Listy Cukrovarnické **76**, 202 bis 207, 1960; tschech.) — 8. vgl. vorst. Referat. — Amphotere, schwach alkal. u. mittelbas. Anionenaustauscher auf m-Phenylendiaminbasis halten das Ca der Zucker-Lsgg. fest. Die relative Entkalkung sinkt mit der Kalk-Konz. der Lsg.; die Sorptionsfähigkeit nimmt bei den amphoteren Ionenaustauschern mit zunehmender Benutzung zu. O. Jansen. 7412◇

Entfärbungs-Ionenaustauscher. 14. Mitt. **Die Erzeugung der Raffinade aus der entfärbten Kläre.** Karel Číž, Zdeněk Mencl und Vladimír Valter. (Listy Cukrovarnické **77**, 55—58, 1961; tschech.) — 10. vgl. vorst. Referat. — Die mit Ionenaustauschern entfärbte Kläre bot bei Verkochung stets eine qual. gute Raffinade. Beim Belastungstest verfärbten sich die mit Ionenaustauschern entfärbten Klären etwas stärker als jene, welche mittels klass. Adsorbentien entfärbt wurden. O. Jansen. 7412◇

Entfärbungs-Ionenaustauscher. 19. Mitt. **Vergleich neuer Typen von Entfärbungs-Ionenaustauschern.** Jiří Štamberg und Zdeněk Vašíček. (Listy Cukrovarnické **79**, 33—39, 1963; tschech.) — 18. vgl. Listy Cukrovarnické **79**, [1963], 7. — Vff. stellen bei neuen Typen der Entfäbungsionenaustauscher auf Polyamin- u. Polystyrolbasis im Vgl. zu älteren Typen (Polykondensaten) eine höhere Sorptionskapazität gegenüber Melassefarbstoffen fest, wie auch eine geringere Neigung zur Alterung in wiederholten Zyklen. Ein bes. geringes Absinken der Entfärbungs-Eigg. weisen die neuen Typen *Amberlite XE-168* u. *Decolorex A 5* auf. Das Absinken der Entfärbungs-Eigg. ist auf die Destruktion der Austauschgruppen, unvollkommene Regeneration u. allmähliche Verstopfung durch die Farbstoffe bedingt. O. Jansen. 7412◇

Elektronenmikroskopie von säurebehandelten Stärkekörnern. M. S. Buttrose. (Stärke **15**, 85—92, 1963; Adelaide, Südaustralien, Univ., Dep. Plant Physiol., Waite Agric. Res. Inst.; engl.) — Um nähere Kenntnisse des strukturellen u. morpholog. Aufbaues des Stärkekorns (I) zu erhalten, wurden die I von Kartoffel, Weizen, Mais, Wachsmais, High-Amylose-Mais sowie von Tabakblättern mit 8%ig. HCl bei 38° behandelt u. nach 1, 2, 4, 8, 12 u. 20 Tagen die elektronenmkr. Veränderungen der I, die Jodfärbung u. der Verlust an Trocken-Gew. bestimmt. Die elektronenmkr. Unterss. zeigten, daß durch die Säurebehandlung die I einer Stärkeart u. alle Schichten gleichzeitig, aber bestimmte Schichten mit verschiedener Geschw., angegriffen werden. Bei Auflösung der I bis zu 80% konnte noch eine Doppelbrechung beobachtet werden. In der Schichten-Entw. u. der Jodfärbung der I von Kartoffel u. Tabakblatt einerseits u. der I der Getreidestärken andererseits bestehen deutliche Unterschiede. Letztere lassen bis zu einem 85%ig. Abbau (Trocken-Gew.-Verlust) noch blau gefärbte Anteile erkennen, während Kartoffel- u. Tabakblattstärke diese ziemlich schnell verlieren. Hierdurch wird ein weiterer Beweis erbracht, daß die normalen Getreidestärken verschieden von den Knollen u. Blattstärken sind u. daß zwischen der Mol.-Art u. der Schichtenstruktur ein Zusammenhang besteht. — 18 Literaturangaben. J. Seidemann. 7448◇

Reaktion von Jod mit der Stärke aus „Waxy-Mais". E. Tolmasquim und Feiga R. T. Rosenthal. (An. Acad. brasil. Ci. **33**, 309—20, 1961; Rio de Janeiro, Inst. Nac. de Tecnol.; port.) — Die Umsetzung von Amylopektin (I) aus Mais mit wss. J_2-Lsg. wird spektrophotometr. unter Verw. der Absorptionsmaxima 290 u. 353 nm des durch Hydrolyse der J_2-Lsg. erhaltenen J_3^- u. des Maximums 560 nm des gefärbten Rk.-Prod. verfolgt. In Verss. unter Zurückdrängung der Hydrolyse durch HJO_3-Zusatz wird gezeigt, daß I nicht mit mol. J_2, sondern nur mit J_3^- reagiert. Bei steigender J^--Konz. nimmt mit der Zunahme von J_3^- die Menge des Rk.-Prod. zu. Je nach der Konz. an J_2 u. I kann die Rk. nach 2 Mechanismen verlaufen. Das Verschwinden der Färbung beim Erhitzen u. ihr Wiederauftreten beim Abkühlen kann nach Dialyse-Verss. darauf zurückgeführt werden, daß das Gleichgewicht $J_2 + J^- \rightleftharpoons J_3^-$ (frei) $\rightleftharpoons J_3^-$ (gebunden) sich bei steigender Temp. nach links verschiebt. R. K. Müller. 7448◇

Wirkung der Neutronenstrahlung auf Stärke (Radioaktive Stärke). M. Samec. (Stärke **15**, 83—85, 1963; Ljubljana, Jugoslawien, Sloven. Akad. Wiss.; dt.) — Die Wrkg. von Neutronen- ($9 \cdot 10^{14}$ n/cm^2) u. γ-Strahlung ($2 \cdot 10^6$) auf 2%ig. Lsgg. von Kartoffel-, Mais- u. Weizenstärke u. die Veränderungen der wichtigsten Eigg. der Stärke (I) (Red.-Vermögen, struktureller Abbau, Löslichkeit, Jodbindungsvermögen, Viscosität) werden miteinander verglichen. Die peptisierende u. abbauende Wrkg. der γ-Strahlung war allg. größer. Die Neutronenstrahlung erzeugt bes. bei Kartoffel-I Radioaktivität, hauptsächlich β- neben schwacher γ-Strahlung; es wird angenommen, daß diese aus dem ^{14}C u. ^{32}P stammt. J. Seidemann. 7448◇

Über die Reinheit nativer Stärkekomponenten. 2. Mitt. **Zur Bestimmung der Reinheit von Stärkekomponenten.** S. Winkler. (Stärke **15**, 102—05, 1963; Berlin, Bundesforschungsanst. Getreideverarbeitung; dt.) — 1. vgl. C. **1963**, **3425**. — Aus nativen Kartoffel- u. Wachsmais-*Stärken* (I) wurden durch Extraktion mit W. oder wss. Dioxan (II)-Lsgg. (10—60%ig.) bei Temp. von 58—64° *Amylose-* (III) u. *Amylopektin* (IV)-Präpp., mit sehr unterschiedlichen Geh. der anderen Komponenten gewonnen. Mit 20 bis 30%ig. II-Lsgg. konnten aus Kartoffel-I nur ca. 10% überwiegend III, aus Wachsmais dagegen bis zu 80% überwiegend IV enthaltende Mengen extrahiert werden. Der Jodkomplex der III ist reinblau u. enthält aber deutliche Mengen IV (papierchronatograph. Unterss.); die Jodkomplexe von IV sind rotviolett bis burgunderrot. Das IV enthält auch noch chromatograph. nachweisbare Mengen von III. J. Seidemann. 7490◇

Phosphat in Stärken und Glykogenen. G. Harris und I. C. Mac Williams. (Stärke **15**, 98—101, 1963; Nutfield, Surrey, England, Brewing Ind. Res. Found.; engl.) — Vff. untersuchen den P-Geh. von acht verschiedenen Stärke- (I)-Proben (Kartoffel-, Weizen-, Gersten-, Wachsmais-, Amioka-, Malz-I sowie isolierte Amylose (II)- u. Amylopektin (III)-Präpp.] u. vier Glykogen (IV)-Proben. Der P-Geh. lag zwischen 0,008% (Wachsmais-I) u. 0,087% (bei einem Hefe-IV) in unbehandelten Proben; bei II u. III konnte kein P gefunden werden. Mit Ausnahme von Kartoffel-I wurde kein Hinweis gefunden, daß P unmittelbar mit einem Glucoserest verbunden ist. — 32 Literaturangaben. J. Seidemann. 7490◇

S. E. S. (Soc. Civile d'Études de Sucrochimie), Seine, Frankreich (Erfinder: Jean Claude Bondiou), **Behandlung von Zuckersäften,** bes. aus der Rübenzuckerindustrie, die stark- u. schwachbas. Stoffe enthalten. Man läßt den Saft nacheinander 2 Kationenaustauscher (**Ia** u. **Ib**) u. einen Anionenaustauscher (**II**) passieren. Man stoppt den Saftfluß, sobald **Ia** mit den stark bas. Ionen (K^+, Na^+, Ca^{2+}, Mg^{2+}) fast gesätt. ist, was sich durch plötzliches Ansteigen des pH-Wertes zeigt. Man regeneriert **Ia** mit 10%ig. H_2SO_4 u. **II** mit 4%ig. NaOH u. wäscht **Ib** mit W., um die Zucker-Lsg. zu entfernen. Der Prozeß wird so lange (3 bis 5mal) wiederholt, bis **Ib** mit den schwach bas. Stoffen (bes. Leucin, Betain, Tyrosin) fast gesätt. ist. Zur Gewinnung der Aminosäuren wird **Ib** mit 6%ig. NH_4OH behandelt. Nach dem Vertreiben des überschüssigen NH_3 u. Konz. krist. *Tyrosin* aus. Aus der Mutterlauge erhält man durch Neutralisieren mit HCl u. Konzentrieren das *Betainchlorhydrat.* (**F. P. 1 195 655** vom 3/5. 1958, ausg. 18/11. 1959.) W. Heyne. 7413

S.p.A. Industrie Agricole Ligurie Lombarde, Genua, Italien, **Reinigung von Zuckersaft,** dad. gek., daß der Saft ohne Vorreinigung direkt mit einem Anionenaustauscher (OH-Form) u. dann mit einem Kationenaustauscher in Berührung gebracht u. das Verf. ggf. wiederholt wird. — Vorr., Zeichnung. (**It. P. 551 703** vom 26/8. 1955.) K. Koebke. 7413

Jean Louis Dupont, Aisne, Frankreich, **Kontinuierliche Reinigung von Zuckersäften,** dad. gek., daß der direkt von der 1. Saturation kommende Saft mit SO_2 behandelt wird. Dieser Saft mit pH ca. 10,5 wird in einem 1. Kessel mit einer solchen Menge SO_2 innig gemischt, daß der pH-Wert zwischen 9 u. 8,8 liegt. Danach gelangt er in einen 2. Kessel u. wird hier so lange mit CO_2 bei 80—90° behandelt, bis der pH-Wert zwischen 8 u. 8,4 liegt. Die weitere Verarbeitung des Saftes erfolgt in bekannter Weise. Durch automat. oder manuelle Regelung des Zusatzes von SO_2 bzw. CO_2 wird der pE-Wert so konst. wie möglich gehalten. — Schemat. Zeichnung. (**F. P. 1 168 865** vom 5/3. 1957, ausg. 18/12. 1958.) W. Heyne. 7413

Jonex, Mailand, Italien, **Reinigung von salzhaltigen wässerigen Lösungen,** bes. von NaCl enthaltenden *Melasselösungen.* Man bringt die Lsg. in eine Elektrolysezelle, deren Kathodenraum durch eine Kationenaustauscherwand abgetrennt ist. Aus dem Kathodenraum gewinnt man NaOH, aus dem Anodenraum salzfreie Melasse. — Vorr., Zeichnungen. (**It. P. 554 370** vom 17/12. 1955.) K. Koebke. 7419

Corn Products Co. (Erfinder: Eugene F. Paschall), New York, N.Y., V.St.A., **Stickstoff enthaltende, nicht gelierende verätherte Stärke,** erhält man bei der Rk. von roher oder durch Säuren oder oxydierend wirkende Oxydationsmittel modifizierter Stärke mit sek. Aminen der allg. Formel $R_3—N(N_1)(N_2)$ oder mit quart. Ammoniumsalzen der allg. Formel $R_3—N—(R_4)(R_5)(R_6)$ in Ggw. eines Lsgm. u. eines stark alkal. Katalysators, wie z. B. NaOH u. NH_4OH. Um die Quellung der Stärkekörner zu verhindern, setzt man Quellverhinderungsmittel, wie NaCl, Na_2CO_3 oder Na_2SO_4, zu. — 0,2 (Mol) Triäthylamin u. 0,2 Epichlorhydrin werden mit 100 ml W. 5 Std. bei Zimmer-Temp. gemischt. Die Lsg. wird im Vakuum zu einem Syrup verdickt u. 1 unmodifizierte Kornstärke, 250 ml W., 0,17 NaCl, sowie 0,07 NaOH zugesetzt. Man rührt 17 Std. bei 40°. Der Substitutionsgrad beträgt 0,065. Der erhaltene Stärkeäther hat ein großes Aufnahmevermögen für W. nach dem Aufkochen in Wasser. (**E. P. 854 161** vom 13/12. 1956, ausg. 16/11. 1960.) G. König. 7449

Union Carbide Corp., New York, N.Y., V.St.A., *Herstellung eines Oberflächenschutzmittels aus modifizierter Stärke.* (**Oe. P. 221 683** vom 14/11. 1955, ausg. 12/6. 1962. A. Prior. 1/2. 1955. — C. **1962,** 1059 [E. P. 832 746].)

Farbenfabriken Bayer Akt.-Ges., Leverkusen (Erfinder: **Wilfried Kaufmann** und **Klaus Bauer,** Wuppertal), *Gewinnung von Laevansucrase.* (**Oe. P. 224 265** vom 15/4. 1958, ausg. 12/11. 1962. D. Prior. 2/5. 1957. — C. **1959,** 11093 [D. A. S. 1 043 259].)

H_{15}. Gärungsindustrie

Die enzymatische Katalyse durch Mikroorganismen und ihre industrielle Anwendung. P. Castel. (Rev. Inst. franç. Pétrole Ann. Combustibles liquides **17,** 1149—80, 1962; Inst. Franç. du Pétrole; franz.) — Bibliograph. Überblick über die Hauptmerkmale der Wrkg. von Enzymen, die Rk.-Typen, bei denen Mikroorganismen beteiligt sind, vom Gesichtspunkt des Chemikers, die industriell verwendeten Prozesse, die Hauptprobleme der Fermentationstechnologie u. Ausblick für die industrielle Mikrobiologie. — 120 Literaturangaben. I. Köditz. 7500

Die Vermehrung der Hefezellen bei der Gärung nach dem Fließbandverfahren. Ss. W. Pychowa. (Spiritus-Ind. [UdSSR] **27,** Nr. 1, 5—9, 1961; russ.) — Beim kontinuierlichen Vermehrungs-Verf. wird eine Batterie von Behältern hintereinandergeschaltet. In den 1. Behälter gibt man gleichzeitig verd. Sirup u. Hefe. Die folgenden Behälter werden durch Überlauf gefüllt. Die Geschw. der Hefevermehrung u. des Abflusses müssen aufeinander abgestimmt werden. Der 1. Behälter wird in 6—8 Std. gefüllt u. soll nach Abschluß der Hefevermehrung 60—100 Millionen/ml Hefezellen enthalten. Vf. gibt eine Übersicht zur Berechnung der technolog. Daten. I. Weber. 7506◇

Einfluß biologisch aktiver Stoffe auf die Hefevermehrung. Ivánné Szép. (Élelmezési Ipar [Verpflegungs-Ind.] **16**, 338—42, 1962; Budapest, Forsch.-Inst. Gärungsind.; ung.) — Es wurde die Wrkg. der in der Melasse vorhandenen Bios I, II u. III, einzelner Vertreter der B-Vitamingruppe, einer Purin- u. Pyrimidinbase, der Asparaginsäure u. des Gemisches dieser Stoffe auf die Hefevermehrung untersucht. Die stimulierende Wrkg. der Melasse kann allein dem Biotin-Geh. nicht zugeschrieben werden, es muß mit zahlreichen, teilweise unbekannten Wachstumsfaktoren gerechnet werden. K. Gärtner. 7506△

Die Verkochung von stärkehaltigen Rohstoffen mit anschließender Dispergierung. M. W. Brattschik. (Spiritus-Ind. [UdSSR] **27**, Nr. 1, 40—42, 1961; russ.) — Ziel des Verf. ist eine Vermeidung von Stärkeverlusten bei hohen Temperaturen. Die Rohstoffe werden mit der nötigen Wassermenge in 30—40 Min. auf 60—80° erwärmt. Diese Temp. hält man für 1—1½ Std. konstant. Für die folgenden 1½—2 Std. liegt die Temp. bei 95—98°. Die gut aufgeschlossenen Stärkekörner zerkleinert man auf einer Walzenmühle. Dabei werden 15—20% des Malzes als Malzmilch zugesetzt. Nach der Zerkleinerung gibt man das restliche Malz hinzu. Die Zucker-Bldg. dauert 45 Minuten. Die erhaltene Maische wird in 30—38 Std. bei 29° vergoren. Das Endprod. enthält 0,1—0,22% unvergorenen Zucker. I. Weber. 7536◇

Die Verwendung von Formaldehyd als Antisepticum bei der Spirituserzeugung aus Melasse. M. Rosa, J. Vernerová und F. Štros. (Nahrung **6**, 130—47, 1962; Prag, Forschungs-Inst. d. Spiritus- u. Konserven-Ind.; dt.) — Bei der Prüfung der Eignung von Formaldehyd (I) als Antisepticum bei der Vergärung von Melasse auf Alkohol wurde festgestellt, daß **I** nicht die Aminosäuren des Mediums bindet, sondern direkt auf die Mikroorganismen wirkt u. in den Hefezellen angereichert wird. Durch **I** abgetötete Hefen lassen sich nicht mit Methylenblau anfärben. Bei einer stark mit Milchsäurebakterien kontaminierten Melasse wird durch 0,01% **I** eine stärkere Hemmung der Milchsäurebakterien als der Hefen bewirkt, wodurch die Alkoholausbeute, bezogen auf den vergorenen Zucker, verbessert wird, obwohl die Geschw. der Vergärung in nicht infizierten Ansätzen bei dieser **I**-Konz. um 20% verringert wird. Durch häufige Passagen in **I**-haltigem Milieu gewinnen die Hefen erhöhte Resistenz gegen **I**. R. Ristow. 7536◇

Fabrikations- und Analysenmethoden von Hopfenkonzentraten. Stanisław Masior. (Zeszyty naukowe Politechn. Łódzkiej, Chem. Spożywcza **1962**, Nr. 7, 5—99; Łódź, TH, Inst. für Gärungstechnol.; pol.) — Für die Verss. wurden Hopfenkonzentrate (HK), die durch Extraktion mit Ae. u. Methanol, A.–Ae.-Gemischen (6 : 1) u. Isopropylchlorid gewonnen wurden, verwendet. Die Verss. umfassen die Fabrikations-Verff. für HK, den Einfl. von Rohstoffqualität u. Meth. der HK-Zugabe auf den Bitterwert der HK u. die Analysen-Verff. für HK. — 40 Literaturangaben. W. Wesly. 7540◇

Verhalten des Hefestammes „Sauvignon Crăciunel 1" bei der Gärung im Prozeß der Champagnerherstellung aus verschiedenen Weintypen. Georgeta Şeptilici, J. Jurubiţă, G. Matran und O. Belu. (Comun. Acad. Republ. Populare romîne [Bucureşti] **9**, 615—21, 1959; rum.) — Mit dem verwendeten Hefestamm wird bei Weinsorten von verschiedenem A.-Geh. (9,9—13,7 Vol.-%) u. verschiedener Acidität (entsprechend 4,39—6,61 g H_2SO_4/Liter) in der Champagner-Herst. ein Druck von 5,5 at bei + 10° erreicht. R. K. Müller. 7554◇

Die Verwendung von Butylbakterien für die Vergärung von nicht für Nahrungszwecke verwendeten Rohstoffen. B. M. Nachmanowitsch, W. W. Ssenkewitsch und W. L. Jarowenko. (Spiritus-Ind. [UdSSR] **27**, Nr. 1, 22—25, 1961; russ.) — Zur Vergärung mit Butylbakterien verwendet man ein Gemisch von 60% Melasse u. 40% Pentose–Hexose-Hydrolysat. Das Hydrolysat wird mit Kalk bis zum pH 6,7—6,9 neutralisiert, filtriert u. mit Melasse gemischt. Als Nährsalze gibt man 0,1% $(NH_4)_2SO_4$ u. 0,4% Superphosphat hinzu. Das Gemisch wird bei 0,5 at u. 110—112° 30 Min. lang sterilisiert u. dann auf 37° abgekühlt. Nach Ansetzen der Butylkultur dauert die Gärung bei einer anfänglichen Zucker-Konz. von 5,5% 30—36 Std.; die Temp. beträgt 32° u. der pH-Wert 6,5. Die Butanolausbeute beträgt, bezogen auf den vorhandenen Zucker, 23 bis 27%. Die Gärung kann durch teilweise Inversion des in der Melasse enthaltenen Zuckers beschleunigt werden. I. Weber. 7578◇

Automatische Analyse und der Brauprozeß. A. H. Cook und J. R. Hudson. (Lab. Pract. **12**, 52—56, 1963; engl.) — Beschreibung einiger halbautomat. analyt. Meth. im Brauprozeß (Analyse von Gerste, Malz, Hopfen, Bierwürze u. Bier) u. Beschreibung verschiedener Automatisierungsmöglichkeiten. E. Klever. 7600◇

Schnellnachweis und Schnellbestimmung von Chlorpikrin in Weinen. Furio Palladini. (Boll. Lab. chim. provinc. **13**, 114—16, 1962; Roma, Labor. chim. centr. delle Dogane; ital.) — Vf. beschreibt eine colorimetr. Meth. zur schnellen Best. von bei der Stabilisierung von Weinen illegal benutztem *Chlorpikrin* (I), die auf der direkten Extraktion der Weinprobe mit n-Heptan unter Verw. des modifizierten Reagens von Fournier u. Person (40 ml CH_3OH, 60 ml doppeltdest. Pyridin, 0,500 g KCN u. 0,100 g Phloroglucin) beruht. Die Meth. ermöglicht die Best. von 0,5 mg I/Liter Wein, die in ca. 10 Min. ausgeführt werden kann. G. Platzer. 7606◇

Eisenbestimmung in Wein. H. Hadorn. (Mitt. Gebiete Lebensmittelunters. Hyg. [Bern] **53**, 35—42, 1962; Basel, Labor. VSK; dt.) — Die Schnellmeth. zur Best. des Fe-Geh. in Wein nach Lambert mit dem Ferrometer u. nach Rentschler u. R. Tanner, die beide im Prinzip auf einer Blauschönung des Weines beruhen, wurden gegen die colorimetr. Fe-Best. mit $\alpha.\alpha'$-Dipyridyl geprüft. Während das erste Verf. zu ungenaue Werte liefert, kann das zweite dem Praktiker empfohlen werden. R. Ristow. 7606◇

Die zur Analyse von Essig angewandte Gaschromatographie. Marcello Morgantini. (Boll. Lab. chim. provinc. **13**, 117—21, 1962; Arezzo, Labor. chim. provinc.; ital.) — Die Best. von A. (0,15—0,25%) in *Essig* (I) erfolgt gaschromatograph. in einer Cu-Säule (190 m u. 6 mm ⌀) durch direkte Einführung von 10—40 μl I. Man benutzt als Füllmaterial mit 20% Polyäthylenglykolsuccinat imprägniertes Celit (60—80 Maschen) u. arbeitet bei 110° mit 150 mV unter Verw. von H_2 als Trägergas bei einer Strömungs-Geschw. von 40 ml/Minute. Die erzielten Ergebnisse stimmen mit den durch klass. Meth. erhaltenen sehr gut überein. G. Platzer. 7612◇

Die Bestimmung von Cyanwasserstoff in Weinen. P. Jaulmes und R. Mestres. (Ann. Technol. agric. **11**, 249—69, 1962; Montpellier (Herault), Fac. de Pharm.; franz.) — Nach einem Überblick u. Vgl. der bekannten HCN-Austreibungs-Meth. aus Wein u. Luft, durch Diffusion oder Vakuum-Dest. u. die Meth. zur HCN-Best. als Preußischblau, maßanalyt. durch Fällung mit ammoniakal. AgJ-Lsg., colorimetr. mit Ferroin nach Schilt [1958] bzw. mit Pikrinsäure (Purpurfärbung) bzw. mit Phenolphthalein oder Guajakharz (Färbungen durch Oxydation) bzw. durch Messung der Fluorescenz nach Einw. von HCN auf Chloramin u. dann auf Nicotinsäureamid wurde eine spezif. u. empfindliche modifizierte Epstein-Meth. ausgearbeitet u. deren Einzelheiten beschrieben. Aus 50 (ml) Wein (+ 10 mg krist. CuCl + 5 konz. H_2SO_4) werden z. B. 28 Destillat in 4 1n NaOH aufgefangen, der Fl. 2 Puffer-Lsg., 3 1,5n H_3PO_4 (bis pH 7,5) u. 0,3 1% ig. Chloramin-Lsg. zugesetzt, nach 1½ Min. langem Stehen 6 Pyridin–Pyrazolon-Reagens zugesetzt, mit dest. W. auf 40 aufgefüllt u. die opt. Dichte nach 45—60 Min. bei 625 mμ gemessen. HCN-Geh. (in der Probe in μg) = 10,5 (Konst. der App.)·D (D = opt. Einheiten). Nachweisbar sind 0,002—0,3 mg HCN/Liter in 50 ml-Proben bzw. 0,02—3 mg HCN/Liter in 5 ml-Proben, d. h. alle Reste aus der Blauschönung bzw. aus der Hefe. — 24 Literaturangaben. G. Vogel. 7606◇

Das Problem über den Zusatz und Nachweis von gärungshemmenden Substanzen im Wein. Franco de Francesco. (Boll. Lab. chim. provinc. **13**, 439—46, 1962; S. Michele all'Adige (Trento), Labor. chim. dell' Ist. agrar. provinc., Serviz, Repressione Frodi; ital.) — Allg. Überblick über den Zusatz von gärungshemmenden Substanzen zum Wein u. die biolog. Probe von Garoglio u. Stella [1957] für deren Nachweis. G. Platzer. 7606◇

American Tansul Co., San Francisco, übert. von: Richard G. Shaler, San Anselmo, Raymond L. McAdam, San Francisco, und Richard G. Shaler jun., San Rafael, Calif., V.St.A., **Verhütung von Kältetrübungen im Bier,** dad. gek., daß man dem Bier nach der Gärung eine Aufschlämmung einer quellbaren Tonerde, bes. „Hectorit" (aus der Klasse der Montmorillonite) zusetzt, auf der ein Salz eines mehrwertigen Metalls, bes. $CaCl_2$, niedergeschlagen ist, die Erde mit den adsorbierten komplexen Protein-Verbb. filtriert u. dem Bier ein proteolyt. Enzym zusetzt. — Man verteilt z. B. die modifizierte Erde (200 ppm $CaCl_2$ auf 5 g „Hectorit" u. 100 ml W.) in 25 Liter Bier bei 0°, läßt 7 Tage bei 0° ruhen, filtriert durch Diatomeenerde in ein Carbonatisiergefäß, setzt dort 5 ppm Bromelin u. 10 ppm SO_2 (als $NaHSO_3$ in 50 ml W.) zu, carbonatisiert mit 2,8 Vol. CO_2, läßt 4 Tage bei 0° ruhen, filtriert blank, füllt auf Flaschen u. pasteurisiert. (**A. P. 3 013 882** vom 13/6. 1960, ausg. 19/12. 1961.) G. Vogel. 7551

Michel Robilliart, Paris, Frankreich, *Herstellung von stabilen Salzen des Coenzyms A.* (**Schwz. P. 366 258** vom 2/9. 1957, ausg. 15/2. 1963. A. Prior. 5/9. 1956. — C. **1961**, 691 [A. P. 2 917 434].)

Corn Products Co., New York, N.Y., V.St.A., *Reinigen von Amylasepräparaten und Herstellung von Dextrose.* (**E. P. 887 410** vom 11/6. 1958, ausg. 17/1. 1962. A. Prior. 18/6. 1957. — C. **1962**, 15063 [Belg. P. 567 859].)

Philipp Müller Nachfolger, Eugen Bucher & Co., Deutschland, *Aufbereitung von Wasser, besonders von Brauwasser.* (F. P. 1 244 650 vom 22/12. 1959, ausg. 25/1. 1961. D. Prior. 4/2. 1959. — C. 1963, 11070 [Oe. P. 218 975].)

Kyowa Hakko Kogyo Kabushiki Kaisha (Erfinder: **Shukuo Kinoshita, Katsunobu Tanaka, Shigezo Udaka** und **Sadao Akita**), Tokio, Japan, *Erzeugung von Aminosäuren durch Gärung.* (Schwz. P. 360 399 vom 22/10. 1956, ausg. 14/4. 1962. Jap. Prior. 5/9. 1956. — C. 1960, 13221 [F. P. 1 185 382].)

H16. Nahrungs-, Genuß- und Futtermittel

Untersuchungen über die Kinetik der Lipoxydase-Inaktivierung durch Wärme und ionisierende Energie. Daniel F. Farkas und S. A. Goldblith. (J. Food Sci. **27**, 262—76, Mai/Juni 1962; Cambridge, Mass., Mass. Inst. of Technol., Dep. of Nutr., Food Sci. and Technol.; engl.) — Vff. stellten fest, daß *Lipoxydase* (I) bei Erwärmung auf 56° in 0,1m Puffer-Lsg. eine typ. Protein-Inaktivierungs-Rk. zeigt, die vom pH-Wert abhängig ist. I erwies sich bei pH 7 als sehr empfindlich gegenüber ionisierender Energie (${}^{60}Co$). Diese Empfindlichkeit kam in einem relativ niedrigen D_0-Wert ($9 \cdot 10^4$ rad) u. einem schnellen Aktivitätsverlust während der Lagerung nach der Bestrahlung zum Ausdruck. Erhitzung kombiniert mit Bestrahlung führte zu einer potenzierten Wrkg., wenn nach dem Bestrahlen erhitzt wurde, während bei Bestrahlung nach dem Erhitzen die Gesamtwrkg. der Summe der Einzeleffekte entsprach. Betrachtet man die Lagerung (0°) nach dem Bestrahlen als milde Erwärmung, so entspricht der zunehmende Aktivitätsabfall der potenzierten Wrkg. bei Erhitzung nach dem Bestrahlen. Zugabe von 20% Erbsenfeststoffen zu einer gepufferten Enzym-Lsg. red. die Hitze-Wrkg. auf 10—14%, die Strahlungs-Wrkg. auf 1,4%. Kombinierte Anwendung von Wärme- u. ionisierender Energie in Ggw. von 20% Erbsenfeststoffen hatte im Gegensatz zu Ergebnissen in Puffer-Lsg. stärkere I-Inaktivierung zur Folge, wenn vor der Bestrahlung erhitzt wurde.
Hans Thiele. 7630◇

Einfluß der Bestrahlungsbedingungen auf die Hitzeresistenz bestrahlter Sporen von Clostridium sporogenes P.A. 3679. J. J. Licciardello und J. T. R. Nickerson. (J. Food Sci. **27**, 211—18, Mai/Juni 1962; Cambridge, Mass., Mass. Inst. of Technol., Dep. of Nutr., Food Sci. and Technol.; engl.) — Vff. bestimmen die Resistenz der Sporen von *Clostridium sporogenes P. A. 3679* gegenüber Erhitzung auf 100° nach Bestrahlung mit γ- oder Kathodenstrahlen. Es wird gezeigt, daß die Bestrahlung sensibilisierend wirkt, gleichgültig, ob diese in Luftatmosphäre oder unter Vakuum erfolgt. Bestrahlung einer nahezu neutralen Suspension hat stärkere Sensibilisierung zur Folge als Behandlung im sauren Bereich. Sporen (Sp) in Phosphatpuffer (pH 7,0) waren nach der Bestrahlung hitzeempfindlicher als solche in Nährbouillon oder Schinkenbrei. Die Hitzeresistenz bestrahlter Sp wurde durch die Konz. nicht beeinflußt. Mit steigendem Anteil infolge stärkerer Bestrahlungsdosen getöteter Zellen u. Sp nahm die Hitzeresistenz jedoch zu. Bestrahlung mit 660000 rep bei 66—68° bewirkte stärkere Sensibilisierung als Bestrahlung bei Zimmer-Temp. oder im gefrorenen Zustand. Geringere Strahlendosen waren ohne merklichen Effekt.
Hans Thiele. 7650◇

Vergleich der Beständigkeit von Stämmen von Clostridium botulinum gegen γ-Strahlen. A. Anellis und Robert B. Koch. (Appl. Microbiol. **10**, 326—30, Juli 1962; Chicago, Ill., U.S. Army, Quarterm. Res. and Engng. Comm.; engl.) — Unterss. über die Beständigkeit zahlreicher Stämme von *Clostridium botulinum* gegen γ-Strahlen zeigen, daß der Schwellenwert der Sterilisierungsdosis bei Suspension in neutraler Phosphatpuffer-Lsg. u. einer Konz. von 10^4 Sporen je Rohr 1,4 Mrad beträgt. Im allg. sind A-Stämme widerstandsfähiger als B-Stämme. Am widerstandsfähigsten sind D-Stämme.
W. Wesly. 7650◇

Die mikrobielle Wirksamkeit von gasförmigem Propylenoxid und seine Anwendung auf pulver- oder flockenförmige Nahrungsmittel. C. W. Bruch und M. G. Koesterer. (J. Food Sci. **26**, 428—35, Juli/Aug. 1961; Rochester, N.Y., Wilmot Castle Co.; engl.) — Bei 37° u. 85% relativer Feuchtigkeit (RF) vermag *Propylenoxid* (I) in einer Konz. von 125 g/Liter 90% der trockenen Sporen von *Bacillus subtilis varniger* in 1 Std. zu vernichten. Bei 25% RF werden 90% der Sporen in 40 Min. getötet. Die Bakterienzahl von Getreideflocken, die mit der gleichen Sporenart geimpft worden sind, wird durch I in 4 Std. bei 37 u. 55° um 95% vermindert; eine weitere Verminderung bedarf längerer Einw.-Zeit. In Kakaopulver wird durch 1—3 Gew.-% I bei 37° in 2—3 Std. die Bakterienzahl um 50—70, die Thermophilenzahl um 50—90% verringert. Unter den gleichen Bedingungen werden Schimmel u. pflanzliche Bakterien in Kakao u. anderen Nahrungsmitteln zu 90—99% vernichtet. Die Zerstörung der Mikrobenflora in Kakao ist am größten wenn dieser in I-Flaschen oder Kunststoffbehältern unter Zusatz von fl. I aufbewahrt wird.
W. Wesly. 7650□

Ein orientierender Bericht über die Enzym-Auslaugung pflanzlicher Nahrungsmittel. Nobuo Toyama. (Mem. Fac. Agric., Univ. Miyazaki **3**, 71—78, März 1962; Miyazaki, Univ., Fac. of Agric., Labor. of Appl. Mikrobiol.; engl.) — Eine Anzahl pflanzlicher Nahrungsmittel wird mit dem Extrakt von *Koji-Trichoderma viride* oder *Koji-Cellulase*-Präpp. ausgelaugt. Der Einfl. des Kochens auf die Zers. dieser Nahrungsmittel wird unter Verw. von *Trichoderma-Cellulase*-Präpp. u. *Tako-Diastase*, einem von *Aspergillus oryzae* abgeleiteten Enzym-Präp., untersucht. W. Wesly. 7660◇

Psychrophile und mesophile Pilze in fruchtgefülltem Backwerk. Harold H. Kuehn und Millard F. Gunderson. (Appl. Microbiol. **10**, 354—58, 1962; Camden, N.J., Campbell Soup Co., Dep. of Bacteriol. Res.; engl.) W. Wesly. 7674◇

Untersuchung über einen Lipohydroperoxid-Zersetzungsfaktor in Sojabohnenextrakten. Bruno Gini und Robert B. Koch. (J. Food Sci. **26**, 359—64, Juli/Aug. 1961; Chicago, Ill., U.S. Army, Quatermaster Food and Container Inst.; engl.) — Unterss. über die rasche Abnahme von *Linolsäurehydroperoxiden* (I) in *Sojabohnenmehlextrakt* zeigen, daß der I-Zers.-Faktor durch kurzzeitige Erwärmung des Extraktes auf 84° eliminiert wird. Ein KCN-Zusatz zum Rk.-Gemisch verursacht eine Teilinhibierung der Wirksamkeit des Zers.-Faktors; ein mögliches Optimum der Zers.-Wirksamkeit liegt bei pH 8—9. Die Ggw. einer Lipohydroperoxydase wird durch Farb-Rkk. nachgewiesen. W. Wesly. 7684□

Veränderungen in Sojabohnenlipiden während der Tempeh-Gärung. A. C. Wagenknecht, L. R. Mattick, L. M. Lewin, D. B. Hand und K. H. Steinkraus. (J. Food Sci. **26**, 373—76, Juli/Aug. 1961; Geneva, N.Y., Cornell Univ., New York State Agric. Exp. Stat.; engl.) — Unterss. über die Veränderungen, die während der Tempeh-Erzeugung durch *Rhizopus oryzae* in den *Sojabohnenlipiden* verursacht werden, zeigen, daß der Schimmel starke Lipaseaktivität hat u. die Hydrolyse von $> {}^1/_3$ des Neutralfettes der Sojabohnen bei 3tägiger Gärung verursacht. Die Zus. der Fettsäuren wird hierbei mit der gekochter Sojabohnen durch Dampfphasen-Chromatographie der Methylester verglichen. Das Neutralfett besteht aus *Palmitin* (I)-, *Stearin-*, *Öl-*, *Linolen-* u. bes. *Linolsäure* (II). Diese Säuren werden bei der Gärung in etwa der gleichen Menge frei, wie nach 90 Min. langem Erhitzen von Sojabohnen auf 100°. Beim stärksten Schimmelwachstum findet man verhältnismäßig mehr I u. weniger II. W. Wesly. 7684□

Versuche mit Phostoxin zur Getreidebegasung. D. Seshagiri Rao und M. Puttarudriah. (Mysore agric. J. **35**, 198—201, 1960; Bangalore, Dep. of Agric., Div. of Entomol.; engl.) — Bei Verss. zur Schädlingsbekämpfung bei gelagerten Maiskolben bewährte sich *Phostoxin*. M. Winiker. 7686◇

Große Lagerbehälter für Obst. E. G. Hall und J. D. Mellor. (Food Preservat. Quart. **22**, 49—50, Juni 1962; North Ryde, N.S.W., C.S.I.R.O., Div. of Food Preservation; engl.) — Beschreibung eines bes. günstigen Lagerbehälters für Obst. E. Lück. 7688◇

Chemische Aspekte der Lebensmittelzubereitung. C. O. Chichester. (Food Preservat. Quart. **22**, 25—32, Juni 1962; Davis, Univ. of California, Food Sci. and Technol. Dep.; engl.) — Es wird über den Einfl. von *Citronensäure* auf das Dunkelwerden von Spargel, die Veränderungen von Chlorophyll während der Lebensmittelzubereitung u. das Auftreten von Hitzeschäden bei Tomaten-Prodd. berichtet sowie auf die Möglichkeiten einer Verw. von Vitamin C zur Verhinderung unerwünschter Lagerveränderungen von eingedosten Tomaten hingewiesen. E. Lück. 7690◇

Pflanzenvitaminwerte. Verlust von Carotin in frischem Gemüse in Abhängigkeit von Welkwerden und Temperatur. Boyce D. Ezell und Marguerite S. Wilcox. (J. agric. Food Chem. **10**, 124—26, März/April 1962; Beltsville, Md., USDA, Market Quality Res. Div.; engl.) — Bei langsamem, mäßigem u. schnellem Verwelken von Grünkohl, Wirsingkohl, Rübenblättern u. Raps bei 32, 50 u. 70° tritt ein um so schnellerer Verlust an *Carotin* (I) auf, je günstiger die Bedingungen für das Welkwerden sind. Ungünstige Temp. beschleunigen die I-Zerstörung stärker als das Welkwerden. W. Wesly. 7690□

Einfluß der Hydratation auf den Vitamin-C-Verlust des Lattichs. H. Gounelle und M. A. Pointeau. (Nutritio et Dieta [Basel] **4**, 43—52, 1962; Paris, Centre de Rech. Foch.; franz.) — Unterss. über den Einfl. des Wassergeh. von geerntetem Lattich auf dessen Geh. an Vitamin C zeigen, daß die Blätter bei geringem Abfall des Geh. an Vitamin C langsam welken, wenn man den Stengel in W. stellt. Bei 3° sind die Vitaminverluste geringer als bei 17—20°. In beiden Fällen haben die mit dem Stengel in W. stehenden Pflanzen höhere Vitamin-C-Geh.; am 3. Tag weisen gewässerte Proben einen Vitamin-Verlust von 47, nicht gewässerte Proben von 91% auf. W. Wesly. 7690◇

Über die Reaktion von Galakturon- und Pektinsäure mit Aluminiumsalzen. T. K. Gaponenkow und S. I. Protzenko. (Hochschulnachr. [Krasnodar], Nahrungsmittel-Technol. **1962,** Nr. 5, 43—46; Woronesh, Landwirtsch. Inst., Lehrstuhl für organ. Chemie; russ.) — Die Syst. *Galakturon*- bzw. *Pektinsäure–$AlCl_3$* bzw. *–$Al(NO_3)_3$* im pH-Bereich 3—10 wurden untersucht. Die Zus. der sich dabei bildenden, mehrere bzw. einen Kern enthaltenden Verbb. $AlC_{18}H_{27}O_{21}$ u. $Al(OH)_2C_{18}H_{26}O_{21}$ bzw. $AlC_6H_7O_7$ wird durch den pH-Wert der Lsg. bedingt. Es wird vermutet, daß eine Bldg. analoger Verbb. von Al u. anderen mehrwertigen Kationen bei der Rk. mit Pektin in saurem Medium stattfindet, wodurch die Bldg. der Pektingitter im Syst. Pektin–Zucker–Säure begünstigt wird. S. Baryschnikow. 7702△

Fällung von Speisegummi durch Thiazin-, Oxazin-, Azin- und andere, kationische Farbstoffe: Spezifität der Methylenblau–Carragheenan-Reaktion. Horace D. Graham und Linnie B. Thomas. (J. Food Sci. **26,** 365—72, Juli/Aug. 1961; Tuskegee Inst., Ala., George Washington Carver Found; engl.) — Unterss. über die Ndd., die Thiazin (**I**)-, Azin (**II**)-, Azo (**III**)- u. andere Farbstoffe mit Carragheenan (**IV**), Furcellaran, Fucoidan u. anderen Hydrokoll. geben, zeigen, daß die der Methylenblau-**IV**-Rk. zugeschriebene Antigen–Antikörper-Spezifität viel weniger starr als angenommen ist. Farbstoffe mit **I**-, **II**-, **III**-, Phenazin- oder Oxazin-Struktur geben mit den genannten Hydrokoll. den typ. faserigen Methylenblau-**IV**-Niederschlag. Für seine Bldg. ist eine Menge sulfatierter Polygalaktose wesentlich. Salze oberhalb einer bestimmten Schwellen-Konz. verhindern die Bldg. eines faserigen Nd.; bei niedrigem pH bilden sich kurze Fasern. W. Wesly. 7730□

Der Temperaturfaktor in der Epidemiologie des Tabakblauschimmels. A. V. Hill. (Bull. Inform. CORESTA **1962,** Nr. 3, 15—24; Canberra, Australien, Commonwealth Scientific and Ind. Res. Organization; engl. u. franz.) — Der Erreger des Blauschimmels bevorzugt die gleichen Temp.-Bedingungen wie die Tabakpflanze. Die Infektion wird durch das Mikroklima des Saatbeetes begünstigt, ihre Manifestation dagegen durch die hier noch relativ niedrigen Temp. verzögert. Die optimale Temp. für die Krankheit liegt in den USA niedriger als in Europa u. Australien. Über oder unter dem Optimum liegende Temp. wirken der Verbreitung der Krankheit im Freiland entgegen, u. zwar wirken sich in Mittel- u. Nordeuropa die niedrigeren, in den Anbaugebieten für Orienttabak dagegen mehr die höheren Temp. in diesem Sinne aus. F. v. Gizycki. 7734◇

Einflüsse von Gossypol und Raffinose auf den Lysingehalt und den Nährwert von Eiweiß in Mehl von drüsenlosem Baumwollsamen. Wilda H. Martinez, Vernon L. Frampton und C. A. Cabell. (J. agric. Food Chem. **9,** 64—66, Jan./Febr. 1961; New Orleans, La., U.S. Dep. of Agric., Agric. Res. Serv., South. Reg. Res. Labor.; Beltsville, Md., Animal Husbandry Res. Div.; engl.) — An eiweißerschöpften Ratten ausgeführte Unterss. über die Rolle von *Gossypol* (**I**) u. *Raffinose* (**II**) bei der Bindung u. Zers. von Lysin (**III**) u. der Verschlechterung des Nährwertes von Mehl aus drüsenlosem Baumwollsamen (**a**) zeigen, daß **II** den **III**-Geh. u. den Eiweißnährwert vermindert, wenn das **a**-Mehl 20 oder gar 60 Min. auf 121° erhitzt worden ist. Eine 1%ig. **I**-Konz. ist nicht so wirksam 10% **II** bei der Zers. von **III** in **a**-Mehl. Diese Konzz. an **I** bzw. **II** senken den Geh. des **a**-Eiweiß an ε-Aminolysin gleich stark. Der Nährwert von **a**-Mehl steht in enger Beziehung zu den freien ε-Aminogruppen von **III**, nicht aber zum Gesamt-**III**-Gehalt. W. Wesly. 7742□

Verhütung von Gefrierbrand. G. Kaess und J. F. Weidemann. (Food Preservat. Quart. **22,** 33—37, Juni 1962; Cannon Hill, Queensland, C.S.I.R.O., Div. of Food Preservat., Meat Res. Labor.; engl.) — Der Gefrierbrand (**a**) von Fleisch, bes. von Rinderleber (**b**), kann durch Verw. einer feuchtigkeitsdichten Verpackung stark vermindert werden. Schnell gefrorene **b** ist gegen **a** wesentlich anfälliger als langsam eingefrorene. Je weniger fett **b** ist, um so weniger ist die Gefahr eines **a** gegeben. Eintauchen der **b** vor dem Gefrierenlassen in viscose Fll. vermindert den **a**. Lsgg. von 10 (%) NaCl u. 0,5 $Na_4P_2O_7$ u. 0,1 $MgCl_2$ oder 20 Glycerin oder 25 Sorbit oder 20 Harnstoff in W. hatten einen günstigen, Lsgg. von 25 (%) Fructose oder 30 Glucose in W. einen weniger ausgeprägten Effekt. E. Lück. 7750◇

Einfluß von Erwärmungstemperatur vor der Bestrahlung, Bestrahlungsdosis und Lagerungsdauer bei 34° F auf den Gehalt an freien Aminosäuren in Rindfleisch. R. H. Thompson, Flordeliza R. Bautista und R. F. Cain. (J. Food Sci. **26,** 412—15, Juli/Aug. 1961; Corvallis, Oreg., Oregon State Coll., Dep. of Food and Dairy Technol.; engl.) — Unterss. von Rindfleischschnitten, die auf 130, 150 u. 195° F erhitzt, mit 0,1 u. 5,0 Mrad bestrahlt u. 60 Tage bei 34° F gelagert worden sind, ergeben die Abwesenheit von Lysin, Cystin u. Tryptophan. Durch Erhitzen auf 150° F wird das Freiwerden von Aminosäuren verhindert. Neben Histidin u. Tyrosin in größeren Mengen finden sich nach 60 Tagen Spuren von Alanin, Glycin, Leucin, Threonin u. Valin. Das Erhitzen auf 150° verhindert das Auftreten von Asparagin- u. Glutaminsäure, Serin,

Methionin u. Phenylalanin. Im allg. verursacht die Lagerung eine Erhöhung der Mengen an freien Aminosäuren, außer Arginin u. Prolin. Einige Verbb. werden nur durch 5,0 Mrad angegriffen. W. Wesly. 7750□

Fleischbestrahlung. Die Rolle von Glutathion und Methionin bei der Erzeugung von Schwefelwasserstoff und Methylmercaptan während der Bestrahlung von Fleisch. Salvador Martin, O. F. Batzer, W. A. Landmann und B. S. Schweigert. (J. agric. Food Chem. **10**, 91—93, März/April 1962; Chicago, Ill., Amer. Meat Inst. Found.; engl.) — Unterss. über die Herkunft der bei der Bestrahlung von Fleisch gebildeten flüchtigen S-Verbb. unter Zusatz von *dl-Methionin* (I) u. *Glutathion* (II) mit ^{35}S zeigen, daß das entstehende CH_3SH hauptsächlich aus freiem I gebildet wird, daneben jedoch bei der Bestrahlung von II entsteht. Obwohl H_2S als Prod. der I- u. II-Bestrahlung auftritt, zeigen die Isotope, daß die Hauptmenge H_2S aus anderen S enthaltenden Verbb. des Fleisches stammt. W. Wesly. 7750□

Rindfleischgeschmack. Nachweis einiger Vorstufen des Rindfleischgeschmackes. O. F. Batzer, Arlene T. Santoro und W. A. Landmann. (J. agric. Food Chem. **10**, 94—96, März/April 1962; Chicago, Ill., Univ. of Chicago, Amer. Meat Inst. Found., Div. of Analyt. and Phys. Chem.; engl.) — Als Vorläufer des Rindfleischgeschmackes werden die wasserlösl. Bestandteile von Rindfleischmuskelgewebe Inosinsäure, anorgan. Phosphat u. ein Glykoprotein unbekannter Struktur nachgewiesen. Die Aminosäuren-Zus. wird erörtert. W. Wesly. 7750□

Einfluß der Lagerungsbedingungen auf einige physikalisch-chemische Eigenschaften von experimentell, aus Fibrillen hergestellter Wurst. Toshiyuki Fukazawa, Yoshio Hashimoto und Tsutomu Yasui. (J. Food Sci. **26**, 331—36, Juli/Aug. 1961; Sapporo, Japan, Hokkaido, Univ., Fac. of Agric., Animal Husbandry Dep.; engl.) — Aus *Rinder-Musculus semitendinosus* werden 2 Std. nach dem Schlachten intakte Fibrillen (**a**), actin- u. tropomyosinarme Fibrillen (**b**) u. synthet. Fibrillen (**c**) präpariert, bei 35° mit Spuren Toluol bebrütet u. zu Wurst verarbeitet, deren phys.-chem. Eigg. untersucht werden. Die Veränderung der Bindungs-Eigg. von **a** u. **b** stimmen gut mit der von gleich nach dem Schlachten hergestellter Muskelwurst überein; diese Veränderung ähnelt bei **c** der des 7 Tage nach dem Schlachten bei 40° gelagerten ganzen Muskels. Actin u. Tropomyosin beeinflussen also das Bindungsvermögen von Wurst nicht sehr. Der Verlust der Inaktivierung von Adenosintriphosphatase bei Bebrütung der Fibrillen ähnelt dem von Myosin (aus Kaninchenmuskel). Vff. kommen zu dem Schluß, daß das in den Fibrillen enthaltene Myosin A das Bindungsvermögen von Wurst stark beeinflußt. W. Wesly. 7750□

Die oxydationshemmenden Stoffe und die Konservierung der Milchprodukte. J. Adda. (Lait **42**, 378—92, 1962; Jouy en Josas, Stat. centr. de Rech. Lait et de Technol. des Prod. animaux; franz.) — Übersicht über Arten, Wrkg. u. Verw. von Antioxydantien zur Konservierung von Milchprodukten. — 57 Literaturhinweise. W. Wesly. 7756◇

Die Fettsäuren von Tallöl und ihre Äthyl- und Glycerinester als Viehfutterbestandteile. 1. Mitt. **Die chemischen und physikalischen Eigenschaften der Fettsäurefraktion und der aus dieser Fraktion hergestellten Ester.** Matti Antila, Reino Leimu, V. J. Kärkkäinen, Klaus Lampi, Olavi Lehtintn und Inkeri Suhonen. (Acta Agric. scand. **12**, 95—105, 1962; Turku, Finnland, Univ., Dep. of Chem.; engl.) — Auf Grund der physikal. u. chem. Eigg. der Fettsäurendestillate aus Tallöl u. der daraus gewonnenen Ester (Diagramme, Zahlentafeln) eignet sich die Fraktion als Viehfutterbestandteil. W. Wesly. 7786◇

Prüfung der toxischen Verunreinigungen von Lebensmitteln. 2. Mitt. **Nachweis von Alkaloidverunreinigungen.** László Gyarmati, Gábor Dávid József Kovács. (Élelmiszervizsgálati Közlemények [Lebensmittelanalyt. Mitt.] **8**, 153—57, Juni 1962; Budapest, Hauptstädt. chem. Inst.; ung.) — 1. vgl. Evike **7**, [1961], 298. — Vff. berichten über die papierchromatograph. Trennung von *Nicotin*, *Strychnin*, *Äthylmorphin* (I) u. *Codein* (II). Als Lsgm. erwies sich halbgesätt. $(NH_4)_2SO_4$-Lsg. am geeignetsten mit Ausnahme von gleichzeitiger Anwesenheit von I u. II nebeneinander, deren R_F-Werte zu nahe liegen. In diesem Fall kann gesätt. $(NH_4)_2SO_4$-Lsg. angewandt werden. Bei horizontalem Lauf zungenförmiger Kreissektorchromatogramme kann eine entsprechende Trennung rasch erreicht werden. Zur Entw. der Alkaloidflecke benützte Reagentien sind angegeben. K. Gärtner. 7788△

Direkte polarographische Mikrobestimmung von Zink in Lebensmitteln. J. Deshusses und J. Vogel. (Pharmac. Acta Helvetiae **37**, 401—08, Mai/Aug. 1962; Beil. zu: Schweiz. Apotheker-Ztg.; Genève, Labor. Cantonal de Chim.; franz.) — Das im einzelnen beschriebene Verf. besteht darin, die zu untersuchende Probe mit HNO_3 u. $HClO_4$ in Ggw. von NaCl zu zersetzen u. Zn polarograph. zu bestimmen. W. Wesly. 7788◇

Eine neue Eiweiß-Untersuchungsmethode. Orville J. Banasik und K. A. Gilles. (Cereal Sci. today **7**, 28—30, 1962; Fargo, N.Dak., North Dakota State Univ.; engl.) — Die Best. des Protein-Geh. in ca. 5 Min. ist mit ziemlicher Genauigkeit mit dem Udy–Protein-Analysen-App. (a) möglich. Eine gewogene Probe wird mit einer Farb-Lsg. zur Rk. gebracht, der Protein-Geh. colorimetr. gemessen u. in einer Tabelle der %-Geh. abgelesen. Vergleichende Unterss. mit der Kjeldahl-Meth. ergaben Abweichungen, die durch Anwendung einer neuen Tabelle verringert werden konnten. Der a ist gegenwärtig kein Ersatz für die exakte Kjeldahl-Best.-Meth., wird aber wegen der Einfachheit u. Schnelligkeit der Eiweiß-Best. für Getreidespeicher u. Mühlen zu Kontrollzwecken empfohlen. G. Hoeppner. 7792◇

Die Abhängigkeit von Weizen-Qualitätstests vom Proteingehalt, eine vergleichende Untersuchung einiger australischer Varietäten. J. V. Mullaly und H. J. Moss. (Austral. J. exp. Agric. animal Husbandry **1**, 46—55, 1961; Melbourne Victoria; engl.) — Vff. untersuchten an 12 Weizenvarietäten die Beziehungen zwischen Protein-Geh. u. allg. Qualitäts-Tests, wie Laib-Vol. beim Back-Vers., Farinograph–Wasserabsorption, Teig-Entw.-Zeit. Valorimeterzahl, Teigdehnbarkeit u. Widerstand gegen Ausdehnung sowie physikal. Teste mit dem Brabender-Farinograph u. Brabender-Extensograph. Die meisten der Qualitätsteste ergaben bei allen Varietäten eine lineare Beziehung zu dem log des Protein-Geh. $y = a + b\ (\log P - \log 11{,}0)$ (y = Wert des Qualitätstests bei P% Weizenprotein, a = Wert des Qualitätstests bei 11,0% Protein, 6 = Regressions-Koeff.). Zwischen dem Protein-Geh. u. dem Widerstand gegen Ausdehnung wurde bei keiner Varietät eine eindeutige Beziehung gefunden.
G. Hoeppner. 7796◇

Die Fraktionierung der Proteine aus lyophilisiertem Weizenkleber nach Behandlung mit γ-Strahlen. A. D. Deschreider. (Fermentatio [Gand] **1962**, 196—203; Ministère des Affaires Économ. et de l'Énergie, Labor. Central; franz.) — Die Wrkg. von γ-Strahlen auf lyophilisierten Kleber zeigt sich in einer Verminderung von Glutenin u. einer Erhöhung der Fraktion der Gliadinproteine. Die von der Lyophilisierung herstammenden Albumine erleiden eine Kondens., die sich in einem Rückgang der elektrophoret. Beweglichkeit u. dem Auftreten einer neuen Bande schwach beweglicher Proteine äußert. Die elektrophoret. Beweglichkeit der Gliadine in Milchsäure wird bei Herkunft aus Winterweizen nicht beeinflußt, jedoch bei Sommerweizen erhöht. Die in Propylalkohol lösl. Gliadine aus Sommerweizen zeigen eine erhöhte, die aus Winterweizen eine verminderte Beweglichkeit. W. Wesly. 7796◇

Die Bräunung von schnellgefrorenem Obst. 2. Mitt. **Qualitativer Nachweis der Polyphenole.** Elemér Almási und Dávid Molnár. (Élelmiszervizsgálati Közlemények [Lebensmittelanalyt. Mitt.] **8**, 99—105, April 1962; Budapest, Zentralforsch.-Inst. Lebensmittelind.; ung.) — 1. vgl. C. **1962,** 10680. — Vff. beschreiben ein vor der papierchromatograph. Best. anzuwendendes Trenn-Verf. u. die zur Ausführung benötigte Apparatur. Zur Papierchromatographie wurde n-Butanol–Essigsäure–W. im Verhältnis 4:1:5 u. als Lsgm. 15%ig. Essigsäure verwendet. Es werden die zur Entwicklung nötigen Reagentien sowie die in einigen Obstarten identifizierten Polyphenole angegeben. K. Gärtner. 7808△

Die Fettsäuren von Pflanzen. 2. Mitt. **Spinat.** Leonard R. Mattick und Frank A. Lee. (J. Food Sci. **26**, 356—58, Juli/Aug. 1961; Geneva, N.Y., Cornell Univ., New York State Agric. Exp. Stat.; engl.) — 1. vgl. C. **1962,** 9771; vgl. C. **1962,** 6841. — Die Fettsäuren in den aus Spinat extrahierten Lipiden werden bestimmt, um deren Schwankungen bei der Lagerung bei —17,8° in abgebrühtem u. rohem Zustand zu ermitteln (Zahlentafeln). Der Gesamt-Geh. an freien Fettsäuren steigt in den rohen Proben beim Lagern. Der Geh. an *Palmitinsäure* steigt, der Geh. an Fettsäuren mit längeren Ketten, bes. *Linolensäure,* fällt bei der Lagerung. *n-Heptadecansäure* ist in ziemlich großer Menge anwesend. W. Wesly. 7810□

Polarographische Bestimmung des Bleigehaltes in kohlensäurehaltigen Getränken. P. Sanz Pedrero und E. Fernández de Valderrama. (An. Bromatol. [Madrid] **14,** 9—24, 1962; Madrid, Univ., Pharmaz. Inst.; span.) — Beschreibung einer Best.-Meth. für Pb-Spuren. Bei der Unters. des Sodawassers von Siphonflaschen mit Metallverschlüssen wurden überwiegend Blei-Geh. über 0,3 ppm ermittelt. K. Kappeller. 7818◇

Analyse von Vanille-Extrakten. 4. Mitt. **Bestimmung von Aminosäuren.** William H. Stahl, William A. Voelker und James H. Sullivan. (J. Assoc. off. agric. Chemists **45,** 108—13, Febr. 1962; Baltimore, Md., McCormick and Co., Inc.; engl.) — 3. vgl. C. **1962,** 18313. — Man versetzt den Extrakt mit HCl, kocht 24 Std. am Rückflußkühler, filtriert, dampft das Filtrat ein, löst den Rückstand in wenig W., gibt die Lsg. auf eine mit Austauscherharz Dowex 50-X 8 gefüllte chromatograph. Säule, eluiert die adsorbierten Aminosäuren (I) mit NH_4OH u. W., engt das Eluat ein, zentrifugiert, dampft zur Trockne, zerreibt den Rückstand mit wenig W., zentrifugiert, gibt 5 ml der überstehenden Lsg. auf chromatograph. Papier u. bestimmt die I bei absteigender Arbeitsweise mittels des Syst. Butanol–Essigsäure–W., indem man das getrocknete Papier in eine 0,5%ig. alkohol. Ninhydrin-Lsg. taucht u. in der Wärme entwickelt. Die Auswertung läßt Vanilleextrakte verschiedener Herkunft erkennen.

W. Wesly. 7826□

Die Papierelektrophorese und ihre Anwendung in der Lebensmitteluntersuchung. 3. Mitt. **Die Untersuchung der Milchproteine.** 1. Mitt. Károly Kismarton. (Budapesti müszaki Egyetem Élelmiszerkémiai Tanszékének Közleményei [Mitt. Inst. Lebensmittelchem. Univ. techn. Wiss.] **1960,** 26—30; Budapest, TU, Lehrst. Lebensmittelchem.; ung.) — 2. vgl. C. **1963,** 5292. — Übersicht. — 82 Literaturhinweise.

J. Plank. 7856□

Milchanalyse. Nachweis einiger stickstoffhaltiger Bestandteile von Kuhmilch durch Ionenaustausch und Papierchromatographie. Daniel P. Schwartz und Michael J. Pallansch. (J. agric. Food Chem. **10,** 86—89, März/April 1962; Washington, D.C., USDA, Dairy Products Labor.; engl.) — Unterss. der Nichteiweiß-N-Fraktion von Kuhmilch mittels Ionenaustausch–Papier-Chromatographie führen zu 31 ninhydrinpositiven Spitzen, wovon 24 identifiziert werden. W. Wesly. 7856□

Aminosäure-Gehalt roher und durch Erhitzen sterilisierter Kuhmilch. Sheila Payne-Botha und E. J. Bigwood. (Brit. J. Nutrit. **13,** 385—89, 1959; Brussels, Univ., Fac. of Med., Dep. of Biochem. and Nutrit.; engl.) — In frischer u. durch Erhitzen (20 Min. bei 122—124° im Autoklaven) sterilisierter Milch wurde der Aminosäure-Geh. nach Säurehydrolyse bestimmt. Ein Unterschied zeigte sich nur im *Lysin*-Geh., der bei der sterilisierten Milch um 10% erniedrigt war. A. Eben. 7856□

Lindan-Bestimmung in Milch und Fett. Håkon O. Friestad. (Acta pharmacol. toxicol. [København] **18,** 351—58, 1961; Oslo, Dep. of Pharmacol. and Toxicol., Veterin. Coll. of Norway; engl.) — Das Insekticid *Lindan* (I; γ-Isomeres von Hexachlorcyclohexan) wird zusammen mit Fett durch Ae. u. PAe. extrahiert. Vorher werden Proteine u. Mineralstoffe der Milch mit A. u. K-Oxalat ausgefällt u. durch CH_3CN getrennt. Die Best. von I geschieht abgeändert nach Schechter u. Hornstein (C. **1953,** 6754). Verbindungsteile der App. werden dabei mit Siliconöl gefettet. Flüchtige aromat. Teile werden mit Eisessig u. Zn entfernt. I wird dabei in Bzl., dieses weiter in m-Dinitrobenzol durch HNO_3 übergeführt. Schütteln mit Methyläthylketon u. 40%ig. KOH ergibt eine violettrote Farbe, deren Intensität, spektrophotometr. gemessen, der Konz. an I direkt proportional ist. H. Jacobi. 7856□

Eine potentiometrische Methode zur Bestimmung von Chlorid in Milch. B. L. Herrington und D. H. Kleyn. (J. Dairy Sci. **43,** 1050—57, Aug. 1960; Ithaca, N.Y., Cornell Univ., Dep. of Dairy Ind.; engl.) — Bei direkter Titration von Cl^- in Milch mit Ag^+ u. K_2CrO_4 als Indicator sind die Werte zu hoch infolge Störung durch das Eiweiß. Durch elektrometr. Titration mit $AgNO_3$ in HNO_3-Lsg. bei pH ca. 2,0 (oder in *Alaun*-Lsg.) läßt sich dieser Einfl. eliminieren. Das *Casein* ist dann fein dispers u. schließt kein Cl^- ein. Hierzu wurden 10 ml Milch (= 10,19 g) mit 20 ml verd. HNO_3 (6 ml konz. HNO_3 auf 1 Liter verd.) versetzt. An Stelle der Glaselektrode eines gewöhnlichen Potentiometers wurde eine kurze Spirale aus reinem Ag-Draht verwendet, als Bezugselektrode die gesätt. Hg_2Cl_2-Elektrode vom Asbestfasertyp. Eberhard Müller. 7856◇

Entfernung von ^{191}Jod aus Milch. B. J. Demott und D. G. Easterly. (J. Dairy Sci. **43,** 1148—50, Aug. 1960; Oak Ridge, Tenn., Univ. of Tennessee, Dairy Dep., u. Atomic Energy Commission, Agricult. Res. Labor.; engl.) — Eine Einzelgabe von je 3,5 mc ^{131}J (I) wurde oral an 4 Jersey-Kühe verabreicht. Vollmilch (100 ml) wurde bei Zimmer-Temp. 10 Min. mit 5 g des Anionenaustauscherharzes Dowex I-X 8 (Chloridform) geschüttelt. Unabhängig vom I-Spiegel der Milch wurden durch diese Meth. im Vers.-Monat 89,8 ± 2,5 bzw. 93,0 ± 1,5% des I entfernt. Die Radioaktivität wurde durch Scintillationszähler gemessen. Durch Vakuumbehandlung der Milch bei 70° wurde kein I entfernt. Die Menge des in 7 Tagen mit der Milch ausgeschiedenen I variierte sehr von Tier zu Tier, von 4,8—15,6% der Einzeldosis. Die I-Konz. in der Milch nahm beim weiteren Melken ungefähr in logarithm. Folge ab. Der mittlere *Chlorid* (II)-Geh. von 9 Milchproben, 124,4 ± 7,6 mg je 100 g Milch, stieg durch den Anionenaustausch auf 188,4 ± 4,2 mg, also um 64,0 ± 4,7 mg, während der mittlere *P*-Geh., 100,9 mg, auf 88,6 ± 7,3, also um 12,3 ± 3,9 mg/100 g absank. Milch mit niedrigem II-Geh. nahm beim Anionenaustausch mehr II auf u. gab weniger P ab als Milch mit hohem II-Gehalt. In Milliäquivalenten betrug die durchschnittliche Zunahme an II 1,81 ± 0,13 u. die P-Abnahme 1,98 ± 0,63. Eberhard Müller. 7856◇

Quantitative Bestimmung von Kohlenhydraten in Eiscreme mittels Papierchromatographie. T. C. Chou und J. Tobias. (J. Dairy Sci. **43,** 1031—41, Aug. 1960; Urbana, Ill., Univ. of Illinois, Dep. of Food Technol.; engl.) — Die Zucker wurden in den geschmolzenen u. mit W. auf ca. 30 Gew.-% verd. Proben nach der absteigenden papierchromatograph. Meth. getrennt unter Verw. des Syst. n-Butanol:Äthanol:W. (2:1:1 Vol.). Die Entw. dauerte 100—115 Stunden. Zur Fixierung diente *Anilinphthalat*-Lsg. (hergestellt durch Mischen von 0,93 g Anilin, farblos, 1,66 g Phthalsäureanhydrid u. 100 ml wassergesätt. n-Butanol) u. anschließendes, 10—15 Min. dauerndes Erwärmen der getrockneten Streifen auf 136°. Zur quant. Best. wurden die entsprechenden Gebiete der Papierstreifen mit W. eluiert, die Lsgg. eingedampft, die Rückstände in je 2 ml 27,5n H_2SO_4 gelöst u. nach 10 Min. mit 4 ml Anthronreagens vermischt (0,16 g Anthron in 100 ml 27,5n H_2SO_4, jeweils frisch hergestellt). Die Proben wurden 20 Min. auf 90° erwärmt, rasch für 3 Min. auf 4° abgekühlt, 30 Min. bei Zimmer-Temp. (23 ± 5°) temperiert u. ihre prozentuale Lichtdurchlässigkeit bei 625 mμ photometr. bestimmt. Die Zucker-Konzz. ergeben sich durch Vgl. mit Eichkurven. In Eiscreme mit Stärkesirup von bekannter Zus. konnten *Glucose* (I), *Saccharose* (II), *Maltose* (III) u. *Lactose* (IV) mit einer Genauigkeit von 93—104% bestimmt werden. Die Trennung auf einem einzigen chromatograph. Streifen gelang für Fructose, **I, II, III, IV** u. höhere Zucker. Eberhard Müller. 7856◇

Beitrag zur Analyse von Butter und Margarine im Ultraviolett. Luciano Laporta. (Boll. Lab. chim. provinc. **11,** 156—60, April/Juni 1960; Pescara, Labor. chim. provinc.; ital.) — 31 Butter (**A**)- u. 13 Margarine (**B**)-Proben des Handels wurden untersucht, um die Hauptunterschiede der UV-Absorptionskurven aufzuzeigen. Das Fett wird durch Schmelzen bei niedriger Temp. u. Dekantieren abgetrennt u. nach doppelter Filtration im Exsiccator 48 Std. aufbewahrt. Die Messungen erfolgen in Hexan bei 220—320 mμ unter gleichen Bedingungen. Der verschiedene Verlauf der Absorptionskurven zeigt, daß die $E^{1\%}_{1cm}$-Werte (**a**) für **A** u. **B** bei 220 mμ deutlich verschieden sind, daß bei 228 mμ alle Proben von **A** eine erhöhte Spitze aufweisen u. daß die **a** für **B** stark abnehmen, daß bei 252 mμ für **B** ein Minimum vorliegt, während die **a** für **A** regelmäßig abnehmen. Bei 252—268 mμ steigt **a** für **B** gering an u. fällt dann fast parallel mit der Kurve von **A**. G. Platzer. 7858□

Säureanilide. 8. Mitt. **Bestimmung von veresterter Essig- und Buttersäure im Butterfett.** A. P. de Jonge, A. Verhage und B. van der Ven. (Recueil Trav. chim. Pays-Bas. **80,** 1179—85, Nov. 1961; Vlaardingen, Netherlands, Unilever Res. Labor.; engl.) — 7. vgl. C. **1963,** 12542. — Vff. beschreiben die Identifizierung eines unbekannten Fettes sowie die Best. veresterter Essigsäure in Fetten. Die Ester werden mit Hilfe der Bodroux-Rk. (C. **1957,** 10723) in die Anilide übergeführt u. diese papierchromatograph. nachgewiesen. Bei der Best. der niederen Fettsäuren stören größere Mengen höherer Fettsäuren. Fr. Voigt. 7858◇

Säureanilide. 9. Mitt. **Anwendung auf die Bestimmung der freien und veresterten niederen Fettsäuren in Molkerei-Produkten und Fetten.** A. P. de Jonge, B. van der Ven und A. Verhage. (Recueil Trav. chim. Pays-Bas. **80,** 1186—1206, 1961; Vlaardingen, Netherlands, Unilever Res. Labor.; engl.) — 8. vgl. vorst. Referat. — Vff. beschreiben den Nachw. veresterter Essigsäure im Butterfett, den Nachw. veresterter niederer Fettsäuren (**I**; C_2—C_{10}) in Palmöl u. Kakaobutter sowie die Best. der freien **I** in frischer u. erhitzter Butter u. in angesäuerter entrahmter Frischmilch mit Hilfe der Papierchromatographie der entsprechenden Säureanilide. Für die Umwandlung der Ester bzw. Säuren in die Anilide werden je nach Ausgangsmaterial verschiedene Meth. angegeben. Die Verw. der Gaschromatographie zur Trennung der Fettsäuren wird diskutiert. Fr. Voigt. 7858◇

Eine Untersuchung des Reifens von Dariworld- und Cheddarkäse mit besonderer Betonung der Proteolyse. D. G. Vakaleris, N. F. Olson, W. V. Price und S. G. Knight. (J. Dairy Sci. **43,** 1058—67, Aug. 1960; Madison, Wis., Univ. of Wisconsin, Dep. of Dairy and Food. Ind.; engl.) — Die erwünschte glatte, wachsartige Konsistenz entwickelt sich in dem mild aromat. Dariworld-Käse (a) rascher (ca. 2 Wochen nach Bereitung) als im Cheddarkäse (b). Durch Best. des *lösl. N* (**I**) u. *Formol-N* (**II**) in verschiedenen Reifestadien wurde untersucht, ob dieser Unterschied auf eine unterschiedliche Geschw. der Proteolyse zurückzuführen ist. Ebenso untersucht wurden von beiden Sorten Proben (a_1 u. b_1) mit anomal hohem pH im Endprod., der durch Senkung der Startermenge, beschränkte u. verzögerte Säure-Entw. u. durch Erwärmen des Quarks in der Molke erzielt wurde. **I** u. **II** wurden im Käseextrakt (pH 4,4) nach Mogensen [1947] bestimmt, **I** nach Kjeldahl, **II** durch Titration mit NaOH nach Zusatz von HCHO. **I** ergab das Ausmaß der Proteolyse, **II** die freien Aminogruppen u. damit den weiteren Abbau zu kleinen Peptiden u. Aminosäuren. Bei den Normalsorten a u. b u. bei b_1

verlief die Proteolyse im wesentlichen gleich schnell, bei a_1 dagegen rascher. Beide süßen Arten (a_1 u. b_1) waren von harter u. holziger Konsistenz. Ihre ungenügende Acidität bei der Herst. reichte offenbar zur normalen Mineralverteilung zwischen Molke u. Quark nicht aus, u. die anormale Zus. des Quarks verursachte die fehlerhafte Konsistenz des Käses. Die rasche Reifung des normalen Dariworld beruht nicht auf ungewöhnlich raschem Eiweißabbau, sondern auf physikal.-chem. Veränderungen, bedingt durch die verlängerte Einw. von NaCl-Lauge auf den Quark bei der Zubereitung. Außerdem ist der relativ hohe H_2O-Geh. für die charakterist. Konsistenz verantwortlich. Eberhard Müller. 7860◇

Biochemische Methoden zur Bestimmung der Qualität von Garnelen. 1. Mitt. Untersuchung von analytischen Methoden. Marcel Gagnon und Carl R. Fellers. (Food Technol. **12,** 340—43, Juli 1958; Amherst, Mass., Univ., Dep. of Food Technol.; engl.) — Zur Beurteilung der Frische werden gefrorene Garnelen bei 3° gelagert u. zu verschiedenen Zeiten untersucht. Das Verhältnis der flüchtigen Basen zum Gesamt-N stimmt mit dem organolept. Befund besser überein als andere analyt. Daten (Trimethylamin, Indol, Jodtitration, NH_3 u. Bakterienzahl). K. Schleich. 7864□

Biochemische Methoden zur Bestimmung der Qualität von Garnelen. 2. Mitt. Überwachung von im Handel befindlichen gefrorenen, zubereiteten Garnelen. Marcel Gagnon und Carl R. Fellers. (Food Technol. **12,** 344—46, Juli 1958; Amherst, Mass., Univ., Dep. of Food Technol.; engl.) — 1. vgl. vorst. Referat. — In 27 amerikan. Bundesstaaten wurden 144 Garnelen-Proben aus dem Handel entnommen u. untersucht. Das im vorst. Ref. beschriebene Verf. erweist sich zur Beurteilung der Frische von Garnelenkonserven als zuverlässig. K. Schleich. 7864□

Quantitative Bestimmung von Lignin in Heu. Hans Fischer. (Acta agric. scand., Suppl. **10,** 1—43, 1961; engl.) — Eine Nachprüfung des Verf. von Ellis, Matrone u. Maynard (J. Animal Sci. **5,** [1946], 285) zur Best. von *Lignin* (I) als Hydrolyserückstand mit 72%ig. H_2SO_4 ergibt die Brauchbarkeit der Arbeitsweise zur I-Best. in Heu. Eine Abwandlung besteht in der Eliminierung der Filtration zwischen Haupt- u. Endhydrolyse. Daneben werden geringe Abänderungen bei mehreren Filtrationen vorgenommen. — 266 Schrifttumshinweise. W. Wesly. 7866□

Ein mikrobiologisches Verfahren zur Bestimmung von Streptomycin in Viehfutter. John J. Mayernik. (J. Assoc. off. agric. Chemists **44,** 33—42, Febr. 1961; Rahway, N.J., Merck & Co., Inc., Chem. Div.; engl.) — Das im einzelnen beschriebene Verf. beruht auf der von Randall u. Burton (J. Assoc. off. agric. Chemists **40,** [1957], 857) empfohlenen Arbeitsweise zur Best. antibiot. Stoffe in *Futtermitteln* u. wird auf Streptomycin angewandt. Seine Nachprüfung gibt befriedigende Werte. W. Wesly. 7866□

Durchschnittsbestimmung des verdaulichen Roheiweißes in Futtermitteln von Kenia. H. W. Dougall. (East African agric. J. Kenya, Tanganyika, Uganda, Zanzibar **23,** 285—89, 1958; Kenya, Dep. of Agric., Grassland Res. Stat.; engl.) — Die Anwendung des Verf. von Wedemeyer [1899] auf eine Reihe von *Futtermitteln* zeigt, daß das verdauliche Roheiweiß (VE) in direkter Beziehung zum Roheiweiß (R) steht: $VE = 0{,}94 \cdot R - 2{,}51$. Diese Gleichung gibt im Vgl. mit Verdaulichkeits-Verss. zu hohe Werte. Dagegen stimmen die Vers.-Ergebnisse gut mit der von Glover u. French (J. agric. Sci. **49,** [1957], 78) angegebenen Gleichung überein. W. Wesly. 7868

Die Gewinnung von Carotin aus Luzerne und die Möglichkeiten der Verwendung in der Nahrungsmittelindustrie. I. P. Marinescu und M. Cotuţiu. (Lucrările Inst. Cercetări Alimentăre **3,** 125—35, 1959; rum.) — Die Gewinnung von *β-Carotin* aus verschiedenen Luzernearten, ihre Ascorbinsäure-Geh. u. ihre Verarbeitung zu Mehl sind ermittelt worden u. sollen auf einer Vers.-Station prakt. erprobt werden, um die Bedingungen für eine Anlage im industriellen Maßstab festzulegen. W. Wesly. 7868□

Salmonellen in Fisch- und Tiermehl. A. H. M. Grimbergen. (Voeding **20,** 234—36, 1959; Hoogland, Stichting C.L.O.-Contrôle, De Schothorst.; niederl.) — Zur Best. der Anzahl Enterobakterien dient das Verf. von Mossel u. Mitarbeitern (Arch. Lebensmittelhyg. **9,** [1958], 1). Zum Nachw. von Salmonellen suspendiert man 50 g Mehl in 300 ml Tetrathionat-Fleischbrühe oder Nährboden nach Osborne u. Stokes, läßt 24 Std. bei 37° brüten, streicht 1 Tropfen auf Brillantgrün–Agar–Agar aus u. untersucht die roten Kolonien nach 24 Std. mit polyvalentem Salmonellen-O-Serum u. färbt sie nach Gram. Außerdem werden die biochem. Eigg. geprüft. W. Wesly. 7868

Futterzusätze. Bestimmung von Nitrofurazon in Geflügelfutter durch Phenylhydrazin oder Alkalireaktion. Johannes Brüggemann, Kurt Bronsch, Herbert Heigener und Hans Knapstein. (J. agric. Food Chem. **10,** 108—11, März/April 1962; München, Univ., Inst. für Physiol. u. Ernährung der Tiere; engl.) — Zur Best. von *Nitrofurazon* (I) in Hühnerfutter empfiehlt sich die Extraktion mit Heptan, CCl_4 u.

Hexan bei 60°, Absorption des I in einer Al_2O_3-Säule, Eluieren mit 80%ig. A. u. colorimetr. Erfassung des I nach Umwandlung in 5-Nitro-2-furaldehydphenylhydrazon. Statt dessen kann man I auch durch Rk. mit KOH bestimmen, indem man die Absorption bei 470 mμ ermittelt. Auf diese Weise findet man 99,5 ± 0,83% des vorhandenen I unter Ausschaltung aller Störquellen. W. Wesly. 7868□

Dimethylsulfoxid: Ein überlegener analytischer Extraktionslöser für mehrkernige Kohlenwasserstoffe und für einige hochchlorierte Kohlenwasserstoffe. Edward O. Haenni, John W. Howard und Frank L. Joe jun. (J. Assoc. off. agric. Chemists **45**, Nr. 1, 67—70, 1962; Washington, D.C., Food and Drug Admin.; engl.) — *Dimethylsulfoxid* erwies sich überlegen gegenüber *Acetonitril, Nitroanilin, Dimethylformamid* zur Trennung mehrkerniger KW-Stoffe aus verschiedenen *Futtermitteln* mit signifikanten Zusätzen. Auch gegenüber verschiedenen hochchlorierten Schädlingsbekämpfungsmitteln ist es ausgezeichnet brauchbar u. zur Extraktion vorzuziehen. W. Gottwald. 7868◇

E. F. Drew & Co., Inc., New York, N.Y., V.St.A., **Ein Hartfett enthaltender Überzug für Lebensmittel, insbesondere für Schokolade und Süßwaren,** gek. durch die Anwesenheit von im Fett dispergierten Fettsäure–Zucker-Estern, wie Saccharosetristearat oder Saccharosehexastearat, die im wesentlichen rein u. frei von Seife sind. Die Ester leiten sich von Fettsäuren ab, die 10—24 C-Atome im Mol. enthalten, wobei in jedem Mol. der Ester 1—8 veresternde Säurereste vorhanden sind. (**E. P. 891 205** vom 3/5. 1960, ausg. 14/3. 1962. A. Prior. 8/5. 1959.) H. Maaß. 7635

Raffineria Lombarda S. r. l., Mailand, Italien, **Backhilfsmittel,** bestehend aus einem Gemisch von 44—54 (%), bes. 49, Stearinsäure u. 46—56, bes. 51, Äthylendioxid, führen zu Backwaren, die lange frisch bleiben. (**It. P. 551 802** vom 6/9. 1955.) K. Koebke. 7675

United States of America, Secretary of Agriculture, übert. von: Elmer A. Weaver, Spring Mount, Pa., V.St.A., **Verhinderung des Wachstums von Mikroorganismen in einer wässerigen Lösung von Tomatenpektase.** Man vermischt mit einer wss. Lsg. von Tomatenpektase eine Menge eines Frischhaltungsmittels, wie *l*-Ascorbinsäure, Na-Sorbat, K-Sorbat u. Sorbinsäure, zwecks Erzielung einer Konz. von 0,015 bis 0,10 Gew.-% des Mittels in dem fl. Medium. Man verpackt die Mischung in einen verschließbaren Behälter, erhitzt bei 100—130° F 5—15 Min. lang u. lagert das erhaltene Prod. oberhalb des Gefrierpunktes. (**A. P. 2 982 697** vom 3/10. 1958, ausg. 2/5. 1961.) H. Maaß. 7691

Gabriel Vajda und Koloman Szabó, Budapest, Ungarn, **Herstellung einer schwer schmelzbaren Eiszubereitung** erfolgt durch Emulgierung einer Mischung aus an sich üblichen *Geschmackstoffen* unter Zusatz von Agar–Agar, Gelatine oder Traganth, eines Monoglycerids u. von Eiweiß abbauenden Enzymen bei 75—90°. Das pH der Emulsion soll zwischen 6 u. 7 liegen. (**Ung. P. 145 601** vom 17/10. 1957, ausg. 30/11. 1959.) G. König. 7699

Biochimici A.L.F.A. S. p. A., Bologna, Italien, **Herstellung eines diätetischen Nährmittels.** Honig wird unter sterilen Bedingungen mit einem Vol. dest. W. verd., durch Zentrifugieren in der Ultrazentrifuge bei 50000 U/min von Eiweiß befreit, durch Asbest oder Kieselgur filtriert u. gefriergetrocknet. (**It. P. 549 607** vom 9/8. 1954.) K. Koebke. 7701

Preti Industria Dolciaria Alimentare, Genua, Italien, **Herstellung von Süßspeisen.** 35 (Teile) Agar–Agar, 35 Gelatine, 30 W. u. 60 Glycerin werden auf 90—100° erwärmt, in die halb-fl. Masse eine Form getaucht, von der nach dem Herausziehen u. Abkühlen eine Kapsel abgezogen wird, die man mit den Fruchtingredienzien füllt (z. B. 1 gemahlene Nüsse, 0,5 Puderzucker) u. mit einem Tropfen der Kapselmasse verschließt. Die verschlossene Kapsel wird bei der Zubereitung der Speise in die Grundmasse eingebracht, die aus einem mit W. angeteigten Gemisch von 95,700 Zucker, 4,200 Agar–Agar u. 100 Farbstoff besteht. (**It. P. 554 010** vom 16/7. 1955.) K. Koebke. 7705

H. Torgersen, Kristiansund, Norwegen, **Herstellung von Alginsäure durch Elektrolyse** einer Na-Alginatlösung. Die Anoden-Fl. wird mittels eines Diaphragmas von der Kathoden-Fl. getrennt. Das Diaphragma ist konzentr. um die rotierende zylindr. Anode angeordnet. — Zeichnung. (**Schwed. P. 166 244** vom 21/5. 1953, ausg. 17/2. 1959. Norw. Prior. 16/5. 1953.) K. H. Kähler. 7709

Council of Scientific & Industrial Research, Neu-Delhi (Erfinder: Tumkur Nanjappa Ramachandra Rao, Channasamudram Thathachar Dwara Kanath und Dyal Singh Johar, Mysore), Indien, **Herstellung eines Gewürzes** aus Pfefferabfällen, dad. gek., daß man diese mit A., Ae., Chlf. oder Bzl. extrahiert, den Extrakt eindampft, den Rückstand mit Alkali behandelt, um die harzartigen Anteile zu verseifen, Lsg. u. Ungelöstes (I) trennt, das I, das die Schärfe u. den Geschmack des

Pfeffers aufweist, in A. löst, auf Kochsalz aufsprüht u. dieses trocknet. (**Ind. P. 67 931** vom 5/6. 1959.) C. Lüttgen. 7715

Unilever N. V., Rotterdam, Niederlande (Erfinder: Charles Gerard May, St. Neots, England), **Herstellung von Aromatisierungsmitteln,** die Nahrungsmitteln einen *Fleischgeschmack* verleihen. Man läßt Cystein zusammen mit Arginin, Glutaminsäure u./oder Prolin in Ggw. von W. bei erhöhter Temp. mit Furan reagieren, oder mit einem in 2-Stellung substituierten Furan-Deriv., dessen 5-Stellung frei ist. — Zum Beispiel erhitzt man 200 (g) W., 6 dl-Cystein, 5 Furfural (I) u. 1,6 Arginin 3 Std. lang unter Rückfluß in einem Ölbad von 130° u. dampft nicht umgesetztes I ab. (**Niederl. P. 99 207** vom 5/10. 1957, ausg. 16/10. 1961. E. Prior. 5/10. 1956.) F. Böhm. 7715

Gustav & Wilhelm Heller, Wien, Österreich, **Herstellung von krustenlosen Dragées** (Schokoladendragées oder mit schokoladeähnlichen Massen überzogene Dragées) mit fl. Füllung nach Oe. PP. 195 738 u. 205 846 unter Verw. einer Füllmasse, welche aus einer Mischung von aufgeschlossenem Stärkemehl, bes. Puddingmehl, u. bzw. oder Pektinen mit auf die Stärke u. bzw. oder die Pektine quellend wirkenden Füllstoffen (z. B. Milch oder Zucker-Lsgg.), ggf. mit einem Zusatz von anderen Füllstoffen (z. B. Kakaopulver, Nougatmasse, Aromastoffe u. bzw. oder Früchte oder Fruchtmark), besteht u. deren Geh. an Trockensubstanz höchstens 40% beträgt, wobei die Füllmasse in eine strang- bzw. rohrförmige Zuckersirupmasse eingefüllt wird, dad. gek., daß aus der auf solche Weise gefüllten Zucker- oder Zuckersirupmasse mittels Prägemaschinen Rotationskörper hergestellt werden, worauf die gebildeten Formlinge mit Schokolade oder einer schokoladeähnlichen Masse überzogen werden. (**Oe. P. 210 724** vom 15/1. 1958, ausg. 25/8. 1960. **Zusatz zu Oe. P. 195738; C. 1958, 13927.**) T. Oppermann. 7727

Olle Sigurd Jönsson, Borås, Schweden, **Haltbarmachen der Oberfläche von geschlachteten Tieren.** Die geschlachteten Tierkörper werden einer Behandlung mit zirkulierender Heißluft von 500—800°, bes. 600°, während 60 Sek., bes. 15—20 Sek., unterworfen. (**Norw. P. 95 236** vom 12/9. 1958, ausg. 14/12. 1959. Schwed. Prior. 14/9. u. 30/11. 1957.) K. H. Kähler. 7751

Wilhelm Müller, Mülheim/Ruhr, **Herstellung von künstlichen Wursthüllen** durch Formung tier. Fasermassen, welche durch Quellen u. Zerfasern des Ausgangsmaterials gewonnen werden, u. Einleiten des Kunstdarms in ein entwässernde Salze oder Salzgemische, z. B. NaCl, $MgSO_4$, Alaune, u. freie Aldehyde, z. B. HCHO, Benzaldehyd, Furfural, Glyoxal, enthaltendes Fällbad, dad. gek., daß das Fällbad die Aldehyde in Mengen von 0,1—5% sowie ggf. eiweißaffine Gruppen enthaltende Stoffe, z. B. Hydroxy-, Mercapto-, Oxo-, Amino- oder Ketogruppen enthaltende Stoffe, wie Phenole, Polyphenole, Resorcin, Pyrogallol, Brenzcatechin, Hydrochinon, Thiophenole, Kresole, Naphthole, z. B. Dihydroxynaphthalin, Pyridine, Chinone, Harnstoff, Thioharnstoff, Melamin, bes. in Mengen von 0,1—3%, enthält. Der Kunstdarm wird in diesem Bad bis zur Erreichung des jeweils gewünschten Verfestigungsgrades belassen. (**Oe. P. 209 697** vom 14/8. 1957, ausg. 25/6. 1960. D. Prior. 1/9. u. 23/10. 1956.) T. Oppermann. 7751

Dow Chemical Co. (Erfinder: Lorraine Elizabeth Patten und Harold Claude Kelly), **Leicht abstreifbare Schutzüberzüge für Lebensmittel, insbesondere Fleischstücke.** Tiefgekühlte Fleisch- oder Fischabschnitte von z. B. —15° werden wenige Sek. in ein auf 155° erwärmtes Gemisch eingetaucht, das mindestens 20% *Polyvinylchlorid* (1,4—2,5 cP/120° als 2%ig. Lsg. in Dichlorbenzol) u. als Weichmacher *Acetyltributylcitrat* sowie als weitere Weichmacher ggf. Octylstearat, Zn- oder Ca-Salze von Fettsäuren oder dgl. enthält. (**Aust. P. 224 534** vom 25/3. 1958, ausg. 5/11. 1959. A. Prior. 17/6. 1957.) H. Möllering. 7753

Soc. des Usines Chimiques Rhône-Poulenc, Paris, Frankreich, **Überzug für Lebensmittel, wie Käse, in Form eines Films zum Schutz gegen Pilzeinwirkung,** bestehend aus einer wss. polymeren Emulsion, wie aus Polyvinylacetat, welche N-n-Butylbenzamid enthält. (**E. P. 875 352** vom 4/2. 1960, ausg. 16/8. 1961. F. Prior. 6/2. 1959.) H. Maaß. 7761

Merck & Co., Inc., Rahway, übert. von: Raymond La Pierre, Iselin, N.J., V.St.A., **Stabilisierung von Pantothensäurepräparaten** in *Futtermitteln*, die ein Salz der Pantothensäure enthalten, durch Alkalicarbonate bzw. -bicarbonate. — Vgl. A. P. 2 864 701; C. **1962,** 2944. (**Can. P. 570 040** vom 14/4. 1955, ausg. 3/2. 1959. A. Prior. 30/4. 1954.) S. Böttcher. 7787

H_{17}. Fette. Seifen. Wasch- und Reinigungsmittel. Wachse. Bohnermassen usw.

Öl- und Fettautoxydation und Antioxydantien im Spiegel der Literatur. R. Froelich. (Pharmazie **18,** 20—28, 1963; Dresden; dt.) — Übersicht über die Möglichkeiten der Autoxydation der Fette mit wechselndem Geh. an Alkan-, Alken- u. Konjuensäuren.

Vf. diskutiert auf Grund der vorhandenen Literatur die als Antioxydantien Verw. findenden Stoffe, die bereits teilweise in nativen Fetten vorkommen. Der Zusatz von Antioxydantien zu Fetten u. Ölen sowie fetthaltigen pharmazeut. Zubereitungen ist in vielen Ländern gesetzlich geregelt. — 71 Literaturangaben. H. Kala. 7878◇

Hydrierung von Fetten und Ölen. Isomerisierung während der Hydrierung. Edwin R. Cousins. (J. Amer. Oil Chemists' Soc. **40**, 206—10, 1963; New Orleans, La., Southern Reg. Res. Labor.; engl.) — In seinem Überblick über die Isomerisierung von Fetten bei der Hydrierung behandelt Vf. die Entw. der heutigen Theorie der Isomeren-Bldg. nach dem Halbhydrierungs-Dehydrierungsmechanismus mit atomarem Wasserstoff, experimentelle Beweise aus anderen Gebieten der heterogenen Katalyse in der Fettchemie, den Einfl. von Temp., Druck, Katalysator-Konz. u. Bewegung auf den Isomerisierungsgrad, die für die selektive Hydrierung erforderlichen Bedingungen u. einige Arbeiten über Katalyse in Nachbargebieten, um mögliche Modifizierung im Isomerisationsmechanismus anzuzeigen. — 28 Literaturangaben. H. Brämer. 7880◇

Untersuchung der Nebenreaktionen bei der Sulfonierung. — Hydrophobe Verbindungen in der unsulfonierten Ölfraktion. Hiroshi Shoji und Kanji Majima. (J. Amer. Oil Chemists' Soc. **40**, 179—83, 1963; Tokyo, Japan, Kao Soap Co., Central Res. Labor.; engl.) — Die Unters. der Neben-Rkk. bei der Sulfonierung von Alkylbenzolen mit SO_3, Oleum u. Schwefelsäure durch Extraktion der hydrophoben Prodd. des neutralisierten Sulfonierungs-Prod. mit PAe. nach der Standard-AST-Meth. 1568-58 T, Fraktionierung auf einer 2 Std. lang bei 200° aktivierten Al-Säule, Elution mit PAe., Ae. u. Chlf./Methanol u. IR- u. UV-spektroskop. Analyse der Eluate ergab: Der PAe.-Extrakt enthält Sulfon, KW-Stoff u. gefärbte Prodd. zusammen mit unsulfonierteml Akylbenzol. In geringen Mengen im Rohalkylbenzol enthaltenes Dialkylbenzol wird von SO_3 im Gegensatz zur Sulfonierung mit Oleum oder Schwefelsäure nicht sulfoniert u. wird daher in diesem Falle im PAe.-Extrakt gefunden. Di-[p-alkylphenyl]-sulfon scheint im Anfangsstadium der Sulfonierung gebildet zu werden u. wird in Mengen von 0,6—0,8 g/100 g Rohalkylbenzol bei der Sulfonierung mit SO_3 oder Oleum gefunden. Bei der Schwefelsäuresulfonierung liegt die Menge etwas darunter. Die Sulfonmenge konnte durch Vgl. des Absorptions-Koeff. bei 247 mμ mit einem Standard abgeschätzt werden. H. Brämer. 7884◇

Oenothera Lamarckiana Ser. — Eine neue ölspendende Kultur. Ass. Popow und P. Mashdrakow. (C. R. Acad. bulg. Sci. **10**, Nr. 2, 141—43, 1957; Bulgar. Akad. Wiss. Chem. Inst. u. Biolog. M. Popow-Inst.; russ., Auszug: dt.) — Der Samenertrag der Pflanze *Oenothera Lamarckiana Ser.* beträgt 2000—2500 kg pro ha mit einem Öl-Geh. von 22,0—25,8%. Als Kennzahlen wurden die SZ. zu 1,5—2,5, VZ. zu 191,6—192,3, JZ. zu 150,3—151,2, Rhodanzahl zu 81,2, Hexabromidzahl zu 8,5, die unverseifbaren Stoffe zu 1,8% u. Fettsäuren zu 94,2% bestimmt. Das Öl enthält 10,6 (%) Öl-, 73,8 Linol- u. 2,6 Linolensäure sowie 6,5 gesätt. Fettsäuren. H.-P. Pietsch. 7894◇

Synthese von Tritium-markierter 9.10-Ölsäure. K. S. Tenny, S. C. Gupta, R. F. Nystrom und F. A. Kummerow. (J. Amer. Oil Chemists' Soc., Chicago **40**, 172—75, 1963; Urbana, Ill., Univ. of Illinois, Burnsides Res. Labor. and Radiation Labor; engl.) Durch Red. von Stearolsäure mit Tritiumgas in Ggw. von 5% Pd an Tierkohle bei Raum-Temp. unter vermindertem Druck wird mit Tritium markierte *cis-9.10-Ölsäure* (spezif. Radioaktivität: 1000 mc/g) frei von Stearin- oder Elaidinsäure hergestellt. Durch oxydative Spaltung wurde nachgewiesen, daß sich > 90% der Aktivität an den 9- u. 10-Doppelbindungen befinden. Nichtumgesetzte Stearolsäure wird durch Tieftemp.-Kristallisation aus Skellysolve F abgetrennt. Tritium-markierte Stearinsäure (Radioaktivität 927 mc/g) wird analog mit überschüssigem H_2 u. verlängerter Rk.-Dauer hergestellt.

Versuche: *Stearolsäure*, F. 46,4—46,6° (Ae.), durch Bromierung von Methyloleat mit Brom u. Dehydrohalogenierung der erhaltenen Dibromstearinsäure durch 5 std. Erhitzen mit einer Äthylenglykol-KOH-Lsg. auf 140—170°, Ansäuern mit konz. HCl, Extraktion mit Skellysolve F u. wiederholtes Kristallisieren aus 100% ig. u. 84% ig. wss. Aceton u. Äther. — *Tritium-markierte Ölsäure*, durch Hydrieren von Stearolsäure in Äthylacetat/20% Pyridin mit bei Raum-Temp. an H_2 gesätt. 5% Pd/C-Katalysator, Einleiten von Tritium u. H_2, 2 std. Rühren bei Raum-Temp., Versetzen mit methanol. HCl u. Extraktion mit Skellysolve F. — *Tritium-markierte Stearinsäure*, analog vorst. Verb. aus Stearolsäure durch zusätzliche Zugabe von H_2 u. Verlängerung der Rk.-Dauer um 2 Stunden. H. Brämer. 7908◇

Darstellung hochgereinigter Fettsäuren durch Flüssig-flüssig-Verteilungschromatographie. O. S. Privett und E. Christense Nickell. (J. Amer. Oil Chemists' Soc., Chicago **40**, 189—93, 1963; Austin, Minn., Univ. of Minnesota, Hormel Inst.; engl.) — Die Trennung von Methylestergemischen der geradzahligen gesätt. C_{12}—C_{20}-Säuren, der C_{18}-Säuren mit 0—3 Doppelbindungen u. der einfach ungesätt. C_{16}—C_{22}-Säuren gelingt durch Umkehrphasen-fl.-fl.-Verteilungschromatographie (stationäre Phase: Heptan auf nichtnetzender Celitsäule, mobile Phase; Acetonitril/Methanol = 85:15), während Paare gleicher Polarität (z. B. Methyloleat/Methylpalmitat) nur durch Kombination mit Gaschromatographie u. krit. Paare durch Adsorptionschromatographie auf mit Ag-Nitrat imprägnierter SiO_2-Säule nach de Vries getrennt werden können. Durch Kombination der fl.-fl.-Verteilungschromatographie mit Adsorptionschromatographie kann auf fraktionierte Dest. bei der Herst. polyungesätt. Methylester, die leicht zur Bldg. von Artefakten (Nachw. durch Gaschromatographie) führt, verzichtet werden. Die Darst. von reinem Linolensäuremethylester (83% Ausbeute) durch fl.-fl.-Verteilungschromatographie von fraktioniert dest. Leinsamenölestern wird beschrieben. — 32 Literaturangaben. H. Brämer. 7908◇

Definition des Wortes „Detergent". M. C. Bourne und W. G. Jennings. (J. Amer. Oil Chemists' Soc. **40**, 212, 1963; Geneva, N.Y., Cornell Univ., Dep. of Food Sci. and Tech.; Davis, Calif., Univ., Dep. of Food Sci. and Tech.; engl.) — Vff. geben eine Übersicht über die unterschiedlichen Definitionen des Wortes „detergent" u. bezeichnen in Übereinstimmung mit der allg. verwendeten Definition des Wortes „detergency" (Reinigung oder Schmutzentfernung durch ein fl. Medium) „detergent" als eine Substanz, die entweder für sich allein oder in Gemischen die für einen Reinigungsprozeß erforderliche Arbeit verringert. Diese Definition, die sich nicht auf bestimmte Verbindungsklassen begrenzt, schließt auch nicht grenzflächenakt. Verbb., wie Carboxymethylcellulose u. Polyphosphate, u. andererseits auch grenzflächenakt. Stoffe, die in nichtwss. Syst. verwendet werden, ein, während Putzmittel nicht inbegriffen sind. H. Brämer. 7912◇

Flüssige Waschmittel. 3. Mitt. **Verträglichkeit und Stabilität von Alkyl(Aryl)-sulfonaten in Lösungen von löslichen Silicaten und Phosphaten.** Raymond Getty und William Stericker. (Soap chem. Specialties **38**, Nr. 1, 54—57, 119, 120, 122, 1962; Philadelphia, Pa., Philadelphia Quartz Co.; engl.) — 2. vgl. C. **1963**, 14519. — Vff. zeigen in ihren Verss., daß lösl. Na- (E, Star, Starso) oder K-Silicate (B, Kasil 88) oder K-Phosphate (K-Pyrophosphat), mit Alkyl-(Aryl)-sulfonaten (Nacconol NRSF oder Ultrawet M) gemischt, nur unter Einfügung von Kopplungsmitteln (Na-Xylolsulfonat) klare, stabile, verträgliche Lsgg. ergeben. H. Franzen. 7912◇

Eine Schnellmethode zur Bestimmung der Jodzahl in Ölen unter Verwendung von Cer(IV)-sulfat. H. E. Jungnickel und W. Klinger. (Pharmazie **18**, 130—31, 1963; Frankfurt (Oder), Bezirks-Hygiene-Inst.; dt.) — Die von den Vff. beschriebene modifizierte Meth. zur Best. der JZ. nach Margosches [1924] dauert etwa nur 20 Min. u. ergibt gut reproduzierbare Werte. Durch die stark oxydierende Wrkg. einer 0,1n $Ce \cdot (SO_4)_2$-Lsg. wird das in Rk. tretende Jod aus einer 1n KJ-Lsg. frisch hergestellt. Der Jodüberschuß wird dann mit einer 0,1n $Na_2S_2O_3$-Lsg. wie üblich zurücktitriert. G. Mews. 7932◇

Untersuchung über die mittleren Ketten in einigen natürlichen gemischten Triglyceriden. P. Savary und P. Desnuelle. (Biochim. biophysica Acta [Amsterdam] **31**, 26—33, Jan. 1959; Marseille, Fac. des Sci., Labor. de Chim. Biol.; franz.) — Nach Hydrolyse von Kakaobutter (**A**), Hammel- (**B**) bzw. Schweinefett (**C**) mittels Pankreaslipase u. Perjodsäurespaltung teils entstandener *1-Monoglyceride* werden die *2-Monoglyceride* (MG) chromatograph. abgetrennt. Die MG von **A** enthalten nur ungesätt. Fettsäuren, während diejenigen von **B** u. **C** nicht einheitlich sind. So enthalten die MG von **B** an 80—90% ungesätt. Fettsäuren u. diejenigen von **C** gesätt. Fettsäuren, hauptsächlich Palmitinsäure u. z. T. Stearinsäure. K. Täufel. 7932

Bestimmung des Metallgehalts in Nickelseifen durch Polarographie. Wahid U. Malik und Rizwanul Haque. (Nature [London] **194**, 863—64, 1962; Aligarh, India, Muslim Univ., Dep. of Chem.; engl.) — Polarograph. Meth. lassen sich zur Best. des geringen Geh. an Schwermetallen in Schwermetallseifen mit Erfolg anwenden, da Pyridin mit den Schwermetallen reduzierbare Komplexe bildet. Vff. verwendeten zur polarograph. Ni-Best. in Ni-Palmitat u. Ni-Myristat den Ni-Pyridinkomplex. Da die Metallseifen in Ggw. von W. leicht hydrolysieren, wurden als Trägerelektrolyt-Lsgg. 0,166m Lsgg. von LiCl in 1:1-Bzl.-Methanol-Gemischen, Methylhydrogensulfat in 1:1-Bzl.-Methanol-Gemischen u. KCl in Glykol verwendet. Die Ergebnisse der Verss. wurden tabellar. wiedergegeben. H. Fries. 7938□

H_{18a}. Holz. Cellulose. Zellstoff. Papier. Papierdruck. Celluloid. Linoleum

Eine Untersuchung der Lagerungs- und Konservierungsbedingungen von nassem Fichtenholzschliff. 3. Mitt. **Der Mechanismus der Inaktivierung der konservierenden Eigenschaften von Phenylquecksilberacetat durch Holzschliff.** Karl-Erik Eriksson.

(Svensk Papperstidn. **64**, 381—85, 1961; Stockholm, Sweden, Swed. Forest Prod. Res. Labor., Paper Technol. Dep.; engl.) — 2. vgl. C. **1962**, 8465. — Durch Lagern von mit Phenyl-Hg-Acetat (**I**) imprägniertem Fichtenholzschliff bei 40—80° wird **I** biolog. inakt., d. h. **I** wird irreversibel an die Faser gebunden, wird nicht mehr voll wiederauswaschbar u. von Penicillium nicht mehr aufgenommen. Zur Aufklärung dienen weitere experimentelle Belege. Nach dem Imprägnieren von dünnen Fichtenholzschnitten mit radioakt. **I** wandert, wie autoradiograph. nachgewiesen wird, prim. in den Tertiärwänden der Holzzellen gebundenes **I** durch die Zellwände gegen die Mittellamellen, wenn die Schnitte bei 80° gelagert werden. Ferner wird an den Acetonextrakten von mit **I** imprägniertem Schliff chromatograph. gezeigt, daß **I** im Kontakt mit Holz aufgespalten wird, u. a. zu Diphenyl-Hg u. wahrscheinlich bis zu Hg, unter Minderung der fungiciden Wirkung. Der Abbau von **I** ist wahrscheinlich auf CHO-Gruppen im Holz zurückzuführen.
M. Hagedorn. 7952◇

Adhäsionsprobleme von Holz. 1. Mitt. **Physikalische Faktoren.** J. E. Marian und D. A. Stumbo. (Holzforschung **16**, 134—48, 1962; Richmond, Calif., Univ. of California, Forest Prod. Labor.; engl.) — Zusammenfassende Darst. der Erfahrungen der letzten 2 Jahrzehnte bzgl. der Adhäsionsprobleme von Holz. Die Bedeutung grundlegender Begriffe u. Forschungsergebnisse werden klargestellt. Die Zusammenhänge zwischen Oberflächenrauheit u. anatom. Struktur sowie mechan. Bearbeitung, zwischen Rauheit u. Dicke, der Einfl. elast. u. plast. Verformung, die zur Entstehung der Berührungsflächen u. zu einem Ineinandergreifen der zu verleimenden Flächen führt, werden diskutiert. Spannungsopt. Unterss. machen die Existenz einer Vorspannung in der Leimfuge wahrscheinlich; Kriterien für die Auswertung von Leimfugen werden analysiert. Die größte Aufgabe der Holzverleimung, Holzenden stumpf zu verleimen, wird in absehbarer Zeit mit Hilfe von verstärkten, orientiert gereckten, hochmolekularen Stoffen gelöst werden. Mit nur 3 g/m² können ideale Leimfugen an unbeschädigten Holzflächen erzielt werden, woraus zu schließen ist, daß mechan. Adhäsion eine untergeordnete Rolle spielt u. nur 10—20% zur Gesamtadhäsion beiträgt. F. Zeidler. 7952◇

Herstellung und Eigenschaften eines 4-O-Methylglucoxylans aus dem Holz der Weißbirke (Betula papyrifera, Marsh). W. D. S. Bowering, R. H. Marchessault und T. E. Timell. (Svensk Papperstidn. **64**, 191—94, 1961; Montreal, Quebec, Canada, Pulp and Paper Res. Inst. of Canada; Marcus Hook, Pa., Amer. Viscose Corp.; engl.) — Der aus *O-Acetyl-4-O-Methylglucuronoxylan* (**II**) durch Rk. mit Propylenoxid (**V**) gewonnene Ester wird mit $NaBH_4$ zu *4-O-Methylglucoxylan* (**I**) reduziert. In **I** sind nur Spuren von Säuregruppen anwesend, je nach der Best.-Meth. 1-COOH auf 300—800 Xylosereste. **I** enthält auf je 12 Xyloseeinheiten eine 4-O-Methyl-D-glucose-Seitenkette u. hat einen osmometr. bestimmten (durchschnittlichen Zahlen-) DP von 190. Das Röntgenpulverdiagramm ist ident. mit dem von hydratisiertem 4-O-Methylglucuronoxylan aus Weißbirke. Der Einfl. der Säureketten in **II** ist also gering. Sie sind keine integralen Bestandteile der Zelleneinheit; das geht auch aus den Viscositätsmessungen von **I** in Cupriäthylendiamin (**III**) u. in $(CH_3)_2SO$ (**IV**) im Vgl. mit verschiedenen **II** u. **III** hervor.

Versuche: *4-O-Methylglucoxylan* (**I**), DP 190, $[\alpha]_D^{18}$ —106°, aus **II** (aus Holocellulose der Weißbirke durch Herauslösen mit **IV** u. Fällen mit A.) durch Verestern in wss. Lsg. mit **V**, 2std. Red. mit $NaBH_4$ in wss. Lsg. (Endtemp. 50°; pH 11), Isolieren nach Entfernen der $NaBH_4$-Reste durch A.-Fällung, Waschen mit wss. A., A. u. PAe. u. Reinigen über ein Austauscherharz; Pulver; CH_3O-Geh. 1,75%; 50% Ausbeute.
M. Hagedorn. 7952◇

Untersuchung an modifizierten Cellulosen. 7. Mitt. **Stabilisierung von Cellulose und Holzpolysacchariden gegen Alkali durch Oxydation mit Kupferlösung.** Alexander Meller. (Tappi **45**, 481—86, 1962; Melbourne, Australia, Austral. Paper Manufact. Ltd., Res. Labor.; engl.) — 5. vgl. C. **1957**, 10361. — Linterscellulose (**A**) u. Holzpolysaccharide (**B**) werden durch Erhitzen mit schwach alkal. $CuSO_4$-Lsg. (**I**) während 2½ Std. auf 100° in ihrer Beständigkeit gegen 1% Alkali verbessert. Die Stabilisierung ist bei Hydro-**A** (aus Linters durch Kochen mit 0,5n HCl), Sulfitzellstoff u. vorhydrolysiertem Eucalyptusholzmehl umfassend, bei Mehl aus *Pinus radiata* kräftig, bei Eucalyptusholzmehl nur schwach. Die Wrkg. von **I** beruht auf der Überführung der Endgruppen von **B** der Kohlenhydrate in COOH-Gruppen. Das geht aus dem Abbau nach Ruff mit H_2O_2 u. $(CH_3 \cdot COO)_3Fe$ als Katalysator in Verbindung mit Heißalkalistabilitätstesten hervor. Ein kleiner Cu-Anteil von **I** wird fest von den Fasern gebunden, dessen mögliche Auswrkg. in der Faser erörtert wird. Gegen heißes verd. Alkali stabile Kiefer- u. Eucalyptussulfatzellstoffe werden durch den Abbau nach Ruff gegen heißes Alkali empfindlich, durch eine anschließende Behandlung mit **I** aber wieder unempfindlich. M. Hagedorn. 7954◇

Flockung durch Sedimentation. 5. Mitt. **Faktoren, die die Flockungstendenz beeinflussen.** Olle Andersson. (Svensk Papperstidn. **64,** 417—25, 1961; Stockholm, Swed Forest Prod. Res. Labor. Paper Technol. Dep.; engl.) — 4. vgl. C. **1962.** 2211. — Als Flockungstendenz (**A**) wird die Neigung der Graden im Diagramm: Sedimentationszeit/mittlere quadrat. Schwankung der opt. Dichte (oder der Konz. der Teilchensuspension) — bezeichnet. **A** wird an Suspensionen verschiedener Cellulosefasern u. Fasern eines in verschiedener Weise behandelten Zellstoffs in einem Glycerin/W.-Gemisch von 30 cP Viscosität bestimmt. Bei der Unters. der Eigg. des Netzwerks des Sediments aus verd. wss. Fasersuspensionen zeigt sich, daß das spezif. Vol. des Fasernetzwerks sich bei fallenden Anfangs-Konzz. einem Grenzwert nähert, der mit steigender **A** größer wird. Der Zusammenhang zwischen **A** u. den mit der Faseradhäsion in Verbindung stehenden Faser-Eigg., wie Naßfestigkeit des Blatts u. Fasernetzwerkfestigkeit (nach Sedimentations-Vol., Zusammendrückbarkeitswiderstand, Reißlänge des Netzwerks bestimmt) wird untersucht: alle nehmen mit steigender **A** zu. Zusätze oder partielle Substitution der OH-Gruppen, welche eine chem. Bindung zwischen den Fasern fördern, erhöhen **A** nicht. Wohl aber verbessern Eingriffe, welche den Anteil an stark gekrümmten Fasern u. die Zahl der Fibrillen erhöhen, die Netzwerkfestigkeit u. steigern **A**. Die Flockung kann als ein Verfilzen der aus der Faseroberfläche hervorragenden Fibrillen angesehen werden. M. Hagedorn. 7954◇

Weißgehalt von Zellstoffen hoher Ausbeute. 4. Mitt. **Elektronenoptische Untersuchung des Kernholzes der Weißbirke.** Wilfred A. Côté jun. und Renata Marton. (Tappi **45,** 46—53, 1962; Syracuse, N.Y., State Univ., Coll. of Forestry, Empire State Paper Res. Inst.; engl.) — 3. vgl. C. **1963,** 4185. — Dunkle Einschlüsse in den Strahlenzellen von Kernholz verhindern das Bleichen von Hochausbeutezellstoffen. Mit mkr. u. elektronenopt. Meth. werden diese gummiartigen Stoffe in lebenden u. gefällten Bäumen untersucht, um ihre Bldg. u. Feinstruktur zu erforschen. Tylosen bilden sich in den Gefäßen des Kernholzes der weißen Birke nicht wegen des engen Lumens zwischen den Parenchymstrahlen u. den Gefäßen. Statt dessen sondern sich „Harze" ab, auch Sekretionen von den Strahlenzellen u. dem Längsparenchym in die Fasern sind zu beobachten. Die „Harze" im Lumen der Gefäße u. Fasern besitzen niedrigere Elektronendichte als der Inhalt der Stiahlenzellen. Daher wird angenommen, daß dieser Unterschied durch eine Diffusion u. Filtration der fl. „Harze" durch die Membran der Poren bedingt ist, wobei sie feste Rückstände in den Strahlenzellen hinterlassen. Mit der Zeit u. an der Luft werden die fl. „Harze" im Lumen der Fasern u. Gefäße fest. F. Zeidler. 7956◇

Darstellung von Chlordioxid durch das Columbia-Southern-Verfahren. Paul Conrad und Gordon Carlson. (Pulp Paper Mag. Canada **58,** Nr. 11, 160—63, 1957; Pittsburgh, Pa., Columbia-Southern Chem. Corp.; engl.) — Ein neues Verf. zur Herst. von ClO_2 zur Verw. in der Zellstoffbleiche wird beschrieben. Dabei reagiert lösl. Chlorat mit Cr^{3+}, wobei dafür gesorgt wird, daß Cr^{3+} im Überschuß vorhanden ist. Die Rk. wird bei 100° in Ggw. von Dampf als Verdünnungsmittel durchgeführt. Im Verlauf des Gesamt-Verf. wird SO_2 in Glaubersalz (2200 pounds/short ton ClO_2) übergeführt. H_2SO_4 ist nur zu Beginn des Verf. notwendig. R. Grundmann. 7956◇

Untersuchungen über die Oxydation von Sulfat-Schwarzlauge und von Mischungen aus Schwarz- und Weißlauge. E. Bilberg und P. Landmark. (Norsk. Skogind. **15,** 221—34, 226—38, 1961; Oslo, Norway, Norweg. Pulp and Paper Res. Inst.; engl.) — Erhöhung des $(Na_2S)_x$-Geh. in der Sulfatkochlauge setzt die Korrosion der Kocherwände herab. Im Hinblick auf eine mögliche Erhöhung des $(Na_2S)_x$-Anteils werden die Veränderungen der S-Verbb. in der Schwarzlauge (**A**) (8—15 g Na_2S/Liter, kleine Mengen anderer S-Verbb. u. NaOH, viel organ. Bestandteile) u. in Gemischen gleicher Teile **A** u. Weißlauge (**B**) (NaOH + Na_2S, daneben $Na_2S_2O_3$, Na_2SO_3, $(Na_2S)_x$, Na_2CO_3, keine organ. Verbb.) während der partiellen Oxydation an der Luft verfolgt. $Na_2S_2O_3$, Na_2SO_3 u. $(Na_2S)_x$ werden potentiometr. bestimmt. Bei der Oxydation von **A** an der Luft werden $(Na_2S)_x$, $Na_2S_2O_3$, Na_2SO_3 u. etwas Na_2SO_4 gebildet, alle in Mengen, die von den Oxydationsbedingungen u. der Zus. von **A** abhängen. Die Oxydation an der Luft führt nicht zu einem Gleichgewicht; die Veränderungen gehen bei der Lagerung weiter. $(Na_2S)_x$ u. Na_2SO_3 gehen dabei in $Na_2S_2O_3$ über, das zur Hauptsache aus dieser Quelle stammt; meistens verbleibt ein $(Na_2S)_x$-Überschuß. Dagegen nehmen die $(Na_2S)_x$-Mengen bei **B** + **A**-Gemischen während der Lagerung noch zu, obwohl sich auch hier bei der Oxydation Na_2SO_3 bildet, das dann beim Lagern verschwindet. Die Neu-Bldg. von $(Na_2S)_x$ beim Lagern erfolgt vermutlich über eine oxydierte, S-haltige, organ. Komponente von **A,** die bei reichlichem Vorhandensein von Na_2S mit diesem reagiert; der Na_2S-Geh. des Gemisches geht zurück. Die Nachoxydation der **A**- + **B**-Gemische ist also für die Erzeugung eines hohen $(Na_2S)_x$-Geh. wichtig. Es werden auch die Veränderungen während der Oxydation u. Lagerung bei 70° bei verschiedenen **B**- u. **A**-Mischungsverhältnissen untersucht.

Der mit Gemischen mit 30—50% **B** u. durch geeignete Oxydations- u. Lagerbedingungen erzielbare höhere Geh. an $(Na_2S)_x$ läßt gute Passivierung u. erhöhte Zellstoffausbeute erwarten. M. Hagedorn. 7960◇

Über die Stabilisierung von Glucomannan in Holz und Holocellulose der Fichte. Göran E. Annergren, Ingemar Croon, Barbro F. Enström und Sven A. Rydholm. (Svensk Papperstidn. **64**, 386—93, 1961; Säffle, Sweden, Billeruds AB, Res. Labor.; engl.) — Beschreibung von Vers.-Ergebnissen im Zusammenhang mit der Tatsache, daß ein Teil von *Glucomannan* (**I**) in Weichhölzern beim Sulfitaufschluß resistenter gegen Hydrolyse wird, wenn dem sauren Aufschluß eine alkal. oder neutrale Vorkochung vorangeht. Es wird festgestellt, daß **I** in Fichtenholz einen CH_3CO-Geh. von 7,9% hat, der für den Gesamt-CH_3CO-Geh. des Holzes von 1,3—1,4% aufkommt. DP von hydrolyt. resistenterem **I** ist ca. 30 (unabhängig davon, ob aus einem sauren Ein- oder neutral/sauren Zweistufenaufschluß stammend), das Glucose/Mannose-Verhältnis 1:3 bis 1:3,7, ähnlich wie in nativem **I**. Holocellulose (**A**) verhält sich in bezug auf die Wrkg. der Vorbehandlung bei der Hydrolyse mit H_2SO_4 ganz ähnlich wie Holz beim Sulfitaufschluß: gesteigerte Hydrolyseresistenz bei schwach alkal. Vorbehandlung. Lignin-Rkk. sind eindeutig an den Effekten unbeteiligt. Vgl.-Verss. über die Quellung von **A** in Alkali u. in $(CH_3)_2SO$ (**II**) zeigen, daß nur Alkali, nicht aber **II** stabilisierend wirkt. Alle stabilisierend wirksamen Alkalivorbehandlungen sind von partieller Desacetylierung begleitet, die sauren dagegen nur in geringem Umfang. Es wird vermutet, daß die Esterhydrolyse der Vorkochung unter Bldg. von linearen **I**-Moll. u. Adsorption von desacetyliertem **I** an Cellulose für die höhere Hydrolysenresistenz beim Fichtensulfitaufschluß verantwortlich sind. M. Hagedorn. 7962◇

Über die Zersetzung des Schwefeldioxids unter Bedingungen der Sulfitkochung. Ivan Slávik. (Svensk Papperstidn. **64**, 427—37, 1961; Bratislava, ČSSR, Slovak. Akad. der Wiss., Inst. für Holz, Cellulose u. Chemiefaser; dt.) — Die Zers. von SO_2 im Verlauf der Sulfitkochung in mäßigem Umfang ist nicht unerwünscht, in starkem aber schädlich (Schwarzkochung). Die Ursachen für die SO_2-Zers. unter den Bedingungen einer Sulfitkochung werden untersucht. SO_2-Lsgg. werden zusammen mit den Zusätzen im Einschlußrohr auf 110—150° während 2—3½ Std. erhitzt; aus der Bldg. von H_2SO_4 u. „freiem" S ergibt sich die oxydierende oder reduzierende Wrkg. der Beimengungen. Bei Glucose (**I**) geht aus der Zeitabhängigkeit der Zers. der autokatalyt. Charakter der Zers. hervor. Xylose (**II**) u. Furfurol (**III**) beschleunigen erst bei höheren Temp. die SO_2-Zers., HCOOH, $Na_2S_2O_3$ u. S schon bei niedrigeren (Beginn der Kochung). Die reduzierenden Substanzen beschleunigen, bes. in gepufferten Lsgg., den SO_2-Zerfall stärker. Aus **I** entsteht (in ungepufferten Lsgg.) Lävulinsäure, aus **II** entstehen Prodd. mit Sulfonsäurecharakter, aus **II** + **III** in ungepufferten Lsgg. dunkle Kondens.-Prodd. mit Sulfonsäuregruppen. $Na_2S_2O_3$ u. $Na_2S_2O_4$ sind immer vorhanden, auch wenn nur eine der beiden Verbb. zugesetzt wird; sie wirken in gleicher Weise ein: in kleinen Mengen günstig den Kochverlauf beeinflussend, in größeren die Möglichkeit der Lignin-Kondens. u. damit einer Schwarzkochung fördernd. M. Hagedorn. 7962◇

Radioaktiver Schwefelaustausch und Löslichkeitsuntersuchungen von sulfoniertem Lignin. A. Rezanowich, G. A. Allen und S. G. Mason. (Pulp Paper Mag. Canada **58**, Nr. 11, 153—59, 1957; Montreal, Quebec, Pulp and Paper Res. Inst. of Canada, Phys. Chem. Div.; engl.) — Verss. mit Sulfitlaugen, die ^{35}S enthalten, u. Messung von austauschbarem S zwischen Ligninsulfonaten u. Bisulfit-Lsgg. zur Unters. des Sulfitaufschlusses werden beschrieben. Die austauschbare S-Menge wächst in den ersten Std. u. wird dann konstant. Es wird gefolgert, daß wenigstens 2 Arten von Sulfonsäuregruppen am Lignin gebunden sind. Eine Beziehung zwischen der Austauschmenge u. dem S-Geh. der Lignin-Präpp. konnte nicht festgestellt werden. R. Grundmann. 7966◇

Alkoholherstellung aus Natriumsulfitablauge. 1. Mitt. **Neutralisationsproblem.** Sten Dillén. (Svensk Papperstidn. **64**, 283—90, 1961; Stockholm, KTH, Inst. för läsningslära; schwed.) — Bei der Herst. von Gärungssulfitsprit im Rahmen der Aufarbeitung der Schwarzlaugen vom Na_2SO_3-Zellstoffaufschluß zwecks Chemikalienrückgewinnung ist die zu ihrer Neutralisation erforderliche Alkalimenge größer als der Gesamtalkaliverlust im ganzen System. Es wird versucht, wie weit für die Neutralisation eine 75% Na_2S + 25% Na_2CO_3 enthaltende Rohlauge (akt. Neutralisationswert ca. 100 g Na_2O/Liter) aus dem Wiedergewinnungsprozeß brauchbar ist. Gärverss. zeigen, daß 20% des akt. NaOH von der Rohlauge gestellt werden können; ein höherer Anteil verursacht Zuwachsstörungen der Hefe. Die chem. Gründe hierfür sowie Dest.-Schwierigkeiten werden besprochen. M. Hagedorn. 7960◇

Belastungs-Dehnungs-Verhalten von MG-Papier in Maschinenrichtung und quer dazu. A. P. Arlov. (Norsk. Skogind. **15**, 200—05, 1961; Norweg. Pulp and

Paper Res. Inst.; engl.) — 41 Papiermuster aus gebleichtem u. ungebleichtem Kraftzellstoff u. gebleichtem u. ungebleichtem Sulfitzellstoff aus 4 Papierfabriken werden auf die Beziehungen zwischen der Anisotropie der Zugfestigkeit (AZ), derjenigen der Dehnbarkeit (AD) u. dem Verhältnis der prim. u. sek. Neigungskurven (PN u. SN; Tangenten im Anfangs- u. Endteil der Zug/Dehnungskurve) geprüft. Zwischen AZ u. AD u. zwischen AD u. PN besteht keine Wechselwirkung. Ein hoher Korrelationsgrad (0,947) dagegen existiert zwischen AZ u. PN, bei fast annähernd gleichem Verhältnis für beide Richtungen; dies deutet darauf hin, daß die elast. Dehnung in beiden Papierrichtungen annähernd gleich ist. Für die Beziehung zwischen SN u. AZ u. AD ergibt sich ein Korrelationsquotient von 0,966; SN kann damit aus den Koordinaten des Bruchs recht genau berechnet werden. Die Prüfung vermittelt den Gesamteindruck, daß Bindungsfestigkeit u. -dichte zusammen mit der effektiven Faserlänge den Elastizitätsmodul u. die Endfestigkeit von MG-Papier bestimmen. M. Hagedorn. 7984◇

Eine einfache photoelektrische Methode zur Bestimmung von Pentosan aus Holz. Yoshio Sakai. (J. agric. chem. Soc. Japan [Nippon Nôgeikagaku Kaishi] **30,** 256—59, 1956; Tokyo, Univ. of Educat., Fac. of Agricult.; jap., Auszug: engl.) — Eine einfache photoelektr. Meth. zur Best. von *Holzpentosan* wird durch Unters. der Abhängigkeit der Farbintensität von den Rk.-Bedingungen (z. B. Temp., Zeit der Farb-Entw., Rk.-Zeit der Überführung der Pentose in Furfurol) der colorimetr. Meth. von McCance u. Kombinieren mit der quant. Holzverzuckerungs-Meth. von Sacman, Bubl u. Harris erarbeitet. H.-J. Weigmann. 8004△

Alkalilöslichkeit von Zellstoff. Anonym. (Svensk Papperstidn. **64,** 291—93, 1961; engl.) — Vom I(nternational) C(ommittee for) Cellulose) A(nalysis) vorgeschlagene Meth. zur Best. der Kaltalkalilöslichkeit von Zellstoff durch Behandlung mit NaOH-Lsg. u. Oxydation der in Lsg. gegangenen organ. Substanz mit $K_2Cr_2O_7/H_2SO_4$, dessenÜberschuß volumetr. titriert wird. M. Hagedorn. 8006◇

Carbonylgruppenbestimmung in Hydrocellulose. Kristian Christofferson und Olof Samuelson. (Svensk Papperstidn. **64,** 195—97, 1961; Göteborg, Sweden, Chalmers Tekniska Högskola, Dep. of Engng. Chem.; engl.) — Der osmot. bestimmte DP hydrolysierter Baumwollcellulose (**A**) wird mit ihrem Geh. an —CO-Gruppen verglichen, wie er nach der von Wennerblom etwas modifizierten Meth. von Geiger u. Wissler (Helv. chim. Acta **28,** [1945], 1638) — Rk. mit Pyridinioacetylhydrazidchlorid (**I**), Ionenaustausch gegen Pikrinsäure u., nach Eluieren mit NaOH, spektrophotometr. Best. der Pikrinsäure — ermittelt wird. Daraus geht hervor, daß die Zugänglichkeit zu den CO-Gruppen von **A** für **I** eine Rolle spielt u. die CO-Gruppen-Best. nur bei verhältnismäßig milder Hydrolyse von **A** fast vollständig verläuft. M. Hagedorn. 8006◇

Untersuchungen über Faktoren, die die Carboxylgruppenbestimmung in Cellulose beeinflussen. Eero Sjöström und Per Haglund. (Svensk Papperstidn. **64,** 438—46, 1961; Falun, Sweden, Stora Kopparbergs, Bergslags AB, Central Labor.; engl.) — Die Best. der COOH-Gruppe in Cellulose (**A**) hängt eng mit dem Eindring- u. Diffusionsvermögen von Elektrolyten in **A** zusammen; für die Anwendung komplexometr. Meth. ist die Frage der Art der Salz-Bldg. der COOH-Gruppen von **A** mit zweiwertigen Ionen wichtig. Verss. werden an gebleichtem Sulfit- u. Reyon-Zellstoff u. Linters als Packung in Waschkolonnen ausgeführt. Auswaschen mit verd. HCl bis zur Kationenfreiheit benötigt eine Kontaktzeit von 2 Wochen; die Kationen stammen vornehmlich aus inkludierten oder adsorbierten Salzen, weniger von solchen mit der COOH-Gruppe von **A**. HCl kann leicht mit wenig W. ausgewaschen werden. Bei der Behandlung mit $MgCl_2$ wird anscheinend kein $MgCl_2$ an der Faser adsorbiert; überschüssiges $MgCl_2$ kann ohne Hydrolyse von mit der COOH-Gruppe verbundenem Mg ausgewaschen werden; Salz-Bldg. tritt offenbar über beide Valenzen von Mg ohne Auftreten gemischter oder bas. Salze ein. Lange Einw. von $MgCl_2$ führt zur Vermehrung an gebundenem Mg, eine HCl-Vorbehandlung zu niedrigeren Werten. Eine Routine-COOH-Gruppen-Best.-Meth. durch Mg-Ionenaustausch wird mitgeteilt u. mit anderen analyt. Verff. verglichen. M. Hagedorn. 8006◇

Ligninbestimmung in Sulfitzellstoffen. V. Lorås und F. Løschbrandt. (Norsk Skogind. **15,** 302, 304—09, 1961; Oslo, Norway, Norweg. Pulp and Paper Res. Inst.; engl.) — 16 Zellstoffe (**A**) nach dem sauren Sulfitaufschluß u. 11 Bisulfit-**A**, alle von *Picea excelsa,* werden auf ihren Lignin (**B**)-Geh. nach der schwed. Standard CCA 5-Meth. (M.) u. nach Jayme-Knolle (J.) untersucht. Das in den Filtraten beider (gravimetr.) Meth. vorhandene säurelösl. **B** — bei **A** mit niedriger Kappazahl $>50\%$ — wird dialysiert u. UV-spektrophotometr. bestimmt. Für saure Sulfit-**A** geben M. u. J. gleiche Resultate, für Bisulfit-**A** M. etwas höhere Werte für **A** als J.; für säurelösl. **A** führt J., bes. bei Bisulfit-**A**, zu etwas höheren Zahlen. Gesamt-**B** steht nach beiden Meth. in gradliniger Beziehung zur Kappazahl, M. mit um etwas höher liegenden Werten als J. Die leichter bestimmbare Kappazahl sollte zur Charakterisierung des A-Geh. u. zur Feststellung der Bleicherfordernisse vorgezogen werden. Betrachtungen zu den optimalen Hydrolysebedingungen für Weich- u. Harthölzer. M. Hagedorn. 8008◇

Zur Untersuchung von Papieren mittels Röntgenstrahlen. 1. Mitt. Herwig Horn und Frank Lube. (Papier **17**, 106—09, 1963; Graz, TH, Forsch.-Stelle für Elektronenmikroskopie; dt.) — Mit der Meth. der *Röntgenfeinstrukturanalyse* ist es möglich, alle Arten von *Papier* auf ihre *stoffliche Zus.* zu prüfen. Diese Verff. besitzen gegenüber den chem.-analyt. nicht nur die altbekannten Vorteile physikal. Unters.-Verff., sondern liefern im vorliegenden Aufgabenbereich sogar weitergehende Informationen. Da zerstörungsfrei gearbeitet wird, kann ein u. dieselbe Probe beliebig oft analysiert werden. Der Zeitaufwand für eine Analyse beträgt routinemäßig ca. 3 Stunden. Die Probengröße liegt bei 3×3 bzw. 0,1×3 mm. F. Zeidler. 8010◇

Zellstofffabrik Waldhof (Erfinder: Ulrich Ströle und Erich Ihomich), Mannheim, **Herstellung von mit thermoplastischen Kunststoffen gefüllten Fasermaterialien** durch Ausfällen bzw. Koagulieren der in Pulverform oder als wss. Dispersion dem Stoffbrei zugesetzten Kunststoffe auf der Faser, dad. gek., daß als Fäll- bzw. Koaguliermittel in beliebiger Reihenfolge eine hochmol., in W. lösl. N-Base, wie Polyäthylenimin, u. ein hochmol., in W. lösl. Salz einer Polycarbonsäure, wie Polyacrylsäure, zugesetzt wird. (**D. A. S. 1 136 199** Kl. 55f vom 4/11. 1960, ausg. 6/9. 1962.) A. Gradl. 7979

Richard Kethur, Saarlouis, **Herstellung von aschefreiem Filterpapier,** wobei das Papier mit Säure extrahiert u. gewaschen wird, dad. gek., daß das Auswaschen mit einem Metallkationen-freien W. durchgeführt wird, das durch eine H_2- oder Kationenaustauscherbehandlung vorgereinigt worden ist. (**D. B. P. 976 275** Kl. 55f vom 2/7. 1953, ausg. 6/6. 1963. Anmeldung bekanntgemacht 11/11. 1954.) A. Gradl. 7985

Nederlandse Organisatie voor Toegepast-Natuurwetenschappelijk Onderzoek ten Behoeve van Nijverheid, Handel en Verkeer, Niederlande, *Bleichen von Cellulose.* (**F. P. 1 233 512** vom 24/4. 1957, ausg. 12/10. 1960. Niederl. Prior. 24/4. 1956. — C. **1960,** 12205 [Aust. P. 217 567].)

Aschaffenburger Zellstoffwerke Akt.-Ges., Deutschland (Erfinder: **Alfred Ogait**), *Vorbehandlung von Holz vor dem Sulfitaufschluß.* (**F. P. 1 256 711** vom 1/4. 1960, ausg. 3/7. 1961. D. Prior. 12/5. 1959. — C. **1961,** 11566 [D. A. S. 1 098 804].)

Stora Kopparbergs Bergslags Aktiebolag, Schweden, *Halbchemische Herstellung von neutralem Sulfitzellstoff.* (**F. P. 1 236 223** vom 9/9. 1959, ausg. 14/11. 1960. Schwed. Prior. 11/9. 1958 u. 18/8. 1959. — C. **1963,** 9156 [E. P. 885 605].)

Badische Anilin- & Soda-Fabrik Akt.-Ges., Deutschland (Erfinder: **Hubert Wilfinger**), *Imprägnierte Cellulosehydratfolien.* (**F. P. 1 220 226** vom 9/2. 1959, ausg. 23/5. 1960. D. Prior. 10/2. 1958. — C. **1961,** 18920 [E. P. 853 240].)

Dow Chemical Co., V.St.A. (Erfinder: **Francis Eugene Windover, Garth Harding Beaver** und **Arthur William Anderson**), *Thermoplastische Celluloseäthermasse.* (**F. P. 1 223 963** vom 12/5. 1959, ausg. 21/6. 1960. A. Prior. 13/5. 1958. — C. **1962,** 15452 [A. P. 2 965 508].)

Eastman Kodak Co., übert. von: **Gordon D. Hiatt, John W. Mench** und **John Emerson,** Rochester, N.Y., V.St.A., *Cellulosedicarbonsäureester.* (**Can. P. 555 945** vom 21/11. 1952, ausg. 15/4. 1958. A. Prior. 20/2. 1952. — C. **1955,** 10653 [E. P. 722 594].)

Arne Johan Arthur Asplund, Schweden, *Herstellung von Zellstoff aus lignocellulosehaltigem Material.* (**F. P. 1 235 833** vom 14/9. 1959, ausg. 9/11. 1960. Schwed. Prior. 16/9. 1958. — C. **1963,** 4560 [D. P. [DDR] 22 058].)

Rohm & Haas Co., Philadelphia, Pa., V.St.A. (Erfinder: **E. J. Sweeney, W. W. Toy** und **P. J. McLaughlin**), *Imprägnieren von Papier.* (**Belg. P. 573 055** vom 17/11. 1958, ausg. 21/9. 1962. A. Prior. 19/11. 1957. — C. **1962,** 8467 [F. P. 1 217 053].)

American Cyanamid Co., New York, N.Y., V.St.A., *Herstellung von wasserfestem Papier.* (**E. P. 884 805** vom 10/4. 1959, ausg. 20/12. 1961. A. Prior. 23/4. 1958. — C. **1962,** 9946 [F. P. 1 221 546].)

S. D. Warren Co., Boston, Mass. (Erfinder: **F. H. Frost,** Portland, und **P. S. Leighton,** Cumberland Mills, Maine), V.St.A., *Herstellung von hochglänzendem Streichpapier.* (**D. B. P. 976 340** Kl. 55f vom 20/1. 1952, ausg. 11/7. 1963. Anmeldung bekanntgemacht 4/8. 1955. A. Prior. 22/1. 1951. — C. **1958,** 2311 [A. P. 2 780 563].)

Agfa Akt.-Ges., Leverkusen, *Photoleitfähige Schichten für die Elektrophotographie.* (**E. P. 883 783** vom 12/11. 1957, ausg. 6/12. 1961. D. Prior. 14/11. 1956. — C. **1959,** 59451 [D. A. S. 1 046 493].)

H_{18b}. Textilfasern

Über Sinn und Aufgaben der Textil-Forschung, -Prüfung und -Entwicklung. J. Juilfs. (Schweiz. Arch. angew. Wiss. Techn. **29,** 2—8, 1963; Hannover, TH; Krefeld, Text.-Forsch.-Anstalt; dt.) — Überblick über Prüfung u. Kennzeichnung der Strukturdaten des Widerstandes von Fasern u. Geweben gegen bestimmte Beanspruchungen Veränderung der Material-Eigg. während des Gebrauchs, über die Aufgaben der Textiltechnik, -technologie, -chemie u. -physik. I. Köditz. 8022

Spezialstärken für die Textilindustrie. Albert Raway. (Textilis [Gent] **18,** Nr. 3, 54—55, 1962; Alost, Glucoseries Reunies, S. A.; franz.) — Die Stärken verschiedener Herkunft unterscheiden sich durch verschiedenen Geh. an Amylose u. Amylopektin, das Vorhanden- oder Nichtvorhandensein von bestimmten Mineralsalzen, die Form u. Größe der Stärkekörner. Moderne Verff. ermöglichen, aus Stärken beliebiger Herkunft Spezialstärken für textile Zwecke herzustellen; so bildet in den USA Maisstärke ein vorteilhaftes Ausgangsmaterial für die Herst. von Schlichten u. Appreturen. Hingewiesen wird auf die Reihe der sog. „oxydierten" Stärken, die Stärken in allen Viscositätsgraden bis zu fl. liefern, die für bestimmte Zwecke auch gemischt werden können. L. Jentgen. 8028◇

Die Herstellung von Schlichte unter Verwendung von „hydrodynamischen Pfeifen". N. Ss. Banuschkin, N. M. Jakowlew und W. W. Doschlygin. (Textil-Ind. UdSSR **22,** Nr. 11, 67—69, 1962; russ.) — Die Herst. von Schlichte mittels 2 hydrodynam. Ultraschallgeneratoren (hydrodynam. Pfeifen) *SsSh-1* hat folgende Vorzüge: Die Anfertigungszeit einer Schlichte aus Roggenmehl verkürzt sich um das 1,5—2fache im Vgl. zum chem. Verf. der Spaltung der Stärkekörner; die Verw. von chem. Spaltstoffen wird ausgeschlossen; der Aufwand an NaOH für das Quellen des Roggenmehlklebers, an Klebemitteln u. Dampf, wird verringert. P. Scheer. 8030◇

Untersuchungen über Zusammenhänge zwischen chemischer Verknüpfung und Hochveredlung. K. Matschat. (Fibre e Colori **12,** 183—87, 1962; Bad. Anilin- & Soda-Fabrik Akt.-Ges.; ital. — C. **1963,** 7582.) W. Anika. 8032◇

Die Ausrüstung von Nähgarnen. R. Drobek. (SVF Fachorg. Textilveredl. **17,** 373—74, 1962; Krefeld; dt.) — Ein Überblick über die Nähgarnausrüstung wird gegeben, die durch die Verw. neuartiger Hilfsmittel sich wirkungsvoller gestaltet als die allg. bekannte Präparation der Garne mit festen Wachsen u. Paraffinen. I. Beßer. 8032◇

Ein Beitrag zur Foulard-Applikation optischer Aufheller auf Cellulosefasern. W. Schifferle und R. Keller. (SVF Fachorg. Textilveredl. **17,** 193—96, 1962; Basel, J. R. Geigy Akt.-Ges.; dt.) — Die Abhängigkeit des Weißeffektes von den Trockenbedingungen, von der Naßverweilzeit u. von der Aufhellerdosierung bei verschiedenen Naßverweilzeiten mit u. ohne Zusatz von Dispergatoren wird untersucht. Die Verbesserung des Aufhellungseffektes ist auf eine bessere Diffusion des Aufhellers u. weitgehende Verhinderung ihrer Aggregation an der Faseroberfläche zurückzuführen. Der maximale Weißeffekt eines Aufhellers kann beim diskontinuierlichen Foulard-Verf. höher liegen als beim Ausziehverfahren. I. Beßer. 8032◇

Untersuchungen über die Struktur von Vliesstoffen. H. Jörder und C. L. Nottebohm. (Melliand Textilber. **42,** 444—49, 1961; dt.) — Unter Vliesstoffen werden nur die durch Verschweißen oder Verkleben verfestigten Faservliese verstanden. Bei nur punktförmiger Verbindung an den Berührungsstellen der Fasern entstehen relativ starre Vliese. Elast. Vliese werden durch Zusatz eines Bindemittels erhalten, wobei sich Lamellen zwischen den Fasern ausbilden. Durch Einbettung wasserlösl. Stoffe in das Bindemittel u. nachträgliches Herauslösen dieser Stoffe werden sehr saugfähige Vliese erhalten. Als Voraussetzungen für die Bldg. einer ausgeprägten Lamellenstruktur werden angegeben: 1. Verw. einer Dispersion eines filmbildenden Bindemittels (z. B. Kautschuk, Polyacrylester); 2. Eine Bindemittel-Konz. von $\geqq 5\%$; 3. Ausreichende Benetzung der Fasern durch Zusatz von Mitteln zur Erniedrigung der Oberflächenspannung; 4. Wenn nötig, Zugabe von Stoffen, die die Viscosität erhöhen. E. Schaaf. 8040◇

Zehn Jahre Ski-Elastic, eine Übersicht über Herstellung und Veredlung. F. Dolder, E. Hartmann und W. Staub. (SVF Fachorg. Textilveredl. **17,** 172—77, 1962; Basel, Sandoz Akt.-Ges.; dt.) — Die Herst. u. Naßappretur, das Färben, Maschinentypen zum Färben u. die Fertigstellung der Ski-Elastic-Gewebe wird ausführlich besprochen. I. Beßer. 8040◇

Über Änderungen in der Gewichtsverteilungsfunktion künstlicher Fasern, verursacht durch zufälligen Faserbruch. W. J. Byatt. (Textile Res. J. **31,** 171—74, 1961; Albuquerque, N. Mex., Sandia Corp.; engl.) — Mathemat. Behandlung des Problems des zufälligen Faserbruches u. dessen Zeitabhängigkeit, z. B. beim Entkörnen von Baumwolle. Die Ergebnisse werden diskutiert. H. G. Fröhlich. 8044◇

Untersuchungen über das Vergrauen der Baumwollfaser. O. Oldenroth. (Fette, Seifen, Anstrichmittel **61,** 559, 1959; Krefeld; dt.) — Diskussion zu der Arbeit von Szmidtgal (C. **1960,** 14905). W. Wesly. 8044◇

Ausrüsten von Baumwollgeweben. Picozzi Luigi. (Chimica [Milano] **37,** 67—71, 1961; ital.) — In einem kurzen Überblick wird über die *Avivierung* von *Baumwollgeweben* — Verbesserung der Knittererholung (K), der Geschmeidigkeit (G) u. der Wasserimprägnierung (WI) — berichtet. Dabei werden die industriell angewendeten

Verff. (herkömmliche u. neue), ihre Arbeitsweise, Anwendungsbereiche u. -möglichkeiten in Abhängigkeit vom Gewebe im Hinblick auf den gewünschten Effekt behandelt. Angabe der Versätze der Behandlungsflotten zur Verbesserung der K, G u. WI werden gemacht. Die Bedeutung der Anwendung von Thermoplasten bei der Zurichtung im Hinblick auf vielfältigere z. T. neuartige Effekte u. Eigg. bei vereinfachter Arbeitsweise wird hervorgehoben. W. Anika. 8044◇

Fixierung der Bauschigkeit in Baumwollgeweben: Ein vorläufiger Bericht. John F. Krasny, Edward C. Oliva und Nelson F. Getchell. (Amer. Dyestuff Reporter **52,** 233—34, 1963; Washington, D. C., Harris Res. Labor.; Nat. Cotton Council of America; engl.) — Beim Behandeln von *Flanell* u. ähnlichen Geweben mit quervernetzenden Harzen geht die *Bauschigkeit* (B.) etwas zurück. Beim Waschen von unbehandeltem Gewebe tritt ein starker, bei dem von behandeltem Gewebe kein weiterer Rückgang der B. ein. Die B. wird also durch eine *Wash-and-wear-Ausrüstung* fixiert.
G.-D. Gollnisch. 8044◇

Orientierte Schichten von Cellulosefasern für Deuterierungs- und Infrarotdichroismus-Untersuchungen. R. J. E. Cumberbirch und H. Spedding. (J. appl. Chem. **12,** 83—85, 1962; Didsbury, Manchester; Shirley Inst.; engl.) — Messungen des IR-Dichroismus eines (deuterierten) Fasermusters setzen voraus, daß es genügend dünn u. möglichst unbeschädigt ist u. die Orientierung einer Einzelfaser aufweist. Die Herst. eines geeigneten Fasermusters aus Fortisangarn durch Verpressen eines unter Zug auf einer Platte aufgewickelten u. gekämmten Fadenpakets mit 50000 lbs. wird beschrieben. Aufnahmen mit unpolarisiertem IR-Licht von 2150—3650 cm^{-1}, unter Deuterieren in situ werden angefertigt. Die Ausdehnung der Meth. auf Baumwolle wird besprochen.
M. Hagedorn. 8044◇

Beobachtungen über die chemische Natur von β- und γ-Cellulose von Jute. A. B. Sen Gupta, A. Roy und W. G. Macmillan. (J. sci. ind. Res. [New Delhi], Sect. B **19,** 514—16, 1960; Calcutta, Indian Jute Mills Assoc.; engl.) — Zur Darst. von β- (**A**) u. *γ-Cellulose* (**B**) wird zunächst aus der Jutefaser *Holocellulose* (**C**) durch doppelte Behandlung mit $NaClO_2$-Lsg. isoliert. Hierauf wird aus **C** durch $^3/_4$std. Behandlung bei 20° mit 17,5%ig. NaOH **A** u. **C** extrahiert. Aus dem Filtrat wird **A** durch Ansäuern von CH_3COOH bis pH 4,4 ausgefällt u. mit heißem W. bis zur Säurefreiheit gewaschen. Zur Reinigung wird in 4%ig. Alkali-Lsg. gelöst u. durch Säure wieder ausgefällt. Nach Waschen mit A. u. Ae. wird die Substanz über P_2O_5 im Vakuum getrocknet. Zur Isolierung von **B** wird die Lsg. nach Abscheidung der **A**-Fraktion in einem Cellophanbeutel dialysiert, bei 50° auf 1 Liter eingedampft, **B** durch ein gleiches Vol. A. ausgefällt u. nach Waschen über P_2O_5 eingetrocknet. **B** ist weiß, **A** hellbraun. Die Ausbeuten an **A** bzw. **B** betragen (bezogen auf **C**) 4,63 bzw. 13,40%. **A** enthielt 1,80 (%) CH_3O (**D**), 59,46 Xylan (**E**), 9,96 Uronsäureanhydrid (**F**), **B** 3,0 **D**, 75,18 **E** u. 16,64 **F**. Papierchromatograph. wird festgestellt, daß **A** relativ große Mengen *Galaktose* (**G**), *Glucose* (**H**) u. *Mannose*, **B** geringere Mengen **G** u. **H** enthält. Der Polymerisationsgrad von **A** beträgt 114, der von **B** 56.
C. Gottfried. 8052△

Einige physikalische Eigenschaften der Sisalfaser. A. C. Chakravarty und H. C. Ghosh. (J. sci. ind. Res. [New Delhi], Sect. D **21,** 59—61, Calcutta, Indian Central Jute Comm., Technol., Res. Labor.; engl.) — Die kristalline Orientierung, die mechan. u. Sorptions-Eigg. der Sisalfaser (*Agave sisalana*) werden untersucht. Die Faser hat eine niedrige Orientierung, besitzt aber hohe Bruchfestigkeit u. gute Bruchdehnung. Beim Befeuchten nimmt der Elastizitätsmodul erheblich ab; Bruchfestigkeit u. -dehnung werden nicht beeinflußt. Die Feuchtigkeitsaufnahme ist ungefähr die gleiche wie bei anderen pflanzlichen Fasern ähnlicher Zusammensetzung. Die Feuchtigkeitsaufnahme geht im Anfangsstadium sehr schnell vor sich. L. Jentgen. 8054◇

Die Herstellung von Emulsionen für die Verarbeitung von Wollgemischen mit Hilfe eines hydrodynamischen Vibrators. Ss. D. Lein. (Textil-Ind. UdSSR **22,** Nr. 11, 64—67, 1962; russ.) — Bei Verw. eines hydrodynam. Vibrators erhält man ohne Anwärmung in kurzer Frist (5—10 Min.) eine homogene stabile Emulsion u. erzielt ein gleichmäßiges Anfeuchten der Rohstoffmischungen. Infolge Erhöhung der Dispersität der Emulsion u. einer gleichmäßigeren Verteilung derselben in der Fasermasse, erhöht sich die Egalität, Festigkeit u. Streckung des daraus hergestellten Garnes u. verringert sich das Reißen beim Spinnen u. Weben. P. Scheer. 8060◇

Eine Untersuchung der Infrarotspektren von Wollfasern mit Hilfe der KBr-Scheiben-Technik. A. Strasheim und K. Buijs. (Spectrochim. Acta [London] **16,** 1010—15, 1960; Pretoria, Union of South Africa, Nat. Phys. Res. Labor.; engl.) —

Das Verh. bestimmter Banden in den *IR-Spektren* von *Wollfasern* bei der Behandlung mit verd. Mineralsäuren u. CH_3COOH untersucht. Zur Probenvorbereitung (für die *KBr-Scheibchentechnik*) werden die Fasern in einem Stahlkugelmörser in CCl_4 (in einer geschlossenen Kapsel) pulverisiert. W. Betcke. 8060◇

Relaxations-Schrumpfung von Streich- und Kammgarngeweben. — Prüfmethoden. K. Baird. (Textile J. Australia **37,** 250—52, 1962; Ryde, NSW, Australia, Div. of Text. Phys., Wool Res. Labor.; engl.) — 2 Labor.-Meth. werden beschrieben, die sich zur Best. der Relaxationsschrumpfung in der Industrie eignen. Meth. I arbeitet mit dem Eintauchen des Prüfguts in W., Meth. II mit der Hoffman-Dampfpresse. Für die Prüfung in konditionierten u. nichtkonditionierten Räumen werden getrennte Bedingungen angegeben. Wenn die gesamte Relaxation für die ganze Lebensdauer des Gewebes getestet werden soll, können beide Meth. kombiniert werden.
L. Jentgen. 8060◇

Fabrikation der Nähgarne aus Naturseide (Nähseiden) und deren Behandlung in der Färberei. A. Vaterlaus. (SVF Fachorg. Textilveredl. **17.** 341—48, 1962; dt.) — Wallisellen ZH; dt.) — Ausführungen über den Grege-Faden werden gemacht. Das Zwirnen, Rüsten, Abkochen, Bleichen, Färben, die Avivage, das Trocknen u. die Nachappretur der Nähseide wird beschrieben. Der 3fache Schappe-Nähfaden, das Abkochen, Bleichen u. Färben wird besprochen. I. Beßer. 8068◇

Einige Eigenschaften der Cellulose für hochwiderstandsfähiges Reyon. Germano Centola. (Ind. Carta **15,** 313—20, 1961; Milano, Centro di Studio per l'Ind. Tessile del Consiglio Naz. del Ric., Stazione Sperim. per la Cellulosa, la Casta e le Fibre Tossille Vegetalicol. Artificiali; ital. — C. **1963,** 16030; vgl. C. **1963,** 9922.)
R. K. Müller. 8074◇

Die Wirkung verschiedener Spinnprozesse auf die Feinstruktur von Stapelfasern aus Viscosereyon (Kettenlängenverteilung aus Bruchstücken oxydierender Hydrolyse). Taketoshi Kōshiro und Toshikazu Fujimura. (Bull. chem. Soc. Japan **34,** 476—80, 1961; Yatsushiro-shi, Kumamato-ken, Kokoku Rayon and Pulp Co., Ltd. Yatsushiro Labor.; engl.) — Einer oxydierenden Hydrolyse in sd. 4n H_2SO_4, die gleichzeitig 0,3n an $K_2Cr_2O_7$ ist, werden Stapelfasern folgender Reyontypen unterworfen: Normalfaser, in Müller-Bad gesponnen, hochfeste Faser aus Müller-Bad, Reifencord, Torameme-Type, Lilienfeldt-Type u. 2 alkal. nachbehandelte Faserarten. Die Abbau-Prodd. werden nitriert u. zur Best. der Kettenlängenverteilung fraktioniert. Die Kettenlängen werden als Maß für die Kristallitlängen angesehen. Die Kristallitlängenverteilung ergibt danach bei allen untersuchten Fasern ein fast gleiches Bild, ausgenommen die alkal. behandelten. Bei diesen verschiebt sich das Häufigkeitsmaximum nach höheren Kristallitlängen; darüber hinaus zeigen sich häufig 2 Maxima in der Häufigkeitsverteilungskurve.
H. Steffens. 8074◇

Röntgenuntersuchungen über die Reaktion zwischen Polyvinylalkohol und Borax. Noboru Okada und Ichiro Sakurada. (Chem. high Polymers [Tokyo] **15,** 497—502, 1958; Kosobe bei Osaka, Kyoto Univ., Inst. for Chem. Res.; jap., Auszug: engl.) — Die Rk. von wss. Lsgg. von Polyvinylalkohol (**I**) u. Borax (**II**) führt zu einer Gelbildung. Beim Eintauchen von **I**-Filmen in **II**-Lsg. steigt die Quellung mit steigender **II**-Konz.; in 10%ig. **II**-Lsg. löst sich der Film auf. Der gequollene Film läßt sich auf das mehrfache der ursprünglichen Länge dehnen. Nach Trocknung des gedehnten Films ergibt sich ein neues Faserdiagramm einer **I**–**II**-Komplexverbindung. Abstände u. Intensitäten der Hauptinterferenzen werden angegeben. Daraus ergeben sich für die rhomb. Zelle nachst. Abmessungen: a = 17,6 Å, b = 7,43 Å, c = 10,0 Å. W. Wesly. 8080◇

Röntgenuntersuchungen über die Reaktion zwischen Polyvinylalkohol und Borsäure. Noboru Okada und Ichoro Sakurada. (Chem. high Polymers [Tokyo] **15,** 491—96, 1958; Kosobe bei Osaka; Kyoto Univ., Inst. for Chem. Res.; jap., Auszug: engl.) — Röntgen-Unterss. über die Rk. zwischen wss. Lsgg. von Polyvinylalkohol (**I**) u. Borsäure (**II**) zeigen, daß **I** bei Konzz. von $>$3 g/100 ml **II** nicht mehr lösl. ist. Der entstehende Nd. zeigt auch nach Trocknung oder Wärmebehandlung nicht das krist. **I**-Diagramm, sondern ist amorph. Wärmebehandelte **I**-Filme oder -Fasern zeigen nach dem Eintauchen in Lsgg. von $>$7,5 g **I**/100 ml **II** keine krist. Interferenzen mehr, sondern amorphe Eigenschaften. Die Ergebnisse werden erörtert. W. Wesly. 8080◇

Spandex-Faserstoffe. H. Stern und F. Lüscher. (SVF Fachorg. Textilveredl. **17,** 790—96, 1962; Basel, CIBA Akt.-Ges.; dt.) — Über die gummiähnlichen Faserstoffe, die unter dem Sammelbegriff „Spandex-Fasern" zusammengefaßt werden, wird berichtet. Lycra u. Vyrene, die ohne oder mit Baumwoll-, Viscosekunstseide- oder Nylon-

Umspinnung geliefert werden, bestehen aus langkettigen, hochelast. Faden-Moll. mit einem Polyurethan-Geh. von mindestens 85%. Die chem. u. physikal. Eigg. werden besprochen. Spandex-Fasern können überall dort eingesetzt werden, wo bis jetzt Gummifäden verwendet worden sind. Die Vorreinigung u. Färbeverff. für Cibalanfarbstoffe u. für Chromechtfarbstoffe von Lycra werden beschrieben. Die Vorreinigung der Vyrene-Fasern u. das Färbeverf. für Cibalanfarbstoffe werden besprochen. I. Beßer. 8080◇

Messung und Kontrolle der Feuchtigkeit in Textilien. 1. Mitt. A. Pande. (Textile Recorder **81**, Nr. 963, 70, 71, 76, 78, 1963; Delhi, India, Shri Ram Inst. for Ind. Res.; engl.) — Die bisher bekannten chem., physikal.-chem. u. physikal. Meth. zur *Feuchtigkeits-Best.* werden beschrieben u. die Einfl. der verschiedenen Arbeitsgänge auf den *Feuchtigkeits-Geh.* erörtert. G.-D. Gollnisch. 8100◇

Die Bestimmung der Menge an verschiedenen Fasern in Gemischen. Ju. A. Woitelew und N. D. Katorshnow. (Textil-Ind. UdSSR **22**, Nr. 11, 72—77, 1962; Unions-Forsch.-Inst. für Chemiefaser; russ.) — Beschreibung von verschiedenen Verff. für die qual. u. quant. Best. von Capron-, Anid-, Lawsan-, Vinyon-, Dynel-, Sovigen-, Nitron-, Acrilan-, Darlan-, Vicara-, sowie Baumwoll-, Woll-, Seide-, Viscoseseide-, Acetatseide-, Triacetylcellulosefasern in mehrkomponentigen Mischungen nach ihrer Löslichkeit in NaOH-, HCl-, H_2SO_4-, HCOOH-, CH_3COOH-, $ZnCl_2$-, NH_4SCN-, KSCN-, NaOCl-, Aceton-, Dioxan-, Chlf.-, Dimethylformamid-, Chlorbenzol u. m-Kresollösungen. P. Scheer. 8100◇

Röntgenographie an Textilfasern. Paolo Carboni. (Fibre e Colori **12**, 75—83, 1962; ital.) — Über die Einsatzmöglichkeiten der Röntgenanalyse zur Unters. der Faserfeinstruktur in der Textilindustrie wird berichtet. Kurze, grundlegende Beschreibung einer entsprechenden Röntgen-App., Erläuterung des Funktionsprinzips (Braggsche Gleichung) u. der verschiedenen Analysen-Meth. (Laue-Debeye-Scherrer-Diagramme, De Broglie-Meth.). An Hand schemat. Darst. werden ideale u. normale Faserdiagramme beschrieben u. erklärt sowie Mitt. übef ihre Bldg. u. Auswertung gemacht. Ergänzend werden die Struktur-Konst. (a, b, c u. α) für *Cellulose*, *Nylon*, *Vinyon*, *Polyäthylen*, *Terital* u. *Saran* mitgeteilt. W. Anika. 8100◇

Torsionsermüdung von Fasern. A. K. Van der Vegt. (Rheol. Acta (Ergänzungsh. z. Kolloid-Z.] **2**, 17—22, 1962; Delft, Niederlande, Central Labor. T.N.O.; engl.) — Ein Gerät zur Vielfachmessung der Torsionsdeformationen von Fasern wird beschrieben. G. D. Gollnisch. 8100◇

Monsanto Chemicals Ltd., London, England, **Herstellung eines Kieselsäureorganosols.** Mindestens 15% SiO_2 enthaltendes Kieselsäureaquasol wird mit einer mit ihm nicht mischbaren organ. Fl. (**I**), welche eine geringere Flüchtigkeit als W. besitzt, unter Zusatz von Emulgatoren (**II**) emulgiert u. unter vermindertem Druck zwischen 30 u. 75° aus der Emulsion das W. verdampft. Für **I** sind genannt: Erdnuß-, Ricinus-, Oliven-, Walrat- oder Mineralöl, Lein-, Stand-, Tung- oder Sojabohnenöl. Weiter kommen für **I** organ. Lsgm., wie Petroleum, Solventnaphtha, Toluol oder Xylol in Betracht. Für **II** sind genannt: Kondens.-Prodd. von Äthylenoxid mit einer Carbonsäure (Laurin-, Stearin-, Öl-, Palmitinsäure), mit einem Alkohol (Cetyl-, Laurylalkohol), einem Phenol (Butyl- oder Octylphenol), einem Amin oder Mercaptan, Mono- oder Diester des Polyäthylenglykols (Laurin-, Stearin-, Öl- u. Palmitinsäure), wobei das Polyäthylenglykol ein Molgew. von 150—900 (mit 3—20 Äthylenoxidgruppen) aufweist, ferner Kondensate von Sorbitan mit Fettsäuren oder Lanolin (Cholesterylpalmitat, Oleat u. Stearat). — Anwendung in der *Textilverarbeitung*. (**Oe. P. 220 596** vom 17/6. 1960, ausg. 10/4. 1962. E. Prior. 23/6. 1959.) W. Wittholz. 8029

Badische Anilin- & Soda-Fabrik Akt.-Ges., Ludwigshafen/Rh. (Erfinder: Conrad Schöller, Mannheim), **Mikrocide Textilausrüstung.** Man imprägniert das Gut mit substituierten Phenolen u. (ggf. nach Zwischentrocknung) mit kondensierbaren polyfunktionellen Verbb., worauf diese in Ggw. von Katalysatoren therm. gehärtet werden. Bei alkaliempfindlicher Faser wendet man Aminsalze der substituierten Phenole an. — Mit in 1000 (Teile) W. gelösten 10 *2.4.5-Trichlorphenol* u. 25 Triäthanolamin bei Flottenlänge 1:20 über 15 Min. imprägnierte Wolle wird bei 90° getrocknet u. nachbehandelt mit einer Lsg., die in 1000 W. 80 *Tetramethylolacetylenharnstoff* u. 4 NH_4NO_3 enthält. Anschließend wird getrocknet u. 10 Min. bei 140° kondensiert. 49 Tage in feuchte Gartenerde eingegraben zeigt die Wolle keine Schädigung. (**D. A. S. 1 149 326** Kl. 8k vom 10/2. 1953, ausg. 30/5. 1963.) H. Möllering. 8033

American Cyanamid Co., New York, N.Y., übert. von: Bennett G. Buell und Ruth A. Greenwood, Somerville, N.J., V.St.A., **N.N'-Bis-[cyanäthyl]-styrol-bis-[benzimidazol]-verbindungen** der allg. Formel **I** (R_1 u. R_2 = H, niedrig-

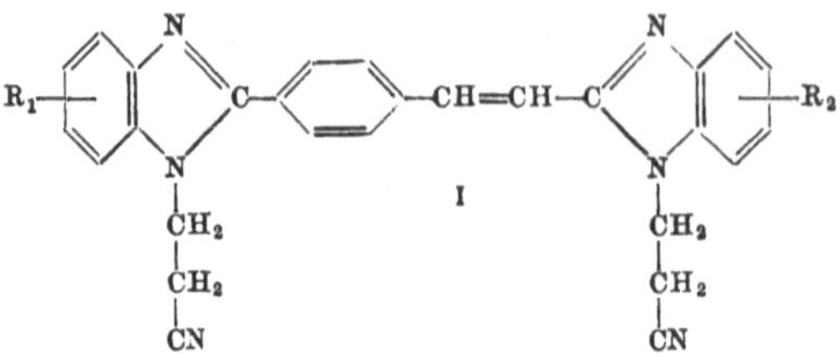

mol. Alkylrest, Cl oder Br) erhält man durch Kondens. von p-Carboxyzimtsäure (II) mit 2-[2-Cyanäthylamino]-anilin unter Ringschluß, bes. aber in 2 Stufen durch Kondens. von **II** mit einer o-Phenylendiamin-Verb. u. Kondens. der erhaltenen Styrol-bis-[benzimidazol]-Verb. mit Acrylnitril oder einer entsprechenden Chlor-Verb., wie β-Chlorpropionitril. — Man erhitzt z. B. ein Gemisch aus 1,92 (Teilen) **II** (hergestellt aus Terephthalaldehydsäureäthylester u. Malonsäure durch Decarboxylierung oder aus diazotierter p-Aminobenzoesäure u. Maleinsäure durch spontane Decarboxylierung), 12 o-Phenylendiamin u. 0,1 H_3BO_3 kurz auf 200—205° u. dann auf 240° → α.p-Styrylen-bis-[benzimidazol] (**III**); aus 15,7 **III**, 200 (Vol.-Teilen) Acrylnitril in Ggw. von 20 Tetramethylguanidin (Katalysator) durch Erhitzen → **I**, R_1 u. $R_2 = H$. — Durch Verw. folgender 1.2-Phenylendiamine: *4-Methyl-*, *3-Methyl-*, *4-Äthyl-*, *4-Propyl-*, *3-Chlor-*, *4-Chlor-* oder *4-Brom-* erhält man substituierte Prodd. nach Formel **I**. — Mengenbeispiel für die *opt. Aufhellung* von Baumwollgewebe mit **I**, R_1 u. R_2 = H, ohne nachträgliche Vergilbung bei Einw. von (Essigsäure-) Dämpfen. (**A. P. 2 992 218** vom 6/5. 1960, ausg. 11/7. 1961.) G. Vogel. 8033

Chemstrand Corp. (Erfinder: Julian Jehndak Hirshfeld und Lloyd Theodore Jenkins), Decatur, Ala., V.St.A., **Herstellung färbbarer Polymerisate** von Vinylgruppen enthaltenden Monomeren, dad. gek., daß man ein oder mehrere Vinylmonomere oder deren Mischung mit einem anderen monoolefin., damit mischpolymerisierbaren Monomeren in Ggw. einer Naphthol-Verb. (I), die mit diazotierten Basen zu Azofarbstoffen kuppelt, polymerisiert. In den Mengenbeispielen werden Acrylnitril (u. Vinylacetat), Methylmethacrylat u. Vinylidenchlorid sowie als **I** das Anilid, β-Naphthalid u. o-Toluidid der 2.3-Hydroxynaphthoesäure eingesetzt. Die Polymerisation erfolgt in Ggw. von $K_2S_2O_8$–SO_2–Fe-Katalysator-Syst. oder Azo-bis-isobutyronitril bei 50—62°. Die Endprodd. ergeben gleichmäßig durchgefärbte *Fasern* mit guter Lichtbeständigkeit. (**D. A. S. 1 104 181** Kl. 39c vom 9/9. 1959, ausg. 6/4. 1961. A. Prior. 10/9. 1958.) H. Schindler. 8081

California Research Corp., San Francisco (Erfinder: Funston G. Lum, Richmond), Calif., V.St.A., **Polyamide aus m-Xylylendiamin und aliphatischen Dicarbonsäuren** werden durch Vorkondens. einer wss. Salzaufschlämmung eines m-Xylylendiaminsalzes einer aliphat. Dicarbonsäure unter konst. Wasserdampfdruck bei >200° u. anschließendes Erhitzen des Vorkondensates bei oberhalb des F. des Polyamides bei Normaldruck oder Unterdruck hergestellt, bes. bei einem konst. Wasserdampfdruck zwischen 2,8 u. 10,5 atü u. 210—235°. Der Druck bei der Herst. des Niederpolymeren beträgt bevorzugt 4,2—7 atü. — 3640 (g) eines Salzgemisches aus m-Xylylendiamin u. Adipinsäure, das 12,7 Adipinsäure u. 1500 W. enthielt, wurde in einem Autoklaven erhitzt bis 1000 W. abdest. waren, dann der Autoklav geschlossen auf 126—137° bei 0,35—2,1 atü weiter erhitzt. Nach einer Std. wird auf 176° u. 4,55 atü gesteigert, dann auf 215°. Dann wird der Druck entspannt u. unter Normaldruck erhitzt auf 271°. Ausbeute 2230 g. Herst. von *Fasern*. (**D. A. S. 1 141 451** Kl. 39c vom 15/3. 1958, ausg. 20/12. 1962. A. Prior. 18/3. 1957.) A. Dandl. 8081

United States Borax & Chemical Corp., Los Angeles (Erfinder: **Stephen Emmanuel Stephanou**, Santa Ana, **Lawrence Laverne Schwaley**, Whittier, und **Sam Hyung Lee**, Anaheim), Calif., V.St.A., *Haltbares, festes Bleichmittel und Verfahren zu dessen Herstellung*. (**Schwz. P. 362 395** vom 16/1. 1959, ausg. 31/7. 1962. A. Prior. 17/1. u. 24/4. 1958. — C. **1962,** 9205 [E. P. 863 288].)

Heberlein & Co. Akt.-Ges. (Erfinder: **Fritz Münzel**), Wattwil, Schweiz, *Modifizieren von Textilien, Filmen, Papier oder Leder durch Aufpfropfen organischer Perfluorverbindungen*. (**D. A. S. 1 151 485** Kl. 8k vom 10/2. 1960, ausg. 18/7. 1963. Schwz. Prior. 18/6. 1959. — C. **1962,** 15084 [Oe. P. 216 467].)

Johanna Zakarias und **Laszlo Zakarias**, Bristol, England, *Bleichen, Reinigen und Desinfizieren von Textilien*. (**D. A. S. 1 151 628** Kl. 23e vom 19/4. 1955, ausg. 18/7. 1963. E. Prior. 21/4. 1954 u. 12/4. 1955. — C. **1960,** 14561 [E. P. 812 627].)

General Aniline & Film Corp., New York (Erfinder: **William G. Huey, Nassau**), N.Y., V.St.A., *Herstellung von 7-Dialkylamino-4-methylcumarinen*. (**D. A. S. 1 151 259** Kl. 12q vom 13/6. 1953, ausg. 11/7. 1963. A. Prior. 18/6. 1952. — C. **1956,** 4597 [E. P. 735 395].)

Farbenfabriken Bayer Akt.-Ges., Leverkusen (Erfinder: **Heinrich Gold, Köln**, und **Otto Bayer**, Leverkusen), *Herstellung von Stilbentriazolen*. (**Schwz. P. 361 809** vom 13/6. 1956, ausg. 30/6. 1962. D. Prior. 15/6. 1955. — C. **1959,** 5002 [F. P. 1 153 364].)

American Cyanamid Co., New York, N.Y. (Erfinder: **Sewell Trezevant Moore**, Stamford, Conn.), V.St.A., *Celluloseregenerat-Folien*. (**D. A. S. 1 150 198** Kl. 39b vom 27/1. 1959, ausg. 12/6. 1963. A. Prior. 27/1. 1958. — C. **1963,** 7988 [F. P. 1 221 901 u. Jap. A. S. 17 597/1960].)

Comp. Française Thomson-Houston, Seine, Frankreich (Erfinder: **Alexander Andrew Miller**), *Herstellung vernetzter Cellulosederivate.* (**F. P. 1 212 741** vom 12/5. 1958, ausg. 25/3. 1960. A. Prior. 15/5. 1957. — C. **1960,** 10805 [A. P. 2 895 891].)

E. I. du Pont de Nemours & Co., V.St.A. (Erfinder: **Arthur Ferreira Cacella** und **Helen Lyng White**), *Celluloseacetatmasse.* (**F. P. 1 226 806** vom 20/5. 1959, ausg. 16/8. 1960. A. Prior. 23/5. 1958. — C. **1962,** 15818 [E. P. 857 390].)

Montecatini Soc. Gen. per l'Industria Mineraria e Chimica, Mailand, Italien, *Antistatischmachen von Natur- und Kunstfasern.* (**It. P. 560 718** vom 29/3. 1956. — C. **1959,** 17568 [F. P. 1 173 346].)

Dow Chemical Co., V.St.A. (Erfinder: **Louis Charles Rubens**), *Pfropfpolymerisation.* (**F. P. 1 222 101** vom 6/4. 1959, ausg. 8/6. 1960. A. Prior. 7/4. 1958. — C. **1963,** 5278 [E. P. 855 720].)

E. I. du Pont de Nemours & Co. (Erfinder: **Tod Wildy Campbell**), Wilmington, Del., V.St.A., *Molekular orientierte Gebilde aus isotaktischen Kohlenwasserstoffmischpolymeren und Verfahren zur Herstellung derselben.* (**D. A. S. 1 149 490** Kl. 29b vom 28/11. 1957, ausg. 30/5. 1963. A. Prior. 30/11. 1956. — C. **1962,** 18326 [E. P. 849 090].)

Dow Chemical Co., V.St.A. (Erfinder: **Thomas Cecil Spence** und **Stanley Allen Murdock**), *Behandlung von Polyacrylnitrilfasern.* (**F. P. 1 230 522** vom 16/3. 1959, ausg. 16/9. 1960. A. Prior. 16/4. 1958. — C. **1961,** 16705 [A. P. 2 935 426].)

E. I. du Pont de Nemours & Co., V.St.A. (Erfinder: **John Manuel Christen, Daniel Gintis** und **Robert James Kirkpatrick**), *Herstellung von Polyesterfasern.* (**F. P. 1 220 933** vom 7/1. 1959, ausg. 30/5. 1960. A. Prior. 8/1. 1958. — C. **1963,** 8388 [E. P. 868 497].)

E. I. du Pont de Nemours & Co., V.St.A. (Erfinder: **Roberta Jean Schilit**), *Herstellung elastischer Polyesterfasern.* (**F. P. 1 224 858** vom 9/1. 1959, ausg. 28/6. 1960. A. Prior. 9/1. 1958. — C. **1963,** 3836 [E. P. 870 292].)

Chemstrand Corp., V.St.A. (Erfinder: **William Allan Hooper Huffman**), *Hochmolekulare modifizierte Polyester.* (**F. P. 1 212 836** vom 5/9. 1958, ausg. 25/3. 1960. A. Prior. 6/9. 1957. — C. **1963,** 9536 [E. P. 869 956].)

L. O. F. Glass Fibers Co., Toledo (Erfinder: **Dominick Labino,** Maumee), Ohio, V.St.A., *Herstellung von nichttextilen Fasern.* (**Schwz. P. 360 772** vom 7/2. 1957, ausg. 30/4. 1962. — C. **1960,** 11517 [Oe. P. 205 043].)

H_{19}. Brennstoffe. Erdöl. Mineralöle

Gravitationsanreicherung von Kohlen in Aerosuspensionen. A. S. Jurowski und W. I. Korschunow. (Koks u. Chem. [UdSSR] **1962,** Nr. 4, 13—17; Inst. für fossile Brennstoffe der Akad. der Wiss. der UdSSR; russ.) — Eine Unters. physikal. Eigg. von Aerosuspensionen (AS) als trockene schwere Medien zur Gravitationsanreicherung von Kohlen zeigte die Analogie der Eigg. von AS u. Hydrosuspensionen. Ausgehend von diesen Ergebnissen wird eine Meth. zur Anreicherung von Kohlen in AS unter Verw. von zerkleinerten Schwermineralien (Magnetit, Barit, Hämatit) u. Leichtmineralien (Sand, Gangart, Schlacke) sowie die Anreicherung von Kohlen aus dem Petschora-, Donez- u. Karagandabecken auf einem kontinuierlich arbeitenden AS-Separator beschrieben. W. Füner. 8126◇

Das vorgeschlagene Strukturmodell der Kohle und die neuere Messung der Wasserstoffverteilung. B. K. Mazumdar. (Fuel **42,** 263—64, 1963; Jealgora, Bihar, India, Central Fuel Res. Inst.; engl.) — Das von Ladner u. Stacey (C. **1962,** 5155) angegebene Verhältnis $(H_{CH} + H_{CH_2})/H_{CH_3}$ entspricht sehr gut dem von Vf. u. Mitarbeitern (C. **1962,** 14001) aufgestellten Strukturformeln für Kohlen verschiedenen Alters. F. Rosendahl. 8126△

Untersuchung des Erhitzungsprozesses von Kohlen durch elektrischen Strom. Je. W. Mirojedowa. (Nachr. Akad. Wiss. UdSSR, Abt. techn. Wiss., Metallurg. Brennstoffe **1959,** 248—50; Moskau; russ.) — In einer Retorte wurden an Langflammkohle von Lissitschansk die Abhängigkeit der Ausbeute u. der Zus. der Zers.-Prodd. von der spezif. Leistung (12,5; 25; 50 u. 100 W/cm) u. der Stromverbrauch untersucht. Die Erhöhung der spezif. Leistung bewirkt eine höhere Temp. in der Retorte, einen Anstieg der Geschw. des Zers.-Prozesses sowie eine Erhöhung des Zers.-Grades des Dampf–Gas-Gemisches. Die Zus. der Zers.-Prodd. wird vorwiegend von der Temp. des Zers.-Prozesses bestimmt, weniger von der Kontaktzeit der Prodd. mit dem glühenden Koks. Durch Variation der spezif. Leistung kann der gewünschte Zers.-Grad des Dampf–Gas-Gemisches eingestellt werden. W. v. Füner. 8126◇

Über die Bestimmung von Sauerstoff enthaltenden funktionellen Gruppen, die in Steinkohlen vorhanden sind. Ss. Ssarkar. (Chem. Technol. Brennstoffe Öle [UdSSR] **5,** Nr. 12, 31—36, 1960; Charkow, Polytechn. Lenin-Inst.; russ.) — Untersucht wird Donbaßsteinkohle mit Vitrinitmikrokomponenten, Steinkohle mit einem hohen Sporen-Geh., Sapropel u. langflämmige Kohle. Die akt. Form von O ist in den Carboxyl-, Carbonyl- u. Hydroxylgruppen der organ. Stoffe, die inakt. in den Äther- sowie heterocycl. Verbb. enthalten. Der Geh. an funktionellen Gruppen verringert sich mit dem Grad der Metamorphose. Um die chem. Rkk. im Anfangsstadium der Verkokung zu verfolgen, wird eine therm. Behandlung der Vitrinitproben bei 365—465° während 15—120 Min. vorgenommen. Die verschiedenen Kohlentypen verhalten sich unterschiedlich bzgl. der

Veränderung des Geh. an O sowie der COOH- u. OH-Gruppen, was mit der Abspaltung der OH-Gruppe einerseits u. der Zerstörung der C—C- u. C—O—C-Bindungen andererseits erklärt wird. Ferner wird der Geh. funktioneller O-haltiger Gruppen in Steinkohle nach Behandlung mit H_2 u. O_2 zwecks Unters. der Einfl. leichter Hydrierung u. Oxydation auf die Veränderung der Kohle-Eig. bestimmt. Die Hydrierung bewirkt evtl. völlige Entfernung der funktionellen Gruppen, während die Oxydation umgekehrt eine Steigerung des Geh. der Gruppen hervorruft. J. Lehmberg. 8126△

Untersuchung der Abhängigkeit zwischen der Zusammensetzung des Mineralanteils und dem Germaniumgehalt der Kohlen. K. P. Medwedew, N. P. Chudokormowa, L. M. Akimowa, Ss. Je. Ssenitschenko und A. D. Kotowa. (Koks u. Chem. [UdSSR] **1963,** Nr. 1, 9—12; russ.) — Wenig umgewandelte Kohlen sind reicher an *Ge*; mit erhöhtem Umwandlungsgrad fällt der Metall-Geh. in ihnen scharf ab. Bei Anreicherung der Kohlen beobachtet man im Vgl. zur Ausgangskohle eine Erhöhung des Ge-Geh. im Konzentrat. Gesteine enthalten sehr wenig Metall, was auf die vorwiegende Anhäufung desselben in der organ. Masse der Kohle hinweist. Eine bestimmte Abhängigkeit zwischen dem Ge-Geh. in der Kohlenasche u. den Oxiden von CaO +MgO sowie Al_2O_3 u. SiO_2 wurde nicht beobachtet, dagegen zwischen Ge u. Fe_2O_3. Mit dem Steigen des Fe_2O_3-Geh. in der Kohlenasche bis zu 20—25% erhöht sich auch der Ge-Geh.; ein weiteres Anwachsen der Fe_2O_3-Menge führt zum Abfall des Ge-Gehaltes. Ge u. Fe neigen zur Bldg. von Komplex-Verbb. mit Stoffen, die zwei Phenolgruppen in Orthostellung enthalten. In Kohlen früher Umwandlungsstadien (Braunkohle, Langflamm-, Gaskohlen) liegt Ge nicht in Form von Humaten vor, sondern ist an Phenolgruppen gebunden. P. Scheer. 8126◇

Die Oxydation von Steinkohlen bei der Aufbewahrung im Laboratorium. N. N. Das Gupta und T. C. Tarafdar. (Indian J. appl. Chem. **25,** 24—32, 1962; Jealgora, Dhanbad, Centr. Fuel Res. Inst.; engl.) — Die Abhängigkeit der Verbackungs-, Quellungs- u. plast. Eigg. von Steinkohlen bei der Aufbewahrung an der Luft oder unter W. wird untersucht. — Die Fluidität der untersuchten Steinkohlen wird bei der Aufbewahrung unter W. weniger stark als beim Aufbewahren an Luft beeinflußt.
I. Köditz. 8126

Veränderungen der petrographischen Besonderheiten von Kohlen bei der Oxydation. Ss. A. Mussjal. (Nachr. Akad. Wiss. UdSSR, Abt. techn. Wiss., Metallurg. Brennstoffe **1959,** Nr. 6, 144—46; Moskau; russ.) — Unterss. werden an Kusbaßkohleproben verschiedenen Metamorphosegrades vorgenommen. Gemessen wird die Mikrohärte der petrograph. Komponenten von *Vitrinit* (**I**) bei der Oxydation unter natürlichen Bedingungen, wobei festgestellt wird, daß die durchschnittliche Mikrohärte von nichtoxydiertem **I** kaum schwankt, während sie sich bei oxydierten Proben in weiten Grenzen ändert. J. Lehmberg. 8126△

Untersuchungen über die Oxydation von Steinkohle. 1. Mitt. **Identifizierung von Benzolpolycarbonsäuren.** J. E. Germain und F. Valadon. (Bull. Soc. chim. France **1958,** 1415—17; Lille, Fac. des Sci., Centre de Carbochim.; franz.) — Bei 230—280° u. 85 at wird gepulverte fette Steinkohle aus Bruay in 5 n wss. NaOH mit O_2 unter Druck oxydiert. Die entstandenen Benzolpolycarbonsäuren werden papierchromatograph. mit einem Gemisch aus A./NH_3/W. (53:40:7) getrennt u. die Flecke werden im UV-Licht sichtbar gemacht. Außer *Trimesin-* (Benzol-1.3.5-tricarbonsäure), *Phthal-* u. *Benzoesäure* werden identifiziert: *Mellit-*, *Benzolpentacarbon-*, *Prehnit-* (*Benzol-1.2.3.4-tetracarbonsäure*), *Mellophan-*, *Pyromellit-*, *Hemillit-* u. *Trimellitsäure.*
P.-G. Dietrich. 8126△

Einfluß der Umgebung und des Luftüberschusses auf den totalen Emissionsfaktor und die Strahlungstemperatur einer Flamme flüssiger Kohlenwasserstoffe. Louis Charpenet. (C. R. hebd. Séances Acad. Sci. **254,** 1747—49, 1962; franz.) — Mit einem Durchsatz von 70 kg/h u. einem Luftüberschuß von 22% werden fl. KW-Stoffe durch eine Verbrennungskammer geleitet, die einmal mit einem Wassermantel umgeben, in dem anderen Vers. zur Hälfte mit feuerfester Auskleidung versehen ist. Bei Zunahme des Abstandes vom Brenner von 275 auf 1408 mm nimmt im ersten Falle der totale Emissionsfaktor ε_T von 0,50 nach anfänglich stärkerem Anstieg auf 0,53 zu, im zweiten Falle von 0,87 auf 0,35 ab. Die mit dem opt. Pyrometer gemessene Flammen-Temp. nimmt zugleich von 1340 auf 1020 bzw. von 1370 auf 927° K ab. Maxima beider Werte werden bei 16 %Luftüberschuß erreicht (bei Vers.-App. 2: 1435 → 1016° K, ε_T 0,88 → 0,60). R. K. Müller. 8128◇

Über die Verbrennung von verflüssigtem Petrolkoks im Dampfgenerator. Mario Medici. (Calore **29,** 3—6, 1958; Padova, Univ., Ist. di Macchine; ital.) — Die Bedingungen u. erforderlichen techn. Einrichtungen zur Verbrennung von verflüssigtem Petrolkoks in Dampferzeugern werden beschrieben. W. Holland. 8128◇

Die Wirkung von polymeren Dispergiermitteln auf Motorenschlamm. I. R. H. Crail, J. S. Elliot, D. C. Pearman und G. H. J. Simmons. (J. Inst. Petroleum **49**, 189—203, 1963; Castrol Ltd.; engl.) — Unter Verw. des Castrol-60°-Ofentestes u. der Lauson-Maschine wird gezeigt, daß es mit polypolaren Polymeren möglich ist, den in Kurbelkästen abgesetzten Schlamm fein zu dispergieren. Niedermol. Verbb. u. die üblichen Reinigungsmittel zeigen keinerlei Wirkung. Die Menge der benötigten polymeren Dispergiermittel wird durch Zusatz üblicher Reinigungsmittel verringert. — Diskussion. F. Rosendahl. 8128△

Die Wirkung der Veränderung der Arbeitsbedingungen der Maschine auf die Zeit der Flammenausbreitung in einer Funkenzündmaschine. G. A. Harrow, P. L. Orman und G. B. Toft. (J. Inst. Petroleum **49**, 204—14, 1963; Chester Shell Res. Ltd., Thornton Res. Centre; engl.) — Die Zeit der Ausbreitung der Flamme wird für Isooctan (**I**), Diisobutylen (**II**) u. Bzl. in einer Ricardo-E6-Maschine bei voll geöffnetem Ventil gemessen. Die Messungen werden bei 5 verschiedenen Geschw. bei 750—2500 U/min u. bei einem Luft/Brenngas-Verhältnis von 10:1 bis 16:1 vorgenommen. In Bzl. findet die kürzeste Flammenausbreitung, in **I** die längste statt, während bei **II** die Werte so liegen, als ob ein reiches **I**/Luft-Gemisch bzw. ein armes Bzl./Luft-Gemisch vorliegt. Die Zus. des Brennstoffs, des Brennstoff/Luft-Gemischs u. die Geschw. der Maschine müssen beachtet werden. Beim Vorliegen stöchiometr. Gemische ist die Ausbreitung der Flamme bei allen Geschw. fast gleich. Die geringste Verteilung der Flamme tritt bei einem Luft/Treibstoff-Gemisch von 12:1 ein, die größte Verteilung bei sehr schwachen Gemischen. Bei Erhöhung der Motoren-Geschw. von 750 auf 1500 U/min vermindert sich die Verbreitung der Flamme, eine weitere Steigerung der Geschw. hat keinen Einfluß. Alle gewonnenen Erkenntnisse konnten an einer üblichen Maschine bestätigt werden. F. Rosendahl. 8128△

Zündkerzenschäden, hervorgerufen durch Kraftstoffe. Klaus Fischer. (Freiberger Forsch.-H., Reihe A **264**, 75—92, 1963; Judenbach/Thür.; dt.) — An Hand von Abb. werden die verschiedenen Schäden aufgezeigt, die bei Verw. von gebleiten Kraftstoffen in Zweitaktmotoren auftreten. Äthylenchlorid hat sich neben Chlorparaffin u. Trikresylphosphat als am günstigsten als Zusatz gegen Bleischäden erwiesen.
F. Rosendahl. 8128△

Entwicklung und Erprobungsergebnisse neuer Aufbereitungsmaschinen des VEB Schwermaschinenbau „Ernst Thälmann". Hans-Jürgen Claussen. (Freiberger Forsch.-H., Reihe A **281**, 53—81, 1963; Magdeburg; dt.)
F. Rosendahl. 8134△

Der Luftheberhydrocyclon. Gustav Tarján. (Freiberger Forsch.-H., Reihe A **281**, 83—98, 1963; Miskolc; dt.) — Der Hydrocyclon ist zur Klassifizierung, Eindickung, Entschlämmung u. zur Sortierung nach der Dichte geeignet. Zur Sortierung kann er mit oder ohne Schwertrübe angewendet werden. Arbeitsweise u. Schaltungsmöglichkeiten mehrerer Hydrocyclone werden beschrieben u. Arbeitsergebnisse bekannt gegeben. F. Rosendahl. 8134△

Über die Prallzerkleinerung der Kohle zur Kokserzeugung. V. Kůdela. (Paliva **41**, 108—13, 1961; Běchovice, Ústav pro výzk. paliv; tschech.) — Die Zerkleinerung von Gaskohle in Prallmühlen ergibt bei Verss. mit 2 Mühlentypen keinen eindeutigen Vorteil gegenüber anderen Mahlverff. bzgl. der Vorbereitung für die Verkokung.
R. K. Müller. 8134◇

Die Anwendung chemischer Agentien in der Kohlenaufbereitung. J. Hřebačka. (Paliva **41**, 222—26, 1961; Ostrava-Kunčičky, VVUU, Pokusné prádlo; tschech.) — Als Anwendungsgebiete für chem. Agentien werden besprochen: Flotationsmittel; Emulgiermittel für Flotationsöle; Zerstörung von Flotationsschaum; Netzmittel; Flockungsmittel; Zusätze bei der Schlammentwässerung; Mittel zur Viscositätsverminderung von Suspensionen; Zusätze beim Waschen in Hydrocyclonen; Mittel zur Aufarbeitung von Schwerölen. R. K. Müller. 8134◇

Die Einführung eines neuen Flotationsmittels in der Kohlenanlage der kokschemischen Fabrik von Kommunar. M. Ja. Beltschikow und G. I. Mamtschitz. (Koks u. Chem. [UdSSR] **1962**, Nr. 6, 8—10; Ukrain. Forsch.-Inst. für Kohleanreicherung; russ.) — Die bei der Butanol-Synth. anfallende, über 200° sd. Fraktion zeichnet sich durch gutes Schaum-Bldg.- u. Adsorptionsvermögen aus. Sie ist hochviscos, hellbraun, besteht aus aliphat. n- u. Isoalkoholen (C_{10}–C_{14}) u. enthält 15—20% paraffin. KW-Stoffe ($D._4^{20}$ 0,85, Hydroxylzahl 2,93, Bromzahl 0,142) u. ist bei der Synth. in gleichbleibender Qualität zu erhalten. Sie wird zusammen mit Kerosin angewandt (Bedarf 50—70 g/t bzw. 1420 g/t). Das zu trennende Gut ist auf 1—0 mm Korngröße zu zerkleinern. Polyacrylamid dient zur Koagulation des Flotationskonzentrates. Die Ausbeute wird um 2,6%, der Durchsatz um 17,5% erhöht. V. Gierth. 8134◇

Ergebnisse neuer Untersuchungen zur trocknen Feinstzerkleinerung. August Götte. (Freiberger Forsch.-H., Reihe A **281**, 5—29, 1963; Aachen; dt.) — Die sich an Feststoffen ausbildenden Grenzflächen- bzw. Oberflächenspannungen setzen sich jeder Vergrößerung der Oberfläche entgegen u. bereiten damit der Zerkleinerung Schwierigkeiten. Um diesen Widerstand zu brechen, müssen die nach außen wirkenden Restvalenzen gebunden werden, u. zwar durch einen Stoff, der selbst nur einen kleinen Zerkleinerungswiderstand besitzt. Dies erreicht man, wenn man die Mahlung in Dämpfen von Fll., wie Aceton, Nitromethan, W., anstatt in trockner Luft vornimmt. So erhielt man aus Glas nach 20 Min. Mahldauer eine spez. Oberfläche von 2400 cm^2/g gegenüber 2000 cm^2/g in trockner Luft. Die Stärke des Einfl. der Dämpfe hängt nicht vom Grad der Polarität ihrer Moll. ab, sondern den in Dampfform vorliegenden Fll. kommt der größte Einfl. auf die Zerkleinerung zu, die die größte Adsorptionswärme gegenüber dem betreffenden Feststoff besitzen. Die Wrkg. der Dämpfe beruht nicht nur auf einer Förderung der Feinzerkleinerung, sondern vermindert oder verhindert sogar das Anbacken des Mahlgutes an der Metallwand der Mühle. Weiterhin spielt auch der an der Oberfläche aus der Luft adsorbierte O_2 eine Rolle. Die Dicke der adsorbierten Schicht aus Fll. oder Gas hängt von den physikal. Beziehungen der Stoffe untereinander ab, so daß nicht jeder Dampf oder jedes Gas gleich kräftige Anbackungen oder Zusammenballungen fördert bzw. verhindert. Die an anorgan. Stoffen gewonnenen Erkenntnisse konnten nicht ohne weiteres auf organ. Gestein (Kohle) übertragen werden. So wurde durch Zugabe von Dämpfen unpolarer Fll., wie Bzl. u. CCl_4, ein Anbacken der Kohle am Mühlenmantel nicht verhindert, wohl aber bei Zugabe von Dämpfen polarer Fll., wie Aceton. Bei Unterss. über das Zusammenbacken von Kohle untereinander wurde festgestellt, daß das Zusammenbacken von Kohle/Kohle fester ist als z. B. bei Glas. Das wird z. T. darauf zurückgeführt, daß die Dämpfe von Fll. auf der Kohle schneller adsorbiert werden als Gase u. daß sich auf der Kohlenoberfläche schneller ein Fl.-Film ausbildet als eine Schicht adsorbierter Gase. Auch die Plastizität der Kohle muß mit in Betracht gezogen werden. F. Rosendahl. 8134△

Die Aufbereitung von Kokskohle in Schwertrübe-Aufbereitungsanlagen im Revier von Ostrava-Karvina. Jan Kmošták und Jiři Augst. (Freiberger Forsch.-H., Reihe A **281**, 31—51, 1963; Ostrava; dt.) — Feinsortierung der Kokskohlen in Setzmaschinen u. Waschcyclonen. F. Rosendahl. 8134△

Wichtige Fragen des heutigen Kokereibetriebes. August Götte. (Freiberger Forsch.-H., Reihe A **246**, 83—107, 1963; Aachen; dt.) — Darst. des gegenwärtigen Standes der Technik der Verkokung der Kohle. F. Rosendahl. 8142△

Zum Weltstand in der mechanischen und thermischen Veredlung von Braunkohlen. Erich Rammler, Georg Feist, Max Mayer und Werner Rademacher. (Freiberger Forsch.-H., Reihe A **246**, 161—75, 1963; Freiberg, Berlin u. Schwerin; dt.) — Überblick über Brikettierung u. Hochtemperaturverkokung. F. Rosendahl. 8142△

Über einige Gesichtspunkte der Steinkohlenpyrolyse. B. N. Bose, R. Chatterjee, N. N. Das Gupta und A. Lahiri. (J. sci. ind. Res. [New Delhi], Sect. D **21**, 39—43, 1962; Jealgora, Central Fuel Res. Inst.; engl.) — Ausgehend von den Öl- u. Gaspunkten wird der Mechanismus der Koks-Bldg. aus Steinkohlen bei der Tieftemp.-Best. der Verkokungsmerkmale nach Gra-King untersucht. Da die Öl- u. Gaspunkte vom Mineral-Geh. der Steinkohlen unabhängig u. beide nicht additiv sind, eignen sie sich besser für die Best. der Verkokungs-Eigg. als andere Laboratoriumsprüfungen. Beide können als Depolymerisations- u. Zers.-Punkte bei der Pyrolyse angesehen werden. Aus den Unterschieden in den Werten für die Öl- u. Gaspunkte lassen sich Rückschlüsse auf den Oxydationsgrad u. auf die Proportionen von Steinkohlen in bin. Syst., die für die Verkokung wesentlich sind, ziehen. I. Köditz. 8142

Koks aus nichtverkokbaren Kohlen. 6. Mitt. **Die Verkokung von Briketts durch „Mischbeschickung“.** I. Barbu, A. Păun, Irina Voinea und Emilia Corciovei. (Rev. Minelor **12**, 315—17, 1961; rum.) — 5. vgl. C. **1960**, **3744**. — Eine Reihe von Verss. zeigt, daß das Verf. der „Mischbeschickung“ zur Verkokung von Briketts aus unverkokbarer Kohle durch Stampfbeschickung nicht möglich ist, da das Stampfen zur Teilverkleinerung der Briketts führt. R. Grundmann. 8142◇

Die Gewinnung von hartem Koks aus nichtverkokenden Braun- und Steinkohlen. 3. u. 4. Mitt. B. Tejnický und J Kunc. (Paliva **35**, 256—59, 297—302, 1955; tschech.) — 2. vgl. C. **1956**, 6838. — Vers.-Vorr. sowie Prüfmeth. für den versuchsweise aus Kohlen der Reviere Kladno, Most u. Sokolov hergestellten Koks werden beschrieben, die Analysenwerte angegeben. Der Einfl. von Korngröße, Wasser-Geh. u. Geschw. des Temp.-Anstieges bei der Verkokung auf die Koksqualität wird erläutert. R. Grundmann. 8144◇

Koks für die Herstellung von Ferrolegierungen. A. Ss. Bruk, R. Je. Leibowitsch, W. A. Krawtschenko und A. A. Sserebrennikow. (Koks u. Chem. [UdSSR] **1962**, Nr. 11, 29—31; Dnepropetrowsk, Metallurg. Inst.; russ.) — Zur Erhöhung der Rk.-Fähigkeit u. Verbesserung des elektr. Widerstandes von metallurg. Koks wurde die Wrkg. von Zusätzen fester Stoffe zur Einsatzkohle (Kalk, Fe-, Mg-, Cr-Erze, $CaCl_2$, NaCl) sowie die Nachbehandlung des Kokses mit Kalkmilch verschiedener Konz. untersucht. Bericht über die Ergebnisse. O. Hedicke. 8144◇

Kohleveredlung in der Südafrikanischen Union. Karl Graefe. (Freiberger Forsch.-H., Reihe A **264**, 103—28, 1963; Dresden; dt.) — Eingehende Schilderung der Druckvergasung nach dem Lurgi-Verf. u. Verarbeitung der anfallenden Prodd.. wie sie im SASOL-Werk betrieben werden. F. Rosendahl. 8148△

Die Forschung in der Gasindustrie. Charles Ellis. (Instn. Gas Engr., J. **2**, 3—15, 1962; engl.) — Übersicht. K.-D. Lemke. 8148◇

Vergasung von Steinkohle und Koks. Fritz Schuster. (Freiberger Forsch.-H., Reihe A **246**, 109—17, 1963; Essen; dt.) — Betrachtungen zu Wissenschaft u. Technik der Vergasung. F. Rosendahl. 8148△

Zur Vergasung von Brennstoffen. Kurt Hofmann. (Freiberger Forsch.-H., Reihe A **246**, 119—28, 1963; Berlin; dt.) — Überblick über die Vergasung von Brennstoffen mit O_2 unter Druck. F. Rosendahl. 8148△

Verfahren zur Erzeugung von Synthese- und Schwachgasen aus Kohle und Öl. Hans-Günther Riedel. (Freiberger Forsch.-H., Reihe A **246**, 129—59, 1963; Markkleeberg; dt.) — Überblick. F. Rosendahl. 8148△

Erzeugung von Synthesegas und Energie in einer Verbrennungskraftmaschine. G. A. Karim. (Brit. chem. Engng. **8**, 392—96, 1963; London, Imp. Coll. of Sci. and Technol., Mechanical Engng. Dep.; engl.) — Überblick u. Schlußfolgerungen auf Grund des vorliegenden Schrifttums. — 15 Literaturangaben. F. Rosendahl. 8148△

Druckvergasung von Brennstoffen mit Austrag flüssiger Schlacke. W. Nedoma, K. Prášek und J. Klíma. (Paliva **41**, 214—22, 1961; tschech.) — Übersicht über die verschiedenen Syst. von Schlackenabstichgeneratoren unter bes. Berücksichtigung der Druckvergasung fester Brennstoffe. R. K. Müller. 8148◇

Die Gaswärmeanwendung und der Stand ihrer Technik. Udo Becher. (Freiberger Forsch.-H., Reihe A **246**, 195—207, 1963; Freiberg; dt.) — Betrachtungen über zur Verfügungstellung der nötigen Energie in Form von Gas u. Gasbeschaffenheit. Beispiele zur Anwendung der Gaswärme in Industrie u. Haushalt. F. Rosendahl. 8156△

Möglichkeiten der Verarbeitung von Eisen(II)-sulfat in Kokereien. M. Orlík. (Paliva **41**, 193—96, 1961; VZÚ. NHKG; tschech.) — Bei Beizprozessen werden $FeSO_4$ enthaltende Ablaugen erhalten, aus denen $FeSO_4 \cdot 7\,H_2O$ auskrist. werden kann. $FeSO_4$ kann in Kokereien als Koagulans bei der Aufarbeitung von rohem NH_3-W., zur Herst. von $(NH_4)_2SO_4$, NH_4OH, FeS, zur HCN-Bindung u. zur Befreiung des Gases von NH_3, H_2S u. HCN verwendet werden. Diese Verw.-Möglichkeiten werden im einzelnen unter Hinweisen auf die Patentliteratur besprochen. R. K. Müller. 8164◇

Eine Soda–Pottasche-Methode zur Reinigung von Koksgasen von Schwefelwasserstoff. P. K. Saraisski, M. W. Rott, W. N. Ssenjuta, Ja. I. Schuch und A. Je. Markow. (Koks u. Chem. [UdSSR] **1962**, Nr. 4, 40—43; russ.) — Durch Anwendung einer Soda–Pottasche-Lsg. zum Auswaschen von H_2S aus dem Koksgas werden die bei reiner Pottaschewäsche auftretenden Verstopfungen in den Skrubbern u. Leitungen vermieden, die S-Aufnahme der Lsg. steigt von 6—6,5 auf 8,5—9,0 g/Liter, der Verbrauch der Lsg. sinkt auf 2,2—2,3 Liter/m^3 Gas; der Pottascheverbrauch sinkt von 20 kg auf 7—9 kg/Tonne erzeugter H_2SO_4 bei zusätzlichem Verbrauch von 8,1—9 kg Soda. W. von Füner. 8172◇

Der plastische Zustand der Kohlen als ein System mit kolloiden Eigenschaften. M. D. Schapiro und L. Ss. Alterman. (Koks u. Chem. [UdSSR] **1962**, Nr. 6, 10—15; Dnepropetrowsk, Chem.-technol. Inst.; russ.) — Vff. sehen im Gegensatz zu Nesterenko (C. **1963**, 2291) Kohlen als koll. Syst. an, in dem beim Erwärmen innerhalb eines bestimmten Intervalls eine plast. Masse (pM) mit fl. u. festen Prodd. der therm. Zers. vorliegt. Die Eigg. der pM (chem.- u. Sorptions-Eigg.) ergeben sich durch die Rkk. zwischen deren festen u. fl. Bestandteilen. Backende Kohlen zeigen bei der therm. Zers. eine diskontinuierliche Gas- u. Teerabgabe, weil die Stabilität der pM die Zers.-Prodd. am Austritt hindert. Die pM nichtbackender Kohlen sind wenig stabil, so daß die Prodd.

der therm. Zers. austreten, ehe sie zur Koks-Bldg. beitragen können. Der Zusatz von Anthracenöl zu backenden Kohlen kann deren Backfähigkeit steigern, da die Stabilität der pM erhöht u. die Teerabgabe vermindert wird. Ein Zusatz von Erdöl zu den gleichen Kohlen hat keinen Einfluß. Fein zerkleinerte Kohle wird besser durchwärmt u. die pM wird innerhalb eines kleineren Temp.-Intervalls zersetzt. Leichte Oxydation der Kohle führt zu verminderter Sorptions- u. Backfähigkeit. Ein Gemisch aus Fettkohlen u. Liptobiolithen bildet eine stabilere pM als Fettkohle allein. Ein Zusatz von $AlCl_3$ kann nicht als Kondens.-Mittel wirken; er setzt die Stabilität der pM herab u. führt zum Abspalten von H in Form von HCl. Extraktion des Bitumens mit einem A.–Bzl.-Gemisch setzt die Zers.-Temp. der pM herab, erhöht die Teerausbeute u. vermindert die Backfähigkeit u. das Blähen der Kohle. V. Gierth. 8174◇

Untersuchung der Phenole des Teers bei der kontinuierlichen Verkokung von Kusbass-Kohlen. N. A. Dawtjan und M. K. Djakowa. (Nachr. Akad. Wiss. UdSSR Abt. techn. Wiss., Metallurg. Brennstoffe **1959**, 250—51; Moskau; russ.) — Aus der Teerfraktion nachst. Zus.: 3,6 (%) mit Kp. 170°, 66,6 mit 170—270°, 18 mit 270—320° u. 11,8 über 320° werden nach Entfernung der N-Verbb. mit 10%ig. H_2SO_4 (gesätt. mit NaCl) die *Phenole* mit 13%ig. NaOH-Lsg. isoliert. Die Fraktion enthält 25,7% Phenole. Die Vakuumspaltung der Phenole in Ggw. von 1,5—2 (%) HPO_3 ergab 21,4 Phenol–Kresol, 34,1 Xylenol u. 44,2 Phenole (Kp. über 225°). Es wird ermittelt, daß die gereinigten Phenole aus 0,9 (%) *Carbolsäure*, 6,2 *o-Kresol*, 3,8 *m-Kresol*, 10,8 *p-Kresol* mit geringem Geh. an *2.6-Dimethylphenol* bestehen. Die Xylenolfraktion besteht vorwiegend aus 2.4-, 3.4- u. 3.5-Dimethylphenolen u. m-Äthylphenol. Die über 225° sd. Phenole wurden über $WS_2 + NiS + Al_2O_3$ hydriert u. die erhaltenen KW-Stoffe identifiziert. 33% der über 225° sd. Phenole haben bicycl. Naphtholstruktur. W. v. Füner. 8176◇

Eigenschaften von Ölschiefer des Green River, bestimmt aus Stickstoff-Adsorption und Desorptions-Isothermen. P. R. Tisot. (J. chem. Engng. Data **7**, 405—10, 1962; Laramie, Wyo., US Dep. of the Inst., Bur. of Mines; engl.) — Aus Best. der N_2-Adsorption u. Desorptions-Isothermen von amerikan. Ölschiefer folgt, daß dieser ein gefestigtes organ.-anorgan. Syst. ohne signifikante innere Oberfläche, Mikroporenstruktur oder Porenmenge darstellt. Die anorgan. Bestandteile haben eine Oberfläche von ca. 3—5 m^2/g u. eine Mikroporenstruktur mit willkürlicher Porengrößenverteilung bei Porenradien von 10—100 Å. Die organ. Substanz ist in der anorgan. Grundmasse innerhalb deren Mikroporen-Vol. von $<4\%$ verteilt. W. Wesly. 8180◇

Über die Herkunft des Erdöls (Entwicklung der organischen Theorie von M. W. Lomonossow bis zur Gegenwart). N. B. Wassojewitsch. (Nachr. Moskauer Univ., Ser. IV, **17**, Nr. 3, 10—29, 1962; russ.) — Histor. Übersicht. — 27 Literaturangaben. J. Lehmberg. 8188△

Technische und wirtschaftliche Probleme der Erdölverarbeitung und Nutzung der Verarbeitungsprodukte in der Deutschen Demokratischen Republik. Hans-Günter Riedel. (Bergakademie [Freiberg] **14**, 723—36, 1962; Böhlen; dt.) — Überblick über die komplexe Nutzung des Rohstoffes „Erdöl" in der DDR u. Erörterung der für die nächste Zukunft geplanten Maßnahmen. R. Grundmann. 8188◇

Alkaliextrakt von Rebentrester als chemisches Reagens für die Bearbeitung von Tonsuspensionen. A. K. Misskarli und I. I. Ibragimow. (Erdöl-Wirtsch. Aserbaidshan **39**, Nr. 3, 17—19, 1960; russ.) — Die Unters.-Proben des *Rebentresters* werden nach Lufttrocknung gemahlen, gesiebt u. mit schwacher NaOH-Lsg. behandelt. Das Prod. besteht aus Na-Salzen hochmol. organ. Säuren u. freien Basen, deren Oberflächenaktivität direkt an Tonsuspensionen für Erdölbohrungen getestet wird. Der Zusatz alkal. Reagentien führt zu einer starken Senkung der Entwässerung u. Verbesserung der viscosen u. tixotropen Eigg. der Suspension. Die hydrophilisierende u. peptisierende Wrkg. stabilisiert normale u. beschwerte Tonsuspensionen derart, daß sie unter Süß- u. bes. unter Salzwasserbedingungen angewandt werden können. J. Lehmberg. 8190△

Probleme der Tankentsalzung. Siegfried Preiss. (Freiberger Forsch.-H., Reihe A **264**, 129—40, 1963; Leuna; dt.) — In den Erdölwässern sind ca. 10—20 g Salz, das zu 75—95% aus NaCl besteht, je kg enthalten. Da durch die im Rohöl vorhandenen Hartasphaltmengen sehr stabile Emulsionen entstehen, in denen das Salzwasser in Form von Tröpfchen sehr fein verteilt ist, besteht die Aufgabe in der Zerstörung solcher Emulsionen. Hierzu wurde in mehreren Großverss. *Dispersol BO* (**I**), das zur Herst. von Schädlingsbekämpfungsmitteln verwendet wird, als sehr geeignet gefunden, denn bereits **25 g I/t** Erdöl genügen, um einen Entsalzungseffekt von 95% zu erreichen. **I** hat ähnliche

Wrkg. wie Separol u. ist doppelt so wirksam wie Slowasol. Die Entsalzung gelang in 500- u. 5000-m^3-Tanks mit gleichem Erfolg. Nachteilig ist der verhältnismäßig große Tankraumbedarf, da das W. 5—10 Tage zur vollständigen Abscheidung benötigt. F. Rosendahl. 8190△

Elektronenmikroskopische Untersuchungen der Lehme der Serawschan-Niederung. W. I. Jesdakow. (Usbek. chem. J. **1960,** Nr. 4, 25—34; Usbek. Nawoi Univ.; russ., Auszug: usbek.) — Die elektronenmkr. Unters. der mineralog. Zus. u. die Best. des Adsorptionsvermögens verschiedener Lehme u. Bentonite des Serawschan-Tales ergaben, daß ein *Halloysitlehm* für die Reinigung von *Erdöl-Prodd.* am aussichtsreichsten erscheint. Er besitzt eine geringe Austauschkapazität, geringe Hygroskopizität u. ein sehr hohes Adsorptionsvermögen gegenüber Bzl. u. Erdölharzen. Ein Kieselkalklehm mit ca. 30% SiO_2 u. bis zu 10% Halloysit sowie einer Porosität von 0,613 g/ml eignet sich für die Aufhellung von Erdölprodukten. O. Lebtag. 8194△

Badische Anilin- & Soda-Fabrik Akt.-Ges., Ludwigshafen/Rh. (Erfinder: Adolf Steinhofer, Ludwigshafen/Rh., Walter Knobloch, Mannheim, und Erich Kittel, Ludwigshafen/Rh.), **Spalten von flüssigen verdampfbaren Kohlenwasserstoffen zu Kohlenoxid und Wasserstoff** in Abstichgaserzeugern. Die KW-Stoffe werden verdampft u. vor ihrem Eintritt in den Gaserzeuger mit einem endothermen Vergasungsmittel u. O_2 oder an O_2 angereicherter Luft gemischt. Zur Vermeidung einer Nebel-Bldg. im Mischraum vor dem Gaserzeuger werden die dampfförmigen KW-Stoffe u. bzw. oder die Vergasungsmittel überhitzt. (**D. A. S. 1 146 998** Kl. 24e vom 16/2. 1957, ausg. 11/4. 1963.) W. Hauswald. 8155

Gewerkschaft Auguste Victoria, Steinkohlenbergbau und Bleizinkerzbergbau (Erfinder: Paul Kaunert und Hasso Döring), Marl, Kr. Recklinghausen, **Kontinuierliche Entfernung von Schwefelwasserstoff und Cyanwasserstoff aus sauren Kokerei- und ähnlichen Abwässern** durch Ausblasen mit prakt. inerten Gasen, wie Luft. In einer ersten Vers.-Stufe wird aus dem Abwasser das gesamte H_2S u. ein Teil des HCN ausgeblasen u. das damit beladene Ausblasegas in bekannter Weise als Brausegas in einem Schwefelsäuresättiger bei der Gewinnung von NH_3 als Kokerei-Prod. benutzt. Darauf werden aus den mit dem Brausegas vermischten Sättigeraustrittsschwaden das gesamte in ihnen enthaltene HCN u. ein Teil des H_2S mit Frischwasser oder gereinigtem Abwasser ausgewaschen. Die entstandene Lsg. wird dem Strom des auszublasenden Abwassers wieder zugesetzt, die von HCN befreiten Sättigeraustrittsschwaden aber werden zur bekannten Nutzbarmachung ihres H_2S-Geh. weitergeleitet. In einer 2. Verf.-Stufe wird HCN aus dem HCN enthaltenden Ablauf der ersten Stufe mit frischem Ausblasegas ausgeblasen, das Abwasser abgeleitet u. das mit HCN beladene Ausblasegas zur bekannten Nutzbarmachung des HCN weitergeleitet. — Verfahrensschema. (**D. A. S. 1 136 284** Kl. 85c vom 13/4. 1959, ausg. 6/9. 1962.) H. Raeithel. 8173

Badische Anilin- & Soda-Fabrik Akt.-Ges., Ludwigshafen/Rh. (Erfinder: Ernst Fürst, Neustadt a. d. W.), **Selektive Extraktion von paraffinische und aromatische Kohlenwasserstoffe enthaltenden Kohlenwasserstoffgemischen,** dad. gek., daß N-Hydroxyalkylpyrrolidone als selektives Lsgm. verwendet werden. (**D. A. S. 1 137 517** Kl. 23b vom 27/4. 1961, ausg. 4/10. 1962.) E. Kahles. 8195

Union Oil Co. of California, Los Angeles (Erfinder: John Paul Buckman, Yorba Linda, Francis Sherman Liggett, Santa Ana, und Edward Lee Wiseman, Fullerton), Calif., V.St.A., **Verbleiter Treibstoff für Verbrennungskraftmaschinen** mit einem Geh. an aliphat. Aminen, bestehend aus einem KW-Stoffgemisch im Siedebereich des Leichtbenzins mit einem Geh. an bis zu 5 cm^3 $Pb(C_2H_5)_4$ je 3,785 Liter u. einem Zusatz von 0,00004—0,02 Gew.-% eines aliphat., prim. Amins mit 12—22 C-Atomen. (**D. A. S. 1 148 810** Kl. $46a^6$ vom 19/1. 1959, ausg. 16/5. 1963.) E. Kahles. 8205

VEB Chemische Werke Buna, Schkopau über Merseburg (Erfinder: Peter Schab, Halle/Saale, und Rolf Rey, Weißenfels), **Zusätze zu Schmierölen** mineral. oder synthet. Herkunft, bestehend aus Verbb. der allg. Formel $R_1-O-C(S)-S-R_2-R_3$ in der R_1 u. R_2 einen aliphat. KW-Stoff-Rest, R_3 Wasserstoff oder den Rest OH bedeuten. (**D. A. S. 1 148 342** Kl. 23c vom 13/2. 1960, ausg. 9/5. 1963.) E. Drews. 8221

Socony Mobil Oil Co., Inc., New York, N.Y. (Erfinder: Harry John Andress jun., Pitman, N.J.), V.St.A., **Öllösliche Bariumsulfonate mit hohem Ba-Gehalt.** Ein erdölllösl. Ba-Erdölsulfonat oder -Alkylarylsulfonat mit wenigstens

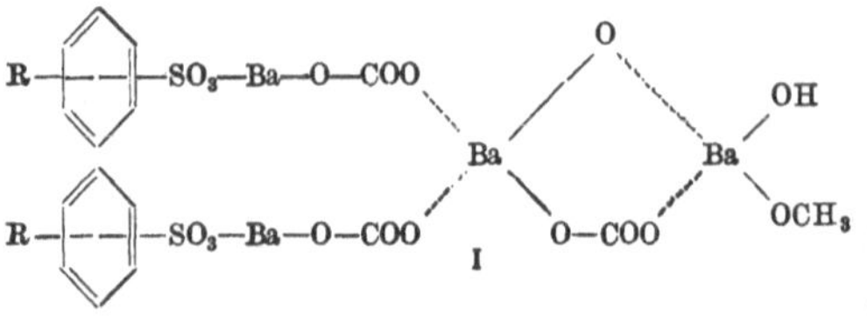

8 C-Atomen im Alkyl u. Molgew. ca. 300—800 wird in Ggw. eines KW-Stoffes mit wenigstens 1 Mol CO_2 je Mol Ba-Sulfonat bei 150 bis 250° behandelt; die Mischung wird auf 25—60° abgekühlt, dann mit Ba-Methylat (mindestens 1 Äquivalent Ba je Mol Ba-Sulfonat) auf 150 bis 250° erhitzt u. filtriert. Anschließend kann die Mischung wieder mit CO_2 u. weiterem Ba-Methylat umgesetzt werden. Es entstehen z. B. Verbb. der allg. Formel I (R = Alkyl mit 8—24 C-Atomen). Paraffin mit ca. 24 C-Atomen, F. 126°, wird bei 100° mit Cl_2 chloriert bis die Gew.-Zunahme 12 (%) beträgt. Das entstandene Chlorparaffin wird dann mit Bzl. in Ggw. von $AlCl_3$ bei 60° zu Alkylbenzol umgesetzt, das hierauf mit 15%ig. Oleum bei 40° sulfoniert wird. Die Sulfonsäure wird nun mit $Ba(OH)_2 \cdot 8\,H_2O$ in das Ba-Salz übergeführt, Ba-Geh. 7,5, dieses mit CO_2 bei 200° 3 Std. geblasen, dann auf 60° abgekühlt u. mit 34,5 g Ba als Ba-Methylat auf 175° erhitzt, Ba-Geh. 10,13. — *Ölreinigungsmittel*, die bes. die *Schlamm-Bldg.* in *Brennstofffölen* u. die *Verstopfung* von *Sieben* verhindern. — Vgl. E. P. 844 335; C. **1962,** 11059. (**D. A. S. 1 079 035** Kl. 12o vom 9/6. 1958, ausg. 7/4. 1960. A. Prior. 10/6. 1957.) G. Krauß. 8221

Farbenfabriken Bayer Akt.-Ges. (Erfinder: Joseph Ebersberger und Rudolf Stroh), Leverkusen, **Herstellung von Aminopolysulfiden,** dad. gek., daß man Alkylenimine mit einem Gemisch aus S u. H_2S, ggf. in Ggw. bas. Katalysatoren, wie Triäthylamin oder Piperidin, umsetzt. — Beispiel: 42 (g) Schwefel u. 200 Methanol werden unter Einleiten von H_2S mit 112 Äthylenimin versetzt. Durch Kühlung wird die Temp. auf 20° gehalten u. einige Std. H_2S eingeleitet. Nach Zugabe von 375 einer 28%ig. HCl-Lsg. in Methanol wird im Vakuum eingeengt: *Cystinamin-dihydrochlorid*, F. 200°; analog: *Bis-[2-acetaminoäthyl]-disulfid*, F. 90—91°; *Bis-[N-phenylureido-N'-äthyl]-disulfid*, F. 189,5—190°; *Bis-[N-phenylureido-N'-äthyl]-trisulfid*, F. 192°. — *Zwischenprodd., Weichmacher, Zusatzmittel für Treib- u. Schmierstoffe.* (**D. A. S. 1 145 633** Kl. 12q vom 5/12. 1958, ausg. 21/3. 1963.) R. Bauereis. 8223

Soc. Continentale Parker, Seine, Frankreich (Erfinder: **Earl Eugene Logue jun.**), *Schmiermittel für die Metallbearbeitung.* (**F. P. 1 155 105** vom 5/6. 1954, ausg. 23/4. 1958. A. Prior. 8/6. 1953. — C. **1958,** 9953 [Oe. P. 194 040].)

N. V. de Bataafsche Petroleum Mij., Niederlande, *Herstellung H_2 und CO enthaltender Gasgemische.* (**F. P. 1 213 923** vom 12/11. 1958, ausg. 5/4. 1960. Niederl. Prior. 14/11. 1957. — C. **1961,** 10327 [D. A. S. 1 074 554].)

Esso Research and Engineering Co., Elizabeth, N.J., V.St.A., *Hydroformieren von Kohlenwasserstoffen.* (**Ind. P. 68 035** vom 16/6. 1959, ausg. 8/9. 1961. — C. **1961,** 12705 [D. A. S. 1 099 678].)

Shell Oil Co., Del., V.St.A., übert. von: **Kenneth Alan Lloyd,** Little Barrow, und **Vernon Warner David,** Chester, England, *Schmiermittel für das Walzen von Nichteisenmetallen.* (**A. P. 2 989 465** vom 6/9. 1957, ausg. 20/6. 1961. E. Prior. 7/9. 1956. — C. **1961,** 18932 [D. A. S. 1 104 104].)

Esso Research and Engineering Co., Del., V.St.A., übert. von: **James H. Norton,** Corunna, und **Warren C. Pattenden,** Courtright, Ontario, Canada, *Schmierfett.* (**A. P. 2 988 507** vom 2/10. 1957, ausg. 13/6. 1961. — C. **1961,** 5308 [D. A. S. 1 089 104].)

Russell Wade Seniff und **Roland Nicholas Fracalossi,** Baltimore, Md., V.St.A., *Schmierfett.* (**A. P. 3 014 865** vom 4/2. 1954, ausg. 26/12. 1961. — C. **1957,** 9261 [D. B. P. 954 989].)

Shell Oil Co., Del., V.St.A., übert. von: **William D. Carswell,** Chester, und **Peter Willcock,** Liscard, Wallasey, England, *Schmierfettherstellung.* (**A. P. 2 986 518** vom 19/5. 1959, ausg. 30/5. 1961. E. Prior. 27/5. 1958. — C. **1961,** 4218 [D. A. S. 1 089 904].)

Établissements Neypric, Grenoble, **Soc. Hydromécanique et Frottement,** St.-Chamond, und **Manufacture de Rueil,** Rueil-Malmaison, Frankreich, *Reibverminderndes Mittel.* (**Ind. P. 66 944** vom 5/3. 1959, ausg. 8/12. 1961. — C. **1963,** 2684 [E. P. 869 559].)

H_{20}. Schieß- und Sprengstoffe. Zündmittel

Die neuen billigen Ammoniumnitratsprengstoffe und ihre Anwendungsmöglichkeiten. G. F. von Krogh. (Tidsskr. Kjemi, Bergves. Metallurgi **21,** 97—101, 1961; Refstad, Haerens Våpentekn. korps; norw.) — Übersicht über die neuere Entw. der Sprengstoffe auf NH_4NO_3-Basis im Vgl. mit Trinitrotoluol unter besonderer Berücksichtigung der militär. Verw.-Möglichkeiten u. unter Hinweis auf ihre zahlreichen Vorteile. R. K. Müller. 8304◇

Über einige Derivate des Nitroforms. Jean Ville. (Mém. Poudres **42,** 21—27, 1960; Labor. Bassompierre; franz.) — Ein Gemisch aus 1 (Mol) Trinitroäthanol (**II**), aus Nitroform (**I**; Trinitromethan) hergestellt, u. 1,1 Acrylsäurechlorid in 250 ml CCl_4 wurde unter Auffangen von HCl-Gas 3 Std. unter Rückfluß erhitzt, im Vakuum CCl_4

abgetrieben u. das Prod. dest. → 202–203 g (= 86,5%) *Acrylsäuretrinitroäthylester*, Kp.$_3$ 86°, n_D^{20} 1,4640, $D._4^{20}$ 1,4492, N-Geh. 18,86% (durch Ggw. von **II**, Kp.$_2$ 82°, erhöht). Ferner wurden hergestellt: aus Acrylsäuremethyl- bzw. -äthylester (3fache theoret. Menge) u. der K-Verb. von **I** in wss. Lsg. bei bekannten Bedingungen → *Trinitrobuttersäuremethylester*, Kp.$_{0,5}$ 105°, bzw. *-äthylester*, Kp.$_{0,5}$ 123°; aus 1 **I**, der doppelten Gew.-Menge W. u. 1,1 Acrylsäure unter exothermer Rk. bis 60° → 179 g (= 80%) *Trinitrobuttersäure*, F. 57–60°, Molgew. (acidimetr.) 222,3; daraus mit $SOCl_2$ → *Säurechlorid*; aus 240 g des rohen Säurechlorids, 1 **II**, 500 ml trockenem Bzl. u. 2 ml konz. H_2SO_4 durch ca. 8std. Erhitzen unter Rückfluß → 270 g (= 70%) *Trinitrobuttersäuretrinitroäthylester*, F. 93–94°; aus 1 **II** in 500 ml W. u. 0,5 20%ig. wss. NH_3 nach 24std. Stehen bei 0° u. Filtrieren des gelben Nd. → 118 g (= 69%) *Bis-[trinitroäthyl]-amin*, F. 116°, zersetzlich u. beim Aufbewahren über 1 Monat gefährlich wie **I** selbst, während die Derivv. im allg. stabil u. leicht zu reinigen sind. Die große Rk.-Fähigkeit des **I** ermöglicht die leichte Herst. vieler Polynitroverbindungen. G. Vogel. 8304◇

Überblick über die herkömmlichen lagerfähigen Treibstoffe. Chester J. Grelecki und Stanley Tannenbaum. (ARS Journal **32**, 1189–95, 1962; Denville, N.J., Thiokol Chem. Corp.; engl.) — An Hand von neueren, nichtklassifizierten Unterlagen werden die physikal. u. innerballist. Eigg. von fl. Treibstoffen verschiedener Zus. sowie deren Lagerfähigkeit u. Handhabung eingehend diskutiert. H. Pförtner. 8310◇

Über die Möglichkeit der Erhöhung der Raketenschubkraft. N. St. Kalitzin und G. St. Kalitzin. (C. R. Acad. bulg. Sci. **13**, 11–14, Jan./Febr. 1960; dt.) — Die Temp., die in einer mit modernen Treibstoffen betriebenen Raketenbrennkammer 3000–3500° K erreicht, bestimmt neben der Konstruktion im wesentlichen die Leistung einer Rakete. Einer Leistungssteigerung durch höher energet. Treibstoffe sind durch die Temp.-Festigkeit des Brennkammermaterials Grenzen gesetzt, da dieses sich infolge Konvektion u. Strahlung stark erwärmt. Eine Meth., nach der ein Teil der Wärme im Strahlzentrum durch endotherme Rkk. (z. B. Dissoziation eingespritzten H_2) entzogen u. im kälteren Düsenteil in exothermer Rk. (Rekombination) dem Syst. wieder zugeführt wird, wird diskutiert. Damit könnten auch höher energet. Treibstoffe verwendet werden. Der „Kühlstoff" übernimmt die Rolle eines Moderators, der die Wärme aus Gebieten hoher Temp. in Bereiche tiefer Temp. abführt. H. Pförtner. 8310◇

Photoelastische Dehnungsuntersuchungen an Feststoff-Modelltreibsätzen. Lionel Layton, G. A. Shepard und Kent Butterfield. (ARS Journal **32**, 1274–75, 1962; Brigham City, Utah, Thiokol Chem. Corp.; Chicago, Ill., Univ. of Chicago; engl.) — Photoelastizität ist eine experimentelle opt. Meth. zur Best. der Dehnung in Modelltreibsätzen aus gewissen transparenten Stoffen mit Hilfe polarisierten Lichtes. Die Meth. liefert selbst für viscoelast. Stoffe, wie z. B. viele feste Treibstoffe, reproduzierbare u. gut verwertbare Werte. Am Beispiel eines Binders auf Polyurethanbasis als doppelbrechender Substanz, die sehr empfindlich auf kleine Dehnungen reagiert, wird die Meth. erläutert. Zwischen dem beobachteten physikal. Phänomen u. den Dehnungen in dem Modelltreibsatz besteht die Beziehung $\varepsilon_1 - \varepsilon_2 = (n/z) \cdot f(1 + \mu)/E$, wobei $\varepsilon_1 - \varepsilon_2$ die Differenz in den Hauptdehnungen, f die Interferenz-Konst., n die Zahl der farbigen Streifen, t die Schichtdicke, μ die Poisson-Zahl u. E der Elastizitätsmodul sind. $f(1 + \mu)/E$ wird auch als photoelast. Konst. bezeichnet. Mit dieser Beziehung wird der Einfl. der Aushärte-Temp., der Abkühl-Geschw. nach dem Aushärten, des Vernetzungsgrades u. der Form des Treibsatzes auf die Dehnung untersucht. H. Pförtner. 8310◇

Experimentelle Prüfung des Systems Lithium/Wasserstoffperoxid. M. C. Hardin, A. I. Masters und L. E. Toole. (ARS Journal **32**, 1292–94, 1962; Indianapolis, Ind., Gen. Motors Corp. Allison Div.; engl.) — Die an Hand der zur Zeit besten thermodynam. Daten für einen weiten Bereich des Brennstoff/Oxydationsmittel-Verhältnisses des Syst. Li/H_2O_2 berechneten Werte des spezif. Impulses, der Verbrennungs-Temp., des Molgew. der Abbrandgase u. des Verhältnisses der spezif. Wärmen bei eingefrorenem Gleichgewicht werden in 2 Raketenbrennkammern mit 200 lbs. Schub experimentell geprüft. Der engste Querschnitt der Kammern (1,85 u. 3,50 in.) ist für einen theoret. spezif. Impuls von 260 Sek. bei 500 lbs./sq.in. ausgelegt. Li wird durch zersetztes H_2O_2 hypergol. gezündet. Eine Zündverzögerung wird nicht beobachtet. Ein Vgl. der berechneten u. experimentell bestimmten charakterist. Geschw. zeigt, daß vermutlich die den Berechnungen zugrundegelegten thermodynam. Daten fehlerhaft sind, da der experimentelle Wert über dem theoret. liegt, obwohl infolge von Wärmeverlusten in den kleinen Kammern die Leistung beträchtlich unter dem theoret. Wert liegen sollte. Die Ergebnisse werden diskutiert. H. Pförtner. 8326◇

Carlfors Bruk, E. Björklund & Co. Kommanditbolag, Huskvarna, Schweden (Erfinder: Karl Gustav Winquist), **Thermitsprengsatz zum Sprengen von Eis,** enthaltend ca. 80% CuO u. ca. 20% Al zwecks Entw. von > 230 kcal/Mol Al_2O_3 u. geringerem Totaldruck als bei Anwendung entsprechender Mengen Dynamit oder Nitrolit. (**Finn. P. 30 981** vom 26/9. 1957, ausg. 31/10. 1960. Schwed. Prior. 13/11. 1956.) K. H. Kähler. 8305

Československá Socialistická Republika (Erfinder: Jindřich Hýkel, Vlašim), Tschechoslowakei, **Herstellung von Bleiazid** durch Fällung einer alkal. Lsg. von Na-Azid mit einer Lsg. eines lösl. Bleisalzes in Ggw. eines Schutz-Koll. aus Dextrin, wobei man nach dem Ausfällen bzw. vor dem Filtrieren der $Pb(N_3)_2$-Kristalle die Mutterlauge ansäuert. — Beispiel: 500 (g) Na-Azid löst man in 24,5 Liter W. bei 50° unter Zusatz von 10—20 g NaOH u. filtriert; 1300 Bleinitrat löst man in 24,5 Liter W. von 50°, filtriert, setzt 60 Dextrin in 0,5 Liter W. hinzu u. läßt unter Mischen die alkal. Lsg. bei 50° innerhalb 60—70 Min. zufließen. Nach Ausfällen setzt man 40—50 ml Eisessig in 2—3 Liter W. zu, mischt 3—5 Min. u. nutscht $Pb(N_3)_2$ ab. (**Tschech. P. 98 236** vom 10/11. 1959, ausg. 15/1. 1961.) L. Macher. 8309

Aerojet-General Corp., Azusa, übert. von: Milton B. Frankel, Pasadena, Calif., V.St.A., **Herstellung von N.N'-Bis-(nitrazaalkyl)-oxamiden** erfolgt durch Rk. von Nitrazaaminen mit Oxalkyl-Verbb. nach: $2\,R-CH_2-N(NO_2)-A-CH_2-CH_2-NH_2 + R'-CO-CO-R' \rightarrow [R-CH_2-N(NO_2)-A-CH_2-NH-CO]_2$ (R = H, Alkyl, Nitroalkyl; R' = Halogen, Halogenoxy; A = Alkylen). Es werden z. B. zur Lsg. von 11,9 (g) 3-Nitraza-1-butylamin in 50 ml Chlf. 7,3 Oxalsäureäthylester gegeben, wobei 9,9 (67,8%) *N.N'-(3-Nitraza-1-butyl)-oxamid*, F. 225—230°, ausfällt. — *Zwischenprodd. zur Herst. von Spreng- u. Raketentreibstoffen.* (**A. P. 3 000 942** vom 13/6. 1957, ausg. 19/9. 1961.) O. Müller-Meiningen. 8311

Olin Mathieson Chemical Corp. (Erfinder: Don Winton Ryker und John Joseph O'Neill), **Raketentreibstoffpulver.** Gelatinierte Nitrocellulose (I) mischt man mit mindestens 25 Vol.-% (bezogen auf das Gemisch) eines fl. Plastifizierungsmittels (II), das in seiner Zus. gleichzeitig die Wrkg. der Treibladung heraufsetzen kann u. z. B. aus einem Gemisch aus 74 (Gew.-%) Nitroglycerin, 25 Dimethylphthalat u. 1 Centralit bestehen kann, bei Temp., bei denen eine Lsg. von I in II nicht eintreten kann, zu einer gleichmäßigen vergießbaren Masse u. führt diese in ein körniges freifließendes Pulver über. (**Aust. P. 231 451** vom 6/3. 1959, ausg. 12/1. 1961.) O. Roick. 8311

A/S Wejra, Kopenhagen, Dänemark, **Rauchgranaten,** dad. gek., daß diese außer *Hexachloräthan* zusätzlich als Sprengstoff *Trotyl oder Nitroglycerin* enthalten. (**Dän. P. 89 384** vom 29/11. 1958, ausg. 10/10. 1960.) K. H. Kähler. 8313

Koninklijke Nederlandsche Springstoffenfabrieken N. V., Niederlande, *Progressiv abbrennendes Nitrocellulose-Schießpulver.* (**F. P. 1 173 181** vom 19/10. 1956, ausg. 20/2. 1959. Niederl. Prior. 21/10. 1955. — C. **1959,** 15553 [D. A. S. 1 054 895].)

Olin Mathieson Chemical Corp., New York, N.Y. (Erfinder: **John J. O'Neill jun.**, Alton, Ill.), V.St.A., *Herstellung von feinpulvrigen Nitrocellulosekugeln.* (**Jap. A. S. 8738/1961** vom 23/5. 1959, ausg. 26/6. 1961. — C. **1961,** 2853 [D. A. S. 1 084 624].)

Olin Mathieson Chemical Corp., V.St.A., *Explosivstoff.* (**F. P. 1 168 167** vom 14/12. 1956, ausg. 4/12. 1958. — C. **1959,** 5676 [D. A. S. 1 035 031].)

Magnasca Ltd. Soc. An., Tanger, Marokko (Erfinder: **Friedrich Hansen**, Genf, Schweiz), *Aluminiumhaltige Sprengstoffgemische.* (**Oe. P. 200 047** vom 25/1. 1957, ausg. 10/10. 1958. **F. P. 1 166 092** vom 6/2. 1957, ausg. 3/11. 1958. Beide Schwz. Prior. 9/2. 1956. — C. **1957,** 11193 [D. A. S. 1 006 769].)

Imperial Chemical Industries Ltd., England, *Kontinuierliche Herstellung flüssiger, explosibler Salpetersäureester.* (**F. P. 1 162 893** vom 20/12. 1956, ausg. 18/9. 1958. E. Prior. 23/12. 1955 u. 3/8. 1956. — C. **1960,** 3752 [E. P. 808 103].)

Dynamit Akt.-Ges. vormals Alfred Nobel & Co., Deutschland, *Sprengstoff mit veränderlichen Eigenschaften.* (**F. P. 1 178 402** vom 2/12. 1953, ausg. 11/5. 1959. D. Prior. 17/4. 1953. — C. **1958,** 5849 [Belg. P. 524 505].)

Olin Mathieson Chemical Corp., V.St.A. (Erfinder: **Roland John Spomer**), *Cyclonit-Sprengstoff.* (**F. P. 1 169 720** vom 15/3. 1957, ausg. 5/1. 1959. A. Prior. 19/4. 1956. — C. **1959,** 3014 [E. P. 797 982].)

E. I. du Pont de Nemours & Co., V.St.A. (Erfinder: **Jesse Edward Hughes, Leroy Edwin Layton** und **Edmond Joseph Nolan**), *Wasserbeständiger, körniger Sprengstoff auf Basis von anorganischen Nitraten.* (**F. P. 1 176 654** vom 11/6. 1957, ausg. 14/4. 1959. A. Prior. 11/6. 1956. — C. **1959,** 15233 [D. A. S. 1 055 415].)

E. I. du Pont de Nemours & Co., V.St.A. (Erfinder: **Jesse Edward Hughes, Leroy Edwin Layton, Raymond Lozier** und **Edmond Joseph Nolan**), *Wasserfeste Sprengstoffplätzchen.* (**F. P. 1 177 811** vom 1/6. 1957, ausg. 29/4. 1959. A. Prior. 19/7. 1956. — C. **1961,** 3538 [E. P. 819 759].)

Imperial Chemical Industries Ltd., London, England, übert. von: **James C. R. Cance**, Saltcoats, Ayrshire, Schottland, *Zündverfahren.* (**Can. P. 568 473** vom 8/5. 1953, ausg. 6/1. 1959. E. Prior. 21/5. 1952. — C. **1958,** 9956 [Schwz. P. 322 256].)

H_{21}. Leder. Gerbstoffe

Zielsetzung, Aufgaben und Grenzen praxisnaher Forschung in der Lederindustrie und ihre Verwirklichung an der Westdeutschen Gerberschule Reutlingen. Hans Herfeld. (Leder- u. Häutemarkt, Beil.: Gerbereiwiss. u. Prax. **1962,** Nr. 32, 14 Seiten, Sep.; Reutlingen; dt.) — Vf. berichtet im Hinblick auf die derzeitige Situation u. künftige Entw. der deutschen Lederindustrie über praxisnahe Forschungsmethoden. Im einzelnen wird berichtet von Unterss. über Gerbbeschleunigung, Äscherprobleme, Maskierung bei Chromgerbung, Neutralisation, Lickerfettung, Klebetrocknung u. Farbmessung. Entw.-Arbeiten zur Mechanisierung u. Automatisierung (wie Farbgieß-Verf. u. Vakuumtrocknung) sind in Vorbereitung. Verbesserung der Lederqualität wird durch Unterss. über Imprägnierung, Chemischreinigung, Schweißbeständigkeit, Lichtechtheit, Hitzebeständigkeit, elektrostat. Aufladung u. vergleichende Unterss. an Leder u. Kunstleder gefördert. Ferner werden Fragen der Abwasserreinigung u. Verwertung von Abfall-Prodd. bearbeitet. F. Schade. 8330◇

Schnellenthaarung mit Dimethylamin. Ian C. Somerville, Leo V. Hetzel, Richard F. M. Fisher, Jesse Wendkos und Charles J. Cares. (J. Amer. Leather chemists Assoc. **58,** 254—70, 1963; Philadelphia, Pa., Rohm & Haas Co.; engl.) — Die Verw. von *Dimethylamin* zur Enthaarung von Häuten wird beschrieben. Danach arbeitet man in Bädern, die neben Dimethylamin (2%) u. NaOH (0,5—3,3%) noch $CaCl_2$ (2%) oder andere Erdalkalisalze bzw. Sulfate oder Chloride von Mg, Al, Fe u. Cr enthalten. Der Salzzusatz ist zum Schutz des Haares erforderlich, da letzteres sonst rasch zerstört würde. Die Enthaarung läßt sich mit obigem Ansatz innerhalb 18 Std. durchführen. Die erhaltene Lederqualität ist hierbei hervorragend. H. G. Fröhlich. 8334◇

Über den Einfluß synthetischer Gerbstoffe bei der Beschleunigung der pflanzlichen Gerbung. 10. Mitt. **Untersuchungen zur Gerbung mit pflanzlichen und synthetischen Gerbstoffen.** Hans Herfeld. (Leder- u. Häutemarkt, Beil.: Gerbereiwiss. u. Prax. **1962,** Nr. 29, 15 Seiten, Sep.; Reutlingen, Westdeutsche Gerberschule; dt.) — 9. vgl. C. **1963,** 8397. — Die Mitverwendung synthet. Gerbstoffe bei der Herst. von Gew.-Ledern mit pflanzlichen Gerbstoffen wirkt sich nicht nachteilig auf die Lederqualität aus. Neben der Beschleunigung der Gerbung bewirken sie eine Verringerung der Schlammbildung. Die Lederqualität wird insofern günstig beeinflußt, als die Farbe heller u. gleichmäßiger ausfällt. Flexibilität u. Narbenelastizität werden verbessert. Anteilige Verw. handelsüblicher Syntane führte in keinem Fall zur Verschlechterung chem. u. physikal. Eigg.; die Unterss. beziehen sich nur auf bisher verwendete synthet. Gerbstoffe u. auf die eingesetzten Mengen von 25% bei Vollgerbstoffen bzw. 5% bei Kombinationsgerbstoffen. F. Schade. 8336◇

Polyurethan-Zurichtungen. M. E. D. Jarrett. (J. Soc. Leather Trades' Chemists **47,** 178—89, 1963; Darwen, Lancs./England, Walpamur Co. Ltd., Res. Labor.; engl.) — Kurze Darst. über die Chemie, Herst. u. Anwendung von Polyurethanlacken zur Lackierung von Metallen, Holz, Zement, Gummi u. Leder (**I**). Die Zurichtung von **I** wird bes. erwähnt. H. G. Fröhlich. 8338◇

Welche Mindestintensität der Neutralisation ist bei Chromleder erforderlich? 2. Mitt. **Untersuchungen zur Chromgerbung.** H. Herfeld, I. Steinlein und G. Königfeld. (Leder- u. Häutemarkt, Beil.: Gerbereiwiss. u. Prax. **1962,** Nr. 31, 19 Seiten, Sep.; Reutlingen, Westdeutsche Gerberschule; dt.) — 1. vgl. C. **1962,** 7763. — Entgegen älteren Auffassungen, daß Chromleder im Gegensatz zu vegetabil. Ledern gegen Säure resistent ist, kommen Vff. auf Grund umfangreicher Unterss. zu dem Schluß, daß bei pH <3 (unter ungünstigen Lagerbedingungen $<3,5$) bei längerer Lagerung mit Säureschäden zu rechnen ist. Als Mindestneutralisation wird pH 3,5 im wss. Auszug gefordert. Derart neutralisierte Leder führen bei Berührung mit den meisten Metallen nicht zur Korrosion. Lediglich Eisen ohne Oberflächenbehandlung kann auch bei höheren pH-Werten korrodieren. Extrem feuchte Lagerung führt dagegen auch bei anderen Metallen zur Korrosion, die jedoch auf dem Zusammenwirken von Feuchtigkeit, Luftsauerstoff u. Ledersubstanz beruht. Auf pH 3,5 neutralisierte Leder schädigen die üblicherweise verwendeten Nähfäden, außer Baumwoll- u. Leinenfäden nicht. Bei Berührung mit der Haut bis zu 48 Std. bewirken sie keine Hautreizung. F. Schade. 8340◇

Ein Überblick über die Faktoren, die die Narbenbrüchigkeit und Weichheit Cr-gegerbter Wollfelle beeinflussen. Gerald H. Green. (J. Amer. Leather Chemists Assoc. **58,** 279—98, 1963; Egham, Surrey/England, Brit. Leather Manufact. Res. Assoc.; engl.) — Die Ergebnisse ausführlicher Unterss. über die Narbenbrüchigkeit u. Weichheit Cr-gegerbter Wollfelle zeigen, daß vor allem die Qualität der Rohfelle sowie die Zuricht-Meth. nach der Gerbung entscheidend sind. H. G. Fröhlich. 8340◇

Die Konstitution von sulfatierten Ölen. 7. Mitt. **Weitere Untersuchungsergebnisse über Methoden zur quantitativen Bestimmung von $-COOH$-, $-OSO_2OH$- und $-SO_3$-Gruppen und ihrer Salze.** D. Burton und L. F. Byrne. (J. Soc. Leather Trades' Chemists **47**, 169—178, 1963; engl.) — 6. vgl. J. Soc.Leather Trades' Chemists **30**, [1946] 306. — 21 Literaturangaben. H. G. Fröhlich. 8366◇

Bestimmung des Triazinringes in melamingegerbtem Leder durch Infrarotanalyse. William F. Happich und C. Roland Eddy. (J. Amer. Leather Chemists Assoc. **58**, 271—78, 1963; Philadelphia, Pa., Eastern Reg. Res. Labor.; engl.) — Es wird eine Meth. beschrieben, wonach eine weitgehende quant. Best. des Melamin-Geh. in Leder durch IR-Spektroskopie nach der KBr-Scheiben-Meth. möglich ist, ohne daß das zu untersuchende Leder einer besonderen Behandlung unterzogen werden muß. H. G. Fröhlich. 8368◇

Paul F. Lawler, Dedham, Mass., V.St.A., *Behandlung von Leder.* (Can. P. 571 051 vom 4/7. 1956, ausg. 24/2. 1959. —C. 1959, 13989 [A. P. 2 763 577].)

H_{22}. Leim. Klebstoffe usw.

Antonio Edoardo Pavan, Padua, Italien, **Kaltleim für Holzverleimungen,** bestehend aus 35—95 (%) Casein, bis zu 50 $Ca(OH)_2$, bis zu 50 Ammonium–Carbonat–Citrat–Phosphat, bis 35 Ammoniumoxalat u. NH_4OH, bis 50 Zucker, bis 0,3 Campher in wenig Petroleum gelöst. 1 kg des Pulvers wird mit 3,5—4,5 Liter W. angemacht. Der Leim dringt nicht in die Tiefe des Holzes. (**It. P. 554 800** vom 4/6. 1956.) K. Koebke. 8385

L. F. Grigorjewa, Je. G. Aleksejewa und W. N. Kulagina, **Verbinden von Metall- und Glasteilen** bei *Injektionsspritzen* mit einem heißhärtendem Kleber aus 100 (Teilen) Epoxidharz ED 5, 20 Dibutylphthalat, 10 Polyäthylenpolyamin u. 100 Quarzmehl PK 2. Die Spritzen überstehen 1300 Std. lange Sterilisation in sd. W. u. 1080 Std. lange Luftsterilisation bei 165°. (**UdSSR. P. 110 749** vom 9/2. 1957.) L. Großner. 8389

Kenichi Shinowara, Ayao Amemiya, Tôkyô, und Eiji Maeda, Yokohama, Japan, **Verbesserung der Haftung von Polyäthylenoberflächen an Klebmitteln** durch Bestrahlung der Oberfläche mit ionisierenden Strahlen von 10^5—10^8 r/cm² in oxydierender Atmosphäre (Luft, O_2, O_3). (**Jap. A. S. 6675/1961** vom 8/3. 1957, ausg. 3/6. 1961.) M. Pankow. 8389

Borden Co., übert. von: Morris Breslouf, Salem, und Frederick W. Stenuis, Lynn, Mass., V.St.A., **Massen aus Polyvinylacetat und Leim.** Um Polyvinylacetat mit Leim verträglich zu machen, polymerisiert man Vinylacetat (**I**) in Ggw. von ca. 5 Gew.-% Leim oder mehr. — Zum Beispiel emulgiert man 100 (Gew.-Teile) **I**, 5—20 tier. Leim (**II**), 0,3—2 oberflächenakt. Mittel u. 0,1—1 Polymerisationskatalysator in 60—100 W. unter Zusatz von etwas Alkali, um den pH-Wert auf 3,5—5,5 einzustellen, erwärmt auf 70—90°, bis **I** polymerisiert ist, u. setzt dann noch **II** zu, wobei jedoch die Gesamtmenge **II** nicht mehr als 50 betragen soll. — Verw. als *Leim.* (**A. P. 3 011 985** vom 22/1. 1957, ausg. 5/12. 1961.) K. Sarre. 8389

American Cyanamid Co., New York, N.Y., übert. von: Frederic C. Schaefer, Darien, und Leo A. Landers, Stamford, Conn., V.St.A., **Dioxo-bis-guanamine** der allg. Formel **I** (R_1—R_4 = H oder niedrigmol. Alkylreste; R = niedrigmol. Alkylen-, Alkyliden- oder Alkylidendiphenylrest) erhält man durch Rk. von Dicyandiamid (**II**)

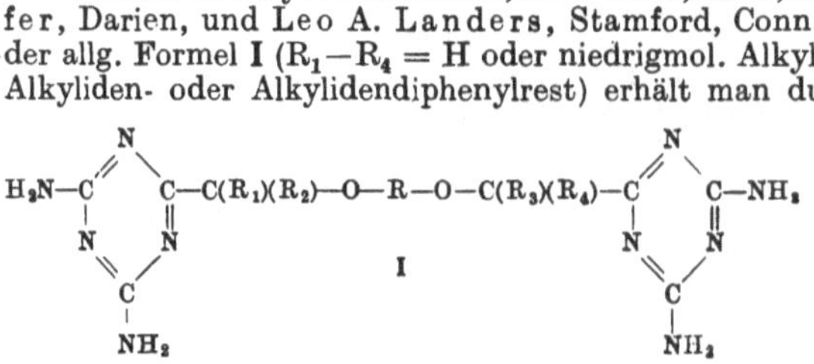

I

mit einem Dinitril in Ggw. eines inerten organ. Lsgm. bei 20 bis ca. 200°, bes. 75—150°. — Man setzt dem Reaktor nacheinander 40 (Teile) α.α'-Äthylidendioxy-bis-acetonitril, 52 **II**, 3 KOH u. 120 Butanol zu, erhitzt 1 Std. auf ca. 105°, kühlt auf ca. 22°, filtriert, wäscht die krist. Masse mit Methanol, dann mit W. u. trocknet bei ca. 100° → *α.α'-Äthylidendioxy-bis-acetoguanamin*, $C_{10}H_{16}N_{10}O_2$, F. 272—274° (W.), 77% Ausbeute. Analog erhält man folgende Prodd. nach Formel I mit den Substituenten R_1—R_4 (wenn nicht genannt = H) bzw. R: aus 93,5 Bis-1-cyanäthylacetal u. 102,4 **II**, 5 KOH u. 240 Butanol → **I**, R = $-CH(CH_3)$-, R_1 u. R_3 = CH_3, *α.α'-Äthylidendioxy-bis-propioguanamin* (**III**), F. 278—279° (50%ig. wss. 2-Methoxyäthanol), 92%; aus 3,5 Bis-1-cyanäthylformal, 5 **II**, 0,5 KOH in 7 Äthylenglykolmonomethyläther → **I**, R = $-CH_2$-, R_1 u. R_3 = CH_3, *α.α'-Methylendioxy-bis-propioguanamin*, $C_{11}H_{18}N_{10}O_2$, F. 286—290°

(50%ig. Methoxyäthanol–W.); aus 284 1.4-(Bis-cyanmethoxy)-butan, 14 KOH u. 96 Butanol, wobei man das Dinitril während 20 Min. bei 115° zusetzt, → **I**, R = $-(CH_2)_4$-, *α.α'-Tetramethylendioxy-bis-propioguanamin*, F. 270—275°, 94%; aus 1.3-Bis-(cyanmethoxy)-2.2-dimethylpropan (Kp.$_5$ 146—148°, n_D^{25} 1,4354) → **I**, R = $-C[(CH_3)_2]$-, *α.α'-Neopentylendioxy-bis-acetoguanamin* (**IV**), F. 230—232°, 80,5%; aus 2.5-(Bis-cyanmethoxy)-pentan → **I**, R = $-C(H)(CH_3)-CH_2-C(H)(CH_3)-$, *1.3-Dimethyl-1.3-trimethylendioxy-bis-(acetoguanamin)*, $C_{13}H_{22}N_{10}O_2$, F. 250—252°, 85%; aus 1.4-Bis-(1-cyanäthoxy)-butan → **I**, R = $-(CH_2)_4-$, R_1 u. R_2 = CH_3, *α.α'-Tetramethylendioxy-bis-propioguanamin*, F. 270—275°, 94%; aus 2.2-Bis-(4-cyanmethoxyphenyl)-propan → **I**, R = $-C_6H_4-C[(CH_3)_2]-C_6H_4-$, *4.4-Isopropyliden-bis-(α-phenoxyacetoguanamin)*. Geeignete Dinitrile sind noch Bis-cyanmethylacetal u. Bis-cyanmethylformal, ferner als Lsgm. Propanol. Man setzt 1 (Mol) **III** mit 4 CH_2O (50%ig. wss. Lsg.) bei pH 6—7 u. 100° um, bis die klare Lsg. trüb wird, kühlt u. löst den Sirup in A.–W. (50 : 50)-Mischung. Die Lsgg. sind lagerbeständig (≧ 12 Wochen) u. liefern beim Ansäuern (pH 5—6,9) klare, gegen A. u. Alkalilaugen beständige Filme. Der Sirup dient ferner direkt oder nach Eindampfen u. Pulverisieren des Trockenprod. als *Laminierklebstoff*. Analoge Prodd. erhält man z. B. auch aus 1 **IV** u. 4 CH_2O. (**A. P. 2 901 464** vom 28/12. 1955, ausg. 25/8. 1959.) G. Vogel. 8389

Radhika Ranjan Purkayastha, Bombay, Indien, **Wasserfeste Klebbänder** für Verpackung u. medizin. Zwecke, bestehend aus einem mit einer Klebmasse üblicher Zus. beschichteten Trägermaterial, auf dessen Rückseite eine Folie aus Polyäthylen, Celluloseacetat oder Cellophan angeheftet wird. (**Ind. P. 67 735** vom 19/5. 1959.) C. Lüttgen. 8389

Permacel Tape Corp., New Brunswick, übert. von: Milton A. Bergstedt, Linden, und Burl W. Keys jun., Highland Park, N.J., V.St.A., **Bedrucktes Klebeband.** Ein Celluloseacetatfilm wird auf der einen Seite mit einem druckempfindlichen Kleber u. auf der anderen Seite mit einer dünnen, kontinuierlichen Überzugsschicht aus einem Alkylmethacrylat, bes. Polymethylmethacrylat, u. Nitrocellulose versehen. Auf diese Überzugsschicht wird ein bedrucktes Kunstharzband aufgebracht. (**Can. P. 562 976** vom 8/7. 1955, ausg. 9/9. 1958. A. Prior. 17/8. 1954.) Eberhard Riedel. 8389

Robert Edward Norland, V.St.A., **Herstellung von Klebebändern,** die auf Druck fest haften, aus einem mehrschichtigen Bandmaterial, welches mit einer parallel gelegten Textilfädenschicht durchzogen wird. Zum Aufbau des Bandes läuft das Bandmaterial von 3 Walzen gleichzeitig ab u. wird durch Klebstoffbehälter geführt. Dabei werden verschiedene Klebstoff-Lsgg. verwendet. Die Lsg. des ersten Bades ist eine 15%ig. Butylacetat-Lsg. eines Gemisches aus 80 (Teilen) Methacrylsäuremethylester u. 20 Dibutylphthalat. Im 2. Bad wird eine 30%ig. Heptan-Lsg. von 100 Mischpolymerisat aus Butadien u. Styrol u. 75 hydriertem Cumaron–Inden-Harz verwendet. Das durch eine Wärmekammer gelaufene Band wird von dem Lsgm. befreit u. danach an der frei liegenden Textilfadenschicht mit einem Überzugsmittel überzogen, das folgende Zus. hat: 100 Kreppapiermehl, 30 Glycerinester von hydriertem Harz, 30 Polyterpenharz u. 2 Zn-Dibutyldithiocarbamat. — 7 Abbildungen. (**F. P. 1 238 507** vom 1/9. 1959, ausg. 2/12. 1960. A. Prior. 2/9. 1958.) M. F. Müller. 8389

Comp. de Produits Chimiques „Boston", Frankreich, **Herstellung eines mit einer doppelten Klebschicht aus verschiedenen Klebstoffen versehenen Klebebandes** Ein Trägerband wird mit einer Klebschicht (I) überdeckt, danach wird eine dünne Faserstoffschicht aus saugfähigem Material aufgetragen u. durch W. hindurchgeleitet. Das überschüssige W. wird abgepreßt u. eine weitere Leimschicht (II) aus einem plast. Material in einem flüchtigen organ. Lsgm., das mit W. nicht mischbar ist, aufgetragen u. das Band durch eine Trockenkammer geleitet. II enthält 150 (Gew.-Teile) Polychloropren, 18 Harnstoff–HCHO-Harz 34,7 Toluol, 32,5 Xylol, 24,3 Bzn. (Kp. 93—133°), 30 $ZnCO_3$, 17 $MgCO_3$ u. 1 Antioxydationsmittel. I besteht aus einer 25%ig. Lsg. von hochmol. Polyvinyläthyläther in Heptan. — 3 Abbildungen. (**F. P. 1 239 498** vom 21/9. 1959, ausg. 7/12. 1960.) M. F. Müller. 8389

Matsushita Denkô Kabushiki Kaisha (Erfinder: Keiun Kô, Taiichirô Tatsumi, Mitsuo Yamada und Teizô Iguchi), Ôsaka, Japan, **Druckempfindliches Klebeband,** dessen Klebschicht aus Kautschuk u./oder synthet. Kautschuk (Butyl-, Nitril-, Styrolkautschuk, Polyacrylester, Kautschuk-Derivv., wie Chlor-, Cyclokautschuk) u. Xylol-, Naphthalin–HCHO-Harz, Xylol–Phenol- u./oder Naphthalin–Phenol-Harz besteht, die man miteinander mischt oder ggf. in Lsgm. löst u. daraus das Klebband herstellt. — 40 (Teile) eines Naphthalin–HCHO-Harzes (aus 90 Formalin, 70 konz. H_2SO_4 u. 110 Naphthalin) u. 60 eines Xylol–Phenol-Harzes (F. 100—120°; aus Phenol–Novolak-Harz u. Xylol–HCHO-Harz mit etwas p-Toluolsulfochlorid) werden mit 70 Pale Crepe-Kautschuk, 30 Polyisobutylen, 1 Alterungsschutzmittel, 20 $CaCO_3$ u. 20 ZnO gemischt u. auf Baumwollgewebe gestrichen. (**Jap. A. S. 5982/1961** vom 25/4. 1958, ausg. 27/5. 1961.) M. Pankow. 8389

Sekisui Kagaku Kôgyô Kabushiki Kaisha, Ôsaka (Erfinder: Yuzô Kanafuji, Ôsaka, Shôji Yasutake, Amagasaki, und Takaji Kishi, Ôsaka), Japan, **Herstellung druckempfindlicher Klebbänder oder -platten.** Zur Verbesserung der Haftung der Klebschicht trägt man auf einen Kunstharzfilm, der als Hauptbestandteil chlorhaltiges Hochmolekulares enthält, eine Unterschicht aus einer Mischung einer wss. Emulsion eines kautschukartigen KW-Stoffes u. einer wss. Emulsion des Cl-haltigen Hochmolekularen u. bringt hierauf die Deckschicht aus druckempfindlichem Klebemittel, das als Hauptanteil einen kautschukartigen KW-Stoff enthält. — So bestreicht man einen Vinylchloridharzfilm mit einer Mischung aus 70 (Teilen) einer wss. Dispersion von Vinylchlorid–Vinylidenchlorid-Mischpolymerisat (Saranlatex CL-57) u. 30 60%ig. Kautschukmilch, trocknet u. bringt hierauf eine Mischung aus 100 Kautschuk, 80 Polyterpenharz, 2 2.6-Diisobutyl-4-methylphenol u. 570 Benzol. (**Jap. A. S. 6674/1961** vom 16/8. 1958, ausg. 3/6. 1961.) M. Pankow. 8389

American Cyn Co., New York, N.Y., übert. von: James H. Groves, Lombard, Ill., V.St.A., **Klebfolie** aus vorgeformtem festem synthet. Harz mit 2 bis 12 mg/in.^{2} eines Adhäsionspromotors. Das Harz besteht aus einem linearen Polyamid, in dem die Amidogruppen durch Alkylengruppen mit mindestens 2 C-Atomen voneinander getrennt sind u. welches akt. H-Atome enthält u. eine Intrinsic-Viscosität von $\geqq$ 0,4 besitzt. Der Promotor ist ein harzartiger Epoxyglycerylpolyäther mit endständigen Epoxyglycerylresten, über Äther-O-Atome gebunden an den 2wertigen Rest eines mehrwertigen Alkohols; Epoxyäquivalent 140—375. Geeignete Polyamide sind Polymere aus Penta- u. Hexamethylendiammoniumsebacat, Hexamethylendiammoniumadipat, 6-Aminocapronsäure, 11-Aminoundecansäure u. Gemischen davon. — Vgl. A. P. 2 962 468; C. **1962,** 3693. (**Can. P. 569 037** vom 21/6. 1956, ausg. 13/1. 1959. A. Prior. 28/6. 1955.) H.-J. Nitzschke. 8389

Bakelite Ltd., London, übert. von: **John A. Ross,** Chilton Buildings, County Durham, England, *Klebstoff.* (**Can. P. 569 162** vom 8/5. 1952, ausg. 20/1. 1959. E. Prior. 16/5. 1951. — C. **1955,** 4260 [E. P. 711 150].)

Bakelite Ltd., London, übert. von: **Eric G. K. Pritchett,** Solihull, und **Phillip R. Cross,** Birmingham, Warwickshire, England, *Klebstoff.* (**Can. P. 569 169** vom 8/9. 1952, ausg. 20/1. 1959. E. Prior. 12/9. 1951. — C. **1956,** 4029 [E. P. 723 884].)

Deutsche Gold- und Silber-Scheideanstalt vormals Roessler, Frankfurt/M. (Erfinder: **Erich Bäder,** Hanau/M., und **Hubert Koert,** Gross-Auheim), *Klebstoff.* (**Schwz. P. 361 876** vom 19/3. 1957, ausg. 30/6. 1962. D. Prior. 19/4. 1956. — C. **1958,** 10826 [D. A. S. 1 014 254].)

General Mills, Inc. (Erfinder: **David Aelony**), Minneapolis, Minn., V.St.A., *Klebemasse aus nicht klebrigen sauren Polyamidsalzen.* (**Jap. A. S. 10 828/1961** vom 2/5. 1959, ausg. 17/7. 1961. — C. **1961,** 15262 [D. A. S. 1 102 322].)

E. I. du Pont de Nemours & Co., V.St.A. (Erfinder: **Robert Charles Doban**), *Behandlung von Polytetrafluoräthylenoberflächen.* (**F. P. 1 221 855** vom 16/1. 1959, ausg. 7/6. 1960. A. Prior. 5/2. 1958. — C. **1961,** 4221 [D. A. S. 1 083 002].)

Minnesota Mining & Mfg. Co. (Erfinder: **Gordon R. Smith**), St. Paul, Minn., V.St.A., *Oberflächenaktivierung von Fluorkohlenstoff-Polymeren.* (**F. P. 1 211 388** vom 27/5. 1958, ausg. 16/3. 1960. **Jap. A. S. 10 336/1961** vom 27/5. 1958, ausg. 12/7. 1961. Beide A. Prior. 27/5. 1957. — C. **1963,** 1453 [E. P. 868 463].)

P. Beiersdorf & Co. Akt.-Ges., Deutschland, *Herstellung von Klebebändern.* (**F. P. 1 206 238** vom 9/6. 1958, ausg. 8/2. 1960. D. Prior. 8/6. 1957. — C. **1962,** 715 [E. P. 836 097].)

H_{23}. Tinte. Hektographenmassen u. a. Spezialpräparate

Moore Business Forms, Ing., Niagara Falls, übert. von: Norman Macaulay, Tonawanda, N.Y., V.St.A., **Farbmasse für Kohlepapier,** dad. gek., daß eine färbende Fl. aus ca. 10—30 (%) Farbstoff u. 70—90 eines fl. Farbstoffträgers in Tröpfchenform (Ø $< 20\,\eta$) homogen in einer kontinurerlichen Phase aus 1—3 (Teilen) eines cycl. Kautschukharzes („Pliolite NR" oder „Alpex") als Filmbildner u. 3—1 eines flüchtigen, mit dem Farbstoffträger nichtmischbaren aliphat. KW-Stoff als Lsgm. homogen verteilt ist. — 140 (g) einer Lsg. aus 40 Säureblau Nr. 1 (Colour Index Nr. 42050) in 160 eines Polyglykols (Molgew. 166—450) werden z. B. in eine Lsg. von 70 „Pliolite NR" in 250 „Apco"-Verdünnungsmittel (naphthen. Fl., D. 0,763, Flammpunk 52° F) einemulgiert, 10 (lbs.) der Emulsion auf 15 Papier (500 Blatt à 20×30 in.) einseitig (für Spezialzwecke auch beidseitig) aufgetragen u. das Lsgm. verdampft. Das Prod. läßt 200 farbkräftige nichtverschmierende Durchschläge zu. — Mengenbeispiele u. Tabellen für die Zus. von Massen. (**A. P. 3 020 170** vom 12/10. 1960, ausg. 6/2. 1962.) G. Vogel. 8423

Columbia Ribbon & Carbon Mfg. Co., Inc., übert. von: Douglas A. Newman, Glen Cove, N.Y., V.St.A., **Kalt auftragbare Farbe für Kohlepapiere** enthält als Bindemittel 10—20 Gew.-Teile eines chlorierten Polyphenyls, eines Vinylpolymerisats, eines harzmodifizierten Alkylharzes oder eines wasserunlösl. Celluloseplasts, 1—6,8 Wachs u. ein flüchtiges Lsgm., ein Aceton. (**A. P. 3 036 924** vom 1/10. 1959, ausg. 29/5. 1962.) C. Kittler. 8423

Gestetner Ltd., London, England, **Matrizen oder Schreibsätze für Bürovervielfältigung,** bestehend aus einem ölhaltigen Matrizenblatt u. aus einem, an einer Kante desselben befestigten, aus Papier bestehenden Rückblatt. Das Rückblatt besitzt eine ölabweisende u. ölundurchdringliche Beschichtung, die aus dem Chromkomplex einer gesätt. Perfluorcarbonsäure besteht. Das Beschichtungsmaterial enthält einen Harnstoffzusatz in einem Verhältnis von 4—6 Teilen pro Gew.-Anteil Chromkomplex. Das Rückblatt besitzt an der Oberfläche z. B. eine Wachsschicht aus Polyäthylen mit dem Molgew. von 2000—2500. — Zur Erzeugung eines schwarzen Überzugs wird ein Bogen Papier mit einem Gemisch aus 14 (Gew.-Teilen) Ruß, 5 Schmierfett (Yorkshire grease), 20 Mineralöl, 9 natürliche Vaseline, 30 Rohmontanwachs 15 Carnaubawachs u. 5 Lithographenfirnis (mittlere Viscosität bei 105—115° überzogen. Das so beschichtete Papier wird an einer Kante an einem ölhaltien Matrizenbogen üblicher Struktur befestigt. Man erhält einen für die Verw. in Schreibmaschinen gebrauchsfertigen Schreibsatz. (**Oe. P. 223 629** vom 10/5. 1961, ausg. 10/10. 1962.) M. F. Müller. 8423

W. Koreska (Erfinder: Rosa Brödl und Gottfried Hofbauer), Wien, Österreich, **Dauerschablone** zur Herst. von *Vervielfältigungen* mittels Schreibmaschine, Handschreibgeräten u. als Funkschablone verwendbar. Zwischen dem Schablonenblatt u. dem Unterlagsbogen ist eine elektr. leitende Schicht angeordnet, u. in der Dauerschablonenmasse sind elektr. leitende Teilchen, z. B. Metallpulver oder C, eingebettet, u. zwar mindestens in einer solchen Menge, daß den vom Funk-App. erzeugten Funken im Schablonenblatt weniger Widerstand entgegensteht als in der mit Verbrennungsrückständen durchsetzten Luftschicht einer unmittelbar vorhergehenden Perforation, jedoch höchstens in einer solchen Menge, daß die lokale Erhitzung beim Stromdurchgang noch ausreicht, um eine Perforation des Schablonenblattes hervorzurufen u. die Beschriftbarkeit mit der Schreibmaschine erhalten bleibt. Im Falle der Verw. von dunkelfarbigen Leiterteilchen werden der Schablonenmasse hellfarbige Pigmente, wie TiO_2 oder Al-Pulver, zugesetzt. — Zum Beispiel besteht der Schablonenbogen aus 11(%) Kollodiumwolle, 9 Weichmacher, 20 Mineralöl u. 60 Graphit. Als Lsgm. dient ein Gemisch aus 70 A. u. 30 Äther. (**Oe. P. 224 138** vom 14/12. 1959, ausg. 12/11. 1962.) M. F. Müller. 8423

Permaco Soc. An., übert. von: Dietrich Fritz Arthur Mohnhaupt, Vesenag, Schweiz, **Herstellung von temperaturempfindlichen Registrierpapieren,** dad. gek., daß ein dunkles Trägerpapier mit leichtgefärbtem Belag eines bei 80—220° sinternden Polymerisates versehen wird. Das Polymerisat (Celluloseester u. Äther, Polystyrol, -vinylacetat, -vinylidenchlorid, -vinylchlorid, -methacrylat, -isobutylen, Cumaron-, Keton-, Formaldehydharze, Colophonium-Derivv.) wird in gelöster Form mit einer inerten organ. Fl., die einen unter dem Polymerisat-Sinterungspunkt liegenden K. hat, vermischt aufgetragen u. die Fll. nacheinander abgetrieben. (**A. P. 3 020 172** vom 8/9. 1959, ausg. 6/2. 1962. Schwz. Prior. 16/9. 1958.) A. Gradl. 8423

Kalle Akt.-Ges., Deutschland, *Kopierverfahren.* (**F. P. 1 254 298** vom 15/4. 1960, ausg. 25/5. 1961. D. Prior. 15/4. 1959. — C. **1962**, 1097 [D. A. S. 1 102 777].)

Kalle Akt.-Ges., Deutschland, *Kopierverfahren.* (**F. P. 1 257 373** vom 14/5. 1960, ausg. 13/7. 1961. D. Prior. 15/5. 1959. — C. **1962**, 1097 [D. A. S. 1 100 656].)

Fa. Günther Wagner, Hannover, *Schreib- und Kopiermaterial.* (**Niederl. P. 102 415** vom 5/2. 1957, ausg. 17/9. 1962. D. Prior. 6/2. 1956. — C. **1961**, 1433 [Oe. P. 201 082].)

National Cash Register Co., (Erfinder: **Henry S. Pesa** und **Lowell Schleicher**), *Druckempfindliches Farbübertragungspapier.* (**Aust. P. 236 636** vom 12/1. 1960, ausg. 21/12. 1961. A. Prior. 4/2. 1959. — C. **1962**, 1099 [A. P. 2 932 582].)

Kalle Akt.-Ges., übert. von: **Oskar Süs** und **Martin Glos**, Wiesbaden, *Wärmeempfindliches Reproduktionsmaterial.* (**A. P. 3 024 362** vom 16/7. 1959, ausg. 6/3. 1962. D. Prior. 9/8. 1958. — C. **1962**, 2971 [D. A. S. 1 109 712].)

Carbonum Ltd., übert. von: **Frederick G. Francis**, London und **David J. Neale**, Woodford, Essex, England, *Carbalkoxyphenylleukauramine.* (**Can. P. 635 602** vom 31/12. 1958, ausg. 30/1. 1962. E. Prior. 20/1. u. 3/3.1958. — C. **1963**, 2308 [Aust. P. 232 062].)

Kalle & Co. Akt.-Ges., Wiesbaden, *Photographisches Material für die Wärmeentwicklung.* (**E. P. 905 215** vom 29/7. 1959, ausg. 5/9. 1962. D. Prior. 9/8. 1958. — C. **1962**, 2970 [D. A. S. 1 109 712].)

Imperial Chemical Industries Ltd., England, *Behandlung der Oberflächen von Polyäthylenterephthalatfolien.* (**F. P. 1 217 122** vom 28/11. 1958, ausg. 2/5. 1960. E. Prior. 29/11. 1957. — C. **1961**, 12713 [E. P. 843 850].)

H_{24}. Photographie

Die Körnigkeit photographischer Bilder. Witold Romer. (Chem. stosowana **4**, 183—230, 4 Tafeln, 1960; Wrocław, Politechn., Kat. Fototechn.; pol.) — Übersicht über Theorie u. Messung der Körnung photograph. Bilder. — 51 Literaturangaben.
F. Urban. 8660◇

Das „Dystrip"-Verfahren. Otto C. Stoessel jun. (National Lithographer **63**, Nr. 9, 28—31, 1956; engl.) — Um bei der Reproduktion von Landkarten für das Flugwesen bestimmte Gebiete leichter mit farbigen Schraffuren belegen zu können, wird eine Beschichtungsfolie benutzt, die durch Sensibilisieren mit Bichromat, Belichten u. Entwickeln in die gewünschte Schraffur umgewandelt wird. G. Grunow. 8662◇

Eastman Kodak Co., übert. von: **Donald W. Heseltine** und **Leslie G. S. Brooker**, Rochester, N.Y., V.St.A., *Sensibilisatoren.* (**A. P. 2 927 026** vom 30/8. 1956, ausg. 1/3. 1960. — C. **1961**, 15632 [D. A. S. 1 082 118].)

Kodak Soc. An., Brüssel, Belgien (Erfinder: **T. M. Laakso, J. L. R. Williams** und **C. S. Garber**), *Photographischer, insbesondere antistatischer Film.* (**Belg. P. 570 792** vom 29/8. 1958, ausg. 3/11. 1961. A. Prior. 3/9. 1957. — C. **1963**, 377 [A. PP. 2 952 535 u. 2 972 538] u. C. **1963**, 4936 [A. P. 2 972 536].)

International Polaroid Corp. (Erfinder: **Edwin Herbert Land**), *Silbersalzdiffusionsverfahren.* (**Aust. P. 231 147** vom 12/12. 1958, ausg. 8/12. 1960. A. Prior. 30/12. 1957. — C. **1963**, 1525 [E. P. 863 516].)

Imperial Chemical Industries Ltd., London, England (Erfinder: **Colin William Greenhalgh**), *Farbkuppler.* (**E. P. 830 797** vom 20/3. 1957, ausg. 23/3. 1960. — C. **1961**, 17080 [F. P. 1 202 940].)

Dow Chemical Co., übert. von: **John Easley** und **Charles W. Hopkins**, Midland, Mich., V.St.A., *Ätzen von Druckplatten aus Magnesium, Zink und ihren Legierungen.* (**A. P. 2 979 387** vom 27/8. 1956, ausg. 11/4. 1961. — C. **1961**, 12715 [Aust. P. 219 175].)

Gevaert Photo-Producten N. V., Mortsel, Belgien, *Elektrophotographisches Material.* (**Oe. P. 223 032** vom 26/2. 1960, ausg. 27/8. 1962. E. Prior. 26/2. 1959 u. 29/1. 1960. — C. **1963**, 5692 [F. P. 1 249 634].)

Gevaert Photo-Producten N. V., Mortsel, Belgien, *Herstellung eines elektrophotographischen Materials* (**Oe. P. 223 033** vom 30/1. 1961, ausg. 27/8. 1962. E. Prior. 29/1. u. 26/4. 1960. — C. **1963**, 5692 [F. P. 1 249 634].)

Harris-Intertype Corp., Cleveland, Ohio, V.St.A., *Elektrophotographisches Verfahren und lichtempfindliches Material hierfür.* (**E. P. 888 371** vom 17/2. 1958, ausg. 31/1. 1962. A. Prior. 15/2. 1957. — C. **1963**, 18314 [D. A. S. 1 129 051].)

Kodak Ltd., London, England, bzw. **Kodak Soc. An.**, Brüssel, Belgien (Erfinder: **James Gordon Jarvis, Dale Leroy Smith** und **Rayen Welch Tyler**), *Elektrophotographische Schichten.* (**E. P. 895 723** vom 16/4. 1958, ausg. 9/5. 1962. **Belg. P. 566 768** vom 14/4. 1958, ausg. 12/8. 1960. Beide A. Prior. 17/4. 1957. — C. **1963**, 18314 [A. P. 3 003 870].)

Ozalid Co. Ltd. und **Arnold Tanenbaum**, London, England, *Elektrographisches Verfahren.* (**E. P. 893 491** vom 17/12. 1957, ausg. 11/4. 1962. — C. **1963**, 18314 [A. P. 2 997 387].)

Kalle Akt.-Ges., Wiesbaden, *Kopiermaterial, insbesondere zur Herstellung von Druckformen.* (**Oe. P. 223 030** vom 27/7. 1960, ausg. 27/8. 1962. D. Prior. 29/7. 1959. — C. **1963**, 18313 [D. A. S. 1 134 887].)

Kodak Ltd., London, England (Erfinder: **Roy Arthur Jeffreys, Norman Donald Clarke** und **David George Saunders**), *Lichtbeständigmachen von Farbbildern.* (**E. P. 926 284** vom 22/1. 1960, ausg. 15/5. 1963. A. Prior. 26/1. 1959. — C. **1963**, 3460 [A. P. 2 983 607].)

Kodak Ltd., London, England (Erfinder: **William Owen O'Neill**), *Schutzpapier für photographische Rollfilme.* (**E. P. 915 913** vom 15/8. 1960, ausg. 16/1. 1963. A. Prior. 17/8. 1959. — C. **1963**, 8384 [F. P. 1 265 131].

Druckfehlerberichtigungen

Zu Band
1946 II.

S. 3409, Zeile 31 v. o. statt: *Nitrilen* lies: *Nitriten.*

S. 3977, Zeile 32 v. o. statt: **Deaborn** lies: **Dearborn.**

S. 3977, Zeile 13 v. u. statt: *N*[1]-[*Chlorpyrimidyl-(2)*]-*methanilamid* lies: *N*[1]-[*Chlorpyrimidyl-(2)*]-*metanilamid.*

Zu Sonderband
1950/54.

S. 104 S, Zeile 10 v. u. statt: Cyanaid lies: Cyanamid.

S. 106 S, Zeile 28 v. u. statt: Lehigto lies: Lehigh.

S. 134 S, Zeile 8 v. o. statt: die lies: in.

S. 140 S, Zeile 12 v. o. statt: Cola lies: Coll.

S. 146 S, Zeile 9 v. o. statt: Benzolsulfenyl- lies: Benzolsulfonyl-.

S. 146 S, Zeile 9 v. u. statt: l-Silicat lies: Al-Silicat.

S. 146 S, Zeile 14 v. o. statt: Hydrazien lies: Hydrazin.

S. 783 S, Zeile 27 v. o. statt: C 4 lies: C = 4.

S. 789 S, Zeile 5 v. o. statt: Oleatem lies: Oleate.

S. 2343 S, Zeile 24 v. o. statt: 7-Methoxyphthalsäureanhydrid lies: 3-Methoxyphthalsäureanhydrid.

S. 2344 S, Zeile 26 v. u. statt: $C_{14}H_{18}O_4N$ lies: $C_{17}H_{17}O_4N$.

S. 2360 S, Zeile 31 v. u. statt: Diäthylacetal lies: Diäthylacetol.

S. 2373 S, Zeile 26 v. o. statt: 17,900 lies: 17900.

S. 2377 S, Zeile 21 v. o. statt: 5. Mitt. *Die Hydrierung...* lies: 5. Mitt. *Aminoalkohole.* 19. Mitt. *Die Hydrierung....*

S. 3085 S, Zeile 17 v. u. statt: 8282 lies: 8582.

S. 3793 S, Zeile 13 v. u. statt: MgBa lies: MgBr.

S. 3799 S, Zeile 25 v. u. statt: Fluorescenzsensitionierung lies: Fluorescenzsensitivierung.

S. 4492 S, Zeile 30 v. u. statt: Capsanthin lies: Capsanthol.

S. 4492 S, Zeile 30 v. u. statt: Dihydro-*β*-carotin lies: Dihydroxy-*β*-carotin.

S. 5216 S, Zeile 11 v. o. statt: B 118 lies: B 120.

S. 5216 S, Zeile 27 v. o. statt: L.-L. Klaar lies: M.-L. Klaar.

S. 5230 S, Zeile 11 v. u. statt: (I) aus Anilin u. Triäthyl-(III)-orthoformiat (IV) lies: (I) aus Anilin (III) u. Äthylorthoformiat (IV).

S. 5233 S, Zeile 31 v. u. statt: z. lies: 2.

S. 5923 S, Zeile 10 v. u. statt: $C_{18}H_{13}O_3N$ lies: $C_{18}H_{13}O_2N$.

S. 5943 S, Zeile 3 v. u. statt: (F. 144°) lies: F. 140 bis 144°).

S. 5943 S, Zeile 6 v. u. statt: I-Hydrolyse von III lies: I-Hydrolyse von II.

S. 5949 S, Zeile 24 v. o. statt: gleichzeitig lies: gleichsinnig.

S. 6676 S, Zeile 22 v. u. statt: (Essigsäure), N.N-Dimethylderiv., $C_9H_{12}ON_2$, F. 153° (A.) (Bull. lies: (Essigsäure). (Bull.

S. 6676 S, Zeile 25 v. u. statt: (Ae.–PAe.); N-Acetylderiv. lies: (Ae.–PAe.); N.N-Dimethylderiv., $C_9H_{12}ON_2$, F. 153° (A.); N-Acetylderiv.

S. 6676 S, Zeile 26 v. u. statt: (Ae.–Ae.) lies: (Ae.–PAe.)

S. 6682 S, Zeile 15 v. o. statt: 1-Desoxy-D-glucose lies: 1-Desoxy-D-glucopyranose.

S. 6682 S, Zeile 18 v. o. statt: 1-Desoxy-D-arabinose lies: 1-Desoxy-D-arabopyranose.

S. 6682 S, Zeile 12 v. u. statt: von Äthylphosphonsäuremonoäthylestern lies: von Äthylphosphonigsäuremonoalkylestern.

S. 6690 S, Zeile 3 v. u. statt: 3-Hydroxy-methoxy- lies: 3-Hydroxy-4-methoxy-.

S. 6691 S, Zeile 34 v. o. statt: Novoacain lies: Novocain.

S. 7300 S, Zeile 14 v. o. statt: Phloroglucintrimethylester lies: ...äther.

S. 7300 S, Zeile 28 v. u. statt: frien lies: freien.

S. 7301 S, Zeile 11 v. o. statt: 2.4.6-Trimethyl-Deriv. lies: 2.4.7-Tri...

S. 7828 S, Zeile 19 v. u. statt: Nr. 1. Nov. 1953r. lies: Nr. 1. 254—59. Nov. 1953.

S. 8327 S, Zeile 6 v. u. statt: $C_{23}H_{25}JN_2O_2S_2$ lies: $C_{23}H_{25}JN_2O_2Se$.

S. 8327 S, Zeile 17 v. u. statt: $C_{23}H_{29}JN_2S_2$ lies: $C_{23}H_{25}JN_2S_2$.

S. 8327 S, Zeile 25 v. u. statt: $C_{20}H_{31}JN_2O_2Se$ lies: $C_{20}H_{21}JN_2O_2Se$.

S. 8328 S, Zeile 24 v. o. statt: 4-Hydroxy-, lies: 4-Hydroxychinolin.

S. 8331 S, Zeile 23 v. u. statt: (Vgl. C. **1950/54** lies: (Vgl. C. **1950/54.** 2346 S).

S. 8337 S, Zeile 28 v. o. statt 454.) lies: 454.) 25. vgl. C. **1950/54.** 8329 S.

S. 8342 S, Zeile 4 v. u. statt: 13117.) lies: 13117.) 18 vgl. C. **1950/54.** 8337 S, 25. vgl. C. **1950/54.** 8329 S.)

S. 8343 S, Zeile 25 v. o. statt: 9967.) lies: 9967.) 11. vgl. C. **1950/54.** 7826 S.)

Zu Band
1960.

S. 911, Zeile 8 v. o. statt: *Dimethylaminoäthyltheophyllinhydrochlorid* lies: *Diäthylaminoäthyltheophyllinhydrochlorid.*

S. 1182, Zeile 3 v. o. statt: *Hexahydroxy-3.3'-dimethyl...* lies: *Hexahydroxy-2.2'-dimethyl...*

S. 1322, Zeile 1 v. o. statt: 15° lies: 50°.

S. 1551, Zeile 24 v. u. statt: *1-[2'.6'-Dichlorphenyl]-* lies: *1-[2'.6'-Dichlorphenyl]-2-methyl-.*

S. 2382, Zeile 14 v. u. statt: *Stearinsäure–Äthylendiamin* bzw. –*Phenylendiamin* lies: *Stearinsäureäthylendiamid–Stearinsäurephenylendiamid.*

S. 2382, Zeile 15 v. u. statt: An 4 Systemen: lies: An 3 Systemen:.

S. 3493, Zeile 29 v. u. statt: *2.4.7-Trinitrofluoren* lies: *2.4.7-Trinitrofluorenon.*

S. 4780, Zeile 6/7 u. 10 v. o. statt: *Dichloräthylen* u. *Dibromäthylen* lies: *Äthylendichlorid* u. *Äthylendibromid.*

S. 5458, Zeile 4 v. u. statt: *Phenylalanin–Senföl* lies: *Phenylalanin–Senfgas.*

S. 5566, Zeile 1 v. o. statt: *Äthylmethan* lies: *Äthylurethan.*

S. 6383, Zeile 21 v. o. statt: *Triazin-* lies: *Thiazin-.*

S. 7525, Zeile 24, v. u. statt: Kotarusäure lies: Cotarnsäure.

S. 10058, Zeile 22 v. u. statt- n-Pentan, n-Hexan, n-Pentan lies: n-Pentan, n-Hexan, n-Heptan.

S. 12048, Zeile 2 v. u. streiche: (*6α-N-Acetyl-D-neuraminyl-N-acetylgalaktosamin*; **IV a**).

S. 12048, Zeile 5 v. u. statt: isolierte Disaccharid im lies: isolierte Disaccharid (*6α-N-Acetyl-D-neuraminyl-N-acetylgalactosamin*; **IV a**) im..

S. 13772, Zeile 2 v. o. statt: Ioneryl lies: Soneryl.

S. 14450, Zeile 5 v. u. statt: Dichloressigsäure lies: Dithiodiessigsäure.

S. 16357, Zeile 10 v. u. statt: $TaCl_3$ lies: $TaCl_5$.

S. 17136, Zeile 25 v. u. statt: *Kohlenwasserstoffe* lies: *Kohlenhydrate.*

Zu Band

1961.

S. 722, Zeile 14 v. u. statt: Fr lies: In.

S. 1047, Zeile 14, 15, 21 v. u. statt: Stearine lies: Sterine.

S. 2498, Zeile 3 v. u. statt: *6-Acetylamino-3.5-didesoxy-D-erythro-L-gulunonulosonsäure* lies: *5-Acetylamino-3.5-didesoxy-D-erythro-L-gulononulosonsäure*.

S. 4526, Zeile 27 v. u. statt: *Siriusrosa 2B*(17,37) lies: *Siriusrot 2B*(17, 37).

S. 9453, Zeile 25 v. u. statt: *5-Fluor-* lies: *5-Fluoranthranilsäure*.

S. 10769, Zeile 1 v. o. statt: Solvay & Cie. lies: Solvic Soc. An.

S. 11165, Zeile 20 v. o. statt: **Oe. P. 211 407** lies: **Oe. P. 211 047.**

S. 11518, Zeile 26 v. o. statt: **Malonitrilsäuren** lies: **Maloanilidsäuren.**

S. 11822, Zeile 21, 24, 26 v. u. statt: Elektronen lies: Neutronen.

S. 12268, Zeile 14 v. o. statt: **Butanol-(2)-cuprat** lies: **Butanol-(2)-caprat.**

S. 12590, Zeile 22 v. o. statt: Ionenschmelzverfahren lies: Zonenschmelzverfahren.

S. 13345, Zeile 20 v. u. statt: **UdSSR. P. 118 223** lies: **UdSSR. P. 118 236.**

S. 14184, Zeile 31 v. u. statt: **Weidemann-Effekt** lies: **Wiedemann-Effekt.**

S. 14352, Zeile 1 v. u. statt *p-Hydroxyphenetylamin* lies: *p-Hydroxyphenäthylamin.*

S. 15213, Zeile 26 v. o. statt: Kureha lies: Kurewa.

S. 15265, Zeile 22 v. o. statt: Crowden lies: Cowden.

S. 15535, Zeile 10 u. 11 v. u. statt: Diisobutenylthiolphosphonsäure-O-äthyl-S-propylmercaptoäthylester lies: Diisobutenylthiolphosphonsäure-O-äthyl-S-[γ-äthylmercaptopropyl]-ester.

S. 16611, Zeile 5 v. o. statt: N-Methyl-N-toluolsulfonamid lies: N-Methyl-N-nitroso-p-toluolsulfonamid.

Zu Band

1962.

S. 47, Zeile 24 v. o. statt: Ionenaustausch-Rkk. lies: Isotopenaustausch-Rkk.

S. 90, Zeile 27 v. o. statt: C. **1957.** 8197. lies: C. **1957.** 8179.

S. 135, Zeile 16 v. u. statt: **Neutrabrot** lies: **Neutralrot.**

S. 168, Zeile 28 v. u. statt: Taubenleber lies: Taubenpankreas.

S. 478, Zeile 10 v. o. statt: Locophorin lies: Lophophorin.

S. 534, Zeile 7 v. u. statt: *Arginin, Vasopressin* lies: *Arginin–Vasopressin.*

S. 547, Zeile 25 v. o. statt: *Ricinussäure* lies: *Ricinolsäure.*

S. 795, Zeile 5 v. u. statt: (C. **1959.** E. 4731) lies: (C. **1949.** E. 4731).

S. 1030, Zeile 1 v. o. statt: Studiengesellschaft m.b.H. lies: Studiengesellschaft Kohle m.b.H.

S. 1174, Zeile 4 v. o. statt: *3β.17β.-Diacetoxy-5α-$\Delta^{7,9}$-androstadien* lies: *3β.17β-Diacetoxy-5α-Δ^{7}-androsten.*

S. 1174, Zeile 16 v. o. statt: *-$\Delta^{1,4,9}$-pregnatrien* lies: *-$\Delta^{1,4,9,11}$-pregnatrien.*

S. 1174, Zeile 23 v. u. statt: *-Δ^{9}-cholensäure* lies: *-$\Delta^{9,11}$-cholensäure.*

S. 1177, Zeile 26 v. o. statt: 827 – 28. lies: 838 – 39.

S. 1290, Zeile 22 v. u. statt: *Carbamizol* lies: *Carbimazol.*

S. 1297, Zeile 11 v. o. statt: **Aminosäureimbalanz** lies: **Aminosäureimbilanz.**

S. 1297, Zeile 13 u. 16 v. u. statt: Soffloweröl lies: Safranöl.

S. 1307, Zeile 2 v. u. statt: Formulierung lies: Rezeptur.

S. 1369, Zeile 31 v. u. statt: **TiO:** lies: **TiO_2.**

S. 1465, Zeile 20 v. o. statt: Gijutsuin Chō lies: Gijutsu Inchō.

S. 1541, Zeile 11 v. u. statt: **II** lies: **I** als Katalysator.

S. 1566, Zeile 28 v. u. statt: *Rhodanin B* lies: *Rhodamin B.*

S. 1672, Zeile 24 v. u. statt: **Vitamin P** lies: **Vitamin PP.**

S. 1821, Zeile 11 v. u. statt: Andrealis lies: Andreadis.

S. 2060, Zeile 5 v. u. statt: Toluin lies: Toluidinblau.

S. 2303, Zeile 25 v. o. statt: Trapezaeder lies: Ikositetraeder.

S. 2303, Zeile 25 v. o. statt: Dodekaeder lies: Rhombendodekaeder.

S. 2367, Zeile 17 v. u. statt: *2-Keto-4*(oder *6α*)-*methylhexa-* lies: *2-Keto-4* (oder *6α*)*-methyltetra-*.

S. 2489, Zeile 21 v. o. statt: H.-G. Hartmann lies: H.-J. Hartmann.

S. 2507, Zeile 28 v. o. statt: Alt-Bldg. lies: Alit-Bldg.

S. 2549, Zeile 3 v. u. statt: von lies: mit.

S. 2717, Zeile 12 v. o. statt: 2,51 g u. 0,2 g **II** Benzaldehyd lies: 2,51 g **II** u. 0,2 g Benzaldehyd.

S. 3056, Zeile 29 v. o. statt: **Bis-[polyfluoralkyl]-** lies: **Bis-[polyfluoralkyl].**

S. 3067, Zeile 4 v. o. statt: *o-Chlophrenyl...* lies: *o-Chlorphenyl...*

S. 3397, Zeile 13 v. u. statt: *4-Amino-2-methyl-* lies: *6-Amino-2-methyl-.*

S. 3402, Zeile 4 v. o. statt: P_k/V_s lies: $P_k . V_s$.

S. 3431, Zeile 7 v. u. statt: neben 80% **VIII** lies: neben 80% **XII.**

S. 3605, Zeile 2 v. o. statt: S-Pentachlorthiolkohlensäure lies: S-Pentachlorphenylthiolkohlensäure.

S. 3774, Zeile 15 v. u. statt: *essigsäurepentylester* lies: *essigsäurecyclopentylester.*

S. 3866, Zeile 26 v. u. statt: Spasma lies: Sperma.

S. 3866, Zeile 29 v. u. statt: **Spasma** lies: **Sperma.**

S. 4217, Zeile 15 v. u. statt: *2α-Dihydrotestosteron* lies: *2α-Methyldihydrotestosteron.*

S. 4321, Zeile 19 v. o. statt: **des kubischen Gefüges** lies: **der kubischen Textur.**

S. 4423, Zeile 5 v. u. statt: **Europiums. 1. Mitt.** lies: **Europium I.**

S. 4618, Zeile 13 v. u. statt: **Schilddrüse** lies: **Hypophyse.**

S. 4975, Zeile 21 v. o. statt: *Uranildi-* lies: *Uramildi-.*

S. 5093, Zeile 25/26 v. u. statt: **Verhinderung der Korrosion von wässerigen oder wasserfreien Dimethylsulfoxid enthaltenden Mischungen** lies: **Verhinderung der durch wässeriges oder wasserfreies Dimethylsulfoxid enthaltende Mischungen verursachten Korrosion von Eisen.**

S. 5341, Zeile 16 v. u. statt: *Sporidesmolsäure B* lies: *Sporidesmolsäure A.*

S. 5586, Zeile 4 v. u. statt: $PbNO_3$ lies: $Pb(NO_3)_2$.

S. 5630, Zeile 22 v. u. statt: **Stark gehinderte** lies: **Stark sterisch gehinderte.**

S. 5674, Zeile 25 v. o. statt: *1.8-Dithia-2.4.5.7-tetraazaoktahydro...* lies: *1.8-Dithia-2.4.5.7 tetraazatetrahydro...*

S. 5801, Zeile 21 v. o. statt: Eu-Verb. lies: Cu-Verb.

S. 5978, Zeile 16 v. o. statt: C. **1959,** 16538 lies: C. **1959,** 16583.

S. 6008, Zeile 11 v. o. statt: *p-Thiosäureimido...* lies: *p-Thiotoluylsäureimido...*

S. 6353, Zeile 15 v. u. statt: trans-p-Chloracetophenon lies: trans-p-Chlorbenzalacetophenon.

S. 6396, Zeile 11 v. o. statt: *Photodymeres* lies: *Photodimeres.*

S. 6400, Zeile 20 v. o. statt: Äthylendiimin lies: Äthylenimin.

S. 6443, Zeile 9 v. o. statt: *Acetylkynuren* lies: ***Acetylkynurenin.***

S. 6449, Zeile 32 v. o. statt: *Transentin* lies: *Trasentin H.*
S. 6469, Zeile 28 v. o. statt: **Maleinsäure** lies: **Äpfelsäure.**
S. 6694, Zeile 23 v. u. statt: 12,520 lies: 12520.
S. 6699, Zeile 11 u. 12 v. oben statt: NO lies: NiO.
S. 6774, Zeile 28 v. u. statt: 100% ig. **VI** lies: 100% ig. **V.**
S. 6807, Zeile 19 v. o. statt: *Natriumthiosulfit* lies: *Natriumhydrosulfit.*
S. 6828, Zeile 28 v. o. statt: -[3.4-dichlorbenzylamidinoformyl]: lies: -[3.4-dichlorbenzylamidino]:
S. 6865, Zeile 27 v. o. statt: **Monophenyl- und** lies: **Phenyldicholinylphosphats und.**
S. 6865, Zeile 31 v. o. statt: *Phenylphosphorylcholindibromid* lies: *Phenyldicholinylphosphatdibromid.*
S. 6867, Zeile 17 v. u. statt: *hydroxyäthyl)-piperidino}-n-propyl]- (Trilafon,* lies: *hydroxyäthyl)-piperazino}-n-propyl]- (Trilafon,*
S. 6952, Zeile 8 v. u. statt: (ca. 13% Cr) lies: (ca. 13% U).
S. 7089, Zeile 5 v. u. statt: **Konstruktion** lies: **Konstitution.**
S. 7231, Zeile 18 v. u. statt: *5-Isopropylhydroxypsoralen* lies: *5-Isopropyloxypsoralen.*
S. 7492, Zeile 4 v. u. statt: *Isopinocamphenon* lies: *Isopinocamphon.*
S. 7493, Zeile 28 v. o. statt: *Isopinocamphenon* lies: *Isopinocamphon.*
S. 7518, Zeile 3 v. o. statt: **Flavanolacetaten** lies: **Flavonolacetaten.**
S. 7518, Zeile 9 v. o. statt: *Rhamnetitin* lies: *Rhamnetin.*
S. 7518, Zeile 5 v. u. statt- *Δ^3-Piperidinen* lies: Δ^3-Piperideinen.
S. 7518, Zeile 7 v. u. statt: **Δ^3-Piperidine** lies: **Δ^3-Piperideine.**
S. 7595, Zeile 4 v. u. statt: KCl lies: K_2CO_3.
S. 7617, Zeile 19 v. u. statt: *Endrix* lies: *Esidrix.*
S. 7872, Zeile 11 v. u. statt: **syn-cis-Δ^7-Hydrinden-4.5-dicarbonsäure** lies: **syn-cis-Δ^7-Tetrahydrohydrinden-4.5-dicarbonsäure.**
S. 7878, Zeile 5 v. u. statt: **exo-Dihydrodicycloheptadien** lies: **exo-Dihydrodicyclopentadien.**
S. 7892, Zeile 12 v. u. statt: **A.** lies: A.
S. 7898, Zeile 26 v. o. statt: $C_{10}H_{10}N_2O \cdot C_6H_3N_3O_7$ lies: $C_{10}H_{10}N_2O \cdot HClO_4$.
S. 8423, Zeile 6 v. u. statt: **borazylhexan** lies: **boracyclohexan.**
S. 8603, Zeile 21 v. o. statt: *Thiolessigsäure* lies: *Mercaptoessigsäure.*
S. 8603, Zeile 18 v. u. statt: Mg-Derivv. lies: Hg-Derivv.
S. 8629, Zeile 12 v. o. statt: **12α-Fluor-21-acetoxyhydrocortison** lies: **12α-Fluorhydrocortison-21-acetat.**
S. 8894, Zeile 1 v. o. statt: Erdalkalichloriden lies: Erdalkalichloriten.
S. 8975, Zeile 32 v. u. statt: VIII-*Phenylhydrazin* lies: **VIII**-*Phenylhydrazon.*
S. 9299, Zeile 11 v. o. statt: **-Doppelbindungen** lies: **-Mehrfachbindungen.**
S. 9306, Zeile 6 v. o. statt: *β-Propylallylalkohol* lies: *γ-Propylallylalkohol.*
S. 9306, Zeile 24 v. o. statt: *β-Amyl-* lies: *γ-Amyl-.*
S. 9332, Zeile 9 v. o. statt: Phenyläthylaminoessigsäure. lies: Phenylmethylaminoessigsäure...
S. 9342, Zeile 1 v. o. statt: 4-Methylacetophenen lies: 4-Methylacetophenon.
S. 9514, Zeile 27 v. o. statt: Dimethylboran lies: Dimethylaminoboran.
S. 9635, Zeile 21 v. u. statt: 1.10-Phenanthren lies: 1.10-Phenanthrolin.
S. 9643, Zeile 27 v. o. statt: Tricarbonyl-bis-[2-diphenylphosphinoäthan] - phenylphosphinmolybdän lies: Tricarbonyl-bis-[2-diphenylphosphinoäthyl]-phenylphosphinmolybdän.
S. 9670, Zeile 14 v. u. statt: *o-Chlorbenzol* u. *p-Chlorbenzol* lies: *o-Chlortoluol* u. *p-Chlortoluol*
S. 9715, Zeile 7 v. u. statt: 4-Azafluorenjodmethylat lies: 2-Azafluorenjodmethylat.
S. 9893, Zeile 24 v. u. statt: **Calciumacetat** lies: **Cadmiumacetat.**
S. 10012, Zeile 23 v. u. statt: Phenyl-tris-[phenylsiloxy]-quecksilber lies: Phenyl-tris-[phenyl]-siloxyquecksilber.
S. 10164, Zeile 14 v. o. statt: *Flavinadeninmononucleotid* lies: *Flavinmononucleotid.*
S. 10167, Zeile 28 v. u. statt: *Cholinester* lies: *Cholesterin.*
S. 10175, Zeile 18 v. o. statt: *1-[4-Hydroxyphenyl]-2-dimethyläthylaminopropan* lies: *1-[4-Hydroxyphenyl]-2-dimethylaminopropan.*
S. 10229, Zeile 4 v. o. statt: Eisen(II)-hydroxid lies: Eisen(III)-hydroxid.
S. 10425, Zeile 19 v. u. statt: *Allenylaldehyd* lies: *Allenyldimethylacetaldehyd.*
S. 10452, Zeile 1 v. u. statt: *2.6-Bis-[3-äthylrhodaninyl-* lies: *2.6-Bis-[3-äthylrhodaninyliden-.*
S. 10452, Zeile 2 v. u. statt: *1.4-Bis-[3-phenylrhodaninyl-(5)-methylen]-...* lies: *1.4-Bis-[3-phenylrhodaninyliden-(5)-methyl]-...*
S. 10452, Zeile 10 v. u. statt: *[3-äthylrhodaninyl-(5)-methylen]-...* lies: *[3-äthylrhodaninyliden-(5)-methyl]-...*
S. 10452, Zeile 13 v. u. statt: *2.6-Bis-[rhodaninyl-(5)-methylen]-...* lies: *2.6-Bis-[rhodaninyliden-(5)-methyl]-...*
S. 10452, Zeile 15 v. u. statt: *1.4-Bis-[rhodaninyl-(5)-methylen]-...* lies: *1.4-Bis-[rhodaninyliden-(5)-methyl]-...*
S. 10453, Zeile 1 v. o. statt: *(5)-methylen]-pyridin* lies: *(5)-methyl]-pyridin.*
S. 10453, Zeile 2 v. o. statt: *Bis-[3-phenylrhodaninyl-(5)-methylen]-...* lies: *Bis-[3-phenylrhodaninyliden-(5)-methyl]-...*
S. 10775, Zeile 11 u. 28 v. o. statt: $N_2H_4BeF_3OH$ lies: $N_2H_6BeF_3OH$.
S. 10800, Zeile 21 v. u. statt: I-Cyanhydrid lies: I-Cyanhydrin.
S. 10831, Zeile 25 v. u. statt: *Benzimidazolo-[1'.2':1.2]-3.4-dihydroxy-...* lies: *Benzimidazolo-[1'.2':1.2]-3.4-diacetoxy-...*
S. 10845, Zeile 2 v. u. statt: Carchejol lies: Carquejol.
S. 10845, Zeile 5 v. u. statt: **Carchejol** lies: **Carquejol.**
S. 10846, Zeile 1 v. o. statt: *Isocarchejol* lies: *Isocarquejol.*
S. 10846, Zeile 14 v. u. statt: *Methadienon-(5)* lies: *Menthadienon-(5).*
S. 10855, Zeile 27 v. o. statt: 5α.6α-Oxidoprogesteron-bis-... lies: 5α.6α-Oxidopregnan-3.20-dion-bis-...
S. 11051, Zeile 25 v. u. statt: Okt. 1961 lies: Okt. 1960.
S. 11179, Zeile 7 v. o. statt: *β*-**Dicarboxylverbindungen** lies: *β*-**Dicarbonylverbindungen.**
S. 11200, Zeile 27 v. o. statt: **annointum** lies: **annotinum.**
S. 11211, Zeile 21 v. u. statt: *Asparajita* lies: *Aparajita.*
S. 11258, Zeile 3 v. o. statt: $C_{34}H_{38}N_4O_4$ lies: $C_{38}H_{38}N_4O_4$.
S. 11280, Zeile 10 u. 14 v. o. statt: **Amidopyridin** bzw. *Amidopyridin* lies: **Amidopyrin** bzw. *Amidopyrin.*
S. 11372, Zeile 17 v. o. statt: Aminodiäthyltoluol lies: 2-Amino-5-diäthylaminotoluol.
S. 11536, Zeile 28 v. o. statt: *N-[γ-(Diäthylaminopropyl)-äthyl]-* lies: *N-(γ-Diäthylaminopropyl]-.*
S. 11537, Zeile 29 v. o. statt: *4-[o-Tolamidino]-* lies: *4-[o-Toluamidino]-.*
S. 11537, Zeile 32 v. o. statt: *4-[m-Tolamidino]-* lies: *4-[m-Toluamidino]-.*
S. 11537, Zeile 23 v. u. statt: *4-Isocaponamidino-* lies: *4-Isocapronamidino-.*
S. 11537, Zeile 32 v. u. statt: *4-[p-Tolamidino]-* lies: *4-[p-Toluamidino]-.*

S. 11546, Zeile 7 v. o. statt: *α-[Benzoylmethyl]-α-phenyl-* lies: *α-[Benzoylmethylmercapto]-α-phenyl-*.

S. 11641, Zeile 10 – 9 v. u. statt: *N-Äthyl-***II**, *N-Propyl-***II**, *N-Isopropyl-***II**, *N-Butyl-***II**, *N.N-Dimethyl-***II**, *N.N-Diisopropyl-***II**, *N.N-Dibutyl-***II** lies: *N-Äthyl-lysergsäureamid* usw.

S. 11645, Zeile 15 v. o. statt: *N.N-Diisopropyl-N'-diäthylaminoäthylharnstoff* lies: *N.N-Diisopropyl-N'-isoamyl-N'-diäthylaminoäthylharnstoff*.

S. 11973, Zeile 3 v. u. statt: *1-Methoxy-1'-hydroxy-3.4-dehydrolycopin* lies: *1-Methoxy-1'-hydroxy-1.2.1'.2'-tetrahydro-3.4-dehydrolycopin*.

S. 11973, Zeile 4 v. u. statt: *1-Hydroxy-3.4-dehydrolycopin* lies: *1-Hydroxy-1.2-dihydro-3.4-dehydrolycopin*.

S. 11974, Zeile 21 v. u. statt: *Äthylenoxyaddukt* lies: *Fettalkoholäthylenoxidaddukt*.

S. 12106, Zeile 24/25 v. u. statt: Na-β-Fluorsulfonyläthylsulfat lies: Na-β-Sulfatoäthansulfonylgruppen.

S. 12212, Zeile 10 v. o. statt: Fe^{3+} lies: Fe^{2+}.

S. 12262, Zeile 7 v. u. statt: **VII** lies: **VIII**.

S. 12262, Zeile 9 v. u. statt: **VIII** lies: **VII**.

S. 12374, Zeile 12 v. o. statt: *N-Isopropylhydrazid* lies: *Serin-N-isopropylhydrazid*.

S. 12525, Zeile 22 v. u. statt: $C_1 - Cl$- lies: $C_1 - C_6$.

S. 12586, Zeile 20 v. o. statt: 45% lies: 4%.

S. 12653, Zeile 1 v. u. statt: *C-[2.2.2-Trichloräthyliden-* lies: *O-[2.2.2-Trichloräthyliden-*.

S. 12668, Zeile 14 v. u. statt: *N.N'-Dicyan-5.6-dihydroconinimin* lies: *N.N'-Dicyan-5.6-dihydroconimin*.

S. 12694, Zeile 25 v. o. statt: *N-[3-Chlor-4-(2.4-diaminopteridinyl-(6)-methyl)]-N-methylglutaminsäure* lies: *N'-{N-[3-Chlor-4-(2.4-diaminopteridinyl-(6)-methyl)]-N-methylaminobenzoyl}-glutaminsäure*.

S. 12741, Zeile 16 v. u. statt: Tahahashi lies: Takahashi.

S. 12896, Zeile 15 v. o. statt: **Waschmischung** lies: **Wachsmischung**.

S. 12954, Zeile 22 v. u. statt: Divinylzinn(II)-chlorid lies: Divinylzinndichlorid.

S. 12954, Zeile 25 v. u. statt: Divinylzinn(II)-chloriddihydrat lies: Divinylzinndichloriddihydrat.

S. 12954, Zeile 27 v. u. statt: $H-(C_6H_5Sn)_6-H$ lies: $H-[(C_6H_5)_2Sn]-H$.

S. 12968, Zeile 12 v. o. statt: X = *K* lies: X = *J*.

S. 13019, Zeile 13 v. u. statt: Cyclohexano-[c]-1.2.5-oxadiazol lies: Cyclohexeno-[c]-1.2.5-oxadiazol.

S. 13019, Zeile 6 v. u. statt: *Cyclohexano-[c]-1.2.5-oxadiazol* lies: *Cyclohexeno-[c]-1.2.5-oxadiazol*.

S. 13020, Zeile 3 v. o. statt: *β-[5-Carboxy-1.2.5-oxadiazolyl-(4)]-propionsäure* lies: *β-[3-Carboxy-1.2.5-oxadiazolyl-(4)]-propionsäure*.

S. 13044, Zeile 22 v. o. statt: *3β.17β-Dihydroxy-17α-methyl-Δ⁵-norandrosten* lies: *3β.17β-Dihydroxy-17α-methyl-Δ⁵-B-norandrosten*.

S. 13085, Zeile 9 v. u. statt: *Asparaginsäure* lies: *Asparagin*.

S. 13093, Zeile 29 v. u. statt: *Cellulosephosphat* lies: *Cellulosesulfat*.

S. 13119, Zeile 4 v. o. statt: *Ajmatin* lies: *Ajualin*.

S. 13120, Zeile 26 v. u. statt: *α.α-Diäthylphenylessigsäure* lies: *α.α-Diäthylphenylessigsäure-β'-[β''-(diäthylamino)-äthoxy]-äthylester*.

S. 13120, Zeile 28/29 v. u. streiche: *p-Hydroxyphenylmethylaminopropanolhydrochlorid*-Racemat.

S. 13190, Zeile 28 v. o. statt: 350° lies: 35°.

S. 13200, Zeile 27 v. o. statt: 19/3. 1958 lies: 19/3. 1948.

S. 13369, Zeile 17 v. o. statt: *-3.6.10.13.17.20.27.31.-34-* lies: *-3.6.10.13.17.20.24.27.31.34-*

S. 13385, Zeile 26 v. u. statt: Buttersäure lies: Malonsäure.

S. 13400, Zeile 24 v. u. statt: CH^+-Form lies: H^+-Form.

S. 13690, Zeile 22 v. u. statt: $(CH_3)_2Si-\overline{N}=C=\overline{N}-Si(CH_3)_3$ lies: $(CH_3)_3Si-\overline{N}=C=\overline{N}-Si.(CH_3)_3$.

S. 13716, Zeile 7 v. o. statt: *cis-5.5-Dimethylpentandiol-(1.2)* lies: *cis-5.5-Dimethylcyclopentandiol-(1.2)*.

S. 13732, Zeile 16 v. u. statt: ...*-3-[p-{3''-[p-methylphenylhydroxysilyl)-*... lies: ...*3-[p-{3''-[p-(phenylmethylhydroxysilyl)-*...

S. 13732, Zeile 17 v. u. statt: *1-Hydroxy-1.3-diphenyl-3-methyl-1-*... lies: *1-Methyl-1.3-diphenyl-3-hydroxy-1-*...

S. 14075, Zeile 10 v. u. statt: (C. **1957**. [1951.] I. 2299) lies: (C. **1951**. I. 2299).

S. 14519, Zeile 35 v. u. statt: Sciadoptisin lies: Sciadopitysin.

S. 14651, Zeile 31 v. o. statt: Pb, Cs lies: Rb, Cs.

S. 14902, Zeile 15 v. u. statt: Yukio Okazaki und Natuko Sugino lies: Yukio Sugino, Natuko Sugino, Reiji Okazaki und Tuneko Okazaki.

S. 14940, Zeile 5 v. u. statt: **Bunamidyl** lies: **Bunamiodyl**.

S. 14943, Zeile 25 v. o. statt: *γ-[4-Hydroxy-4-(p-phenyl)-piperazino-p-fluorbutyrophenon* lies: *γ-[4-Hydroxy-4-(p-chlorphenyl)-piperidino-p-fluorbutyrophenon*.

S. 14979, Zeile 18 v. u. statt: von Jodpentoxid lies: durch Jodpentoxid.

S. 15147, Zeile 11 v. o. statt: $PbNO^{3+}$ lies: $PbNO_3^+$.

S. 15157, Zeile 22 v. o. statt: Berberinsäure lies: Berberonsäure.

S. 15166, Zeile 23 v. o. statt: *-8.9-benzopyrimidon-(7)}* lies: *-8.9-benzoperimidon-(7)}*.

S. 15309, Zeile 12 v. o. statt: *Chinonsulfat* lies: *Chininsulfat*.

S. 15362, Zeile 17 v. u. statt: oder Seltenen Erden lies: der Seltenen Erden.

S. 15646, Zeile 25 v. o. statt: Rattenleberschnitte lies: Rattennierenschnitte.

S. 15646, Zeile 28 v. o. statt: Leberschnitte lies: Nierenschnitte.

S. 16227, Zeile 13 v. u. statt: NH_3 lies: HN_3.

S. 16330, Zeile 20 v. u. statt: endocycl. lies: exocycl.

S. 16372, Zeile 33 v. o. statt: **Temrecetin** lies: **Tennecetin**.

S. 16956, Zeile 5 v. u. statt: Halogeno-bis-[dimethylglyoximato]-aquocobaltat lies: Halogeno-bis-[dimethylglyoximato]-aquokobalt(III).

S. 16961, Zeile 14 v. u. statt: Trifluormethylsilber lies: Trifluormethylthiosilber.

S. 16962, Zeile 33 v. u. statt: CH_3GNCO lies: CH_3GNO.

S. 17037, Zeile 18 v. u. statt: *Ketopentose* (**III**) lies: *Ketopentose* (**II**).

S. 17095, Zeile 33 v. u. statt: *17β.19-Diacetoxy-Δ¹˒⁴-androstadien* lies: *17β.19-Diacetoxy-Δ¹˒⁴-androstadien-3-on*.

S. 17132, Zeile 2 v. o. statt: Gerbsäure lies: *Gerbsäure* (**II**).

S. 17162, Zeile 26 v. o. statt: Uranylthionyltrifluoraceton lies: Uranylthenoyltrifluoraceton.

S. 17334, Zeile 5 v. o. statt: $(CH_3)_2BrSiCH_2Si(CH_3)_2$ lies: $(CH_3)_2BrSiCH_2Si(CH_3)_3$.

S. 17485, Zeile 17 v. u. statt: *1-Chlor-2-[chlormethyl]-pentin-(1)-ol-(2)* lies: *1-Chlor-2-[chlormethyl]-pentin-(4)-ol-(2)*.

S. 17548, Zeile 24 v. u. statt: Ergal 35TA lies: Ergal 55TA.

S. 17753, Zeile 30 v. u. statt: ...*pyridiniumacetat* lies: *-pyridiniumacetat* (**VII**).

S. 17766, Zeile 13 v. o. statt: Äthylendimarcaptan lies: Äthandithiol.

S. 17766, Zeile 27 v. o. u. 29 v. u. statt: ...*1.1-diacetat* lies: ...*-1.1-diacetylacetal*.

S. 17830, Zeile 19 v. o. statt: *Cholsäuregruppe* lies: *Chenodesoxycholsäuregruppe*.

S. 17830, Zeile 29 v. o. statt: *Reduktodehydrocholin, Glykoreduktodehydrocholin* u. *Glykodehydrocholin* lies: *Reduktodehydrocholsäure, Glykoreduktodehydrocholsäure* u. *Glykodehydrocholsäure*.

S. 18106, Zeile 32 v. u. statt: ...*-2.3-dihydroindeno-[2'.3':4.5]-furan* lies: ...*-2.3-dihydroindeno-[2'.1':4.5]-furan.*

S. 18232, Zeile 24 v. u. statt: Penton lies: Pentan.

S. 18234, Zeile 16 v. u. statt: Al_4O_3 lies: Al_4C_3.

S. 18333, Zeile 18 v. u. statt: **trocknender** lies: **backender.**

S. 18397, Zeile 32 v. o. statt: Vgl. C. **1962.** 18397. lies: 5. vgl. C. **1962.** 2713.

S. 18421, Zeile 24 v. o. statt: *2.6-Dimethylpyridin* lies: *2.6-Dimethyl-3.5-dicarbäthoxypyridin.*

S. 18455, Zeile 6 v. o. statt-α-Thenolsäure lies: α-Thenoesäure.

S. 18689, Zeile 2 v. o. statt: C. **1959.** lies: C. **1962.**

Zu Band

1963.

S. 95, Zeile 4 v. o. statt: *3'-Amino-* (II) lies: *3'-Amino-* (I).

S. 408, Zeile 1 v. o. statt: **Die Watermanschen Eigenschaften** lies: **Die magnetischen Eigenschaften.**

S. 457, Zeile 30 v. o. statt: C_6MgCl lies: C_6H_5Cl.

S. 765, Zeile 9 v. u. statt: Australien lies: Österreich.

S. 1692, Zeile 23 v. o. statt: **VI** lies: **VIa.**

S. 2425, Zeile 7 v. u. statt: *oxaborolin* lies: *oxazborolin.*

S. 2516, Zeile 30 v. o. statt: **Dehydroessigsäure** lies: **Dehydracetsäure.**

S. 2768, Zeile 30 v. u. statt: $(NC_5H_4NH_2)$ lies: $(NC_5H_4NH_2)_3$.

S. 2823, Zeile 20 v. u. statt: ...2.5-diäthyltetrahydrofuran-(3) lies: ...2.5-diäthyltetrahydrofuranon-(3).

S. 3913, Zeile 15 v. o. statt: $K_2[P(CO_3)_2C_2O_4]$ lies: $K_2[Pu(CO_3)_2C_2O_4]$.

S. 3913, Zeile 16 v. o. statt: $K_4[Pu(CO_3)_2C_2O_4]$ lies: $K_4[Pu(CO_3)_2(C_2O_4)_2]$.

S. 4498, Zeile 30 v. u. statt: Flammenmikroskop lies: Hochtemperaturmikroskop.

S. 4498, Zeile 32 v. u. statt: **Flammenmikroskops** lies: **Hochtemperaturmikroskops.**

S. 4578, Zeile 2 v. o. statt: **Can. P. 559 846** lies: **Can. P. 559 943.**

S. 5767, Zeile 23 u. 26 v. u. statt: $H_8V_{10}O_{28}$ lies: $H_6V_{10}O_{28}$.

S. 6024, Zeile 18 v. o. statt: Okt. 1962 lies: Okt. 1961.

S. 6162, Zeile 31 v. u. statt: *1-Methylevipan (1.3.5-Trimethyl* lies: das *3-Methyl-Deriv. von Evipan.*

S. 6923, Zeile 4 v. o. statt: 1-Phenyl-3-methyl-1-äthylisobenzpyryliumperchlorat lies: 1-Phenyl-3-methyl-4-äthylisobenzpyryliumperchlorat.

S. 6938, Zeile 21 v. u. statt: Essigsäure-[1-cyanpropyl]-ester lies: Essigsäure-[1-cyan-1-methylpropyl]-ester.

S. 8110, Zeile 10 v. o. statt: Hemellitol lies: Hemimellitol.

S. 8308, Zeile 18 v. o. statt: $C_{24}H_{51}O_2Sb$ lies: $C_{24}H_{51}O_3Sb$.

S. 8308, Zeile 21 v. o. statt: $C_{24}H_{51}O_2 \cdot SbBr_2$ lies: $C_{24}H_{51}O_3 \cdot SbBr_2$.

S. 8565, Zeile 24 v. u. statt: 2.9-Dimethyl-7-methoxy-3'-hydroxy-5-äthoxycarbonylcyclohexen-(5)-o-[1'.2':1.2]-1.2.3.4-tetrahydrocarbazol lies: 2.9-Dimethyl-7-methoxy-3'-oxo-5'-äthoxycarbonyl-$\Delta^{5'}$-cyclopenteno-[1'.2':1.2]-1.2.3.4-tetrahydrocarbazol.

S. 9186, Zeile 22 v. u. statt: eisen(**II**)-perchlorat (**XXV**), TBP-eisen(**III**)-perchlorat-3-Wasser lies: eisen(II)-perchlorat (**XXV**), TBP-eisen(III)-perchlorat-3-Wasser.

S. 9186, Zeile 23 v. u. statt: Tris-[2.2'-bipyridin] lies: Tris-[2.2'-dipyridyl].

S. 9645, Zeile 26 v. o. statt: Phenylphosphonsäureoctylester lies: Phenylphosphonsäurecaprylester.

S. 9856, Zeile 7 v. u. statt: *Methoxydiisobutyl-Al* lies: *Methoxydiisooctyl-Al.*

S. 10015, Zeile 10 v. o. statt: $Ba_2V_2O_3$ lies: BaV_2O_3.

S. 10034, Zeile 30 v. o. statt: Δ^5-Pregnen-3β-ol-17-on lies: Δ^5-Pregnen-3β-ol-20-on.

S. 10301, Zeile 1 v. u. statt: **41,** 485–90, 1961. lies: **42,** 485–90, 1960.

S. 10302, Zeile 4 v. o. statt: $HClO_4$ lies: HJO_4.

S. 10776, Zeile 18 v. o. statt: $[(CH_3)_3Si]_2\bar{N}=\bar{N}=N=\underline{\bar{N}}$ lies: $[(CH_3)_3SiJ_2\bar{N}-\bar{N}=N=\underline{\bar{N}}$.

S. 11922, Zeile 31 v. o. statt: Meerwellentheorie lies: Mehrwellentheorie.

S. 11974, Zeile 18/19 v. o. statt: *N.N.N'.N'-Tetramethyl-p-aminodiphenylendiamin* lies: *N.-N.N'.N'-Tetramethyl-p-phenylendiamin*

S. 12357, Zeile 24 v. o. statt: C. **1963,** 12269 lies: C. **1963,** 12369.

S. 12358, Zeile 5 v. u. statt: **Bromfluorbenzolsiomeren** lies: **Bromfluorbenzolisomeren.**

S. 12358, Zeile 15 v. o. statt: F. F. Beutley lies: F. F. Bentley.

S. 12358, Zeile 23 v. u. statt: C=O-Frequenz lies: C=C-Frequenz.

S. 12405, Zeile 19 v. o. statt: C. **1963,** 12256.) lies: C. **1963,** 12356.)

S. 12674, Zeile 11 v. u. statt: $Pb_2Zr_2P_2O_9$ lies: $Pb_2ZrP_2O_9$.

S. 12721, Zeile 22 v. o. statt: OC_6H_5 lies: OC_6H_{11}.

S. 13046, Zeile 11 v. u. statt: Bis-[benzoylaceton]-äthylendiimin-trimethylendiimin lies: Bis-[benzoylaceton]-äthylendiimin, -trimethylendiimin.

S. 13046, Zeile 13 v. u. statt: -tetramethylendiimin-o-phenylendiimin lies: -tetramethylendiimin, -o-phenylendiimin.

S. 13495, Zeile 4 v. o. statt: $Hg/C_{16}H_{36}$ lies: $Hg/C_{16}H_{34}$.

S. 13498, Zeile 26 v. u. statt: $\lim_{t\to 0}\tau(0, t)/C_0$ lies: $\lim_{t\to 0}C(0, t)/C_0$.

S. 14619, Zeile 16 v. o. statt: C. **1963,** 9646 lies: C. **1963,** 9640.

S. 14624, Zeile 15 v. o. statt: Die Grundfrequenz liegt lies: Die Grundfrequenz ν_5 liegt.

S. 14903, Zeile 25 v. o. statt: Anthraceno-[1'.2':1.2]-anthracen lies: Anthraceno-[2'.1':1.2]-anthracen.

S. 15530, Zeile 24 v. o. statt: $C_{18}H_{18}N_4$ lies: $C_{18}H_{16}N_4$.

S. 15360, Zeile 22 v. o. statt: Acetylimidazol, N-Acetamid lies: N-Acetylimidazol, Acetamid.

S. 15373, Zeile 12 v. u. statt: 2.3.4.5-Pentaphenylcyclopentadien-(2.4) lies: 1.2.3.4.5-Pentaphenylcyclopentadien-(2.4).

S. 15732, Zeile 17 v. u. statt: Amatite lies: Agmatite.

S. 15736, Zeile 10 v. u. statt: n-Buttersäure: (+)-α-*Phenoxy-* lies: n-Buttersäuren: (+)-α-[*2.4-Dichlorphenoxy*]-, (−)-α-[*Naphthoxy-(1)*]-, (+)-α-[*Naphthoxy-(2)*]- u. (+)-α-*Phenoxy-.*

S. 15739, Zeile 21 v. o. statt: sec.-Butyljodid lies: sek.-Butylchlorid.

S. 15739, Zeile 22 v. o. statt: 3-Methyl u. butyljodid lies: 3-Methyl-n-butyljodid.

S. 15749, Zeile 7 v. o. statt: *4-[Diacetylmethyl]-2-phenyl-1.4-thiochromiene* lies: *4-[Diacetylmethyl]-2-phenyl-1.4H-thiochromene.*

S. 16134, Zeile 13 v. u. statt: *p-Aminophenyltrimethylammonium-p-tosylat* lies: ***p-Aminophenyltrimethylammoniumdi-p-tosylat.***

S. 16410, Zeile 21 v. u. statt: von Filmunterlagen lies: von Polymeren für Filmunterlagen.

S. 17073, Zeile 23 v. o. statt: Eisen-Hämatoylin lies: Eisen-Hämatoxylin.

S. 17089, Zeile 25 v. o. statt: Hg lies: Mg.

S. 18209, Zeile 28 v. u. statt: $BaSi_{2x}F_{4x}O_{4-4x}$ lies: $BaLi_{2x}Al_{2-2x}F_{4x}O_{4-4x}$.

S. 18209, Zeile 29 v. u. statt: SiF lies: LiF.

Redaktionsschluß: 11. Oktober 1963

Herausgeber: Prof. Dr. Heinrich Bertsch, Berlin, u. Prof. Dr. Dr. h. c. Wilhelm Klemm, Münster. Chefredakteure und verantwortlich für den Inhalt: Dr. Eugen Klever, Berlin 30, Geisbergstraße 39, Fernsprecher: 249541, u. Prof. Dr.-Ing. Eberhard Leibnitz, Berlin N 4, Schiffbauerdamm 19, Fernsprecher: 425571.

©

Verlag: Akademie-Verlag GmbH, Berlin W 8, Leipziger Str. 3—4 (Fernsprecher: 220441, Telex-Nr. 011773, Postscheckkonto Berlin 35021), und Verlag Chemie, GmbH, Weinheim/Bergstr. (Fernsprecher: Weinheim 3635 [Sammelnummer]; Fernschreiber: 0465516 chemieverlwhn; Postscheckkonten: Frankfurt/M. 145314 u. Berlin[West] 7430). Bestellnummer: 1007/134. Das Chemische Zentralblatt erscheint wöchentlich. Preis des Jahrganges einschl. Autoren-, Patent-, Sach- u. Formelregister: DM 1200,—; einseitig bedruckte Ausgabe: DM 1350,—. Abgabe der Zeitschrift nur mit sämtlichen Registern. Abbestellungen nur bis spätestens 6 Wochen vor Ablauf des Kalenderjahres.

Satz u. Druck: VEB Leipziger Druckhaus, Leipzig, III/18/203. XII. 63.
Veröffentlicht unter der Lizenznummer 1273 des Presseamtes beim Vorsitzenden des Ministerrates.
Printed in Germany.

FSC
www.fsc.org
MIX
Papier | Fördert gute Waldnutzung
FSC® C083411

Kolibri 360 GmbH
Ferdinand-Jühlke-Straße 7
99095 Erfurt, Deutschland
produktsicherheit@kolibri360.de